"十二五"普通高等教育本科国家级规划教材

科学出版社"十四五"普通高等教育本科规划教材

供临床、预防、基础、口腔、麻醉、影像、药学、检验、护理、法医等专业使用

医学生物化学与分子生物学

第4版

U0181772

主　　编　陈　娟　李　凌

副主编　王华芹　龚　青　顾建兰　罗洪斌　邹　鹏

编　　委（以姓氏笔画为序）

王华芹（中国医科大学）	田余祥（大连医科大学）
生秀梅（江苏大学）	吕立夏（同济大学）
李　凌（南方医科大学）	李　薇（内蒙古医科大学）
李冬妹（石河子大学）	李淑艳（齐齐哈尔医学院）
杨　霞（中山大学）	邹　鹏（沈阳医学院）
宋海星（成都医学院）	张海涛（广东医科大学）
陈　娟（华中科技大学）	罗洪斌（湖北民族大学）
周　洁（华中科技大学）	周珏宇（南方医科大学）
赵　晶（空军军医大学）	胡有生（抚州医学院）
贾竹青（北京大学）	顾建兰（南通大学）
黄　胜（湖北民族大学）	龚　青（广州医科大学）
扈瑞平（内蒙古医科大学）	彭　帆（三峡大学）
喻　红（武汉大学）	

科学出版社

北　京

"十二五"普通高等教育本科国家级规划教材

科学出版社"十四五"普通高等教育本科规划教材

供临床、预防、基础、口腔、麻醉、影像、药学、检验、护理、法医等专业使用

医学生物化学与分子生物学

第4版

数字拓展内容编委会

主　　编　陈　娟　李　凌

副 主 编　喻　红　吕立夏　宋海星

编　　委　（以姓氏笔画为序）

王华芹（中国医科大学）	田余祥（大连医科大学）
生秀梅（江苏大学）	吕立夏（同济大学）
安明欣（中国医科大学）	朱　琳（沈阳医学院）
李　凌（南方医科大学）	李　薇（内蒙古医科大学）
李　霞（空军军医大学）	李冬妹（石河子大学）
沙珊珊（大连医科大学）	宋海星（成都医学院）
张百芳（武汉大学）	张春晶（齐齐哈尔医学院）
张海涛（广东医科大学）	陈春香（抚州医学院）
陈　娟（华中科技大学）	苑　红（内蒙古医科大学）
罗　星（石河子大学）	罗洪斌（湖北民族大学）
周　洁（华中科技大学）	周珏宇（南方医科大学）
赵　晶（空军军医大学）	贾竹青（北京大学）
顾建兰（南通大学）	高　媛（南方医科大学）
刘　锐（四川大学）	黄　好（南通理工学院）
黄　胜（湖北民族大学）	龚　青（广州医科大学）
扈瑞平（内蒙古医科大学）	彭　帆（三峡大学）
彭　燕（广州医科大学）	喻　红（武汉大学）
曾　佳（贵州医科大学）	蒲铃铃（成都医学院）
潘超云（中山大学）	

科 学 出 版 社

北　京

内 容 简 介

本教材继承了第3版教材的基本框架和主要内容,微调并更新了部分知识点,整合了图片,习题及拓展阅读等内容。全书共二十五章,分为六篇。第一篇为生物分子结构与功能,包括蛋白质、核酸、糖蛋白与蛋白聚糖的结构与功能以及酶、维生素和无机元素的基本知识,共五章。第二篇为细胞的能量代谢和物质代谢,包括细胞的能量代谢、糖代谢、脂质代谢、氨基酸代谢、核苷酸代谢及物质代谢的整合与调节,共六章。第三篇为基因组与基因表达,包括真核基因与真核基因组、DNA的生物合成与损伤修复、RNA的生物合成与转录后加工、蛋白质的生物合成与加工及基因表达调控,共五章。第四篇为细胞周期、增殖和细胞凋亡,主要涉及细胞信号转导、细胞周期及其调控、程序性细胞死亡及其调控、癌基因、抑癌基因及其调控,共四章。第五篇为基因研究与分子医学,主要涉及组学与医学、常用分子生物学技术、基因诊断与基因治疗,共三章。第六篇为专题篇,主要涉及血液的生物化学和肝的生物化学,共两章。除绪论对全书内容做系统介绍外,各篇的开头均有引言,旨在帮助学生理解和掌握全篇的主要内容和各章的要点。

本书可供临床、预防、基础、口腔、麻醉、影像、药学、检验、护理、法医等医学类专业五年制、长学制学生使用,也可作为研究生、相关学科进修生和教师的参考书。

图书在版编目(CIP)数据

医学生物化学与分子生物学 / 陈娟, 李凌主编. —4版. —北京: 科学出版社, 2023.1

"十二五"普通高等教育本科国家级规划教材·科学出版社"十四五"普通高等教育本科规划教材

ISBN 978-7-03-072130-3

Ⅰ.①医… Ⅱ.①陈…②李… Ⅲ.①医用化学–生物化学–高等学校–教材②医药学–分子生物学–高等学校–教材 Ⅳ.① Q5 ② Q7

中国版本图书馆 CIP 数据核字(2022)第 066097 号

责任编辑:钟 慧 / 责任校对:宁辉彩
责任印制:霍 兵 / 封面设计:陈 敬

科 学 出 版 社 出版

北京东黄城根北街 16 号
邮政编码: 100717
http://www.sciencep.com

北京密东印刷有限公司 印刷
科学出版社发行 各地新华书店经销

*

2002 年 7 月第 一 版 开本: 787×1092 1/16
2023 年 1 月第 四 版 印张: 35 1/2
2024 年 1 月第二十二次印刷 字数: 1 050 000

定价: 139.00 元
(如有印装质量问题,我社负责调换)

前　言

生物化学和分子生物学是生物学领域的基础学科之一，也是医学院校的核心学科之一。为适应医学高等教育教学改革和发展的需要，为更好满足"卓越医师人才教育培养计划"的要求，在2016年出版的《医学生物化学与分子生物学》（第3版）的基础上，2021年春季科学出版社启动了本书的再版工作。

本教材充分贯彻党的二十大报告中关于教育、科技、人才是全面建设社会主义现代化国家的基础性、战略性支撑思想。本版教材的修订紧密结合医学人才培养体系要求，遵循"三基""五性""三特定"编写特点，以生物化学与分子生物学、细胞生物学的基本理论、基本知识和基本技术为重点，结合临床疾病，从分子水平探讨疾病的发病机制，使理论紧密联系实际。本书编写在内容上保持繁简适当，突出基本概念和基本知识，并充分反映生命科学的新进展。根据课程知识系统性的要求和师生的反馈意见及建议，在编写过程中增补了一些新的章节。同时，根据生物化学与分子生物学的新发展，对个别章节进行了知识更新，使其更有利于教学实施，期望能够达到体现素质教育、创新教育和个性教育的目的。本书可作为医学五年制、长学制学生教材，也可作为研究生、相关学科的进修生和教师的参考书。

全书分六篇，共二十五章。第一篇为生物分子结构与功能，包括蛋白质、核酸、糖蛋白与蛋白聚糖的结构与功能以及酶、维生素和无机元素的基本知识，共五章。第二篇为细胞的能量代谢和物质代谢，包括细胞能量代谢、糖代谢、脂质代谢、氨基酸代谢、核苷酸代谢及物质代谢的整合与调节，共六章。第三篇为基因组与基因表达，包括真核基因与真核基因组、DNA的生物合成与损伤修复、RNA的生物合成与转录后加工、蛋白质的生物合成与加工及基因表达调控，共五章。第四篇为细胞周期、增殖和细胞凋亡，主要涉及细胞信号转导，细胞周期及其调控、程序性细胞死亡及其调控，癌基因、抑癌基因及其调控，共四章。第五篇为基因研究与分子医学，主要涉及组学与医学、常用分子生物学技术、基因诊断与基因治疗，共三章。第六篇为专题篇，主要涉及血液的生物化学和肝的生物化学，共两章。

本书在编写过程中，得到了科学出版社的大力支持，来自全国各个学校的编委，不辞辛劳，认真负责保证按时完成任务。华中科技大学同济医学院周洁副教授，作为本书编委和学术秘书，做了大量的联系、统稿等方面的工作，是她使我们来自于不同学校、不同专业的教师，组成了有共同目标的团队。对以上的劳动和付出，献上我们最诚挚的感谢！由于编委学术水平有限，书中难免有疏漏之处，期盼同行专家、使用本书的师生以及广大读者的批评和指正。

陈　娟　李　凌

目　　录

第一篇　生物分子结构与功能

生物大分子都是由一种或几种小分子为基本结构单位按一定顺序通过共价键连接起来的多聚体。生物大分子不仅是生物体的基本结构成分，还具有非常重要的生理功能，如核酸是由核苷酸或脱氧核苷酸借 $3',5'$-磷酸二酯键连接组成的生物大分子，具有储存和传递遗传信息的功能；蛋白质是由 20 种氨基酸以肽键组成的生物大分子，是机体各种生理功能的物质基础，是生命活动的直接体现者。

糖蛋白、蛋白聚糖是蛋白质和糖的共价化合物，不仅是细胞的结构成分，也与细胞的一些重要生理功能如分子识别、信号转导等密切相关。

酶是生物催化剂，其本质是蛋白质。体内各种化学反应几乎都由酶催化进行。

维生素是维持机体正常生理功能所必需，必须从食物中获取的一类低分子量有机化合物，分为水溶性和脂溶性两类。不同的维生素有不同的化学本质、性质、生化作用和缺乏症。钙、磷是体内含量最多的无机元素，在骨代谢、信号转导中有重要作用，亦有自己的代谢特点。其他的无机微量元素，尽管所需甚微，但生理作用却十分重要。

本篇将介绍蛋白质的结构与功能、核酸的结构与功能、糖蛋白与蛋白聚糖的结构与功能、酶、维生素和无机元素等五章。重点介绍各种生物大分子的组成、结构、生理功能以及结构和功能的关系。

第一章　蛋白质的结构与功能

蛋白质 "protein" 一词来源于希腊文 "proteios"，意为 "首要，原始的"。荷兰化学家穆尔德（Mulder）于 1838 年首次采用 "蛋白质" 来表示这类对动物生存必需的含氮化合物，表明科学家在研究蛋白质之初就充分注意到了它在生物体内的重要性。

蛋白质在生物界的存在具有普遍性，无论是简单的低等生物，还是复杂的高等生物，都毫无例外地含有蛋白质。蛋白质是生物体含量最丰富的生物大分子物质，约占人体固体成分的 45%，且分布广泛，所有细胞、组织都含有蛋白质。生物体结构越复杂，蛋白质的种类和功能也越繁多。蛋白质也是机体的功能分子（working molecule）。它参与机体的一切生理活动，机体的各种生物学功能几乎都是通过蛋白质来完成，而且在其中起着关键作用，如酶的催化功能；蛋白质、多肽激素的调节功能；血红蛋白的运氧功能；肌动蛋白（actin）和肌球蛋白（myosin）的收缩运动功能；抗体、补体的免疫防御功能；凝血因子的凝血功能；受体、膜蛋白的信息传递功能；组蛋白、酸性蛋白等的基因表达调控功能以及机体的刚性、弹性、控制膜的通透性，乃至思维、记忆、情感等，无一不是通过蛋白质来实现。所以，蛋白质是生命的物质基础。

第一节 蛋白质的分子组成

一、蛋白质的元素组成

组成蛋白质分子的主要元素有碳（50%～55%）、氢（6%～8%）、氧（19%～24%）、氮（13%～19%）和硫（0～4%），有些蛋白质还含有少量的磷或金属元素铁、铜、锌、锰、钴、钼等，个别蛋白质还含有碘。

大多数蛋白质含氮量比较接近，平均为16%，这是蛋白质元素组成的一个特点。由于蛋白质是体内的主要含氮物，因此测定出生物样品中的含氮量就可按下式计算出样品中蛋白质的大致含量。

每100克样品中蛋白质含量（%）= 每克样品中含氮克数（g）×6.25×100%

测定氮质量推断蛋白质质量的方法称为凯氏定氮法，该法适用于各种性质的蛋白质含量测定，也是目前国家标准的蛋白质含量常用检测方法之一。

蛋白质的元素组成中含有氮，这是碳水化合物、脂肪在营养上不能替代蛋白质的原因。

二、蛋白质的基本组成单位——氨基酸

氨基酸（amino acid）是组成蛋白质的基本单位。自然界中存在的氨基酸有300余种，由遗传密码所编码组成蛋白质的氨基酸约有22种，人体有21种，其中20种最为普遍。其化学结构式有一个共同特点，即在连接羧基的α-碳原子上还有一个氨基，故称α-氨基酸。

（一）氨基酸的结构

组成人体蛋白质的氨基酸，除甘氨酸外，均为L-α-氨基酸。其α-碳原子均属不对称碳原子，其连接在C_α碳原子四面角上各基团的排列与L-甘油醛或L-乳酸构型相比较，均属L-氨基酸，结构可由下列通式表示（图1-1）。

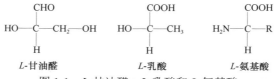

图1-1 L-甘油醛、L-乳酸和L-氨基酸

由L-氨基酸通式分析，各种氨基酸在结构上有下列特点。

（1）组成蛋白质的氨基酸，除甘氨酸外，均属L-α-氨基酸。

（2）不同的L-α-氨基酸，其侧链（R）不同。不同的侧链（R），形成了不同的α-氨基酸，从而对蛋白质空间结构和理化性质有重要影响。

自然界中已发现的D-氨基酸大多存在于某些细胞产生的抗生素及细菌细胞壁的多肽中，个别植物的生物碱中也有一些D-氨基酸。此外，哺乳动物中也存在不参与蛋白质组成的游离D-氨基酸，如存在于前脑中的D-丝氨酸和存在于脑与外周组织的D-天冬氨酸，但均不参与蛋白质组成。

（二）氨基酸的分类

根据氨基酸侧链R基团的结构和理化性质不同，可将主要的20种氨基酸分成4类（表1-1）。

表1-1 氨基酸的分类及其侧链结构

结构式	中文名	英文名	三字符号	一字符号	等电点（pI）
1. 非极性疏水性氨基酸					

H—CHCOO⁻
     |
    NH₃⁺
	甘氨酸	glycine	Gly	G	5.97

续表

结构式	中文名	英文名	三字符号	一字符号	等电点（pI）
1. 非极性疏水性氨基酸					
$CH_3-CHCOO^-$ (NH_3^+)	丙氨酸	alanine	Ala	A	6.00
$CH_3-CH-CHCOO^-$ (CH_3, NH_3^+)	缬氨酸	valine	Val	V	5.96
$CH_3-CH-CH_2-CHCOO^-$ (CH_3, NH_3^+)	亮氨酸	leucine	Leu	L	5.98
$CH_3-CH_2-CH-CHCOO^-$ (CH_3, NH_3^+)	异亮氨酸	isoleucine	Ile	I	6.02
$\text{苯环}-CH_2-CHCOO^-$ (NH_3^+)	苯丙氨酸	phenylalanine	Phe	F	5.48
$CH_2-CH_2-CHCOO^-$ 环状 (NH_2^+)	脯氨酸	proline	Pro	P	6.30
$CH_3SCH_2CH_2-CHCOO^-$ (NH_3^+)	甲硫氨酸	methionine	Met	M	5.74
2. 极性中性氨基酸					
吲哚环$-CH_2-CHCOO^-$ (NH_3^+)	色氨酸	tryptophan	Trp	W	5.89
$HO-CH_2-CHCOO^-$ (NH_3^+)	丝氨酸	serine	Ser	S	5.68
$HO-\text{苯环}-CH_2-CHCOO^-$ (NH_3^+)	酪氨酸	tyrosine	Tyr	Y	5.66
$HS-CH_2-CHCOO^-$ (NH_3^+)	半胱氨酸	cysteine	Cys	C	5.07
$H_2N-\overset{O}{C}-CH_2-CHCOO^-$ (NH_3^+)	天冬酰胺	asparagine	Asn	N	5.41
$H_2N-\overset{O}{C}CH_2CH_2-CHCOO^-$ (NH_3^+)	谷氨酰胺	glutamine	Gln	Q	5.65
$HO-CH-CHCOO^-$ (CH_3, NH_3^+)	苏氨酸	threonine	Thr	T	5.60
3. 酸性氨基酸					
$HOOCCH_2-CHCOO^-$ (NH_3^+)	天冬氨酸	aspartic acid	Asp	D	2.97

续表

结构式	中文名	英文名	三字符号	一字符号	等电点（pI）
3. 酸性氨基酸					
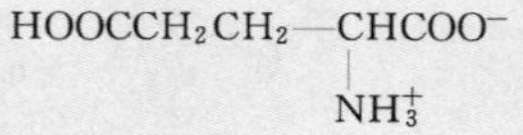 HOOCCH$_2$CH$_2$—CHCOO$^-$ NH$_3^+$	谷氨酸	glutamic acid	Glu	E	3.22
4. 碱性氨基酸					
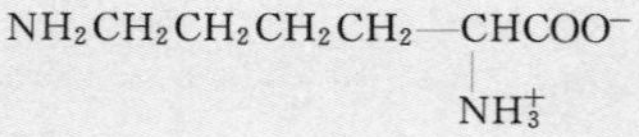 NH$_2$CH$_2$CH$_2$CH$_2$CH$_2$—CHCOO$^-$ NH$_3^+$	赖氨酸	lysine	Lys	K	9.74
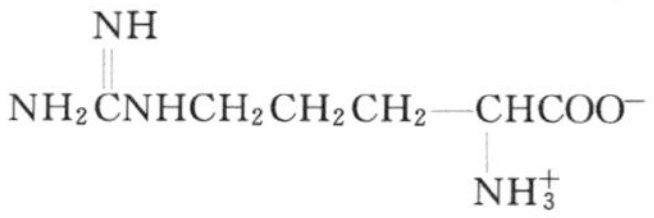 NH$_2$CNHCH$_2$CH$_2$CH$_2$—CHCOO$^-$ (NH) NH$_3^+$	精氨酸	arginine	Arg	R	10.76
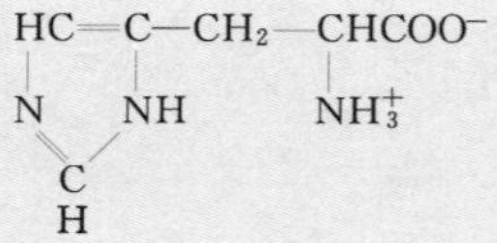 HC=C—CH$_2$—CHCOO$^-$ (N NH NH$_3^+$ / C / H)	组氨酸	histidine	His	H	7.59

1. 非极性疏水性氨基酸 这类氨基酸组成蛋白质时，其非极性侧链可促进蛋白质的疏水区域形成，使得蛋白质在水中的溶解度变小。非极性疏水性氨基酸包括 R 基团只有一个氢的甘氨酸；带有脂肪烃侧链的氨基酸 4 种（丙氨酸、缬氨酸、亮氨酸、异亮氨酸）；含芳香环的氨基酸 1 种（苯丙氨酸）；亚氨基酸 1 种（脯氨酸）；极性键非极性侧链氨基酸 1 种（甲硫氨酸）。

2. 极性中性氨基酸 这类氨基酸由于含有具有一定极性的 R 基团，其极性侧链常参与组成蛋白质亲水区域形成，增加蛋白质水溶性。极性中性氨基酸包括含羟基氨基酸 3 种（丝氨酸、苏氨酸和酪氨酸）；酰胺类氨基酸 2 种（谷氨酰胺和天冬酰胺）；芳香族氨基酸 1 种（色氨酸）；含硫氨基酸 1 种（半胱氨酸）。

3. 酸性氨基酸 有 2 种，其 R 基团含羧基，在 pH 为 7 时，羧基解离而使分子带负电荷。包括谷氨酸和天冬氨酸。

4. 碱性氨基酸 有 3 种，其 R 基团含碱性基团，这些基团可质子化而使分子带正电荷，包括赖氨酸、精氨酸和组氨酸。

20 种氨基酸中脯氨酸和半胱氨酸结构较为特殊。脯氨酸应属亚氨基酸，但其亚氨基仍能与另一羧基形成肽键。脯氨酸在蛋白质合成加工时可被修饰成羟脯氨酸。此外，2 个半胱氨酸通过脱氢后可以二硫键相结合，形成胱氨酸（图 1-2）。蛋白质中有不少半胱氨酸以胱氨酸形式存在。

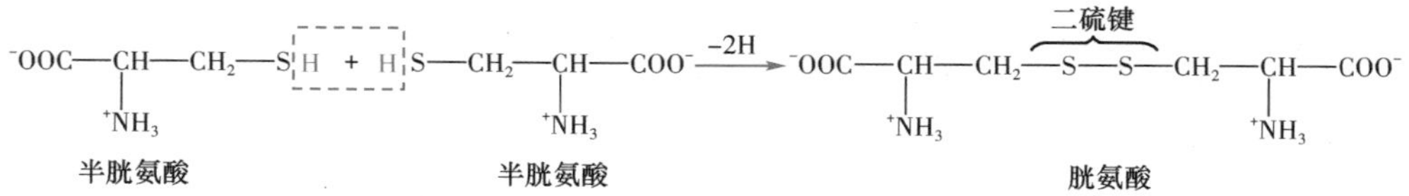

图 1-2 胱氨酸和二硫键

5. 组成蛋白质的稀有氨基酸 除了上述 20 种氨基酸参与合成蛋白质以外，还发现硒代半胱氨酸（selenocysteine，Sec，单字母缩写 U）（或称硒氨酸）和吡咯赖氨酸（pyrrolysine，Pyl，单字母缩写 O）也参与一些重要的蛋白质合成。硒氨酸的结构和半胱氨酸或丝氨酸类似，这 3 种氨基酸侧链基团的氧、硫、硒为同族元素。现发现硒氨酸是 25 种重要的含硒酶（尤其是抗氧化酶）活性中心，如谷胱甘肽过氧化酶、硫氧还蛋白还原酶、甲状腺素-5′-脱碘酶、甘氨酸还原酶、甲酸脱氢酶等，含硒氨酸残基的蛋白质一般称为硒蛋白。吡咯赖氨酸是赖氨酸的侧链氨基被（4R，5R）4-吡咯啉-5-羧基酰胺化，2002 年在产甲烷菌的甲胺甲基转移酶中发现吡咯赖氨酸，人体蛋白暂时没发现有吡咯赖氨酸。

（三）氨基酸的理化性质

1. 两性解离及等电点　所有的氨基酸都含有碱性的 α-氨基（或亚氨基）和酸性的 α-羧基，可在酸性溶液中与质子（H^+）结合成带有正电荷的阳离子（—NH_3^+），也可在碱性溶液中失去质子变成带负电荷的阴离子（—COO^-），因此氨基酸是一种两性电解质，具有两性解离的特性（图1-3）。氨基酸在溶液中的解离方式取决于其所处溶液的酸碱度。在某一酸碱度（pH）的溶液中，氨基酸解离成阳离子和阴离子的趋势及程度相同，净电荷为零，呈电中性。此时溶液的 pH 称为该氨基酸的等电点（isoelectric point，pI）。

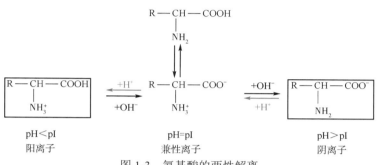

图 1-3　氨基酸的两性解离

氨基酸的 pI 与 α-羧基的解离常数（pK_1）和 α-氨基的解离常数（pK_2）之和正相关。pI 的计算方法为：$pI=(pK_1+pK_2)/2$。如甘氨酸的 $pK_{—COOH}=2.34$，$pK_{—NH_2}=9.60$，故 $pI=(2.34+9.60)/2=5.97$。大多数氨基酸的 R 基团为非极性，或虽为极性，但生理条件不可解离。如果一个氨基酸中有 3 个可解离基团，其等电点由 α-羧基、α-氨基和 R 基团的解离状态共同确定。

2. 紫外吸收性质　构成蛋白质的氨基酸在远紫外区（<220nm）均有光吸收，而在近紫外区（220～300nm）只有色氨酸、酪氨酸和苯丙氨酸含有共轭双键，所以有光吸收。苯丙氨酸257nm处，$\varepsilon_{257nm}=2\times10^2$（$\varepsilon$ 为摩尔吸光系数）；酪氨酸275nm处，$\varepsilon_{275nm}=1.4\times10^3$；色氨酸280nm处，$\varepsilon_{280nm}=5.6\times10^3$。其中，色氨酸摩尔吸光系数最大，在280nm附近有最大吸收峰。由于大多数蛋白质含有酪氨酸和色氨酸残基，所以测定蛋白质在280nm的光吸收值是定量分析溶液中蛋白质含量的快速简便的方法。

3. 茚三酮反应　氨基酸与茚三酮（ninhydrin）的水合物共同加热，氨基酸被氧化分解，茚三酮水合物则被还原。在弱酸性溶液中，茚三酮的还原产物与氨基酸分解产生的氨及另一分子茚三酮缩合成为蓝紫色化合物，其最大吸收峰在波长570nm处。蓝紫色化合物颜色的深浅与氨基酸分解产生的氨成正比，据此可进行氨基酸定量分析。脯氨酸、羟脯氨酸与茚三酮试剂反应呈黄色，天冬酰胺与茚三酮反应产物呈棕色。

三、肽键与肽

（一）氨基酸通过肽键连接而形成肽

氨基酸可相互结合成肽（peptide）。两分子氨基酸可借一分子的氨基与另一分子的羧基脱去一分子水，缩合成为最简单的肽，即二肽（dipeptide）。由一分子氨基酸的 α-羧基与另一分子氨基酸的 α-氨基脱水所生成的酰胺键（—CO—NH—）称为肽键（peptide bond）。两分子氨基酸之间是通过肽键相连的。肽键是蛋白质分子中基本的化学键。二肽还可通过肽键与另一分子氨基酸相连生成三肽。此反应可继续进行，依次生成四肽、五肽……多个氨基酸可连成多肽（polypeptide）。一般来说，由 10 个以内的氨基酸通过肽键相连生成的肽称为寡肽（oligopeptide），由更多的氨基酸以肽键相连生成的肽称为多肽（polypeptide）。多肽是链状化合物，故称多肽链（polypeptide chain）。多肽链中的氨基酸分子因脱水缩合而基团不全，故称为氨基酸残基（residue）。多肽链中形成肽键的 4 个原子和两侧的 α-碳原子成为多肽链的骨架或主链（backbone）。构成多肽链骨架或主链的原子称为主链原子或骨架原子，而余下的 R 基团部分，称为侧链（side chain）。多肽链的左端有自由氨基称为氨基末端（N-terminal）或 N 端，右端有自由羧基称为羧基末端（C-terminal）或 C 端（图 1-4）。多肽的命名从 N 端开始指向 C 端。如由丝氨酸、甘氨酸、酪氨酸、丙氨酸和亮氨酸组成的五肽应称为丝氨酰-甘氨酰-酪氨酰-丙氨酰-亮氨酸。

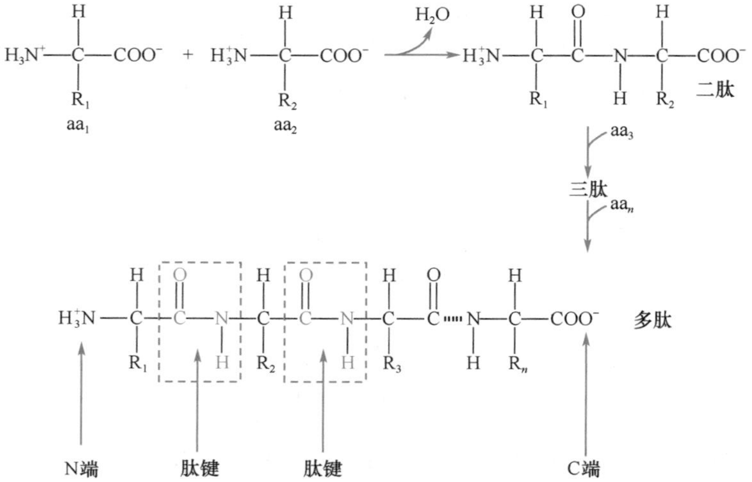

图 1-4　多肽链结构模式（肽键和肽链）

蛋白质就是由许多氨基酸残基组成的多肽链折叠而成。一般而论，蛋白质通常含 50 个以上氨基酸，多肽则为 50 个以下氨基酸。例如，常把由 39 个氨基酸残基组成的促肾上腺皮质激素称为多肽，而把含有 51 个氨基酸残基、分子量为 5733 的胰岛素称为蛋白质。

（二）体内存在多种重要的生物活性肽

人体内存在许多具有重要生物功能的肽，称为生物活性肽，有的仅三肽，有的为寡肽或多肽，它们在代谢调节、神经传导等方面起着重要的作用。随着生物技术的发展，许多化学合成或重组 DNA 技术制备的肽类药物和疫苗已在疾病预防和治疗方面取得了成效。

1. 谷胱甘肽（glutathione，GSH）　GSH 是由谷氨酸、半胱氨酸和甘氨酸组成的三肽。第一个肽键是由谷氨酸的 γ-羧基与半胱氨酸的 α-氨基脱水缩合而成，称为 γ-谷氨酰半胱氨酰甘氨酸。分子中半胱氨酸的巯基是谷胱甘肽的主要功能基团。GSH 的巯基具有还原性，可作为体内重要的还原剂，保护体内蛋白质或酶分子中的巯基免遭氧化，使蛋白质或酶处在活性状态。H_2O_2 是细胞内产生的重要氧化剂，可氧化蛋白质中的巯基而破坏其功能。在谷胱甘肽过氧化物酶的作用下，GSH 可还原细胞内产生的 H_2O_2，使其变成 H_2O，失去氧化性。与此同时，GSH 被氧化成氧化型谷胱甘肽（GSSG）；GSSG 在谷胱甘肽还原酶的作用下，再生成 GSH。此外，GSH 的巯基还有嗜核特性，能与外源的嗜电子毒物如致癌剂或药物等结合，从而阻断这些化合物与 DNA、RNA 或蛋白质结合，以保护机体免遭毒物损害。

2. 多肽类激素及神经肽　体内有许多激素属寡肽或多肽，如属于下丘脑-垂体-肾上腺皮质轴的催产素（九肽）、加压素（九肽）、促肾上腺皮质激素（三十九肽）及促甲状腺素释放激素（三肽）。它们各有其重要的生理功能。例如，促甲状腺激素释放激素（TRH）是一个特殊结构的三肽，其 N 端的谷氨酸环化成为焦谷氨酸（pyroglutamic acid），C 端的脯氨酸残基酰化成为脯氨酰胺，由下丘脑分泌，可促进腺垂体分泌促甲状腺素。

与神经传导等有关的神经肽如 P 物质（十一肽）、脑啡肽（五肽）、强啡肽（十三肽）等，在神经传导中起信号转导作用。它们在生物体内发挥神经递质和神经调质的作用，是中枢神经系统调控机体功能的一类重要化学物质。

3. 抗生素肽　抗生素肽是一类能抑制或杀死细菌的多肽，如短杆菌肽 A、短杆菌素 S、缬氨霉素（valinomycin）和博来霉素（bleomycin）等。

除天然活性多肽，20 世纪 70 年代中期以后，通过重组 DNA 技术获得的多肽类药物、肽类疫苗等越来越多，应用也越来越广泛。

第二节　蛋白质的分子结构

生物体的蛋白质分子是由多种氨基酸通过肽键相连形成的生物大分子。蛋白质的种类繁多，结构复杂，所以分类也就各异。按食物来源，蛋白质可以分为动物蛋白和植物蛋白。按化学组成，蛋白质通常可以分为单纯蛋白质和结合蛋白质。按形状，蛋白质可分为线性（或纤维状）蛋白和球形蛋白等。

人体内的各种蛋白质都由氨基酸以不同的种类、数量及排列顺序组成，并且各具特定的三维空间结构，从而体现了蛋白质的特性，这是每种蛋白质特有性质和独特生理功能的结构基础。由于组成人体蛋白质的氨基酸种类多，且蛋白质的分子量均较大，因此蛋白质的氨基酸排列顺序和空间位置几乎是无穷无尽的，足以为人体蛋白质提供特异的序列和特定的空间排布，以完成许许多多的生理功能。为了研究的方便，1952 年丹麦科学家林德斯特伦·朗（Linderstrom-Lang）建议将蛋白质复杂的分子结构分成 4 个层次，即一级、二级、三级和四级结构。蛋白质的一级结构又称为初级结构或基本结构，后三者统称为空间结构、高级结构或空间构象（conformation）。由一条肽链形成的蛋白质只有一级结构、二级结构和三级结构，由两条或两条以上肽链形成的蛋白质才有四级结构。

一、蛋白质的一级结构

蛋白质分子中各种氨基酸从 N 端至 C 端的排列顺序称为蛋白质的一级结构（primary structure）。肽键是一级结构的主要化学键。有些蛋白质还包含二硫键，由两个半胱氨酸巯基（—SH）脱氢氧化而成，蛋白质分子中的二硫键也属于一级结构的范畴。图 1-5 为牛胰岛素的一级结构。英国化学家弗雷德里克·桑格（Frederick Sanger）于 1953 年首先测定了胰岛素的一级结构，这是第一个被测定一级结构的蛋白质分子。胰岛素有 A 和 B 两条链，A 链有 21 个氨基酸残基，B 链有 30 个。如果把氨基酸序列（amino acid sequence）标上序数，应以氨基末端为 1 号，依次向羧基末端排列。牛胰岛素分子中有 3 个二硫键，1 个位于 A 链内，由 A 链的第 6 位和第 11 位半胱氨酸的巯基脱氢而形成，另外 2 个二硫键位于 A、B 两条链间（图 1-5）。

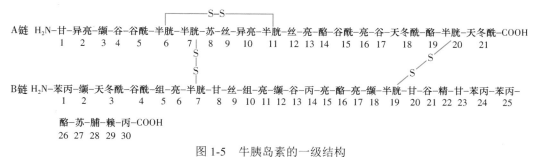

图 1-5　牛胰岛素的一级结构

体内种类繁多的蛋白质，其一级结构各不相同，一级结构是蛋白质空间结构和特异生物学功能的基础，但一级结构并不是决定蛋白质空间结构的唯一因素。

二、蛋白质的空间结构

多肽链在一级结构的基础上再进行折叠，形成特有的空间结构。蛋白质的空间结构涵盖了蛋白质分子中每一个分子和基团在三维空间的相对位置，它们是蛋白质特有性质和独特生理功能的结构基础。如血红蛋白肽链的特有折叠方式决定其运送氧的能力，核糖核酸酶具有的特定构象决定了它能与核糖核酸结合，并使之降解。

（一）蛋白质的二级结构

蛋白质的二级结构（secondary structure）是指蛋白质多肽链的肽单元在空间排列走向，不涉及氨基酸残基侧链的构象。肽单元上 C_α 原子所连的两个单键旋转角度使得两个相邻的肽单元具有相对空间位置，造成组成肽链的所有肽单元在空间走向上会形成不同的特定结构。这些特定结构依据肽单元的空间排列走向主要包括 α 螺旋、β 折叠、β 转角和无规卷曲，蛋白质分子中可包含一种或多种类型的二级结构形态。

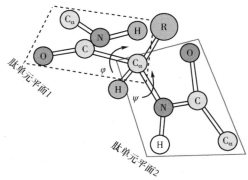

图 1-6 肽单元

1. 肽单元 20 世纪 30 年代末，莱纳斯·鲍林（Linus Pauling）和罗伯特·柯瑞（Robert Corey）开始应用 X 射线衍射法研究氨基酸和二肽、三肽的精细结构，其目的是获得蛋白质构件单元的标准键长和键角，从而推导蛋白质的构象。结果，他们的发现是构成肽键的 4 个原子和与其相邻的两个 α 碳原子（C_α）构成一个肽单元（peptide unit）。由于参与肽单元的 6 个原子 $C_{\alpha 1}$、C、O、N、H、$C_{\alpha 2}$ 位于同一平面，故又称为肽平面（图 1-6）。其中肽键（C—N）的键长为 0.132nm，介于 C—N 的单键长 0.149nm 和 C≡N 的双键长 0.127nm 之间，所以有部分双键的性质，不能自由旋转。而 C_α 与羰基碳原子（C_α—C）及 C_α 与氮原子之间（C_α—N）的连接都是典型的单键。因而这些键在刚性肽单元的两边有很大的自由旋转度。C_α—C 单键旋转的角度用 φ 表示，C_α—N 单键旋转的角度用 ψ 表示（图 1-6）。它们的旋转角度决定了肽平面之间的相对位置。若肽链完全伸展，则 ψ 和 φ 均为 180°。于是肽单元就成为肽链折叠的基本单位。

2. 主链构象的分子模型 虽然主链上 C_α—C 和 C_α—N 可以旋转，但也不是完全自由的。因为它们的旋转受角度、侧链基团和肽链中氢及氧原子空间阻碍的影响，使多肽链的构象数目受到很大限制，即蛋白质二级结构的构象受到限制。因此，蛋白质的二级结构主要空间构象的类型为 α 螺旋和 β 折叠，还有 β 转角和无规卷曲等结构形式。在一种蛋白质分子中，可同时出现几种二级结构形式。

（1）α 螺旋（α-helix）：蛋白质分子中多个肽单元通过氨基酸 α 碳原子的旋转，使多肽链的主链围绕中心轴呈有规律的螺旋上升，盘旋成稳定的 α 螺旋构象（图 1-7）。α 螺旋是蛋白质中最常见、最典型的二级结构元件。α 螺旋具有以下特征：

1）螺旋的走向为顺时针方向，称右手螺旋，每 3.6 个氨基酸残基使螺旋上升一圈，每个氨基酸残基向上平移 0.15nm，故螺距为 0.54nm。

2）氢键是 α 螺旋稳定的主要次级键。α 螺旋的每个肽键的氮原子上的 H 与第四个肽单元羰基上的 O 生成氢键。肽链中的全部肽键都可形成氢键，因此 α 螺旋是很稳定的。若氢键破坏，则 α 螺旋构象即遭破坏。

3）肽链中氨基酸残基的侧链分布在螺旋外侧，其形状、

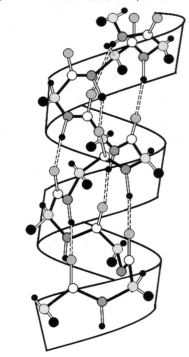

○ 代表C_α原子　○ 代表C原子
● 代表N原子　● 代表O原子
● 代表R原子　· 代表H原子
图 1-7 α 螺旋

大小及电荷等均影响 α 螺旋的形成和稳定性。酸性或碱性氨基酸集中的区域，由于同性电荷相斥，不利于 α 螺旋形成；较大的 R 基（如苯丙氨酸、色氨酸、异亮氨酸）集中的区域，也妨碍 α 螺旋形成；脯氨酸因其 α-碳原子位于五元环上，不易扭转，加之它是亚氨基酸，不易形成氢键，故不易形成上述 α 螺旋；甘氨酸的 R 基为 H，空间占位很小，也会影响该处螺旋的稳定。

α 螺旋可依据侧链基团的极性分为极性、非极性和两性螺旋 3 种。螺旋的极性可影响其在蛋白质空间结构中的位置，如完全非极性的 α 螺旋常位于球状蛋白质分子的内部，两性螺旋常位于球状蛋白质分子表面。

肌红蛋白和血红蛋白分子中有许多肽链段落呈 α 螺旋结构。毛发的角蛋白、肌肉的肌球蛋白以及血凝块中的纤维蛋白，它们的多肽链几乎全长都卷曲成 α 螺旋。数条 α 螺旋状的多肽链尚可缠绕起来，形成缆索，增强其机械强度和伸缩性。

（2）β 折叠（β-pleated sheet）：又称 β 片层（图 1-8）。β 折叠具有以下特点。

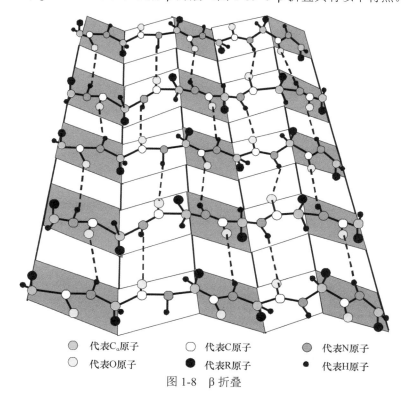

| ⦿ 代表Cα原子 | ○ 代表C原子 | ⦿ 代表N原子 |
| ○ 代表O原子 | ● 代表R原子 | · 代表H原子 |

图 1-8　β 折叠

1）多肽链充分伸展，各肽单元之间以 α-碳原子为旋转点，折叠成锯齿状结构。氨基酸残基侧链及基团交替地位于锯齿状结构的上下方。

2）两条以上肽链或一条肽链内若干肽段的锯齿状结构可平行排列，依靠两条肽链或一条肽链内的两个肽段间的羰基氧与亚氨基上的氢形成氢键，是维持 β 折叠结构的主要次级键，使构象稳定。

3）平行排列的两条以上肽链或一条肽链内若干肽段可以是顺式平行的，也可以是反式平行的，肽链的 N 端在同侧为顺式，不在同侧为反式。顺式 β 折叠结构与反式 β 折叠的结构不同：顺式 β 折叠结构较小，非极性侧链基团分布于片层单侧，常位于球状蛋白质分子外表；反式 β 折叠较大，常超过 5 条链，非极性侧链基团分布于片层的两侧，常位于球状蛋白质分子核心。

（3）β 转角（β-turn）：蛋白质分子多肽链在折叠形成空间构象时，肽链经常会出现 180° 的回折，在这种回折转角处的结构就是 β 转角。β 转角是造成肽链走向发生改变的一种非重复性二级结构。

β转角含有2～16个氨基酸残基，含有5个氨基酸残基以上的转角又称为环（loop）。常见的转角是由4个氨基酸残基组成的结构，甘氨酸和脯氨酸常出现在这种结构中，主要有以下两种类型。

1）类型Ⅰ：构成这种转角结构的4个氨基酸残基中，第一个氨基酸残基的羰基氧和第4个氨基酸残基的亚氨基氢之间形成氢键。这种转角的第2个氨基酸残基大都是脯氨酸。

2）类型Ⅱ：这种类型的β转角结构中，第2个氨基酸残基大都是脯氨酸，第3个氨基酸残基往往是甘氨酸。

β转角常发生在球状蛋白质分子的表面，这与蛋白质的生物学功能相关。在蛋白质肽链中还会出现由6～16个氨基酸残基组成的类似转角紧密结构，形态像希腊字母 Ω 的一小段结构，称为Ω-环。Ω-环含亲水基团，常分布在球状蛋白质表面，一般具有分子识别功能。

（4）无规卷曲（random coil）：是指蛋白质分子中存在的有序非重复性且无确定规律性的肽链构象，也泛指那些不能被归入明确结构的二级结构类型。这部分肽链的肽键平面不规则排列，受侧链相互作用的影响很大，属于松散的无规律性卷曲。"无规卷曲"对于某一类蛋白质分子是具有明确而稳定结构的，常构成酶的活性部位或蛋白质特异的功能部位。

（二）超二级结构

超二级结构（super-secondary structure）是指在多肽链内顺序上相互邻近的二级结构常常在空间折叠中靠近，彼此相互作用，形成规则的二级结构聚集体。超二级结构有五种形式：α螺旋组合（αα）、β折叠组合（βββ）、α螺旋β折叠组合（βαβ）、希腊图案样折叠形式和βαβαβ组合形式。其中，以βαβ组合最为常见（图1-9）。超二级结构可直接作为三级结构的"建筑块"或结构域的组成单位。

图1-9　蛋白质的超二级结构

A. α螺旋组合（αα）；B. β折叠组合（βββ）；C. α螺旋β折叠组合（βαβ）；D. 希腊图案样折叠；E. βαβαβ组合

1. αα组合形式　这种组合是以一个环区域连接两个α螺旋的超二级结构。如钙调蛋白中钙结合区域EF手形结构，EF手形结构提供了一个维持钙配基的支架用于结合和释放钙。

2. βββ组合形式　（β折叠）-（β转角）-（β折叠）是两条反向平行的β折叠链，通过一个β转角（环）相连接构成的超二级结构。两条β链之间的转角长度不等，一般为2～5个残基。

3. α螺旋β折叠组合形式　即βαβ组合。βαβ组合实际上由β折叠-环1-α螺旋-环2-β折叠组成。此结构在具有平行β回折的每一种蛋白质结构中均存在。在这样的结构中，与β折叠的羧基

端和 α 螺旋的氨基端相连的环 1 常含有功能性结合部位或活性部位，而另一个与 β 折叠的氨基端和 α 螺旋的羧基端相连的环 2 则尚未发现与活性部位有关。例如，锌指（zinc finger）结构就含有一个典型的 βαβ 组合形式，它由一个 α 螺旋和两个反向平行的 β 折叠 3 个肽段构成。

4. 希腊图案样折叠形式　4 个邻近的反向平行 β 折叠通常被排列为类似于古希腊装饰图案，因此被称作希腊图案样折叠，常见于蛋白质结构中。

5. βαβαβ 组合形式　又称罗斯曼（Rossmann）折叠模式，是一种由两个重复的部分组成，每个部分包括 3 个平行的 β 折叠与两对 α 螺旋形成 β-α-β-α-β 的拓扑结构的蛋白质结构基序，常见于核苷酸结合蛋白质，特别是辅因子烟酰胺腺嘌呤二核苷酸（NAD）结合蛋白。

蛋白质二级结构主要强调的是蛋白质主链肽单元在空间的相对空间位置，不仅包括我们可以分辨出的有规律的肽单元结构，如螺旋、折叠、转角（环）单位以及由这些单位相互组合的所谓超二级结构，还包括大量没有固定规律空间走向的，称为"无规卷曲"的肽单元结构。那些有规律的肽单元结构组合与组成这些肽单元的氨基酸残基侧链基团进一步组成模体结构。

模体（motif）是蛋白质中具有特定空间构象和特定功能的区域，包含主链和侧链的构象，实际上可以将模体看成是蛋白质局部二级结构和氨基酸残基侧链基团的聚合体。

模体可以是多肽链中相邻的二级结构的聚合体，称为功能模体（functional motif）或结构模体（structural motif），相当于超二级结构的三级结构，如锌指结构就含有一个 βαβ 组合形式的超二级结构，它由 1 个 α 螺旋和 2 个反向平行 β 折叠的 3 个肽段构成（图 1-10）。此模体的 N 端有一对半胱氨酸残基，C 端有一对组氨酸残基，这 4 个残基在空间上形成一个洞穴，恰好容纳一个 Zn^{2+}。由于 Zn^{2+} 可稳定模体中的 α 螺旋结构，保证 α 螺旋嵌在 DNA 大沟中，因此，一些转录调节因子都含有锌指结构，能与 DNA 或 RNA 结合。

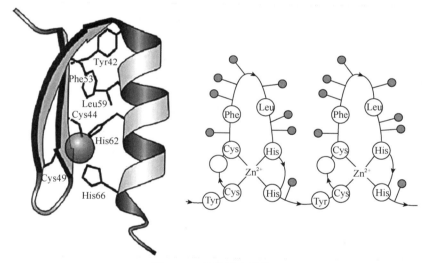

图 1-10　锌指结构模体

模体也可以是由不同肽链相互靠近形成的功能单位。例如，亮氨酸拉链结构就是两组平行走向，带亮氨酸的 α 螺旋形成的对称二聚体（图 1-11）。每条肽链上的亮氨酸残基，侧链上 R 基团的分支碳链，又刚好互相交错排列。亮氨酸拉链结构常出现于真核生物 DNA 结合蛋白的 C 端，它们往往与癌基因表达调控功能有关。

蛋白质中的模体也可以不含超二级结构，而仅由几个氨基酸残基组成。例如，纤连蛋白中能与其受体结合的肽段，只是 RGD（精氨酸、甘氨酸、天冬氨酸）三肽。RGD 序列由精氨酸、甘氨酸和天冬氨酸组成，存在于多种细胞外基质中，可与 11 种整合素特异性结合，能有效地促进细胞对生物材料的黏附。

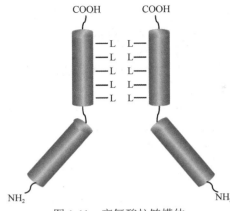

图 1-11 亮氨酸拉链模体

（三）蛋白质的三级结构

蛋白质的三级结构（tertiary structure）是指整条肽链中全部氨基酸残基的相对空间位置，也就是整条肽链所有原子在三维空间的排布位置。蛋白质三级结构的形成和稳定主要靠次级键——疏水键、离子键（盐键）、氢键和范德瓦耳斯（van der Waals）力等。疏水性氨基酸的侧链 R 基为疏水基团，有避开水、相互聚集而藏于蛋白质分子内部的自然趋势，这种结合力称为疏水键（图 1-12）。

肌红蛋白（myoglobin，Mb）是由 153 个氨基酸残基构成的单条肽链的蛋白质，含有 1 个血红素辅基，可进行可逆的氧合和脱氧。图 1-13 显示肌红蛋白的三级结构。它有 A～H 8 个螺旋区，两个螺旋区之间有一段无规卷曲，脯氨酸位于转角处。由于侧链 R 基团的相互作用，多肽链缠绕，形成一个球状分子，球表面主要有亲水侧链，疏水侧链则位于分子内部。肌红蛋白分子中，有一个"口袋"状空隙，可嵌入一个血红素分子，可进行可逆的氧合和脱氧，这种非蛋白部分称为辅因子（辅基）。含辅基的蛋白质为结合蛋白质，不含辅基的蛋白质为单纯蛋白质。辅基是结合蛋白质发挥生物活性功能的必要组成部分。

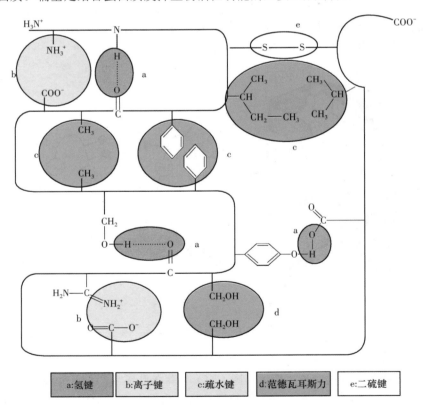

| a:氢键 | b:离子键 | c:疏水键 | d:范德瓦耳斯力 | e:二硫键 |

图 1-12 维持蛋白质分子构象的各种化学键

分子量大的蛋白质三级结构常可分割成一个和数个球状或纤维状的区域，具有一些特定功能，称为结构域（structural domain）。结构域是多肽链中折叠得较为紧密的区域，能被 X 射线衍射测定或电子显微镜观察，可同蛋白质的其他部分相区别。

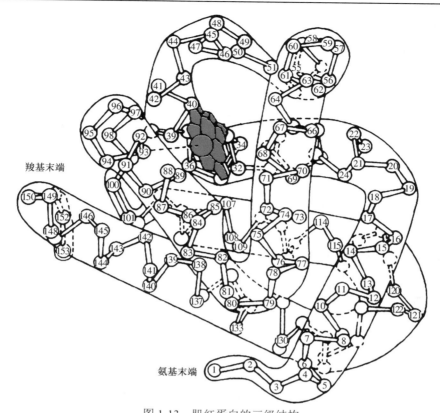

图 1-13　肌红蛋白的三级结构

螺旋中虚线示氢键，㊈号氨基酸指向蓝色区域虚线示配位键

　　结构域由 100～200 个氨基酸残基组成，常有一些结构特点，如富含一些特殊的氨基酸，如富含甘氨酸或脯氨酸的结构域。结构域常与一些特定功能有关，如同催化活性有关（激酶结构域），或同结合功能有关（如膜结合域、DNA 结合域）等。

　　分子量大的蛋白质常有多个结构域，如纤连蛋白（fibronectin），它由两条多肽链通过近 C 端的两个二硫键相连而成，含有 6 个结构域，各个结构域分别执行一种功能，有可与细胞、胶原、DNA 和肝素等结合的结构域。

　　结构域是蛋白质空间结构中二级结构与三级结构之间的一个层次（可以定为局部三级结构）。结构上和功能上的结构域是蛋白质三级结构的模块。分子量大的蛋白质像是由马赛克样的不同结构域组成，并完成不同的功能（图 1-14）。

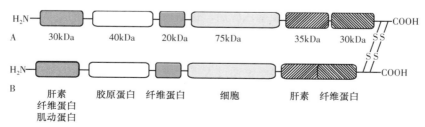

图 1-14　纤连蛋白分子的结构域

A、B 代表两条肽链

（四）蛋白质的四级结构

在体内有许多蛋白质分子含有两条或两条以上多肽链，才能具备其完整的生物学功能。每一条多肽链都有其完整的三级结构，称为蛋白质的亚基（subunit），亚基与亚基之间呈特定的三维空间排布，并以非共价键相连接。这种蛋白质分子中各个亚基的空间排布及亚基接触部位的布局和相互作用，称为蛋白质的四级结构（quaternary structure），由两个或两个以上的亚基或单体组成的蛋白质称为寡聚蛋白。在四级结构中，各个亚基间的结合力主要是疏水键，氢键和离子键也参与维持四级结构。亚基间次级键的结合比二、三级结构疏松，因此在一定的条件下，四级结构的蛋白质中的亚基可相互分离，而亚基本身构象仍可基本不变。含有四级结构的蛋白质，单独存在的亚基一般没有生物学功能，只有完整的四级结构寡聚体才具有生物学功能。一种蛋白质中，亚基结构可以相同，也可以不同。血红蛋白（hemoglobin，Hb）是由 2 个 α 亚基和 2 个 β 亚基组成的四聚体，两种亚基的三级结构颇为相似，且每个亚基都结合有 1 个血红素（heme）辅基（图 1-15）。4 个亚基通过数个离子键、氢键及疏水作用力相连，形成血红蛋白的四聚体，具有运输氧和 CO_2 的功能。但每个亚基单独存在时，虽可结合氧且与氧亲和力很强，但在体内组织中难于释放氧，故不发挥运输氧的生物学功能。

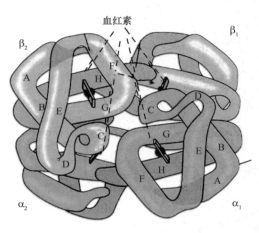

图 1-15　蛋白质的四级结构：Hb 结构示意图

第三节　蛋白质结构与功能的关系

研究蛋白质结构与功能的关系，是从分子水平上认识生命现象的一个极为重要的领域。各种蛋白质都有其特定的生物学功能，而这些功能又都以蛋白质分子特定的结构为基础。

一、蛋白质的一级结构与功能的关系

（一）蛋白质的一级结构是空间构象的基础

安芬森（Anfinsen）在研究核糖核酸酶时提出了"一级结构决定高级结构"这一著名论断。例如，核糖核酸酶是由 124 个氨基酸残基组成的一条多肽链，分子中 8 个半胱氨酸的巯基构成 4 个二硫键，进而形成具有一定空间构象的球状蛋白质。用变性剂尿素和还原剂 β-巯基乙醇处理该酶溶液，分别破坏次级键和二硫键，使其空间结构被破坏，但肽键不受影响，一级结构仍保持完整，酶变性失去活性。用透析方法除去尿素和 β-巯基乙醇后，核糖核酸酶又从无序的多肽链卷曲折叠成天然酶的空间结构，酶从变性状态复性，核糖核酸酶的活性又恢复至原来水平。这充分证明，只要其一级结构未被破坏，就可能恢复原来的三级结构，功能依然存在。所以，多肽链中氨基酸的排列顺序是蛋白质空间结构的基础。我国科学家通过人工合成牛胰岛素也证实了蛋白质一级结构决定其空间结构的假设。但蛋白质空间结构形成还需其他因素参与，如分子伴侣热激蛋白对空间构象正确形成有重要作用。

（二）蛋白质一级结构不同，生物学功能各异

升压素（又称加压素）与催产素都是由垂体后叶分泌的九肽激素，它们分子中仅有两个氨基酸的差异，但二者的生理功能却有根本的区别。加压素能促进血管收缩，升高血压及促进肾小管对水分的重吸收，表现为抗利尿作用；而催产素则能刺激子宫平滑肌引起子宫收缩，表现为催产功能。其结构如下：

$$\text{加压素}\quad \overset{\displaystyle \overline{}\text{S—S}\overline{}}{\text{H}_2\text{N-Cys-Tyr-Phe-Glu-Asp-Cys-Pro-Arg-Gly}}$$

$$\text{催产素}\quad \overset{\displaystyle \overline{}\text{S—S}\overline{}}{\text{H}_2\text{N-Cys-Tyr-Ile-Glu-Asp-Cys-Pro-Leu-Gly}}$$

■（三）一级结构"关键"部位变化，其生物活性也会改变或丧失

促肾上腺皮质激素（adrenocorticotropic hormone，ACTH），由 39 个氨基酸残基组成。不同种类哺乳动物的 ACTH，其 N 端 1～24 个氨基酸残基相同，若切去第 25～39 个氨基酸残基片段，留下第 1～24 个氨基酸残基的短肽仍具有全部活性。若在 N 端切去一个氨基酸残基，会使活性明显降低。这表明第 1～24 个氨基酸残基是 ACTH 的关键部分，一旦发生变化，将导致生物活性的改变。

■（四）一级结构中"关键"部分相同，其功能也相同

不同哺乳动物的胰岛素（insulin）都是由含有 21 个氨基酸残基的 A 链和含有 30 个氨基酸残基的 B 链组成的。其中有 24 个氨基酸残基是恒定不变的，它们都是胰岛素降低血糖，调节糖代谢的功能所必需的结构。其他氨基酸残基的差异，不影响胰岛素的功能。这些恒定不变的氨基酸残基和形成二硫键的半胱氨酸，就是对胰岛素功能起"关键"作用的部分。而那些可变的氨基酸残基对胰岛素分子空间结构不起多大作用，故不影响其生物活性。

■（五）一级结构变化与分子病

基因突变可导致蛋白质一级结构的变化，继而使蛋白质空间结构及生物学功能发生改变，如镰状细胞贫血（sickle cell anaemia），其患者血红蛋白（HbS）就是正常成人血红蛋白（主要成分为 HbA）在 β 链第 6 位的谷氨酸突变为缬氨酸。带负电的酸性氨基酸谷氨酸被中性氨基酸缬氨酸所取代，因此 HbS 的疏水性明显增加，使血红蛋白的溶解度降低。镰状细胞不能像正常细胞那样通过毛细血管，易破裂，导致红细胞减少，产生溶血性贫血。

$$\begin{array}{llcccccccc} & & 1 & 2 & 3 & 4 & 5 & 6 & 7 & 8 \\ \text{HbA} & \text{H}_2\text{N-} & \text{Val-} & \text{His-} & \text{Leu-} & \text{Thr-} & \text{Pro-} & \text{Glu-} & \text{Glu-} & \text{Lys-} \end{array}$$

$$\begin{array}{llcccccccc} & & 1 & 2 & 3 & 4 & 5 & 6 & 7 & 8 \\ \text{HbS} & \text{H}_2\text{N-} & \text{Val-} & \text{His-} & \text{Leu-} & \text{Thr-} & \text{Pro-} & \text{Val-} & \text{Glu-} & \text{Lys-} \end{array}$$

二、蛋白质的空间结构与功能的关系

■（一）酶原的激活

有些酶在细胞内合成与初分泌时没有催化活性，这种无催化活性的酶的前体称为酶原（zymogen）。使无活性的酶原转变为有活性的酶，称为酶原的激活。酶原的激活过程实质上是通过除去部分肽链片段，使酶蛋白空间结构发生变化，生成或暴露出催化作用必需的"活性中心"，这样才使酶表现出生物活性。例如，胃蛋白酶、胰蛋白酶、胰凝乳蛋白酶等蛋白水解酶类，都是以酶原形式存在。其中，胰蛋白酶原经肠激酶作用，水解掉一分子的 6 肽，肽链中的丝氨酸与组氨酸互相靠近，空间结构发生改变，形成活性中心，变成有催化活性的胰蛋白酶。若胰蛋白酶在理化因素作用下，空间结构发生改变，活性中心破坏，酶活性也就丧失。

■（二）蛋白质的变构作用

一些蛋白质由于受某些因素作用，其一级结构不变，而空间构象发生一定的变化，导致其生物学功能的改变，称为蛋白质的变构作用（或变构效应）。变构作用是调节蛋白质生物学功能普遍而有效的方式，如酶的变构调节、血红蛋白的变构作用等。在蛋白质与其他分子的相互作用中能与蛋白质可逆结合的其他分子称为配体。

血红蛋白（Hb）是由 4 个亚基（$\alpha_2\beta_2$）组成的具有四级结构的蛋白质（图 1-15）。每个亚基

可结合 1 个血红素（图 1-16）并携带 1 分子氧。血红素上的 Fe^{2+} 能够与氧进行可逆结合。Hb 亚基间及亚基内有 8 对盐键（图 1-17），使 4 个亚基紧密结合形成亲水的球状蛋白质。

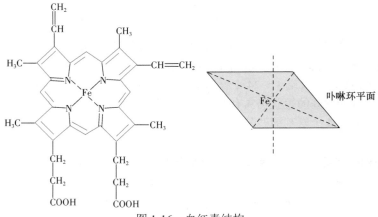

图 1-16　血红素结构

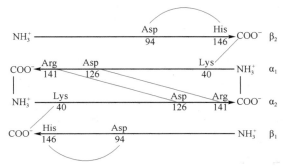

图 1-17　脱氧 Hb 亚基间和亚基内的盐键

血红蛋白与 O_2 结合的氧解离曲线呈 S 形特征，这与其空间构象变化有关。Hb 未结合氧时，结构较为紧密，称为紧张态（tense state，T 态），T 态 Hb 与 O_2 的亲和力小。随着 Hb 与 O_2 结合，4 个亚基之间的盐键断裂，其二级、三级和四级结构也发生变化，Hb 的结构显得较为松弛，称为松弛态（relaxed state，R 态）。Hb 氧合和脱氧时，T 态和 R 态相互转换（图 1-18）。T 态转变成 R 态是逐个结合 O_2 而完成的。在脱氧 Hb 中，Fe^{2+} 的半径比卟啉环中间的孔大，因此 Fe^{2+} 不能进入卟啉环的小孔，高出卟啉环平面 0.075nm。当第 1 个 O_2 与血红素 Fe^{2+} 结合后，氧的电负性使 Fe^{2+} 的半径变小，可进入到卟啉环中间的小孔中（图 1-19），引起 F 肽段微小的移动，继而造成两个 α 亚基间盐键断裂，使亚基间结合松弛。这种构象的轻微变化可促进第 2 个亚基与 O_2 结合，最后使 4 个亚基都结合 O_2, Hb 处于 R 态。这种带 O_2 的 Hb 亚基协助不带 O_2 的 Hb 亚基结合 O_2 的现象，称为协同效应。O_2 与 Hb 结合后引起 Hb 的构象变化，称为血红蛋白的变构效应/别构效应（allosteric effect）。小分子 O_2 称为变构剂/效应物（effector）。Hb 则称为变构蛋白/别构蛋白（allosteric protein）。变构效应不仅发生在 Hb 与 O_2 之间，一些酶与变构剂的结合，配体与受体结合也存在着变构效应，所以它具有普遍意义。

三、蛋白质的化学修饰与功能的关系

蛋白质的化学修饰是指通过某些方法使蛋白质分子的结构发生改变，从而改变蛋白质的性质和功能。蛋白质化学修饰是蛋白质活性调节的主要方式，也是影响蛋白质分子间相互作用的重要方式，因此在细胞增殖、代谢调节、基因表达调控等重要细胞活动中都具有十分重要的作用。

▊（一）蛋白质成熟过程的化学修饰

多数蛋白质多肽链翻译完成后，需要经过一定的加工和修饰，才能成为具有一定构象和功能的成熟蛋白质。翻译后加工包括多肽链折叠、二硫键生成、亚基聚合、肽段水解切除，以及某些氨基酸残基侧链基团的化学修饰等。

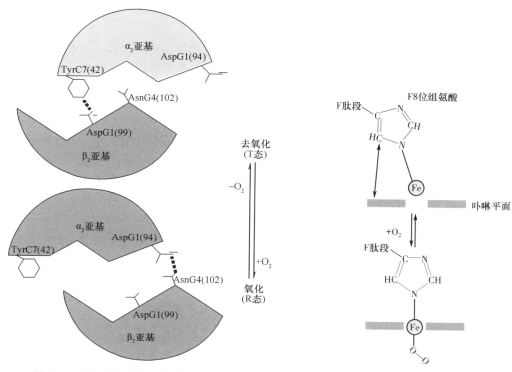

图 1-18 Hb 氧合和脱氧构象变化示意图　　　　图 1-19 血红素与 O_2 结合，Fe^{2+} 进入卟啉环小孔

除了丙氨酸、甘氨酸等少数几个氨基酸外，其他氨基酸残基的侧链都可被修饰。常见的修饰有磷酸化、乙酰化、泛素化、糖基化、甲基化、羟化、核苷酸化、糖苷共价修饰、脂质共价修饰等，如羟脯氨酸和羟赖氨酸，就是在肽链合成后由相应氨基酸残基的侧链经羟化修饰形成的。

（二）酶活性的化学修饰调节

酶活性的化学修饰（chemical modification）也称为共价修饰（covalent modification），是指酶蛋白多肽链上的侧链基团与某些化学基团共价结合或分离，使酶处于活性与非活性的互变状态，从而改变酶的活性。活性与非活性的互变，通常是由其他两种酶催化的两个不可逆反应，受到激素的调控。常见的酶的化学修饰调节有磷酸化与去磷酸化、乙酰化与去乙酰化、甲基化与去甲基化以及腺苷化与去腺苷化等，以磷酸化与去磷酸化修饰最常见。

如糖原合成的关键酶——糖原合酶有 a、b 两种形式，糖原合酶 a 有活性，发生磷酸化转化为糖原合酶 b 后即失去活性。胰高血糖素和肾上腺素能提高细胞内第二信使环磷酸腺苷（cAMP）的浓度，促进糖原合酶发生磷酸化，使糖原合酶失活，抑制糖原合成过程。

（三）蛋白质的化学修饰在生物医学中的应用

蛋白质和多肽作为药物已经越来越多地用于生物医学领域，但常由于异体蛋白具有免疫原性，且在体内半衰期太短而无法起到理想的治疗作用。利用蛋白质的化学修饰，如乙酰化、烷基化等，可以改变蛋白质的药物代谢动力学，调节蛋白质的稳定性及活性。聚乙二醇（polyethylene glycol，PEG）修饰是目前蛋白质化学修饰最重要的技术之一。

PEG 是由乙二醇单体聚合而成的线性高分子材料，无毒，有良好的生物相容性和血液相容性。1991 年第一种 PEG 修饰的蛋白药物 PEG-腺苷酸脱氨酶（PEG-ADA）被美国食品药品监督管理局（FDA）批准上市。PEG 修饰可以降低蛋白药物的免疫原性，降低毒副作用，增加其稳定性，延长血浆半衰期。

第四节　蛋白质的理化性质

蛋白质由氨基酸组成，因此其理化性质必定有一部分与氨基酸相同或相关，如两性解离及等电点、紫外吸收性质、呈色反应等。同时，蛋白质又是由许多氨基酸组成的高分子化合物，也必定有一部分理化性质与氨基酸不同，如高分子量、胶体性质、沉淀、变性和凝固等。

一、蛋白质的两性解离与等电点

蛋白质由氨基酸组成，其分子末端有自由的 $\alpha\text{-NH}_3^+$ 和 $\alpha\text{-COO}^-$，蛋白质分子中氨基酸残基侧链也含有可解离的基团，包括赖氨酸的 $\epsilon\text{-NH}_3^+$、精氨酸的胍基、组氨酸的咪唑基、谷氨酸的 $\gamma\text{-COO}^-$ 和天冬氨酸的 $\beta\text{-COO}^-$ 等。这些基团在一定 pH 溶液条件下可以结合与释放 H^+，解离成带正电荷和负电荷的基团，这就是蛋白质两性解离的基础。在某一 pH 溶液中，蛋白质解离成正、负离子的趋势相等，净电荷为零，此时溶液的 pH 称为蛋白质的等电点（isoelectric point，pI）。

当蛋白质溶液的 pH 大于等电点时，该蛋白质净带负电荷；反之，则净带正电荷（图 1-20）。

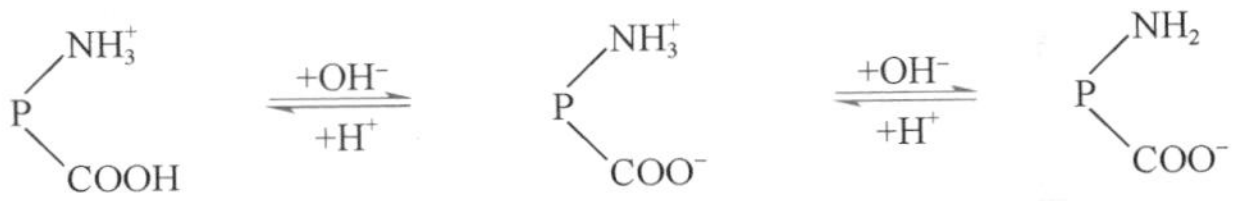

图 1-20　蛋白质两性解离示意图

各种蛋白质的等电点不同，但大多数接近于 pH 5.0。所以，在人体组织体液 pH 7.4 环境下，大多数蛋白质解离成阴离子。少数蛋白质含碱性氨基酸较多，因而其分子中含有较多自由氨基，故其等电点偏于碱性，称碱性蛋白质，如组蛋白、细胞色素 c 等。也有少数蛋白质含酸性氨基酸较多，其分子也因之含有较多的羧基，故其等电点偏于酸性，此类蛋白质称为酸性蛋白质，如蚕丝蛋白、胃蛋白酶等。

在等电点时，蛋白质兼性离子带有相等的正、负电荷，成为中性微粒，在溶液中不稳定而易于沉淀。

二、蛋白质的胶体性质

（一）蛋白质的分子量和透析

蛋白质是生物大分子，分子量一般为 1 万至数百万。例如，细胞色素 c 分子量约为 13kDa，牛肝谷氨酸脱氢酶为 1 460kDa，而烟草花叶病毒的某些蛋白质分子量更是高达 37 000kDa。蛋白质的分子直径为 1～100nm，属于胶体颗粒范围。利用蛋白质的高分子性质可将其与小分子物质分开，也可以将大小不同的蛋白质分离。蛋白质胶体的颗粒很大，不能透过半透膜。半透膜的特点是只允许小分子通过，而大分子物质不能通过。利用半透膜的透析袋可将含有杂质的蛋白质进行纯化，称为透析。

（二）蛋白质亲水胶体的稳定因素

蛋白质水溶液是一种比较稳定的亲水胶体。蛋白质形成亲水胶体需要两个基本的稳定因素。

1. 蛋白质表面具有水化膜　由于球形蛋白质分子表面有许多亲水基团，易于结合水分子。一般每克蛋白质可结合 0.3～0.5g 水，形成水化膜。水化膜阻断蛋白质颗粒相互聚集，防止蛋白质沉淀析出，是维持蛋白质胶体稳定的重要因素之一。

2. 蛋白质表面具有同性电荷　蛋白质溶液在非等电点状态时，蛋白质颗粒皆带有同性电荷，即在酸性溶液时带正电荷，在碱性溶液时带负电荷。同性电荷相斥，是维持蛋白质胶体稳定的第二个重要因素。

若去掉这两个稳定因素，蛋白质就极易从溶液中沉淀析出（图1-21）。

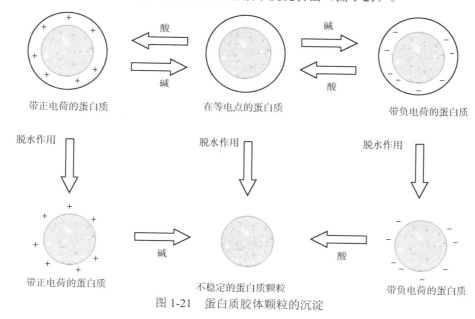

图 1-21　蛋白质胶体颗粒的沉淀

三、蛋白质的变性、复性和沉淀

（一）蛋白质的变性

在某些理化因素的作用下，蛋白质的空间构象发生改变或破坏，即从有序的空间结构变成无序的空间结构，从而导致其理化性质改变，尤其是生物活性丧失，称为蛋白质变性（denaturation）。

1. 蛋白质变性的影响因素　蛋白质变性的因素有多种，主要是一些物理因素和化学因素。物理因素有加热、紫外线照射、超声波和剧烈振荡等；化学因素有强酸、强碱、有机溶剂、重金属离子和生物碱试剂等。

2. 蛋白质变性的实质　蛋白质变性的实质是蛋白质空间构象的改变或破坏，即维持空间构象稳定的各种非共价键和二硫键被破坏，而维持一级结构稳定的肽键并未发生断裂，一级结构中氨基酸的排列顺序没有改变。

3. 蛋白质变性的后果　蛋白质变性后，其生物学活性丧失，如酶失去了催化作用等。此外，蛋白质的理化性质也会发生改变，如溶解度降低易发生沉淀，黏度增加，易被蛋白酶水解等。蛋白质的变性不仅对研究蛋白质的结构与功能有重要的理论意义，对医药生产和应用亦有重要的指导作用。变性因素常被用来消毒及灭菌；在分离、制备具有生物活性的酶和生物制药时，必需尽量避免蛋白质的变性。

（二）蛋白质的复性

若蛋白质变性程度较轻，去除变性因素后，有些蛋白质仍可恢复或部分恢复其原有的构象和功能，称为复性（renaturation）。如图1-22所示，在核糖核酸酶溶液中加入尿素和β-巯基乙醇，可破坏核糖核酸酶分子中的氢键和4对二硫键，使其空间构象遭到破坏，丧失生物活性。变性后如经透析方法去除尿素和β-巯基乙醇，核糖核酸酶又恢复其原有的构象，生物学活性也几乎全部重现。但是许多蛋白质变性后，空间构象被严重破坏，不能复原，称为不可逆性变性。

（三）蛋白质沉淀

蛋白质变性后，疏水侧链暴露在外，肽链融汇相互缠绕继而聚集，因而从溶液中析出，这一现象被称为蛋白质沉淀。变性的蛋白质易于沉淀，有时蛋白质发生沉淀，但并不变性。蛋白质经强酸、强碱作用发生变性后，仍能溶解于强酸或强碱溶液中，若将 pH 调至等电点，则变性蛋白质立即结成絮状的不溶解物，此絮状物仍可溶解于强酸和强碱中。如再加热则絮状物可变成比较坚固的凝块，此凝块不易再溶于强酸和强碱中，这种现象称为蛋白质的凝固作用（protein coagulation）。实际上凝固是蛋白质变性后进一步发展的不可逆的结果。

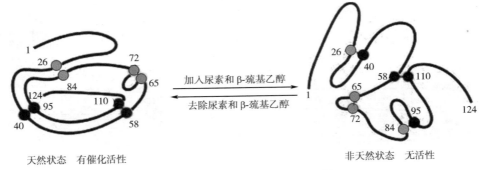

图 1-22　牛核糖核酸酶的变性与复性

四、蛋白质的紫外吸收性质及呈色反应

（一）蛋白质的紫外吸收性质

由于蛋白质多肽链分子内部存在着共轭双键色氨酸残基和酪氨酸残基，在 280nm 处有一强吸收峰，280nm 处吸光度的测定常用于蛋白质的定量。此外，蛋白质的肽键在 200～220nm 处也有一吸收峰。

（二）蛋白质的呈色反应

蛋白质分子中的肽键和许多侧链基团均可与一些特定的试剂发生呈色反应。这些呈色反应常用于蛋白质的定性与定量。

蛋白质分子中的肽键和许多侧链基团均可与一些特定的试剂发生呈色反应。这些呈色反应常用于蛋白质的定性与定量。

1. 双缩脲反应　在碱性溶液中，Cu^{2+} 可与蛋白质分子中肽键形成紫红色络合物。蛋白质和多肽中均有两个以上肽键，与双缩脲有一定联系，因此它们都具有这一呈色反应。因氨基酸无此反应，此法还可用于检测蛋白质的水解程度。水解越完全，则颜色越浅。双缩脲反应对蛋白质的检出量为 1～20mg。

2. 酚试剂呈色反应　该法是最为常用的蛋白质定量方法，也称劳里（Lowry）法。此法除蛋白质分子中肽键与碱性铜发生双缩脲反应外，蛋白质分子中的色氨酸与酪氨酸残基还将试剂中的磷钨酸和磷钼酸盐还原生成蓝色化合物（钼蓝）。酚试剂法很灵敏，可检测 5μg 的蛋白质。

3. 米伦反应　蛋白质溶液中加入米伦试剂（亚硝酸、硝酸汞及硝酸的混合液），加热产生红色沉淀，此为酪氨酸所特有的反应，因此含有酪氨酸的蛋白质也可发生米伦反应。

4. 黄色反应　含芳香环氨基酸残基的蛋白质遇到浓硝酸可产生黄色产物。

5. 坂口反应　蛋白质分子中精氨酸残基侧链的胍基在碱性溶液中与次氯酸盐（或次溴酸盐）和 α-萘酚作用产生红色的产物。

6. 乙醛酸反应　蛋白质分子中色氨酸残基侧链含吲哚基，该基团在浓硫酸中可与乙醛酸反应形成紫红色物质。

7. 巯基呈色反应　蛋白质分子中半胱氨酸残基侧链含巯基，在碱性环境下可与亚硝基铁氰化钠反应生成紫色化合物。

第五节 蛋白质分子异常与疾病

一、蛋白质分子结构异常与疾病

（一）蛋白质一级结构的改变与疾病

蛋白质的一级结构是空间结构与功能的基础，其中参与功能活性部位的氨基酸残基或处于特定构象关键部位的氨基酸残基改变，往往会导致蛋白质功能改变。很多疾病是由遗传原因而造成的蛋白质分子结构或合成量异常，这样的疾病统称为"分子病"。有时仅仅一个氨基酸残基异常也可能导致蛋白质功能的异常而引发疾病，如镰状细胞贫血。

1949 年，鲍林（Pauling）等应用电泳技术发现镰状细胞贫血是由红细胞中含有异常的血红蛋白所引起，这种血红蛋白被称为血红蛋白 S（HbS）。正常成人血红蛋白（主要成分为 HbA）是由两条 α 链和两条 β 链构成的四聚体，其中每条肽链都以非共价键与一个血红素相连接。镰状细胞贫血患者的血红蛋白（HbS）较正常血红蛋白 HbA 在一级结构上发生了变化，β 链第 6 位谷氨酸（Glu）被缬氨酸（Val）取代。带负电的极性氨基酸 Glu 被中性氨基酸 Val 所取代，因此 HbS 的疏水性明显增加，使血红蛋白的溶解度降低。这种疏水作用导致脱氧 HbS 之间在低氧分压下发生聚合作用，分子间发生黏合形成线状巨大分子而沉淀。红细胞内 HbS 浓度较高时（纯合子状态），对氧亲和力显著降低，加速氧的释放。患者虽能耐受严重缺氧，但在脱氧情况下，疏水的 Val 正好可结合另一血红蛋白分子 β 链 EF 角上的"口袋"，这使两条血红蛋白链互相"锁"在一起，最终与其他血红蛋白共同形成一个不溶的长柱形螺旋 Hb 长链（图 1-23A），使红细胞扭旋成镰刀形。镰状细胞贫血的分子机制总结如图 1-23B。

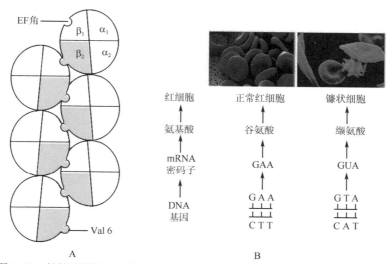

图 1-23 长柱形螺旋 Hb 长链（A）及镰状细胞贫血的发病机制示意图（B）

EF，螺旋-环-螺旋

正常人红细胞为圆形且富有弹性，容易穿过血管，而镰状细胞贫血患者异常血红蛋白使红细胞变得僵硬，显微镜下呈现类似镰刀的"C"形，这种僵硬的镰状细胞无法通过毛细血管，加上血红蛋白的凝胶化使血液的黏滞度增大，堵塞微血管，从而切断微血管对附近部位的供血，引起局部组织器官缺血缺氧，产生脾肿大、胸腹疼痛（又称作镰状细胞痛性危象）等临床表现。镰状细胞比正常红细胞更容易衰老死亡，从而导致贫血。本病无特殊治疗，溶血发作时可予供氧、补液和输血等支持疗法。随着医学的飞跃发展，目前基因疗法或许在未来的十年里可以达到治愈镰状细胞贫血的目的。治疗时，从患者的骨髓中抽取造血干细胞，并在体外进行基因修改，再将其移植到患者体内。对病患红细胞进行基因改造的方法有多种，其中应用锌指核酸酶对异常的 β 血红蛋白进行基因编辑被证明十分有效。最新崛起的基因编辑技术 CRISPR/Cas9 也为治愈镰状细胞贫血带来了新希望。

（二）蛋白质空间结构的改变与疾病

蛋白质的合成、加工、成熟是一个非常复杂的过程，其中多肽链的正确折叠对其正确构象的形成和功能发挥至关重要。因蛋白质折叠错误或不能折叠而导致构象异常变化引起的疾病，称为蛋白质构象病（protein conformational disease）。有些蛋白质错误折叠后相互聚集形成淀粉样沉淀，该物质抵抗蛋白酶的水解而且具有毒性，可以导致一系列的疾病，包括人纹状体脊髓变性病、阿尔茨海默病、亨廷顿病、疯牛病等。

疯牛病是由朊粒（朊病毒）诱发牛的一种神经性病变。朊粒蛋白（prion protein，PrP）是一类高度保守的糖蛋白，它是对各种理化作用具有很强抵抗力、传染性极强的蛋白质颗粒。该种蛋白质有两种构象：正常型（PrP^c）和致病型（PrP^{sc}）（图 1-24）。正常型朊粒蛋白（PrP^c）广泛表达于脊椎动物细胞表面，二级结构中仅存在 α 螺旋，它可能与神经系统功能维持、淋巴细胞信号转导及核酸代谢等有关。致病型朊粒蛋白（PrP^{sc}）有多个 β 折叠存在，是 PrP^c 的构象异构体，两者之间没有共价键差异。PrP^{sc} 可胁迫 PrP^c 转化为 PrP^{sc}，实现自我复制，并产生病理效应；基因突变可导致正常型 PrP^c 中的 α 螺旋结构不稳定，累积一定量时产生自发性转化，β 折叠增加，最终变为致病型 PrP^{sc}；初始的和新生的 PrP^{sc} 继续攻击正常型 PrP^c，这种类似多米诺效应使致病型 PrP^{sc} 积累，直至致病。

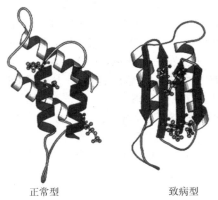

正常型　　　　　　　　致病型

图 1-24　朊粒蛋白

朊粒导致的致死性神经病变同样可以蔓延至人类，包括库鲁病（Kuru disease）、格斯特曼综合征（GSS）、纹状体脊髓变性病或克罗伊茨费尔特-雅各布病（Creutzfeldt-Jakob disease，CJD）、新变异型 CJD（new variant CJD，nvCJD）或称人类疯牛病及致死性家族型失眠症（fatal familial insomnia，FFI）等。典型的症状是痴呆、丧失协调性及神经系统障碍。病理研究表明，随着朊粒的侵入、复制，在神经元树突和细胞本身，尤其是小脑星状细胞和树枝状细胞内发生进行性空泡化，星状细胞胶质增生，灰质中出现海绵状病变。此类疾病有遗传性、传染性和偶发性形式，以潜伏期长、病程缓慢，进行性脑功能紊乱，无缓解康复，终至死亡为特征。由于朊粒致病的复杂性，包括药物及单克隆抗体治疗在内，没有特别有效的治疗方式。然而，研究发现朊粒致病有其特殊的细胞信号转导通路，针对其通路研发靶向药物有可能治疗该病。

二、蛋白质修饰异常与疾病

蛋白质是细胞生命活动的基本单位，其功能除了受到结构的影响之外，还受到修饰的调节。蛋白质的修饰在蛋白质的折叠、细胞内定位、稳定性及正确行使功能等方面发挥着重要的作用，因此蛋白质的修饰与众多疾病的发生发展有着密切的关系。随着分子生物学的发展，越来越多的蛋白质修饰种类被发现，包括磷酸化、乙酰化、泛素化、糖基化、甲基化、羟化等形式。

（一）蛋白质的磷酸化与疾病

磷酸化是指由蛋白质激酶催化的把 ATP 或 GTP 上 γ 位的磷酸基转移到底物蛋白质氨基酸残基上的过程，其逆转过程是由蛋白质磷酸酶催化的，称为蛋白质去磷酸化（图 1-25）。磷酸化是蛋白质修饰的最主要形式。蛋白质磷酸化和去磷酸化几乎调节着生命活动的整个过程，包括细胞的增殖、发育和分化、信号转导、细胞凋亡、神经活动、肌肉收缩、新陈代谢、肿瘤发生等。在细胞信号转导通路中，蛋白质磷酸化是目前所知道的最主要方式。

磷酸化与肿瘤的关系非常密切。某些蛋白质磷酸化失常，往往是导致细胞癌变的重要原因。

比如视网膜母细胞瘤基因（*RB* 基因）是最早发现的抑癌基因，RB 蛋白磷酸化是非活性状态，去磷酸化是活性状态。在正常状态下磷酸化的 RB 蛋白去磷酸化以后，可以抑制 DNA 的合成，使细胞分裂受阻，倘若 RB 蛋白在病理因素下发生磷酸化，会导致其活性丧失，细胞出现非正常的增殖加速，最终致使细胞癌变。

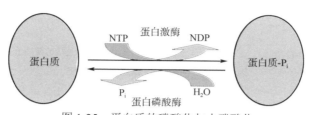

图 1-25 蛋白质的磷酸化与去磷酸化

NTP，核苷三磷酸；NDP，核苷二磷酸；P_i，磷酸基

（二）蛋白质的乙酰化与疾病

蛋白质乙酰化是指在乙酰基转移酶作用下，在蛋白质氨基酸残基上添加乙酰基的过程（图 1-26）。对于蛋白质乙酰化的研究主要集中在组蛋白乙酰化的研究。乙酰化可以通过对组蛋白电荷及相互作用蛋白的影响，来调节核小体结构，进一步影响基因的表达调控。因此组蛋白的乙酰化与众多疾病的发生发展关系密切。研究发现，大部分组蛋白在肿瘤细胞呈低乙酰化状态。组蛋白 H3K18 和 H4K12 乙酰化水平的改变能够促进前列腺癌的发生。目前，组蛋白乙酰化修饰的改变已成为肿瘤检测的一个重要标志。乙酰化修饰除了对组蛋白起调节作用，对非组蛋白功能也具有调节功能。抑癌因子 P53 是第一个被发现的具有乙酰化修饰的非组蛋白。乙酰化作用能够增强 P53 的 DNA 结合能力和反式转录作用，而去乙酰化作用则抑制 P53 依赖的转录作用。动态的乙酰化过程对 P53 发挥肿瘤抑制作用有重要的影响，P53 的乙酰化可以抑制早期肿瘤的生长。

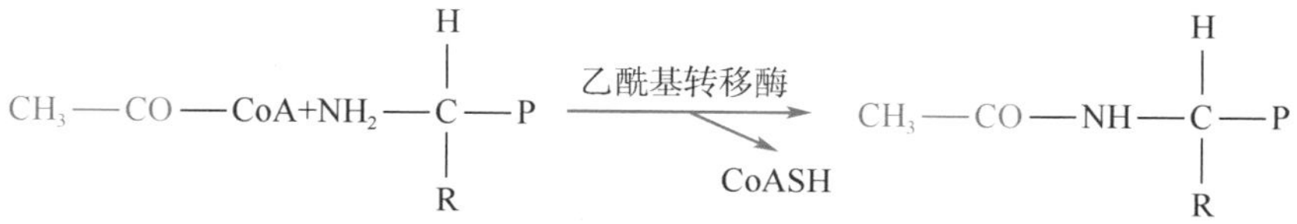

$$CH_3—CO—CoA+NH_2—\overset{\overset{\displaystyle H}{|}}{\underset{\underset{\displaystyle R}{|}}{C}}—P \xrightarrow[\text{CoASH}]{\text{乙酰基转移酶}} CH_3—CO—NH—\overset{\overset{\displaystyle H}{|}}{\underset{\underset{\displaystyle R}{|}}{C}}—P$$

图 1-26 蛋白质的乙酰化

（三）蛋白质的泛素化与疾病

泛素由 76 个氨基酸组成，序列高度保守，在真核细胞中普遍存在。共价结合泛素的蛋白质能被蛋白酶识别并降解，是细胞内短寿命蛋白和一些异常蛋白降解的普遍途径。蛋白质的泛素化需要 3 种酶的协助：泛素激活酶、泛素结合酶和泛素蛋白质连接酶。在它们的协助下需要降解的蛋白质结合泛素，再由蛋白酶体特异性识别泛素标记的蛋白质将其降解。

蛋白质的泛素化异常可导致众多疾病。帕金森病是由于黑质致密部神经元进行性死亡，纹状体多巴胺能神经支配减少，从而导致运动不能、僵硬和震颤。在绝大部分病患中，神经元死亡的原因是多种异常的毒性蛋白沉积，其堆积的直接原因与泛素-蛋白酶系统的功能降低有关。这种现象在其他神经退行性病变如阿尔茨海默病、朊病毒病、肌萎缩侧索硬化等中也存在。

肿瘤的发生也与某些蛋白质的异常泛素化有关。宫颈癌发生与人乳头瘤病毒的感染具有高相关性。该种病毒能够活化细胞内的泛素蛋白质连接酶，使其改变识别模式，错误地对抑癌因子 P53 进行泛素化，使 P53 降解，细胞丧失对受损 DNA 的正常修复功能以及引发程序性细胞死亡的功能，DNA 突变数增加，最终导致细胞癌变。

（四）蛋白质的糖基化与疾病

糖基化是在糖基转移酶的控制下，糖基与蛋白质的氨基酸残基通过糖苷键连接起来，该过程发生于内质网。蛋白质经过糖基化作用，形成糖蛋白。许多蛋白质以糖蛋白的形式存在，包括酶、免疫球蛋白、载体蛋白、激素、毒素、凝集素和结构蛋白。糖蛋白功能涉及细胞识别、信息传递、激素调节、受精、发生、发育、分化、神经系统和免疫系统功能维持等各方面。蛋白质糖基化修饰主要有 N-连接的糖基化和 O-连接的糖基化两种类型。N-连接的糖基化是指 N-乙酰葡糖胺与蛋白质的天冬氨酸残基发生连接；O-连接的糖基化是指将单糖以核苷酸糖的形式逐渐加在多肽的丝氨酸或苏氨酸残基上（图 1-27）。

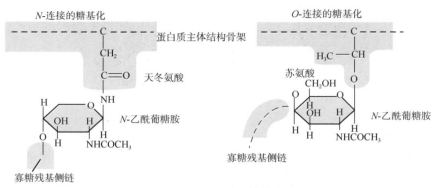

图 1-27　蛋白质的糖基化

连接在蛋白质上的糖链就像"天线"一样，最主要的作用就是接受信息而识别，因此糖链的变化与众多疾病的发生发展密切相关。糖化血红蛋白是人体血液中红细胞内的血红蛋白与血糖结合的产物。糖化血红蛋白的英文编写为 HbA1c。糖化血红蛋白测试通常可以反映患者近 8～12 周的血糖控制情况。由于糖尿病患者糖化血红蛋白的水平与平均血糖的控制相关，针对糖尿病患者进行 HbA1c 检测，可有效反映血糖水平，对于糖尿病的诊断、治疗及预防具有重要的临床价值。在多种类型恶性肿瘤中，蛋白质上的糖链的分叉明显增多，N-乙酰氨基半乳糖重复顺序出现或增加，这些现象往往与肿瘤的恶性程度相关。此外，还有许多感染性疾病的致病机制与特殊的糖基密切相关，如表 1-2 所示。

表 1-2　与感染性疾病相关的特殊糖基

疾病	致病源	致病源凝集素专一性结合的糖
疟疾	疟原虫	与血型糖蛋白 A 的唾液酸结合
结肠炎	肠道原虫、阿米巴原虫	与肠表皮细胞的 N-乙酰葡糖胺结合
尿路感染	大肠埃希菌	与人尿路表皮细胞的半乳糖结合
胃炎/胃溃疡	幽门螺杆菌	与胃黏膜细胞的岩藻糖结合
肺炎	肺炎球菌	与肺膜、脑膜的 N-乙酰葡糖胺结合

小　结

蛋白质是重要的生物大分子，它不仅在生物体内含量丰富，而且具有多种多样的生物学功能。

蛋白质主要由 20 种 L-α-氨基酸组成。这 20 种氨基酸包括非极性疏水性氨基酸、极性中性氨基酸、酸性氨基酸和碱性氨基酸四类。氨基酸为两性电解质，其 α-氨基和 α-羧基均可解离。在溶液的 pH 等于 pI 时，氨基酸呈兼性离子，静电荷为零。氨基酸可通过肽键相连成肽，自然界中有多种活性肽，如谷胱甘肽、促甲状腺素释放激素和神经肽都是体内重要的生物活性肽。

蛋白质分子中的氨基酸自 N 端向 C 端的排列顺序称为蛋白质的一级结构。参与一级结构组成的化学键为肽键。有些蛋白质的一级结构还包括二硫键。蛋白质一级结构是高级结构的基础，但不是唯一决定因素。蛋白质的二级结构指肽链主链骨架原子的相对空间位置，并不涉及氨基酸残基侧链的构象。肽单元是由 6 个原子（$C_{\alpha1}$、C、O、N、H 和 $C_{\alpha2}$）所组成的一个平面，是蛋白质二级结构的基本单位，蛋白质的二级结构主要有 α 螺旋、β 折叠、β 转角和无规卷曲，维系二级结构的稳定主要靠氢键。α 螺旋为右手螺旋，每 3.6 个氨基酸残基螺旋上升一圈，螺距为 0.54nm，氨基酸侧链伸向螺旋外侧。在 β 折叠结构中，多肽链充分伸展，每个肽单元以 C_α 为旋转点，依次折叠成锯齿状结构。氨基酸残基侧链交替位于锯齿状结构的上下方。β 转角常发生于肽链 180° 回折时，第二个氨基酸残基常为脯氨酸。无规卷曲，用来阐述没有确定规律的那部分结构。在许多蛋白质中，有两个或两个以上具有二级结构的肽段在空间上相互靠近，形成一个特殊的空间构象，发挥一定的生物学功能，称模体。三级结构是指多肽链主链和侧链的全部原子的空间排布位置。三级结构的稳定性靠次级键。一些蛋白质的三级结构可形成数个结构域，各结构域都有特殊功能，且相互并不影响。在体内许多蛋白质分子由两条以上多肽链组成，每条多肽链都有完整的三级结构，称亚基。四级结构是指蛋白质亚基之间空间排布及相互作用关系。靠次级键维持稳定，但并非所有的蛋白质都有四级结构。

蛋白质的一级结构是空间构象的基础，决定其特定的空间结构及功能；一级结构相似的蛋白质其空间结构和功能也相近；一级结构不同的蛋白质，生物学功能各异；当蛋白质一级结构关键部位变化时，其生物活性也随之改变，由此引起的疾病称为分子病。蛋白质空间结构的改变可导致蛋白质功能改变，血红蛋白与氧结合的协同效应是一个典型的例子。蛋白质的化学修饰也与其功能密不可分，翻译后加工过程的多肽链修饰使蛋白质成为有活性的成熟蛋白；酶蛋白分子的化学修饰可以调节酶的催化活性；对蛋白药物进行化学修饰可以降低其免疫原性，增加药物稳定性，提高治疗效果。

蛋白质由氨基酸构成，一部分性质与氨基酸相同，如两性解离和等电点、紫外吸收、某些呈色反应等。但蛋白质是由氨基酸借肽键构成的高分子化合物，又有不同于氨基酸的性质，如胶体性质、不易透过半透膜、变性、沉淀、凝固等。根据蛋白质的两性解离特性和在等电点易沉淀的性质，可利用等电点沉淀蛋白质；根据蛋白质分子大、不易透过半透膜的特点，可采用透析去除蛋白质中的小分子杂质。

蛋白质是生命活动的基础分子，异常的蛋白质是众多疾病的分子基础。蛋白质一级结构的改变严重时会造成空间构象和生理功能异常，甚至导致疾病，如镰状细胞贫血。空间结构的改变造成蛋白质功能的异常，神经退行性病变中往往有空间结构异常蛋白质的出现。蛋白质有多种修饰，如磷酸化、乙酰化、泛素化、糖基化等。修饰的异常往往造成蛋白质结构功能发生变化，进而导致疾病发生。

（张海涛）

第一章线上内容

第二章　核酸的结构与功能

核酸（nucleic acid）是以核苷酸为基本组成单位的生物大分子，具有重要的生物学功能，是生物化学与分子生物学研究的重要对象和领域。天然存在的核酸有脱氧核糖核酸（deoxyribonucleic acid，DNA）和核糖核酸（ribonucleic acid，RNA）两类。DNA 存在于细胞核和线粒体内，携带遗传信息，决定着细胞和生命体系的遗传特性；RNA 存在于细胞质、细胞核和线粒体内，参与遗传信息的传递与表达。在有些生物体中，RNA 也可作为遗传信息的载体。

第一节　核酸的分子组成和基本结构

核酸在核酸酶的作用下可水解成核苷酸。核苷酸则可以进一步水解为核苷（nucleoside）和磷酸。核苷再进一步水解生成碱基（base）和戊糖。碱基有两大类：嘌呤碱基和嘧啶碱基。戊糖也有两类：核糖和脱氧核糖。核酸的分子组成见图 2-1。核酸的分类就是根据所含戊糖种类的不同而分为 DNA 和 RNA。DNA 的基本组成单位是脱氧核糖核苷酸（deoxynucleotide，简称脱氧核苷酸），RNA 的基本组成单位是核糖核苷酸（ribonucleotide）。

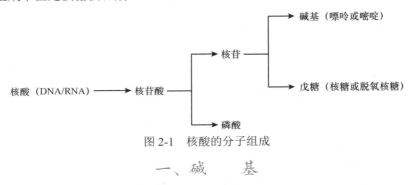

图 2-1　核酸的分子组成

一、碱　　基

碱基是一种含氮的杂环化合物，可分为嘌呤（purine）和嘧啶（pyrimidine）两类。常见的嘌呤有腺嘌呤（adenine，A）和鸟嘌呤（guanine，G），常见的嘧啶有尿嘧啶（uracil，U）、胸腺嘧啶（thymine，T）和胞嘧啶（cytosine，C）。A、G、C 和 T 是构成 DNA 的碱基，A、G、C 和 U 是构成 RNA 的碱基（图 2-2）。受所处环境 pH 的影响，这些碱基可形成酮式-烯醇式或氨基-亚氨基的互变异构，为碱基之间或碱基与其他化学功能团之间形成氢键提供了结构基础（图 2-3）。

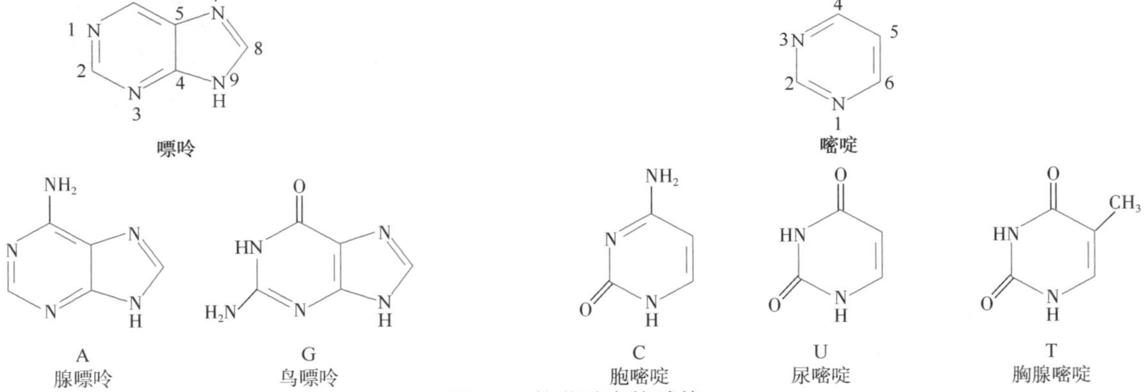

嘌呤	嘧啶

A	G	C	U	T
腺嘌呤	鸟嘌呤	胞嘧啶	尿嘧啶	胸腺嘧啶

图 2-2　核苷酸中的碱基

　　自然界还存在一些碱基衍生物。常见的嘌呤碱基衍生物有次黄嘌呤、黄嘌呤、尿酸、茶碱、可可碱、咖啡碱等（图2-4）。次黄嘌呤、黄嘌呤、尿酸是核苷酸代谢产物。茶碱（1,3-二甲基黄嘌呤）、可可碱（3,7-二甲基黄嘌呤）、咖啡碱（1,3,7-三甲基黄嘌呤）分别存在于茶叶、可可、咖啡中，有增强心脏活动的功能。而嘧啶衍生物如5-氟尿嘧啶则是抗癌物。

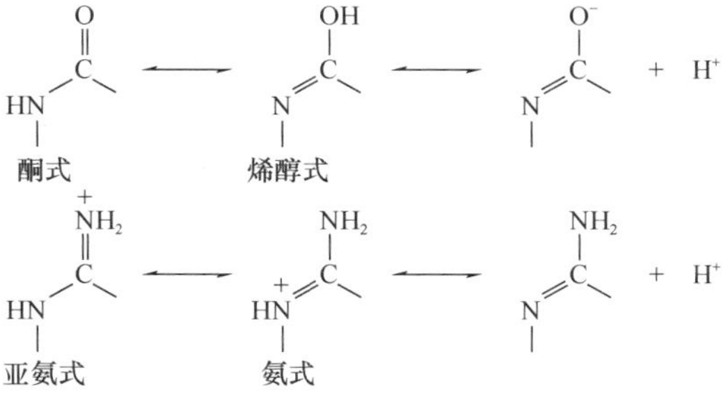

图 2-3　碱基的互变异构

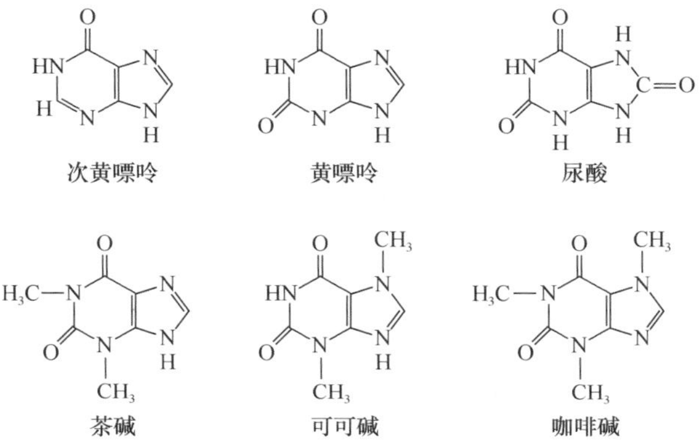

次黄嘌呤　　黄嘌呤　　尿酸

茶碱　　可可碱　　咖啡碱

图 2-4　嘌呤类衍生物

二、核　苷

　　核苷是一种糖苷，由戊糖和碱基缩合而成。糖与碱基之间以糖苷键相连接。糖的第一位碳原子（C-1'）与嘧啶碱基的第一位氮原子（N-1）或与嘌呤碱基的第九位氮原子（N-9）相连接，形成N—C糖苷键，一般称为N-糖苷键。为区别碱基中的原子编号，通常将戊糖中的 5 个碳原子的标号标为 1'～5'（图2-5）。根据核苷中所含戊糖的不同，将核苷分为两大类：核糖核苷和脱氧核糖核苷。构成脱氧核糖核苷的戊糖是 β-D-2-脱氧核糖，构成核糖核苷的戊糖是 β-D-核糖。由于糖苷键是饱和共价键，可以自由旋转，核苷可以形成不同的空间构象，碱基位于呋喃环同侧的为顺式（cis）构象，位于对侧的为反式（trans）构象，天然核苷多是反式构象。对核苷进行命名时，必须冠以碱基的名称，如腺嘌呤核苷、腺嘌呤脱氧核苷等。

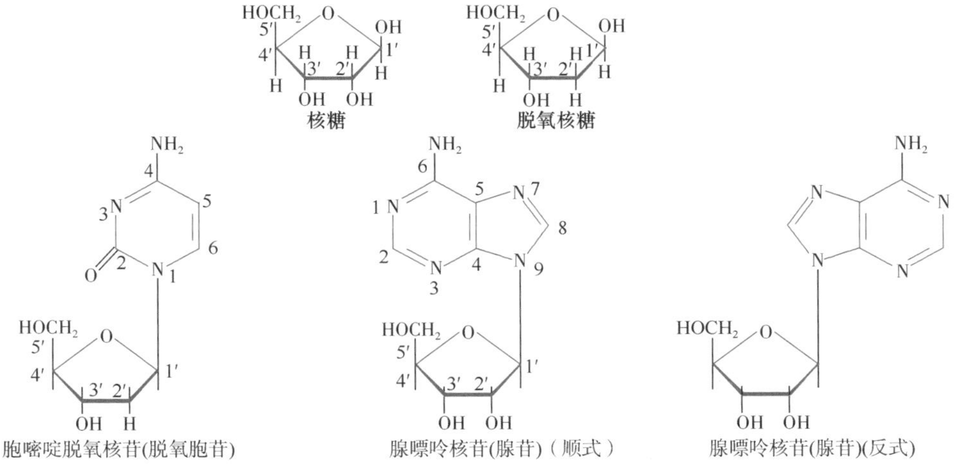

核糖　　脱氧核糖

胞嘧啶脱氧核苷(脱氧胞苷)　　腺嘌呤核苷(腺苷)（顺式）　　腺嘌呤核苷(腺苷)(反式)

图 2-5　核糖和脱氧核糖

三、核苷酸

核苷与磷酸通过酯键连接形成核苷酸。核苷酸有核糖核苷酸和脱氧核糖核苷酸两大类。尽管核糖环上的所有游离羟基（核糖的 C-2′、C-3′、C-5′ 及脱氧核糖的 C-3′、C-5′）都能够与磷酸发生酯化反应，生物体内游离存在的核苷酸多是 5′-核苷酸，即磷酸基团位于核糖的第 5 位碳原子 C-5′上（图 2-6）。DNA 和 RNA 中的核苷组成及其中英文对照见表 2-1。

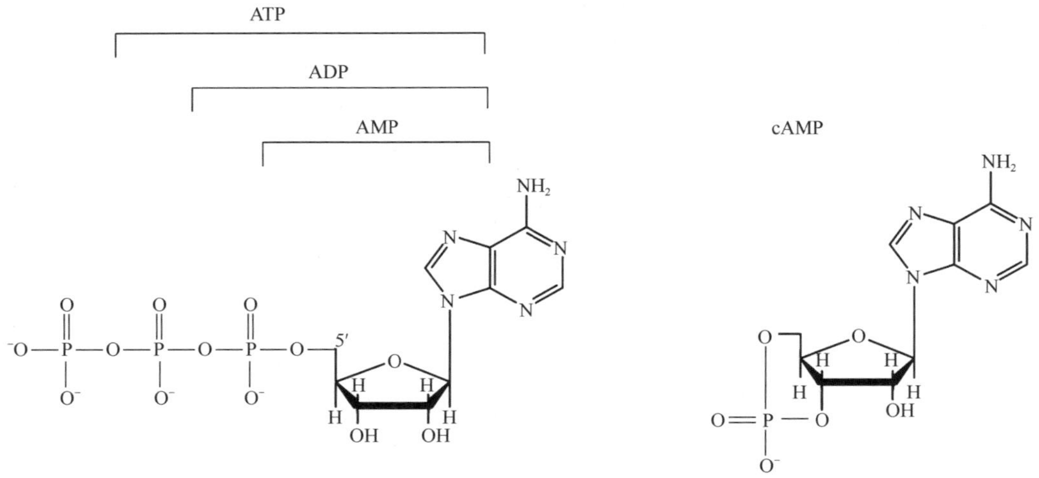

图 2-6　代表性核苷酸的结构

表 2-1　参与构成 DNA 和 RNA 的碱基、核苷及相应的核苷酸

DNA			RNA		
碱基	脱氧核苷	5′-脱氧核苷酸	碱基	核苷	5′-核苷酸
腺嘌呤（A）	脱氧腺苷	脱氧腺苷一磷酸（dAMP）	腺嘌呤（A）	腺苷	腺苷一磷酸（AMP）
鸟嘌呤（G）	脱氧鸟苷	脱氧鸟苷一磷酸（dGMP）	鸟嘌呤（G）	鸟苷	鸟苷一磷酸（GMP）
胞嘧啶（C）	脱氧胞苷	脱氧胞苷一磷酸（dCMP）	胞嘧啶（C）	胞苷	胞苷一磷酸（CMP）
胸腺嘧啶（T）	脱氧胸苷	脱氧胸苷一磷酸（dTMP）	尿嘧啶（U）	尿苷	尿苷一磷酸（UMP）

核苷酸在体内除了构成核酸以外，还参与许多其他功能。例如，ATP 和 UTP 可作为高能分子参与多种物质代谢反应；环磷酸鸟苷（cGMP）和环磷酸腺苷（cAMP）是细胞信号转导过程中的第二信使，在基因表达调控方面具有重要作用。

四、多核苷酸

无论是 DNA 还是 RNA，都是由多个核苷酸聚合而成的线性大分子。多核苷酸链分子结构上有许多共同特性：核苷酸间的连接方式相同，由一个磷酸基团同时与相邻两个核苷酸中核糖的 3′-和 5′-羟基形成两个酯键，即 3′,5′-磷酸二酯键（phosphodiester bond）；多核苷酸链两个末端结构不同，其中一个末端核苷酸的 5′-磷酸没有与其他核苷酸形成磷酸二酯键，称为 5′-磷酸末端，简称为 5′ 端，另一个末端核苷酸的 3′-羟基没有参与形成磷酸二酯键，称为 3′-羟基末端，简称为 3′ 端，多聚核苷酸链只能从 5′ 端往 3′ 端方向延长，故多核苷酸链有严格的方向性，为 5′ → 3′（图 2-7）。多核苷酸链有共性部分和特征部分，核糖（或脱氧核糖）和磷酸构成多核苷酸链的共性部分，称为糖磷酸骨架（sugar phosphate backbone）；碱基排列次序为特征部分，与核酸的功能密切相关，因而多核苷酸链书写方式常简化为标明末端的碱基序列（base sequence）。若未特别标明末端，一般默认为从左往右为 5′ → 3′。

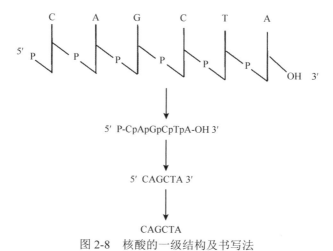

图2-8 核酸的一级结构及书写法

核酸分子的大小常用核苷酸（nucleotide，nt）数目、碱基对（base pair，bp）或千碱基对（kilobase pair，kb）数目来表示，nt用于表示单链DNA和RNA的长度，bp或kb用于表示双链DNA的长度。短于50个核苷酸的核酸片段称为寡核苷酸（oligonucleotide）。自然界中的DNA的长度可以高达几十万个碱基对。DNA对遗传信息的储存正是利用碱基排列方式的变化而实现的。由 N 个脱氧核糖核苷酸组成的DNA会有 4^N 种可能的排列组合，蕴含着巨大的遗传信息编码潜力。

第二节　DNA 的结构与功能

一、DNA 的一级结构

　　DNA 的一级结构指的是 DNA 分子中脱氧核糖核苷酸的排列顺序，称为核苷酸序列。自然生命体系中的 DNA 都是以双链形式存在，两条脱氧核糖核苷酸链反向平行，两条链间的核苷酸有着一一对应的关系，A 的对侧为 T，G 的对侧为 C，这种关系称为碱基配对（base pairing）。生物中 DNA 分子常为超分子，通常可达数千到数百万 bp。在叙述 DNA 的一级结构时，通常只需表示其中的一条链的核苷酸序列和方向，另一条链因必然存在与之反向平行、碱基互补的规律，又称为互补链（complementary strand），可省略描述（图 2-9）。

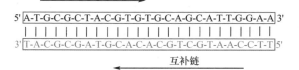

书写简式　5' ATGCGCTACGTGTGCAGCATTGGAA 3'

图 2-9　DNA 的一级结构及书写简式

二、DNA 的二级结构

　　DNA 双螺旋（double helix）结构模型的提出是分子遗传学发展过程中最重要的里程碑。1953 年，生物学家沃森（J. Watson）和物理学家克里克（F. Crick）在合作发表于 *Nature*《自然》的论文中提出了这一结构模型，揭示了生物界遗传性状得以世代相传的分子奥秘。

（一）提出 DNA 双螺旋结构的背景

　　20 世纪 40 年代至 50 年代初，人们证实了 DNA 是遗传信息的携带者。阐明 DNA 的分子结构很快成为当时最为引人注目的科学问题之一。Watson 和 Crick 自己并没有做实验，而是将当时人们对于 DNA 分子特性的认识和获得的各种数据在理论上综合分析计算，最后提出了 DNA 双螺旋模型。他们的主要依据有以下三个方面。

　　1. 夏格夫法则　夏格夫（Chargaff）应用紫外分光光度法结合纸层析等技术，对多种生物 DNA 的碱基组成作了定量分析，发现 DNA 碱基组成有如下规律：①几乎所有的 DNA，无论种属来源如何，其腺嘌呤的含量与胸腺嘧啶的含量相等（A=T），鸟嘌呤的含量与胞嘧啶的含量相等（G=C），嘌呤总量与嘧啶总量相等（A+G=T+C）；②不同生物来源的 DNA 碱基组成不同，表现在（A+T）/（G+C）比值的不同；③同一生物不同组织的 DNA 碱基组成相同；④一种生物 DNA 碱基组成不随生物体的年龄、营养状态或者环境变化而变化。这一结果为 DNA 的双螺旋结构模型提供了一个有力的佐证。

　　2. 碱基间可以形成氢键　杰里·多诺霍（Jerry Donohue）发现碱基受介质中 pH 的影响，可形成酮式或烯醇式两种互变异构体，或形成氨基、亚氨基的互变异构体。这一特点提示 DNA 分子中的 G 和 C 或 A 和 T 碱基间存在分别形成氢键的可能性。另外，当时 Pauling 已经发现了蛋白质结构中的 α 螺旋主要依靠氢键维系，也为阐明 DNA 双螺旋结构的维系方式提供了线索。

　　3. X 线衍射分析照片　罗莎琳德·富兰克林（Rosalind Franklin）在从事 DNA 的 X 线衍射分析过程中获得的照片显示出 DNA 是螺旋形分子，而且从密度上提示 DNA 是双链分子。这一照片是 Watson 和 Crick 提出 DNA 双螺旋结构的直接依据。

（二）DNA 双螺旋结构模型的特点

　　1. DNA 是反向平行的右手双螺旋结构　DNA 是由两条反向平行的多聚核苷酸链围绕同一条假想的中心轴形成的右手双螺旋结构。一条链的走向是 5′ → 3′，另一条链的走向是 3′ → 5′。

DNA 双链所形成的螺旋直径为 2.3nm，螺旋每旋转一周包含了 10 对碱基，每个碱基的旋转角度为 36°，螺距为 3.4nm，每个碱基平面之间的距离为 0.34nm。DNA 双链在空间上形成一个大沟（major groove）和一个小沟（minor groove），目前认为这些沟状结构与蛋白质和 DNA 间的识别有关（图 2-10）。

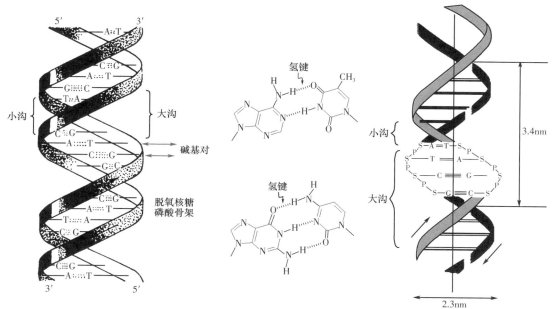

图 2-10　DNA 双螺旋结构示意图

2. 磷酸戊糖骨架位于螺旋外侧　在 DNA 双链结构中，亲水的磷酸基团和脱氧核糖基团构成的骨架位于双链的外侧，好似旋转楼梯两侧的扶手。

3. 碱基位于螺旋内侧，DNA 双链之间形成互补碱基对　相对疏水的碱基位于双链的内侧，在两条链间通过氢键形成碱基配对，A、T 配对形成两个氢键，G、C 配对形成三个氢键。这种配对关系也称为碱基互补配对，每个 DNA 分子中的两条链互为互补链。碱基对平面与螺旋延伸轴相垂直，好似旋转楼梯的水平台阶（图 2-10）。

4. DNA 双螺旋结构稳定性的维系　除了碱基对之间的氢键外，碱基间的疏水作用力和范德瓦耳斯力也能增进双螺旋的稳定性。横向上，双链结构的稳定依靠互补碱基间的氢键来维持；纵向上，螺旋的稳定主要依靠碱基平面间的疏水性堆积力维持。从总能量意义上来讲，碱基堆积力对于双螺旋的稳定性更为重要。

DNA 右手双螺旋结构模型的提出具有划时代的意义。该结构模型为 DNA 具备储存和复制遗传信息的功能提供了最好的解释。DNA 的双链碱基互补特点提示，DNA 复制时可以采用半保留复制（参见第十三章第一节）的方式，两条链可分别作为模板生成新的子代互补链，从而保持遗传信息的稳定传递。

（三）DNA 双螺旋结构的多样性

Watson 和 Crick 提出的 DNA 双螺旋结构模型是以从生理盐水中抽出的 DNA 纤维在 92% 相对湿度下得到的 X 射线衍射图谱为依据而推测得出的，这是 DNA 分子在水性环境和生理条件下最稳定的结构。后来人们发现 DNA 的结构不是一成不变的，在改变了溶液的离子强度或相对湿度后，DNA 的螺旋结构所形成的沟的深浅、螺距、旋转角等都会发生一些变化。尤其是 1979 年，里奇（Rich）等科学家在研究人工合成的 CGCGCG 的晶体结构时意外地发现这种 DNA 是左手螺旋。后来证明这种结构在天然 DNA 分子中同样存在。目前人们将 Watson 和 Crick 的模型结构称为 B-DNA。将 Rich 等的 DNA 双螺旋称为 Z-DNA，两者间的不同参见图 2-11。在体外非生理条件下，如脱水环境下可形成另一种不同构象的右手螺旋，称为 A-DNA。因此，DNA 的右手双螺旋结构不是自然界 DNA 的唯一存在方式，存在多样性。在体内，Z-DNA 为极少数，功能上可能与 DNA 遗传信息的表达调控有关。

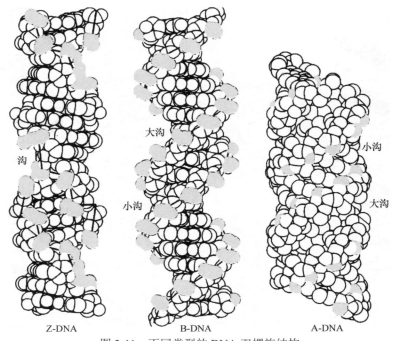

图 2-11　不同类型的 DNA 双螺旋结构

（四）DNA 多链结构的形成和结构特征

越来越多的实验结果表明，自然界中还存在着多条多聚核苷酸链结合在一起的 DNA 结构。在双螺旋结构发现后不久，就有科学家观察到一些人工合成的寡核苷酸能形成三股螺旋（triple helix），寡核苷酸包括核糖核苷酸和脱氧核糖核苷酸。生物学家卡斯特·胡斯坦（Karst Hoogsteen）于 1963 年首次描述了三股螺旋结构。三股螺旋中，通常是一条同型寡核苷酸链与寡嘧啶核苷酸-寡嘌呤核苷酸双螺旋的大沟结合。第三股链的碱基与 Watson-Crick 碱基对中的嘌呤碱基形成新的氢键，称为 Hoogsteen 氢键。第三股链与寡嘌呤核苷酸之间为同向平行。一般认为，三股中碱基配对方式必须符合 Hoogsteen 模型，即第三个碱基以 A 或 T 与 A＝T 碱基对中的 A 配对，G 或 C 与 G≡C 碱基对中的 G 配对，C 的 N-3 必须质子化，以提供与 G 的 N-7 结合的氢键供体，并且它与 G 配对只形成两个氢键（图 2-12）。三股螺旋的第三股链可以来自分子间，也可以来自分子内部。铰链 DNA（hinged-DNA，H-DNA）是一种分子内折叠形成的三股螺旋。当 DNA 的一段多聚嘧啶核苷酸或多聚嘌呤核苷酸组成镜像重复，即可回折产生 H-DNA，在酸性 pH 或负超螺旋张力的情况下即发生 B-DNA → H-DNA 的转变。酸性 pH 促使胞嘧啶的质子化，从而提高了形成三股螺旋时以 Hoogsteen 氢键与鸟嘌呤配对的能力。H-DNA 通常存在于基因调控区，可影响基因的复制或转录，具有重要的生物学意义。

细胞中富含 G 的 DNA 或 RNA 序列还可形成一种 DNA 四链体（DNA tetraplex）（图 2-13），广泛存在于启动子区、基因区、非翻译区和端粒末端等位置。真核生物染色体的 3′ 端是一段高度重复的富含 GT 的单链，称为端粒（telomere），其碱基序列为（TTAGGG）$_n$，n 为重复度，可达数十乃至上千。这条单链结构的端粒 DNA 具有较大的柔韧性，可以自身回折形成一个 G-四链体的特殊结构。其核心是由 4 个鸟嘌呤通过 8 个 Hoogsteen 氢键形成的 G-平面，即四联体（tetrad）

（图2-13）。若干个G-平面的堆积使富含鸟嘌呤的重复序列形成了特殊的G-四链结构。人们推测这种G-四链结构与保护端粒的完整性有关。存在于某些基因的启动子区域或信使核糖核酸（mRNA）的5′非翻译区的G-四链结构与基因表达调控有关。G-四链结构的拓扑构象和稳定性受离子类型、离子浓度、鸟嘌呤的排列顺序的影响，形成具有特色的平行型、反平行型或混合型的G-四链结构。

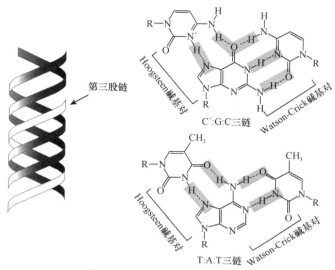

图 2-12　DNA 的三链螺旋结构

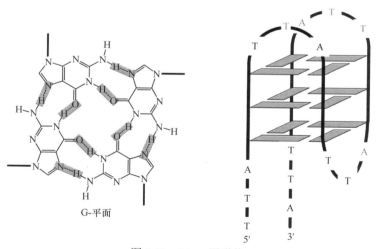

图 2-13　DNA 四联体

三、DNA 的高级结构

生物界的 DNA 分子是巨大的信息高分子，储存着庞大的遗传信息。不同物种间的 DNA 大小和复杂程度差别很大，一般来讲，进化程度越高的生物体其 DNA 的分子构成越大，越复杂。DNA 的长度要求其必须以紧密折叠扭转的方式才能够存在于小小的细胞核内。

（一）DNA 的超螺旋——原核生物 DNA 的高级结构

当螺旋链状分子折叠时，受螺旋压力作用，很容易形成反向高一级螺旋，称为负超螺旋（negative supercoil）。绝大部分原核生物的 DNA 都是共价封闭的环状双螺旋分子，很容易形成负超螺旋，

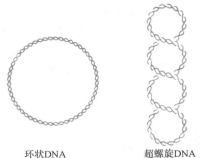

环状DNA　　　　超螺旋DNA
图 2-14　环状 DNA 的超螺旋结构示意图

使 DNA 分子以更加致密的形式存在于细胞内（图 2-14）。

（二）DNA 在真核生物细胞核内的组装

真核生物内，DNA 以非常致密的形式存在于细胞核内。在细胞生活周期的大部分时间里以染色质（chromatin）的形式出现，在细胞分裂期则形成光学显微镜下可见的染色体。染色体由 DNA 和蛋白质构成，是 DNA 的超级结构形式。染色体的基本单位是核小体（nucleosome）。

核小体由 DNA 和 5 种组蛋白共同构成，这 5 种组蛋白分别称为 H1、H2A、H2B、H3 和 H4。各两分子的 H2A、H2B、H3 和 H4 共同构成了组蛋白八聚体，又称核心组蛋白。DNA 双螺旋分子缠绕在核心组蛋白上构成了核小体核心颗粒（nucleosome core particle）。核小体的核心颗粒之间再由 DNA（约 60bp）和组蛋白 H1 构成的连接区连接起来形成串珠样的结构（图 2-15）。

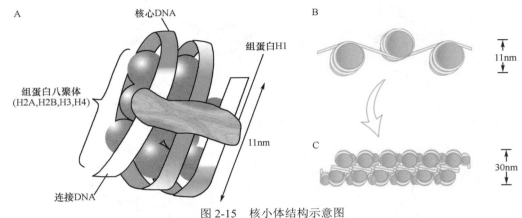

图 2-15　核小体结构示意图
A. 核心颗粒；B 带珠样结构；C. 中空状螺线管

核小体的形成仅是 DNA 在细胞核内紧密压缩的第一步。在此基础上，核小体又进一步旋转折叠，经过形成纤维状结构和襻状结构，最后形成棒状的染色体。将存在于人体细胞中的 46 条染色体，共计 1 米长的 DNA 分子容纳于直径只有数微米的细胞核中。

端粒是真核生物染色体末端的一种特殊的膨大成颗粒状的结构，在端粒酶（telomerase）的参与下，端粒以特殊的复制机制确保染色体 DNA 链的完整性。端粒由染色体端 DNA（也称端粒 DNA）与 DNA 结合蛋白共同构成。人的端粒 DNA 的重复序列通常为 TTAGGG，以 G-四链体的结构存在。端粒的结构有利于维持染色体的稳定、防止染色体末端相互融合以及保持遗传信息的完整性。此外，端粒 DNA 的结构和稳定性还与衰老及肿瘤的发生发展密切相关（参见第十三章第三节）。

着丝粒是真核生物染色体的另一个重要的功能区。着丝粒是两个染色单体的连接位点，富含 AT 序列。细胞分裂时，着丝粒可分开使染色体均等有序地进入子代细胞。

（三）线粒体 DNA 的环形结构

真核生物细胞内，线粒体内还有一组 DNA，称为线粒体 DNA（mitochondrial DNA，mtDNA）。mtDNA 是一个裸露的、环状的双链 DNA 分子。与核 DNA 不同的是，mtDNA 没有任何蛋白质的结合和吸附。mtDNA 可编码 2 种 rRNA（12S 和 16S）、22 种 tRNA 和 3 种多肽（每种约含 50 个氨基酸残基）。mtDNA 的基因可以是重叠基因，含有很少的非编码区域。mtDNA 具有自己的遗传密码子。通常，mtDNA 比核 DNA 存活时间长得多，并且遗传自母体。不同物种的 mtDNA 大小不一，而且一个线粒体中可以有多个 mtDNA 分子（参见第十二章第二节）。

四、DNA 的功能

DNA 的基本功能是携带遗传信息。它是生命遗传的物质基础，也是个体生命活动的基础。

尽管人们在 20 世纪 30 年代已经知道 DNA 是染色体的组成部分，也知道染色体是遗传物质，不过当时更为流行的观点是认为染色体中的蛋白质是决定个体遗传性的主要物质。1944 年，奥斯瓦尔德·埃弗里（Oswald Avery）证实了 DNA 是遗传的物质基础。DNA 结构的阐明使得它作为遗传信息载体的作用更加无可争议。生物学家很早以来就已使用的基因这一名词也最终有了它真实的物质基础。如今，基因定义为 DNA 分子中的一定区段，含生物合成某个功能产物（RNA 或多肽）所需的全部序列，包括决定其功能产物结构的编码区（coding region）和影响其信息表达的非编码区（non-coding region）。

DNA 中的核糖和磷酸构成的分子骨架是没有差别的，不同区段的 DNA 分子只是 4 种碱基的排列顺序不同，因此对 DNA 的功能最为重要的是核苷酸的排列顺序。基因编码区核苷酸序列可通过遗传密码（genetic code）破译的方式决定相应蛋白多肽分子的氨基酸顺序。从基因到蛋白质合成的全过程称为基因表达（gene expression），是生命科学中心法则的核心内容，包括两个基本阶段：一个是以基因 DNA 序列信息指导合成 RNA 的过程，称为转录，另一个是以 RNA 信息指导合成肽链的过程，称为翻译。

一个生物的全部基因序列称为基因组。不同等级的生物基因组大小差异很大。作为原核生物的细菌，其基因组仅含几千个碱基对，而哺乳动物基因组则有数亿个碱基对，编码的信息量大大增加。在进化的过程中，通过从其他物种获取 DNA 片段，生物的功能和特性均会发生改变。在环境压力下，生物 DNA 结构也可发生变异（mutation）而造成功能的改变，且会遗传至后代。

第三节　RNA 的结构与功能

RNA 是依据 DNA 序列信息指导合成的，属于基因的功能产物。RNA 与 DNA 虽然同属多聚核苷酸，分子化学性质与结构上有很多共性，但亦存在许多差别，主要有：① RNA 中与磷酸和碱基相结合的糖是核糖而非脱氧核糖；② RNA 中的基本碱基成分为 A、G、C、U，在嘧啶成分中有尿嘧啶，而不含有胸腺嘧啶，即 U 代替了 DNA 中的 T；③ RNA 为单链分子，大小可以从几十到数千个核苷酸，分子内部可折叠产生局部碱基配对，形成茎-环结构，碱基配对的茎部可形成短小螺旋结构，而 DNA 为双链超分子，形成连续的双螺旋结构；④ RNA 是多拷贝分子，在同一生物的不同细胞及不同时期均可变化，而 DNA 分子在细胞内是稳定和均一的。

RNA 在生命活动中同样具有重要作用。RNA 可以分为编码 RNA（coding RNA）和非编码 RNA（non-coding RNA）（图 2-16）。编码 RNA 是指那些核苷酸序列可以翻译成蛋白质的 RNA，仅有信使 RNA（messenger RNA，mRNA）一种。非编码 RNA 不编码蛋白质，可分为两类。一类是确保实现基本生物学功能的 RNA，它们的丰度基本恒定，又称为组成性非编码 RNA（constitutive non-coding RNA），包括转运 RNA（transfer RNA，tRNA）、核糖体 RNA（ribosomal RNA，rRNA）、端粒酶 RNA、信号识别颗粒（signal recognition particle，SRP）RNA、核小 RNA（small nuclear RNA，snRNA）、核仁小 RNA（small nucleolar RNA，snoRNA）、胞质小 RNA（small cytoplasmic RNA，scRNA）等。另一类是调控性非编码 RNA（regulatory non-coding RNA），它们的丰度随外界环境（应激条件等）和细胞性状（成熟度、代谢活跃度、健康状态等）的改变而改变，在基因表达过程中发挥重要的调控作用。动物细胞内主要含有的 RNA 种类及功能见表 2-2。

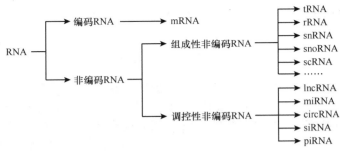

图 2-16　RNA 的分类

lncRNA，长链非编码 RNA；miRNA，微 RNA；circRNA，环状 RNA；siRNA，干扰小 RNA；piRNA，Piwi 相互作用 RNA

表 2-2　动物细胞内主要含有的 RNA 种类及功能

	细胞核和基质（细胞液）	线粒体	功能
核糖体 RNA	rRNA	mt rRNA	核糖体组成成分
信使 RNA	mRNA	mt mRNA	蛋白质合成模板
转运 RNA	tRNA	mt tRNA	转运氨基酸
核内不均一 RNA	hnRNA	—	成熟 mRNA 的前体
核小 RNA	snRNA	—	参与 hnRNA 的剪接、转运
核仁小 RNA	snoRNA	—	rRNA 的加工和修饰
胞质小 RNA	scRNA	—	蛋白质内质网定位合成的信号识别体的组成成分

一、mRNA 的结构与功能

1960 年弗朗索瓦·雅各布（Francois Jacob）和雅克·莫诺（Jacques Monod）用同位素示踪实验证实，一类大小不一的 RNA 分子才是细胞内合成蛋白质的真正模板。后来这类 RNA 被证实是在细胞核内以 DNA 为模板合成的，然后转移至细胞质内。这种 RNA 的作用很像信使，因此被命名为信使 RNA。mRNA 分子上每 3 个核苷酸为一组，决定肽链上一个氨基酸，称为三联体密码或密码子（codon）。mRNA 具有严格的方向性，其合成和读码只能从 5′ 至 3′ 方向进行。

在生物体内，mRNA 的丰度最小，仅占细胞 RNA 总量的 2%～5%。但是 mRNA 的种类最多，有 10^5 个之多，而且它们的大小也各不相同。mRNA 的平均寿命也相差甚大，从几分钟到几小时不等。

原核生物的基因常成簇分布，为多顺反子，即一条 mRNA 分子可包含几个多肽编码信息。mRNA 分子的 5′ 端和 3′ 端的非多肽编码区称为非翻译区（untranslated region，UTR）。原核生物因没有细胞核的限制，一旦 mRNA 合成出来，即可与核糖体结合进行多肽的合成。

真核生物基因常单独分布，为单顺反子，即相应的 mRNA 分子通常只含一个多肽编码信息。与原核生物不同，真核生物在核内新合成的 mRNA 初级产物，需要经过加工修饰为成熟的 mRNA，并释放至胞质才能发挥作用。这种核内初级 mRNA 与成熟的 mRNA 结构不同，且大小不一，称为核内不均一 RNA（heterogeneous nuclear RNA，hnRNA）。hnRNA 占核内 RNA 的大多数，其分子量为 $10^5～10^7$，比成熟的 mRNA 大得多。hnRNA 含有许多交替相隔的外显子（exon）和内含子（intron）。外显子是构成 mRNA 的编码片段，而内含子是非编码序列。在 hnRNA 向细胞质转移的过程中，内含子被剪切掉，外显子连接在一起。hnRNA 在细胞核内存在时间极短，很快经过加工剪接成为成熟的 mRNA 并转移到细胞质中（参见第十四章第四节）。

成熟的 mRNA 的结构特点是含有特殊 5′ 端帽子结构（cap structure）和 3′ 端多聚腺苷酸（poly A）尾结构（图 2-17）。

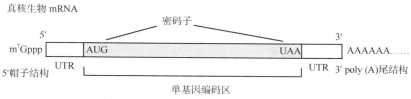

图 2-17　真核细胞 mRNA 的结构示意图

大部分真核细胞 mRNA 的 5′ 端以 7-甲基鸟苷三磷酸为分子的起始结构，称为"帽子"结构，在 mRNA 作为模板指导蛋白质合成的过程中，具有促进核糖体与 mRNA 结合，加速翻译起始速度的作用，同时可以增强 mRNA 的稳定性。

在真核 mRNA 的 3′ 端，大多数有一段长短不一的多聚腺苷酸结构，称为 poly (A) 尾。一般由数十个至上百个腺苷酸连接而成。由于在基因组内未找到相应的结构，因此认为 poly (A) 尾是在 RNA 合成后才加上去的。目前认为，这种 3′ 端结构可能与 mRNA 的稳定性有关。原核生物的 mRNA 未发现类似的首尾结构。

生物体各种 mRNA 链的长短差别很大，主要是由其转录的模板 DNA 区段大小所决定的。mRNA 分子的长短，又决定了它要翻译出的蛋白质的分子量大小。在各种 RNA 分子中，mRNA 的半衰期最短，由几分钟到数小时不等。这也是 mRNA 的发现较其他 RNA 晚的原因之一。

mRNA 的功能是把核内 DNA 的碱基顺序（遗传信息），按照碱基互补的原则，抄录并携带至细胞质，在蛋白质合成中作为模板翻译成蛋白质中的氨基酸排列顺序。

二、tRNA 的结构与功能

tRNA 是细胞内分子量最小的一类核酸，已完成了一级结构测定的 100 多种 tRNA 都是由 74～95 个核苷酸构成的。tRNA 占 RNA 总量的 15% 左右。tRNA 的结构具有如下特点：

（一）tRNA 分子中含有稀有碱基

稀有碱基（rare base）是指除 A、G、C 和 U 外的一些碱基，包括二氢尿嘧啶（DHU）、假尿嘧啶（pseudouridine，ψ）和甲基化的嘌呤（^mG、^mA）等（图 2-18）。正常的嘧啶核苷是杂环的 N-1 与糖环的 C-1′ 连接形成糖苷键，而假尿苷则是杂环上的 C-5 与糖环的 C-1′ 相连。tRNA 分子中含有 10%～20% 的稀有碱基，均是转录后修饰而成的。

（二）tRNA 分子的 3′ 端为 CCA，可连接氨基酸

所有 tRNA 的 3′ 端都是以 CCA 3 个核苷酸结尾的，氨酰 tRNA 合成酶将氨基酸通过酯键连接在腺嘌呤 A 的 C-3′ 原子上，生成氨酰 tRNA，将活化的氨基酸转运至核糖体参与蛋白多肽的合成。有的氨基酸只有一种 tRNA，而有的则需要几种 tRNA 作为载体，这是由密码子的简并性决定的。只有连接在 tRNA 上的氨基酸才能参与蛋白质的生物合成。

（三）tRNA 中存在反密码子

每个 tRNA 分子中都有 3 个碱基与 mRNA 上的密码子呈现碱基互补关系，可以配对结合，这 3 个碱基被称为反密码子（anticodon）。例如，负责转运酪氨酸的 tRNA（tRNA^{Tyr}）中的反密码子 5′-GUA-3′ 与 mRNA 上相应的三联体密码 5′-UAC-3′（编码酪氨酸）序列是互补配对的。不同的

tRNA 依照其转运的氨基酸的差别，有不同的反密码子。蛋白质生物合成时，就是靠反密码子来辨认 mRNA 上相互补的密码子，才能将氨基酸按正确的次序安放在合成的肽链上。

（四）tRNA 分子中存在茎-环结构

组成 tRNA 的几十个核苷酸中存在着一些能局部互补配对的区域，可以形成局部的双链。这些局部配对的碱基双链形成茎状，中间不能配对的部分则膨出形成环或襻状结构，称为茎-环（stem-loop）结构或发夹结构。tRNA 整个分子的形状类似于三叶草形（cloverleaf pattern）（图 2-18）。位于左右两侧的环状结构以含有稀有碱基为特征，分别称为 DHU 环和 TψC 环，前述的反密码子序列位于下方的环内，称为反密码子环。

（五）tRNA 的倒 L 形三级结构

X 射线衍射结构分析方法表明，tRNA 的共同三级结构是倒 L 形（图 2-18）。从 tRNA 的倒 L 形三级结构中可以看出：TψC 环与 DHU 环在三叶草形的二级结构上各处一方，但在三级结构上都相距很近。对于这种空间结构的具体功能目前还缺乏详细的认识，不过这些结构与 tRNA、核糖体中的蛋白质和 rRNA 的相互作用的关系是毋庸置疑的。

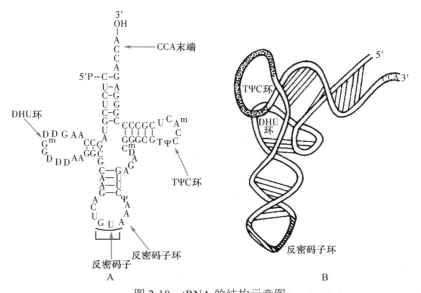

图 2-18　tRNA 的结构示意图

A. 酵母 tRNA 的一级结构与二级结构；B. tRNA 的倒 L 形三级结构

tRNA 的功能是作为蛋白质合成底物（氨基酸）的载体参与蛋白质合成，根据 mRNA 密码子信息，为合成中的多肽链提供活化的氨基酸。

三、核糖体 RNA 的结构与功能

rRNA 是细胞内含量最多的 RNA，约占 RNA 总量的 80% 以上。rRNA 与核糖体蛋白质（ribosomal protein）共同构成核糖体（ribosome）。原核生物和真核生物的核糖体（核蛋白体）均由大、小两个亚基组成。参与核糖体形成的蛋白质有数十种，大多分子量不大。

原核生物的 rRNA 有 5S、16S 和 23S 3 种。其中，16S rRNA 和 21 种蛋白质构成核糖体的小亚基，大亚基则由 5S 及 23S rRNA 再加上 31 种蛋白质构成。

真核生物的核糖体小亚基由 18S rRNA 及 33 种蛋白质构成；大亚基则由 5S、5.8S 和 28S 3 种 rRNA 加上 49 种蛋白质构成（表 2-3）。

表 2-3　核糖体的组成

	原核生物 （以大肠埃希菌为例）		真核生物 （以小鼠肝为例）	
小亚基	30S		40S	
rRNA	16S	1540 个核苷酸	18S	1900 个核苷酸
蛋白质	21 种	占总重量的 40%	33 种	占总重量的 50%
大亚基	50S		60S	
rRNA	23S	2900 个核苷酸	28S	4700 个核苷酸
	5S	120 个核苷酸	5.8S	160 个核苷酸
			5S	120 个核苷酸
蛋白质	31 种	占总重量的 30%	49 种	占总重量的 35%

各种 rRNA 的碱基顺序测定均已完成，并据此推测出了二级结构。数种原核生物 16S rRNA 的二级结构颇为相似，形似 30S 小亚基。

核糖体是细胞合成蛋白质的场所及机器。核糖体中的 rRNA 和蛋白质共同为 mRNA、tRNA 和肽链合成所需要的多种蛋白因子提供结合位点和相互作用所需的空间环境。小亚基具有结合 mRNA 的功能；大亚基具有催化活性，能促进氨基酸缩合成肽。

四、ncRNA 的分类与功能

除了 tRNA 和 rRNA 外，细胞内还存在一些其他的非编码 RNA。非编码 RNA 包括组成性非编码 RNA 和调控性非编码 RNA。

（一）组成性非编码 RNA

组成性非编码 RNA 的表达丰度相对恒定，作为关键因子主要参与 RNA 的剪接、修饰以及蛋白质的转运过程。除 tRNA 和 rRNA 外，组成性非编码 RNA 主要有如下几种。

1. 核仁小 RNA　snoRNA 定位于真核细胞的核仁，主要参与 rRNA 的加工，与 2'-O-核糖甲基化及假尿嘧啶化修饰有关。

2. 核小 RNA　snRNA 存在于真核细胞的细胞核内，是核小核糖核蛋白颗粒（small nuclear ribonucleoprotein particle，snRNP）的组成成分，因富含尿嘧啶，故命名为 U-snRNA。已经研究比较清楚的 snRNA 有 U1、U2、U4、U5、U6 和 U7，均为小分子核糖核酸，长 100～300 个核苷酸，其功能是识别 hnRNA 上的外显子和内含子的结点，切除内含子。这些 snRNA 的 5' 端有一个与 mRNA 相类似的 5' 帽结构。

3. 胞质小 RNA　scRNA 存在于细胞质中，长约 300 个核苷酸，又称为 7S RNA，是蛋白质定位合成于粗面内质网上所需的信号识别颗粒（SRP）的组成成分，在分泌蛋白质和膜蛋白跨膜转运中起重要作用。

4. 催化小 RNA（small catalytic RNA）　是细胞内一类具有催化功能的小分子 RNA 的统称，也称为核酶（ribozyme）（参见本章第四节）。

（二）调控性非编码 RNA

调控性非编码 RNA 的表达丰度随外界环境（应激条件等）和细胞性状（成熟度、代谢活跃度、健康状态等）的改变而改变，在基因表达过程中发挥重要的调控作用。调控性非编码 RNA 按其大小及分子结构可分为短链非编码 RNA（small non-coding RNA，sncRNA）、长链非编码 RNA（long non-coding RNA，lncRNA）和环状 RNA（circular RNA，circRNA）。

1. sncRNA 的特征和作用　sncRNA 的长度通常小于 200 个核苷酸。常见的 sncRNA 有微 RNA（microRNA，miRNA）、干扰小 RNA（small interfering RNA，siRNA）和 Piwi 相互作用 RNA（Piwi-interacting RNA，piRNA）。

miRNA 是近年来研究较多的内源性 sncRNA，在真核生物中大量存在，长度为 20～25 个核苷酸的双链 RNA。miRNA 主要通过与细胞质中靶 mRNA 的 3′ 非翻译区（3′-UTR）部分互补结合（少量与 5′-UTR 或编码区结合），从而调节 mRNA 的寿命或抑制 mRNA 的翻译。miRNA 参与了细胞的生长、分化、衰老、凋亡、自噬、迁移和侵袭等多种过程。

siRNA 有内源性和外源性之分，内源性 siRNA 是由细胞自身产生的，外源性 siRNA 则是宿主对于外源侵入的基因所表达的双链 RNA，经 RNase Ⅲ 家族成员 Dicer 酶切割所产生的具有特定长度（21～23bp）和特定序列的小片段 RNA，可以与靶 mRNA 互补结合，诱发 mRNA 的降解，使特异基因沉默，表达功能降低或丧失。由 siRNA 介导的基因表达抑制作用称为 RNA 干扰（RNA interference，RNAi）。RNAi 技术是研究基因功能的有力工具。

piRNA 是从哺乳动物生殖细胞中分离得到的一类长度约为 30nt 的 RNA。这类小 RNA 与 PIWI 蛋白家族成员结合后才能使靶基因沉默，故称为 Piwi-interacting RNA。piRNA 主要存在于哺乳动物生殖细胞和干细胞中。

2. lncRNA 的特征和作用　lncRNA 是一类长度为 200～100 000 个核苷酸的 RNA 分子。以前 lncRNA 被认为是基因组转录过程中的"噪音"而被忽略掉，现在越来越多的证据表明它们是一类具有特殊功能的 RNA。

lncRNA 由 RNA 聚合酶 Ⅱ 转录生成，经剪切加工后，形成具有类似于 mRNA 的结构。lncRNA 有 poly (A) 尾和启动子，但序列中不存在可读框。lncRNA 来源于蛋白质编码基因、假基因以及蛋白质编码基因之间的 DNA 序列。lncRNA 存在于细胞核和胞质内，具有强烈的组织特异性与时空特异性，不同组织之间的 lncRNA 表达量不同，同一组织或器官在不同生长阶段，lncRNA 表达量也不同。

lncRNA 主要通过以下几种机制发挥功能：①介导染色质重构及组蛋白修饰，影响下游基因的表达；②结合在编码蛋白的基因上游启动子区，或者抑制 RNA 聚合酶 Ⅱ，干扰下游基因的表达；③与编码蛋白基因的转录物形成互补双链，干扰 mRNA 剪切形成不同的剪切形式，或者在 Dicer 酶的作用下产生内源性 siRNA；④作为小分子 RNA（如 miRNA、piRNA）的前体分子；⑤与特定蛋白质结合，调节相应蛋白的活性或改变该蛋白质的细胞定位，或者作为结构组分与蛋白质形成核酸蛋白质复合体。

最新的研究表明，lncRNA 与人类疾病的发生密切相关。癌症、退行性神经疾病等都与 lncRNA 的序列异常、结构异常、表达异常等密切相关。

3. circRNA 的特征和作用　circRNA 分子呈封闭环状，不受 RNA 外切酶的影响，表达更稳定，不易降解，但在传统的分离提取过程中易丢失，这是 circRNA 近来才被发现的主要原因。已知的 circRNA 分子大多定位于细胞核中，序列具有高度保守性，circRNA 的表达具有一定的组织、时序和疾病特异性。circRNA 分子中富含 miRNA 的结合位点，在细胞中起到 miRNA 海绵（miRNA sponge）的作用，通过吸附 miRNA 来解除 miRNA 对靶基因的抑制作用，上调靶基因的表达水平，产生相应的生物学效应，这一机制被称为竞争性内源 RNA（competitive endogenous RNA，ceRNA）机制。因 circRNA 在疾病中发挥着重要的调控作用，可作为新型临床诊断标志物用于疾病的诊断。

第四节　核　　酶

20 世纪 80 年代初，美国科学家切赫（T.Cech）和奥尔特曼（S.Altman）各自独立地发现 RNA 具有生物催化功能，改变了生物体内所有的酶都是蛋白质的传统观念。两人也因此共同获得 1989 年度诺贝尔化学奖。

1982 年，T. Cech 在研究四膜虫的 26S rRNA 前体加工的分子机制时偶然发现，内含子的切除可以在仅有核苷酸和纯化的 26S rRNA 前体的溶液中发生。对于此现象的唯一可能解释就是，内含子的切除是由 26S rRNA 前体自身催化的，与蛋白质无关。后来的实验证实了正是 RNA 分子本身的内含子区具备的自我催化能力使得上述 rRNA 的剪接得以完成。此后更多的证据表明，某些 RNA 分子有固有的催化活性，在 RNA 的剪接修饰中具有重要作用。这种具有催化作用的 RNA 被称为核酶或催化性 RNA（catalytic RNA）。

　　自然界存在一些不同的核酶，如锤头状核酶、发夹状核酶等。我们以锤头状核酶为例简单介绍核酶的结构和功能。锤头状核酶的二级结构与锤头结构（hammerhead structure）相似（图 2-19），这是其命名为锤头状核酶的原因。锤头状核酶中有 13 个核苷酸（图 2-19）是高度保守的，催化功能区在锤头结构中，可以形成 3 个茎状和部分袢状结构。底物中接受切割的部分是 图 2-19 中箭头所示的邻近核苷酸，含有 GU 序列。一旦形成图 2-19 中的锤头状结构，该段 RNA 分子即可以被剪接。与蛋白质类似，RNA 作为酶发挥作用时也依赖于一些离子的存在。锤头状核酶就是二价阳离子依赖性核酶。

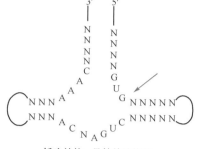

锤头结构：最简单的核酶

图 2-19　锤头状核酶结构模型和作用方式

　　核酶最初是因分子的自催化作用被发现的，真正的催化剂在反应中自身不发生改变，因此严格来说核酶不完全属于生物催化剂。后来，人们设计了与锤头状核酶相类似的 19 个核苷酸构成的核酶，证实分子间剪切是可以发生的，才最后确立了核酶在酶学上的地位。

　　核酶的发现推动了对于生命活动多样性的理解，另外在医学上也有其特殊的用途。由于核酶结构的阐明，可以用人工合成的小片段 RNA，使其结合在有害 RNA（病毒 RNA、癌基因 mRNA 等）上，将其特异性降解。这一思路已经在实验中获得成功，针对人类免疫缺陷病毒（HIV）的核酶在美国和澳大利亚已进入临床试验。理论上讲，核酶几乎可以被广泛用来尝试治疗所有基因产物有关的疾病。

　　最初发现的核酶都是 RNA 分子，后来证实人工合成的具有类似结构的 DNA 分子也具有特异性降解 RNA 的作用。相对应于催化性 RNA，具有切割 RNA 作用的 DNA 分子称为催化性 DNA（catalytic DNA）。此外，亦有人使用"RNA-cleaving DNA enzyme"和"RNA-cleaving RNA enzyme"的名称。由于 DNA 分子较 RNA 稳定，而且合成成本低，因此在未来的治疗药物发展中可能具有更广泛的前景。目前尚未发现天然存在的催化性 DNA。

第五节　核酸的理化性质

　　核酸的结构及成分赋予其一些特殊的理化性质，这些理化性质已被广泛用作基础研究工作及疾病诊断的工具。

一、核酸的酸碱性质

　　核酸的碱基、核苷和核苷酸均能发生解离，核酸的酸碱性质与此有关。核苷酸中含有碱基和磷酸，两者均可解离，为两性电解质。因磷酸的解离程度远远大于碱基，故核苷酸、核酸具有较强的酸性。

　　另外，DNA 和 RNA 都是线性高分子，因此它们的溶液黏滞度极大。但是，RNA 的长度远小于 DNA，含有 RNA 的溶液黏滞度也小得多。DNA 在机械力的作用下易发生断裂，因此在提取基因组 DNA 时应该格外小心，避免破坏基因组 DNA 的完整性。

二、核酸的紫外吸收

　　嘌呤和嘧啶环中均含有共轭双键，因此碱基、核苷、核苷酸和核酸在 240～290nm 的紫外

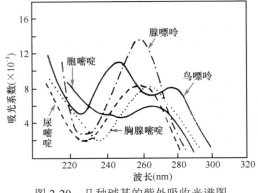

图 2-20　几种碱基的紫外吸收光谱图

波段有强烈的吸收，最大吸收值在 260nm 附近（图 2-20）。这一重要的理化性质被广泛用来对核酸、核苷酸、核苷及碱基进行定性定量分析。

纯化的 DNA 或 RNA 液体可以用其在 260nm 的紫外吸收光密度（optical density，OD）值计算出其中的 DNA 或 RNA 含量。常以 OD=1.0 相当于 50μg/ml 双链 DNA 或 40μg/ml 单链 DNA（或 RNA）或 20μg/ml 寡核苷酸为计算标准。从 OD_{260}/OD_{280} 值还可以判断核酸样品的纯度。高度纯化的 DNA 的 OD_{260}/OD_{280} 应为 1.8 左右，而纯化的 RNA OD_{260}/OD_{280} 应为 2 以上。

三、核酸的沉降特性

溶液中的核酸分子在引力场中可以下沉。在超速离心机形成的引力场中，不同构象的核酸分子如线形、开环或超螺旋结构，沉降的速率有很大差异。这是超速离心法可以纯化核酸的原理。

四、核酸的变性、复性与分子杂交

加热 DNA 溶液或在其中加入过量的酸或碱，都可以使 DNA 发生变性（denaturation）。DNA 变性的本质是其双链结构中互补碱基对间的氢键发生了断裂，双链发生解链，但是并没有改变 DNA 的一级结构。在 DNA 解链过程中，由于更多的共轭双键得以暴露，DNA 在 260nm 处的光密度值（OD_{260}）增加，并与解链程度成一定的比例关系。这种现象称为 DNA 的增色效应（hyperchromic effect）。它是监测 DNA 链是否发生变性的一个最常用的指标。

在实验室内最常用的使 DNA 分子变性的方法是加热。如果以温度对 OD_{260} 的关系作图，所得的曲线称为解链曲线（图 2-21）。从曲线中可以看出，DNA 的变性从开始解链到完全解链，是在一个相当窄的温度范围内完成的。在这一范围内，紫外光吸收值达到最大值的 50% 时的温度称为 DNA 的解链温度（melting temperature，T_m），又称熔解温度。当达到 T_m 时，核酸分子内 50% 的双链结构被解开。一种 DNA 分子的 T_m 值与它的大小和所含碱基中的 G+C 比例相关。G+C 含量越高，分子越长，T_m 值越高。因此，T_m 值可以根据 DNA 分子大小及其 GC 含量计算。

变性的 DNA 在适当条件下，两条互补链可重新配对，恢复天然的双螺旋构象，这一现象称为复性。热变性的 DNA 经缓慢冷却后即可复性，称为退火（annealing）。DNA 的复性速度受到

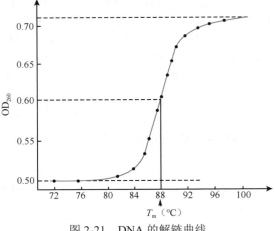

图 2-21　DNA 的解链曲线

温度的影响，复性时只有温度缓慢下降才可使其重新配对复性。如加热后，将其迅速冷却至 4℃ 以下，几乎不可能发生复性。这一特性被用来保持 DNA 的变性状态，一般认为，比 T_m 低 5℃ 的温度是 DNA 复性的最佳条件。

在 DNA 变性后的复性过程中，如果将不同种类的 DNA 单链分子放在同一溶液中，只要两种单链分子之间存在着一定程度的碱基配对关系，就可以在不同的分子间形成杂化双链（heteroduplex）。这种杂化双链可以在不同的 DNA 与 DNA 之间形成，也可以在 DNA 和 RNA 分子间或者 RNA 与 RNA 间形成（图 2-22）。这种现象称为核酸分子杂交（hybridization）。

这一原理可以用来研究 DNA 分子中某一种基因的位置，两种核酸分子间的相似性即同源性（homology），也可以用于检测某些专一序列在待检样品中存在与否。分子杂交是核酸研究中的一个重要技术。最新发展出来的基因芯片等现代检测手段的最基本的原理就是核酸分子杂交。

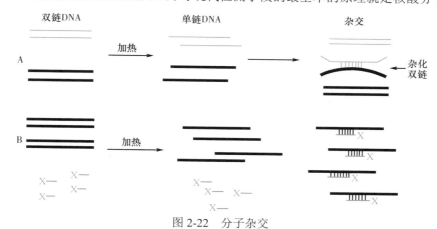

图 2-22　分子杂交

A. DNA 甲（细线表示）和 DNA 乙（粗线表示）在热变性后的复性过程中可以形成杂化双链；B. 同位素标记的寡核苷酸（X-）与变性后的单链 DNA 结合

五、核酸与其他分子的相互作用

核酸可以与周围环境中的分子发生各种各样的相互作用。这些分子可以是有机小分子，也可以是生物大分子。这些相互作用可以是特异性的，也可以是非特异性的。作用的方式可以是共价的，也可以是非共价的。作用部位可以是碱基部分，也可以是磷酸或戊糖部分。

（一）核酸与核酸的相互作用

mRNA 的剪接是 snRNA 通过与 hnRNA 的相互作用完成的。U1 snRNA 特异性地识别 hnRNA 内含子中 5′ 端的 GU 序列，U2 识别内含子中的腺苷酸分支点，U4、U5 和 U6 的相互作用使该 hnRNA 内含子形成了套索结构，并在 U2/U6 的催化下完成两次转酯反应，剔除内含子，连接相邻的两个外显子（参见第十四章第四节）。

（二）核酸与蛋白质的相互作用

核酸与蛋白质的相互作用无处不在，无时不在。DNA 双螺旋结构是这种相互作用的结构基础。DNA 双螺旋的大沟足以容纳下蛋白质的 α 螺旋结构。典型的转录激活因子都含有 DNA 结合结构域（DNA binding structural domain），该结构域或具有碱性亮氨酸拉链（bZIP）模体或具有碱性螺旋-环-螺旋（bHLH）模体。这些模体的 α 螺旋片段可以伸入到 DNA 双螺旋的大沟中，使 DNA 磷酸戊糖骨架和碱基的化学基团可以与转录激活因子上的功能团形成氢键或产生离子相互作用，实现调控转录的目的。核酸酶可以特异性地或者非特异性地结合在 DNA 序列上，将其水解成两个或多个片段。真核生物的转录起始离不开众多的起始因子，这些起始因子可以通过与 DNA 启动子序列相互作用介导 RNA 聚合酶的功能。

（三）核酸与有机小分子的相互作用

DNA 也可以与有机小分子以非共价的形式发生相互作用。黏附结合是极性小分子通过离子作用结合在 DNA 双螺旋结构的表面，这种作用方式一般没有序列选择性。沟槽结合是小分子在核酸双螺旋小沟一侧，通过与 AT 碱基对中的胸腺嘧啶 C-2 的羰基氧或腺嘌呤 N-3 形成氢键来结合。许多具有抗肿瘤作用的有机分子多是以这种方式结合在原癌基因上的。嵌插结合是具有平面特征的小分子嵌插在相邻的两个碱基对之间，可阻滞或抑制 DNA 的复制及转录，达到改变细胞性状的目的。

六、核酸的化学修饰

　　无论是 DNA，还是 RNA，其碱基、戊糖和磷酸均可以发生共价的化学修饰。tRNA 分子中的稀有碱基即来自常见碱基的化学修饰，如二氢尿嘧啶来自尿嘧啶的还原反应，胸腺嘧啶脱去 C-5 上的甲基成为尿嘧啶等。最常见的共价修饰是甲基化修饰。在甲基转移酶的作用下，鸟嘌呤 N-7 原子、腺嘌呤 N-6 原子及胞嘧啶 C-5 原子都可以被甲基化。甲基化修饰提高了 DNA 和 RNA 的稳定性，保护了遗传信息的完整性。此外，真核生物基因组启动子区域 CpG 岛中的胞嘧啶 C-5 原子易发生甲基化修饰，从而被沉默表达。其甲基化修饰受控于各种环境因素，说明 DNA 的甲基化与基因的表达、相关疾病的发生密切相关，是表观遗传学的重要内容之一。

　　在戊糖环上的化学修饰多是核苷酸 C-2′ 原子的羟基甲基化。此外，紫外线照射和放射性辐射等还可能造成 DNA 链中相邻的嘧啶碱基之间发生链内的共价交联，形成嘧啶二聚体，使 DNA 的复制和转录受阻。

　　近年来，人们发现 DNA 的磷酸骨架中还能够发生磷硫酰化修饰，解释了硫元素结合到 DNA 骨架上会使之降解的奥秘。

小　　结

　　核酸为多核苷酸链状生物大分子，可分为 DNA 和 RNA 两大类。核酸的基本组成单位是核苷酸，由碱基、戊糖和磷酸组成。碱基有嘌呤和嘧啶，通过糖苷键与核糖或脱氧核糖相连，磷酸以酯键与核糖相连。DNA 中的戊糖为脱氧核糖，碱基为 A、G、C、T；RNA 中的戊糖为核糖，碱基为 A、G、C、U。核酸中的核苷酸通过磷酸二酯键连接形成多核苷酸链状分子，其中的糖和磷酸构成基本骨架，碱基排列次序为特征结构，链有方向性，两个末端分别为 5′-磷酸末端和 3′-羟基末端。

　　DNA 是反向平行的多聚脱氧核糖核苷酸构成的双链结构，链间碱基有严格的配对关系，A 与 T 配对，G 与 C 配对。互补碱基的氢键和碱基平面间的疏水性碱基堆积力维系 DNA 双螺旋结构的稳定。DNA 在双螺旋结构的基础上，可进一步折叠成超螺旋结构。真核生物中的 DNA 可与组蛋白形成核小体，通过多重盘曲折叠形成染色体。DNA 是遗传信息的存储物质，信息存储于双链的碱基排列次序，需要时双链打开，暴露碱基序列信息，作为模板指导 DNA 或 RNA 的合成。

　　RNA 是单链结构，包括编码 RNA 和非编码 RNA。编码 RNA 是指 mRNA，它是蛋白质生物合成的模板。真核生物 mRNA 的前体是 hnRNA，成熟的 mRNA 含有 5′ 帽子结构，3′ poly (A) 尾结构。非编码 RNA 有组成性和调控性之分。组成性非编码 RNA 主要有 tRNA、rRNA 和一些参与 RNA 剪接和修饰的小 RNA。tRNA 可折叠成三叶草结构，并盘曲成倒 L 形的三维空间结构。不同的 tRNA 分子含有特异的反密码子，在蛋白多肽合成过程中，识别 mRNA 上的密码子，顺序转运氨基酸。rRNA 是蛋白质合成场所核糖体的重要成分，种类较少。调控性非编码 RNA 包括 sncRNA、lncRNA 和 circRNA 等，它们的主要生物学功能是参与基因表达调控。

　　具有催化作用的核酸称为核酶，往往可催化 RNA 分子的降解。

　　核酸偏酸性，具有紫外吸收的特性，最大吸收峰在 260nm。核酸在多种环境因素的作用下可发生变性，即 DNA 双链打开变成两条单链。变性后的 DNA 紫外吸收能力增强，称为增色效应。在热变性过程中，能将 50% 的 DNA 解链的温度称为 T_m。去除变性因素后，DNA 两条分开的互补链可重新形成双链结构，称为复性。基于核酸变性和复性的核酸分子杂交是一种分子生物学常用技术。核酸可以与核酸、蛋白质以及其他有机小分子发生各种各样的相互作用，从而改变细胞的性状。

　　无论是 DNA，还是 RNA，其碱基、戊糖和磷酸均可发生共价的化学修饰。

第二章线上内容

（生秀梅）

第三章　糖蛋白与蛋白聚糖的结构与功能

糖复合物（glycoconjugate）是糖生物学（glycobiology）的重要研究领域，近年来在其结构与功能分析方面进展迅速。糖复合物不仅仅是重要的细胞结构组分，而且是重要的信息功能分子。与基因组和蛋白质组等组学概念相对应，糖组（glycome）指一个生物个体的全部游离糖和复合糖成分，糖组学则从遗传学、生理学和病理学等多学科角度研究糖组。糖复合物研究是糖组学的重要组成部分。

本章将概括介绍两类糖复合物：糖蛋白（glycoprotein）和蛋白聚糖（proteoglycan）。它们都属于由糖类与蛋白质或者脂质构成的共价复合物。糖复合物又是细胞外基质（extracellular matrix，ECM）的重要成分，故本章还将一并介绍 ECM 的成分、结构与功能。

第一节　糖蛋白的结构与功能

糖蛋白和蛋白聚糖都是在多肽链骨架上共价连接了一些寡（聚）糖。如果蛋白质重量百分比大于寡糖，称为糖蛋白；如果寡糖所占比例超过 50%，则称为蛋白聚糖。

糖蛋白可分布于细胞表面、细胞内分泌颗粒和细胞核内，也可被分泌到细胞外构成细胞外基质。

一、糖蛋白的结构

糖蛋白分子中寡糖链的主要单糖成分有 8 种：葡萄糖（glucose，Glu）、半乳糖（galactose，Gal）、甘露糖（mannose，Man）、N-乙酰半乳糖胺（N-acetylgalactosamine，GalNAc）、N-乙酰葡糖胺（N-acetylglucosamine，GlcNAc）、岩藻糖（fucose，Fuc）、N-乙酰神经氨酸（N-acetyl-neuraminicacid，NeuAc）和木糖（xylose，Xyl）。这些单糖构成的各种寡糖主要以 3 种方式与蛋白质部分连接，即 N-连接寡糖（N-linked oligosaccharide）、O-连接寡糖（O-linked oligosaccharide）和糖基磷脂酰肌醇-连接寡糖（glycosylphosphatidylinositol-linked oligosaccharide，GPI-linked oligosaccharide），因此糖蛋白亦相应分为 N-连接糖蛋白、O-连接糖蛋白和 GPI-连接糖蛋白（图 3-1），下面分别介绍这三者的结构及糖蛋白是如何合成的。

（一）N-连接糖蛋白

寡糖中的 N-乙酰葡糖胺与多肽链中天冬酰胺残基的酰胺氮连接，形成 N-连接糖蛋白。发生 N-糖基化的天冬酰胺附近要求具有 Asn-X-Ser/Thr（其中 X 可以是脯氨酸以外的任何氨基酸）3 个残基构成的特定序列，称为序列子（sequon），亦称为糖基化位点。糖蛋白分子中可能同时存在若干个潜在 N-糖基化位点，但能否在细胞内确实与寡糖连接还取决于周围的空间结构。

N-连接寡糖可分为三型：①高甘露糖型；②复杂型；③杂合型。这三型 N-连接寡糖都有一个核心五糖（图 3-2）。高甘露糖型在核心五糖上连接了 2～9 个甘露糖；复杂型在核心五糖上可连接 2、3、4 或 5 个分支糖链，犹如天线状，其末端常连接有唾液酸（sialic acid，SA）；杂合型则兼有二者的结构。

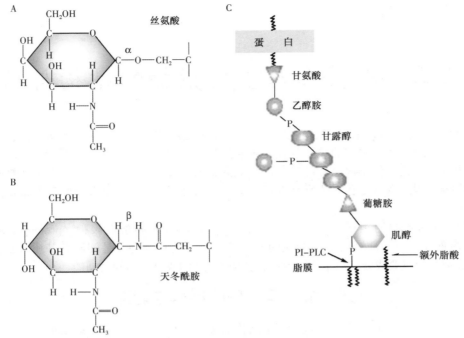

图 3-1　3 种糖蛋白连接结构示意图

A. O-连接糖蛋白；B. N-连接糖蛋白；C. GPI-连接糖蛋白

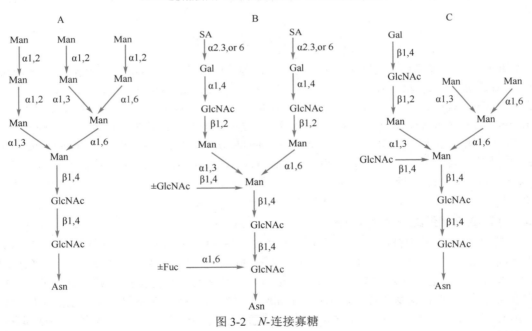

图 3-2　N-连接寡糖

A. 高甘露糖型；B. 复杂型；C. 杂合型

（二）O-连接糖蛋白

　　寡糖中的 N-乙酰半乳糖胺与多肽链的丝氨酸或苏氨酸残基的羟基相连则形成 O-连接糖蛋白。它的糖基化位点的确切序列子还不十分清楚，只注意到该位点丝氨酸和苏氨酸残基比较集中，而且在附近还常出现脯氨酸残基。O-连接寡糖常先由 N-乙酰半乳糖胺与半乳糖构成核心二糖，核心二糖可重复延长到分支，再接上岩藻糖、N-乙酰葡糖胺等。最简单的 O-连接糖蛋白见于 I 型胶原蛋白，每 1000 个氨基酸仅连接 1～2 个 β-半乳糖基和 α-葡萄糖 1,2-β-半乳糖基，而人红细胞膜上的血型糖蛋白则复杂得多。

（三）GPI-连接糖蛋白

在 GPI-连接糖蛋白中，寡糖经由一个磷酸乙醇胺分子连接到多肽的羧基端氨基酸，寡糖链再经一分子氨基葡萄糖连接到磷脂酰肌醇（PI）分子上形成 GPI 结构。GPI 是细胞膜结构的重要成分，GPI-连接糖蛋白因此被锚定在细胞膜上，故亦称为 GPI-锚定糖蛋白。

（四）糖蛋白的生物合成

N-连接糖蛋白多肽链的合成和糖链的连接是同时在内质网中进行的，需要长萜醇作为糖链载体。长萜醇是具有 90～100 个碳原子（许多异戊烯单位）的长链脂肪醇，可以牢固地插入内质网的脂质膜中，通过焦磷酸连接糖基形成糖链，并将其转移到位于内质网的新生多肽链上（图 3-3）。合成初始，在糖基转移酶作用下首先将活化的糖基 UDP-GlcNAc 中的 GlcNAc 转移至长萜醇，然后逐个加上新的糖基。每加上 1 个糖基都需要相应的特异性的糖基转移酶催化。即使加上的都是甘露糖，其转移酶也各不相同。最后形成含有 14 个糖基的长萜醇焦磷酸寡糖结构，该寡糖链作为一个整体被转移至肽链的糖基化位点中的天冬酰胺的酰氨氮上，形成 N-连接糖蛋白。然后寡糖链依次在内质网和高尔基体内剪切加工，先由糖苷水解酶除去一些单糖，再加上不同的单糖，成熟为各型 N-连接糖蛋白。

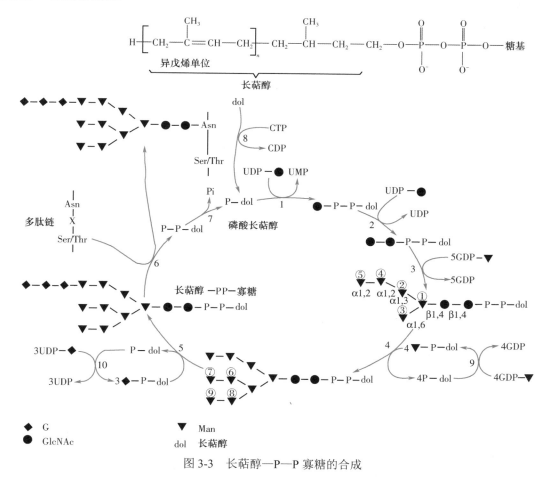

图 3-3　长萜醇—P—P 寡糖的合成

O-连接糖蛋白的合成与 N-连接糖蛋白合成不同，它是在多肽链合成后进行的，而且不需要糖链载体。在 GalNAc 转移酶作用下，将 UDPGalNAc 中的 GalNAc 转移至多肽链的丝氨酸或苏氨酸的羟基上，形成 O-连接，然后逐个加上糖基，每一种糖基都有其相应的专一性转移酶。合成过程从内质网开始，在高尔基体内完成。

二、糖蛋白寡糖链的功能

糖蛋白的功能十分广泛，真核细胞内大约 50% 的蛋白质属于糖蛋白。血浆蛋白中除白蛋白外，几乎全部是糖蛋白。属于酶类的有核糖核酸酶、糖苷酶、蛋白酶和一些凝血因子等；激素类有红细胞生成素、绒毛促性腺激素等；与免疫系统有关的是血型物质、组织相容性抗原、免疫球蛋白等；结构蛋白中的胶原蛋白、弹性蛋白、黏着蛋白等。糖蛋白中的寡糖链具有以下功能。

（一）影响糖蛋白空间结构和理化性质

糖蛋白中的 N-连接寡糖链参与新生肽链的折叠并维持蛋白质正确的空间构象。例如，水疱性口炎病毒（vesicular stomatitis virus，VSV）的 G 蛋白基因经点突变而去除两个糖基化位点后，不能形成正确的链内二硫键而错配成链间二硫键，空间构象因此发生改变。寡糖链还影响亚基的聚合，如运铁蛋白受体在 Asn251、Asn317 和 Asn727 有 3 条 N-糖链，其中 Asn727 的糖链为高甘露糖型，可带磷酸基团，对肽链的折叠和运输起关键作用；Asn251 的糖链为三天线复杂型 N-连接寡糖，对于形成正常的二聚体具有重要作用。蛋白质结合糖链后，其分子大小、带电荷多少及溶解度等将发生变化，如含多唾液酸糖链的糖蛋白负电荷增多；免疫球蛋白 A（immunoglobulin A，IgA）分子去掉部分糖链后则出现分子聚集现象，并易被蛋白酶降解。

（二）参与糖蛋白在细胞内的转运

去除糖蛋白的糖链或改变其结构后会影响糖蛋白在细胞内的转运及分泌。例如，溶酶体中的酶在内质网合成后，其寡糖链末端的甘露糖在高尔基体内被磷酸化成甘露糖 6-磷酸，该糖基化结构被存在于溶酶体膜上的 6-磷酸甘露糖受体识别并结合，使这些酶定向转运至溶酶体。如果寡糖链末端的甘露糖不被磷酸化，则溶酶体酶将被分泌至细胞外，从而导致疾病产生。

（三）维持糖蛋白的稳定性和生物活性

去除寡糖链的糖蛋白往往易受蛋白酶水解，可见寡糖链具有保护多肽链、延长蛋白质半衰期的作用。寡糖链对于肽链中的抗原决定簇还可起到免疫屏蔽作用。另外，有一些酶的活性也依赖其寡糖链，如 β-羟基-β-甲基戊二酸单酰辅酶 A（β-hydroxy-β-methylglutaryl-coenzyme A，HMG-CoA）还原酶去糖链化后可降低活力 90% 以上。

免疫球蛋白 G（immunoglobulin G，IgG）为 N-连接糖蛋白，其糖链主要存在于可结晶片段（Fc 片段）。IgG 的寡糖链参与 IgG 同单核细胞或巨噬细胞上 Fc 受体的结合、补体 C_{1q} 的结合和激活，以及诱导细胞毒等过程。若 IgG 被去除糖链，其空间构象遭到破坏，则与 Fc 受体和补体的结合功能丢失。促黄体素、促卵泡素、促甲状腺素等多种糖蛋白类激素的糖链可直接影响激素与相应受体的亲和力和作用效果。

（四）寡糖链具有分子识别和黏附作用

1. 寡糖链在细胞间分子识别和黏附中的作用　受体与配体的识别和结合需要寡糖链的参与，寡糖链结构的多样性是其分子识别作用的基础，如运铁蛋白受体与运铁蛋白的结合依赖于对其糖链结构的识别。在精卵识别中寡糖链的作用亦被证明。猪卵细胞透明带中分子量为 55kDa 的 ZP-3 蛋白含有 O-连接寡糖，能识别精子并与之结合。不同细菌选择性侵袭特异宿主细胞，其机制也在于细菌表面的凝集素样蛋白对侵袭细胞表面的特异性糖链具有识别和结合作用。

2. 寡糖链在细胞与细胞外基质间分子识别和黏附中的作用　细胞外基质中和细胞表面含有多种细胞黏附分子（cell adhesion molecule，CAM），这些几乎都是糖蛋白。细胞外基质是细胞黏附并进行细胞内外代谢交换和信息传递的外环境蛋白分子，主要由糖蛋白（胶原蛋白、弹性蛋白、纤连蛋白、层粘连蛋白），蛋白聚糖，透明质酸等构成。这些蛋白分子往往具有多个结构域，可以与多种细胞和 ECM 成分结合，因而被称为黏附蛋白。它们在不同组织中参与对细胞的结构支持作用，同时也是实现细胞与 ECM 间通信的主要结构基础。它们一方面参与细胞的黏附和运动，另一方面又通过其在细胞表面的受体影响细胞的物质代谢、分化、生长及凋亡等活动。

目前已经在 ECM 内发现了多种具有上述作用的黏附蛋白，这里仅简单介绍几个主要的功能性黏附蛋白分子。

（1）纤连蛋白（fibronectin）：亦称为纤维连接蛋白，是一种大分子糖蛋白，在血液、ECM 和细胞膜表面都有分布。在血液中存在的纤连蛋白是可溶性的，目前认为它具有促进凝血、伤口愈合和细胞吞噬等功能。在 ECM 和细胞膜表面存在的纤连蛋白则以不溶性的纤连蛋白纤维存在，它的主要功能是促进细胞与 ECM 的连结。该蛋白是在 ECM 中发现的第一种黏附蛋白，它是一种由两个不完全相同的 230kDa 亚单位通过近羧基端的二硫键交联而形成的二聚体分子。纤连蛋白的每一个亚单位中包括 3 种重复模体（Ⅰ、Ⅱ和Ⅲ），这 3 种模体又进一步组织成至少 7 种功能性结构域。对这些结构域分别进行的研究已经确定它们可与肝素、胶原及细胞表面受体结合（图 3-4）。

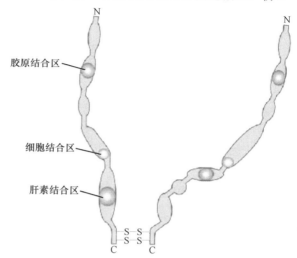

图 3-4　纤连蛋白结构示意图

N，氨基末端；C，羧基末端；S，二硫键中的元素硫

在应用蛋白质工程技术分析纤连蛋白中与细胞表面受体相结合的结构域时人们发现，一种特殊的 RGD 序列是纤连蛋白与细胞表面受体整合素相互作用的关键结构。一些含有 RGD 序列的短肽，可以抑制纤连蛋白与细胞表面的结合。纤连蛋白除了具有上述细胞黏附作用以外，对于细胞的迁移亦有影响。这种影响在胚胎发育过程中具有重要的生理意义。

（2）层粘连蛋白（laminin）：是基底膜（basilar membrane）中特有的黏附蛋白。肾小球基底膜中的 ECM 中蛋白成分是层粘连蛋白、巢蛋白和Ⅳ型胶原，另外还含有聚糖成分。层粘连蛋白（约 850kDa，70nm 长）是由 3 种完全不同的肽链组成的，这 3 条肽链相互连接成很长的十字架形结构。层粘连蛋白含有与Ⅳ型胶原、肝素和细胞表面的整合素结合的位点。在基底膜中，胶原首先与层粘连蛋白相互作用，层粘连蛋白再通过与整合素的作用将基底膜锚定在细胞膜上。巢蛋白亦结合在层粘连蛋白分子上（图 3-5）。

上述由细胞和 ECM 共同构成的基底膜是肾小球的选择性滤过功能的结构基础。

（3）整合素（integrin）：为了充分认识 ECM 与细胞间的相互作用的结构基础和功能联系，首先必须明确 ECM 中的蛋白质和聚糖类分子在细胞膜表面是否有特异性受体。目前已经公认，ECM 在细胞表面确实结合于特殊的受体上，且可以经由这些受体向细胞内传递信号。这些受体是一类跨膜蛋白，可将 ECM 与细胞间的联系信号加以整合，故被命名为整合素。

1）整合素的结构：整合素有多种异构形式，为一超家族，属于跨膜糖蛋白，由 α 和 β 两个亚单位组成（图 3-6）。每一个亚单位都具有胞外区、跨膜区和胞内区 3 个主要结构域。目前已经分别鉴定出 24 种亚单位和 9 种亚单位的编码基因，这些不同的多肽链经不同组合可以形成至少 20 种不同的整合素二聚体。整合素亚单位的胞内区可与细胞骨架成分踝蛋白及辅肌动蛋白相结合，然后间接结合在肌动蛋白微丝上。这一复合物是 ECM 与细胞骨架的连接点，称为黏着斑（focal adhesion）。整合素与 ECM 的结合状态变化（如整合素在细胞表面的聚集）可以通过黏着斑激酶（focal adhesion kinase，FAK）启动细胞内的部分信号转导通路。

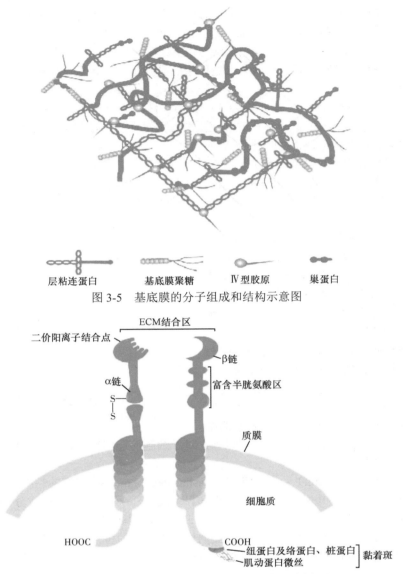

层粘连蛋白　　基底膜聚糖　　IV型胶原　　巢蛋白

图 3-5　基底膜的分子组成和结构示意图

ECM结合区

二价阳离子结合点

β链

α链

富含半胱氨酸区

S—S

质膜

细胞质

HOOC

COOH

纽蛋白及络蛋白、桩蛋白
肌动蛋白微丝
}黏着斑

图 3-6　整合素的分子结构及合成蛋白示意图

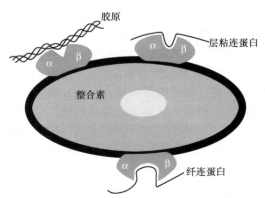

胶原

层粘连蛋白

整合素

纤连蛋白

图 3-7　整合素与胶原、纤连蛋白和层粘连蛋白
间相互作用示意图

整合素是细胞与 ECM 的主要联系分子。不同的整合素分子与不同的 ECM 成分相结合，一种 ECM 成分又可与多种整合素结合。图 3-7 示意 ECM 中主要蛋白成分，包括胶原、纤连蛋白和层粘连蛋白与整合素及细胞间的相互作用。整合素与 ECM 分子的结合特性不同于细胞表面的激素受体和其他可溶性化学信号受体。整合素与其配体结合时的亲和力相对较低，在细胞表面的数目也多于其他受体。生物的这种特殊设计保证了细胞可以与 ECM 分子发生较广泛的结合，允许细胞对外界环境发生较弱的反应，但是不会影响其与 ECM 的接触。如果整合素与 ECM 的结合过于稳定，也会导

致细胞与 ECM 间发生不可逆结合而失去其移动性。

2）整合素的生物学意义：整合素与 ECM 结合的生物学意义有两点。一是为 ECM 与细胞间提供结构上的相互接触点，二是作为两者间功能相互调节的信号转导分子。整合素的作用是双向的，即将 ECM 的信息传递给细胞影响其功能，同时也传递细胞对 ECM 结构的影响。

组织中细胞的所有活动都离不开 ECM。目前，已发现很多疾病的发生与 ECM 中糖蛋白的糖链合成和降解、结构和功能异常密切相关。例如，糖蛋白糖链的降解使溶酶体内多种特异的外切糖苷酶和内切糖苷酶逐步水解的过程。糖苷酶活性降低或酶基因的遗传性缺陷，都可使其未完全降解的糖代谢产物在体内堆积，引起多种代谢病发生。唾液酸酶或岩藻糖酶的异常，可引起相应的唾液酸过多症和岩藻糖过多症。很多正常的生理现象也与糖蛋白糖链的结构有关，如 ABO 血型系统中的抗原有 A、B 和 O，是连接于糖蛋白和糖脂上的寡糖链。3 种抗原结构上的差异仅仅存在于 A、B 抗原比 O 抗原的糖链末端各多一个 GalNAc 或 Gal。GalNAc 糖基转移酶和 Gal 糖基转移酶可在底物上添加 GalNAc 和 Gal，二者分别由位于 9 号染色体的 A 等位基因和 B 等位基因编码。因此，遗传基因的不同是决定血型的分子生物学基础，不同血型的输血会导致溶血反应。

3）整合素与医学：肿瘤细胞表面糖链可有多种改变，如出现 N-聚糖中 β-1,6 分支增加等数目和结构的改变，SLe^x 及 SLe^a 含量增加等。这些都与肿瘤的生长、侵袭及转移等密切相关。已有研究证明，肿瘤细胞表面糖链的变化主要是由相关的糖基转移酶的遗传导致。目前，在人体内已发现 300 余种糖基转移酶。ECM 中的糖蛋白与肿瘤转移也密切相关。肿瘤在转移发生前的浸润阶段，必须穿过不同的 ECM 结构如基底膜等。肿瘤细胞首先经由细胞表面的整合素结合于基底膜的 ECM 成分，然后利用自身分泌的蛋白酶使 ECM 中的蛋白质降解，帮助其穿过基底膜。透明质酸亦可协助肿瘤细胞穿过 ECM 发生转移，肿瘤细胞可以促使成纤维细胞合成大量的此类糖胺多糖，同时也促进了自身的转移和播散。同样，在细胞迁移过程中，纤连蛋白也起着重要的作用。它为细胞提供结合位点，帮助细胞穿过 ECM。穿过基底膜的肿瘤细胞并不一定发生转移。正常上皮细胞和不具备转移特性的实体瘤细胞即使穿过基底膜进入血流，也会因失去 ECM 的支持而发生凋亡（apoptosis），称为脱落凋亡。具有转移能力的实体瘤细胞则在脱离 ECM 和其他细胞支持时也不会发生凋亡，从而可以迁移到其他部位再次生长。这种存在于肿瘤细胞的抗脱落凋亡现象，被认为是其可以转移到机体其他部位的重要原因之一。已有证据表明肿瘤细胞的抗脱落凋亡现象是 ECM 与整合素相互作用的信号转导通路异常所致。

目前已有学者在研究通过干扰 ECM 中的糖蛋白与肿瘤细胞的相互作用抑制肿瘤细胞的转移。这些尝试包括利用特殊的蛋白酶抑制剂减少 ECM 的降解；利用抗整合素抗体或者 RGD 三肽（胶原、层粘连蛋白与整合素的特异序列）干扰整合素与 ECM 的结合；针对整合素介导的信号转导通路中的重要分子进行干预等研究。同时，依据糖的功能及作用机制研究的糖类药物和疫苗不断出现。通过基因工程方法生产糖蛋白药物是目前生物制药的一个典范，如重组糖蛋白类药物，Epo（重组人促红细胞生成素）。粒细胞巨噬细胞集落刺激因子及组织纤溶酶原激活物等分子中的聚糖对其整个分子的结构、功能、稳定性及药代动力学等都有很大影响。因此，通过糖基化条件的优化、控制糖蛋白的糖基化，保证重组糖蛋白具有天然糖蛋白的功能等来延长药物在血液中的半衰期及实现特异组织的靶向治疗等，已经成为药物设计和生产中的关键要素，包括阻止致病微生物及毒素与宿主细胞黏附、参与血液凝固调节、抑制炎症反应和抗移植物排斥反应的聚糖或聚糖模拟物等都是糖类药物设计的关键技巧。由乙型流感嗜血杆菌（*Haemophilus influenzae*）的聚糖和蛋白质载体偶联所制备的细菌疫苗，可使易感幼儿的发病率降低 95% 以上。因此，糖蛋白在生物医药中的应用已显示出非常广阔的前景。

第二节　蛋白聚糖的结构与功能

蛋白聚糖中多糖链所占比重较大，甚至高达 95%。蛋白聚糖是构成软骨等结缔组织细胞外基质的主要成分，同时也存在于大多数真核细胞表面、细胞内分泌颗粒和细胞核内，参与许多生理过程的调节。

<h1 style="text-align:center">一、蛋白聚糖的结构</h1>

蛋白聚糖是由蛋白部分和糖胺聚糖（glycosaminoglycan，GAG）以共价键连接而形成的高分子化合物。蛋白部分称为核心蛋白（core protein），糖胺聚糖因其必含有糖胺而得名，可以是葡糖胺或半乳糖胺。糖胺聚糖是由二糖单位重复连接而成，不分支，二糖单位中除了一个是糖胺外，另一个为糖醛酸（葡糖醛酸或艾杜糖醛酸）。除糖胺聚糖外，蛋白聚糖还含有一些 N-连接或 O-连接寡糖链。最小的蛋白聚糖称为丝甘蛋白聚糖（serglycin），含有肝素，主要存在于造血细胞和肥大细胞的储存颗粒中，是一种典型的细胞内蛋白聚糖。

（一）核心蛋白

与糖胺聚糖共价结合的蛋白称为核心蛋白。核心蛋白可以有几个不同的结构域，但均含有相应的糖胺聚糖取代结构域，通过核心蛋白中的特异结构域，一些蛋白聚糖可锚定在细胞表面或细胞外基质的大分子上。

核心蛋白种类很多，并已被克隆和测序。黏结蛋白聚糖（syndecan）的核心蛋白分子量为32kDa，含有细胞质结构域、插入质膜的疏水结构域和细胞外结构域。细胞外结构域连接有硫酸肝素和硫酸软骨素，是细胞表面主要蛋白聚糖之一。丝甘蛋白聚糖是核心蛋白最小的蛋白聚糖，含有肝素，其蛋白主要含丝氨酸和甘氨酸（Ser-Gly）序列，约 2/3 的 Ser 结合有肝素，主要存在于造血细胞和肥大细胞的储存颗粒中，是一种典型的细胞内蛋白聚糖。饰胶蛋白聚糖（decorin）是具有 36kDa 分子量的核心蛋白，富含亮氨酸重复序列的模体。在许多结缔组织的形成中，饰胶蛋白聚糖与纤维性胶原分子相互作用从而调节胶原纤维的形成和细胞外基质的组装。聚集蛋白聚糖（aggrecan）的核心蛋白则非常大（分子量为 225~250kDa），是细胞外基质的重要成分之一，由透明质酸长聚糖两侧经连接蛋白结合许多蛋白聚糖而成，可分为几个结构域，这种蛋白聚糖是软骨中的主要结构大分子。由于糖胺聚糖上羧基或硫酸根均带有负电荷，彼此排斥，所以在溶液中聚集蛋白聚糖呈平刷状（图3-8）。

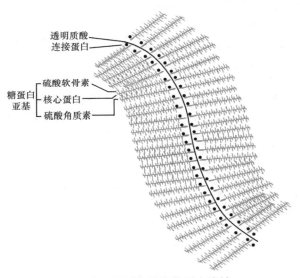

图 3-8　骨骺软骨聚集蛋白聚糖

透明质酸
连接蛋白

硫酸软骨素
核心蛋白
硫酸角质素

糖蛋白亚基

（二）糖胺聚糖

糖胺聚糖（GAG）以往亦称为黏多糖（mucopolysaccharide），是己糖胺和己糖醛酸二糖重复单位的聚合物，无分支。己糖胺（糖胺聚糖就由此得名）为 GlcNAc 或 GlaNAc，己糖醛酸为 GlcUN 或 IdoUA。GAG 主要有 5 种：硫酸软骨素、硫酸角质素、硫酸皮肤素、透明质酸、肝素。除透明质酸外，其他的糖胺聚糖都带有硫酸。各种 GAG 结构间的主要差异为二糖单位、GlcUN/IdoUA 比例及硫酸化程度不同。它们的二糖单位结构参见图3-9。

1. 硫酸软骨素（chondroitin sulfate，CS）　是哺乳动物体内最丰富的糖胺聚糖，它的二糖单位由 N-乙酰半乳糖胺和葡糖醛酸组成，N-乙酰半乳糖胺残基的 C-4 和 C-6 位是最常见的硫酸化部位。单个糖链约 250 个二糖单位，许多这样的糖链与核心蛋白以 O-连接方式相连形成蛋白聚糖。

2. 硫酸角质素（keratan sulfate，KS）　其二糖单位由半乳糖和 N-乙酰葡糖胺组成。硫酸角质素所形成的蛋白聚糖可分布于角膜中，也可与硫酸软骨素共同组成蛋白聚糖聚合物，分布于软骨和结缔组织中。

3. 硫酸皮肤素（dermatan sulfate，DS）　分布广泛，其二糖单位与硫酸软骨素很相似，仅一部分葡糖醛酸被艾杜糖醛酸取代，因此硫酸皮肤素含有两种糖醛酸。葡糖醛酸转变为艾杜糖醛酸是在聚糖合成后进行，由差向异构酶催化。

4. 透明质酸（hyaluronic acid，HA）　是糖胺聚糖中结构最简单的一种，分布于关节滑液、眼的玻璃体及疏松的结缔组织中，其二糖单位由葡糖醛酸和 N-乙酰葡糖胺组成，是唯一不发生硫酸化修饰的糖胺聚糖，亦不与核心蛋白共价结合，故不以蛋白聚糖单体的形式存在，但可与其他蛋白聚糖单体的核心蛋白非共价连接。透明质酸的分子量非常大，可达到 10 000kDa（约 25 000 个重复二糖单位）。在生理溶液中，透明质酸分子呈无规则扭曲的线团状结构，分子之间相互作用可交织形成网络，从而赋予基质一定的物理特性。

5. 肝素（heparin，Hp）　分布于肥大细胞内，有抗凝作用，其二糖单位为葡糖胺和艾杜糖醛酸，葡糖胺的氨基氮和 C-6 位均带有硫酸。肝素合成时都是葡糖醛酸，然后异构化为艾杜糖醛酸，随之进行 C-2 位硫酸化。肝素所连接的核心蛋白几乎全由丝氨酸和甘氨酸组成。硫酸类肝素是细胞膜成分，突出于细胞外。

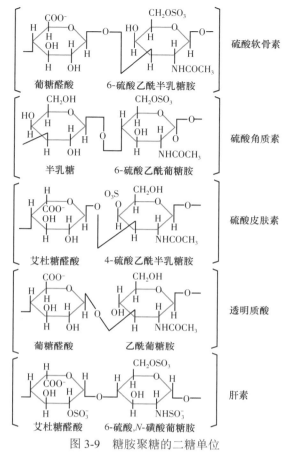

图 3-9　糖胺聚糖的二糖单位

（三）核心蛋白和糖胺聚糖的连接

除透明质酸游离存在以外，其他糖胺聚糖均以蛋白聚糖的形式存在。与核心蛋白的连接具有与糖蛋白中糖链和多肽链类似的 N-糖链和 O-糖链的方式。在 GAG 中，CS、DS、Hp 和硫酸乙酰肝素（HS）与核心蛋白连接点的结构为 GlcUA-Gla-Gla-Xyl-Ser，为蛋白聚糖型（Xylβ-O-Ser）的 O-连接。KS 的 I 型和 II 型通过 N-糖链和 O-糖链与核心蛋白连接。有些蛋白聚糖含一条 GAG 链，如饰胶蛋白聚糖；有些蛋白聚糖则含多条 GAG 链，如聚集蛋白聚糖（又称大分子软骨蛋白聚糖）。蛋白聚糖分子中除含蛋白聚糖以外，还可结合少量的 N-连接聚糖和 O-连接聚糖。如软骨中主要含可聚蛋白聚糖，它们是以透明质酸分子为主干形成的蛋白聚糖亚基聚集体（proteoglycan aggregate），同时也含有少量的 N-连接糖链和 O-连接糖链，分布在核心蛋白的不同区域。

（四）蛋白聚糖的生物合成

蛋白聚糖的生物合成在内质网内进行，先合成核心蛋白的多肽链，多肽链合成的同时即以 O-连接或 N-连接的方式在丝氨酸或天冬酰胺残基上连接上糖基。糖链的延长和加工修饰主要在高尔基体内进行，以单糖的 UDP 衍生物为供体，由高度特异性的糖基转移酶催化，在多肽链上逐个加上单糖，而不是先合成二糖单位。这样糖链依次序延长，糖链合成后再进行修饰。糖胺的氨基来自谷氨酰胺，硫酸则来自"活性硫酸"或 3′-磷酸腺苷-5′-磷酰硫酸。由差向异构酶将葡糖醛酸转变为艾杜糖醛酸，硫酸转移酶则催化氨基或羟基上的硫酸化。

二、蛋白聚糖的功能

哺乳动物细胞可产生大量结构复杂、功能多样的蛋白聚糖，这些多糖广泛分布于细胞外基质、细胞膜及分泌颗粒中，具有重要的生物学功能。

（一）蛋白聚糖最主要的功能是构成细胞间基质

蛋白聚糖是动物细胞外基质的主要成分，但在不同组织的细胞外基质中含有的糖胺聚糖及蛋白聚糖的类型、含量及结构不同，是与其功能相适应的。在基质中蛋白聚糖与弹性蛋白、胶原蛋白等以特异的方式彼此交联而赋予基质以特殊的网状结构。蛋白聚糖在细胞外基质中与这些不同成分彼此交联，形成孔径不同、电荷密度不同的网状凝胶样结构，使细胞外基质连成一个体系，形成细胞外的微环境，而且可以作为控制细胞及其调控的筛网。这在肾小球和血管基底膜中尤为重要。硫酸软骨素中由其糖基的多羟基及多阴离子决定可吸收部分水分，保持湿润和润滑，这一特性对骨骺生长板就显得尤其重要。硫酸软骨素蛋白聚糖的缺乏或硫酸软骨素的硫酸化不足，可减少骨骺板的体积，从而导致肢体发育不良，导致四肢短小和畸形。角膜中的蛋白聚糖主要含硫酸角质素和硫酸皮肤素，硫酸角质素蛋白聚糖负责角膜基质的胶原纤维的构建及维持，从而保证角膜基质具有透光性。

（二）蛋白聚糖参与构建基底膜结构

基底膜就是蛋白聚糖参与构成的一种特化的细胞外基质，而蛋白聚糖能调节某些特殊基底膜的生物学特性。细胞外基质中蛋白聚糖可结合多种细胞因子，如骨形成蛋白、生长因子、转化生长因子等，保护这些蛋白不被蛋白酶水解。在肾小球基底膜中，串珠蛋白聚糖相互聚集，并与基底膜的其他成分如 Fn 和 Ⅳ 型胶原分子等相互作用，参与基底膜的网状结构构成。另外，基底膜上的蛋白聚糖分子可作为共同受体与多种酪氨酸激酶型生长因子受体一起构建成一个蛋白复合体，并降低信号反应的起始阈值或改变反应的持续程度；这些复合体还可与膜上的整合素分子及其他细胞黏附分子协同作用，促进细胞间连接及细胞趋化运动。

（三）参与细胞的黏附、迁移、增殖、分化、入侵及细胞间的信息传递

一些蛋白聚糖可与细胞外基质中的胶原蛋白、成纤维生长因子等结合，参与细胞间及细胞与细胞外基质间的相互作用，影响细胞增殖、分化、黏附和迁移等。如在基质中的蛋白聚糖成分——透明质酸可以与细胞表面的透明质酸受体结合，从而影响细胞与细胞的黏附、细胞的迁移、增殖、分化等细胞生物学行为。恶性肿瘤细胞可通过分泌特异性酶分解基底膜成分从而发生侵袭和转移。血管基底膜是防止肿瘤细胞扩散的重要屏障。黑色素瘤和淋巴瘤细胞可合成并释放一种特异性内切糖苷酶，此酶能将串珠蛋白聚糖分子中的硫酸类肝素链切除，破坏基底膜的结构，使肿瘤细胞扩散和转移更易于发生。膜蛋白聚糖或膜结合型的蛋白聚糖主要含 HS。这类蛋白聚糖的核心蛋白为跨膜蛋白，大多数可作为膜受体参与细胞间信息传递。细胞的分泌颗粒中存在高度浓缩的蛋白聚糖，可调节分泌蛋白的活性。

（四）蛋白聚糖增加组织的水分保有量

蛋白聚糖中的糖胺聚糖是多聚阴离子化合物，能结合 Na^+、K^+、Ca^{2+} 等阳离子，从而吸引水分，进而影响水分子的流动性，也就能直接影响组织的渗透压，而其与阳离子的结合是一种静电结合作用，可影响离子的运输。例如，透明质酸的糖链含有较多的葡糖醛酸，具有非常强的保湿功能，可携带大于自身体积 500 倍的水，常作为化妆品和眼药水的基础成分。同时，聚糖的羟基也是亲水的，所以基质内的蛋白聚糖可以吸引和保留水而形成凝胶，容许小分子化合物自由扩散而阻止细菌通过，起保护作用。

此外，蛋白聚糖中的 GAG 因含有羧基、硫酸根基团而带大量的负电荷，所结合的 Na^+、K^+ 等阳离子可吸收水并形成网状凝胶样结构。这种凝胶状的网状分子筛可允许小分子物质的自由扩散，防止细菌入侵。GAG 也可单独发挥作用，如透明质酸使软骨、肌腱等结缔组织具有抗压和

弹性作用，因此，透明质酸也可作为润滑剂和保护剂。在组织发生和重建中，开始常伴有透明质酸大量合成，然后被透明质酸酶降解，这种变化有利于细胞增殖、迁移和定位。有些病原菌分泌的透明质酸酶对基质透明质酸的降解，增加了病原菌的侵袭力进而入侵机体。透明质酸还可与细胞表面透明质酸受体 CD_{44} 的结合，可导致多种细胞生物学行为。

（五）肝素具有抗凝血作用

各种蛋白聚糖还有其特殊功能。某些糖胺聚糖可与血浆蛋白结合，如存在于肥大细胞中的肝素是临床上重要而又常用的抗凝剂，其抗凝作用机制是能使凝血酶的抑制剂——抗凝血酶原Ⅲ结合，使后者空间构象发生改变并导致凝血酶失活，产生较强的抗凝作用，可用于防治血栓。肝素还能特异地与毛细血管壁的脂肪酶结合，促使后者释放入血液中，增强了脂肪的分解代谢。

另外，在细胞表面的蛋白聚糖中大多含有硫酸肝素，在神经发育、细胞识别和分化等方面起重要的调节作用。丝甘蛋白聚糖是目前已知的细胞内的蛋白聚糖，存在于结缔组织肥大细胞及许多造血细胞的储存颗粒中，主要功能是与带正电荷的蛋白酶、羧肽酶和组胺等相互作用，参与这些生物活性分子的储存和释放。硫酸软骨素在软骨中特别丰富，维持软骨的机械性能。角膜的胶原纤维间充满硫酸角质素和硫酸皮肤素，使角膜透明。

（六）聚糖的生物信息与功能关系

聚糖在细胞间信息传递、蛋白质折叠、蛋白质转运与定位、细胞黏附及免疫识别等方面发挥的功能，也是聚糖携带的生物信息表现。其生物信息表现方式、传递途径如下。

1. 聚糖携带了生物信息　各类聚糖的生物合成不需要模板的指导，其糖基序列或不同糖苷键的形成，主要取决于糖基转移酶催化反应中能特异性识别的糖基底物。依靠多种糖基转移酶主要在内质网或高尔基体中特异性地、有序地将供体分子中糖基转运至底物接受体上，在不同的特异位点以不同糖苷键的方式，形成有序的聚糖结构。

由于糖基转移酶仍由核基因编码，因此，糖基转移酶仍遵循中心法则中基因→ mRNA →蛋白质表达的基本规律，将核酸信息传递至聚糖分子。此外，血型物质等的聚糖作为某些特异蛋白质组分与生物表型密切相关，体现了生物结构与功能的多样信息。

2. 聚糖空间结构多样性是聚糖携带的信息基础　糖缀合物中各种聚糖结构存在着单糖种类和长度不同、化学键连接方式及分支异构体结构的差异性，由此形成了千变万化的聚糖空间结构，从而形成结构多样性，因此聚糖结构具有高度的复杂性与多样性，这种多样性也称为糖形（glycoform）。同时，单糖连接方式和修饰方式的差异，也使存在于聚糖中的单糖结构多种多样。如 2 个相同己糖的连接就有 α 和 β-1,2 连接、α-1,3 连接、α-1,4 连接、α-1,6 连接和 β-1,2 连接、β-1,3 连接、β-1,4 连接、β-1,6 连接，共 8 种连接方式，加之聚糖中的单糖修饰（如磷酸化、乙酰化、甲基化、硫酸化修饰等），因此理论上组成糖复合物中聚糖的己糖结构可达 102 种之多（尽管这些结构不一定都天然存在）。这种聚糖序列结构多样性是其携带生物信息的基础。如果说不同的糖链结构代表不同的生物学意义，这种不同结构的糖链就可以理解为糖密码，就像基因密码一样蕴藏着生物学的含义。

3. 聚糖空间结构多样性的调控　目前已知构成聚糖的单糖种类与单糖序列是特定的，即存在于同一糖蛋白同一糖基化位点的糖结构通常是相同的（但也存在不均一性），提示"糖蛋白聚糖合成规律可能由糖密码控制"。目前，从糖复合物中聚糖的生物合成过程（包括糖基供体、合成所需酶类、合成的亚细胞部位、合成的基本过程）得知，聚糖的合成受基因编码的糖基转移酶和糖苷酶调控。参与聚糖的生物合成的糖基转移酶种类繁多，目前已被克隆的糖基转移酶已达 140 余种，主要分布于内质网或高尔基体。

同时，糖链的合成和降解均受到以下因素调节：

（1）糖链合成的调节：糖基转移酶通过催化作用将糖基连接到现有的糖链上，这种用于合成的糖基通常来源于单糖供体底物。这种底物单糖一般需要先活化，然后将单糖接到 GDP 分子上，形成 GDP-单糖分子，如 GDP-岩藻糖用于合成血型抗原。同时糖基转移酶具有高度的底物特异性，因此尽管单糖含有多个羟基，但每一个糖基化位点都能被不同的糖基转移酶所识别，而且在糖链的合成过程中也会有不同的糖基转移酶来识别这些位点。总之，糖链上合成新的糖基主要取决于糖基转移酶的活性，不同的活性状态将决定糖链合成哪一个糖基。

　　（2）糖链降解的调节：糖链的降解主要由糖苷酶负责，糖苷酶的特异性相对较低，可水解一种或一类糖苷键。体内糖基转移酶和糖苷酶共同维护着糖蛋白糖链和蛋白聚糖的结构稳定性，根据细胞的功能需要，有些糖蛋白或蛋白聚糖的糖链也会随时发生变化，如蛋白激酶的修饰；但有些糖链非常稳定，如血型抗原，这取决于糖基转移酶的基因表达。

小　结

　　糖蛋白和蛋白聚糖广泛分布于包括人在内的高等真核生物中，主要存在于细胞表面和细胞外间质中。此二者都由蛋白质部分和聚糖部分构成。这些复合物中寡糖链结构的多态性所包含的生物信息与细胞的识别、黏附、增殖和分化等功能密切相关。

　　糖蛋白中蛋白质含量多于糖的含量。在多肽链和寡糖间有三种连接方式，即 N-连接、O-连接和 GPI-连接。N-连接中的聚糖以共价键方式与糖化位点即 Asn-X-Ser/Thr 模体中的天冬酰胺的酰胺 N-连接；O-连接与糖蛋白特定 Ser 残基侧链的羟基共价结合；GPI-连接是指其寡糖经由磷酸乙醇胺连接到多肽的羧基端氨基酸，寡糖链再经氨基葡萄糖连接到磷脂酰肌醇（PI）分子上形成 GPI 结构。N-连接聚糖可分为高甘露糖型、复杂型和杂合型三型，它们都是由 14 个糖基的长萜醇焦磷酸聚糖结构经加工而成。每一步加工过程都有特异的糖苷酶和糖基转移酶参与。糖蛋白中的寡聚糖参与许多生物学功能，影响新生肽链的加工、运输和糖蛋白的空间构象、半衰期，参与糖蛋白的分子识别、运输及生物学活性等。

　　蛋白聚糖是另一种糖含量多于蛋白质的糖聚合物，所含的糖以糖胺聚糖最为典型。蛋白聚糖由糖胺聚糖和核心蛋白组成。体内重要的糖胺聚糖有硫酸软骨素、透明质酸、硫酸角质素、肝素和硫酸皮肤素等。作为细胞外基质（ECM）的主要部分，蛋白聚糖与胶原蛋白以特异的方式相连而赋予基质以特殊的结构，参与了各种细胞活动的调节，如与细胞的黏附、迁移、增殖和分化功能，以及肿瘤细胞的转移、细胞间的信息传递等都有密切联系。蛋白聚糖还参与构建肾小球等组织的基底膜结构，也可增加组织水分保有量。肝素等特殊的蛋白聚糖通过与抗凝血酶原Ⅲ结合，改变其空间构象导致凝血酶失活，产生强烈的抗凝血作用。蛋白聚糖里的 GAG 构成凝胶防止细菌入侵，透明质酸类 GAG 可单独发挥抗压和弹性作用。组织发生和重建时常伴有 HA 合成，然后被透明质酸酶降解，有利于细胞增殖、迁移和定位。很多病原菌就是通过分泌透明质酸酶降解基质的 HA 从而增加病原菌的侵袭力。

　　糖缀合物中的多种聚糖结构存在着单糖种类、化学键连接方式、分支异构体、修饰类型的差异性，形成多种多样、丰富多彩的聚糖空间结构，其复杂程度远远高于核酸或蛋白质等生物大分子结构，这可能赋予了聚糖携带有大量生物信息的能力。同时，聚糖空间结构的多样性、聚糖的合成和降解受到多种因素和相关蛋白酶的调控。

（罗洪斌）

第三章线上内容

第四章 酶

生物体内存在两类生物催化剂（biocatalyst），一类是酶（enzyme），另一类是核酶。酶是由活细胞产生的、对其底物具有极高的催化效率和高度专一性的一类蛋白质。核酶是具有催化功能的 RNA 分子（参见第二章第四节）。

生物体内的物质代谢过程是连续不断的酶促反应，若没有酶的催化，生命将不复存在。酶在细胞内外起同样的催化作用。随着人们对酶分子的结构与功能、酶促反应动力学等研究的深入和发展，逐步形成了一门专门学科——酶学（enzymology）。酶学与医学的关系十分密切，人体的许多疾病与酶的异常密切相关，许多酶还被用于疾病的诊断和治疗。酶学研究不仅在医学领域具有重要意义，而且对科学实践、工业、农业生产实践亦影响深远。

第一节 酶的分子结构与功能

酶与其他蛋白质一样，具有一级、二级、三级，乃至四级结构。仅由一条多肽链构成的酶称为单体酶（monomeric enzyme），如牛胰核糖核酸酶、溶菌酶、羧肽酶 A 等。由 2 条或以上相同或不同的多肽链（即亚基）以非共价键连接组成的酶称为寡聚酶（oligomeric enzyme），如蛋白激酶 A 和磷酸果糖激酶-1 均含有 4 个亚基。由几种具有不同催化功能的酶彼此聚合形成的复合体称为多酶体系（multienzyme system）或称多酶复合体（multienzyme complex），如哺乳动物丙酮酸脱氢酶复合体含有丙酮酸脱氢酶、二氢硫辛酰胺转乙酰酶和二氢硫辛酰胺脱氢酶，催化丙酮酸氧化脱羧（实际上丙酮酸脱氢酶复合体还含有丙酮酸脱氢酶磷酸酶和丙酮酸脱氢酶激酶）。多酶复合体催化反应的过程如同流水线，上一个酶的产物即成为下一个酶的底物，形成连锁反应。一条肽链同时具有多种不同的催化功能的酶称为多功能酶（multifunctional enzyme）或串联酶（tandem enzyme），如哺乳动物脂肪酸合酶体系是由 2 条多肽链构成的二聚体酶，每条多肽链都含有 6 种不同催化功能的酶活性和一个酰基载体蛋白质（acyl carrier protein, ACP）结构域，从肽链的 N 端到 C 端依次是（β-酮脂酰合酶、丙二酰/乙酰转移酶、水合酶、烯脂酰还原酶、ACP 和硫酯酶。多功能酶是多酶体系在进化过程中基因融合的结果。

一、酶分子的组成

按照酶分子的构成可将酶分为单纯酶（simple enzyme）和缀合酶（conjugated enzyme）（曾称为结合酶）。仅由氨基酸残基组成的酶称为单纯酶，即单纯酶水解后的产物除了氨基酸外，没有其他组分。例如，脲酶、一些消化（蛋白）酶、淀粉酶、脂酶、核糖核酸酶等。缀合酶是由蛋白质部分和非蛋白质部分共同组成，其中蛋白质部分称为酶蛋白（apoenzyme），非蛋白质部分称为辅因子（cofactor）。酶蛋白主要决定酶催化反应的特异性及其催化机制；辅因子主要决定酶催化反应的类型。酶蛋白与辅因子结合形成的复合物称为全酶（holoenzyme）。酶蛋白和辅因子单独存在时均无催化活性，只有全酶才具有催化作用。

辅因子多为金属离子或小分子有机化合物。按辅因子与酶蛋白结合的紧密程度与作用特点不同，可将它们分为辅酶（coenzyme）与辅基（prosthetic group）。辅酶与酶蛋白的结合疏松，可以用透析或超滤的方法除去。在酶促反应中，辅酶作为底物接受质子或基团后离开酶蛋白，参加另一酶促反应并将所携带的质子或基团转移出去，或者相反。辅基则与酶蛋白结合紧密，不能通过透析或超滤将其除去。在酶促反应中，辅基不能离开酶蛋白。

（一）作为辅因子的金属离子的作用

金属离子是最常见的辅因子，约 2/3 的酶含有金属离子（表 4-1）。金属离子作为酶的辅因子，其主要作用是：作为酶活性中心的组成部分参加催化反应，使底物与酶活性中心的必需基团形成正确的空间排列，有利于酶促反应的发生；作为连接酶与底物的桥梁，形成三元复合物；金属离子还可以中和电荷，减小静电斥力，有利于底物与酶的结合；金属离子与酶的结合还可以稳定酶的空间构象，稳定酶的活性中心等。有的金属离子与酶结合紧密，提取过程中不易丢失，这类酶称为金属酶（metalloenzyme），如碱性磷酸酶（含 Mg^{2+}）。有的金属离子虽为酶的活性所必需，却不与酶直接结合，而是通过底物相连接，这类酶称为金属激活酶（metal-activated enzyme），如己糖激酶催化葡萄糖反应时形成 Mg^{2+}-ATP 复合物。

表 4-1 某些金属酶和金属激活酶及其所需的金属离子

金属酶	金属离子	金属激活酶	金属离子
过氧化氢酶	Fe^{2+}	丙酮酸激酶	K^+、Mg^{2+}
过氧化物酶	Fe^{2+}	丙酮酸羧化酶	Mn^{2+}、Zn^{2+}
β-内酰胺酶	Zn^{2+}	蛋白激酶	Mg^{2+}、Mn^{2+}
固氮酶	Mo^{2+}	精氨酸酶	Mn^{2+}
核糖核苷酸还原酶	Mn^{2+}	磷脂酶 C	Ca^{2+}
羧肽酶	Zn^{2+}	细胞色素 c 氧化酶	Cu^{2+}
超氧化物歧化酶	Cu^{2+}、Zn^{2+}、Mn^{2+}	己糖激酶	Mg^{2+}
碳酸酐酶	Zn^{2+}	脲酶	Ni^{2+}

（二）作为辅因子的小分子有机化合物的作用

这类辅因子多为 B 族维生素的衍生物或卟啉化合物，它们在酶促反应中主要参与传递电子、质子（或基团）或起运载体作用（表 4-2）。

表 4-2 B 族维生素的活性形式及其在酶促反应中的作用

B 族维生素	活性形式	缩写名	所转移基团
B_1	硫胺素焦磷酸	TPP	醛基
B_2	黄素单核苷酸	FMN	氢原子
	黄素腺嘌呤二核苷酸	FAD	氢原子
B_6	磷酸吡哆醛	—	氨基
PP	烟酰胺腺嘌呤二核苷酸（辅酶Ⅰ）	NAD	氢原子、电子
	烟酰胺腺嘌呤二核苷酸磷酸（辅酶Ⅱ）	NADP	氢原子、电子
泛酸	辅酶 A	CoA	酰基
	酰基载体蛋白质	ACP	酰基
生物素	生物素	—	二氧化碳
叶酸	四氢叶酸	FH_4	一碳单位
B_{12}	甲基钴胺素	—	甲基
	5'-脱氧腺苷钴胺素	—	邻位碳原子上基团易位

有些酶可以同时含有多种不同类型的辅因子，如细胞色素 c 氧化酶既含有血红素又含有 Cu^+/Cu^{2+}，琥珀酸脱氢酶同时含有铁和 FAD。

二、酶的活性中心

酶分子中能与底物特异地结合并催化底物转变为产物的具有特定三维结构的区域称为酶的

活性中心（active center）或活性部位（active site）。酶分子中存在有各种化学基团，但它们不一定都与酶的活性有关，其中那些与酶的活性密切相关的基团称作酶的必需基团（essential group）。这些必需基团在一级结构上可能彼此相距较远，但在空间结构上会相距很近而形成酶的活性中心（图4-1）。酶的必需基团常见的有丝氨酸残基的羟基、组氨酸残基的咪唑基、半胱氨酸残基的巯基及酸性氨基酸残基的羧基等。

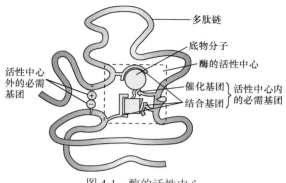

图 4-1　酶的活性中心

　　有些必需基团位于酶的活性中心内，有些必需基团位于酶的活性中心外。位于酶活性中心内的必需基团还有结合基团（binding group）和催化基团（catalytic group）之分，前者的作用是识别底物并与之特异结合，形成酶-底物过渡态复合物，后者的作用是影响底物中某些化学键的稳定性，催化底物发生化学反应，进而转变成产物。有些酶的结合基团同时兼有催化基团的功能。酶活性中心外的必需基团虽然不直接参与催化作用，却为维持酶活性中心的空间构象所必需。辅酶或辅基多参与酶活性中心的组成。

　　酶的活性中心不是点、线或平面，而是酶分子中很小的具有三维结构的区域，且多为酶分子中氨基酸残基的疏水基团形成的裂隙或凹陷所形成的疏水"口袋"（图4-2），形成一种有利于酶与其特定底物结合并催化的环境，使底物分子或其一部分结合到裂隙内并发生催化反应。

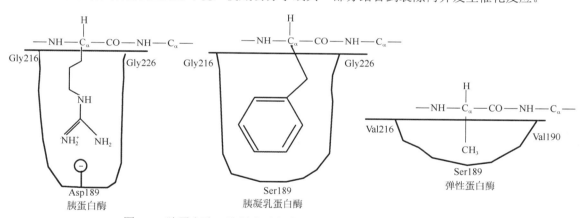

图 4-2　胰蛋白酶、胰凝乳蛋白酶和弹性蛋白酶活性中心"口袋"

三、同　工　酶

　　同工酶（isoenzyme）是指催化的化学反应相同，但酶分子的结构、理化性质乃至免疫学性质不同的一组酶。动物的乳酸脱氢酶（lactate dehydrogenase，LDH）是一种含锌的四聚体酶，其亚基类型有骨骼肌型（M型）和心肌型（H型），分别由11号染色体的基因 a、12号染色体的基因 b 编码。两型亚基以不同的比例组成五种同工酶，即 $LDH_1(H_4)$、$LDH_2(H_3M)$、$LDH_3(H_2M_2)$、$LDH_4(HM_3)$、$LDH_5(M_4)$（图4-3），分子量均为35kDa。LDH催化乳酸与丙酮酸之间的氧化还原反应。

　　在乳酸脱氢酶的活性中心附近，两种亚基之间有极少数的氨基酸残基不同，如M亚基的30位为丙氨酸残基，H亚基的则为谷氨酰胺残基，且H亚基中的酸性氨基酸残基较多。这些差别引起LDH同工酶解离程度不同、分子表面电荷不同。在pH 8.6的缓冲液中进行电泳时，自负极向正极泳动的次序为 LDH_5、LDH_4、LDH_3、LDH_2 和 LDH_1。由于它们之间所带的电荷呈等差级数增减，故电泳谱带之间的距离相等。两种亚基氨基酸序列和构象差异，表现出对底物的亲和力不同。例如，LDH$_1$ 对乳酸的亲和力较大（K_m=4.1×10^{-3}mol/L，K_m 为米氏常数），而 LDH$_5$ 对乳酸的亲和力较小（K_m=14.3×10^{-3}mol/L），这主要是 H 亚基对乳酸的 K_m 小于 M 亚基的缘故。体外催化反应时，LDH$_1$ 的最适 pH 为 9.8，LDH$_5$ 为 7.8。

图 4-3　乳酸脱氢酶同工酶及其亚基组成

同工酶的表达具有时空特异性。生物体的不同发育阶段和不同组织器官中，编码不同亚基的基因开放程度不同，合成的亚基种类和数量不同，形成不同的同工酶谱（表 4-3）。例如，大鼠出生前 9 天心肌 LDH 同工酶是 M$_4$，出生前 5 天转变为 HM$_3$，出生前 1 天为 H$_2$M$_2$ 和 HM$_3$，出生后第 12～21 天则为 H$_3$M 和 H$_2$M$_2$。成年大鼠心肌 LDH 同工酶主要是 H$_4$ 和 H$_3$M。

表 4-3　人体各组织器官中 LDH 同工酶谱　　　　　　　　　　（活性 %）

组织器官	LDH$_1$	LDH$_2$	LDH$_3$	LDH$_4$	LDH$_5$
心肌	67	28	4	<1	<1
肾	52	28	16	4	<1
肝	2	4	11	27	56
骨骼肌	4	7	21	27	41
肺	10	20	30	25	15
胰腺	30	15	50	—	5
脾	10	25	40	25	5
子宫	5	25	44	22	4
红细胞	43	36	15	5	2
白细胞	12	49	33	6	<1
正常血清	27	34	21	12	6

检测组织器官同工酶谱的变化有重要的临床意义。当组织细胞病变时，该组织细胞特异的同工酶可释放入血。因此，血浆同工酶活性、同工酶谱分析有助于疾病诊断和预后判定。例如，肌酸激酶同工酶（CK-MB）作为诊断急性心肌梗死的指标之一，CK-MB 增高的程度能较准确地反映梗死的范围，其高峰出现时间是否提前有助于判断溶栓治疗是否成功。

四、酶的催化特点

酶作为生物催化剂，具有与一般无机催化剂相同的特点：①反应前后无质与量的改变；②只催化热力学允许的化学反应；③加快反应速度，不改变反应的平衡常数；④催化的机制是降低反应的活化能。由于酶的化学本质是蛋白质，因而酶又具有无机催化剂所没有的显著特点。

（一）极高的催化效率

任何一种热力学允许的化学反应均有自由能的改变。在反应体系中，由于反应物（酶学上称为底物）分子所含的能量高低不一，所含自由能较低的底物分子，很难发生化学反应。只有那些达到或超过一定能量水平的分子，才有可能发生相互碰撞并进入化学反应过程，这样的分子称为活化分子。若将低自由能的底物分子（基态）转变为能量较高的过渡态（transition state）分子，化学反应就有可能发生。活化能（activation energy）是指在一定温度下，1mol 底物（substrate）

从基态转变成过渡态所需要的自由能，即过渡态中间物比基态底物高出的那部分能量。活化能是决定化学反应速率的内因，是化学反应的能障（energy barrier）。欲使化学反应速率加快，须使基态底物转化为过渡态。例如，给予底物活化能（如加热）或降低反应的活化能。

酶通过与底物的相互作用降低反应的活化能。酶促反应过程中涉及酶与底物间共价和非共价的相互作用，这种情况多发生在酶的活性部位。酶分子上的催化基团（如特异的氨基酸侧链、金属离子和辅酶）可与底物形成暂时的共价键来激活底物，或者底物上的某个基团被暂时转移到酶分子上。酶与底物间的共价相互作用通过提供另一种低能反应途径使活化能降低。酶与底物间非共价相互作用（如氢键、离子键和疏水效应等）时，伴随着能量释放，这种衍生于酶与底物间弱的非共价相互作用的能量称为结合能（binding energy）。结合能是酶降低活化能所需的自由能的主要来源，它对酶的特异性及催化作用也有贡献。与一般催化剂相比，酶能使底物分子获得更少的能量便可进入过渡态，从而加快反应速率（图4-4）。

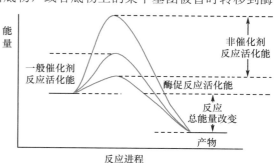

图 4-4 酶促反应活化能的变化

酶的催化效率通常比无催化剂时的自发反应高 $10^8 \sim 10^{20}$ 倍，比一般无机催化剂高 $10^5 \sim 10^{13}$ 倍。例如，在过氧化氢分解成水和氧的反应（$2H_2O_2 \longrightarrow 2H_2O+O_2$）中，无催化剂时反应的活化能为 75 312J/mol；用胶体钯作催化剂时，反应的活化能降至 48 953J/mol；用过氧化氢酶催化时，反应活化能降至 8368J/mol。某些酶与一般催化剂催化效率的比较见表 4-4。

表 4-4 某些酶与一般催化剂催化效率的比较

底物	催化剂	反应温度（℃）	效率常数
苯甲酰胺	H^+	52	2.4×10^{-6}
	OH^-	53	8.5×10^{-6}
	α-胰凝乳蛋白酶	25	14.9
尿素	H^+	62	7.4×10^{-7}
	脲酶	21	5.0×10^6
H_2O_2	Fe^{2+}	56	22
	过氧化氢酶	22	3.5×10^6

（二）高度专一性

与一般催化剂不同，酶对其所催化的底物和反应类型具有高度专一性。一种酶只作用于一种或一类化合物，或一种化学键，催化一定的化学反应并产生一定结构的产物，这种现象称为酶的专一性（specificity）。根据各种酶对其底物结构要求的严格程度不同，酶的专一性可大致分为以下两种类型。

1. 绝对专一性 有些酶仅对一种特定结构的底物起催化作用，产生具有特定结构的产物。酶对底物的这种极其严格的选择性称为绝对专一性（absolute specificity）。例如，淀粉酶催化淀粉水解而不能催化蔗糖水解；脲酶仅水解尿素，对甲基尿素则无反应（图4-5）。

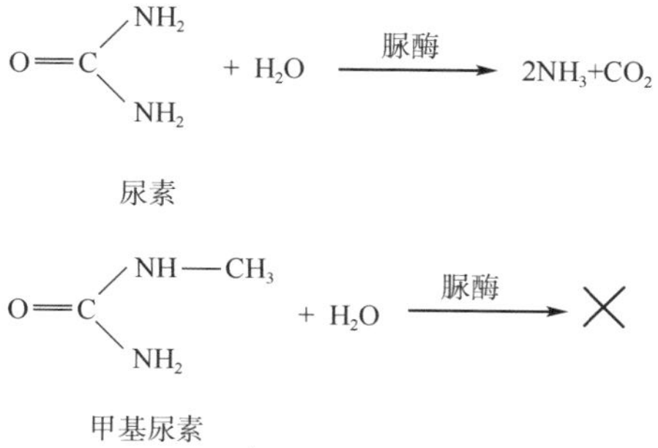

有些酶仅催化其底物的一种立体异构体，产生特定的产物，酶对底物空间构型所具有的专一性称为立体专一性（stereospecificity），这种专一性也归属于酶

$$O=C \begin{array}{c} NH_2 \\ \\ NH_2 \end{array} + H_2O \xrightarrow{\text{脲酶}} 2NH_3+CO_2$$

尿素

$$O=C \begin{array}{c} NH—CH_3 \\ \\ NH_2 \end{array} + H_2O \xrightarrow{\text{脲酶}} \times$$

甲基尿素

图 4-5 脲酶的绝对专一性

的绝对专一性。根据酶对旋光异构和几何异构的专一性可分为旋光异构专一性和几何异构专一性。例如，精氨酸酶只催化 L-精氨酸水解，不能催化 D-精氨酸水解；乳酸脱氢酶仅催化 L-乳酸脱氢生成丙酮酸，而对 D-乳酸无作用（图4-6），这样的反应属于酶的旋光异构专一性。延胡索酸酶催化反丁烯二酸（延胡索酸）加水生成苹果酸，而对顺丁烯二酸（马来酸）不起作用（图4-7）。此反应属于酶的几何异构专一性。

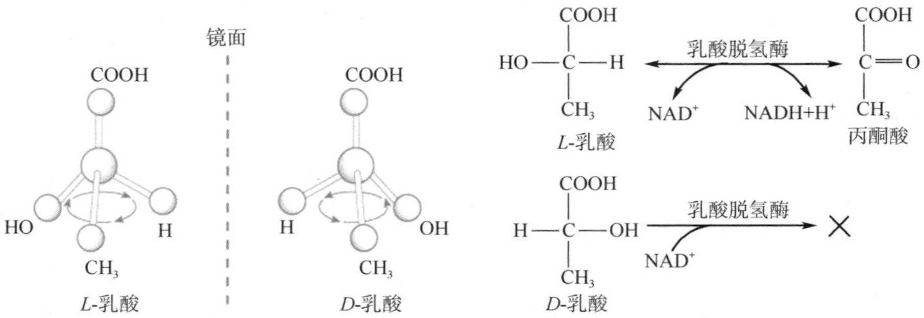

图 4-6　乳酸脱氢酶的旋光异构专一性

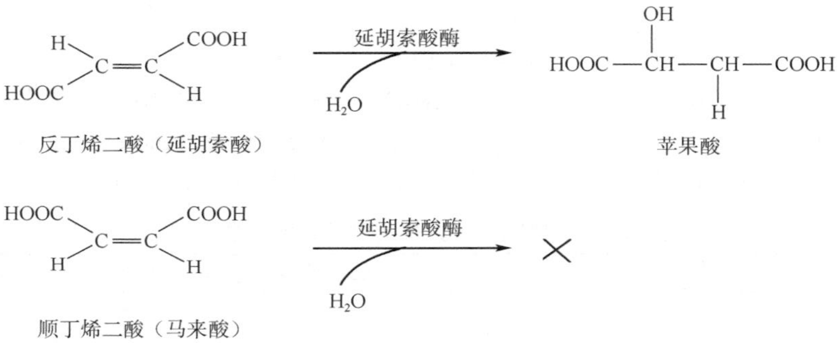

图 4-7　延胡索酸酶的几何异构专一性

2. 相对专一性　有些酶可对一类化合物或一种化学键起催化作用，这种对底物分子不太严格的选择性称为相对专一性（relative specificity）。例如，蔗糖酶不仅水解蔗糖，也可水解棉子糖中的同一种糖苷键（图4-8）。消化系统的蛋白水解酶仅对构成肽键的氨基酸残基种类有选择性，而对具体是哪种蛋白质无严格要求（图4-9）。

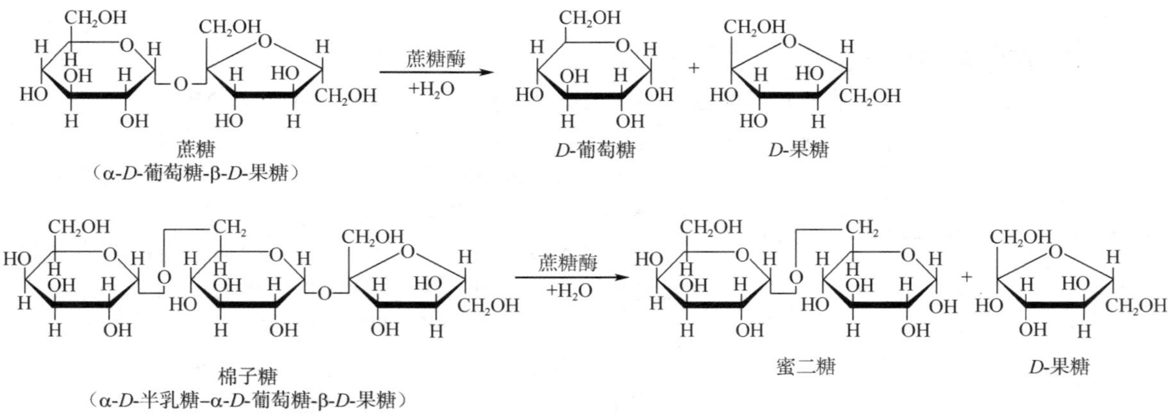

图 4-8　蔗糖酶的相对专一性

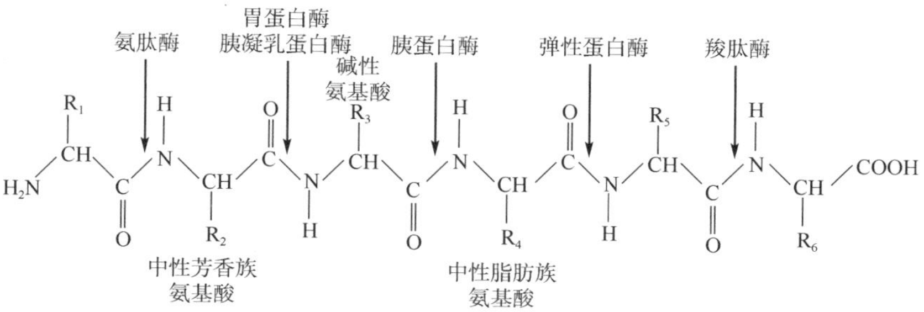

氨肽酶　胃蛋白酶　胰凝乳蛋白酶　胰蛋白酶　弹性蛋白酶　羧肽酶

碱性氨基酸

图 4-9　蛋白水解酶的相对专一性

中性芳香族氨基酸　中性脂肪族氨基酸

（三）可调节性

体内酶的活性和酶量受代谢物或激素的调节。酶活性的调节有激活和抑制两种方式，包括酶活性别构调节和酶促化学修饰调节。例如，磷酸果糖激酶-1 的活性受 AMP 的别构激活，但受 ATP 的别构抑制；糖原合酶被磷酸化后其活性受抑制，去磷酸化后而激活。同其他蛋白质一样，酶在体内既可以合成，也可以降解。有些酶的合成受一些物质的诱导或阻遏，如胰岛素诱导 HMG-CoA 还原酶的合成，而胆固醇阻遏其合成。机体通过对酶活性和酶量的精确调节，以适应内外环境的变化。

（四）不稳定性

酶是蛋白质。在某些理化因素（如强酸、强碱、高温等）的作用下，酶可失去催化活性。因此，酶促反应通常是在常温、常压和接近于中性的缓冲体系中进行的。

五、酶与底物的结合及其催化机制

（一）酶与底物的结合机制及效应

1. 诱导契合学说　1894 年，德国化学家赫尔曼·埃米尔·费歇尔（Hermann Emil Fischer）等针对酶对底物的专一性提出了酶与底物结合的锁钥学说。该学说认为：酶与底物相互作用前，它们的结构就十分吻合，它们的结合方式就好像一把钥匙配一把锁一样。1958 年，美国生物化学家丹尼尔·科什兰（Daniel E.Koshland）提出了酶与底物结合的诱导契合学说（induced fit theory），认为酶在发挥催化作用之前必须先与底物结合，这种结合不是锁与钥匙式的机械关系，而是在酶与底物相互接近时，其结构相互诱导、相互变形和相互适应，进而结合成酶-底物复合物（图 4-10）。此学说后来得到 X 射线衍射分析的有力支持，最终取代了锁钥学说的地位。酶构象的变化有利于其与底物结合，并使底物转变为不稳定的过渡态，易受酶的催化攻击转化为产物。过渡态的底物与酶活性中心的结构最相吻合，两者在过渡态达到最优化。

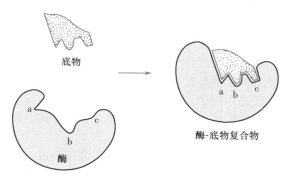

图 4-10　酶与底物结合的诱导契合作用示意图

2. 邻近效应和定向排列　在两个以上的底物参加的反应中，底物间必须以正确的方向相互碰撞，才有可能发生化学反应。在酶的作用下，底物聚集到酶活性中心的特定部位，并与酶活性中心上的结合基团稳定地结合，进入最佳的反应位置和最佳的反应状态（过渡态）。同时，这两个过渡态分子的相互靠近形成利于反应的正确定向关系。这种现象称为邻近效应（proximity effect）和定向排列（orientation arrange）。酶的邻近效应和定向排列将分子间的反应转变成类似分子内的反应，使反应速率显著提高。

3. 表面效应 酶的活性中心多是其分子内部疏水的"口袋"。酶促反应发生在这样的疏水环境中，可排除周围大量水分子对酶和底物分子中功能基团的干扰性吸引或排斥，防止在酶与底物之间形成水化膜，有利于底物和酶分子的密切接触与结合，从而提高酶的催化效率。酶与底物相互作用这种现象称为表面效应（surface effect）。

（二）酶的催化机制

1. 酶的普通酸碱催化作用 一般催化剂发挥催化作用时，仅有一种解离状态，只有酸催化，或只有碱催化，很少有酸碱催化功能兼而有之。普通酸碱催化（general acid-base catalysis）是通过弱酸和弱碱介导质子转移的催化作用。酶具有两性解离性质，分子内不同基团的 pK（平衡常数的负对数，表示物质解离程度）不等，解离程度不一。即使同一种功能基团，由于各自在蛋白分子中所处的微环境不同，其解离程度也可不同，即酶活性中心上有些基团是质子供体（酸），有些是质子受体（碱）（表4-5），因此酶催化反应时，既有普通酸催化也有普通碱催化。

表 4-5 酶活性中心的质子供体和质子受体

氨基酸残基	酸（质子供体）	碱（质子受体）	pK_a
谷氨酸（γ-羧基）	—COOH	—COO⁻	4.32
天冬氨酸（β-羧基）	—COOH	—COO⁻	3.96
赖氨酸（ε-氨基）	$-\overset{+}{N}H_3$	—NH₂	10.80
半胱氨酸（巯基）	—SH	—S⁻	8.33
精氨酸（胍基）	$-NH-\overset{+}{C}\overset{NH_2}{\underset{NH_2}{}}$	$-NH-C\overset{NH}{\underset{NH_2}{}}$	12.48
酪氨酸（苯酚基）	—〈苯环〉—OH	—〈苯环〉—O⁻	10.11
组氨酸（咪唑基）	〈咪唑环 HN—⁺NH〉	〈咪唑环 HN—N〉	6.00

注：pK_a 表示质子供体基团解离出的 H⁺浓度，pK_a 越小，解离出的 H⁺浓度越高，酸性越强

例如，天冬氨酸蛋白酶家族的酶（如胃蛋白酶、溶酶体组织蛋白酶）享有共同的酸碱催化机制。这些酶催化蛋白质底物水解时，利用它们活性位点的两个保守的天冬氨酸残基同时充当酸或碱催化剂。在第一步反应中，充当普通碱催化剂的 Asp X 通过从水分子汲取一个质子而激活水分子，使水分子更具有亲核性。然后这个亲核物攻击所要水解肽键上亲电的羰基碳，形成一个四面体形过渡态中间物。在第二步反应中，Asp Y 充当普通酸催化剂，通过提供一个质子给所断裂肽键形成氨基，促使四面体形过渡态中间物裂解，随后 Asp X 上的质子再穿梭给 Asp Y，恢复酶的初始状态（图4-11）。

2. 酶的共价催化作用 共价催化（covalent catalysis）是指催化剂与反应物形成共价结合的中间物，降低反应活化能，然后把被转移基团传递给另外一个反应物的催化作用。当酶催化底物反应时，它可通过其活性中心上的亲核催化基团给底物中具有部分正电性的原子提供一对电子形成共价中间物（亲核催化），或通过其酶活性中心上的亲电子催化基团与底物分子的亲核原子形成共价中间物（亲电子催化），使底物上被转移基团传递给其辅酶或另外一个底物。因此，酶既可起亲核催化作用，又可起亲电子催化作用。

实际上，酶催化反应时，常可包括几种催化机制。例如，胰凝乳蛋白酶（chymotrypsin）催化蛋白底物水解时，既涉及普通酸碱催化作用，又涉及共价催化作用。胰凝乳蛋白酶活性位点的 His57、Asp102 和 Ser195 处于成键的距离内，它们以 Asp102-His57-Ser195 顺序排列，形成一个充当质子穿梭器（proton shuttle）的电荷中继系统。①底物结合启动 His57 的普通碱催化作用，使

Ser195 羟基上的 H⁺经 His57 传递给 Asp102，激活 Ser195，增强 Ser195 羟基氧的亲核性。Ser195 亲核攻击蛋白底物分子中肽键上亲电的羰基碳（共价催化作用），形成第一个四面体形过渡态中间物。②H⁺由 Asp102 回传给 His57，此时的 His57 发挥普通酸催化作用，将 H⁺转移给所断肽键形成新的氨基，促使肽键断裂，释放出 R₁—NH₂，产生过渡态的共价酰基-酶复合物（acyl-enzyme intermediate）。③水分子进入活性位点，His57 再通过其普通碱催化作用，使水分子中的一个 H⁺经 His57 传递给 Asp102，激活水分子，水分子的羟基氧亲核攻击酰基-Ser195 的羰基碳，产生第二个四面体形过渡态中间物。④电荷中继系统再把 H⁺由 Asp102 传回 Ser195，促使第二个四面体形过渡态中间物裂解，释放出 HOOC—R₂，同时酶分子也恢复原来的构象（图 4-12）。

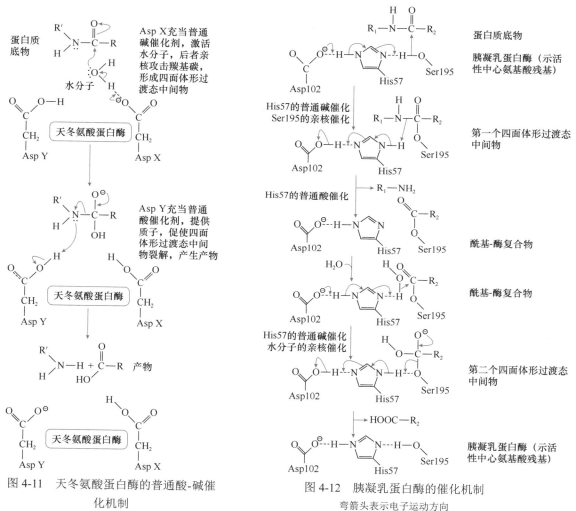

图 4-11　天冬氨酸蛋白酶的普通酸-碱催化机制

弯箭头表示电子运动方向

图 4-12　胰凝乳蛋白酶的催化机制

弯箭头表示电子运动方向

第二节　酶的调节

机体新陈代谢的基础是多个有序的、依次衔接的、连续不断的酶促化学反应。随着机体内、外环境的变化，机体通过对酶活性和酶量的调整，使得酶促反应的方向和速率受到精细的调节，以维持机体内环境的相对稳定。酶的调节主要是对一个代谢途径中的关键酶进行调节。酶活性的调节涉及酶分子构象的变化，酶量的调节则与酶蛋白的合成与降解有关。

一、酶活性的调节

酶活性的调节方式有两种：酶的别构调节和酶的共价修饰调节。它们属于酶活性的快速调节。体内酶原的激活从结果上来看也属于酶活性的调节范畴，故在此一并讨论。

（一）别构调节

1. 别构酶及别构效应剂 体内的一些代谢物可与某些酶的活性中心外的某个部位可逆地结合，引起酶的构象改变，从而改变酶的催化活性，酶的这种调节方式称为别构调节（allosteric regulation）（曾称为变构调节）。可引起酶发生构象改变而调节酶活性的物质分子称为别构效应剂（allosteric effector）。根据别构效应剂对别构酶的调节效果，有别构激活剂（allosteric activator）和别构抑制剂（allosteric inhibitor）之分。受别构效应剂调节的酶称为别构酶（allosteric enzyme）。别构酶属于调节酶。别构效应剂可以是代谢途径的终产物、中间产物、酶的底物或其他物质。某些别构酶以底物作为别构效应剂，这类别构酶称为同促酶（homotropic enzyme）。还有一些别构酶以非底物分子作为别构效应剂，这类别构酶称为异促酶（heterotropic enzyme）。别构效应剂与酶结合的部位称为调节部位（regulatory site）。有的酶的调节部位与催化部位存在于同一亚基中，有的则分别存在于不同的亚基，从而有催化亚基和调节亚基之分。别构调节不需能量。

2. 别构酶的协同效应 别构酶多为偶数个亚基组成，各亚基之间以非共价键相连。亚基的构象改变可以相互影响而产生协同效应（synergistic effect）。别构效应剂与酶的一个亚基结合后，引起亚基发生构象改变，一个亚基的构象改变可引起相邻亚基发生同样的构象改变。如果后续亚基的构象改变增加其对别构效应剂的亲和力，使效应剂与酶的结合越来越容易，则此协同效应称为正协同效应（positive synergistic effect）；反之，则称为负协同效应（negative synergistic effect）。以底物为别构效应剂所引起的构象改变增加或降低后续亚基对底物的亲和力，则称此协同效应为同种协同效应（homotropic synergistic effect）；非底物效应剂引起的构象改变增加或降低后续亚基对底物的亲和力，则称此协同效应称为异种协同效应（heterotropic synergistic effect）。

3. 别构酶不遵守米氏动力学 别构酶的底物浓度-酶促反应速率曲线呈"S"形曲线（图 4-13）。这是因为当酶未与底物结合时，酶分子处于与底物亲和力低的 T 态构象，第 1 个底物与酶的结合较难，底物浓度-酶促反应速率曲线比较低而平坦。一旦第 1 个底物与酶的亚基之一结合，其构象改变及其对邻近亚基的协同作用，使这些亚基逐步变成对底物亲和力高的 R 态，底物浓度-酶促反应速率曲线急剧上升，形成"S"曲线的中部。随后，大多数酶被底物逐渐饱和时，酶促反应速率增幅减慢；直至所有酶的亚基均变成 R 态构象，酶促反应达最大速率。别构激活剂使曲线左移，别构抑制剂使曲线右移。

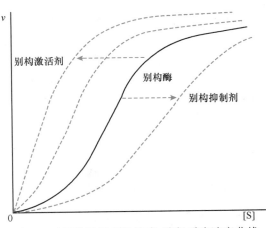

图 4-13 别构酶的底物浓度-酶促反应速率曲线

v 为酶促反应速率，[S] 为底物浓度

（二）共价修饰调节

一些酶分子中的某些基团可在其他酶的催化下，共价结合某些化学基团，同时又可在另一种酶的催化下，将已结合在酶分子上的这些化学基团除去，从而引起酶分子构象的改变而影响酶的活性，酶活性的这种调节方式称为酶的共价修饰或化学修饰。共价修饰后的酶从无或低活性变为有或高活性，或者相反。酶的共价修饰有多种形式（参见第十一章第二节），其中最常见的形式是酶蛋白的磷酸化与去磷酸化。酶蛋白的磷酸化是在蛋白激酶的催化下，来自 ATP 的 γ-磷酸基共价地结合在酶蛋白的 Ser、Thr 或 Tyr 残基的侧链羟基上。反之，磷酸化的酶蛋白在蛋白磷酸酶催化下，磷酸酯键被水解而脱去磷酸基（图 4-14）。

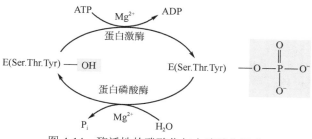

图 4-14　酶活性的磷酸化与去磷酸化调节

　　在一个连锁反应中，前一个酶被磷酸化激活后，后续的其他酶可同样地依次被其上游的酶共价修饰而激活，引起原始信号的放大，这种多步共价修饰的连锁反应称为级联反应（cascade）。级联反应的主要作用是产生快速、高效的放大效应，在通过信号转导调节物质代谢的过程中起着十分重要的作用。例如，肾上腺素对血糖浓度的调节，最终可使信号放大 10^8 倍。例如，肾上腺素对血糖的调节就是一个级联反应过程（图 4-15）。

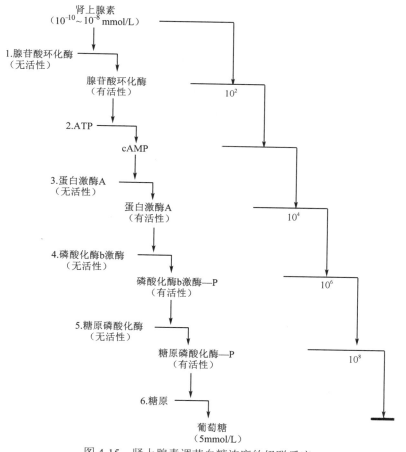

图 4-15　肾上腺素调节血糖浓度的级联反应

（三）酶原的激活

　　有些酶在细胞内合成及初分泌时，只是没有活性的酶的前体，只有经过蛋白质水解作用，去除部分肽段后才能成为有活性的酶。这些无活性的酶的前体称为酶原。例如，胃肠道的蛋白水解酶、一些具有蛋白质水解作用的凝血因子、免疫系统的补体等在初分泌时均以酶原的形式存在。酶原在特定的场所和一定条件下被转变成有活性的酶，此过程称为酶原的激活。酶原激活的机制是分子内部一个或多个肽键的断裂，引起分子构象的改变，从而暴露或形成酶的活性中心。例如，胰蛋白酶原进入小肠时，肠激酶（需 Ca^{2+}）或胰蛋白酶自肽链 N 端水解掉一个六肽后，引起酶分子构象改变，形成酶活性中心，于是无活性的胰蛋白酶原转变成有活性的胰蛋白酶（图4-16）。表4-6列出了某些酶原的激活过程。

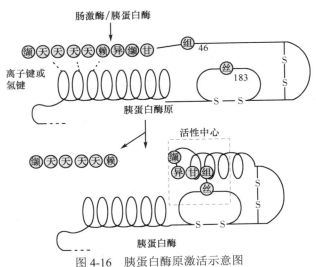

图 4-16 胰蛋白酶原激活示意图

表 4-6 某些酶原的激活

酶原	激活因素	激活形式	激活部位
胃蛋白酶原	H^+ 或胃蛋白酶	胃蛋白酶+六肽	胃腔
胰凝乳蛋白酶原	胰蛋白酶	α 胰凝乳蛋白酶+两个二肽	小肠腔
弹性蛋白酶原	胰蛋白酶	弹性蛋白酶+几个肽段	小肠腔
羧肽酶原 A	胰蛋白酶	羧肽酶 A+几个肽段	小肠腔

　　酶原的存在和酶原的激活具有重要的生理意义。消化道蛋白酶以酶原形式分泌可避免胰腺的自身消化和细胞外基质蛋白遭受蛋白酶的水解破坏，同时还能保证酶在特定环境和部位发挥其催化作用。生理情况下，血管内的凝血因子不被激活，不发生血液凝固，可保证血流畅通运行。一旦血管破损，一系列凝血因子被激活，使凝血酶原活化生成凝血酶，后者催化纤维蛋白原转变成纤维蛋白，产生血凝块以阻止大量失血，对机体起保护作用。

二、酶含量的调节

　　酶是机体的组成成分，各种酶都处于不断合成与降解的动态平衡过程中。因此，除改变酶的活性外，细胞也可通过改变酶的合成与分解的速率来调节酶的含量，从而可调控酶的总活性，进而影响酶促反应速率。酶含量的调节属于缓慢调节。

（一）酶的合成

　　某些底物、产物、激素、生长因子及某些药物等可以在转录水平上影响酶蛋白的生物合成。一般在转录水平上能促进酶合成的物质称为诱导物（inducer），诱导物诱发酶蛋白合成的作用称为诱导（induction）作用。反之，在转录水平上能减少酶蛋白合成的物质称为辅阻遏物（corepressor），辅阻遏物与无活性的阻遏蛋白结合而影响基因的转录，这种作用称为阻遏

（repression）作用。酶基因被诱导表达后，尚需经过转录水平和翻译水平的加工修饰等过程，所以从诱导酶的合成到其发挥效应，一般需要几小时以上方可见效。但是，一旦酶被诱导合成后，即使去除诱导因素，酶的活性仍然持续存在，直到该酶被降解或抑制。因此，与酶活性的调节相比，酶合成的诱导与阻遏是一种缓慢而长效的调节。例如，胰岛素可诱导合成 HMG-CoA 还原酶，促进体内胆固醇合成，而胆固醇则阻遏 HMG-CoA 还原酶的合成；糖皮质激素可诱导磷酸烯醇式丙酮酸羧激酶的合成，促进糖异生；镇静催眠类药物苯巴比妥可诱导肝微粒体单加氧酶合成。

（二）酶的降解

细胞内各种酶的半衰期相差很大。如鸟氨酸脱羧酶的半衰期很短，仅 30 分钟，而乳酸脱氢酶的半衰期可长达 130 小时。组织蛋白的降解途径有：①组织蛋白降解的溶酶体途径（非 ATP 依赖性蛋白质降解途径），由溶酶体内的组织蛋白酶非选择性催化分解一些膜结合蛋白、长半衰期蛋白和细胞外的蛋白；②组织蛋白降解的细胞液途径（ATP 依赖性泛素-蛋白酶体介导的蛋白降解途径）（参见第二篇第九章第一节），该途径主要降解异常或损伤的蛋白质以及几乎所有短半衰期（10 分钟至 2 小时）的蛋白质。

第三节 酶促反应动力学

酶促反应动力学（kinetics of enzyme-catalyzed reaction）是研究酶促反应速率以及各种因素对酶促反应速率影响机制的学科。酶促反应速率可受多种因素的影响，如酶浓度、底物浓度、pH、温度、抑制剂及激活剂等。在研究酶的结构与功能的关系以及探讨酶的作用机制时，需要酶促反应动力学数据加以说明，在探讨某些药物的作用机制和酶的定量分析等方面，也需要掌握酶促反应动力学的知识。

研究酶促反应动力学经常涉及酶的活性。衡量酶活性的尺度是酶促反应速率。酶促反应速率可用单位时间内底物的减少量或产物的生成量来表示。由于底物的消耗量不易测定，所以实际工作中经常是测定单位时间内产物的生成量。同一种酶因测定条件和方法的不同，酶活性单位可有不同的标准。1961 年国际生物化学联合会（The International Union of Biochemistry，IUB，现改名为国际生物化学和分子生物学联合会，IUBMB）酶学专业委员会规定统一采用国际通用酶单位表示酶活性。在 25℃，最适条件下（如一定的温度、pH 和足够的底物量等），1 分钟催化 1μmol 底物转变为产物所需的酶量定义为 1 个国际通用酶单位（U）。1972 年国际纯粹化学和应用化学联合会（IUPAC）与国际生物化学联合会建议采用开特（Katal）来表示酶活性单位。1 开特是指在特定条件下，每秒将 1mol 底物转化成产物所需的酶量。$1U=16.67\times10^{-9}$ 开特。在酶的纯化过程中常用比活性（specific activity）来比较酶的纯度。比活性单位是指每毫克酶蛋白所具有的酶活力。比活性越高，表示酶的纯度也越高。

研究酶促反应动力学时，为了防止各种因素对所研究的酶促反应速率的干扰，通常是测定酶促反应初速率（initial velocity）。酶促反应初速率是指酶促反应刚刚开始，各种影响因素尚未发挥作用时的酶促反应速率，即反应时间进程曲线为直线部分时的反应速率（图4-17），测定酶促反应初速率的条件是底物 [S] 浓度远大于酶浓度 [E]，即 [S]≫[E]。对于一个典型的酶促反应来说，酶浓度一般在 nmol/L 水平，[S] 比 [E] 高 5～6 个数量级。这样，在酶促反应进行时间不长（如反应开始 1 分钟内）时，底物的消耗很少（<5%），可以忽略不计。此时，随着酶促反应时间的延长，产物生成量增加，酶促反应速率与酶浓度成正比。

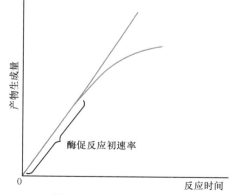

图 4-17 酶促反应初速率

一、底物浓度对酶促反应速率的影响

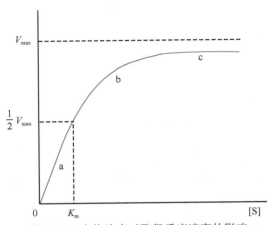

图 4-18　底物浓度对酶促反应速率的影响

a. 一级反应；b. 混合级反应；c. 零级反应；V_{max}，最大反应速率

一个酶促反应中，在酶浓度、pH、温度等条件不变的情况下，酶促反应速率（v）对底物浓度（[S]）作图呈矩形双曲线（rectangular hyperbola）（图 4-18）。在酶促反应起始阶段，反应速率迅速增高呈直线上升，此时的反应为一级反应，即酶促反应速率与底物浓度成正比（图 4-18 中 a 段）；当底物浓度继续增加，反应体系中酶分子大部分与底物结合时，酶促反应速率的增幅则渐渐变缓，此时的反应为混合级反应（图 4-18 中 b 段）；随着底物浓度再继续增加，所有的酶分子均与底物结合，酶促反应速率不再增加，酶促反应速率达到最大，此时的反应为零级反应，即酶促反应速率与底物浓度的增加无关（图 4-18 中 c 段）。

（一）米氏方程及其推导

1913 年，德国化学家雷昂诺·米夏埃利斯（Leonor Michaelis）和加拿大科学家贸特·利奥诺拉·门藤（Maud L.Menten）在酶-底物复合物的基础上，经过大量实验，将 v 对 [S] 的矩形双曲线加以数学处理，推导出 v 与 [S] 之间的量化关系，得出单底物时 v 与 [S] 的数学关系式，即著名的米-曼方程式，简称米氏方程（Michaelis equation）。

$$v = \frac{V_{max}[S]}{K_m + [S]} \tag{4.1}$$

式中，V_{max} 为最大反应速率，[S] 为底物浓度，K_m 为米氏常数（Michaelis constant），v 是不同 [S] 时的反应速率。当 [S] 很低时（[S]$<<K_m$），分母中的 [S] 可忽略不计，则有 $v = \frac{V_{max}[S]}{K_m}$，即反应速率与底物浓度成正比，呈一级反应（图 4-18 的 a 段）；当 [S] 很高时（[S]$\gg K_m$），K_m 可忽略不计，此时 $v \approx V_{max}$，反应速率达最大速率，此时再增加 [S]，反应速率也不再增加，反应呈零级反应，即曲线的平坦部分（图 4-18 的 c 段）。

米氏方程的推导以三个假设为前提：①稳态观念，当酶促反应趋于稳态时酶-底物中间复合物（ES）的生成速率与分解速率相等；②在初速率范围内，即底物浓度（[S]）的消耗不超过 5% 的范围内，酶促反应中 [S] 远高于总酶浓度（$[E_t]$），因此 [S] 的变化在反应过程可忽略不计，同时鉴于反应过程中，不断有一部分 E 与 S 结合生成 ES，故游离酶浓度为总酶浓度 $[E_t]$ 中减去生成 ES 中的酶浓度，即 [游离酶]=$[E_t]$-[ES]；③在初速率范围内，剩余的 [S] 远大于生成的产物浓度（[P]），逆反应可不予考虑。

根据 ES 中间复合物学说：

$$E + S \underset{k_2}{\overset{k_1}{\rightleftharpoons}} ES \overset{k_3}{\longrightarrow} E + P \tag{4.2}$$

式中，k_1、k_2 和 k_3 分别代表各向反应的速率常数。

根据质量作用定律：

$$ES \text{ 生成速率} = k_1([E_t]-[ES])[S] \tag{4.3}$$

$$ES \text{ 分解速率} = k_2[ES] + k_3[ES] \tag{4.4}$$

当反应处于稳态时，ES 生成速率 =ES 分解速率，即

$$k_1([E_t]-[ES])[S] = k_2[ES] + k_3[ES] \tag{4.5}$$

经整理得

$$\frac{([E_t]-[ES])[S]}{[ES]}=\frac{k_2+k_3}{k_1} \tag{4.6}$$

设 $\frac{k_2+k_3}{k_1}=K_m$，并代入式（4.6），则有

$$\frac{([E_t]-[ES])[S]}{[ES]}=K_m \tag{4.7}$$

式中，K_m 为米氏常数。整理后得

$$[ES]=\frac{[E_t][S]}{K_m+[S]} \tag{4.8}$$

由于在初速率范围内，反应体系中剩余的底物浓度（>95%）远超过生成的产物浓度。因此，逆反应可不予考虑，整个反应的速率与 ES 的浓度成正比，即 $v=k_3[ES]$，变换得 $[ES]=v/k_3$，将其代入式（4.8），整理后得

$$v=\frac{k_3[E_t][S]}{K_m+[S]} \tag{4.9}$$

当 [S] 很高时，所有的酶均与底物结合形成 ES（即 $[ES]=[E_t]$），此时的反应速率达最大反应速率（V_{max}），即 $V_{max}=k_3[ES]=k_3[E_t]$，将其代入式（4.9），即得米氏方程 $v=\frac{V_{max}[S]}{K_m+[S]}$。

（二）K_m 与 V_{max} 的含义

K_m 与 V_{max} 是研究酶促反应动力学的两个重要参数。

1.K_m 等于酶促反应速率为最大反应速率一半时的底物浓度 当 v 等于 V_{max} 的一半时，米氏方程可变换为

$$\frac{V_{max}}{2}=\frac{V_{max}[S]}{K_m+[S]} \tag{4.10}$$

经整理得

$$K_m=[S] \tag{4.11}$$

K_m 是酶的特征性常数，但 K_m 的大小并非固定不变。K_m 的大小与酶的结构、底物结构、反应环境的 pH、温度和离子强度有关，而与酶浓度无关。各种酶的 K_m 是不同的，酶的 K_m 多在 $10^{-6}\sim10^{-2}$mol/L 的范围（表4-7）。

表 4-7 某些酶对其底物的 K_m

酶	底物	K_m（mol/L）
己糖激酶（脑）	ATP	4×10^{-4}
	D-葡萄糖	5×10^{-5}
	D-果糖	1.5×10^{-3}
碳酸酐酶	HCO_3^-	2.6×10^{-2}
胰凝乳蛋白酶	甘氨酰酪氨酰甘氨酸	1.08×10^{-1}
	N-苯甲酰酪氨酰胺	2.5×10^{-3}
β-半乳糖苷酶	D-乳糖	4.0×10^{-3}
过氧化氢酶	H_2O_2	2.5×10^{-2}
溶菌酶	己-N-乙酰氨基葡糖	6.0×10^{-3}

K_m 在一定条件下可表示酶对底物的亲和力，它是单底物反应中 3 个速率常数的综合，即 $K_m=\frac{k_2+k_3}{k_1}$。已知，k_3 为限速步骤的速率常数。当 $k_3\ll k_2$ 时，$K_m\approx k_2/k_1$。即相当于 ES 分解为

E+S 的解离常数（dissociation constant，K_d）。此时，K_m 代表酶对底物的亲和力。K_m 越大，表示酶对底物的亲和力越小；K_m 越小，酶对底物的亲和力越大。但是，并非所有的酶促反应都是 $k_3 \ll k_2$，有时甚至 $k_3 \gg k_2$，这时的 K_m 不能表示酶对底物的亲和力。

2. V_{max} 是酶被底物完全饱和时的反应速率 当所有的酶均与底物形成 ES 时（即 $[ES]=[E_t]$），反应速率达到最大，即 $V_{max}=k_3[E_t]$。当酶完全被底物饱和时（V_{max}），单位时间内每个酶分子（或活性中心）催化底物转变成产物的分子数称为酶的转换数（turnover number），单位是 s^{-1}。如果 $[E_t]$ 已知，便可从 V_{max} 计算酶的转换数。例如，10^{-6}mol/L 的碳酸酐酶溶液在 1s 内催化生成 0.6mol/L H_2CO_3，则酶的转换数为

$$k_3 = \frac{V_{max}}{[E_t]} = \frac{0.6 \text{mol}/(L \cdot S)}{10^{-6} \text{mol}/L} = 6 \times 10^5 \text{s}^{-1} \qquad (4.12)$$

k_3 称为酶的转换数（限速步骤的速率常数）。对于生理性底物来说，大多数酶的转换数在 $1 \sim 10^4 \text{s}^{-1}$（表 4-8）。酶的转换数可用来表示酶的催化速率。

表 4-8 某些酶的转换数

酶	转换数 [s^{-1}]*	酶	转换数 [s^{-1}]*
碳酸酐酶	600 000	（肌肉）乳酸脱氢酶	200
过氧化氢酶	80 000	胰凝乳蛋白酶	100
乙酰胆碱酯酶	25 000	醛缩酶	11
磷酸丙糖异构酶	4400	溶菌酶	0.5
α-淀粉酶	300	果糖-2,6-双磷酸酶	0.1

注：* 转换数是在酶被底物饱和的条件下测定的，它受反应的温度和 pH 等因素影响

（三）求取 K_m 和 V_{max} 的方法

酶促反应的 v 对 [S] 作图为矩形双曲线，从此曲线上很难准确地求得反应的 K_m 和 V_{max}。于是人们对米氏方程式进行种种变换，采用直线作图法求得 K_m 和 V_{max}。这些作图法有莱恩威弗·伯克（Lineweaver-Burk）作图法、海涅斯-沃尔夫（Hanes-Wolff）作图法和伊迪-霍夫斯蒂（Eadie-Hofstee）作图法，其中以莱恩威弗·伯克作图法最为常用。

莱恩威弗·伯克作图法又称双倒数作图法，即将米氏方程式的两边同时取倒数，并加以整理，则得出一线性方程，即莱恩威弗·伯克方程：

$$\frac{1}{v} = \frac{K_m}{V_{max}} \cdot \frac{1}{[S]} + \frac{1}{V_{max}} \qquad (4.13)$$

以 $1/v$ 对 $1/[S]$ 作图，可得一直线图（图 4-19）。从此图可见，直线在纵轴上截距为 $1/V_{max}$，而在横轴截距为 $-1/K_m$，由此直线可较容易和准确地求得 V_{max} 和 K_m。

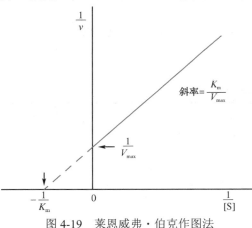

图 4-19 莱恩威弗·伯克作图法

二、酶浓度对酶促反应速率的影响

当 [S] ＞＞[E] 时，随着酶浓度的增加，酶促反应速率增大，反应中 [S] 浓度的消耗量可以忽略不计，此时 [E] 与 v 成正比关系（图 4-20），但 [E] 的变化对 K_m 大小没有影响。

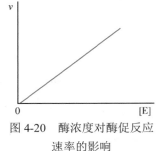

图 4-20 酶浓度对酶促反应速率的影响

三、温度对酶促反应速率的影响

温度对酶促反应速率的影响有正反两个方面：一方面，随着酶促反应温度的升高，底物分子的热运动加快，提高分子碰撞机会，增加酶促反应速率；另一方面，当温度升高达到一定临界值时，温度的升高可使酶变性，使酶促反应速率下降。大多数的酶在60℃时开始变性，80℃时多数酶的变性已不可逆。当酶促反应速率达到最大时，酶促反应的温度称为酶的最适温度（optimum temperature）（图4-21）。在酶促反应的温度低于最适温度的范围内，温度每升高10℃，反应速率可增加1.7～2.5倍。当反应温度高于最适温度时，酶会逐渐变性，反应速率也就逐渐降低。当酶完全变性失活时，便不再催化反应，反应速率下降为零。哺乳动物组织中酶的最适温度多在35～40℃。

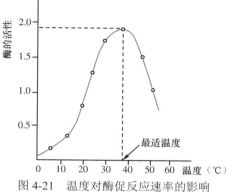

图4-21　温度对酶促反应速率的影响

酶的最适温度不是酶的特征性常数，它与反应时间进程有关。酶在短时间内可以耐受较高的温度。若缩短反应时间，则酶的最适温度要高些；若延长反应时间，则酶的最适温度要低些。酶在低温下活性较低，随着温度的回升酶活性逐渐恢复。医学上用低温保存酶和菌种等生物制品就是利用酶的这一特性。临床上采用低温麻醉时，机体组织细胞中的酶在低温下活性低下，物质代谢速率减慢，组织细胞耗氧量减少，对缺氧的耐受性升高，对机体具有保护作用。

能在较高温度状况下生存的生物，其细胞内酶的最适反应温度较高。1969年从美国黄石国家公园火山温泉中分离得到一种能在70～75℃环境中生长的水生嗜热菌 *Thermus aquaticus*，从该菌的 YT1 株中提取到耐热的 *Taq* DNA 聚合酶，其最适温度为72℃，95℃时的半衰期为40分钟。此酶已作为工具酶广泛应用于分子生物学实验中。

四、pH 对酶促反应速率的影响

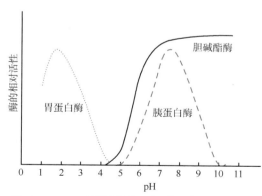

图 4-22　pH 对胃蛋白酶、胆碱酯酶和胰蛋白酶活性的影响

在不同的 pH 条件下，酶分子中可解离的基团呈现不同的解离状态。酶活性中心上的某些必需基团往往是在某一解离状态时，才最容易与底物结合或表现出最大的催化活性。酶活性中心外的一些基团也只有在一定的解离状态下，才能维系酶的正确空间构象。此外，底物和辅因子的解离状态也受 pH 的影响。当酶促反应速率达到最大时，反应体系的 pH 称为酶的最适 pH（optimum pH）（图 4-22）。人体内酶的最适 pH 多为 6.5～8.0。但也有少数酶例外，如胃蛋白酶的最适 pH 为 1.8，精氨酸酶的最适 pH 为 9.8。

最适 pH 不是酶的特征性常数，它受底物浓度、缓冲液种类与浓度以及酶的纯度等因素的影响。溶液 pH 高于或低于最适 pH 时，酶活性降低，远离最适 pH 时还会导致酶变性、失活。在测定酶活性时，应选用适宜的缓冲液以保持酶活性的相对恒定。

五、激活剂对酶促反应速率的影响

使酶由无活性变为有活性或使酶活性增加的物质称为酶的激活剂（activator）。激活剂大多数为金属离子如 Mg^{2+}、K^+、Mn^{2+}等，少数阴离子也有激活作用，如 Cl^- 能增强唾液淀粉酶的活性。

许多有机化合物亦有激活作用，如胆盐可激活胰脂肪酶。根据激活剂是否为酶活性所必需，将酶的激活剂分为两种：必需激活剂和非必需激活剂。必需激活剂（essential activator）为酶的活性所必需，若此类激活剂不存在，则检测不到酶的活性。必需激活剂参与酶与底物的结合，能加速反应但不能被转变成产物。大多数金属离子属于酶的必需激活剂，如 Mg^{2+} 是己糖激酶的必需激活剂。非必需激活剂（non-essential activator）不是酶的活性所必需，即使此类激活剂不存在，酶仍有一定的活性。例如，Cl^- 是唾液淀粉酶的非必需激活剂，即使没有 Cl^- 存在，唾液淀粉酶仍能催化淀粉水解，但 Cl^- 的存在能增加此酶活性，加速淀粉水解。

六、抑制剂对酶促反应速率的影响

凡能使酶活性下降而又不引起酶蛋白变性的物质统称为酶的抑制剂（inhibitor）。抑制剂多与酶活性中心内、外必需基团相结合，从而抑制酶的活性。除去抑制剂后酶活性得以恢复。根据抑制剂和酶结合的紧密程度及抑制效果的不同,酶的抑制剂可分为不可逆性抑制剂和可逆性抑制剂。

（一）不可逆性抑制剂

不可逆性抑制剂和酶活性中心上的必需基团共价结合，使酶失活。此类抑制剂不能用透析、超滤等方法予以去除。

1.羟基酶的不可逆性抑制剂　有机磷农药是常用的杀虫剂，如甲拌磷、内吸磷、对硫磷、保棉丰、氧化乐果、甲基对硫磷、二甲硫吸磷、敌敌畏、敌百虫、乐果、氯硫磷、乙基稻丰散等。这类杀虫剂能专一地与胆碱酯酶活性中心上丝氨酸残基的羟基结合，形成无活性的磷酰化胆碱酯酶。胆碱酯酶的失活，导致乙酰胆碱堆积，引起胆碱能神经兴奋，患者可出现恶心、呕吐、多汗、肌肉震颤、瞳孔缩小、惊厥等一系列症状。

R_1 为烷基、羟胺基等，R_2 为烷基、羟胺基、氨基等，X 为卤基、烷氧基、酚氧基等。
解救有机磷农药中毒，可给予乙酰胆碱拮抗剂阿托品和胆碱酯酶复活剂解磷定。

2.巯基酶的不可逆性抑制剂　低浓度的重金属离子（Hg^{2+}、Ag^+、Pb^{2+}等）及 As^{3+} 等可与巯基酶分子中的巯基结合使酶失活。例如，路易斯气（一种化学毒气）能不可逆地抑制体内巯基酶的活性，从而引起神经系统、皮肤、黏膜、毛细血管等病变和代谢功能紊乱。

二巯基丙醇可以解除这类抑制剂对巯基酶的抑制。

3.酶的自杀性不可逆性抑制剂 自杀抑制剂（suicide inhibitor）是一种特殊类型的不可逆性抑制剂。抑制剂与酶活性中心结合前无活性。该抑制剂具有天然底物的类似结构，能与酶活性中心结合发生类似底物的变化，转变为反应性极强的底物，作用于酶活性部位的必需基团，发生不可逆共价结合而抑制酶活性。有人将这种抑制剂称为自杀底物（suicide substrate）。例如，单胺氧化酶的辅基 FAD 使 *N*,*N*-二甲基炔丙胺（*N*,*N*-dimethylpropargylamine）氧化，后者被氧化后不能生成氧化产物，而是对 FAD 进行烷基化修饰，生成稳定的烷基化 FAD，酶的活性受到不可逆抑制。

这种抑制剂特异地针对某一种酶，而且在同该酶活性中心结合之前，像正常底物一样代谢。根据这一机制设计的药物，其作用特异性强，副反应极少，在现代新药设计研究上占有重要地位。例如，抗癌药 5-氟尿嘧啶（5-FU）就是一种酶的自杀底物，它在体内经核苷酸的补救合成等途径转变为脱氧尿苷酸（dUMP）的类似物氟脱氧尿苷酸（FdUMP），然后 FdUMP 与胸苷酸合酶的巯基和 N^5,N^{10}-CH$_2$-FH$_4$ 共价结合形成终端复合物，抑制胸苷酸合酶的活性，阻断 dTMP 的生成。

（二）可逆性抑制剂

可逆性抑制剂通过与酶或酶-底物复合物非共价结合，使酶活性降低或消失。采用透析、超滤或稀释等物理方法可将抑制剂除去，使酶的活性恢复。可逆性抑制剂存在时的酶促反应仍遵守米氏方程。根据可逆性抑制剂作用的机制，可分为竞争性抑制剂、非竞争性抑制剂和反竞争性抑制剂。

1.竞争性抑制剂 竞争性抑制剂在结构上与酶的底物相似，可与底物竞争结合酶的活性中心，从而阻碍酶与底物结合成酶-底物复合物，这种抑制作用称为竞争性抑制（competitive inhibition）作用。竞争性抑制的反应过程可表示如下：

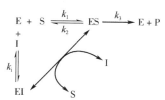

反应式中 k_i 为 EI 的解离常数，又称抑制常数。抑制剂与酶形成二元复合物（EI），增加底物浓度可使 EI 转变为 ES。

竞争性抑制剂对酶的抑制程度取决于底物抑制剂的相对浓度及它们与酶的亲和力。如果在反应体系中增加底物浓度，可降低甚至解除抑制剂的抑制作用。例如，琥珀酸脱氢酶催化琥珀酸脱氢生成延胡索酸，如在该反应中加入与琥珀酸结构相似的丙二酸或戊二酸，则可使酶活性降低。而且，丙二酸或戊二酸与酶的亲和力明显大于琥珀酸与酶的亲和力。当丙二酸与琥珀酸的浓度比为 1：50 时，酶活性便被抑制 50%。若增加琥珀酸浓度，此抑制作用可被削弱。

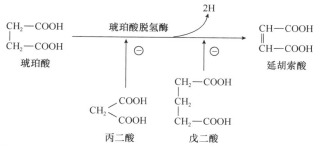

按照米氏方程的推导方法，竞争性抑制剂存在时的米氏方程为

$$v = \frac{V_{max}[S]}{K_m(1 + \frac{[I]}{k_i}) + [S]}$$

(4.14)

将上述方程两边同时取倒数，则得其双倒数方程为

$$\frac{1}{v} = \frac{K_m}{V_{max}}(1 + \frac{[I]}{k_i})\frac{1}{[S]} + \frac{1}{V_{max}} \qquad (4.15)$$

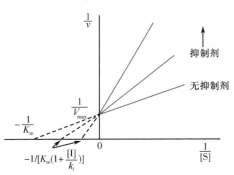

图 4-23　竞争性抑制作用的双倒数作图

以 $1/v$ 对 $1/[S]$ 作图可发现竞争性抑制剂存在时的动力学特点（图 4-23）：①随着抑制剂浓度的增加，直线的斜率加大，直线在纵轴上的截距不变，即当 [S] 足够高时，竞争性抑制剂对酶的竞争作用可被抵消，v 仍可达到最大反应速率 V_{max}；②直线在横轴上的截距变小，说明竞争性抑制剂存在时的表观 K_m，即 $K_m(1 + \frac{[I]}{k_i})$，大于无抑制剂时的 K_m，而且随着抑制剂浓度的增加，表观 K_m 进一步加大。

例如，磺胺类药物能竞争性抑制细菌的二氢蝶酸合酶（dihydropteroate synthase），从而抑制细菌的生长繁殖。细菌利用鸟苷三磷酸（GTP）从头合成四氢叶酸（FH$_4$）（图 4-24），其中 6-羟甲基-7,8-二氢蝶呤焦磷酸和对氨基苯甲酸生成 7,8-二氢蝶酸这步反应是由二氢蝶酸合酶来催化。磺胺类药物与对氨基苯甲酸的化学结构相似，竞争性地与二氢蝶酸合酶结合，抑制二氢叶酸（FH$_2$）以至于 FH$_4$ 合成，干扰一碳单位代谢，进而干扰核酸合成，使细菌的生长受到抑制。根据竞争性抑制的特点，服用磺胺类药物时必须保持血液中足够高的药物浓度，以发挥其有效的抑菌作用。人类可直接利用食物中的叶酸，故体内核酸合成不受磺胺类药物的干扰。

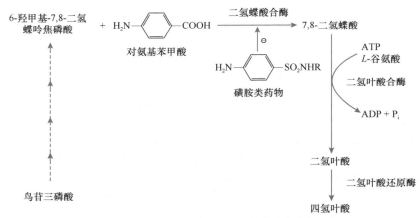

图 4-24　磺胺类药物抑菌的作用机制

2. 非竞争性抑制剂　非竞争性抑制剂既可与酶结合，也可与酶-底物复合物结合。这类抑制剂与酶活性中心外的必需基团相结合，不影响酶与底物的结合，酶与底物的结合也不影响酶与抑制剂的结合。底物和抑制剂之间无竞争关系，但抑制剂-酶-底物复合物（IES）不能进一步释放出产物。这种抑制作用称为非竞争性抑制（non-competitive inhibition）作用。

$$\begin{array}{ccc}
\text{E} + \text{S} & \underset{k_2}{\overset{k_1}{\rightleftharpoons}} \text{ES} & \overset{k_3}{\longrightarrow} \text{E} + \text{P} \\
+ & & + \\
\text{I} & & \text{I} \\
k_i \big\updownarrow & & k_i' \big\updownarrow \\
\text{EI} + \text{S} & \rightleftharpoons \text{IES} &
\end{array}$$

非竞争性抑制剂存在时的米氏方程为

$$v = \frac{V_{max}[S]}{(K_m + [S])(1 + \frac{[I]}{k_i})}$$

(4.16)

其双倒数方程为

$$\frac{1}{v} = \frac{K_m}{V_{max}}(1 + \frac{[I]}{k_i})\frac{1}{[S]} + \frac{1}{V_{max}}(1 + \frac{[I]}{k_i})$$

(4.17)

以 $1/v$ 对 $1/[S]$ 作图可知非竞争性抑制剂存在时的动力学特点（图 4-25）：①直线在横轴上的截距不变，即 K_m 不变，即非竞争性抑制剂不影响酶与底物的亲和力；②直线在纵轴上的截距增大，即最大反应速率 V_{max} 下降，而且随着抑制剂浓度的加大，V_{max} 下降更加明显。亮氨酸对精氨酸酶的抑制、哇巴因对细胞膜 Na^+-K^+-ATP 酶的抑制、麦芽糖对 α-淀粉酶的抑制都属于非竞争性抑制。

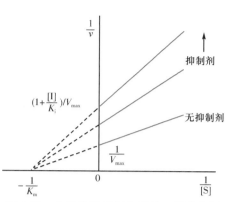

图 4-25　非竞争性抑制作用的双倒数作图

3. 反竞争性抑制剂　与非竞争性抑制剂一样，此类抑制剂也是与酶活性中心外的必需基团结合。不同的是，反竞争性抑制剂仅与酶-底物复合物结合，使中间产物 ES 的量下降。这种抑制作用称为反竞争性抑制（uncompetitive inhibition）作用。

$$E + [S] \underset{k_2}{\overset{k_1}{\rightleftharpoons}} ES \xrightarrow{k_3} E + P$$

$$\begin{array}{c} + \\ I \\ k_i \updownarrow \\ IES \end{array}$$

反竞争性抑制剂存在时的米氏方程为

$$v = \frac{V_{max}[S]}{K_m + (1 + \frac{[I]}{k_i})[S]}$$

(4.18)

其双倒数方程为

$$\frac{1}{v} = \frac{K_m}{V_{max}} \cdot \frac{1}{[S]} + \frac{1}{V_{max}}(1 + \frac{[I]}{k_i})$$

(4.19)

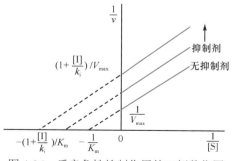

图 4-26　反竞争性抑制作用的双倒数作图

以 $1/v$ 对 $1/[S]$ 作图可知反竞争性抑制剂存在时的动力学特点（图 4-26）：①直线的斜率不变，但在纵轴上的截距增大，即最大反应速率 V_{max} 降低，而且随着抑制剂浓度的增加，V_{max} 进一步降低，这是由于一部分 ES 与 I 结合，生成不能转变为产物的 IES 的缘故；②直线在横轴上的截距增大，即表观 K_m 降低，而且随着抑制剂浓度的增加而进一步降低，这是由于反竞争性抑制剂与 ES 的结合，使 ES 下降，从而增加了酶与底物的亲和力（即表观 K_m 减小）。苯丙氨酸对胎盘型碱性磷酸酶的抑制属于反竞争性抑制作用。

现将三种可逆性抑制作用的特点比较列于表 4-9。

表 4-9　三种可逆性抑制作用的比较

作用特点	无抑制剂	竞争性抑制剂	非竞争性抑制剂	反竞争性抑制剂
I 的结合部位	—	E	E、ES	ES
动力学特点				
表观 K_m	K_m	增大	不变	减小
V_{max}	V_{max}	不变	降低	降低
双倒数作图				
横轴截距	$-1/K_m$	减小	不变	增大
纵轴截距	$1/V_{max}$	不变	增大	增大
斜率	K_m/V_{max}	增大	增大	不变

第四节　酶的分类与命名

1961 年，国际生物化学联合会（IUB）[现为国际生物化学与分子生物学联合会（The International Union of Biochemistry and Molecular Biology，IUBMB）] 酶学专业委员会提出酶的系统命名方案及酶的分类方法。

一、酶 的 分 类

IUB 最初依据酶催化反应的类型将酶分为六大类。2018 年，IUBMB 命名委员会发布：在原来六大类酶的基础上增设第七大类酶——易位酶类。

（一）氧化还原酶类

氧化还原酶类（oxidoreductases）催化底物发生氧化还原反应。这类酶包括催化传递电子、H^+ 以及需氧反应的酶，如乳酸脱氢酶、琥珀酸脱氢酶、细胞色素 c 氧化酶、过氧化氢酶、过氧化物酶等。

（二）转移酶类

转移酶类（transferases）催化底物间发生基团转移或基团交换反应。例如，甲基转移酶、氨基转移酶、乙酰基转移酶和转硫酶等。

（三）水解酶类

水解酶类（hydrolases）催化底物发生水解反应。例如，蛋白酶、核酸酶、脂肪酶和脲酶等。

（四）裂合酶类

裂合酶类或裂解酶类（lyases）催化底物移去一个基团并形成双键或其逆反应。例如，脱水酶、脱羧酶、醛缩酶、水化酶等。许多裂合酶的反应方向相反，一个底物去掉双键，并与另一底物结合形成一个分子。

（五）异构酶类

异构酶类（isomerases）催化底物发生内部基团的位置互变、几何或光学异构体互变以及醛酮互变。例如，差相异构酶、顺反异构酶、消旋酶、变位酶等。

（六）连接酶类

连接酶类（ligases）（曾称合成酶类）催化两种底物形成一种产物。此类酶催化分子间的缩合反应，或同一分子两个末端的连接反应。例如，DNA 连接酶、氨酰 tRNA 合成酶、谷氨酰胺合成酶等。

系统命名法最初将催化合成反应的合酶（synthase）和合成酶（synthetase）进行了区分，合酶催化反应时不需要 ATP 供能，而合成酶需要。后来的国际理论与应用化学联盟——IUBMB 的生物化学命名联合委员会（Joint Commission on Biochemical Nomenclature，JCBN）规定：无论利用核苷三磷酸（NTP）与否，合酶能够被用于催化合成反应的任何一种酶。例如，GMP 合酶（或称 GMP 合成酶）、腺苷酸基琥珀酸合酶（或称腺苷酸基琥珀酸合成酶）、谷胱甘肽合酶（或称谷胱甘肽合成酶）。

（七）易位酶类

易位酶类（translocases）是催化离子或分子跨膜转运或在细胞膜内进行易位反应的酶，即指催化离子或分子从面 1 到面 2（side 1 to side 2）的一类酶。例如，线粒体蛋白质转运 ATPase（EC 7.4.2.3）（原属 EC 3.6.3.51），泛醌氧化酶（转运 H^+）（EC 7.1.1.7）（原属 EC 1.10.3.10），Na^+、K^+-交换 ATPase（EC 7.2.2.13）（原属 EC 3.6.3.9）、细胞色素 c 氧化酶（EC 7.1.1.9）（原属 EC1.9.3.1）。

二、酶的命名

1961 年以前人们使用的是酶的习惯命名法。其原则是：①依据酶所催化的底物命名，如蛋白酶、脂肪酶；②依据酶所催化反应的类型或方式命名，如脱氢酶、羧化酶、转氨酶等；③依据上述①和②两个原则来命名，如乳酸脱氢酶、丙氨酸转氨酶、乙酰 CoA 羧化酶等；④在上述命名基础上再加上酶的来源命名，如胃蛋白酶、胰蛋白酶、唾液淀粉酶、胰淀粉酶等。酶的习惯名称虽然简洁，但常有一种酶出现多名的现象（如表异构酶，又称差向异构酶或变旋酶），有些酶的名称完全不能说明其催化反应的本质（如心肌黄酶、触酶）。

为了克服习惯名称的弊端，IUBMB 酶学专业委员会根据酶的分类、酶催化的整体反应，于 1961 年提出系统命名法。该法规定每个酶有一个系统名称和编号。名称标明了酶的底物及反应性质；底物名称之间以“:”分隔。编号由 4 个阿拉伯数字组成，前面冠以 EC（Enzyme Commission）。这 4 个数字中第 1 个数字是酶的分类号，第 2 个数字代表在此类中的亚类，第 3 个数字表示亚-亚类，第 4 个数字表示该酶在亚-亚类中的序号（表 4-10）。酶的系统名称可反映出酶的多种信息，但是用起来比较烦琐。因此，国际酶学委员会还同时为每一种酶从常用的习惯名称中挑选出一个推荐名称以供使用。如：L-乳酸 :NAD^+氧化还原酶的推荐名称为 L-乳酸脱氢酶。

表 4-10 酶的分类与命名举例

酶的分类	系统名称	编号	催化反应	推荐名称
1. 氧化还原酶类	L-乳酸 : NAD^+氧化还原酶	EC 1.1.1.27	L-乳酸+NAD^+ ⇌ 丙酮酸+$NADH+H^+$	L-乳酸脱氢酶
2. 转移酶类	L-丙氨酸 : α-酮戊二酸氨基转移酶	EC 2.6.1.2	L-丙氨酸+α-酮戊二酸 ⇌ 丙酮酸+L-谷氨酸	丙氨酸转氨酶
3. 水解酶类	1,4-α-D-葡聚糖-聚糖水解酶	EC 3.2.1.1	水解含有 3 个以上 1,4-α-D-葡萄糖基的多糖中 1,4-α-D-葡萄糖苷键	α-淀粉酶
4. 裂合酶类	D-果糖-1,6-双磷酸 D-甘油醛-3-磷酸裂合酶	EC 4.1.2.13	D-果糖-1,6-双磷酸 ⇌ 磷酸二羟丙酮+D-甘油醛-3-磷酸	果糖二磷酸醛缩酶
5. 异构酶类	D-甘油醛-3-磷酸醛-酮-异构酶	EC 5.3.1.1	D-甘油醛-3-磷酸 ⇌ 磷酸二羟丙酮	磷酸丙糖异构酶
6. 连接酶类	L-谷氨酸 : 氨连接酶	EC 6.3.1.2	$ATP+L$-谷氨酸+NH_3 → $ADP+P_i+L$-谷氨酰胺	谷氨酰胺合成酶
7. 易位酶类	泛醌 : 氧化还原酶（转运 H^+）	EC 7.1.1.3	2 泛醌+O_2+$nH^+_{[面1]}$ → 2 泛醌+$2H_2O$+$nH^+_{[面2]}$	泛醌氧化酶（转运 H^+）

第五节 酶 与 医 学

人类许多疾病与酶的质或量的异常、酶活性高低的变化有关。临床上测定酶活性对诊断疾病十分重要。另外，有些酶可作为药物用于治疗疾病，有些酶成为药物作用的靶点。还有一些酶作为分析试剂，广泛应用于临床检验和科学研究。

一、酶与疾病的关系

酶催化的化学反应是机体进行物质代谢及维持生命活动的必要前提。如果酶和酶促反应异常，机体的物质代谢则异常，常可导致疾病的发生。

（一）酶先天缺乏与疾病

一些先天性代谢障碍是由于基因突变，不能生成某些特效的酶造成的。如酪氨酸酶缺乏引起白化病，苯丙氨酸羟化酶缺乏引起苯丙酮尿症，葡糖-6-磷酸脱氢酶缺乏引起溶血性贫血等（表4-11）。

表 4-11　某些酶先天缺乏引起的某些疾病

缺乏的酶	疾病名称	缺乏的酶	疾病名称
酪氨酸酶	白化病	胱硫醚合酶	高胱氨酸尿
葡糖-6-磷酸脱氢酶	蚕豆病	次黄嘌呤鸟嘌呤磷酸核糖基转移酶	莱施-奈恩综合征（Lesch-Nyhan 综合征）
苯丙氨酸羟化酶	苯丙酮尿症		

（二）酶活性改变与疾病

一些酶活性升高或降低也可使机体代谢反应异常，导致疾病发生。例如，胰腺炎时，由于胰腺生成的蛋白水解酶在胰腺即被激活，水解胰腺组织，导致胰腺组织被严重破坏。有机磷农药中毒时，抑制胆碱酯酶活性，引起乙酰胆碱堆积，导致神经肌肉和心脏功能的严重紊乱。重金属中毒时，一些巯基酶的活性被抑制而导致代谢紊乱。

一些疾病可引起某些酶产量及活性不足，这种异常又加重已有的病情，如严重肝病时肝合成凝血酶原及其他凝血因子不足而导致血液凝固障碍。总之，人体的很多疾患的发生与酶的变化有密切关系。

二、酶在医学上的应用

（一）酶与疾病的诊断

许多组织器官的疾病除与酶含量和活性异常有关外，有些疾病可使细胞内酶逸入体液中，因此通过对血液、尿等体液中某些酶活性的测定，可以反映某些组织器官的疾病状况并有助于疾病的诊断。血液中某些酶活性升高或降低是因为：①某些组织器官损伤后造成细胞破坏，细胞膜通透性升高，细胞内的某些酶可大量释放入血，如急性肝炎或心肌炎时血清中转氨酶活性升高，急性胰腺炎时血清和尿中淀粉酶活性升高等；②细胞转换率增加或细胞增殖加快，如恶性肿瘤迅速生长时，其标志酶的释放量亦增加，如前列腺癌患者血清中可有大量酸性磷酸酶出现；③酶的清除障碍或分泌受阻也可引起血清酶活性升高，如肝硬化时，肝细胞表面清除血清碱性磷酸酶的受体减少，造成血清中该酶活性增加；④酶的诱导合成增加，如胆管堵塞造成胆汁反流，可诱导肝合成碱性磷酸酶大大增加；⑤某些酶合成减少，如肝功能严重受损时，许多肝合成的酶量减少，包括血液中凝血酶原、因子Ⅶ等。

临床上通过测定血清中某些酶的含量或活性有助于诊断某些疾病（表4-12）。

表 4-12　用于诊断疾病的一些血清酶

血清酶	主要来源	主要临床应用
淀粉酶	唾液腺、胰腺、卵巢	胰腺疾患
碱性磷酸酶	肝、骨、肠黏膜、肾、胎盘	骨病、肝胆疾病
酸性磷酸酶	前列腺、红细胞	前列腺癌、骨病
谷丙转氨酶	肝、心、骨骼肌	肝实质疾病
谷草转氨酶	肝、骨骼肌、心、肾、红细胞	心肌梗死、肝实质疾病、肌病

续表

血清酶	主要来源	主要临床应用
肌酸激酶	骨骼肌、脑、心、平滑肌	心肌梗死、肌病
乳酸脱氢酶	心、肝、骨骼肌、红细胞、血小板、淋巴结	心肌梗死、溶血、肝实质疾病
胆碱酯酶	肝	有机磷中毒、肝实质疾病

（二）酶与疾病的治疗

1. 替代治疗　由某些酶缺乏所引起的疾病，可补充此酶予以治疗。如消化腺分泌功能不良所致的消化不良，常可服用胃蛋白酶、胰蛋白酶、胰脂肪酶、胰淀粉酶等。

2. 对症治疗　临床上常用链激酶、尿激酶及纤溶酶等溶解血栓，用于治疗心、脑血管栓塞等。有些蛋白酶常用于溶解及清除炎症渗出物，如木瓜蛋白酶、菠萝蛋白酶等。

3. 抗菌治疗　某些药物是根据酶的竞争性抑制作用原理而设计的，如磺胺类药物可竞争性抑制细菌的二氢蝶酸合酶，氯霉素、红霉素抑制肽酰转移酶活性，青霉素则是阻断细菌细胞壁合成中糖肽转肽酶的活性。

（三）酶在临床检测方法中的应用

1. 酶偶联测定法　有些反应的产物不能被直接测定，但当加入一种辅助酶（指示酶）后，则使该产物定量地转变为可测量的某种物质。例如，测定天冬氨酸转氨酶（AST）的活性时，偶联苹果酸脱氢酶为指示酶，反应如下：

$$天冬氨酸 \xrightarrow{\text{天冬氨酸转氨酶(AST)}} 草酰乙酸 \xrightarrow[\substack{NADH+H^+ \quad NAD^+}]{\text{苹果酸脱氢酶(指示酶)}} 苹果酸$$

因为还原型辅酶 I（NADH）在波长 340nm 处有吸收峰，故在偶联指示酶监测 340nm 处吸光度的减少，即可计算 AST 的活性。

2. 酶标记测定法　临床上经常需要检测许多微量分子（如激素、细胞因子、信号转导分子等），过去一般都采用同位素标记法，利用其免疫特异性和同位素测定的敏感性，可以检测到 10^{-12}mol/L 水平。但是由于同位素的半衰期短和对机体的伤害，近来趋势为以酶标记代替同位素标记，再加上扩增设计，不仅安全，而且检测灵敏度超过同位素标记法。例如，酶联免疫吸附试验（enzyme-linked immunosorbent assay，ELISA）以及在这基础上再结合发光设计或双酶-底物循环，分别建立的增强发光酶免疫法（enhanced luminescence enzyme immunoassay，ELEIA）和 ELISA-双酶循环扩增法，灵敏度远超过同位素标记法。

（四）酶在医学科研中的应用

1. 工具酶　由于酶的高度特异性，某些酶被常规选择性应用于基因工程。例如，各种限制性内切核酸酶、连接酶以及聚合酶链反应中的 *Taq* DNA 聚合酶等。

2. 固定化酶　酶可经物理方法或化学方法处理，连接在载体（如凝胶、琼脂糖、树脂和纤维素等）上形成固定化酶，然后装柱使其反应管道化和自动化。在固定的反应条件下只要定速地灌入底物，即可自动流出和收集产物。例如，制药工业上利用固定化酶 11β-单加氧酶，可将廉价的 11-脱氧皮质醇加氧形成皮质醇。

3. 抗体酶　具有催化活性的抗体称为抗体酶（abzyme），又称为酶性抗体。底物与酶的活性中心结合可诱导底物变构形成过渡态底物。用这样的过渡态底物连上载体蛋白后免疫动物可以制备抗体酶。1986 年勒纳（Lerner）和舒尔茨（Schultz）获得了第一个酶性抗体（催化羧酸酯水解的单抗）。抗体酶研究是酶工程研究的前沿内容之一。制造抗体酶的技术比蛋白质工程和生产酶制剂简单，又可大量生产。通过设计和制造抗体酶可制备新酶种及不易得到的酶类。

小　结

　　酶是活细胞合成的、对其底物具有高度催化效率和高度专一性的蛋白质。酶分为单纯酶和缀合酶，单纯酶是仅由氨基酸残基组成的蛋白质；缀合酶除酶蛋白部分外，其分子中非蛋白部分称为辅因子，包括金属离子和小分子有机化合物。按照辅因子与酶蛋白结合的紧密程度分为辅酶和辅基，小分子有机化合物中多含有维生素成分。酶蛋白主要决定反应的特异性和催化机制，辅因子决定反应的类型。

　　酶的活性中心是结合底物并将底物转化为产物的部位，是一些在一级结构上可能相距很远的必需基团，在空间结构上彼此靠近，组成具有疏水口袋或裂痕的特定空间结构的区域。酶促反应具有极高的催化效率、高度专一性、可调节性和不稳定的特点。同工酶是指催化的化学反应相同，但酶分子的结构、理化性质乃至免疫学性质不同的一组酶。检测组织器官同工酶谱的变化有重要的临床意义。酶与底物结合发生相互诱导契合，以弱化学键相结合，使底物形成稳定的过渡态，并释放结合能，从而降低反应的活化能。酶通过邻近效应、定向排列、表面效应等加速反应，对底物采用共价催化、亲核催化和亲电子催化将底物转化为产物。

　　酶促反应动力学研究酶促反应速率及其影响因素，包括底物浓度、酶浓度、温度、pH、抑制剂和激活剂等。米氏方程式 $v = \dfrac{V_{max}[S]}{K_m + [S]}$ 能定量地解释单底物酶促反应 v 与 [S] 的关系，其中，K_m 为米氏常数，其大小等于反应速率为最大反应速率一半时的底物浓度，是酶的特征性常数，在一定条件下可以代表酶与底物的亲和力。酶促反应在最适 pH 和最适温度时活性最高，但是它们不是酶的特征性常数。酶的抑制作用包括不可逆性抑制和可逆性抑制。不可逆性抑制剂与酶活性中心上的必需基团共价结合。可逆性抑制中，竞争性抑制剂与底物竞争结合酶的活性中心，使酶促反应表现为 K_m 增高，而不影响 V_{max}；非竞争性抑制剂既可与游离酶结合，也可与酶-底物复合物结合，不影响酶与底物的亲和力，降低酶促反应的 V_{max}，但不影响 K_m；反竞争性抑制剂仅与酶-底物复合物结合，酶促反应的 V_{max} 和 K_m 均降低。

　　机体存在对酶活性和酶含量两方面的调节。酶的别构调节和酶的化学修饰调节属于酶活性的快速调节。别构酶与别构效应剂可逆地结合，通过改变酶的构象而影响酶的活性。多亚基的别构酶具有协同效应。酶的某个必需基团可受共价修饰，可逆地结合某些化学基团，实现酶活性的调节。最常见的共价修饰是磷酸化和去磷酸化。酶的连续的共价修饰具有级联放大作用。有些酶以无活性的酶原形式存在，需要发挥作用时经剪切激活才表现活性。

　　IUBMB 酶学专业委员会根据酶促反应类型将酶分为氧化还原酶类、转移酶类、水解酶类、裂合酶类、异构酶类、连接酶类和易位酶类。酶与疾病的发生密切相关，酶可用于疾病的诊断和治疗。酶工程的发展将为农业和医药卫生事业的发展带来帮助。固定化酶、抗体酶被应用于临床及其他领域。

（田余祥）

第四章线上内容

第五章 维生素和无机元素

　　维生素（vitamin，Vit）是维持机体正常生理功能所必需，但体内不能合成或合成量很少，必须从食物中获取的一类低分子量有机化合物，是人体的重要营养素之一。维生素既不是体内能量的来源，也不构成机体组织的成分，却具有参与体内物质代谢与调节的重要作用。虽每日需要量极少（仅以 mg 或 μg 计），但不可缺少，缺乏易患维生素缺乏症。按其溶解性的不同，可分为脂溶性维生素（lipid-soluble vitamin）和水溶性维生素（water-soluble vitamin）两大类。

　　无机元素是人体的重要组成成分，在体内具有广泛的生理作用和临床意义。无机元素根据其在人体中含量和需要量可分为常量元素和微量元素。体内含量较多，占体重的 0.01% 以上，每日需要量在 100mg 以上者，如钙、磷、钾、钠、氯、镁等称为常量元素；人体内含量甚微，占体重的 0.01% 以下，每日需要量在 100mg 以下者，称为微量元素，包括铁、碘、铜、锌、锰、钴、钼、硒、铬、氟等。

第一节　脂溶性维生素

　　脂溶性维生素包括维生素 A、维生素 D、维生素 E、维生素 K。它们溶于脂类和多种有机溶剂，不溶于水。在食物和肠道中均与脂类共存并共同吸收，在血液中与脂蛋白或特异蛋白结合而运输。脂质吸收障碍和食物中长期缺乏会引起相应维生素的缺乏症。在体内，脂溶性维生素主要分布在肝，易在体内蓄积，摄入过多则发生中毒。

一、维生素 A

（一）化学本质、性质及分布

　　维生素 A 为抗干眼病维生素，其化学本质是 20 碳含有 β-白芷酮环的多聚异戊二烯的不饱和一元醇。天然的维生素 A 包括维生素 A_1（视黄醇，retinol）和维生素 A_2（3-脱氢视黄醇，3-dehydroretinol），二者的区别仅是 A_2 在第 3 碳位多一个双键（图 5-1），其活性只是 A_1 的 40%。维生素 A 在体内的活性形式有视黄醇、视黄醛（retinal）和视黄酸（retinoic acid）三种。

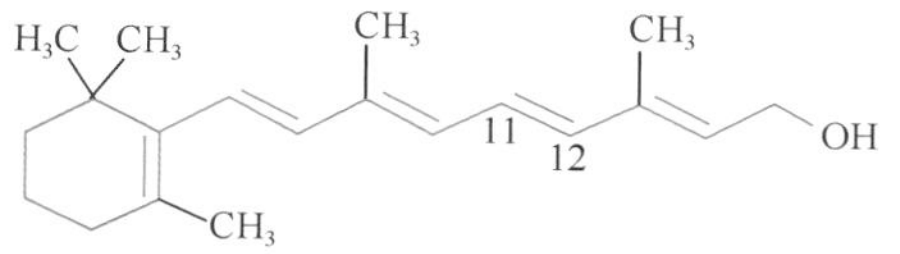

维生素 A_1（全反型视黄醇） 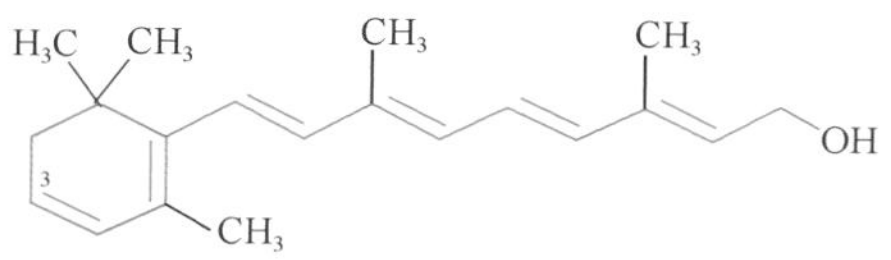　　　　　　维生素 A_2（3-脱氢视黄醇）

图 5-1　维生素 A 结构

　　维生素 A_1 和维生素 A_2 分别存在于哺乳动物、咸水鱼和淡水鱼的肝中，其他动物的乳、肝和蛋黄中也含有丰富的维生素 A。在黄、绿和红色植物中含类胡萝卜素（如 α 胡萝卜素、β 胡萝卜素及 γ 胡萝卜素）约 600 种，其中以 β 胡萝卜素（β-carotene）最为重要。它们本身并无生物学活性，但在小肠黏膜处由胡萝卜素加氧酶催化，加氧断裂，生成 2 分子视黄醛。而视黄醛既可氧化成视黄酸也可还原成视黄醇，故通常将 β 胡萝卜素称为维生素 A 原。

（二）生化作用

　　1. 合成视觉细胞内感光物质　维生素 A 在视觉细胞内能促进感光物质的合成与再生，以维持正常的视觉功能。人视网膜上有光感受器细胞和视网膜色素上皮细胞，光感受器细胞又可分为视杆细胞和视锥细胞。能感受弱光或暗光的视杆细胞含有感光物质——视紫红质，能感受强光的视锥细胞内含有感光物质——视红质、视青质及视蓝质，它们均由11-顺视黄醛（作为辅基）与各不相同的视蛋白组成视色素。当视杆细胞的视紫红质感光时，其中的辅基11-顺视黄醛在光异构作用下转变成全反式视黄醛，并与视蛋白分离而失色；在此同时也引起视杆细胞膜上 Ca^{2+} 通道的开放，随之 Ca^{2+} 迅速流入细胞内并激发神经冲动，经传导至大脑后即可产生视觉。全反式视黄醛仅有少部分可经异构酶催化缓慢地重新异构为11-顺视黄醛，而大部分被还原成全反式视黄醇，经血流至肝被氧化成11-顺视黄醛，可在暗光下与视蛋白再重新合成视紫红质（图5-2）。维生素A缺乏时，生成的11-顺视黄醛不足或缺如，视紫红质合成减少，导致日光适应能力减弱，弱光敏感性降低，暗适应时间延长甚至出现夜盲症。

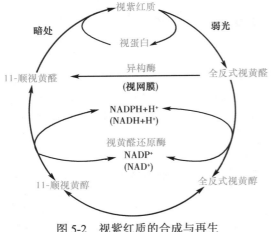

图 5-2　视紫红质的合成与再生

2. 参与糖蛋白的合成　维生素A作为调节糖蛋白合成的一种辅酶，其衍生物视黄醇磷酸酯是糖蛋白合成中所需的寡糖穿越膜脂质双层的载体，在糖醛转移酶作用下参与膜糖蛋白的糖醛化反应。

上皮组织糖蛋白是细胞膜系统的重要组成部分，与上皮组织的结构和分泌功能关系密切，因此维生素A是维持一切上皮组织结构完整性与正常功能所必需的物质。若维生素A缺乏，将会影响上皮组织糖蛋白的合成，上皮细胞分泌黏液减少，导致上皮组织干燥、增生、过度角化及脱屑，对眼、呼吸道、消化道及泌尿生殖道的上皮影响尤为显著。由于上皮组织不健全，抵抗微生物侵袭的功能降低，故易感染疾病。而泪腺上皮不健全，引起泪液分泌减少甚至停止，即可产生眼干燥症。

3. 促进正常生长发育与分化　维生素A参与细胞的DNA、RNA的合成，对细胞的生长发育与分化、组织更新有一定影响。维生素A中的视黄酸是一种激素，其受体位于靶细胞核内，当视黄酸与其受体蛋白结合后便能激活特异基因的表达，进而使细胞分化成熟，因此视黄酸是维持动物正常生长发育和健康的重要物质。若维生素A缺乏，可导致儿童生长停滞、发育迟缓、骨骼发育不良。另外，维生素A还可使细胞表面的上皮生长因子受体数目增加，通过促进上皮生长因子与其受体的结合而促进细胞生长。

4. 防癌和抑癌作用　流行病学调查表明，摄入适量的维生素A与癌症的发生呈负相关，动物实验也表明摄入维生素A在一定程度上可减轻致癌物质的作用。维生素A及其衍生物，如13-顺视黄酸有防癌、抑癌作用，这是因为它既有促进上皮细胞正常分化的作用，也有阻碍肿瘤形成的抗启动基因活性。已有资料表明，视黄醇能诱导HL-60细胞（人原髓细胞白血病细胞）及急性早幼粒细胞白血病的分化。胡萝卜素是一种抗氧化剂，在较低的氧分压条件下，能直接结合自由基，淬灭单线氧，提高机体抗氧化防卫能力，而具有防癌和抑癌作用。

5. 维持和增强机体免疫功能　目前研究证明维生素A能通过与细胞核内相应的受体结合，对靶细胞基因进行调控。这种调控既可促进免疫细胞产生抗体，也可增强细胞免疫，并促进T淋巴细胞产生某些淋巴因子。维生素A缺乏时，免疫细胞内视黄酸受体的表达相应下降，抗体生成减少，因此影响机体的免疫功能，最终导致机体抵抗力下降。

（三）缺乏症与中毒

维生素A缺乏会引起夜盲症、眼干燥症等。长期过量（超过需要量的10～20倍）地摄取维生素A会降低细胞膜和溶酶体膜的稳定性，导致细胞膜受损，组织酶的释放，引起皮肤、骨骼、脑、肝等多种脏器、组织的病变。如果孕妇摄取过多，易发生胎儿畸形。

二、维生素D

（一）化学本质、性质及分布

维生素D又称抗佝偻病维生素，为类固醇衍生物，可视为一种类固醇激素。其化学本质是含有环戊烷多氢菲结构，并具有钙化醇生物活性的一大类物质。主要包括维生素 D_2（麦角钙化醇，ergocalciferol）和维生素 D_3（胆钙化醇，cholecalciferol）两种形式，两者结构相似，维生素 D_2 仅在侧链24位碳原子上多一个甲基和22位碳原子上多一个双键（图5-3）。

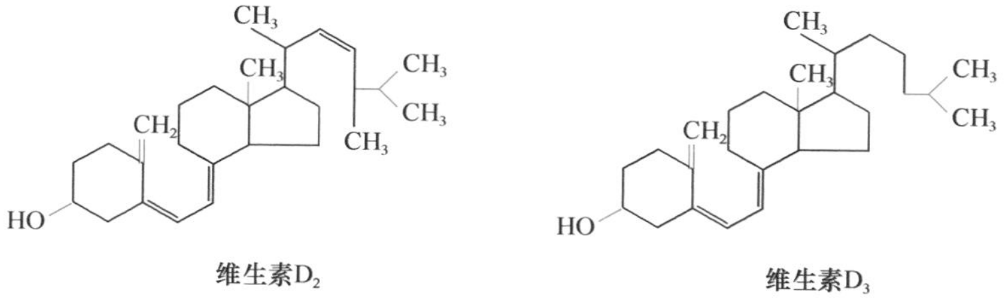

维生素 D_2　　　　　　　　　　　维生素 D_3

图5-3　维生素 D_2 和 D_3 的化学结构

在体内胆固醇可转变为7-脱氢胆固醇，储存于皮下，经紫外线照射生成维生素 D_3，故称7-脱氢胆固醇为维生素 D_3 原（图5-4）。存在于酵母和植物油中不能被人吸收的麦角固醇经紫外线作用转变为能被人吸收的维生素 D_2，因而麦角固醇为维生素 D_2 原。维生素 D_3 在肝的储存形式及血液中运输形式是 25-(OH)-D_3，其活性形式为 $1,25$-$(OH)_2$-D_3。$1,25$-$(OH)_2$-D_3 由 25-(OH)-D_3 经肾小管上皮细胞线粒体 1α-羟化酶催化而生成。$1,25$-$(OH)_2$-D_3 通过诱导24-羟化酶和阻遏 1α-羟化酶的生物合成来控制自身的生成量。$1,25$-$(OH)_2$-D_3 和 25-(OH)-D_3 均可在24-羟化酶催化下转变为 $1,24,25$-$(OH)_3$-D_3 和 $24,25$-$(OH)_2$-D_3，后者也可经 1α-羟化酶催化生成 $1,24,25$-$(OH)_3$-D_3。

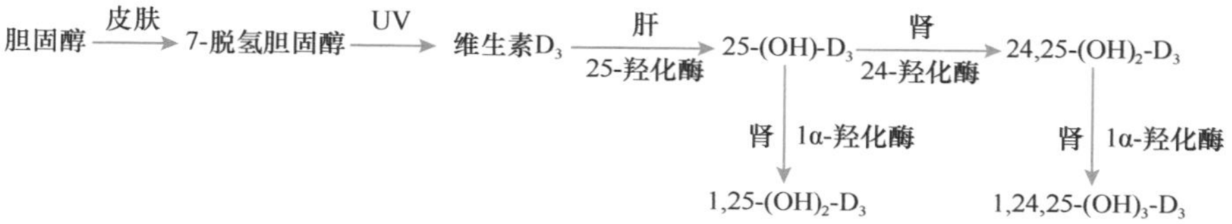

图5-4　7-脱氢胆固醇转变为 $1,25$-$(OH)_2$-D_3 的反应

（二）生化作用

$1,25$-$(OH)_2$-D_3 的靶器官是小肠、肾及骨，主要功能是促进小肠钙、磷的吸收，肾小管钙、磷的重吸收，促进新骨的生成和钙化。

（三）缺乏症与中毒

当缺乏维生素D时，儿童可发生佝偻病，成人引起软骨病、骨质疏松症等。但过量摄入维生素D可引起维生素D过多症或中毒，表现为食欲下降、恶心、呕吐、血钙过高、骨破坏、异位钙化等。

三、维生素E

（一）化学本质、性质及分布

维生素E又称生育酚，为二氢苯并吡喃的衍生物，主要包括生育酚及三烯生育酚两大类，而每类又根据甲基的数目和位置不同分成 α、β、γ 和 δ 四种。自然界以 α-生育酚分布最广，生物活性最高。维生素E为黄色油状物，在无氧条件下对热及酸碱稳定，但对氧十分敏感，易氧化。富含维生素E的食物有麦胚油、棉籽油、玉米油、大豆油等，豆类及绿叶蔬菜中含量也较丰富。在机体，维生素E主要存在于细胞膜、血浆脂蛋白和脂库中。

（二）生化作用

1. 抗氧化作用 维生素 E 结构中的酚羟基易被氧化，因此是机体内重要的抗氧化剂，能避免脂质过氧化物的产生，保护生物膜的正常结构与功能，使细胞免遭自由基，如超氧阴离子、过氧化物及羟自由基等的损害。缺乏维生素 E 可导致细胞抗氧化功能障碍，引起细胞的过氧化损伤，维生素 E 的抗氧化作用与抗动脉硬化、抗癌、延续衰老等过程有关。

2. 影响胚胎发育和生殖系统 维生素 E 是胚胎正常发育必不可少的微量营养素，其吸收障碍可引起胚胎死亡。实验证明缺乏维生素 E 的雄鼠可出现睾丸萎缩及其上皮变性、生育异常；缺乏维生素 E 的孕鼠可引起胎盘和胚胎萎缩而导致流产，但人类尚未发现因维生素 E 缺乏所致的不育症。但是，临床常用维生素 E 防治先兆流产、习惯性流产及更年期疾病等。

3. 维持机体免疫功能 维生素 E 在维持正常的免疫功能，尤其是在 T 淋巴细胞的功能中发挥重要作用。它既可直接通过刺激巨噬细胞和一些细胞因子如 IL-1β、IL-6 等提高淋巴细胞转化率，也可间接使 T 细胞分裂原增加引起 T 细胞增殖。鉴于维生素 E 与免疫功能和吞噬作用有关，故推测维生素 E 可能对肿瘤的防治起作用。

4. 促进血红素的代谢 维生素 E 能提高血红素合成过程中的关键酶 ALA 合酶及 ALA 脱水酶的活性，可促进血红素合成。故孕妇及哺乳期妇女及新生儿应注意适量补充维生素 E。

（三）缺乏症与中毒

维生素 E 在自然界分布很广，一般不会发生缺乏，但当机体存在脂肪吸收不良或某些疾病时可导致维生素 E 缺乏，主要表现为红细胞数量减少、寿命缩短，偶可引起神经障碍。在所有脂溶性维生素中，维生素 E 的毒性相对较小。目前有证据表明人体长时间摄入 1000mg/d 以上的维生素 E 可能出现中毒症状，如视物模糊、头痛等。

四、维生素 K

（一）化学本质、性质及分布

维生素 K 又称凝血维生素，其本质为 2-甲基-1,4-萘醌的衍生物。自然界存在有维生素 K_1 和 K_2 两种形式，为黄色油状物；K_1 存在于绿色蔬菜（图 5-5），K_2 由人体肠道细菌合成。人工合成的有 K_3（2-甲基-1,4-萘醌）和 K_4（亚硫酸氢钠甲萘醌），溶于水，可口服或注射，但易受光、酸、碱和氧化剂的破坏。

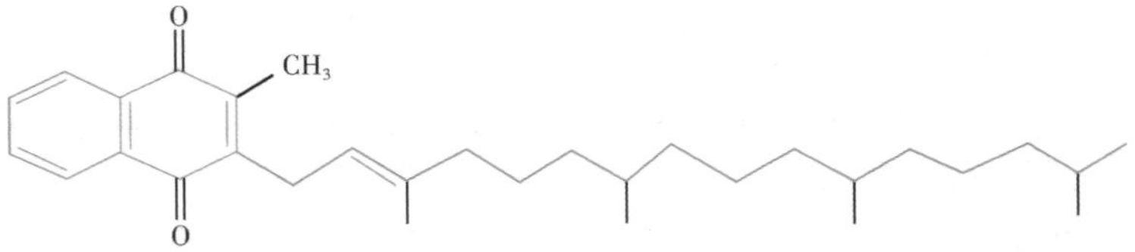

图 5-5　维生素 K_1 的结构

维生素 K 广泛分布于自然界，食物中的绿色蔬菜、动物肝、鱼类等均富含维生素 K，肠道中大肠埃希菌、乳酸杆菌等合成的维生素 K 可被肠黏膜吸收。体内维生素 K 储存量有限。

（二）生化作用

1. 参与凝血因子的合成 维生素 K 的主要作用是调节凝血因子的合成。凝血因子 II、VII、IX、X 和抗凝血因子蛋白 C 及蛋白 S 在肝细胞中以无活性前体的形式存在，其分子中 4～6 个谷氨酸残基在 γ-羧化酶催化下生成 γ-羧基谷氨酸才能转变为活性形式。维生素 K 是 γ-谷氨酸羧化酶的辅酶。

2. 调节骨矿化过程 维生素 K 和维生素 K 依赖性蛋白在矿化生理和预防异位钙化中起着关键作用，其中两种维生素 K 依赖性蛋白是骨钙素（调节骨矿化）和基质 Gla 蛋白（MGP，血管壁局部钙化抑制剂）。维生素 K 缺乏会损害骨钙素和 MGP 的生理功能，因此可能导致骨脱矿和血管钙化（钙化悖论）。

（三）缺乏症与中毒

由于维生素 K 分布广泛，且肠道细菌也能合成，故一般不易缺乏。但新生儿肠道无细菌，维生素 K 不能通过胎盘，有可能发生维生素 K 缺乏，主要表现为易出血。长期使用抗生素及肠道灭菌药也可导致维生素 K 缺乏。维生素 K 中毒很少发生。

第二节　水溶性维生素

水溶性维生素包括 B 族维生素和维生素 C 两大类。B 族维生素主要有维生素 B_1、维生素 B_2、维生素 PP、维生素 B_6、泛酸、生物素、叶酸、维生素 B_{12} 等。水溶性维生素依赖食物提供，它们虽在化学结构和生理功能上各不相同，但大多在植物中合成。B 族维生素参与酶的辅因子构成，直接影响酶的活性。多数水溶性维生素溶于水，但硫辛酸不溶于水而溶于脂溶剂，故有人将其归为脂溶性维生素。水溶性维生素在体内储存很少，多余即从尿中排出，很少发生中毒。

一、维生素 B_1

（一）化学本质、性质及分布

维生素 B_1 是由一个含氨基的嘧啶环和一个含硫的噻唑环组成的化合物，亦称硫胺素（thiamine）。在氧化剂的作用下维生素 B_1 易被氧化成脱氢硫胺素，后者经紫外光照射呈蓝色荧光，故可利用此性质进行定性和定量分析。维生素 B_1 易溶于水，在酸性环境中稳定，而在中性和碱性环境中不稳定。维生素 B_1 在体内的活性形式为硫胺素焦磷酸（thiamine pyrophosphate，TPP）（图 5-6）。维生素 B_1 广泛存在于植物、酵母及瘦肉中，以种子外皮及胚芽中含量最为丰富。

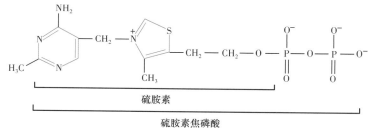

图 5-6　硫胺素与硫胺素焦磷酸的结构

（二）生化作用

1. 在能量代谢中发挥重要作用　维生素 B_1 的活性形式 TPP 是 α-酮酸氧化脱羧酶和转酮醇酶的辅酶。TPP 噻唑环上硫和氮之间的碳原子十分活泼，易释放出 H^+，形成具有催化功能的亲核基团碳负离子（carbanion），碳负离子能与 α-酮酸的羧基结合而使 α-酮酸脱羧。

2. 在神经传导中有一定作用　乙酰辅酶 A 是合成乙酰胆碱的原料，主要来自丙酮酸的氧化脱羧。维生素 B_1 也可抑制胆碱酯酶水解乙酰胆碱，参与乙酰胆碱的代谢调控。

（三）缺乏症

中国正常成人的维生素 B_1 需要量为 1.0～1.5mg/d。谷物加工过于精细可使维生素 B_1 大量丢失，可通过测定红细胞中转酮醇酶的活性、尿中和血中硫胺素的浓度来判定维生素 B_1 是否缺乏。膳食中维生素 B_1 含量不足，吸收障碍，需求增加（长期发热、感染、术后和甲状腺功能亢进等）以及酒精中毒等均可引起维生素 B_1 缺乏症。

维生素 B_1 缺乏时，丙酮酸氧化脱羧反应受阻，血中丙酮酸和乳酸堆积，能量产生减少；同时磷酸戊糖途径障碍，可影响体内一些重要物质如核酸、脂肪酸、非必需氨基酸等的合成。在正常情况下，神经组织主要靠葡萄糖有氧氧化供能，如果维生素 B_1 缺乏，神经组织能量供应受到影响，神经细胞膜髓鞘磷脂合成受阻，导致脚气病（beriberi）。如患者以多发性周围神经炎症状为主，出现上行性周围神经炎，表现为指（趾）端麻木、肌肉酸痛、压痛，尤以腓肠肌为甚。膝跳反射在发病初期亢进，后期减弱甚至消失。向上发展累及腿伸屈肌、手臂肌群，而出现垂足、垂腕症状，则为干性脚气病；若伴有水肿，则为湿性脚气病。当维生素 B_1 缺乏时，胆碱酯酶活性增强，加速乙酰胆碱水解，导致消化液分泌减少、胃蠕动变慢、食欲缺乏、消化不良等。

二、维生素 B_2

（一）化学本质、性质及分布

维生素 B_2 又称核黄素（riboflavin），其本质是核糖醇和 6,7- 二甲基异咯嗪的缩合物。异咯嗪环上的第 1 位、第 5 位氮原子与活泼的共轭双键相连，此 2 个氮原子可反复接受或释放氢，故具有可逆的氧化还原性（图 5-7）。维生素 B_2 在酸性溶液中稳定，而在碱性溶液中易被破坏。维生素 B_2 对紫外线敏感。奶、奶制品、肝、蛋和肉类等富含维生素 B_2。维生素 B_2 在小肠上段通过转运蛋白主动吸收，接着在小肠黏膜黄素激酶的催化下转变为黄素单核苷酸（flavin mononucleotide，FMN）。FMN 在焦磷酸化酶的催化下转变为黄素腺嘌呤二核苷酸（flavin adenine dinucleotide，FAD）（图 5-8）。FMN 和 FAD 是维生素 B_2 的活性形式。

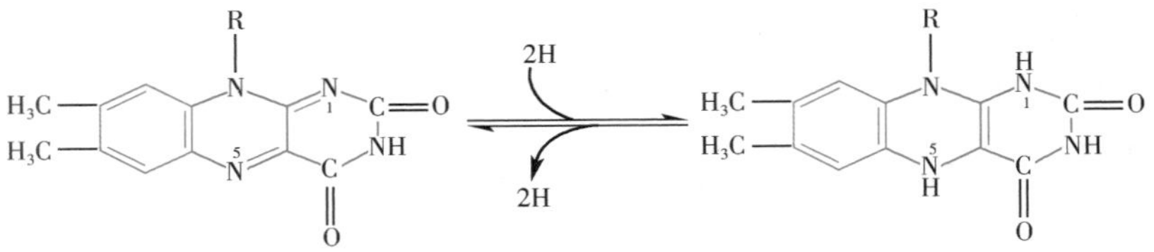

图 5-7　氧化型和还原型 FMN 的转变

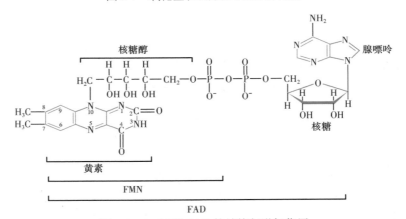

图 5-8　FMN 和 FAD 的结构与递氢作用

（二）生化作用

FMN 和 FAD 是体内氧化还原酶的辅基，如脂酰 CoA 脱氢酶、琥珀酸脱氢酶、黄嘌呤氧化酶及 NADH 脱氢酶等，具有递氢体的作用，参与呼吸链、脂肪酸、氨基酸氧化及嘌呤代谢。FAD 作为辅酶参与色氨酸转变为烟酸的反应，还可作为谷胱甘肽还原酶的辅酶，维持还原性谷胱甘肽的浓度；FAD 能与细胞色素 P_{450} 结合，参与药物代谢。FMN 作为辅酶参与维生素 B_6 转变为磷酸吡哆醛的反应。

（三）缺乏症

维生素 B_2 成人需要量为 1.2～1.5mg/d。可利用红细胞中的谷胱甘肽还原酶活性来检测体内维

生素 B_2 的含量。膳食供应不足是维生素 B_2 缺乏的主要原因。光照疗法能破坏维生素 B_2。因此，光照疗法治疗新生儿黄疸时能导致新生儿维生素 B_2 缺乏。当维生素 B_2 缺乏时，会出现食欲降低、生长抑制、食物利用率降低，临床可导致口角炎、唇炎、阴囊炎、眼睑炎、怕光、流泪等疾病或症状。

三、维生素PP

（一）化学本质、性质及分布

维生素 PP 又称维生素 B_5，包括烟酸（niacin，又称尼克酸）及烟酰胺（nicotinamide，又称尼克酰胺）（图 5-9），均为氮杂环吡啶衍生物。烟酸可转变为烟酰胺。烟酸在酸、碱、光、氧或加热条件下不易被破坏，是 B 族维生素最稳定的一种。维生素 PP 主要分布于肉类、谷类、花生及酵母等食物中。肝可将色氨酸转变成

图 5-9　烟酸和烟酰胺结构式

维生素 PP，但转变率较低，故人体的维生素 PP 主要从食物中摄取。烟酸与溴化氢反应生成黄绿色的化合物，可用于定量测定烟酸含量。

烟酸经酶促反应可与腺嘌呤、核糖、磷酸组成两种重要的辅酶，包括烟酰胺腺嘌呤二核苷酸（NAD^+）和烟酰胺腺嘌呤二核苷酸磷酸（$NADP^+$）（图 5-10）。NAD^+ 和 $NADP^+$ 是维生素 PP 在体内的活性形式。

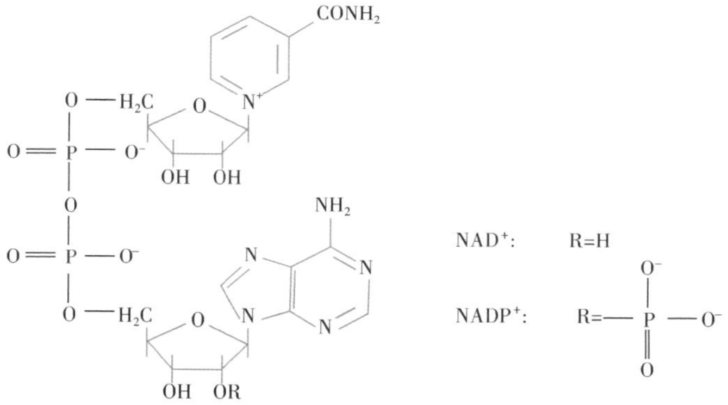

图 5-10　NAD^+ 和 $NADP^+$ 的结构式

（二）生化作用

NAD^+ 和 $NADP^+$ 是体内多种不需氧脱氢酶的辅酶，在氧化还原反应中传递氢或电子，此作用主要依赖于分子中的烟酰胺部分。烟酰胺吡啶环中 N 原子为五价，接受电子而被还原成三价，氮对位的碳也较为活泼，能可逆地加氢脱氢，分别生成 NADH（NADPH，即还原型辅酶Ⅱ）和 NAD^+（$NADP^+$）（图 5-11），同时留一个 H^+ 在溶液中。三羧酸循环的一些脱氢酶以 NAD^+ 作为辅酶，如异柠檬酸脱氢酶、苹果酸脱氢酶、α-酮戊二酸脱氢酶等；磷酸戊糖途径的关键酶葡糖-6-磷酸脱氢酶则以 $NADP^+$ 作为辅酶发挥作用。

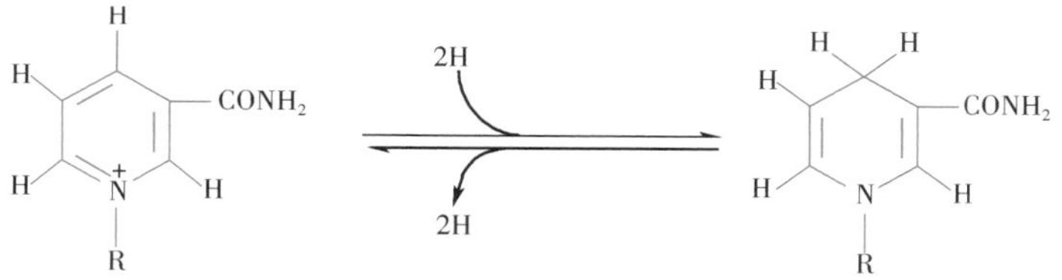

图 5-11　氧化型、还原型的 NAD^+

（三）缺乏症

维生素 PP 成人需要量为 10～12mg/d。维生素 PP 缺乏症称为糙皮病（pellagra），主要表现为皮炎（dermatitis）、腹泻（diarrhea）及痴呆（dementia），即"3D"症状。由于抗结核药物异烟肼与维生素 PP 结构非常相似，它们之间具有拮抗作用，故长期服用者应补充维生素 PP。

维生素 PP 作为临床上降胆固醇药物，因为它能抑制脂肪动员，使游离脂肪酸生成减少，肝中极低密度脂蛋白（VLDL）的合成下降，从而起到降低胆固醇的作用。

四、维生素 B_6

（一）化学本质、性质及分布

维生素 B_6 是 2-甲基-3-羟基-5-羟甲基吡啶的衍生物，包括吡哆醇（pyridoxine，PN）、吡哆醛（pyridoxal，PL）及吡哆胺（pyridoxamine，PM），后两者可相互转变，在体内以磷酸吡哆醛、磷酸吡哆胺两种活性形式存在（图 5-12）。维生素 B_6 来源广泛，在肉类、谷类、蔬菜、坚果中含量最高。维生素 B_6 的磷酸酯在小肠碱性磷酸酶的作用下水解，以脱磷酸形式吸收。吡哆醛和磷酸吡哆醛是血液中的主要运输形式。体内约 80% 的维生素 B_6 以磷酸吡哆醛的形式存在于肌组织，并与糖原磷酸化酶结合。

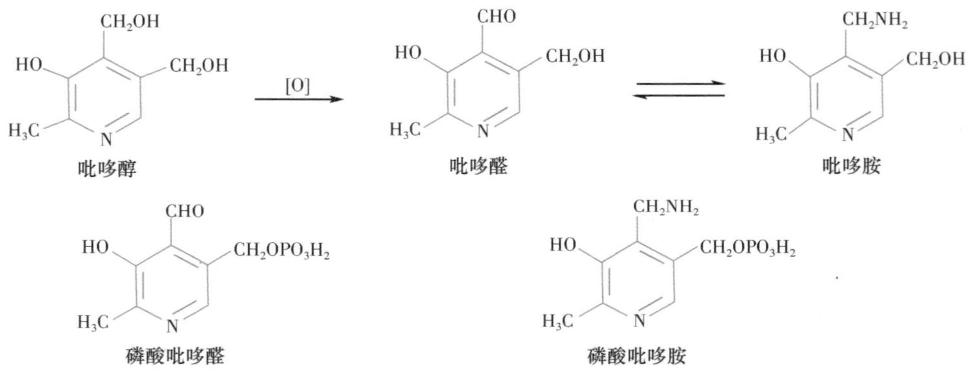

图 5-12　维生素 B_6 及其活性形式（辅酶）的结构

（二）生化作用

磷酸吡哆醛是很多酶的辅酶，参与氨基酸脱氨基与转氨基反应、鸟氨酸循环、血红素合成及糖原分解等。磷酸吡哆醛也是谷氨酸脱羧酶的辅酶，增加抑制性神经递质 γ-氨基丁酸的产生，临床上用维生素 B_6 治疗小儿惊厥、孕妇呕吐和焦虑。此外，同型半胱氨酸在 N^5-CH_3-FH_4 转甲基酶催化下生成甲硫氨酸，也可在胱硫醚 β 合成酶的催化下分解生成半胱氨酸，而维生素 B_6 是胱硫醚 β 合成酶的辅酶。

磷酸吡哆醛还可将类固醇激素-受体复合物从 DNA 上移出，终止类固醇激素的作用。

（三）缺乏症与中毒

维生素 B_6 成人需要量为 1.2mg/d。由于维生素 B_6 分布广泛，所以人类原发性缺乏较罕见。因磷酸吡哆醛是 ALA 合酶的辅酶，而 ALA 合酶（即 δ-氨基-γ-酮戊酸合酶）又是血红素合成的关键酶，故维生素 B_6 缺乏可能会造成小细胞低色素性贫血和血清铁增高。维生素 B_6 也可作为一碳单位代谢中丝氨酸羟甲基转移酶的辅酶，影响核酸的合成。动物实验已证实缺乏维生素 B_6 可导致细胞免疫功能的下降。维生素 B_6 缺乏时能增加人体对性激素、糖皮质激素和维生素 D 的敏感性，与激素相关肿瘤的发生发展有关，包括乳腺癌、前列腺癌和子宫肌瘤等。

维生素 B_6 缺乏可引起脂溢性皮炎，以眼和鼻两侧较为明显，故维生素 B_6 又称为抗皮炎维生素。

某些药物如异烟肼能与磷酸吡哆醛结合，诱发维生素 B_6 缺乏症。因此，服用异烟肼时应注意补充维生素 B_6。

与其他水溶性维生素不同，维生素 B_6 服用过量能引起中毒，主要表现为外周神经病变。

五、泛　　酸

（一）化学本质、性质及分布

泛酸（pantothenic acid）又称遍多酸，曾称维生素 B_5，是 β-丙氨酸借肽键与二羟基-羟丁酸缩合而成的一种化合物。因其广泛存在于动、植物组织而得名。泛酸磷酸化后，与半胱氨酸反应生成 4′-磷酸泛酰巯基乙胺，而后者是辅酶 A（CoA）（图 5-13）及酰基载体蛋白质（acyl carrier protein，ACP）的重要组成部分。

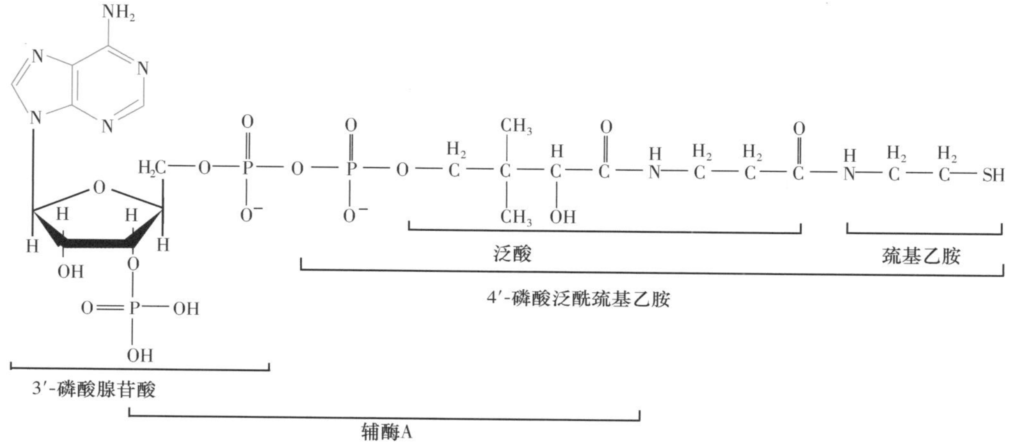

图 5-13　辅酶 A 的结构式及其组分

（二）生化作用

CoA 及 ACP 是泛酸在体内的活性形式。CoA 及 ACP 可构成酰基转移酶的辅酶，广泛参与糖、脂类、蛋白质代谢及肝的生物转化作用。大约有 70 多种酶需 CoA 及 ACP。

（三）缺乏症

泛酸成人需要量为 5.0mg/d。因泛酸广泛存在于生物界，故缺乏症很少见。

六、生　物　素

（一）化学本质、性质及分布

生物素（biotin）又称维生素 H、辅酶 R，曾称维生素 B_7，是由一个含硫的噻吩环和尿素缩合并带有戊酸侧链的化合物。生物素本身就是活性形式，在肝、肾、酵母、蛋类、花生、牛奶和鱼类等含量较多，肠道细菌也能合成。生物素耐酸不耐碱，氧化剂和高温可使其灭活。

（二）生化作用

生物素是体内多种羧化酶（如丙酮酸羧化酶、乙酰辅酶 A 羧化酶等）的辅基，参与羧化过程。全羧化酶合成酶（holocarboxylase synthetase）催化生物素分子戊酸的羧基通过酰胺键与酶蛋白分子中赖氨酸残基上的 ε-氨基牢固结合，形成生物胞素（biocytin）。生物素及生物胞素的结构见图 5-14。

（三）缺乏症

生物素成人需要量为 30μg/d。由于生物素来源十分广泛，且肠道细菌也可合成，故缺乏症很少见。其缺乏症主要见于长期食生鸡蛋和使用抗生素者，因为新鲜鸡蛋中有一种抗生物素蛋白（avidin，又称卵白素），它能结合生物素使其失活且不被吸收。加热可使卵白素变性，变性的卵白素不能结合生物素。此外，长期使用抗生素可抑制肠道细菌生长，导致肠道生物素合成减少。缺乏生物素主要表现有疲乏、恶心、呕吐、食欲缺乏、皮炎等。

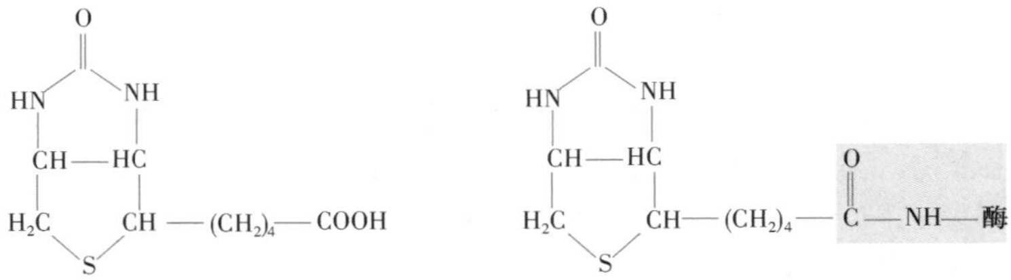

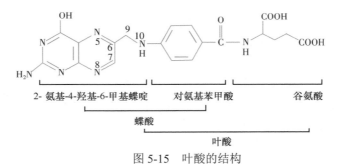

图 5-14　生物素与生物胞素的结构

七、叶　　酸

（一）化学本质、性质及分布

叶酸（folic acid）因绿叶中含量十分丰富而得名，又称蝶酰谷氨酸。由谷氨酸、对氨基苯甲酸和 2-氨基-4-羟基-6-甲基蝶啶组成（图 5-15），其活性形式为四氢叶酸（FH_4）。植物中叶酸含有七个谷氨酸残基，谷氨酸残基之间以 γ-肽键相连，牛奶和蛋黄中含单个谷氨酸，即蝶酰单谷氨酸。叶酸在食物中分布广泛，在鸡蛋、酵母、动物肝、绿叶蔬菜、水果等中含量丰富。叶酸在小肠、肝、骨骼等组织中经叶酸还原酶作用，生成二氢叶酸，后者在二氢叶酸还原酶作用下生成具有生理活性的 $5,6,7,8-FH_4$。

图 5-15　叶酸的结构

（二）生化作用

FH_4 作为一碳单位转移酶的辅酶，其分子中 N^5、N^{10} 两个氮原子能携带一碳单位。一碳单位在体内参加多种物质如嘌呤、嘧啶核苷酸等的合成。

（三）缺乏症

成人需要 320μg/d 的膳食叶酸当量（dietary folate equivalence）。叶酸在肉类及水果、蔬菜中含量颇多，肠道的细菌也能合成，因此一般不易发生缺乏症。缺乏的原因主要见于摄入不足，吸收利用不良，需要量增加。因口服避孕药或抗惊厥药可干扰叶酸的吸收及代谢，若长期服用此类药物时也应考虑补充叶酸。当缺乏叶酸时，DNA 合成必然减少，骨髓幼红细胞 DNA 合成受阻，细胞分裂速度降低，细胞体积增大，导致巨幼细胞贫血（megaloblastic anemia）。由于抗癌药物甲氨蝶呤的结构与叶酸相似，它能抑制二氢叶酸还原酶的活性，使四氢叶酸合成减少，导致体内胸苷酸的合成受阻，因此具有抗癌作用。

八、维生素 B_{12}

（一）化学本质、性质及分布

维生素 B_{12}，又称钴胺素（cobalamin），是唯一含金属元素的维生素（图 5-16）。其在体内因结合的基团不同，可有多种形式存在，如氰钴胺素、羟钴胺素、甲钴胺素和 5′-脱氧腺苷钴胺素等。后两者既是维生素 B_{12} 的活性形式，也是其血液中存在的主要形式。维生素 B_{12} 微溶于水和乙醇，在 pH 4.5～5.0 弱酸条件下最稳定，在强酸（pH＜2.0）或碱性溶液中分解，遇热可有一定程度破坏。自然界中的维生素 B_{12} 都是微生物合成的。维生素 B_{12} 是唯一的一种需要胃壁细胞分泌的内因子（intrinsic factor，IF）帮助，以维生素 B_{12}-IF 复合物形式被回肠吸收的维生素。维生素 B_{12}-IF 复合物在小肠黏膜上皮细胞分解，释放出维生素 B_{12}。B_{12} 再与转钴胺素 Ⅱ 蛋白结合存在于血液中。B_{12}-转钴胺素 Ⅱ 蛋白复合物与细胞表面受体结合进入细胞，维生素 B_{12} 可进一步转化为氰钴胺素、羟钴胺素、甲钴胺素和 5′-脱氧腺苷钴胺素等。肝中有转钴胺素 Ⅰ，能与维生素 B_{12} 结合后储存于肝。当胰腺功能障碍时，维生素 B_{12}-IF 不能分解，导致维生素 B_{12} 缺乏。维生素 B_{12} 主要存在于肉类、蛋类、贝壳、酵母等动物性食品中，不存在于植物中。

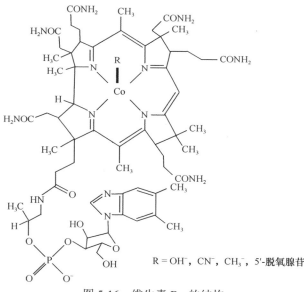

R = OH⁻，CN⁻，CH₃⁻，5′-脱氧腺苷

图 5-16　维生素 B_{12} 的结构

（二）生化作用

1. 作为 N^5-CH_3-FH_4 转甲基酶的辅酶　N^5-CH_3-FH_4 转甲基酶（甲硫氨酸合成酶）催化同型半胱氨酸发生甲基化生成甲硫氨酸，后者在腺苷转移酶的催化下生成活性甲基供体 -S-腺苷甲硫氨酸，参与甲硫氨酸、胸腺嘧啶等的合成反应。S-腺苷甲硫氨酸参与胆碱和磷脂等转甲基反应。

2. 作为 L-甲基丙二酰 CoA 变位酶的辅酶　L-甲基丙二酰 CoA 变位酶以 5′-脱氧腺苷钴胺素为辅酶，催化 L-甲基丙二酰 CoA 转变为琥珀酰 CoA。因 L-甲基丙二酰 CoA 与脂肪酸合成的中间产物丙二酰 CoA 的结构十分相似，故 L-甲基丙二酰 CoA 可影响脂肪酸的正常合成。

（三）缺乏症

维生素 B_{12} 的成人需要量为 2.0μg/d。因维生素 B_{12} 广泛存在于动物食品中，正常膳食者一般不会缺乏。当先天性或继发性（萎缩性胃炎、胃全切患者等）内因子缺乏时，维生素 B_{12} 吸收障碍可导致维生素 B_{12} 缺乏症。当维生素 B_{12} 缺乏时，N^5-CH_3-FH_4 的甲基不能转移出去，引起甲硫氨酸合成减少、FH_4 的再生障碍和同型半胱氨酸的蓄积。组织中 FH_4 含量减少，一碳单位代谢受阻，导致核酸合成障碍，阻止细胞分裂，产生巨幼红细胞贫血，即恶性贫血，因此维生素 B_{12} 也称为抗恶性贫血维生素。高同型半胱氨酸血症可增加动脉硬化、血栓形成和高血压的危险性。

当维生素 B_{12} 缺乏时，也会影响 L-甲基丙二酰CoA变位酶的活性，导致 L-甲基丙二酰CoA堆积，干扰脂肪酸正常合成，导致髓鞘变性退化，造成进行性脱髓鞘。这是维生素 B_{12} 缺乏所致神经疾患的根本原因。

九、维生素 C

（一）化学本质、性质及分布

维生素 C，又称抗坏血酸（ascorbic acid），是一种己糖酸内酯，含六个碳原子的酸性多羟基化合物，分子式为 $C_6H_8O_6$。分子中 C_2 及 C_3 位上的两个相邻的烯醇式羟基极易解离而释放出 H^+，因而呈酸性；而 C_2 及 C_3 位上的两个羟基也可发生脱氢而生成脱氢抗坏血酸，因而是较强的还原剂。在供氢体存在时，脱氢抗坏血酸又能接受两个氢原子还原成抗坏血酸。维生素 C 是天然的生物活性形式，易溶于水，在酸性溶液中稳定，在中性和碱性溶液中加热易被氧化破坏。

人、其他灵长类和豚鼠等不能合成维生素 C，只能由食物供给。维生素 C 广泛存在于新鲜蔬菜及水果中。植物中的维生素 C 氧化酶能将维生素 C 转变为二酮古洛糖酸，久存的蔬菜和水果维生素 C 的含量会大大降低。种子发芽时能够合成维生素 C，因此豆芽富含维生素 C。维生素 C 在小肠上段经主动转运至血液，还原型维生素 C 是其在细胞和血液的主要存在形式，氧化型维生素 C 占还原型的 1/15。

（二）生化作用

1. 维生素 C 作为辅酶，参与体内的羟化反应

（1）作为胶原脯氨酸羟化酶和胶原赖氨酸羟化酶的必需辅因子：促进胶原蛋白的合成。胶原是结缔组织、骨及毛细血管等的重要组成成分。结缔组织的生成是伤口愈合所必需的。

（2）作为循环利用四氢生物蝶呤的必需物质：四氢生物蝶呤是合成神经递质的酪氨酸羟化酶和色氨酸羟化酶的辅酶。酪氨酸羟化酶催化酪氨酸转变为多巴，色氨酸羟化酶催化色氨酸转变为5-羟色胺。维生素 C 作为对-羟苯丙氨酸羟化酶的辅酶，参与对-羟苯丙酮酸向尿黑酸的转化。维生素 C 也是多巴胺 β-羟化酶的辅酶，参与多巴胺向去甲肾上腺素的转变。若维生素 C 缺乏，尿中则出现大量的对-羟苯丙氨酸。

（3）作为胆汁酸合成的关键酶 7α-羟化酶的辅酶：维生素 C 参与胆固醇向胆汁酸的转变，维生素 C 还可参与肾上腺皮质类固醇合成的羟化反应。

（4）肉碱的合成需要维生素 C 依赖的羟化酶参与。

2. 维生素 C 作为抗氧化剂，参与体内氧化还原反应

（1）维持巯基酶-SH 的还原状态：维生素 C 在谷胱甘肽还原酶催化下，可促使氧化型谷胱甘肽（GSSG）还原成还原型谷胱甘肽（GSH）。

（2）还原高铁血红蛋白成血红蛋白：在红细胞中，维生素 C 能使高铁血红蛋白还原成血红蛋白，恢复其对氧的运输功能。在肠道，维生素 C 还能将难以吸收的 Fe^{3+} 还原成易于吸收的 Fe^{2+}，因而促使食物中铁的吸收，使体内的铁得以重新利用，促进造血功能。

（3）保护维生素 A、维生素 E 及维生素 B 免遭氧化，并能促使叶酸转变成为有活性的 FH_4。

3. 维生素 C 具有抗病毒作用 维生素 C 能增加淋巴细胞的生成，提高吞噬细胞的吞噬能力，并促进免疫球蛋白的合成，因而能提高机体的免疫力。临床上可用于心血管疾病、病毒性疾病等的支持性治疗。

没有证据表明补充维生素 C 会影响全因死亡率以及认知能力受损、生活质量降低、眼部疾病、感染、心血管疾病和癌症的发生。静脉注射维生素 C 是一种有争议的辅助癌症治疗方法，广泛应用于自然疗法和综合性肿瘤治疗。

（三）缺乏症

维生素 C 的成人需要量为 85mg/d。当维生素 C 缺乏时可患坏血病，主要可导致皮下出血、牙龈炎、牙齿易松动、骨质疏松症、毛细血管脆性增加及创伤不易愈合等症状或疾病。维生素 C 缺乏也可直接影响胆固醇向胆汁酸转化，引起胆固醇蓄积增多，是动脉粥样硬化的危险因素之一。草酸肾病或肾结石应谨慎使用维生素 C，因为维生素 C 酸化会增加半胱氨酸、尿酸和草酸结石沉淀的概率。

体内重要维生素的种类、主要食物来源、活性形式、主要功能及缺乏症见表 5-1。

表 5-1 体内重要维生素种类、来源、活性形式、主要功能及缺乏症一览表

名称	主要食物来源	活性形式	主要功能	缺乏症
维生素 A（视黄醇）	肝、蛋黄、牛奶、绿叶蔬菜、胡萝卜、玉米等	11-顺视黄醛、视黄醇、视黄酸	1. 合成视觉细胞内感光物质 2. 参与合成糖蛋白 3. 促进正常生长发育与分化 4. 防癌和抑癌作用 5. 维持和增强机体免疫功能	夜盲症、眼干燥症
维生素 D（胆钙化醇）	肝、蛋黄、牛奶、鱼肝油	$1,25\text{-}(OH)_2\text{-}D_3$	1. 促进小肠钙、磷的吸收 2. 促进肾小管钙、磷的重吸收 3. 促进新骨的生成和钙化	佝偻病（儿童）、软骨病（成人）、骨质疏松症（成人）
维生素 E（生育酚）	麦胚油、棉籽油、玉米油、大豆油等	生育酚	1. 抗氧化作用 2. 影响胚胎发育和生殖系统 3. 维持机体免疫功能 4. 促进血红素的代谢	一般不会发生
维生素 K（凝血维生素）	动物肝、鱼类、绿色蔬菜	2-甲基-1,4-萘醌	1. 调节凝血因子的合成 2. 调节骨矿化过程	一般不易缺乏，如缺乏则表现为易出血
维生素 B_1（硫胺素）	酵母、瘦肉	TPP	1. α-酮酸氧化脱羧酶和转酮醇酶的辅酶 2. 抑制胆碱脂酶活性，促进胃肠蠕动	脚气病、神经炎
维生素 B_2（核黄素）	肝、蛋类、肉类、奶制品、奶	FMN、FAD	构成黄素酶的辅基	口角炎、眼睑炎、唇炎、阴囊炎等
维生素 PP（烟酸、烟酰胺）	肉类、酵母、谷类	NAD^+、$NADP^+$	构成脱氢酶的辅酶，参与生物氧化体系	糙皮病
维生素 B_6（吡哆醇、吡哆醛、吡哆胺）	谷类、肉类、蔬菜	磷酸吡哆醛、磷酸吡哆胺	1. 氨基酸脱羧酶和转氨酶的辅酶 2. ALA 合酶的辅酶 3. 丝氨酸羟甲基转移酶的辅酶 4. 终止类固醇激素作用	脂溢性皮炎
泛酸（遍多酸）	肝、肾、蘑菇	CoA、ACP	构成辅酶 A 及酰基载体蛋白质	罕见
生物素（维生素 H）	牛奶、酵母、肝等	生物素	构成羧化酶的辅酶	罕见
叶酸（蝶酰谷氨酸）	鸡蛋、豆类、蔬菜等	FH_4	一碳单位转移酶的辅酶	巨幼细胞贫血
维生素 B_{12}（钴胺素）	肉类、蛋类、贝壳类	甲钴素、5'-脱氧腺苷钴胺素	1. 促进甲基转移 2. 促进 DNA 合成 3. 促进红细胞成熟	巨幼细胞贫血、高同型半胱氨酸血症
维生素 C（抗坏血酸）	新鲜水果、蔬菜	—	1. 参与体内羟化反应 2. 参与氧化还原反应 3. 抗病毒作用	坏血病

第三节　钙、磷及微量元素

无机元素对维持人体的正常生理功能必不可少，按人体每日需要量的多少可分为常量元素（macroelement）和微量元素（microelement）。

常量元素是指体内含量大于体重的 0.01%，且每日需要量在 100mg 以上的化学元素，主要包括钙、磷、钠、钾、氯、镁等。本节常量元素主要介绍钙、磷的代谢及其生理功能。

微量元素（microelement）是指普遍存在于各种正常组织、体内含量恒定但低于体重的 0.01%，每日需要量在 100mg 以下的一类化学元素。从动物体内发现的微量元素有 50 多种，其中某些元素缺乏，机体出现相应的异常和特殊的生化改变，补充适量的该类元素可使异常的结构、功能恢复正常，人们将这些微量元素称为必需微量元素。目前公认的人体必需微量元素有铁、碘、铜、锌、锰、硒、氟、钼、钴、铬、镍、钒、锶、锡等 14 种，绝大多数为金属元素。微量元素主要来自食物，动物性食物含量较高，种类也较植物性食物多。微量元素在体内一般通过与酶、蛋白质、维生素、激素等结合成化合物或络合物而发挥多种功能。

一、钙、磷

钙（calcium，Ca）和磷（phosphorus，P）是人体内含量最丰富的无机元素。在正常成人体内，钙总量为 700～1400g，磷总量为 400～800g。其中，99% 的钙和 86% 的磷以羟基磷灰石（hydroxyapatite）的形式存在于骨和牙齿中，其余分布于体液和软组织中，以溶解状态存在，虽然它仅占钙、磷总量的很少部分，但却具有重要的生理功能。

（一）钙、磷的生理功能（含血钙、血磷）

1. 钙的生理功能　钙在体内有多种功能，包括：①骨发生，钙是骨骼和牙齿的主要组成成分，起支持和保护作用；②细胞内 Ca^{2+} 是一种细胞内的第二信使物质，介导、激活细胞内许多生理反应（参见第十七章第一节）；③调节毛细血管和细胞膜的通透性，与细胞的吞噬、分泌、分裂等活动密切相关；④参与调节神经、肌肉的兴奋性，介导和调节肌肉及细胞内微管、微丝等的收缩，可增强心肌收缩力。当血浆 Ca^{2+} 的浓度降低时，神经、肌肉的兴奋性增高，可引起抽搐；⑤参与血液凝固过程；⑥是许多酶的激活剂或抑制剂。

2. 磷的生理功能　磷在体内有多种重要功能，包括：①与钙结合形成羟基磷灰石，作为骨的主要组成成分；②以磷酸根的形式参与体内许多重要物质（如核酸、磷蛋白、磷脂、ATP 等）的组成，在糖、脂类、蛋白质、核酸等的物质代谢及氧化磷酸化中发挥重要作用；③血中磷酸盐（$HPO_4^{2-}/H_2PO_4^-$）是血液缓冲体系的重要组成成分；④细胞膜磷脂在构成生物膜结构、维持膜的功能及代谢调控上均发挥重要作用。酶蛋白及多种功能性蛋白质的磷酸化与脱磷酸化则是代谢调节中化学修饰调节最为普遍和最为重要的调节方式，与细胞的分化、增殖的调控有密切的关系。

3. 血钙和血磷　血钙是指血浆中所含的钙，正常人血浆中钙含量比较稳定，为 90～110g/L（2.25～2.75mmol/L），分为可扩散钙（diffusible calcium）和非扩散钙（nondiffusible calcium）。非扩散钙是指与血浆蛋白（主要为白蛋白）结合的钙，不易透过毛细血管壁。可扩散钙可以通过毛细血管壁，主要为游离钙及少量与柠檬酸或其他酸结合的易于解离的钙盐。正常人血浆钙各部分的含量见图 5-17。

解离 Ca^{2+}（50%）	难解离 Ca^{2+}（10%）	蛋白结合 Ca^{2+}（40%）

图 5-17　正常人血钙各部分的含量

血钙中发挥生理作用的主要为 Ca^{2+}。血浆中，Ca^{2+} 与蛋白结合钙及小分子结合钙之间呈动态平衡关系，此平衡受血浆 pH 影响，血液偏酸时，Ca^{2+} 浓度升高；血液偏碱时，蛋白结合钙增多，Ca^{2+} 浓度下降。因此，临床上碱中毒时常伴有抽搐现象，与游离钙降低有关。

正常人血浆中无机磷的浓度为 34～40mg/L。血浆中磷 80%～85% 以 $H_2PO_4^-$ 的形式存在。

钙和磷的代谢在许多方面是相互联系的，血浆中钙、磷浓度相当恒定，在以 mg/dl 表示时，二者的离子浓度乘积（[Ca]×[P]）为 35～40，浓度乘积在正常范围是骨组织正常钙化的重要条件。当（[Ca]×[P]）>40 时，则钙和磷以骨盐形式沉积于骨组织；若（[Ca]×[P]）<35，则妨碍骨的钙化，甚至可使骨盐溶解，影响骨发生。

（二）钙、磷的代谢

1. 钙的吸收与排泄

（1）钙的吸收：牛奶、豆类和绿叶蔬菜是人体钙的主要来源。成人每天供给 600mg 钙即可维持钙平衡，青春期儿童每天约需 1000mg，孕妇及乳母需钙量更大，每天需 1500～2000mg。食物中所含钙主要为各种复合物，大多以难溶的钙盐形式存在，必须转变为游离钙，才能被肠道吸收，钙的吸收部位在小肠上段，主要在十二指肠，主要是在活性维生素 D_3 调节下的主动吸收。肠管 pH 明显地影响钙的吸收，偏碱时可以促进 $Ca_3(PO_4)_2$ 的生成，因而能减少钙的吸收。乳酸、氨基酸及胃酸等酸性物质利于 $Ca(H_2PO_4)_2$ 的形成，能促进钙的吸收。食物中的草酸和植酸可与钙形成不溶性盐，影响钙的吸收。食物中钙磷比对吸收也有一定影响，膳食中钙磷比在 2：（1～1.2）时，最宜于钙、磷的吸收。

（2）钙的排泄：人体排出钙主要有两条途径，约 20% 经肾排出，80% 随粪便排出。肾小球每日滤出钙约 10g，95% 以上被肾小管重吸收，0.5%～5% 随尿排出。正常人从尿排出钙量较稳定，受食物钙量影响不大，但与血钙水平相关，血钙升高则尿钙排出增多。粪便中钙主要为食物中未吸收钙及消化液中的钙，其量随钙的摄入量及肠吸收状态波动较大。

2. 磷的吸收与排泄

（1）磷的吸收：磷的生理需要量为 12mg/（kg·d）。食物中的磷主要以无机磷酸盐和有机磷酸酯两种形式存在，磷主要以无机磷形式吸收，含磷有机物则经水解释放出无机磷而被吸收。磷的吸收较容易，在空肠吸收最快，吸收率达 70%，低磷膳食时吸收率可达 90%。由于磷的吸收不良而引起的缺磷现象较少见，但长期口服氢氧化铝凝胶以及食物中钙、镁、铁离子过多，均可由于形成不溶性磷酸盐而影响磷的吸收。

（2）磷的排泄：磷亦通过肠道和肾排泄，以肾排泄为主。尿磷排出量占总排出量的 70%。尿磷排出量取决于肾小球滤过率和肾小管重吸收功能，并随肠道摄入量的变化而变化。

正常成人每日进出体内的钙、磷量大致相等，处于钙、磷平衡状态（图 5-18）。

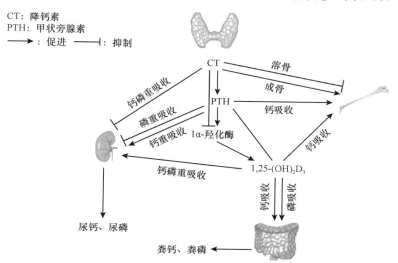

图 5-18　人体的钙、磷代谢概况

3. 钙、磷与骨的钙化及脱钙　骨是一种特殊的结缔组织，不仅是人体的支架组织，而且是人体中钙、磷的最大储存库。通过骨发生与骨质溶解，不断与细胞外液进行钙磷交换，对维持血钙和血磷稳定有重要作用。

（1）骨的化学组成：骨由无机盐（即骨盐，bony salt）、骨基质和骨细胞等组成。骨盐增加骨的硬度，基质决定骨的形状及韧性，骨细胞在骨代谢中起主导作用。

骨盐占骨干重的 65%～70%，其主要成分为磷酸钙，约占 84%，$CaCO_3$ 占 10%，其余 6% 的骨盐包括柠檬酸钙、磷酸镁和磷酸氢二钠（Na_2HPO_4）等。骨盐约有 60% 以结晶的羟基磷灰石形式存在，其余 40% 为无定形的磷酸氢钙（$CaHPO_4$）。羟基磷灰石是微细的结晶，亦称骨晶（bone crystal）。每克骨盐含有约 10^{16} 个结晶，总的表面积可达 $100m^2$，体液中其他离子如 Ca^{2+}、Mg^{2+}、Na^+、Cl^-、HCO_3^-、F^-，柠檬酸根等可吸附在羟基磷灰石的晶格之间。骨晶性质稳定、不易解离，在其表层进行离子交换的速度较快。$CaHPO_4$ 是钙盐沉积的初级形式，可以进一步钙化、结晶，形成羟基磷灰石而分布于骨基质中。

骨基质包括胶原和非胶原化合物。胶原约占 90% 以上，非胶原蛋白中含量较多的是骨钙素（osteocalcin）和骨粘连蛋白（osteonectin）。骨钙素为一种依赖维生素 K 的小分子酸性蛋白质，分子量为 5.2～5.9kDa，其谷氨酸残基在 γ 位羧化为 γ-羧基谷氨酸，与羟基磷灰石、Ca^{2+} 有很高亲和力；骨粘连蛋白是附着于胶原的一种糖蛋白，易与羟基磷灰石结合，可作为骨盐沉积的核心。

（2）骨发生与钙化：骨的生长、修复或重建过程，称为骨发生（osteogenesis）。骨的生成和钙化是一个复杂的生物过程，受多种因素的影响和调节。骨发生过程中，成骨细胞先在粗面内质网合成胶原蛋白，释放入细胞外形成胶原纤维。成骨细胞同时合成蛋白多糖，形成骨的有机质。胶原纤维和骨的有机质形成所谓"类骨质"（osteoid），继后，骨盐沉积于"类骨质"中，此过程称为钙化（calcification）。

（3）骨质溶解与脱钙：骨处于不断的新陈代谢之中，旧骨的溶解和消失称为骨吸收（bone resorption）或骨质溶解（osteolysis）。骨质溶解包括基质的水解和骨盐的溶解，后者又称为脱钙作用（decalcification）。骨质溶解同骨发生一样，是通过骨组织细胞的代谢活动完成的。骨质溶解主要由破骨细胞引起，可分为细胞外相和细胞内相两相。

破骨作用起始于细胞外，破骨细胞通过接触骨面的刷状缘，溶酶体释放出多种水解酶，使胶原纤维和骨的有机质水解，如胶原酶水解胶原纤维，糖苷酶水解氨基多糖。同时，破骨细胞通过糖原分解，代谢产生大量乳酸、丙酮酸等酸性物质扩散到溶骨区，使局部酸性增加，促使羟基磷灰石从解聚的胶原中释出。破骨细胞产生柠檬酸能与 Ca^{2+} 结合形成不解离的柠檬酸钙，降低局部 Ca^{2+} 的浓度，从而促进磷酸钙的溶解。继后，多肽、羟基磷灰石等经胞饮作用进入破骨细胞，并与溶酶体融合形成次级溶酶体，在此多肽水解为氨基酸，羟基磷灰石转变为可溶性钙盐。最后，氨基酸、磷及 Ca^{2+} 从破骨细胞释放入细胞外液，再入血，可参与血磷、血钙的组成。因骨的有机质主要为胶原，骨质溶解增强时，血及尿中羟脯氨酸增高。因此，可将血及尿中羟脯氨酸的量作为溶骨程度的参考指标。

正常成人的骨发生与骨质溶解维持动态平衡，每年骨的更新率为 1%～4%。骨骼发育生长时期，骨发生大于骨质溶解。而老年人则骨的吸收明显大于骨的生成，骨质减少而易发生骨质疏松症（osteoporosis）。骨盐在骨中沉积或释放，直接影响血钙、血磷水平，在平时骨中约有 1% 的骨盐与血中的钙经常进行交换维持平衡。因此，血钙浓度与骨代谢密切相关。

（三）钙、磷代谢的调节

体内钙、磷代谢的动态平衡主要由甲状旁腺素、1,25-$(OH)_2$-D_3 和降钙素三种激素来调节。三者通过影响钙、磷的吸收、排泄和骨的钙、磷代谢，维持血钙、血磷的恒定。

1. 甲状旁腺素

（1）合成及分泌：甲状旁腺素（parathormone，PTH）是由甲状旁腺主细胞合成和分泌的一种单链多肽激素，成熟 PTH 含 84 个氨基酸残基，分子量约为 9.5kDa，是维持血钙恒定的主要激素。PTH 在血液中的半衰期仅数分钟，甲状旁腺细胞内 PTH 的储存亦有限。因而，分泌细胞不断进行 PTH 的合成及分泌。血钙是调节 PTH 水平的主要因素。血钙不仅调节 PTH 的分泌，而且影响

PTH 的降解。低血钙的即刻效应（几秒钟内）是刺激储存的 PTH 的释放，而持续作用主要是抑制 PTH 的降解速度。后者是调节外周血 PTH 水平的主要机制。当血 Ca^{2+} 水平下降时，体内 PTH 降解速度减慢，血中 PTH 水平增高。此外，1,25-$(OH)_2$-D_3 与 PTH 分泌也有关系，当血中 1,25-$(OH)_2$-D_3 增多时，PTH 的分泌减少，降钙素则可促进 PTH 分泌。一方面是通过降低血钙的间接作用，另一方面可直接刺激甲状旁腺分泌 PTH。

（2）生理作用：PTH 作用的靶器官是肾、骨骼和小肠。PTH 作用于靶细胞膜上腺苷酸环化酶系统，增加细胞质内 cAMP 及焦磷酸盐（pyrophosphate，PYP）的水平。前者促进线粒体内 Ca^{2+} 向细胞质透出，后者则作用于细胞膜外侧，增加 Ca^{2+} 向细胞内透入，使细胞质 Ca^{2+} 浓度升高，于是细胞膜上的"钙泵"被激活，将 Ca^{2+} 输送到细胞外液。PTH 作用的总效应是升高血钙，降低血磷。① PTH 具有促进成骨和溶骨的双重作用。一方面，小剂量 PTH 可促进骨发生，而大剂量则可促进骨质溶解。PTH 可刺激骨细胞分泌胰岛素样生长因子 I （IGF-I），从而促进骨胶原和基质的合成，有利于骨发生。临床上利用此作用，给骨质疏松症患者连续使用小剂量 PTH 治疗，取得了良好疗效。另一方面，PTH 能使骨组织中破骨细胞的数量和活性增加，破骨细胞分泌各种水解酶，并且产生大量乳酸和柠檬酸等酸性物质，使骨基质及骨盐溶解，释放钙和磷到细胞外液。② PTH 增加肾小管对 Ca^{2+} 的重吸收，降低肾磷排泄阈并抑制肾近曲小管对磷的重吸收。PTH 对肾作用出现最早，其主要机制是通过细胞膜受体和 cAMP 系统，改变细胞膜对 Ca^{2+} 通透性，促进肾小管管腔中 Ca^{2+} 进入小管细胞，细胞质内 Ca^{2+} 浓度升高，小管细胞质膜面的钙泵将 Ca^{2+} 泵出细胞而进入血液，从而加强 Ca^{2+} 的重吸收，减少尿钙，升高血钙。PTH 在近曲小管减低腔面对 Na^+ 的通透性，Na^+-H^+ 交换减少，Na^+、HCO_3^- 排出增多，磷排出也相应增加，尿磷增多，最终使血钙升高，血磷降低。③ PTH 对小肠的钙、磷吸收的影响一般认为是通过激活肾 1α-羟化酶，促进 1,25-$(OH)_2$-D_3 的合成而间接发挥作用的，此效应出现得较为缓慢。

2. 1,25-$(OH)_2$-D_3

（1）合成与分泌：1,25-$(OH)_2$-D_3 由维生素 D_3 在体内代谢生成，是维生素 D_3 在体内的主要生理活性形式。主要由皮肤细胞的 7-脱氢胆固醇在紫外线的照射下转变为维生素 D_3，再在肝、肾等器官经过两次羟化生成 1,25-$(OH)_2$-D_3，经血液运输到各组织器官发挥生理作用。1,25-$(OH)_2$-D_3 的受体存在于体内许多组织细胞中，与钙、磷代谢相关的靶器官则主要是小肠和骨。

（2）生理作用：1,25-$(OH)_2$-D_3 的靶器官是小肠、肾及骨。总的调节效果是使血钙、血磷增高。① 1,25-$(OH)_2$-D_3 能促进小肠对钙、磷的吸收，这是其最主要的生理功能。1,25-$(OH)_2$-D_3 与小肠黏膜细胞内的特异细胞质受体结合，进入细胞核内，促进 DNA 转录生成 mRNA，从而使钙结合蛋白（calcium-binding protein，CaBP）与 Ca^{2+}，Mg^{2+}-ATP 酶合成增加，促进 Ca^{2+} 的吸收转运。同时 1,25-$(OH)_2$-D_3 可影响小肠黏膜细胞膜磷脂的合成及不饱和脂肪酸的量，增加膜对 Ca^{2+} 的通透性，有利于肠腔内 Ca^{2+} 的吸收。1,25-$(OH)_2$-D_3 促进 Ca^{2+} 吸收的同时伴随磷吸收的增强，但对磷吸收的作用机制尚未了解清楚。② 1,25-$(OH)_2$-D_3 对骨骼有溶骨和成骨的双重作用。一方面，1,25-$(OH)_2$-D_3 可增加破骨细胞活性和数量，从而促进骨质溶解。在体内与 PTH 协同作用，1,25-$(OH)_2$-D_3 加速 PTH 促进破骨细胞增生，增强其破骨作用。另一方面，由于 1,25-$(OH)_2$-D_3 可增加小肠对钙、磷的吸收，升高血钙、血磷，又促进钙化。同时，1,25-$(OH)_2$-D_3 还刺激成骨细胞分泌胶原等，促进骨的生成。所以，1,25-$(OH)_2$-D_3 能加强钙、磷的更新和周转，维持血钙的相对稳定，既可促进旧骨中钙的游离，又可促进骨骼的生长和钙化。在钙、磷供应充足时，1,25-$(OH)_2$-D_3 主要促进成骨；当血钙降低、肠道钙吸收不足时，主要促进溶骨，使血钙升高。③ 1,25-$(OH)_2$-D_3 可促进肾小管对钙、磷的重吸收。但此作用较弱，处于次要地位，仅在骨骼生长和修复期，钙、磷供应不足情况下较明显。

3. 降钙素

（1）合成与分泌：降钙素（calcitonin，CT）是由甲状腺滤泡旁细胞（又称 C 细胞）所分泌的一种单链多肽类激素，由 32 个氨基酸残基组成，分子量为 3.5kDa。

（2）生理作用：CT 作用的靶器官主要为骨和肾。与 PTH 相反，其作用是抑制破骨，抑制钙、磷的重吸收，降低血钙和血磷。①CT 直接抑制破骨细胞的生成，加速破骨细胞转化为成骨细胞，因而增强骨发生，抑制骨盐溶解，降低血钙、血磷浓度；②CT 直接抑制肾小管对钙、磷的重吸收，从而使尿磷，尿钙排出增多，同时还可通过抑制肾 1α- 羟化酶，减少 1,25-(OH)$_2$-D$_3$ 的生成而间接抑制肠道对钙、磷的吸收，结果使血浆钙、磷水平下降。

综上可见，正常人体内钙、磷平衡主要是在 PTH、1,25-(OH)$_2$-D$_3$ 及 CT 的严密调控下维持的，三者相互协调、相互制约，使机体与外界环境之间、各组织与体液之间、钙库与血钙之间的钙、磷保持相对稳定的动态平衡。三种激素对钙、磷平衡的主要调节作用见表 5-2。

表 5-2　三种激素对钙、磷平衡的主要调节作用

激素	血钙	血磷	成骨	溶骨	肾排钙	肾排磷	肠钙吸收	肠磷吸收
PTH	↑	↓	↓	↑↑	↓	↑	↑	↑
1,25-(OH)$_2$-D$_3$	↑	↑	↑	↑	↓	↓	↑↑	↑
CT	↓	↓	↑	↓	↑	↑	↓	↓

注：↑表示促进，↓表示抑制

二、微量元素

微量元素在体内的作用是多种多样的，其主要通过与蛋白质、酶、激素和维生素等相结合而发挥作用。微量元素的生理作用主要有以下方面：①参与构成酶活性中心或辅酶，人体内有一半以上的酶的活性中心含有微量元素，有些酶需要一种以上的微量元素才能发挥最大活性。有些金属离子构成酶的辅基，如细胞色素 c 氧化酶中有 Fe^{2+}，谷胱甘肽过氧化物酶（GSH-Px）为含硒酶等。②参与体内物质运输，如血红蛋白中 Fe^{2+} 参与 O$_2$ 的运输，碳酸酐酶中锌参与 CO$_2$ 的运输。③参与激素和维生素的形成，如碘是甲状腺素合成的必需成分，钴是维生素 B$_{12}$ 的组成成分等。

研究微量元素及检测人体中微量元素的水平，对疾病的发生、发展、诊断及防治均有重要意义，如缺硒导致的克山病、缺锌诱发的侏儒症、缺碘与地方性甲状腺肿有关等。因此，本节分别介绍一些微量元素的代谢及功能。

（一）铁

1. 铁在人体内的含量、分布及生理功能

（1）含量和分布：人体内铁（iron，Fe）含量约占体重的 0.0057%，是微量元素中体内含量最多的元素。人体内含铁量与性别、年龄等因素有关。正常成年人体内铁总量为 3.0～5.0g，平均 4.5g。人体内的铁 65%～70% 存在于血红蛋白的血红素辅基中，约 5% 存在于肌红蛋白中，25%～30% 以铁蛋白（ferritin）和血铁黄素蛋白（hemosiderin）的形式沉积在肝、脾、骨髓、骨骼肌、肠黏膜、肾等组织器官中，这部分铁被称为贮藏铁。此外，以铁卟啉为辅基的酶，如过氧化物酶、过氧化氢酶、细胞色素类、铁硫中心等结构中的铁约占体内铁总量的 1%。

（2）生理功能：铁在体内具有广泛、重要的生理功能。①参与物质代谢及能量代谢，铁是血红蛋白、过氧化物酶、过氧化氢酶、细胞色素类、肌红蛋白等的重要组成成分。所以，与氧和二氧化碳的运输、释放、线粒体的电子传递、氧化磷酸化等反应密切相关。②影响机体发育与免疫功能，缺铁使磷进入肝细胞内的量减少，影响肝细胞 DNA 的合成，使肝发育减缓，导致肝及肝外组织的线粒体、微粒体等结构异常，从而影响个体的生长、发育。此外，缺铁可使淋巴细胞内 DNA 合成受阻，抑制抗体产生，淋巴细胞对特异抗原的反应能力下降。③对无机盐平衡的影响，缺铁可影响镁、钴、铅、锌的吸收和排泄，导致这些元素的代谢紊乱。

2. 铁的吸收与排泄

（1）铁的吸收：食物中的铁可分为血红素铁和非血红素铁两类，有机态的血红素铁吸收率较高，为 30%，而非血红素铁（一般为无机态铁）吸收率较低，仅 5%。在我国人民的每日膳食中含铁 10～15mg，基本能满足需求。

铁的吸收部位主要在胃、十二指肠和空肠。胃酸可促进铁蛋白中的铁成为离子态铁或结合疏松的有机态铁，有利于铁的吸收。在肠道 pH 条件下，Fe^{2+} 溶解度大于 Fe^{3+}，所以 Fe^{2+} 的吸收率要比 Fe^{3+} 高 2～3 倍。食物中的还原性物质，如维生素 C、半胱氨酸、葡萄糖和果糖等都能使 Fe^{3+} 还原成 Fe^{2+}，氨基酸由于能与铁螯合成可溶性物质，也有利于铁的吸收；无机离子中，Cu^{2+}、Zn^{2+}、Mn^{2+} 和 Co^{3+} 等有助于铁的吸收，而 Ca^{2+}、Al^{3+} 则不利于铁的吸收；由于磷和铁形成不溶性的磷酸铁，故含高磷酸的食物不利于铁的吸收；同时，植酸、草酸、茶叶中的鞣酸等也可干扰铁的吸收。

铁的吸收对于体内铁平衡有着重要作用。吸收过程在很大程度上受机体内当时铁的水平、铁储存量、血红蛋白合成速率、造血功能、铁蛋白合成状态等诸多因素的影响。

动物性食物，如血液、肝、瘦肉，不仅含铁丰富而且吸收率很高。植物性食物中则以黄豆和小油菜、太古菜等铁的含量较高，其中黄豆中的铁不仅含量较高且吸收率也较高，是铁的良好来源。用铁质炊具烹调食物可显著增加膳食中铁含量，用铝和不锈钢取代铁的烹调用具就会使膳食中铁的含量减少。

体内铁的来源，除来自上述食物外，还来自体内红细胞衰老破坏后所释放的血红蛋白铁。该部分铁以铁蛋白的形式储存于体内，一旦需要可重新用于合成血红蛋白、肌红蛋白及其他含铁卟啉结构的物质。

（2）铁的排泄：正常情况下，铁的吸收与排泄保持动态平衡。人体大部分铁随粪便排出，也有一部分铁从泌尿生殖道脱落细胞中丢失，通常每日尿排出铁不超过 0.5mg。正常人每日经各种途径排出的铁为 0.5～1.0mg。

3. 铁的运输与贮藏

（1）铁的运输：从小肠黏膜细胞吸收入血的 Fe^{2+}，由血浆铜蓝蛋白氧化成 Fe^{3+}，Fe^{3+} 与血浆中的运铁蛋白（transferrin）结合，运铁蛋白是由两条多肽链共 678 个氨基酸残基构成的糖蛋白，分子量约为 80kDa，主要在肝细胞内合成。每条多肽链有一个铁的结合位点。运铁蛋白与 Fe^{3+} 的亲和力比与 Fe^{2+} 高许多倍，结合铁后的运铁蛋白发生变构，可以识别进而结合运铁蛋白受体。

（2）铁的贮藏：机体内超过需要量的铁以铁蛋白和血铁黄素蛋白两种形式贮藏。铁蛋白是铁贮存的主要形式，铁在铁蛋白中以 Fe^{2+} 的形式存在。铁蛋白主要分布于肝实质细胞、骨髓、肝和脾的网状内皮细胞中。在正常情况下，贮存铁和血循环的铁交换量不多。当需要铁时，铁蛋白和血铁黄素蛋白中的铁都可动员出来合成血红蛋白。每分子铁蛋白最多可以纳入约 5000 个铁原子，足以生成 1250 个血红蛋白分子。

4. 铁的缺乏与过量　缺铁性贫血是铁缺乏最常见的疾病，WHO（世界卫生组织）将其列为世界四大营养缺乏症之一。除了缺铁性贫血外，缺铁可能对一系列物质代谢产生影响，引起功能失调，如神经系统缺铁，将造成儿童智力下降、行动障碍；肌肉缺铁可能造成活动能力下降。另外，缺铁也是一个引起免疫力下降的诱因。

25%～30% 的铁多半以血铁黄素蛋白的形式沉积在网状内皮细胞或者某些组织的实质性细胞中，当大量堆积时可能引起肝硬化、糖尿病及房性心律不齐等。

（二）铜

成人体内含铜（copper，Cu）量为 100～150mg，在肝、肾、心、毛发及脑中含量较高。人体需要量为 1.5～2mg/d，而推荐量为 2～3mg。

食物中铜主要在胃和小肠上部吸收，吸收后运送至肝，在肝中参与铜蓝蛋白（ceruloplasmin）的组成。肝是调节体内铜代谢的主要器官，铜可经胆汁排出，极少部分由尿排出。

血浆中几乎所有的铜都牢固地结合在铜蓝蛋白上，每一分子铜蓝蛋白可结合 6～7 个铜原子。铜蓝蛋白除了将铜从肝运送到肝外组织外，还具有亚铁氧化酶活性，可将 Fe^{2+} 氧化成 Fe^{3+}，促进铁的吸收、利用、运输及贮存。除参与构成铜蓝蛋白外，铜还参与多种酶的构成，如细胞色素 c 氧化酶、酪氨酸酶、赖氨酸氧化酶，多巴胺 β-羟化酶、单胺氧化酶、超氧化物歧化酶等。因此，铜的缺乏会导致结缔组织中胶原交联障碍以及贫血、白细胞减少、动脉壁弹性减弱及神经系统症状等。体内铜代谢异常的遗传病除威尔逊病（Wilson disease）外，还发现有门克斯病（Menkes病），表现为铜的吸收障碍导致肝、脑中铜含量降低，组织中含铜酶活力下降，机体代谢紊乱。

（三）锌

人体内含锌（zinc，Zn）2～3g，遍布于全身许多组织中，不少组织中含有较多锌，如眼睛视网膜含锌达 0.5%。成人每日锌需要量为 15～20mg，动物性食物（如牡蛎、泥鳅、肉类、蛋类、内脏等）含锌量较高且吸收较好，植物性食物含锌量及吸收率远低于动物性食物。

锌主要在小肠中吸收，肠腔内有与锌特异结合的因子，能促进锌的吸收。肠黏膜细胞中的锌结合蛋白能与锌结合并将其转运到基底膜吸收，锌在血中与白蛋白结合而运输。锌主要随胰液、胆汁排泄入肠腔，由粪便排出，部分锌可随尿及汗排出。

锌是体内 200 多种酶的组成成分或激动剂，如 DNA 聚合酶、碱性磷酸酶、碳酸酐酶、乳酸脱氢酶、谷氨酸脱氢酶、超氧化物歧化酶等，可参与体内多种物质的代谢，还可参与胰岛素合成；锌参与构成锌指结构，推测锌在基因调控中亦有重要作用。因此，缺锌会导致多种代谢障碍，如儿童缺锌可引起生长发育迟缓、生殖器发育受损、伤口愈合迟缓等。另外，缺锌还可致皮肤干燥，味觉减退。

（四）碘

正常成人体内碘（iodine，I）含量为 25～50mg，大部分集中于甲状腺中，其余的碘分布于血浆、肌肉、肾上腺、皮肤和中枢神经系统等组织中。成人每日碘需要量为 0.1～0.3mg。

碘主要从食物中摄取，海洋植物与海盐是碘的最佳来源。碘的吸收快而且完全，吸收率可高达 100%。食物中的碘在胃肠道被还原成 I^- 后，才能被吸收，吸收入血的碘与蛋白结合而运输，主要浓集于甲状腺被利用。体内碘主要由肾排泄，约 90% 随尿排出，约 10% 随粪便排出。

碘主要参与合成甲状腺激素 [3,5,3′-三碘甲腺原氨酸（T_3）、四碘甲腺原氨酸（T_4）]，碘的生理功能是通过甲状腺素的作用而发挥的。甲状腺素在调节代谢及生长发育中均有重要作用。成人缺碘可引起甲状腺肿大，称甲状腺肿。胎儿及新生儿缺碘则可引起呆小症、智力迟钝、体力不佳等严重发育不良。常用的预防方法是食用含碘盐或碘化食油等。碘摄入过多，可致碘性甲状腺肿及碘性甲状腺毒症。

（五）锰

成人体内锰（manganese，Mn）含量为 10～20mg，锰分布于全身各组织细胞中，以肝、肌组织、脑和肾等组织器官含量较多，在细胞内则主要集中于线粒体中。成人每日锰需要量为 3～5mg。

锰在肠道中吸收与铁吸收的机制类似，吸收率较低，仅为 3%。吸收后与血浆 β_1-球蛋白结合而运输，主要由胆汁和尿排出。

锰参与一些酶的构成，如丙酮酸羧化酶、精氨酸酶、超氧化物歧化酶、RNA 聚合酶等。锰不仅参与糖和脂类代谢，而且在蛋白质、DNA 和 RNA 合成中起作用。锰在自然界分布广泛，以茶叶中含量最丰富。锰缺乏较少见，吸收过多可出现中毒症状，主要是生产及生活中防护不善，以粉尘形式进入人体所致。锰是一种原浆毒，可引起慢性神经系统中毒，表现为锥体外系的功能障碍，并可引起眼球集合能力减弱，眼球震颤、睑裂扩大等。

（六）硒

硒（selenium，Se）是人体必需的一种微量元素，体内含量为 14～21mg，广泛分布于除脂肪组织以外的所有组织中，主要以含硒蛋白质形式存在。成人每日硒的需要量为 50～200μg。天然食品的硒含量由高到低依次为海产品、动物内脏、鱼类、蛋类、奶、蔬菜和水果。硒是谷胱甘肽过氧化物酶（glutathione peroxidase，GSH-Px）及磷脂过氧化氢谷胱甘肽氧化酶（phospholipid hydrogen peroxide glutathione peroxidase，PHGSH-Px）的组成成分。GSH-Px 中每摩尔四聚体酶含有 4mol 硒，硒半胱氨酸的硒醇是酶的催化中心。该酶在人体内起抗氧化作用，能催化 GSH 与细胞液中的过氧化物反应，防止过氧化物对机体的损伤。GSH-Px 活力下降，线粒体不可逆地失去容积控制和收缩能力并最后破裂，缺硒所致肝坏死可能是过氧化物代谢受损的结果。PHGSH-Px 与 GSH-Px 不同，它存在于肝和心肌细胞线粒体内膜间隙中，作用是抗氧化、维持线粒体的完整，避免脂质过氧化物伤害。此外，Ⅰ型碘甲腺原氨酸 5′-脱碘酶也是一种含硒酶，其活性中心为 Se-Cys，分布于甲状腺、肝、肾和脑垂体中，能催化甲状腺激素 T_4 向其活性形式 T_3 的转化。

硒除了抗氧化作用，还具有抗癌作用，是肝癌、乳腺癌、皮肤癌、结肠癌、鼻咽癌及肺癌等的抑制剂。此外，硒还具有促进人体细胞新陈代谢、核酸合成和抗体形成、抗血栓及抗衰老等多方面作用。

硒与多种疾病的发生有关，如克山病、心肌炎、扩张型心肌病、大骨节病及碘缺乏病均与缺硒有关。硒虽是人体必需的微量元素，但硒过多也会对人体产生毒性作用，如脱发、指甲脱落、周围性神经炎、生长迟缓及生育力降低等。因此，不可盲目补硒。

（七）氟

在人体内氟（fluorine，F）含量为 2～3g，其中 90% 积存于骨及牙中。成人每日氟需要量为 2.4～3mg。一般情况下，动物性食品中氟的含量高于植物性食品，海洋动物中氟的含量高于淡水及陆地食品。氟主要在胃中吸收，且吸收较迅速。约 80% 的氟从肾排出，其余部分则从肠道随粪便排出。

适量的氟能被牙釉质中的羟基磷灰石吸附，氟取代其羟基形成氟磷灰石，后者坚硬而紧密，具有抗酸腐蚀、抑嗜酸菌等抗龋齿的作用。

$$3[Ca_3(PO_4)_2] \cdot Ca(OH)_2 + 2F^- \longrightarrow 3[Ca_3(PO_4)_2] \, CaF_2 + 2OH^-$$

此外，氟还可直接刺激细胞膜中的 G 蛋白，激活腺苷酸环化酶或磷脂酶 C，启动细胞内 cAMP 或磷脂酰肌醇信号系统，引起广泛的生物效应。

氟过多亦可对机体产生损伤。如长期饮用高氟（＞2mg/L）水，可造成牙釉质受损出现斑纹、牙变脆、易破碎等。

（八）钒

钒（vanadium，V）在人体内含量极低，体内总量不足 1mg，主要分布于内脏，尤其是肝、肾、甲状腺等部位，骨组织中含量也较高。人体对钒的正常需要量为 100μg/d。莳萝籽、黑胡椒、贝类、菠菜、蘑菇、奶制品等富含钒。钒在胃肠的吸收率仅 5%，其吸收部位主要在上消化道。此外，环境中的钒可经皮肤和肺吸收入体中。血液中约 95% 的钒以离子状态（V^{2+}）与运铁蛋白结合而运输，因此钒与铁在体内可相互影响。

钒与骨和牙齿的正常发育及钙化有关，能增强牙齿的抵抗力。钒还具有促进糖代谢、刺激钒酸盐依赖性 NADPH 氧化反应、增强脂蛋白脂酶活性、加快腺苷酸环化酶活化和氨基酸转化、抑制胆固醇合成及促进红细胞生长等作用。因此，钒缺乏时可出现牙齿、骨和软骨发育受阻、肝内磷脂含量少、营养不良性水肿及甲状腺代谢异常等。

（九）铬

成人体内铬（chromium，Cr）含量约 6mg，日摄入量 5～115μg，进入血浆的铬与运铁蛋白结合运至肝及全身。富含铬的食品有红糖、麦麸、鱼、葡萄汁、啤酒、酵母等。铬主要通过肾随尿液排泄，其余部分经肠道、汗液排出。

铬主要通过形成葡萄糖耐量因子（glucose tolerance factor，GTF），使胰岛素与膜受体上的—SH 基形成—S—S—键，协助胰岛素发挥作用。此外，铬还可降低血浆胆固醇及调节血脂，改善、防止动脉粥样硬化。

（十）钴

正常成人体内含钴（cobalt，Co）1.1～1.5mg。人类不能利用钴合成维生素 B_{12}，主要从食物中摄取维生素 B_{12}，动物性食物维生素 B_{12} 较易吸收，一般从普通膳食中摄入钴 150～450μg/d，吸收率 63%～97%，每日吸收钴 190～290μg。富含钴的食品有小虾、扇贝、肉类、粗麦粉及动物肝。钴通过小肠进入血浆后与 3 种运钴蛋白（transcobalbmin）结合后运至肝及全身，主要由尿排泄，每日排泄量约等于吸收量。当内因子缺乏、运钴蛋白缺乏、摄入量不足或因消化系统疾病而干扰吸收时，可造成钴及维生素 B_{12} 缺乏。

钴是维生素 B_{12} 的成分之一，主要以维生素 B_{12} 的形式发挥作用。维生素 B_{12} 在人体内参与造血、体内一碳单位的代谢及脱氧胸苷酸的合成，维生素 B_{12} 缺乏可导致叶酸的利用率下降，造成巨幼红细胞贫血。维生素 B_{12} 促进铁的吸收及储存铁的动员，它还促进锌的吸收，提高锌的活性。

检测血清不饱和维生素 B_{12} 结合力（unsaturated B_{12} binding capacity，UBBC）及血清维生素 B_{12}（正常人血清 UBBC 为 0.7~1.6ng/L，血清维生素 B_{12} 为 0.16~0.75ng/L）这两项指标，有利于肝癌的诊断。有一些甲胎蛋白（AFP）不增高、乙肝表面抗原（HBsAg）阴性的肝癌病例，UBBC 及维生素 B_{12} 亦可显著增高。

（十一）钼

成人体内含钼（molybdenum，Mo）约 9mg，分布于全身各组织及体液中。一般成人每日由普通膳食中摄入钼 300μg，其吸收率为 40%~60%，随食物及饮水进入消化道的钼化物可迅速（10 分钟）被吸收，80% 与蛋白质结合。食管癌高发区血清钼明显减低为 2.2~2.9mg，癌症患者、心律不齐患者均可有血清钼降低，白血病及缺铁性贫血患者血清钼增高。富含钼的食品有豆荚、牛奶及粗麦粉等。

钼的生物学作用：①是构成黄嘌呤氧化酶、醛氧化酶、亚硫酸氧化酶等氧化酶的成分，可解除有害醛类的毒性；②参与电子的传递、铁从铁蛋白的释放及铁的运输；③钼有抗癌作用，缺钼地区食管癌发病率高，钼参与构成亚硝酸还原酶（植物），降低环境中亚硝酸含量，减少致癌物亚硝胺的生成；④钼与心血管疾病有关，洋地黄类植物施用钼肥可提高产量及强心苷疗效。

高钼地区痛风发病率高，可能与黄嘌呤氧化酶活性增高、尿酸生成增多有关。

小 结

维生素是维持机体正常生理功能所必需的营养素，在体内不能合成或合成量很少，必须由食物供给的一类小分子有机化合物。许多维生素作为酶的辅酶/辅基，在调节人体正常的物质代谢及维持人体正常生理功能等方面都是必不可少的，其中任何一种长期缺乏，都会导致维生素缺乏病的发生。根据其溶解性质不同而分为脂溶性维生素和水溶性维生素两大类。脂溶性维生素在体内有一定量的储存，食用过量可引起中毒。人体对于水溶性维生素的需求量较少，在体液中过剩的部分超过肾阈值时通常由尿排出，一般不会发生中毒现象，应不断从食物中摄取。脂溶性维生素有维生素 A、维生素 D、维生素 E、维生素 K，均不溶于水，可伴随脂类物质的吸收而吸收。动物性食物中含有较多的维生素 A，多种植物中含有重要的 β-胡萝卜素，为维生素 A 原，它以视黄醛的形式与视蛋白结合成感光物质，感受弱光；维生素 A 对于维持上皮组织的健康也具有重要作用。维生素 D 活性形式为 1,25-$(OH)_2$-D_3，可调节钙磷代谢，若缺乏则导致佝偻病或软骨病。维生素 E 是体内最重要的抗氧化剂，具有抗氧化和维持生殖机能作用。维生素 K 则与血液凝固有关。水溶性维生素包括 B 族维生素和维生素 C。B 族维生素多构成酶的辅酶/辅基，参与体内物质代谢。硫胺素在体内转变成 TPP，是 α-酮酸氧化脱羧酶及转酮醇酶的辅酶；维生素 B_2 参与 FMN 和 FAD 的组成，作为黄素酶的辅基；维生素 PP 参与 NAD^+ 和 $NADP^+$ 的组成，为多种脱氢酶的辅酶；泛酸存在于 CoA 和 ACP 中，参与转运酰基的作用；磷酸吡哆醛含有维生素 B_6，是氨基酸转氨酶和脱羧酶的辅酶；生物素是多种羧化酶的辅酶，起 CO_2 的固定作用；维生素 B_{12} 和叶酸在核酸和蛋白质合成中起重要作用；维生素 C 具有还原性，并参与羟化反应。

无机元素是人体的重要组成成分，在体内具有广泛的生理作用。无机元素根据人体中含量和需要量可分为常量元素和微量元素。钙与磷是人体内含量最多的常量元素。99% 的钙和 86% 的磷以羟基磷灰石结晶和无定形的磷酸氢钙形式存在，它们与体液中的钙磷维持动态平衡。血钙和血磷含量的相对稳定依赖于它们的吸收和排泄的相对平衡。钙的生理功能多种多样，主要是参与成骨、凝血、调节酶的活性，维持神经肌肉兴奋性及充当细胞内第二信使等。磷的生理功能主要是构成生命重要物质（如核酸、磷脂、磷蛋白等），参与能量的释放、转移、储存和利用以及物质代谢的调节等。影响钙吸收的最主要因素是 $1,25\text{-}(OH)_2\text{-}D_3$。食物成分、胃肠道 pH、年龄及血中钙磷浓度也可影响钙的吸收。体内的钙约 80% 从粪便排出，20% 由肾排出。凡影响钙吸收的因素也影响磷的吸收。此外，食物中含有的过多的钙、镁、铁，可与磷结合成不溶性盐阻碍磷的吸收。磷的排泄以肾为主。骨与钙磷代谢关系非常密切。骨由骨细胞、骨盐和骨基质组成。骨发生即骨的生成，包括骨基质的生成和骨盐的沉积。骨质溶解即骨盐溶解、骨基质水解的过程。体内钙磷代谢主要通过神经体液调节，其中 PTH、CT 和 $1,25\text{-}(OH)_2\text{-}D_3$ 是 3 种主要的体液调节因素，骨骼、肠、肾是参与调节活动的 3 个主要靶器官。

　　微量元素有铁、碘、铜、锌、锰、硒、氟、钒、铬、钴、钼等。虽然所需甚微，但生理作用却十分重要。铁是血红蛋白和肌红蛋白的组成成分，参与 O_2 和 CO_2 的运输，也是细胞色素体系、铁硫蛋白、过氧化物酶、过氧化氢酶的组成成分，在生物氧化中起重要作用。碘主要参与甲状腺素的合成。铜、锌、锰、硒、钼等都参与一些酶的组成：碳酸酐酶、DNA 聚合酶、RNA 聚合酶、乳酸脱氢酶、谷氨酸脱氢酶、铜锌-超氧化物歧化酶等含有锌；细胞色素 c 氧化酶、铜蓝蛋白等含有铜；RNA 聚合酶、锰-超氧化物歧化酶等含有锰；谷胱甘肽过氧化物酶含有硒；黄嘌呤氧化酶、醛氧化酶等含有钒；黄嘌呤氧化酶、醛氧化酶含有钼。铬通过 GFT（一种活化胰岛素受体所必需的物质）协助胰岛素发挥作用。钴是维生素 B_{12} 的组成成分。氟参与羟基磷灰石结晶的形成，增强骨的硬度和牙的抗磨、抗酸腐蚀能力。

（吕立夏）

第五章线上内容

第二篇　细胞的能量代谢和物质代谢

　　代谢（metabolism）是生物体的最基本特征之一，包括物质代谢（substance metabolism）和能量代谢（energy metabolism），是生物体内所进行的各种化学反应和能量转换过程的总称，也是实现各种生理功能的化学基础。

　　物质代谢的同时往往伴随着能量的变化，因此，物质代谢和能量代谢是密不可分的。一方面，生物体不断地从外界环境中摄取营养物质，经消化吸收进入体内，通过合成代谢将其合成为机体的自身物质。这种把外界物质转变成自身物质的过程也称为同化作用（assimilation）。通过合成代谢保证了机体生长、发育、组织更新和修复。合成代谢需吸收能量。另一方面，生物体也将自身物质经分解代谢转变为代谢废物排出体外，这种过程也称为异化作用（dissimilation）。分解代谢可释放能量，释放的能量转变为化学能储存在 ATP 等高能化合物中，以供合成代谢和各种生命活动所需。生物体通过同化作用和异化作用，即合成代谢（anabolism）和分解代谢（catabolism），与外界环境进行物质交换，使机体不断进行自我更新。

　　细胞内的代谢反应几乎都是在酶的催化下进行的。不同生理状态下，一种物质在细胞内的合成或分解转变，通常由一系列酶依序催化完成，构成特定的代谢途径。一个细胞内存在多条代谢途径（metabolic pathway），它们既相互独立，又互相关联、制约，并受到精细调控，从而形成复杂精妙的代谢网络。

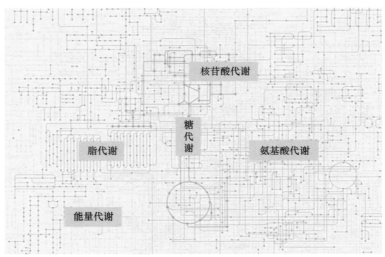

　　只有深入到迷宫般的代谢网络中才能真正认识生命的本质。每一条代谢途径都有特定的反应场所和功能，都会涉及大量的代谢反应和代谢中间产物（metabolic intermediate），每一个反应都由特定的酶催化，不同代谢途径之间还会进行整合和协调。机体主要通过调控代谢途径中限速步骤的关键酶的质和量，进而协调物质的代谢流向和流速，从而达到能量供需平衡。

　　本篇将重点介绍高等动物细胞的能量代谢、糖代谢、脂质代谢、氨基酸代谢和核苷酸代谢。在各章中不仅介绍各类物质的基本代谢反应途径、限速反应、关键酶，还将讨论各种代谢的调控机制、代谢之间的联系及其代谢失调对机体的影响。

第六章　细胞的能量代谢

　　机体进行的各种生命活动，如肌肉收缩、神经传导、合成代谢、物质转运及思维活动等，均需要消耗能量。ATP 是细胞中的能量"通货"，来自食物中主要营养物质的氧化分解。

　　物质在生物体内的氧化过程统称为生物氧化（biological oxidation）。生物氧化体系有两大类：一是线粒体氧化体系，存在于线粒体内膜上，与 ATP 的生成密切相关（参见本章第三节）；二是非线粒体氧化体系，如微粒体氧化体系、过氧化物酶体氧化体系，与 ATP 生成无关，主要参与药物和毒物等的生物转化（参见第二十五章第二节）。

　　细胞的能量代谢（包括 ATP 的产生、释放、利用和转移储存等）与物质的分解代谢密不可分，能量主要来自糖、脂肪和蛋白质的氧化分解。糖、脂肪、蛋白质这三类主要营养物质在体内的分解代谢途径各不相同，但有共同的规律性，均可氧化成 CO_2 和 H_2O。在高等动物体内，糖、脂肪、蛋白质氧化成 CO_2 和 H_2O 的过程大致可分为四个阶段：第一，糖、脂肪和蛋白质分解为基本组成单位，即葡萄糖、脂肪酸、甘油和氨基酸；第二，上述基本组成单位再经过一系列不同反应，最终在线粒体中生成乙酰辅酶 A（乙酰 CoA）；第三，乙酰 CoA 进入共同的代谢途径——三羧酸循环，通过有机酸脱羧生成 CO_2，同时 NAD^+ 和 FAD 捕获释放的能量储存在还原当量 NADH 和还原型黄素腺嘌呤二核苷酸（$FADH_2$）中；第四，生成的还原当量进入氧化呼吸链，释放出的氢原子和电子逐步传递，最终与电子受体 O_2 结合生成 H_2O，电子传递氧化过程中释放的部分能量可转变为 ATP 的化学能，供机体利用，这个过程称为氧化磷酸化（图 6-1）。本章围绕能量载体 ATP，重点介绍第三及第四阶段。

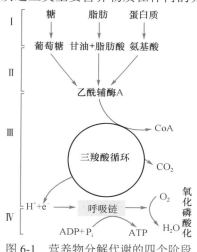

图 6-1　营养物分解代谢的四个阶段
P_i，磷酸

第一节　高能化合物——ATP

　　生物体内一切化学反应和伴随的能量变化过程，都遵循热力学基本规律。例如，在生物体内的能量可以在系统内转移，也可由化学能转化成热能、电能或机械能等其他形式。最常用的热力学函数是自由能（free energy）。自由能是指一个反应体系中能够做功的那一部分能量，不能做功的能量则转化为热能而散失。化学反应产生有用功的能力，可以用反应前后自由能的变化来衡量。在标准条件下（即 25℃、1 个大气压、反应物浓度为 1mol/L、pH≈7），反应体系的自由能变化称为标准自由能变化（standard free energy change），符号为 $\Delta G^{o\prime}$，单位为 kJ/mol 或 kcal/mol。$\Delta G^{o\prime}<0$，表明在标准态下，反应能自发进行，能做有用功；$\Delta G^{o\prime}>0$，表明在标准态下，反应不能自发进行，必须供给能量；$\Delta G^{o\prime}=0$，表明在标准态下，反应处于平衡状态。

　　生物体通常不能直接利用糖、脂肪、蛋白质三大营养物质中的化学能，而是将这些物质在分解过程中逐步释放的能量转移到细胞可以利用的能量形式中，即高能化合物中，当机体需要时，再由这些高能化合物为生理活动提供能量。

　　高能化合物（energy-rich compound）是指那些既容易水解又能在水解时释放出大量自由能

（$\Delta G^{o\prime}$ 为极大负值）的一类分子。生物体内常见的高能化合物包括高能磷酸化合物和高能硫酯化合物等（表 6-1），以高能磷酸化合物最为常见，其中 ATP 是最重要的高能磷酸化合物，是细胞可直接利用的最主要能量形式。营养物质分解产生的能量约 40% 被转化为 ATP 的化学能。

表 6-1　一些重要的高能化合物及其他有机磷酸化合物

化合物	$\Delta G^{o\prime}$ kJ/mol（kcal/mol）	化合物	$\Delta G^{o\prime}$ kJ/mol（kcal/mol）
磷酸烯醇丙酮酸	−61.9（−14.8）	S-腺苷甲硫氨酸	−29.3（−7.0）
氨基甲酰磷酸	−51.4（−12.3）	ADP → AMP+P_i	−27.6（−6.6）
1,3-双磷酸甘油酸	−49.3（−11.8）	PP_i	−27.6（−6.6）
磷酸肌酸	−43.9（−10.5）	葡糖-1-磷酸	−20.9（−5.0）
乙酰辅酶 A	−31.4（−7.5）	果糖-6-磷酸	−15.9（−3.8）
ATP → ADP+P_i	−30.5（−7.3）	葡糖-6-磷酸	−13.8（−3.3）

注：PP_i，焦磷酸

所谓高能磷酸化合物是指那些水解时有较大自由能释放（$-\Delta G^{o\prime} \geqslant 21$kJ/mol）的磷酸化合物。将这些化合物中水解时释放能量较多的磷酸酯键，称为高能磷酸键，常用"～P"符号表示。水解时产生的 $-\Delta G^{o\prime} < 21$kJ/mol 的化合物，称为低能磷酸化合物。实际上，高能磷酸键水解释放的自由能来自整个高能化合物分子的释能反应，并不存在键能特别高的化学键，只是为了叙述方便，仍沿用高能磷酸键等名称。ATP 在体外标准状态下水解产生的 $\Delta G^{o\prime}$ 为-30.5kJ/mol；在活细胞中，由于 pH 等条件都不同于标准状态，ATP 水解产生的 $\Delta G^{o\prime}$ 为-52.3kJ/mol。

一、ATP 的特性及功能

ATP（即腺苷三磷酸）由 1 分子腺嘌呤、1 分子核糖和 3 个相连的磷酸基团构成。从与腺苷基团相连的磷酸基团算起，这 3 个磷酸基团依次称为 α、β、γ 磷酸基团。磷酸基团之间构成高能磷酸键，末端高能磷酸键不稳定，易水解。在体内能量代谢中，以 ATP 末端的高能磷酸键最为活跃，该化学键水解释放的能量处于各种磷酸化合物磷酸酯键水解释放能量的中间位置，这意味着 ATP 合成起来容易，利用起来也容易，有利于 ATP 在能量转移时发挥重要作用，既可从其他更高能化合物中转移能量生成 ATP，又可直接利用 ATP 水解反应偶联驱动需要输入自由能的反应。因此，ATP 是最重要的能量载体。

ATP 在生物能学上的最重要意义在于：其水解释放大量自由能从而与各种耗能反应偶联，使偶联的反应"净过程"成为热力学有利的过程，在生理条件下即可完成。ATP 水解释放的自由能可被机体各种生命过程所利用，如许多代谢物的活化反应、合成代谢、耗能的跨膜转运、肌肉收缩等多种生理活动。ATP 的末端磷酸基被水解和转移，生成 ADP；或利用 ATP 的另一个高能磷酸键，生成 AMP 和 PP_i。

ATP＋果糖-6-磷酸 —→ 果糖-1,6-双磷酸＋ADP
ATP＋脂肪酸＋辅酶 A —→ 脂酰辅酶 A ＋ AMP ＋ PP_i

　　除 ATP 外，体内还有其他的核苷三磷酸，如 GTP、CTP、UTP 等。它们分别在蛋白质、磷脂、糖等的生物合成中直接提供能量或活化中间代谢物。但它们一般不能在物质氧化中直接产生，大多在核苷二磷酸激酶的催化下，从 ATP 中获得 ～P 来生成和补充。

$$ATP+UDP \longrightarrow ADP+UTP$$
$$ATP+CDP \longrightarrow ADP+CTP$$
$$ATP+GDP \longrightarrow ADP+GTP$$

　　ATP 分子性质稳定，但细胞的正常生理活动需要消耗大量的 ATP，以至于水解 ATP 的速率远大于生成 ATP 的速率，导致 ATP 不在细胞中储存，不适合充当能量的储存者。当 ATP 充足时，可将其末端 ～P 转移给肌酸，生成磷酸肌酸加以储存。磷酸肌酸是高能磷酸键能量的一种储存形式。当体内 ATP 生成增多时，在肌酸激酶（creatine kinase，CK）的催化下，肌酸可接受 ATP 分子中的 ～P，生成磷酸肌酸（creatine phosphate，CP）。磷酸肌酸主要储存于需能较多的骨骼肌、心肌和脑等组织中。当机体需要时，磷酸肌酸又可将 ～P 转移给 ADP 生成 ATP，供生理活动直接应用。

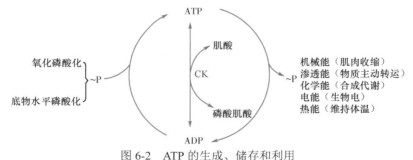

　　肌细胞线粒体及细胞质中均含有肌酸激酶同工酶。线粒体的肌酸激酶主要催化正向反应，生成的 ADP 可促进氧化磷酸化，生成的磷酸肌酸逸出线粒体进入细胞质；但磷酸肌酸所含能量不能被直接利用，此时细胞质中的肌酸激酶主要催化逆向反应生成 ATP，可补充肌肉收缩的能量消耗，肌酸则返回线粒体用于磷酸肌酸的合成（参见本章第四节图 6-18）。

　　由此可见，ATP 在生物体内能量的生成、储存和利用中处于核心地位（图 6-2）。ATP 作为能量载体分子，在营养物质分解代谢中不断产生，又在合成代谢等耗能过程中不断利用，且寿命短、不能在细胞中储存，通过不断进行的 ADP-ATP 循环，伴随自由能的释放和获得，完成不同生命过程间能量的穿梭转换，因此 ATP 被形象地称为 "能量货币"。

图 6-2　ATP 的生成、储存和利用

二、ATP 的生成方式

　　细胞内 ATP 的生成就是 ADP 被磷酸化的过程。高等动物体内 ATP 有两种基本生成方式：底物水平磷酸化和氧化磷酸化。

（一）底物水平磷酸化

　　物质在生物氧化过程中，底物因脱氢、脱水等作用而使能量在分子内部重新分布，生成含有高能键的化合物，这些化合物可直接偶联 ADP（GDP）生成 ATP（GTP）。这种在反应过程中直接由底物的高能键转移给 ADP（GDP）生成 ATP（GTP）的产能方式，称为底物水平磷酸化（substrate level phosphorylation）。

例如，在糖酵解（参见第七章第二节）中，3-磷酸甘油醛脱氢并磷酸化生成 1,3-双磷酸甘油酸，在分子中形成一个高能磷酸基团，在酶的催化下，将其高能磷酸基团转移给 ADP，生成 3-磷酸甘油酸与 ATP。又如 2-磷酸甘油酸脱水生成磷酸烯醇丙酮酸时，也在分子内部形成一个高能磷酸基团，然后再转移给 ADP 生成 ATP。还有，三羧酸循环中，α-酮戊二酸脱氢生成的高能硫酯化合物琥珀酰辅酶 A，在酶的作用下水解成琥珀酸，同时使 GDP（或 ADP）磷酸化为 GTP（或 ATP）。这些都是底物水平磷酸化的实例。底物水平磷酸化没有共同的作用机制，不同于氧化磷酸化（电子传递水平磷酸化）。

$$1,3\text{-双磷酸甘油酸}+ADP \longrightarrow 3\text{-磷酸甘油酸}+ATP$$
$$\text{磷酸烯醇丙酮酸}+ADP \longrightarrow \text{丙酮酸}+ATP$$
$$\text{琥珀酰辅酶 A}+GDP（ADP）+P_i \longrightarrow \text{琥珀酸}+CoASH+GTP（ATP）$$

（二）氧化磷酸化

氧化磷酸化（oxidative phosphorylation）是人体中 ATP 的主要生成方式，即代谢物脱下的氢和电子（$H^+ + e^-$）经线粒体氧化呼吸链（电子传递链）传递，最后与氧结合生成水的氧化过程。电子传递过程中释放出能量驱动 ADP 磷酸化生成 ATP，此偶联过程称为氧化磷酸化（参见本章第三节）。

第二节　三羧酸循环

三羧酸循环是由汉斯·阿道夫·克雷布斯（Hans Adolf Krebs）于 1937 年首先提出，又称为 Krebs 循环。三羧酸循环是需氧反应，发生于线粒体中。在线粒体基质中，从乙酰 CoA 和草酰乙酸缩合成含有 3 个羧基的柠檬酸开始，经过一系列反应，最后又生成草酰乙酸，从而形成一个循环的反应过程，故称为三羧酸循环（tricarboxylic acid cycle，TCA 循环）或柠檬酸循环（citric acid cycle）。三羧酸循环是糖、脂肪、蛋白质三大营养物质彻底氧化分解的共同代谢途径，是物质代谢和能量代谢中的重要枢纽，为线粒体氧化磷酸化生成 ATP 提供还原当量。

一、三羧酸循环的反应过程

三羧酸循环由 8 步反应组成，以释放储存于乙酰 CoA 中的化学能。乙酰 CoA 是糖、脂肪、蛋白质分解代谢的共同中间产物：糖和某些氨基酸可分解产生丙酮酸进一步生成乙酰 CoA（参见第七章第三节、第九章第二节）；脂肪酸经 β-氧化产生乙酰 CoA（参见第八章第二节）；某些氨基酸代谢的反应过程可产生乙酰 CoA（参见第九章第四节）。TCA 循环反应从草酰乙酸与乙酰 CoA 缩合产生柠檬酸（三羧酸）开始，经历一系列脱氢、脱羧等过程，最后重新生成草酰乙酸，草酰乙酸又可进入新一轮循环反应。

（一）柠檬酸的合成

这是 TCA 循环的起始反应，为不可逆反应。在线粒体基质中，2 碳的乙酰 CoA 与 4 碳的草酰乙酸（oxaloacetic acid）缩合成 6 碳的柠檬酸（citric acid）。反应由柠檬酸合酶（citrate synthase）催化完成，该缩合反应所需能量来自乙酰 CoA 中高能硫酯键的水解，释放较多自由能，$\Delta G^{o'}$ 为 -31.4kJ/mol，故为不可逆反应。柠檬酸合酶对草酰乙酸的米氏常数（K_m）很低，所以尽管线粒体内草酰乙酸的浓度很低（<1μmol/L），反应也得以迅速进行。

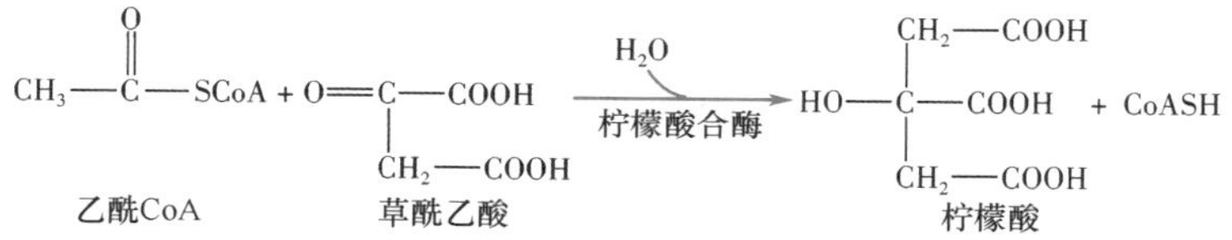

乙酰CoA　　草酰乙酸　　　　　　　柠檬酸

（二）柠檬酸异构为异柠檬酸

在顺乌头酸酶的催化下，柠檬酸 C_3 上的羟基转移至 C_2 上，异构化为异柠檬酸（isocitric acid）。该反应可逆。在此过程中，柠檬酸首先由顺乌头酸酶催化脱水生成中间产物顺乌头酸，顺乌头酸与酶结合以复合物的形式存在，随后顺乌头酸中的碳-碳双键水化转变为异柠檬酸。反应结果是将柠檬酸分子转变为易于反应和氧化的异柠檬酸分子，使其进入下游氧化反应。

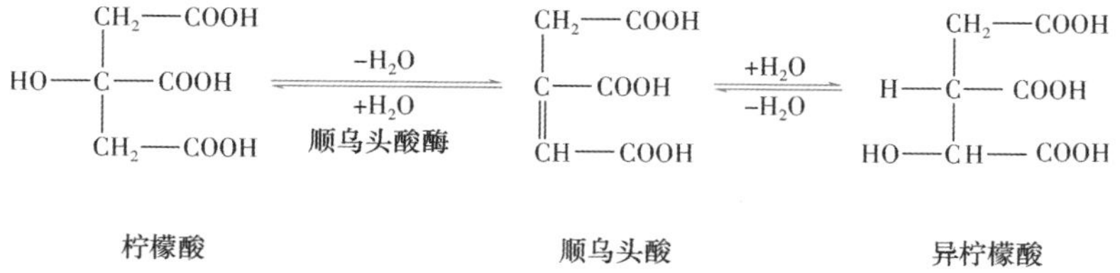

柠檬酸　　　　　　　　　　顺乌头酸　　　　　　　　异柠檬酸

（三）异柠檬酸的氧化脱羧

这是 TCA 循环中的第一次氧化脱羧反应，为不可逆反应。在异柠檬酸脱氢酶（isocitrate dehydrogenase）作用下，异柠檬酸发生脱氢、脱羧反应，转变为 α-酮戊二酸（α-ketoglutaric acid），脱下的氢由 NAD^+ 接受，生成 $NADH+H^+$，并脱下 1 分子 CO_2。

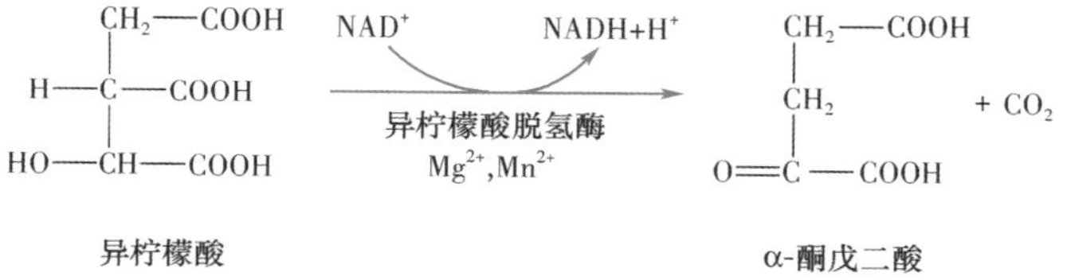

异柠檬酸　　　　　　　　　　　　　　α-酮戊二酸

（四）α-酮戊二酸的氧化脱羧

这是 TCA 循环中的第二次氧化脱羧反应，为不可逆反应。α-酮戊二酸脱氢、脱羧生成琥珀酰 CoA（succinyl CoA），脱下的氢最终由 NAD^+ 接受，生成 $NADH+H^+$，同时脱下 1 分子 CO_2。

催化 α-酮戊二酸氧化脱羧的酶是 α-酮戊二酸脱氢酶复合体（α-ketoglutaric acid dehydrogenase complex），由三种酶按一定比例组合而成，以二氢硫辛酰胺转琥珀酰酶为核心，周围排列着 α-酮戊二酸脱氢酶和二氢硫辛酰胺脱氢酶。参与反应的辅因子有硫辛酸、硫胺素焦磷酸、CoASH、FAD 和 NAD^+。该反应释出的自由能很多，其中一部分能量被 $NADH+H^+$ 获得，一部分能量以高能硫酯键形式储存在琥珀酰 CoA 内。此酶复合体催化的反应与糖有氧氧化中丙酮酸的氧化脱羧十分相似（参见第七章第三节）。

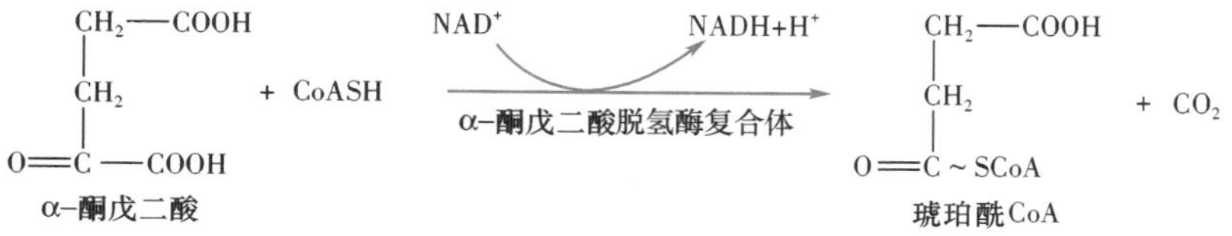

α-酮戊二酸　　　　　　　　　　　　琥珀酰CoA

（五）琥珀酸的生成

这是 TCA 循环中唯一的一步底物水平磷酸化反应。琥珀酰 CoA 的高能硫酯键水解产生琥珀酸（succinate）的同时，$\Delta G^{o'}$ 约为 -33.4kJ/mol，可与 GDP 的底物水平磷酸化偶联，生成 GTP。该反应由琥珀酰 CoA 合成酶（succinyl-CoA synthetase）或称为琥珀酸硫激酶（succinate thiokinase）

催化，此酶有两种同工酶，辅因子分别是 GDP 或 ADP，分别生成 GTP 或 ATP。

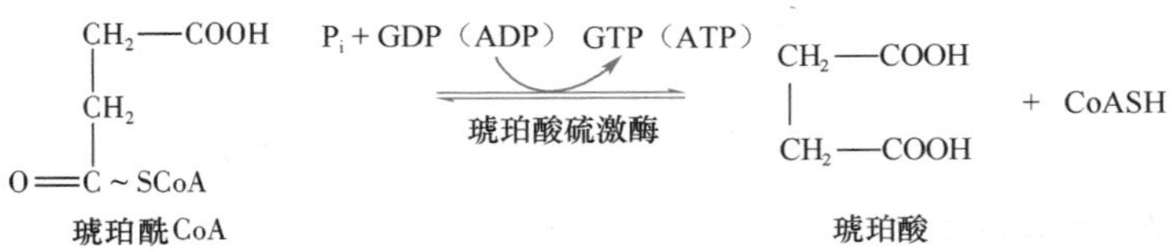

$$CH_2—COOH \quad P_i + GDP（ADP）\ GTP（ATP）\quad CH_2—COOH$$

琥珀酰CoA　　　　　　　琥珀酸硫激酶　　　　　　琥珀酸　　+ CoASH

（六）琥珀酸的脱氢

这是 TCA 循环中的第三次脱氢反应，该可逆反应由琥珀酸脱氢酶（succinate dehydrogenase）催化。与其他的 TCA 循环酶不一样，该酶在线粒体基质中并不存在，而是线粒体内膜整合蛋白，是 TCA 循环中唯一与内膜结合的酶。该酶含有辅基 FAD 和铁硫蛋白，是电子传递链中的复合体 Ⅱ（参见本章第三节），反应脱下的氢由 FAD 和铁硫蛋白中的 Fe^{2+} 传递，直接进入电子传递链氧化。

琥珀酸脱氢酶可被高浓度琥珀酸、ADP 激活，可被草酰乙酸抑制。值得一提的是，该酶还可被丙二酸竞争性抑制（参见第四章第三节），丙二酸作为抑制剂曾被 Hans Adolf Krebs 用来推导 TCA 循环的反应顺序。

琥珀酸　　琥珀酸脱氢酶　FAD　FADH₂　延胡索酸

（七）苹果酸的生成

这是一步水合反应，由延胡索酸酶（fumarase）催化此可逆反应，生成 L-苹果酸。

延胡索酸　　+ H_2O　延胡索酸酶　　L-苹果酸

（八）草酰乙酸的再生

TCA 循环的最后一步反应，也是 TCA 循环中的第四次脱氢反应。由苹果酸脱氢酶（malate dehydrogenase）催化苹果酸脱氢生成草酰乙酸，脱下的氢由 NAD^+ 接受，形成 $NADH+H^+$。该反应 $\Delta G^{o'}$ 约为 $+33.4kJ/mol$，虽然易于逆向形成苹果酸，但 NADH 和草酰乙酸可被移除，前者进入呼吸链，后者再参与 TCA 循环。故反应向草酰乙酸生成的方向进行。

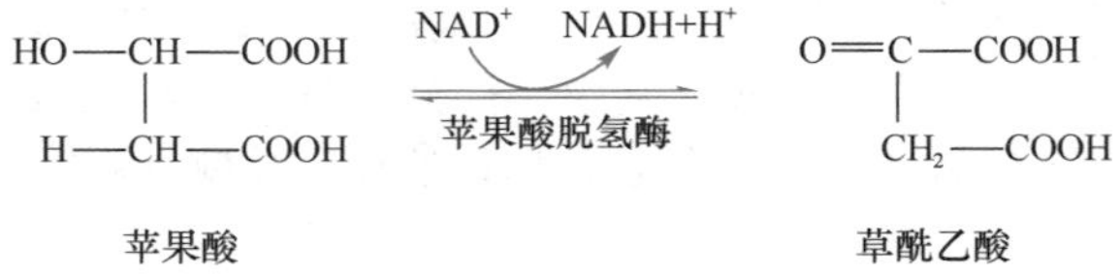

苹果酸　　苹果酸脱氢酶　NAD^+　$NADH+H^+$　草酰乙酸

二、三羧酸循环的反应特点

TCA 循环的反应过程可简要归纳如图 6-3 所示。TCA 循环的总反应为

$$CH_3CO\sim SCoA+3NAD^++FAD+GDP（ADP）+P_i+2H_2O \longrightarrow$$
$$2CO_2+CoASH+3NADH+3H^++FADH_2+GTP（ATP）$$

TCA 循环的反应有如下几个特点：

（1）有三步不可逆反应，分别由柠檬酸合酶、异柠檬酸脱氢酶和 α-酮戊二酸脱氢酶复合体催化，构成三步限速反应，是 TCA 循环的调节点。

（2）就反应的总平衡而言，TCA 循环运转一周的净结果是氧化了 1 分子乙酰 CoA，即 1 分子乙酰 CoA 进入 TCA 循环后，经 2 次脱羧生成 2 分子 CO_2，这是体内 CO_2 的主要来源。但是，用 ^{14}C 标记乙酰 CoA 的实验结果发现，第一轮循环后 ^{14}C 并未出现于 CO_2 中，而是出现在草酰乙酸中，表明脱羧产生的 2 个 CO_2 的碳原子是来自草酰乙酸部分而不是乙酰 CoA，乙酰 CoA 中的碳经循环反应置换到再生的草酰乙酸中，可在后续循环中脱羧产生 CO_2。

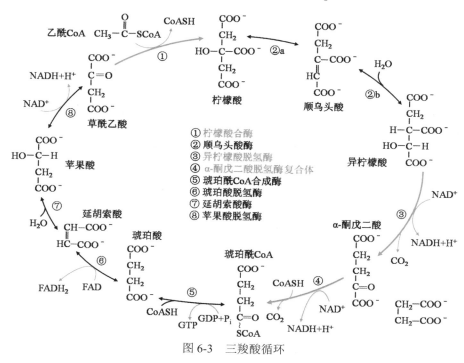

图 6-3　三羧酸循环

另外，TCA 循环中包括草酰乙酸在内的中间产物在反应前后本身并无量的变化，它们不可能通过 TCA 循环由乙酰 CoA 为原料来合成；同样，这些中间产物也不可能直接在 TCA 循环中被氧化成 CO_2 和 H_2O，均需转变为乙酰 CoA 再彻底氧化。例如，草酰乙酸主要来自丙酮酸的羧化，也可由苹果酸脱氢产生。再例如，谷氨酸脱氨生成 α-酮戊二酸后，要继续氧化分解，则先循 TCA 循环反应生成苹果酸，出线粒体，脱氢生成草酰乙酸，再通过磷酸烯醇丙酮酸转变为丙酮酸，入线粒体，氧化脱羧生成乙酰 CoA，经 TCA 循环彻底氧化。

（3）每轮 TCA 循环，有一步底物水平磷酸化反应，产生 1 分子 GTP 或 ATP。

（4）每轮 TCA 循环，都经历了 4 次脱氢反应，产生 4 分子还原当量，即 3 分子 $NADH+H^+$ 和 1 分子 $FADH_2$。每轮循环中并没有生成 H_2O 的反应，但 $NADH+H^+$ 和 $FADH_2$ 均可进入线粒体内膜上的不同氧化呼吸链，最终与氧结合生成水，并释放能量使 ADP 磷酸化为 ATP。其中，1 分子 $NADH+H^+$ 通过 NADH 氧化呼吸链的氧化磷酸化可产生 2.5 分子 ATP，1 分子 $FADH_2$ 通过琥珀酸氧化呼吸链则可产生 1.5 分子 ATP。因此，每轮 TCA 循环产生的 4 分子还原当量彻底氧化，可偶联产生 9 分子 ATP（参见本章第三节）。

综上所述，1 分子乙酰 CoA 经 TCA 循环和氧化磷酸化彻底氧化分解，可生成 10 分子 ATP。

三、三羧酸循环的生理意义

TCA 循环是需氧高等生物最重要的代谢途径之一，主要生理功能包括以下方面。

（一）TCA 循环是糖、脂肪、蛋白质分解产能的共同途径

糖、脂肪、蛋白质是体内的三大能源物质，它们的基本组成单位葡萄糖、脂肪酸和大多数氨基酸均可氧化分解为乙酰 CoA，然后进入 TCA 循环进行氧化供能。虽然 TCA 循环中只有一次底

物水平磷酸化反应生成高能磷酸键，循环的本身并不是生成 ATP 的主要环节，但循环过程中的脱氢反应为电子传递和氧化磷酸化反应生成 ATP 提供了大量还原当量。

（二）TCA 循环是糖、脂肪、蛋白质代谢相互联系的枢纽

三大营养物质可通过 TCA 循环在一定程度上相互转变。过剩的葡萄糖转变成脂肪储存是最好的实例。葡萄糖分解成丙酮酸进入线粒体氧化脱羧生成乙酰 CoA，乙酰 CoA 可作为脂肪酸合成的原料，但必须通过柠檬酸-丙酮酸循环运送至细胞质中合成脂肪酸（参见第八章第二节）。

又如，多种氨基酸可以转变成糖。许多氨基酸的碳架是 TCA 循环的中间产物，如谷氨酸的碳架是 α-酮戊二酸，天冬氨酸的碳架是草酰乙酸，它们可通过 TCA 循环及糖异生过程异生为葡萄糖（参见第七章第六节）。反之，由葡萄糖提供的丙酮酸可转变为草酰乙酸及 TCA 循环中的某些二羧酸，可用于合成天冬氨酸、天冬酰胺等非必需氨基酸（参见第九章第一节）。

（三）TCA 循环的中间产物可为合成代谢提供前体

TCA 循环是一条"两用代谢途径"，既是营养物分解代谢的共同途径，又是合成代谢的必要过程（图 6-4）。因为 TCA 循环可为多种物质的合成提供前体分子。例如，草酰乙酸可运出线粒体异生为葡萄糖；柠檬酸转移至细胞质裂解生成的乙酰 CoA，是合成脂肪酸的原料；乙酰 CoA 还是合成胆固醇的原料；多种中间产物可为非必需氨基酸的合成提供碳架，某些合成的氨基酸又是合成核苷酸的前体；此外，琥珀酰 CoA 可用于合成血红素。

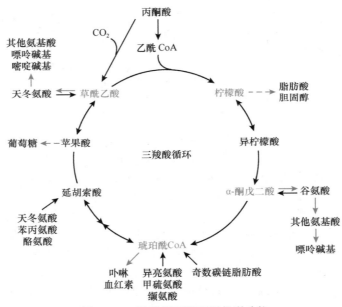

图 6-4 三羧酸循环的两用代谢功能

四、三羧酸循环的回补反应

正是由于体内各代谢途径相互交汇，有些 TCA 循环的中间产物不断离开 TCA 循环，细胞需要通过"回补反应"（anaplerotic reaction）及时补充各种中间物质的消耗，以保持 TCA 循环的顺利进行。三羧酸循环的回补反应主要有草酰乙酸、α-酮戊二酸、琥珀酰辅酶 A 和苹果酸的回补。

在哺乳动物细胞中，最重要的回补反应是草酰乙酸的回补（图 6-5），主要由线粒体丙酮酸羧化酶催化丙酮酸生成草酰乙酸，这也是丙酮酸糖异生途径的第一步（参见第七章第六节）。草酰乙酸和乙酰 CoA 是 TCA 循环的起始物质，需精细调节以保持含量的相互平衡。乙酰 CoA 是丙酮酸羧化酶的激活剂，一旦草酰乙酸或其他任何中间产物不足造成循环速率减慢，都会使乙酰

CoA 水平升高，就可激活丙酮酸羧化酶，补充草酰乙酸，草酰乙酸经 TCA 循环反应转变为其他中间产物，直至恢复适当循环速率。

　　某些中间产物也可以从氨基酸产生（图 6-4），如谷氨酸脱氨生成 α-酮戊二酸（参见第九章第二节）。琥珀酰 CoA 可由奇数碳链脂肪酸氧化添补（参见第八章第二节）。这样就使得 TCA 循环始终保持适当的运转状态。

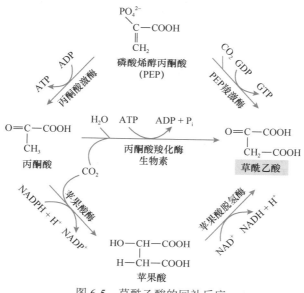

图 6-5　草酰乙酸的回补反应

五、三羧酸循环的调控

　　细胞内 TCA 循环受到严格调控，TCA 循环的速率和流量主要在两个水平上受到调节：① TCA 循环反应起始物乙酰 CoA 的生成调节（参见第七章第八节）；② TCA 循环中关键酶的活性调节。因 TCA 循环是 ATP 生成的重要环节之一，归根结底其循环速率取决于机体对能量的需求状况。

　　TCA 循环中有 3 步不可逆反应，分别由柠檬酸合酶、异柠檬酸脱氢酶和 α-酮戊二酸脱氢酶复合体催化，所以 TCA 循环是不可逆转的。乙酰 CoA 进入 TCA 循环后，循环速率主要取决于这 3 个关键酶的活性，可受相应底物供应量、产物生成量等的调节（图 6-6）。

　　柠檬酸合酶的活性可决定乙酰 CoA 进入 TCA 循环的速率，但是，堆积的柠檬酸可转移至细胞质并裂解成乙酰 CoA，用于合成脂肪酸，所以其活性升高不一定加速 TCA 循环运转。柠檬酸是协调糖代谢和脂代谢的枢纽物质之一，以适应机体的能量供需平衡。目前人们一般认为异柠檬酸脱氢酶和 α-酮戊二酸脱氢酶复合体才是 TCA 循环的主要调节点。

　　TCA 循环中形成的 NADH+H$^+$ 和 FADH$_2$，最终经电子传递链和氧化磷酸化偶联产生 ATP，因此，NADH/NAD$^+$、ATP/ADP 比值升高时可反馈抑制上述 3 个关键酶的活性；ADP 则是柠檬酸合酶和异柠檬酸脱氢酶的别构激活剂。我们可以简单地认为，ATP、NADH 是细胞高能状态指示剂，其堆积可作为负别构效应物来抑制 TCA 循环以减少 ATP 的产生，而 ADP 则作为细胞低能状态指示剂来正别构促进 TCA 循环，这使得 TCA 循环的速率迅速适应细胞对能量的需求。

　　另外，TCA 循环中间产物的堆积亦可负反馈抑制关键酶活性。例如，柠檬酸抑制柠檬酸合酶活性，琥珀酰 CoA 堆积可抑制柠檬酸合酶和 α-酮戊二酸脱氢酶复合体的活性。

　　此外，在肝、心等组织器官中，一些 Ca^{2+} 动员激素如血管紧张素、儿茶酚胺、升压素等可通过升高 Ca^{2+}（第二信使）浓度加速 TCA 循环的运转。Ca^{2+} 是肌收缩（耗能过程）的信号，实际上就是肌细胞需要 ATP 的信号，可作为异柠檬酸脱氢酶和 α-酮戊二酸脱氢酶复合体的正别构效应物。

当线粒体内 Ca²⁺浓度升高时，Ca²⁺可直接与异柠檬酸脱氢酶和 α-酮戊二酸脱氢酶复合体结合，降低其对底物的 K_m 而使酶激活。Ca²⁺亦可激活丙酮酸脱氢酶复合体。

TCA 循环是三大营养物质分解产能生成 ATP 的必经之路，因此其循环速率与上游产生乙酰 CoA 和下游氧化磷酸化产生 ATP 的速率相协调，以适应机体对能量的需求。

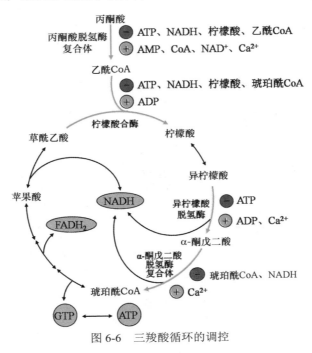

图 6-6　三羧酸循环的调控

第三节　氧化磷酸化

氧化磷酸化是人体中 ATP 的主要生成方式。需氧生物体内，糖、脂肪和蛋白质三大营养物质分解代谢的最后阶段都是在线粒体内生成乙酰 CoA，乙酰 CoA 通过三羧酸循环将化学能转移储存在还原当量 NADH+H⁺和 FADH₂中，其中的成对氢原子（2H⁺+2e⁻）经线粒体内膜呼吸链组分传递，最后传递给氧，氧分子接受电子和质子而被还原为水，电子传递过程中能量逐步释放，使 ADP 由 ATP 合酶催化合成 ATP。这种氢氧化为水偶联 ADP 磷酸化合成 ATP 的方式被称为氧化磷酸化。

一、氧化呼吸链

呼吸链是指存在于线粒体内膜上，由一系列递氢体或递电子体构成的氧化还原连锁反应体系。需氧生物体内，营养物质分解代谢脱下的成对氢原子（2H⁺+2e⁻）在线粒体内彻底氧化生成 H₂O 的过程与细胞呼吸有关，需消耗氧，参与氧化还原反应的组分在线粒体内膜上按一定顺序排列，形成连续的传递链，因此称为氧化呼吸链（oxidative respiratory chain）。在氧化呼吸链中，传递氢的载体称为递氢体，传递电子者称为递电子体，均起传递电子的作用（2H ⟷ 2H⁺+2e⁻），所以氧化呼吸链又称电子传递链（electron transfer chain）。

（一）氧化呼吸链的组成

用胆酸、脱氧胆酸等反复处理线粒体内膜后再层析分离，可得到五类大的酶复合体及 2 个小的电子传递体（泛醌和细胞色素 c）。这五大复合体分别称为复合体Ⅰ、复合体Ⅱ、复合体Ⅲ、复合体Ⅳ和复合体Ⅴ，其中复合体Ⅴ为 ATP 合酶复合体。复合体Ⅰ、复合体Ⅱ、复合体Ⅲ、复合体Ⅳ以及泛醌和细胞色素 c，均具有传递电子的作用，并按照一定的顺序进行排列，形成两条氧化呼吸链。每个复合体都由多种酶蛋白和辅因子（金属离子、辅酶或辅基）组成，但各复合体含有自己特定的蛋白质和辅因子（表6-2，图6-11）。构成呼吸链的所有递电子体都有氧化型和还原型两种形式，电子就是通过两种形式的相互转变进行传递的。

表 6-2　人线粒体内膜氧化呼吸链复合体

复合体	酶名称	功能辅基	复合体	酶名称	功能辅基
复合体 I	NADH-泛醌还原酶	FMN，Fe-S	复合体 III	泛醌-细胞色素 c 还原酶	铁卟啉，Fe-S
复合体 II	琥珀酸-泛醌还原酶	FAD，Fe-S	复合体 IV	细胞色素 c 氧化酶	铁卟啉，Cu

注：泛醌和细胞色素 c 不参与复合体的组成

1. 复合体 I　是4种呼吸链复合体中最大的一个，分子量为850kDa，由44个亚基构成，呈"L"形，有两条臂，一条臂横卧于线粒体内膜中，另一条臂纵贯内膜并突出于线粒体基质中。复合体 I 的作用是将线粒体基质中 NADH+H^+ 的 2 个 H^+ 和 2 个 e^- 传递给 FMN，FMN 再经铁硫蛋白将电子传递给泛醌，因此复合体 I 又称 NADH-泛醌还原酶。复合体 I 还具有质子泵功能，在传递电子的同时可将 4 个 H^+ 从线粒体内膜基质侧（负电侧）泵至内膜胞质侧（正电侧）。

人复合体 I 中含有黄素蛋白和铁硫蛋白。黄素蛋白以 FMN 为辅基，FMN 中核黄素（维生素 B_2）的异咯嗪环发挥递氢功能。黄素蛋白在可逆的氧化还原反应中显示 3 种分子状态，属于单、双电子传递体。氧化型（醌型）FMN 可接受 1 个氢原子（H^++e^-）形成半醌型 FMNH·，再接受 1 个氢原子转变为 $FMNH_2$（还原型或氢醌型）。

氧化呼吸链组分中有多种铁硫蛋白，铁硫蛋白是含有铁硫中心（iron-sulfur center）的结合蛋白质。铁硫中心含有铁原子和无机硫原子，可形成 Fe_2S_2、Fe_3S_4、Fe_4S_4 等形式，其中的铁原子与无机硫原子或蛋白质中半胱氨酸残基的硫相连接（图6-7）。1 个铁原子可进行 $Fe^{2+} \longleftrightarrow Fe^{3+}+e^-$ 的可逆反应，传递一个电子，因此铁硫蛋白为单电子传递体。复合体 I 中含有 7 个铁硫中心，其功能是将 $FMNH_2$ 的电子传递给泛醌。

图 6-7　铁硫蛋白传递电子反应

2. 泛醌（ubiquinone）　又称辅酶 Q（coenzyme Q，CoQ），是一种脂溶性醌类化合物，在各复合体间穿梭传递还原当量。CoQ 含有较长的多异戊二烯侧链，疏水性强，可在线粒内膜中自由扩散，传递电子，不包含在各复合体中。人的 CoQ 侧链含有 10 个异戊二烯单位，用 CoQ_{10} 或 Q_{10}

表示。CoQ 属于单、双电子传递体，有 3 种分子状态，氧化型（醌型）CoQ 可接受 1 个氢原子还原成半醌型，再接受 1 个氢原子还原成二氢泛醌。泛醌是内膜中可移动的电子载体，因此可在各复合体间穿梭传递还原当量和电子。

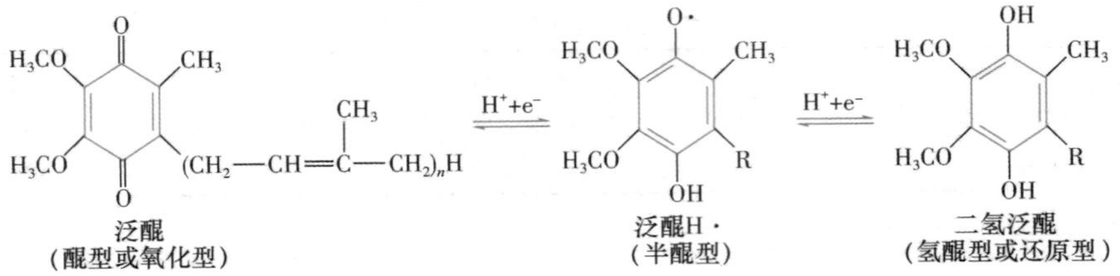

泛醌
（醌型或氧化型）   泛醌H·
（半醌型）   二氢泛醌
（氢醌型或还原型）

3. 复合体 Ⅱ 是三羧酸循环中的琥珀酸脱氢酶，分子量为 140kDa，由 4 个亚基构成，其中 2 个亚基（黄素蛋白、铁硫蛋白）突入基质，另 2 个疏水跨膜蛋白结合细胞色素 b_{566}，并将复合体 Ⅱ 锚定在线粒体内膜。复合体 Ⅱ 中的黄素蛋白以 FAD 为辅基，铁硫蛋白含 3 个铁硫中心（Fe_4S_4、Fe_3S_4、Fe_2S_2）。复合体 Ⅱ 的功能是将质子和电子从琥珀酸经 FAD、铁硫蛋白、细胞色素 b 传递给泛醌，因此复合体 Ⅱ 又称琥珀酸-泛醌还原酶。该过程传递电子释放的自由能较小，不足以将 H^+ 泵出内膜，因此复合体 Ⅱ 没有质子泵功能。电子经复合体 Ⅱ 的传递次序如下：

$$琥珀酸 \longrightarrow FAD \longrightarrow （Fe_2S_2 \longrightarrow Fe_4S_4 \longrightarrow Fe_3S_4） \longrightarrow 细胞色素 b \longrightarrow Q$$

另外，脂酰 CoA 脱氢酶（参见第八章第二节）、α-磷酸甘油脱氢酶（参见本章第四节）也可以通过其他蛋白质，将相应底物脱下的 2 个 H^+ 和 2 个电子经 FAD 传递给泛醌，进入呼吸链。

4. 复合体 Ⅲ 分子量为 250kDa，由 11 个亚基组成，生理状态下通常形成二聚体，其中含细胞色素 b_{562}、细胞色素 b_{566}、细胞色素 c_1 和铁硫蛋白。泛醌从复合体 Ⅰ、复合体 Ⅱ 募集还原当量和电子并穿梭传递到复合体 Ⅲ，复合体 Ⅲ 的功能是将电子从泛醌经铁硫蛋白传递给细胞色素 c，因此复合体 Ⅲ 又称泛醌-细胞色素 c 还原酶。

细胞色素是一类以铁卟啉为辅基的结合蛋白酶类，广泛存在于各种生物中。已发现的细胞色素有 30 多种，均有特殊的吸收光谱而呈现颜色。根据不同还原状态下吸收光谱的不同，可将呼吸链中的细胞色素分为细胞色素 a、细胞色素 b、细胞色素 c（Cyt a、Cyt b、Cyt c）三类，每一类中又因其最大吸收波长的微小差别可再分亚类。细胞色素 a、细胞色素 b、细胞色素 c 的铁卟啉环都是铁-原卟啉Ⅸ环，与血红素相同，又可分别称为血红素 a、血红素 b、血红素 c。各种细胞色素的主要差别在于铁卟啉环的侧链及铁卟啉与蛋白质的连接方式不同（图 6-8）。

细胞色素的功能是传递电子，其铁卟啉中的铁能进行 $Fe^{3+}+e \longleftrightarrow Fe^{2+}$ 的可逆变化，属单电子传递体。除线粒体内膜的细胞色素外，微粒体还有 $Cyt\ P_{450}$、$Cyt\ b_5$ 等，与其他物质还原功能有关。

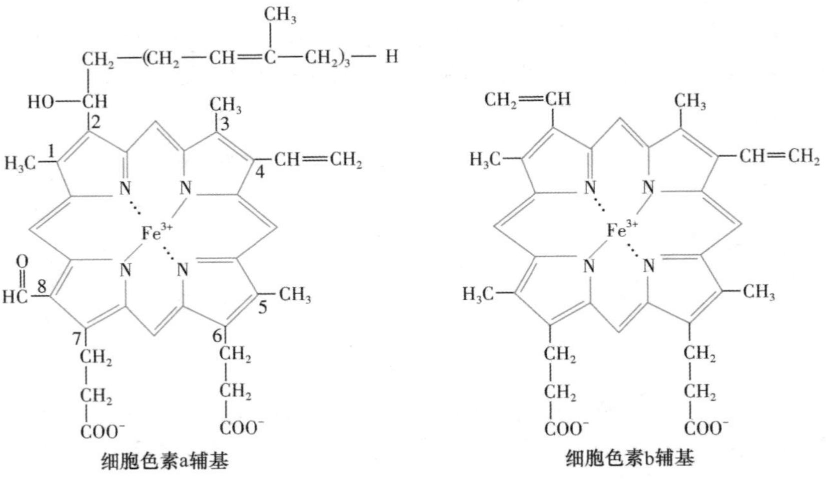

细胞色素a辅基   细胞色素b辅基

蛋白质

细胞色素c辅基

图 6-8　呼吸链中细胞色素的 3 种血红素辅基的结构

人复合体Ⅲ的 Cyt b 有两个亚类：一个还原电位较低，称为 Cyt b_L（Cyt b_{566}），另一个还原电位较高，称为 Cyt b_H（Cyt b_{562}），后者更接近于线粒体内膜基质侧。

复合体Ⅲ上有 2 个 Q 结合位点，一个位于线粒体内膜膜间腔侧（也叫正电侧，positive side），称作 Q_P 结合位点；一个位于线粒体内膜基质侧（也叫负电侧，negative side），称作 Q_N 结合位点。复合体Ⅲ的电子传递通过 "Q 循环"（Q cycle）实现（图 6-9）。Q 循环可简要分解如下：①图 6-9A，QH_2 结合于 QP 结合位点后，向膜间腔释放 $2H^+$，同时将 1 个 e^- 经 Fe-S 传递给 Cyt c_1 再交给 Cyt c，此时 QH_2 转变为 Q^-；Q^- 继续将 1 个 e^- 依次经 Cyt b_L、Cyt b_H 传递给结合在 Q_N 结合位点的 Q 使之还原为 Q^-，自身则氧化为 Q 回到 $Q-QH_2$ 代谢池；②图 6-9B，上述过程重复一次，但此次的第 2 个 e^- 经 Cyt b_L、Cyt b_H 传递给 Q_N 结合位点上的 Q^-，Q^- 再接受基质的 $2H^+$ 被还原为 QH_2，QH_2 返回代谢池。复合体Ⅲ具有质子泵的功能，每传递 $2e^-$ 给 Cyt c 时向膜间腔释放 $4H^+$。

5. 细胞色素 c　Cyt c 是水溶性球蛋白，位于线粒体膜间腔，与线粒体内膜外表面疏松结合，不包含在各复合体中。还原性细胞色素 c 将电子从 Cyt c_1 传递给复合体Ⅳ。

6. 复合体Ⅳ　将电子从细胞色素 c 传递给氧，又称细胞色素 c 氧化酶。人复合体Ⅳ包含 13 个亚基，其中亚基Ⅰ～Ⅲ是传递还原当量的功能亚基。亚基Ⅰ含 2 个与内膜垂直的血红素辅基，分别是 Cyt a 和 Cyt a_3，它们的还原电位不同；另外还含有一个 Cu 离子，称 Cu_B。亚基Ⅱ、Ⅲ位于亚基Ⅰ的两侧。亚基Ⅱ内膜膜间腔侧膜外域通过两个半胱氨酸稳定结合 2 个 Cu 离子，称 Cu_A，形

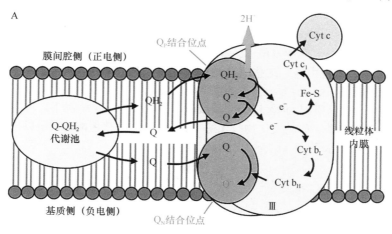

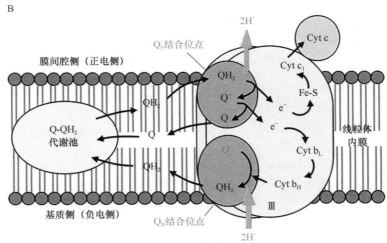

图 6-9　复合体Ⅲ "Q 循环" 传递电子示意图

成类似 Fe_2S_2 铁硫中心结构。Cu_A 和 Cyt a 的 Fe 密切接触，而 Cu_B 和 Cyt a_3 的 Fe 定位接近，这样就组成了 Cyt a-Cu_A 和 Cyt a_3-Cu_B 两组传递电子的功能单元，称为双核中心（binuclear center），可进行 $Cu^+ \longleftrightarrow Cu^{2+}+e$ 的变化，属单电子传递体。亚基Ⅲ的功能主要与质子泵出有关。

复合体Ⅳ传递电子和 O_2 的还原过程是在双核中心上进行的，其电子传递顺序是 Cyt c → Cu_A 中心→ Cyt a → Cyt a_3-Cu_B 双核中心。要将 1 分子 O_2 还原成 2 分子 H_2O，需接受 4 个电子，并从线粒体基质获得 4 个 H^+。因此，细胞色素 c 需要依次传递 4 个电子给 Cyt a。Cyt a 将 2 个电子传递给 Cyt a_3-Cu_B 双核中心，使其 Cu^{2+} 和 Fe^{3+} 还原为 Cu^+ 和 Fe^{2+}，并使双核中心结合 O_2 分子，形成过氧桥连接的 Cyt a_3-Cu_B，该过程相当于 2 个电子传递给了结合 O_2。该中心继续获得第 3 个电子，并从基质中捕获 2 个 H^+，使 O_2 分子键断开，Cyt a_3 中出现中间态 Fe^{4+}。再接受第 4 个电子时，Fe^{4+} 还原为 Fe^{3+}，并形成 Cu^{2+} 和 Fe^{3+} 各结合一个 OH 基团的中间态。最后，再从基质中获取 2 个 H^+，双核中心释放出 2 个 H_2O 分子后恢复初始氧化状态。与此同时，复合体Ⅳ具有质子泵功能，在上述过程中，每传递 2 个电子可将线粒体基质中的 2 个 H^+ 泵入膜间腔。

在上述 O_2 获得电子的过程中，会产生具有强氧化性的 O_2^- 和 O_2^{2-} 等超氧离子中间物，但它们始终被束缚在双核中心，一般不会引起细胞组分的损伤。如果呼吸链的单电子漏出进入线粒体基质和细胞质，可还原其中的 O_2 生成超氧阴离子（O_2^-）和羟自由基（·OH）等，进一步的还原产物包括 H_2O_2 等。

$$O_2+e^- \longrightarrow O_2^-$$

$$O_2^-+e^-+2H^+ \longrightarrow H_2O_2$$

$$O_2^-+3e^-+3H^+ \longrightarrow \cdot OH+H_2O$$

$$O_2^-+3e^-+4H^+ \longrightarrow 2H_2O$$

O_2^-、·OH 又称为氧自由基，这些氧自由基及其衍生物 H_2O_2 统称为反应活性氧类，它们的 $E^{\Theta\prime}$ 均比氧高，具有极强的氧化能力。体内的脂质、蛋白质、核酸都易于受其攻击，如果产生脂质过氧化物（LOOH），就易引起 DNA 链的断裂或碱基缺失等。正常情况下，体内具有防御自由基毒害的抗氧化剂或抗氧化酶，如超氧化物歧化酶（SOD）、过氧化氢酶等，所以虽有活性氧生成，但是其浓度可保持在较低水平。

$$O_2^-+O_2^-+2H^+ \xrightarrow{SOD} O_2+H_2O_2$$

$$H_2O_2+H_2O_2 \xrightarrow{\text{过氧化氢酶}} O_2+2H_2O$$

（二）呼吸链组分的排列顺序

呼吸链中各组分的排列顺序是由一系列实验确定的：①根据呼吸链各组分的标准氧化还原电位（reduction potential）进行排序。电子总是从氧化还原电位低的组分流向氧化还原电位高的组分，也就是从电子亲和力低向电子亲和力高的方向传递（表 6-3）。②以离体线粒体无氧时处于还原状态作为对照，通过缓慢给氧，观察呼吸链各组分特有吸收光谱的变化顺序，来确定各组分被氧化的顺序。③底物存在时，利用一些特异的抑制剂阻断某一组分的电子传递，阻断部位以前的组分处于还原状态，阻断部位以后的组分处于氧化状态。④在体外拆开和重组呼吸链，鉴定四种复合体的组成与排列顺序。

表 6-3 呼吸链中各组分的标准氧化还原电位

氧化还原对	$\Delta E^{0'}$（V）	氧化还原对	$\Delta E^{0'}$（V）
NAD^+/$NADH+H^+$	-0.32	Cyt c_1 Fe^{3+}/Fe^{2+}	0.22
FMN/$FMNH_2$	-0.219	Cyt c Fe^{3+}/Fe^{2+}	0.25
FAD/$FADH_2$	-0.219	Cyt a Fe^{3+}/Fe^{2+}	0.29
Q_{10}/$Q_{10}H_2$	0.06	Cyt a_3 Fe^{3+}/Fe^{2+}	0.55
Cyt b_H（b_L）Fe^{3+}/Fe^{2+}	0.08	$\frac{1}{2}$ O_2/H_2O	0.82

注：$\Delta E^{0'}$ 表示标准氧化还原电位的变化值

根据电子供体及电子传递顺序，目前认为体内有以下 2 条重要的呼吸链。

1. NADH 氧化呼吸链 该途径以 $NADH+H^+$ 为电子供体，电子传递顺序如下：

$$NADH \longrightarrow 复合体 I \longrightarrow CoQ \longrightarrow 复合体 III \longrightarrow Cyt\ c \longrightarrow 复合体 IV \longrightarrow O_2$$

线粒体内产生的 $NADH+H^+$ 可通过 NADH 氧化呼吸链将其携带的 2 个电子逐步传递给 O_2 生成水。例如，三羧酸循环中的异柠檬酸脱氢酶、α-酮戊二酸脱氢酶复合体、苹果酸脱氢酶；又如 β-羟丁酸脱氢酶、β-羟脂酰 CoA 脱氢酶及丙酮酸脱氢酶等生成的 $NADH+H^+$ 通过此氧化呼吸链被氧化。

2. 琥珀酸氧化呼吸链（也称 $FADH_2$ 氧化呼吸链） 该途径的电子供体为 $FADH_2$，电子传递顺序如下：

$$琥珀酸 \longrightarrow 复合体 II \longrightarrow CoQ \longrightarrow 复合体 III \longrightarrow Cyt\ c \longrightarrow 复合体 IV \longrightarrow O_2$$

以 FAD 为辅基的脱氢酶，催化底物脱氢产生的 $FADH_2$，均可通过 $FADH_2$ 氧化呼吸链被氧化。其中复合体 II 除了线粒体中的琥珀酸脱氢酶外，还有 α-磷酸甘油脱氢酶、脂酰 CoA 脱氢酶等。

现将呼吸链各复合体在线粒体内膜中的位置及电子传递顺序总结如图 6-10 及 6-11，复合体 I 、复合体 III 、复合体 IV 具有质子泵功能。

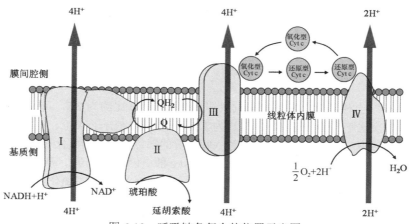

图 6-10 呼吸链各复合体位置示意图

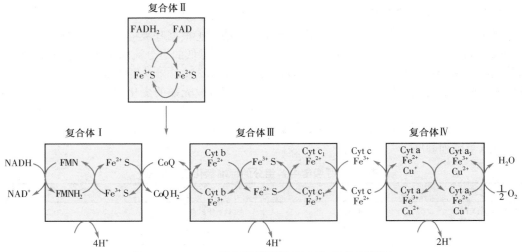

图 6-11　NADH 氧化呼吸链及 FADH$_2$ 氧化呼吸链

二、氧化与磷酸化偶联——ATP 生成

细胞内 ATP 生成的主要方式是氧化磷酸化，即由代谢物脱下的氢，经线粒体内膜呼吸链电子传递释放能量，偶联驱动 ADP 磷酸化生成 ATP，因此又称为偶联磷酸化。

（一）氧化呼吸链中生成 ATP 的部位

1. P/O 比　一对电子通过呼吸链传递给 1 个氧原子生成 1 分子水时，其释放的能量使 ADP 磷酸化生成 ATP，这个过程需同时消耗 O$_2$ 和磷酸。P/O 比，即磷/氧比，是指在氧化磷酸化过程中，每消耗 1/2 摩尔 O$_2$ 所需消耗的无机磷的摩尔数，即所能生成 ATP 的摩尔数。根据呼吸链的排列顺序，结合不同底物进入呼吸链的 P/O 比，可分析出大致 ATP 生成的偶联部位（表 6-4）。

表 6-4　线粒体实验测得的部分底物的 P/O 比

底物	呼吸链的组成	P/O 比	底物	呼吸链的组成	P/O 比
β-羟丁酸	NADH → FMN → CoQ → Cyt → O$_2$	2.4～2.8	抗坏血酸	Cyt c → Cyt aa$_3$ → O$_2$	0.88
琥珀酸	FADH$_2$ → CoQ → Cyt → O$_2$	1.7	还原型 Cyt c	Cyt aa$_3$ → O$_2$	0.61～0.68

根据早起研究及推测（表 6-4），β-羟丁酸通过 NADH 呼吸链，测得 P/O 比接近 3，说明 NADH 氧化呼吸链可能存在 3 个 ATP 生成部位；琥珀酸脱氢产生的 FADH$_2$ 经呼吸链传递，其 P/O 比接近 2，推测 FADH$_2$ 氧化呼吸链可能存在 2 个 ATP 生成部位；结合上述两个结果，推测在 NADH 与 CoQ 之间（即复合体Ⅰ）存在 1 个 ATP 生成部位。此外，根据抗坏血酸和还原型 Cyt c 氧化时的 P/O 比均接近 1，结合二者电子传递路程的不同，表明在 Cyt aa$_3$ 到 O$_2$ 之间（即复合体Ⅳ）也存在 1 个 ATP 生成部位。综合上述测定结果，推测在 CoQ 与 Cyt c 之间（复合体Ⅲ）存在 1 个 ATP 生成部位。

近年实验证实，一对电子经 NADH 氧化呼吸链传递，P/O 比约为 2.5，可生成 2.5 分子 ATP；一对电子经琥珀酸氧化呼吸链传递，P/O 比约为 1.5，可生成 1.5 分子 ATP。

2. 电子传递时自由能的变化　由于电子进入呼吸链的部位不同，其氧化还原电位差亦不同。从 NADH 到 CoQ 测得的电位差约为 0.36V，从 CoQ 到 Cyt c 的电位差为 0.19V，从 Cyt aa$_3$ 到分子氧的电位差为 0.53V。根据热力学公式，pH 7.0 时标准自由能变化（$\Delta G^{o'}$）与标准氧化还原电位变化（$\Delta E^{o'}$）之间的关系为

$$\Delta G^{o'} = -n F \Delta E^{o'} \tag{6.1}$$

式中，n 为传递电子数；F 为法拉第常数 [96.5kJ/（mol·V）]。经计算得出，它们相应的 $\Delta G^{o\prime}$ 分别约为 -69.5kJ/mol、-36.7kJ/mol 和 -102kJ/mol，而生成 1mol ATP 需能量约 30.5kJ，说明以上三处（复合体Ⅰ、复合体Ⅲ、复合体Ⅳ）足以提供生成 ATP 所需的能量。

（二）氧化与磷酸化偶联的机制

1. 化学渗透学说（chemiosmotic hypothesis） 该学说由英国生物化学家彼得·丹尼斯·米切尔（Peter Dennis Mitchell）于 1961 年提出，并因此于 1978 年获诺贝尔化学奖。化学渗透学说的基本要点是代谢物脱下的氢（$2H^+ + 2e^-$）经呼吸链传递时，可驱动 H^+ 从线粒体内膜的基质侧跨膜转移到内膜的膜间腔侧。由于质子不能自由透过线粒体内膜反流回基质，致使内膜膜间腔侧的 H^+ 浓度高于基质侧，在内膜两侧造成质子电化学梯度，包括 H^+ 浓度梯度（ΔpH）和膜外为正、膜内为负的跨膜电位梯度（$\Delta \psi$），从而以势能形式储存电子传递所释放的能量。当质子顺浓度梯度回流时，其能量释放则可驱动 ATP 合酶催化 ADP 磷酸化为 ATP（图 6-12）。

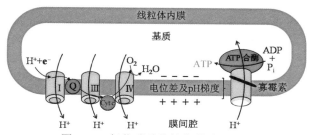

图 6-12 氧化磷酸化的化学渗透学说

目前，化学渗透学说已得到部分实验支持：①氧化磷酸化过程依赖于完整封闭的线粒体内膜；②线粒体内膜对 H^+ 等不通透；③电子传递链可驱动质子移出基质，形成可测定的跨内膜电化学梯度；④降低内膜两侧质子梯度，电子虽可继续传递，但 ATP 生成减少，增加内膜外侧酸性可导致 ATP 合成。

但是呼吸链电子传递过程驱动质子从线粒体基质侧转移至膜间腔侧的具体机制尚不十分清楚。已有实验证实，当一对电子经复合体Ⅰ、复合体Ⅲ、复合体Ⅳ传递时，可分别向内膜膜间腔侧泵出 $4H^+$、$4H^+$ 和 $2H^+$。表明组成呼吸链的复合体Ⅰ、复合体Ⅲ、复合体Ⅳ均具有质子泵功能。

2. ATP 合酶（ATP synthase） 在电镜下可见线粒体内膜基质侧的表面有许多球状颗粒，这就是 ATP 合酶。ATP 合酶由 F_O、F_1 两部分构成。F_O 为疏水部分，镶嵌在线粒体内膜中，组成离子通道，用于质子回流。F_1 为亲水部分，即线粒体内膜基质侧的颗粒状突起，催化 ATP 合成。

此外，复合体中还存在其他蛋白，其中寡霉素敏感蛋白（oligomycin-sensitive-conferring protein，OSCP）使 ATP 合酶在寡霉素存在时不能生成 ATP。

F_O 镶嵌在线粒体内膜中，由疏水的 a、b_2、$c_{9\sim12}$ 及其他辅助亚基组成，形成跨内膜的质子通道。c 亚基为短环连接的 2 个反向跨膜 α 螺旋结构，9～12 个 c 亚基围成环状结构。a 亚基紧靠 c 亚基环的外侧，由 5 个跨膜 α 螺旋形成 2 个不穿膜、不连通的亲水性质子半通道，分别开口于内膜基质侧和膜间腔侧，两个半通道内口分别与 1 个 c 亚基对应。

F_1 主要由 $\alpha_3\beta_3\gamma\delta\varepsilon$ 亚基复合体和 IF_1 亚基组成。F_1 的功能是结合 ADP、P_i，并利用质子回流的能量合成 ATP。$\alpha_3\beta_3$ 亚基间隔排列，围绕 γ 亚基形成六聚体。β 亚基为催化亚基，但必须与 α 亚基结合才有活性，每组 αβ 构成一个功能单元，3 个 αβ 功能单元配合完成 ATP 的合成。

目前认为，ATP 合酶的 F_O 和 F_1 部分组装成可旋转的发动机样结构（图 6-13），完成质子回流并驱动 ATP 合成。F_O 的 2 个 b 亚基，通过长亲水头部域锚定于 F_1 的 α 亚基，并通过 δ 亚基与

$\alpha_3\beta_3$ 稳固结合，通过疏水端锚定于 F_O 的 a 亚基，从而使 F_O 的 a、b_2 亚基和 F_1 的 $\alpha_3\beta_3$、δ 亚基组成稳定的定子部分。F_1 部分的 γ 和 ε 亚基共同形成穿过 $\alpha_3\beta_3$ 的中间轴；γ 还与 1 个 β 亚基疏松结合，下端与嵌入内膜的 c 亚基环紧密结合，从而使 c 亚基环、γ 和 ε 亚基组成转子部分。

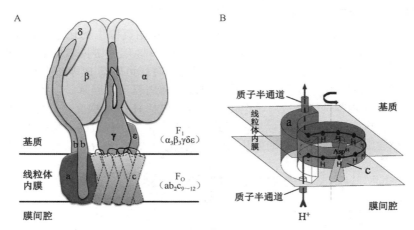

图 6-13　ATP 合酶结构和质子跨内膜回流模式图

A. ATP 合酶，即 F_O-F_1 复合体，组成可旋转的发动机样结构，F_O 的 a、b_2 亚基和 F_1 的 $\alpha_3\beta_3$、δ 亚基组成稳定的定子部分，而 F_1 的 γ、ε 亚基和 F_O 的 c 亚基环组成转子部分，其中 F_1 的 γ、ε 亚基共同形成穿过 $\alpha_3\beta_3$ 的中间轴；B. F_O 的 a 亚基有 2 个质子半通道，分别开口于内膜两侧，并对应与 1 个 c 亚基相互作用，质子顺浓度梯度从膜间腔侧半通道进入，结合 c 亚基，经旋转至另一个半通道从基质侧排出

当质子顺浓度梯度穿过内膜向基质回流时，转子部分围绕定子部分旋转，使 F_1 的 $\alpha\beta$ 功能单元利用释放的能量结合 ADP 和 P_i 并合成 ATP。质子梯度的强大势能使膜间腔的 H^+ 进入 a 亚基的膜间腔侧半通道，与对应的 1 个 c 亚基中的 Asp^{61} 结合并中和其负电荷，导致 c 亚基环转动，当该 c 亚基转到基质侧半通道内口时，Asp^{61} 结合的 H^+ 从半通道出口顺浓度梯度释放进入线粒体基质。

3. ATP 合成机制　现在普遍接受 1977 年由保罗·博耶（Paul D.Boyer）提出的 ATP 合成的结合变构机制（binding-change mechanism）和旋转催化机制（rotational catalysis mechanism）。

β 亚基有 3 种构象：开放型（O），无活性，与 ATP 亲和力低；疏松型（L），无活性，与底物 ADP 和 P_i 底物疏松结合；紧密型（T），具有 ATP 合成活性，与 ATP 亲和力高。质子回流能量主要用于驱动 γ 亚基转动，进而调控 β 亚基的构象改变。在上述转动过程中，中间轴 γ 亚基转动，会依次接触 3 组 $\alpha\beta$ 单元中的 β 亚基，导致每个 β 亚基活性中心的构象发生协调性的循环改变。底物 ADP 和 P_i 结合于 L 型 β 亚基，质子流能量驱动 γ 亚基转动，使该 β 亚基变构为 T 型，则合成 ATP；再次转动使 T 型 β 亚基变构为 O 型，则释放出 ATP（图 6-14）。3 个 β 亚基均可依次经同样循环合成、释出 ATP，转子循环一周生成 3 分子 ATP。ATP 合酶的旋转已经得到荧光标记显示实验的直接证明。

目前实验数据显示，每生成 1 分子 ATP 需 4 个质子，其中 3 个质子通过 ATP 合酶穿过线粒体内膜回流入基质，直接用于 ATP 的合成及释放，另 1 个质子用于转运 ADP、Pi 和 ATP（见本章第四节）。每分子 NADH 经呼吸链复合体 I、复合体 III、复合体 IV 传递可泵出 10 个 H^+，生成约 2.5（10/4）分子 ATP，而 $FADH_2$ 经呼吸链复合体 II、复合体 III、复合体 IV 传递可泵出 6 个 H^+，生成约 1.5（6/4）分子 ATP。

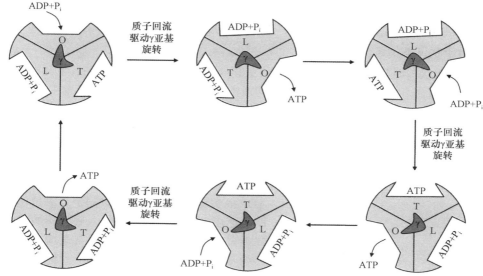

图 6-14 ATP 合酶合成 ATP 的结合变构机制

3 种 β 亚基构象不同：O，开放型；L，疏松型；T，紧密型。质子回流驱动 γ 亚基旋转及 β 亚基构象相互转化，依次结合底物、合成及释出 ATP

三、影响氧化磷酸化的因素

（一）抑制剂

1. 呼吸链抑制剂 此类抑制剂能在特异部位阻断呼吸链中电子传递。例如，鱼藤酮（rotenone）、杀青虫素 A（piericidin A）及异戊巴比妥（amobarbital）等，可阻断复合体 I 中从铁硫中心到泛醌的电子传递。萎锈灵（carboxin）是复合体 II 的抑制剂。抗霉素 A（antimycin A）、二巯基丙醇（dimercaprol，BAL）则可抑制复合体 III 中的电子传递。

氰化物、叠氮化物等可紧密结合复合体 IV 中氧化型 Cty a_3，阻断电子从 Cty a 到 Cty a_3 的传递。CO 可与还原型 Cty a_3 结合，阻断电子传递给氧。因此，这类抑制剂可使细胞内呼吸停止，阻碍与此相关的生命活动，引起机体迅速死亡。在火灾事故中，正是由于室内装修材料高温燃烧时产生了大量氰化物和 CO 等，导致伤者中毒甚至死亡。

2. 解偶联剂（uncoupler） 可使氧化与 ADP 磷酸化反应分离（即解偶联），电子可沿呼吸链正常传递并建立跨内膜的质子电化学梯度，但不能使 ADP 磷酸化合成 ATP。其作用的基本机制是使膜间腔的 H^+ 不经过 ATP 合酶的 F_O 质子通道回流，而是通过其他途径返回线粒体基质，此时质子电化学梯度储存的能量以热能形式释放，从而导致 ATP 的生成受到抑制。例如，2,4-二硝基酚（2,4-dinitrophenol，DNP）为脂溶性物质，在线粒体内膜中可自由移动，进入膜间腔侧时结合 H^+，返回基质侧时释出 H^+，从而破坏了电化学梯度。又如在人（尤其是新生儿）、其他哺乳动物的棕色脂肪组织的线粒体内膜中，含有丰富的解偶联蛋白 1（uncoupling protein 1，UCP1），它可在内膜形成易化质子通道，H^+ 可经此通道返回线粒体基质中，将质子回流势能以热能形式释放，与机体的非颤抖性产热有关，因此棕色脂肪组织具有产热御寒的功能。新生儿硬肿病患儿因缺乏棕色脂肪组织，不能维持正常体温而导致皮下脂肪凝固。水杨酸苯胺是目前已知的强效解偶联剂，某些病原微生物产生的可溶性毒素也有解偶联作用。

3. ATP 合酶抑制剂 这类抑制剂可同时抑制电子传递和 ATP 的合成。例如，寡霉素（oligomycin）可结合 ATP 合酶的 F_O 部分，二环己基碳二亚胺（dicyclohexylcarbodiimide，DCC）可共价结合 F_O 的 c 亚基谷氨酸残基，二者均可阻止质子从 F_O 质子半通道回流，抑制 ATP 合酶活性。

4.ATP-ADP 转位酶抑制剂 这类抑制剂可通过抑制线粒体内外 ATP/ADP 的交换（见本章第四节）而间接抑制氧化磷酸化，如苍术苷、米酵菌酸等都是 ATP-ADP 转位酶的抑制剂。

（二）ADP 的调节作用

体内的能量状态调节氧化磷酸化的速率。氧化磷酸化是机体合成能量直接利用分子——ATP

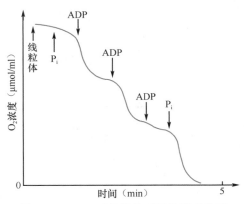

图 6-15　ADP 对线粒体呼吸的调节作用

的最主要途径。氧化磷酸化的速率主要受 ADP/ATP 比的调节，以适应机体对能量的供需平衡。当细胞活动消耗 ATP 时，ADP 浓度增高，转运入线粒体后使氧化磷酸化速度加快；反之 ADP 不足，则氧化磷酸化速率减慢。这种调节作用可使 ATP 的生成速度适应生理需要。图 6-15 所示离体实验结果表明了 ADP 的关键作用。以氧电极测定耗氧量作为氧化磷酸化速度的指标。线粒体加入底物磷酸时耗氧量变化不大。而加入 ADP 时耗氧量显著增加，直至 ADP 转变成 ATP，其浓度降低为止。这时如果再加入 ADP 又可促进氧化磷酸化反应。第三次加入 ADP 时由于磷酸耗尽，作用不明显，追加磷酸后又使耗氧量大增。

（三）甲状腺激素的调节作用

甲状腺激素（thyroid hormone）可诱导细胞膜上钠钾 ATP 酶的生成，使 ATP 加速分解为 ADP 和 P_i，ADP 增多则促进氧化磷酸化。甲状腺激素还可使解偶联蛋白基因的表达增强，因而引起耗氧和产热均增加。所以甲状腺功能亢进患者表现出基础代谢率增高。

（四）DNA 突变

呼吸链复合体蛋白的生物合成受核基因组和线粒体基因组两套遗传系统共同调控。核基因组编码 900 多种线粒体功能所必需的蛋白质和酶，包括部分呼吸链复合体蛋白亚基及相关转运蛋白、代谢酶类，需在胞质合成后转运至线粒体内。因此，相关核基因突变可造成氧化磷酸化缺陷。

线粒体自身携带线粒体 DNA（mtDNA），大小约 17kb，包含 37 个基因，用于编码 13 种重要的呼吸链复合体亚基以及线粒体内 22 个 tRNA 和 2 个 rRNA。复合体Ⅰ中的 7 个亚基、复合体Ⅲ中的 1 个亚基、复合体Ⅳ中的 3 个亚基以及 ATP 合酶中的 2 个亚基，均由 mtDNA 编码产生。因此，mtDNA 突变可直接导致氧化磷酸化功能损伤和能量代谢障碍，进而引发疾病。

mtDNA 呈裸露的环状双螺旋结构，缺乏蛋白质保护和损伤修复系统，因此，容易受到损伤而发生突变，其突变率为核内基因组 DNA 的 10～20 倍。由于 mtDNA 基因中不含内含子且常有部分区域重叠，各种位点突变均可能累及基因的重要功能域。mtDNA 突变部位、突变程度及各器官对 ATP 需求不同，会产生不同疾病。首先累及耗能较多的组织，如脑、心、肾、骨骼肌等，临床表现多样性疾病，如线粒体脑肌病、遗传性耳聋、亚急性坏死性脑脊髓病（Leigh 病，即利氏病）等。

第四节　还原当量与 ATP 的转运

线粒体内生成的 ATP 需转运到细胞质中利用，而细胞质中的 ADP 与 P_i 则转运到线粒体内，作为底物供 ATP 再生成。

呼吸链传递的还原当量来自代谢物的脱氢反应，脱氢反应可发生在细胞的细胞质或线粒体基质中。在线粒体内产生（如三羧酸循环、脂肪酸 β 氧化）的还原当量，可立即直接通过线粒体内膜的呼吸链进行氧化磷酸化。而胞质中产生的 NADH，需先转运入线粒体基质，方可氧化磷酸化。

但是，线粒体基质与胞质之间有线粒体内、外膜相隔，线粒体内膜对多种物质不通透，只能通过各种跨膜蛋白对物质进行选择性转运。NADH、ATP、ADP 与 P_i 等均不能自由通过线粒体内膜，必须依赖相应的跨膜转运机制进行转移。

一、还原当量的转运

胞质内有一些脱氢反应，如糖代谢中 3-磷酸甘油醛脱氢酶、乳酸脱氢酶催化的反应及氨基酸代谢中的脱氢反应，均有 NADH 在细胞质中生成，细胞质中的 NADH 主要通过两种穿梭机制转运至线粒体进行氧化。

（一）α-磷酸甘油穿梭

α-磷酸甘油穿梭（α-glycerola-phosphate shuttle）主要存在于脑和骨骼肌中。如图 6-16 所示，细胞质中的 NADH 在细胞质中 α-磷酸甘油脱氢酶的催化下，将 2H 传递给磷酸二羟丙酮，使其还原为 α-磷酸甘油，后者穿过线粒体外膜到达内膜的膜间腔侧。在线粒体内膜的膜间腔侧，结合有 α-磷酸甘油脱氢酶的同工酶，此酶以 FAD 为辅基接受 α-磷酸甘油的还原当量，生成磷酸二羟丙酮和 $FADH_2$。磷酸二羟丙酮可穿过线粒体外膜至细胞质，继续进行穿梭。$FADH_2$ 则直接进入琥珀酸氧化呼吸链，最终氧化磷酸化生成 1.5 分子 ATP。因此，细胞质中的 1 分子 NADH 经此穿梭能生成 1.5 分子 ATP。

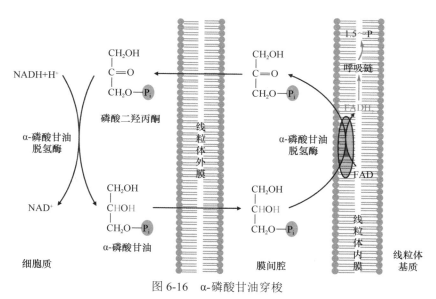

图 6-16　α-磷酸甘油穿梭

（二）苹果酸-天冬氨酸循环

苹果酸-天冬氨酸循环（malate-aspartate cycle，又称苹果酸穿梭机制）主要存在于肝和心肌中。如图 6-17 所示，细胞质中的 NADH 在苹果酸脱氢酶的催化下，使草酰乙酸还原为苹果酸，后者经线粒体内膜上的 α-酮戊二酸转运蛋白进入线粒体基质，又在线粒体基质内苹果酸脱氢酶的作用下重新生成草酰乙酸和 NADH。NADH 进入 NADH 氧化呼吸链，生成 2.5 分子 ATP。线粒体内生成的草酰乙酸经谷草转氨酶的作用生成天冬氨酸，后者经天冬氨酸-谷氨酸转运蛋白转运出线粒体，再转变成草酰乙酸，继续进行循环。

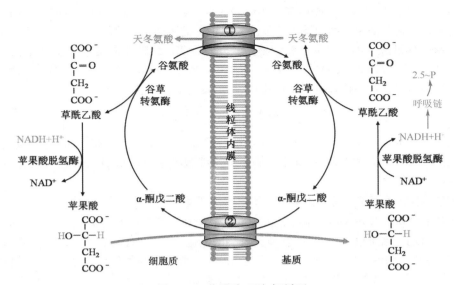

图 6-17　苹果酸-天冬氨酸循环

①天冬氨酸-谷氨酸转运蛋白；② α-酮戊二酸转运蛋白

二、ATP、ADP、P_i 的转运

ATP、ADP、P_i 都不能自由通过线粒体内膜。氧化磷酸化形成的 ATP 依赖线粒体内膜的 ATP-ADP 转位酶（ATP-ADP translocase）与胞质 ADP 反向交换。ATP-ADP 转位酶又称腺苷酸转位酶（adenine nucleotide translocase），是由 2 个 30kDa 亚基组成的二聚体，分布于线粒体内膜，含一个腺苷酸结合位点，催化 ADP^{3-} 进入和 ATP^{4-} 移出内膜，维持线粒体内外腺苷酸水平基本平衡。胞质中的 $H_2PO_4^-$ 经磷酸盐转运蛋白与 H^+ 同向转运入线粒体内。

在心肌和骨骼肌线粒体的膜间腔中，发现有肌酸激酶同工酶（CK-MB），可催化 ATP 与肌酸形成磷酸肌酸，后者通过外膜孔隙进入细胞质，在细胞质肌酸激酶（CK）的作用下形成肌酸和 ATP，肌酸又可进入线粒体膜间腔，继续转运 ATP（图 6-18）。

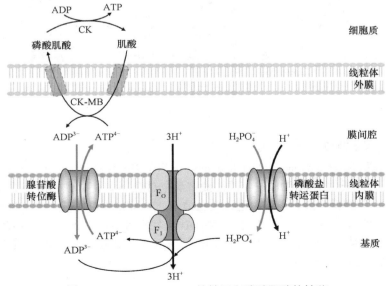

图 6-18　ATP、ADP、P_i 的转运和磷酸肌酸的转移

每分子 ATP^{4-}和 ADP^{3-}反向转运时，实际向内膜外净转移 1 个负电荷，相当于多 1 个 H$^+$转入线粒体基质，因此每分子 ATP 在线粒体中生成并转运到胞质共需 4 个 H$^+$回流入线粒体基质中。由此可推测出，NADH 氧化呼吸链每传递 2H 泵出 10 个 H$^+$，生成约 2.5（10/4）分子 ATP，琥珀酸氧化呼吸链每传递 2H 泵出 6H$^+$，生成 1.5（6/4）分子 ATP。

小　结

ATP 在生物体内能量的生成、转移、利用和储存中处于核心地位。ATP 是生物体内最重要的高能磷酸化合物，是细胞可直接利用的最主要能量形式。ATP 分子中高能磷酸键的能量可以磷酸肌酸的形式储存于骨骼肌、心肌和脑等组织中。

ATP 来自糖、脂肪、蛋白质的分解代谢。这三大营养物质，经各自分解代谢，可在线粒体中产生共同中间产物乙酰 CoA，并进入最终通路三羧酸循环。经一系列脱羧、脱氢等反应，1 分子乙酰 CoA 释放出 2 分子 CO_2、3 分子 NADH+H$^+$和 1 分子 FADH$_2$，并经底物水平磷酸化产生 1 分子 GTP（ATP）。其中 NADH+H$^+$和 FADH$_2$可直接进入线粒体内膜的氧化呼吸链，将（H$^+$+e$^-$）传递给氧生成水，在此过程中逐步释放能量驱动 ADP 磷酸化生成 ATP，此偶联过程称为氧化磷酸化，这是人体中 ATP 生成的主要方式。

线粒体内膜中存在 4 种呼吸链复合体，与 CoQ 和 Cyt c 一起，共同组成 2 种呼吸链。NADH 氧化呼吸链传递电子的顺序模式为 NADH+H$^+$→复合体 I →CoQ→复合体Ⅲ→Cyt c→复合体Ⅳ→O$_2$，生成 2.5 分子 ATP；FADH$_2$分子呼吸链传递电子的顺序模式为琥珀酸→复合体Ⅱ→CoQ→复合体Ⅲ→Cyt c→复合体Ⅳ→O$_2$，生成 1.5 分子 ATP。

化学渗透学说显示，复合体 I、复合体Ⅲ、复合体Ⅳ均具有质子泵功能，在完成一对电子传递的过程中，可分别向膜间腔泵出 4H$^+$、4H$^+$和 2H$^+$，产生跨线粒体内膜的质子电化学梯度，储存电子传递释放的能量，该势能是 ATP 合酶生成、释出 ATP 的基本驱动力。根据电子传递时自由能变化及 P/O 比推测：复合体 I、复合体Ⅲ、复合体Ⅳ是氧化磷酸化偶联部位。一对电子经 NADH 氧化呼吸链传递，P/O 比约为 2.5，即生成 2.5 分子 ATP；如果经 FADH$_2$氧化呼吸链传递，则 P/O 比约为 1.5，可生成 1.5 分子 ATP。

细胞质中亦可产生少量 NADH，需通过穿梭机制才可进入线粒体进行氧化磷酸化。NADH 可通过 α-磷酸甘油穿梭，进入线粒体 FADH$_2$氧化呼吸链，生成 1.5 分子 ATP；或通过苹果酸-天冬氨酸穿梭，进入 NADH 氧化呼吸链，生成 2.5 分子 ATP。同样，ATP、ADP、P$_i$也不能自由通过线粒体内膜，需相应转位酶将 ATP 运出线粒体进行利用。

三羧酸循环是产生 ATP 的主要准备途径，其速率和流量主要在两个水平上受到调节：丙酮酸脱氢酶复合体的活性调节可影响三羧酸循环反应起始物乙酰辅酶 A 的生成；三羧酸循环中三个调节酶的活性调节。氧化磷酸化是生成 ATP 的主要环节，其速率主要受 ADP/ATP 比调节，呼吸链抑制剂、解偶联剂和 ATP 合酶抑制剂通过不同作用机制，均可抑制氧化磷酸化。线粒体基因和相关核基因的突变，可造成线粒体功能障碍，引起线粒体病。

（周　洁）

第六章线上内容

第七章　糖　代　谢

糖是一大类有机化合物,其化学本质为多羟醛或多羟酮类及其衍生物或缩聚物。糖是自然界含量最丰富的物质之一,广泛分布于几乎所有的生物体内,其中以植物含量最多。植物通过光合作用将水和二氧化碳合成糖,直接或间接被动物摄取后为其生命活动提供碳源和能源。在人体的糖代谢中,葡萄糖占据主要地位。在不同生物体中,葡萄糖代谢过程基本相同,但也存在一定差异。在人体的不同器官、组织和细胞内,糖代谢过程有所不同,但基本途径一致。由于葡萄糖在糖代谢中极为重要,故将葡萄糖代谢作为本章介绍的重点。其他单糖(如果糖、半乳糖、甘露糖等)因所占比例很小,且主要是转变到葡萄糖代谢途径中进行反应,故不做重点介绍。

第一节　糖代谢概述

糖是人体优先利用的能源。食物中的糖类物质经消化吸收后进入血液,再经转运才能进入细胞内利用。

一、糖的生理功能

人体所消耗能量的 50%～70% 来自糖,因此提供能量是糖最主要的生理功能。糖还是人体重要的碳源,糖代谢的中间产物可转变成其他含碳化合物,如氨基酸、脂肪酸、核苷酸等。糖也是组成人体组织结构的重要成分。例如,蛋白聚糖和糖蛋白可以构成结缔组织、软骨和骨的基质;糖蛋白和糖脂是细胞膜的构成成分,部分细胞膜糖蛋白还参与细胞间的信息传递,与细胞的免疫、识别作用有关。体内还有一些具有特殊生理功能的糖蛋白,如激素、酶、免疫球蛋白、血型物质和血浆蛋白等。此外,糖的磷酸衍生物可以形成许多重要的生物活性物质,如 NAD^+、FAD、ATP 等。

二、糖的消化吸收

可被人体摄取和利用的糖主要包括植物淀粉、动物糖原、麦芽糖、蔗糖、乳糖、葡萄糖等。此外,食物中还含有大量纤维素,虽因人体内缺乏 β-糖苷酶而不能被分解利用,但却具有刺激肠蠕动等作用,也为维持健康所必需。

主食中的糖一般以淀粉为主。唾液和胰液中均含有 α-淀粉酶(α-amylase),可水解淀粉中的 α-1,4-糖苷键。由于口腔咀嚼食物的时间很短,所以淀粉消化的主要场所是小肠。由胰液中的 α-淀粉酶催化,淀粉被水解为麦芽糖(maltose)、麦芽三糖、含分支的异麦芽糖、由 4～9 个葡萄糖单位构成的 α-极限糊精。这些寡糖进一步在小肠黏膜刷状缘继续消化,其中麦芽糖和麦芽三糖(二者约占 α-淀粉酶水解产物的 65%)被 α-糖苷酶(包括麦芽糖酶)所水解;而 α-极限糊精和异麦芽糖(二者约占 α-淀粉酶水解产物的 35%)则被 α-极限糊精酶和异麦芽糖酶所催化,水解 α-1,4-糖苷键和 α-1,6-糖苷键生成葡萄糖。此外,肠黏膜细胞还含有乳糖酶和蔗糖酶等,分别水解乳糖和蔗糖。有些人食用牛奶后出现腹胀、腹泻等症状,这是由乳糖酶缺乏所导致的乳糖消化吸收障碍,称为乳糖不耐受(lactose intolerance)。

单糖形式的消化产物才能被小肠吸收,经门静脉进入血循环。这一吸收过程由小肠黏膜细胞的钠-葡萄糖耦联转运体(sodium-glucose linked glucose transporter,SGLT)所介导,主动耗能摄入葡萄糖,同时伴有 Na^+ 的转运(图 7-1)。

三、葡萄糖的转运

血液中的葡萄糖需要先进入细胞，然后才能被代谢利用。细胞摄取葡萄糖的过程由另一类葡萄糖转运蛋白（glucose transporter，GLUT）介导而实现。现已发现人体内有 12 种葡萄糖转运蛋白，其中对 GLUT-1～GLUT-5 的功能研究较明确。不同种类的 GLUT 分别在不同组织细胞中发挥作用：GLUT-1 和 GLUT-3 在全身各组织广泛存在，对葡萄糖的亲和力较高；GLUT-2 主要在肝和胰腺 β 细胞中分布，对葡萄糖的亲和力较低，此外，小肠黏膜细胞肠腔对侧的质膜上也分布有 GLUT-2，可将小肠黏膜细胞吸收的葡萄糖转运出去，使之进入血液（图 7-1）；GLUT-4 主要在脂肪和肌组织中分布，只有当胰岛素存在时才能摄取葡萄糖；GLUT-5 主要在小肠中分布，发挥转运果糖的功能。若 GLUT 转运步骤发生障碍，则可能成为高血糖发生的诱因之一，如 1 型糖尿病患者，因缺乏胰岛素而使 GLUT-4 无法发挥从血中摄取葡萄糖的功能。

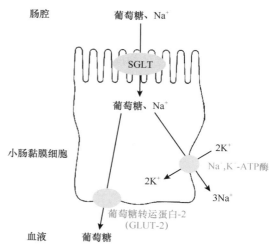

图 7-1　小肠黏膜细胞转运葡萄糖的机制

四、糖代谢概况

转运进入细胞的葡萄糖，可发生一系列复杂的化学反应，涉及分解、储存与合成三方面，称为体内糖代谢。在不同类型的细胞中，葡萄糖的代谢途径有所不同。对分解而言，糖分解最主要的目的是供能，其产能方式在很大程度上取决于供氧状况。例如，供氧充足时葡萄糖有氧氧化，彻底分解生成 CO_2、H_2O，释放大量能量；而缺氧时葡萄糖无氧氧化，生成乳酸和少量能量。葡萄糖分解还有另一条不产能的磷酸戊糖途径，可提供磷酸核糖和 NADPH。对储存而言，饱食后葡萄糖可聚合生成糖原，储存于肝和肌组织，并可在饥饿或运动时被快速动用。对合成而言，长期饥饿时一些非糖物质（如丙氨酸、甘油等）可通过糖异生转变成葡萄糖，从而补充血糖。糖的这些分解、储存与合成途径，在多种激素调节下始终处于动态平衡，以维持血糖稳定。以下将介绍糖的基本代谢途径、生理意义及其调控机制。

第二节　糖的无氧氧化

在人体缺氧情况下，葡萄糖经一系列酶促反应生成丙酮酸，进而还原成乳酸（lactic acid），此过程称为糖的无氧氧化（anaerobic oxidation）。

一、无氧氧化的反应过程

糖的无氧氧化的反应过程可分为两个阶段：第一阶段是由葡萄糖分解成丙酮酸（pyruvic acid），称为糖酵解（glycolysis）；第二阶段是丙酮酸在缺氧条件下转变成乳酸。这两个阶段的反应全部在细胞质中进行。

（一）糖酵解

糖酵解几乎存在于一切生物中。由于这一反应过程是对酵母菌发酵进行研究时被阐明的，因此而得名。糖酵解是体内葡萄糖分解的必经之路，是有氧氧化和无氧氧化所共有的起始通路。糖酵解也是糖、脂肪和氨基酸代谢相联系的途径。例如，由糖酵解的中间产物可转变成甘油，用以合成脂肪；丙酮酸可与丙氨酸相互转变，从而与氨基酸代谢相联系。

1. 葡萄糖的磷酸化　葡萄糖进入细胞后的第一步反应是磷酸化，生成葡糖-6-磷酸（glucose-6-phosphate，G-6-P）。葡萄糖被磷酸化后，不能自由通过细胞膜，可避免从细胞中逸出。此反应不可逆，由己糖激酶（hexokinase）催化，此酶是糖酵解的第一个关键酶。一般来说，把 ATP 的磷酸基团转移给接受体的反应都由激酶催化，并需要 Mg^{2+}。在哺乳动物体内，已发现 4 种己糖激酶同工酶，分为Ⅰ～Ⅳ型。肝细胞中含有的是Ⅳ型，称为葡糖激酶（glucokinase）。与其他类型的己糖激酶（K_m 约为 0.1mmol/L）相比较，葡糖激酶对葡萄糖的亲和力很低（K_m 约为 10mmol/L），并且还受到激素调控。葡糖激酶的这些特性对于肝在餐后合成肝糖原的生理功能至关重要。

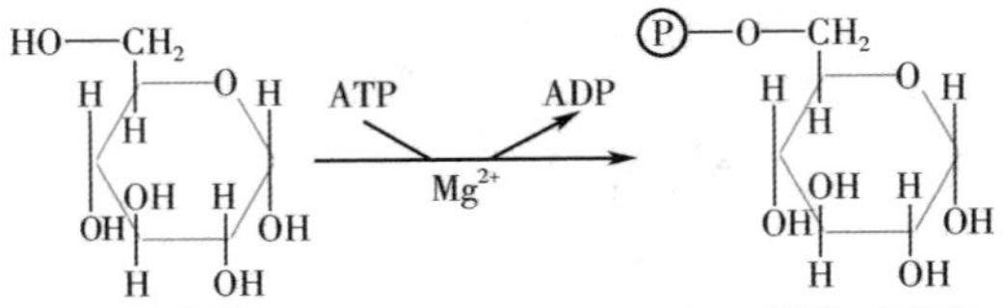

葡萄糖　　葡糖-6-磷酸

2. 磷酸己糖的异构化　葡糖-6-磷酸转变成果糖-6-磷酸（fructose-6-phosphate，F-6-P），此步为需要 Mg^{2+} 参与的可逆反应，由磷酸己糖异构酶催化，使醛糖与酮糖之间发生异构反应。

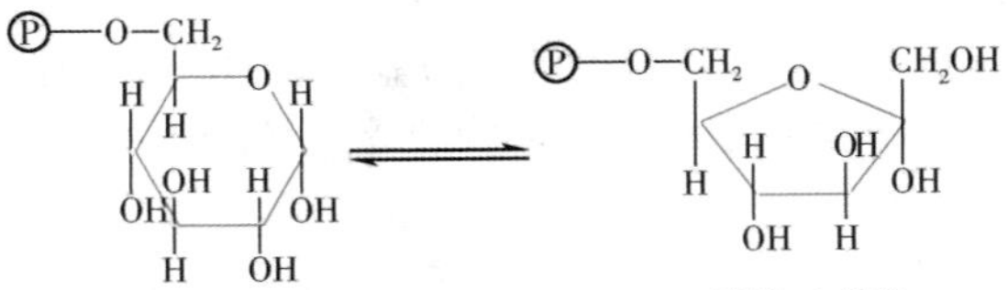

葡糖-6-磷酸　　果糖-6-磷酸

3. 磷酸己糖的磷酸化　果糖-6-磷酸转变成果糖-1,6-双磷酸（fructose-1,6-bisphosphate，F-1,6-BP），此步骤为第二次磷酸化反应，不可逆，需 ATP 和 Mg^{2+}，由磷酸果糖激酶-1（phosphofructokinase-1）催化，此酶是糖酵解的第二个关键酶。

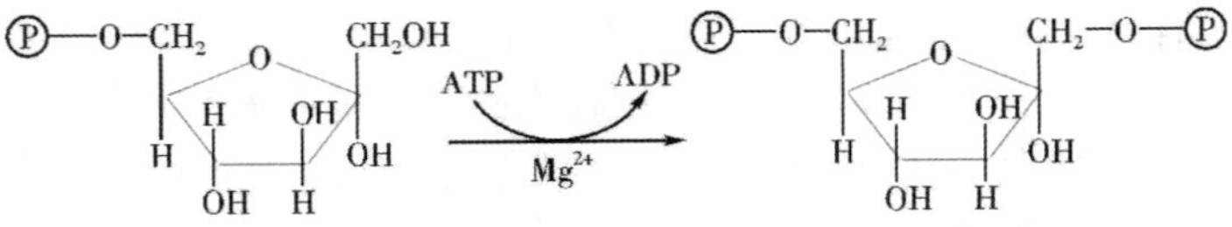

果糖-6-磷酸　　果糖-1,6-双磷酸

4. 磷酸己糖的裂解　磷酸己糖裂解成两个磷酸丙糖，此反应可逆，由醛缩酶催化，生成磷酸二羟丙酮和 3-磷酸甘油醛。

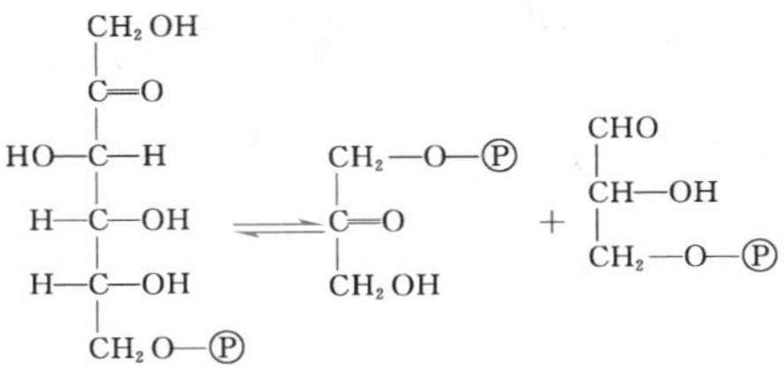

果糖-1,6-双磷酸　　磷酸二羟丙酮　　3-磷酸甘油醛

5. 磷酸丙糖的异构化　在磷酸丙糖异构酶催化下，3-磷酸甘油醛和磷酸二羟丙酮之间发生同分异构化而互相转变。催化此反应的酶活性很高，所以当 3-磷酸甘油醛通过下一步反应消耗后，磷酸二羟丙酮可快速转变为 3-磷酸甘油醛，为糖酵解的后续反应提供原料。

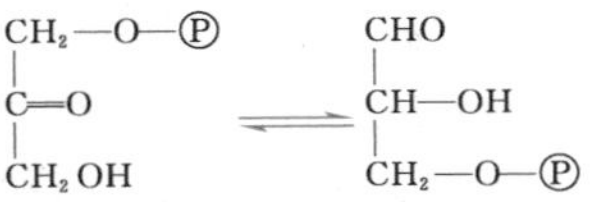

磷酸二羟丙酮　　3-磷酸甘油醛

6.3-磷酸甘油醛的氧化 3-磷酸甘油醛氧化为 1,3-双磷酸甘油酸，此步反应由 3-磷酸甘油醛脱氢酶（3-phosphoglyceraldehyde dehydrogenase）催化。此酶以 NAD$^+$ 为辅酶接受氢和电子，3-磷酸甘油醛的醛基氧化成羧基，继而羧基发生磷酸化。这一反应还需要无机磷酸参与，当 3-磷酸甘油醛的醛基氧化成羧基后，立即与磷酸形成混合酸酐，此酸酐含高能磷酸键，具有产生 ATP 的潜力。

7. 第一次底物水平磷酸化 由 1,3-双磷酸甘油酸转变生成 3-磷酸甘油酸，这是糖酵解中第一次产生 ATP 的反应，需要 Mg^{2+} 参与，在磷酸甘油酸激酶（phosphoglycerate kinase）催化下，混合酸酐上的高能磷酸键转移给 ADP，生成 ATP 和 3-磷酸甘油酸。这种在反应过程中直接由底物的高能键转移给 ADP 生成 ATP 的产能方式，称为底物水平磷酸化（substrate-level phosphorylation）。它有别于在细胞的能量代谢一章中所叙述的氧化磷酸化。

8. 磷酸甘油酸的变位 3-磷酸甘油酸转变成 2-磷酸甘油酸，此反应可逆，需要 Mg^{2+} 参与，在磷酸甘油酸变位酶（phosphoglycerate mutase）催化下，磷酸基从 3-磷酸甘油酸的 C$_3$ 位转移到 C$_2$。

9. 磷酸烯醇丙酮酸的生成 由烯醇化酶（enolase）催化，2-磷酸甘油酸脱水生成磷酸烯醇丙酮酸（phosphoenolpyruvate，PEP）。此步反应的标准自由能尽管改变较小，但分子内部发生了电子重排和能量重新分布，形成高能磷酸键，为第二次底物水平磷酸化反应做好了准备。

10. 第二次底物水平磷酸化 由磷酸烯醇丙酮酸生成丙酮酸，这是糖酵解的第二次底物水平磷酸化，反应不可逆，需要 K$^+$ 和 Mg^{2+} 参与，由丙酮酸激酶（pyruvate kinase）催化，此酶为糖酵解的第三个关键酶。反应先生成烯醇丙酮酸，再迅速经非酶促反应转变成酮式。

综上，前 5 步反应为糖酵解的耗能阶段，1 分子葡萄糖分解经历两次磷酸化，消耗 2 分子 ATP，生成 2 分子 3-磷酸甘油醛。而后五步反应则为能量的释放和储存阶段，经历两次底物水平磷酸化，生成 4 分子 ATP。

（二）乳酸生成

氧供应不足时糖酵解生成的丙酮酸转变成乳酸，此反应由乳酸脱氢酶催化。

$$\underset{\text{丙酮酸}}{\begin{array}{c}CH_3\\ |\\ C=O\\ |\\ COOH\end{array}} + NADH + H^+ \rightleftharpoons \underset{\text{乳酸}}{\begin{array}{c}CH_3\\ |\\ CHOH\\ |\\ COOH\end{array}} + NAD^+$$

丙酮酸还原成乳酸所需的氢原子由 NADH+H$^+$ 提供，后者来自糖酵解第 6 步反应中 3-磷酸甘油醛的脱氢反应。在缺氧情况下，NADH+H$^+$ 的氢用于丙酮酸还原生成乳酸，使 NADH+H$^+$ 重新转变成 NAD$^+$，从而保证了糖酵解继续进行。而在氧供应充足时，NADH+H$^+$ 的氢经电子传递链传递给氧，生成水并释放出能量（参见第六章第三节）。

糖的无氧氧化的全部反应可归纳如图 7-2 所示。

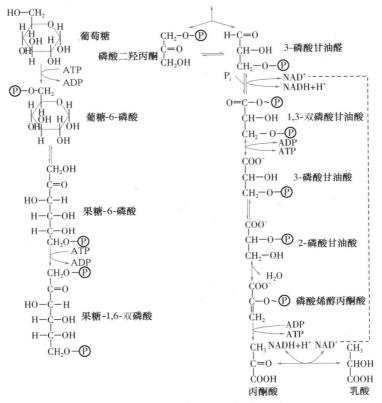

图 7-2 糖的无氧氧化

除葡萄糖外，其他己糖也可转变成磷酸己糖而进入糖酵解（图 7-3）。例如，果糖主要在肝内代谢，先经果糖激酶催化生成果糖-1-磷酸，再被 B 型醛缩酶催化裂解，生成磷酸二羟丙酮和甘油醛；还有一部分果糖可在周围组织中代谢，经己糖激酶催化，转变成果糖-6-磷酸。半乳糖经半乳糖激酶催化生成半乳糖-1-磷酸后，再反应生成葡糖-1-磷酸，后者经变位酶催化生成葡糖-6-磷酸。甘露糖则可先由己糖激酶催化，发生磷酸化反应生成甘露糖-6-磷酸，再在异构酶作用下转变为果糖-6-磷酸。

二、无氧氧化的生理意义

糖的无氧氧化的主要生理意义是迅速提供能量，这对肌收缩尤为重要。每克新鲜肌组织的 ATP 含量很低，肌收缩几秒钟即可耗尽。即使不缺氧，肌组织也不会完全依赖糖的有氧氧化，这是因为有氧氧化的反应时程较长，来不及满足能量需要。而通过糖的无氧氧化则可迅速生成 ATP，尤其是当缺氧或剧烈运动使肌组织局部血供不足时，糖的无氧氧化就成为获得能量的主要方式。对于没有线粒体的成熟红细胞，糖的无氧氧化是供能的唯一方式。对于增殖活跃的白细胞、骨髓细胞等，即使在有氧条件下也常由糖的无氧氧化提供部分能量。

在糖的无氧氧化的产能阶段，每 mol 磷酸丙糖发生 2 次底物水平磷酸化，生成 2mol ATP，因此 1mol 葡萄糖共生成 4mol ATP。但由于在前期耗能阶段还有 2 次磷酸化反应，消耗 2mol ATP，故最终净得 2mol ATP。

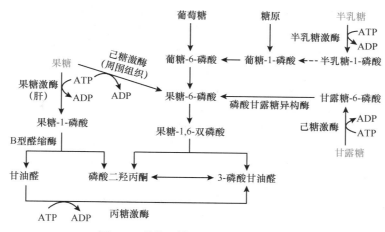

图 7-3 其他己糖进入糖酵解的入口

第三节 糖的有氧氧化

在有氧条件下，葡萄糖彻底氧化生成二氧化碳和水，这一反应过程称为有氧氧化（aerobic oxidation）。有氧氧化是糖分解产能的主要方式，可为绝大多数细胞提供能量。肌组织进行糖的无氧氧化生成乳酸时仅释放出一小部分能量，在心肌等组织中，乳酸仍可彻底有氧氧化生成二氧化碳和水。糖有氧氧化的过程概括如图 7-4 所示。

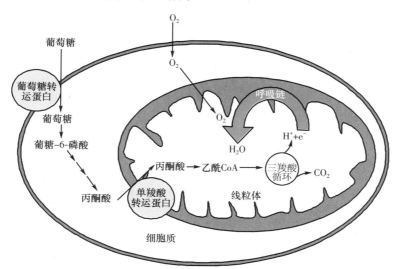

图 7-4 糖的有氧氧化概况

一、有氧氧化的反应过程

糖的有氧氧化大致可分为三个阶段：第一阶段，葡萄糖在细胞质中经糖酵解分解成丙酮酸；第二阶段，丙酮酸进入线粒体，氧化脱羧生成乙酰 CoA；第三阶段，乙酰 CoA 进入三羧酸循环，并偶联发生氧化磷酸化。第一阶段的反应见本章第二节所述；三羧酸循环和氧化磷酸化的反应过程已在第六章第二节和第三节中讨论。在此主要介绍丙酮酸的氧化脱羧，并简要回顾三羧酸循环的反应特点。

（一）丙酮酸的氧化脱羧

丙酮酸氧化脱羧生成乙酰 CoA（acetyl CoA）的总反应式为

$$丙酮酸+NAD^++CoASH \longrightarrow 乙酰 CoA+NADH+H^++CO_2$$

此反应不可逆，由丙酮酸脱氢酶复合体催化，它是糖的有氧氧化的关键酶之一，由 3 种酶和 5 种辅因子组成。在真核细胞中，该酶复合体分布在线粒体中，由丙酮酸脱氢酶（E_1）、二氢硫辛酰胺转乙酰酶（E_2）和二氢硫辛酰胺脱氢酶（E_3）按照一定比例组合形成，其组合比例随生物体不同而异。在哺乳动物细胞中，这一酶复合体由 60 个 E_2 组成核心，周围分别排列着 6 个 E_3、20 或 30 个 E_1。参与反应的 5 种辅因子包括硫胺素焦磷酸（TPP）、硫辛酸、FAD、NAD^+ 和 CoA。TPP 是 E_1 的辅因子；FAD 和 NAD^+ 是 E_3 的辅因子；硫辛酸和 CoA 是 E_2 的辅因子，其中硫辛酸与 E_2 的赖氨酸 ε-氨基相连形成硫辛酰胺，成为酶的柔性长臂，可将乙酰基从酶复合体中的一个活性部位传递到另一个活性部位。

丙酮酸脱氢酶复合体催化 5 步反应，如图 7-5 所示。

（1）在 E_1 催化下，丙酮酸脱羧生成羟乙基-TPP-E_1。TPP 噻唑环中，N 与 S 之间活泼的碳原子释放 H^+ 后成为碳负离子，与丙酮酸的羧基作用，产生二氧化碳，同时形成羟乙基-TPP-E_1。

（2）在 E_2 催化下，羟乙基-TPP-E_1 上的羟乙基氧化生成乙酰基，并转移给硫辛酰胺，形成乙酰基硫辛酰胺-E_2。

（3）在 E_2 继续催化下，乙酰基硫辛酰胺上的乙酰基转移给 CoA，生成乙酰 CoA，并离开酶复合体，同时氧化过程中产生的 2 个氢使硫辛酰胺中的二硫键还原为 2 个巯基，形成二氢硫辛酰胺。

（4）在 E_3 催化下，二氢硫辛酰胺脱氢后重新生成硫辛酰胺，以进行下一轮反应。脱下的氢传递给 FAD，生成 $FADH_2$。

（5）在 E_3 继续催化下，$FADH_2$ 上的氢转移给 NAD^+，生成 $NADH+H^+$。

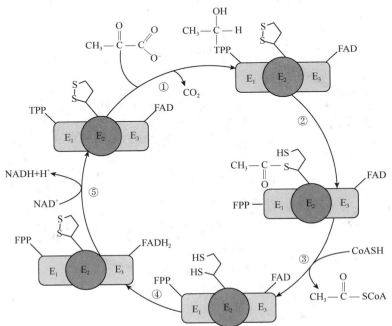

图 7-5　丙酮酸脱氢酶复合体作用机制

①～⑤对应丙酮酸脱氢酶复合体催化的 5 步反应

E_1，丙酮酸脱氢酶；E_2，二氢硫辛酰胺转乙酰酶；E_3，二氢硫辛酰胺脱氢酶以上 5 步反应过程中，中间产物均不离开酶复合体，能够使全部反应迅速完成。并且由于不存在游离的中间产物，故不会发生副反应。

（二）三羧酸循环

三羧酸循环亦称柠檬酸循环，由一连串酶促反应组成（参见第六章第二节）。简而言之，这些反应从 2 个碳原子的乙酰 CoA 与 4 个碳原子的草酰乙酸缩合成 6 个碳原子的柠檬酸开始，反复地脱氢氧化，同时发生脱羧反应。1 分子乙酰 CoA 进入三羧酸循环后，共发生 2 次脱羧，生成 2 分子 CO_2，这是体内 CO_2 的主要来源。三羧酸循环还有 4 次脱氢反应，其中 3 次脱氢由 NAD^+ 接受，1 次脱氢由 FAD 接受，共生成 3 分子 $NADH+H^+$ 和 1 分子 $FADH_2$。当这些 $NADH+H^+$ 和 $FADH_2$ 将电子传给氧时，才能生成大量 ATP。此外，三羧酸循环本身每循环一次，只能以底物水平磷酸化生成 1 个高能磷酸键。

三羧酸循环有 3 个关键酶，分别为柠檬酸合酶、异柠檬酸脱氢酶、α-酮戊二酸脱氢酶复合体，总的反应为

$$CH_3CO \sim SCoA+3NAD^++FAD+GDP(ADP)+P_i+2H_2O \longrightarrow 2CO_2+3NADH+3H^++FADH_2+$$
$$CoASH+GTP(ATP)$$

二、有氧氧化的生理意义

有氧氧化是糖分解产能的主要方式。三羧酸循环中，线粒体内 4 次脱氢产生的 $NADH+H^+$ 和 $FADH_2$，可经电子传递链氧化并偶联产生 ATP。其中，1 分子 $NADH+H^+$ 可生成 2.5 分子 ATP；1 分子 $FADH_2$ 只能生成 1.5 分子 ATP（参见第六章第三节）。加上 1 次底物水平磷酸化生成的 1 分子 ATP，1 分子乙酰 CoA 进行一轮三羧酸循环共生成 10 分子 ATP。若从 1 分子丙酮酸脱氢开始计算，共生成 12.5 分子 ATP。

在上一阶段糖酵解中，还有 2 次底物水平磷酸化净生成 2 分子 ATP。此外，细胞质中 3-磷酸甘油醛脱氢生成的 $NADH+H^+$，在氧供应充足时，可在不同组织中分别经两种穿梭机制转运到线粒体内，进入电子传递链，分别生成 2.5 或 1.5 分子 ATP（参见第六章第四节）。因此，1mol 葡萄糖彻底氧化生成 CO_2 和 H_2O，可净生成 5（或 7）+2×12.5=30（或 32）mol ATP（表 7-1）。

表 7-1 葡萄糖有氧氧化生成的 ATP

	反应	参与脱氢的辅酶	生成 ATP
第一阶段	葡萄糖 → 葡糖-6-磷酸	—	-1
	果糖-6-磷酸 → 果糖-1,6-双磷酸	—	-1
	2×3-磷酸甘油醛 → 2×1,3-双磷酸甘油酸	2NADH（细胞质）	3 或 5*
	2×1,3-双磷酸甘油酸 → 2×3-磷酸甘油酸	—	2
	2×磷酸烯醇丙酮酸 → 2×丙酮酸	—	2
第二阶段	2×丙酮酸 → 2×乙酰 CoA	2NADH（线粒体）	5
第三阶段	2×异柠檬酸 → 2×α-酮戊二酸	2NADH（线粒体）	5
	2×α-酮戊二酸 → 2×琥珀酰 CoA	2NADH	5
	2×琥珀酰 CoA → 2×琥珀酸	—	2
	2×琥珀酸 → 2×延胡索酸	2FADH₂	3
	2×苹果酸 → 2×草酰乙酸	2NADH	5
			净生成 30 或 32

注：* 细胞质中的 $NADH+H^+$ 运入线粒体时，如果经苹果酸-天冬氨酸穿梭，可产生 2.5 分子 ATP；如果经 α-磷酸甘油穿梭，则产生 1.5 分子 ATP

三、巴斯德效应

法国科学家路易斯·巴斯德（Louis Pasteur）发现，酵母菌在无氧时可进行生醇发酵；但若转移至有氧环境，生醇发酵就受到抑制，这一现象称为巴斯德效应（Pasteur effect）。肌组织也存

在有氧氧化抑制无氧氧化的类似情况，这是因为糖酵解中 NADH+H$^+$ 的去路决定了丙酮酸的代谢去向。缺氧时，糖酵解产生的 NADH+H$^+$ 留在细胞质中，可与后续生成的丙酮酸发生还原反应，生成乳酸。而有氧时，细胞质中的 NADH+H$^+$ 进入线粒体电子传递链，后续丙酮酸生成后也会运至线粒体内进行有氧氧化。所以在有氧条件下，无氧氧化受到抑制。

四、Warburg 效应

德国科学家奥托·海因里希·瓦尔堡（Otto Heinrich Warburg）于 20 世纪 20 年代观察到，即使氧供应充足，肿瘤细胞分解葡萄糖仍然以无氧氧化为主，此时有氧氧化则受到抑制，这一现象称为 Warburg 效应（Warburg effect）。除肿瘤细胞外，其他增殖活跃的细胞（如白细胞、骨髓细胞等）也常存在 Warburg 效应，这是因为细胞分裂需要以充足的物质合成为前提，此时能量需求并不是主要矛盾，而无氧氧化恰好可产生多种中间代谢物，从而提供大量碳源用以合成蛋白质、脂类、核酸等，满足细胞快速增殖的需要。一般而言，无氧氧化所消耗的葡萄糖数量显著多于有氧氧化，这种现象是由于缺氧时氧化磷酸化被抑制，引起 ADP/ATP 比升高，使得细胞质中磷酸果糖激酶-1 和丙酮酸激酶的活性增强，从而加速葡萄糖分解。

第四节　磷酸戊糖途径

细胞内绝大部分葡萄糖的分解代谢是通过有氧氧化生成大量能量，这是葡萄糖分解供能的主要途径。此外，尚存在不产能的分解代谢途径，如磷酸戊糖途径（pentose-phosphate pathway），这一途径主要提供磷酸核糖和 NADPH 两种重要产物。

一、磷酸戊糖途径的反应过程

磷酸戊糖途径的全部过程在细胞质中进行，从糖酵解的中间产物葡糖-6-磷酸开始反应，分为两个阶段：第一阶段是氧化反应，主要生成磷酸核糖和 NADPH；第二阶段则是非氧化反应，涉及一系列基团转移。

（一）氧化反应阶段

首先，由葡糖-6-磷酸脱氢酶催化，葡糖-6-磷酸脱氢生成 6-磷酸葡糖酸内酯，同时以 NADP$^+$ 接受氢而生成 NADPH，反应需要 Mg^{2+} 参与。接着，在内酯酶的作用下，6-磷酸葡糖酸内酯水解为 6-磷酸葡糖酸，后者由 6-磷酸葡糖酸脱氢酶催化发生氧化脱羧，生成核酮糖-5-磷酸、NADPH 和 CO$_2$。最后，核酮糖-5-磷酸在异构酶催化下，转变为核糖-5-磷酸，或者在差向异构酶催化下，转变为木酮糖-5-磷酸。

在第一阶段反应中，共脱氢 2 次，1 分子葡萄糖转变为 1 分子磷酸核糖和 2 分子 NADPH。磷酸核糖是合成核苷酸的原料，而 NADPH 则参与多种合成代谢。

葡糖-6-磷酸　　　6-磷酸葡糖酸内酯　　　6-磷酸葡糖酸　　　核酮糖-5-磷酸　　核糖-5-磷酸

（二）基团转移反应阶段

由于细胞中合成代谢需要消耗的 NADPH 数量远远多于磷酸核糖，因此，葡萄糖经第一阶段反应后，会产生多余的磷酸戊糖。第二阶段反应的意义就在于通过一系列基团转移反应，处理掉过剩的磷酸戊糖，将 3 分子磷酸戊糖转变成 2 分子果糖-6-磷酸和 1 分子 3-磷酸甘油醛，返回糖酵解途径再次利用。因此，磷酸戊糖途径也称为磷酸己糖支路（hexose monophosphate shunt）。

第二阶段涉及两类基团转移反应，接受体都是醛糖。一类是转酮醇酶（transketolase）催化的反应，转移 2 碳基团；另一类是转醛醇酶（transaldolase）催化的反应，转移 3 碳基团。具体来说，包括 3 步可逆的基团转移反应：

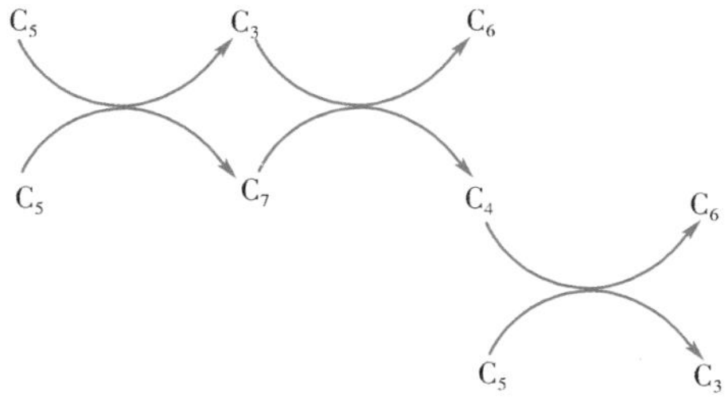

（1）在转酮醇酶催化下，由木酮糖-5-磷酸转移一个 2 碳单位（羟乙醛基）至核糖-5-磷酸，生成景天糖-7-磷酸和 3-磷酸甘油醛，以 TPP 作为辅酶，需 Mg^{2+} 参与。

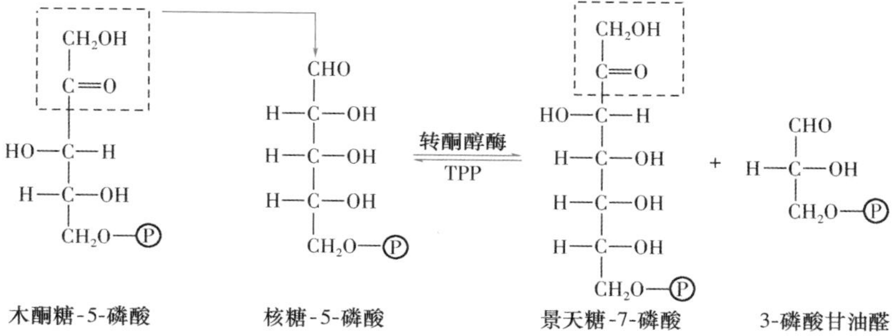

（2）在转醛醇酶催化下，由景天糖-7-磷酸转移一个 3 碳单位（二羟丙酮基）至 3-磷酸甘油醛，生成赤藓糖-4-磷酸和果糖-6-磷酸。

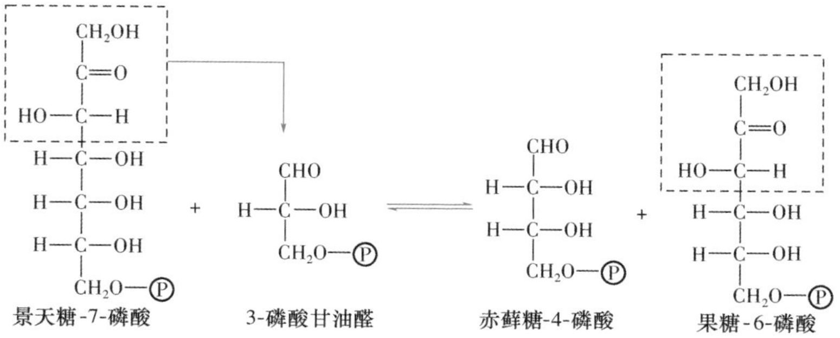

（3）在转酮醇酶催化下，由木酮糖-5-磷酸转移一个 2 碳单位（羟乙醛基）至赤藓糖-4-磷酸，生成果糖-6-磷酸和 3-磷酸甘油醛。后两者可进入糖酵解，从而完成代谢旁路。

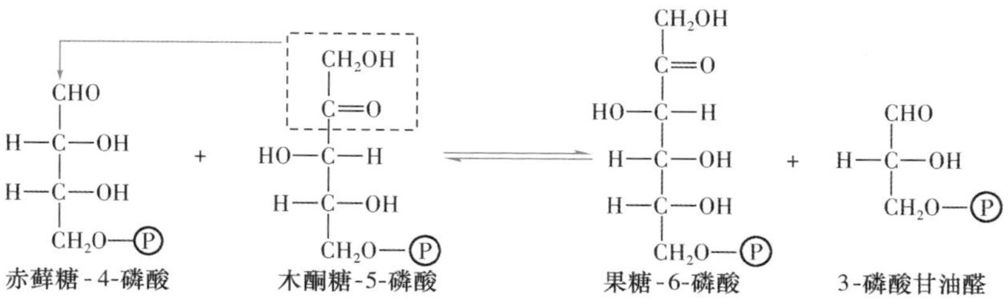

磷酸戊糖途径的反应可归纳如图 7-6 所示，总的反应为

$$3\times 葡糖\text{-}6\text{-}磷酸 + 6NADP^+ \longrightarrow 2\times 果糖\text{-}6\text{-}磷酸 + 3\text{-}磷酸甘油醛 + 6NADPH + 6H^+ + 3CO_2$$

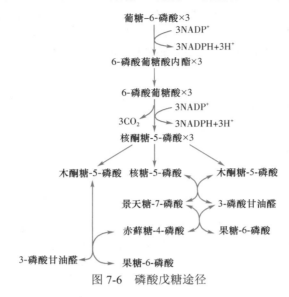

图 7-6　磷酸戊糖途径

二、磷酸戊糖途径的生理意义

（一）提供磷酸核糖

磷酸核糖是构成核酸和游离核苷酸的重要组分，它并不依赖从食物中摄入这一生成途径，而是主要在体内由葡萄糖经磷酸戊糖途径生成，包括两种方式：①葡糖-6-磷酸氧化脱羧，生成磷酸核糖（第一阶段）；②3-磷酸甘油醛和果糖-6-磷酸经过基团转移反应，生成磷酸核糖（第二阶段）。以上两种方式的相对重要性有所差异。人体主要依赖第一种方式生成磷酸核糖，但肌组织内由于缺乏葡糖-6-磷酸脱氢酶，故主要依赖第二种方式生成磷酸核糖。

（二）提供 NADPH

与 NADH 不同，NADPH 所携带的氢不进入电子传递链产能，而是参与供氢、羟化等多种代谢反应。

1. 为合成代谢供氢　体内许多合成代谢需要 NADPH 作为供氢体，如脂肪酸和胆固醇的合成。此外，合成非必需氨基酸（不依赖于从食物摄入的氨基酸）时，先由 α-酮戊二酸、NADPH 和 NH_3 生成谷氨酸，再与其他 α-酮酸进行转氨基反应而生成相应氨基酸。

2. 参与羟化反应　NADPH 所参与的羟化反应中，一些与生物合成有关，如合成胆固醇、胆汁酸、类固醇激素等；而另一些则与生物转化（biotransformation）有关（参见第六篇第二十五章第二节）。

3. 维持谷胱甘肽的还原状态　谷胱甘肽是一个活性三肽，以 GSH 表示。2 分子 GSH 可以脱氢生成氧化型谷胱甘肽（GSSG），而后者可由谷胱甘肽还原酶催化，被 NADPH 重新还原生成还原型谷胱甘肽。

$$
\begin{array}{ccc}
 & A & AH_2 \\
2GSH & \longrightarrow & GSSG \\
 & NADP^+ \quad NADPH+H^+ &
\end{array}
$$

作为体内重要的抗氧化剂，还原型谷胱甘肽可保护含巯基的蛋白质或酶免受氧化剂（特别是过氧化物）的氧化损害。在红细胞中，还原型谷胱甘肽的作用尤为重要，可以维持红细胞膜的完整性。有些人群（我国南方常见）的红细胞内缺乏葡糖-6-磷酸脱氢酶，不能经磷酸戊糖途径补充

NADPH，难以维持谷胱甘肽的还原状态，这就使得红细胞（尤其是衰老红细胞）易发生破裂，从而出现溶血性黄疸。此现象常在食用蚕豆（具有强氧化作用）后诱发，故称为蚕豆病。

第五节 糖原的合成与分解

糖原（glycogen）是动物体内糖的储存形式，是葡萄糖的分支状多聚体，包含一个还原末端和众多非还原末端，除分支处形成 α-1,6-糖苷键以外，其余均以 α-1,4-糖苷键相连接（图 7-7）。摄入的糖类主要有三种去路：①氧化供能；②转变成脂肪（甘油三酯），存于脂肪组织内，这种储存形式占大部分；③以糖原形式储存，只占一小部分。糖原储备的意义在于可迅速被动用，以满足人体对葡萄糖的急需；而脂肪储备则几乎不能转变成葡萄糖（参见第十一章第一节）。肝和骨骼肌是储存糖原的主要组织，但肝糖原和肌糖原的生理意义有很大不同。肌糖原主要为肌收缩快速供能；而肝糖原可迅速补充血糖，这对于脑、红细胞等依赖葡萄糖供能的组织尤为重要。糖原合成与分解的代谢途径可归纳如图 7-8 所示。

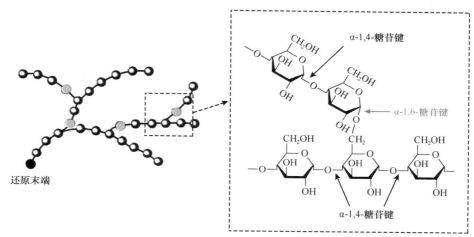

图 7-7 糖原的结构示意图

一、糖原的合成代谢

糖原合成（glycogenesis）是指在肝或骨骼肌内，从葡萄糖转变成糖原的过程，糖原合成可分为两个阶段：第一阶段是葡萄糖单位被活化；第二阶段是形成直链和支链。

（一）葡萄糖单位的活化

首先，在肝葡糖激酶或骨骼肌己糖激酶的作用下，葡萄糖磷酸化生成葡糖-6-磷酸，接着再转变成葡糖-1-磷酸。然后，葡糖-1-磷酸与尿苷三磷酸（UTP）反应生成尿苷二磷酸葡萄糖（uridine diphosphate glucose，UDPG）和焦磷酸，此步反应由 UDPG 焦磷酸化酶（UDPG pyrophosphorylase）催化。UDPG 是体内的活性葡萄糖供体，亦称为"活性葡萄糖单位"。生成 UDPG 的反应虽然可逆，但由于所释放的焦磷酸迅速被焦磷酸酶水解，因此有利于该反应向糖原合成方向进行。与此类似，体内还有许多其他合成代谢也是由焦磷酸水解而推动的。

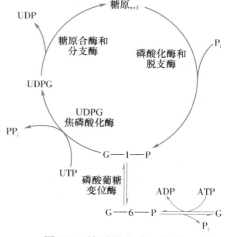

图 7-8 糖原的合成与分解

葡糖-1-磷酸　　　　　　　　　　　　　　　　UDPG

（二）直链和支链的形成

1. 糖原合成的初始引物　体内游离葡萄糖不能作为糖原合成的起始点，它不能直接接受来自 UDPG 的葡萄糖基。糖原的从头合成需要糖原引物。所谓糖原引物是指细胞内已存在的较小糖原分子，其合成依赖于一种糖原蛋白（glycogenin）。糖原蛋白本质上是一种自身糖基化酶，其自身的酪氨酸残基可依次接受来自 8 个 UDPG 的葡萄糖基，形成以 α-1,4-糖苷键相连接的八糖单位，这就是糖原合成的初始引物。

2. α-1,4-糖苷键的形成　在糖原合酶（glycogen synthase）催化下，UDPG 的葡萄糖基转移至糖原引物的糖链末端，形成 α-1,4-糖苷键。该反应不可逆，反复进行使得糖链不断延长。糖原合酶是糖原合成的关键酶，只能催化糖链延长，并不能形成分支。

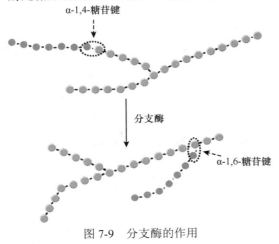

图 7-9　分支酶的作用

3. α-1,6-糖苷键的形成　当糖链延长到至少 11 个葡萄糖基时，由分支酶（branching enzyme）催化，将非还原末端的 6～7 个葡萄糖基转移至邻近的糖链上，在连接处形成 α-1,6-糖苷键，由此形成分支（图 7-9）。糖原分支的意义在于，不仅增加其水溶性，而且增加非还原末端的数目，使得糖原分解时能够从众多非还原末端同时进行，故反应更为快速、高效。

4. 能量消耗　葡萄糖被磷酸化时需消耗 1 个 ATP，焦磷酸水解又损失 1 个高能磷酸键，共消耗 2 个 ATP。而糖原合酶的反应产物 UDP，需要再利用 ATP 重新生成 UTP，此时 ATP 的高能磷酸键转移至 UTP，所以并未损失高能磷酸键。

以上所述为糖原合成的直接途径，肝糖原合成的间接途径或三碳途径参见糖异生（本章第六节）。而在肌细胞中，由于己糖激酶对葡萄糖的 K_m 低，葡萄糖进入细胞后即被迅速磷酸化而生成葡糖-6-磷酸，后者经 UDPG 合成糖原。肌内糖异生活性很低，肌收缩时产生的乳酸绝大部分转运至肝，再异生成糖，所以肌组织不存在糖原合成的三碳途径。

二、糖原的分解代谢

糖原分解（glycogenolysis）是指糖原分解成葡糖-1-磷酸进而被人体利用，此过程并非糖原合成的逆反应。肝糖原和肌糖原的分解起始阶段相同，先发生多聚体解聚，释出主要产物葡糖-1-磷酸，再转变成葡糖-6-磷酸。但随后肝和肌组织对葡糖-6-磷酸的利用则有所不同：由肝糖原分解而来的葡糖-6-磷酸，主要水解成葡萄糖释放入血，从而补充血糖；而由肌糖原分解而来的葡糖-6-磷酸，则主要进入糖酵解，提供肌收缩所需的能量。

（一）α-1,4-糖苷键的分解

糖原分解从多个非还原末端同时进行。由糖原磷酸化酶（glycogen phosphorylase）催化分解 α-1,4-糖苷键，释出 1 个葡萄糖基，生成葡糖-1-磷酸。由于此步为磷酸解反应，生成葡糖-1-磷酸而非游离葡萄糖，理论上自由能变动较小，故反应可逆。但由于细胞内无机磷酸盐含量极高，约为葡糖-1-磷酸浓度的 100 倍，所以此反应实际上只能向糖原分解方向进行。

（二）α-1,6-糖苷键的分解

当糖链磷酸解反应进行到距离分支点约 4 个葡萄糖基时，由于空间位阻，糖原磷酸化酶不再发挥作用。此时在葡聚糖转移酶催化下，先将 3 个葡萄糖基转移至邻近糖链的末端，仍以 α-1,4-糖苷键相连接。仅剩下分支处的 1 个葡萄糖基以 α-1,6-糖苷键形式连接，接着由 α-1,6-糖苷酶水解此分支处，释放出游离葡萄糖。目前认为葡聚糖转移酶和 α-1,6-糖苷酶是同一酶的两种活性，合称为脱支酶（debranching enzyme）（图 7-10）。分支除去后，糖原磷酸化酶仍可继续分解 α-1,4-糖苷键。

综上所述，在糖原磷酸化酶和脱支酶的共同作用下，糖原分解最终生成大量的葡糖-1-磷酸和少量的游离葡萄糖，其中葡糖-1-磷酸继续转变为葡糖-6-磷酸。在肝内，经葡糖-6-磷酸酶（glucose-6-phosphatase）催化，葡糖-6-磷酸水解生成葡萄糖，所以饥饿时肝糖原分解是补充血糖的第一道保障。而葡糖-6-磷酸酶在肌组织中缺乏，这就解释了肌糖原不能补充血糖的根本原因。肌糖原只能通过糖酵解氧化供能，从肌糖原中每生成 1 个葡糖-6-磷酸分子进入糖酵解，因为绕过了糖酵解第一步的磷酸化耗能反应，所以净产生 3 分子 ATP。

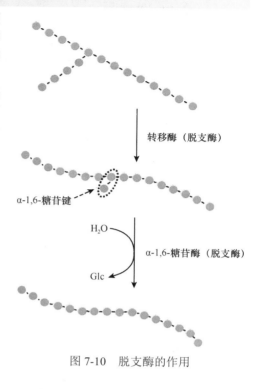

图 7-10　脱支酶的作用

第六节　糖　异　生

体内的糖原储备量有限，若无补充，肝糖原 12～24 小时即可耗尽，造成血糖来源枯竭。但事实上即使禁食时间更久，血糖水平仍维持在正常范围内。这是因为此时一方面人体减少对葡萄糖的利用，另一方面还主要依赖肝将氨基酸、乳酸等转变为葡萄糖，持续地补充血糖。这种由非糖化合物（如生糖氨基酸、乳酸、甘油等）转变成葡萄糖或糖原的过程称为糖异生（gluconeogenesis）。肝是糖异生的主要器官。一般来说，肾的糖异生能力比肝弱，但在长期饥饿时可大大增强，达到与肝相当的程度。

一、糖异生的反应过程

以丙酮酸生成葡萄糖的糖异生过程为例，它不完全是糖酵解的逆反应。糖酵解与糖异生共有 7 步可逆反应，只有糖酵解中 3 个关键酶催化的不可逆反应，在糖异生中需由另外的反应和酶代替（图 7-11）。

（一）丙酮酸羧化支路

1. 两个关键酶　糖酵解中从磷酸烯醇丙酮酸生成丙酮酸的反应由丙酮酸激酶催化，而在糖异生中其逆过程由两个反应组成，常称为丙酮酸羧化支路。第一个反应发生在线粒体中，由丙酮酸羧化酶（pyruvate carboxylase）催化，以生物素为辅酶。CO_2 先与生物素结合而发生活化，接着使丙酮酸羧化生成草酰乙酸，此反应需消耗 ATP。第二个反应可发生在线粒体或细胞质中，由磷酸烯醇式丙酮酸羧激酶催化。草酰乙酸脱羧转变成磷酸烯醇丙酮酸，消耗一个高能磷酸键。因此两步反应共消耗 2 个 ATP。

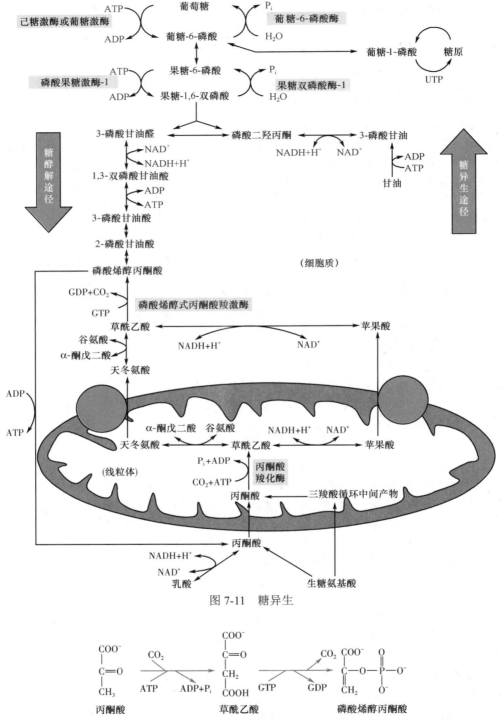

图 7-11 糖异生

2. 线粒体跨膜转运 丙酮酸羧化酶仅在线粒体内分布，所以细胞质中的丙酮酸必须先进入线粒体，才能进行羧化反应。而磷酸烯醇式丙酮酸羧激酶分布在线粒体和细胞质中，因此草酰乙酸既可在线粒体中转变成磷酸烯醇丙酮酸后再转运至细胞质，也可先转运到细胞质后再转变成磷酸烯醇丙酮酸。后者涉及草酰乙酸的线粒体跨膜转运，有两种方式：①在线粒体内苹果酸脱氢酶的作用下，草酰乙酸还原成苹果酸，然后苹果酸从线粒体运至细胞质，再经细胞质中苹果酸脱氢酶催化，使苹果酸脱氢重新生成草酰乙酸，注意，此过程同时能够使线粒体内的 NADH 转运到细胞质；②在线粒体内谷草转氨酶的作用下，草酰乙酸转变成天冬氨酸后运出线粒体，再由细胞质中谷草转氨酶催化脱氨重新生成草酰乙酸，此过程不涉及 NADH 的转运。

3. 不同糖异生原料的供氢体需求差异 糖异生的后续过程涉及一步加氢反应，由 1,3-双磷酸甘油酸还原生成 3-磷酸甘油醛，以 $NADH+H^+$ 作为供氢体。当以乳酸为原料进行糖异生时，在细胞质中乳酸首先脱氢生成丙酮酸，由此产生的 $NADH+H^+$ 可直接被后续加氢反应所利用。当以丙酮酸或生糖氨基酸为原料异生成糖时，$NADH+H^+$ 来源于线粒体内脂肪酸 β 氧化或三羧酸循环。

上述不同糖异生原料对供氢体的需求差异，恰好决定了草酰乙酸从线粒体运至细胞质的方式有所不同。以丙酮酸或能转变为丙酮酸的某些生糖氨基酸作为糖异生原料时，草酰乙酸以苹果酸形式跨膜转运，可同时将 $NADH+H^+$ 从线粒体运到细胞质，以满足后续加氢反应的需要；而乳酸进行糖异生时，草酰乙酸转变成天冬氨酸后运出线粒体，然后在细胞质中再转变回草酰乙酸。

（二）果糖-1,6-双磷酸的水解

由果糖双磷酸酶-1 催化，果糖-1,6-双磷酸 C-1 位的磷酸酯键发生水解，生成果糖-6-磷酸。此反应是放能反应，不生成 ATP，故反应易进行。

（三）葡糖-6-磷酸的水解

由葡糖-6-磷酸酶催化，葡糖-6-磷酸水解生成葡萄糖。此步也是磷酸酯键水解反应，不生成 ATP。

以上三步反应中，分别由不同的酶催化糖酵解和糖异生过程中互逆的单向反应，这种反应物互变称为底物循环（substrate cycle）。当两种酶活性相等时，就不能将代谢向任一方向推进，结果仅是 ATP 分解释放出能量，故称为无效循环（futile cycle）。实际上，细胞内往往两种酶活性不完全相等，因此代谢反应向活性强的一方进行。

二、糖异生的生理意义

（一）饥饿时维持血糖稳定

人体即使在饥饿时也需消耗一定量的糖。正常成人的脑组织主要依赖葡萄糖供给能量；成熟红细胞没有线粒体，只能通过糖的无氧氧化供能；骨髓细胞、白细胞等增殖活跃，常进行糖的无氧氧化。当饥饿导致肝糖原用尽之后，肝糖异生就成为补充血糖的第二道保障。

饥饿时，以生糖氨基酸和甘油作为糖异生原料。在饥饿早期，肌组织内大量蛋白质分解，释放出生糖氨基酸，并运至肝内糖异生，这是此时体内血糖的主要来源；而脂肪分解释放出的甘油，在肝内进行糖异生，也可补充少量血糖。长期饥饿时，若每天继续消耗大量蛋白质，将导致人体组织耗竭，故必须减弱经由生糖氨基酸的糖异生途径。此时，脑减少对葡萄糖的利用，转而依赖酮体供能；甘油仍可通过糖异生持续少量提供葡萄糖，这样总体上就可减少人体对蛋白质的消耗量。

此外，运动时，肌糖原分解产生的乳酸，也可作为糖异生的原料转变生成葡萄糖，此过程与运动强度有关。由于肌组织内糖异生关键酶活性低，故乳酸需经血液转运至肝内进行糖异生。

（二）补充或恢复肝糖原储备

进食后肝糖原储备丰富的现象，曾经被认为是肝直接利用葡萄糖合成糖原的结果，但实际观察并非如此。肝灌注实验显示，若灌注液中加入一些糖异生原料（如甘油、谷氨酸、丙酮酸、乳酸），则肝糖原的含量迅速增加。给动物输入预先以放射性核素标记不同碳原子的葡萄糖，示踪观察其肝糖原的标记情况，结果发现相当一部分葡萄糖先分解成丙酮酸、乳酸等三碳物质，然后再异生成糖原。此途径称为肝糖原合成的三碳途径，亦称为间接途径，这是与葡萄糖活化后合成糖原的六碳直接途径相对而言的。

肝糖原合成的三碳途径对于饥饿后进食尤为重要，可迅速补充或恢复肝糖原储备。这是因为

肝内葡糖激酶活性是决定糖原直接合成途径能否启动的主要因素。葡糖激酶的K_m很高，与葡萄糖的亲和力差，需要等待餐后血糖升至足够高的浓度后，才能与肝细胞摄入的葡萄糖底物相结合，催化生成葡糖-6-磷酸，因此，肝糖原六碳直接合成途径的启动相对较慢。而三碳途径启动快，绕过了肝葡糖激酶催化的反应，不需等待六碳糖活化，就能够迂回地依赖三碳物质糖异生获得足量葡糖-6-磷酸，这就保证了肝在进食初期摄取和利用葡萄糖能力低的情况下，仍可快速储备肝糖原，同时也很好地解释了为什么进食后2～3小时，肝的糖异生作用仍然保持旺盛。

（三）肾糖异生的酸碱平衡调节

长期禁食后，肾糖异生增强，帮助调节人体的酸碱平衡。究其根源，饥饿往往会诱发代谢性酸中毒，此时酮体代谢活跃，使体液pH降低，引起肾小管中磷酸烯醇丙酮酸羧激酶的合成增强，促进肾糖异生，由此导致α-酮戊二酸因异生成糖而减少，进一步促进谷氨酰胺脱氨、谷氨酸脱氨而补充α-酮戊二酸。脱下的NH_3被肾小管细胞分泌入管腔，与原尿中H^+结合，使原尿pH升高，有助于排氢保钠，防止酸中毒。

三、乳酸循环

肌收缩（特别是供氧不足时）通过糖的无氧氧化生成乳酸。由于肌组织内糖异生关键酶活性低，故乳酸经血液运输入肝，在肝内异生为葡萄糖。葡萄糖再经血液运送至肌组织，由此构成的循环称为乳酸循环，亦称Cori（科利）循环（图7-12）。乳酸循环是由肝和肌组织内酶的特点所决定的。肝中糖异生旺盛，且有独特的葡糖-6-磷酸酶，可水解葡糖-6-磷酸而生成葡萄糖。肌组织中不仅糖异生关键酶活性低，还缺乏葡糖-6-磷酸酶，因此肌组织内生成的乳酸不能就地进行糖异生。乳酸循环的生理意义体现在：能够尽可能不损失乳酸中的能量，进行有效的回收再利用；同时还可防止乳酸堆积，避免酸中毒。乳酸循环需要耗能，2分子乳酸进行糖异生共消耗6分子ATP。

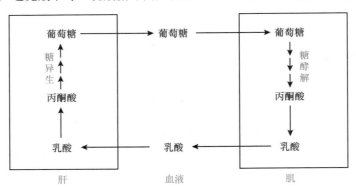

图 7-12　乳酸循环

第七节　葡萄糖的其他代谢途径

葡萄糖分解时，除绝大部分进入无氧和有氧氧化产能途径、磷酸戊糖途径外，还有一小部分可进入糖醛酸途径、多元醇途径代谢，生成一些重要的生理活性物质。

一、糖醛酸途径

糖代谢中存在很小一部分以葡糖醛酸为中间产物的代谢途径，称为糖醛酸途径（glucuronate pathway）。其反应过程将糖原合成与磷酸戊糖途径相联系，首先葡糖-6-磷酸转变为尿苷二磷酸葡萄糖（uridine diphosphate glucose，UDPG）；接着由UDPG脱氢酶催化生成尿苷二磷酸葡萄糖醛酸（uridine diphosphate glucuronic acid，UDPGA）；最后再转变为木酮糖-5-磷酸，进入磷酸戊糖途径（图7-13）。

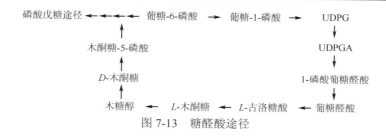

图 7-13 糖醛酸途径

人体内糖醛酸途径的主要生理意义在于提供 UDPGA，它是活化的葡糖醛酸，可参与肝内生物转化的结合反应（参见第二十五章第二节），也可组成蛋白聚糖的糖胺聚糖，如透明质酸、硫酸软骨素、肝素等（参见第三章第二节）。

二、多元醇途径

多元醇途径（polyol pathway）是指以多元醇（如山梨醇、木糖醇等）为中间产物的葡萄糖代谢途径，所占比例极小，仅局限于某些组织。例如，由醛糖还原酶催化，以 NADPH+H[+] 作为供氢体，葡萄糖可转变为山梨醇。又如，由 2 种木糖醇脱氢酶催化，糖醛酸途径的中间产物 L-木酮糖可转变为木糖醇。

多元醇不易通过细胞膜，本身无毒性，参与肝、脑、眼等组织内一些重要的生理、病理过程。例如，生精细胞利用多元醇途径，经由山梨醇生成果糖。果糖是精子的主要能源，这与周围组织以葡萄糖供能的情况相区别，从而使精子活动具有充足的能量来源。又如，1 型糖尿病患者过高的血糖渗透入晶状体内，生成较多的山梨醇，引起局部渗透压升高而诱发白内障。

第八节 糖代谢的调节

糖分解、储存与合成的各条代谢途径均受到精细调节，其本质是控制关键酶的活性和含量。这些代谢途径也并非相互孤立，而是通过一些共同的中间产物相互协调、相互制约。

一、糖的无氧氧化的调节

糖的无氧氧化的调节主要是对糖酵解关键酶的调控。糖酵解与糖异生共有 7 步可逆反应，催化这些可逆反应的酶并不能决定反应方向。糖酵解的流量调控在于 3 个关键酶，分别为己糖激酶（或葡糖激酶）、磷酸果糖激酶-1 和丙酮酸激酶，它们催化不可逆反应，其活性受变构调节或共价修饰调节。

（一）磷酸果糖激酶-1

1. 磷酸果糖激酶-1 的变构调节　磷酸果糖激酶-1 是糖酵解最重要的调控点。磷酸果糖激酶-1 的活性受多种代谢物的变构调节。其变构抑制剂为 ATP 和柠檬酸。磷酸果糖激酶-1 是四聚体，含 2 个 ATP 结合位点，分别位于活性中心的催化部位（ATP 作为底物与之结合）、活性中心以外的变构部位（ATP 作为变构抑制剂与之结合）。由于变构部位结合 ATP 的能力较弱，故只有当 ATP 浓度较高时才能抑制酶活性。

磷酸果糖激酶-1 的变构激活剂包括 AMP、ADP 和果糖-2,6-双磷酸（fructose-2,6-biphosphate，F-2,6-BP）。AMP 通过与 ATP 竞争结合变构部位，从而抵消 ATP 的变构抑制作用。磷酸果糖激酶-1 的最强变构激活剂是果糖-2,6-双磷酸，它在 μmol 水平的生理浓度范围内，即可与 AMP 一起抵消 ATP、柠檬酸的变构抑制作用。

2. 果糖-2,6-双磷酸的生成调节　果糖-2,6-双磷酸的生成量由一种双功能酶所调控，它同时具有两种酶活性。一种是磷酸果糖激酶-2（phosphofructokinase-2，PFK-2）活性，可催化果糖-6-磷酸 C$_2$ 位磷酸化，生成果糖-2,6-双磷酸。另一种是果糖双磷酸酶-2（fructose biphosphatase-2，

FBP-2）活性，可使果糖-2,6-双磷酸 C-2 位去磷酸化，生成果糖-6-磷酸。

磷酸果糖激酶-2/果糖双磷酸酶-2 还可受到激素诱发的共价修饰调节。在胰高血糖素作用下，依赖 cAMP 的蛋白激酶 A（protein kinase A，PKA）使此双功能酶的 32 位丝氨酸发生磷酸化，此时激酶活性抑制而磷酸酶活性增强。而当磷蛋白磷酸酶催化 32 位去磷酸化后，酶活性则出现相反的变化。磷酸果糖激酶-1 的活性调节如图 7-14 所示。

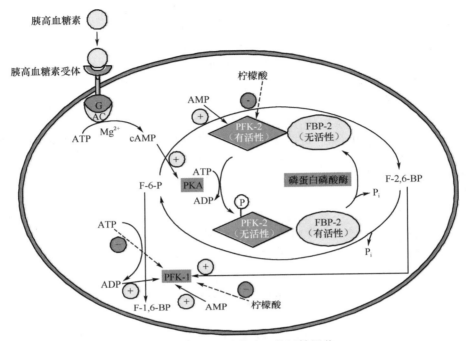

图 7-14　磷酸果糖激酶-1 的活性调节

（二）丙酮酸激酶

丙酮酸激酶是糖酵解的第二个重要调控点。果糖-1,6-双磷酸是其变构激活剂，而 ATP 则是其变构抑制剂。肝内丙氨酸也可变构抑制此酶活性。此外，丙酮酸激酶还受共价修饰调节。一方面，胰高血糖素可激活 PKA，使丙酮酸激酶发生磷酸化修饰，从而抑制酶活性。另一方面，依赖 Ca^{2+}、钙调蛋白的蛋白激酶也可使其磷酸化而失活。

（三）葡糖激酶或己糖激酶

葡糖激酶或己糖激酶调节糖酵解流量的作用不及前两者重要。葡糖-6-磷酸是己糖激酶的反应产物，可反馈抑制己糖激酶；但葡糖-6-磷酸不能反馈抑制葡糖激酶，这是因为葡糖激酶内不存在结合葡糖-6-磷酸的变构部位。长链脂酰 CoA 可变构抑制葡糖激酶或己糖激酶，其意义在于减少饥饿时肝和肝外组织对葡萄糖的利用。此外，胰岛素还可通过诱导转录，促进葡糖激酶的合成。

（四）能量供需调节

糖的无氧氧化是体内不利用氧分解葡萄糖的一条快速产能途径，其流量调节可适时满足身体各组织（尤其是骨骼肌）对能量的需求变化。耗能过多时引起 ATP/AMP 比例降低，可激活磷酸果糖激酶-1 和丙酮酸激酶，促进葡萄糖分解；而产能过剩时则情况相反，葡萄糖分解被抑制。肝对葡萄糖的利用不同于其他组织，即使进食后，肝也极少通过葡萄糖分解供能，而主要以脂肪酸作为能源。此时由于胰岛素分泌增加，通过促进果糖-2,6-双磷酸生成，使糖酵解加速，其目的是进一步转变为乙酰 CoA，用以合成内源性脂肪酸；而饥饿时由于胰高血糖素分泌增加，果糖-2,6-双磷酸的合成减少，糖酵解受到抑制，此时有利于糖异生的进行，以维持血糖稳定（参见本节内容五）。

二、糖有氧氧化的调节

糖的有氧氧化是产能的主要方式，其调节目的是使人体实时应对能量的供需变化。有氧氧化的调节主要通过对各阶段关键酶的调控来实现，前面已经详细叙述了糖酵解中 3 个关键酶的调节（参见本节内容一）、三羧酸循环中 3 个关键酶的调节（参见第六章第二节内容三），下面主要介绍丙酮酸脱氢酶复合体的调节及各反应阶段之间的协同调节。

（一）丙酮酸脱氢酶复合体

丙酮酸脱氢酶复合体是催化丙酮酸氧化脱羧的关键酶，其活性受到变构调节和共价修饰调节。丙酮酸脱氢酶复合体的变构抑制剂包括其反应产物乙酰 CoA、NADH+H$^+$。当乙酰 CoA/CoA 或者 NADH/NAD$^+$ 比例升高时，此酶被反馈抑制，其意义在于：①餐后避免葡萄糖过度分解，防止产能过多造成浪费；②饥饿时脂肪酸大量分解，抑制糖的有氧氧化，此时人体利用脂肪酸作为能量来源，以确保脑等重要组织对葡萄糖的需要。此外，ATP 也是丙酮酸脱氢酶复合体的变构抑制剂，而 AMP 则是其变构激活剂。

丙酮酸脱氢酶复合体还可受磷酸化修饰调节，其磷酸化反应由丙酮酸脱氢酶激酶催化，磷酸化后酶活性丧失；而其去磷酸化反应则由丙酮酸脱氢酶磷酸酶催化，去磷酸化后酶活性恢复。乙酰 CoA 和 NADH+H$^+$除直接变构抑制丙酮酸脱氢酶复合体外，还可间接通过激活丙酮酸脱氢酶激酶而抑制丙酮酸脱氢酶复合体（图 7-15）。

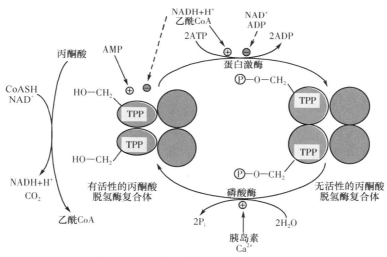

图 7-15 丙酮酸脱氢酶复合体的调节

（二）能量供需调节

糖的有氧氧化可产生大量能量，其流量调节取决于各阶段关键酶活性的协同调节，从而使上下游反应过程彼此适应和配合，满足人体的能量需求。具体来说，糖酵解产生丙酮酸的速率、丙酮酸氧化脱羧产生乙酰 CoA 的速率、乙酰 CoA 进入三羧酸循环氧化的速率、还原当量进行氧化磷酸化的速率，彼此之间都是相互协调适应的。一旦某一环节受阻，必然会抑制其他环节的顺利进行。例如，若下游氧化磷酸化减慢，供氢体将会积累，进而变构抑制柠檬酸合酶和 α-酮戊二酸脱氢酶复合体，从而使三羧酸循环运行受阻。

从具体调节机制上看，糖有氧氧化的诸多关键酶往往协调一致地受到 ATP/ADP（或 ATP/AMP）比率的调节。当细胞消耗 ATP 导致 ATP/ADP（或 ATP/AMP）比率降低时，糖酵解中部分关键酶（磷酸果糖激酶-1、丙酮酸激酶）、丙酮酸脱氢酶复合体和三羧酸循环中部分关键酶（柠檬酸合酶、异柠檬酸脱氢酶）均被活化，使有氧氧化各阶段协调加速，以大量补充 ATP。而当细胞内 ATP 过剩时，ATP/ADP（或 ATP/AMP）比率升高，上述酶的活性均受到抑制，使整个有氧氧化过程协调减速，避免造成能源浪费。

相对于 ATP/ADP 比率，ATP/AMP 调节有氧氧化的作用更为显著。ATP 被利用后生成 ADP，后者可再通过腺苷酸激酶反应提供一些 ATP（$2ADP \longrightarrow ATP+AMP$）。由于 ATP 和 ADP 同时消耗，故 ATP/ADP 的比率变化相对较小。而细胞内 AMP 含量很低，ATP 浓度约为其 50 倍，所以每生成 1 分子 AMP，就会使 ATP/AMP 的变化幅度比 ATP/ADP 大得多，从而更有效地调节有氧氧化。

三、磷酸戊糖途径的调节

葡糖-6-磷酸是肝内糖代谢的枢纽物质，可进入多条代谢途径，其反应方向和速率取决于各途径的关键酶活性。磷酸戊糖途径的关键酶是葡糖-6-磷酸脱氢酶，决定着葡糖-6-磷酸进入此途径的代谢流量。磷酸戊糖途径主要提供 NADPH，故其流量受人体 NADPH 的供需平衡调节。NADPH 对葡糖-6-磷酸脱氢酶有强烈的抑制作用。当 $NADPH/NADP^+$ 比例升高时，磷酸戊糖途径被抑制；而比例降低时则被激活。在摄取高碳水化合物饮食以后，尤其在饥饿后重新进食时，肝内葡糖-6-磷酸脱氢酶的含量明显增多，便于为合成脂肪酸提供所需的 NADPH。

四、糖原合成与分解的调节

糖原的合成与分解不是简单的可逆反应，而是分别通过两条途径进行，这样才能使调节更为精细。当糖原合成途径增强时，分解途径相应减弱，总的反应向糖原合成方向进行；反之亦然。这种合成与分解按两条途径进行的现象，是生物体内的普遍规律。

糖原合成途径的关键酶是糖原合酶，糖原分解途径的关键酶是磷酸化酶，二者活性的强弱分别控制着各自途径的代谢流量，从而决定糖原代谢的最终方向。糖原合酶与磷酸化酶均受共价修饰调节和变构调节，而且其酶活性调节方式彼此相反。

（一）磷酸化酶

1.磷酸化修饰调节　肝糖原磷酸化酶的活性受磷酸化和去磷酸化调节，修饰位点是其 14 位丝氨酸残基。去磷酸化形式的磷酸化酶活性很低（称为磷酸化酶 b），由磷蛋白磷酸酶-1 催化脱磷酸反应；而磷酸化修饰的磷酸化酶则为活性形式（称为磷酸化酶 a），由磷酸化酶 b 激酶催化加磷酸反应。磷酸化酶 b 激酶也受磷酸化和去磷酸化调节，与磷酸化酶类似，去磷酸化形式的磷酸化酶 b 激酶没有活性，由磷蛋白磷酸酶-1 催化生成；而磷酸化修饰的磷酸化酶 b 激酶有活性，由蛋白激酶 A 催化生成。

蛋白激酶 A 的活性依赖于 cAMP（参见第十七章第二节）。在腺苷酸环化酶催化下，ATP 转变为 cAMP。cAMP 在体内的半衰期很短，在磷酸二酯酶作用下迅速水解成 AMP，从而使蛋白激酶 A 失去活性。归根溯源，腺苷酸环化酶最初由激素活化，如胰高血糖素、肾上腺素等。这种通过一系列连锁的酶促反应将激素信号放大的反应体系称为级联放大系统（cascade system），其反应快，效率高。更重要的是，这种级联反应系统对激素信号有放大效应，而且各级反应都是可被调控的环节，有利于快速应激（图 7-16）。

2.变构调节　葡萄糖可变构抑制肝糖原磷酸化酶，这是受代谢物供需调节的基本机制。血糖升高时，肝细胞摄取葡萄糖，葡萄糖作为变构抑制剂结合至磷酸化酶 a 的变构部位，使第 14 位磷酸化的丝氨酸残基暴露出来，随即由磷蛋白磷酸酶-1 催化去磷酸化反应而使之失活，此时肝糖原分解减弱。这一调节方式速度极快，仅需几毫秒。

（二）糖原合酶

糖原合酶也受磷酸化和去磷酸化调节（图 7-16）。去磷酸后的糖原合酶是活性形式（称为糖原合酶 a），由磷蛋白磷酸酶-1 催化去磷酸反应；而磷酸化修饰的糖原合酶没有活性（称为糖原合酶 b），由蛋白激酶 A 催化加磷酸反应，磷酸化位点包括多个丝氨酸残基。此外，磷酸化酶 b 激酶也可使其中 1 个丝氨酸残基磷酸化，从而抑制糖原合酶活性。

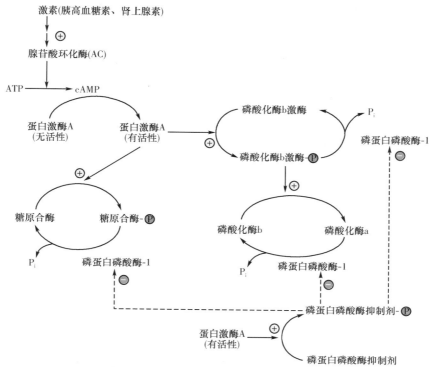

图 7-16　糖原合成与分解的共价修饰调节

（三）磷酸化酶与糖原合酶的反向调节

1. 磷酸化修饰的反向调节　磷酸化酶和糖原合酶均受磷酸化和去磷酸化修饰，二者调节方式相似，但活性形式相反，磷酸化的磷酸化酶活性强，而去磷酸化的糖原合酶才有活性。这种精细的反向调节，使得无论在何种生理条件下，糖原分解与合成这两条途径始终一强一弱，避免造成能量浪费。

值得注意的是，磷蛋白磷酸酶-1 是糖原代谢级联系统中的重要调控点，催化广泛的去磷酸化反应，反应底物包括磷酸化酶 a、糖原合酶和磷酸化酶 b 激酶等。因此，磷蛋白磷酸酶-1 的活性也受到精细的调节，可在磷蛋白磷酸酶抑制剂（一种胞内蛋白质）作用下失活。该磷蛋白磷酸酶抑制剂只有经磷酸化修饰后才有活性，这一磷酸化反应也是由蛋白激酶 A 催化的（图 7-16）。

2. 激素的反向调节　生理性调节糖原合成与分解的主要激素是胰岛素和胰高血糖素。胰岛素的作用是促进合成肝糖原和肌糖原，阻止分解糖原，其机制尚未明确，部分原因可能是激活了磷蛋白磷酸酶-1 而引发广泛的去磷酸化调节。胰高血糖素的作用则为促进肝糖原分解，这是通过诱导生成 cAMP、活化蛋白激酶 A 而实现的。肾上腺素也可经由 cAMP 途径加强分解肌糖原和肝糖原，但这种调节模式可能仅发生于应激条件下。

（四）肌糖原的代谢调节差异

肌糖原代谢中两个关键酶的调节不同于肝糖原，这是与肌糖原的生理功能相适应的，肌糖原仅为肌收缩提供能量，并不能补充血糖。调节肌糖原分解的主要激素是肾上腺素，区别于生理性调节肝糖原分解的胰高血糖素。在骨骼肌内，糖原合酶与磷酸化酶主要受 AMP、ATP 和葡糖-6-磷酸的变构调节。其中，AMP 是变构激活剂，可活化磷酸化酶 b；而 ATP、葡糖-6-磷酸则具有双重作用，既可变构抑制磷酸化酶 a，又可变构激活糖原合酶。肌糖原合成与分解的代谢方向取决于细胞内的能量状态。当肌收缩消耗 ATP 后，AMP 含量升高，同时伴随葡糖-6-磷酸水平降低，故有利于肌糖原分解。而静息状态下，肌内 ATP 和葡糖-6-磷酸的浓度较高，使肌糖原合成加快。

此外，Ca^{2+} 浓度升高也可加速肌糖原分解。神经冲动引起细胞质内 Ca^{2+} 含量增多，Ca^{2+} 结合磷酸化酶 b 激酶（其 δ 亚基为钙调蛋白），使其得以活化，继而催化生成下游活性型磷酸化酶 a，促进肌糖原分解。这种调节方式的意义在于，在神经冲动引起肌收缩的同时，就可通过加强糖原分解为肌收缩供能。

五、糖异生的调节

糖异生与糖酵解的代谢方向完全相反，两条途径中存在由 3 个单向、互逆的限速步骤所形成的 3 个底物循环，分别由不同的关键酶催化底物互变。如果从丙酮酸进行有效的糖异生，就必须抑制糖酵解，以防止葡萄糖又重新分解成丙酮酸；反之亦然。这种协调作用主要依赖于对其中的 2 个底物循环进行精细调控。

（一）第一个底物循环的调节

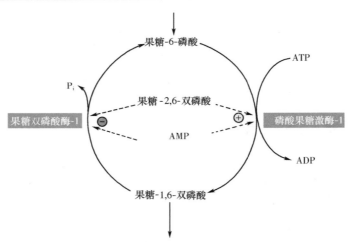

第一个底物循环发生在果糖-6-磷酸与果糖-1,6-双磷酸之间。糖酵解反应中，果糖-6-磷酸发生磷酸化，生成果糖-1,6-双磷酸，需消耗 ATP；糖异生反应中，果糖-1,6-双磷酸发生去磷酸化，生成果糖-6-磷酸，并无 ATP 生成。由此，磷酸化与去磷酸化构成了一个底物循环。

在细胞内，催化这一底物循环的两个酶活性常呈现相反的变化。例如，果糖-2,6-双磷酸和 AMP 既可变构激活磷酸果糖激酶-1，还可变构抑制果糖双磷酸酶-1，使反应向糖酵解方向进行，同时抑制了糖异生。又如，胰高血糖素通过 cAMP 和蛋白激酶 A，使磷酸果糖激酶-2 发生磷酸化修饰而失活，导致肝内果糖-2,6-双磷酸水平降低，促进糖异生，抑制糖酵解。胰岛素则发挥相反的作用。

肝内调节糖酵解与糖异生的主要信号是果糖-2,6-双磷酸的水平。进食后，胰高血糖素/胰岛素的分泌比例降低，使果糖-2,6-双磷酸的含量升高，从而抑制糖异生、增强糖酵解，为合成脂肪酸提供充足的乙酰 CoA。饥饿时，胰高血糖素/胰岛素的分泌比例升高，使果糖-2,6-双磷酸的含量降低，从糖酵解转向糖异生。维持底物循环虽然需要耗能，但可使代谢调节更灵敏、更精细。

（二）第二个底物循环的调节

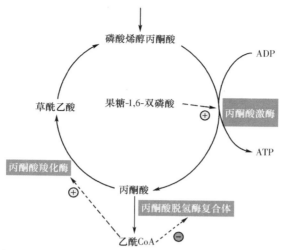

第二个底物循环发生在磷酸烯醇丙酮酸和丙酮酸之间。糖酵解反应中，磷酸烯醇丙酮酸发生底物水平磷酸化，转变成丙酮酸，并产生 1 分子 ATP；糖异生反应中，丙酮酸先羧化生成草酰乙酸，再脱羧转变成磷酸烯醇丙酮酸，共需消耗 2 分子 ATP。由此构成了另一个底物循环。

丙酮酸激酶受到果糖-1,6-双磷酸的变构激活调节。胰高血糖素通过减少果糖-2,6-双磷酸的生成量，下调果糖-1,6-双磷酸的水平，从而抑制丙酮酸激酶的活性。胰高血糖素还通过 cAMP 和蛋白激酶 A，使丙酮酸激酶发生磷酸化修饰而失去活性，增强糖异生而抑制糖酵解。此外，肝内丙酮酸激酶也可被丙氨酸所抑制，而丙氨酸是糖异生的主要原料，故这种抑制作用有利于饥饿时进行糖异生。

乙酰 CoA 对调节糖酵解和糖异生也有重要作用。丙酮酸羧化酶必须有乙酰 CoA 存在才有活性，而乙酰 CoA 对丙酮酸脱氢酶复合体又有反馈抑制作用，这就使得第二个底物循环和丙酮酸氧化脱羧的反应彼此协调适应。饥饿时，线粒体内 β-氧化活跃，脂酰 CoA 分解生成大量的乙酰 CoA，一方面抑制丙酮酸脱氢酶复合体，抑制糖的有氧氧化；另一方面激活丙酮酸羧化酶，促进糖异生。

磷酸烯醇丙酮酸羧激酶的含量主要受激素调节。胰高血糖素可通过 cAMP 快速诱导此酶蛋白的合成，促进糖异生；而胰岛素则显著降低此酶蛋白的含量，抑制糖异生。

第九节 血糖及其调节

血中的葡萄糖称为血糖（blood glucose）。血糖水平通常保持在 3.9～6.0mmol/L，相当恒定，这是血糖的来源与去路维持平衡的结果。血糖水平稳定是人体执行正常生理功能的前提，尤其对于脑、红细胞等具有重要的生理意义。

一、血糖的来源和去路

血糖主要来源于食物在肠道中的消化吸收、肝糖原分解或肝内糖异生。血糖被周围组织和肝摄取后，在各组织细胞内的进一步利用和代谢情况各异，以适应这些组织的不同代谢特点。例如，在某些组织中可氧化供能；在肝和肌组织中可合成糖原；在脂肪组织和肝中可合成甘油三酯等脂类物质（图 7-17）。

在特定时间、特定组织中，血糖的所有来源和去路并非同时活跃进行。进食后，血糖主要来源于食物的消化吸收，用于氧化供能和合成各种能源储备；短期饥饿时，肝糖原分解补充血糖，仅保证葡萄糖用于基本供能；长期饥饿时，肝内糖异生补充血糖，糖的分解降至最低限度，转而由非糖物质代替糖提供能量。因此，血糖的来源和去路一直在变化，随着人体能量来源、消耗等变量因素进行及时调节，始终维持动态平衡。

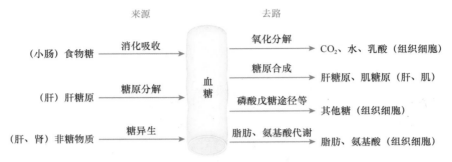

图 7-17　血糖的来源和去路

二、血糖水平的调节

糖代谢的调节是一个多阶段、多因素的复杂过程，既需要脂肪和氨基酸代谢的协调配合，也需要肝、肌、脂肪组织等多种器官、组织的分工协作。例如，消化吸收期间，自肠道吸收大量葡萄糖，此时肝内糖原合成加强而分解减弱，肌糖原合成亦加强，肝、脂肪组织加速将糖转变为脂肪，多种组织对葡萄糖的氧化利用增强，因而血糖仅暂时上升并且很快恢复正常。又如，长跑者经长达 2 个多小时的比赛，其肝糖原早已耗尽，但血糖水平仍保持在正常范围内，此时肌组织能量来源主要为脂肪酸，而糖异生得来的葡萄糖保持血糖处于正常水平。在长期饥饿时，血糖虽略低，但仍保持在 3.6～3.8mmol/L，此时血糖主要来自肌组织蛋白质降解释出的氨基酸，其次为甘油，以保证脑和红细胞的能量需要，而其他组织的能量来源则为脂肪酸和酮体，同时葡萄糖的摄取被抑制，甚至脑的能量大部分也可由酮体供应，这样就使血糖仍能保持在略低于正常水平的稳定状态。

体内各种代谢及各器官之间之所以能这样精确协调，以适应能量、燃料供求的变化，是因为它们主要依靠激素的调节。胰岛素、胰高血糖素、糖皮质激素、肾上腺素是调节血糖水平的主要激素，它们通过调节关键酶发挥作用。血糖水平稳定取决于这些激素联合作用后的综合效应。

（一）胰岛素

胰岛素是体内降低血糖的主要激素，表现为使血糖去路增强、来源减弱。胰岛素也能够促进糖原、脂肪、蛋白质的合成。胰岛素分泌受血糖水平调节，血糖升高立即引起胰岛素分泌增多；血糖降低则迅速使其分泌减弱。胰岛素降低血糖是多方面作用的结果：①促进肌、脂肪组织等的细胞膜 GLUT-4 将葡萄糖转运入细胞内。②通过增强磷酸二酯酶活性，降低 cAMP 水平，从而使糖原合酶活性增强、磷酸化酶活性降低，促进糖原合成、抑制糖原分解。③通过激活丙酮酸脱氢酶磷酸酶使丙酮酸脱氢酶复合体发生活化，加速丙酮酸氧化为乙酰 CoA，从而加快糖的有氧氧化。④通过抑制磷酸烯醇丙酮酸羧激酶的合成，或者促进氨基酸进入肌组织合成蛋白质而减少糖异生原料，抑制肝内糖异生。⑤抑制脂肪组织的激素敏感性脂肪酶，减缓脂肪动员的速率，从而促进人体对葡萄糖的氧化利用。

（二）胰高血糖素

胰高血糖素（glucagon）是体内升高血糖的主要激素，表现为使血糖来源增强、去路减弱。受血糖降低或血中氨基酸水平升高的刺激后，胰高血糖素分泌增多。其升高血糖的机制包括：①经肝细胞膜受体激活蛋白激酶 A，从而抑制糖原合酶、激活磷酸化酶，使肝糖原迅速分解，血糖升高。②抑制磷酸果糖激酶-2，同时激活果糖双磷酸酶-2，从而降低果糖-2,6-双磷酸的水平。因果糖-2,6-双磷酸变构激活磷酸果糖激酶-1 的作用最强，同时还可变构抑制果糖双磷酸酶-1，故使糖酵解减弱而糖异生加强。③抑制肝内丙酮酸激酶的活性，阻止糖酵解；同时促进磷酸烯醇丙酮酸羧激酶的合成，并加速肝摄取血中的氨基酸，从而增强糖异生。④通过激活脂肪组织内激素敏感性脂肪酶，加速脂肪动员，从而减少人体对葡萄糖的利用。

胰岛素和胰高血糖素是生理性调节血糖，实际上也是调节三大营养物质代谢最主要的两种激素。体内糖、脂肪、氨基酸代谢的变化主要取决于这两种激素的比例。在不同生理条件下，这两种激素的分泌是相反的。引起胰岛素分泌的信号（如血糖升高）可抑制胰高血糖素分泌；反之，使胰岛素分泌减少的信号（如血糖降低）可促进胰高血糖素分泌。

（三）糖皮质激素

糖皮质激素（glucocorticoid）可引起血糖升高，其作用机制主要包括两方面：①促进肌组织蛋白质分解，分解产生的氨基酸转移到肝进行糖异生。这时，磷酸烯醇丙酮酸羧激酶的合成增强，有利于糖异生。②抑制丙酮酸的氧化脱羧，从而减少肝外组织对葡萄糖的分解利用。此外，在糖皮质激素存在时，其他促进脂肪动员的激素才能发挥最大的效果。这种脂肪动员的协同效应，可使血中游离脂肪酸升高，也可间接抑制周围组织摄取葡萄糖。

（四）肾上腺素

肾上腺素（adrenaline，epinephrine）是升高血糖的强效激素。注射肾上腺素可使动物体内血糖迅速升高，并可持续几小时，此时血中的乳酸含量也增多。肾上腺素的这种效应是通过肝和肌组织的细胞膜受体激活 cAMP 依赖的级联反应体系，从而使磷酸化酶发生磷酸化修饰而活化，促进糖原分解。肝糖原分解可补充血中葡萄糖；而肌糖原则经无氧氧化生成乳酸，提供肌收缩所需能量。肾上腺素主要在应激条件下发挥功能，对经常性（尤其是进食引起的）血糖水平波动没有生理意义。

第十节 糖代谢异常与疾病

维持糖代谢的稳态对于保障人体正常的生理功能至关重要。一旦糖代谢表现异常，很可能引发其他物质的代谢也出现紊乱，最终导致疾病的发生。常见的糖代谢异常疾病包括糖原贮积症、血糖水平异常等。

一、糖原贮积症

糖原贮积症（glycogen storage disease）属于遗传性代谢病，其病因是患者先天性缺乏糖原代谢相关的酶类，表现为体内某些器官组织中堆积大量糖原。由于所缺陷的酶种类不同，可能导致糖原的结构发生异常，受累器官也有所差异，对健康的危害程度亦不同（表 7-2）。例如，肝内缺乏糖原磷酸化酶时，婴儿仍可成长，虽然肝糖原堆积引起肝大，但并无严重后果。而如果缺乏葡糖-6-磷酸酶，肝糖原就不能补充血糖，后果非常严重。对于缺乏溶酶体中 α-糖苷酶的情况，α-1,4-糖苷键和 α-1,6-糖苷键的分解出现障碍，导致所有组织均受损，患者常因心肌受损而发生猝死。

表 7-2 糖原贮积症分型

型别	缺陷的酶	受害器官及组织	临床表现
I	葡糖-6-磷酸酶	肝、肾	肝大、低血糖、酮症、高尿酸、高脂血症
II	溶酶体 α-糖苷酶	所有组织	常在 2 岁前因心力衰竭、呼吸衰竭死亡
III	脱支酶	肝、肌	类似 I 型，但程度较轻
IV	分支酶	所有组织	进行性肝硬化，常在 2 岁前因肝衰竭死亡
V	肌糖原磷酸化酶	肌	因疼痛，肌运动受限，否则患者可正常发育
VI	肝糖原磷酸化酶	肝	类似 I 型，但程度较轻
VII	磷酸果糖激酶-1	肌、红细胞	与 V 型类似
VIII	磷酸化酶激酶	脑、肝	轻度肝大

二、血糖水平异常

正常人体对糖代谢的调节具有一整套精细的机制。人体对摄入的葡萄糖有很大的耐受能力，当一次性进食大量葡萄糖之后，血糖水平不会出现大的波动，也不会持续升高，这种现象称为葡萄糖耐量（glucose tolerance）或耐糖现象。临床上对患者做糖耐量试验可以帮助诊断某些与糖代谢障碍相关的疾病。糖代谢障碍可导致血糖水平紊乱，常见有以下类型。

（一）低血糖

对于健康人群，低血糖（hypoglycemia）是指血糖浓度低于 2.8mmol/L。由于葡萄糖是脑的主要能源，所以低血糖对脑功能影响较大，可诱发头晕、倦怠无力、心悸等症状，严重时引起昏迷，称为低血糖休克。这时需要及时给患者静脉补充葡萄糖，否则将导致死亡。低血糖的病因分为生理性和病理性，主要包括：①胰岛功能异常，如胰岛 β 细胞功能亢进、胰岛 α 细胞功能低下等；②肝功能异常，如肝癌、糖原贮积症等；③内分泌异常，如垂体功能低下、肾上腺皮质功能低下等；④胰腺癌、胃癌等肿瘤；⑤饥饿或不能进食等。

（二）高血糖

高血糖（hyperglycemia）是指空腹血糖浓度高于 7mmol/L。如果血糖浓度高于肾糖阈，就会超过肾小管的重吸收能力，从而出现糖尿。引起糖尿的因素可分为病理性和生理性，通常涉及以下几种情况：①先天性的胰岛素受体缺陷，人体无法对胰岛素作出响应，导致持续性高血糖和糖尿。②肾重吸收糖发生障碍，见于某些慢性肾炎、肾病综合征等，此时血糖水平和糖耐量曲线均为正常，但因为肾糖阈降低而导致出现糖尿。③情绪激动可使交感神经兴奋，促进肾上腺素分泌，肝糖原大量分解，从而出现暂时性高血糖和糖尿。④静脉滴注葡萄糖的速度过快，也可引起血糖迅速升高并伴有糖尿。

（三）糖尿病

糖尿病（diabetes mellitus）是因胰岛素分泌和（或）利用缺陷所导致的一组代谢性紊乱疾病，主要临床表现是持续性高血糖和糖尿，尤其是空腹血糖和糖耐量曲线高于正常范围。糖尿病的临床分型有四类：胰岛素依赖型（1 型）、非胰岛素依赖型（2 型）、妊娠糖尿病、特殊类型糖尿病。1 型糖尿病好发于青少年，常因自身免疫而破坏胰岛 β 细胞，造成胰岛素的绝对缺乏。2 型糖尿病常伴发肥胖，病因可能是细胞膜上的胰岛素受体数量减少、丢失，或者受体敏感性降低，导致胰岛素的相对缺乏，使人体对胰岛素的响应减弱，甚至不响应，此现象称为胰岛素抵抗。

糖尿病存在多种并发症，包括糖尿病肾病、糖尿病视网膜病变、糖尿病周围神经病变、糖尿病周围血管病变等。血糖水平越高、病史时间越长，糖尿病并发症的进展也就越严重。

小　　结

糖最主要的生理功能是提供能量，也是组成人体组织结构的重要成分，并发挥一些特殊的生理功能。食物淀粉在肠道被消化成单糖后才能吸收入血，进一步由细胞膜上葡萄糖转运蛋白将血中单糖摄入细胞内利用。葡萄糖在体内的代谢涉及无氧氧化、有氧氧化、磷酸戊糖途径、糖原合成分解、糖异生等。

糖的无氧氧化是指在缺氧情况下，葡萄糖生成乳酸的过程。分为两个反应阶段：第一阶段从葡萄糖分解成丙酮酸，称为糖酵解；第二阶段从丙酮酸转变成乳酸。无氧氧化在细胞质中进行，1mol 葡萄糖分解净得 2mol ATP，可迅速提供能量。

糖的有氧氧化是指在有氧条件下，葡萄糖彻底氧化成水和二氧化碳的过程，是糖的主要氧化方式。有氧氧化分为三个阶段：第一阶段为细胞质中的糖酵解；第二阶段为丙酮酸进入线粒体内，在丙酮酸脱氢酶复合体的作用下脱氢、脱羧，生成乙酰 CoA；第三阶段为线粒体内的三羧酸循环和氧化磷酸化，从乙酰 CoA 和草酰乙酸缩合成柠檬酸开始，经过 4 次脱氢（3 次脱氢由 NAD$^+$接受，1 次脱氢由 FAD 接受）、1 次底物水平磷酸化、2 次脱羧，脱下的氢和电子经过呼吸链传递给氧，生成 H$_2$O 和 ATP。1mol 葡萄糖彻底氧化可产生 30 或 32mol ATP。

磷酸戊糖途径在细胞质中进行，其生理意义不是产能，而是不仅能够产生磷酸核糖，更重要的是产生细胞合成代谢所需要的 NADPH，NADPH 还可参与体内羟化反应和维持谷胱甘肽还原性。

糖原是体内糖储存的重要形式，主要在肝和骨骼肌中储存。进食后合成糖原，葡萄糖首先活化形成尿苷二磷酸葡萄糖（UDPG）后，在糖原合酶作用下依次连接到糖原引物上。饥饿时分解糖原，在磷酸化酶作用下分解释出 1 个葡萄糖基，形成葡糖-1-磷酸，再变位生成葡糖-6-磷酸。在肝和肾，进一步由葡糖-6-磷酸酶催化生成葡萄糖，释放入血而补充血糖。在肌组织内因缺乏葡糖-6-磷酸酶，葡糖-6-磷酸不能转变成葡萄糖，只能进入糖酵解供能。

糖异生是指非糖化合物（乳酸、甘油、生糖氨基酸等）转变成葡萄糖和糖原的过程，主要在肝和肾进行，又称为三碳途径。其基本过程需要由另一套关键酶来催化糖酵解中三个不可逆反应的逆向反应：①从丙酮酸转变成磷酸烯醇丙酮酸（由丙酮酸羧化酶和磷酸烯醇丙酮酸羧激酶催化）；②果糖-1,6-双磷酸转变为果糖-6-磷酸（由果糖双磷酸酶-1 催化）；③葡糖-6-磷酸水解为葡萄糖（由葡糖-6-磷酸酶催化）。糖异生的生理意义在于空腹或饥饿时补充血糖，以维持血糖稳态，保证脑等重要器官对能量的需求。

糖代谢主要通过控制各代谢途径中关键酶的活性来调节反应的流向和速率。在糖酵解中，主要调节磷酸果糖激酶-1 的活性，其次为丙酮酸激酶和己糖激酶（或葡糖激酶）。在有氧氧化中调节三个反应阶段，除调节糖酵解的关键酶活性外，还调节丙酮酸脱氢酶复合体，在三羧酸循环中主要调节异柠檬酸脱氢酶和 α-酮戊二酸脱氢酶复合体，其次是柠檬酸合酶的活性调节。在糖原合成和分解中，主要调节糖原合酶与磷酸化酶的活性，使得糖原分解活跃时，合成途径被抑制，反之亦然。糖异生是与糖酵解方向相反的代谢途径，主要调节两个底物循环：果糖-6-磷酸与果糖-1,6-双磷酸之间、磷酸烯醇丙酮酸与丙酮酸之间，由果糖双磷酸酶-1、丙酮酸羧化酶、磷酸烯醇丙酮酸羧激酶调节糖异生速率。

血糖指血中的葡萄糖，其水平稳定在 3.9～6.0mmol/L。血糖水平恒定是维持人体正常生理功能所必须的，主要受激素调节。体内降低血糖的主要激素是胰岛素；升高血糖的主要激素是胰高血糖素，其次还有糖皮质激素和肾上腺素。糖代谢异常可导致疾病，如糖原贮积症、血糖水平异常等，其中糖尿病主要表现为持续性高血糖和糖尿。

（赵 晶）

第七章线上内容

第八章 脂 质 代 谢

脂质（lipid）是脂肪和类脂的总称，是一类种类和功能多样性的疏水性化合物。不溶于水而溶于有机溶剂，如乙醚、氯仿、丙酮等。脂肪（fat）即甘油三酯（triglyceride，TG），也称为三酰甘油（triacylglycerol）。类脂（lipoid）主要有磷脂（phospholipid）、糖脂（glycolipid）、胆固醇（cholesterol）及胆固醇酯（cholesteryl ester，CE）等。

脂质主要由碳、氢、氧等元素组成，有些还含有磷、硫和氮。机体内的脂质结构复杂，分布广泛，不同的脂质及其复杂的代谢参与机体许多正常的生命活动，脂代谢紊乱与肥胖、心脑血管疾病、肝肾代谢性疾病、神经精神病等的发生密切相关。因此，对生物样本中脂质组成与代谢进行全面深入的脂质组学研究成为当今生命科学及医学的前沿领域。

第一节 脂质代谢概述

一、脂质的生物学功能

不同种类的脂质在生命体活动中具有生物学功能的多样性和复杂性。

（一）脂肪的储能和氧化供能

甘油三酯是机体重要的供能和储能物质。脂肪彻底氧化产生的能量（约 38kJ/g）比糖和蛋白质（约 17kJ/g）多一倍以上。体内储存的脂肪占人体体重 10%～20%，主要分布在脂肪组织中，如皮下、腹腔大网膜和肠系膜等处。细胞内的脂肪主要以乳化状的微粒形式存在于细胞质中，也能与蛋白质和其他类脂形成脂蛋白复合物。饥饿或禁食等情况下，脂肪被动员产生能量，约占人体可动用能量的 85%，是机体最主要的储存能源。

（二）脂肪酸的多种生理功能

1. 必需脂肪酸的功能 脂肪酸（fatty acid）是脂肪、磷脂和胆固醇酯的重要组成成分。维持机体正常代谢所必需，而机体又不能自身合成、必须从食物中获取的脂肪酸称为必需脂肪酸（essential fatty acid），如亚油酸、α-亚麻酸等不饱和脂肪酸。

2. 不饱和脂肪酸衍生物的生物活性 不饱和脂肪酸（如花生四烯酸、亚麻酸等）合成一些具有重要生理功能的衍生物，在细胞代谢活动、炎症反应中具有重要的调节作用。

（1）花生四烯酸的衍生物：磷脂酰肌醇和磷脂酰胆碱可水解释放出花生四烯酸，后者可经过不同代谢途径合成前列腺素（prostaglandin，PG）、血栓素（thromboxane，TX）和白三烯（leukotriene，LT）等重要衍生物。①前列腺素可分为 PGA～PGI 等 9 型，PGE_2 能诱发炎症，引起毛细血管通透性增加，还可松弛气管平滑肌、促进胃肠平滑肌蠕动；PGA_2、PGE_2 能使动脉平滑肌舒张引起血压下降；PGF_2 可收缩血管，有升高血压作用；PGI_2 又称为前列环素（prostacyclin），有很强的舒张血管和抗血小板聚集、抑制凝血及血栓形成的作用。②血栓素，血小板中产生的 TXA_2 又称为血栓噁烷，常见于血管受损处，如动脉粥样硬化斑块处聚集的血小板瞬间释放出大量 TXA_2，促使凝血及血栓形成，并迅速收缩血管，导致局部组织缺血。TXA_2 与血管内皮细胞释放的 PGI_2 作用拮抗。③白三烯：是最初从白细胞分离出的、具有三个共轭双键的二十碳多不饱和脂肪酸，可按其取代性质分为 A～F 六类。其作用与变态反应、炎症有关，如 LTB_4 促进白细胞游走与趋化，诱发多形白细胞脱颗粒；过敏反应慢反应物质是 LTC_4、LTD_4 和 LTE_4 的混合物，有很强的收缩支气管和胃肠平滑肌的作用；LTD_4 还能促毛细血管通透性增加。

（2）亚麻酸的衍生物：亚麻酸在体内可转变生成二十碳五烯酸（eicosapentaenoic acid，EPA）和二十二碳六烯酸（docosahexaenoic acid，DHA），EPA 可转变为某些 PG、TX 和 LT。DHA 存在于大脑皮质、视网膜和睾丸等组织中，在组织发育中起重要作用。

（三）类脂的不同生理功能

1. 重要的细胞生物膜组分 磷脂和胆固醇是维持生物膜正常结构与功能的重要组分。磷脂有亲水端和疏水端，以双层磷脂分子构成的生物膜基础骨架，是极性物质进出细胞的通透性屏障，磷脂的脂烃链长度和饱和度的不同会影响膜的流动性。细胞膜中存在不同比例的各种磷脂，如磷脂酰胆碱、磷脂酰乙醇胺、神经鞘磷脂等，心磷脂是线粒体内膜的主要脂质。

游离胆固醇（free cholesterol，FC）散布于生物膜的磷脂分子之间，在质膜中含量较高，内质网和其他细胞器较少。胆固醇为两性分子，其 C_3 羟基亲水，分布于磷脂的极性端之间，疏水的环戊烷多氢菲和侧链存在于膜磷脂疏水端内侧，对控制动物生物膜的稳定性发挥重要作用。它可阻止膜磷脂在相变温度以下时转变成结晶状态，从而保证了膜在较低温度时的流动性和正常功能。

此外，糖脂具有亲水性，其功能与细胞识别及相互作用有关。

2. 磷脂酰肌醇生成的信号分子 磷脂的衍生物，如磷脂酰肌醇磷酸化生成的磷脂酰肌醇-4,5-二磷酸存在于细胞膜内层，后者在激素信号作用下分解为肌醇三磷酸（inositol triphosphate，IP_3）和甘油二酯（diacylglycerol，DG），均为细胞内传递细胞信号的信使分子。

3. 胆固醇转变的多种生理活性物质 肾上腺皮质激素、雄激素和雌激素均以胆固醇为原料在肾上腺皮质、性腺等相应的内分泌腺细胞中合成，具有广泛的代谢调节作用。胆固醇在肝转变为胆盐，随胆汁排入消化道，参与脂质的消化和吸收。皮肤中 7-脱氢胆固醇在日光紫外线的照射下，可转变为维生素 D_3（Vit D_3，又称胆钙化醇），后者在肝和肾中羟化转变为 1,25-$(OH)_2$-D_3 活性形式，参与调节钙磷代谢。

（四）脂质的其他作用

1. 协助脂溶性物质的吸收 脂溶性维生素 A、维生素 D、维生素 E、维生素 K 及植物中的胡萝卜素，在食物中与脂质共同存在，并随脂质一同吸收，脂质吸收障碍可引起相应的缺乏症。

2. 保温和保护作用 分布于皮下的脂肪组织可以防止热量散失而起保温作用。以液态的甘油三酯为主要成分的脂肪组织可缓冲外界的机械撞击，保护内脏和肌肉组织免受损伤。

二、脂质的消化吸收

（一）脂质的消化

膳食中的脂质主要为脂肪，还有少量磷脂、胆固醇等，因口腔内无脂肪酶不能消化脂肪；胃内虽含有脂肪酶，但其含量甚少，加之胃液酸性较强，故脂肪在胃内几乎不能被消化。婴儿例外，因其胃酸较少，且吸吮活动和乳脂均能刺激舌腺分泌舌脂酶（lingual lipase），因此脂肪可被部分消化。

脂质消化的主要场所在小肠上段。小肠上段有胰液和胆汁的流入，胆汁中含较强乳化作用的胆盐，能降低脂-水之间的界面张力，使脂肪和 CE 等乳化成细小微团，增加酶与脂质的接触面积，有利于脂质消化。胰液中含有胰脂酶（pancreatic lipase）、磷脂酶 A_2（phospholipase A_2，PLA_2）、胆固醇酯酶（cholesterol esterase）和辅脂酶（colipase）等。胰脂酶能特异水解甘油三酯的 1、3 位酯键，生成 2-甘油一酯和脂肪酸，此反应需要一种分子量为 10kDa 的辅脂酶协助，辅脂酶本身无酶活性，但通过疏水键结合甘油三酯、通过氢键结合胰脂酶，将酶锚定在乳化微团的水油界面上，使胰脂酶与脂肪充分结合并可防止酶的变性，是胰脂酶水解脂肪不可缺少的辅因子。胰腺分泌的 PLA_2 以酶原形式存在，在胰蛋白酶作用下水解释放一个六肽后活化，催化磷脂的第二位酯键水解，生成溶血磷脂和脂肪酸。胆固醇酯酶水解 CE 生成 FC 和脂肪酸。最后，各种消化产物，如甘油一酯、脂肪酸、胆固醇及溶血磷脂等可与胆盐乳化成体积更小、极性更大的混合微团（mixed micelle），其易于穿过小肠黏膜细胞表面的水膜屏障被肠黏膜细胞吸收。

（二）脂质的吸收

脂质及其消化产物的吸收主要发生在十二指肠下段和空肠上段。甘油、短链脂肪酸（2～4C）及中链脂肪酸（6～10C）易被肠黏膜细胞吸收，直接进入门静脉。部分未被消化的、由短链和中链脂肪酸构成的甘油三酯，经胆盐乳化后亦可被直接吸收，在肠黏膜细胞内脂肪酶作用下水解生成甘油和脂肪酸，经门静脉进入血循环。长链脂肪酸（12～26C）、2-甘油一酯、胆固醇和溶血磷脂等消化产物随混合微团被吸收入肠黏膜细胞后，长链脂肪酸在脂酰CoA合成酶催化下生成脂酰CoA，在酰基转移酶（acyltransferase）作用下，可再酯化成甘油三酯和磷脂。胆固醇的吸收较其他脂质慢且不完全，已吸收的胆固醇大部分（80%～90%）再被酯化生成CE。各种再酯化的甘油三酯、CE和少量的游离胆固醇、磷脂与载脂蛋白（apolipoprotein，Apo）B48、Apo C、Apo AI等共同结合成乳糜微粒，通过淋巴进入血循环。

（三）脂质消化吸收的调节

脂质的消化吸收主要与肝胆、胰腺和小肠的功能有关。影响胆汁酸的合成、分泌及其肠道的重吸收的因素，胰腺消化酶分泌量的下降均会影响脂质的消化吸收，如肝疾病抑制胆汁酸的合成、胆囊炎及胆囊结石影响胆汁酸分泌、胆瘘或其他药物抑制胆汁酸的肠道重吸收等。小肠是外源性脂质吸收的关键部位，外源性脂质本身可刺激小肠增强脂质消化吸收能力，一方面保障营养必需脂肪酸、脂溶性维生素的摄入，另一方面也会造成脂质，尤其是饱和脂肪酸、胆固醇的过多摄取及在体内的积聚，与肥胖、高脂血症、动脉粥样硬化、2型糖尿病、脂肪肝和癌症等代谢性疾病的发生密切相关。脂质的消化吸收能力具有很大的个体差异，可能涉及相关酶类、肝及肠道分泌或合成的特殊物质的基因表达的调节。目前利用膳食或药物干预减少脂质的消化吸收，成为机体脂质过多相关疾病的重要防治手段。

第二节 甘油三酯代谢

一、甘油三酯的组成结构

（一）甘油的脂肪酸酯

甘油三酯是甘油的三个羟基和三个脂肪酸分子通过羧酸酯键生成的化合物，三个脂酰基的长度和饱和度可以相同，也可以不同。体内也存在少量的甘油一酯和甘油二酯。

甘油　　　　　甘油一酯　　　　　甘油二酯　　　　　甘油三酯

（二）脂肪酸的羧基烃链结构

脂肪酸的基本分子式为 $CH_3(CH_2)_n COOH$，是末端为羧基的烃链。几乎所有的哺乳动物脂肪酸均含偶数个碳原子，按碳原子数目多少，分为短链（<6C）、中链（6～12C）和长链（>12C）脂肪酸。按碳链中是否含有双键，分为饱和脂肪酸（saturated fatty acid）与不饱和脂肪酸（unsaturated fatty acid）。饱和脂肪酸以16C的软脂酸和18C的硬脂酸最为常见。不饱和脂肪酸有两种编码体系：Δ 编码体系从羧基碳原子起计双键位置，ω 或 n 编码体系从甲基碳原子起计双键位置。常见的不饱和脂肪酸有软油酸（16：1，Δ^9）、油酸（18：1，Δ^9）和亚油酸（18：2，$\Delta^{9, 12}$）。含有1个双键的不饱和脂肪酸称为单不饱和脂肪酸，含有2个或2个以上双键的不饱和脂肪酸称为多不饱和脂肪酸。根据双键的位置，多不饱和脂肪酸分属于 ω-3、ω-6、ω-7和ω-9四族（表

8-1），其中 ω-3、ω-6 和 ω-9 族多不饱和脂肪酸在体内不能相互转化；哺乳动物体内缺乏 ω-6 和 ω-3 脂肪酸脱饱和酶系，不能合成亚油酸和亚麻酸等多不饱和脂肪酸。

表 8-1 常见的脂肪酸

习惯名	系统名	碳原子数和双键数目	双键位置 Δ 系	双键位置 ω 簇	族	结构式
饱和脂肪酸						
软脂酸	十六烷酸	16：0	—	—	—	$CH_3(CH_2)_{14}COOH$
硬脂酸	十八烷酸	18：0	—	—	—	$CH_3(CH_2)_{16}COOH$
花生酸	二十烷酸	20：0	—	—	—	$CH_3(CH_2)_{18}COOH$
不饱和脂肪酸						
棕榈（软）油酸	十六碳一烯酸	16：1	9	7	ω-7	$CH_3(CH_2)_5CH=CH(CH_2)_7COOH$
油酸	十八碳一烯酸	18：1	9	9	ω-9	$CH_3(CH_2)_7CH=CH(CH_2)_7COOH$
亚油酸	十八碳二烯酸	18：2	9,12	6,9	ω-6	$CH_3(CH_2)_4(CH=CHCH_2)_2(CH_2)_6COOH$
α-亚麻酸	十八碳三烯酸	18：3	9,12,15	3,6,9	ω-3	$CH_3CH_2(CH=CHCH_2)_3(CH_2)_6COOH$
γ-亚麻酸	十八碳三烯酸	18：3	6,9,12	6,9,12	ω-6	$CH_3(CH_2)_4(CH=CHCH_2)_3(CH_2)_3COOH$
花生四烯酸	二十碳四烯酸	20：4	5,8,11,14	6,9,12,15	ω-6	$CH_3(CH_2)_4(CH=CHCH_2)_4(CH_2)_2COOH$
eicosapentaenoic acid (EPA)	二十碳五烯酸	20：5	5,8,11,14,17	3,6,9,12,15	ω-3	$CH_3CH_2(CH=CHCH_2)_5(CH_2)_2COOH$
docosapentaenoic acid (DPA)	二十二碳五烯酸	22：5	7,10,13,16,19	3,6,9,12,15	ω-3	$CH_3CH_2(CH=CHCH_2)_5(CH_2)_4COOH$
docosahexaenoic acid (DHA)	二十二碳六烯酸	22：6	4,7,10,13,16,19	3,6,9,12,15,18	ω-3	$CH_3CH_2(CH=CHCH_2)_6CH_2COOH$

二、甘油三酯的分解代谢

（一）脂肪动员

储存在脂肪细胞中的脂肪，被脂肪酶逐步水解为游离脂肪酸（free fatty acid，FFA）和甘油（glycerol）并释放入血以供其他组织氧化利用，此过程称为脂肪动员（fat mobilization）。脂肪以脂滴形式存在，脂肪动员是多种刺激下激素调控的脂肪分解过程，由多种酶和蛋白质参与，如激素敏感性脂肪酶（hormone-sensitive lipase，HSL）和脂滴包被蛋白-1（perilipin-1）等。

当禁食、饥饿或交感神经兴奋时，肾上腺素、去甲肾上腺素、胰高血糖素等分泌增加，作用于脂肪细胞膜表面受体，激活腺苷酸环化酶（adenylate cyclase，AC），促进 cAMP 合成，激活依赖 cAMP 的蛋白激酶 A（protein kinase A，PKA），使细胞质中 perilipin-1 和 HSL 磷酸化而活化，前者活化可激活脂肪组织甘油三酯脂肪酶（adipose triglyceride lipase，ATGL）催化甘油三酯水解为甘油二酯和脂肪酸，HSL 活化进一步水解甘油二酯为甘油一酯和脂肪酸，最后甘油一酯被甘油一酯脂肪酶水解成甘油和脂肪酸，释放入血。ATGL 被认为是脂肪动员的关键酶。脂肪酸不溶于水，尽管被称为"游离脂肪酸"，但不能在血液中直接运输。血浆清蛋白具有很强的结合脂肪酸的能力（每分子清蛋白可结合 10 分子脂肪酸），将其运送至全身组织，主要由心、肝、骨骼肌等摄取利用。空腹时机体所需能量的 50%～90% 由脂肪酸提供。

HSL 受多种激素的调控，是脂肪动员的重要调节酶（图 8-1）。能促进脂肪动员的激素称为脂解激素，如肾上腺素、胰高血糖素、促肾上腺皮质激素（adrenocorticotropic hormone，ACTH）和促甲状腺素（thyroid stimulating hormone，TSH）等。胰岛素、前列腺素 E_2 等能降低 HSL 活性，具有抑制脂肪动员、对抗脂解激素的作用，称为抗脂解激素。

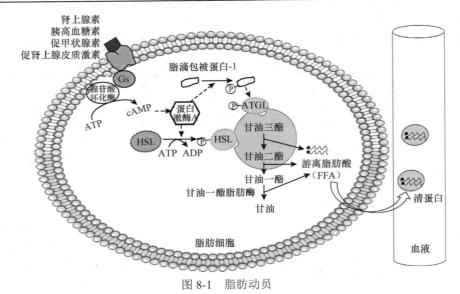

图 8-1　脂肪动员

Gs，激活型 G 蛋白；HSL，激素敏感性脂肪酶；ATGL，脂肪组织甘油三酯脂肪酶；- - - - ▶ 代表激活作用

（二）甘油的分解代谢

甘油是脂肪动员的产物之一。甘油可直接经血液运送至肝、肾、肠等组织，在甘油激酶（glycerol kinase）作用下，甘油磷酸化生成 3-磷酸甘油；然后在磷酸甘油脱氢酶催化下脱氢生成磷酸二羟丙酮，后者可循糖代谢途径进行氧化分解，也可循糖异生途径转变为糖。甘油激酶在肝中的活性最高，甘油主要被肝摄取利用，而甘油激酶在脂肪细胞和骨骼肌等组织活性很低，故这些组织不能很好地利用甘油。

$$
\begin{array}{c}
\mathrm{CH_2OH} \\
| \\
\mathrm{CHOH} \\
| \\
\mathrm{CH_2OH} \\
\text{甘油}
\end{array}
\xrightarrow[\mathrm{ATP\ \ ADP}]{\text{甘油激酶}}
\begin{array}{c}
\mathrm{CH_2OH} \\
| \\
\mathrm{CHOH} \\
| \\
\mathrm{CH_2-O-\textcircled{P}} \\
\text{3-磷酸甘油}
\end{array}
\xrightarrow[\mathrm{NAD\ \ NADH+H^+}]{\text{磷酸甘油脱氢酶}}
\begin{array}{c}
\mathrm{CH_2OH} \\
| \\
\mathrm{C=O} \\
| \\
\mathrm{CH_2-O-\textcircled{P}} \\
\text{磷酸二羟丙酮}
\end{array}
\begin{array}{l}
\nearrow \text{葡萄糖或糖原} \\
\text{糖异生} \\
\text{氧化分解} \\
\searrow \mathrm{CO_2+H_2O+ATP}
\end{array}
$$

（三）脂肪酸的氧化

脂肪酸是人和其他哺乳动物的主要能源物质。在 O_2 供给充足的条件下，脂肪酸可在体内彻底氧化分解成 CO_2 和 H_2O 并释放出大量能量，产生 ATP 供给机体利用。除脑组织和成熟红细胞外，大多数组织细胞均能氧化脂肪酸，但以肝、心肌、骨骼肌最为活跃。

1. 饱和脂肪酸的氧化　组织中主要的饱和脂肪酸的氧化可概括为脂肪酸的活化、脂酰 CoA 的转移、β 氧化生成乙酰 CoA 及乙酰 CoA 经三羧酸循环和氧化磷酸化彻底氧化四个阶段，同时产生大量 ATP。

（1）脂肪酸的活化——脂酰 CoA 的生成：脂肪酸进行氧化前必须活化，由内质网和线粒体外膜上的脂酰 CoA 合成酶（acyl-CoA synthetase）在 ATP、CoASH、Mg^{2+} 存在的条件下，催化生成脂酰 CoA。

$$\text{脂肪酸}+\text{ATP}+\text{CoASH} \xrightarrow[\mathrm{Mg^{2+}}]{\text{脂酰 CoA 合成酶}} \text{脂酰CoA}+\text{AMP}+\text{PP}_i$$

脂肪酸活化后含有高能硫酯键而提高了反应活性，并增加了脂肪酸的水溶性，从而提高了脂肪酸的代谢活性。反应过程中生成的 PP_i 立即被细胞内的焦磷酸酶水解，阻止了逆向反应的进行。故 1 分子脂肪酸活化，实际上消耗了 2 分子高能磷酸键。脂肪组织中有 3 种脂酰 CoA 合成酶：①乙酰 CoA 合成酶，以乙酸为主要底物；②辛酰 CoA 合成酶，以 4~12C 脂肪酸为底物；

③十二碳酰 CoA 合成酶，以 10～20C 脂肪酸为底物。

（2）脂酰 CoA 转移入线粒体：脂肪酸的活化在细胞质中进行，而催化脂肪酸氧化的酶系存在于线粒体基质内，活化的脂酰 CoA 必须进入线粒体内才能代谢。实验证明，长链脂酰 CoA 不能直接透过线粒体内膜。它进入线粒体需肉碱（carnitine，$L\text{-}(CH_3)_3N^+CH_2CH(OH)CH_2COO$，$L\text{-}\beta\text{-}$羟-$\gamma$-三甲氨基丁酸）的转运。

线粒体外膜存在肉碱脂酰转移酶Ⅰ（carnitine-acyl transferase Ⅰ），它能催化长链脂酰 CoA 与肉碱合成脂酰肉碱（acyl carnitine），后者即可在线粒体内膜的肉碱-脂酰肉碱转位酶（carnitine-acylcarnitine translocase）的作用下，通过内膜进入线粒体基质。此转位酶实际上是线粒体内膜转运肉碱和脂酰肉碱的载体。它在转运 1 分子脂酰肉碱进入线粒体基质的同时，将 1 分子肉碱转运到线粒体内膜外。进入线粒体的脂酰肉碱，则在位于线粒体内膜内侧面的肉碱脂酰转移酶Ⅱ的作用下，转变为脂酰 CoA 并释放出肉碱（图 8-2）。

脂酰 CoA 进入线粒体是脂肪酸 β 氧化的

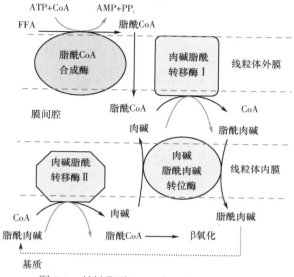

图 8-2　长链脂酰 CoA 进入线粒体的机制

主要限速步骤，肉碱脂酰转移酶Ⅰ是脂肪酸 β 氧化的关键酶。当饥饿、高脂低糖膳食或糖尿病时，机体不能利用糖，需脂肪酸供能，这时肉碱脂酰转移酶Ⅰ活性增加，脂肪酸氧化增强。相反，饱食后脂肪酸合成及丙二酰 CoA 增多，后者抑制肉碱脂酰转移酶Ⅰ活性，因而脂肪酸的氧化被抑制。

（3）脂肪酸的 β 氧化：这是由努普（F.Knoop）提出的脂肪酸氧化的核心过程。通过动物实验证实，不论脂肪酸碳链长短，脂肪酸在体内的氧化是从脂酰基 β-碳原子上开始的，每次氧化断裂产生含有 2 个碳原子的乙酰 CoA，因此称为脂肪酸的 β 氧化（β-oxidation）。

线粒体基质中存在多个酶疏松结合的脂肪酸 β 氧化多酶复合体，在其多个酶的顺序催化下，脂酰 CoA 从脂酰基的 β-碳原子开始，进行脱氢、加水、再脱氢和硫解等四步连续反应（图 8-3），完成一次 β 氧化。

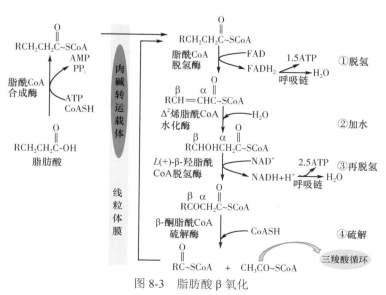

图 8-3　脂肪酸 β 氧化

1）脱氢：脂酰 CoA 在脂酰 CoA 脱氢酶（acyl CoA dehydrogenase）的催化下，从 α、β 碳原子各脱下一个氢原子，生成反式 Δ^2 烯脂酰 CoA，脱下的 2 个 H 由 FAD 接受生成 $FADH_2$。

2）加水：反式 Δ^2 烯脂酰 CoA 即在 Δ^2 烯脂酰 CoA 水化酶（enoyl CoA hydratase）的催化下，加水生成 L(+)-β-羟脂酰 CoA。

3）再脱氢：L(+)-β-羟脂酰 CoA 在 L(+)-β-羟脂酰 CoA 脱氢酶（β-hydroxyacyl CoA dehydrogenase）的催化下，脱去 β-碳原子上的 2 个 H，生成 β-酮脂酰 CoA，脱下的 2 个 H 由 NAD^+ 接受生成 $NADH+H^+$。

4）硫解：β-酮脂酰 CoA 在 β-酮脂酰 CoA 硫解酶（β-ketoacyl CoA thiolase）的催化下，生成 1 分子乙酰 CoA 和少 2 个碳原子的脂酰 CoA。

上述 4 步反应使脂酰 CoA 的碳链比原来少了 2 个碳原子，脱氢、加水、再脱氢和硫解反应的反复进行，最终完成脂肪酸的 β 氧化。以 16 C 的软脂酰 CoA 为例，其 β 氧化的总反应式如下：

$$CH_3(CH_2)_{14}CO{\sim}CoA + 7CoASH + 7FAD + 7NAD^+ + 7H_2O \longrightarrow 8CH_3CO{\sim}CoA + 7FADH_2 + 7NADH + 7H^+$$

反应产生的 $FADH_2$、$NADH+H^+$ 经呼吸链氧化磷酸化产生 ATP；生成的乙酰 CoA 主要经三羧酸循环和呼吸链彻底氧化生成 CO_2 和 H_2O，并释放能量；部分乙酰 CoA 在肝细胞中生成酮体，通过血液运送至肝外组织利用。

（4）脂肪酸氧化的能量生成：脂肪酸的重要生理功能是彻底氧化提供大量 ATP。1 分子脂肪酸每经一次 β 氧化，产生的 $FADH_2$ 和 $NADH+H^+$ 共生成 1.5+2.5=4 分子 ATP，每分子乙酰 CoA 经三羧酸循环和氧化磷酸化彻底氧化产生 10 分子 ATP。以软脂酸为例，活化的软脂酰 CoA 需经 7 次 β 氧化，产生 8 分子乙酰 CoA、7 分子 $FADH_2$ 和 7 分子 $NADH+H^+$，因此 1 分子软脂酸氧化共生成 8×10+7×4=108 分子 ATP。由于脂肪酸活化时，消耗了相当于 2 分子 ATP，故 1 分子软脂酸彻底氧化净生成 106 分子 ATP。

2. 不同脂肪酸的特殊氧化方式

（1）奇数碳原子脂肪酸的氧化：人体含有极少量奇数碳原子的脂肪酸，经 β 氧化生成乙酰 CoA 外，还生成 1 分子丙酰 CoA；支链氨基酸氧化亦可产生丙酰 CoA。丙酰 CoA 经 β 羧化酶和异构酶作用转变为琥珀酰 CoA，可经三羧酸循环彻底氧化，或循糖异生途径异生成糖。

（2）不饱和脂肪酸的氧化：机体中脂肪酸约一半以上是含有 1 个或 1 个以上双键的不饱和脂肪酸。线粒体内不饱和脂肪酸和饱和脂肪酸的氧化基本相同，但因 β 氧化酶系要求底物烯脂酰 CoA 为 Δ^2 反式构型，而天然不饱和脂肪酸中的双键均为顺式，因此不饱和脂肪酸氧化过程中需借助特异性烯脂酰 CoA 顺反异构酶（cis-trans isomerase），使其转变为 Δ^2 反式构型。例如，油酸（18：1，Δ^9）氧化产生顺式 Δ^3 烯脂酰 CoA，在 Δ^3 顺→Δ^2 反烯脂酰 CoA 异构酶催化下，转变为 β 氧化酶系识别的反式 Δ^2 烯脂酰 CoA，β 氧化才能继续进行。又如，亚油酸（18：2，$\Delta^{9,12}$）氧化时，会有 Δ^2 反 Δ^4 顺式构型中间产物，其在 2,4-二烯脂酰 CoA 还原酶（一种以 $NADP^+$ 为辅酶的还原酶）催化下还原生成反式 Δ^3 烯脂酰 CoA，后者再经异构酶催化转变为反式 Δ^2 烯脂酰 CoA 而继续 β 氧化（图 8-4）。

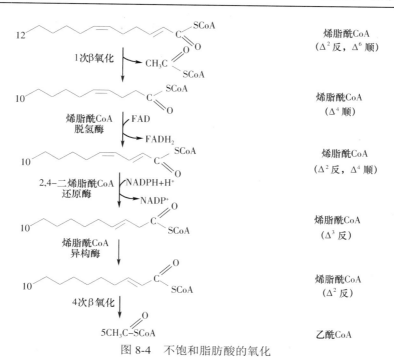

图 8-4 不饱和脂肪酸的氧化

（3）过氧化物酶体氧化长链脂肪酸：除线粒体外，过氧化物酶体（peroxisome）中存在脂肪酸 β 氧化的同工酶系，它能使长链脂肪酸（如 20C、22C）氧化成较短链脂肪酸，而对较短链脂肪酸无效。其第一步反应由 FAD 为辅基的脂肪酸氧化酶催化，脱下的 H 不与呼吸链偶联产生 ATP 而与 O_2 结合生成 H_2O_2，后者被过氧化氢酶分解。其生理功能主要是使不能进入线粒体的 20C、22C 脂肪酸氧化成较短链脂肪酸，以便能进入线粒体内氧化分解。

（4）脂肪酸的 ω 氧化：一些中链脂肪酸（8～12C）的氧化还可以从远侧甲基端进行。在肝微粒体中由脂肪酸 ω 氧化酶系催化，首先 ω-甲基碳原子羟化生成 ω-羟脂肪酸，再经醇脱氢酶作用生成 ω-醛脂肪酸，后者在醛脱氢酶作用下转变成 α,ω-二羧酸，然后进入线粒体，这样，脂肪酸可从 α 端和 ω 端中任一端活化并进行 β 氧化。

3. 酮体的生成和利用 肝内脂肪酸 β 氧化产生的大量乙酰 CoA，部分被转变成酮体（ketone body），是乙酰乙酸（acetoacetate）、β-羟丁酸（β-hydroxybutyrate）和丙酮（acetone）三者的统称。酮体作为脂肪酸在肝内特有的中间代谢产物，释放入血供肝外组织利用。

（1）酮体的生成：以脂肪酸 β 氧化生成的乙酰 CoA 为原料，在肝线粒体酮体合成酶系的催化下生成酮体（图 8-5）。

1）乙酰乙酰 CoA 的合成：2 分子乙酰 CoA 在乙酰乙酰 CoA 硫解酶（thiolase）的作用下，缩合成乙酰乙酰 CoA，并释放出 1 分子 CoASH。

2）HMG-CoA 的合成：乙酰乙酰 CoA 与 1 分子乙酰 CoA 缩合生成 β-羟基-β-甲基戊二酸单酰 CoA（β-hydroxy-β-

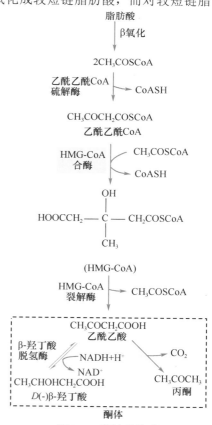

图 8-5 酮体的生成

methyl glutaryl CoA，HMG-CoA），此反应由 HMG-CoA 合酶（HMG-CoA synthase）催化，并释放出 1 分子 CoASH。

3）乙酰乙酸的生成：在 HMG-CoA 裂解酶的作用下 HMG-CoA 裂解生成乙酰乙酸和乙酰 CoA。

4）β-羟丁酸和丙酮的生成：乙酰乙酸在 β-羟丁酸脱氢酶催化下，可被还原成 β-羟丁酸，由 NADH 提供氢，还原的速度由 $NADH/NAD^+$ 的比值决定。少量乙酰乙酸可在酶催化下脱羧生成丙酮。

酮体生成过程中 HMG-CoA 合酶是关键酶，其在肝内活性较高，因此生成酮体是肝特有的功能。但肝进行酮体氧化的酶活性很低，因此，肝细胞产生的酮体需透过细胞膜经血液运输到肝外组织进一步氧化利用。

（2）酮体的利用：肝外许多组织具有活性很强的利用酮体的酶，可将酮体重新裂解为乙酰 CoA，进入三羧酸循环彻底氧化。

1）乙酰乙酸活化：心、肾、脑和骨骼肌的线粒体具有较高活性的琥珀酰 CoA 转硫酶（succinyl CoA thiophorase），在有琥珀酰 CoA 存在时，此酶能使乙酰乙酸活化，生成乙酰乙酸 CoA。

在肾、心和脑的线粒体中尚有乙酰乙酸硫激酶（acetoacetate thiokinase），可直接活化乙酰乙酸生成乙酰乙酸 CoA。

2）乙酰乙酰 CoA 硫解生成乙酰 CoA：乙酰乙酰 CoA 硫解酶（acetoacetyl CoA thiolase）使乙酰乙酰 CoA 硫解生成 2 分子乙酰 CoA，后者即可进入三羧酸循环彻底氧化。

$$CH_3COCH_2CO{\sim}SCoA \xrightarrow[\text{CoASH}]{\text{乙酰乙酰 CoA 硫解酶}} 2CH_3CO{\sim}SCoA$$

β-羟丁酸可在 β-羟丁酸脱氢酶的催化下，脱氢生成乙酰乙酸，再转变成乙酰 CoA 而被氧化。正常情况下，少量生成的丙酮可经肺呼出。

（3）酮体生成的意义：酮体是脂肪酸在肝内氧化分解时的正常中间代谢产物，是肝向肝外组织输出能源的一种形式。酮体溶于水，分子小，能通过血脑屏障和毛细血管壁，易于运输，是肌组织和脑的重要能源。心肌和肾皮质利用酮体能力大于利用葡萄糖能力。脑组织不能氧化脂肪酸，却能利用酮体。葡萄糖供应充分时，脑组织主要利用血糖供能，长期饥饿、糖代谢障碍时，酮体可以代替葡萄糖成为脑组织的主要能源，占脑组织能源需要量的 60%～75%。由于此时血中酮体增高，可减少肌组织中蛋白质分解，减少氨基酸释出，对防止体内蛋白质过多消耗也有一定意义。

正常情况下，肝内生成的酮体能被肝外组织及时氧化利用。血中仅含有少量酮体，为 0.03～0.5mmol/L（3～50mg/L）。血液中乙酰乙酸约占酮体总量的 30%，β-羟丁酸占 70%，丙酮含量极微。在饥饿、高脂低糖膳食及糖尿病时，脂肪动员加强，酮体生成增加。尤其在未控制的糖尿病患者体内，酮体生成量为正常时的数十倍甚至百倍以上。酮体生成量超过肝外组织利用的能力，引起血中酮体升高，可导致酮血症（ketonemia）。当血中酮体超过肾阈值，则尿中出现酮体，引起酮尿症（ketonuria）。由于乙酰乙酸和 β-羟丁酸都是相对较强的有机酸，当其血中浓度过高时，可导致糖尿病酮症酸中毒（diabetic ketoacidosis，DKA），此时血中丙酮通过呼吸道排出，产生特殊的"烂苹果味"。

（4）酮体生成的调节：肝中酮体生成量与脂肪动员和糖的利用密切相关。

1）饱食和饥饿的影响：饱食后，胰岛素分泌增加，脂解作用抑制、脂肪动员减少，进入肝的脂肪酸减少，因而酮体生成减少。饥饿时，胰高血糖素分泌增多，脂肪动员加强，血中游离脂肪酸浓度升高而使肝摄取脂肪酸增多，有利于β氧化及酮体生成。当饮食中的糖类比例极低而脂肪比例高时，称为"生酮饮食"，产生类似于饥饿状态下的代谢改变，促进脂肪动员而成为一种可能的膳食减肥方法。

2）肝细胞糖原含量和代谢的影响：进入肝细胞的游离脂肪酸主要有两条去路，一是在胞质中酯化合成甘油三酯和磷脂；二是进入线粒体内进行β氧化，生成乙酰CoA和酮体。饱食和糖供给充足时，肝糖原丰富，糖分解代谢旺盛，供能充分，此时肝内脂肪酸主要与3-磷酸甘油反应，酯化生成甘油三酯和磷脂，氧化分解减少，酮体生成与输出也减少。相反，饥饿或糖供给不足时，糖代谢减弱，3-磷酸甘油和ATP不足，脂肪酸酯化减少，乙酰CoA主要进入线粒体进行β氧化，酮体生成增多。

3）丙二酰CoA抑制脂酰CoA进入线粒体：饱食后糖代谢正常进行时所生成的乙酰CoA及柠檬酸激活乙酰CoA羧化酶，促进丙二酰CoA的合成。后者能竞争性抑制肉碱脂酰转移酶Ⅰ，阻止脂酰CoA进入线粒体内进行β氧化，从而抑制酮体生成。

三、甘油三酯的合成代谢

甘油三酯是机体储存能量的形式。机体摄入的糖、脂肪等食物均可合成甘油三酯，主要储存在脂肪组织中，称为"脂库"，以供机体禁食、饥饿时的能量需要。

（一）合成部位与合成原料

肝、脂肪组织及小肠是合成甘油三酯的主要场所，以肝合成能力最强。机体合成甘油三酯所需的脂肪酸及甘油主要以葡萄糖分解产物乙酰CoA和3-磷酸甘油为原料合成。食物中的脂肪消化吸收后以乳糜微粒形式进入血液，运送至脂肪组织和肝，其脂肪酸亦可用以合成脂肪。肝细胞能合成脂肪，但不能储存脂肪。甘油三酯在肝细胞内质网合成后，与载脂蛋白、磷脂、胆固醇一起以极低密度脂蛋白（very low density lipoprotein，VLDL）形式，分泌入血运输至肝外组织。营养不良、中毒、必需脂肪酸缺乏、胆碱缺乏或蛋白质缺乏时肝细胞生成VLDL障碍，导致甘油三酯聚集在肝细胞中，形成脂肪肝。脂肪组织也可水解VLDL释放出脂肪酸用于合成甘油三酯。

（二）甘油三酯合成的基本过程

脂肪合成的基本原料是3-磷酸甘油和脂酰CoA（RCO～SCoA）。脂肪酸在脂酰CoA合成酶催化下活化为脂酰CoA。甘油三酯合成有甘油一酯和甘油二酯两条途径。

$$脂肪酸 + ATP + CoASH \xrightarrow[Mg^{2+}]{脂酰CoA合成酶} 脂酰CoA + AMP + PP_i$$

1. 甘油一酯途径（小肠黏膜细胞） 以消化吸收的甘油一酯为起始物，与2分子脂酰CoA在脂酰CoA转移酶（acyl CoA-transferase）作用下，酯化生成甘油三酯。

2. 甘油二酯途径（肝、脂肪等多数组织） 利用3-磷酸甘油与脂酰CoA酯化成甘油三酯。大多数组织中，3-磷酸甘油来源于糖酵解中间产物磷酸二羟丙酮，在磷酸甘油脱氢酶作用下还原而成。其次，肝、肾中游离的甘油可被甘油激酶磷酸化为3-磷酸甘油（脂肪和肌组织缺乏此酶），后者经脂酰CoA转移酶催化，与两分子脂酰CoA反应生成磷脂酸，它是合成含甘油酯类的共同前体。磷脂酸在磷脂酸磷酸酶作用下，水解释放无机磷酸，转变为甘油二酯，再经脂酰CoA转移酶的酯化作用生成甘油三酯（图8-6）。

甘油三酯所含的三个脂肪酸可以是相同的或不同的，可为饱和脂肪酸或不饱和脂肪酸。

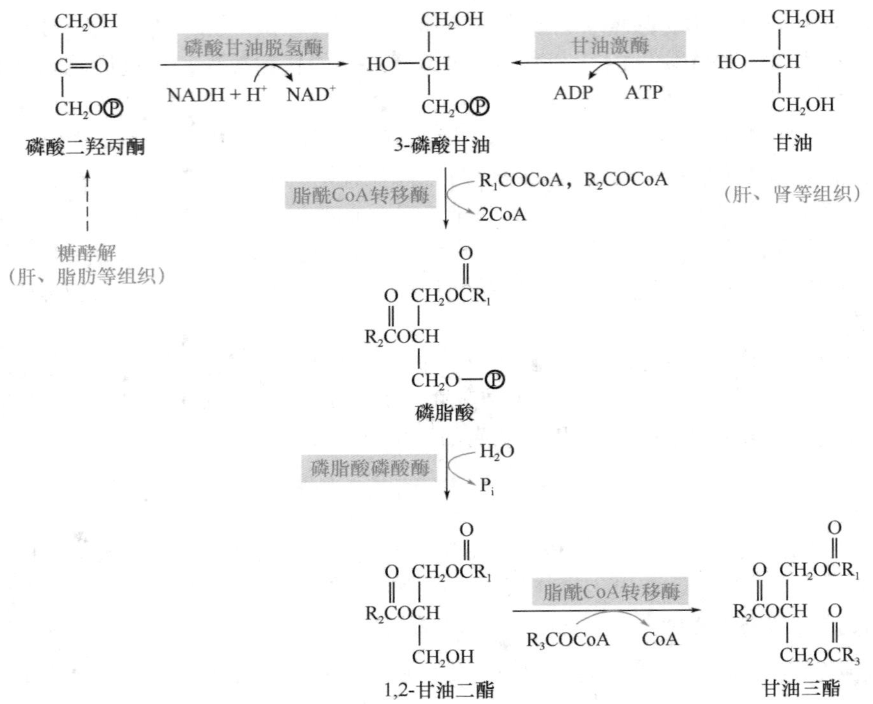

图 8-6　甘油二酯途径

（三）脂肪酸的合成代谢

　　长链脂肪酸的合成不是脂肪酸 β 氧化的逆反应过程。脂肪酸合成与氧化分解在不同的亚细胞部位，由不同的酶催化，经不同的途径进行。细胞中首先合成的长链脂肪酸是 16C 的软脂酸（palmitic acid），在此基础上再经进一步加工生成碳链长度不同的或不饱和的脂肪酸，并可转变成不同的脂肪酸衍生物。

　　1. 软脂酸的合成与调节

　　（1）合成部位：软脂酸合成由多个酶组成的脂肪酸合酶复合体催化，该酶系存在于肝、肾、脑、肺、乳腺和脂肪等多种组织的细胞质中。其中肝酶活性最高，合成能力比脂肪组织高 8～9 倍。脂肪组织不仅能够利用糖代谢中间产物合成脂肪酸，还能利用从食物消化吸收的外源性脂肪酸和肝合成的内源性脂肪酸。

　　（2）合成原料：合成软脂酸的原料是乙酰 CoA，主要来自糖的氧化分解。此外，某些氨基酸分解亦可提供部分乙酰 CoA。生成乙酰 CoA 的过程都是在线粒体内进行的，而合成脂肪酸的酶都存在于胞质中，由于乙酰 CoA 不能自由透过线粒体内膜，故其进入胞质需借助一个穿梭转移机制即柠檬酸-丙酮酸循环（citrate pyruvate cycle）（图 8-7）来完成。首先在线粒体内，乙酰 CoA 与草酰乙酸经柠檬酸合酶催化缩合成柠檬酸，柠檬酸由线粒体内膜上相应载体转运进入细胞质；在胞质中由柠檬酸裂解酶（citrate lyase）催化使柠檬酸裂解产生乙酰 CoA 和草酰乙酸。进入胞质的乙酰 CoA 即可用于合成脂肪酸。而草酰乙酸经苹果酸脱氢酶催化还原成苹果酸，再经线粒体内膜上的载体转运入线粒体，经氧化后生成草酰乙酸以补充合成柠檬酸时消耗的草酰乙酸。苹果酸也可在苹果酸酶作用下，氧化脱羧生成丙酮酸，同时伴有 NADPH 的生成。丙酮酸经线粒体内膜载体转运入线粒体后，可羧化转变为草酰乙酸，再参与乙酰 CoA 的转运。每经柠檬酸-丙酮酸循环一次，可使 1 分子乙酰 CoA 由线粒体进入细胞质，同时消耗 1 分子 ATP。

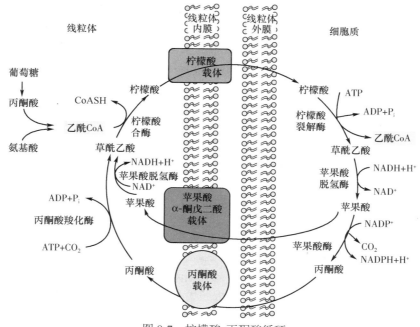

图 8-7 柠檬酸-丙酮酸循环

脂肪酸的合成除需乙酰 CoA 外，还需 ATP、NADPH、$HCO_3^-(CO_2)$ 和 Mn^{2+} 等。脂肪酸的合成为还原性合成，全部由 NADPH 供氢。NADPH 主要来自磷酸戊糖途径，柠檬酸-丙酮酸循环中苹果酸经苹果酸酶的氧化脱羧反应也可提供少量 NADPH。

（3）软脂酸合成的过程

1）丙二酰 CoA 的合成：乙酰 CoA 是体内合成的脂肪酸分子中碳原子的唯一来源，但在合成过程中直接参与合成反应的仅有一分子乙酰 CoA，其他均需先羧化为丙二酰 CoA（malonyl CoA）后才能进入脂肪酸合成的途径。乙酰 CoA 由乙酰 CoA 羧化酶（acetyl CoA carboxylase，ACC）催化转变成丙二酰 CoA，该酶存在于胞质中，为脂肪酸合成过程的关键酶。ACC 以 Mn^{2+} 为激活剂、生物素为辅基，起转移羧基的作用。该羧化反应为不可逆的限速步骤，反应如下：

$$\underset{\text{乙酰CoA}}{\overset{\displaystyle O}{\underset{\displaystyle \|}{CH_3C}}\sim SCoA} + HCO_3^- \xrightarrow[\underset{ATP \quad Mn^{2+} \quad ADP+P_i}{\text{生物素}}]{\text{乙酰CoA羧化酶}} \underset{\text{丙二酰CoA}}{\overset{\displaystyle COOH}{\underset{\displaystyle |}{CH_2C}}\overset{\displaystyle O}{\underset{\displaystyle \|}{{-}SCoA}}}$$

乙酰 CoA 羧化酶可受别构调节和化学修饰调节。在别构效应剂的作用下，其无活性的单体与有活性的多聚体（由 10～20 个单体呈线状排列）之间可以互变，柠檬酸与异柠檬酸可促进单体聚合成多聚体，增强酶活性。而软脂酰 CoA 及其他长链脂肪酸则加速其解聚，从而抑制 ACC 的酶活性。ACC 还可通过 AMP 活化的蛋白激酶（AMP-activated protein kinase，AMPK）的磷酸化和去磷酸化修饰来调节酶活性。磷酸化的 ACC 活性丧失，如胰高血糖素和肾上腺素等能激活 AMPK 促进这种磷酸化作用，从而抑制脂肪酸合成；而胰岛素则能通过磷蛋白磷酸酶的作用，可使磷酸化的 ACC 去磷酸化而恢复酶活性，故高糖饮食可增加 ACC 活性，加速脂肪酸合成。

2）软脂酸的循环加成反应：脂肪酸是以乙酰 CoA 为原料，但乙酰 CoA 绝大部分先羧化生成丙二酰 CoA 后再参与合成反应。长链脂肪酸的合成实际上是一个重复加成过程，每次延长 2 个碳原子。16C 软脂酸的生成，需经过连续 7 次重复加成反应。

　　各种生物合成脂肪酸均由脂肪酸合酶催化，但该酶的结构、性质和细胞内定位在不同物种间存在差异。哺乳动物脂肪酸合酶是一种多功能酶，酰基载体蛋白质（acyl carrier protein，ACP）和7种酶活性集于一条多肽链上，通常以首尾相连的二聚体形式（分子量为480kDa）发挥活性，而亚基解聚独立时则失去催化功能。大肠埃希菌的脂肪酸合酶复合体则是由ACP和7种不同功能的酶组成，包括乙酰转移酶（acetyltransferase，AT）、丙二酰转移酶（malonyl transferase，MT）、β-酮脂酰合酶（β-ketoacyl synthase，β-KS）、β-酮脂酰还原酶（β-ketoacyl reductase，β-KR）、β-羟脂酰脱水酶（β-hydroxyacyl dehydratase，β-HD）、Δ^2-烯脂酰还原酶（enoyl reductase，ER）和硫酯酶（thioesterase）。ACP是脂肪酸合成过程中脂酰基的载体，辅基为4′-磷酸泛酰氨基乙硫醇，其4′-磷酸端与ACP中丝氨酸残基借磷酸酯键相连，另一端的巯基（—SH）与脂酰基间形成硫酯键，以携带合成的脂酰基进行转移反应。

$$ACP-CH_2-O-\overset{O}{\underset{OH}{P}}-O-CH_2-\overset{CH_3}{\underset{CH_3}{C}}-CHOH-\overset{O}{C}-NH-CH_2CH_2-\overset{O}{C}-NHCH_2CH_2SH$$

泛酸

4′磷酸泛酰氨基乙硫醇

　　细菌、哺乳动物的脂肪酸合成过程类似。以大肠埃希菌为例，软脂酸的合成步骤如下（图8-8）：①乙酰基转移，由乙酰转移酶催化，先将乙酰CoA的乙酰基转移到ACP的—SH上，再转移到β-酮脂酰合酶的半胱氨酸巯基上；②丙二酰基转移，丙二酰CoA在丙二酰转移酶作用下，脱去CoASH，再与ACP的—SH连接，生成"乙酰-丙二酰"复合物；③缩合，β-酮脂酰合酶催化外周乙酰基转移连接到ACP的丙二酰基上，脱羧缩合成β-酮丁酰-ACP；④加氢，以NADPH+ H⁺为供氢体，β-酮脂酰还原酶催化β-酮丁酰-ACP加氢还原生成β-羟丁酰-ACP；⑤脱水，β-羟丁酰-ACP在脱水酶催化下脱水生成反式Δ^2（α,β）-烯丁酰-ACP；⑥再加氢，由NADPH+H⁺供氢，Δ^2-烯丁酰-ACP在烯脂酰还原酶的催化下，加氢还原生成丁酰-ACP。丁酰-ACP作为脂肪酸合成的第一轮产物，在此基础上再经过上述丙二酰基转移、缩合、加氢、脱水、再加氢等步骤的一轮循环，产物碳链延长两个碳原子。经7次循环后，消耗1分子乙酰CoA、7分子丙二酰CoA，生成16C的软脂酰-酶。最后由长链脂酰硫酯酶水解软脂酰-酶的硫酯键，1分子软脂酸从酶复合体中释放出来。合成过程中消耗7分子ATP和14分子NADPH+H⁺。软脂酸合成的总反应式为

$$乙酰CoA + 7丙二酰CoA + 14NADPH + 14H^+ \xrightarrow{\text{脂肪酸合酶复合体}} 软脂酸 + 14NADP^+ + 7CO_2 + 6H_2O + 8CoASH$$

　　（4）脂肪酸合成的调节：乙酰CoA羧化酶（ACC）是脂肪酸合成的关键酶，很多因素都可影响此酶活性，从而改变脂肪酸的合成速度。

　　1）代谢物的调节：高脂膳食或因饥饿导致脂肪动员加强时，细胞内脂酰CoA增多，可别构抑制ACC，从而抑制体内脂肪酸合成。而进食糖类、糖代谢加强时，乙酰CoA和NADPH等脂肪酸合成原料增多，有利于脂肪酸合成；糖氧化加强使细胞内ATP增多，也可抑制异柠檬酸脱氢酶，造成异柠檬酸和柠檬酸堆积，由线粒体转入细胞质，别构激活ACC，同时异柠檬酸和柠檬酸本身也可裂解释放乙酰CoA，使脂肪酸合成增加。

　　2）激素的调节：胰岛素能诱导ACC、脂肪酸合酶和柠檬酸裂解酶的合成，从而促进脂肪酸的合成；胰岛素也可通过促ACC去磷酸化而增强酶活性，促进脂肪酸合成；胰岛素还可促进脂肪酸合成磷脂酸，以及增加脂肪组织对甘油三酯、脂肪酸的摄取，增加脂肪组织合成及储存脂肪。因此，糖尿病患者胰岛素的调节异常，脂肪合成与脂肪动员之间失去平衡，易导致肥胖。

　　胰高血糖素等可通过增加AMPK活性使ACC磷酸化而降低活性，从而抑制脂肪酸合成；胰高血糖素也能抑制甘油三酯合成，从而增加长链脂酰CoA对ACC的反馈抑制，亦抑制脂肪酸合成。肾上腺素、生长素也能抑制ACC，从而抑制脂肪酸合成。

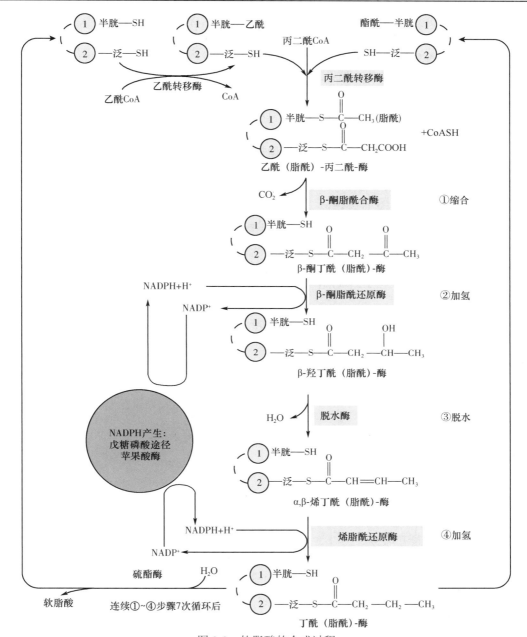

图 8-8　软脂酸的合成过程

在脂肪酸合酶（ACP 和 7 种酶的复合体）的作用下，经过丙二酰基转移、缩合、还原、脱水、再还原等第一轮反应，形成脂肪酸合成的第一轮产物丁酰-酶。然后丁酰基从酶复合体的 ACP 巯基（②—泛—SH）被转移到 β-酮脂酰合酶①—半胱 —SH 上，ACP 巯基继续接受新的丙二酰基，进行第二轮反应。7 次循环以后，可以生成 16C 的软脂酰-酶，最后经脂酰硫酯酶的水解释放出游离的软脂酸

2. 脂肪酸碳链的加长　脂肪酸合酶首先催化合成软脂酸，更长碳链的脂肪酸则是对软脂酸进行加工、延长而完成。碳链延长在肝细胞的内质网或线粒体中进行。

（1）内质网脂肪酸延长途径：以丙二酰 CoA 为二碳单位供体，由 NADPH+H$^+$供氢，在脂肪酸延长酶体系作用下，通过缩合、加氢、脱水和再加氢等反应，每一轮可增加 2 个碳原子，反复进行可使碳链逐步延长。其合成过程与软脂酸的合成相似，但脂酰基连在 CoASH 上进行反应，

而不是以 ACP 为载体。合成 18C 的硬脂酸最多。脑组织因含其他酶，故可合成延长至 24C 的脂肪酸，供脑中脂质代谢需要。

（2）线粒体脂肪酸延长途径：以乙酰 CoA 为二碳单位供体，在线粒体脂肪酸延长酶体系的催化下，软脂酰 CoA 与乙酰 CoA 缩合，生成 β-酮硬脂酰 CoA，然后由 NADPH+H$^+$ 供氢，还原为 β-羟硬脂酰 CoA，又脱水生成 α,β-烯硬脂酰 CoA，再加氢还原为硬脂酰 CoA，其过程与 β 氧化的逆反应基本相似，但需 α,β-烯脂酰还原酶和 NADPH+H$^+$。通过此种方式，每一轮反应可加上 2 个碳原子，一般可延长脂肪酸碳链至 24 或 26 个碳原子，仍以合成硬脂酸为最多。

3. 不饱和脂肪酸的合成　上述脂肪酸合成途径生成的是饱和脂肪酸。人体含有不饱和脂肪酸，主要有软油酸（16：1，Δ^9）、油酸（18：1，Δ^9）、亚油酸（18：2，$\Delta^{9, 12}$）、α-亚麻酸（18：3，$\Delta^{9, 12, 15}$）和花生四烯酸（20：4，$\Delta^{5, 8, 11, 14}$）等。前两种单不饱和脂肪酸可由人体自身合成，而后三种多不饱和脂肪酸必须从食物摄取。这是因为动物和人只有 Δ^4、Δ^5、Δ^8 及 Δ^9 脱饱和酶（desaturase），缺乏 Δ^9 的脱饱和酶，故不能合成亚油酸（linoleic acid）、α-亚麻酸（linolenic acid）等多不饱和脂肪酸（polyunsaturated fatty acid，PUFA）。植物组织中含有可以在 C-10 与末端甲基间形成双键（即 ω^3 和 ω^6）的脱饱和酶，能催化合成上述 PUFA。当人摄入亚油酸后，亚油酸经碳链加长脱饱和后，可生成花生四烯酸。

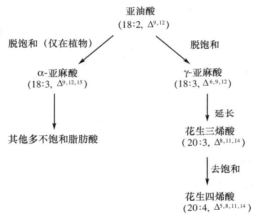

4. 多不饱和脂肪酸衍生物的合成　PUFA 在体内可合成具有重要生理功能的衍生物。例如，亚麻酸转变生成二十碳五烯酸（20：5，$\Delta^{5, 8, 11, 14, 17}$）（EPA）和二十二碳六烯酸（22：6，$\Delta^{4, 7, 10, 13, 16, 19}$）（DHA），EPA 可进一步转变为前列腺素、血栓素和白三烯。花生四烯酸可经过脂肪酸环加氧酶（fatty acid cyclooxygenase）催化途径、脂加氧酶（lipoxygenase）催化途径、细胞色素 P450 氧化酶（cytochrome P450 oxidase）催化途径等三条代谢途径产生前列腺素、血栓素、白三烯等重要衍生物。

第三节　磷脂代谢

一、磷脂的分类和组成结构

含磷酸的脂质称为磷脂（phospholipid，PL），包括甘油磷脂（glycerophosphatide）和鞘磷脂（sphingomyelin）两大类。由甘油构成的磷脂统称为甘油磷脂，由鞘氨醇构成的磷脂称为鞘磷脂。

磷脂分子一端为亲水的头部，由磷酸和胆碱（或丝氨酸、肌醇）等含亲水基团的化合物组成，另一端则由两条疏水的长链脂肪酸烃链构成。磷脂分子在水中有自发形成双层分子排列的倾向，这是细胞膜磷脂双分子层的结构基础。磷脂也作为脂蛋白的组成成分在血循环中运输。磷脂中富含不饱和脂肪酸，如花生四烯酸。

（一）甘油磷脂的结构和分类

甘油磷脂由甘油、脂肪酸、磷酸和含氮化合物组成，其基本结构通式如下。由于同磷酸相连的 X 取代基团不同，故可分为不同的甘油磷脂（表 8-2）。

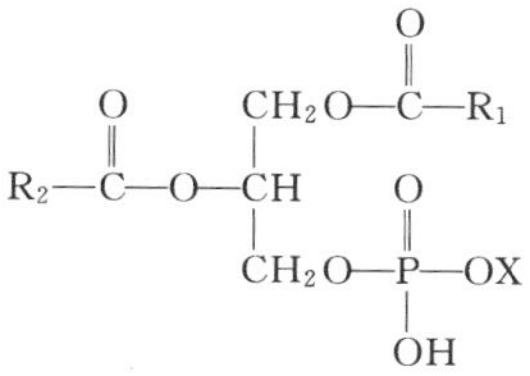

表 8-2 几种重要的甘油磷脂

HO-X	X 取代基团	甘油磷脂名称
氢	—H	磷脂酸
胆碱	$—CH_2CH_2N^+(CH_3)_3$	磷脂酰胆碱（卵磷脂）
乙醇胺	$—CH_2CH_2NH_3^+$	磷脂酰乙醇胺（脑磷脂）
丝氨酸	$—CH_2CHNH_2COOH$	磷脂酰丝氨酸
肌醇	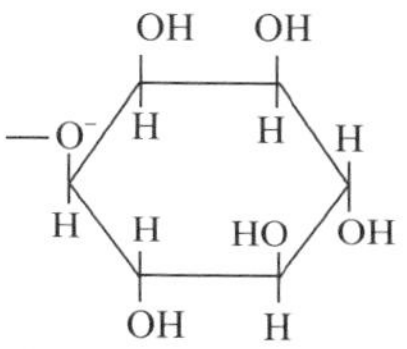	磷脂酰肌醇
甘油	$—CH_2CHOHCH_2OH$	磷脂酰甘油
磷脂酰甘油	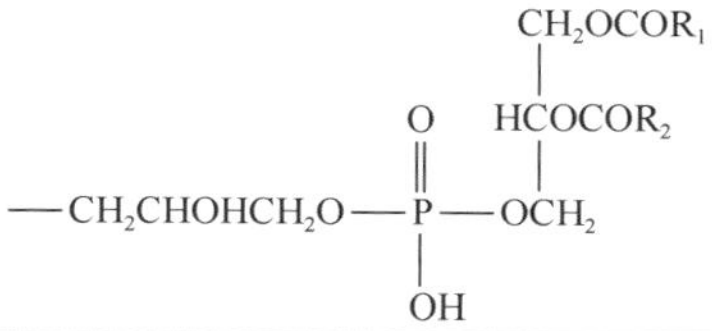	双磷脂酰甘油（心磷脂）

此外，在甘油磷脂分子中甘油第 1 位的脂酰基被长链醇取代形成醚，如缩醛磷脂（plasmalogen）和血小板活化因子（platelet activating factor，PAF），它们都属于甘油磷脂，PAF 结构式如下：

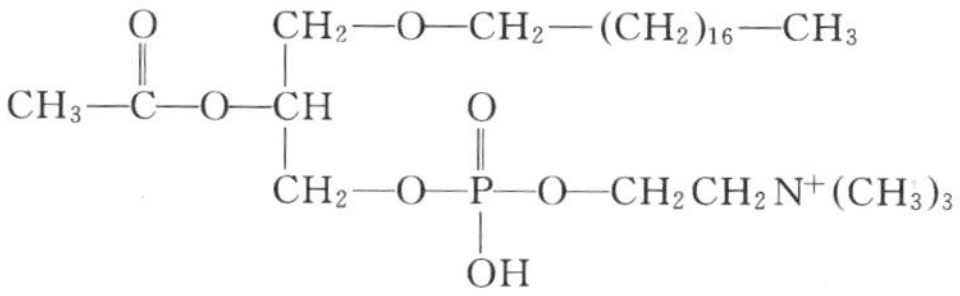

（二）鞘脂的化学结构及分类

含鞘氨醇（sphingosine）或二氢鞘氨醇的脂质称为鞘脂（sphingolipid）。一分子脂肪酸以酰胺键与鞘氨醇的氨基相连形成神经酰胺，为鞘脂的母体结构，其基本结构如下。脂肪酸主要为16C、18C、22C 或 24C 饱和脂肪酸或单不饱和脂肪酸。鞘氨醇或二氢鞘氨醇是具有脂肪族长链的氨基二元醇，包含疏水的长链脂肪烃尾和 2 个羟基及 1 个氨基的极性头。自然界以 18C 鞘氨醇最多。

鞘脂末端羟基常为极性基团 X，按取代基团 X 的不同，鞘脂分为鞘磷脂和鞘糖脂两类。鞘磷脂的 X 基团为磷酸胆碱或磷酸乙醇胺，鞘糖脂的 X 基团为葡萄糖、半乳糖或唾液酸等。

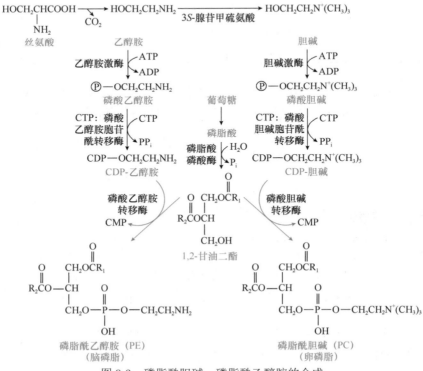

（两个分子结构式，上方标注）

鞘氨醇
$CH_3(CH_2)_mCH=CH-CHOH$ 脂肪酸
$CHNHCO(CH_2)_nCH_3$
CH_2-OH
神经酰胺

鞘氨醇
$CH_3(CH_2)_mCH=CH-CHOH$ 脂肪酸
$CHNHCO(CH_2)_nCH_3$
CH_2-O-X 取代基
鞘脂

二、甘油磷脂的代谢

（一）甘油磷脂的合成

1. 合成部位与原料　全身各组织细胞均含有合成磷脂的酶，都能合成磷脂，但以肝、肾和肠等组织最为活跃。

合成甘油磷脂需甘油、脂肪酸、磷酸盐、胆碱、丝氨酸、肌醇等原料。甘油、脂肪酸主要由糖转变而来，但与甘油第二位羟基成酯的一般是多不饱和脂肪酸，主要是必需脂肪酸。胆碱可从食物摄取，也可由丝氨酸和甲硫氨酸在体内转变而来。丝氨酸脱羧生成乙醇胺，是磷脂酰乙醇胺的原料。乙醇胺可从 S-腺苷甲硫氨酸获得甲基生成胆碱。甘油磷脂合成还需 ATP、CTP。

2. 合成过程　磷脂酸是各种甘油磷脂合成的前体，由于甘油磷脂合成过程中 CTP 参与活化的成分不同，故可分为两种不同的合成途径。

（1）甘油二酯途径：以磷脂酸水解的 1,2-甘油二酯为重要中间产物。胆碱（或乙醇胺）在相应的激酶作用下磷酸化生成磷酸胆碱（或磷酸乙醇胺），经过 CTP 的胞苷酸转移可活化生成CDP-胆碱（或 CDP-乙醇胺），再与甘油二酯进行磷酸胆碱（或磷酸乙醇胺）转移反应，而生成磷脂酰胆碱（phosphatidylcholine，PC）或磷脂酰乙醇胺（phosphatidyl ethanolamine，PE）（图 8-9）。前者俗称卵磷脂（lecithin），后者又称为脑磷脂（cephalin）。这两类磷脂占组织与血液磷脂的75% 以上。

图 8-9　磷脂酰胆碱、磷脂酰乙醇胺的合成

人体内 PC 是细胞膜含量最丰富的磷脂，其主要是通过甘油三酯途径合成的，其中 CTP：磷酸胆碱胞苷酰转移酶（CTP phosphocholine cytidylyltransferase，CCT）是关键酶。游离的 CCT 无活性，当其与细胞膜结合后就转变为有活性。PC 缺乏的膜可促进 CCT 与其结合，从而使 CCT 转变活性，促进 PC 合成。

（2）CDP-甘油二酯途径：被 CTP 活化的是甘油二酯，CDP-甘油二酯为重要中间产物。磷脂酸先与 CTP 进行胞苷酸转移，生成 CDP-甘油二酯，后者再分别与肌醇、丝氨酸和磷脂酰甘油等在合成酶作用下，相应生成磷脂酰肌醇（phosphatidyl inositol，PI）、磷脂酰丝氨酸（phosphatidyl serine，PS）和双磷脂酰甘油，后者又称为心磷脂（cardiolipin）（图 8-10）。磷脂酰丝氨酸也可由 PE 羧化或乙醇胺与丝氨酸交换产生。

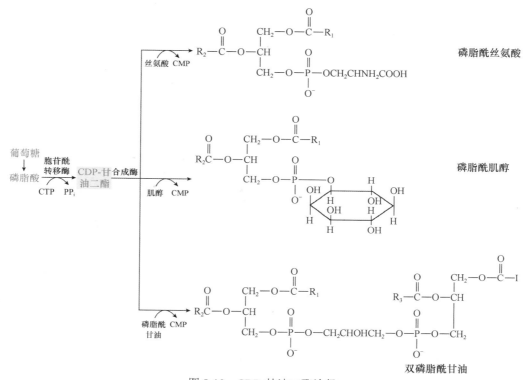

图 8-10　CDP-甘油二酯途径

甘油磷脂的合成在内质网膜的外侧面进行。细胞质中有一类磷脂交换蛋白，促使不同磷脂在膜之间交换并使膜磷脂更新。肺泡上皮细胞可合成特殊的含 2 分子软脂酸的二软脂酰胆碱，有较强的乳化作用，有利于肺泡扩张。

（二）甘油磷脂的降解

甘油磷脂的分解代谢主要是由磷脂酶（phospholipase）催化的水解过程。根据作用于磷脂分子内酯键类型的不同，磷脂酶分为磷脂酶 A_1、磷脂酶 A_2、磷脂酶 B_1、磷脂酶 B_2、磷脂酶 C 和磷脂酶 D 等（图 8-11）。

体内甘油磷脂的不同分解产物，在体内发挥不同的生理作用：磷脂酶 A_1、磷脂酶 A_2 分别水解甘油磷脂第 1、2 位酯键，生成相应的溶血磷脂 2（lysophosphatide 2）和溶血磷脂 1。溶血磷脂具有较强的表面活性，能破坏红细胞膜及其他细胞膜，引起溶血或细胞坏死。一些毒蛇的毒液中含有磷脂酶，所以有剧毒。溶血磷脂酶 B_1、溶血磷脂酶 B_2 分别催化溶血磷脂 1 和溶血磷脂 2 生成甘油磷酸胆碱或甘油磷酸乙醇胺，从而消除溶血磷脂对细胞膜的破坏作用。磷脂酶 C（phospholipase C，PLC）可催化甘油磷脂生成甘油二酯和肌醇三磷酸，在第二信使系统中起重要作用。

磷脂酶 D 可催化甘油磷脂生成磷脂酸。

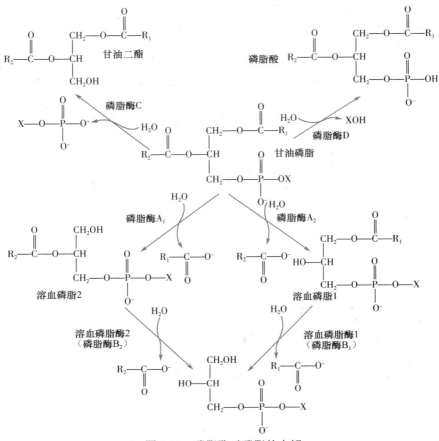

图 8-11　磷脂酶对磷脂的水解

X 代表胆碱或乙醇胺

三、鞘磷脂的代谢

　　人体含量最多的鞘磷脂是神经鞘磷脂（sphingomyelin），由鞘氨醇、脂肪酸和磷酸胆碱所构成。鞘氨醇的氨基通过酰胺键与脂肪酸相连，生成 N-脂酰鞘氨醇，又称为神经酰胺（ceramide），其末端羟基与磷酸胆碱通过磷酸酯键相连即为神经鞘磷脂。神经鞘磷脂是构成生物膜的重要磷脂，它常与卵磷脂并存于细胞膜的外侧。神经髓鞘含脂质甚多，占干重的 97%，其中 11% 为卵磷脂，5% 为神经鞘磷脂。人红细胞膜的磷脂中 20%～30% 为神经鞘磷脂。

$$CH_3(CH_2)_{12}CH=CHCHOH$$
$$CHNHCOR$$
$$CH_2O\text{—}P\text{—}O\text{—}CH_2CH_2N^+(CH_3)_3$$
$$OH$$

神经鞘磷脂

　　1. 神经鞘磷脂的合成　　鞘氨醇是神经鞘磷脂合成的重要中间产物。全身各细胞均可合成鞘氨醇，以脑组织最活跃。内质网有合成鞘氨醇的酶系，合成主要在内质网进行。鞘氨醇合成的基本原料是软脂酰 CoA、丝氨酸和胆碱，需要磷酸吡哆醛、NADPH+H^+、FAD 等辅酶参加。软脂酰 CoA 与丝氨酸在 3-酮二氢鞘氨醇合成酶和还原酶的催化下，先脱羧缩合、再加氢还原生成二氢鞘氨醇，再脱氢生成鞘氨醇。

在脂酰转移酶作用下，鞘氨醇的氨基与脂酰 CoA 进行酰胺缩合，生成 N-脂酰鞘氨醇（神经酰胺），最后由 CDP-胆碱供给磷酸胆碱生成神经鞘磷脂。

2. 神经鞘磷脂的降解 神经鞘磷脂在脑、肝、脾、肾等细胞的溶酶体中降解，这些部位有神经鞘磷脂酶（sphingomyelinase），属于磷脂酶 C 类，能使磷酸酯键水解，产物为磷酸胆碱和 N-脂酰鞘氨醇。如果先天性缺乏降解鞘磷脂的酶，则鞘磷脂不能降解而在细胞内积存，可引起肝脾大及痴呆等鞘磷脂沉积疾病，形成各种脂沉积症（lipoidosis）。例如，戈谢病（Gaucher 病）患者缺乏糖基神经酰胺 β-葡糖苷酶，导致神经节苷脂堆积；尼克-皮克病（Niemann-Pick 病）患者缺乏神经鞘磷脂酶，导致神经鞘磷脂沉积；泰-萨克斯病（Tay-Sachs 病）患者缺乏 β-己糖胺酶 A，不能水解神经节苷脂寡糖链末端的 β-N-乙酰葡糖胺，造成脑内神经节苷脂 GM_2 沉积。

第四节 胆固醇代谢

一、胆固醇的结构与分布

（一）胆固醇及其衍生物的结构与分布

胆固醇是具有羟基的类固醇（steroid）化合物，因最早从动物胆石中分离出而得名。所有固醇均具有环戊烷多氢菲的基本结构。环戊烷多氢菲由三个环己烷和一个环戊烷组合而成，四个环分别用 A、B、C、D 表示，因 C_3 羟基氢被取代或 C_{17} 侧链不同而衍生出结构与功能不同的类固醇。人体内主要以游离胆固醇（FC）和胆固醇酯（CE）的形式存在。植物不含胆固醇但含植物固醇，以 β-谷固醇（β-sitosterol）最多。酵母含麦角固醇，细菌不含固醇类化合物。

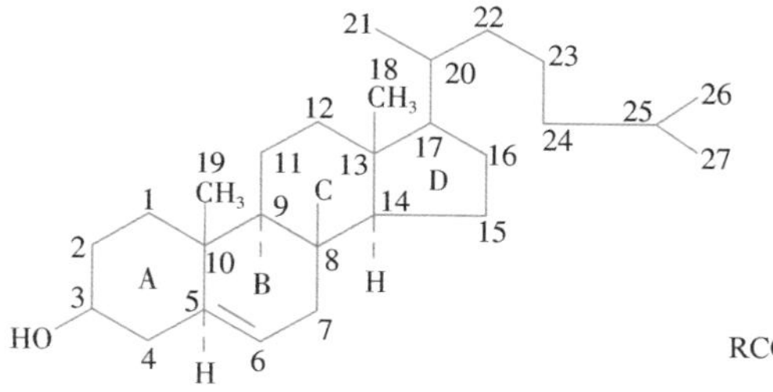

胆固醇

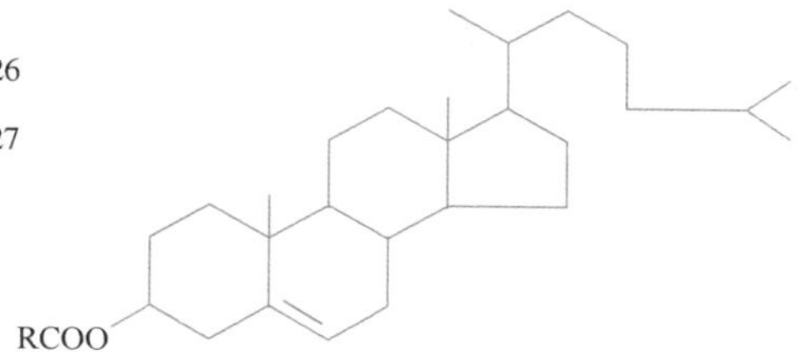

胆固醇酯

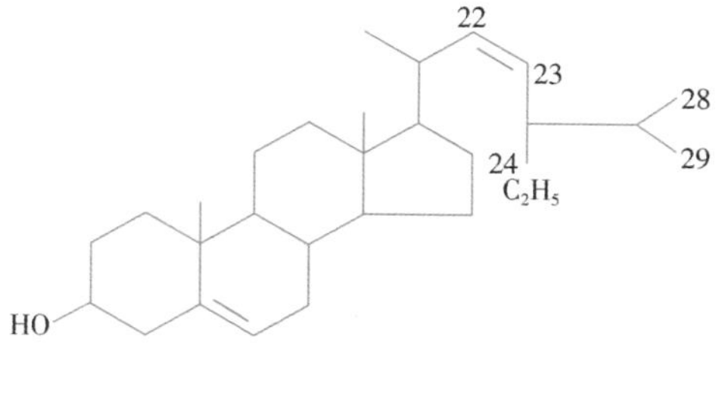

β-谷固醇

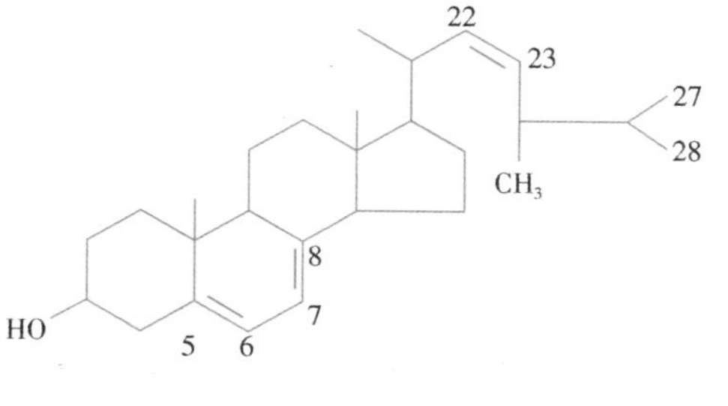

麦角固醇

人体约含胆固醇 140g，广泛分布于全身各组织中，大约 1/4 分布在脑及神经组织中，约占脑组织的 2%。肝、肾、肠等内脏及皮肤、脂肪组织亦含较多的胆固醇，每 100g 组织含胆固醇 200～500mg，其中以肝最多。肌组织含量较低，每 100g 组织含胆固醇 100～200mg。肾上腺、卵巢等合成类固醇激素的内分泌腺中胆固醇含量较高，达组织重量的 1%～5%。胆固醇在组织中一般以非酯化的游离状态存在于细胞膜中，但在肾上腺（90%）、血浆（70%）和肝（50%）中，大多与脂肪酸结合成 CE，以胆固醇油酸酯最多，亦有少量亚油酸酯及花生四烯酸酯。

（二）体内胆固醇的来源

人体胆固醇的来源有体内合成及从食物摄取。正常人每天膳食中含胆固醇 300～500mg，主要来自动物内脏、蛋黄、肉类等。植物中的固醇如谷固醇、麦角固醇可阻碍胆固醇的吸收。胆盐、食物脂肪有利于胆固醇的吸收。

人体每天约合成 1g 的内源性胆固醇。每天从肠道排出的胆固醇约 0.5g，以胆汁酸形式排出的胆固醇约 0.4g，随皮肤脱落而丧失的胆固醇约 0.1g，以类固醇激素灭活形式排出的胆固醇约 50mg，胆固醇出入大致平衡。

二、胆固醇的合成

（一）合成部位

除成年动物脑组织和成熟红细胞外，几乎全身各组织细胞均可合成胆固醇，胆固醇的合成主要在细胞质和滑面内质网中进行。肝是合成胆固醇的主要场所。体内胆固醇 70%～80% 由肝合成，10% 由小肠合成。

（二）合成原料

乙酰 CoA 是合成胆固醇的原料。用 ^{14}C 及 ^{13}C 标记乙酸的甲基碳和羧基碳，与肝切片在体外温育的实验证明，乙酸分子中的 2 个碳原子均参与构成胆固醇，是合成胆固醇的唯一碳源。

合成胆固醇的乙酰 CoA 主要来源于葡萄糖、氨基酸、脂肪酸在线粒体内的分解。乙酰 CoA 不能通过线粒体内膜，需经柠檬酸-丙酮酸循环进入细胞质。每转运 1 分子乙酰 CoA 要消耗 1 分子 ATP。此外，胆固醇合成需要大量 NADPH+H$^+$供氢和 ATP 供能。每合成 1 分子胆固醇需 18 分子乙酰 CoA，36 分子 ATP 及 16 分子 NADPH+H$^+$。

（三）合成的基本过程

胆固醇合成过程复杂，有近 30 步酶促反应，大致可划分为三个阶段（图 8-12）。

1. 甲羟戊酸的合成　在细胞质中，2 分子乙酰 CoA 在乙酰乙酰 CoA 硫解酶的催化下，缩合成乙酰乙酰 CoA；然后在 HMG-CoA 合酶的催化下再与 1 分子乙酰 CoA 缩合生成 HMG-CoA。细胞质 HMG-CoA 在内质网 HMG-CoA 还原酶（HMG-CoA reductase）的催化下，由 NADPH+H$^+$供氢，还原生成甲羟戊酸（mevalonic acid，MVA）。HMG-CoA 还原酶为 887 个氨基酸残基组成的糖蛋白，是合成胆固醇的关键酶。甲羟戊酸的合成过程如下：

$$2CH_3COCoA \xrightarrow[\text{CoASH}]{\text{乙酰乙酰CoA硫解酶}} CH_3COCH_2COCoA \xrightarrow[\text{CH}_3\text{COCoA} \quad \text{CoASH}]{\text{HMG-CoA合酶}}$$

HMG-CoA 还原酶反应：HMG-CoA（左）经 2NADPH+2H$^+$、2NADP$^+$、CoASH 生成 MVA（右）

2. 鲨烯的合成　MVA（C_6）由 ATP 供能，在细胞质一系列酶的催化下，脱羧、磷酸化生成活泼的 5C 的异戊烯焦磷酸（isopentenyl pyrophosphate，IPP）和 γ,γ-二甲丙烯焦磷酸（γ,γ-dimethylallyl pyrophosphate，DPP）。然后，3 分子活泼的 5C 焦磷酸化合物（IPP 与 DPP）缩合成 15C 的法尼基焦磷酸（farnesyl pyrophosphate，FPP）。2 分子 15C 法尼基焦磷酸在内质网鲨烯合酶（squalene synthase）的作用下，再缩合、还原即生成 30C 的多烯烃——鲨烯（squalene）。

3. **胆固醇的合成** 鲨烯结合在细胞质中固醇运载蛋白（sterol carrier protein，SCP）上，经内质网单加氧酶、环化酶等作用，环化生成羊毛固醇，后者再经氧化、脱羧、还原等反应，脱去 3 个甲基生成含 27C 的胆固醇。

细胞中游离胆固醇在脂酰 CoA ：胆固醇脂酰转移酶（acyl-CoA ： cholesterol acyltrans-fe-rase，ACAT）催化下与脂酰 CoA 缩合，生成胆固醇酯储存。

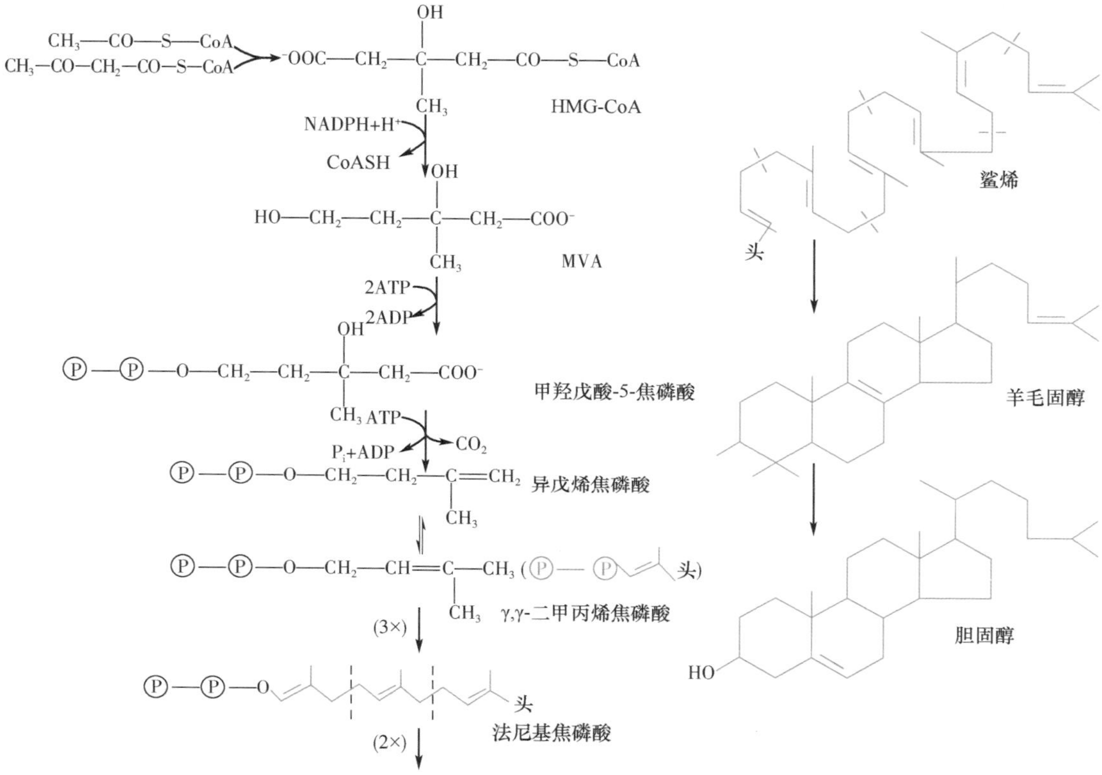

图 8-12　胆固醇合成过程

（四）胆固醇合成的调节

HMG-CoA 还原酶存在于肝、肠及其他组织细胞的内质网，是胆固醇合成的关键酶。各种因素通过对 HMG-CoA 还原酶活性的影响实现对胆固醇合成的调节。他汀类药物是 HMG-CoA 还原酶的抑制剂，是目前临床上降低高胆固醇血症的一线用药。

1. **激素和时间节律性调节** 肝 HMG-CoA 还原酶的合成可被胰岛素和甲状腺素诱导。胰高血糖素等通过第二信使 cAMP 激活蛋白激酶，加速 HMG-CoA 还原酶的磷酸化修饰，从而抑制酶的活性而减少胆固醇合成。甲状腺素除能促进 HMG-CoA 还原酶合成外，还能促进胆固醇转变为胆汁酸，后者作用较前者强，因此甲状腺功能亢进时患者血浆胆固醇水平反而下降。皮质醇能抑制 HMG-CoA 还原酶活性而减少胆固醇合成。

HMG-CoA 还原酶活性有昼夜节律性。通过动物实验发现，大鼠肝合成胆固醇在午夜最高，中午最低，因此，胆固醇合成可随 HMG-CoA 还原酶活性变化表现出周期节律性。

2. **细胞胆固醇含量和相关中间产物的调节** 细胞胆固醇升高可反馈抑制 HMG-CoA 还原酶的活性，并减少该酶的合成，从而抑制胆固醇的合成；胆固醇合成中间产物甲羟戊酸及胆固醇氧化产物 7β-羟胆固醇、25-羟胆固醇等也可通过别构调节抑制 HMG-CoA 还原酶的活性；细胞质中有依赖 cAMP 的蛋白激酶，可使 HMG-CoA 还原酶磷酸化而丧失活性；而磷蛋白磷酸酶可催化 HMG-CoA 还原酶脱磷酸而恢复酶活性。

3. 膳食状态影响　禁食或饥饿可抑制肝合成胆固醇。饥饿除使 HMG-CoA 还原酶合成减少、活性降低外，乙酰 CoA、ATP、NADPH+H$^+$的不足也是胆固醇合成减少的重要原因。相反，摄取高糖、高饱和脂肪膳食后，肝 HMG-CoA 还原酶活性增加，胆固醇合成增加。

三、胆固醇在体内的转化

由于胆固醇的母核环戊烷多氢菲在体内并不能像糖、脂肪那样被彻底分解，但其侧链可以被氧化、还原或降解，转变为其他含环戊烷多氢菲母核的代谢产物，参与代谢调节或排出体外。

（一）转变生成胆汁酸

胆固醇在肝中转化成胆汁酸（bile acid）是胆固醇在体内代谢的主要去路。正常人每天有 0.4～0.6g 在肝中转变成胆汁酸，随胆汁排入肠道。

仅肝实质细胞才具有合成胆汁酸的酶系。人体内胆汁酸均为胆烷酸（cholane）的衍生物，其分子既含有亲水的羟基、羧基，又有疏水的烃核、甲基及脂酰侧链，具有亲水和疏水两个侧面，是较强的乳化剂，能使疏水的脂质在水中乳化成细小的微团，既有利于消化酶的作用，又促进其吸收。

初级胆汁酸是肝细胞以胆固醇为原料直接转变生成的胆汁酸，并分别与甘氨酸或牛磺酸结合，生成结合胆汁酸，分泌入毛细胆管，经胆管随胆汁排入胆囊储存。机体还通过肠肝循环将排入肠道的胆汁酸 95% 以上进行重吸收入肝，再加以利用（参见第二十五章第三节）。游离胆固醇也可随胆汁排出。胆固醇难溶于水，胆汁在胆囊中浓缩后胆固醇较易析出沉淀。但胆汁中有胆盐和卵磷脂，可使胆固醇分散形成可溶性微团，使之不易结晶沉淀。若排入胆汁中的胆固醇过多或胆汁中胆盐和卵磷脂与胆固醇的比值降低（＜10∶1），则易引起胆固醇析出沉淀，形成结石。

（二）转变为类固醇激素

胆固醇是肾上腺皮质、睾丸、卵巢等内分泌腺合成类固醇激素的原料。合成类固醇激素是胆固醇在体内代谢的重要途径。

1. 类固醇激素的合成

（1）肾上腺皮质激素的合成：肾上腺皮质由球状带、束状带和网状带三类不同细胞构成。球状带分泌醛固酮（aldosterone），主要调节水盐代谢，称为盐皮质激素；束状带分泌皮质醇（cortisol）及少量皮质酮（corticosterone），主要调节糖、脂、蛋白质代谢，称为糖皮质激素；网状带主要合成雄激素，也产生极少量雌激素。

胆固醇是合成肾上腺皮质类固醇激素的原料。肾上腺皮质细胞中储存大量胆固醇酯，含量高达 2%～5%，其中 90% 来自血液，10% 由自身合成。在肾上腺皮质细胞内，胆固醇经羟化、裂解、异构作用，生成孕酮。孕酮是合成皮质激素的主要中间产物，本身也具激素活性。然后孕酮在羟化酶的作用下，生成皮质酮、醛固酮和雄激素、雌激素。由于肾上腺皮质三个区带含不同的羟化酶，因此分别合成不同的类固醇激素。

（2）睾酮和雌激素的合成：它们均以胆固醇为原料合成。95% 以上的睾酮由睾丸间质细胞合成，仅少量来自肾上腺皮质；雌激素有孕酮和雌二醇两类，主要由卵巢的卵泡内膜细胞和黄体合成。

2. 类固醇激素的运输、灭活及排泄 类固醇激素不溶于水，分泌入血后大多与血浆蛋白质结合而运输，仅 1%～5% 以游离形式存在；皮质酮与运皮质激素蛋白结合而运输；睾酮与血浆 β-球蛋白或清蛋白结合而运输。

类固醇激素在肝内酶的催化下，发生羟化、还原，生成无活性的四氢衍生物，后者再与葡糖醛酸或硫酸结合成酯，此过程称为激素的灭活。类固醇皮质激素和睾酮的灭活产物主要是 17-羟类固醇和 17-酮类固醇，90% 由肾随尿排出。尿中 17-酮类固醇约 1/3 来自睾丸，2/3 来自肾上腺皮质。测定尿中 17-酮类固醇有助于了解肾上腺皮质的分泌功能。

（三）转化为 7-脱氢胆固醇

在皮肤中，胆固醇可被氧化为 7-脱氢胆固醇，再经紫外光照射转变为维生素 D_3，后者在肝和肾中羟化转变为 $1,25-(OH)_2-D_3$ 的活性形式，调节钙磷代谢。

第五节 血浆脂蛋白代谢

一、血脂与血浆脂蛋白

血浆中所含的脂质统称为血脂，包括甘油三酯、磷脂、胆固醇、胆固醇酯和游离脂肪酸等。血浆中磷脂主要有卵磷脂（50%～70%）、神经鞘磷脂和脑磷脂。

正常成人血脂含量波动范围较大，受膳食、年龄、性别、职业及代谢等的影响，故欲测定血脂，需在体重稳定的情况下，空腹 12～14 小时采血，才能较可靠地反映被检者血脂水平的实况（表 8-3）。

表 8-3 正常成人空腹血脂的组成和含量参考值

组成	正常（参考值）		组成	正常（参考值）	
	mmol/L	mg/L		mmol/L	mg/L
甘油三酯	0.11～1.7（1.13）	100～1500（1000）	胆固醇酯	1.8～5.2（3.8）	700～2000（1450）
总胆固醇	2.6～6.0（5.17）	1000～2500（2000）	磷脂	48.4～80.7（64.6）	1500～2500（2000）
游离胆固醇	1.0～1.8（1.4）	400～700（550）	游离脂肪酸	0.195～0.8（0.6）	50～200（150）

注：括号内为平均值

血脂的来源有外源性和内源性两种，外源性血脂是指由食物摄取的脂质经消化吸收进入血液，内源性血脂是由肝、脂肪细胞及其他组织合成后释放入血的脂质。

由于脂质不溶于水，因此血浆中脂质是与蛋白质结合成血浆脂蛋白（lipoprotein）的形式而运输。各种血浆脂蛋白因所含脂质和蛋白质的组成不同，其密度、大小、表面电荷等理化性质和生物学功能均有不同。

（一）血浆脂蛋白的分类

一般用电泳法和超速离心法可将血浆脂蛋白分为四类。

1. 电泳法 主要根据不同脂蛋白的表面电荷不同，在电场中具有不同的迁移率，按移动快慢可将脂蛋白分为 α-脂蛋白、前 β-脂蛋白、β-脂蛋白和乳糜微粒（chylomicron，CM）四类。一般常用醋酸纤维薄膜或琼脂糖作为电泳支持物进行分离。α-脂蛋白泳动最快，相当于 α_1-球蛋白的位置；β-脂蛋白相当于 β-球蛋白位置；前 β-脂蛋白位于 β-脂蛋白之前，相当于 α_2-球蛋白位置；CM 则留在上样原点不动（图 8-13）。

图 8-13 血浆脂蛋白醋酸纤维薄膜电泳示意图

2. 超速离心法 各种脂蛋白含脂质和蛋白质的量各不相同，彼此密度亦不相同。血浆在一定密度的盐溶液中进行超速离心时，脂蛋白会因密度不同而漂浮或沉降，通常用 Svedberg（斯韦德贝里）漂浮率（S_f）表示其浮沉情况。据此法可将脂蛋白分为四类：CM、极低密度脂蛋白（VLDL）、低密度脂蛋白（low density lipoprotein，LDL）和高密度脂蛋白（high density lipoprotein，HDL），分别相当于电泳分离的 CM、前 β-脂蛋白、β-脂蛋白和 α-脂蛋白。

在人血浆中还含有中密度脂蛋白（intermediate density lipoprotein，IDL）和脂蛋白（a）[lipoprotein a，Lp（a）]。IDL 是 VLDL 在血浆中向 LDL 转化的中间产物，其组成和密度介于 VLDL 和 LDL 之间。Lp（a）与 LDL 在脂质和蛋白质成分上相似，但还含有一类独特的载脂蛋白（a）[apolipoprotein（a），Apo（a）]，是一类独立的脂蛋白。其次，HDL 还可以分为 HDL_2 和 HDL_3 两个大的亚类。

（二）血浆脂蛋白的组成与结构

血浆脂蛋白是脂质与蛋白质的复合体，脂质主要由甘油三酯、磷脂、胆固醇及其酯组成。脂蛋白的蛋白质部分主要是有运输功能的载脂蛋白（Apo）和一些酶类，不同的脂蛋白含有不同特征的载脂蛋白，如 Apo A I 和 Apo A II 是 HDL 的特征性载脂蛋白，Apo B48 仅存在于 CM 中。血浆中各类脂蛋白的蛋白质和脂质成分的组成比例及含量大不相同（表 8-4）。CM 颗粒最大，含甘油三酯最多，蛋白质最少，约 1%，故密度最小，静置血浆后可漂浮。VLDL 含甘油三酯亦多，但其蛋白质含量高于 CM，故密度较 CM 大。LDL 的脂质中含胆固醇及 CE 最多。HDL 含蛋白质量最多，约 50%，故密度最高，颗粒最小。

表 8-4　血浆脂蛋白的分类、性质、组成和功能

分类	密度法电泳法	CM	VLDL（前 β-脂蛋白）	LDL（β-脂蛋白）	HDL（α-脂蛋白）
性质	密度（kg/L）	<0.95	0.95~1.006	1.006~1.063	1.063~1.210
	S_f	>400	20~400	0~20	沉降
	电泳位置	原点	α_2-球蛋白	β-球蛋白	α_1-球蛋白
	颗粒直径（nm）	80~500	25~80	20~25	5~17
组成（%）	蛋白质	0.5~2	5~10	20~25	50
	脂质	98~99	90~95	75~80	50
	甘油三酯	80~95	50~70	10	5
	磷脂	5~7	15	20	25
	总胆固醇	1~4	15	45~50	20
	游离胆固醇	1~2	5~7	8	5
	胆固醇酯	3	10~12	40~42	15~17
载脂蛋白组成（%）	Apo A I	7	<1	—	65~70
	Apo A II	5	—	—	20~25
	Apo A IV	10	—	—	—
	Apo B100	—	20~60	95	—
	Apo B48	9	—	—	—
	Apo C I	11	3	—	6
	Apo C II	15	6	微量	1
	Apo C III	41	40	—	4
	Apo E	微量	7~15	<5	2
	Apo D	—	—	—	3
合成部位		小肠黏膜细胞	肝细胞	血浆	肝、肠、血浆
功能		转运外源性甘油三酯	转运内源性甘油三酯	转运内源性胆固醇	逆向转运胆固醇

各种脂蛋白具有大致相似的球形基本结构（图 8-14）。大多数载脂蛋白如 Apo AI、Apo AII、Apo CI、Apo CII、Apo CIII 和 Apo E 等均具两性 α 螺旋结构，其中疏水性氨基酸残基组成螺旋的非极性面，亲水性氨基酸残基组成螺旋的极性面，这种两性 α 螺旋结构有利于载脂蛋白与脂质的结合。因此，脂蛋白颗粒的内核为疏水性较强的甘油三酯及 CE，而含极性与非极性基团的载脂蛋白、磷脂和游离胆固醇单分子层则覆盖于脂蛋白表面，借助它们的非极性疏水基团与甘油三酯和 CE 以疏水键连接，而极性面朝外，使亲水性的脂蛋白颗粒能均匀分散在血液中。CM 和 VLDL 主要以甘油三酯为内核；LDL 与 HDL 则主要以 CE 为内核；HDL 的蛋白质/脂质比值最高，故大部分表面被蛋白质分子所覆盖。

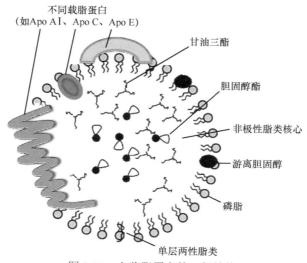

图 8-14 血浆脂蛋白的一般结构

（三）载脂蛋白的分类与功能

1. 载脂蛋白的分类 组成脂蛋白的载脂蛋白种类很多，已发现有 20 余种，主要有 Apo A、Apo B、Apo C、Apo D、Apo E 等及其不同亚型。每种血浆脂蛋白可含几种载脂蛋白，但以某种为主，且各种载脂蛋白之间维持一定比例。例如，HDL 主要含 Apo AI 和 Apo AII；VLDL 除含 Apo B100 外，还含有 Apo C 和 Apo E；血中 LDL 几乎只含 Apo B100；CM 含 Apo B48 而不含 Apo B100。

2. 载脂蛋白的功能

（1）构成和稳定脂蛋白结构：载脂蛋白具有许多两性 α 螺旋结构，其亲水区朝向外侧水相，疏水区伸向脂质核心，从而稳定脂蛋白的结构，并增加脂蛋白颗粒的亲水性，使脂蛋白易溶于血液中，发挥转运脂质的功能。

（2）调节与脂蛋白代谢有关的酶活性：Apo AI 是卵磷脂胆固醇酰基转移酶（lecithin cholesterol acyltransferase，LCAT）的激活剂，可使 LCAT 活性增加 50 多倍。LCAT 是肝实质细胞合成、分泌入血的一种酶，在血浆中催化 HDL（主要是新生 HDL）表面的卵磷脂与胆固醇的脂酰转移反应，生成溶血磷脂和 CE。

Apo CII 是脂蛋白脂肪酶（lipoprotein lipase，LPL）的激活剂。LPL 是肝外组织实质细胞合成和分泌的，分布于肝外组织毛细血管内皮细胞表面。Apo CII 是 LPL 必需的辅因子，可使无活性或低活性 LPL 激活成高活性状态。激活的 LPL 可使 CM 和 VLDL 中的甘油三酯水解成甘油和脂肪酸，使 CM 和 VLDL 转变成脂蛋白残粒。

（3）作为脂蛋白受体识别的配体：Apo B100 是 LDL 受体的配体，LDL 中的 Apo B100 能同 LDL 受体特异结合，从而使 LDL 被细胞摄取清除。Apo E 是 LDL 受体和 LDL 受体相关蛋白（LDL receptor related protein，LRP）的配体，对 LDL 和脂蛋白残粒的清除起重要作用。Apo AI 是

HDL 受体的配体，肝细胞膜上 HDL 受体能与之结合，在 HDL 代谢中起重要作用。

综上所述，不同载脂蛋白的结构与分布各有特点，在脂蛋白代谢中发挥重要的功能（表 8-5）。

表 8-5 人血浆载脂蛋白的结构和功能

载脂蛋白	分子量（kDa）	氨基酸数	分布	功能
A I	28.3	243	HDL	激活 LCAT，识别 HDL 受体
A II	17.5	77×2	HDL	稳定 HDL 结构，激活 HL
A IV	46.0	371	HDL、CM	辅助激活 LPL
B100	512.7	4536	VLDL、LDL	识别 LDL 受体
B48	264.0	2152	CM	促进 CM 合成
C I	6.5	57	CM、VLDL、HDL	激活 LCAT？
C II	8.8	79	CM、VLDL、HDL	激活 LPL
C III	8.9	79	CM、VLDL、HDL	抑制 LPL，抑制肝 Apo E 受体
D	22.0	169	HDL	转运胆固醇酯
E	34.0	299	CM、VLDL、NDL	识别 LDL 受体
J	70.0	427	HDL	结合转运脂质，补体激活
（a）	500.0	4529	LP（a）	抑制纤溶酶活性
CETP	64.0	493	HDL，d＞1.21	转运胆固醇酯
PTP	69.0	?	HDL，d＞1.21	转运磷脂

注：CETP，胆固醇酯转运蛋白；LPL，脂蛋白脂肪酶；PTP，磷脂转运蛋白；HL，肝脂肪酶；LCAT，卵磷脂胆固醇酰基转移酶；"?" 示有不确定

二、血浆脂蛋白代谢

（一）乳糜微粒的代谢与功能

乳糜微粒（CM）代谢途径又称为外源性脂质转运途径。食物中脂肪消化吸收时，在小肠黏膜细胞内再酯化生成的甘油三酯，连同吸收和合成的磷脂、胆固醇，加上小肠黏膜细胞合成的 Apo B48、Apo A I、Apo A II、Apo A IV 等共同形成新生的 CM。CM 经淋巴入血，在血中与 HDL 相互交换，获得 Apo C、Apo E，失去部分 Apo A，转变为成熟的 CM。成熟的 CM 获得 Apo C 后，其中的 Apo C II 激活骨骼肌、心肌及脂肪组织等肝外组织的毛细血管内皮细胞表面的脂蛋白脂肪酶（LPL），使 CM 中的甘油三酯不断被水解生成甘油和脂肪酸。释放的大量脂肪酸可被心肌、骨骼肌、脂肪组织等肝外组织摄取利用，同时 CM 外层的 Apo A、Apo C、磷脂和游离胆固醇也脱离 CM（参与形成新生 HDL）。CM 颗粒逐渐变小，转变成相对富含 CE、Apo B48 及 Apo E 的 CM 残粒（CM remnant）。CM 残粒最后被肝细胞膜 LDL 受体和 LRP 识别、结合，进而被肝组织摄取代谢。因此，CM 的功能是运输外源性脂质（以甘油三酯为主）。正常人 CM 在血浆中的半衰期为 5～15 分钟，故空腹血中不含 CM（图 8-15）。

（二）极低密度脂蛋白的代谢与功能

进食状态下多余的糖和氨基酸在肝中合成脂肪酸，再合成甘油三酯，包装为极低密度脂蛋白（VLDL）分泌入血，因此 VLDL 是运输肝合成的内源性甘油三酯的主要形式。VLDL 中的甘油三酯也可利用食物消化吸收的脂肪酸和脂肪组织动员释出的脂肪酸为原料合成。胆固醇除来自 CM 残粒外，肝自身亦合成一部分。VLDL 中的 Apo B100 全部在肝内合成。由肝细胞合成的甘油三酯、Apo B100、Apo E 及磷脂、胆固醇等组装成 VLDL。此外，小肠黏膜细胞也能合成少量 VLDL。

VLDL 分泌入血后，从 HDL 获得 Apo C，其中 Apo CⅡ激活脂肪组织、骨骼肌等肝外组织毛细血管内皮细胞表面的 LPL，使 VLDL 中的甘油三酯水解成甘油和脂肪酸。脂肪酸为肝外组织摄取利用，甘油穿过血管主要被肝摄取用于糖异生或糖酵解。血液循环中甘油三酯水解的同时，VLDL 与 HDL 再一次相互交换，VLDL 从 HDL 获得 CE 而将表面的 Apo C、磷脂和游离胆固醇等转移给 HDL。这样 VLDL 的颗粒逐渐变小，密度不断增加，Apo B100 及 Apo E 含量相对增多，转变为中密度脂蛋白（IDL），亦称为 VLDL 残粒。约有 50% 的 VLDL 残粒通过肝细胞膜上的 LRP 被肝摄取、降解。而未被肝摄取的 IDL 在 LPL 和肝脂肪酶（hepatic lipase，HL）作用下进一步水解，表面 Apo E 也转移至 HDL，最后 IDL 的脂质主要为 CE，载脂蛋白仅剩下 Apo B100，该颗粒即转变为 LDL（图 8-16）。一般 VLDL 在血液中的半衰期为 6～12 小时。

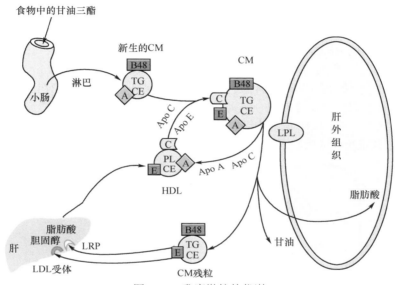

图 8-15　乳糜微粒的代谢

LRP，LDL 受体相关蛋白

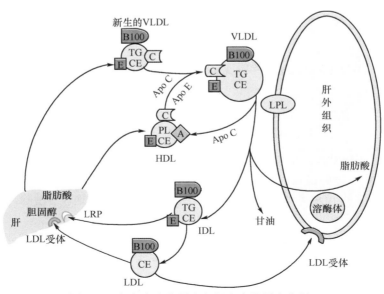

图 8-16　极低密度脂蛋白与低密度脂蛋白代谢

（三）低密度脂蛋白的代谢与功能

低密度脂蛋白（LDL）在血浆中由 VLDL 转变而来，它是转运由肝合成的内源性胆固醇的主要形式。因肝与肝外多种组织的细胞膜表面广泛存在 LDL 受体，能特异识别和高亲和力结合含 Apo B100、Apo E 的脂蛋白，故又称为 Apo B/E 受体。VLDL 转变而来的 LDL 一半以上被肝细胞摄取而降解，肝外组织如肾上腺皮质、性腺等 LDL 受体数目也较多，有较强的摄取与降解 LDL 的作用。

1. 低密度脂蛋白受体代谢途径　是指血浆中 LDL 通过与细胞 LDL 受体结合而进入细胞代谢的途径（图 8-17）。当血浆中 LDL 被细胞膜上 LDL 受体识别、结合后，受体-LDL 复合物在细胞膜表面小凹聚集成簇，经胞吞进入胞内。内吞小体脱去膜网格蛋白后与溶酶体融合，LDL 受体可与 LDL 解离回到膜表面。在溶酶体中蛋白水解酶作用下，LDL 中 Apo B100 水解为氨基酸，LDL 的 CE 则被胆固醇酯酶水解为游离胆固醇和脂肪酸。游离胆固醇在调节细胞胆固醇代谢上具有重要作用：①抑制内质网 HMG-CoA 还原酶，从而抑制细胞本身胆固醇合成；②在转录水平阻抑细胞 LDL 受体的合成，减少细胞对 LDL 的进一步摄取；③激活内质网脂酰 CoA：胆固醇脂酰转移酶（ACAT）的活性，使游离胆固醇酯化成 CE 储存于细胞质。其次，游离胆固醇被细胞膜摄取，是构成细胞膜的重要成分；在肾上腺、卵巢等细胞中胆固醇用以合成类固醇激素；在肝中胆固醇则被转化成胆汁酸或外排。LDL 被细胞摄取量的多少，取决于细胞膜上受体的数目和活性，因此，控制 LDL 受体的数量可能成为胆固醇代谢调节的关键靶点。

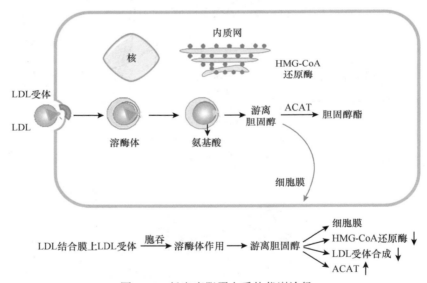

图 8-17　低密度脂蛋白受体代谢途径

LDL，低密度脂蛋白；ACAT，脂酰 CoA：胆固醇脂酰转移酶

肝细胞 LDL 受体发生缺陷或表达水平降低时，被肝摄取的 LDL 减少，导致大部分 VLDL 转变成 VLDL 残粒；被肝摄取的 VLDL 残粒亦因 LDL 受体低下而减少。此两种原因都导致由 VLDL 残粒转变而来的 LDL 水平增加。由于血浆中 LDL 不能有效地被肝清除，更多的 LDL 进入外周组织，如血管壁细胞，容易诱发动脉粥样硬化。

2. 清道夫受体代谢途径　除 LDL 受体代谢途径外，血浆中的 LDL 还可被氧化修饰成氧化 LDL（oxidized LDL，ox-LDL），其可被单核吞噬细胞系统中的巨噬细胞和血管内皮细胞清除。这两类细胞膜上有清道夫受体（scavenger receptor，SR），可识别结合并清除 ox-LDL。

正常人血浆 LDL 每天降解量占总量的 45%，其中 2/3 由 LDL 受体代谢途径降解，1/3 由单核吞噬细胞系统清除。LDL 在血浆中的半衰期为 2～4 天。

（四）高密度脂蛋白的代谢与功能

1. 高密度脂蛋白的来源与分类　HDL 有三种，主要由肝合成，小肠黏膜细胞也可合成一部分。此外，CM、VLDL 水解时其表面的 Apo AI、Apo C 及磷脂、胆固醇等脱离 CM 和 VLDL 也可形成新生 HDL，所以当 CM、VLDL 的甘油三酯脂解加速时，血中 HDL 会升高。新生的 HDL 呈盘状，仅由 Apo AI 和磷脂构成。HDL 按密度大小可分为 HDL$_1$、HDL$_2$、HDL$_3$。HDL$_1$ 仅在摄取高胆固醇膳食后才在血中出现，正常人血浆中主要含 HDL$_2$ 和 HDL$_3$。

2. 高密度脂蛋白的代谢　新生的 HDL 分子较小，可进入组织液，作为细胞中游离胆固醇外流的接受体。细胞内游离胆固醇主要通过细胞膜上 ATP 结合盒转运体 A1（ATP-binding cassette transporter A1，ABC A1）或扩散方式转移至 HDL。HDL 获得游离胆固醇后，在血浆中 LCAT 的催化下，HDL 表面卵磷脂的 2 位脂酰基转移给游离胆固醇，使其酯化为 CE 后进入 HDL 分子内部，HDL 表面游离胆固醇减少有利于不断从细胞获得胆固醇。HDL 表面的 Apo AI 是 LCAT 的激活剂，在活化的 LCAT 反复作用下，新生 HDL 先转变为密度高的 HDL$_3$，随着 HDL 内核的 CE 不断增多，加上又接受了由 LPL 脂解 CM 和 VLDL 过程中释放的磷脂、Apo AI、Apo AII 等，同时其表面的 Apo C、Apo E 转移到 CM 和 VLDL 上，HDL 分子逐渐转变为密度较小、颗粒较大的球状 HDL$_2$。血浆 HDL$_2$ 含量与 LPL 活性密切相关。当 Apo CII 缺乏、LPL 活性降低时，CM 和 VLDL 脂解作用减弱，则血中 HDL$_2$ 降低。另外，肝脂肪酶可催化 HDL$_2$ 中的磷脂和甘油三酯水解，使 HDL$_2$ 转变为 HDL$_3$（图 8-18）。

成熟的 HDL 颗粒较大，携运胆固醇较多，可被肝细胞膜上 HDL 受体，又称清道夫受体 BI（scavenger receptor class B type I，SR-BI）识别结合，HDL 的 CE 被肝细胞摄取，用以合成胆汁酸或直接通过胆汁排出体外。HDL 在血浆中的半衰期为 3～5 天。

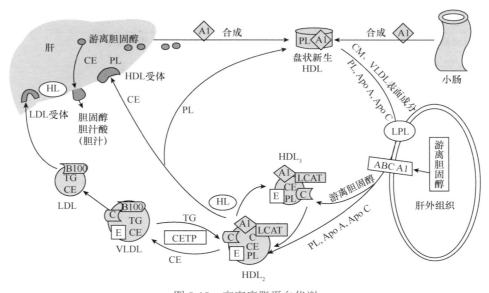

图 8-18　高密度脂蛋白代谢

CETP，胆固醇酯转运蛋白；PL，磷脂；CE，胆固醇酯；HL，肝脂肪酶

3. 高密度脂蛋白的脂质转运　血浆脂蛋白之间经常进行载脂蛋白和脂质的交换。脂质交换的方向和程度取决于各种脂蛋白中脂质的浓度差。通常富含甘油三酯的脂蛋白（CM 和 VLDL）将甘油三酯转移给其他脂蛋白（LDL 和 HDL），后者的胆固醇转移到 CM 和 VLDL。这种交换是物理扩散过程。人血浆中存在一种胆固醇酯转运蛋白（cholesteryl ester transfer protein，CETP），可促使 HDL 和 VLDL 之间的脂质交换，即将 HDL 的 CE 转移至 VLDL，而将 VLDL 的甘油三酯转移至 HDL。肝细胞膜上存在 HDL 受体、LDL 受体和特异的 Apo E 受体。研究表明，人血

浆中 90% 的 CE 在 HDL 上,其中仅 20% 的 CE 通过肝 HDL 受体被摄取而清除;70% 的 CE 在 CETP 作用下转移至 VLDL,再转变成 LDL,经 LDL 受体途径被肝清除;还有约 10% 的 CE 经肝特异 Apo E 受体摄取而清除。此外,血浆中还存在磷脂转运蛋白(phospholipid transfer protein,PLTP),能促进磷脂由 HDL 向 VLDL 转移。

4. HDL 的功能 在 LCAT、Apo AI、肝脂肪酶及 CETP 等多种酶和蛋白质参与下,新生 HDL 的成熟是一个逐渐转变的过程。实际上 HDL 的代谢就是胆固醇的逆向转运(reverse cholesterol transport,RCT)过程,将肝外组织细胞的游离胆固醇通过 ABCA1 转运至 HDL,在血液中酯化成 CE,再经 HDL 受体等转运到肝进行代谢,转化为胆汁酸排出,或可随胆汁直接以游离胆固醇形式排出体外。

第六节　脂质代谢异常与疾病

一、高脂血症的类型

血脂高于正常人血脂水平的上限即为高脂血症(hyperlipidemia)。由于血脂在血中以可溶性的脂蛋白形式运输,因此高脂血症也可被称为异常脂蛋白血症(dyslipoproteinemia)。血脂水平的高低因人种、地区、膳食、年龄、性别、生活习惯等因素影响和测定方法不同而有差异。我国目前沿用的高脂血症标准为空腹 12～14 小时,成人血浆胆固醇超过 6.21mmol/L(2.4g/L),或血浆甘油三酯超过 2.26mmol/L(2g/L);儿童胆固醇超过 4.14mmol/L(1.6g/L)。可将异常脂蛋白血症按以下方式进行分类。

1. 按世界卫生组织(WHO)建议,将高脂血症分为六型 其脂蛋白和血脂的改变见表 8-6。

表 8-6　高脂血症分型

分型	血浆脂蛋白变化	血脂变化	病因
I	CM 增高	甘油三酯 ↑↑↑ 胆固醇 ↑	LPL 或 Apo C II 遗传缺陷
II a	LDL 增高	胆固醇 ↑↑↑	LDL 受体遗传缺陷
II b	LDL 和 VLDL 均增高	胆固醇 ↑↑ 甘油三酯 ↑↑	主要受膳食影响
III	IDL 增高	胆固醇 ↑↑ 甘油三酯 ↑↑	Apo E 异常,干扰了 CM 残粒、VLDL 残粒的清除
IV	VLDL 增高	甘油三酯 ↑↑↑	多由于膳食影响、肥胖、糖尿病所致
V	VLDL 和 CM 同时增高	甘油三酯 ↑↑↑ 胆固醇 ↑	为 I 型和 IV 型混合症

2. 临床上将高脂血症分为三类

(1)高胆固醇血症:成年人血浆胆固醇水平在 6.21mmol/L(2.4g/L)以上,儿童血浆胆固醇水平在 4.14mol/L(1.6g/L)以上。

(2)混合型高脂血症:血清胆固醇与甘油三酯水平均增高。

(3)高甘油三酯血症:血清甘油三酯水平增高。

其次,HDL 胆固醇水平在临床上常用于反映 HDL 功能,因此,HDL 胆固醇水平如果低于 0.91mmol/L(30mg/L)也属于血脂代谢异常,称为"低 HDL 血症"。实际上,临床中常遇到混合性高脂血症。

3. 按病因将高脂血症分为两类

(1)原发性高脂血症:指原因不明的高脂血症,已证明有些是遗传性缺陷造成的。现已发现,参与脂蛋白代谢的关键酶(如 LPL、LCAT 等),载脂蛋白(如 Apo A、Apo B、Apo C II、Apo C III 和 Apo E)及脂蛋白受体(如 LDL 受体)等的遗传性缺陷,是某些异常脂蛋白血症发病的分子机制。其中已阐明 LDL 受体的遗传性缺陷是引发家族性高胆固醇血症的重要原因。LDL

受体缺陷为常染色体显性遗传，可表现杂合子或纯合子携带者，患者的血浆胆固醇水平分别高达15.6～20.8mmol/L（6～8g/L）和7.8～10.4mmol/L（3～4g/L）。

（2）继发性高脂血症：可继发于糖尿病、肾功能不全、肾病综合征、急性和慢性肝病、肥胖和甲状腺功能减退等。

二、脂质代谢相关性疾病

（一）胆固醇代谢与动脉粥样硬化

动脉粥样硬化（atherosclerosis）是一种以血管壁脂质沉积为主要特征的慢性血管性疾病。其所致冠心病、中风等心脑血管疾病已成为严重危害人类健康的"头号杀手"。动脉粥样硬化的病因复杂，与血脂代谢紊乱、氧化应激和炎症等均密切相关。在诱因的共同作用下，血管壁内膜下单核巨噬细胞对氧化修饰的 LDL 无限制性摄取，造成细胞内胆固醇的积聚而转变为泡沫细胞，成为动脉粥样硬化斑块发生发展的关键环节。

研究发现，动脉粥样硬化性心脑血管疾病的发生与血浆胆固醇水平，尤其是 LDL 胆固醇水平呈正相关，而与 HDL 胆固醇水平呈负相关。高胆固醇血症患者冠心病的危险性比血浆胆固醇水平正常者（小于 5.17mmol/L 或 2g/L）增加一倍。家族性高胆固醇血症的患者往往在青年时期就开始发生典型的冠心病症状。临床上 LDL 胆固醇被称为"有害"的胆固醇，而 HDL 具有介导 RCT 的作用，故"低 HDL 血症"被认为是冠心病的独立危险因子。其次，脂蛋白代谢关键的载脂蛋白或脂蛋白受体等的遗传缺陷也是动脉粥样硬化性心脑血管疾病的重要诱因。目前，Apo E 缺陷小鼠、LDL 受体缺陷小鼠、HDL 受体缺陷小鼠等就是利用相关机制而建立的动脉粥样硬化模式动物。

（二）甘油三酯代谢与脂肪性肝病

脂质代谢紊乱引发的脂肪性肝病主要指非酒精性脂肪性肝病（non-alcoholic fatty liver disease，NAFLD），是以弥漫性肝细胞脂质过度沉积和脂肪变性为特征的临床病理性肝病综合征。其病理变化从单纯性脂肪变性发展到脂肪性肝炎、肝纤维化和肝硬化，最终可能发展为肝细胞癌。据统计，全球的 NAFLD 患病率可达 20%～30%，我国的 NAFLD 患病率也增高至 15%～20%，其中肥胖人群中 NAFLD 患病率可达 50%～98%，NAFLD 患者中约有 72% 并发血脂异常。

NAFLD 的发生主要是由于肝中甘油三酯代谢异常，并涉及细胞氧化应激、炎症、遗传背景等多种因素。肝甘油三酯的体内平衡主要通过四个途径来进行调节：血液中脂质的摄取、脂质从头合成、脂肪酸氧化及 VLDL 转运肝合成的甘油三酯。已证实，肝细胞脂肪变性的发病机制包括食物中脂肪摄取过多、血中及肝游离脂肪酸过多、肝内脂肪酸氧化减少、肝内甘油三酯合成及 VLDL 合成增加而输出障碍以及脂蛋白脂肪酶的异常等。

小　结

脂质包括脂肪和类脂。脂肪是身体的主要燃料储备，为生物体提供能量和必需脂肪酸。花生四烯酸是前列腺素、血栓素和白三烯等生物活性物质的前体。类脂包括磷脂、糖脂及胆固醇、胆固醇酯，是生物膜的主要成分和多种生物活性物质的前体，在细胞信号传递和代谢调控中起重要作用。

脂质不溶于水，因此胆盐对脂质的消化和吸收是必不可少的。在脂酶、酯酶和胆盐的帮助下，脂肪在小肠内水解为甘油一酯、甘油二酯、甘油和游离脂肪酸，主要在空肠被吸收。当长链脂肪酸、甘油一酯、胆固醇和胆盐吸收进入肠黏膜后，甘油一酯和脂肪酸重新酯化成脂肪，与载脂蛋白 B48、磷脂和胆固醇共同组装成乳糜微粒，经淋巴进入血液。

脂肪组织中的脂肪在激素敏感性脂肪酶（HSL）和脂肪组织甘油三酯脂肪酶（ATGL）等的作用下，水解成游离脂肪酸和甘油。游离脂肪酸活化后进入线粒体，经脱氢、加水、再脱氢、硫解四步反应的重复循环完成 β 氧化，生成乙酰 CoA，通过三羧酸循环彻底氧化并释放能量。此外，

肝中 β 氧化产生的乙酰 CoA 也可以转化为酮体。肝不能利用酮体，酮体必须运送到肝外组织被氧化。长期饥饿时酮体是大脑的主要能量来源。脂肪动员的另一产物甘油可以转化为磷酸二羟丙酮，进入糖代谢途径分解或糖异生。

脂肪酸的合成部位在细胞质。在脂肪酸合酶复合体的催化下，以乙酰 CoA、NADPH+H$^+$ 和其他物质为原料进行合成。乙酰 CoA 首先由乙酰 CoA 羧化酶催化转化为丙二酰 CoA，再经过缩合、还原、脱水、再还原四步反应的 7 次循环生成含 16 个碳原子的软脂酸。在肝细胞线粒体和内质网中，通过对软脂酸的加工、延长生成更长碳链的脂肪酸。脂肪酸脱氢可生成不饱和脂肪酸。人体不能合成多不饱和脂肪酸如亚油酸、α-亚麻酸，必须从食物摄取。

甘油三酯合成的主要场所是肝、脂肪组织和小肠，以肝的合成能力最强。合成的原料来源于糖代谢提供的甘油和脂肪酸，肝及脂肪细胞利用 3-磷酸甘油和脂酰 CoA 先合成磷脂酸，后者去磷酸化生成甘油二酯，再酯化为甘油三酯；小肠黏膜细胞则是以脂酰 CoA 酯化甘油一酯合成甘油三酯。

甘油磷脂以磷脂酸为合成的前体，需 CTP 参与；甘油磷脂的分解代谢主要由磷脂酶 A、磷脂酶 B、磷脂酶 C、磷脂酶 D 催化。神经鞘磷脂的合成是以软脂酰 CoA、丝氨酸和胆碱为基本原料，先合成鞘氨醇，再与脂酰 CoA 及 CDP-胆碱反应。

胆固醇合成以乙酰 CoA 和 NADPH+H$^+$ 为基本原料，关键酶是 HMG-CoA 还原酶。细胞内游离胆固醇水平是调节胆固醇合成的重要因素。胆固醇可以转化为胆汁酸、类固醇激素或维生素 D$_3$。

脂质以脂蛋白形式在血液中运输。根据超速离心法脂蛋白可分为四种类型：CM、VLDL、LDL 和 HDL。CM 主要转运外源性甘油三酯；VLDL 主要转运内源性甘油三酯；LDL 主要转运内源性胆固醇；HDL 主要将胆固醇从肝外组织转运到肝，即胆固醇逆向转运。

（喻　红）

第八章线上内容

第九章　氨基酸代谢

蛋白质的基本结构单位是氨基酸。在体内蛋白质首先分解为氨基酸后再进一步代谢，所以氨基酸代谢是蛋白质分解代谢的中心内容。氨基酸代谢包括合成代谢和分解代谢两方面，本章重点论述氨基酸分解代谢。

第一节　氨基酸代谢概述

一、蛋白质的生理功能与营养价值

（一）蛋白质的生理功能

蛋白质是组织细胞的重要成分。因此，蛋白质具有维持组织细胞的生长、更新和修复的功能，这对于处于生长发育时期的儿童及康复期的患者尤为重要。同时，体内具有众多特殊功能的蛋白质，如酶、蛋白质类激素、抗体和某些调节蛋白等，构成整体生命活动的重要物质基础。而且，蛋白质还可以作为能源物质，在体内氧化分解释放能量。每克蛋白质在体内氧化分解可释放 17.9kJ 的能量。

（二）蛋白质的需要量

氮平衡（nitrogen balance）是指每日氮的摄入量与排出量之间的关系。蛋白质的平均含氮量约为 16%。氮平衡可以分为三种情况：氮的总平衡，即摄入氮量等于排出氮量，这反映体内蛋白质的合成作用等于分解作用，见于正常成人；氮的正平衡，即氮的摄入量大于排出量，这反映体内蛋白质的合成作用大于分解作用，见于儿童、孕妇及恢复期的患者等蛋白质需要量较大的人；氮的负平衡，即氮的摄入量小于排出量，这反映体内蛋白质的合成作用小于分解作用，见于饥饿、严重烧伤、出血及消耗性疾病患者。为了维持氮的总平衡，成人每日蛋白质最低生理需要量为 30～50g。我国营养学会推荐成人每日蛋白质需要量为 80g。

（三）体内蛋白质的营养价值

人体内构成蛋白质的氨基酸主要有 21 种，其中有 8 种氨基酸在人体内不能合成。我们把这些体内需要而又不能自身合成的氨基酸称为营养必需氨基酸（nutritionally essential amino acid），包括亮氨酸、异亮氨酸、苏氨酸、缬氨酸、赖氨酸、甲硫氨酸、苯丙氨酸和色氨酸。其余 13 种氨基酸可以在体内合成，不必通过食物供给，在营养上称为非必需氨基酸（non-essential amino acid）。硒半胱氨酸存在于人体甲状腺激素合成时的脱碘酶和谷胱甘肽过氧化物酶中。组氨酸和精氨酸虽在体内可以合成，可维持成人蛋白质更新的需要，但对正在生长发育的儿童，蛋白质合成需要的氨基酸量较大，合成量不能满足需要，也要从食物中补充，因此，有人将这两种氨基酸也归为营养必需氨基酸。

值得提及的是，由于有的氨基酸必须从食物中摄入，因此不同食物蛋白质的营养价值不仅体现在蛋白质的量，更取决于蛋白质的质。蛋白质营养价值的高低主要取决于食物蛋白质中必需氨基酸的种类、数量和比例。如若蛋白质所含的营养必需氨基酸种类齐全，数量充足，比例与人体蛋白质相近，则此种蛋白质的营养价值高，反之则营养价值低。通常动物性蛋白质的营养价值优于植物性蛋白质。营养价值较低的蛋白质混合食用，彼此间营养必需氨基酸可以得到互相补充，从而提高蛋白质的营养价值，这种作用称为食物蛋白质的互补作用（complementary effect）。例如，谷类蛋白质含赖氨酸较少而含色氨酸较多，而豆类蛋白质含赖氨酸较多而含色氨酸较少，两者混合食用即可提高蛋白质的营养价值。

二、食物蛋白质的消化吸收与腐败作用

（一）蛋白质的消化

食物蛋白质的消化、吸收是体内氨基酸的主要来源。食物蛋白质的消化从胃开始，主要在小肠中进行。同时，食物蛋白质的消化过程可以消除食物蛋白质的抗原性，避免了过敏、毒性作用。

1. 蛋白质在胃中的消化过程　食物蛋白质进入胃后被胃中的胃蛋白酶（pepsin）消化水解成多肽及少量氨基酸。其中，胃蛋白酶是由胃黏膜主细胞分泌的胃蛋白酶原（pepsinogen）经盐酸激活生成。同时，胃蛋白酶也能激活胃蛋白酶原生成胃蛋白酶，这种作用称为胃蛋白酶原的自身激活作用。胃蛋白酶的最适 pH 为 1.5～2.5，酸性环境下的胃液有利于蛋白质的变性，从而促进蛋白质的水解。胃蛋白酶对蛋白质或多肽进行水解时，具有一定的氨基酸序列特异性。胃蛋白酶倾向水解氨基端或羧基端为芳香族氨基酸（苯丙氨酸、色氨酸和酪氨酸）或亮氨酸的肽键；而如果从某一肽键氨基酸数第三个氨基酸为碱性氨基酸（精氨酸、赖氨酸和组氨酸）或者该肽键的氨基酸为精氨酸时，则胃蛋白酶不能有效地对此肽键进行水解。

2. 蛋白质在小肠中的消化过程　由于食物在胃中的停留时间较短，因此胃对蛋白质的消化很不完全。食物蛋白质的主要消化场所是小肠。在小肠中，未经消化或是消化不完全的蛋白质在小肠中一系列酶的作用下，进一步水解成寡肽和氨基酸。

胰液中的蛋白酶可以分为两大类，即内肽酶（endopeptidase）和外肽酶（exopeptidase）。内肽酶可以特异地水解蛋白质内部的一些肽键，而外肽酶则特异地水解蛋白质多肽末端的肽键。内肽酶包括胰蛋白酶（trypsin）、胰凝乳蛋白酶（chymotrypsin）和弹性蛋白酶（elastase），这些酶对氨基酸组成的肽键具有特异性。例如，胰蛋白酶主要水解由赖氨酸及精氨酸等碱性氨基酸残基的羧基组成的肽键，产生羧基端为碱性氨基酸的肽；胰凝乳蛋白酶主要作用于芳香族氨基酸，产生羧基端为芳香族氨基酸的肽。外肽酶主要是羧肽酶 A 和羧肽酶 B。羧肽酶 A 水解羧基末端为各种中性氨基酸残基的肽键，羧肽酶 B 主要水解羧基末端为赖氨酸、精氨酸等碱性氨基酸残基的肽键。这些酶都有以下特点：①在胰腺细胞中以酶原形式存在，这对保护胰腺组织免受自身蛋白酶消化具有重要意义；②这些酶的最适 pH 为 7.0 左右；③催化水解的产物是氨基酸和一些寡肽。

无论是内肽酶还是外肽酶，都是以酶原的形式由胰腺细胞分泌，进入十二指肠后，胰蛋白酶原由肠激酶（enterokinase）激活。肠激酶由十二指肠分泌，属于一种蛋白酶，特异地作用于胰蛋白酶原，从其氨基末端水解掉 1 分子六肽，生成有活性的胰蛋白酶。然后胰蛋白酶激活胰凝乳蛋白酶原、弹性蛋白酶原和羧肽酶原。胰蛋白酶的自身激活作用较弱（图 9-1）。由于胰液中各种蛋白酶均以酶原的形式存在，同时胰液中又存在胰蛋白酶抑制剂，这样能保护胰腺组织免受蛋白酶的自身消化。

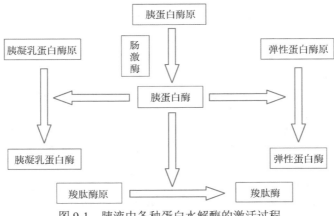

图 9-1　胰液中各种蛋白水解酶的激活过程

蛋白质经胃液和胰液中蛋白酶的消化，产物中 1/3 为氨基酸，其余 2/3 为寡肽。寡肽的主要水解场所为小肠黏膜细胞。小肠黏膜细胞中存在两种寡肽酶（oligopeptidase）：氨肽酶（aminopeptidase）和二肽酶（dipeptidase）。氨肽酶从氨基末端逐步水解寡肽生成单个氨基酸。寡肽最终转为二肽，二肽在二肽酶的水解下生成氨基酸（图 9-2）。

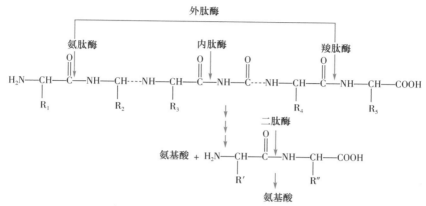

图 9-2　蛋白质水解酶作用的示意图

（二）蛋白质的吸收

食物经消化后，所形成的小分子物质通过消化道黏膜进入血液或淋巴液的过程，称为吸收。消化过程是吸收的重要前提，而吸收则为机体提供了营养物质，因而吸收具有重要的生理意义。营养物质的吸收方式存在主动转运与被动转运两种方式，营养物质的跨膜转运呈单纯扩散、易化扩散和主动转运、胞饮等各种形式。

蛋白质在蛋白酶的作用下水解成氨基酸和寡肽，寡肽在寡肽酶的作用下水解成氨基酸。氨基酸的吸收主要在小肠上端进行，为主动转运过程。未分解的蛋白质一般不被吸收，只有约 2% 的食物蛋白和四肽被吸收，无营养价值，但可成为引发过敏反应的抗原。经煮过的蛋白质因变性而易于消化成氨基酸，在十二指肠近端空肠被迅速吸收；未经煮过的蛋白质和内源性蛋白质因较难消化，需进入回肠后才被基本吸收。在小肠黏膜细胞膜上，存在着转运氨基酸的载体，能与氨基酸及 Na^+ 形成三联体，将氨基酸及 Na^+ 转运入细胞，此后 Na^+ 再借助钠泵排出细胞，并消耗 ATP。

氨基酸的结构不同，其转运载体也不同。目前已知体内至少有 7 种转运蛋白（transporter protein）参与氨基酸和寡肽的吸收。这些转运蛋白包括中性氨基酸转运蛋白、酸性氨基酸转运蛋白、碱性氨基酸转运蛋白、亚氨酸转运蛋白、β-氨基酸转运蛋白、二肽转运蛋白及三肽转运蛋白。当某些氨基酸共用同一载体时，由于这些氨基酸在结构上有一定的相似性，它们在吸收过程中将彼此竞争。氨基酸通过转运蛋白的吸收过程不仅存在于小肠黏膜细胞膜上，也存在于肾小管细胞和肌细胞等细胞膜上。

不同酸碱性的氨基酸借助不同的转运系统吸收。例如，中性转运系统对中性氨基酸具有高度的亲和力，可转运芳香族氨基酸、脂肪族氨基酸、含硫氨基酸及组氨酸等；赖氨酸、精氨酸依靠碱性氨基酸转运系统转运；天冬氨酸、谷氨酸、甘氨酸等依靠酸性氨基酸转运系统转运。除此之外，小肠黏膜细胞膜上还存在着转运二肽和三肽的转运体系，用于二肽和三肽的吸收，并在胞质中氨肽酶的作用下，将二肽和三肽彻底分解成游离氨基酸。正常情况下，只有氨基酸及少量二肽、三肽能被小肠绒毛内的毛细血管吸收而进入血液循环。四肽以上的氨基酸需要进一步水解才能被吸收。吸收入肠黏膜细胞的氨基酸，进入肠黏膜下的中心静脉而进入血液，再经门静脉入肝。

（三）蛋白质的腐败

食物中 95% 的蛋白质可以被机体消化吸收。在消化过程中，有一小部分未被消化的蛋白质和一小部分未被吸收的氨基酸，在肠道细菌作用下产生一系列的物质，此分解作用就称为腐败作用

（putrefaction）。腐败作用的产物，有些对人体具有一定的营养作用，如维生素及脂肪酸等，而大多数产物对人体是有害的，如胺（amine）类、酚（phenol）类、氨（ammonia）、吲哚（indole）及硫化氢等。

1. 肠道细菌通过脱羧作用产生胺类　未被消化的蛋白质在肠道细菌蛋白酶的作用下水解成氨基酸，氨基酸在脱羧酶作用下，脱去羧基生成有毒的胺类，如组胺、尸胺、色胺、酪胺及苯乙胺。这些物质大多有毒性。例如，酪胺和苯乙胺经 β-羟化酶作用，生成 β-羟酪胺和苯乙醇胺，其结构类似儿茶酚胺，称为假神经递质（false neurotransmitter）。

2. 肠道细菌通过脱氨基作用产生氨　未被吸收的氨基酸在肠道细菌作用下，通过脱氨基作用生成氨，这是肠道氨的重要来源之一。氨的另一来源是血液中的尿素渗入肠道，经肠菌尿素酶的水解生成氨。这些氨均可被吸收进入血液，在肝中合成尿素。降低肠道的 pH，可减少氨的吸收。

3. 腐败作用产生其他有害物质　除了上述作用外，蛋白质的腐败作用还可产生其他有害物质，如苯酚、吲哚及硫化氢等。

三、氨基酸代谢概况

体内所有来源的氨基酸，构成了机体的氨基酸代谢库（metabolic pool），包括通过食物蛋白质消化吸收的氨基酸（外源性氨基酸）、体内组织蛋白质降解产生的氨基酸及自身合成的氨基酸（内源性氨基酸）。由于氨基酸不能自由通过细胞膜，所以各组织中氨基酸的含量并不相同。例如，肌肉中氨基酸占代谢库的 50% 以上，肝约占 10%，肾约占 4%，血浆占 1%～6%。由于肝、肾体积较小，实际上它们所含氨基酸浓度很高，氨基酸的代谢也很旺盛。

（一）氨基酸的来源

1. 外源性氨基酸　即食物中蛋白质经消化、吸收的氨基酸。食物蛋白质在消化道经多种酶的催化，最终水解为各种氨基酸，由小肠吸收进入体内，构成人体氨基酸的主要来源。详见本章第一节蛋白质的消化。

氨基酸的吸收主要在小肠进行。关于吸收机制，目前尚未完全阐明，一般认为它主要是一个耗能的主动吸收过程。

2. 内源性氨基酸　主要来源于组织蛋白质的降解。组织蛋白质在生理条件下处于不断降解与合成的动态平衡。正常成人体内的蛋白质每天有 1%～2% 被降解，蛋白质降解所产生的氨基酸，70%～80% 又被重新利用合成新的蛋白质，其余在体内不能储存而进入分解代谢。蛋白质的降解速率用半衰期（half life，$t_{1/2}$）表示。半衰期是指将其浓度减少至开始值的 50% 所需要的时间。不同蛋白质的半衰期差异很大。肝中蛋白质的 $t_{1/2}$ 短的低于 30 分钟，长的超过 190 小时。但肝中大部分蛋白质的 $t_{1/2}$ 为 1～8 天；人血浆蛋白质的 $t_{1/2}$ 约为 10 天；结缔组织中一些蛋白质的 $t_{1/2}$ 可达 180 天以上；眼晶状体蛋白质的 $t_{1/2}$ 则更长。体内许多关键酶的 $t_{1/2}$ 都很短，如胆固醇合成的关键酶 HMG-CoA 还原酶的 $t_{1/2}$ 为 0.5～2 小时。为了满足生理需要，具有调节作用的关键酶蛋白的降解既可加速亦可滞后，从而改变酶含量，以调节代谢的速度和方向。

真核细胞内组织蛋白的降解主要有两条途径：一条是不依赖 ATP 的溶酶体降解途径。体内需要更新的细胞外蛋白、膜蛋白、长寿命的胞内蛋白在溶酶体（lysosome）内由蛋白酶水解。血液中的某些糖蛋白的糖链非还原端的唾液酸被除去，可作为信号被肝细胞受体识别进入溶酶体分解。另一条是依赖 ATP 的泛素-蛋白酶体降解途径，在含有多种蛋白水解酶的蛋白酶体（proteasome）中进行，主要降解异常蛋白质和短寿命蛋白质。泛素是一个由 76 个氨基酸组成的多肽链，因其广泛存在于真核细胞而得名。泛素共价结合于底物蛋白质上，泛素的这种标记作用是非底物特异性的，称为泛素化（ubiquitination）。泛素化使蛋白质贴上了被降解的标签，泛素化的蛋白质即可被定位于细胞核和胞质的蛋白酶体降解。

3. 非必需氨基酸的生物合成　详见本章第二节 α-酮酸的代谢。

（二）氨基酸的代谢去路

大多数氨基酸主要在肝中进行分解代谢，有些氨基酸如支链氨基酸则主要在骨骼肌中进行分解。各种氨基酸通过血液转运入组织细胞后，可经过不同代谢途径实现下列氨基酸功能。

1. 合成蛋白质或多肽　这是氨基酸最主要的生理功能。各组织细胞摄取的氨基酸除合成它们的结构蛋白质，满足其蛋白质的更新、修复及细胞生长增殖的需要外，有些组织细胞还合成某些分泌性蛋白质或多肽，如肝细胞合成血浆清蛋白，胰腺分泌各种消化酶，胰岛 β 细胞分泌胰岛素等。

2. 转变为其他含氮的生理活性物质　从数量上看，这虽然不是氨基酸的主要代谢去路，其代谢转变过程也不是氨基酸普遍性代谢方式，但是这些含氮化合物只有氨基酸可以生成，而且具有特殊的生物学活性。例如，核酸的重要组成成分嘌呤和嘧啶、肌肉中储能物质肌酸、重要的信使物质 NO 等均可由氨基酸转变而成。

3. 氧化分解或转变为糖或脂肪　氨基酸经脱氨基后的碳骨架 α-酮酸，可转变成糖或脂肪或进一步氧化分解供给能量。成人每天约有 1/5 的能量由氨基酸分解提供。正常情况下，人类活动所需能量主要由糖和脂肪提供，因此氨基酸氧化分解所产生的能量不占主要地位。现将氨基酸代谢库的动态归纳如图 9-3 所示。

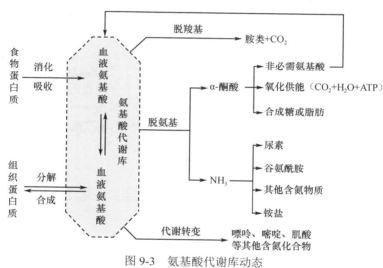

图 9-3　氨基酸代谢库动态

第二节　氨基酸的一般代谢

一、氨基酸的脱氨基作用

脱氨基作用是氨基酸分解代谢的最主要反应，此反应在体内大多数组织细胞内均可进行。氨基酸主要通过以下三种方式脱去氨基：氧化脱氨基、转氨基和联合脱氨基，其中以联合脱氨基最为重要。

（一）氧化脱氨作用

氨基酸在酶作用下进行伴有氧化的脱氨基反应，称为氧化脱氨作用（oxidative deamination），在体内由 L-谷氨酸脱氢酶及 L-氨基酸氧化酶类所催化，其中以 L-谷氨酸脱氢酶的作用最为重要。L-谷氨酸脱氢酶属于一种不需氧脱氢酶，其辅酶是 NAD^+ 或 $NADP^+$，催化 L-谷氨酸氧化脱氨生成 α-酮戊二酸和 NH_3。其反应过程如下：

L-谷氨酸脱氢酶广泛存在于肝、肾及脑中，它催化的反应是可逆的，该酶催化的反应平衡有利于逆向反应，即偏向谷氨酸的合成。但由于 NADH 在体内能很快被氧化成 NAD^+，同时反应中产生的氨也很容易被除去，如在肝细胞中将氨合成尿素，所以 L-谷氨酸脱氢酶在体内主要是催化谷氨酸的氧化脱氨作用。L-谷氨酸脱氢酶是一种变构酶，由 6 个相同的亚基聚合而成，每个亚基的分子量为 56kDa。ATP 与 GTP 是此酶的变构抑制剂，而 ADP 和 GDP 是其变构激活剂。因此，当体内 ATP、GTP 不足时，谷氨酸加速氧化脱氨基，有利于 α-酮戊二酸的生成，从而进入三羧酸循环氧化分解，对机体的能量代谢起重要的调节作用。

（二）转氨基作用

转氨基作用（transamination）是指一个氨基酸的 α-氨基转移至另一个 α-酮酸的羰基上，生成相应的氨基酸，原来的氨基酸则转变成相应的 α-酮酸。催化该反应的酶称为转氨酶（transaminase），又称为氨基转移酶（aminotransferase）。

转氨酶的辅基都是维生素 B_6 磷酸酯，即磷酸吡哆醛，它结合于酶蛋白活性中心赖氨酸残基的 ε-氨基上。在转氨基过程中，磷酸吡哆醛先从氨基酸接受氨基转变为磷酸吡哆胺，同时氨基酸转变为 α-酮酸。磷酸吡哆胺进一步将氨基转移给另一种 α-酮酸而生成相应的氨基酸，同时磷酸吡哆胺又恢复为磷酸吡哆醛。在转氨酶催化下，磷酸吡哆醛与磷酸吡哆胺的相互转变，起着传递氨基的作用。

转氨酶催化的反应是可逆反应，平衡常数近于 1，因此它们既可将氨基酸脱下的氨基交给 α-酮酸，也可反过来催化 α-酮酸接受氨基酸移换来的氨基，进而合成相应的氨基酸。所以，转氨基作用既参与氨基酸的分解代谢，也是体内某些氨基酸合成的重要途径，反应的实际方向取决于四种反应物的相对浓度。

除甘氨酸、赖氨酸、苏氨酸、脯氨酸外，体内大多数氨基酸均能进行转氨基作用。真核细胞的线粒体和细胞液中均可实现转氨基作用。转氨酶的种类多，特异性强。其中，以催化谷氨酸和 α-酮酸之间转氨基作用的转氨酶最为重要。体内有两种重要的转氨酶：一种是丙氨酸转氨酶（alanine aminotransferase，ALT），又称谷丙转氨酶（glutamic-pyruvic transaminase，GPT）；另一种是天冬氨酸转氨酶（aspartate aminotransferase，AST），又称谷草转氨酶（glutamic-oxaloacetic transaminase，GOT），它们在体内广泛分布，但在各组织中含量不同（表9-1）。

$$
\begin{array}{c}
\text{丙氨酸} \quad \text{α-酮戊二酸} \xrightarrow{\text{ALT}} \text{丙酮酸} \quad \text{谷氨酸}
\end{array}
$$

$$
\begin{array}{c}
\text{天冬氨酸} \quad \text{α-酮戊二酸} \xrightarrow{\text{AST}} \text{草酰乙酸} \quad \text{谷氨酸}
\end{array}
$$

表9-1　正常成人各组织中 ALT 及 AST 活性　　　　　　单位：U/g

组织	ALT	AST	组织	ALT	AST
心	7100	156 000	胰腺	2000	28 000
肝	44 000	142 000	脾	1200	14 000
骨骼肌	4800	99 000	肺	700	10 000
肾	19 000	91 000	血清	16	20

由上表可见，两种转氨酶在人体不同组织中含量差别很大。ALT 在肝含量较高，而 AST 则以心（心肌细胞）中含量较高。正常情况下，转氨酶主要存在于细胞内，血清中含量很低，任何原因引起细胞膜通透性增加或细胞破坏时，转氨酶可大量释放入血，造成血清转氨酶活性明显升高。因此，临床上血清转氨酶测定可作为疾病的辅助诊断和预后判定的参考指标之一。例如，当心肌受损（如心肌梗死）时，血清 AST 增高；当肝细胞损伤（如急性肝炎）时，血清 ALT 增高。

值得提及的是，氨基酸的转氨基作用只发生了氨基的转移，而没有实现 NH_3 的真正脱落，因此必须再通过与其他酶的联合作用，才能脱去氨基。

（三）联合脱氨基作用

由两种（或两种以上）酶的联合催化作用，使氨基酸的 α-氨基脱下并产生游离 NH_3 和相应 α-酮酸的过程，称为联合脱氨基作用（transdeamination）。这是体内氨基酸脱氨基的主要方式，在体内有两种类型。

1. 转氨酶与 L-谷氨酸脱氢酶联合脱氨基作用　在肝、肾等组织中，各种转氨酶催化多种氨基酸的氨基结合在 α-酮戊二酸上生成谷氨酸。L-谷氨酸是哺乳动物组织中唯一能以相当高的速率进行氧化脱氨基反应的氨基酸。谷氨酸经谷氨酸脱氢酶作用，脱去氨基生成 α-酮戊二酸和 NH_3。在转氨酶和谷氨酸脱氢酶的联合作用下，多种氨基酸都可以实现氨基的真正脱落。由于联合脱氨基反应全过程是可逆的，所以上述联合脱氨基的逆过程也是机体合成非必需氨基酸的主要途径（图9-4）。

2. 转氨酶与腺苷酸脱氨酶的联合脱氨基作用——嘌呤核苷酸循环　在骨骼肌和心肌组织中虽然支链氨基酸转氨酶的活性要比肝高得多，但是，肌组织中谷氨酸脱氢酶活性很弱，难于进行上述联合脱氨基作用。研究表明，在肌组织中可以通过另一种联合脱氨基方式实现真正脱氨基。即一种氨基酸首先经过两次连续的转氨基作用，将氨基转移给草酰乙酸生成天冬氨酸。天冬氨酸与次黄嘌呤核苷酸（IMP）在腺苷酸基琥珀酸合成酶的作用下生成腺苷酸基琥珀酸，后者由腺苷酸基琥珀酸裂解酶催化裂解，释放出延胡索酸并生成腺嘌呤核苷酸（AMP）。AMP 在肌肉组织中活性很强的腺苷酸脱氨酶（adenylic deaminase）催化下，脱去氨基生成 IMP，最终完成了氨基酸的脱氨基作用，IMP 可以再参加上述循环，故将此种联合脱氨作用称为嘌呤核苷酸循环（图9-5）。

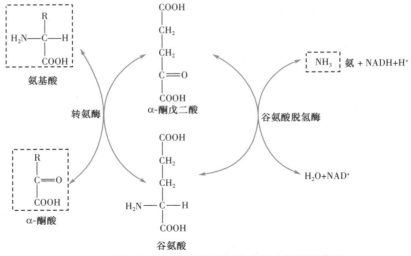

图 9-4 转氨酶与 *L*-谷氨酸脱氢酶的联合脱氨基作用

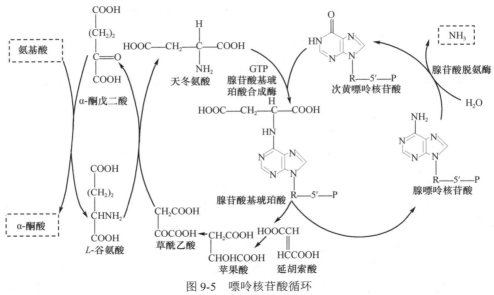

图 9-5 嘌呤核苷酸循环

在心肌及骨骼肌组织中，氨基酸的脱氨基过程虽不如肝、肾活跃，但全身肌组织很多，故其代谢总量很高，尤其是作为支链氨基酸（缬氨酸、亮氨酸及异亮氨酸）分解的重要场所。

二、α-酮酸的代谢

氨基酸脱去氨基后的碳骨架部分是 α-酮酸，这些 α-酮酸可通过以下三种途径进一步代谢。

（一）α-酮酸经氨基化生成营养非必需氨基酸

多种 α-酮酸可通过转氨酶与谷氨酸脱氢酶联合脱氨基作用的逆反应合成相应的氨基酸。例如，丙酮酸氨基化生成丙氨酸；草酰乙酸氨基化生成天冬氨酸。α-酮戊二酸也可在 *L*-谷氨酸脱氢酶催化下，还原性氨基化而生成谷氨酸。实验证明，多种氨基酸的 α-酮酸可由糖代谢中间产物、甘油或氨基酸转变而来。α-酮酸经氨基化生成营养非必需氨基酸，而营养必需氨基酸必须从食物中摄入，体内不能合成。

（二）α-酮酸可转变成糖和（或）脂肪

在人工糖尿病犬的实验中，分别用不同的氨基酸饲养实验犬时，发现大多数氨基酸可使尿中葡萄糖排出量增加；喂饲亮氨酸和赖氨酸则仅使尿中酮体增加；而少数几种氨基酸则可使尿中葡萄糖及酮体排出量同时增加。经同位素标记氨基酸的示踪研究证明，上述营养学研究的结果是正确的。因此，将在体内可以转变成糖的氨基酸称为生糖氨基酸（glucogenic amino acid）；能转变成酮体者称为生酮氨基酸（ketogenic amino acid）；二者兼有则称为生糖兼生酮氨基酸（gluconic and ketogenic amino acid）（表 9-2）。

表 9-2　生糖氨基酸、生酮氨基酸及生糖兼生酮氨基酸

氨基酸类别	氨基酸
生糖氨基酸（13 种）	丙氨酸、精氨酸、天冬氨酸、半胱氨酸、谷氨酸、甘氨酸、脯氨酸、甲硫氨酸、丝氨酸、缬氨酸、组氨酸、天冬酰胺、谷氨酰胺
生酮氨基酸（2 种）	亮氨酸、赖氨酸
生糖兼生酮氨基酸（5 种）	异亮氨酸、苯丙氨酸、酪氨酸、色氨酸、苏氨酸

氨基酸脱氨基后生成的 α-酮酸结构差异很大，其代谢途径也不尽相同，但其代谢过程的中间产物不外乎以下三种：生糖氨基酸脱氨生成的 α-酮酸可以是丙酮酸或三羧酸循环中各种中间产物，如 α-酮戊二酸、琥珀酰辅酶 A、延胡索酸、草酰乙酸等，这些物质可经糖酵解途径逆过程异生为糖；生酮氨基酸对应的 α-酮酸，可以转变为乙酰 CoA，进一步转变为酮体或脂肪；而生糖兼生酮氨基酸对应的 α-酮酸，以上两种代谢方式兼而有之。由于转氨基作用是可逆的，因此，图 9-6 也可以说明一些氨基酸的合成过程。

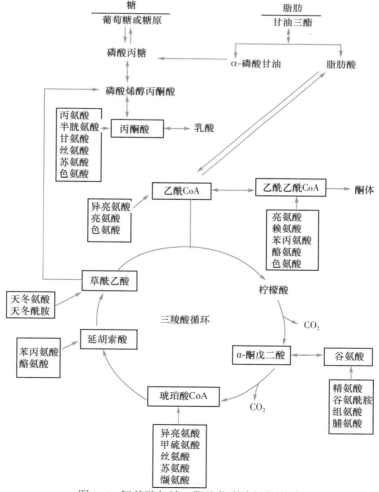

图 9-6　氨基酸与糖、脂肪代谢途径的联系

综上所述，氨基酸代谢与糖、脂肪代谢密切相关。氨基酸可转变为糖与脂肪；糖也可转变为脂肪及多数非必需氨基酸的碳骨架部分；脂肪分解产生的甘油可异生为糖或转变为某些氨基酸。所以三羧酸循环是物质代谢的总枢纽，通过它可使糖、脂及氨基酸完全氧化，也可使其彼此相互转变，构成一个完整的代谢体系。

（三）α-酮酸可彻底氧化供能

α-酮酸在体内可以通过三羧酸循环和生物氧化体系彻底氧化成 CO_2 和 H_2O，同时释放能量以供机体生理活动的需要。

第三节　氨的代谢

体内代谢产生的氨及消化道吸收的氨进入血液，形成血氨。正常生理情况下，血氨水平仅在 $47\sim65\mu mol/L$。氨具有毒性，特别是脑组织对氨的作用尤为敏感。人类主要通过将血氨转变为尿素排出体外以解除氨的毒性。

一、体内氨的来源

体内氨有三个重要的来源，即各组织器官氨基酸脱氨基作用产生的氨、肠道细菌腐败作用产生的氨及肾小管上皮细胞分泌的氨。

（一）氨基酸脱氨基作用产生的氨

氨基酸脱氨基作用产生的氨是体内氨的主要来源。此外，胺类物质的氧化分解及嘌呤、嘧啶等化合物分解代谢也可产生氨。

（二）肠道吸收的氨

肠道中吸收的氨主要有两种途径：一是主要来源于未消化的蛋白质（5%）或未吸收的氨基酸（1%），它们在大肠下段细菌作用下发生的以无氧分解为主要过程的化学变化，属于蛋白质的腐败作用。肠道氨的另一来源是血中尿素渗入肠道后，在肠道细菌脲酶作用下水解产生氨。肠道产氨的量较多，每日约 4g，肠道内细菌作用增强时，氨的产生量增多。肠道内产生的氨主要在结肠吸收入血，是血氨的主要来源之一。由肠道吸收的氨运输到肝合成的尿素相当于正常人每天排出尿素总量的 1/4。NH_3 比 NH_4^+ 易于透过细胞膜而被吸收入血，NH_3 与 NH_4^+ 的互变与肠道内 pH 有关，在碱性环境中，偏向于 NH_3 的生成，所以，降低肠道的 pH 可减少氨的吸收。因此，临床上对高血氨患者采用弱酸性透析液作结肠透析，而禁止用碱性的肥皂水灌肠，旨在减少氨的吸收。

（三）肾脏分泌氨

在肾远曲小管上皮细胞内，谷氨酰胺在谷氨酰胺酶的催化下水解生成谷氨酸和 NH_3。正常情况下，这部分氨主要分泌到肾小管管腔中，与尿中的 H^+ 结合成 NH_4^+，以铵盐的形式由尿排出，这对调节机体的酸碱平衡起着重要作用。酸性尿可促使 NH_3 与 H^+ 结合成 NH_4^+，有利于肾小管细胞的氨扩散入尿，相反，碱性尿则不利于肾小管上皮细胞 NH_3 的分泌，氨被吸收入血，引起血氨升高，成为血氨的另一来源。因此，临床上对因肝硬化产生腹水的患者，不宜使用碱性利尿药，以免促使血氨升高。

二、氨的转运

氨是毒性代谢产物，各组织中代谢所产生的氨必须以无毒形式经血液运输到肝合成尿素或运至肾以铵盐形式随尿排出。现已知，氨在血液中主要以丙氨酸及谷氨酰胺两种形式转运。

（一）丙氨酸-葡萄糖循环

在肌组织中，氨基酸经转氨基作用将氨基转移至丙酮酸生成丙氨酸，丙氨酸经血液运往肝。即

丙氨酸携带着肌组织氨基酸脱下的氨经血液运输
到肝。在肝中，丙氨酸经联合脱氨基作用，释放
出氨和丙酮酸，前者用于合成尿素，后者经糖异
生途径生成葡萄糖。葡萄糖可进入血液输送至肌
肉，在肌组织中葡萄糖又可分解为丙酮酸，可再
次接受氨基生成丙氨酸。丙氨酸和葡萄糖反复地
在肌组织和肝之间进行氨的转运，故将这一途径
称为丙氨酸-葡萄糖循环（alanine-glucose cycle）
（图9-7）。通过这一循环不仅使肌组织中的氨以
无毒的丙氨酸形式运输到肝，又为肌组织提供生
成丙酮酸的葡萄糖，满足肌组织活动能量的需要。

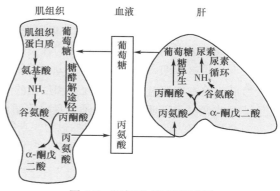

图9-7 丙氨酸-葡萄糖循环

（二）谷氨酰胺的运氨作用

谷氨酰胺是另一种转运氨的形式，它主要从脑和肌肉等组织向肝或肾运氨。在脑和肌等组织，
氨与谷氨酸在谷氨酰胺合成酶（glutamine synthetase）的作用下合成谷氨酰胺，并由血液送至肝或肾，
再经谷氨酰胺酶（glutaminase）水解为谷氨酸及氨，氨在肝可合成尿素，在肾则以铵盐形式由尿排出。
谷氨酰胺的合成与分解是由不同酶催化的不可逆反应，其合成需要ATP参与。

谷氨酰胺既是氨的解毒和运输形式，又是体内氨的储存和利用形式，它还可以为某些含氮化
合物如嘌呤、嘧啶的合成提供原料。脑组织对氨的毒性极为敏感，谷氨酰胺在脑中固定氨和转运
氨的过程中起着重要作用。临床上对氨中毒患者可服用或输入谷氨酸盐使氨转变成谷氨酰胺，以
降低血氨的浓度。

三、氨的去路

（一）氨在肝合成尿素

氨在体内的主要去路是在肝合成尿素，然后由肾排出。正常人尿素占排氮总量的80%～
90%，肝是合成尿素的主要器官。实验证明，如将犬的肝切除，则血液和尿中尿素含量降低，而
血氨浓度升高，可致氨中毒。

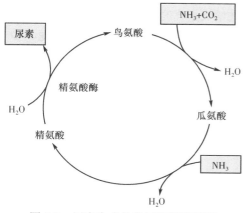

图9-8 尿素生成的鸟氨酸循环简图

1932年，德国学者汉斯·阿道夫·克雷布斯（Hans Adolf Krebs）和库尔特·亨泽莱特（Kurt Henseleit）首次提出了尿素合成的鸟氨酸循环（ornithine cycle），也称为尿素循环（urea cycle）或Krebs-Henseleit循环（图9-8）。这是第一条被发现的循环代谢途径，比Krebs发现三羧酸循环还早5年。Krebs发现的两个循环途径为生物化学的发展做出了重要贡献。

1. 鸟氨酸循环的证实 20世纪40年代，利用核素示踪方法进一步证实尿素是通过鸟氨酸循环合成。重要的实验结果有以下四个方面：①以含[15]N的铵盐饲养大鼠，食入的[15]N大部分以[15]N尿素形式随尿排出。用含[15]N的氨基酸饲养大鼠亦得到相同结果。这说明

氨基酸的最终代谢产物是尿素，氨是氨基酸转变为尿素的中间产物之一；②用含 ^{15}N 的氨基酸饲养大鼠，自肝中提取的精氨酸含 ^{15}N。再用提取的精氨酸与精氨酸酶一起保温，生成的尿素分子中两个氮原子都含 ^{15}N，但鸟氨酸不含 ^{15}N；③用 3、4 及 5 位上含有重氢的鸟氨酸饲养小白鼠，自肝中提取的精氨酸亦含有重氢，核素分布的位置和量都与鸟氨酸相同；④用 $H^{14}CO_3^-$、盐和鸟氨酸与大鼠肝匀浆一起保温，生成的尿素和瓜氨酸的 $>C=O$ 基都含 ^{14}C，且量相等。

上述实验结果证明了尿素是通过鸟氨酸循环合成的正确性。

2. 合成尿素的鸟氨酸循环的具体过程　鸟氨酸循环的具体过程比较复杂，大体可分为以下四步。

（1）氨甲酰磷酸的合成：氨与 CO_2 在肝细胞线粒体的氨甲酰磷酸合成酶 I（carbamoyl phosphate synthetase I，CPS- I）催化下，缩合生成氨甲酰磷酸，其辅因子有 Mg^{2+}、ATP 及 N-乙酰谷氨酸。

$$CO_2 + NH_3 + H_2O + 2ATP \xrightarrow[\text{N-乙酰谷氨酸，Mg^{2+}}]{\text{氨甲酰磷酸合成酶 I}} H_2N-\overset{\overset{\displaystyle O}{\|}}{C}-O \sim PO_3^{2-} + 2ADP + P_i$$

氨甲酰磷酸

$$CH_3\underset{\underset{\displaystyle O}{\|}}{C}-NH-\underset{\underset{\displaystyle (CH_2)_2}{|}}{\overset{\overset{\displaystyle COOH}{|}}{CH}}$$
$$COOH$$

N-乙酰谷氨酸（AGA）

N-乙酰谷氨酸由乙酰辅酶 A 和谷氨酸合成，是该酶的变构激活剂。此反应消耗两分子 ATP，为不可逆反应。氨甲酰磷酸属于高能化合物，性质活泼。

（2）瓜氨酸的合成：在鸟氨酸氨甲酰基转移酶（ornithine carbamoyl transferase，OCT）的催化下，将氨甲酰磷酸的氨甲酰基转移至鸟氨酸的 $\varepsilon-NH_2$ 上生成瓜氨酸，此反应是在线粒体中进行。

鸟氨酸 + 氨甲酰磷酸 $\xrightarrow{\text{鸟氨酸氨甲酰基转移酶}}$ 瓜氨酸 $+ H_3PO_4$

此反应不可逆，其中所需的鸟氨酸是由细胞液经线粒体内膜上载体转运进入线粒体的。瓜氨酸在线粒体合成后，即被转运至细胞液。

（3）精氨酸的合成：在细胞液内，瓜氨酸与天冬氨酸在精氨基琥珀酸合成酶（argininosuccinic acid synthetase）的催化下，由 ATP 供能合成精氨基琥珀酸，后者在精氨基琥珀酸裂解酶（arginino-succinic acid lyase）催化下，分解为精氨酸和延胡索酸。

瓜氨酸 + 天冬氨酸 $\xrightarrow[\text{AMP+PP}_i+H_2O]{\text{精氨基琥珀酸合成酶}}$ 精氨基琥珀酸 $\xrightarrow{\text{精氨基琥珀酸裂解酶}}$ 精氨酸 + 延胡索酸

上式中精氨酸胍基中的一个氮原子由天冬氨酸提供。生成的延胡索酸转变为草酰乙酸，后者又可与谷氨酸经转氨基反应生成天冬氨酸，然后再参加精氨基琥珀酸的生成。谷氨酸的氨基可来自体内多种氨基酸，由此可见，多种氨基酸的氨基也可通过天冬氨酸的形式直接参与尿素的合成。

（4）精氨酸水解生成尿素：精氨酸在细胞液中精氨酸酶（arginase）的作用下，水解生成尿素和鸟氨酸，鸟氨酸通过线粒体内膜上载体的转运再进入线粒体，参与瓜氨酸的合成。如此反复，完成鸟氨酸循环。在此循环中，鸟氨酸与三羧酸循环中草酰乙酸所起作用类似。

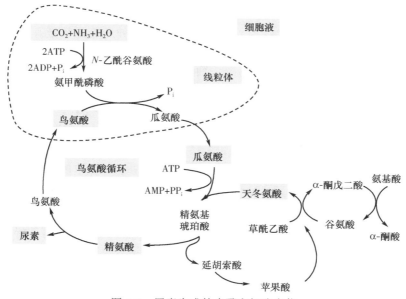

尿素作为代谢终产物排出体外。综上所述，尿素合成的总反应为

尿素合成的全过程及细胞定位总结如图 9-9 所示。

图 9-9　尿素生成的步骤和细胞定位

由图 9-9 可见，合成尿素的两个氮原子，一个来自氨基酸脱氨基生成的氨，另一个则由天冬氨酸提供，而天冬氨酸又可由多种氨基酸通过转氨基反应而生成。因此，尿素分子的两个氮原子都是直接或间接来源于氨基酸。另外，尿素的生成是耗能的过程，每合成 1 分子尿素需消耗 3 分子 ATP（消耗 4 个高能磷酸键）。

3. 尿素合成的调节　正常情况下，机体通过合适的速度合成尿素，以利于及时地解除氨毒。尿素合成的速度可受多种因素的调节。

（1）食物蛋白质：高蛋白质膳食时，蛋白质分解多，尿素合成速度加快，尿素可占排出氮的

90%；低蛋白质膳食时，尿素合成速度减慢，尿素约占排出氮的 60%。

（2）CPS-I 的调节：CPS-I 是尿素合成循环启动的限速酶。N-乙酰谷氨酸（AGA）是 CPS- I 的变构激活剂，它由乙酰辅酶 A 和谷氨酸通过 AGA 合成酶催化而生成。精氨酸是 AGA 合成酶的激活剂，因此，精氨酸浓度增高时，尿素合成加速。

值得提及的是，肝细胞中存在两种氨甲酰磷酸合成酶（CPS），即 CPS-I 和 CPS-II。前者仅存在于肝细胞线粒体中，以氨为氮源合成氨甲酰磷酸，并进一步参与尿素的合成；后者存在于细胞液中，以谷氨酰胺的酰胺基为氮源合成氨甲酰磷酸，并进一步参与嘧啶的合成。虽然两种 CPS 催化合成的产物相同，但它们是两种不同性质的酶，生理意义也不相同：CPS-I 参与尿素的合成，是肝细胞独有的一种功能，是细胞高度分化的结果，因而 CPS-I 的活性可作为肝细胞分化程度的指标之一；CPS-II 参与嘧啶核苷酸的从头合成，与细胞增殖过程中核酸的合成有关，因而它的活性可作为细胞增殖程度的指标之一。分化和增殖常是细胞相对立的两个生理过程，肝细胞再生时，嘧啶合成增加，CPS-II 活性升高，CPS-I 活性降低。肝细胞再生完成，CPS-I 活性增加，CPS-II 活性降低。

（3）精氨基琥珀酸合成酶的调节：参与尿素合成的酶系中，精氨基琥珀酸合成酶的活性最低，是尿素合成启动以后的限速酶，可正性调节尿素的合成速度。

（二）鸟氨酸循环的一氧化氮支路

精氨酸除在精氨酸酶作用下，水解为尿素和鸟氨酸外，还可通过一氧化氮合酶（nitric oxide synthase，NOS）作用，使精氨酸越过上述通路直接氧化为瓜氨酸，并产生一氧化氮（NO），从而使天冬氨酸携带的氨基最终不形成尿素，而是被氧化为 NO，称为"鸟氨酸循环的 NO 支路"（图 9-10）。

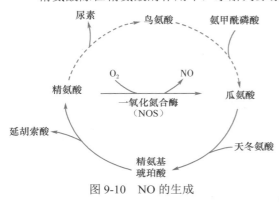

图 9-10 NO 的生成

NO 支路处理氨的数量有限，远不如生成尿素大循环那样多。生成的 NO 不是代谢终产物，而是生物体内一种新型的信息分子和效应分子，兼有细胞间信息传递和神经递质的作用，同时还参与体内众多的病理生理过程，如神经传导、血压调控、平滑肌舒张、血液凝固等。

（三）合成非必需氨基酸

氨除了以尿素或铵盐形式从肾排出外，它还是合成某些非必需氨基酸的氮源。

第四节　个别氨基酸的代谢

氨基酸的代谢除共有代谢途径外，因其侧链（R）不同，有些氨基酸还有其特殊的代谢途径，并具有重要的生理意义。本节仅对几种重要的氨基酸特殊代谢途径进行描述。

一、氨基酸的脱羧作用

某些氨基酸可进行脱羧作用（decarboxylation）生成相应的胺类。催化脱羧基反应的酶称为脱羧酶（decarboxylase）。氨基酸脱羧酶的辅基是磷酸吡哆醛。体内胺类含量虽然不高，但具有重要的生理功能。机体内尤其是肝中广泛存在胺氧化酶（amine oxidase），能将胺氧化成相应的醛、NH_3 和 H_2O，醛类可继续氧化成羧酸，随尿排出，从而避免胺类的蓄积。

现列举几种氨基酸脱羧基后产生的重要胺类物质。

（一）组胺

组氨酸经组氨酸脱羧酶催化生成组胺（histamine）。组胺广泛分布于乳腺、肝、肺、肌组织及胃黏膜等的肥大细胞中，是一种强烈的血管舒张剂，并能增加毛细血管通透性。创伤性休克及过敏反应等，均与组胺生成过多有关。组胺可使平滑肌收缩，引起支气管痉挛导致哮喘。组胺还能促进胃黏膜细胞分泌胃蛋白酶原及胃酸。

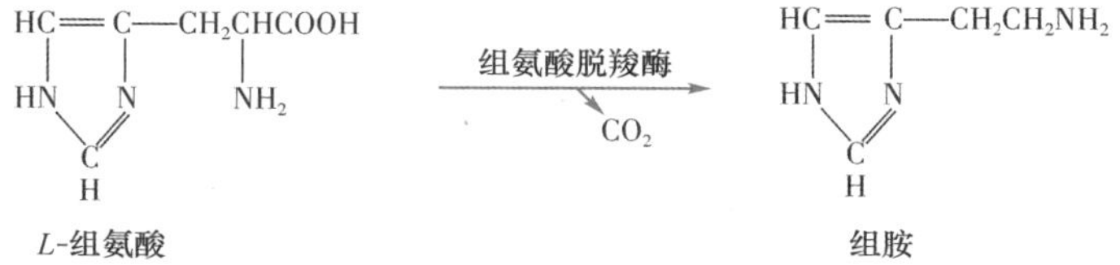

L-组氨酸   组胺

（二）5-羟色胺

色氨酸经色氨酸羟化酶作用生成 5-羟色氨酸，后者再脱羧生成 5-羟色胺（5-hydroxytryptamine，5-HT）。5-羟色胺除分布于神经组织外，还存在于胃、肠、血小板及乳腺细胞中。脑内的 5-羟色胺可作为抑制性神经递质，具有抑制作用，直接影响神经传导。在外周组织，5-羟色胺具有强烈的血管收缩作用。

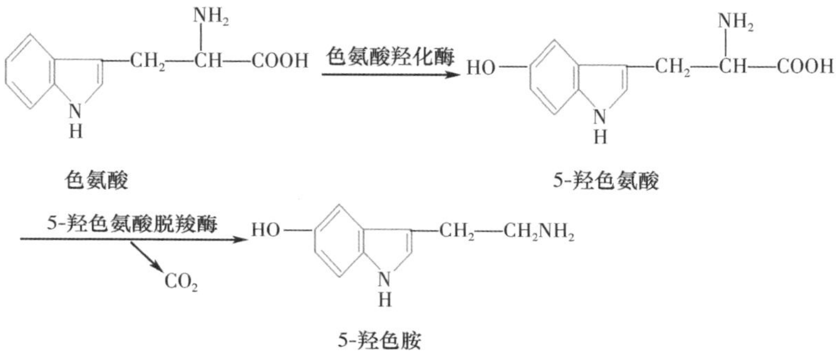

色氨酸   5-羟色氨酸

5-羟色胺

（三）γ-氨基丁酸

谷氨酸脱羧基生成 γ-氨基丁酸（γ-aminobutyric acid，GABA）。反应由谷氨酸脱羧酶催化，此酶在脑、肾组织中活性很高。GABA 是抑制性神经递质，对中枢神经有抑制作用。

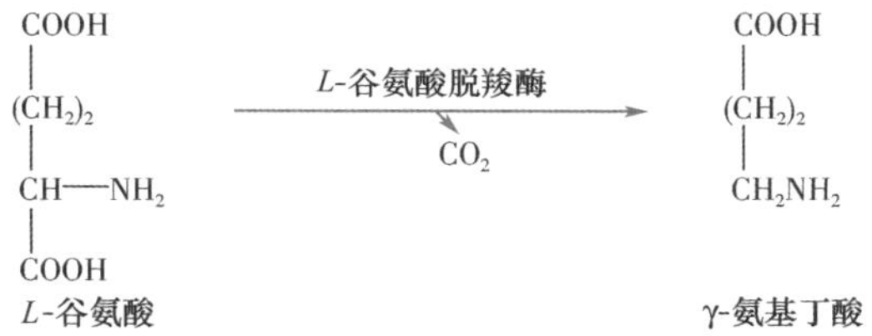

L-谷氨酸   γ-氨基丁酸

（四）多胺

多胺（polyamine）是指含有多个氨基的化合物。在体内，某些氨基酸经脱羧作用可以产生多胺类物质。例如，鸟氨酸经鸟氨酸脱羧酶（ornithine decarboxylase）作用生成腐胺，S-腺苷甲硫氨酸脱羧基生成 S-腺苷甲硫基丙胺，然后腐胺从 S-腺苷甲硫基丙胺转入丙胺基，转变生成亚精胺和精胺。鸟氨酸脱羧酶是多胺合成的限速酶。

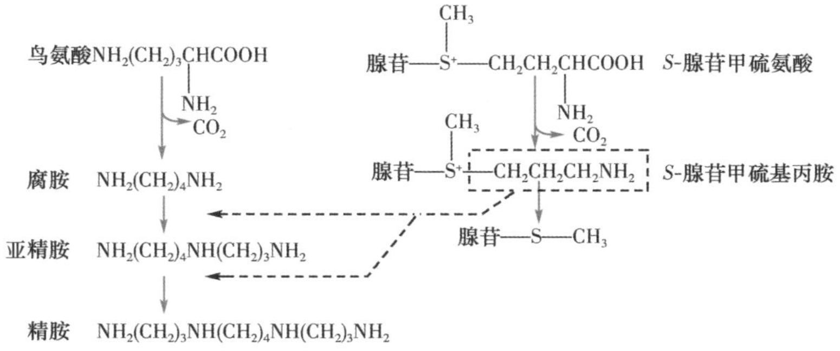

亚精胺和精胺是调节细胞生长的重要物质。凡生长旺盛的组织如胚胎、再生肝、肿瘤组织等，鸟氨酸脱羧酶的活性及多胺含量均有所增加。多胺促进细胞增殖的机制可能与其稳定细胞结构、与核酸分子结合及促进核酸和蛋白质的生物合成有关。临床上测定患者血或尿中多胺的含量，可作为肿瘤辅助诊断和观察病情变化的生化指标之一。

二、一碳单位代谢

某些氨基酸在分解代谢过程中产生的含有一个碳原子的有机基团，称为一碳单位（one carbon unit），包括甲基（—CH_3，methyl）、亚甲基或甲烯基（—CH_2—，methylene）、次甲基或甲炔基（＝CH—，methenyl）、甲酰基（—CHO，formyl）及亚胺甲基（—CH＝NH，formimino）等。但是 CO_2 不属于一碳单位。

（一）一碳单位的载体

一碳单位不能游离存在，必须与载体结合后才能被运输并参与代谢。四氢叶酸（tetrahydrofolic acid，FH_4）是一碳单位的载体（图 9-11），同时，在一碳单位代谢过程中起辅酶作用。哺乳动物体内四氢叶酸可由叶酸经二氢叶酸还原酶催化，通过两步还原反应生成。

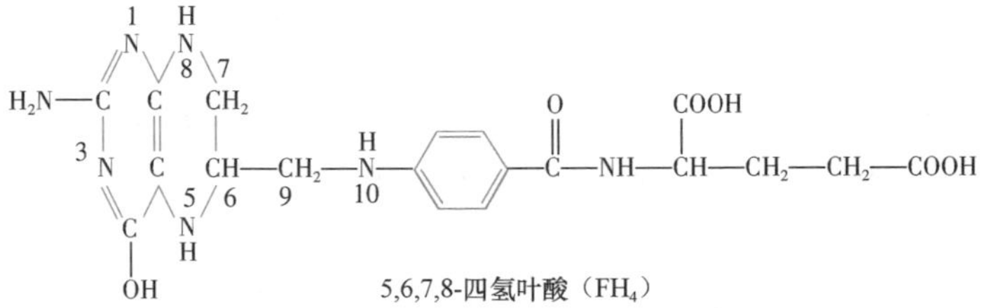

5,6,7,8-四氢叶酸（FH_4）

图 9-11 四氢叶酸的结构式

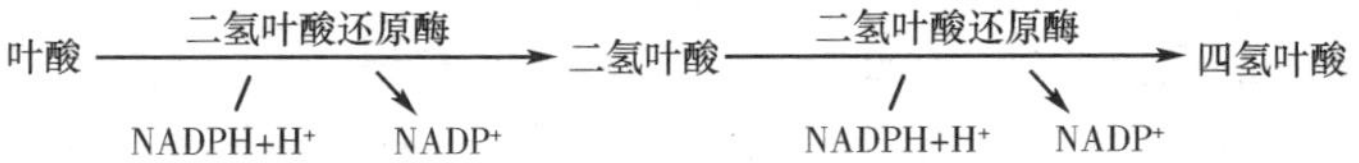

（二）一碳单位的产生

一碳单位主要来源于丝氨酸、甘氨酸、组氨酸和色氨酸的分解代谢。从数量上看，丝氨酸是一碳单位的主要来源。

1. N^5,N^{10}-亚甲基四氢叶酸 丝氨酸在羟甲基转移酶作用下，丝氨酸的羟甲基与 FH_4 结合生成 N^5,N^{10}-亚甲基四氢叶酸和甘氨酸。甘氨酸在甘氨酸裂解酶作用下也可产生 N^5,N^{10}-亚甲基四氢叶酸。

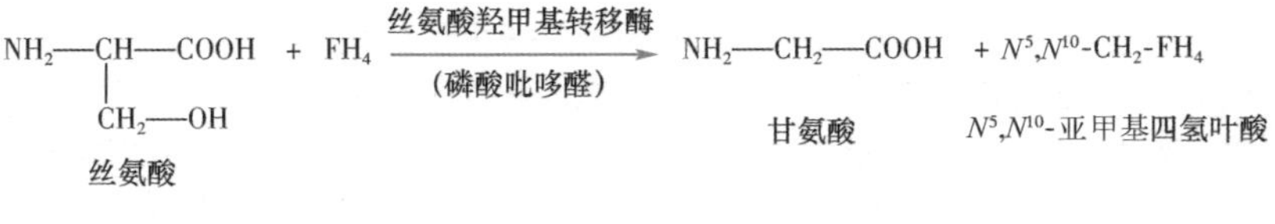

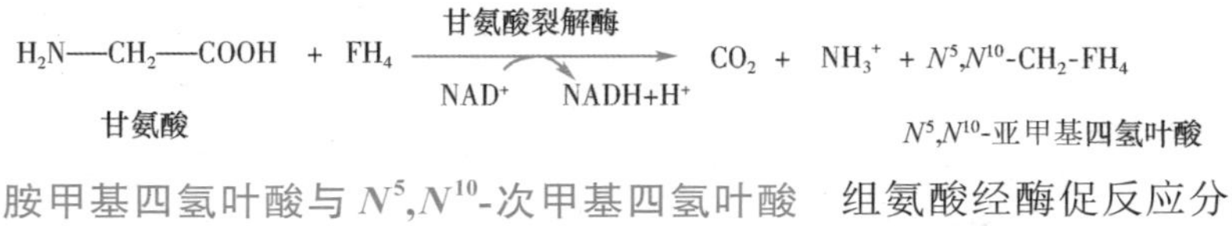

2. N^5-亚胺甲基四氢叶酸与 N^5,N^{10}-次甲基四氢叶酸 组氨酸经酶促反应分解为亚胺甲基谷氨酸，亚胺甲基转移酶催化亚胺甲基转移给 FH_4 生成 N^5-亚胺甲基四氢叶酸，进一步脱氨可生成 N^5,N^{10}-次甲基四氢叶酸。

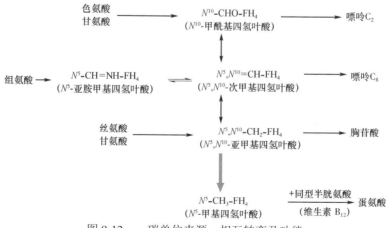

$$N^5\text{-}CH=NH\text{-}FH_4 \underset{+NH_3}{\overset{-NH_3}{\rightleftharpoons}} N^5,N^{10}\text{=}CH_2\text{-}FH_4$$

N^5-亚胺甲基四氢叶酸　　　　N^5,N^{10}-次甲基四氢叶酸

3. N^{10}-甲酰基四氢叶酸　　色氨酸分解代谢可产生甲酸，另外，甘氨酸经氧化脱氨生成乙醛酸，后者也可氧化为甲酸。甲酸与 FH_4 反应，由甲酰基四氢叶酸合成酶作用生成 N^{10}-CHO-FH_4。

4. N^5-甲基四氢叶酸　　氨基酸代谢不能直接生成 N^5-甲基四氢叶酸。可在 N^5,N^{10}-亚甲基四氢叶酸还原酶的作用下，使 N^5,N^{10}-亚甲基四氢叶酸不可逆地还原生成 N^5-甲基四氢叶酸。前者不仅可来源于丝氨酸及甘氨酸代谢，而且还可由 N^5,N^{10}-次甲基四氢叶酸转变生成。

值得提及的是，由于 N^5-甲基四氢叶酸不可逆转为其他形式的一碳单位，所以其中固定的叶酸可视为机体叶酸的储存形式。若该甲基不能转移出去，则必然影响叶酸的周转利用，造成叶酸的缺乏，即甲基陷阱假说（methyl trap hypothesis）。

现将一碳单位的来源与相互转变总结如图 9-12 所示。

图 9-12　一碳单位来源、相互转变及功能

（三）一碳单位的生理功能

1. 参与嘌呤和胸腺嘧啶的合成　　N^5,N^{10}-亚甲基四氢叶酸参与胸苷酸的合成，而 N^5,N^{10}-次甲基

四氢叶酸及 N^{10}-甲酰基四氢叶酸分别是嘌呤环 C-8 及 C-2 的来源，核苷酸又是合成核酸的原料。所以，一碳单位将氨基酸代谢与核酸代谢形成有机联系，与细胞的增殖、组织生长和机体发育等重要过程密切相关。叶酸缺乏时，一碳单位代谢障碍，嘌呤核苷酸和嘧啶核苷酸合成受阻，进一步影响 DNA 合成和细胞分裂，可引起巨幼红细胞贫血。应用磺胺类药物可抑制细菌合成叶酸，进而抑制细菌生长，但对人体影响不大。应用叶酸类似物（如氨甲蝶呤等）可抑制 FH₄ 的生成，从而抑制核酸的合成，达到抗癌作用。

2. 甲基的供体　体内存在许多甲基化合成反应，可由 S-腺苷甲硫氨酸直接提供甲基，而 N^5-甲基四氢叶酸可供重新生成甲硫氨酸，进而生成 S-腺苷甲硫氨酸，故 N^5-甲基四氢叶酸充当甲基的间接供体（见后详述）。

三、含硫氨基酸的代谢

含硫氨基酸包括甲硫氨酸（蛋氨酸）、半胱氨酸和胱氨酸。这三种氨基酸的代谢是相互联系的，甲硫氨酸可以转变为半胱氨酸和胱氨酸，而且半胱氨酸和胱氨酸可以互相转变，但二者都不能转变为甲硫氨酸，所以甲硫氨酸是营养必需氨基酸。

（一）甲硫氨酸代谢

甲硫氨酸与转甲基作用　甲硫氨酸分子中的 S-甲基可以通过转甲基作用，生成许多含甲基的重要生理活性物质，如肌酸、胆碱、肉碱及肾上腺素等。在转甲基反应前，甲硫氨酸必须在腺苷转移酶（adenosyl transferase）的催化下与 ATP 反应，生成 S-腺苷甲硫氨酸（S-adenosyl methionine，SAM）。SAM 中的甲基称为活性甲基。SAM 称为活性甲硫氨酸，是体内最重要的甲基直接供体。

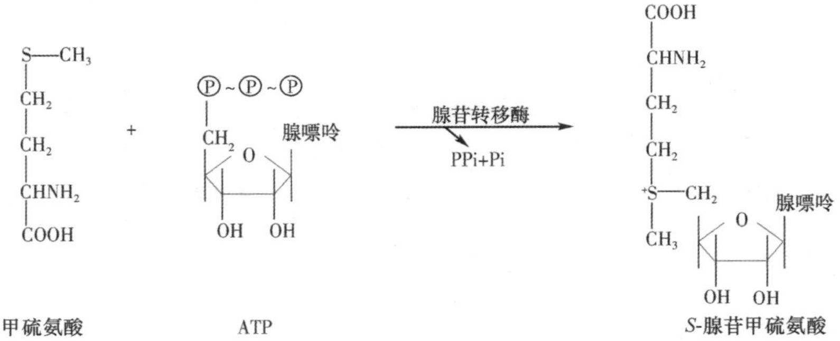

SAM 在甲基转移酶催化下，将甲基转移给某化合物（RH）生成甲基化合物（RCH₃）后，水解除去腺苷生成同型半胱氨酸，后者在 N^5-CH₃-FH₄ 转甲基酶作用下，从 N^5-甲基四氢叶酸获得甲基再合成甲硫氨酸，形成一个循环，称为甲硫氨酸循环（methionine cycle）。该循环的生理意义是由 N^5-甲基四氢叶酸提供甲基合成甲硫氨酸，再通过此循环的 SAM 提供甲基，以进行广泛存在的甲基化（methylation）反应。由此，N^5-CH₃-FH₄ 可视为体内甲基的间接供体（图 9-13）。据统计，体内有 50 多种物质合成时需要 SAM 提供甲基。

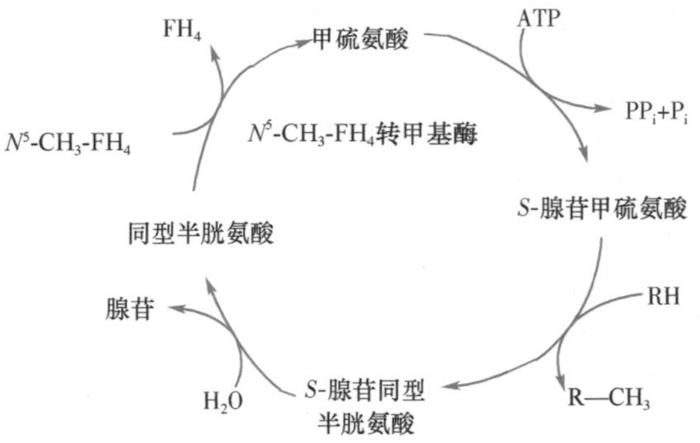

图 9-13　甲硫氨酸循环

（二）半胱氨酸代谢

1. 半胱氨酸与胱氨酸可以互变　半胱氨酸含有巯基（—SH），胱氨酸含有二硫键（—S—S—），二者可以互相转变。

$$2 \begin{array}{c} CH_2SH \\ | \\ CHNH_2 \\ | \\ COOH \end{array} \xrightleftharpoons[+2H]{-2H} \begin{array}{c} CH_2-S-S-CH_2 \\ | \qquad | \\ CHNH_2 \qquad CHNH_2 \\ | \qquad | \\ COOH \qquad COOH \end{array}$$

半胱氨酸   胱氨酸

  蛋白质中两个半胱氨酸残基之间形成的二硫键对维持蛋白质的结构具有重要作用。体内许多重要酶的活性与其分子中半胱氨酸残基上巯基的存在直接有关，故有巯基酶之称。有些毒物，如芥子气、重金属盐等，能与酶分子的巯基结合而抑制酶活性。二巯基丙醇可以使结合的巯基恢复原来状态，所以有解毒作用。

  2. 谷胱甘肽的生成与功能 谷胱甘肽（glutathione）是由谷氨酸的 γ-羧基与半胱氨酸、甘氨酸合成的三肽，其活性基团是半胱氨酸残基上的巯基，故可将其简写为 GSH，是机体重要的非酶抗氧化剂。谷胱甘肽有还原型和氧化型两种形式，彼此可以互相转化。

$$2GSH \xrightleftharpoons[+2H]{-2H} GSSG$$

还原型谷胱甘肽   氧化型谷胱甘肽

  人红细胞中还原型谷胱甘肽含量很高，其主要生理作用是与过氧化物及氧自由基起反应，从而保护膜上含巯基的蛋白质及含巯基的酶等物质不被氧化。例如，细胞内生成少量 H_2O_2 时，GSH 在谷胱甘肽过氧化物酶（glutathione peroxidase，GSH-P_x）催化下，H_2O_2 还原生成 H_2O，GSH 自身氧化为 GSSG，后者又在谷胱甘肽还原酶（glutathione reductase，GSH-R）的作用下，生成 GSH，从而再作为还原剂发挥保护的功能。

  在肝中，谷胱甘肽在谷胱甘肽 S-转移酶（glutathione S-transferase，GST）作用下，还可与某些非营养物质，如药物、毒物等结合，以利于这类物质的生物转化作用。另外，谷胱甘肽还参与小肠黏膜细胞、肾小管细胞等向细胞内转运氨基酸的过程等。

  3. 半胱氨酸可生成牛磺酸 半胱氨酸首先氧化成磺酸丙氨酸，再经磺酸丙氨酸脱羧酶催化脱去羧基生成牛磺酸（taurine）。牛磺酸是结合胆汁酸的组成成分之一。脑组织中含有较多的牛磺酸，其生理功能尚不清楚，可能与脑的发育有关。

$$\begin{array}{c} CH_2SH \\ | \\ CH-NH_2 \\ | \\ COOH \end{array} \xrightarrow{3[O]} \begin{array}{c} CH_2SO_3H \\ | \\ CH-NH_2 \\ | \\ COOH \end{array} \xrightarrow[CO_2]{磺酸丙氨酸脱羧酶} \begin{array}{c} CH_2SO_3H \\ | \\ CH_2NH_2 \end{array}$$

L-半胱氨酸   磺酸丙氨酸   牛磺酸

  4. 硫酸根的代谢 半胱氨酸是体内硫酸根的主要来源。半胱氨酸可以直接脱去巯基和氨基，生成丙酮酸、氨和 H_2S。丙酮酸进一步经三羧酸循环氧化或异生为糖。H_2S 经氧化生成硫酸根。体内生成的硫酸根，一部分以硫酸盐形式随尿排出，另一部分由 ATP 活化生成"活性硫酸根"，即 3'-磷酸腺苷-5'-磷酰硫酸（3'-phosphoadenosine-5'-phosphosulfate，PAPS），反应过程如下：

$$ATP+SO_4^{2-} \xrightarrow{-PP_i} AMP-SO_3^- \xrightarrow{+ATP} 3'-PO_3H_2-AMP-SO_3^-+ADP$$

腺苷-5'-磷酰硫酸   PAPS

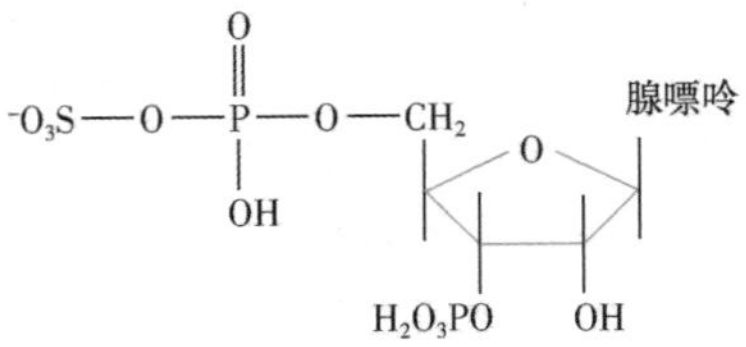

PAPS结构

PAPS 化学性质活泼，参与肝生物转化中的结合反应，可使某些物质形成硫酸酯。例如，类固醇激素可形成硫酸酯而被灭活，一些外源性酚类化合物也可以形成硫酸酯而排出体外。此外，PAPS 还参与硫酸角质素及硫酸软骨素等化合物中硫酸化氨基糖的合成。

四、芳香族氨基酸的代谢

芳香族氨基酸（aromatic amino acid）包括苯丙氨酸、酪氨酸和色氨酸。在体内苯丙氨酸可转变成酪氨酸。苯丙氨酸与色氨酸是营养必需氨基酸。

（一）苯丙氨酸代谢

正常情况下，苯丙氨酸在苯丙氨酸羟化酶（phenylalanine hydroxylase）的作用下转变成酪氨酸进一步代谢。苯丙氨酸羟化酶是一种加单氧酶，其辅酶是四氢生物蝶呤，催化的反应不可逆，故酪氨酸不能转变为苯丙氨酸。

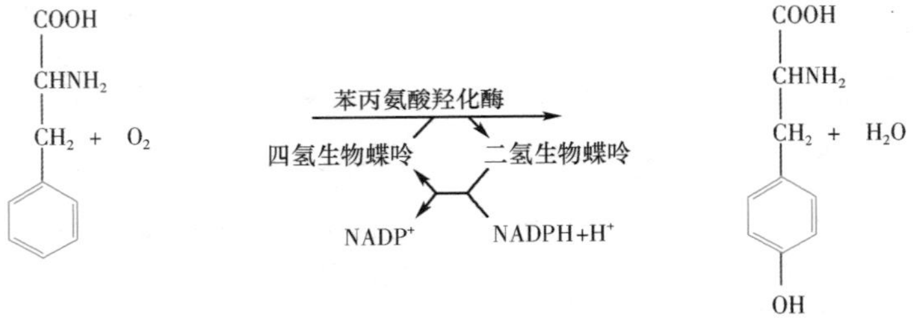

苯丙氨酸转变为酪氨酸是苯丙氨酸分解代谢的主要途径。当苯丙氨酸羟化酶遗传性缺陷时，苯丙氨酸不能正常地转变为酪氨酸，苯丙氨酸经转氨基作用生成苯丙酮酸，并随尿排出，引发苯丙酮酸尿症（phenylketonuria，PKU）。

（二）酪氨酸代谢

1. 转变为儿茶酚胺 酪氨酸在肾上腺髓质及神经组织经酪氨酸羟化酶催化，生成 3,4-二羟苯丙氨酸（3,4-dihydroxyphenyl-alanine，DOPA），又称为多巴，后者经多巴脱羧酶的作用，转变为多巴胺（dopamine）。多巴胺是脑中的一种神经递质。帕金森病（Parkinson disease）患者多巴胺生成减少。在肾上腺髓质中，多巴胺侧链的 β-碳原子可再被羟化，生成去甲肾上腺素（norepinephrine），后者再经 N-甲基转移酶作用，由 S-腺苷甲硫氨酸提供甲基转变为肾上腺素（epinephrine）。多巴胺、去甲肾上腺素、肾上腺素都是具有儿茶酚（邻苯二酚）结构的胺类物质，故统称为儿茶酚胺（catecholamine）。酪氨酸羟化酶是儿茶酚胺合成过程的限速酶，受终产物的反馈调节。

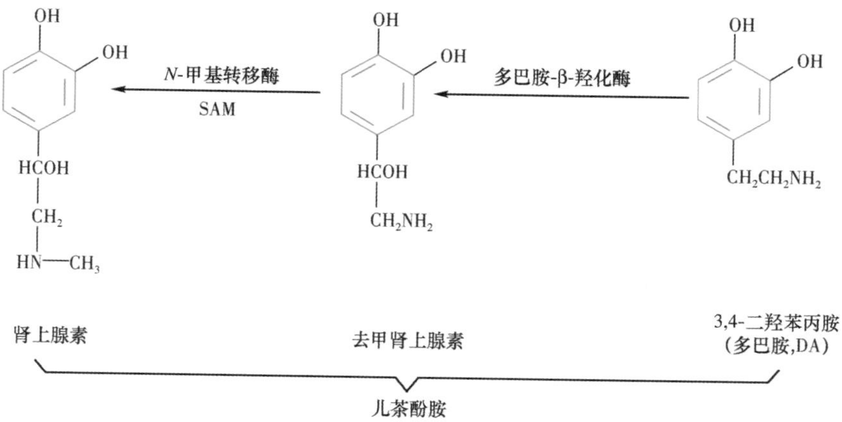

N-甲基转移酶
SAM

多巴胺-β-羟化酶

肾上腺素   去甲肾上腺素   3,4-二羟苯丙胺
（多巴胺,DA）

儿茶酚胺

2. 合成黑色素 酪氨酸在黑色素细胞中经酪氨酸酶（tyrosinase）催化，羟化生成多巴。多巴经氧化变成多巴醌，后者经脱羧、环化等反应转变为吲哚-5,6-醌，最后聚合为黑色素。酪氨酸酶缺陷患者，黑色素合成障碍，可致白化病（albinism）。

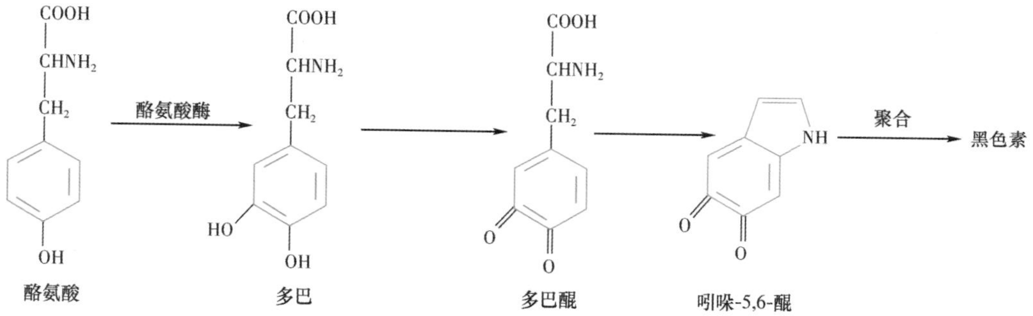

酪氨酸酶   聚合 → 黑色素

酪氨酸   多巴   多巴醌   吲哚-5,6-醌

3. 参与甲状腺激素合成 甲状腺激素是酪氨酸的碘化衍生物，由甲状腺球蛋白分子中的酪氨酸残基经碘化生成。甲状腺激素有两种：3,5,3′-三碘甲腺原氨酸（3,5,3′-triiodothyronine，T_3）和四碘甲腺原氨酸（thyroxine，T_4），它们在物质代谢的调控中起重要作用。

4. 分解代谢 酪氨酸分解代谢的主要方式是先经转氨基生成对羟苯丙酮酸，然后氧化脱羧生成尿黑酸，进一步在尿黑酸氧化酶及异构酶等作用下，逐步转变为乙酰乙酸及延胡索酸，二者分别沿着糖和脂肪酸代谢途径变化。因此，苯丙氨酸和酪氨酸是生糖兼生酮氨基酸。尿黑酸氧化酶缺陷患者，可致尿黑酸尿症（alkaptonuria）。

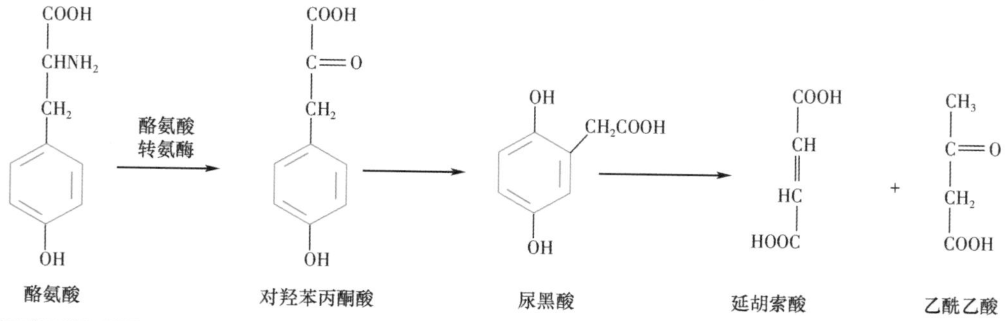

酪氨酸转氨酶

酪氨酸   对羟苯丙酮酸   尿黑酸   延胡索酸 + 乙酰乙酸

（三）色氨酸代谢

色氨酸除脱羧基生成 5-羟色胺外，还可在色氨酸加氧酶（tryptophan oxygenase）的作用下，生成 *N*-甲酰犬尿氨酸，再经甲酰基酶催化生成甲酸和犬尿氨酸。甲酸可与 FH_4 反应，由甲酰基四氢叶酸合成酶作用生成 N^{10}-CHO-FH_4。犬尿氨酸则进一步分解形成丙酮酸和乙酰乙酰 CoA，因此

色氨酸是生糖兼生酮氨基酸，其中间产物 3-羟邻氨基苯甲酸可转变成维生素 PP（烟酸），这是氨基酸在体内生成维生素的唯一途径。但其合成量甚少，60mg 色氨酸只能生成 1mg 烟酸，所以应保证食物中烟酸的供应，以防色氨酸过多消耗。

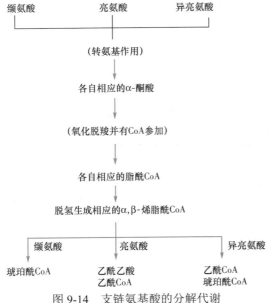

图 9-14　支链氨基酸的分解代谢

五、支链氨基酸的代谢

支链氨基酸包括亮氨酸、异亮氨酸和缬氨酸，它们均为营养必需氨基酸。结构上，这三种氨基酸都有相同的分支侧链，故称为支链氨基酸。支链氨基酸是唯一在肝外代谢的氨基酸，其分解代谢主要在骨骼肌中进行。这三种氨基酸分解代谢的路径相似，即首先经转氨基作用，生成各自相应的支链 α-酮酸。然后 α-酮酸经氧化脱羧作用并有 CoA 参与，生成相应的脂酰 CoA，经 β-氧化代谢过程，分别以不同中间产物参与三羧酸循环氧化。缬氨酸代谢产生琥珀酰 CoA；亮氨酸代谢产生乙酰乙酸及乙酰 CoA；异亮氨酸代谢产生乙酰 CoA 及琥珀酰 CoA（图 9-14）。因此，这三种氨基酸分别是生糖氨基酸、生酮氨基酸及生糖兼生酮氨基酸。

综合上述，各种氨基酸除了作为合成蛋白质的原料外，还可以转变成多种含氮的生理活性物质，现将这些重要的化合物列于表 9-3。

表 9-3　氨基酸衍生的重要含氮化合物

氨基酸	氨基酸衍生物	生理功能
天冬氨酸、谷氨酰胺、甘氨酸	嘌呤碱	含氮碱基、核酸成分
谷氨酰胺、天冬氨酸	嘧啶碱	含氮碱基、核酸成分
甘氨酸、精氨酸、甲硫氨酸	肌酸、磷酸肌酸	能量储存
甘氨酸	卟啉化合物	血红素、细胞色素
苯丙氨酸、酪氨酸	儿茶酚胺类、黑色素	激素或神经递质、皮肤色素
组氨酸	组胺	血管舒张剂
色氨酸	5-羟色胺、烟酸	神经递质、维生素
鸟氨酸	腐胺、亚精胺、精胺	细胞增殖促进剂
谷氨酸	γ-氨基丁酸	抑制性神经递质
半胱氨酸	牛磺酸	结合胆汁酸成分
精氨酸	一氧化氮	细胞信息分子

六、肌酸和磷酸肌酸的代谢

肌酸（creatine）和磷酸肌酸（creatine phosphate）是机体储存与利用能量的重要化合物。肌酸以甘氨酸为骨架，接受精氨酸提供的脒基和 S-腺苷甲硫氨酸提供的甲基而合成。肝是合成肌酸的主要器官。当体内 ATP 生成增多时，在肌酸激酶（creatine kinase，CK）催化下，肌酸可接受 ATP 分子的高能磷酸基形成磷酸肌酸，从而储存能量。当机体需要 ATP 时，磷酸肌酸又可将高能磷酸基转移给 ADP 生成 ATP，供生理活动直接利用。磷酸肌酸在心肌、骨骼肌及大脑中含量丰富。

肌酸激酶是由两种亚基——M 亚基（肌型）和 B 亚基（脑型）构成的二聚体酶，构成 3 种同工酶：CK_1（BB）、CK_2（MB）和 CK_3（MM）。它们在各组织中的分布不同，脑中含 CK_1，心肌中含 CK_2，骨骼肌中含 CK_3。血中 CK_2 水平可作为临床上心肌梗死的辅助诊断指标之一（参见

第四章第一节）。

　　肌酸和磷酸肌酸代谢的终产物是肌酐（creatinine，Cr）。肌酐主要在肌组织中通过磷酸肌酸的非酶促反应生成。肌酸、磷酸肌酸及肌酐的代谢见图 9-15。肌酐随尿排出，正常人每日肌酐排出量较为恒定。肾功能严重障碍时，肌酐排出受阻，血中肌酐浓度升高。血中肌酐测定有助于肾功能不全的诊断及疗效判断。

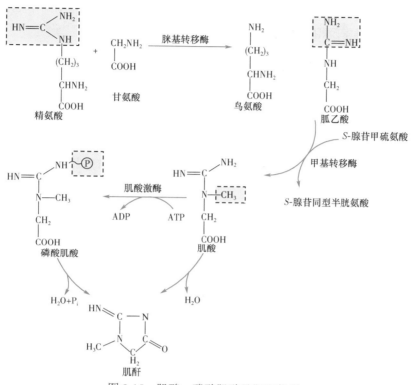

图 9-15　肌酸、磷酸肌酸及肌酐代谢

第五节　氨基酸代谢异常与疾病

一、高氨血症与氨中毒

　　正常情况下，血氨的来源与去路保持动态平衡，血氨浓度处于较低水平。氨在肝中合成尿素是维持这种平衡的关键。当某种原因，如肝功能严重损伤时或合成尿素的鸟氨酸循环中某些酶的遗传性缺陷，都可导致尿素合成发生障碍，使血氨浓度升高，称为高氨血症（hyperammonemia）。高氨血症引起脑功能障碍称为肝性脑病或肝昏迷。常见的临床症状有呕吐、厌食、间歇性共济失调、嗜睡，甚至昏迷等。高血氨毒性作用的机制尚不完全清楚。一般认为，氨进入脑组织，可与脑中的 α-酮戊二酸结合生成谷氨酸，氨还可与脑中的谷氨酸进一步结合生成谷氨酰胺。这两步反应需分别消耗 NADH+H$^+$ 和 ATP，并使脑细胞中的 α-酮戊二酸减少，导致三羧酸循环和氧化磷酸化减弱，从而使脑组织中 ATP 生成减少，引起大脑功能障碍，这是肝性脑病发生的氨中毒学说的基础。另一种可能性是谷氨酸、谷氨酰胺增多，渗透压增大引起脑水肿。

二、遗传性氨基酸代谢酶缺陷与疾病

（一）苯丙氨酸羟化酶缺陷导致苯丙酮尿症

　　苯丙氨酸羟化酶催化苯丙氨酸转变为酪氨酸，此酶主要存在于肝等组织中。先天性苯丙氨酸羟化酶缺陷患者，不能将苯丙氨酸羟化成酪氨酸。患者体内的苯丙氨酸蓄积，经转氨基作用大量生成苯丙酮酸，大量的苯丙酮酸及其部分代谢产物由尿中排出，即苯丙酮尿症，苯丙酮尿症为常染色体隐性遗传病。苯丙酮酸堆积使脑发育障碍，故患者智力低下。苯丙酮尿症在氨基酸代谢障碍中较为常见，在我国发病率为 6.28/100 000，治疗原则是早期发现，控制膳食中苯丙氨酸含量。

四氢生物蝶呤是苯丙氨酸羟化酶的辅酶，在大约 20% 的苯丙酮尿症患者中，四氢生物蝶呤能激活苯丙氨酸羟化酶的活性，在这些患者中，四氢生物蝶呤可作为苯丙氨酸限制饮食的有效辅助物。

（二）酪氨酸代谢异常及相关疾病

酪氨酸在酪氨酸转氨酶的催化下，生成对羟苯丙酮酸，后者经尿黑酸等中间产物进一步转化为延胡索酸和乙酰乙酸，再进入糖、脂代谢。因此，苯丙氨酸和酪氨酸是生糖兼生酮氨基酸。先天性尿黑酸氧化酶缺陷患者，尿黑酸氧化障碍，大量尿黑酸从尿中排出，出现尿黑酸尿症。尿黑酸在碱性条件下易被氧化成醌类化合物，进一步生成黑色化合物，故此类患者尿液加碱放置可迅速变黑，患者的骨及组织亦有广泛的黑色物沉积。

在黑色素细胞中，酪氨酸酶催化酪氨酸羟化生成多巴，多巴经氧化转变为多巴醌，再经脱羧、环化等反应，最终聚合为黑色素（melanin）。先天性酪氨酸酶缺陷患者，黑色素合成障碍，皮肤及毛发发白，称为白化病。患者对阳光敏感，易患皮肤癌。

三、维生素缺乏及氨基酸代谢中间产物异常与疾病

甲硫氨酸循环中，同型半胱氨酸接受 $N^5\text{-}CH_3\text{-}FH_4$ 携带的甲基，生成甲硫氨酸和 FH_4。这一反应是在 $N^5\text{-}CH_3\text{-}FH_4$ 转甲基酶催化下完成的，维生素 B_{12} 作为辅酶。维生素 B_{12} 缺乏时，$N^5\text{-}CH_3\text{-}FH_4$ 上的甲基不能转移给同型半胱氨酸。这不仅影响甲硫氨酸的合成，同时也影响四氢叶酸的再利用，使组织中游离的 FH_4 减少。如果大部分四氢叶酸结合甲基，导致其他一碳单位的转运减少，因此维生素 B_{12} 缺乏必然引起叶酸的缺乏，可导致与叶酸缺乏相同的巨幼红细胞贫血。

同型半胱氨酸一方面经 $N^5\text{-}CH_3\text{-}FH_4$ 转甲基酶催化转为甲硫氨酸，但另一方面，其主要去路是在胱硫醚-β-合酶（cystathionine-β-synthase，CβS）催化下，与丝氨酸缩合生成胱硫醚，后者在 γ-胱硫醚酶的作用下，进一步分解生成半胱氨酸和 α-酮丁酸。反应生成的 α-酮丁酸进一步在脱氢酶的催化下，氧化脱羧生成丙酰 CoA，进而生成琥珀酰 CoA，进入三羧酸循环氧化分解或异生为糖。如果胱硫醚-β-合酶遗传性缺陷，同型半胱氨酸不能转变为胱硫醚，可导致高同型半胱氨酸血症。有研究表明，高同型半胱氨酸血症是冠心病和动脉粥样硬化的独立危险因子，其分子机制尚不明确。用维生素 B_{12} 和叶酸治疗可有效降低某些患者的同型半胱氨酸水平。

小　　结

氨基酸是蛋白质的结构组成单位。人体内的氨基酸主要来自日常蛋白质的消化吸收、非必需氨基酸的合成及组织蛋白的降解。内源性氨基酸与外源性氨基酸共同构成氨基酸代谢库。氨基酸在体内有着许多重要的生理功能。除了用于合成机体蛋白质外，氨基酸还可以转变成许多重要的营养化合物（如核酸、激素、神经递质等），也可以被机体氧化产生能量。在生理条件下，氨基酸代谢库维持一个动态平衡的状态。

氨基酸的降解过程开始于氨基酸的 α-氨基的脱去，然后产生氨和相应的 α-酮酸。α-氨基脱去方式包括氧化脱氨作用、转氨基作用、谷氨酸脱氢酶参与的联合脱氨基作用和嘌呤核苷酸循环。氧化脱氨作用主要是由谷氨酸脱氢酶催化。转氨基作用是由转氨酶催化，其中磷酸吡哆醛为转氨酶的辅酶，转氨基过程中 α-氨基实际并未丢失。联合脱氨基作用是机体内大多数氨基酸脱氨基的主要途径，同时其逆过程也是非必需氨基酸合成的重要方式。在骨骼肌和心肌内，嘌呤核苷酸循环是主要的脱氨基方式。体内的 α-酮酸可以用来合成非必需氨基酸，转变为糖、脂及直接被氧化供能。

氨对机体有毒性，它可以以丙氨酸或谷氨酰胺的形式被转运到肝内。在肝内，氨通过尿素循环过程转化成尿素，然后经肾排出。尿素循环过程是一种与三羧酸循环联系的能量依赖过程。

氨基酸可以通过脱羧作用产生胺类物质，如 γ-氨基丁酸、组胺、5-羟色胺和多胺，在机体中发挥着重要的生理功能。在氨基酸的分解代谢过程中，机体可以产生许多含有一个碳原子的一碳单位基团。四氢叶酸是一碳单位的载体。一碳单位的主要功能是为核苷酸的生物合成提供原料，从而将氨基酸代谢和核酸代谢联系起来。含硫氨基酸包括甲硫氨酸、半胱氨酸和胱氨酸。甲硫氨酸可以通过甲硫氨酸循环转变成甲基供体 SAM，进而用于合成一些重要化合物，如肌酸、胆碱和肾上腺素等。半胱氨酸可以转变成牛磺酸，是机体内结合胆汁酸的主要组成成分；半胱氨酸也可转变成谷胱甘肽（GSH），是机体一种重要的非酶抗氧化剂。

氨基酸代谢通路中酶和辅酶的缺陷可引起一些疾病，尿素合成障碍可导致高氨血症及肝性脑病，苯丙氨酸代谢障碍可致苯丙酮尿症，甲硫氨酸代谢障碍可引起巨幼红细胞贫血和高同型半胱氨酸血症，酪氨酸代谢障碍可引起尿黑酸尿症和白化病。

（杨　霞）

第九章线上内容

第十章　核苷酸代谢

核苷酸（nucleotide）是核酸的基本结构单位，包括嘌呤核苷酸（purine nucleotide）和嘧啶核苷酸（pyrimidine nucleotide）。核苷酸在体内分布广泛，发挥多种重要的生物学功能。人体内的核苷酸主要由机体细胞自身合成。因此，核苷酸不属于营养必需物质。核苷酸代谢紊乱可引起严重遗传性疾病及痛风等，核苷酸代谢的研究具有重要的理论和实践意义。

第一节　核苷酸代谢概述

核苷酸在体内分布广泛，细胞中核糖核苷酸浓度约在毫摩尔（mmol）水平，而脱氧核糖核苷酸只在微摩尔（μmol）水平，其中以 ATP 含量最多。不同类型细胞中各种核苷酸含量差异很大。相同细胞的核苷酸总量近似，但各种核苷酸的含量也有差异。在细胞分裂周期，核糖核苷酸浓度相对稳定，但脱氧核糖核苷酸的浓度有较大波动。

一、核苷酸的生物学功能

核苷酸具有多种生物学功能，主要包括：①作为核酸合成的原料，参与 DNA 复制和 RNA 转录过程。这是核苷酸最主要的功能。②体内能量的利用形式。ATP 是细胞的主要能量形式。此外，GTP、UTP、CTP 等也可为某些细胞代谢提供能量。如 GTP 参与蛋白质合成过程。③参与细胞信号转导。cAMP、cGMP、GTP/GDP 作为重要信号分子参与细胞内信号转导过程。④构成辅酶。例如，腺苷酸可作为多种辅酶（NAD$^+$、FAD、辅酶 A 等）的组成成分。⑤参与组成活化中间代谢物。核苷酸可以作为多种活化中间代谢物的载体。例如，UDP-葡萄糖是合成糖原、糖蛋白的活性原料，CDP-甘油二酯是合成磷脂的活性原料，S-腺苷甲硫氨酸是活性甲基的载体，ATP 提供磷酸基团参与蛋白质磷酸化修饰等。⑥参与构成核酸的特殊结构，如 GTP 添加到真核生物 mRNA 的 5′ 端形成帽子结构。⑦参与生理调节。某些核苷酸或衍生物是重要的调节分子，例如，腺苷有调节冠状动脉血流量和抗心律失常的作用。

二、核酸的消化与吸收

食物中的核酸多以核蛋白的形式存在。核蛋白在胃中受胃酸的作用，分解成核酸与蛋白质。核酸进入小肠后，受胰液和肠液中各种水解酶的作用逐步水解（图 10-1）。核苷酸及其水解产物均可被细胞吸收，但它们的绝大部分在肠黏膜细胞中又进一步分解。分解产生的戊糖和磷酸被吸收，再分别参加体内戊糖和磷酸的代谢；嘌呤和嘧啶碱则主要被分解而排出体外。所以，食物来源的嘌呤和嘧啶碱很少被机体利用。

三、核苷酸代谢概况

核苷酸根据碱基组成不同分为嘌呤核苷酸和嘧啶核苷酸两大类。这两种核苷酸的代谢均

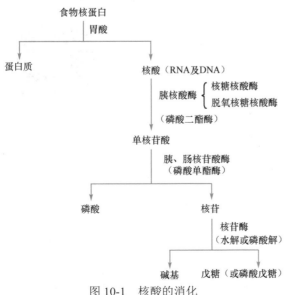

图 10-1　核酸的消化

包括合成代谢和分解代谢。核苷酸合成代谢根据方式的不同均包括从头合成和补救合成两种途径。在分解代谢中，嘌呤核苷酸的分解产物主要是水溶性较差的尿酸；嘧啶核苷酸的分解产物是易溶于水的NH_3、CO_2及β-氨基酸。

人类的一些疾病与嘌呤代谢异常相关，如痛风、莱施-奈恩综合征（Lesch-Nyhan syndrome，即次黄嘌呤鸟嘌呤磷酸核糖基转移酶完全缺失）、重症联合免疫缺陷病（腺苷脱氨酶缺乏症）、原发性免疫缺陷综合征（嘌呤核苷磷酸化酶缺乏症）等疾病。嘧啶代谢异常引起的疾病非常少，目前发现的嘧啶代谢异常疾病包括嘧啶合成异常引起的乳清酸尿症和分解代谢异常引起的β-羟基丁酸尿症。

第二节　嘌呤核苷酸代谢

一、嘌呤核苷酸的合成代谢

体内嘌呤核苷酸的合成有两条途径。第一，利用磷酸核糖、氨基酸、一碳单位及CO_2等简单物质为原料，经过一系列酶促反应，合成嘌呤核苷酸，称为从头合成途径（*de novo* synthesis）。第二，利用体内游离的嘌呤或嘌呤核苷，经过简单的反应过程，合成嘌呤核苷酸，称为补救途径（salvage pathway），或重新利用途径。两种途径在不同组织中的重要性各不相同，如肝组织进行从头合成，而脑、脊髓等则只能进行补救合成。一般情况下，前者是合成的主要途径。

（一）嘌呤核苷酸的从头合成

除某些细菌外，几乎所有生物体都能合成嘌呤碱。同位素示踪实验证明，合成嘌呤碱的前身物均为简单物质，如氨基酸、CO_2及甲酰基（来自四氢叶酸）等（图10-2）。嘌呤核苷酸的从头合成在细胞液中进行。反应步骤比较复杂，可分为两个阶段：首先合成次黄嘌呤核苷酸（IMP），然后IMP再转变成腺嘌呤核苷酸（AMP）和鸟嘌呤核苷酸（GMP）。

1. 从头合成途径

（1）嘌呤环的原子来源：嘌呤环上共有9个原子，来自甘氨酸、天冬氨酸、谷氨酰胺、一碳单位和二氧化碳。同位素示踪试验结果显示各原子来源如图10-2所示。

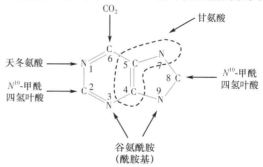

图10-2　嘌呤碱合成的元素来源

（2）从PRPP开始经多步反应合成IMP：IMP的合成经过11步反应完成（图10-3）。①磷酸核糖基焦磷酸（phosphoribosyl pyrophosphate，PRPP）的生成：核糖-5-磷酸在PRPP合成酶（又称PRPP激酶，PRPPK）催化下活化为PRPP。此反应中，ATP的焦磷酸基团被转移到核糖-5-磷酸的C-1位原子相连的羟基上。核糖-5-磷酸有两种来源，一是来自磷酸戊糖途径，二是来自核苷酸的降解产物核糖-1-磷酸的异构化。PRPP是一种极重要的代谢中间产物，在嘌呤核苷酸和嘧啶核苷酸的从头合成和补救合成中均有重要作用。②嘌呤环N-9位原子的加入：经谷氨酰胺-PRPP酰胺转移酶（glutamine-PRPP amidotransferase，GPAT）催化，由谷氨酰胺提供酰胺基取代PRPP上的焦磷酸基团，生成5′-磷酸核糖胺（5′-phos-phoribosylamine，PRA）。PRA极不稳定，在pH 7.5时半衰期为30秒。此反应是嘌呤核苷酸从头合成的关键步骤，酰胺转移酶是关键酶。③嘌呤环C-4、C-5和N-7位原子的加入：由ATP供能，甘氨酸与PRA加合，生成甘氨酰胺核糖核苷酸（glycinamide ribonucleotide，GAR）。④嘌呤环C-8位原子的加入：由N^{10}-甲酰四氢叶酸供给甲酰基，使GAR甲酰化，生成甲酰甘氨酰胺核糖核苷酸（formylglycinamide ribonucleotide，FGAR）。⑤嘌呤环N-3位原子的加入：由谷氨酰胺提供酰胺氮，使FGAR生成甲酰甘氨脒核苷酸（formylglycinamidine ribonucleotide，FGAM），此反应消耗1分子ATP。⑥咪唑环的形成：FGAM脱水环化形成5-氨基咪唑核苷酸（5-aminoimidazole ribonucleotide，AIR），此反应消耗1分子ATP。至此，合成了嘌呤环中的咪唑环部分。⑦嘌呤环C-6

位原子的加入：作为嘌呤碱中 C-6 位原子的来源，CO_2 连接到咪唑环上，生成 5-氨基咪唑-4-羧基核苷酸（4-carboxy-5-aminoimidazole ribonucleotide，CAIR）。此反应需生物素参与。⑧嘌呤环 N-1 位原子的加入：在 ATP 存在下，天冬氨酸与 CAIR 缩合，生成 N-琥珀酰-5-氨基咪唑-4-甲酰胺核苷酸（N-succinyl-5-aminoimidazole-4-carboxamide ribonucleotide，SAICAR）。⑨去除延胡索酸：SAICAR 在 SAICAR 裂解酶催化下脱去 1 分子延胡索酸，裂解生成 5-氨基咪唑-4-甲酰胺核苷酸（5-aminoimidazole-4-carboxamide ribonucleotide，AICAR）。⑩嘌呤环 C-2 位原子的加入：N^{10}-甲酰四氢叶酸提供甲酰基，使 AICAR 甲酰化生成 5-甲酰胺基咪唑-4-甲酰胺核苷酸（5-formylaminoimidazole-4-carboxamide ribonucleotide，FAICAR）。⑪环化生成 IMP：FAICAR 脱水环化，生成嘌呤核苷酸从头合成途径中第一个具有完整嘌呤环的产物，即 IMP。

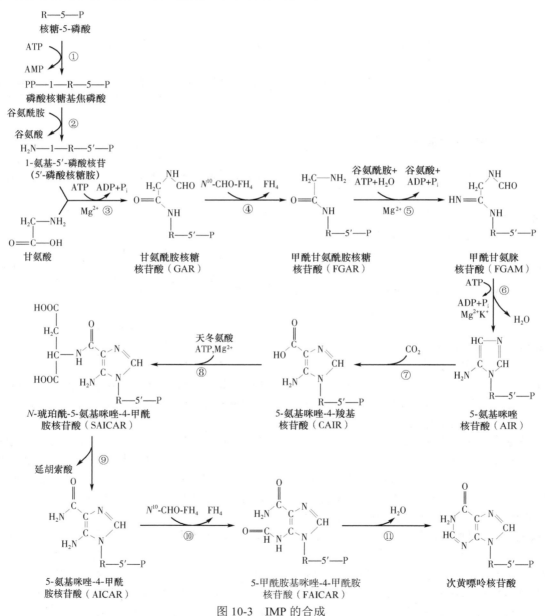

图 10-3　IMP 的合成

① PRPP 合成酶；②谷氨酰胺：PRPP 酰胺转移酶；③ GAR 合成酶；④甲酰基转移酶；⑤ FGAR 酰胺转移酶；⑥ AIR 合成酶；⑦ AIR 羧化酶；⑧ SAICAR 合成酶；⑨ SAICAR 裂合酶；⑩ AICAR 甲酰基转移酶；⑪IMP 合酶

从 PRPP 开始每合成 1 分子 IMP 需要消耗 5 个 ATP。嘌呤核苷酸从头合成的酶在细胞质中多以酶复合体形式存在。

（3）IMP 转变生成 AMP 和 GMP：IMP 是嘌呤核苷酸合成的前体或重要中间产物，在细胞内 IMP 可以迅速被转变为 AMP 或 GMP（图 10-4）。IMP 的 6 位 O 原子被氨基取代即可转变为 AMP。此反应分两步完成：①在腺苷酸基琥珀酸合成酶（adenylosuccinate synthase）催化下，由 GTP 水解供能，天冬氨酸的氨基与 IMP 连接生成腺苷酸基琥珀酸。②在腺苷酸基琥珀酸裂解酶催化下，脱去延胡索酸生成 AMP。此两步反应也发生在联合脱氨基作用的嘌呤核苷酸循环中（参见第二篇第九章第二节）。IMP 的 2 位 H 原子被氨基取代即可转变为 GMP。此反应也分两步完成：①在 IMP 脱氢酶（IMP dehydrogenase）催化下，以 NAD$^+$ 为受氢体，脱氢氧化生成黄嘌呤核苷酸（XMP）。②由 GMP 合成酶（GMP synthase）催化，由 ATP 水解供能，谷氨酰胺的酰胺基作为氨基供体取代 XMP 中的氧生成 GMP。从 IMP 合成 AMP 或 GMP 分别需要消耗 1 分子 GTP 或 ATP。

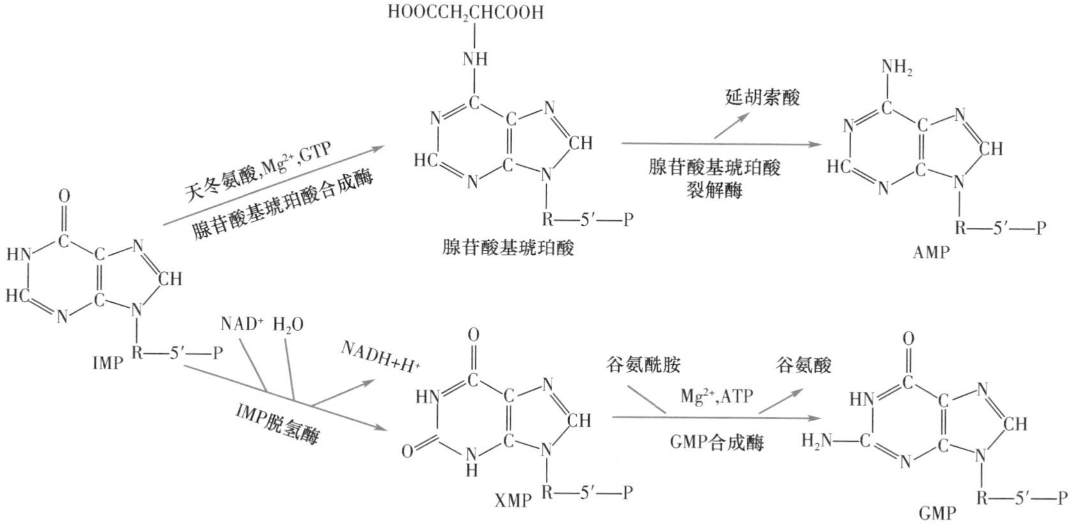

图 10-4　由 IMP 合成 AMP 和 GMP

（4）ATP 和 GTP 的生成：AMP 和 GMP 在激酶作用下，经过两步磷酸化反应，进一步分别生成 ATP 或 GTP（图 10-5）。

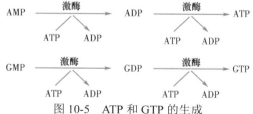

图 10-5　ATP 和 GTP 的生成

由上述反应过程可以清楚地看到，嘌呤核苷酸是在磷酸核糖分子上逐步合成嘌呤环的，而不是首先单独合成嘌呤碱然后再与磷酸核糖结合。这与嘧啶核苷酸的合成过程不同，是嘌呤核苷酸从头合成的一个重要特点。

肝是体内从头合成嘌呤核苷酸的主要器官，其次是小肠黏膜及胸腺。现已证明，并不是所有的细胞都具有从头合成嘌呤核苷酸的能力。

2. 从头合成的调节　嘌呤核苷酸的从头合成是体内提供核苷酸的主要来源，但这个过程需要消耗氨基酸等原料及大量 ATP。机体对其合成速度进行精确的调节，一方面为满足核酸合成对嘌呤核苷酸的需要，另一方面又不会"供过于求"，以节省营养物质及能量的消耗。调节的机制以反馈调节为主，主要发生在 PRPP 合成酶、谷氨酰胺-PRPP 酰胺转移酶及 IMP 转变成 AMP 和 GMP 的过程（图 10-6）。

嘌呤核苷酸合成起始阶段的 PRPP 合成酶和谷氨酰胺-PRPP 酰胺转移酶均可被合成产物 IMP、AMP 及 GMP 等抑制。反之，PRPP 增加可以促进谷氨酰胺-PRPP 酰胺转移酶活性，加速 PRA 生成。谷氨酰胺-PRPP 酰胺转移酶是一类别构酶，其单体形式有活性，二聚体形式无活性。

IMP、AMP 及 GMP 使其由活性形式转变成无活性形式，而 PRPP 则相反。在嘌呤核苷酸合成调节中，PRPP 合成酶可能比谷氨酰胺-PRPP 酰胺转移酶起着更大的作用，所以对 PRPP 合成酶的调节更为重要。

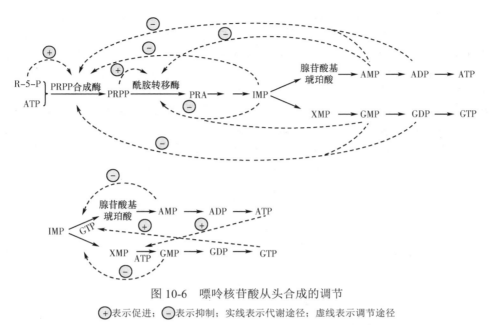

图 10-6　嘌呤核苷酸从头合成的调节

⊕表示促进；⊖表示抑制；实线表示代谢途径；虚线表示调节途径

此外，在形成 AMP 和 GMP 过程中，过量的 AMP 控制 AMP 的生成，而不影响 GMP 的合成；同样，过量的 GMP 控制 GMP 的生成，而不影响 AMP 的合成。从图 10-6 中还可看出，IMP 转变成 AMP 时需要 GTP，而 IMP 转变成 GMP 时还需要 ATP。由此，GTP 可以促进 AMP 的生成，ATP 也可以促进 GMP 的生成。这种交叉调节作用对维持 ATP 与 GTP 浓度的平衡具有重要意义。

（二）嘌呤核苷酸的补救合成

细胞利用现成的嘌呤碱或嘌呤核苷重新合成嘌呤核苷酸，称为嘌呤核苷酸的补救合成。该过程比较简单，不仅能节约时间，能量消耗也少，补救合成的重要性不亚于从头合成。据估计约 90% 的嘌呤碱基可用于补救合成。补救合成有以下两种方式。

1. 由嘌呤碱基补救合成嘌呤核苷酸　嘌呤与 PRPP 可以在相应磷酸核糖基转移酶的催化下生成核苷酸。有两种酶参与嘌呤核苷酸的补救合成：腺嘌呤磷酸核糖基转移酶（adenine phosphoribosyl transferase，APRT）和次黄嘌呤鸟嘌呤磷酸核糖基转移酶（hypoxanthine-guanine phosphoribosyl transferase，HGPRT）。由 PRPP 提供磷酸核糖，它们分别催化 AMP、IMP 和 GMP 的补救合成。反应式如下：

$$腺嘌呤 + PRPP \xrightarrow{APRT} AMP + PP_i$$

$$次黄嘌呤 + PRPP \xrightarrow{HGPRT} IMP + PP_i$$

$$鸟嘌呤 + PRPP \xrightarrow{HGPRT} GMP + PP_i$$

APRT 受 AMP 的反馈抑制，HGPRT 受 IMP 与 GMP 的反馈抑制。

2. 腺苷激酶催化腺苷生成腺嘌呤核苷酸　人体内腺嘌呤核苷还可以在腺苷激酶催化下，利用 ATP 提供的磷酸基团实现磷酸化并得到腺嘌呤核苷酸。

$$腺嘌呤核苷 \xrightarrow[\substack{ATP \quad ADP}]{腺苷激酶} AMP$$

生物体内除腺苷激酶外，缺乏作用于其他嘌呤核苷的激酶。嘌呤核苷酸补救途径中主要以磷酸核糖基转移酶催化的反应为主。

嘌呤核苷酸补救合成的生理意义，一方面在于可以节省从头合成时能量和一些氨基酸的消耗；另一方面，体内某些组织器官，如脑、骨髓等由于缺乏从头合成嘌呤核苷酸的酶体系，它们只能进行嘌呤核苷酸的补救合成。因此，对这些组织器官来说，补救途径具有更重要的意义。如果补救合成的酶缺乏，如 HGPRT 的遗传性缺陷会导致一种遗传代谢病。

（三）嘌呤核苷酸的相互转变

体内嘌呤核苷酸可以相互转变，以保持彼此平衡。前已述及，IMP 可以转变成 XMP、AMP 及 GMP。其实，AMP、GMP 也可以转变成 IMP。由此，AMP 和 GMP 之间也是可以相互转变的。

（四）脱氧（核糖）核苷酸的生成

DNA 由各种脱氧核苷酸组成。细胞分裂旺盛时，脱氧核苷酸含量明显增加，以适应 DNA 合成的需要。脱氧核苷酸，包括嘌呤脱氧核苷酸和嘧啶脱氧核苷酸从何而来？现已证明，体内脱氧核苷酸中所含的脱氧核糖并非先形成后再连接上碱基和磷酸，而是通过相应的核糖核苷酸的直接还原作用，以氢取代其核糖分子中 C-2 上的羟基而生成的。除 dTMP 是从 dUMP 转变而来以外，其他脱氧核苷酸都是在核苷二磷酸（nucleoside diphosphate，NDP）水平上进行的（N 代表 A、G、U、C 等碱基）还原反应，由核糖核苷酸还原酶（ribonucleotide reductase）催化。反应如下：

这一反应的过程比较复杂（图 10-7），需要硫氧化还原蛋白（thioredoxin）、硫氧化还原蛋白还原酶（thioredoxin reductase）和 NADPH 参与。硫氧化还原蛋白的分子量约为 12kDa，其所含的巯基在核糖核苷酸还原酶作用下氧化为二硫键。后者再经硫氧化还原蛋白还原酶的催化，由 NADPH 提供氢原子重新生成还原型硫氧化还原蛋白，由此构成一个复杂的酶体系。核糖核苷酸还原酶是一种变构酶，包括 R_1、R_2 两个亚基，只有 R_1 与 R_2 结合时才具有酶活性。在 DNA 合成旺盛、分裂速度较快的细胞中，核糖核苷酸还原酶体系活性较强。

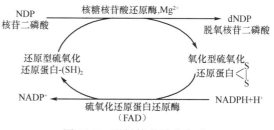

图 10-7 脱氧核苷酸的生成

细胞除了控制还原酶的活性以调节脱氧核苷酸的浓度之外，还可以通过各种核苷三磷酸对还原酶的变构作用来调节不同脱氧核苷酸生成。因为，某一种 NDP 被还原酶还原成 dNDP 时，需要特定 NTP 的促进，同时也受另一些 NTP 的抑制（表 10-1）。通过这样的调节，使合成 DNA 的 4 种脱氧核苷酸控制在适当比例。

表 10-1 核糖核苷酸还原酶的变构调节

作用物	主要促进剂	主要抑制剂	作用物	主要促进剂	主要抑制剂
CDP	ATP	dATP、dGTP、dTTP	ADP	dGTP	dATP、ATP
UDP	ATP	dATP、dGTP	GDP	dTTP	dATP

如上所述，与嘌呤脱氧核苷酸的生成一样，嘧啶脱氧核苷酸（dUDP、dCDP）也是通过相应的嘧啶核苷二磷酸的直接还原而生成的。

经过激酶的作用，上述 dNDP 再磷酸化成脱氧核苷三磷酸。

$$dNDP+ATP \xrightarrow{激酶} dNTP+ADP$$

二、嘌呤核苷酸的分解代谢

体内核苷酸的分解代谢类似于食物中核苷酸的消化过程。降解的基本过程如下（图 10-8）：①首先，细胞中的核苷酸在核苷酸酶的作用下，脱去磷酸水解成嘌呤核苷。②嘌呤核苷经嘌呤核苷磷酸化酶作用，嘌呤核苷被磷酸解成嘌呤碱基及核糖-1-磷酸或脱氧核糖-1-磷酸。③生成的核糖-1-磷酸经磷酸核糖变位酶催化转变为核糖-5-磷酸，进入磷酸戊糖途径进一步分解；脱氧核糖-1-磷酸由磷酸核糖醛缩酶作用裂解成 3-磷酸甘油醛和乙醛。3-磷酸甘油醛可进入糖酵解，而乙醛可在乙醛脱氢酶作用下被氧化为乙酸。乙酸被活化为乙酰 CoA 后进入 TCA 循环。④释放出的游离嘌呤碱基，可以参加核苷酸的补救合成途径，重新参入到核苷酸分子中；也可经水解、脱氨及氧化作用生成尿酸（uric acid，UA）。反应过程如图 10-8，AMP 生成次黄嘌呤，后者在黄嘌呤氧化酶（xanthosine oxidase）作用下氧化成黄嘌呤，最后生成尿酸。GMP 生成鸟嘌呤，后者转变成黄嘌呤，最后也生成尿酸。嘌呤脱氧核苷经过相同途径进行分解代谢。体内嘌呤核苷酸的分解代谢主要在肝、小肠及肾中进行，黄嘌呤氧化酶在这些脏器中活性较强。人体内嘌呤碱最终分解生成的尿酸，约 30% 由肠道细胞排泄，约 70% 经肾随尿液排出体外，其中有少量被肾重吸收。

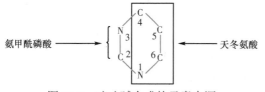

图 10-8　嘌呤核苷酸的分解代谢

第三节　嘧啶核苷酸代谢

一、嘧啶核苷酸的合成代谢

与嘌呤核苷酸一样，体内嘧啶核苷酸的合成也有两条途径，即从头合成途径与补救合成途径。

（一）嘧啶核苷酸的从头合成

1. 从头合成途径　同位素示踪实验证明，嘧啶核苷酸中嘧啶碱合成的原料来自谷氨酰胺、CO_2 和天冬氨酸，如图 10-9 所示。

与嘌呤核苷酸的从头合成途径不同，嘧啶核苷酸的合成是先合成嘧啶环，然后再与磷酸核糖相连而成的。

图 10-9　嘧啶碱合成的元素来源

嘧啶核苷酸合成的过程如下。

（1）尿苷一磷酸的合成：嘧啶环的合成开始于氨甲酰磷酸的生成（图 10-10）。氨甲酰磷酸也是尿素合成的原料（参见第九章氨基酸代谢）。但是，尿素合成中所需的氨甲酰磷酸是在肝线粒体中由氨甲酰磷酸合成酶Ⅰ催化生成的，而嘧啶合成所用的氨甲酰磷酸则是在细胞液中以谷氨酰胺为氮源，由氨甲酰磷酸合成酶Ⅱ（carbamoyl phosphate synthase-Ⅱ，CPS-Ⅱ）催化生成。这两种酶在分布、所需氮源等方面均有明显差异（表 10-2）。

表 10-2　两种氨甲酰磷酸合成酶的比较

	氨甲酰磷酸合成酶Ⅰ	氨甲酰磷酸合成酶Ⅱ		氨甲酰磷酸合成酶Ⅰ	氨甲酰磷酸合成酶Ⅱ
分布	线粒体（肝）	细胞质（所有细胞）	反馈抑制剂	无	UMP（哺乳动物）
氮源	氨	谷氨酰胺	功能	尿素合成	嘧啶合成
别构激活剂	N-乙酰谷氨酸	无			

上述生成的氨甲酰磷酸在细胞液中天冬氨酸氨基甲酰基转移酶（aspartate transcarbamoylase，ATCase）的催化下，与天冬氨酸化合生成氨甲酰天冬氨酸。后者经二氢乳清酸酶催化脱水，形成具有嘧啶环的二氢乳清酸，再经二氢乳清酸脱氢酶的作用，脱氢成为乳清酸（orotic acid，OA）。乳清酸不是构成核酸的嘧啶碱，但它在乳清酸磷酸核糖转移酶催化下可与 PRPP 结合，生成乳清苷酸（orotidine monophosphate，OMP），后者再由乳清苷酸脱羧酶催化脱去羧基，生成尿苷一磷酸（uridine monophosphate，UMP）（图 10-10）。嘧啶核苷酸的合成主要在肝中进行。

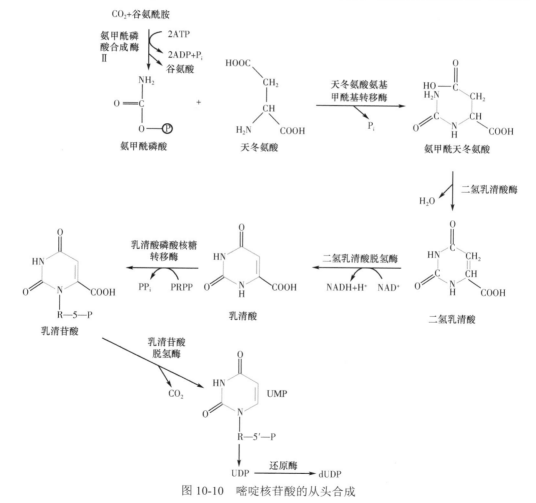

图 10-10　嘧啶核苷酸的从头合成

现已阐明，在真核细胞中嘧啶核苷酸合成的前三个酶，即 CPS-Ⅱ、天冬氨酸氨基甲酰基转移酶和二氢乳清酸酶，位于分子量约为 230kDa 的同一条多肽链上，因此是一个多功能酶；后两种酶也是位于同一条多肽链上的多功能酶。由此更有利于以均匀的速度参与嘧啶核苷酸的合成。

（2）胞苷三磷酸（cytidine triphosphate，CTP）的合成：UMP 通过尿苷酸激酶和核苷二磷酸激酶的连续作用，生成尿苷三磷酸（uridine triphosphate，UTP），并在 CTP 合成酶催化下，消耗一分子 ATP，从谷氨酰胺接受氨基而成为 CTP（图 10-11）。

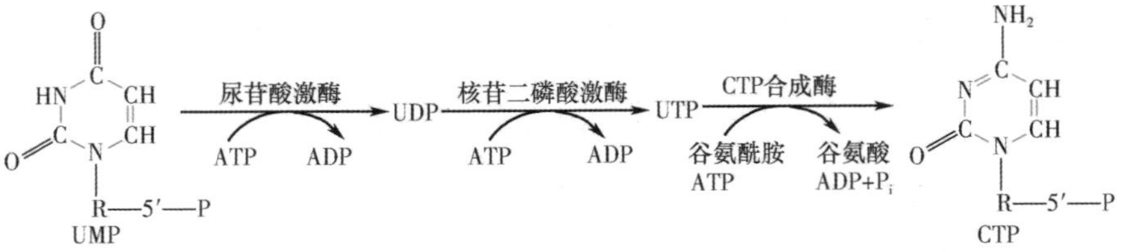

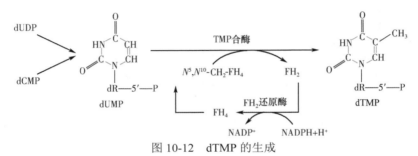

图 10-11　CTP 的生成

（3）脱氧胸苷酸（dTMP）的生成：dTMP 是由脱氧尿苷酸（dUMP）经甲基化而生成的。反应由胸苷酸合酶（thymidylate synthetase）催化，N^5,N^{10}-甲烯四氢叶酸作为甲基供体。N^5,N^{10}-甲烯四氢叶酸提供甲基后生成的二氢叶酸又可以再经二氢叶酸还原酶的作用，重新生成四氢叶酸。dUMP 可来自两个途径：一是 dUDP 的水解；另一个是 dCMP 的脱氨基，以后一种为主。胸苷酸合酶与二氢叶酸还原酶常可被用于肿瘤化疗的靶点（图 10-12）。

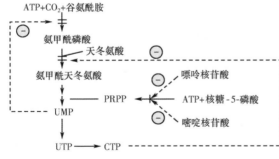

图 10-12　dTMP 的生成

2. 嘧啶核苷酸从头合成的调节　细菌中天冬氨酸氨基甲酰基转移酶是嘧啶核苷酸从头合成的调节酶。但是，哺乳动物细胞中，嘧啶核苷酸合成的调节酶则主要是 CPS-Ⅱ，它受 UMP 抑制。这两种酶均受反馈机制的调节。除此之外，哺乳动物细胞中，上述 UMP 合成起始和终末的两个多功能酶还可受到阻遏或去阻遏的调节。同位素掺入实验表明，嘧啶核苷酸与嘌呤核苷酸的合成有着协调控制关系，二者的合成速度通常是平行的。

由于 PRPP 合成酶是嘧啶与嘌呤两类核苷酸合成过程中共同需要的酶，它可同时接受嘧啶核苷酸及嘌呤核苷酸的反馈抑制。

嘧啶核苷酸合成的调节部位见图 10-13。

图 10-13　嘧啶核苷酸合成的调节部位图
⊖代表抑制；实线表示代谢途径；虚线表示调节途径

（二）嘧啶核苷酸的补救合成

嘧啶核苷酸的补救合成和嘌呤核苷酸类似。嘧啶磷酸核糖转移酶是嘧啶核苷酸补救合成的主要酶，催化反应的通式如下：

$$嘧啶 + PRPP \xrightarrow{\text{嘧啶磷酸核糖转移酶}} 嘧啶核苷酸 + PP_i$$

嘧啶磷酸核糖转移酶已从人红细胞中纯化，它能利用尿嘧啶、胸腺嘧啶及乳清酸作为底物（实际上此酶与前述的乳清酸磷酸核糖转移酶是同一种酶），但对胞嘧啶不起作用。

尿苷激酶也是一种补救合成酶，催化尿苷生成尿苷酸。

脱氧胸苷可通过胸苷激酶催化而生成 dTMP。此酶在正常肝中活性很低，在再生肝中活性升高，在恶性肿瘤中活性明显升高并与肿瘤恶性程度有关。

二、嘧啶核苷酸的分解代谢

嘧啶核苷酸首先通过核苷酸酶和核苷磷酸化酶的作用，脱去磷酸及核糖，产生嘧啶碱再进一步分解。胞嘧啶在脱氨基作用下转变为尿嘧啶。尿嘧啶还原为二氢尿嘧啶，再水解开环，最终可生成 NH_3、CO_2 和 β-丙氨酸。胸腺嘧啶降解成 β-氨基异丁酸（β-aminoisobutyric acid）（图 10-14），其可直接随尿排出或进一步分解。食入含 DNA 丰富的食物、经放射线治疗或化学治疗的癌症患者，尿中 β-氨基异丁酸排出量增多。嘧啶碱的分解代谢主要在肝中进行，与嘌呤碱的分解产物尿酸不同，嘧啶碱的分解产物均易溶于水。

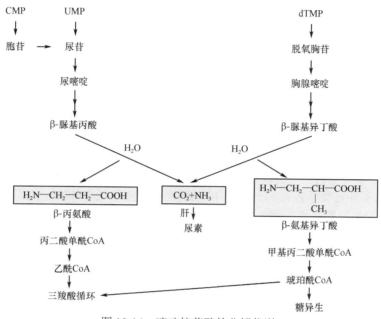

图 10-14 嘧啶核苷酸的分解代谢

第四节 核苷酸代谢异常与疾病及抗代谢物

一、核苷酸代谢异常与疾病

（一）痛风

尿酸是人体嘌呤代谢的终产物，其水溶性较差。正常人血浆中尿酸含量为 0.12～0.36mmol/L（20～60mg/L）。痛风（gout）是尿酸生成过量或尿酸排泄不畅造成的一种疾病，其临床特征为高尿酸血症（hyperuricemia）和反复发作的急性单一关节炎。高尿酸血症是指在正常嘌呤饮食状态下，非同日两次空腹血尿酸水平男性高于 0.42mmol/L，女性高于 0.36mmol/L。当患者血尿酸浓度超过 0.48mmol/L 时，尿酸盐极易形成结晶，并在关节、软组织、软骨和肾等处沉积，导致关节炎、尿路结石和肾疾病等。痛风多见于成年男性，其原因尚不完全清楚，可能与嘌呤核苷酸代谢酶的缺陷有关。此外，当进食高嘌呤饮食、体内核酸大量分解（如白血病和恶性肿瘤等）或肾疾病而尿酸排泄障碍时，均可导致血中尿酸升高。临床上治疗痛风的特效药物是别嘌呤醇（allopurinol）。别嘌呤醇与次黄嘌呤结构类似，只是分子中 N-7 与 N-8 互换了位置，故可抑制黄嘌呤氧化酶，从而抑制尿酸的生成（图 10-15）。黄嘌呤、次黄嘌呤的水溶性较尿酸大得多，不会沉积形成结晶。同时，别嘌呤与 PRPP 反应生成别嘌呤核苷酸，这样一方面消耗 PRPP 而使其含量减少，另一方面别嘌呤核苷酸与 IMP 结构相似，又可反馈抑制嘌呤核苷酸从头合成的酶。这两方面的作用均可使嘌呤核苷酸的合成减少。

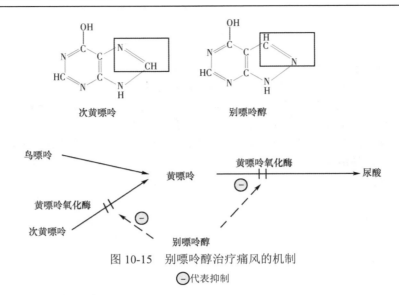

图 10-15　别嘌呤醇治疗痛风的机制

⊖代表抑制

（二）重症联合免疫缺陷病

重症联合免疫缺陷病（severe combined immunodeficiency，SCID）是腺苷脱氨酶（adenosine deaminase，ADA）单个基因突变引起的。患者的免疫反应几乎完全丧失，必须生活在无菌的环境中，任何病原体的感染都可能是致命的。ADA 的缺陷之所以能导致 SCID 的发生，是因为缺乏 ADA 致使细胞内的 dATP 急剧升高。高浓度的 dATP 与核苷酸还原酶的 A 位点结合，从而关闭该酶的活性，使细胞内的 dNTP 不能有效地合成，这必然影响到细胞内 DNA 的复制（图 10-16）。

白细胞最易受 *ADA* 突变影响，因为任何免疫反应的发生都需要白细胞分裂，而细胞分裂之前首先需要 DNA 复制。白细胞因为 DNA 复制抑制不能有效分裂后，免疫反应也就无法进行。

目前 SCID 的治疗方法除骨髓移植和基因治疗（用正常的 *ADA* 代替有缺陷的 *ADA*）外，无其他有效方法。世界上第一次成功的基因治疗就是应用在 SCID 上，但基因治疗费用昂贵，成功率不高，难以推广。

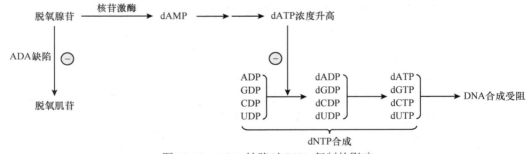

图 10-16　ADA 缺陷对 DNA 复制的影响

⊖代表抑制

（三）Lesch-Nyhan 综合征

莱施·奈恩（Lesch-Nyhan）综合征最早于 1964 年由约翰霍普金斯大学医学院学生米歇尔·莱施（Michael Lesch）和他的恩师威廉·奈恩（William Nyhan）报道。Lesch-Nyhan 综合征是由 *HGPRT* 基因缺陷造成的一种隐性的性连锁遗传性疾病，其突变基因定位在 X 染色体 Xq26～q27.2 上。患者几乎都是男性，女性仅为基因携带者而无症状。由于 HGPRT 缺乏，次黄嘌呤和鸟嘌呤不能转换为 IMP 和 GMP，而是降解为尿酸。该病的主要症状有高尿酸血症、肌强直、智力迟钝、痛风性关节痛和特征性的强迫性自身毁伤行为等，又称自毁性综合征。患者大多死于儿童时代，很少活到 20 岁以后。目前对于神经症状尚无有效的疗法，抗痛风治疗仅可减轻关节疼痛。基因治疗是一个有希望的前景，目前正在研究之中。

（四）乳清酸尿症

乳清酸尿症（orotic aciduria）是一种比较罕见的常染色体隐性遗传病，该病的病因是催化嘧啶核苷酸从头合成的乳清酸磷酸核糖转移酶和 OMP 脱羧酶的活性缺失。主要症状为尿中有大量乳清酸、重症贫血和生长迟缓。临床上用尿嘧啶或尿苷治疗。尿嘧啶或尿苷在细胞内经补救途径生成 UMP，抑制 CPS-Ⅱ活性，从而减少乳清酸的产生。

二、抗代谢物

作为 DNA 和 RNA 合成的前体，核苷酸在细胞内的代谢直接影响 DNA 的复制和转录，进而影响细胞的分裂。核苷酸抗代谢物是一些参与核苷酸生物合成的天然代谢物的类似物，主要以竞争性抑制或"以假乱真"等方式干扰或阻断核苷酸的合成代谢，从而进一步阻止核酸的生物合成，抑制细胞的分裂。肿瘤细胞的生长和分裂迅速，对核苷酸的需求量大，对核苷酸合成抑制剂的作用更为敏感，这是癌症化学药物治疗的生物化学基础。核苷酸的抗代谢物除了具有抗肿瘤作用，也可用作抗病毒的药物。

（一）叶酸类似物

嘌呤核苷酸的从头合成途径中，嘌呤分子中来自一碳单位的 C-2 及 C-8 需要 N^{10}-甲酰四氢叶酸，脱氧胸苷酸合成需要 N^5,N^{10}-亚甲基四氢叶酸，这两种形式的四氢叶酸的前体都是二氢叶酸。二氢叶酸由二氢叶酸还原酶催化转变为四氢叶酸。叶酸类似物，如氨基蝶呤（aminopterin）、氨甲蝶呤（methotrexate，MTX）和甲氧苄氨嘧啶（trimethoprim）（图 10-17），能竞争性抑制二氢叶酸还原酶，使叶酸不能还原成二氢叶酸及四氢叶酸。氨基蝶呤和氨甲蝶呤是哺乳动物二氢叶酸还原酶的抑制剂，临床上多用于白血病等多种癌症的治疗。氨甲蝶呤干扰叶酸代谢，使 dUMP 不能利用一碳单位甲基化而生成 dTMP，进而影响 DNA 合成。甲氧苄氨嘧啶是细菌二氢叶酸还原酶的抑制剂，是一种抗菌药。

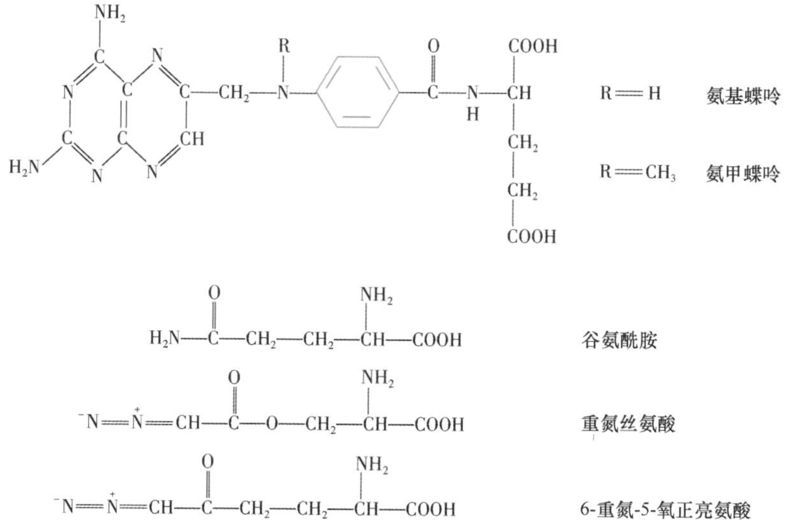

图 10-17　叶酸类似物和氨基酸类似物的结构

（二）谷氨酰胺类似物

核苷酸生物合成过程中有多种酶以谷氨酰胺为底物，包括谷氨酰胺-PRPP 酰胺转移酶、鸟苷酸合成酶、CPS-Ⅱ 和 CTP 合成酶等。可作为抗生素使用的氮杂丝氨酸（azaserine）和 6-重氮-5-氧正亮氨酸（6-diazo-5-oxonorleucine）（图 10-17）在结构上与谷氨酰胺相似，它们能够抑制这几种酶的活性，从而阻断细菌核苷酸的合成。

（三）碱基类似物

1. 嘌呤类似物 嘌呤类似物主要有 6-巯基嘌呤（6-mercaptopurine，6-MP）、6-巯基鸟嘌呤（6-mercaptoguanine）和 8-氮杂鸟嘌呤（8-azaguanine）等（图 10-18），其中以 6-MP 在临床上应用较多。6-MP 的结构与次黄嘌呤相似，唯一不同的是分子中 C-6 位上由巯基取代了羟基。6-MP 可在体内经磷酸核糖化而生成 6-MP 核苷酸，并以这种形式抑制 IMP 转变为 AMP 及 GMP 的反应。6-MP 还能直接通过竞争性抑制，影响 HGPRT，使 PRPP 分子中的磷酸核糖不能向鸟嘌呤及次黄嘌呤转移，阻止了补救途径。此外，6-MP 核苷酸由于结构与 IMP 相似，还可以反馈抑制谷氨酰胺：PRPP 酰胺转移酶而干扰磷酸核糖胺的形成，从而阻断嘌呤核苷酸的从头合成（图 10-19）。

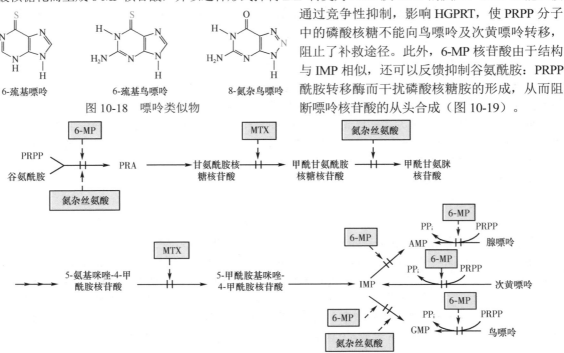

图 10-18 嘌呤类似物

图 10-19 嘌呤核苷酸抗代谢物的作用

2. 嘧啶类似物 嘧啶的类似物主要有 5-氟尿嘧啶（5-fluorouracil，5-FU）、5-氟胞嘧啶（5-flurocytosine）和 5-氟乳清酸（5-fluroorotic acid，5-FOA），以 5-FU 最常用。5-FU 的结构与胸腺嘧啶相似（图 10-20）。5-FU 本身并无生物学活性，必须在体内转变成脱氧核糖氟尿嘧啶核苷一磷酸（FdUMP）及氟尿嘧啶核苷三磷酸（FUTP）后，才能发挥作用。FdUMP 与 dUMP 的结构相似，是胸苷酸合酶的抑制剂，使 dTMP 合成受到阻断。FUTP 可以 FUMP 的形式参入 RNA 分子，异常核苷酸的参入破坏了 RNA 的结构与功能。

图 10-20 嘧啶类似物

（四）核苷类似物

某些改变了核糖结构的核苷类似物，如阿糖胞苷（cytosine arabinoside，araC）、齐多夫定（又称叠氮胸苷，zidovudine，AZT）和去羟肌苷（didanosine）（图 10-21），它们在体内经补救途径可转变为 AZTTP（叠氮脱氧胸苷三磷酸）、araCTP（阿糖胞苷三磷酸）和 CycloCTP

（环胞苷三磷酸），然后掺入到正在合成的 DNA 链之中，抑制链的延伸；araC 能抑制 CDP 还原成 dCDP，也能影响 DNA 的合成。其中，AZT 能够有效地阻断 HIV 病毒的逆转录，已成为治疗艾滋病最有效的药物之一；araC 主要用于治疗急性白血病。

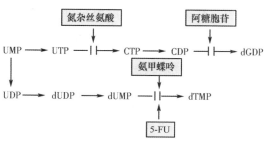

图 10-21 核苷类似物

阿糖胞苷　　　　　齐多夫定　　　　　去羟肌苷

嘧啶核苷酸类似物的作用环节可归纳如图 10-22 所示。

由于上述药物缺乏对癌瘤细胞的特异性，故对增殖速度较旺盛的某些正常组织细胞亦有杀伤性，从而显示出较大的毒副作用。

图 10-22　嘧啶核苷酸类似物的作用环节

┤┠──→　表示抑制

小　结

核苷酸有多种重要的生理功能，最主要的功能是作为核酸的合成原料。此外，核苷酸还参与能量代谢及代谢调节。机体细胞自身可以合成核苷酸。来自食物的嘌呤核苷酸和嘧啶核苷酸几乎没有被机体利用。

嘌呤核苷酸有两条合成途径：从头合成途径和补救途径。从头合成途径的合成原料是核糖-5-磷酸、氨基酸、一碳单位及 CO_2 等物质。嘌呤环是在磷酸核糖基焦磷酸（PRPP）的基础上通过一系列酶促反应逐渐合成的。先合成次黄嘌呤核苷酸（IMP），再由 IMP 分别转变为 AMP 和 GMP。这条途径受到代谢产物的反馈调节。补救途径是利用游离的嘌呤或嘌呤核苷重新合成嘌呤核苷酸的过程。虽然补救途径只合成少量的嘌呤核苷酸，但具有重要的生理功能。尿酸是人体内嘌呤代谢的终产物，黄嘌呤氧化酶是尿酸生成过程的重要酶。

嘧啶核苷酸也有从头合成和补救合成两条途径。从头合成途径中，合成原料是谷氨酰胺、CO_2 和天冬氨酸。先合成嘧啶环，再与核糖-5-磷酸结合生成嘧啶核苷酸。这条途径也受到代谢产物的反馈调节。补救途径的合成过程与嘌呤核苷酸的补救途径类似。β-丙氨酸是嘧啶代谢的终产物，可从尿液中排出或进一步代谢。

脱氧核苷酸是由核苷酸还原酶催化，由相应的核苷二磷酸还原生成。dTMP 由 dUMP 生成，dUMP 可来自两个途径：dUDP 的水解与 dCMP 的脱氨基。脱氧胸苷通过胸苷激酶催化也可生成 dTMP。

核苷酸代谢异常可以导致痛风、重症联合免疫缺陷病和 Lesch-Nyhan 综合征等疾病。痛风是由于嘌呤代谢异常引起尿酸增高，尿酸盐结晶在关节及肾中沉积，导致关节炎、尿路结石和肾疾病等。

核苷酸的抗代谢物是一些参与核苷酸生物合成的天然代谢物的类似物，如叶酸、氨基酸、碱基和核苷类似物等，主要以竞争性抑制剂或"以假乱真"等方式干扰或阻断核苷酸的合成，阻止核酸的合成，抑制细胞分裂。这些抗代谢物在抗肿瘤治疗中具有重要作用。

（顾建兰）

第十章线上内容

第十一章　物质代谢的整合与调节

新陈代谢（metabolism）是指生物体维持生命过程所进行的所有化学反应，是机体与外界环境不断进行物质交换的过程，通过消化、吸收、中间代谢和排泄四个阶段来完成。其中，中间代谢（intermediary metabolism）是指消化吸收的外界营养物质与体内原有的物质，在全身一切组织和细胞中进行的多种多样化学变化的过程。机体与外界环境进行物质交换的过程称为物质代谢（material metabolism）。在物质代谢过程中同时伴有能量的产生与利用，称为能量代谢。

物质代谢从不同的层面可分为同化作用与异化作用、合成代谢与分解代谢。同化作用（assimilation）是指从外界环境摄取的营养物质通过消化吸收，在体内进行一系列复杂而有规律的化学变化，转化为自身物质，是从外界环境吸能的过程，保证了机体的生长、发育及更新。机体自身原有的物质也在不断地转化成废物排出体外，即异化作用（dissimilation），一般是释能的过程。合成代谢（anabolism）是指由简单的小分子物质合成复杂的大分子物质，以提供自身所需的结构成分，是吸能的过程，多为同化作用，如糖原、蛋白质的合成。分解代谢（catabolism）是指复杂的大分子物质分解成小分子物质，一般会释放能量，多为异化作用，如糖有氧氧化分解为 CO_2 和 H_2O，释放能量以满足生命活动的需求。体内在同时进行着各种营养物质的代谢，如糖、脂肪、蛋白质、无机盐、水、维生素等，它们的代谢互相之间不是孤立的，是一个高度协调的整体，彼此之间相互联系、相互制约、相互协调。

第一节　物质代谢的整合

一、物质代谢整合的基础

（一）共同的代谢池

代谢的整体性决定了无论是体外摄入的外源性营养物质，还是体内各组织细胞自身合成的内源性营养物质，只要是同一化学结构的物质，在进行中间代谢时，最终都会不分彼此，进入到各自共同的代谢池（metabolic pool），根据机体的营养状态和需要，同样地进入各种代谢途径参与代谢，如血糖、ATP、NADH等。以血糖为例，无论是从食物消化吸收的、肝糖原分解产生的，还是氨基酸、乳酸等非糖物质经糖异生途径转变生成的，都参与组成血糖代谢池，在机体需要时，利用机会均等。

（二）共同的中间代谢物

糖、脂肪及蛋白质这三大营养物质代谢在体内是同时进行的，虽然氧化分解的代谢途径各不相同，但不是彼此孤立的，而是通过共同的中间代谢物乙酰CoA、三羧酸循环和氧化磷酸化等彼此联系、相互转变。一种物质的代谢障碍可引起其他物质的代谢紊乱，如糖尿病时糖代谢的障碍，可引起脂代谢、蛋白质代谢甚至水盐代谢紊乱。

（三）机体能量生成和利用的共同形式——ATP

机体的各种生命活动均需要能量，人体的能量来自营养物质，但又不能直接利用，ATP是体内能量的直接利用形式。糖、脂肪、蛋白质等营养物质经过消化吸收进入机体，经过中间代谢释放能量，释放的部分能量通过生物氧化使ADP磷酸化生成ATP，可以为机体各种活动直接供能，如肌肉收缩、物质的主动转运、合成代谢、维持体温等。ATP作为机体可直接利用的能量载体，将产能的营养物质分解代谢与耗能的物质合成代谢联系在一起，将物质代谢与其他生命活动联系在一起。

（四）体内合成代谢中还原当量的主要供体——NADPH

体内许多合成代谢需要还原当量，主要供体是 NADPH，主要由葡萄糖分解代谢途径——磷酸戊糖途径氧化生成。所以，NADPH 能将氧化反应和还原反应联系起来，将物质的氧化分解与不同的还原性合成联系起来。如葡萄糖经磷酸戊糖途径分解生成的 NADPH，可为乙酰 CoA 合成脂肪酸或胆固醇提供还原当量。

二、物质代谢的相互联系

（一）各种能量物质代谢的相互联系

机体内的新陈代谢是一个完整而又统一的过程，这些代谢过程是相互联系、相互补充、相互促进、相互制约的，主要指糖、脂肪、蛋白质三大营养物质的代谢，它们是人体的主要能量物质，三者都可以通过生物氧化为生命活动提供能量，它们之间可以相互转变，产生的能量也是相关的，在能量代谢上是相互协作的关系。

1. 三大营养物质的相互补充　从能量供应的角度看，糖、脂肪、蛋白质三大营养物质在一定程度上是可以相互代替的。一般情况下，供能以糖（50%～65%）及脂肪（20%～25%）为主，并尽量节约蛋白质（10%～15%）的消耗，也有利于蛋白质的合成和氨的解毒。因为食物以糖为主，可供机体 50%～70% 的能量；脂肪次之，虽摄入不多，但它是机体储能的主要形式，占 10%～40%；蛋白质是机体最重要的组成成分，是生命的物质基础，是生命活动的执行者，通常无多余储存。糖供应不足时，肝糖异生增强，蛋白质分解加强；但长期饥饿（一周以上）时，若蛋白质大量分解，势必威胁生命，所以机体转向以保存蛋白质为主，脂肪动员加强，脂肪酸及酮体分解供能加强（25%～50%），蛋白质的分解明显降低。

2. 三大营养物质的相互制约　糖、脂肪、蛋白质三大营养物质不同时供能，有共同的代谢通路——三羧酸循环，当任一供能物质的分解代谢占优势时，通常会抑制和节约其他供能物质的氧化分解。在代谢过程中如果以糖为主，其他营养物质就不分解；糖供应不足时，脂肪和蛋白质分解供能，三者是相互制约、互为补充的。例如，葡萄糖氧化分解增强使 ATP 增多时，可抑制异柠檬酸脱氢酶活性，导致柠檬酸堆积；后者透出线粒体，激活乙酰 CoA 羧化酶，促进脂肪酸合成、抑制脂肪酸分解。再如脂肪分解增强时，产生 ATP 增多，除了通过别构抑制糖分解代谢的关键酶——磷酸果糖激酶-1 的活性来达到抑制糖分解代谢的目的，节省糖类的消耗，还可以激活果糖二磷酸酶-1，促进糖异生，将非糖物质转化为糖，以糖原的形式储存。

（二）物质代谢途径的整合

体内糖、脂质、蛋白质以及核酸的代谢彼此不是孤立的，而是相互关联的，它们通过代谢过程中所产生的共同中间产物（如丙酮酸、乙酰 CoA、α-酮戊二酸及草酰乙酸等）与三羧酸循环及氧化磷酸化连成了一个整体，彼此联系、相互转变（图 11-1）。

1. 糖与脂肪的相互转变

（1）糖可以转变成脂肪：当机体的糖摄入量超过体内能量的消耗时，血液当中的葡萄糖除了能够合成少量的糖原储存在肝及肌组织以外，其分解代谢产生的乙酰 CoA 也是合成胆固醇、脂酰 CoA 的原料，分解代谢产生的磷酸二羟丙酮可以还原成 3-磷酸甘油，所以从食物摄入的糖超过氧化供能及糖原合成需要的部分，主要用于合成脂肪酸和 3-磷酸甘油，进而合成甘油三酯，存入脂库，这是高糖饮食引起肥胖的原因。另外，葡萄糖分解代谢生成的柠檬酸及 ATP 可以别构激活乙酰 CoA 羧化酶，从而使得糖代谢而来的大量乙酰 CoA 被羧化生成丙二酰 CoA，进而可以合成脂肪酸及脂肪。但是必需脂肪酸在人体内不能合成，即不能由糖转变而成，所以，食物中不可缺少植物油脂的供给。

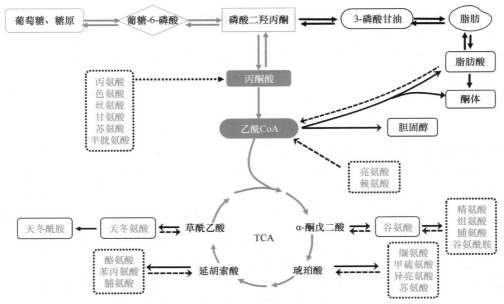

图 11-1　糖、脂质、氨基酸代谢的相互联系

蓝色实线为主要代谢途径，蓝色字为氨基酸

（2）脂肪绝大部分不能转变为糖：脂肪动员后产生的甘油极少，可以在肝、肾、肠等组织甘油激酶的作用下转变成 3-磷酸甘油，再脱氢生成磷酸二羟丙酮，随后经糖异生途径转变为葡萄糖，或者可以直接经糖酵解过程进行糖的分解代谢。脂肪分解后产生的脂肪酸部分经 β 氧化分解生成的乙酰 CoA，在植物或微生物体内，可以进行乙醛酸循环生成琥珀酸，通过三羧酸循环转变为草酰乙酸，再经糖异生作用生成葡萄糖，但在动物体内无法进行，不能逆行转变为丙酮酸。而是通过三羧酸循环完全氧化分解生成 CO_2 和 H_2O，并释放大量能量，或者在肝不完全氧化生成酮体。此外，脂肪酸分解代谢进行情况依赖于糖代谢状况。当饥饿或糖供给不足或糖代谢障碍时，尽管脂肪能够大量动员，并在肝经 β 氧化生成大量酮体，但由于糖代谢不能满足相应的需要，草酰乙酸生成不足，大量酮体并不能进入三羧酸循环氧化，而是在血中蓄积，造成酮血症。

2. 糖与氨基酸的相互转变　α-酮酸是氨基酸代谢和糖代谢的重要结合点。①组成人体蛋白质的 20 种氨基酸中，除了亮氨酸、赖氨酸等生酮氨基酸，都可以通过脱氨基作用生成相应的 α-酮酸，后者可通过三羧酸循环以及氧化磷酸化生成 CO_2 和 H_2O，并释放出能量 ATP；也可以转变成能进入糖异生途径的某些中间代谢物，如丙酮酸经糖异生途径异生成葡萄糖。精氨酸、组氨酸、脯氨酸可先转变成谷氨酸，进一步脱氨基生成 α-酮戊二酸，再经草酰乙酸、磷酸烯醇丙酮酸异生为葡萄糖。②葡萄糖代谢得到的一些中间产物是部分氨基酸的碳链结构，如丙酮酸、α-酮戊二酸、草酰乙酸等 α-酮酸可以通过氨基化生成某些营养非必需氨基酸。但甲硫氨酸、色氨酸、赖氨酸、缬氨酸、异亮氨酸、亮氨酸、苯丙氨酸、组氨酸及苏氨酸 9 种氨基酸不能由糖代谢中间产物转变而来。

因此，除亮氨酸和赖氨酸外的其他氨基酸都可以转变为糖，蛋白质在一定程度上可以代替糖，而糖代谢中间产物仅能在体内转变成 11 种营养非必需氨基酸，糖不能完全代替食物中蛋白质。

3. 脂质与氨基酸的相互转变

（1）蛋白质可以转变成多种脂质：生糖氨基酸、生酮氨基酸以及生糖兼生酮氨基酸分解代谢均可生成乙酰 CoA，后者可以合成胆固醇，也可经缩合、还原等反应合成脂肪酸，进而合成脂肪，以满足机体的需要。此外，氨基酸可作为合成磷脂的原料，如丝氨酸脱羧可转变为乙醇胺，乙醇胺经甲基化可转变为胆碱。丝氨酸、乙醇胺及胆碱分别可以作为合成磷脂酰丝氨酸、磷脂酰乙醇胺（脑磷脂）及磷脂酰胆碱（卵磷脂）的原料。

（2）脂质几乎不能转变为氨基酸：脂肪动员得到的甘油部分可以经糖异生途径生成葡萄糖，这部分可以转变成某些营养非必需氨基酸。但是由于脂肪分子中甘油所占的比例较少，所以从甘油转变成氨基酸的量是很有限的。而脂肪动员得到的脂肪酸部分经 β 氧化生成乙酰 CoA，通过乙醛酸循环可将乙酰 CoA 合成琥珀酸，但该反应只发生在植物和微生物体内，在人体或动物体内不存在乙醛酸循环，由脂肪酸合成氨基酸的过程不能进行。所以，食物中的蛋白质能代替糖、脂肪的功能，但食物中的糖、脂肪不能代替蛋白质。

4. 糖、氨基酸与核苷酸的合成　各类代谢物为核酸及其衍生物的合成提供原料。①氨基酸是体内合成核酸的重要原料，比如嘌呤碱从头合成需要甘氨酸、天冬氨酸、谷氨酰胺及一碳单位作为原料；嘧啶碱从头合成需要天冬氨酸、谷氨酰胺及一碳单位作为原料。一碳单位又是某些氨基酸在分解过程中产生的。所以，氨基酸可直接作为核苷酸合成的原料，也可以转化成核苷酸合成的原料，间接参与核苷酸的合成，氨基酸代谢与核苷酸代谢之间是密切联系的。②合成核苷酸所需要的磷酸戊糖是由糖代谢中的磷酸戊糖途径所提供的，是核苷酸合成的重要原料。③许多核苷酸在代谢中起着比较重要的作用，如 ATP 为糖异生、脂肪酸的合成提供能量及磷酸基团；双糖和多糖的合成需要 UTP 的参与；CTP 参与磷脂的生物合成；GTP 参与蛋白质的生物合成；还有许多酶的辅酶或辅基，如 CoA、NAD$^+$、FAD、FMN 等都是 AMP 的衍生物。

通过以上物质代谢的相互关系了解到糖、脂质、蛋白质和核酸在代谢过程中是密切相关、相互影响、相互转化的（图 11-2）。糖代谢是各类物质代谢的"总枢纽"，三羧酸循环是三大营养物质代谢的共同通路，葡糖-6-磷酸、磷酸丙糖、丙酮酸、乙酰 CoA 等在代谢网络中是各类物质转化的重要中间产物。

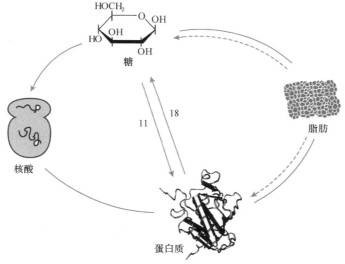

图 11-2　四大物质相互转化关系图

11 代表 11 种营养非必需氨基酸；18 代表除了亮氨酸、赖氨酸以外的基本氨基酸

（三）组织器官物质代谢的整合

机体各组织、器官分化的结构不同，各种酶系种类和含量各有差异，因此它们除了具有一般的基本代谢外，还具有各自不同的代谢特点，即代谢具有组织特异性，以适应相应的功能需要。不同组织或同一组织在不同代谢条件下对供能物质的利用不同。不同组织器官以不同物质为主要能量来源。同一组织在不同生理状态下消耗不同的供能物质。物质代谢的组织特异性，对理解疾病的生化机制具有十分重要的意义。

1. 肝在物质代谢中的作用　肝具有特殊的组织结构和组织化学构成，是人体代谢的中枢器官，是人体的中心生化工厂，在糖、脂质、蛋白质代谢中均具有重要的特殊作用。肝的耗氧量占全身耗氧量的 20%，可以消耗葡萄糖、脂肪酸、甘油和氨基酸等进行供能，但不能利用酮体。肝合成及储存糖原可达肝重的 5%（75~100g），而肌糖原仅占肌重的 1%。肝还具有糖异生、酮体生成等独特的代谢方式。肝细胞合成和分泌的胆汁酸是脂质消化吸收必不可少的物质。肝虽可大量合成脂肪，但不能储存脂肪，肝细胞合成的脂肪随即合成 VLDL 释放入血。肝是合成胆固醇、磷脂最活跃的器官。肝还可以进行尿素循环、芳香族氨基酸的代谢、维生素和辅酶的代谢、参与多种激素的灭活等。

　　肝是维持血糖水平相对稳定的重要器官。如饱食时，过剩的葡萄糖通过糖原合成生成糖原储存在肝中；血糖水平较低时减少对葡萄糖的利用、抑制肝糖原的合成，维持血糖水平；血糖继续降低时，肝糖原分解加强，释放葡萄糖补充血糖，为机体提供能量；长期饥饿时，肝糖原几乎耗尽，肝通过氨基酸、乳酸、甘油等非糖物质经糖异生作用为机体提供能量。肝葡糖-6-磷酸是糖代谢联系的枢纽物质。

　　2. 肝外重要组织器官物质代谢的特点及联系

　　（1）葡萄糖和酮体是脑的主要能量物质：脑组织主要利用葡萄糖供能且耗氧量大，每天约消耗 100~120g 葡萄糖，是静息状态下单位重量组织耗氧量最大的器官；脑组织具有很高的己糖激酶活性，即使在血糖水平较低时也能有效利用葡萄糖；长期饥饿葡萄糖供应不足时，则利用酮体（60%~75%）。因为酮体分子很小，可以透过血脑屏障为脑组织提供能量，酮体是脂肪酸不彻底氧化分解的产物，是一种能源物质。

　　（2）心肌可利用多种能源物质，以有氧氧化为主：心肌正常优先以游离脂肪酸（80%）的氧化分解供能为主，其次可利用酮体、乳酸、葡萄糖等能源物质。正是由于心肌细胞优先利用脂肪酸，使其分解产生大量乙酰 CoA，强烈抑制糖酵解途径的调节酶——磷酸果糖激酶-1，继而抑制葡萄糖酵解。心肌从血液摄取营养物有阈值限制，营养物水平超过阈值越高，摄取越多。所以，心肌在饱食状态下不排斥利用葡萄糖，餐后数小时或饥饿时利用脂肪酸和酮体，运动中或运动后则利用乳酸。心肌细胞富含肌红蛋白、细胞色素及线粒体，前者能储氧，以保证心肌有节律、持续舒缩运动所需氧的供应；后两者利于利用氧进行有氧氧化，所以心肌的分解代谢以有氧氧化为主。

　　（3）糖酵解是为成熟红细胞提供能量的主要途径：这是由于成熟红细胞没有线粒体，不能进行三羧酸循环及氧化磷酸化，只能摄取葡萄糖并通过糖酵解供能，每天约消耗 15~30g 葡萄糖。

　　（4）肾可进行糖异生和生成酮体两种代谢：肾髓质无线粒体，主要由糖酵解供能；肾皮质主要由脂肪酸及酮体有氧氧化供能。肾可将非糖物质经糖异生转变成葡萄糖，再氧化分解供能。一般情况下，肾糖异生产生的葡萄糖较少，只有肝糖异生葡萄糖量的 10%。但长期饥饿（5~6 周）后，肾糖异生的葡萄糖大量增加，可达每天 40g，与肝糖异生的量几乎相等。

　　（5）骨骼肌以肌糖原和脂肪酸为主要能量来源：①骨骼肌适应不同耗能状态选择不同能源。骨骼肌细胞在静息状态下，以脂肪酸氧化和酮体利用为主；一般活动时，摄取并分解利用葡萄糖作为补充；剧烈运动时，启动肌糖原分解，通过糖酵解获得能量，并产生大量乳酸。②不同类型骨骼肌产能方式不同。红肌（如长骨肌）耗能多，富含肌红蛋白及细胞色素体系，具有较强的氧化磷酸化能力，适合通过氧化磷酸化获能。白肌（如胸肌）则相反，耗能少，主要靠糖酵解供能。

　　（6）脂肪组织是储存及动员脂肪的重要组织：脂肪组织含有脂蛋白脂肪酶及特有的激素敏感性脂肪酶，既能将血液循环中的脂肪水解，用于合成脂肪细胞内的脂肪而储存；也能在机体需要时进行脂肪动员，释放脂肪酸供其他组织利用。脂肪细胞也能将糖及一些氨基酸转化为脂肪储存。

第二节　物质代谢的调节方式

　　正常的物质代谢是正常生命过程的必要条件；物质代谢的方向、强度和速度并不是一成不变的，而是随着内外环境和生理功能状态而不断变化；若各种物质代谢之间的平衡无法协调，不能适应内外环境改变的需要，就会使细胞、机体的功能失常，导致疾病的发生。代谢调节普遍存在于生物界，是生物体的重要特征之一，是在生物进化过程中逐步形成的一种适应能力，进化程度越高，物质代谢的调节机制越复杂。单细胞生物代谢调节的方式比较单一，主要通过细胞内代谢物浓度的变化影响酶的活性或含量，进而发挥调节作用，是最原始、最基本的调节机制，称为原始调节或细胞水平代谢调节。而高等生物的代谢是一个复杂的网络，可受到外界环境的影响，如饥饿或饱食状态、饮食结构、健康或疾病状态、激素、药物等。机体存在精细的调节机制，不断调节各种物质代谢以适应机体内外环境的不断变化，维持机体内环境的相对恒定，即动态平衡，保障机体各项生命活动的正常进行。

高等生物的代谢调节分为三个层级，分别是细胞水平代谢调节、激素水平代谢调节和整体水平代谢调节。这些代谢调节是维持细胞功能、保证机体正常发育的重要条件，许多疾病就是由代谢调节失控引起的。细胞水平代谢调节的实质是对细胞内酶的调节，即酶水平的调节，包括酶活性及酶含量的调节，与单细胞生物代谢调节的机制类似，只是更为精细复杂。激素水平代谢调节是指高等生物进化出了专司调节功能的内分泌腺，可分泌激素；激素作为化学信息物质，可以改变细胞内代谢物的浓度，也可以控制一些酶的活性或含量，所以它可以对代谢进行高效的调节，可以协调细胞、组织及器官之间的代谢。高等生物还具有复杂的神经系统，当神经元受到刺激后，可以直接作用于靶细胞，或者改变某些激素的分泌来调节某些细胞的代谢及功能，并通过各种激素的相互协调而对机体的代谢进行综合调节。上述三级代谢调节中，激素及整体水平代谢调节都需要通过细胞水平代谢调节来实现。

一、细胞水平的调节

生物体内的各种代谢反应都需要酶的催化，酶是新陈代谢调节因素的一个主要元件，细胞水平代谢调节主要是酶水平的调节。通过酶水平的调节可改变代谢方向、强度和速度；一般通过改变酶的活性或含量对代谢反应的速度进行调节。

（一）细胞内酶的区域化分布

酶在细胞内有一定的布局和定位，催化不同代谢反应的酶或酶系集中并隔离于不同的亚细胞区域内，或存在于细胞质中，这种现象称为酶的区域化（regionalization of enzyme）。代谢途径相关酶类常组成多酶体系，分布于细胞内特定区域，这些酶相互接近，使反应迅速进行。糖代谢、脂代谢、氨基酸代谢中，各种催化代谢反应的酶在细胞内的分布是不同的。例如，糖酵解、糖原合成与分解、磷酸戊糖途径和脂肪酸合成等反应的酶系存在于细胞质中，所以这些反应都在细胞质中进行；而三羧酸循环、脂肪酸的 β 氧化等反应发生在线粒体中；另外，糖的有氧氧化及糖异生等发生在细胞质及线粒体中。不同的多酶体系分布在不同细胞的不同亚细胞部位，酶的区域化分布不仅避免了不同代谢途径之间的相互干扰，使同一代谢途径中的系列酶促反应能够顺利地连续地进行，提高了代谢速度，还有利于调节因素对不同代谢途径进行特异性的调节（表 11-1）。

表 11-1 主要代谢途径（多酶体系）在细胞内的区域化分布

代谢途径	分布	代谢途径	分布
糖酵解	细胞质	三羧酸循环	线粒体
磷酸戊糖途径	细胞质	氧化磷酸化	线粒体
糖原合成与分解	细胞质	呼吸链	线粒体
脂肪酸活化	细胞质	脂肪酸 β 氧化	线粒体
脂肪酸合成	细胞质	酮体生成与利用	线粒体
糖的有氧氧化	细胞质和线粒体	尿素循环	线粒体和细胞质
糖异生	细胞质和线粒体	磷脂合成	内质网
胆固醇合成	细胞质和内质网	核酸合成	细胞核
蛋白质合成	细胞质和内质网	蛋白质分解	溶酶体和蛋白酶体

（二）代谢调节作用点

代谢途径是由一系列酶促反应组成的。在代谢途径中的一系列酶促反应中，其中一个或几个具有调节功能并决定代谢的速度和方向的酶，称为关键酶（key enzyme）。关键酶催化的化学反应具有以下三个特点：①催化的化学反应速度最慢，所以它的活性决定了整个代谢途径的总的反应速度，成为整个过程的限速步骤，故又称其为限速酶（rate limiting enzyme），通常催化一条代谢途径的第一步反应或分支点上的反应；②通常催化的是单向反应或非平衡反应（nonequilibrium reaction），它的活性决定整个代谢途径的方向；③关键酶的活性除了受到底物的控制外，还受到多种代谢物或效应剂的调节。表 11-2 列出了一些重要代谢途径的关键酶。

表 11-2　某些重要代谢途径的关键酶

代谢途径	关键酶
糖酵解途径	己糖激酶（葡糖激酶）、磷酸果糖激酶-1、丙酮酸激酶
丙酮酸氧化脱羧	丙酮酸脱氢酶复合体
三羧酸循环	柠檬酸合酶、异柠檬酸脱氢酶、α-酮戊二酸脱氢酶复合体
磷酸戊糖途径	葡糖-6-磷酸脱氢酶
糖原合成	糖原合酶
糖原分解	糖原磷酸化酶
糖异生	丙酮酸羧化酶、磷酸烯醇丙酮酸羧激酶、果糖双磷酸酶-1、葡糖-6-磷酸酶
脂肪酸合成	乙酰 CoA 羧化酶
脂肪酸分解	肉碱脂酰转移酶 I
酮体生成	HMG-CoA 合成酶
胆固醇合成	HMG-CoA 还原酶
尿素生成	精氨基琥珀酸合成酶

细胞水平代谢调节可以通过调节酶活性或酶含量实现，机体还可以通过激素或神经调节等来影响关键酶的活性或含量来实现对物质代谢的调控。代谢调节主要是通过对关键酶活性的调节而实现。

（三）酶活性的调节

酶活性的调节（regulation of enzyme activity）是指通过改变细胞内已有的酶分子的结构而改变其催化活性，进而改变酶促反应速度，主要包括别构调节及化学修饰调节。因为是通过改变结构进而改变酶的活性，在数秒或数分钟内就可发挥调节作用，非常迅速，所以也可称为快速调节。

1. 酶的别构调节　某些小分子化合物能与酶蛋白分子活性中心外的特定部位特异地、可逆地结合，引起酶蛋白分子的构象变化，从而改变酶的催化活性，这种调节的方式称为酶的别构调节（allosteric regulation）或变构调节。别构调节灵敏，且不消耗能量。被别构调节的酶称为别构酶（allosteric enzyme）。别构调节在生物界是普遍存在的，是体内快速调节酶活性的重要方式，代谢途径中的关键酶大多数是别构酶。使酶发生别构效应的物质称为别构效应剂（allosteric effector）。引起酶活性增强的别构效应剂称为别构激活剂，相反，那些引起酶活性降低的别构效应剂称为别构抑制剂。表 11-3 是一些代谢途径中的别构酶及其别构效应剂。别构酶除了有催化部位（活性中心）外，还有调节部位（别构部位），别构酶通常为寡聚酶，催化部位和调节部位分别在一个亚基上，所以可以分别称为催化亚基和调节亚基。

表 11-3 一些代谢途径中的别构酶及其别构效应剂

代谢途径	别构酶	别构激活剂	别构抑制剂
糖酵解	己糖激酶	—	葡糖-6-磷酸
	葡糖激酶	—	长链脂酰 CoA
	磷酸果糖激酶-1	AMP、ADP、果糖-1,6-双磷酸、果糖-2,6-双磷酸	ATP、柠檬酸
	丙酮酸激酶	果糖-1,6-双磷酸	ATP、乙酰 CoA、丙氨酸（肝）
丙酮酸氧化脱羧	丙酮酸脱氢酶复合体	AMP、ADP、CoA、NAD⁺	ATP、乙酰 CoA、NADH
三羧酸循环	柠檬酸合酶	ADP	ATP、NADH、柠檬酸
	异柠檬酸脱氢酸	ADP	ATP
	α-酮戊二酸脱氢酶复合体	—	琥珀酰 CoA、NADH
糖原合成	糖原合酶	葡糖-6-磷酸	—
糖原分解	糖原磷酸化酶（肝）	—	葡萄糖
	糖原磷酸化酶（肌）	AMP	ATP、葡糖-6-磷酸
糖异生	丙酮酸羧化酶	乙酰 CoA	—
脂肪酸合成	乙酰 CoA 羧化酶	柠檬酸、异柠檬酸	软脂酰 CoA、长链脂酰 CoA
氨基酸分解代谢	L-谷氨酸脱氢酶	ADP、GDP	ATP、GTP
嘌呤核苷酸从头合成	PRPP 酰胺转移酶	PRPP	IMP、AMP、GMP
嘧啶核苷酸从头合成	氨甲酰磷酸合成酶Ⅱ	—	UMP

别构调节的生理意义：

1）别构效应剂可以是底物、终产物或其他小分子代谢物。它们在细胞内浓度的改变能灵敏地反映相关代谢途径的强度和相应的代谢需求，它们与别构酶的调节部位或调节亚基非共价键结合后，引起酶构象的改变，包括亚基结合的疏松、紧密、聚合、解聚，以及酶分子的多聚化等，进而引起酶活性的改变，从而调节相应代谢的方向、强度，以协调相关代谢，满足相应的代谢需求。

2）别构调节产生的效应主要是反馈抑制（feedback inhibition）。在代谢途径的多个酶促系列反应中，终产物堆积表明其代谢过强，超过了需求，常可对代谢途径的关键酶起到抑制作用，称为反馈抑制，这种抑制多为别构抑制。如胆固醇生物合成的反馈抑制，以乙酰 CoA 为原料经一系列酶促反应生成胆固醇的关键酶是 HMG-CoA 还原酶，终产物胆固醇与其结合后，使 HMG-CoA 还原酶的结构改变，进而抑制其活性，使产物不会生成过多。再如长链脂酰 CoA 可反馈抑制乙酰 CoA 羧化酶，从而抑制脂肪酸的合成。

3）过量的反应不仅会造成浪费，而且对机体有害，别构调节可使机体根据需求生产能量，使代谢物、能量得以有效利用。例如，ATP 可别构抑制磷酸果糖激酶-1、丙酮酸激酶及柠檬酸合酶，从而抑制糖酵解、有氧氧化及三羧酸循环，使 ATP 的生成不致过多，以免造成浪费。

4）别构调节还可使不同代谢途径相互协调。例如，葡糖-6-磷酸不但可以促进糖原合酶的活性，促进葡萄糖合成糖原储存，同时可以抑制糖原磷酸化酶的活性，抑制糖原分解以抑制糖的氧化分解，这样就避免了分解与合成同时进行而造成无效循环。再如，柠檬酸既可以转运至细胞质别构抑制磷酸果糖激酶-1，从而使糖酵解和三羧酸循环同时受到负反馈调节，又可以别构激活乙酰 CoA 羧化酶，能够使过量的乙酰 CoA 合成脂肪酸。

2. 酶的化学修饰调节 酶蛋白肽链上某些氨基酸残基在其他酶的催化作用下发生可逆的共价修饰，从而引起酶活性的改变，也称为酶的共价修饰（covalent modification of enzyme）调节，是体内快速调节酶活性的另外一种重要方式。酶的化学修饰包括磷酸化与去磷酸化、乙酰化与去乙酰化、甲基化与去甲基化、腺苷化与去腺苷化、尿苷酰化与去尿苷酰化、—SH 与—S—S—互变等，其中磷酸化与去磷酸化最常见。表 11-4 是酶的化学修饰对酶活性的调节。酶蛋白分子中丝氨酸、苏氨酸及酪氨酸的羟基是磷酸化的修饰位点，在蛋白激酶（protein kinase）的作用下得到 ATP 中

的 γ-磷酸基，生成磷酸化的酶蛋白，又可在磷蛋白磷酸酶（phosphoprotein phosphatase）的作用下，恢复原来的去磷酸化状态，该过程即酶的磷酸化与去磷酸化（图 11-3）。有些酶磷酸化是有活性的，去磷酸化是无活性的，而有些酶则正好相反。例如，糖原合酶去磷酸化形式有活性，磷酸化的形式无活性；而糖原磷酸化酶是磷酸化的形式有活性，去磷酸化形式无活性。

表 11-4　酶的化学修饰对酶活性的调节

酶	化学修饰类型	酶活性改变
糖原合酶	磷酸化/去磷酸化	抑制/激活
糖原磷酸化酶	磷酸化/去磷酸化	激活/抑制
磷酸化酶 b 激酶	磷酸化/去磷酸化	激活/抑制
丙酮酸脱羧酶	磷酸化/去磷酸化	抑制/激活
磷酸果糖激酶	磷酸化/去磷酸化	抑制/激活
丙酮酸脱氢酶	磷酸化/去磷酸化	抑制/激活
HMG-CoA 还原酶	磷酸化/去磷酸化	抑制/激活
HMG-CoA 还原酶激酶	磷酸化/去磷酸化	激活/抑制
乙酰 CoA 羧化酶	磷酸化/去磷酸化	抑制/激活
脂肪细胞甘油三酯脂酶	磷酸化/去磷酸化	激活/抑制

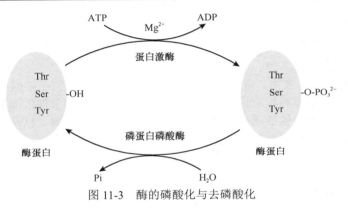

图 11-3　酶的磷酸化与去磷酸化

酶的化学修饰调节的特点：①绝大多数受化学修饰调节的关键酶都具有无活性（或低活性）及有活性（或高活性）两种状态，它们之间在两种不同酶的催化下发生共价修饰，因此，酶可以在这两种状态之间发生互变。催化互变反应的酶在体内可受别构调节、化学修饰调节及上游调节因素如激素的调控。②酶的化学修饰调节存在级联放大的效应。由于酶的化学修饰是另一种酶所催化的反应，一分子催化酶可催化多个底物酶分子发生共价修饰，具有极高的催化效率。例如，一个蛋白激酶 A 分子可以磷酸化修饰几十个至上百个酶分子。催化关键酶化学修饰的蛋白激酶和磷蛋白磷酸酶通常本身也受化学修饰调节，从而形成级联反应，产生级联放大效应。因此，少量的调节因素就可以产生迅速而强大的生理效应，满足机体的需要，效率较别构调节高。③化学修饰调节消耗 ATP，但消耗量远少于酶蛋白合成的消耗量。

同一个酶可以同时受别构调节和化学修饰调节，二者相辅相成，共同维持代谢顺利进行，稳定内环境。例如，糖原合酶既可以受葡糖-6-磷酸的别构激活，也可以在磷蛋白磷酸酶的催化下发生去磷酸化而被激活。再如，肌糖原磷酸化酶 b 受别构调节，被 AMP 别构激活，被 ATP 或葡糖-6-磷酸别构抑制；同时又受化学修饰调节，磷酸化被激活，去磷酸化被抑制。

（四）酶含量的调节

机体可以通过控制酶蛋白分子的合成和（或）降解速度，来改变细胞内酶的含量，进而改变酶促反应速度。该过程消耗 ATP 较多，而且涉及量的积累或清除，起效慢，一般需数小时，甚至数天才能发挥调节作用，所以可以称为迟缓调节，但作用时间长。

1. 酶合成的诱导或阻遏　加速酶合成的化合物称为诱导剂（inducer），在诱导剂的作用下，某些酶蛋白的合成会加速，该作用称为酶合成的诱导（enzyme induction）。而减少酶合成的化合物称为阻遏剂（repressor），在阻遏剂的作用下，某些酶蛋白的合成会减少，该作用称为酶阻遏（enzyme repression）。酶蛋白合成调节即基因表达调控，是以基因水平为基础的调节。酶的底物、产物、激素或药物可诱导或阻遏酶蛋白编码基因的表达（参见第十六章第三节）。诱导剂或阻遏剂在酶蛋白生物合成的转录或翻译水平发挥作用，影响转录较常见。体内也有一些酶，其浓度在任何时间、任何条件下基本不变，保持恒定，这类酶称为组成型酶（constitutive enzyme），如 3-磷酸甘油醛脱氢酶（3-phosphoglyceraldehyde dehydrogenase），常作为基因表达变化研究的内参照（internal control）。

（1）底物对酶合成的诱导：普遍存在于生物界当中，如乳糖操纵子是大肠埃希菌中的操纵子模型，乳糖就属于乳糖操纵子的诱导剂。大肠埃希菌在一般情况下，优先利用葡萄糖，当环境中没有葡萄糖而只有乳糖时，就可以启动乳糖操纵子，转录出可以利用乳糖的酶，这样就可以利用乳糖产生能量供大肠埃希菌生存所需。

（2）产物对酶合成的阻遏：酶的阻遏剂经常是代谢反应的产物，其不仅可以别构抑制或反馈抑制关键酶，还可以阻遏这些酶的合成。例如，HMG-CoA 还原酶是胆固醇合成的关键酶，其在肝内的合成可被胆固醇阻遏。但肠黏膜细胞中胆固醇的合成不受胆固醇的影响，因此，摄取高胆固醇膳食，血胆固醇仍有升高的危险。

（3）激素对酶合成的诱导：例如，糖皮质激素能诱导一些氨基酸分解代谢的酶和糖异生关键酶的生物合成；而胰岛素则能诱导糖酵解和脂肪酸合成途径中关键酶的合成。

（4）药物对酶合成的诱导与阻遏：很多药物和毒物可促进肝细胞微粒体中单加氧酶或其他一些药物代谢酶合成的诱导（或阻遏），从而使药物失活（或使药物蓄积加强——潜在增加不良反应风险），虽然具有一定的解毒作用，但也能使药物失活，是引起耐药现象的原因之一。

2. 酶蛋白的降解　生物细胞内的酶不是永恒不变的，而是不断更新的。通过改变酶蛋白分子的降解速度，也能够调节细胞内酶的含量。细胞内存在着各种蛋白水解酶，这些水解酶根据细胞的指令，有目的、有计划地将特定的蛋白质分子分解。细胞内酶蛋白的降解与许多非酶蛋白质的降解一样，有两条途径。一是溶酶体蛋白水解酶可非特异降解酶蛋白，细胞的蛋白水解酶主要存在于溶酶体中，因此凡是能改变蛋白水解酶活性或是能够影响蛋白酶从溶酶体释放速度的因素都可以间接地影响酶蛋白的降解速度。如饥饿时，精氨酸酶的活性增加，主要是酶蛋白的降解速度减慢。二是酶蛋白的特异性降解通过 ATP 依赖的泛素-蛋白酶体途径完成。当待降解的蛋白质与泛素（ubiquitin）结合，即泛素化后，蛋白酶体可将该蛋白质迅速降解。能改变或影响该机制的因素可调节酶蛋白的降解速度，进而调节酶含量。通过酶蛋白的降解调节酶的含量，远不如酶的诱导和阻遏重要。

二、激素水平的调节

激素水平代谢调节是高等生物体内代谢调节的重要方式。激素是生物内分泌腺或散在的内分泌细胞分泌的一类特殊化学物质，随血液循环运输至全身，作用于特定的靶组织或靶细胞，通过与特异受体结合激活特定信号通路，引起细胞内物质代谢沿着一定的方向进行，产生特定生物学效应。不同的激素作用于不同的靶组织或靶细胞，产生不同的生物学效应，表现出较高的组织特异性及效应特异性。受体是指存在于靶细胞膜上或细胞内能特异性识别并结合信号分子的特殊蛋白质。激素可根据受体在细胞的部位和特性不同分为两大类，分别是膜受体激素和细胞内受体激素。

1. 膜受体激素　膜受体是存在于细胞表面质膜上的跨膜糖蛋白。与膜受体特异结合发挥作用的激素包括蛋白质激素（如胰岛素和生长激素），肽类激素（如胰高血糖素和催产素）及儿茶酚胺等。这类激素是亲水性的，不能透过脂质双分子层构成的细胞膜，而是作为第一信使分子与相应的靶细胞膜受体结合以后，通过跨膜传递将所携带的信息传递到细胞内，再通过第二信使将信号逐级放大，产生代谢调节效应。通常把细胞外的信号（激素）称为第一信使（first messenger），把细胞内负责信号转导的物质称为第二信使（second messenger），如环磷酸腺苷（cAMP）、环磷酸鸟苷（cGMP）、肌醇三磷酸（IP$_3$）、甘油二酯（DG）、钙离子（Ca^{2+}）等。如肾上腺素的作用机制，肾上腺素与细胞膜上 G 蛋白偶联受体结合后，激活 G 蛋白，进而促进细胞内的 ATP 环化成 cAMP，使细胞内 cAMP 浓度升高；cAMP 是第二信使分子，它可以把信息向下逐级放大传递（图11-4）。

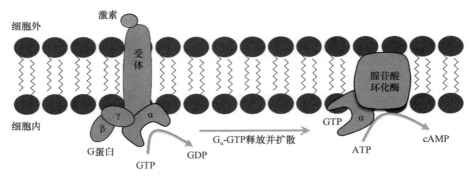

图 11-4　肾上腺素的作用机制

2. 细胞内受体激素　细胞内受体激素包括类固醇激素、甲状腺激素、前列腺素等，这类激素是脂溶性的，能够透过脂质双分子层的细胞膜进入细胞内，并与胞内相应的受体结合。它们的受体大多数位于细胞核内（也有在细胞质中的，与激素结合以后再进入核内），二者结合形成激素-受体复合物，与特定的 DNA 序列，即激素反应元件（hormone response element，HRE）结合，然后促进或抑制相应基因的转录，进而促进或阻遏酶蛋白的合成，达到调节细胞内酶的含量，从而对细胞代谢进行调节的作用。

三、整体水平的调节

神经系统传递信息是依靠一定的神经通路，以神经冲动的形式传递，作用短暂、迅速、准确。神经系统可调节激素释放，并通过激素整合不同组织器官的各种代谢，可协调全部代谢途径，具有整体性，以适应饱食、空腹、饥饿、应激等状态。

1. 饱食时的整体调节

（1）摄入混合膳食后：通常情况下，人体摄入的膳食为混合膳食，消化吸收后的营养物质以葡萄糖、氨基酸及乳糜微粒（CM）形式进入血液，体内胰岛素水平中度升高。饱食状态下机体主要分解葡萄糖，为机体各组织器官供能。其余葡萄糖部分在胰岛素作用下，在肝及骨骼肌分别合成肝糖原及肌糖原储存；吸收的葡萄糖超过机体糖原储存能力时，主要在肝大量转化成甘油三酯，以 VLDL 形式输送至脂肪等组织。吸收的甘油三酯部分经肝转换成内源性甘油三酯，并输送到脂肪组织、骨骼肌等转换、储存或利用。

（2）摄入高糖膳食后：特别是总热量的摄入较高时，体内胰岛素水平明显升高，胰高血糖素降低。在胰岛素作用下，小肠吸收的葡萄糖部分在骨骼肌合成肌糖原、在肝合成肝糖原和甘油三酯，后者输送至脂肪等组织储存；大部分葡萄糖直接被输送到脂肪组织、骨骼肌、脑等组织转换成甘油三酯等非糖物质储存或利用。

（3）摄入高蛋白膳食后：体内胰岛素水平中度升高，胰高血糖素水平升高。在两者协同作用下，肝糖原分解补充血糖，供应脑组织等。由小肠吸收的氨基酸主要在肝通过丙酮酸异生为葡萄糖，供应脑组织及其他肝外组织；部分氨基酸转化为乙酰 CoA，合成甘油三酯，供应脂肪组织等肝外组织；还有部分氨基酸直接输送到骨骼肌。

（4）摄入高脂膳食后：体内胰岛素水平降低，胰高血糖素水平升高。在胰高血糖素作用下，肝糖原分解补充血糖，供给脑组织等。肌组织氨基酸分解，转化为丙酮酸，输送至肝异生为葡萄糖，补充血糖及供应肝外组织。由小肠吸收的甘油三酯主要输送到脂肪及肌组织。脂肪组织将吸收的甘油三酯部分分解成脂肪酸，输送到其他组织。肝氧化脂肪酸，产生酮体，供应脑等肝外组织。

2. 空腹时的整体调节　空腹通常指餐后 12 小时。此时体内胰岛素水平降低，胰高血糖素升高。事实上，在胰高血糖素作用下，餐后 6～8 小时肝糖原即开始分解补充血糖，主要供给脑，兼顾其他组织需要。餐后 12～18 小时，尽管肝糖原分解仍可持续进行，但由于肝糖原即将耗尽，能用于分解的糖原已经很少，所以肝糖原分解水平较低，主要靠糖异生补充血糖。同时，脂肪动员中度增加，释放脂肪酸供应肝、肌组织等利用。肝不完全氧化脂肪酸，产生酮体，供应肌组织。骨骼肌在接受脂肪组织输出的脂肪酸的同时，部分氨基酸分解，补充肝糖异生的原料。

3. 饥饿时的整体调节

（1）短期饥饿：通常指 1～3 天未进食。由于禁食 24 小时后肝糖原基本耗尽，血糖趋于降低，胰岛素分泌极少，胰高血糖素分泌增加，机体从葡萄糖氧化供能为主转变为脂肪氧化供能为主。脂肪动员加强且肝酮体生成增多，脂肪酸和酮体会成为机体的基本能源。机体会加强骨骼肌蛋白质的分解，每日分解 180～200g，释放入血的氨基酸增加。肝糖异生作用明显增强，生成的葡萄糖约为 150g/d，原料主要来自骨骼肌蛋白质分解的氨基酸，部分来自乳酸及甘油，是血糖的主要来源，可以维持血糖基本恒定。脑组织仍以葡萄糖为主要能源，但开始利用酮体。

（2）长期饥饿：指未进食 3 天以上，代谢的改变与短期饥饿不同，可造成器官损害，甚至危及生命。血糖消耗进一步减少，脂肪动员进一步加强，释放出的脂肪酸在肝内不完全氧化生成大量的酮体。脑利用酮体增加，超过葡萄糖，占总耗氧量的 60%。肌组织以脂肪酸作为主要能源，以保证酮体优先供应脑组织。为了维持生命，肌组织蛋白质分解减少，每日分解 35～125g，释放出的氨基酸相应减少，负氮平衡有所改善。肝糖异生明显减少，乳酸和丙酮酸成为主要来源；肾糖异生的作用会明显增强，每天生成约 40g 葡萄糖，占饥饿晚期糖异生总量的一半，几乎与肝相等。如动物处于长期饥饿时，交感神经兴奋导致胰高血糖素升高，肝中乙酰 CoA 羧化酶被磷酸化而失活，脂肪合成受阻；同时，乙酰 CoA 羧化酶失活导致其产物丙二酰 CoA 减少，使得更多的脂酰 CoA 进入线粒体，促进脂肪酸的氧化。

4. 应激时的整体调节　应激（stress）是指机体受到一些异乎寻常的刺激，如创伤、疼痛、寒冷、缺氧、中毒、感染及剧烈的情绪波动所作出的一系列反应的"紧张状态"。应激反应可以是一过性的，也可以是持续性的。如人处于寒冷环境中时，冷刺激可使交感神经兴奋，促使肾上腺分泌肾上腺素增加，激活糖原磷酸化酶，促进肝糖原分解，加强糖异生，使外周组织对糖的利用降低，从而升高血糖浓度，导致机体代谢活动增强，产热量增加，保证脑组织和红细胞的供能；机体代谢活动增强，如脂肪动员增强，血浆中的游离脂肪酸的浓度升高，从而成为心肌、骨骼肌及肾等组织（器官）的主要的能量来源；蛋白质的分解增强，骨骼肌释放出的丙氨酸等氨基酸浓度增加，同时尿素的生成及尿素氮的排出增加，呈现负氮平衡的状态。总之，应激时糖、脂质、蛋白质分解代谢增强，合成代谢受抑制，血中分解代谢中间产物，如葡萄糖、氨基酸、脂肪酸、甘油、乳酸、尿素等含量增加。

第三节　物质代谢异常与疾病

一、肥　　胖

肥胖不仅增加了糖尿病、心脑血管疾病、"三高"、膝骨关节炎的患病率，同时也造成了人们生活质量的下降，是多种重大慢性疾病的主要危险因素之一。不仅如此，肥胖还与痴呆、脂肪肝、呼吸道疾病和某些肿瘤的发生相关。

肥胖的根本原因在于机体能量摄入大于消耗，多余的能量转化为脂肪储存于体内。它源于神经内分泌改变引起的异常摄食行为和运动减少，涉及遗传、环境、膳食、运动等多种因素及复杂的分子机制。下丘脑是机体食欲调节中枢，饥饿中枢和饱食中枢分别存在于下丘脑外侧区和腹内侧核，二者通过复杂的"食欲调节网络"（appetite regulation network，ARN），接受和传递各种食欲调节因子的信号，对食欲进行综合的调节，维持摄食活动的动态平衡。正常情况下，当能量摄入大于消耗、机体将过剩的能量以脂肪形式储存于脂肪细胞过多时，脂肪组织就会产生反馈信号作用于摄食中枢，调节摄食行为和能量代谢，不会产生持续性的能量摄入大于消耗。一旦这个神经内分泌机制失调，就会引起摄食行为、物质和能量代谢障碍，导致肥胖。

　　1. 抑制食欲激素的功能障碍　食欲受一些激素调节。脂肪组织体积增加刺激瘦蛋白（leptin）分泌，通过血液循环输送至下丘脑弓状核，与瘦蛋白受体结合，抑制食欲和脂肪合成，同时刺激脂肪酸氧化，增加耗能，减少储脂。瘦蛋白还能增加线粒体解偶联蛋白表达，使氧化与磷酸化解偶联，增加产热。此外，瘦蛋白还有间接降低基础代谢率，影响性器官发育及生殖等作用。胆囊收缩素（cholecystokinin，CCK）是小肠上段细胞在进食时分泌的肽类激素，可引起饱胀感，从而抑制食欲。抑制食欲激素的功能障碍都可能引起肥胖。

　　2. 刺激食欲激素的功能异常增强　胃黏膜细胞分泌的生长激素释放肽，通过血液循环运送至脑垂体，与其受体结合，促进生长激素的分泌，在食欲调节方面，能作用于下丘脑神经元，增强食欲。能增强食欲的激素还有下丘脑中的神经肽Y（neuropeptide Y，NPY）。近年发现，由脂肪组织合成的瘦蛋白参与摄食及体内能量代谢的调节，也是通过NPY而发挥作用的。增强食欲激素功能异常增强导致肥胖，如肌张力低下-智力障碍-性腺发育滞后-肥胖综合征，也称为普拉德威利综合征、Prader-Willi综合征（Prader-Willi syndrome，PWS），患者血生长激素释放肽极度升高，引起不可控制的强烈食欲，导致极度肥胖。

　　3. 脂联素的缺陷　脂联素（adiponectin）由脂肪细胞合成，是224个氨基酸残基组成的多肽。它通过增加靶细胞内AMP，激活AMP依赖的蛋白激酶，引起下游效应蛋白的磷酸化，可促进骨骼肌对脂肪酸的摄取和氧化，抑制肝内脂肪酸合成和糖异生，促进肝、骨骼肌对葡萄糖的摄取和酵解。肥胖患者脂联素表达缺陷，血中水平显著降低。

　　4. 胰岛素抵抗　肥胖与高胰岛素血症，即胰岛素抵抗（insulin resistance）密切相关。正常情况下，胰岛素可通过下丘脑受体，抑制NPY释放，抑制食欲、减少能量摄入，增加产热、加大能量消耗，并通过一定信号转导途径促进骨骼肌、肝和脂肪组织分解代谢。瘦蛋白、脂联素可增加胰岛素的敏感性。所以，瘦蛋白、脂联素等，以及胰岛素敏感性相关因子的功能异常，都可引起胰岛素抵抗，导致肥胖。

　　总之，肥胖源于代谢失衡，它一旦形成，又反过来加重代谢紊乱，导致血脂异常、冠心病、中风等严重后果。例如，在肥胖形成期，靶细胞对胰岛素敏感，血糖降低，耐糖能力正常。在肥胖稳定期则表现出高胰岛素血症，组织对胰岛素抵抗，耐糖能力降低，血糖正常或升高。肥胖进展或胰岛素抵抗，血糖浓度越高，糖代谢的紊乱程度越重。同时，还可引起血脂异常，表现为血浆总胆固醇、甘油三酯升高等。

二、代谢综合征

　　代谢综合征（metabolic syndrome）是指人体的糖、脂肪、蛋白质等物质发生代谢紊乱，在临床上出现一系列肥胖、高血糖（糖耐量受损或糖尿病）、高血压及血脂异常集合发病的临床综合征，特点是机体代谢上相互关联的危险因素在同一个体的组合，表现为体脂（尤其是腹部脂肪）过剩、高血压、胰岛素耐受、血浆总胆固醇水平升高及血浆脂蛋白异常等。这些危险因素的聚集，会大幅度增加心脏病、中风等的发病风险。

　　肥胖是一种由多种因素引起的慢性代谢性疾病，以体内脂肪细胞的体积和细胞数增加，致体脂占体重的百分比异常增高，并在局部脂肪过多沉积为特点。糖尿病患者常感到口渴、多饮、纳食增多，同时伴有乏力、体重减轻、血糖升高。部分高血压患者血压升高时伴有头痛、头晕、耳鸣、心悸等，但也有一部分患者血压升高没有任何自觉症状。高脂血症是一种与生活方式密切相关的疾病。轻度高血脂患者通常没有任何不舒服的感觉，病久了会出现头晕、乏力、失眠、健忘、胸闷、心悸等症状，易与其他疾病的临床症状相混淆。血脂长期处于高水平，可导致脂质在血管内皮沉积从而引起动脉粥样硬化、冠心病和周围血管疾病等。

小　结

　　代谢是生命活动的物质基础，由许多代谢途径组成。一些不同的代谢途径共用某些酶促反应，所以，各种代谢途径相互联系、相互作用、相互协调和相互制约，形成一个网状的整体。体内各种营养物质的代谢总是处于一种动态的平衡之中。

　　细胞内多种物质代谢同时进行，需要彼此间相互协调；高等生物的各组织器官高度分化、具有各自的功能和代谢特点，各组织器官之间的各种物质代谢也需要彼此协调，才能维持细胞、机体的正常功能，适应机体各种内外环境的改变。所以，机体内的各种物质代谢虽然各不相同，但它们通过各自共同的代谢池、共同的中间代谢物、共同的能量生成和利用形式 ATP、三羧酸循环以及共同的合成代谢中的还原当量 NADPH 等形成彼此相互联系、相互转变、相互依存的整体。糖、脂肪、蛋白质等营养物质的代谢一方面有其依赖性，体现在通过一些代谢的联系和中间产物的转化，在供应能量上可互相代替，并互相制约；另一方面有其独立性，体现在一些代谢或代谢物功能不能替代，不能完全互相转变。不同组织或同一组织在不同代谢条件下对供能物质的利用不尽相同。

　　机体为了适应各种内外环境的变化，需要对各种物质代谢的方向、速度进行精细调节，使各种物质代谢井然有序，相互协调进行，以顺利完成各种生命活动。高等生物形成了三级代谢调节。细胞水平代谢调节通过改变关键酶活性或含量实现。其中，通过改变酶分子结构调节关键酶活性见效快，调节方式包括别构调节和化学修饰调节。别构调节是别构效应剂通过非共价键与调节部位结合引起酶分子构象改变，进而改变酶活性。化学修饰调节是酶催化的化学反应，是对酶蛋白特定部位进行化学修饰，以磷酸化与去磷酸化最常见；化学修饰调节具有放大效应。别构调节与化学修饰调节相辅相成。酶含量调节通过改变其合成和（或）降解速度实现，作用缓慢但持久。激素水平代谢调节是激素通过与靶细胞受体特异结合及后续的一系列细胞信号转导反应，最终引起代谢改变。在神经系统主导下，机体通过调节激素释放，整合不同组织细胞内代谢途径，实现整体调节，以适应饱食、空腹、饥饿、应激等状态，维持整体代谢平衡。

（李　薇）

第十一章线上内容

第三篇　基因组与基因表达

DNA 是遗传的物质基础。除了某些 RNA 病毒遗传信息储存在 RNA 中，大多数生物体的遗传信息储存在 DNA 中。DNA 分子上编码 RNA 和蛋白质的功能片段为基因。一个生物体的基因组是指单倍体染色体中完整的 DNA 序列或全部遗传信息。

遗传信息可以从 DNA 传递给 DNA，即通过 DNA 复制（replication）将遗传信息从亲代传递给子代。遗传信息也可以通过转录（transcription）从 DNA 传递给 RNA，再通过翻译（translation）从 RNA 传递给蛋白质。这其中遗传信息的流向是所有有细胞结构生物体所遵循的中心法则。某些病毒（如人类免疫缺陷病毒等）能以 RNA 为模板逆转录合成 DNA，某些病毒（如烟草花叶病毒等）中的 RNA 能自我复制，这些是对中心法则的补充和完善。DNA 的复制、转录以及蛋白质的生物合成是一系列物质共同参与的复杂过程。

基因表达（gene expression）是指将来自基因的遗传信息合成功能性基因产物的过程。基因表达产物通常是蛋白质，但非蛋白质编码基因的表达产物是功能性 RNA。DNA 储存遗传信息并决定物种的遗传和变异，蛋白质表现遗传性状，而 mRNA 储存和传递信息，并在遗传信息的表达过程中发挥重要作用。从 DNA 到蛋白质的各个阶段都会影响基因的表达。因此，基因表达在转录、转录后、翻译、翻译后各个水平都存在着调控机制。

本篇将介绍真核基因与真核基因组、DNA 的生物合成与损伤修复、RNA 的生物合成与转录后加工、蛋白质的生物合成与修饰、基因表达的调控等五章。

第十二章　真核基因与真核基因组

不同生物的基因和基因组的大小和复杂程度各不相同，其结构和组织形式上也各有特点。随着人们对遗传学和基因组学复杂性的深入了解，基因被认为是能够编码蛋白质或者 RNA 等具有特定功能产物的、负载遗传信息的基本单位，除了以 RNA 为基因组的 RNA 病毒以外，基因通常是指一段 DNA 序列，包括编码序列（外显子）和单个编码序列间的间隔序列（内含子）。基因组（genome）是指一个生物体内所有遗传信息的总和。人类基因组包含了细胞核染色体 DNA（常染色体和性染色体）以及线粒体 DNA 所携带的所有遗传物质。本章重点讨论真核基因与真核基因组的结构与功能。

第一节　真核基因的结构与功能

一、基因的概念

（一）基因概念的发展

基因这个专用术语源自古希腊语"γόνος"，是丹麦遗传学家威廉·约翰森（W. L. Johannsen）于 1909 年为了表示遗传单位而创造出的一个特殊名词，在其所著《精密遗传学原理》

一书中正式使用了"基因"一词。早在 1865 年，被称为"现代遗传学之父"的奥地利生物学家格雷戈尔·约翰·孟德尔（G. J. Mendel）就定义了基因的概念及其基本特性。他在《植物杂交实验》论文中提出"生物性状的遗传由遗传因子决定"的"遗传因子的分离假说"，这个"遗传因子"概念即是基因一词前身。

1926 年，美国生物学家与遗传学家托马斯·亨特·摩尔根（T. H. Morgan）撰写的巨著《基因论》面世。他通过果蝇突变的遗传实验，发现基因存在于某个染色体上，由此提出基因"三位一体"的概念，即基因是决定生物性状的功能单位，是结构单位，也是突变单位。1941 年，美国遗传学家乔治·威尔斯·比德尔（G. W. Beadle）等发表了论文《脉胞霉属生化反应的遗传控制》，提出"一个基因一个酶假说"。

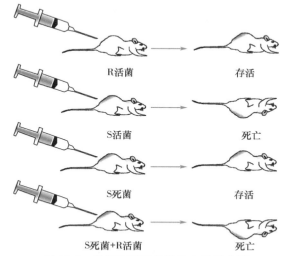

如前所述，瑞士生物化学家米歇尔（F. Miescher）在 1871 年就发现了核酸，人们在 20 世纪 30 年代已经发现 DNA 是染色体的组成部分，染色体是遗传物质，当时普遍认为决定个体生物性状的遗传物质是染色体中含有的蛋白质。1928 年，英国科学家格里菲斯（F. Griffith）完成了肺炎双球菌的转化实验（图 12-1）。Griffith 推测，S 死菌中可能含有某些物质可将无致病性的 R 活菌转化成具有致病性的 S 活菌。但这些物质到底是什么呢？

图 12-1　肺炎双球菌的转化实验示意图

1944 年，美国细菌学家艾弗里（O. T. Avery）及其同事通过体外转化实验证明细胞内的遗传物质是 DNA 而不是蛋白质。1943 年，美国生物化学家德尔布吕克（M. Delbruck）、卢里亚（S. E. Luria）和赫尔希（A. D. Hershey）组成著名的"噬菌体小组"，发现了噬菌体复制的机制，证明噬菌体的遗传物质是 DNA，论证了 Avery 的实验结论。

1952 年，美国学者赫尔希（A. D. Hershey）和蔡斯（M. Chase）利用放射性同位素标记技术，完成了"噬菌体侵染细菌实验"。实验结果表明，子代噬菌体的各种性状是通过亲代的 DNA 而非蛋白质外壳进行遗传，进一步证实 DNA 是遗传信息的携带者。1953 年，美国分子生物学家詹姆斯·沃森（J. D. Watson）和英国分子生物学家弗朗西斯·克里克（F. Crick）提出了具有里程碑意义的 DNA 双螺旋结构模型，揭示了 DNA 作为遗传信息载体的物质本质，进一步说明基因的成分就是 DNA。

1957 年，法国遗传学家西莫尔·本泽尔（S. Benzer）提出顺反子学说。这一学说打破了以往基因"三位一体"的概念，认为基因是一段 DNA 序列，负责传递遗传信息。美国病毒学家雷纳托·杜尔贝科（R. Dulbecco）研究 DNA 肿瘤病毒，揭示了基因信息从 DNA 到蛋白质的传递过程。美国遗传学家泰明（H. M. Temin）和巴尔的摩（D. Baltimore）发现逆转录酶，揭示基因信息还可能通过 RNA 来传递而不仅仅是 DNA。

随着对遗传学的深入了解、多个学科的相互交融以及现代实验技术日新月异的发展，人们发现在染色体分子中，除了编码蛋白质的结构基因（即可转录出 mRNA 的基因）外，还有最终编码产物是 RNA 的基因，如编码转运 RNA（tRNA）、核糖体 RNA（rRNA）和核小 RNA（snRNA）的基因。因此，现代基因的定义可表述为：基因是携带遗传信息的基本单位，除了某些 RNA 病毒以外，基因通常是指能够编码蛋白质或者 RNA 等具有特定功能产物的一段 DNA 序列。

（二）基因的分类

1961 年，法国科学家雅克·莫诺（J. L. Monod）与雅各布（F. Jacob）发表了《蛋白质合成的遗传调节机制》，介绍了有名的"Pa Ja Mo 实验"，提出了操纵子学说，打破以往人们对基因单一功能的理解。由此，根据基因功能可把基因分为：①结构基因，指能够编码细胞和组织器官基本组成成分的结构蛋白、酶蛋白和各种调节蛋白等蛋白质的基因,一种结构基因对应于一种蛋白质分子。②调节基因,指能够编码阻遏或激活结构基因转录的蛋白质的基因,结构基因在其调节作用下确定是否进行转录。调节基因可对处于不同染色体上的结构基因发挥调节作用。因此,细胞中即使存在某一种结构基因,并不意味着存在它的编码产物蛋白质。③操纵基因,指调节基因编码产物所结合的 DNA 序列,往往与它所操纵的结构基因处于同一条染色体上。当其"启动"时,它所控制的结构基因就开始转录和翻译;当其"关闭"时,结构基因就停止转录与翻译。操纵基因与受它操纵的结构基因及其调控序列一起就形成一个操纵子。原核生物大多数基因表达调控是通过操纵子机制实现的。

根据其所产生的产物可把基因分为:①编码蛋白质的基因。结构基因和调节基因都属于编码蛋白质的基因。②没有翻译产物的基因。基因仅可转录成为 RNA,包括 tRNA 基因和 rRNA 基因等。③不转录的 DNA 区段,如启动子和操纵基因等。

根据基因在染色体上的位置可将基因分为:①等位基因,指位于同源染色体相同位置上、可控制同一性状的不同形态的一对基因。②拟等位基因,指具有相似的表型效应且功能密切相关的一组基因,其在染色体上的位置紧密连锁。③非等位基因,指位于同源染色体的不同位置上或非同源染色体上的基因。

另外,基因可按照其遗传学效应,分为显性基因和隐性基因;也可按照其在细胞中的定位分为细胞核基因和细胞器基因等。

二、真核基因的基本结构与功能

在基因序列中,把能够编码蛋白质或功能 RNA 的 DNA 序列称为编码区或者编码序列;编码区进行基因表达所需要的 DNA 序列称为调节区(regulatory region)或者调控序列,如启动子、增强子、沉默子和绝缘子等;编码序列之间的间隔序列和调控序列统称为非编码区或者非编码序列。

RNA 聚合酶可催化 DNA 转录生成 RNA,当 RNA 聚合酶结合到某个基因的调控区即启动子时,转录即开始进行,随后 RNA 聚合酶沿着模板链不断合成 RNA,直到遇见终止子。在基因序列中,从启动子到终止子的一段 DNA 序列就被称为一个转录单位(transcription unit),它可转录生成一条单链 RNA 分子。原核生物的一个转录单位往往可包括一个以上的基因片段,各自有起点和终点。这些基因片段之间为间隔区,即一个转录单位转录生成一个 mRNA 分子,这个 mRNA 分子可编码多个不同的多肽链,故被称为多顺反子 mRNA(polycistronic mRNA)。比如大肠埃希菌半乳糖苷酶就是 3 个基因串联于一个转录单位上。真核细胞的转录单位一般只有一个基因,即一个转录单位转录生成一个 mRNA 分子,这个 mRNA 分子编码一条多肽链,故被称为单顺反子 mRNA(monocistronic mRNA)。真核生物中也存在多顺反子,如线虫共有 13 500 个基因,其中大约 25% 是多顺反子;在昆虫拟谷盗(*Tribolium*)体内的一个负责昆虫身体分节的基因能够产生一种可编码 4 种保守肽的多顺反子 mRNA。

为了方便描述基因序列中编码序列和非编码序列之间的关系,人们规定:将一个基因的 5′ 端称为该基因的上游(upstream),3′ 端称为其下游(downstream);为了标定基因序列的具体信息,将一个基因序列中开始 RNA 链合成第一个核苷酸所对应的脱氧核苷酸记为+1,在此脱氧核苷酸下游的序列记为正数,则向 3′ 端依次记为+2、+3 等;而在此脱氧核苷酸上游的序列记为负数,则向 5′ 端依次记为-1、-2 等。其中,0 不用于标记任何基因位置。

（一）真核基因的基本结构

1977 年,美国科学家夏普(P. A. Sharp)和理查德·罗伯茨(R. J. Roberts)发现,真核基因的结构有别于原核生物,最典型特点是其具有不连续性。如图 12-2 所示,将真核基因的 DNA 序列和其转录产物成熟 mRNA 序列进行比较,有部分 DNA 序列并没有出现在成熟 mRNA 序列之中。在真核基因的 DNA 序列中,能够出现在其转录产物成熟 mRNA 分子中的序列被称为外显子(exon);而在其转录产物成熟 mRNA 形成过程中会被剪接去除的序列被称为内含子,即为外显子之间的间隔序列。真核基因由外显子和内含子间隔排列组成，故被称为断裂基因（split gene）。在真核基因转录生成的 mRNA 前体中同时含有外显子和内含子，在 mRNA 前体被加工成为成熟 mRNA 的过程中，内含子会被剪接去除。例如，鸡卵清蛋白基因全长为 7.7kb，含有 8 个外显子和 7 个内含子，其 mRNA 前体与基因等长，而成熟 mRNA 长度仅为 1.2kb。

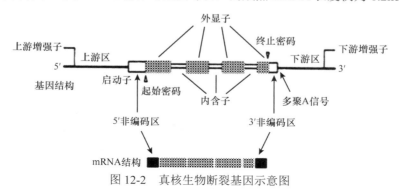

图 12-2　真核生物断裂基因示意图

除了编码组蛋白的基因之外，绝大多数真核基因都含有内含子，如编码蛋白质的基因、编码 tRNA 和 rRNA 的基因等。对于编码同一种蛋白质的基因而言，外显子序列在不同种属中通常比较保守，而内含子序列则变异较大。

（二）rRNA 基因

真核细胞含有 4 种不同的 rRNA 分子，分别为 28S、18S、5.8S 和 5S rRNA。真核细胞的 rRNA 基因（rDNA）为一种重复基因，如在人类染色体中含有 300～400 个拷贝。rDNA 通常以串联的方式排列并形成 5 个基因簇，而不是以散在形式存在于基因组中，该区域被称为 rDNA 区。人类的 rDNA 分别位于 13、14、15、21 和 22 号染色体的核仁组织区，每个 rDNA 区约含有 50 个 rDNA 的重复单位。其中，5.8S、18S 和 28S rRNA 的基因串联在一起，为一个转录单位，该基因在 RNA 聚合酶 I （RNA polymerase I ）催化下首先转录生成 45S rRNA，即 45S rRNA 是 5.8S、18S 和 28S rRNA 的前体。然后在核酸内切酶和核酸外切酶的作用下，45S rRNA 经过剪切被加工成为成熟的 5.8S、18S 和 28S rRNA。5S rRNA 基因似乎全部位于 1 号染色体上。5S rRNA 的基因在 RNA 聚合酶Ⅲ催化下转录生成 5S rRNA。随后，18S rRNA 和 33 种蛋白质一起组装成核糖体的小亚基，5S、5.8S、28S rRNA 和 49 种蛋白质一起组装成核糖体的大亚基。

（三）tRNA 基因

真核细胞中编码 tRNA 基因（tDNA）也是一种重复基因，在人类染色体中含有约 500 个拷贝。依据 tRNA 的反密码子环中反密码子的差异，tRNA 基因可分为 49 个家族，遍布于除 22 号染色体和 Y 染色体外的所有染色体上，其中 6 号染色体和 1 号染色体上含量最多。tRNA 的基因在 RNA 聚合酶Ⅲ催化下转录生成不具有功能的 tRNA 前体分子，它们需要通过一系列的转录后加工修饰过程才能转化为成熟的 tRNA 分子，随即在蛋白质的生物合成中发挥作用。

（四）miRNA 基因

人类基因组中，大约 60% 的微 RNA（miRNA）基因是独立的转录单位，定位于染色体上其他基因之间的间隔区。这些 miRNA 基因有自身的启动子序列，其性质与结构基因的启动子类似。Drosha/Pasha 蛋白质复合体和核酸内切酶 Dicer 分别对 miRNA 基因的转录产物进行加工，转变成为成熟的 miRNA 分子。研究发现，在染色体 DNA 中，这些 miRNA 基因以操纵子的形式存在，即多个不同的 miRNA 基因以串联形式排列并共用同一个启动子，其原始转录产物为多顺反子，可在分子内部形成多个局部茎-环结构，再经过转录后加工，从每个茎-环结构产生一个不同的成熟 miRNA 分子。

除此之外，另外 40% 左右的 miRNA 基因则是寄生于其他基因之内，主要是位于结构基因的内含子之中，少数位于非编码的外显子之中或者 rRNA 基因内的间隔区。它们不一定需要有自身的启动子序列，可随所寄生的宿主基因一道转录，从而出现在宿主基因的初始转录产物之中，因此这些 miRNA 具有与宿主基因相似的转录调控机制。当含有寄生 miRNA 的结构基因转录生成其初始产物 pri-miRNA（初始 miRNA）后，在转录后加工过程中释放出含有 miRNA 序列的内含子，然后从内含子中直接剪切出 pre-miRNA（miRNA 前体）。

（五）真核基因的功能

真核基因是能够编码蛋白质或者 RNA 等具有特定功能产物的、负载遗传信息的一段 DNA 序列。对于能够编码蛋白质的真核基因而言，生物体所携带的遗传信息以基因的形式存在，基因所含核苷酸序列，为 DNA 生物合成（即复制）和 RNA 生物合成（即转录）提供了模板，各种 RNA 参与蛋白质生物合成，即 DNA 的脱氧核苷酸序列通过转录指导 RNA 的核苷酸序列，mRNA 可通过遗传密码的方式决定蛋白质的氨基酸排列顺序。由此，基因可利用 4 种碱基的不同排列组合来编码生物体的遗传信息，通过 DNA 生物合成将所携带的遗传信息高度保真地遗传给子代，并可通过 RNA 生物合成和蛋白质生物合成将其所荷载的遗传信息在细胞内表现出来，确保细胞生命活动的有序进行。在基因发挥功能的过程中，如果体内外环境导致基因突变的随机发生，这些基因突变即为生物进化的物质基础。

第二节　真核基因组的结构与功能

一、真核基因组的结构

（一）基因组的概念

某种生物或细胞所含的全部遗传信息的总和被称为该生物或细胞的基因组。德国科学家温克勒斯（H. Winkles）于 1920 年首创基因组，是由"基因"（gene）和"染色体"（chromosome）两个词组合而成，即表示某个生物体的全部基因和染色体组成，可指导该生物体的结构和功能的所有遗传信息的总和。

不同物种之间的基因组的大小、结构和组织形式也各具特色，如基因组中基因的排列方式、基因的种类、数目及分布等。C 值指的是一个物种的基因组 DNA 含量，可反映基因组大小。同一物种中的 C 值相对比较恒定，不同种属生物体的 C 值之间差异悬殊。比如噬菌体 MS2 的基因组大小仅有 3000bp，含有 3 个基因；酵母的基因组大小为 1.3×10^7bp，含有 5885 个基因；人类的基因组大小约为 3.2×10^9bp，含有 3.0 万～3.5 万个基因。一般而言，随着生物的进化，生物体的结构和功能越来越复杂，C 值也变得越来越大，但物种的 C 值大小与其表观复杂度并不完全相关。例如，酵母的 C 值为 0.015pg，果蝇为 0.15pg，鸡为 1.3pg，人类为 3.2pg，但 DNA 量最大的却是两栖动物，比哺乳动物高出 100 倍，一些植物细胞的 C 值也比人类大。这种"C 值矛盾"可能意味着对于某些生物而言，部分 DNA 不具备编码或者调节功能。

（二）真核基因组的结构特点

与原核生物的基因组相比较，真核生物的基因组比较庞大，具有以下结构特点：①细胞核 DNA 与组蛋白形成染色体结构，染色体数目在不同物种存在较大差异。②除配子细胞外，真核生物体细胞的基因组为二倍体（diploid）。③真核基因组中基因编码序列所占比例远远低于非编码序列。④真核基因组中含有大量重复序列，依据其重复频率可分为高度重复序列（highly repetitive sequence）、中度重复序列（moderately repetitive sequence）和单拷贝序列（single-copy sequence）[或者低度重复序列（lowly repetitive sequence）] 几类。⑤真核基因组中存在多基因家族和假基因，如人类基因组中存在约 1.5 万个基因家族。⑥真核基因组中尚未发现操纵子结构。

真核生物的细胞核 DNA 可与蛋白质形成染色体，人类基因组的染色体 DNA 包括 22 条常染色体和 2 条性染色体的 DNA。其中，最长的染色体是 1 号染色体，含有 5078 个基因；最小的是第 21 号染色体，含有 756 个基因。一些遗传学疾病相关基因，如阿尔茨海默病、肌萎缩侧索硬化和唐氏综合征等，均位于第 21 号染色体。人类基因在染色体上的分布也并不均匀，其中，基因密度最大的是第 19 号染色体，平均每百万碱基有 23 个基因；密度最小的是第 13 号染色体和 Y 染色体，平均每百万碱基只有 5 个基因。由此可见，每条染色体都存在"沙漠区"，即在 500kb 区域内不存在任何基因的编码序列，目前尚未阐明"沙漠区"的分布特点、来源及其意义。

真核生物染色体结构能够保持完整和稳定取决于其特殊结构：端粒和着丝粒（centromere）。端粒是位于线状染色体末端的 DNA 片段-蛋白质复合体，能够保持染色体的完整性，保护染色体末端，控制细胞分裂周期。着丝粒位于染色体的主缢痕处，其主要成分为 DNA 和蛋白质，主要作用是使复制的染色体在有丝分裂和减数分裂中可均等地分配到子代细胞中。

1985 年，美国科学家率先提出人类基因组计划（human genome project，HGP），旨在测定人类基因组的全部 DNA 序列，了解基因的组成及其功能。1986 年，美国科学家托马斯·H. 罗德里克（Thomas H. Roderick）提出了基因组学（genomics）的概念。1990 年 HGP 正式启动，美国、英国、法国、德国、日本和中国一起共同参与了这一计划。2003 年顺利完成 HGP 精细图，获得约 32 亿个碱基对数据。

如图 12-3 所示，人类基因组包括细胞核基因组（约 3000Mb）和线粒体基因组（约 16.6kb）。大约 27.4% 的细胞核基因组为编码蛋白基因序列，主要是单拷贝或者中度重复序列，其中外显子仅占 1.5%，内含子和非编码区等约占 25.9%；约 72.6% 的细胞核基因组为基因外序列，包括基因间序列以及中度或高度重复序列。由此可见，编码序列仅在人类基因组中约占 1%，重复序列在人类基因组中达到 50% 以上。

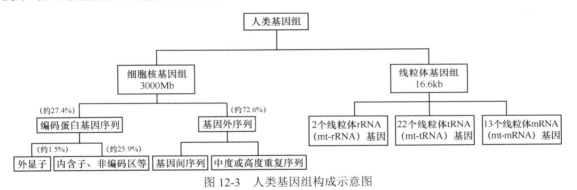

图 12-3　人类基因组构成示意图

1. 高度重复序列　指的是重复频率达到数千甚至几百万次的短核苷酸序列，其核心序列长度为 6～200bp，不编码蛋白质或者 RNA。在人类基因组中，高度重复序列占 20% 左右。依据其结构特点，高度重复序列可分为反向重复序列（inverted repeat sequence）和卫星 DNA（satellite DNA）。反向重复序列指的是两个具有相同碱基序列的 DNA 片段在同一条 DNA 链上反向连接而成，其核心序列长度约为 300bp，约占人类基因组的 5%，多分散性存在于基因组中，通常位于 DNA 复制起点区附近。卫星 DNA 由于鸟嘌呤+胞嘧啶（G+C）含量较少，其浮力密度低于大多数 DNA，在平衡密度梯度离心时会在一条主体 DNA 带之外形成卫星带，故被称为卫星 DNA。卫星 DNA 通常是串联重复序列，主要存在于染色体的着丝粒区，在人类基因组中约占 10% 以上。卫星 DNA 根据其核心序列长度可分为小卫星 DNA（minisatellite DNA）和微卫星 DNA（microsatellite DNA）。前者的核心序列长度约为几百个 bp，后者的核心序列长度仅为 2～20bp。在同一物种的不同个体之间，微卫星 DNA 的核心序列相对保守，但其重复频率存在高度差异，这种差异主要来源于配子细胞形成过程中染色体 DNA 的非对称性交换。故微卫星 DNA 的长度在个体之间表现为高度多态性，由此可提供个体特异的多态性图谱，作为 DNA 指纹鉴定的基础。

2. 中度重复序列　指的是重复频率达到数十次甚至数千次的短核苷酸序列，占真核基因组的 10%～40%，在人类基因组中约占 12%，大多不编码蛋白质，如 rRNA 基因等。大部分中度重复序列与基因表达调控有关，如开启或关闭基因的活性，调控复制的起始以及促进或终止转录等，故被认为可能是与复制和转录的起始、终止等有关的酶和蛋白质因子的识别位点。根据其核心序列长度，中度重复序列可分为短散在重复序列（short interspersed repeated sequence）和长散在重复序列（long interspersed repeated sequence）。

短散在重复序列的核心序列长度为300～500bp，常与单拷贝序列间隔排列，如 *Alu* 家族、*Kpn* Ⅰ 家族和 *Hinf* 家族等。*Alu* 家族的核心序列长度约为300bp，由于其核心序列中含有限制性内切酶 *Alu* 的识别位点，故被称为 *Alu* 家族。*Alu* 家族是人类基因组中含量最丰富的短散在重复序列，占人类基因组的3%～6%。*Kpn* Ⅰ 家族因其核心序列中含有限制性内切酶 *Kpn* Ⅰ 的识别位点而被命名，约占人类基因组的1%。*Hinf* 家族的核心序列长度约为320bp，因其核心序列中含有限制性内切酶 *Hinf* 的识别位点而被命名。

长散在重复序列的核心序列长度为1000bp以上，以散在方式分布在真核基因组中，多具有转座子（transposon，Tn）活性。1951年，美国生物学家芭芭拉·麦克林托克（B. Mc Clintock）提出"跳跃基因学说"，即"转座子理论"，打破了基因在染色体上有固定位置的传统理念。转座子是指能够将自身或者其拷贝插入到基因组新位置的一段DNA序列，中心区域为与转座有关的编码基因，两边侧翼序列为反向重复序列。Tn普遍存在于原核和真核细胞中，可引起插入突变、DNA结构变异和生物进化。

3. 单拷贝序列（或低度重复序列）　是指在单倍体基因组中的重复频率只有一次或者数次的短核苷酸序列，在真核基因组中占50%～80%，在人类基因组中占60%～65%。其中，单拷贝序列也称为非重复序列，其在基因组中的重复频率只有1次，而低度重复序列的重复频率为2～10次。在真核基因组中，单拷贝序列的上游和下游往往散在分布中度或者高度重复序列，不同生物的基因组中单拷贝序列、中度或者高度重复序列的比例差异很大。

大多数编码蛋白质的基因属于单拷贝序列，因此对这些序列的研究对医学实践有特别重要的意义。

二、多基因家族和假基因

（一）多基因家族

在真核基因组中，一组基因的结构和功能都很相似，来源于同一个祖先，这一组基因就构成一个基因家族，其家族成员的外显子具有相关性。多基因家族（multigene family）指的是由同一个远古基因通过复制和变异而衍变和传递下来的一组基因，其结构相似，功能具有相关性。多基因家族的各成员之间具有同源性，其碱基序列相近但不完全相同，如组蛋白基因家族和珠蛋白基因家族就是多基因家族的典型例子。多基因家族成员数可编码结构和功能均相似的一组同源蛋白，这组蛋白就构成了一个蛋白家族。不同蛋白家族的成员数变异很大，一般为2～30个，少数可达上百个。

多基因家族可分为两类：①其家族成员成簇分布在某一条染色体上，可同时发挥作用，如组蛋白基因家族，其成员成簇分布在7号染色体上（7q2—q6）。②其家族成员分布于不同染色体上，可编码功能紧密相关的一组蛋白质，如人类珠蛋白基因家族，分为α珠蛋白和β珠蛋白两个基因簇，分别位于第16号和第11号染色体上。

除此之外，若干组基因家族可构成一个基因超家族（gene superfamily），它们的碱基序列相似，但功能不一定具有相关性。比如免疫球蛋白基因超家族和 *RAS* 基因超家族等。根据家族成员的结构和功能的不同，该基因超家族可进一步分为亚家族（subfamily）。比如 *RAS* 基因超家族包括大约50个成员，根据其碱基序列的同源性程度可进一步分为 *RAS*、*RHO* 和 *RAB* 3个亚家族。

（二）假基因

在多基因家族中，有的家族成员虽含有与正常基因相似的碱基序列，但不能编码蛋白质和RNA，丧失了正常功能，被称为假基因（pseudogene）或者伪基因，以ψ表示。1977年，杰克（C. Jacq）等在研究非洲爪蟾的5S rRNA相关基因时发现一个长度为101bp的片段，此为第一个假基因。之后又有人发现其他结构基因也存在相应的假基因，如β珠蛋白的假基因。大部分假基因位于正常基因附近，与正常基因在染色体上的排列并非共线性关系，而是散在分布于正常基因之间，如线虫约53%的假基因位于染色体短臂末端，果蝇在靠近染色体中心的着丝点附近的假基因分布密度明显增加。推测假基因是基因家族在进化过程中所形成的无功能残留物，它们可能曾经有过功能，但在生物进化过程中因突变造成其碱基序列出现改变，比如存在程度不等的突变（缺失或插入等）、内含子和外显子连接区出现碱基序列改变或者 5′ 端启动子缺陷等，导致无法完成正常的转录和翻译，从而不能再编码蛋白质和 RNA。

根据来源，假基因可分为两类：不含有内含子的经过加工的假基因和含有内含子且尚未经过加工的假基因。前者通常缺少正常基因进行转录和翻译所需的调控序列，其来源可能是成熟 mRNA 经逆转录生成 cDNA（互补 DNA），cDNA 再整合到染色体 DNA 中，从而有可能生成假基因。后者则多来源于单拷贝序列或重复序列的突变或者基因的不完全复制，如珠蛋白假基因家族。

在人类基因组中，大约有 2 万个假基因，约占 14%，其中有大约 2000 个为核糖体蛋白质的假基因。其中，经过加工的假基因主要位于 G+C 含量为 40%～60% 的染色体区域，尚未经过加工的假基因则主要聚集在富含结构基因的区域。

三、线粒体基因组的结构与功能

线粒体是细胞内一个重要的细胞器，线粒体基因组是细胞核外的遗传物质，线粒体 DNA（mitochondrial DNA，mtDNA）可独立编码线粒体中的一些蛋白质。除了如绿藻等少数低等真核生物的 mtDNA 是线状分子之外，绝大多数真核细胞的 mtDNA 结构与原核生物 DNA 类似，为闭合双链环状分子，未结合组蛋白。由于一个细胞可含有数百个甚至上千个线粒体，一个线粒体存在数个 mtDNA 拷贝，故一个细胞可以存在成千上万份 mtDNA 拷贝。不同物种 mtDNA 大小相差悬殊，哺乳动物的 mtDNA 最小，果蝇和蛙的稍大，酵母的更大，而植物的 mtDNA 最大。例如，人类、小鼠和牛的 mtDNA 都是在 16.5kb 左右，酿酒酵母的 mtDNA 约长 84kb。

线粒体遗传呈现独特的母系遗传特点，这是由于成熟的精子细胞几乎失去了所有的细胞质和线粒体，精子细胞在受精后注入卵细胞的遗传物质中不含有 mtDNA，故子代 mtDNA 来源于母亲，这种遗传方式又称为细胞质遗传（cytoplasmic inheritance）。叶绿体 DNA 和细胞质粒上的基因也存在细胞质遗传现象。

线粒体的主要功能是为细胞生命活动提供直接能量，其所携带的遗传信息对维持其正常功能具有重要意义。mtDNA 具有半自主性，线粒体基因组和细胞核基因组通过在基因、蛋白质及细胞水平上相互作用，既相互独立又互相协调，共同保证细胞能量代谢有关的活动，维持线粒体的正常功能和细胞的正常状态。

（一）线粒体 DNA 的结构特征

1963 年，M. M. K. 纳斯（M.M.K.Nass）和 S. 纳斯（S. Nass）首次在鸡卵母细胞中发现线粒体 DNA。1981 年，英国剑桥大学安德森（Anderson）小组测定了人类 mtDNA 的完整序列，被称为"剑桥序列"。如图 12-4 所示，人线粒体 DNA 位于线粒体基质中，全长 16 569bp，为闭合双链环状分子，含有编码区和非编码区。非编码区又称为替代环（displacement loop，D-loop），含有复制起始位点（O_H 和 O_L）及转录控制信号，是 mtDNA 的调控序列。编码区可编码 37 个基因，包括 13 个编码蛋白质的结构基因、2 个编码线粒体 rRNA（mt-rRNA）（16S 和 12S）的基因和 22 个编码线粒体 tRNA（mt-tRNA）的基因。其中，12 个编码蛋白质的结构基

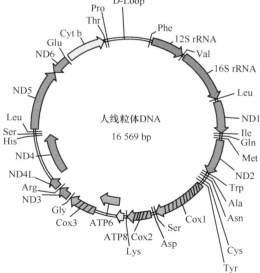

图 12-4 人的线粒体基因组示意图

因、2 个编码 mt-rRNA 的基因和 14 个编码 mt-tRNA 的基因位于富含 G 的外环,被称为重链(heavy chain,H 链);其他基因则位于富含 C 的内环,被称为轻链(light chain,L 链)。由此可见,线粒体上基因排列紧密,没有内含子,基因之间几乎不存在闲置 DNA 序列。

mtDNA 的 13 个结构基因可编码 13 个多肽,是线粒体内膜呼吸链的组分,参与细胞的氧化磷酸化过程,包括细胞色素 c 氧化酶复合体的 3 个亚基(Cox1、Cox2 和 Cox3)、NADH-CoQ 还原酶的 7 个亚基(ND1、ND2、ND3、ND4L、ND4、ND5 和 ND6)、细胞色素 b(Cyt b)以及 ATP 合成酶的 2 个亚基(ATPase 6 和 ATPase 8)。mt-rRNA 基因和 mt-tRNA 基因则全部用于转运和合成这 13 个多肽。

(二)线粒体基因的基因表达特点

线粒体 DNA 的复制与原核生物类似,其复制开始于 L 链的转录启动子,先以 L 链为模板合成一段 RNA,作为 H 链复制的引物,随后在 DNA 聚合酶作用下,生成一条互补的 H 链,取代亲代 H 链。随着新 H 链的生成,D 环延伸,L 链的复制起始点 O_L 暴露,L 链则以亲代 H 链为模板逆时针方向进行复制。当 H 链和 L 链复制完成后,去除 RNA 引物,封闭缺口,两条子代 DNA 分子分离。

如表 12-1 所示,线粒体 DNA 的遗传密码与生物界通用密码子不完全相同,不同物种之间线粒体的遗传密码也有差异。

线粒体中存在 RNA 编辑现象,即 mRNA 的核苷酸序列会经过转录后加工,使其与对应的 DNA 模板的碱基序列有所不同。

表 12-1　不同真核生物通用密码子与线粒体密码子的差异

密码子	通用密码子所编码的氨基酸	不同物种的线粒体密码子所编码的氨基酸				
		哺乳动物	果蝇	链孢菌属	酵母	植物
UGA	终止密码	色氨酸	色氨酸	色氨酸	色氨酸	终止密码
AGA、AGG	精氨酸	终止密码	丝氨酸	精氨酸	精氨酸	精氨酸
AUA	异亮氨酸	甲硫氨酸	甲硫氨酸	异亮氨酸	甲硫氨酸	异亮氨酸
AUU	异亮氨酸	甲硫氨酸	甲硫氨酸	甲硫氨酸	甲硫氨酸	异亮氨酸
CUU、CUC	亮氨酸	甲硫氨酸	亮氨酸	亮氨酸	苏氨酸	亮氨酸
CUA、CUG	亮氨酸	甲硫氨酸	亮氨酸	亮氨酸	苏氨酸	亮氨酸

(三)线粒体 DNA 突变与疾病

线粒体 DNA(mtDNA)突变的常见类型包括错义突变、mt-tRNA 基因突变、缺失、插入以及 mtDNA 拷贝数目突变等。mtDNA 容易发生突变,其突变率要比细胞核基因组的高 10～20 倍,这是由于:① mtDNA 无组蛋白保护,且复制频率高;②线粒体内无 DNA 损伤修复系统;③ mtDNA 主要位于线粒体内膜附近,直接暴露于呼吸链代谢所产生的超氧离子以及电子传递所产生的羟自由基之中,极易受到氧化损伤;④ mtDNA 上基因排列紧密且无内含子存在,发生在 mtDNA 上的突变对蛋白质和 RNA 功能的影响更为明显。

由于每个细胞内含有成千上万份 mtDNA 拷贝,常出现突变 mtDNA 和正常 mtDNA 共存的现象,故子代细胞的 mtDNA 会出现三种基因型:纯合的突变 mtDNA、纯合的正常 mtDNA 以及突变和正常 mtDNA 的杂合体。mtDNA 突变所致疾病的严重程度取决于突变性质及该突变 mtDNA 在总 mtDNA 中所占比例。足以引起某种组织器官功能异常的某突变 mtDNA 占总 mtDNA 的最小比值被称为该突变 mtDNA 的阈值。不同 mtDNA 功能区出现突变,其阈值大小不同,如编码 mt-tRNA 的基因点突变需达到总 mtDNA 的 90% 才能引起临床可见的异常;编码 mRNA 的基因出现大片段缺失,达到总 mtDNA 的 60% 即可引起组织器官功能障碍。不同组织或者同一组织的突变 mtDNA 在不同功能状态下的阈值也不同,如线粒体脑肌病患者,虽然其脑细胞存在 mtDNA 突变,但能维持其基本功能需求;若出现癫痫发作,即使存在相同比例的 mtDNA 突变,也无法满足脑部能量需求,导致脑细胞死亡。另外,同一个体在不同发育阶段,突变 mtDNA 的阈值也不同,这是由于随着个体成长,机体对能量的需求逐渐增加,故突变 mtDNA 所需阈值降低,如肌阵挛性癫痫是编码

mt-tRNA 中赖氨酸基因 8344 位点的 A 被点突变为 G（A → G8344）所致，若患者年龄低于 20 岁，突变 mtDNA 的阈值为 95%；当患者年龄超过 60 岁后，则该突变 mtDNA 的阈值降至 63%。

虽然所有体细胞都含有线粒体，但受线粒体 DNA 突变影响最大的是那些对氧化磷酸化或 ATP 有较高需求的细胞和组织，故线粒体突变所致疾病主要集中在肌肉、中枢神经系统和外周神经系统。比如线粒体脑肌病是编码 mt-tRNA 中亮氨酸基因 3243 位点的 A 被替换为 G（A → G3243）所致；莱伯（Leber）遗传性视神经病变是编码呼吸链 NADH 脱氢酶的 mtDNA 出现点突变所致；卡恩斯-塞尔综合征（Kearns-Sayre syndrome）是在 H 链和 L 链的复制起始点之间的基因片段出现缺失所致。另外，许多神经肌肉性疾病、一些退行性疾病、肾病、肝病、衰老，甚至肿瘤都与 mtDNA 突变有关，比如帕金森病患者脑组织的 mtDNA 存在缺失突变；mtDNA 点突变、缺失突变和非胰岛素依赖型糖尿病的病因存在相关性。

小　结

基因是携带遗传信息的基本单位，除了某些 RNA 病毒以外，基因通常是指染色体上能够编码蛋白质或者 RNA 等具有特定功能产物的一段 DNA 序列。

根据基因功能，基因可分为结构基因、调控基因和操纵基因。基因根据其产物可分为编码蛋白质的基因、没有翻译产物的基因及不转录的 DNA 区段。基因根据其在染色体上的位置可分为等位基因、拟等位基因和非等位基因。

基因的基本结构包含能够编码蛋白质或者功能 RNA 的编码区和非编码区（编码区之间的间隔序列和调控序列）。

真核基因结构最突出的特点是其不连续性，外显子和内含子间隔排列，被称为断裂基因。真核生物的 rRNA 基因和 tRNA 基因均为串联排列的重复基因，成簇出现在染色体上。miRNA 基因主要存在两种形式：一种为含有自身启动子序列的基因，可独立转录出其初始转录产物（初始微 RNA，pri-miRNA），经过第一次和第二次加工，转变为成熟的 miRNA 分子；另一种 miRNA 基因为寄生基因，寄生于其他基因之内，主要是位于结构基因的内含子之中，不一定需要有自身的启动子序列，随宿主基因一道转录出现在宿主基因的初始转录产物之中，在转录后加工过程中释放出含有 miRNA 序列的内含子，然后从内含子中直接剪切出 pre-miRNA。

基因利用 4 种碱基的不同排列编码了生物体的遗传信息，通过 DNA 生物合成将所携带的遗传信息高度保真地遗传给子代，并可通过 RNA 生物合成和蛋白质生物合成将其所荷载的遗传信息在细胞内表现出来，确保细胞生命活动的有序进行。

某种生物或细胞所含的全部遗传信息的总和被称为该生物或细胞的基因组。不同物种之间的基因组的大小、结构和组织形式也各具特色。真核生物的基因组具有以下结构特点：① DNA 与组蛋白相互作用形成线性染色体结构，染色体数目在不同物种间有很大差异。②除配子细胞外，真核生物体细胞的基因组为二倍体。③真核基因组中基因编码序列的所占比例远远低于非编码序列。④真核基因组中含有大量重复序列，依据其重复频率，可分为高度重复序列、中度重复序列和单拷贝序列（或低度重复序列）几类。⑤真核基因组中存在多基因家族和假基因。⑥真核基因组中尚未发现操纵子结构。人类基因组包括细胞核基因组和线粒体基因组。

多基因家族指的是在真核基因组中由同一个远古基因通过复制和变异而衍变和传递下来的一组基因，其结构相似，功能具有相关性。多基因家族的各成员之间具有同源性，其碱基序列相近但不完全相同。在多基因家族中，有的家族成员虽含有与正常基因相似的碱基序列，但不能编码蛋白质和 RNA，丧失了正常功能，被称为假基因。

线粒体 DNA 是细胞核外的遗传物质，可独立编码线粒体中的一些蛋白质，mtDNA 具有半自主性，呈现独特的母系遗传特点。线粒体基因组和细胞核基因组通过在基因、蛋白质及细胞水平上相互作用，共同保证细胞能量代谢有关的活动，维持线粒体的正常功能和细胞的正常状态。

第十二章线上内容

（彭　帆）

第十三章 DNA 的生物合成与损伤修复

DNA 是生命体的遗传物质，DNA 的生物合成以复制的方式进行。DNA 复制（replication）是指遗传信息从亲代 DNA 传递给子代 DNA 的过程，DNA 分子成为各代之间连接的纽带。

DNA 的体内生物合成是由蛋白质、酶等大分子介导的一个受调控的有序复杂过程，原核生物和真核生物的 DNA 复制规律具有相似之处，但也存在差异，真核生物 DNA 复制的过程和参与的分子类型更为复杂多样。当各种因素造成 DNA 损伤时，细胞将启动修复机制对受损的 DNA 进行修复，是否能准确无误地将损伤的 DNA 修复完好，关系到受损细胞的命运。DNA 修复后的细胞或完全康复，或发生癌变，或启动死亡。总之，研究 DNA 复制、损伤和修复的机制是探讨生命遗传奥秘的基础。

本章将重点讲述原核细胞和真核细胞 DNA 复制的基本特性，DNA 复制的酶学和拓扑变化，从复制如何起始、延伸和终止等方面讲述 DNA 复制的具体过程，简要介绍线粒体和非细胞结构的病毒逆转录 DNA 合成过程，DNA 损伤与修复。

第一节 DNA 复制的基本特性

DNA 复制具有四个基本特性：①半保留复制；②双向复制；③半不连续复制；④高保真性。这四个基本特性既适合于原核细胞 DNA 复制，也适合于真核细胞 DNA 复制。由于高等真核生物的基因组 DNA 是线性的，末端 DNA 的复制还涉及逆转录过程。

一、DNA 的半保留复制

所有 DNA 分子都具有共同的结构，即方向相反的两条链按碱基互补配对原则互相缠绕在一起形成的双螺旋结构。按照 DNA 复制的定义，子代 DNA 的遗传信息来源于亲代 DNA 遗传信息的复制，DNA 分子两条链中有一条一定是亲代 DNA 分子，而另一条则是按照亲代 DNA 分子碱基序列复制合成的子代新链，这种保留一半亲代 DNA 分子的复制方式称作 DNA 的半保留复制（semiconservative replication）。

最早证明 DNA 半保留复制的实验是由米西尔逊（M.Meselson）和斯坦尔（F.W.Stahl）完成的。他们利用大肠埃希菌（$E.coli$）能利用 NH_4Cl 作为氮源合成 DNA 的特性，将 $E.coli$ 在含 $^{15}NH_4Cl$ 的培养液中培养，一直到所有细胞的 DNA 都含有重氮 ^{15}N（H），然后再将细胞转到含 $^{14}NH_4Cl$ 的培养液中继续培养，新合成的 DNA 应该含有轻氮 ^{14}N（L），收集不同时期的培养物，提取细胞 DNA 并经 CsCl（氯化铯）密度梯度离心分析，按照 ^{15}N-DNA（H）和 ^{14}N-DNA（L）密度的不同可区分 H-H、L-L 和 H-L 三种双螺旋 DNA 分子。结果发现，转入 $^{14}NH_4Cl$ 培养基后的子一代 DNA 分子中一条链为 ^{15}N-DNA（H），另一条链为 ^{14}N-DNA（L）。随着代数的增加，^{15}N-DNA（H）按 1/4、1/8、1/16 等比例的方式逐渐减少，由此证实 DNA 复制是半保留方式（图 13-1）。

随后，有人采用培养植物细胞的方式证明了真核细胞染色体 DNA 的复制也是半保留复制。可见，真核细胞和原核细胞的 DNA 复制都是采用半保留复制机制。

按半保留复制的方式，子代 DNA 与亲代 DNA 的碱基序列一致，即子代保留了亲代的全部遗传信息，体现了遗传的相对保守性，从而维持了物种的稳定。

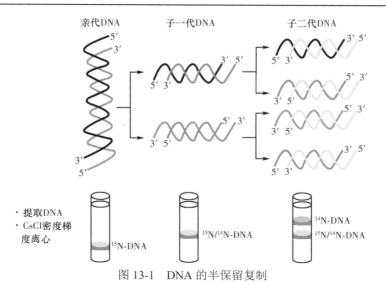

图 13-1　DNA 的半保留复制

二、DNA 的双向复制

DNA 复制是双向复制（bidirectional replication），DNA 的复制是从 DNA 分子上的特定位置开始的，这个特定位置称作复制起点（replication origin），复制开始时首先在此位点形成一个复制泡，两个复制叉（replication fork），新合成的链从起点开始，向两个方向延伸，每一条链都是在起点的两侧以连续复制和不连续复制方式完成的（图 13-2）。DNA 复制从起点开始双向延伸直到终点为止，每一个这样的 DNA 单位都被称作复制子（replicon）。

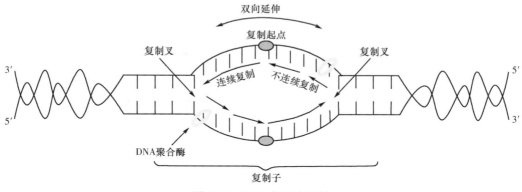

图 13-2　DNA 的双向复制

原核生物基因组是双链闭合环状 DNA 分子，每个 DNA 分子上只有一个复制子，其复制起始于特定起点，以连续复制和不连续复制方式同时向两个方向延伸，因此是单起点双向复制（图 13-3）。真核生物的染色体庞大、复杂，基因组 DNA 复制时有多个复制起始点同时向两侧生出两个复制叉，以连续复制和不连续复制方式进行双向复制，因此，真核生物 DNA 的复制是由多个复制子共同完成的，在 DNA 分子上同时形成许多复制单位（图 13-4）。

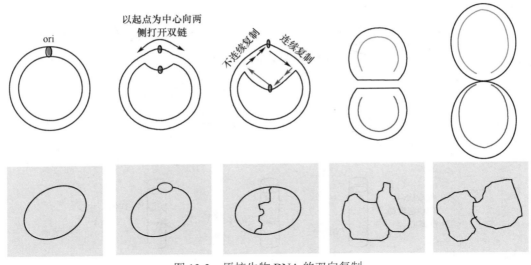

图 13-3　原核生物 DNA 的双向复制

上排为模式图，下排为放射自显影模式图

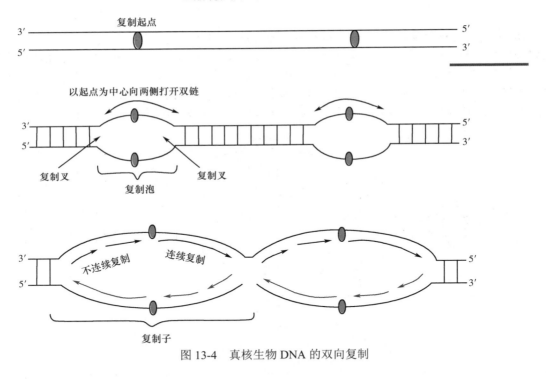

图 13-4　真核生物 DNA 的双向复制

三、DNA 的半不连续性复制

DNA 聚合酶只能催化 DNA 链从 5′ → 3′ 方向合成，所以 DNA 子链沿着模板链复制时，只能从 5′ → 3′ 方向延伸。而解链方向只有一个，顺着解链方向生成的子链，复制是连续进行的，称为前导链（leading strand）。复制方向与解链方向相反，不能顺着解链方向连续延长，必须待模板解开至足够长度，然后从 5′ → 3′ 生成引物并复制子链。延长过程中，又要等待下一段有足够长度的模板，在此生成新的引物而延长，这条不连续复制的链称为后随链（lagging strand）。前导链连续复制而后随链不连续复制，称为复制的半不连续性（图 13-5）。

1968 年，冈崎（Okazaki R）用电子显微镜结合放射自显影技术首次观察到，复制过程中出现了一些较短的 DNA 片段，由此提出子代 DNA 合成是以半不连续方式完成的。这些沿着后随链模板合成的较短的新的 DNA 片段被命名为冈崎片段（Okazaki fragment）。由此确证，子代 DNA 合成是以半不连续的方式完成的，这样就克服了 DNA 空间结构对 DNA 新链合成的制约。

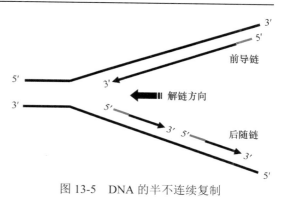

图 13-5　DNA 的半不连续复制

四、DNA 复制的高保真性

半保留复制保证亲代与子代 DNA 碱基序列高度一致，是 DNA 复制高保真性的基础。DNA 复制的保真性是以碱基配对为首要分子依据，以酶促修复为基础的校读系统作为保障来修复复制过程中出现的极少数碱基错配，同时 DNA 损伤修复系统修复各种因素导致的 DNA 损伤，尽可能保持基因组的稳定性。

总之，DNA 聚合酶严格进行碱基配对，DNA 聚合酶的校对功能，DNA 复制后修复系统共同促进 DNA 复制的高保真性。

第二节　DNA 复制的酶学和拓扑变化

DNA 的复制是一个多酶催化的反应过程。例如，解旋酶（helicase）将双螺旋 DNA 链打开，单链 DNA 结合蛋白（single strand DNA binding protein，SSB）结合到解链的 DNA 上使其稳定，引物酶（primase）以 DNA 为模板合成短链 RNA 引物，DNA 聚合酶（DNA polymerase）以 DNA 为模板按碱基互补配对的原则在 RNA 引物 3′-OH 末端催化新链 DNA 的合成，拓扑异构酶（topoisomerase）通过理顺 DNA 的构象配合 DNA 复制的进程，DNA 连接酶（DNA ligase）将 DNA 片段连接起来。

参与 DNA 复制的酶类和其他物质主要包括：①底物，虽然新链由脱氧寡核苷一磷酸（dNMP）聚合而成，但 DNA 复制时的底物却是脱氧核苷三磷酸（dNTP），包括脱氧腺苷 5′-三磷酸（dATP）、脱氧鸟苷 5′-三磷酸（dGTP）、脱氧胞苷 5′-三磷酸（dCTP）和脱氧胸腺苷 5′-三磷酸（dTTP）。②聚合酶（polymerase），催化 dNTP 聚合到核苷酸链上的酶，聚合时需要依赖 DNA 母链作为模板。③模板：指单链 DNA 母链，指引着 dNTP 按照碱基配对的原则逐一合成新链。④引物酶：DNA 聚合酶不能催化两个游离的 dNTP 互相聚合，第一个 dNTP 是聚合到已有的寡核苷酸的 3′-OH 末端上，然后继续延长。提供 3′-OH 末端引导 DNA 合成的短链 RNA 称为引物，它是由引物酶催化合成的。⑤其他酶和蛋白质因子，DNA 解开成单链需要一系列酶和蛋白质因子的参与，起解链、理顺双螺旋、稳定单链等作用。聚合完成后，又需连接 5′-磷酸基（5′-P）和 3′-OH 间裂隙的 DNA 连接酶参与。下面介绍不同酶和蛋白质在 DNA 复制中的作用特点。

一、DNA 复制过程中的拓扑学变化

DNA 分子只有在双螺旋松弛、双链解开并使碱基外露后，才能在 DNA 聚合酶催化下以 DNA 为模板按碱基互补配对原则进行复制。J. Watson 和 F. Crick 在建立 DNA 双螺旋结构模型时曾指出，生物细胞如何解开 DNA 双链是理解 DNA 复制机制的关键。目前已知参与螺旋松弛与解链的酶及蛋白质主要有解旋酶、拓扑异构酶和单链 DNA 结合蛋白。

（一）多种酶参与 DNA 解链和稳定单链状态

复制起始需要多种酶和辅助的蛋白质因子，共同解开并理顺 DNA 双链，维持 DNA 分子在一段时间内处于单链状态，且有足够的复制空间。在大肠埃希菌中，一般将与复制相关的基因命名为 *dnaA*、*dnaB*、*dnaC* 等，其对应的蛋白质命名为 DnaA、DnaB、DnaC 等。DNA 复制起始于 DNA 分子中的复制起点，因此，复制的第一步就是识别复制起点。复制起点的识别需要多种蛋白质因子的参与。例如，大肠埃希菌的复制起点能被 DnaA 蛋白所识别。复制起始时，DnaA 蛋白识别并结合到复制起始点，形成含有 20～30 个亚基的 DNA-蛋白质复合物，即复制起始复合物，为后续 DnaB 蛋白（解旋酶）和 DnaC 蛋白的进入在结构上做好准备。所以，DnaA 识别起始点，DnaB 解开 DNA 双链，DnaC 起运送和协同 DnaB 的作用。

解旋酶是指能将双螺旋 DNA 链分开成单链的酶。解旋酶有许多种，它们能沿着 DNA 作双螺旋运动，利用 ATP 水解产生的能量分离两条链。解旋酶是有方向性的，复制时大部分解旋酶沿着后随链的模板以 5′ → 3′ 方向随复制叉的前进而移动，并连续地解开 DNA 双链。解旋酶在沿单链运动过程中形成一个环绕 DNA 单链的钳子，当它到达链的终点时才能解离下来，或被另一个蛋白质将它从 DNA 链上"卸载"下来。Rep 蛋白也是一种解旋酶，但它是沿着前导链的模板以 3′ → 5′ 的方向移动。最初人们将 Rep 蛋白称为复制蛋白 Rep，后来发现在有 ATP 存在的情况下，Rep 蛋白能解开 DNA 双链，每解开一对碱基需消耗两个 ATP 分子，因而又将其定名为解链蛋白。在 DNA 复制时，Rep 蛋白与解旋酶分别在两条 DNA 母链上，共同向复制叉的方向移动，它们的协同作用保证了 DNA 双链在 DNA 复制期间的连续解链（图 13-6）。

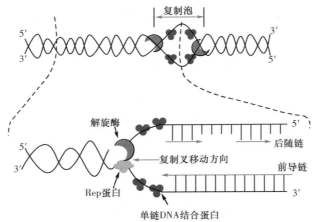

图 13-6　Rep 蛋白、解旋酶、单链 DNA 结合蛋白协同作用使 DNA 解链

所以，解旋酶具有几个基本的特性：①利用 ATP 水解产生的能量将两条链分开成单链；②结合到 DNA 单链上移动；③有方向性；④只有移动到单链 DNA 的末端才能从结合的链上解离下来。

DNA 分子只要进行碱基配对，就会有形成双链的倾向。对于 *E.coli* 的研究发现，当双螺旋 DNA 链被解旋酶打开后，单链 DNA 结合蛋白就结合到两条分开的单链上，从而抑制了互补双链的重新退火结合。SSB 能结合到被解旋酶解开的单链 DNA 上，从而维持 DNA 的单链状态，以利于其在 DNA 复制中发挥模板的作用。*E.coli* 的单链 DNA 结合蛋白是由 177 个氨基酸组成的亚基构成的同源四聚体，其结合单链 DNA 的跨度是 32 个核苷酸。单链 DNA 结合蛋白也能适时地与新复制的单链状态 DNA 分子结合，以保护其免受细胞内核酸酶的降解。细胞内的单链 DNA 结合蛋白可以循环利用。

（二）拓扑异构酶

拓扑是指物体或图像做弹性移位而保持物体原有的性质。DNA 复制从复制起点开始向两个方向复制时，局部 DNA 双链的打开主要靠解旋酶的作用，但在复制叉向复制起点两侧移动时能引起 DNA 盘绕过度，产生正超螺旋结构，从而造成 DNA 分子打结、缠绕、连环等现象。DNA 拓扑异构酶（简称拓扑酶）能改变 DNA 超螺旋状态，可以松弛正超螺旋，从而有利于复制叉的前进和 DNA 的合成。在 DNA 复制完成后，拓扑酶又可将超螺旋结构引入 DNA 分子，使 DNA 缠绕、折叠、压缩以形成染色体。

拓扑酶广泛存在于原核生物和真核生物中，主要分为 I 型 DNA 拓扑酶（DNA topo I ）和 II 型 DNA 拓扑酶（DNA topo II ）两种。

I 型 DNA 拓扑酶的主要作用是将双链 DNA 的一条链切开一个口，切开链的 5′-磷酸基和酶分子上的酪氨酸残基之间产生一个共价磷酸-酪氨酸二酯键，这种磷酸-酪氨酸键的形成不需要 ATP 或其他能量来源（图 13-7）。切开链的游离端 3′-OH 则与酶分子形成非共价键。另一条完整 DNA 链穿过单链切口，使被切的链的末端绕螺旋轴按照松弛超螺旋的方向转动，使 DNA 解链旋转中不致打结，适当时候又把切口封闭，使 DNA 变为松弛状态。

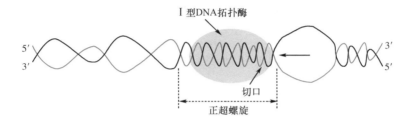

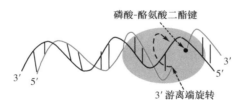

图 13-7　I 型 DNA 拓扑酶的作用

II 型 DNA 拓扑酶，是一个分子量为 400kDa 的四聚体，其中两个亚基具有 I 型 DNA 拓扑酶的活性，另外两个亚基具有 DNA 依赖的 ATP 酶活性。II 型 DNA 拓扑酶能切断 DNA 分子中的两条链，通过切口穿到双螺旋的另一边，然后利用 ATP 重新将切口封上。无 ATP 时，II 型 DNA 拓扑酶与 I 型 DNA 拓扑酶的作用类似，切断处于正超螺旋状态的 DNA 双链，断端经切口穿过而旋转，然后封闭切口，从而使超螺旋松弛。DNA 复制完成后，在 ATP 参与下使断端恢复连接，DNA 分子从松弛状态转变为负超螺旋，即超螺旋的形成使原超螺旋松弛（图 13-8）。在 *E.coli* 中，II 型 DNA 拓扑酶有两种功能：一是在邻近复制起点的 DNA 模板中引入负超螺旋，帮助 DnaA 蛋白起始 DNA 的复制，因为 DnaA 只能在负超螺旋模板上起始复制；另一个重要功能是切除链延长期间在复制叉头部形成的正超螺旋。

总之，拓扑酶通过切断正超螺旋中的一条链（I 型 DNA 拓扑酶）或两条链（II 型 DNA 拓扑酶），使复制中的 DNA 解结、连环或解连环，从而使 DNA 适度盘绕。在 DNA 复制末期，母链 DNA 与新合成的 DNA 链也会互相缠绕，形成打结或连环，也需要拓扑酶进行理顺，使 DNA 分子一边解链，一边复制。可见，拓扑酶参与了 DNA 复制全过程。

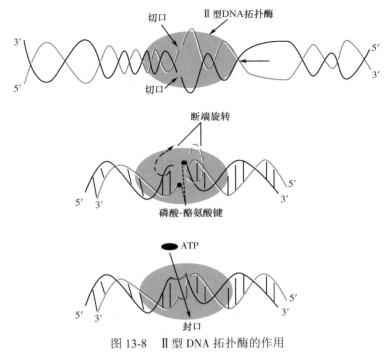

图 13-8 Ⅱ型 DNA 拓扑酶的作用

二、引物酶

即使在 DNA 模板存在的情况下，DNA 聚合酶也不能催化两个游离的 dNTP 相连接，而只能将游离的 dNTP 连接到核苷酸片段游离的 3′-OH 上。因此，新链 DNA 的复制需要短核苷酸序列提供游离的 3′-OH，发挥这种作用的短核苷酸片段（RNA）通常被称作引物（primer）。作为引物的小 RNA 是由引物酶催化合成的。

引物酶是一种特殊的 RNA 聚合酶，它能以 DNA 为模板合成短 RNA 片段。一般认为，引物酶能与单链 DNA 上的解旋酶结合，然后合成与两条模板 DNA 单链互补的短 RNA 引物。RNA 引物一旦形成，引物酶就与单链模板相解离。

E.coli 中的引物酶是 dnaG 基因编码的 DnaG 蛋白，当大肠埃希菌 DNA 复制开始时，首先形成 DnaA-DnaB-DnaC 蛋白复合物，其中解旋酶 DnaB 具有招募并与引物酶（DnaG）结合的作用，形成以 DnaB、DnaG 为核心的引发体，引发体中解旋酶和引物酶互相配合，引物酶与单链模板 DNA 结合并催化短 RNA 引物的合成，然后与单链模板 DNA 解离。

三、DNA 聚合酶

DNA 聚合酶全称为依赖于 DNA 的 DNA 聚合酶（DNA-dependent DNA polymerase，DNA pol），是指能以 DNA 为模板合成 DNA 新链的酶。DNA 的复制实际上就是以 DNA 为模板，在 DNA 聚合酶作用下，将四种游离的脱氧核苷三磷酸（dATP、dGTP、dCTP、dTTP，统称为 dNTP）聚合成 DNA 链的过程。DNA 聚合酶的来源和功能各不相同，如原核生物有 DNA 聚合酶Ⅰ、Ⅱ、Ⅲ（DNA pol Ⅰ、Ⅱ、Ⅲ）；真核生物有 DNA 聚合酶 α、β、γ、δ 和 ε（DNA pol α、β、γ、δ、ε）等。

DNA 聚合酶具有以下共同特点：①需要 DNA 模板，因此这类酶也被称作依赖 DNA 的 DNA 聚合酶；②需要引物；③新链合成方向是 5′ → 3′。另外，参与 DNA 复制的 DNA 聚合酶一般总是由 3 个基本单位组成：聚合单位、滑动夹和夹装载器。每一个单位都可能是一个多蛋白复合物。

（一）DNA 聚合酶催化的反应

DNA 聚合酶一般有 3 种酶活性：① 5′ → 3′ 聚合酶活性；② 5′ → 3′ 核酸外切酶活性；③ 3′ → 5′ 核酸外切酶活性。

1.5′ → 3′ 聚合酶活性　DNA 复制是在引物的 3′-OH 上逐个加上 dNTP 的过程，从而使新链不断延长。其化学反应如下：

$$（dNMP）_n+dNTP \longrightarrow （dNMP）_{n+1}+PP_i$$

反应式中的 n 个脱氧核苷一磷酸，为延长中的新链，其 3′-OH 与脱氧核苷三磷酸（dNTP）的 α-磷酸基起反应，生成 3′,5′-磷酸二酯键，因而使 n 延长为 $n+1$。dNTP 上的 β-磷酸基和 γ-磷酸基游离而生成焦磷酸（PP_i）（图 13-9）。上述反应式仅反映一次聚合化学反应。要完成复制，同样的反应将重复千万次。接踵而来的脱氧核苷三磷酸按同样反应依次聚合，形成 $n+2$，$n+3$，……直至很长的新链。反应式也只能反映新链合成的延长，但这种延长是以母链为模板的，而且遵循碱基配对规律。例如，在母链上对应于 dNTP 的是 T，则加入新链的 dNTP 必定是 A。延长至最后的产物，就是一条与母链互补的新链，并相互形成双螺旋。

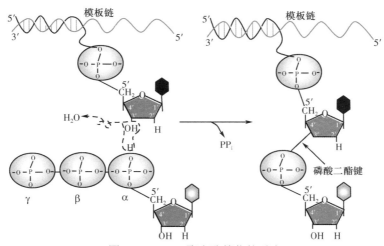

图 13-9　DNA 聚合酶催化的反应

新链只能从 5′ 端向 3′ 端延长，这就是 DNA 复制的方向性。由于 DNA 双螺旋的两条链走向相反，因此复制时也以相反走向各自按模板链指引合成新链。

2. 核酸外切酶（exonuclease）活性　一般 DNA 聚合酶都具有核酸外切酶活性，其中从 DNA 的 5′ 端将核苷酸水解下来，称为 5′ → 3′ 外切酶活性；而从 3′ 端将核苷酸水解下来，称为 3′ → 5′ 外切酶活性。这两种核酸外切酶活性都有利于对复制过程中的错误进行校对。

（二）原核细胞的 DNA 聚合酶

1957 年，阿瑟·科恩伯格（Arthur Kornberg）首次在 *E.coli* 中发现了 DNA 聚合酶 Ⅰ（DNA polymerase Ⅰ，DNA pol Ⅰ），后来又相继发现了 DNA 聚合酶 Ⅱ（DNA pol Ⅱ）和 DNA 聚合酶Ⅲ（DNA pol Ⅲ），这 3 种 DNA 聚合酶都有 5′ → 3′ 方向延长脱氧核苷酸链的聚合活性和 3′ → 5′ 外切酶活性，DNA pol Ⅰ 还具有 5′ → 3′ 外切酶活性。经研究发现，*E.coli* 染色体 DNA 的复制主要由 DNA pol Ⅲ 起作用，而 DNA pol Ⅰ 和 DNA pol Ⅱ 主要在 DNA 错配的校正和损伤修复中起作用。

1. DNA 聚合酶Ⅲ　DNA pol Ⅲ 全酶是由 10 种亚基组成的蛋白质复合体，其核心酶是由 α、ε、θ 亚基组成，其中 α 亚基有 5′ → 3′ DNA 聚合酶活性；ε 亚基有 3′ → 5′ 核酸外切酶活性，它可以从合成链的末端切除不正确的核苷酸，发挥碱基选择和校对（proofreading）功能。两边的 β 亚基二聚体起夹稳模板链并使酶沿模板链滑动的作用。其余的亚基组成 γ-复合物，有促进全酶组装至模板上及增强核心酶活性的作用（图 13-10）。

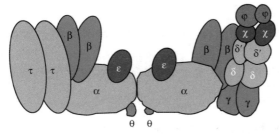

图 13-10　大肠埃希菌 DNA 聚合酶Ⅲ的亚基组成

在原核细胞中，DNA pol Ⅲ聚合反应比活性远高于 DNA pol Ⅰ，每分钟能催化 10^5 个核苷酸的聚合，因此 DNA pol Ⅲ是原核生物复制延长中真正起催化作用的酶。

2. DNA 聚合酶Ⅰ　DNA pol Ⅰ具有 $5' \rightarrow 3'$ DNA 聚合酶活性、$3' \rightarrow 5'$ 核酸外切酶活性和 $5' \rightarrow 3'$ 核酸外切酶活性。① $5' \rightarrow 3'$ DNA 聚合酶活性：虽然细胞内 DNA pol Ⅰ含量最多，但其比活性远小于 DNA pol Ⅲ，每秒只能聚合 10 个核苷酸，而且只能催化延长 20 个核苷酸，所以它不是真正在 DNA 复制延长中起作用的酶，其聚合酶活性主要体现在复制终止时填补冈崎片段间的空隙。② $3' \rightarrow 5'$ 核酸外切酶活性：在 3 种 DNA 聚合酶中，DNA pol Ⅰ的 $3' \rightarrow 5'$ 核酸外切酶活性最强。图 13-11 表示 DNA pol Ⅰ在复制过程中能辨认错配的碱基并加以切除的功能。图中，模板链是 G，新链错配成 A 而不是 C，DNA pol Ⅰ的 $3' \rightarrow 5'$ 核酸外切酶活性就把错配的 A 水解下来，同时利用 $5' \rightarrow 3'$ DNA 聚合酶活性补回正确配对的 C，复制可以继续下去，这种功能称为即时校对。实验也证明，配对如果正确，$3' \rightarrow 5'$ 核酸外切酶活性是不表现的。③ $5' \rightarrow 3'$ 核酸外切酶活性：是 DNA pol Ⅰ切除引物、切除突变片段功能所需的。

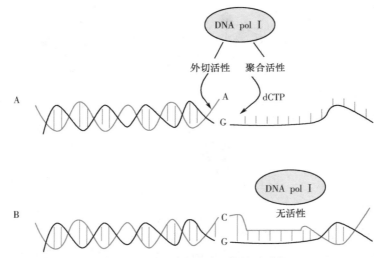

图 13-11　DNA 聚合酶Ⅰ的校读功能

A. DNA pol Ⅰ的外切酶活性切除错配碱基，并且用其聚合酶活性加入正确配对的核苷酸；B. 碱基配对正确，DNA pol Ⅰ不表现活性

综上所述，DNA 聚合酶Ⅰ在活细胞内的功能主要是对复制中的错误进行校读，切除引物，对复制和修复中出现的空隙进行填补。用蛋白酶可把 DNA pol Ⅰ水解成大、小两个片段，其中大片段有 DNA 聚合酶活性，也称为 Klenow 片段（Klenow fragment，克列诺片段），是实验室合成 DNA、进行分子生物学研究的常用工具酶。

3.DNA 聚合酶Ⅱ　DNA pol Ⅱ具有 $5' \rightarrow 3'$ DNA 聚合酶活性和 $3' \rightarrow 5'$ 核酸外切酶活性。它只是在无 DNA pol Ⅰ和 DNA pol Ⅲ的情况下才起作用，其真正的功能也未完全清楚。

（三）真核生物的 DNA 聚合酶

现已发现真核生物至少有 5 种 DNA 聚合酶，分别称为 DNA pol α、DNA pol β、DNA pol γ、DNA pol δ 和 DNA pol ε。DNA pol α 合成引物，而 DNA pol δ 和 DNA pol ε 都是在 DNA 复制延长中起催化作用的酶。实验表明：DNA pol α 只能延长数百个核苷酸，是引物酶，DNA pol δ 负责延长后随链，而 DNA pol ε 负责延长前导链。DNA pol β 复制保真度低，可能是参与应急修复、复制的酶。DNA pol γ 在线粒体内，对线粒体 DNA 的复制起催化作用。

（四）复制的保真性（fidelity）

DNA 聚合酶对模板的依赖性是子链与母链能准确配对、遗传信息传给后代的保证。子链中加入的核苷酸与母链相应的核苷酸配对的关键在于氢键的形成，G ≡ C 以 3 个氢键、A═T 以 2 个氢键维持配对，错配碱基不能形成合适的氢键。据此推想，DNA 聚合时磷酸二酯键的形成应该在氢键的准确搭配之后发生。聚合酶可能靠其大分子结构来协调这种非共价（氢键）与共价（磷酸二酯键）键的有序形成，所以尽管复制速度很快，错配的机会还是很低的。对 DNA pol III 的深入研究，证实了这种酶对核苷酸掺入的选择功能。例如，母链是 T，DNA pol III 能选择 A 而不是其他 3 种（T、C、G）核苷酸进入子链相应的位置。

有研究将 DNA pol III 各亚基重新组合，在试管内观察其复制功能，结果发现没有 ε 亚基的 DNA pol III 在 DNA 复制中错配频率增高，说明 ε 亚基是执行校读功能的亚基。原核生物的 DNA 聚合酶具有 3′ → 5′ 核酸外切酶活性，它可以辨认切除错配碱基并加以校正，此过程称为错配修复。

总之，DNA 复制的保真性至少要依赖 3 种机制：①遵守严格的碱基配对规律；②聚合酶在复制延长中对碱基的选择功能；③复制中出错时有即时的校读功能。

四、DNA 连接酶

DNA 连接酶可以在 DNA 链的 3′-OH 端和相邻 DNA 链的 5′-P 端之间形成磷酸二酯键，从而把两段相邻的 DNA 链连接起来。连接酶的催化作用需要消耗 ATP。实验证明：连接酶可以连接互补双链中的单链缺口，但不能连接单独存在的 DNA 单链或 RNA 单链。DNA 复制中模板链是连续的，新合成的后随链分段合成，是不连续的，片段间的缺口由连接酶形成磷酸二酯键进行封闭（图 13-12）。

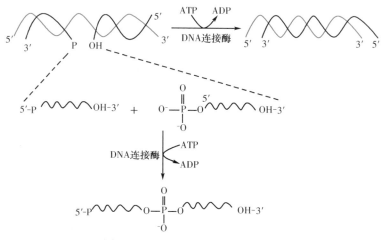

图 13-12　DNA 连接酶的作用方式

DNA 连接酶不但在 DNA 复制中起最后接合缺口的作用，在 DNA 修复、重组和剪接中也起缝合缺口的作用。例如，DNA 两股链都有单链缺口，只要缺口前后存在互补碱基对，连接酶就可发挥作用。因此，连接酶也是基因工程的重要工具酶之一。

第三节　DNA 复制过程

本节以原核生物为例来介绍 DNA 复制的过程，真核生物的 DNA 复制过程仅作对比讨论。DNA 复制是一个连续的过程，为便于理解，将 DNA 复制分为复制起始、复制延长和复制终止三个阶段。此外，某些病毒的遗传物质是 RNA，采用逆转录方式进行体内生物合成达到复制的目的。

一、原核生物 DNA 的复制

原核生物 DNA 都是共价环状闭合 DNA 分子，复制合成过程具有共同的特点，都是以双向复制方式从起始点向两个方向进行 DNA 分子子链合成，最终在终止点汇合。下面以大肠埃希菌 DNA 复制合成为例，了解原核生物 DNA 复制合成的过程和特点。

（一）复制的起始

1. 起始复合物的形成 既然 DNA 的复制不是随机进行的，就说明 DNA 的复制起点一定有其结构上的特殊性。

在原核生物 DNA 中，复制起点只有一个，*oriC* 是大肠埃希菌 DNA 的复制起点。*oriC* 由 245bp 组成，其结构特点为：①在 *oriC* 区域有 4 组由 9 个碱基对组成的串联重复序列，这个区域是 DnaA 蛋白的结合位点。研究发现，DnaA 与 *oriC* 的结合可以启动 DNA 的复制。② *oriC* 区域还有 3 组由 13 个碱基对组成的富含 AT 的串联重复序列，DNA 双链中，AT 间的配对只有 2 个氢键维持，故富含 AT 的部位容易发生解链（熔解），这种序列在促进局部双螺旋解链方面起重要作用。对 6 个菌种来源的基因组进行分析比较，发现了最短的细菌复制起始区的共有序列（consensus sequence），见图 13-13。

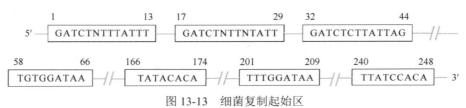

图 13-13　细菌复制起始区

近年研究发现，不同细菌 DNA 的复制起始区在结构上相似，在核苷酸序列上相当保守，而且在分类关系上越是接近的细菌，其同源性越高，说明了 DNA 复制起点的重要性。总之，DNA 复制起始区都有三个共同的特点：①复制起始区是含有多个短重复序列的保守序列；②这些短的重复单位可以被多聚体复制起始区结合蛋白所识别，这些蛋白又反过来组装其他复制酶到复制起始位点；③复制起始区相比邻的区域通常是富含 AT 的序列，这种特性使双螺旋 DNA 更容易解旋，因为熔解 A-T 碱基对比熔解 G-C 碱基对耗能少。

2. 引发体的形成 DnaA 蛋白与 *oriC* 结合所引发的局部解链为 DnaB 结合到单链模板上创造了条件，一旦 DnaB 装载到打开的单链 DNA 模板上，DnaC 就会进入起始复合物，从而形成了引发前体复合物（图 13-14）。

引发前体复合物中的 DnaB 是解旋酶，在 ATP 参与下能将双螺旋 DNA 链进一步打开；DnaC 蛋白则起辅助解旋酶打开双链的作用。解链是一种高速的反向旋转，其两侧势必发生打结现象，此时，DNA 拓扑异构酶，主要是 Ⅱ 型 DNA 拓扑酶，在将要打结或已打结处作切口，断端的 DNA 穿越切口并作一定程度旋转，直至把结打开或解松，然后复位连接，从而使 DNA 连续解链而不受打结的影响。即使不出现打结现象，双链的局部解开，也会导致 DNA 超螺旋的其他部分过度拧转，形成正超螺旋，拓扑异构酶可通过切断、旋转和再连接的方式将正超螺旋变为负超螺旋，从而使 DNA 更好地起模板作用。双链解开后，单链 DNA 结合蛋白结合到开放的单链上，起稳定和保护单链模板的作用。高度解链的模板与蛋白质复合体可促进引物酶（DnaG）的进入，这时的复合物称作引发体（primosome）。

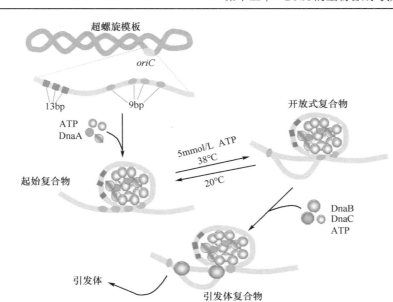

图 13-14　DNA 复制的起始

　　引发体是由解旋酶、DnaC 蛋白、引物酶和 DNA 起始复制区域共同组成的，其中引物酶以单链 DNA 为模板，4 种 dNTP 为原料，按 5′ → 3′ 方向合成 RNA 引物。RNA 引物的长度一般为十几个或几十个核苷酸不等，其游离的 3′-OH 成为进一步合成 DNA 的起点。引物合成后，复制叉的结构形状就已初步具备（图 13-15）。DNA 聚合酶Ⅲ的 α 亚基辨认引发体中的引物，并将第一个脱氧核苷三磷酸（dNTP）加到引物的 3′-OH 上，形成磷酸二酯键，自此，DNA 新链的合成正式开始。

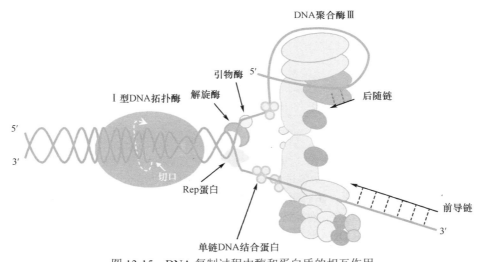

图 13-15　DNA 复制过程中酶和蛋白质的相互作用

（二）复制的延伸

　　原核生物 DNA 复制中 DNA 前导链和后随链的延长都是在 DNA 聚合酶Ⅲ的催化下完成的。DNA 聚合酶催化游离的 dNTP 结合到 DNA 链的 3′ 端，从而使复制以 5′ → 3′ 方向延伸，DNA 链得以延长。因为解链方向只有一个，顺着解链方向生成的前导链，沿着 5′ → 3′ 方向连续延长，与复制叉前进方向相同，复制是连续进行的。后随链复制方向与解链方向相反，不能顺着解链方向连续延长，必须待模板解开至足够长度，然后从 5′ → 3′ 方向生成引物并复制子链。延长过程中，又要等待下一段有足够长度的模板，在此生成引物而延长。后随链的单链模板作为引物酶合成短 RNA 引物（一般＜15 个核苷酸）的模板，当模板链解开足够的长度时，后随链的合成才在 RNA 引物的 3′ 端开始。在大肠埃希菌的 DNA 复制过程中，后随链的合成由 DNA 聚合酶Ⅲ催化，DNA 聚合酶Ⅲ将 dNTP 加到 RNA 引物的 3′-OH 上，形成不连续的 RNA-DNA 片段。

细菌的冈崎片段一般为 1000～2000 个核苷酸，合成过程约需 2s；真核细胞的冈崎片段一般为 100～200 个核苷酸。在 DNA 复制延伸过程中，新形成的冈崎片段 3′ 端与前一个冈崎片段 5′ 端相靠近，这时大肠埃希菌的 DNA 聚合酶Ⅰ接替 DNA 聚合酶Ⅲ，以其 5′→3′ 核酸外切酶的活性将邻近片段的 RNA 引物切除，然后，利用其聚合酶活性同步地填充上 DNA 片段间缺失的 dNTP。最后，相邻冈崎片段的缺口由 DNA 连接酶形成磷酸二酯键连接（图 13-16）。在同一个复制叉上，后随链的复制会慢于前导链，但是两条链是在同一 DNA 聚合酶Ⅲ两个 α 亚基催化下延长的。这是因为后随链的模板 DNA 可以折叠或者绕转，从而能够与前导链的模板对齐（图 13-15）。图中可见，由于后随链作 360° 的绕转，前导链和后随链的延长方向相同，并且延长点都处在 DNA 聚合酶Ⅲ核心酶的催化位点上。解链方向就是聚合酶的前进方向。DNA 的延长速度非常快，以 E.coli 为例，营养充足时细菌 20 分钟就可以繁殖一代，DNA 复制一次。E.coli 基因组全长约 4600kb，可以算出每秒延长的核苷酸达 3800 个。

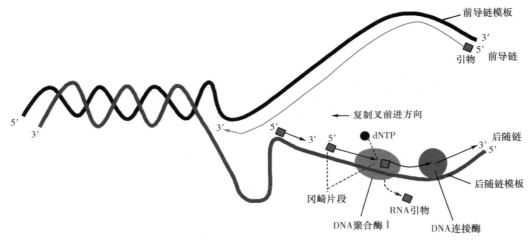

图 13-16　DNA 半不连续复制

（三）复制的终止

DNA 复制的终止包括引物切除、空缺填补和切口连接三个步骤。原核生物基因是环状 DNA，复制是双向复制，从起点开始各进行 180°，同时在终点处汇合。

由于 DNA 复制的不连续性，在后随链上产生了许多冈崎片段。大肠埃希菌的 DNA 聚合酶Ⅰ将每个冈崎片段的 RNA 引物切除，然后利用其聚合酶活性同步填补 DNA 片段间缺失的脱氧核苷酸。相邻冈崎片段缺口最后由 DNA 连接酶连接，按照这种方式，所有的冈崎片段在环状 DNA 上连接成完整的 DNA 子链。前导链也有引物水解后的空隙，由于环状 DNA 是一个闭合环，最后复制的 3′-OH 端继续延长，即可填补空隙及连接上 5′ 端，完成基因组 DNA 的整个复制过程。

二、真核生物 DNA 的复制

真核生物和原核生物的 DNA 复制基本相似，但真核生物的 DNA 分子远比原核生物大，而且通常与组蛋白形成核小体，最后以染色质形式存在于细胞核中，因此真核生物 DNA 复制时有其特殊规律。

真核生物在细胞分裂周期的 DNA 合成期（S 期）发生基因组复制。典型的细胞周期分为 4 期

（G_1、S、G_2、M 期），真核细胞分裂周期的 G_1、S 和 G_2 期为细胞间期，占细胞周期的大部分时间。M 期很短暂，为细胞分裂期，即母细胞分裂为 2 个子细胞。细胞能否分裂，决定于进入 S 期及 M 期这两个关键点。$G_1 \to S$ 及 $G_2 \to M$ 的调节，与蛋白激酶活性有关，蛋白激酶通过磷酸化激活或抑制各种复制因子而实施调控作用。相关的激酶都有调节亚基即细胞周期蛋白（cyclin）和催化亚基即细胞周期蛋白依赖激酶（cyclin dependent kinase，CDK）。两者各有多种，而且可以交叉配伍，实现对 DNA 复制的多样化和精确的调节。

体内活细胞细胞周期长短相差悬殊，关键在于 G_1 期进入 S 期。不少细胞活性物质如生长因子、环核苷酸类、氨基酸、某些离子和代谢物，都能诱发细胞从 G_1 期进入 S 期。在 S 期，细胞内 dNTP 含量和 DNA 聚合酶活性均达到高峰。

（一）真核生物 DNA 复制的特点

1. 真核生物 DNA 复制的延伸速度比原核生物慢　真核生物 DNA 合成酶的催化速度远比原核生物慢，大约为 50 个 dNTP。但真核生物染色体上 DNA 复制起点有多个，因此可以从几个起点同时进行复制，形成多个复制单位，故总速度仍很快。

2. 真核生物 DNA 复制过程中的引物及冈崎片段的长度均小于原核生物　动物细胞中的引物约为 10 个核苷酸，而原核生物中则可高达数十个。真核生物中冈崎片段含 100～200 个核苷酸，而原核生物中则可高达 1000～2000 个核苷酸。

3. 真核生物 DNA 复制中起主要作用的 DNA 聚合酶为 DNA 聚合酶 α、DNA 聚合酶 δ 及 DNA 聚合酶 ε　DNA 聚合酶 α 主要催化合成引物，之后 DNA 聚合酶 α 脱离模板链 DNA，由其他 DNA 聚合酶利用引物合成前导链和后随链。其中，DNA 聚合酶 ε 催化前导链的合成，DNA 聚合酶 δ 催化后随链的合成。

4. 同步合成组蛋白　真核生物 DNA 在复制时还同步合成组蛋白，进一步形成核小体。

5. 各个起始点上只有一轮 DNA 复制　真核生物的染色体在全部复制完成以前，各个起始点上不能再开始下一轮的 DNA 复制，而在快速生长的原核生物中，在起始点上可以连续开始新的 DNA 复制。

（二）真核生物的端粒和端粒酶

与细菌环状 DNA 不同，真核生物染色体是线性的。线性 DNA 复制时，后随链合成的各片段去除引物后，由 DNA 聚合酶来填补空隙，但线性 DNA 末端的 RNA 引物去除后，由于 DNA 聚合酶不能催化 $3' \to 5'$ 的聚合反应，末端的空隙无法填充，可能会造成染色体 DNA 随着复制而逐渐缩短。但事实并非如此，因为真核生物线性染色体的末端有一种特殊结构，称为端粒，在端粒酶的参与下，端粒以特殊的复制机制确保染色体 DNA 链的完整性。

端粒是真核生物染色体末端膨大成颗粒状的结构，形态学上像顶帽子盖在染色体的末端，这是因为末端 DNA 上有与之紧密结合的蛋白质。端粒的结构对于维持染色体的稳定、防止染色体末端相互融合以及保持遗传信息的完整性方面发挥着重要的作用，如果没有端粒结构，染色体末端之间就会发生融合或被 DNA 酶降解。不同生物染色体的端粒都有共同的特点，即短核苷酸序列的多次重复。一般情况下，一条链的端粒重复单位是 T_xG_y，另一条互补链就是 A_yC_x，其中 x 和 y 可以是 1～4。端粒的这种特殊结构是由端粒酶催化合成的。

端粒酶是一种 RNA 和蛋白质复合物。在端粒合成过程中，端粒酶首先以其自身携带的 RNA 为模板合成互补链，因此，端粒酶也是一种特殊的逆转录酶。端粒 DNA 合成过程可分为三个步骤（图 13-17）：①端粒酶借助其自身 RNA 与 DNA 单链有互补碱基序列而辨认结合到 DNA 的末端；②端粒酶以 RNA 为模板，与其互补的模板 DNA 3′端为引物，dGTP 和 dTTP 为原料，在染色体 DNA 末端延长 DNA 模板链；③伸长的 DNA 末端与互补的 RNA 模板解链，端粒酶重新定位于模板的 3′ 端，开始下一轮的聚合作用（图 13-17 左）。经过多次移位、聚合的反复循环，使端粒的 TG 链达到一定的长度，然后端粒酶脱离母链（图 13-17 右），随后 RNA 引物酶以母链为模板合成引物，招募 DNA 聚合酶，在 DNA 聚合酶催化下填充子链，最后引物被去除。端粒的这种合成方式称为爬行模型（inchworm model）。

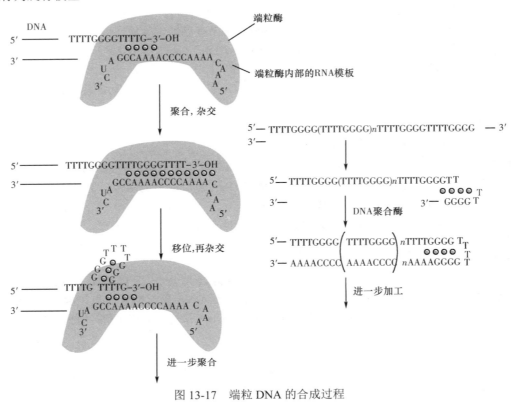

图 13-17 端粒 DNA 的合成过程

第四节 逆转录和其他复制方式

双链 DNA 是大多数生物的遗传物质，但是某些病毒的遗传物质却是 RNA。此外，真核生物的线粒体 DNA、原核生物的质粒，都是染色体外存在的 DNA。这些非染色体基因组通常采用特殊的方式进行体内生物合成来完成基因组的复制。

一、逆转录病毒的基因组 RNA 以逆转录方式复制

RNA 病毒的基因组是 RNA 而不是 DNA，其复制方式是逆转录（reverse transcription），因此也称为逆转录病毒（retrovirus），但并非所有的 RNA 病毒都是逆转录病毒。逆转录的信息传递方向（RNA → DNA）与转录过程（DNA → RNA）相反，是一种特殊的复制方式。1970年，Temin 和 Baltimore 分别从 RNA 病毒中发现能催化以 RNA 为模板合成双链 DNA 的酶，称为逆转录酶（reverse transcriptase），全称是依赖于 RNA 的 DNA 聚合酶（RNA-dependent DNA polymerase）。

从单链 RNA 到双链 DNA 的生成可分为三步（图 13-18 左）：首先是逆转录酶以病毒基因组 RNA 为模板，催化合成 RNA-DNA 杂化双链。然后，杂化双链中的 RNA 被逆转录酶中有 RNase 活性的组分水解，被感染细胞内的 RNase H（H=Hybrid）也可以水解 RNA 链。RNA 分解后剩下的单链 DNA 再作为模板，由逆转录酶催化合成第二条 DNA 互补链。有研究发现，病毒自身的 tRNA 可用做复制过程中的引物。这条双链 DNA 可以整合到宿主基因组里。当条件适合时，该整合的双链 DNA 片段可以通过转录的方式生成单链病毒基因组 RNA，经过包装生成新的病毒。

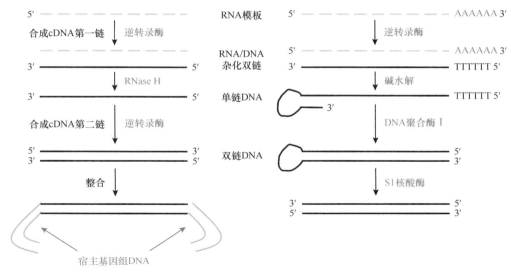

图 13-18　逆转录酶催化的 DNA 合成

所以，逆转录酶有三种活性：依赖于 RNA 的 DNA 聚合酶活性，依赖于 DNA 的 DNA 聚合酶活性和 RNA 酶活性。逆转录酶无 $3' \rightarrow 5'$ 核酸外切酶活性，所以没有校对功能，这也是 RNA 病毒容易产生变异的主要原因。

二、逆转录的发现发展了中心法则

逆转录酶和逆转录现象的发现是分子生物学研究中的重大事件。中心法则认为，DNA 兼有遗传信息的传代和表达的功能，因此 DNA 处于生命活动的中心位置。逆转录现象说明，至少在某些生物，RNA 同样兼有遗传信息传代功能，逆转录的发现发展了中心法则。

艾滋病的病原体人类免疫缺陷病毒（human immunodeficiency virus，HIV）就是 RNA 病毒，有逆转录活性。对逆转录病毒的研究，拓宽了 20 世纪初已注意到的病毒致癌理论，至 20 世纪 70 年代初，从逆转录病毒中发现了癌基因。至今，癌基因研究仍是病毒学、肿瘤学和分子生物学领域的重大课题。

分子生物学研究还应用逆转录酶作为获取基因工程目的基因的重要方法之一，此方法称为 cDNA 法（图 13-18 右）。在人类这样庞大的基因组 DNA（$3.2 \times 10^9 bp$）中，要选取其中一个目的基因，有相当大的难度。对 RNA 进行提取、纯化，相对较为可行。获取 RNA 后，用逆转录酶催化 dNTP 在 RNA 模板指导下的聚合，生成 RNA/DNA 杂化双链。用酶或碱把杂化双链上的 RNA 除去，剩下的 DNA 单链再作为第二条 DNA 链合成的模板，在试管内以 DNA pol Ⅰ 的大片段，即 Klenow 片段催化 dNTP 聚合。合成的双链 DNA 称为 cDNA，c 是互补（complementary）的意思。

与平常我们所称的基因组 DNA 不同，cDNA 没有内含子而只有外显子的序列，cDNA 就是编码蛋白质的基因，通过转录又可以得到原来的模板 RNA。目前科学家已利用该方法建立了多种不同属和细胞来源的含所有表达基因的 cDNA 文库，方便人们从中获取目的基因。

三、其他复制方式

新冠病毒是 RNA 病毒，但是它的复制不是通过逆转录，而是依赖 RNA 的 RNA 聚合酶来复制其基因组和转录其基因。

真核生物的线粒体存在独立的 DNA，即线粒体 DNA（mtDNA）。编码 ATP 合成有关的蛋白质、酶和线粒体蛋白。

D 环复制是 mtDNA 的复制形式，复制时需要合成引物。mtDNA 为闭合环状双链结构，第一个引物以内环为模板延伸。至第二个复制起始点时，又合成另一个反向引物，以外环为模板进行反向的延伸。最后完成两个双链环状 DNA 的复制。mtDNA 容易发生突变，损伤后修复又比较困难。mtDNA 的突变与衰老有关，也与一些疾病的发生有关。所以，mtDNA 的突变与修复成为医学研究上引起广泛兴趣的问题。

第五节　DNA 损伤与修复

DNA 存储着生物体赖以生存和繁衍的遗传信息，DNA 的复制是将遗传信息传给子代的重要环节。但是在生命演化过程中，某些内外环境因素和生物体内的因素均可导致 DNA 结构组成改变，称为突变（mutation）或 DNA 损伤（DNA damage）。如果 DNA 的损伤或遗传信息的改变不能被更正，就可能影响体细胞的功能或生存，生殖细胞的异常则可能影响到后代。因此，在生物进化过程中，生物体获得了修复受损 DNA 的能力，从而保持了遗传的稳定性。然而从另一个角度看，DNA 分子的突变也是生物进化和变异的分子基础。

实际上，DNA 发生损伤的同时机体已经开始启动 DNA 修复过程。DNA 损伤与修复可能产生的后果：①损伤被正确修复，DNA 恢复正常，细胞维持正常状态。②当 DNA 损伤严重，不能被有效修复，并且含有这种突变 DNA 的细胞不能存活而发生凋亡，这些 DNA 受损的细胞被清除。③当 DNA 发生不完全修复时，突变体产生，染色体发生畸变，可诱导细胞出现功能改变，甚至出现衰老、细胞恶性转化等生理、病理变化。

一、DNA 损伤及突变的常见因素

DNA 损伤及突变的常见因素主要包括 DNA 的自发性损伤、物理因素导致的损伤和化学因素引起的损伤，有些损伤的发生是来自环境因素的影响，如紫外线的过度照射，应该尽量避免。通常能引起 DNA 损伤或突变的因素也是癌症等疾病的发病原因。

（一）DNA 分子的自发性损伤

DNA 分子的自发性损伤可能是 DNA 复制错误所致，也可能是 DNA 分子自身构型的变化或化学变化影响了复制的正确配对。

在 DNA 复制过程中，DNA 聚合酶以母链 DNA 为模板、按照碱基互补配对规律合成子代新链。从理论上讲，这是一个严格而精确的事件，然而，碱基的错配也偶有发生。复制中，碱基的异构互变、4 种 dNTP 间比例的不平衡等均可能引起碱基错配。研究发现，大肠埃希菌 DNA 聚合酶Ⅲ的 α 亚基在体外 DNA 复制过程中每延伸 10^4 个核苷酸就会引入 1 个错误碱基。在 DNA 聚合酶作用下，错配频率可控制在 $10^{-6}\sim10^{-5}$，而且在复制中一旦发生错配，DNA 聚合酶则可暂停聚合反应，利用其 3′→5′ 外切酶活性切除错配的核苷酸，然后再继续进行正确的配对复制。DNA 聚合酶利用这种对复制错误的修正方式保证了复制的准确性，使复制的错配率降低至 10^{-10} 左右。

DNA 分子在生物体内也会自发性地发生一些构型变化或化学变化，从而影响了 DNA 复制中碱基的正确配对。①碱基的异构互变：DNA 分子中的 4 种碱基都有各自的异构体，不同异构体（如烯醇式与酮式）间的互换可改变碱基间的氢键，从而使碱基配对发生错误。②碱基的脱氨基作用：碱基的环外氨基有一定频率发生自发脱落。例如，胞嘧啶氧化脱氨后可变成尿嘧啶，腺嘌呤可变成次黄嘌呤，鸟嘌呤可变成黄嘌呤。③碱基修饰：生物体内的一些超氧化物，如 O_2^-、H_2O_2 等，可能对核苷酸上的碱基有修饰作用，产生修饰碱基如胸腺嘧啶乙二醇、羟甲基尿嘧啶等，从而导致复制中的错配发生。另外，体内还可发生 DNA 的甲基化或其他类型的结构变化，这些损伤的积累可导致细胞的老化。

（二）DNA 分子的物理损伤

电磁辐射是导致 DNA 物理损伤的最常见原因，可导致受辐射的组织细胞发生 DNA 损伤。电磁辐射又分为电离辐射和非电离辐射。紫外线和波长长于紫外线的电磁辐射属于非电离辐射；X

射线、γ 射线等，能直接或间接引起被照射组织发生电离，则属于电离辐射。

紫外线照射可以导致 DNA 损伤。按波长的不同，紫外线（UV）分为 UVA（320～400nm）、UVB（290～320nm）和 UVC（100～290nm）。当 DNA 受到波长在 260nm 左右的紫外线照射时，会引起 DNA 链上相邻嘧啶以环丁基环连成二聚体，如 C-T、C-C、T-T，其中最容易形成的二聚体是 T-T（图 13-19）。人皮肤受到紫外线照射后，其细胞内的 DNA 以每小时 $5×10^4$ 频率形成二聚体，但一般只局限于皮肤。另外，紫外线照射还可导致 DNA 单链或双链的断裂损伤。大气臭氧层可吸收 320nm 以下的大部分紫外线，保护地球上的生物免受太空紫外线的损害。但环境污染、臭氧层严重破坏会失去保护作用，导致 UV 对生物的损伤。

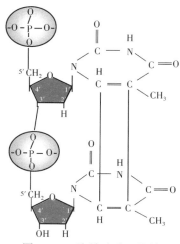

图 13-19　胸腺嘧啶二聚体

电离辐射也是导致 DNA 损伤的物理因素，其损伤 DNA 的方式可以是直接物理损伤，也可以通过生物体产生大量自由基而间接损伤 DNA。无论是哪种方式，电离辐射导致的 DNA 损伤有多种类型：①碱基变化，即电离辐射引起的 OH·自由基可以导致 DNA 分子上碱基的氧化修饰或碱基环的破坏等，一般嘧啶比嘌呤敏感。②脱氧核糖的变化，即 OH·自由基与脱氧核糖上的每个碳原子和羟基上的氢都能发生反应，从而导致脱氧核糖环的破坏，最终引起 DNA 链的断裂。③ DNA 链的断裂，即电离辐射引起的严重损伤事件，可引起 DNA 双链中的单链断裂或双链同时断裂，但前者比后者发生频率高 10～20 倍。④交联，即电离辐射造成 DNA 分子结构和特性的变化，使其与邻近 DNA 或蛋白质，如组蛋白、DNA 结合蛋白及参与复制或转录的相关酶分子以共价键相连，形成 DNA-DNA 交联体及 DNA-蛋白质交联体，从而影响细胞的功能和 DNA 的复制及转录等功能。

由此可见，紫外线或离子射线（如 X 射线）不仅能修饰 DNA 分子，还能影响细胞的功能，导致癌症。例如，第二次世界大战中日本原子弹爆炸区域的幸存者白血病发病率明显增加。

（三）DNA 分子的化学损伤

化学因素导致 DNA 的损伤可以是化学物质直接与 DNA 相互作用引起的，也可以通过间接方式引起。一些化学性质活泼的亲电子制剂，如烷化剂，通过与 DNA 分子中氮原子或氧原子直接发生化学反应来修饰特定的核苷酸，使配对碱基的正常形状发生扭曲，导致 DNA 的损伤。而一些化学性质不活泼、不溶于水的化合物，只有当它们引入亲电子基团时才能导致 DNA 损伤。同时，许多化疗药物通过造成 DNA 损伤，包括碱基改变、单链或双链 DNA 断裂等，阻断 DNA 复制或 RNA 转录，进而抑制肿瘤细胞增殖。因此，研究 DNA 化学损伤将有助于化疗药物的改进。

烷化剂是化学因素引起 DNA 损伤的典型代表。烷化剂有两类：一类是单功能基烷化剂，如甲基甲烷碘酸，只能使一个位点发生烷基化；另一类是双功能基烷化剂，如氮芥、硫芥等化学武器，一些抗癌药如丝裂霉素、环磷酰胺以及二乙基亚硝铵等致癌物都属于此类，它们的两个功能基可同时使两处烷基化。烷化剂可使 DNA 发生各种类型的损伤。①碱基烷基化：烷化剂将其烷基加到 DNA 的嘌呤或嘧啶的氮原子或氧原子上，使碱基配对发生变化。例如，鸟嘌呤 N17 被烷基化后就不再与胞嘧啶配对，而与胸腺嘧啶配对，导致 G-C 变成 G-T。②碱基脱落：碱基一旦被烷基化，其糖苷键就处于不稳定状态，容易从 DNA 上脱落下来，DNA 链上就会出现没有碱基的位点，复制时可随机插入任何核苷酸而造成突变。③断链：DNA 链的磷酸二酯键上的氧原子一旦被烷基化，就会形成不稳定的磷酸三酯键，造成糖与磷酸间发生水解而使 DNA 链断裂。④交联：双功能基的烷化剂可同时造成两处烷化，引起 DNA 链内、链间及与蛋白质之间发生交联，影响 DNA 的正常功能。

亚硝酸能引起碱基的脱氨基反应，腺嘌呤脱氨基后变成次黄嘌呤，不能和原来的胸腺嘧啶配对，而与胞嘧啶配对，进而改变碱基序列。

二、DNA 突变的类型和后果

（一）DNA 突变的类型

各种因素导致 DNA 损伤的后果就是突变的发生，DNA 的突变主要包括以下几种类型。

1. 点突变（point mutation） 一般是指 DNA 分子上一个碱基的变异。点突变可分为两种情况：一种是碱基的转换（transition），即由一种嘧啶变成另一种嘧啶，或由一种嘌呤变成另一种嘌呤；另一种是碱基的颠换（transversion），即由嘌呤变嘧啶或嘧啶变嘌呤。点突变如果发生在基因的编码区，可引起其编码氨基酸的改变，从而导致疾病，如镰状红细胞贫血就是血红蛋白 β 链上第 6 号氨基酸的变异所致，而导致这个氨基酸变化的原因是其编码基因上的一个点突变（图 13-20）。

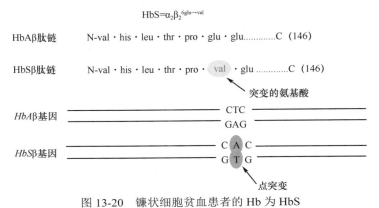

图 13-20 镰状细胞贫血患者的 Hb 为 HbS

2. 缺失突变（deletion mutation） 指一个碱基或一段核苷酸链从 DNA 分子上消失。

3. 插入突变（insertion mutation） 指一个原来没有的碱基或一段原来没有的核苷酸链插入到 DNA 链中。缺失或插入都可导致移码突变。移码突变是指三联体密码的阅读方式改变，造成蛋白质氨基酸排列顺序的变化，其后果是翻译出来的蛋白质可能结构或功能完全不同。但 3 个或 $3n$ 个核苷酸缺失或插入不一定能引起移码突变，可能只是蛋白质水平上一个或几个氨基酸的增加或减少，对蛋白质结构影响较小。

4. 重排（rearrangement） DNA 分子内发生较大片段的交换，称为重组或重排。移位的 DNA 可以在新位点上颠倒方向反置（倒位），也可以在染色体之间发生交换重组。

（二）DNA 突变的后果

1. 致死性 致死性的突变导致细胞或生物体的死亡。

2. 使生物体某些功能缺失，从而引起疾病的发生 例如，遗传病和有遗传倾向的疾病（如肿瘤）。

3. 只改变了基因型而对表现型毫无影响 例如，在简并密码子上第三位碱基的改变、蛋白质非功能区段上编码序列的改变等。

4. 出现优良品性 发生了有利于物种生存或有利于人类的结果。

三、DNA 损伤修复的机制

（一）DNA 聚合酶的校对功能可以更正复制错误

DNA 聚合酶在合成 DNA 的过程中，利用其 $3' \rightarrow 5'$ 外切酶活性对错配的碱基进行校对，从而将突变概率降到最低。大肠埃希菌 DNA 聚合酶 Ⅰ 的 $3' \rightarrow 5'$ 外切酶活性能从 3' 端切除错配的碱基，DNA 聚合酶 Ⅲ 的核心酶 ε 亚基也具有这种功能，动物细胞的 DNA 聚合酶 δ 和 ε 也有校对活性。

由此可见，DNA 聚合酶的这种功能对于避免过多基因损伤的积累是必不可少的。

（二）直接修复系统逆转 DNA 损伤

E.coli 的直接修复机制之一是光修复系统。光修复系统通过光修复酶催化完成，在可见光（400nm）激发下，光修复酶可将嘧啶二聚体分解为原来的非聚合状态，DNA 恢复正常。但是光修复并不是高等生物修复嘧啶二聚体的主要方式，哺乳动物缺乏光修复酶。

（三）单碱基错配修复

单碱基错配修复主要是针对点突变的一种修复方式。DNA 的许多自发突变都是点突变，即单个碱基的错配，原核生物和真核生物都有错配修复系统，如大肠埃希菌的 MutHLS 错配修复系统就是针对点突变进行修复。在大肠埃希菌 DNA 复制过程中，如果模板链（亲代链）的腺嘌呤是甲基化形式，由于 DNA 聚合酶只能往 DNA 中掺入非甲基化的腺嘌呤，所以，新复制的子代链腺嘌呤是非甲基化的，停滞几分钟后才被 Dam 甲基转移酶甲基化，在这段停滞期中，新复制的双链 DNA 是半甲基化的。一旦单个碱基发生改变，MutHLS 修复系统就利用这段半甲基化状态的瞬间发挥修复功能。

大肠埃希菌中的 MutH 蛋白能特异性地结合半甲基化序列，并能区别甲基化的亲代链和非甲基化的子代链，但 MutH 蛋白与 DNA 链的结合需要 MutS 蛋白的帮助。MutS 蛋白能结合到不正常的 DNA 配对片段上，随后 MutL 蛋白也结合到这个片段上，由于 MutL 蛋白是一种连接蛋白，其与 DNA 的结合能使 MutH 移动到 MutS 附近，并激活 MutH 的内切酶活性，然后靠这种活性特异性地将子代链中的错配碱基切除（图 13-21）。

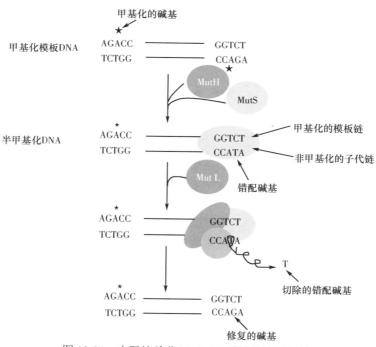

图 13-21　大肠埃希菌 MutHLS 系统的错配修复

（四）切除修复

切除修复（excision repair）是细胞内最重要的修复机制，是指对 DNA 的损伤部分先进行切除，然后再进行正确的合成，补充被切除的片段。切除修复主要由特异的核酸内切酶、DNA 聚合酶 I 及 DNA 连接酶共同完成，其基本机制是：通过特异的核酸内切酶水解核酸链内损伤部位的 5′端和 3′端的磷酸二酯键，在链内造成一个缺口，当错误的核苷酸从链上水解出来后，再通过 DNA

聚合酶Ⅰ的催化作用，按照模板的正确配对，将缺失部分以 5′ → 3′ 方向合成填补，最后由 DNA 连接酶在 3′-OH 与 5′-P 裂隙间形成磷酸二酯键封口。大肠埃希菌的 UvrABC（一类光活化的光修复酶）系统就是切除修复系统。当 DNA 分子的形状发生异常而影响复制或转录时，2 个 UvrA 和 1 个 UvrB 首先形成 2UvrA-UvrB 复合物，在 ATP 参与下先结合到未受损的 DNA 上，然后沿着 DNA 双螺旋一直滑到异常扭曲的 DNA 区域，使 2UvrA-UvrB 复合物结合到损伤的 DNA 部位（如 DNA 骨架产生弯曲或扭结），这时 UvrA 与 UvrB 解离，具有内切酶活性的 UvrC 结合到损伤位点，切除受损的 DNA 区域，切除修复后留下的缺口由 DNA 聚合酶和连接酶来填补。损伤修复完成后，UvrA、UvrB、UvrC 被蛋白酶水解破坏（图 13-22）。

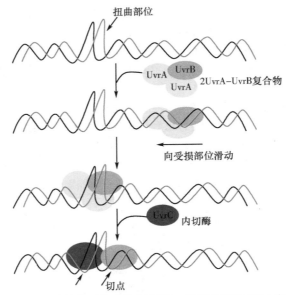

图 13-22　紫外线活化光修复系统，修复受损的 DNA 部分

（五）重组修复

重组修复（recombination repair）是对缺乏模板且损伤大的 DNA 的一种修复方式。重组修复是指依靠重组酶系，将另外一端未受损伤的 DNA 移到损伤部位，提供正确的模板，进行修复的过程。

1. 同源重组修复（homologous recombination repair）　指参加重组的两段双链 DNA 在相当长的范围内序列相同。当大块受损的 DNA 作为模板复制新链时，子代链就会出现缺口，这时重组蛋白 RecA 的核酸酶活性就会利用另一条健康的母链与缺口部分进行交换，填补缺口。结果健康母链又出现了缺口，但它可以利用完整子代链作为模板，借助 DNA 聚合酶Ⅰ及 DNA 连接酶的作用将健康母链完全复原。参与重组修复的 RecA 蛋白是 *recA* 基因编码的产物，除此之外，*recB*、*recC* 等也是与重组修复有关的基因（图 13-23）。

2. 非同源末端连接重组修复（non-homologous end joining recombination repair）　是哺乳动物细胞 DNA 双链断裂的另一种修复方式，即两个 DNA 分子的末端不需要同源性就能连接起来。因此，非同源末端连接重组修复的 DNA 链的同源性不高，修复的 DNA 序列中会存在一定的错误。

（六）SOS 修复

"SOS" 是国际海难信号，这一命名表示这是一类应急性的修复方式。细胞采用这一修复方式是由于 DNA 分子受到严重损伤，细胞处于危险状态，正常修复机制均已被抑制，此时只能进行 SOS 修复。这种修复的机制是：正常状态下，调控蛋白 LexA 作为一种抑制蛋白，抑制与 SOS 修复有关基因（*recA* 基因、*uvrA* 基因及其他 SOS 基因）的表达，但当 DNA 受到严重损伤时，RecA 蛋白被激活，刺激调控蛋白 LexA 的自我水解，当 LexA 被水解后，与 SOS 修复有关基因的抑制被解除，于是 SOS 修复酶大量表达。SOS 修复时，SOS 修复酶对碱基的识别和选择均不严格，因此，错配的概率可能很高，需要进行精确的校验。SOS 修复后，如果 DNA 复制能继续进行，细胞可能存活，但 DNA 中存留的错误也会很多，引起较广泛和长期的突变。以细菌为研究材料的实验还证明：不少能诱发 SOS 修复机制的化学药物都是哺乳动物的致癌剂。对 SOS 修复和突变、癌变的关系，是肿瘤学上研究的热点课题之一。

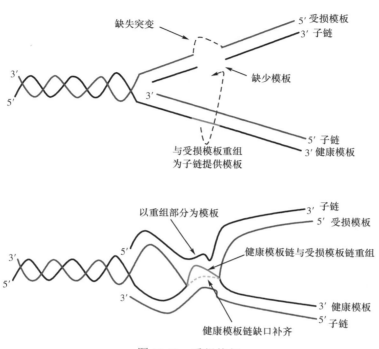

图 13-23　重组修复

四、DNA 损伤及修复的意义

（一）DNA 突变是进化与分化的分子基础

亲代细胞的遗传信息高度忠实地传递给子代是维持物种稳定的最主要因素。DNA 损伤具有双重效应，通常有两种直接生物学后果：一是给 DNA 带来永久性的改变即突变，即可能改变基因的编码序列或者基因的调控序列，促进生物多样性和生物进化；二是 DNA 损伤导致基因改变，使得 DNA 不能正确表达出蛋白质，进而使细胞的功能出现障碍。因此，DNA 损伤既有消极的一面，也有积极的一面。

对于独立个体而言，DNA 损伤通常都是有害的，DNA 损伤若发生在与生命活动密切相关的基因上，可能导致细胞，甚至是个体的死亡。从长远的生物进化过程来看，突变又是遗传变异的动力，没有突变就没有生物的多样性。一个物种的自然演变是基因长期突变累积的结果，因此，突变是进化的分子基础。

DNA 突变可能只是改变基因型，体现为个体差异，而不影响其基本表型。目前基因的多态性已被广泛应用于亲子鉴定、个体识别、器官移植配型及疾病易感性分析等。

（二）DNA 损伤修复与多种疾病的发生密切相关

DNA 突变是多种疾病发病的分子基础，有遗传倾向的疾病，如高血压、糖尿病和肿瘤等，均是多种基因与环境因素共同作用的结果。细胞中 DNA 损伤的生物学后果，主要取决于 DNA 损伤的程度和细胞的修复能力。如果损伤得不到及时正确的修复，就可能导致细胞功能的异常，导致疾病的出现。

DNA 碱基的损伤可导致遗传密码子的变化，经转录和翻译产生功能异常的 RNA 与蛋白质，引起细胞功能的改变，甚至发生恶性转化；双链 DNA 的断裂可通过重组修复途径加以修复，但非同源重组修复保真性差，修复过程中可能丧失或获得新的核苷酸，造成染色体畸形，导致严重的生物学后果；DNA 交联影响染色体的高级结构，妨碍基因的正常表达，对细胞的功能同样产生影响。

如果上述这些损伤、突变发生在体细胞内，就会导致相应器官组织病变；如果发生在生殖细胞中，就有可能遗传给下一代，导致家族性遗传病。

1. DNA 损伤和修复缺陷是导致肿瘤发生的主要原因　肿瘤的发生是 DNA 损伤对机体的远期效应之一。众多研究表明，DNA 损伤与修复异常导致基因突变是贯穿肿瘤发生发展过程的。DNA 损伤可导致原癌基因的激活，也可使抑癌基因失活，原癌基因与抑癌基因的表达失衡是细胞恶变的重要分子机制。参与 DNA 修复的多种基因具有抑癌基因的功能，目前已发现这些基因在多种肿瘤中发生突变而失活。

人类遗传性非息肉性结肠癌（HNPCC）细胞存在错配修复和转录偶联修复缺陷，造成细胞基因组的不稳定性，进而引起调控细胞生长基因的突变，诱发细胞恶变。在 HNPCC 中 *MLH1* 和 *MSH2* 基因的突变时有发生。*MLH1* 基因的突变形式主要有错义突变、无义突变、缺失和移码突变等。而 *MSH2* 同样具有上述突变，其中以第 622 位密码子发生 C/T 转换，导致脯氨酸突变为亮氨酸最为常见，结果是 MSH2 蛋白的功能丧失，碱基错配修复难以正常进行。

BRCA 基因（breast cancer gene）编码蛋白参与 DNA 损伤修复的启动及细胞周期的调控。*BRCA* 基因的失活可增加细胞对辐射的敏感性，导致细胞对双链 DNA 断裂修复能力的下降。现已发现 *BRCA1* 基因在 70% 的家族遗传性乳腺癌和卵巢癌病例中发生突变而失活。

需要特别指出的是，DNA 修复功能缺陷虽可引起肿瘤发生，但已癌变的细胞本身 DNA 修复功能往往并不低下，相反还可能显著升高，使得癌细胞能够充分修复化疗药物引起的 DNA 的损伤，这也是大多数抗癌药物不能奏效的原因之一，所以关于 DNA 修复的研究可为肿瘤化疗药物开发提供新的理论基础。

2. DNA 损伤修复缺陷可以导致人类遗传性疾病　着色性干皮病（XP）就是由 DNA 损伤修复酶缺陷导致的。患者的皮肤对阳光敏感，照射后出现红斑、水肿，继而出现色素沉着、干燥、角化过度，最终易转化为黑色素瘤、基底细胞癌、鳞状上皮癌及棘状上皮瘤等疾病。

毛细血管扩张性共济失调综合征（ataxia telangiectasia，AT）是一种常染色体隐性遗传疾病，主要影响机体的神经系统、免疫系统与皮肤。AT 患者的细胞对射线及模拟辐射的化学因子（如博来霉素等）敏感，具有极高的染色体自发畸变率以及对辐射所致 DNA 损伤修复的缺陷。AT 的发生与在 DNA 损伤的信号转导网络中起关键作用的 ATM 分子的突变有关。

此外，DNA 损伤核苷酸切除修复缺陷可以导致缺硫性毛发营养不良病、库欣综合征、范科尼贫血等遗传病。

3. DNA 损伤修复缺陷也可导致免疫性疾病　DNA 修复功能先天性缺陷患者的免疫系统常有缺陷，主要是 T 淋巴细胞功能缺陷。随着年龄增长，细胞的 DNA 修复功能逐渐衰退，如果同时发生免疫监视功能障碍，便不能及时清除癌变细胞，从而导致肿瘤发生。因此，DNA 损伤修复与衰老、免疫和肿瘤等均紧密关联。

4. DNA 损伤与衰老呈正相关　从 DNA 修复功能的比较研究中发现，寿命长的动物如大象、牛等的 DNA 损伤修复能力较强；寿命短的动物如小鼠、仓鼠等 DNA 损伤的修复能力较弱。人类的 DNA 修复能力也很强，但到一定年龄后逐渐减弱，突变细胞数、染色体畸变率却相应增加，如人类常染色体隐性遗传的早衰和沃纳综合征患者的体细胞极易衰老，患者一般早年死于心血管疾病或恶性肿瘤。

小　结

　　DNA 由方向相反的两条链按碱基互补配对原则形成双螺旋结构，DNA 复制是指 DNA 基因组的扩增过程，DNA 复制有半保留性、半不连续性和双向性等特征。DNA 复制需要多种酶及蛋白质因子参与，其中包括引物酶、DNA 聚合酶、解旋酶、拓扑异构酶、连接酶等。真核生物与原核生物的 DNA 复制相似，均起始于特定的起始位点。大肠埃希菌 DNA 复制的起始位点是 *oriC*，DnaA 识别并结合 *oriC* 引发局部解链，DnaB 和 DnaC 结合到解开的单链上，DnaB 是解旋酶，在 ATP 参与下将双螺旋 DNA 链进一步打开，DnaC 蛋白辅助解旋酶打开双链，单链 DNA 结合蛋白结合到被解旋酶解开的单链 DNA 上，从而维持 DNA 的单链伸展状态。拓扑异构酶通过切断正超螺旋中的一条链或两条链，理顺 DNA 链结构来配合复制过程。引物酶合成 RNA 引物，DNA 聚合酶Ⅲ催化游离的 dNTP 按照模板链的碱基指引合成新的 DNA 链，DNA 聚合酶Ⅰ在复制过程中识别错配的碱基加以切除并引入正确的碱基，同时填补冈崎片段之间的缺口。在真核细胞中，DNA 聚合酶 α 是引物酶，DNA 聚合酶 ε 是延长前导链的酶，而 DNA 聚合酶 δ 是延长后随链的酶。DNA 聚合酶具有三个共同特点：①需要 DNA 模板，因此，这类酶也被称作依赖于 DNA 的 DNA 聚合酶；②需要引物，短 RNA 或 DNA 均可；③新链合成方向是 $5' \rightarrow 3'$。

　　DNA 复制的过程包含复制的起始、复制的延伸、复制的终止。原核生物复制从固定起始点开始，真核生物复制同时从多个复制起始点开始。真核生物线性染色体的末端存在着端粒或端区特殊结构，在端粒酶的参与下，端粒以特殊的复制机制确保染色体 DNA 链的完整性。逆转录病毒的基因组是 RNA 而不是 DNA，其复制方式是逆转录，逆转录的发现发展了中心法则，拓宽了对病毒致癌理论的认识，逆转录酶的发现对重组 DNA 技术的发展具有重要意义。

　　某些外界环境和生物体内的因素可能导致 DNA 分子上碱基的改变，称为突变或 DNA 损伤。DNA 损伤和突变的因素主要包括 DNA 的自发性损伤、物理因素导致的损伤和化学因素引起的损伤，能引起 DNA 损伤或突变的因素通常也是癌症等疾病的发病原因。DNA 突变的类型包括点突变、缺失突变、插入突变及重排，细胞自身具有修复 DNA 突变的功能。DNA 聚合酶的校对功能可以更正复制错误，大肠埃希菌的 MutHLS 错配修复系统可以针对点突变进行修复；切除修复是细胞内最重要的修复机制，该修复系统对 DNA 的损伤部分先进行切除，然后再进行正确的合成，补充被切除的片段；重组修复是对缺乏模板且损伤大的 DNA 的一种修复方式；DNA 分子受到严重损伤，细胞处于危险状态，正常修复机制均已被抑制，此时只能进行 SOS 修复。

（龚　青）

第十三章线上内容

第十四章　RNA 的生物合成与转录后加工

生物体的遗传信息储存在 DNA 分子中，但信息的进一步传递需要通过 RNA 来实现。生物体以 DNA 为模板合成 RNA 的过程称为转录（transcription）。RNA 被认为是 DNA 和蛋白质之间传递遗传信息的中介者，从功能上把两种生物大分子联系起来，但 RNA 在整个生命进程中所扮演的角色远比预想的更为复杂而重要。RNA 既能像 DNA 一样可携带遗传信息，又能像蛋白质一样具有催化功能，指导和参与蛋白质合成，调控基因表达。绝大部分的人类基因组经历基因转录后成为 RNA，但最终表达为蛋白质的基因只占整个基因组的 2% 左右。转录产物除了 mRNA、rRNA 和 tRNA 之外，还有很多不编码蛋白质的 RNA 分子（如 snRNA、miRNA、lncRNA、circRNA 等），它们在各种生命活动中发挥着重要的调控作用。因此，研究 RNA 的生物合成、转录后加工与调节，对于从转录层面认识诸多生物学现象和医学问题具有特别重要的意义。

RNA 的生物合成有两种方式。其一是 DNA 指导的 RNA 合成，即以 DNA 的一条链为模板，4 种游离的脱氧核苷三磷酸为原料，在依赖 DNA 的 RNA 聚合酶催化下合成 RNA 链的过程，通常称为转录，是生物体内 RNA 合成的主要方式，也是本章的主要内容。其二是 RNA 指导的 RNA 合成，也称 RNA 复制，常见于病毒，限于篇幅在此不加叙述。

第一节　RNA 生物合成的基本特征

RNA 生物合成的基本特征包括不对称性、连续性和单向性。

1. 转录的不对称性　复制时 DNA 双链均作为模板，而转录时只有其中一条链作为 RNA 合成的模板。DNA 分子中能转录出 RNA 的区段，称为结构基因（structural gene）。结构基因的两条链中，作为模板转录生成 RNA 的那条链，称为模板链（template strand），也称负链；与模板链互补的另一条链，其编码区的碱基序列与转录物（转录本）RNA 的序列基本相同（仅 T 代替 U），称为编码链（coding strand），也称正链。如：

5′-GCGATACGCTAT-3′　　编码链（正链）

3′-CGCTATGCGATA-5′　　模板链（负链）

↓ 转录

5′-GCGAUACGCUAU-3′　　转录产物 RNA

如图 14-1 所示，不同基因的模板链并非永远固定在同一条 DNA 单链上，对同一条 DNA 单链来说，在某个基因区段可作为模板链，而在另一个基因区段则可能是编码链，这种现象称为不对称转录（asymmetrical transcription）。同一 DNA 双链的不同单链作为模板链进行转录时，转录方向都是 5′ → 3′，但事实上两者的转录方向相反。

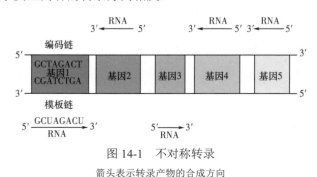

图 14-1　不对称转录

箭头表示转录产物的合成方向

2. 转录的连续性 转录不需要引物，在 RNA 聚合酶的催化下，RNA 链的合成是连续进行的，不需像 DNA 复制那样先合成小片段再进行拼接。

3. 转录的单向性 转录时，只能朝一个方向进行聚合，即 $5' \rightarrow 3'$ 方向合成 RNA 链。此外，RNA 转录合成时，由于只能以 DNA 分子中的某一区段作为模板，故存在特定的起始位点和特定的终止位点。

RNA 的转录与 DNA 的复制都是酶促的核苷酸聚合过程，因此有许多相似之处，如都以 DNA 为模板；都需依赖 DNA 的聚合酶；聚合过程都是核苷酸之间生成磷酸二酯键；都从 $5' \rightarrow 3'$ 方向延长聚核苷酸链；都遵循碱基配对原则。但它们也有各自不同的特点（表 14-1）。

表 14-1 转录与复制的异同

	相同或相似点	差异	
		转录	复制
模板	DNA	模板链转录	两股链均可复制
原料	核苷三磷酸	NTP	dNTP
碱基配对	遵循碱基配对原则	T-A；A-U；G-C	A-T；G-C
聚合酶	依赖 DNA 的聚合酶	RNA 聚合酶	DNA 聚合酶
产物	多核苷酸链	mRNA、tRNA、rRNA 等	子代双链 DNA
特点		不对称转录	半保留复制

第二节 RNA 聚合酶

转录过程中，催化 RNA 合成的酶是 RNA 聚合酶（RNA polymerase，RNA pol），也称依赖 DNA 的 RNA 聚合酶（DNA-dependent RNA polymerase，DDRP）。RNA 聚合酶催化的化学反应，以 DNA 为模板，ATP、GTP、UTP 和 CTP 为原料，需要 Mg^{2+} 和 Mn^{2+} 作为辅基。与 DNA 复制不同的是，RNA 聚合酶不需要引物就能直接启动转录。原核生物和真核生物中，RNA 转录所需的酶和相关因子并不完全相同，转录过程及转录后的加工修饰亦有差异。

一、原核生物的 RNA 聚合酶

大多数原核生物的 RNA 聚合酶在结构、组成和功能上相似，是一种由多个亚基组成的复合酶。目前研究得比较透彻的是大肠埃希菌（*E.coli*）的 RNA 聚合酶，是由 5 种亚基（$\alpha_2\beta\beta'\omega\sigma$）组成的六聚体。各主要亚基及功能见表 14-2。其中，$\alpha_2\beta\beta'\omega$ 为核心酶（core enzyme），加上 σ 亚基称为全酶（holoenzyme）。核心酶可以非特异性地与 DNA 结合。试管内的转录实验（含有模板、酶和底物 NTP 等）证明，核心酶能够催化 NTP 按模板的指引合成 RNA，但合成的 RNA 没有固定的起始位点。加有 σ 亚基的酶能在特定的起始点上开始转录，可见 σ 亚基的功能是辨认转录起始点。σ 亚基与核心酶结合疏松，在细胞内、外均容易从全酶中解离。转录起始阶段，需要全酶参与；转录延伸阶段，σ 亚基与核心酶分离，仅由核心酶参与。

表 14-2 大肠埃希菌 RNA 聚合酶的组成分析

亚基	基因	分子量（kDa）	亚基数	功能
α	*rpoA*	36.5	2	全酶的组装，识别启动子
β	*rpoB*	150.6	1	与底物（NTP）或新生的 RNA 链结合
β'	*rpoC*	155.6	1	与模板 DNA 结合
ω	*rpoZ*	11.0	1	保护 β' 亚基
σ	*rpoD*	70.2	1	存在多种 σ 因子，辨认转录起始点

σ 亚基实际上被认为是一种转录辅因子，因而称为 σ 因子。RNA 聚合酶的活性是决定基因表达的重要一环，σ 因子对于识别 DNA 链上的转录起始信号是不可缺少的，它是核心酶和启动子之间的桥梁，降低了核心酶与无关序列结合的亲和力，并赋予了启动子特异性。大肠埃希菌内有一些不同的 RNA pol 全酶，其差异是 σ 因子的不同。目前已发现多种 σ 因子，并用其分子量命名区别，最常见的是 σ^{70}（分子量为 70kDa）。σ^{70} 是辨认典型转录起始点的蛋白质，大肠埃希菌中的绝大多数启动子可被含有 σ^{70} 因子的全酶所识别并激活。在环境温度升高时，大肠埃希菌处于热激状态，促使 *rpoH* 基因表达产生 σ^{32}（分子量为 32kDa），它能识别热激基因（heat shock gene）的启动子，产生热激蛋白，提高细菌对高温的适应能力。可能还有调控热激蛋白表达的其他 σ 因子，以适应更加剧烈的温度变化。另外，σ 因子与核心酶结合的亲和力大小也会影响基因转录的起始频率，就是说会影响特定基因的表达量，从而对生命活动进行调节。

原核生物 RNA 聚合酶的活性可以被利福霉素（rifamycin）或利福平（rifampicin）特异性抑制，它们可以和 RNA 聚合酶的 β 亚基结合而抑制酶的活性。由于真核生物的 RNA 聚合酶不受此药物的影响，临床上将其作为抗结核分枝杆菌药物。

转录的错误发生率为 $10^{-5} \sim 10^{-4}$，比 DNA 复制的错误发生率（$10^{-10} \sim 10^{-9}$）要高几个数量级。基因表达过程中，单个基因可以转录出许多 RNA 拷贝，这些 RNA 最终会被降解和替换，所以转录产生的错误 RNA 远没有复制所产生的错误 DNA 对细胞的影响大。实际上，RNA 聚合酶也有一定的校对功能，可以将转录过程中错误加入的核苷酸切除。

二、真核生物的 RNA 聚合酶

真核生物的 RNA 聚合酶比原核生物复杂，主要有 3 种 RNA 聚合酶，即 RNA pol Ⅰ、RNA pol Ⅱ、RNA pol Ⅲ，它们分布于细胞核的不同部位，分别催化不同的基因转录，合成不同的 RNA 产物。RNA pol Ⅰ 位于核仁，催化合成 45S rRNA（5.8S、18S 和 28S rRNA 前体）；RNA pol Ⅱ 位于核质，主要催化合成前体 mRNA——核内不均一 RNA（hnRNA）；RNA pol Ⅲ 也位于核质，催化合成 tRNA、5S rRNA 和一些核小 RNA（snRNA）。真核生物的 RNA 聚合酶不仅在功能和理化性质上不同，而且对一种毒蘑菇含有的环八肽毒素 α-鹅膏蕈碱（α-Amanitin）的敏感性也不同（表 14-3）。近年在植物中还发现了另外两种 RNA 聚合酶，即 RNA pol Ⅳ 和 RNA pol Ⅴ，主要参与干扰小 RNA（siRNA）的合成。

表 14-3　真核生物 RNA 聚合酶的种类和组分

种类	细胞内定位	转录产物	对鹅膏蕈碱的敏感性
RNA pol Ⅰ	核仁	45S rRNA	不敏感
RNA pol Ⅱ	核质	hnRNA	敏感
RNA pol Ⅲ	核质	tRNA、5S rRNA、snRNA	对不同物种敏感性不同

真核生物 RNA 聚合酶的同源性很高，RNA pol Ⅰ、Ⅱ、Ⅲ 都有 2 个大亚基和 12～15 个小亚基，结构远比原核生物复杂。两个大亚基在各种酶中既有差别又有相关，最大的亚基和另一大亚基分别与大肠埃希菌 RNA pol 的 β′ 和 β 相似。而 RNA pol Ⅰ 和 RNA pol Ⅲ 共有的 40kDa 和 19kDa 亚基及 RNA pol Ⅱ 的 2 个 44kDa 亚基与大肠埃希菌的 α 亚基有一定的同源性，这些亚基的组成也类似于大肠埃希菌的核心酶。此外，RNA pol Ⅰ、Ⅱ、Ⅲ 共有 5 个相同的小分子亚基，其中 RNA pol Ⅰ 和 RNA pol Ⅲ 又有 2 个相同的小亚基，而每种酶都各自还有 5～7 个特有的小亚基，这些小亚基的作用尚不完全清楚，但是，每一种亚基对真核生物 RNA pol 发挥正常功能都是必需的。

RNA pol Ⅱ 被认为是真核生物中最活跃、最复杂的 RNA 聚合酶，其最大亚基的羧基端有一段由 7 个氨基酸（Tyr-Ser-Pro-Thr-Ser-Pro-Ser）组成的重复序列，称为羧基末端结构域（carboxyl-terminal domain，CTD），是其独有的。RNA pol Ⅰ 和 RNA pol Ⅲ 中都没有 CTD 结构。所有真核生物的 RNA pol Ⅱ 都具有 CTD，只是 7 个氨基酸序列的重复程度不同。酵母 RNA pol Ⅱ 的 CTD 有 27 个重复序列，其中 18 个与上述 7 个氨基酸序列完全一致；哺乳动物 RNA pol Ⅱ 的 CTD 有 52 个重复序列，其中 21 个与上述 7 个氨基酸序列完全一致。CTD 对于维持细胞的活性是必需的。体内外实验均证明，CTD 的可逆磷酸化在真核生物转录起始和延长阶段发挥重要作用。当 RNA pol Ⅱ 完成转录启动，离开启动子时，CTD 的许多 Ser 和一些 Tyr 残基被磷酸化。

第三节　RNA 转录的基本过程

转录的基本过程，可分为起始（initiation）、延长（elongation）和终止（termination）三个阶段。真核生物的转录过程远比原核生物复杂。原核生物和真核生物的 RNA 聚合酶种类不同，结合模板的特性也不一样，原核生物 RNA 聚合酶可以直接结合到 DNA 模板上，而真核生物 RNA 聚合酶需与辅因子结合后才能结合到模板上，二者在转录起始阶段差别较大，转录终止也不相同。

一、原核生物的 RNA 转录

原核生物没有核膜的间隔，转录和翻译的场所均在细胞质，所以，原核生物的转录和翻译是偶联进行的。

（一）转录起始

转录起始阶段，原核生物以 RNA 聚合酶全酶结合在基因的启动子上而开始转录，其中 σ 亚基辨认启动子，其他亚基相互配合。

1. 启动子（promoter）　指 DNA 分子上被 RNA 聚合酶识别并结合的特定部位，启动子在转录调节中至关重要，但启动子区并不转录。

原核生物启动子含有特征性的保守序列，位于结构基因上游 40～60bp 处。在描述转录起始区碱基位置时，DNA 序列通常写成编码链，将编码链上与转录生成 RNA 5′ 端第一个碱基相对应的位置定为 +1，即转录起始点（transcription start site，TSS）。下游碱基依次为 +2、+3、+4 等，上游的碱基依次为 -1、-2、-3 等，不存在 "0" 位碱基。对数百个原核生物基因操纵子的转录上游区段进行序列比对分析发现，启动子含有特征性的共有序列（consensus sequence），也是 σ 亚基识别和结合的序列。

（1）-35 区：RNA 聚合酶识别部位。共有序列为 TTGACA，RNA 聚合酶的 σ 因子识别该位点，使核心酶结合于此序列，并向下游滑动至 -10 区，接近转录起始点。

（2）-10 区：RNA 聚合酶结合部位。-10 区最先由普里布诺（Pribnow）发现，也称为 Pribnow 框，其共有序列为 TATAAT。全酶识别 -35 区后继续移动至 -10 区，在 RNA 聚合酶诱导下，该区域首先解链使封闭复合物转变为开放复合物，便于转录起始。

（3）起始点：开始转录的位点，标示为 +1。转录起始点与翻译起始点不在同一位点，起始密码子 AUG 一般都在转录起始点的下游。

综上所述，原核生物启动子在编码链的序列结构可归纳为：

$$-35 \qquad\qquad -10 \qquad\qquad +1$$
$$5′\cdots\cdots TTGACA\cdots\cdots N_{16\sim18}\cdots\cdots TATAAT\cdots\cdots N_{6\sim7}\cdots\cdots A\cdots\cdots 3′$$

其中 $N_{16\sim18}$ 意为多数启动子 -10 区至 -35 区的间隔序列，为 16～18bp；而转录起始点与 -10 区的间隔为 6～7bp。

在原核生物转录起始阶段，启动子调控转录的起始序列，并决定着基因的表达强度。RNA 聚合酶与启动子亲和力越高，转录起始的频率和效率越高。

2. 起始过程　转录起始就是 RNA 聚合酶在 DNA 模板链的转录起始区装配形成转录起始复合物，打开 DNA 双链，完成第一、第二位核苷酸聚合反应的过程。原核生物 RNA 转录的起始，不需要引物，这是 RNA 聚合酶与 DNA 聚合酶最显著的区别。

转录起始通常可分为三个阶段。

（1）第一步：由 σ 因子辨认启动子的-35 区，全酶与该区结合，形成闭合转录复合物（closed transcription complex），此时 DNA 双链未解开，酶与模板结合疏松；随后酶移向-10 区移动并跨过转录起始点，与模板稳定结合。

（2）第二步：DNA 双链打开，闭合转录复合物成为开放转录复合物（open transcription complex）；接近-10 区处 DNA 发生局部解链，形成 17bp 左右的单链区，这比复制中形成的复制叉小得多。

（3）第三步：第一个磷酸二酯键的生成，与模板配对的第一、第二位核苷酸可在 RNA 聚合酶催化下直接生成 3′,5′-磷酸二酯键相连接。

转录起始生成 RNA 的第一位，即 5′ 端总是三磷酸嘌呤核苷 GTP 或 ATP，又以 GTP 更为常见。当 5′-GTP（5′-pppG-OH）与第二位 NTP 聚合生成磷酸二酯键后，仍保留其 5′ 端的 3 个磷酸，也就是 1、2 位核苷酸聚合后，生成 5′-pppGpN-OH-3′。这一结构也可理解为四磷酸二核苷酸，它的 3′ 端有游离羟基，可以加入 NTP 使 RNA 链延长下去。RNA 链 5′ 端结构在转录延长中一直保留，至转录完成 RNA 脱落后，仍带有这一结构。

原核生物 RNA 聚合酶在脱离启动子进入延长阶段前，可以重复合成并释放多个长度小于 10 个核苷酸的转录本，称为流产式起始（abortive initiation）。目前尚不清楚 RNA 聚合酶脱离启动子前为何需经历流产性起始阶段。只有当转录本长度超过 10 个核苷酸时，RNA 聚合酶才有可能离开启动子，进入延长阶段，称为启动子解脱（promoter escape），也称启动子清除（promoter clearance）。

（二）转录延长

原核生物和真核生物的转录延长阶段比较接近。总的来说，一是聚合酶如何向转录起始点下游移动，继续指导核苷酸以磷酸二酯键聚合到核苷酸链的 3′ 端，二是转录区的模板如何形成局部单链区，便于转录。

启动子清除发生后，σ 因子从全酶解离，转录进入延长阶段。脱落下来的 σ 因子可再次与核心酶结合而循环使用。转录延长过程中，核心酶会沿着模板 DNA 不断向下游前移，可使其下游的 DNA（未解开双链部分）越缠越紧，形成正超螺旋，而其上游 DNA 变得松弛，产生负超螺旋，需要解旋酶和拓扑异构酶来消除这些现象（图 14-2）。核心酶可以覆盖 40bp 以上的 DNA 区段，但转录解链范围约 17bp，形成的局部单链区类似泡状，故形象地称为"转录泡"（transcription bubble）。实际上，转录泡是指 RNA pol-DNA 模板-转录产物 RNA 结合在一起形成的转录复合物。

RNA 聚合酶核心酶沿模板链的 3′ → 5′ 方向移动，按模板链碱基序列的指引，使新合成的 RNA 链沿着 5′ → 3′ 方向逐步延长，转录产物 3′ 端有一小段序列与模板 DNA 保持结合状态，形成 8bp 的 RNA-DNA 杂合双链（hybrid duplex）。在转录局部形成的 RNA：DNA 杂化双链之间的引力比 DNA 双链的弱，因为杂化双链间存在 dA：rU 配对，其稳定性 dA：rU < dA：dT，延长中的 RNA 链的 5′ 端会被重新形成的 DNA 双链挤出，使合成中的 RNA 的 5′ 端游离于转录复合物。由此便不难理解，转录泡为什么会形成，而转录产物又为什么可以向外伸出了。

在电子显微镜下观察原核生物的转录产物，可看到像羽毛状的图形，这种形状说明，在同一 DNA 模板上，有多个转录同时在进行。RNA 聚合酶越往前移，转录生成的 RNA 链越长。在 RNA 链上观察到的小黑点是多聚核糖体（polysome），即一条 mRNA 链连上多个核糖体，已在进行下一步的翻译工序。可见，原核生物转录尚未完成，翻译已在进行，转录和翻译都是高效率地进行着，以满足其快速增殖的需要。真核生物有核膜把转录和翻译分隔在细胞内不同的区域，因此没有这种现象。

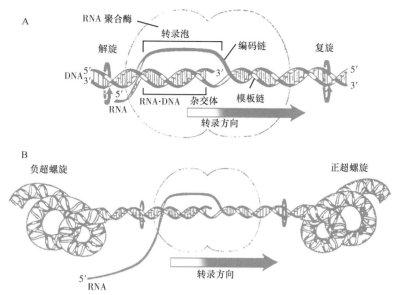

图 14-2　大肠埃希菌 RNA 聚合酶催化转录延伸过程，DNA 模板的拓扑改变

A. 模板 DNA 约 17bp 区段解链形成转录泡，在转录泡内有约 8bp 的 RNA-DNA 杂交链，转录泡从左向右移动，维持 RNA 合成的空间，DNA 往前解链并形成杂交链，箭头显示 DNA 及 RNA-DNA 杂交体的旋转方向以保证 RNA 链延长过程；当 DNA 重新形成双链时，RNA-DNA 杂交体解链，RNA 链被挤出；B. 转录过程使 DNA 形成超螺旋，转录泡的前方形成正超螺旋，后方形成负超螺旋

（三）转录终止

根据是否需要蛋白质因子的参与，原核生物的转录终止有两种方式，即依赖 ρ（Rho）因子的转录终止和不依赖 ρ 因子的转录终止，后者与 RNA 转录产物形成的特殊结构内源性终止子（intrinsic terminator）有关。

1. 依赖 ρ 因子的转录终止　ρ 因子是一种分子量为 46kDa 的六聚体蛋白质，能结合 RNA，对 poly（C）的结合力最强。依赖 ρ 因子的转录终止中，转录产物 RNA 的 3′ 端会产生较丰富而且有规律的 C 碱基（终止信号序列）。ρ 因子识别这些序列并结合 RNA，随后 ρ 因子和 RNA pol 都可发生构象变化，从而使 RNA pol 的移动停顿。ρ 因子的解旋酶活性可以使 RNA-DNA 杂化链拆离，RNA 产物从转录复合物中释放出来，转录终止。

2. 不依赖 ρ 因子的转录终止　内源性终止子有两个明显的结构特点：一是 RNA 产物靠近转录终止处的特殊碱基序列可形成茎-环或发夹结构，二是 3′ 端常有多个连续 U 区段。这两个特点是转录终止所必需的，缺一不可。发夹的基底部通常包含一个富含 G：C 区，发夹和 U 区段的典型距离为 7～9 个碱基，有时 U 区段可以插有其他碱基（图 14-3）。这种互补区的转录物可形成茎-环结构，影响 RNA 聚合酶的构象使转录暂停；同时，RNA 转录产物的（rU）n 与 DNA 模板的（dA）n 之间的 dA：rU 杂交区的双链是最不稳定的双链，使杂化链的稳定性进一步下降，而转录泡模板区的两股 DNA 容易恢复双链，释放出转录产物 RNA，使转录终止。

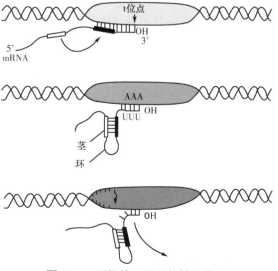

图 14-3　不依赖 ρ 因子的转录终止

二、真核生物的 RNA 转录

真核生物 RNA 转录是在染色质模板上进行的，RNA 聚合酶结合启动子之前，染色质必须打开。真核生物 RNA 转录在细胞核中进行，翻译则是在细胞质中进行，所以转录后的产物需通过核孔进入到细胞质中才可以被翻译成相应蛋白质，转录与翻译过程不是同步进行的。

（一）转录起始

真核生物的转录起始上游区段比原核生物多样化，转录起始时，RNA pol 不直接结合在模板上，其起始过程比原核生物复杂。真核生物的几种 RNA 聚合酶，分别催化不同 RNA 的合成，每种酶都需要与一些转录因子和蛋白质辅因子形成复杂的转录复合物，才能起始基因转录并进行调节。

1. 启动子 真核生物的启动子功能与原核生物启动子相同，不过其结构更复杂和多样化。大多数真核生物启动子是位于转录起始点上游，与 RNA 聚合酶相互识别、结合并启动转录的 DNA 序列。但也有一些启动子序列可以位于转录起始点的下游，如编码 tRNA 基因的启动子。真核生物启动子除了 RNA 聚合酶结合位点与转录起始点以外，还包括一些调节蛋白因子的结合位点。不同的 RNA 聚合酶启动子各有差异，主要有 3 类。

（1）Ⅰ类启动子：RNA 聚合酶Ⅰ的启动子主要包括核心启动子（core promoter）和上游启动子元件（upstream promoter element，UPE）两部分，两者均富含 GC 碱基对。上游启动子元件可提高核心启动子的转录起始效率。

（2）Ⅱ类启动子：RNA 聚合酶Ⅱ的启动子通常由起始子（initiator，Inr）、TATA 盒（又称霍格内斯框，Hogness box）或下游启动子元件（downstream promoter element，DPE）和其他调控元件组成。有的Ⅱ类启动子在 TATA 盒的上游还可存在 CAAT 盒、GC 盒等特征序列，共同组成启动子。

1）TATA 盒：位于 -25bp 处，一致序列为 TATAA，该序列具有选择与定位转录起始点的功能。

2）Inr：起始子没有广泛的同源性序列，但 mRNA 的第一个碱基趋向于 A，且两侧都有嘧啶类化合物。可以用 Py_2CAPy_5 来表示，其中 Py 代表任何嘧啶。Inr 位于 $-3 \sim +5$。

图 14-4 所示为典型的 RNA pol Ⅱ核心启动子的结构，包含三个最常见的启动子元件。然而，RNA pol Ⅱ启动子在结构上远比原核生物启动子和 pol Ⅰ和 pol Ⅲ的启动子多样化。除了三个主要元件外，启动子还可以包括一些其他元件。

（3）Ⅲ类启动子：RNA 聚合酶Ⅲ催化 snRNA、tRNA 和 5S RNA 的转录，要识别三类不同基因的启动子，需与其他辅因子共同作用，snRNA 的启动子与蛋白质基因的启动子相似，位于转录起始点上游，并含有可被辅因子识别的特殊序列，而 5S RNA 和 tRNA 基因的启动子则位于转录起始点的下游（在转录单位内），称为内部启动子。

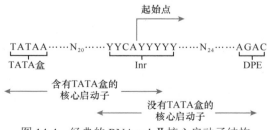

图 14-4　经典的 RNA pol Ⅱ核心启动子结构

Inr 上游处约 25bp 有一个 TATA 盒。TATA 盒具有 TATAA 的共有序列。Inr 的 CA 周围有嘧啶（Y），DPE 位于转录起始点下游

2. 转录因子 能直接、间接辨认和结合转录上游区段 DNA 或增强子的蛋白质，统称为转录因子（transcription factor，TF），即反式作用因子（trans-acting factor）。前缀 trans 为"分子外"的意思，指的是它们从 DNA 分子之外影响转录过程。反式作用因子包括通用转录因子（general transcription factor）和特异转录因子。通用转录因子，也称基础转录因子（basal transcription factor），是直接或间接结合 RNA pol 的一类转录调控因子。不同的真核 RNA pol Ⅰ、Ⅱ、Ⅲ所需的通用转录因子亦有所区别，分别称为 TF Ⅰ、TF Ⅱ、TF Ⅲ。特异转录因子是在特定类型的细胞中表达，并对一些基因的转录进行时间和空间特异性调控的转录因子。与远隔调控序列如增强子等结合的转录因子是主要的特异转录因子。此外，那些与上游序列如 GC、CAAT 等顺式作用元件结合的蛋白质，称为上游因子（upstream factor）；能结合应答元件，只在某些特殊生理情况下才被诱导产生的，称为可诱导因子（inducible factor）。上述这两种，在广义上也可称为转录因子，但一般不冠以 TF 的词头而各有自己特殊的名称。

RNA 聚合酶Ⅱ催化前体 mRNA 的合成。研究表明，RNA pol Ⅱ催化的转录起始需要较多的转录因子参与，真核生物的 TF Ⅱ包括 TF Ⅱ A、TF Ⅱ B、TF Ⅱ D、TF Ⅱ F 等，它们的结构和功能各不相同（表 14-4），并在进化过程中高度保守。RNA pol Ⅱ与启动子辨认结合开始转录的过程中涉及众多蛋白质因子的协同作用。比如，可诱导因子或上游因子与增强子或启动子上游元件的结合；通用转录因子和 RNA pol Ⅱ在启动子处组装成转录起始前复合物；辅激活蛋白和（或）中介子在可诱导因子、上游因子与转录起始前复合物之间起中介和桥梁作用。因子和因子之间互相辨认、结合，以准确地控制基因是否转录、何时转录。表 14-5 列出了识别、结合Ⅱ类启动子的四类转录因子及其功能。

表 14-4 转录因子Ⅱ的种类和功能

转录因子	总分子量（kDa）	亚基分子量（kDa）	亚基数	功能
TF Ⅱ A	≈ 100	34	1	稳定Ⅱ D-DNA 复合物
		19	1	
		14	1	
TF Ⅱ B	33	33	1	促进 RNA-pol Ⅱ结合及作为其他因子结合的桥梁
TF Ⅱ D	≈ 750	38	1（TBP*）	结合 TATA 盒
		230 及较小的	8 个以上（TAF**）	辅助 TBP-DNA 结合
TF Ⅱ E	180	32	2	ATPase
		56	2	
TF Ⅱ F	210	30	2	解螺旋酶
		74	2	
TF Ⅱ H	230	90	1	蛋白激酶活性，使 CTD*** 磷酸化
		62	1	
		43	1	
		41	1	
		35	1	

注：TBP*，TATA binding protein，TATA 结合蛋白；TAF**，TBP associated factor，TBP 辅因子，基因转录中由不同的 TAF 辅助；CTD***，carboxyl terminal domain，RNA-pol Ⅱ大亚基羧基末端结构域

人类基因约 2 万个，为了保证转录的准确性，不同基因转录需要不同的转录因子参与，转录因子本身也需基因为它们编码。生物信息学估算人类细胞中大约有 2000 种转录因子，那么，有限的转录因子如何实现对如此数量庞大的基因的调控呢？现在公认的一种解释称为拼板理论：一个真核生物基因的转录需要 3～5 个转录因子，因子之间互相结合，生成有活性、有专一性的复合物，再与 RNA 聚合酶搭配而有针对性地结合、转录相应的基因。转录因子的相互辨认结合，恰如儿童玩具七巧板那样，搭配得当就能拼出多种不同的图形。如此按照拼板理论，人类基因虽数以万计，但需要的转录因子可能 300 多个就能满足表达不同类型基因的需要。

表 14-5　真核生物 RNA 聚合酶Ⅱ的四类转录因子

通用机制	结合部位	具体组分	功能
通用转录因子	TBP 结合 TATA 盒	TBP，TFⅡA、B、E、G、F 和 H	转录定位和起始
辅激活蛋白	—	TAF 和中介子	在聚合酶和转录因子间起中介作用
上游因子	启动子上游元件	SP1、ATF、CTF 等	协助基础转录因子
可诱导因子	增强子等元件	MyoD、HIF-1 等	时空特异性地调控转录

注：TAF，TBP 相关因子

3.真核生物转录的起始　真核生物 3 种不同 RNA 聚合酶催化的转录起始过程也不完全相同。与 RNA pol Ⅰ和Ⅲ相比，RNA pol Ⅱ的转录起始过程更为复杂。

（1）RNA 聚合酶Ⅰ催化的转录起始：RNA 聚合酶Ⅰ催化前体 rRNA 的合成。前体 rRNA 基因转录起始点上游有两个顺式作用元件：一个是跨越起始点的核心元件，另一个是-100bp 处的上游调控元件。RNA 聚合酶Ⅰ催化的转录需要 2 种转录因子，分别称为上游结合因子（upstream binding factor，UBF）和选择性因子 1（selectivity factor 1，SL1）。SL1 主要负责把 RNA 聚合酶Ⅰ招募至转录起始点的正确定位，包含 4 个亚基：一个是 TATA 结合蛋白（TATA-binding protein，TBP），另 3 个是 TBP 相关因子（TBP-associated factor，TAF）。UBF 与 UCE（上游调控元件）中富含 G-C 的元件结合导致模板 DNA 发生弯曲，使相距上百 bp 的上游调控元件和核心元件靠拢，促进 SL1 和 pol Ⅰ相继结合到 UBF-DNA 复合物上，完成起始复合物的组建，开始转录（图 14-5）。

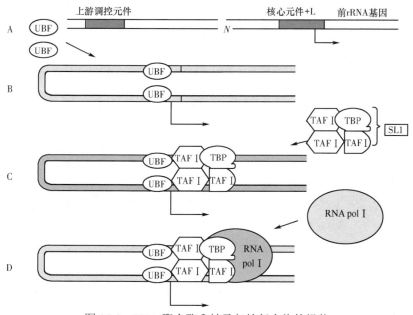

图 14-5　RNA 聚合酶Ⅰ转录起始复合物的组装

A.rRNA 前基因，含有与转录起始位点重叠的核心启动子元件及上游调控元件；B.UBF 与模板结合，导致模板弯曲，使上游调控元件与核心元件靠拢；C.SL1 与 UBF-DNA 复合物结合，SL1 含有一个 TBP 和 3 个 TAF；D.pol Ⅰ结合到 UBF-DNA 复合物

（2）RNA 聚合酶Ⅱ催化的转录起始：组装转录起始复合物 TFⅡD 首先与启动子的 TATA 盒结合，此时如无 TFⅡA 的存在，TFⅡD-启动子复合物会与抑制因子结合。TFⅡA 存在时与 TFⅡD 结合形成复合物，可防止复合物与抑制因子结合，继而与 TFⅡB 结合。聚合酶与 TFⅡF 先形成复合物后再结合到 DNA 上；此时尚未能启动转录，仍须 TFⅡE 和 TFⅡH 及 TFⅡJ 的参与。TFⅡH 是最后加入的因子，有解旋酶活性，通过水解 ATP 获得的能量使起始部位 DNA 解链，以便聚合

酶能够起始转录。TF Ⅱ H 还有蛋白激酶活性，使聚合酶Ⅱ的 C 端多个丝氨酸残基磷酸化，这是聚合酶能离开起始点继续移向下游指导转录的重要因素，组装过程简示如图 14-6 所示。

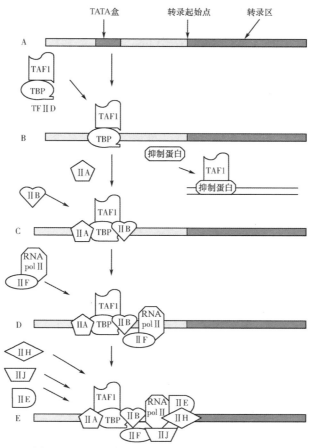

图 14-6　RNA 聚合酶Ⅱ转录起始复合物的组装

（3）RNA 聚合酶Ⅲ催化的转录起始

1）tRNA 基因转录的起始：tRNA 基因的转录初产物是 tRNA 的前体，经加工后产生多个成熟 tRNA。在 DNA 上的调控序列位于起始转录位点的下游，称为内部启动子。有两个调控区，分别位于编码 tRNA D 环和 Tψ 环的序列，分别称为 A 盒和 B 盒。

RNA 聚合酶Ⅲ催化的转录需要三个蛋白质因子分别称为 TF Ⅲ A、TF Ⅲ B 和 TF Ⅲ C。TF Ⅲ C 由 6 个亚基组成，总分子量约为 600kDa。在转录起始阶段，首先由 TF Ⅲ C 结合到启动子的 A 盒和 B 盒上，然后，TF Ⅲ B 通过与 TF Ⅲ C 作用，结合到 A 盒上游约 50bp 处，最后是 RNA 聚合酶Ⅲ结合上去。当有 NTP 存在时即可起始转录，同时，TF Ⅲ C 可以解离移除。与 RNA 聚合酶Ⅰ类似，RNA 聚合酶Ⅲ催化的转录起始无须水解 ATP。

2）5S rRNA 基因转录的起始：5S rRNA 基因的转录除了需要 TF Ⅲ B 和 TF Ⅲ C 外，还需要 TF Ⅲ A。首先由 TF Ⅲ A 结合到起始位点下游 81～99bp 处（C 盒），然后 TF Ⅲ C 结合到 A 盒和 B 盒，继而是类似 tRNA 的转录，TF Ⅲ B 与 TF Ⅲ C 作用，和聚合酶Ⅲ结合，即可起始转录。

（二）转录延长

真核生物 RNA 聚合酶不仅需要较多的转录因子来催化起始，而且起始后酶的移动也靠多种转录因子的共同作用来实现，如在 TF Ⅱ H 等作用下，RNA 聚合酶Ⅱ C 端丝氨酸的磷酸化是聚合酶向下游移动的重要因素。延长过程中还需要转录延长因子的辅助和调控，如 TF Ⅱ S 是一种重要的转录延长因子,一方面它能刺激提高 RNA pol Ⅱ 的转录活性,另一方面可影响 RNA pol Ⅱ 对转录停顿位点和终止位点的识别能力,促使 RNA pol Ⅱ 越过这些位点。

真核生物转录延长过程与原核生物大致相似,但因有核膜相隔,没有转录与翻译同步的现象。真核生物基因组 DNA 在双螺旋结构的基础上,与多种组蛋白组成核小体高级结构。RNA pol 前移时处处都遇上核小体。RNA pol(500kDa,14nm×13nm)和核小体组蛋白八聚体(300kDa,6nm×16nm)大小差别不太大。通过体外转录实验可以观察到核小体移位和解聚现象。核小体移位仅见于试管内(in vitro)转录实验。用含核小体结构的 DNA 片段作模板,具备酶、底物及合适反应条件下进行转录。转录中以 DNA 酶水解法检测,从 DNA 电泳图像观察到约 200bp 及其倍数的阶梯形电泳条带。据此认为,核小体只是发生了移位。但在培养细胞(in vivo)的转录实验中观察到,组蛋白中含量丰富的精氨酸发生了乙酰化,该修饰减少了正电荷。核小体组蛋白-DNA 结构的稳定是靠碱性氨基酸提供正电荷和核苷酸磷酸根上的负电荷来维系的。据此推论,核小体在转录过程可能发生了解聚和重新装配。

（三）转录终止

真核生物转录终止的机制,目前了解尚不多,不同 RNA 聚合酶的转录终止不完全相同。RNA 聚合酶 Ⅰ 催化的转录有 18bp 的终止子序列,可被辅因子识别。RNA 聚合酶 Ⅱ 和 RNA 聚合酶 Ⅲ 催化转录的终止子,可能有与原核生物不依赖 ρ 因子的终止子相似的结构和终止机制,即有富含 GC 的茎-环结构和连续的 U,这些序列称为转录终止的修饰点。转录不是在 poly(A) 的位置上终止,而是超出数百个乃至上千个核苷酸后才停止。转录越过修饰点后,mRNA 在修饰点处被切断,随即加入 poly(A) 尾。下游的 RNA 虽继续转录,但很快被 RNA 酶降解。由于成熟的 mRNA 3′ 端已被切除了一段并加入了 poly(A) 尾,具体的转录终止点目前尚未明确。

第四节　RNA 的转录后加工

转录生成的 RNA 是初级转录产物,一般需要经过加工才能成为有功能的成熟 RNA 分子。真核生物中,几乎所有的初级转录产物都要被加工,主要在细胞核内进行,也有少数反应在胞质进行。原核生物的 mRNA 初级转录产物无须加工即可作为翻译的模板,而 rRNA 和 tRNA 的初级转录产物仍需经过一定程度的加工才具有活性。在此主要介绍真核生物的转录后加工。

一、前体 rRNA 的转录后加工

真核生物的 rRNA 有 5S、5.8S、18S 和 28S 四种,其中 5.8S、18S 和 28S 是由 RNA 聚合酶 Ⅰ 催化产生的 45S rRNA 经过剪切加工而来,rRNA 转录后加工包括前体 rRNA 与蛋白质结合,然后再切割和甲基化(图 14-7)。

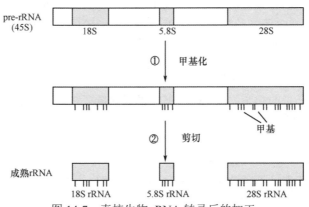

图 14-7　真核生物 rRNA 转录后的加工

　　前体 rRNA 基因在基因组结构中成串排列，属中度重复序列。转录在核仁进行，新生的前体 rRNA 迅速与蛋白质结合成前体核糖体颗粒，然后，其中的 RNA 经一系列切割先产生 18S rRNA，该 RNA 与蛋白质组成核糖体的小亚基。余下的部分再拼接成为 5.8S 及 28S rRNA。前体 rRNA 的切割在特殊序列位点，可能是由核仁小 RNA（snoRNA）与蛋白质组成核仁小核糖核蛋白（snoRNP）催化。前体 rRNA 还接受甲硫氨酸提供的甲基，人的前体 rRNA 有 100 多处特定的碱基和特定核苷酸的糖基被甲基化，在切割加工后，甲基化仍保留。甲基化的位点在脊椎动物中是高度保守的，这些修饰可能与其后续的加工、折叠和组装后的核糖体功能有关。

　　5S rRNA 由 RNA 聚合酶Ⅲ催化，在核质中转录后无须加工即进入核仁，与 28S 和 5.8S rRNA 及蛋白质组成核糖体的大亚基，以大亚基的形式通过核孔进入细胞质。

　　在研究 rRNA 转录加工的过程中，发现某些真核生物 RNA 的前体可以在完全没有蛋白质的条件下自身剪接，这种具有催化功能的 RNA 称为核酶，意为可切割特异性 RNA 序列的 RNA 分子。核酶的二级结构有多种，其中一种呈槌头状（hammerhead）结构，含有若干茎（stem）和环（loop）。根据核酶的槌头状结构，通过人工设计合成具有核酶活性的 RNA，用于阻断病原生物或肿瘤基因的表达，为感染性疾病及肿瘤的治疗提供了新的思路。例如，现已在探索用核酶来破坏人类免疫缺陷病毒（HIV）的临床治疗方案。

二、前体 tRNA 的转录后加工

　　tRNA 作为连接遗传信息和对应氨基酸之间的"接头分子"，是蛋白质合成中的关键生物大分子之一。在细胞内，转录产生的 tRNA 前体并不能直接行使功能，需要多种转录后加工，成为成熟的 tRNA 后才能获得生物学功能。前体 tRNA 的加工包括切除和碱基修饰，有些则需剪接（图 14-8）。

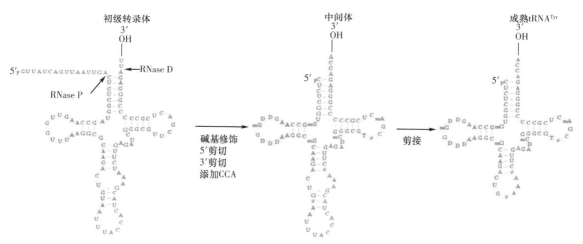

图 14-8　真核生物 tRNA 转录后的加工

RNase P，核糖核酸酶 P

　　以酵母前体 tRNA^Tyr 分子为例，加工主要包括以下变化：①酵母前体 tRNA^Tyr 分子 5′端的 16 个核苷酸前导序列由 RNase P 切除，RNase P 属于核酶。②氨基酸臂的 3′ 端 2 个 U 被核糖核酸内切酶 RNase Z 切除，有时核糖核酸外切酶 RNase D 等也参与切除过程，然后氨基酸臂的 3′ 端再由核苷酸转移酶加上特有的 CCA 末端。③茎-环结构中的一些碱基经化学修饰为稀有碱基，包括嘌呤碱或核糖 C-2′ 的甲基化、尿嘧啶还原为二氢尿嘧啶（DHU）、尿嘧啶核苷转变为假尿嘧啶核苷（ψ）、腺苷酸脱氨成为次黄嘌呤核苷酸（I）等。④通过剪接切除茎-环结构中部 14 个核苷酸的内含子。内含子剪切由 tRNA 剪接内切酶（tRNA-splicing endonuclease，TSEN）完成。切除后的连接反应由 tRNA 连接酶催化。前体 tRNA 分子必须折叠成特殊的二级结构，剪接反应才能发生，内含子一般都位于前体 tRNA 分子的反密码子环。

tRNA 转录后核苷酸的修饰对于维持 tRNA 倒 L 形三级结构的稳定性，保证核糖体上阅读框的正确翻译具有重要作用。tRNA 核苷酸修饰参与细胞内蛋白质翻译、新陈代谢以及细胞压力条件下应答等多方面的生物功能，是 tRNA 行使生物学功能和精确调节 tRNA 参与的翻译有效性和忠实性的物质基础，对维持细胞生长代谢有重要作用。

三、前体 mRNA 的转录后加工

真核生物 mRNA 的转录由 RNA 聚合酶 II 催化，初始产物为核内不均一 RNA（hnRNA），新生的 hnRNA 从开始形成到转录终止，逐步与蛋白质结合形成核内不均一核糖核蛋白（hnRNP）颗粒。前体 mRNA 合成后，需要经过 5′ 端和 3′ 端的首、尾修饰以及对前体 mRNA 进行剪接（splicing），才能成为成熟的 mRNA，被转运到核糖体，指导蛋白质翻译（图 14-9）。

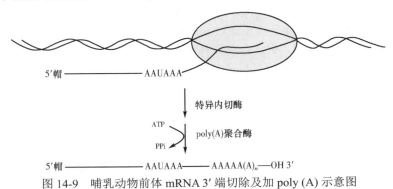

图 14-9　哺乳动物前体 mRNA 3′ 端切除及加 poly (A) 示意图

（一）加帽

hnRNA 5′ 端的第一个核苷酸通常为鸟苷三磷酸（5′-pppGpN-），在磷酸酶催化下去除，γ-磷酸基团形成 5′-ppGpN…，经鸟苷酸转移酶催化与另一个 GTP（pppG）作用生成 GpppGpN…，两者间形成的是不常见的 5′,5′-三磷酸连接键，在鸟嘌呤 7-甲基转移酶作用下，以 S-腺苷甲硫氨酸为甲基来源，生成 $m^7GpppGpN…$，再经 2′-O-甲基转移酶催化，使 5′ 端原来的第一位，甚至第二位核苷酸的 2′-O 位甲基化，形成 $m^7GpppG^mpN…$ 或 $m^7GpppG^mpN^m…$。5′ 帽结构有三种：$m^7GpppGpN…$ 为帽 0，$m^7GpppG^mpN…$ 为帽 1，$m^7GpppG^mpN^m…$ 为帽 2。不同真核生物的 mRNA 或同一生物的不同 mRNA 有不同的 5′ 帽结构（图 14-10）。

（二）加尾

除组蛋白的 mRNA 外，真核生物的所有 mRNA 都有 3′-poly (A) 尾。研究表明，由于结构基因中编码链的 3′ 端没有 poly (A) 序列，mRNA 的 poly (A) 尾是转录后加工形成的。加 poly (A) 位点上游 10～30 个核苷酸处有 AAUAAA 序列，下游 20～40 个核苷酸处有富含 GU 序列，这两处序列是剪切和加 poly (A) 所需的信号。其过程首先由剪切和聚腺苷酸化特异因子（cleavage and polyadenylation specificity factor，CPSF）结合到上游富 AAUAAA 序列，断裂激动因子（cleavage stimulation factor，CStF）与下游富含 GU 序列作用，断裂因子（cleavage factor，CF）I、II 相继与之结合，使其更趋稳定。在断裂之前，poly (A) 聚合酶（poly A polymerase，PAP）结合到复合物上，使断裂后游离的 3′ 端能被多聚腺苷酸化，poly (A) 的生成分两个阶段。头 12 个 A 的聚合速度较慢，此后的多聚腺苷酸化很快，这是由于有 poly (A) 结合蛋白 II（poly A binding protein II，PABP II）加入，使聚合酶加速，聚合至 200～250 个 A 时，PABP II 又使聚合速度减慢，机制未明。在前体 mRNA 上也发现 poly (A) 尾，推测加尾的过程是在核内完成，而且先于 mRNA 中段的剪接。尾部修饰是和转录终止同时进行的过程。

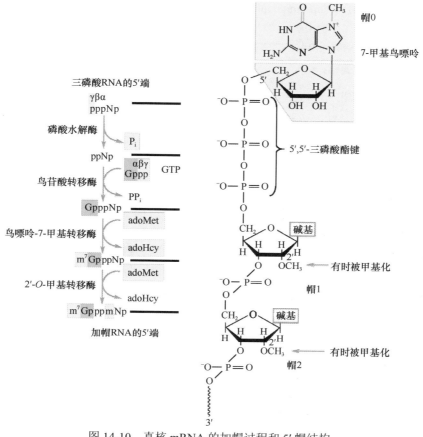

图 14-10 真核 mRNA 的加帽过程和 5′ 帽结构

左图为真核 mRNA 的加帽过程右图示 5′ 端第一个 G 的 N-7 位发生甲基化（帽 0）；甲基化也可以发生在第二位核苷酸（帽 1）或第三位核苷酸（帽 2）

（三）剪接

真核基因结构最突出的特点是其不连续性，通常称为断裂基因。mRNA 初始转录产物中外显子和内含子依次间隔排列，去除初始转录产物中的内含子，并把外显子拼接为成熟 mRNA 的过程即为剪接（splicing）。剪接位点在外显子的 3′ 端与内含子的 5′ 端连接点及内含子 3′ 端与下一个外显子 5′ 端连接点。为便于叙述，把位于内含子 5′ 端的连接点称为 5′ 端剪接位点（5′-splice site），位于内含子 3′ 端的连接点称为 3′ 端剪接位点（3′-splice site）。

真核生物多数内含子的 5′ 和 3′ 端剪接位点周围的序列具有一定的保守性。由图 14-11 可见，其中 5′ 端剪接位点的 GU 和 3′ 端剪接位点的 AG 是不变的，如果剪接位点 GU 或 AG 发生突变，剪接就会被阻断。几乎所有真核生物的前体 mRNA 都有特征性的 GU、AG 序列，称为 GU-AG 规则。内含子离 3′ 端剪接位点 18~40bp 范围内有一个 A 也是不变的，称为分支点（branch point）。分支点附近也有保守序列，如 UACUAAC，其中 3′ 端倒数第二个碱基 A 为分支点。

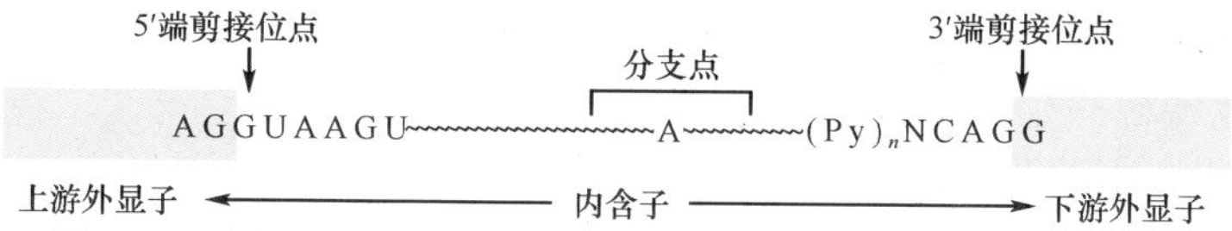

图 14-11 前 mRNA 内含子 5′ 端和 3′ 端剪接位点邻近结构特征

前体 mRNA 的剪接发生在剪接体（spliceosome），它是由 5 种 snRNA 和 100 种以上的蛋白质装配而成的一种超分子（supermolecule）复合体。

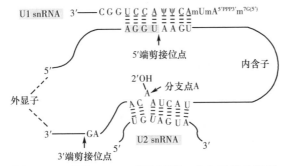

图 14-12　前体 mRNA 剪接过程，内含子折叠机制

前体 mRNA 的位点有保守的共有序列，如 5′ 端的 AGGUAAGU 和 3′ 端分支点的 UACUAACA 序列，分别与 U1 和 U2 snRNA 的序列互补。U1 snRNA 的结合，有利于确定 5′ 端剪接位点。而 U2 snRNA 的结合使分支点 A 鼓出，有利于激活分支点 A 的 2′-OH 通过 2′,5′ 磷酸二酯键形成套状结构

剪接是通过两次转酯反应，把内含子剪出和相邻两个外显子相连接的过程（图 14-13）。首先，分支点 A 的 2′-OH 向 5′ 端剪接位点 G 的磷酸二酯键发动亲水攻击，以分支点 A 的 2′-OH 与 5′ 端剪接位点 G 的 5′-Pi 形成磷酸二酯键；第二次转酯反应是外显子 1 3′ 游离的 -OH 攻击 3′ 端剪接位点的 5′-磷酸二酯键，以外显子 1 3′-OH 代替 3′-剪接位点的 3′-OH 形成新的磷酸二酯键，使外显子 1 与外显子 2 连接，并释出形成套索状结构的第一内含子。

（四）可变剪接

许多前体 mRNA 分子经过加工只产生一种成熟的 mRNA，翻译成相应的一种多肽；有些则可在同一分子不同位点进行剪切或剪接加工产生结构不同的 mRNA，这一现象称为可变剪接或选择性剪接（alternative splicing）。这些前体 mRNA 分子中往往有 2 个以上的断裂和多聚腺苷酸化的位点或剪接位点。据估计，人类基因组中 90% 以上的蛋白质编码基因以可变剪接方式产生一种以上的亚型（isoform）。可变剪接现象的存在，使得同一基因可能编码产生结构相似但功能完全不同的产物，是生物体内蛋白质多样性的机制之一。

5 种 snRNA 分子中的碱基以尿嘧啶含量最为丰富，分别称为 U1、U2、U4、U5 和 U6，其长度范围在 100～300 个核苷酸。每一种 snRNA 分别与多种蛋白质结合，形成 5 种 snRNP。从酵母到人类，真核生物的 snRNP 中的 RNA 和蛋白质都高度保守。

剪接过程中，首先由 U1 snRNP、U2 snRNP 分别辨认 5′ 端剪接位点和分支点，通过 U1 snRNA 的 5′…ACψACCU…3′ 与 5′ 端剪接位点的 5′…AGGUAAGU…3′ 互补，U2 snRNA 的 5′…UGUAGUA…3′ 与分支点周边的 5′…UACUACA…3′ 互补，随后依靠其他 snRNP 之间的相互作用，使内含子形成套索并拉近上、下游外显子，利于剪接反应的进行（图 14-12）。

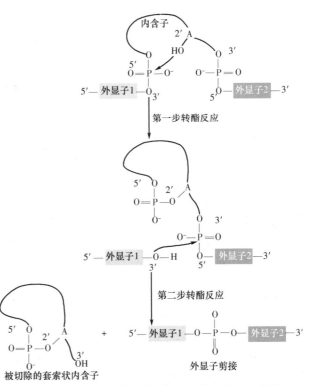

图 14-13　内含子剪接过程的两次转酯反应示意图

第一次反应是内含子 5′-磷酸与外显子 1 的 3′-OH 之间的酯键由分支点 A 的 2′-OH 取代；第二次反应是外显子 2 的 5′-磷酸与内含子 3′-OH 之间的酯键由外显子 1 的 3′-OH 取代，内含子以套索状形式释出而相邻的两个外显子互相连接，箭头指示激活的羟基氧与磷原子起反应

例如，同一种前体 mRNA 分子在大鼠甲状腺产生降钙素（calcitonin），而在大鼠脑产生降钙素基因相关肽（calcitonin-gene related peptide，CGRP），这是不同位点进行剪切或剪接加工的结果

（图 14-14）。在甲状腺中，初级转录本进行剪接后，由外显子 1、2、3、4 连接而成的 mRNA 翻译为降钙素。而在脑中，经剪接作用由外显子 1、2、3、5、6 连接而成的 mRNA 翻译为 CGRP。

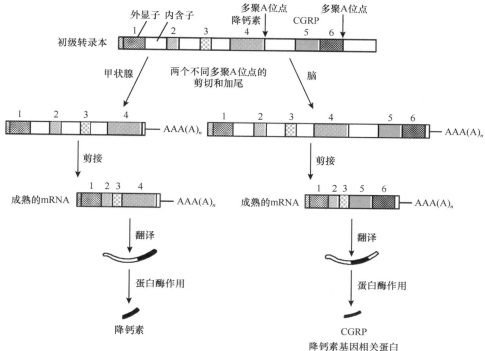

图 14-14　前体 mRNA 的可变剪接产生降钙素和降钙素基因相关肽的过程

（五）RNA 编辑

另有一种转录后加工方式也可以改变 mRNA 初级转录本的序列，称为 RNA 编辑（RNA editing），包括单个碱基的插入、缺失或突变。经过 RNA 编辑所产生的 mRNA，其所编码蛋白质产物的氨基酸序列与 mRNA 初级转录本的序列并不完全对应。

例如，人类基因组中只有 1 个载脂蛋白 B（apolipoprotein B，Apo B）基因，却能编码产生 2 种 Apo B 蛋白，一种是由肝细胞合成的含 4536 个氨基酸的 Apo B-100，另一种是由小肠黏膜细胞合成的含 2152 个氨基酸的 Apo B-48。这与小肠黏膜细胞中存在的一种胞嘧啶核苷脱氨酶（cytosine deaminase）对 $APOB$ 基因的脱氨基作用（C → U）有关，使 $APOB$ 基因转录生成的 mRNA 第 2153 位上的谷氨酰胺密码子 CAA 转变为终止密码子 UAA，翻译在第 2153 个密码子处终止，从而产生较短的 Apo B-48（图 14-15）。RNA 编辑作用说明，基因的编码序列经过转录后加工，是可有多用途分化的，因此也称为 RNA 分化加工（differential RNA processing）。

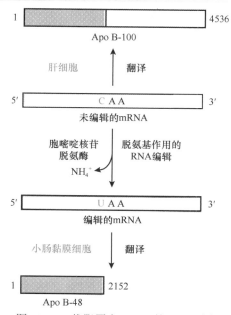

图 14-15　载脂蛋白 ApoB 的 RNA 编辑

四、mRNA 的定位与稳定性

mRNA 的定位与稳定性是真核基因表达调控的重要环节之一。真核细胞可以分割成许多不同的区域，特定的空间区域在特定的时间存在特定的蛋白质，这种不均匀分布除了与翻译相关蛋白质的转运、定位有关，更重要的是取决于 mRNA 的定位。mRNA 又是一种相对不稳定的分子，真核细胞 mRNA 的寿命从几分钟到数小时不等，其降解是保持 mRNA 发挥正常功能所必需的。此外，在 mRNA 合成过程中产生的异常转录物也需要及时降解清除，以保证机体的正常生理状态。

（一）mRNA 的定位

有些 mRNA 定位于细胞的特定区域，在到达它们的细胞定位之前不会被翻译。已有研究表明，有超过 100 种特定 mRNA 的定位受到调控。mRNA 的定位在真核生物中具有重要的作用，定位需要靶 mRNA 上的顺式作用元件和其他反式作用因子来介导。

已知的定位机制有三种：① mRNA 均匀分布，在靶部位以外都被降解；②随机扩散的 mRNA 在靶部位的选择性锚定；③ mRNA 在细胞骨架轨道上的定向运输。第三种是定位的主要机制，通过马达蛋白沿着细胞骨架的移位，mRNA 会被主动运输到翻译位点。三种类型的分子马达都参与其中，动力蛋白（dynein）和驱动蛋白（kinesin）沿着微管进行相反方向的运动，而肌球蛋白（myosin）则沿着微丝运动。这种定位模式需要至少四个组成部分：①靶 mRNA 上的顺式作用元件；②直接或间接将 mRNA 与正确的马达蛋白连接的反式作用因子；③抑制翻译的反式作用因子； ④靶位点上的锚定系统。

目前仅发现了少量的顺式作用元件，其有时被称为邮政编码（zipcode）。它们的类型多样，包括特定序列和结构性的 RNA 元件，可出现在 mRNA 的任意位置，但大多数位于 3′ 端非编码区中。zipcode 一直很难识别，可能是因为许多 zipcode 存在着复杂的二级和三级结构。大量的反式作用因子与 mRNA 的局部转运和翻译抑制有关，其中一部分在生物体中高度保守。例如，Staufen 是一种双链 RNA 结合蛋白，参与了果蝇和非洲爪蟾的卵母细胞以及果蝇、斑马鱼、哺乳动物等的神经系统中 mRNA 的定位。这种多功能蛋白有多个结构域，可以将复合物偶联到依赖肌动蛋白和微管的运输途径上。然而，对于第四种锚定机制所需组件的研究仍属空白。

（二）mRNA 的稳定性

真核细胞的 mRNA 降解途径可分为两类：正常转录物的降解和异常转录物的降解。正常转录物是指细胞产生的有正常功能的 mRNA。异常转录物是细胞产生的一些非正常转录物。正常转录物的降解和异常转录物的降解都是细胞保持其正常生理状态所必需的。此外，mRNA 中的一些特殊序列也会影响其稳定性。

1. 依赖于脱腺苷酸化的 mRNA 降解　5′ 端 m⁷Gppp 帽和 3′ 端 poly (A) 尾对于维持 mRNA 的稳定性具有重要作用。翻译时，mRNA 通过 5′ 帽结合的翻译起始因子 eIF-4E（真核起始因子 4E）、eIF-4G（真核起始因子 4G）与 3′ 端 poly (A) 尾结合的多聚腺苷酸结合蛋白 [poly (A) binding protein，PABP] 相互作用而形成封闭的环状结构，这样可以防止脱腺苷酸化酶和脱帽酶对 mRNA 的攻击。

多数正常 mRNA 的降解依赖于脱腺苷酸化，包括两条途径（图 14-16）。降解过程是脱腺苷酸化酶侵入环状结构，进行脱腺苷酸化反应；脱腺苷酸化酶脱离帽状结构，使脱帽酶能够水解帽结构；脱腺苷酸化和脱帽反应结束后，mRNA 被 5′ → 3′ 核酸外切酶识别并水解。但也有部分 mRNA 在脱腺苷酸化后不进行脱帽反应，而是由外切体（exosome）复合物的 3′ → 5′ 核酸外切酶识别并水解。

依赖于脱腺苷酸化的 mRNA 降解是体内 mRNA 降解的主要方式。除此之外，真核细胞内还存在靶向特定 mRNA 的其他降解途径（图 14-17）。例如，部分 mRNA 可以不经过脱腺苷酸化反应而直接进行脱帽反应。组蛋白 mRNA 的降解通过 3′ 端加上 poly (U) 尾而启动。一些 mRNA 的降解还能通过序列或结构特异性的核酸内切酶启动。此外，还有 miRNA 或 siRNA 诱导的 mRNA 降解，以及蛋白质产物对 mRNA 降解等。

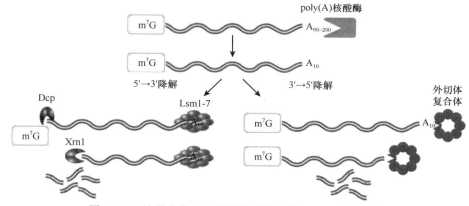

图 14-16　真核生物中依赖脱腺苷酸化的 mRNA 降解途径

Dcp，一种脱帽酶复合物，酵母中由 Dcp1 和 Dcp2 组成，哺乳动物中较复杂；Xrn1 是一种 5′ → 3′ 核酸外切酶

两种情况下，poly (A) 尾被 poly (A) 核酸酶降解，当其长度达到约 10A 时，mRNA 可经 5′ → 3′ 途径或 3′ → 5′ 途径降解。

5′ → 3′ 途径包括 Dcp 催化脱帽和 Xrn1 核酸外切酶的消化。3′ → 5′ 途径涉及外切体复合体的消化

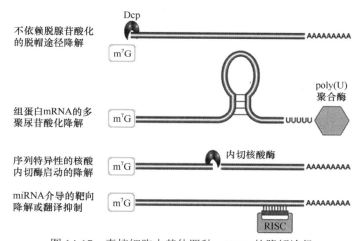

图 14-17　真核细胞中其他四种 mRNA 的降解途径

2. 无义介导的 mRNA 降解　真核细胞 mRNA 的异常剪接可能会产生无义（nonsense）的终止密码子，常称为提前终止密码子（premature termination codon，PTC）。PTC 也可由错误转录或翻译过程中的移码而产生。据估计，几乎一半前体 mRNA 的选择性剪接会产生至少一种形式的 PTC。大约 30% 的已知致病等位基因可能编码带有 PTC 的 mRNA。带有 PTC 的 mRNA 会产生羧基端截短的多肽，进而招募多个分子结合形成无功能复合物，对细胞产生潜在毒性。因此，这些含有 PTC 的 mRNA 会被选择性清除，称为无义介导的 mRNA 降解（nonsense-mediated mRNA degradation，NMD），是广泛存在的 mRNA 质量监控的重要机制。NMD 途径被发现存在于所有真核生物中。

除无义介导的 mRNA 降解外，异常转录物尚有无终止密码子引起的 mRNA 降解（non-stop decay，NSD）和非正常停滞引起的 mRNA 降解（no-go decay，NGD）及核糖体延伸介导的降解（ribosome extension-mediated decay，REMD）等。

3. mRNA 中的特殊序列　mRNA 中的一些特殊序列会影响其稳定性。例如，白细胞因子 mRNA 3′ 非翻译区的 AUUUA 是不稳定序列，许多半衰期短的 mRNA 含有类似序列。当这些富含 AU 的序列插入到编码稳定 mRNA 的 3′ 非翻译区，可使重组 mRNA 变得不稳定，但其机制未明。转铁蛋白受体（TfR）mRNA 的稳定性调节，与其 3′ 非翻译区铁应答元件（IRE）有关。IRE 长约

30bp，可形成茎-环结构，环中有 5 个特异碱基，茎部分有富含 AU 序列。当细胞内铁浓度降低时，铁应答元件结合蛋白（IRE-BP）与 IRE 结合，阻断了能降解 TfR mRNA 的蛋白质对富含 AU 序列的识别，避免了 TfR mRNA 的降解，使细胞表达转铁蛋白受体增补胞内铁。当铁浓度足够时，IRE-BP 结合铁而不结合 IRE，游离的富 AU 序列会增加 TfR mRNA 的不稳定性。

小　结

生物体以 DNA 为模板，4 种游离的脱氧核苷三磷酸为原料，在依赖 DNA 的 RNA 聚合酶催化下合成 RNA 链的过程称为转录，不对称性、连续性和单向性是转录的基本特征。除了模板、NTP、RNA 聚合酶以外，转录体系还包括多种蛋白质因子和无机离子，但不需要引物。转录过程可分为起始、延长和终止三个阶段。

原核生物只有一种 RNA 聚合酶，根据是否包含 σ 亚基（因子）可分为全酶和核心酶（$\alpha_2\beta\beta'\omega$）。真核生物的核内至少有 3 种主要的 RNA 聚合酶，分别转录生成不同的 RNA 产物，其中 RNA 聚合酶 Ⅰ 催化合成 45S rRNA，经剪接为 5.8S、18S 和 28S 3 种 rRNA；RNA 聚合酶 Ⅱ 主要催化合成 hnRNA；RNA 聚合酶 Ⅲ 催化合成 tRNA、5S rRNA 和一些 snRNA。

启动子在转录起始调控中至关重要，RNA 聚合酶通过辨认、结合基因的启动子而启始转录。原核生物的启动子通常位于转录起始点上游-35 区和-10 区，可被 σ 因子辨认，以全酶形式结合并启动转录。真核生物主要有三类启动子，转录起始时 RNA 聚合酶不直接结合模板，每种酶都需要与一些转录因子和蛋白质辅因子形成复杂的转录装置才能启动转录。RNA 聚合酶 Ⅱ 的启动子通常由起始子 Inr、TATA 盒或下游启动子元件 DPE 和其他调控元件组成。RNA 聚合酶 Ⅱ 的最大亚基具有独特的羧基末端结构域（CTD），在转录起始和延长阶段被磷酸化。

原核生物转录尚未结束，翻译就可以开始。原核生物的转录终止可分为依赖 ρ 因子或不依赖 ρ 因子两种方式。前者是靠 ρ 因子的 ATP 酶和解旋酶活性，使转录产物从复合体中释放，从而终止转录；后者是靠 RNA 本身的茎-环结构和紧随其后的一串寡聚 U 而起终止作用。真核生物转录延长过程与原核生物大致相似，但因有核膜相隔，没有转录与翻译同步的现象。真核生物转录延长过程中有核小体移位和解聚现象。转录的终止伴随 RNA 的首尾修饰。

RNA 的初级转录产物一般都需经过加工，才能成为有功能的成熟 RNA 分子。原核生物 mRNA 的初级转录产物，一般无须加工即可作为翻译的模板，而 rRNA 和 tRNA 的初级转录产物则需要加工和修饰。真核生物几乎所有的初级转录产物都需经过加工，mRNA 的初级转录产物由 hnRNA 加工而成，包括首尾修饰、剪接和编辑。剪接是在 snRNA 和 snRNP 结合而成的剪接体内通过二次转酯反应完成。前体 tRNA 的转录后加工包括切除、剪接、3′ 端添加 CCA、碱基修饰和各种稀有碱基的生成。真核生物的 5.8S、18S 和 28S rRNA 来自 45S rRNA，转录后加工包括甲基化修饰及多种核酸酶作用，5S rRNA 转录后一般无须加工。在研究 rRNA 转录加工的过程中，发现某些真核生物 RNA 的前体可以在完全没有蛋白质的条件下自我剪接，这种具有催化功能的 RNA 称为核酶。

mRNA 的定位和稳定性是真核基因表达调控的重要环节，依赖细胞骨架特别是微管系统的主动运输是定位的关键机制。mRNA 降解包括正常转录物和异常转录物的降解，是保持 mRNA 发挥正常功能所必需的，是可调控的。此外，mRNA 中的一些特殊序列也会影响其稳定性。

（周珏宇）

第十四章线上内容

第十五章 蛋白质的生物合成与加工

生物体内的蛋白质处于动态的代谢和更新之中，蛋白质的生物合成是其履行生物学功能的前提。储存遗传信息的 DNA 并不直接指导蛋白质的合成，而是通过转录传递给 mRNA。蛋白质的生物合成本质上是把 mRNA 的核苷酸序列转译为蛋白质肽链中的氨基酸排列顺序的过程，因此蛋白质的生物合成也称为翻译（translation）。

蛋白质适当的空间构象是发挥生物学功能的结构基础。最初合成的蛋白质多肽链无生物学活性，还必须经过翻译后的修饰并形成特定的空间结构，再被靶向输送至合适的亚细胞部位才能行使各自的生物学功能。蛋白质的生物合成是生命活动中最复杂的过程之一，受多种因素的影响和干扰，因此其合成过程也成为许多药物和毒素的作用靶点。

第一节 蛋白质生物合成体系的组成

蛋白质的合成过程非常复杂，三类 RNA 即 mRNA、tRNA 及 rRNA 在蛋白质合成过程中均起着重要作用。此外，有关的酶及蛋白质因子、供能物质 ATP 与 GTP，以及必要的无机离子等也是蛋白质合成所不可缺少的重要成分。以上成分统一构成蛋白质的生物合成体系。

一、mRNA

从 DNA 转录而来的 mRNA 作为蛋白质合成的模板，指导蛋白质的合成。mRNA 将其一级结构中核苷酸序列编码为蛋白质多肽链中的氨基酸序列，实质上是将核苷酸顺序（一种语言）转换成氨基酸顺序（另一种语言）的"翻译"过程。

mRNA 包括 5′非翻译区（5′ untranslated region，5′-UTR）、编码区和 3′非翻译区（3′untranslated region，3′-UTR），见图 15-1。mRNA 分子的编码区中的核苷酸序列具有模板作用，在蛋白质合成过程中被翻译成蛋白质中的氨基酸序列。

图 15-1 mRNA 的一级结构

（一）遗传密码

遗传密码（genetic code）就是 mRNA 开放阅读框内，从 5′端到 3′端，每 3 个相邻核苷酸为一组，编码一种氨基酸或作为蛋白质合成的起始或终止信号，也可称为密码子、三联体密码（triplet code）。密码子不仅决定蛋白质合成时连接哪种氨基酸，还控制着蛋白质合成的起始和终止。

蛋白质是由 20 种氨基酸构成，而构成 mRNA 的核苷酸仅 4 种，假如 3 个核苷酸代表 1 个氨基酸，就有 4^3=64 种排列，这样才能满足编码 20 种氨基酸的需要，因此人们提出了 3 个核苷酸决定一个氨基酸的三联体（triplet）遗传密码理论。

尼伦伯格（Nirenberg）等通过实验巧妙地破译了所有的 64 种密码子（表 15-1）。其中，

AUG 编码甲硫氨酸，又作为肽链合成的起始信号，故 AUG 又被称为起始密码子。UAA、UAG 和 UGA 不编码任何氨基酸，只代表蛋白质合成的终止信号，即当多肽链合成到一定程度而在 mRNA 中出现这三个密码子中的任何一个时，多肽链的延长随即终止，故称其为终止密码。

表 15-1　哺乳类动物细胞遗传密码表

第一位核苷酸 (5′端)	第二位核苷酸				第三位核苷酸 (3′端)
	U	C	A	G	
U	UUU 苯丙	UCU 丝	UAU 酪	UGU 半胱	U
	UUC 苯丙	UCC 丝	UAC 酪	UGC 半胱	C
	UUA 亮	UCA 丝	UAA 终止	UGA 终止	A
	UUG 亮	UCG 丝	UAG 终止	UGG 色	G
C	CUU 亮	CCU 脯	CAU 组	CGU 精	U
	CUC 亮	CCC 脯	CAC 组	CGC 精	C
	CUA 亮	CCA 脯	CAA 谷酰	CGA 精	A
	CUG 亮	CCG 脯	CAG 谷酰	CGG 精	G
A	AUU 异亮	ACU 苏	AAU 天酰	AGU 丝	U
	AUC 异亮	ACC 苏	AAC 天酰	AGC 丝	C
	AUA 异亮	ACA 苏	AAA 赖	AGA 精	A
	AUG* 甲硫	ACG 苏	AAG 赖	AGG 精	G
G	GUU 缬	GCU 丙	GAU 天冬	GGU 甘	U
	GUC 缬	GCC 丙	GAC 天冬	GGC 甘	C
	GUA 缬	GCA 丙	GAA 谷	GGA 甘	A
	GUG 缬	GCG 丙	GAG 谷	GGG 甘	G

注：* 位于 mRNA 起始部位的 AUG 为肽链合成的起始信号，同时也有氨基酸密码子的作用。以细菌为代表的原核生物中此密码代表甲酰甲硫氨酸，以哺乳类动物为代表的真核生物中则代表甲硫氨酸

（二）遗传密码的特点

从原核生物到真核生物，目前所发现的遗传密码有以下特点。

1. 方向性　组成密码子的各碱基在 mRNA 序列中的排列具有方向性。翻译过程中核糖体是沿着 5′ 端向 3′ 端阅读 mRNA 编码区，即从起始密码子 AUG 开始，沿着 5′ → 3′ 方向逐一阅读密码子，直至终止密码子，这决定了新生肽链的合成方向则是从 N 端向 C 端延伸（图 15-2）。

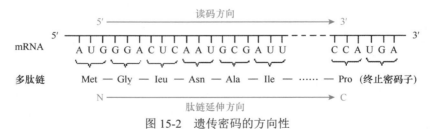

图 15-2　遗传密码的方向性

2. 连续性　mRNA 序列的阅读是从 AUG 开始按 5′ → 3′ 方向以三联体密码方式连续阅读，直到终止密码子，这就是遗传密码的连续性。密码子的连续性决定了密码子阅读不重叠、不交叉和无标点。由于密码子具有连续性，在开放阅读框中插入或缺失 1 或 2 个核苷酸，都会引起 mRNA 阅读框移动，称移码（frameshift），使后续氨基酸序列大部分被改变，其编码的蛋白质结构和功能发生改变，称为移码突变（frameshift mutation）（图 15-3）。但若连续插入或缺失 3 个或 3 的整数倍个核苷酸，不会改变插入位点前后密码子的组成，只会在蛋白产物中增加或缺失 1 个或数个氨基酸，通常对蛋白质结构和功能的影响较小。

5′······A̲U̲G̲ G̲C̲U̲ A̲C̲G̲ U̲C̲A̲ U̲A̲G̲ C̲C̲U̲ G̲A̲C̲······3′
　　　甲硫　丙　苏　丝

5′······A̲U̲G̲ G̲G̲C̲ U̲A̲C̲ G̲U̲C̲ A̲U̲A̲ G̲C̲C̲ U̲G̲A̲ C̲······3′
　　　甲硫　甘　酪　缬　异亮　丙

图 15-3　遗传密码的连续性与移码突变

3. 简并性（degeneracy）　密码子共有 64 个，除了 3 个终止密码子外，余下 61 个密码子可以编码 20 种氨基酸，因此有的氨基酸可由多个密码子编码，这种现象称密码子的简并性（表 15-2）。

为同一种氨基酸编码的不同密码子称同义密码子（synonymous codon）。多数情况下，同义密码子前 2 位碱基相同，差别仅在于第 3 位碱基有差异，即密码子的特异性一般是由前 2 位碱基决定，第 3 位碱基改变并不影响其所编码的氨基酸。因此，密码子的简并性是遗传信息的保真机制之一，可降低基因突变的生物学效应。

由于密码子具有简并性的特征，即一种氨基酸对应不同的密码子，因此不同氨基酸对应的不同密码子的使用频率是不一定相同的，我们把氨基酸对应的各自密码子使用频次的不同称为密码子偏倚（codon bias）。不同种属生物的氨基酸偏倚的密码子是不一样的，甚至同一物种内，不同功能和不同保守程度的基因，它们的密码子使用偏性也是不一样的。这种同义密码子使用的差异广泛地存在于细菌、真菌、植物、动物及人类中。

表 15-2　氨基酸对应的密码子数量

氨基酸	密码子数目	氨基酸	密码子数目	氨基酸	密码子数目	氨基酸	密码子数目
Met	1	Tyr	2	Gln	2	Gly	4
Trp	1	Ile	3	Glu	2	Thr	4
Asn	2	Ala	4	Lys	2	Ser	6
Asp	2	Val	4	His	2	Leu	6
Cys	2	Pro	4	Phe	2	Arg	6

4. 摆动性　在蛋白质生物合成中，密码子的翻译是通过与 tRNA 反密码子相互识别配对来实现的。密码子的第 3 位碱基与反密码子的第 1 位碱基配对时，有时会不严格遵循沃森-克里克（Watson-Crick）碱基配对原则，称为遗传密码的摆动性。此时，mRNA 密码子的第 1 位和第 2 位碱基（5′ → 3′）与 tRNA 反密码子的第 3 位和第 2 位碱基（5′ → 3′）之间仍为 Watson-Crick 配对，而反密码子的第 1 位与密码子的第 3 位碱基配对存在着摆动现象。

如 tRNA 的反密码子第 1 位出现次黄嘌呤（I）就可以与 mRNA 密码子第 3 位的 U、A 或 C 配对，反密码子第 1 位的 G 可与密码子第 3 位的 C 或 U 配对（图 15-4）。摆动性能使一种 tRNA 识别 mRNA 序列中的多种简并性密码子。密码子与反密码子摆动配对规则如表 15-3 所示。

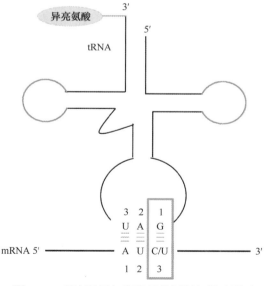

图 15-4　反密码子与密码子的识别与摆动配对

表 15-3　反密码子与密码子碱基摆动配对规则

反密码子第 1 碱基	A	C	G	U	I
密码子第 3 碱基	U	G	C、U	A、G	A、C、U

5.通用性 无论高等或低等生物，从细菌到人类，都拥有一套共同的遗传密码，这种现象称密码子的通用性。密码子的通用性为地球上生物来自同一起源的进化论提供了有力依据，也使得利用细菌等生物来制造人类蛋白质成为可能。但后来发现在哺乳动物线粒体的蛋白质合成体系中，编码方式与通用遗传密码有所不同。例如，在线粒体的遗传密码中，AUA、AUG、AUC、AUU为起始密码子，其中 AUA、AUG 也是编码甲硫氨酸的密码子，UGA 为色氨酸密码子而非终止密码子，AGA、AGG、UAA、UAG 为终止密码子。线粒体等细胞器中的密码子与通用密码子相比出现个别例外现象，这并不妨碍密码子的通用性。

（三）阅读框

阅读框（reading frame）是 mRNA 上从一个起始密码子到其下游第一个终止密码子之间的一段核苷酸序列。从理论上讲，一个 mRNA 由于从 5′ 端开始阅读时起始点不同，就会形成不同的阅读框，然而只有一种阅读框能够正确地编码有功能活性的蛋白质。在体内蛋白质生物合成过程中，核糖体通过正确识别编码序列中的起始密码子 AUG，开始翻译直至终止密码子，从而将mRNA 编码区的核苷酸序列转译为蛋白质肽链中的氨基酸序列。mRNA 分子中从 5′ 端起始密码子AUG 到 3′ 端终止密码子之间的编码序列称为开放阅读框（open reading frame，ORF）（图 15-5）。

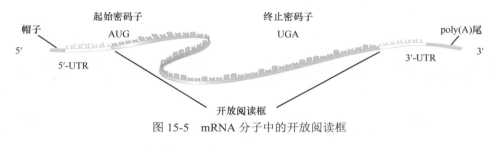

图 15-5　mRNA 分子中的开放阅读框

二、tRNA

在蛋白质合成过程中，mRNA 上的密码子决定蛋白质多肽链的氨基酸序列。密码子翻译成氨基酸需要 tRNA 介导。翻译所需的 20 种氨基酸是由其特定的 tRNA 转运至核糖体。每一种氨基酸可由 2～6 种特异 tRNA 转运，但每一种 tRNA 只能特异地转运某一种氨基酸。能转运特定氨基酸的 tRNA，一般采用右上标标注氨基酸三字母代号的形式加以区别，如 tRNA^{Ala} 就表示专门转运丙氨酸的 tRNA。

几乎所有 tRNA 结构都十分相似，即具有 3′-CCA-OH 臂、DHU 环、反密码子环和 TψC 环等基本结构。tRNA 有两个关键部位：一个位于 3′ 端的氨基酸结合部位；另一个是位于反密码子环的 mRNA 结合部位。tRNA 的氨基酸结合部位通过 3′ 端的 -CCA-OH 结合氨基酸，两者的结合物称为氨酰 tRNA，是氨基酸的活化形式。mRNA 的结合部位是 tRNA 反密码子环中的反密码子，可以与 mRNA 上的密码子相互识别并结合。这使得 tRNA 具有既能携带氨基酸，又能识别并结合mRNA 密码子的双重功能，使 tRNA 所携带的氨基酸准确地在 mRNA 上"对号入座"，从而使氨基酸按一定顺序排列。

三、rRNA

20 世纪 50 年代，柴门尼克（Zamecnik）等通过同位素实验证明蛋白质是在核糖体上合成的。核糖体又称核蛋白体，是由 rRNA 和蛋白质组成的复合物。参与蛋白质生物合成的各种成分最终都要在核糖体上将氨基酸合成多肽链。因此，核糖体是蛋白质生物合成的场所。

核糖体的结构包含大、小两个亚基，每个亚基都由多种核糖体蛋白质（ribosomal protein，RP）和 rRNA 组成。大、小亚基所含的蛋白质多是参与蛋白质生物合成过程的酶和蛋白质因子。rRNA 分子含较多局部螺旋结构区，可折叠形成复杂的三维构象作为亚基的结构骨架，使各种核糖体蛋白质附着结合,装配成完整亚基。原核生物的大亚基(50S)由 23S rRNA、5S rRNA 和 31 种蛋白质组成;小亚基(30S)由 16S rRNA 和 21 种蛋白质组成,大、小亚基结合形成 70S 的核糖体。真核细胞的大亚基(60S)由 28S rRNA、5.8S rRNA、5S rRNA 和 49 种蛋白质组成;小亚基(40S)由 18S rRNA 和 33 种蛋白质组成,大、小亚基结合形成 80S 的核糖体(图 15-6)。

核糖体的小亚基是一个扁平不对称的颗粒,外形类似哺乳动物的胚胎,长轴上有一个凹陷的颈沟,将其分为头部和体部,分别占小亚基的 1/3 和 2/3。颈部有 1~2 个突起,称为叶或平台。大亚基呈半对称性皇冠状(quasi-symmetric crown)或对称性肾状,由半球形主体和三个大小与形状不同的突起组成。中间的突起称为"鼻",呈杆状;两侧的突起分别称为柄(stalk)和脊(ridge)。大、小亚基结合时,其间形成一个腔,像隧道一样贯穿整个核蛋白体(图 15-7)。蛋白质的合成过程就在其中进行。

核糖体相当于"装配机",能够促进 tRNA 所携氨基酸缩合成肽。其中,核糖体小亚基上包含有 mRNA 的结合位点,主要负责对模板 mRNA 进行序列特异性识别,如起始部分的识别、密码子与反密码子的相互作用等。

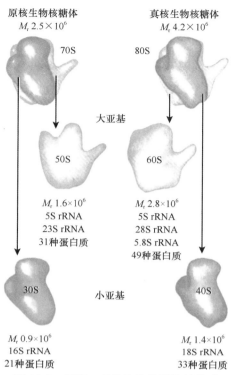

图 15-6 原核、真核生物核糖体的组成

大亚基主要负责肽键的形成、氨酰 tRNA 和肽酰 tRNA 的结合等(图 15-8)。核糖体的主要功能部位包括:

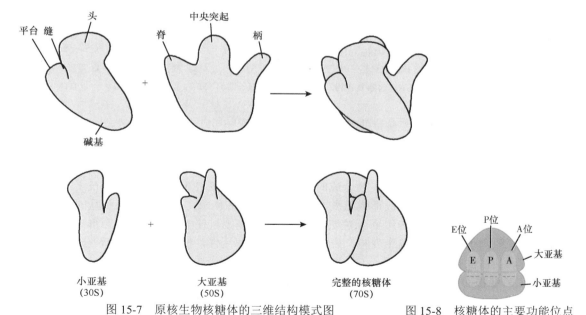

图 15-7 原核生物核糖体的三维结构模式图

图 15-8 核糖体的主要功能位点

(1)mRNA 结合部位:位于核糖体的小亚基上,负责对模板 mRNA 进行序列特异性识别与结合。原核生物中,mRNA 结合部位和 16S rRNA 的 3′ 端定位于 30S 亚基与 50S 亚基接触的平台区。起始因子也结合在此部位。

（2）受位（acceptor site）或氨酰位（aminoacyl site，A 位）：A 位是氨酰 tRNA 的结合部位，供携有氨基酸的 tRNA 所附着。

（3）给位（donor site）或肽酰位（peptidyl site，P 位）：P 位是肽酰 tRNA 的结合部位，供携有新生肽链的 tRNA 及携有起始氨基酸的 tRNA 所附着。原核生物中，P 位点与 A 位点均由 30S 亚基与 50S 亚基的特异位点共同组成，位于 30S 亚基平台区形成的裂缝处。

（4）排出位（exit site，E 位）：E 位可与肽酰转移后空载的 tRNA 特异结合。在 A 位进入新的氨酰tRNA 后，E 位上空载的 tRNA 随之脱落。原核生物中，E 位主要位于 50S 大亚基中。

（5）肽酰转移酶（peptidyl transferase）活性部位：位于中心突（鼻）和脊之间形成的沟中。可使附着于 P 位上的肽酰 tRNA 转移到 A 位上，与 A 位 tRNA 所带的氨基酸缩合，形成肽键。新生肽链的出口正好位于肽酰转移酶的对面。

（6）GTPase 位点：与肽酰 tRNA 从 A 位点转移到 P 位点有关的转移酶（即延伸因子 EF-G）的结合位点。GTPase 中心由四分子的 L7/L12 组成，位于 50S 亚基的指状突起，即柄上。核糖体大小亚基结合后，结合有 mRNA 和 tRNA 的 30S 平台与含有 GTPase 和肽酰转移酶活性的 50S 表面非常靠近。

（7）与蛋白质合成有关的其他起始因子、延长因子和终止因子的结合位点。

原核生物只有一类核糖体，真核生物有位于不同细胞部位的几类核糖体：游离核糖体、内质网核糖体、线粒体核糖体和叶绿体核糖体（植物）。

四、参与蛋白质合成的酶类与蛋白质因子

蛋白质的生物合成过程极其复杂，除需要 ATP 和 GTP 提供能量外，还需要多种酶、蛋白质因子和其他辅因子的参与（表 15-4）。

表 15-4　大肠埃希菌蛋白质生物合成的不同阶段所需物质

阶段	化合物/复合物	酶和蛋白质因子	能源和无机离子
氨基酸的活化	20 种氨基酸、至少 32 种 tRNA	20 种氨酰 tRNA 合成酶	ATP、Mg^{2+}
起始	mRNA 上的起始密码子（AUG 或 GUG），N-甲酰甲硫氨酰 tRNA$_i^{fMet}$（fMet-tRNA$_i^{fMet}$）、30S 核糖体亚基、50S 核糖体亚基	起始因子（IF1、IF2 和 IF3）	GTP、Mg^{2+}
延长	70S 核糖体与 mRNA（起始复合物）、密码子特异的氨酰 tRNA	延长因子（EF-Tu、EF-Ts 和 EF-G）	GTP、Mg^{2+}
终止	mRNA 上的终止密码子（UAG 或 UGA 或 UAA）	释放因子（RF1 或 RF2 和 RF3）	
翻译后加工	结合到蛋白质上的磷酸、甲基、羧基、碳水化合物等基团或辅基	用于蛋白质加工修饰和折叠的特异酶、辅因子和伴侣分子等	

1. 重要的酶类　参与蛋白质生物合成的重要酶有：①氨酰 tRNA 合成酶，存在于细胞液中，催化氨基酸和相应的 tRNA 生成形成氨酰 tRNA。②肽酰转移酶，是核糖体大亚基的组成成分，催化核糖体 P 位上的肽酰基转移至 A 位氨酰 tRNA 的氨基上，使酰基与氨基结合形成肽键。肽酰转移酶受释放因子的作用后发生变构，表现出酯酶的水解活性，使 P 位上的肽链与 tRNA 分离。③转位酶，其活性存在于延长因子 G（原核生物）或延长因子 2（真核生物）中，催化核糖体向 mRNA 的 3′ 端移动一个密码子的距离，使下一个密码子定位于 A 位。

2. 蛋白质因子　在蛋白质生物合成的各阶段，需要多种非核糖体蛋白质因子参与反应，翻译时它们仅临时性地与核糖体发生作用，之后便从核糖体复合物中解离出来。主要有：①起始因子（initiation factor，IF）。原核生物（prokaryote）和真核生物（eukaryote）的起始因子分别用 IF 和 eIF（eukaryotic initiation factor，真核起始因子）表示。②延长因子（elongation factor，EF）。原核生物与真核生物的延长因子分别用 EF 和 eEF 表示。③释放因子（release factor，RF），又称终止因子（termination factor），原核生物与真核生物的释放因子分别用 RF 和 eRF 表示。

3. 其他辅因子　蛋白质生物合成的能源物质为 ATP 和 GTP。无机离子 Mg^{2+} 和 K^+ 等也参与蛋白质的生物合成。

第二节　蛋白质合成的基本过程

一、氨基酸的活化

游离的氨基酸不能直接参与蛋白质的合成。参与肽链合成的各种氨基酸必须与相应的 tRNA 结合，形成各种氨酰 tRNA，这一过程称为氨基酸的活化。氨基酸活化是蛋白质生物合成启动的先决条件。

（一）氨酰 tRNA 的合成

氨基酸是蛋白质生物合成的基本原料，氨基酸的活化反应是由氨酰 tRNA 合成酶（aminoacyl tRNA synthetase）催化，通过氨基酸的 α-羧基与特异 tRNA 的 3′ 端的 CCA-OH 之间脱水并以酯键相连，形成氨酰 tRNA，ATP 提供能量。该反应为可逆反应。其总反应步骤如下：

$$tRNA + 氨基酸 + ATP \xrightarrow{\text{氨酰tRNA合成酶}} 氨酰 tRNA + AMP + PP_i$$

氨基酸活化反应过程分为以下两步：

第一步：在 Mg^{2+} 或 Mn^{2+} 参与下，由 ATP 供能，氨酰 tRNA 合成酶识别它所转运的氨基酸，并在酶的催化下，氨基酸的羧基与 AMP 的磷酸之间形成一个酯键，生成氨酰-AMP-E（酶）的中间复合体（图 15-9），同时释放一分子 PP_i。

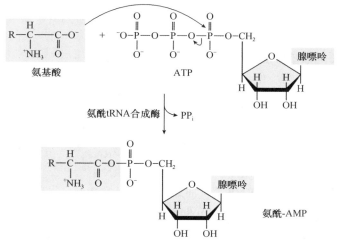

图 15-9　氨酰-AMP 中间复合物的形成

第二步：氨酰 tRNA 合成酶将氨基酸从氨酰-AMP 上转移至 tRNA 分子上，生成氨酰 tRNA，同时释放 AMP（图 15-10）。反密码子是氨酰 tRNA 合成酶识别 tRNA 的主要特征，但并非必需特征。

氨酰 tRNA 合成酶是氨基酸与 tRNA 准确连接的保证。氨基酸与 tRNA 的正确结合是依靠氨酰 tRNA 合成酶实现的，是决定翻译准确性的关键步骤之一。氨酰 tRNA 合成酶具有高度专一性，既能识别特异的氨基酸，又能辨认可运载该氨基酸的 tRNA。因此，氨酰 tRNA 合成酶对底物氨基酸和相应的 tRNA 都有高度的特异性，保证氨基酸和相应 tRNA 的准确连接。此外，氨酰 tRNA 合成酶具有校对活性（proofreading activity），也称编辑活性（editing activity），能将错配的氨基酸水解释放，再选择与密码子对应的氨基酸，使之重新与 tRNA 连接。因此，在上述氨酰 tRNA 合成酶双重功能的监控下，可使翻译过程的错误频率有效降低。

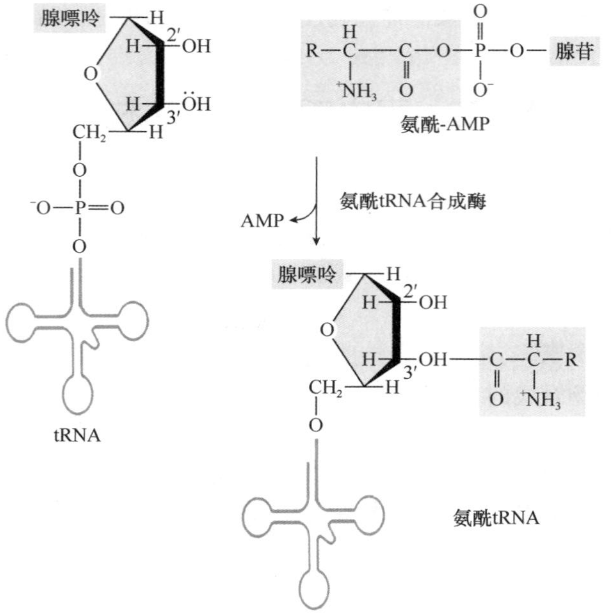

图 15-10 氨酰 tRNA 的生成

氨酰 tRNA 合成酶不耐热，其活性中心含有巯基，对破坏巯基的试剂甚为敏感，其作用需要 Mg^{2+} 和 Mn^{2+}。不同酶的分子量不完全相等，一般以 100kDa 左右为多。真核生物中这类酶常以多聚体形式存在。

（二）氨酰 tRNA 的表示方法

已结合某种氨基酸的氨酰 tRNA 的表示方法是在其 tRNA 前加氨基酸三字母符号表示结合的氨基酸，在 tRNA 的右上角加氨基酸的三字母符号表示 tRNA 的特异性，如 Ala-tRNA^{Ala} 代表可运载丙氨酸的 tRNA 的氨基酸臂上已经结合了丙氨酸。

密码子 AUG 可编码甲硫氨酸，同时也是起始密码子，但与起始密码子结合的携带甲硫氨酸的 tRNA 称为起始 tRNA（initiator-tRNA），简写为 Met-tRNA$_i^{Met}$；肽链延长中携带甲硫氨酸的 tRNA 称为延长 tRNA（elongation-tRNA），简写为 Met-tRNA^{Met}。

真核生物起始 tRNA 是 Met-tRNA$_i^{Met}$，而原核生物起始 tRNA 是 fMet-tRNA$_i^{fMet}$，其中的甲硫氨酸被甲酰化，称为 N-甲酰甲硫氨酸（formylmethionine，fMet）。甲酰化反应由转甲酰基酶催化，将甲酰基从 N^{10}-甲酰四氢叶酸（THFA）转移到甲硫氨酸的 α-氨基上，反应如下：

$$\text{Met-tRNA}_i^{fMet} + N_{10}\text{-甲酰 FH}_4 \xrightarrow{\text{转甲酰基酶}} \text{fMet-tRNA}_i^{fMet} + \text{FH}_4$$

二、肽链的合成过程

蛋白质生物合成是最复杂的生物化学过程之一。无论原核生物还是真核生物，蛋白质生物合成过程都可以分为三步反应：①肽链合成的起始；②肽链合成的延长；③肽链合成的终止。肽链合成的起始、延长和终止阶段均发生在核糖体上，并伴随有核糖体大、小亚基的聚合和分离。下面重点介绍原核生物蛋白质合成的基本过程。

（一）肽链合成的起始

在蛋白质生物合成的启动阶段，核糖体的大、小亚基，mRNA 与携带起始氨基酸的氨酰 tRNA 共同构成翻译起始复合物（translational initiation complex），这一过程还需要起始因子、GTP 和 Mg^{2+} 参与。原核生物多肽链合成的起始可以分为以下四步：

1. 核糖体大、小亚基分离 原核生物起始因子 IF3 首先结合到核糖体 30S 小亚基上，促进核糖体大、小亚基的解离，使核糖体 30S 小亚基从不具活性的核糖体（70S）释放。IF1 与小亚基的 A 位结合则能加速此种解离，避免起始氨酰 tRNA 与 A 位的提前结合，同时也有利于 IF2 结合到小亚基上。

2. mRNA 与核糖体小亚基定位结合　IF3 促进 30S 亚基附着于 mRNA 的起始信号部位，形成 IF3-30S 亚基-mRNA 起始三元复合物（图 15-11）。

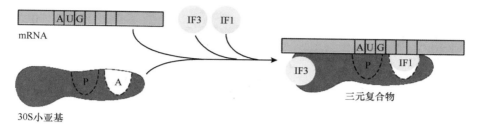

图 15-11　起始三元复合物的形成

小亚基与 mRNA 结合时，可准确识别开放阅读框的起始密码子 AUG，而不会结合阅读框内部的 AUG，使翻译正常启动和正确地翻译出编码蛋白。保证这一结合准确性的机制有两种：① mRNA 5′ 非翻译区（5′-UTR）内，有一段由 4～9 个核苷酸组成的富含嘌呤碱基的共有序列 -AGGAGG-，它可被小亚基的 16S rRNA 3′ 端一段富含嘧啶的序列（3′-UCCUCC-）识别并配对结合，故该序列被称为核糖体结合位点（ribosome binding site，RBS），mRNA 分子的这一序列特征是由夏因（J.Shine）和达尔加诺（L.Dalgarno）发现的，故称为 Shine-Dalgarno 序列，简称 SD 序列。② mRNA 上 SD 序列下游还有一段短核苷酸序列，可被小亚基蛋白 rpS-1 识别并结合。通过以上机制，原核生物 mRNA 上的起始密码子 AUG 就可以与核糖体小亚基准确定位并结合（图 15-12）。

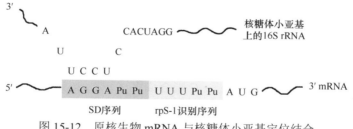

图 15-12　原核生物 mRNA 与核糖体小亚基定位结合

3. 起始氨酰 tRNA（Met-tRNA$_i^{Met}$）准确结合在核糖体 P 位　在 IF2 的促进与 IF1 辅助下，起始三元复合物与 fMet-tRNA$_i^{fMet}$ 及 GTP 结合，形成小亚基前起始复合体（图 15-13）。IF2 首先结合 GTP，再与 fMet-tRNA$_i^{fMet}$ 结合。在 IF2 的帮助下，fMet-tRNA$_i^{fMet}$ 识别对应核糖体小亚基 P 位

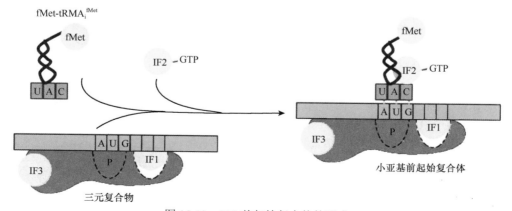

图 15-13　30S 前起始复合体的形成

的 mRNA 的起始密码子 AUG，并与之结合，其反密码子与 mRNA 的起始密码子互补配对。此时，A 位被 IF1 占据，不能结合氨酰 tRNA。

4.核糖体大、小亚基结合形成起始复合体 小亚基前起始复合体一经形成，IF3 即行脱落，同时 50S 亚基随之与 30S 亚基结合，大亚基与给合了 mRNA、fMet-tRNA$_i^{fMet}$ 及 IF1、IF2-GTP 的小亚基结合。随后，GTP 水解释出 GDP 与磷酸，同时 IF2 与 IF1 脱落，形成起始复合体（initiation complex）（图 15-14）。起始复

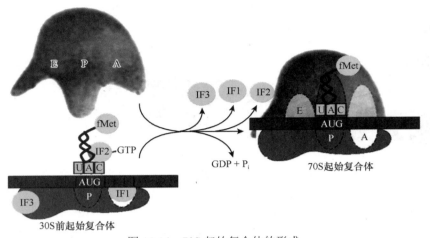

图 15-14　70S 起始复合体的形成

合体中，fMet-tRNA$_i^{fMet}$ 的反密码子 CAU 恰好与 mRNA 中的起始信号 AUG 互补结合，位于核蛋白体的 P 位。至此，fMet-tRNA$_i^{fMet}$ 占据 P 位，空着的 A 位准备接受一个能与第二个密码子配对的氨酰 tRNA，为多肽链的延伸做好准备。释出的起始因子可参与下一个核糖体的起始作用（图 15-15）。

（二）肽链合成的延长——核糖体循环

肽链合成的延长是指在 mRNA 编码序列指导下，氨酰 tRNA 转运氨基酸依次进入核糖体，按照密码子的顺序使各种对应氨基酸以肽键相连，聚合成为肽链的过程。翻译起始复合物形成后，核糖体沿 mRNA 5′→3′ 的方向移动，按密码子的顺序，从 N 端→C 端合成多肽链。这是一个在核糖体上连续重复进行的进位、成肽和转位的循环过程，也被称为核糖体循环（ribosomal cycle）。每完成一次循环，肽链就会增加 1 个氨基酸残基。肽链延长除需要 mRNA、tRNA 和核糖体外，还需要 GTP 和数种延长因子等参与。

1.进位（entrance） 或称注册（registration）是指一个氨酰 tRNA 按照 mRNA 模板的指令进入核糖体 A 位的过程。起始复合物形成后，核糖体上的 P 位被 fMet-tRNA$_i^{fMet}$ 占据，A 位是空留的，并对应着开放阅读框的第二个密码子，能进入 A 位的氨酰 tRNA 是由该密码子决定的。

氨酰 tRNA 进位时需要延长因子（EF-T）参与。原核生物的延长因子（EF-T）属于 G 蛋白家族，有两个亚基，分别为 Tu 及 Ts。当 EF-Tu 与 GTP 结合时释出 Ts 而形成有活性的 EF-Tu-GTP 复合物，结合并协助氨酰 tRNA 进位；当 GTP 水解时，EF-Tu-GDP 复合物失去活性。氨酰 tRNA 进位前，EF-Tu-GTP 通过识别 tRNA 的 TψC 环与

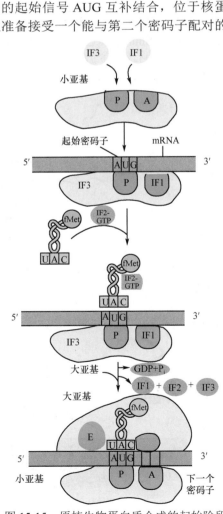

图 15-15　原核生物蛋白质合成的起始阶段

氨酰 tRNA 结合，形成氨酰 tRNA·EF-Tu-GTP 复合物进入核糖体的 A 位，如果复合物中的氨酰 tRNA 的反密码子不能与 A 位 mRNA 密码子配对，该复合物很快从核糖体脱落；如果复合物中的氨酰 tRNA 的反密码子能与 A 位密码子配对，复合物中的 GTP 水解，释出 EF-Tu-GDP。脱离核糖体的 EF-Tu-GDP，在 EF-Ts 催化下，GTP 置换 GDP，再生成 EF-Tu-GTP，参与下一轮反应（图 15-16）。由于 EF-Tu-GTP 只能与除 fMet-tRNA$_i^{fMet}$ 以外的氨酰 tRNA 结合，所以起始tRNA 不会被结合到 A 位，肽链中也不会出现甲酰甲硫氨酸。EF-Tu 的作用是促进氨酰 tRNA 与核糖体的 A 位结合，而 EF-Ts 是促进 EF-Tu 的再利用。

2. 成肽（peptide bond formation）　在肽酰转移酶催化下肽键形成的过程。氨酰 tRNA 进位后，核糖体的 A 位和 P 位上各结合了一个氨酰 tRNA（或肽酰 tRNA），转肽酰转移酶催化 P 位的甲酰甲硫氨酰 tRNA 的甲酰甲硫氨酰基（或肽酰 tRNA 的肽酰基）转移到 A 位上新进入的氨酰 tRNA 的 α-氨基上形成肽键（图 15-17），此步骤需要 Mg^{2+} 与 K^+ 的存在。肽键形成后，肽酰 tRNA 处在 A 位，空载的 tRNA 仍在 P 位。原核生物的肽酰转移酶是由核糖体大亚基中 23S rRNA 直接催化肽键形成的，肽酰转移酶属于一种核酶。

3. 转位（translocation）　是在转位酶催化下，核糖体向 mRNA 的 3′ 端移动一个密码子的距离，使下一个密码子进入 A 位，

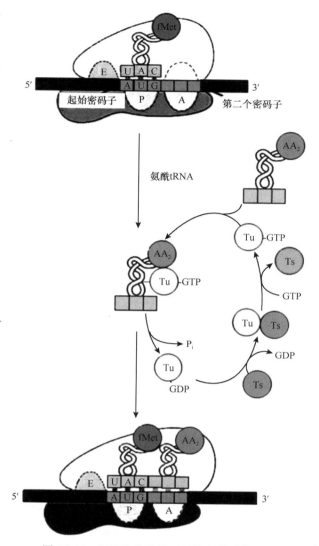

图 15-16　原核生物肽链延长阶段的进位反应

而原位于 A 位的肽酰 tRNA 移入 P 位的过程，原处于 P 位的空载 tRNA 移入 E 位并由此排出（图 15-18）。原核生物的转位酶（translocase）是延长因子 G（elongation factor G，EF-G）。EF-G 结合并水解 1 分子 GTP 供能，促使核糖体沿 mRNA 链 5′ → 3′ 端相对移动。每移动一次相当于一个密码子的距离，使得下一个密码子准确定位于 A 位点处。此时 A 位空留，等待下一个氨酰 tRNA·EF-Tu-GTP 复合物进位。至此，通过进位、成肽、转位三步反应，肽链中增加了 1 个氨基酸残基。

重复以上反应过程，随着核糖体沿 mRNA 5′ → 3′ 方向不断逐个阅读密码子，连续进行进位—成肽—转位的循环过程，每次循环肽链中增加一个氨基酸残基，使肽链从 N 端向 C 端方向逐渐延长（图 15-19）。

氨基酸活化生成氨酰 tRNA 时，需消耗 2 个高能磷酸键。在肽链延长阶段，每生成一个肽键，需要从 2 分子 GTP 获得能量，消耗 2 个高能磷酸键。所以，在蛋白质合成过程中，每增加一个氨基酸残基，至少消耗 4 个高能磷酸键。

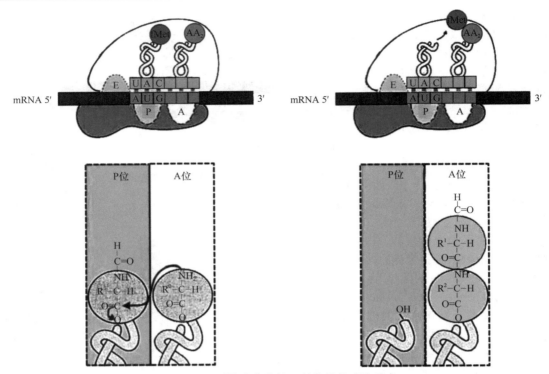

图 15-17 原核生物肽链延长阶段的成肽反应

左侧灰色虚线框示 P 位上结合的氨酰 tRNA（或肽酰 tRNA），左侧白色虚线框示 A 位上结合的氨酰 tRNA；右侧灰色虚线框示 P 位上结合的空载 tRNA，右侧白色虚线框示 A 位上结合的肽酰 tRNA

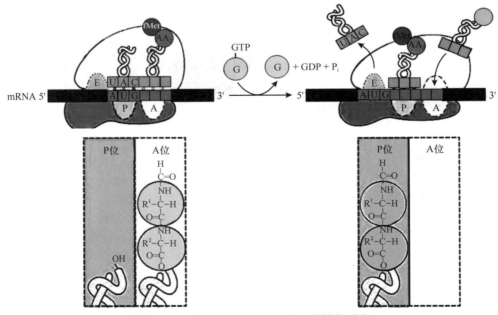

图 15-18 原核生物肽链延长阶段的转位反应

左侧灰色虚线框示 P 位上结合的空载 tRNA，左侧白色虚线框示 A 位上结合的肽酰 tRNA；右侧灰色虚线框示 P 位上结合的肽酰 tRNA，右侧白色虚线框示空缺的 A 位

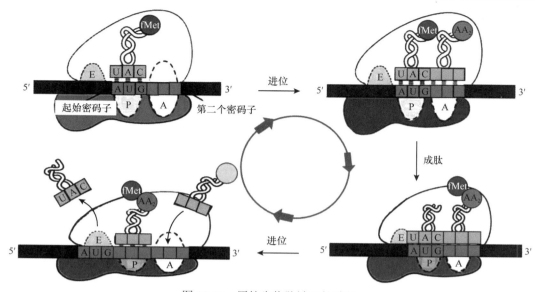

图 15-19 原核生物肽链延长过程

E 位，排出位；P 位，给位；A 位，受位；图正中 ◀ 示核糖体的循环方向

当肽链合成到一定长度时，在肽脱甲酰基酶（peptide deformylase）和一种对甲硫氨酸残基比较特异的氨肽酶的依次作用下，氨基端的甲酰甲硫氨酸残基即从肽链上水解脱落。

（三）肽链合成的终止

随着 mRNA 与核糖体相对移位，肽链不断延长。当肽链延伸至终止密码子 UAA、UAG 或 UGA 出现在核糖体的 A 位时，由于没有相应的氨酰 tRNA 与之结合，肽链无法继续延伸。此时，释放因子（终止因子）识别终止密码子，并促进 P 位的肽酰 tRNA 的酯键水解。新生的肽链和 tRNA 从核糖体上释放，核糖体大、小亚基解体，蛋白质合成结束。

释放因子 RF 的功能包括：①识别终止密码子。原核生物的 RF 因子有 3 种，分别为 RF1、RF2 和 RF3。其中，RF1 能够特异识别 UAA 和 UAG，RF2 能够识别 UAA 和 UGA。RF3 的作用还不能肯定，可能具有加强 RF1 和 RF2 的终止作用。②具有 GTP 酶活性，可与 GTP 结合，水解 GTP 成为 GDP 与磷酸。③ RF 还可使核糖体构象变化，将肽酰转移酶转变为酯酶，水解 P 位上 tRNA 与多肽链之间的酯键，使多肽链脱落（图 15-20）。

原核生物终止阶段的基本过程如下：

（1）mRNA 指导多肽链合成完毕，在核糖体的 A 位出现终止密码子 UAA、

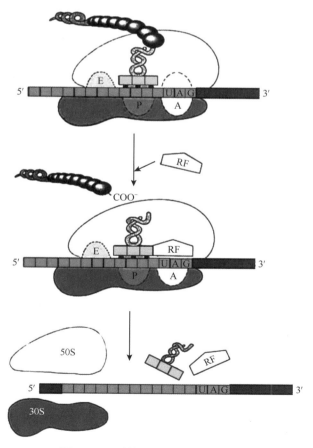

图 15-20 原核生物肽链合成的终止

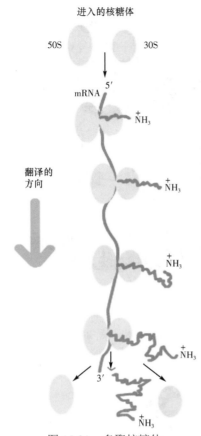

进入的核糖体

50S　　30S

mRNA　5′

$^+NH_3$

翻译的
方向

$^+NH_3$

$^+NH_3$

$^+NH_3$

3′

$^+NH_3$

图 15-21　多聚核糖体

UAG 或 UGA。RF 识别终止密码子，与核糖体的 A 位结合。RF 在核糖体上的结合部位与 EF 的结合部位相同，可防止 EF 与 RF 同时结合于核糖体上而扰乱正常功能。

（2）RF 使核糖体构象变化，将肽酰转移酶转变为酯酶，水解多肽链与 tRNA 之间的酯键，多肽链从核糖体释放出来，tRNA 从 P 位释放出来。

（3）核糖体与 mRNA 分离，核糖体 P 位上的 tRNA 和 A 位上的 RF 脱落。在起始因子 IF3 的作用下，核糖体解离为大小亚基，重新进入核糖体循环。

真核生物与原核生物的蛋白质合成过程基本相似，差别在于其合成反应更复杂，涉及的蛋白质因子更多。

三、多聚核糖体

无论原核生物还是真核生物，其蛋白质生物合成中，一条 mRNA 模板链上可同时结合 10～100 个核糖体进行蛋白质合成，这些核糖体依次结合于起始密码子并沿 mRNA 5′→3′ 方向读码移动，同时合成蛋白质。这种一条 mRNA 上结合多个核糖体，同时进行肽链合成的现象，称为多聚核糖体（polyribosome/polysome）（图 15-21）。多聚核糖体中的核糖体数目，视其所附着的 mRNA 大小而不同。例如，血红蛋白多肽链的 mRNA 分子较小，只能附着 5～6 个核糖体，而合成肌球蛋白肽链（重链）的 mRNA 较大，可以附着 60 个左右核糖体。

每一个核糖体每秒钟可翻译约 40 个密码子，即每秒钟可以合成相当于一个由 40 个左右氨基酸残基组成的，分子量约为 4kDa 的多肽链。多个核糖体利用同一条 mRNA 模板，按照不同进程各自同时合成多条相同的多肽链，从而保证蛋白质的合成以高速度、高效率进行。

第三节　肽链合成后的折叠与加工修饰

从核糖体上释放出来的新生多肽链不具备生物学活性，必须经过复杂的加工修饰和正确折叠才能转变为具有天然构象的功能蛋白质，该过程称为翻译后加工（post-translational processing）。主要包括多肽链折叠为天然的空间构象、肽链一级结构的修饰、肽链空间结构的修饰等。

一、新生多肽链的折叠

新合成的多肽链经过折叠形成一定空间结构才能有生物学活性。一般认为，多肽链折叠的信息全部储存于其氨基酸序列中，即一级结构是空间结构的基础。体内蛋白质的折叠与肽链合成同步进行，新生肽链 N 端在核糖体上一出现，肽链的折叠即开始；随着序列的不断延伸，肽链逐步折叠，产生正确的二级结构、模体、结构域，直至形成完整的空间构象。

线性多肽链折叠成天然空间构象是一种释放自由能的自发过程，但在细胞内，这种折叠不是自发完成的，而是需要一些酶和蛋白质的辅助。多肽链准确折叠和组装需要两类蛋白质：分子伴侣和折叠酶。

能帮助蛋白质的多肽链按特定方式正确折叠的辅助性蛋白质，称为分子伴侣（molecular chaperone），是广泛存在于原核生物和真核生物中的一类保守蛋白质，它们参与蛋白质折叠、组装、转运和降解等过程，之后与蛋白质分离。分子伴侣参与蛋白质折叠的机制，主要包括以下几种：①封闭待折叠肽链暴露的疏水区段，防止错误的聚集发生，有利于正确折叠；②创建一个隔离的环境，可以使肽链的折叠互不干扰；③促进肽链折叠和去聚集；④遇到应激刺激，使已折叠的蛋白质去折叠。许多分子伴侣具有 ATP 酶活性，利用水解 ATP 提供能量，可逆地与未折叠肽段的疏水区段结合或松开，如此反复，就可以防止肽链出现错误折叠或聚集；如果已出现错误聚集，分子伴侣识别并与之结合，使其解聚并诱导其正确折叠。

细胞内分子伴侣可分为两大类：①核糖体结合性分子伴侣，包括触发因子（trigger factor）和新生链相关复合物；②非核糖体结合性分子伴侣，包括热激蛋白、伴侣蛋白等。

核糖体结合性分子伴侣结合在核糖体和新生肽链上，阻止肽链的错误折叠或过早折叠。如触发因子与核糖体和新生肽链结合后，可以强化核糖体本身所具有的阻止多肽链折叠缠绕的作用，二者协同可抑制新生多肽链的过早折叠。

非核糖体结合性分子伴侣不需要与核糖体结合，多与新生肽链或蛋白质分子结合，帮助肽链正确折叠；如已发生错误折叠的蛋白质分子，则使其恢复正常构象。这类分子伴侣的种类最多，常见的有热激蛋白和伴侣蛋白。

（一）热激蛋白

热激蛋白（heat shock protein，HSP）曾称为热休克蛋白，属于应激反应性蛋白质，高温应激可诱导该蛋白质合成。热激蛋白可促进需要折叠的多肽链折叠形成天然空间构象。大肠埃希菌的热激蛋白包括 HSP70、HSP40 和 GrpE 三族。各种生物都有类似的同源蛋白，有多种细胞功能。

（二）伴侣蛋白 GroEL 和 GroES

伴侣蛋白（chaperonin）是分子伴侣的另一家族，如大肠埃希菌的 GroEL 和 GroES（真核细胞中同源物为 HSP60 和 HSP10）等家族。其主要作用是为未完成折叠或已发生错误折叠的肽链提供便于折叠形成天然空间构象的微环境。分子伴侣的作用机制如图 15-22 所示。

分子伴侣并未加快肽链的折叠速度，而是通过抑制不正确的折叠，增加功能性蛋白质折叠率，从而促进蛋白质的折叠。

除了分子伴侣协助肽链折叠以外，还有一些折叠酶也是某些肽链折叠所必需的，折叠酶包括蛋白质二硫键异构酶（protein disulfide isomerase，PDI）和肽基脯氨酰基顺反异构酶（peptidylprolyl cis-trans isomerase，PPIase）等。PDI 在内质网腔活性很高，可以识别和水解错配

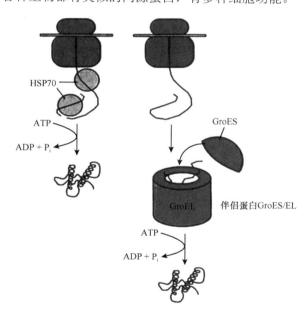

图 15-22　热激蛋白及伴侣蛋白 GroES/EL 的作用机制

的二硫键，重新形成正确的二硫键，辅助蛋白质形成热力学最稳定的天然构象。PPIase 可使肽链在各脯氨酸弯折处形成正确折叠，这些都是某些蛋白质形成正确空间构象和行使其生物学功能的必要条件。

二、一级结构的修饰

由于不同蛋白质的一级结构与功能不同，修饰作用也有差异，新生多肽链通过肽链末端的修饰、个别氨基酸的共价修饰、多肽链的水解修饰等作用后成熟。

（一）肽链末端的修饰

在蛋白质合成过程中，新合成肽链的第一个氨基酸残基总是甲酰甲硫氨酸（原核生物）或甲硫氨酸（真核生物），但大多数天然蛋白质 N 端第 1 位氨基酸不是甲酰甲硫氨酸或甲硫氨酸。细胞内有氨肽酶可去除 N 端甲硫氨酸、甲酰甲硫氨酸或 N 端的部分肽段。这一过程可在肽链合成中进行，不一定要等肽链合成终止才发生。

此外，在真核细胞中约有 50% 的蛋白质在翻译后会发生 N 端乙酰化。真核生物分泌蛋白 N 端的信号肽在成熟过程中也会被切除。还有些蛋白质分子的羧基端也需要进行修饰。

（二）个别氨基酸的共价修饰

在特异性酶的催化下，蛋白质多肽链中的某些氨基酸侧链进行化学修饰，类型包括羟基化（胶原蛋白）、糖基化（各种糖蛋白）、磷酸化（糖原磷酸化酶等）、乙酰化（组蛋白）、羧基化和甲基化（细胞色素 c、肌肉蛋白等）等（图 15-23）。这些共价修饰作用通常在细胞的内质网中进行。

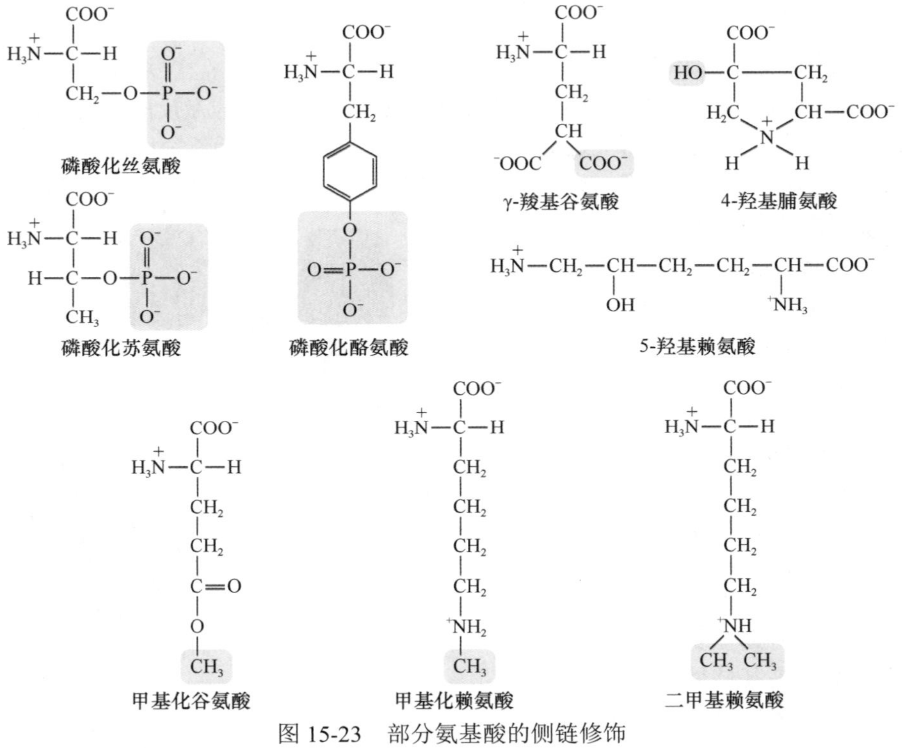

图 15-23　部分氨基酸的侧链修饰

已发现蛋白质中存在 100 多种修饰氨基酸，这些修饰氨基酸对蛋白质的生物学特性或代谢至关重要。这些修饰可进一步改变蛋白质的溶解度、稳定性、亚细胞定位及与其他细胞蛋白质的相互作用等，使蛋白质的功能具有多样性。

1. 羟基化修饰　在结缔组织的蛋白质内常出现羟脯氨酸、羟赖氨酸，这两种氨基酸并无遗传密码，是在肽链合成后脯氨酸、赖氨酸经过羟化产生的，羟化作用有助于胶原蛋白螺旋的稳定。

2. 糖基化修饰　糖蛋白是一类含糖的结合蛋白质，由共价键相连的蛋白质和糖两部分组成。糖蛋白中的糖链与多肽链之间的连接方式可分为 N-连接和 O-连接两种类型。N-连接糖蛋白的寡糖链通过 N-乙酰葡糖胺与多肽链中天冬酰胺残基的酰胺氮以 N-糖苷键连接，O-连接糖蛋白的寡糖链通过 N-乙酰半乳糖胺与多肽链中丝氨酸或苏氨酸残基的羟基以 O-糖苷键连接，由糖基转移酶催化。糖链在内质网和高尔基复合体中合成及加工，从内质网开始，至高尔基复合体内完成。

3. 磷酸化修饰　蛋白质的可逆磷酸化在细胞生长和代谢调节中有重要作用。磷酸化发生在翻译后，由多种蛋白激酶催化，将磷酸基团连接于丝氨酸、苏氨酸或酪氨酸的羟基上，而磷酸酯酶则催化脱磷酸作用。

4. 乙酰化修饰　蛋白质的乙酰化普遍存在于原核生物和真核生物中。乙酰化有两个类型：一类是由结合于核糖体的乙酰基转移酶将乙酰CoA的乙酰基转移至正在合成的多肽链上，当将N端的甲硫氨酸除去后便乙酰化，如卵清蛋白的乙酰化；另一类型是在翻译后由细胞液中的酶催化发生乙酰化，如肌动蛋白的乙酰化。此外，细胞核内组蛋白内部赖氨酸也可乙酰化。

5. 羧基化修饰　一些蛋白质的谷氨酸和天冬氨酸可发生羧化作用，由羧化酶催化。如参与血液凝固过程的凝血酶原（prothrombin）的谷氨酸在翻译后羧化成 γ-羧基谷氨酸，后者可以与 Ca^{2+} 螯合。

6. 甲基化修饰　有些蛋白质多肽链中赖氨酸可被甲基化，如细胞色素 c 中含有一甲基、二甲基赖氨酸。大多数生物的钙调蛋白含有三甲基赖氨酸。有些蛋白质中的一些谷氨酸羧基也发生甲基化。

（三）多肽链的水解修饰

有些新合成的多肽链要在专一性蛋白酶的作用下切除部分肽段或氨基酸残基才能具有活性。分泌蛋白质（secretory protein）如白蛋白、免疫球蛋白与催乳素（prolactin）等，合成时带有一段称为"信号肽"（signal peptide）的肽段。信号肽段由 13～36 个氨基酸残基构成，在分泌时起决定作用。

分泌蛋白质合成后要切除 N 端信号肽，才能形成有活性的蛋白质。无活性的酶原转变为有活性的酶，常需要去掉一部分肽链。真核细胞中通常 1 个基因对应 1 个 mRNA，1 个 mRNA 对应 1 条多肽链。但是也有些多肽链经过翻译后加工，适当地水解修剪，可以产生几种不同性质的蛋白质或多肽，使真核生物的翻译产物具有多样性。如由脑垂体产生的阿片促黑皮质激素原（pro-opio-melano-cortin，POMC），由 265 个氨基酸残基构成，经水解后可产生多个活性肽：β-内啡肽（β-endorphin，11 肽）、β-促黑激素（β-melanocyte stimulating hormone，β-MSH，18 肽）、促肾上腺皮质激素（corticotropin，ACTH，39 肽）和 β-促脂解素（β-lipotropin，β-LT，91 肽）等至少 10 种活性物质。

又如胰岛素在合成时并非是具有正常生理活性的胰岛素，而是其前体——前胰岛素原，其 N 端为 23 个氨基酸残基的信号肽；A 链含 21 个氨基酸残基，B 链含 30 个氨基酸残基，C 肽又称连接肽，含 33 个氨基酸残基。切除信号肽后则变为胰岛素原，再切除连接肽后则变为胰岛素（图 15-24）。也有一些蛋白质以酶原或蛋白质前体的形式分泌，在细胞外进一步加工剪切，如胰蛋白酶原、胃蛋白酶原、糜蛋白酶原的激活。原核生物细胞内脱甲酰基酶切除新生肽链的 N-甲酰基，以及真核生物细胞内切除某些新生蛋白质的 N 端残基或末端的一段肽链，也属于水解修饰。

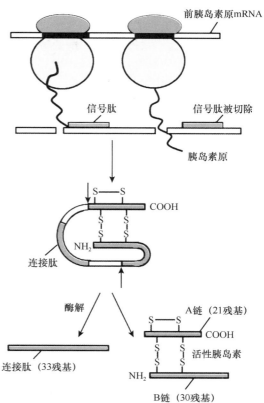

图 15-24　胰岛素合成过程的水解修饰

三、空间结构的修饰

有些多肽链合成后，除了正确折叠为天然空间构象外，还需某些空间结构修饰，才能成为具有完整天然构象和全部生物学功能的蛋白质。

（一）亚基的聚合

具有四级结构的蛋白质由两条以上的多肽链通过非共价键聚合，形成寡聚体后才能形成特定构象并具生物活性。各亚基虽自有独立功能，但又必须相互依存才得以发挥作用，而且这种聚合过程往往又有一定的先后顺序，前一步聚合常可促进后一聚合步骤的进行。例如，正常成人血红蛋白（Hb）由两条 α 链、两条 β 链及 4 分子血红素构成。α 链在多聚核糖体合成后自行释放，并与尚未从多聚核糖体上释放的 β 链相连，然后一并从核糖体上脱下，形成游离的 α、β 二聚体。此二聚体与线粒体合成的两个血红素结合，形成半分子血红蛋白，两个半分子血红蛋白相互结合才成为有功能的 Hb（$\alpha_2\beta_2$ 血红素）（图 15-25）。

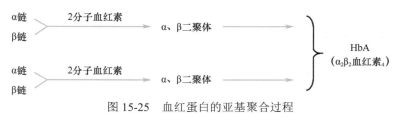

图 15-25　血红蛋白的亚基聚合过程

（二）辅基的连接

蛋白质分为单纯蛋白质及结合蛋白质两大类，结合蛋白质除多肽链外，还含有各种辅基。故其蛋白质多肽链合成后，还需要经过一定的方式与特定的辅基结合。如糖蛋白、脂蛋白、色素蛋白、金属蛋白及各种带辅基的酶类等，其非蛋白部分（辅基）都是合成后连接上去的，这类蛋白只有结合了相应辅基，才能成为天然有活性的蛋白质。辅基与肽链的结合是复杂的生化过程，很多细节尚在研究中。

（三）疏水脂链的共价连接

某些蛋白质，如 Ras 蛋白、G 蛋白等，翻译后需要在肽链特定位点共价连接一个或多个疏水性强的脂链、多异戊二烯链等。这些蛋白质通过脂链嵌入膜脂双层，定位成为特殊质膜内在蛋白，才成为具有生物学功能的蛋白质。

第四节　蛋白质的靶向输送

蛋白质合成后还需要被输送到合适的亚细胞部位才能行驶各自的生物学功能。其中，有的蛋白质驻留于细胞质，有的被运输到细胞器或镶嵌入细胞膜，还有的被分泌到细胞外。

蛋白质合成后在细胞内被定向输送到其发挥作用部位的过程称为蛋白质的靶向输送（protein targeting）或蛋白质分选。所有靶向输送的蛋白质一级结构中都存在分选信号，可引导蛋白质转移到特定靶部位。这类序列称为信号序列（signal sequence），是决定蛋白靶向输送特性的最重要元件。这些序列在肽链中可位于 N 端、C 端或肽链内部，有的输送完被切除，有的保留。转运方式为翻译转运同步和翻译后转运。

一、分泌蛋白的靶向输送

（一）信号肽

各种新生分泌蛋白的 N 端都有保守的氨基酸序列，称为信号肽，长度一般在 13～36 个氨基酸残基。信号肽有如下 3 个特点：①N 端常常有 1 个或几个带正电荷的碱性氨基酸残基，如赖氨酸、精氨酸；②中间为 10～15 个氨基酸残基构成的疏水核心区，主要含疏水中性氨基酸，如亮氨酸、异亮氨酸等；③ C 端多以侧链较短的甘氨酸、丙氨酸结尾，紧接着是被信号肽酶（signal peptidase）裂解的位点（图 15-26）。

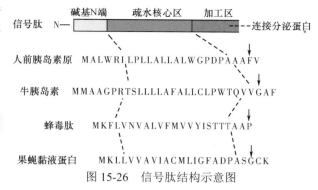

图 15-26 信号肽结构示意图

（二）分泌蛋白的运输机制

分泌蛋白的合成与靶向输送同步进行。分泌蛋白靶向进入内质网，需要多种蛋白成分的协同作用。

1. 信号识别颗粒（signal recognition particle，SRP） 是 6 个亚基和 1 个 7S RNA 组成的 11S 复合体。SRP 至少有 3 个结构域：信号肽结合域、SRP 受体结合域和翻译停止域。当核糖体上刚露出肽链 N 端信号肽段时，SRP 便与之结合并暂时终止翻译，从而保证翻译起始复合物有足够的时间找到内质网膜。SRP 还可结合 GTP，有 GTP 酶活性。

2. SRP 受体 内质网膜上存在着一种能识别 SRP 的受体蛋白，称 SRP 受体，又称 SRP 停靠蛋白质（docking protein，DP）。DP 由 α（69kDa）和 β（30kDa）两个亚基构成，其中 α 亚基可结合 GTP，有 GTP 酶的活性。当 SRP 受体与 SRP 结合后，即可解除 SRP 对翻译的抑制作用，使翻译同步分泌得以继续进行。

3. 核糖体受体 也为内质网膜蛋白，可结合核糖体大亚基，使其与内质网膜稳定结合。

4. 肽转位复合物（peptide translocation complex） 为多亚基跨内质网膜蛋白，可形成新生肽链跨内质网膜的蛋白通道。

分泌蛋白合成与同步转运的主要过程：①细胞液游离核糖体组装，翻译起始，合成出 N 端包括信号肽在内的约 70 个氨基酸残基。② SRP 与信号肽、GTP 及核糖体结合，暂时终止肽的延伸。③ SRP 引导核糖体-多肽-SRP 复合物，识别结合内质网膜上的 SRP 受体，并通过水解 GTP 使 SRP 解离再循环利用，多肽链开始继续延长。④核糖体大亚基与核糖体受体结合，锚定在内质网膜上，水解 GTP 供能，诱导肽转位复合物开放形成跨内质网膜通道，新生肽链 N 端信号肽即插入此孔道，肽链边合成边进入内质网腔。⑤内质网膜的内侧面存在信号肽酶，通常在多肽链合成 80% 以上时，将信号肽段切下，肽链本身继续增长，直至合成终止。⑥多肽链合成完毕，全部进入内质网腔中。内质网腔 HSP70 消耗 ATP，促进肽链折叠成功能构象，然后输送到高尔基体，并在此继续加工后储于分泌小泡，最后将分泌蛋白排出胞外。⑦蛋白质合成结束，核糖体等各种成分解聚并恢复到翻译起始前的状态，再循环利用（图 15-27）。

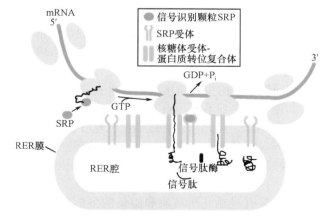

图 15-27 信号肽引导翻译中的多肽链转运至内质网

RER，粗面内质网

二、线粒体基质蛋白的靶向输送

　　线粒体蛋白的输送属于翻译后转运。90%以上的线粒体蛋白前体在细胞液游离核糖体合成后输入线粒体，其中大部分定位基质，其他定位内、外膜或膜间隙。线粒体蛋白N端都有相应信号序列，如线粒体基质蛋白前体的N端含有保守的12～30个氨基酸残基构成的信号序列，称为前导肽。前导肽一般具有如下特性：富含带正电荷的碱性氨基酸（主要是精氨酸和赖氨酸）；通常含有丝氨酸和苏氨酸；不含酸性氨基酸；有形成两性（亲水和疏水）α螺旋的能力。

　　线粒体基质蛋白翻译后转运过程：①前体蛋白在细胞液游离核糖体上合成，并释放到细胞液中；②细胞液中的分子伴侣HSP70或线粒体输入刺激因子（mitochondrial import stimulating factor，MSF）与前体蛋白结合，以维持这种非天然构象，并阻止它们之间的聚集；③前体蛋白通过信号序列识别、结合线粒体外膜的受体复合物；④再转运、穿过由线粒体外膜转运体（Tom）和内膜转运体（Tim）共同组成的跨内、外膜蛋白通道，以未折叠形式进入线粒体基质；⑤前体蛋白的信号序列被线粒体基质中的特异蛋白水解酶切除，然后蛋白质分子自发地或在上述分子伴侣的帮助下，折叠形成有天然构象的功能蛋白（图15-28）。

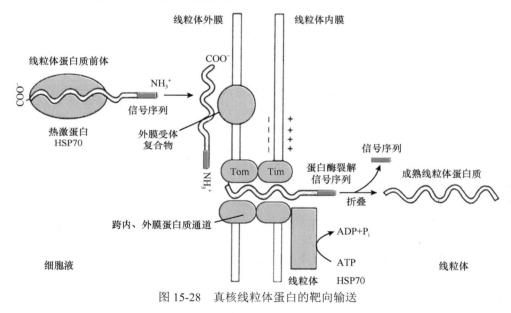

图15-28　真核线粒体蛋白的靶向输送

三、细胞核蛋白的靶向输送

　　细胞核蛋白的输送也属于翻译后转运。所有细胞核中的蛋白，包括组蛋白及复制、转录、基因表达调控相关的酶和蛋白质因子等，都是在细胞液游离核糖体上合成之后转运到细胞核的，而且都是通过体积巨大的核孔复合体进入细胞核的。

　　研究表明，所有被输送到细胞核的蛋白质多肽链都含有一个核定位序列（nuclear localization sequence，NLS）。与其他信号序列不同，NLS可位于核蛋白的任何部位，不一定在N端，而且NLS在蛋白质进核后不被切除。因此，在真核细胞有丝分裂结束核膜重建时，细胞液中具有NLS的细胞核蛋白可被重新导入核内。最初的NLS是在猿猴空泡病毒40（SV40）的T抗原上发现的，为4～8个氨基酸残基的短序列，富含带正电荷的赖氨酸、精氨酸。不同NLS间未发现共有序列。

　　蛋白质向核内输送过程需要几种循环于核质和胞质的蛋白质因子，包括α、β核输入蛋白（importin）和一种分子量较小的GTP酶（Ran蛋白）。3种蛋白质组成的复合物停靠在核孔处，

α、β核输入因子组成的异二聚体可作为胞核蛋白受体，与 NLS 结合的是 α 亚基。核蛋白转运过程如下：①核蛋白在细胞液游离核糖体上合成，并释放到细胞液中；②蛋白质通过 NLS 识别结合 α、β 输入因子二聚体形成复合物，并被导向核孔复合体；③依靠 Ran GTP 酶水解 GTP 释能，将核蛋白-输入因子复合物跨核孔转运入核基质；④转位中，α 和 β 输入因子先后从复合物中解离，细胞核蛋白定位于细胞核内。α、β 输入因子移出核孔再循环利用（图 15-29）。

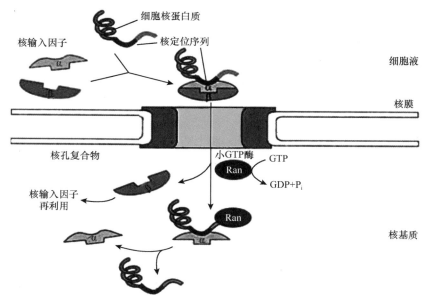

图 15-29　细胞核蛋白的靶向输送

第五节　蛋白质生物合成的干扰与抑制

蛋白质生物合成是许多药物和毒素的作用靶点。这些药物或毒素可以通过阻断真核或原核生物蛋白质生物合成体系中某组分的功能，从而干扰与抑制蛋白质生物合成过程。真核生物与原核生物的翻译过程既相似又有差别，这些差别在临床医学中有重要的应用价值。例如，抗生素能杀灭细菌，但对真核细胞无明显影响，可以把蛋白质生物合成所必需的关键组分作为研究新抗菌药物的靶点。某些毒素也作用于基因信息传递过程，对毒素作用原理的了解，不仅有助于研究其致病机制，还可从中发现寻找新药的途径。

一、抗生素对蛋白质合成的抑制作用

抗生素（antibiotic）是一类由某些真菌、细菌等微生物产生的药物，有抑制其他微生物生长或杀死其他微生物的能力。某些抗生素可抑制细胞的蛋白质合成，仅仅作用于原核细胞蛋白质合成的抗生素可作为抗菌药，抑制细菌生长和繁殖、预防和治疗感染性疾病。作用于真核细胞蛋白质合成的抗生素可以作为抗肿瘤药（表 15-5）。

表 15-5　常用抗生素抑制肽链生物合成的原理与应用

抗生素	作用位点	作用原理	应用
伊短菌素	原核、真核核糖体小亚基	阻碍翻译起始复合物的形成	抗病毒药
四环素、土霉素	原核核糖体小亚基	抑制氨酰 tRNA 与小亚基结合	抗菌药
链霉素、新霉素、巴龙霉素	原核核糖体小亚基	改变构象引起读码错误、抑制起始	抗菌药
氯霉素、林可霉素、红霉素	原核核糖体大亚基	抑制肽酰转移酶、阻断肽链延长	抗菌药

抗生素	作用位点	作用原理	应用
嘌呤霉素	原核、真核核糖体	使肽酰基转移到它的氨基上后脱落	抗肿瘤药
放线菌酮	真核核糖体大亚基	抑制肽酰转移酶、阻断肽链延长	医学研究
夫西地酸、细球菌素	EF-G	抑制 EF-G、阻止转位	抗菌药
大观霉素	原核核糖体小亚基	阻止转位	抗菌药

（一）抑制肽链合成起始的抗生素

伊短菌素（edeine）和密旋霉素（pactamycin）引起 mRNA 在核糖体上错位而阻碍翻译起始复合物的形成，对所有生物的蛋白质合成均有抑制作用。伊短菌素还可以影响起始氨酰 tRNA 的就位和 IF3 的功能。晚霉素（everninomycin）结合于 23S rRNA，阻止 fMet-tRNA$_i^{fMet}$ 的结合。

（二）抑制肽链延长的抗生素

1. 干扰进位的抗生素 四环素（tetracycline）和土霉素（terramycin）特异性结合 30S 亚基的 A 位，抑制氨酰 tRNA 的进位。粉霉素（pulvomycin）可降低 EF-Tu 的 GTP 酶活性，从而抑制 EF-Tu 与氨酰 tRNA 结合；黄色霉素（kirromycin）阻止 EF-Tu 从核糖体释出。

2. 引起读码错误的抗生素 氨基糖苷（aminoglycoside）类抗生素能与 30S 亚基结合，影响翻译的准确性。例如，链霉素（streptomycin）与 30S 亚基结合，改变 A 位上氨酰 tRNA 与其对应的密码子配对的精确性和效率，使氨酰 tRNA 与 mRNA 错配；潮霉素 B（hygromycin B）和新霉素（neomycin）能与 16S rRNA 及 rpS12 结合，干扰 30S 亚基的解码部位，引起读码错误。这些抗生素均能使延长中的肽链引入错误的氨基酸残基，改变细菌蛋白质合成的忠实性。

3. 影响成肽的抗生素 氯霉素（chloramphenicol）可结合核糖体 50S 亚基，阻止由肽酰转移酶催化的肽键形成；林可霉素（lincomycin）作用于 A 位和 P 位，阻止 tRNA 在这两个位置就位而抑制肽键形成；大环内酯（macrolide）类抗生素如红霉素（erythromycin）能与核糖体 50S 亚基中的肽链排出通道结合，阻止新生肽链从核糖体大亚基中排出，从而阻止肽键的进一步形成；嘌呤霉素（puromycin）的结构与酪氨酰 tRNA 相似，在翻译中可取代酪氨酰 tRNA 而进入核糖体 A 位，中断肽链的合成；放线菌酮（cycloheximide）特异性抑制真核生物核糖体肽酰转移酶的活性。

4. 影响转位的抗生素 夫西地酸（fusidic acid）、硫链丝菌肽（thiostrepton）和细球菌素（micrococcin）抑制 EF-G 的酶活性，阻止核糖体转位。大观霉素（spectinomycin）结合核糖体 30S 亚基，阻碍小亚基变构，抑制 EF-G 催化的转位反应。

二、干扰素和毒素蛋白的抑制作用

（一）干扰素

干扰素（interferon，IFN）是真核细胞感染病毒后分泌的一类具有抗病毒作用的蛋白质，它可抑制病毒繁殖，保护宿主细胞。干扰素分为 α 干扰素（白细胞）、β 干扰素（成纤维细胞）和 γ 干扰素（淋巴细胞）三大族类，每族类各有亚型，分别有各自的特异作用。干扰素在双链 RNA（如某些病毒 RNA）存在时，可抑制细胞内蛋白质的生物合成，从而阻止病毒的繁殖。干扰素抗病毒的作用机制有如下两点：

1. 激活一种蛋白激酶 干扰素在某些病毒等双链 RNA 存在时，能诱导一种蛋白激酶活化。该活化的激酶使真核生物 eIF-2 磷酸化失活，从而抑制病毒蛋白质合成。

2. 间接活化核酸内切酶使 mRNA 降解 干扰素先与双链 RNA 共同作用，活化 2',5'-寡腺苷酸合成酶，使 ATP 以 2',5'-磷酸二酯键连接，聚合为 2',5'-寡腺苷酸 [2',5'-寡（A）]。2',5'-寡（A）再活化一种核酸内切酶 RNaseL，后者使病毒 mRNA 发生降解，阻断病毒蛋白质合成。干扰素的作用机制见图 15-30。

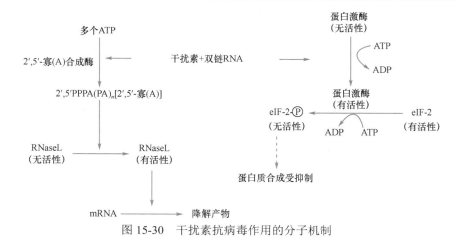

图 15-30 干扰素抗病毒作用的分子机制

干扰素除了抑制病毒蛋白质的合成外，几乎对病毒感染的所有过程均有抑制作用，如吸附、穿入、脱壳、复制、表达、颗粒包装和释放等。此外，干扰素还有调节细胞生长分化、激活免疫系统等作用，因此有十分广泛的临床应用。现在我国已能用基因工程技术生产人类干扰素，是继基因工程生产胰岛素之后，较早获准在临床使用的基因工程药物。

（二）毒素蛋白

常见的抑制人体蛋白质生物合成的毒素蛋白包括细菌毒素与植物毒蛋白。

1. 细菌毒素 细菌毒素与细菌的致病性密切相关，可以区分为两种：外毒素（exotoxin）和内毒素（endotoxin）。菌体外毒素大多是蛋白质，如白喉杆菌、破伤风梭菌、肉毒杆菌等分泌的毒素。而菌体内毒素是脂多糖和蛋白质的复合体，如痢疾杆菌、霍乱弧菌及绿脓杆菌等产生的毒素。

白喉毒素（diphtheria toxin）是白喉杆菌产生的毒素蛋白，对人体和其他哺乳动物的毒性极强，其主要作用就是抑制蛋白质的生物合成。白喉毒素由 A、B 两个亚基组成，A 亚基能催化辅酶 I（NAD^+）与真核 eEF-2 共价结合，从而使 eEF-2 失活（图 15-31）。它的催化活性很高，只需微量就能有效抑制整个细胞蛋白质的合成，给予烟酰胺可拮抗其作用。B 亚基可与细胞表面特异受体结合，帮助 A 链进入细胞。

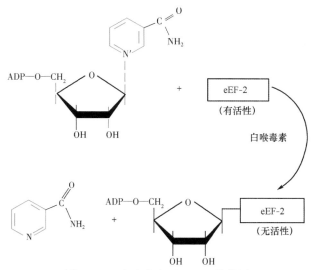

图 15-31 白喉毒素对 eEF-2 的作用

$$NAD^+ + eEF-2（有活性）\xrightarrow{\text{白喉毒素A链}} eEF-2-核糖-ADP（无活性）+烟酰胺$$

绿脓杆菌也是毒力很强的细菌，它的外毒素 A（exotoxin A）与白喉毒素相似，通过分子中的糖链与细胞表面相作用而进入细胞，裂解为 A、B 两链。A 链具有酶活性，以白喉毒素 A 链同样的作用方式抑制蛋白质的生物合成。

志贺菌属可引起肠伤寒，其毒素也可抑制脊椎动物的肽链延长，其作用机制与白喉毒素有所不同。志贺毒素（Shiga toxin）不含糖，由一条 A 链与 6 条 B 链构成。B 链介导毒素与靶细胞受体结合，帮助 A 链进入细胞。A 链进入细胞后裂解为 A1 与 A2。A1 具有酶活性，使 60S 亚基灭活，tRNA 进位或移位发生障碍。

2. 植物毒蛋白 某些植物毒蛋白也是肽链延长的抑制剂，如红豆所含的相思豆毒蛋白（abrin）与蓖麻籽所含的蓖麻毒蛋白（ricin）都可与真核生物核蛋白体的 60S 亚基结合，抑制其肽链延伸。

蓖麻毒蛋白毒力很强，对某些动物每公斤仅 0.1μg，即足以致死。该蛋白质亦由 A、B 两链组成，两者以二硫键相连。B 链具有凝集素的功能，可与细胞膜上含乳糖苷的糖蛋白（或糖脂）结合，还原二硫键；A 链具有核糖苷酶的活性，可与 60S 亚基结合，切除 28S rRNA 的 4324 位腺苷酸，间接抑制 eEF-2 的作用，阻断肽链延长。A 链在无细胞蛋白质合成体系中可单独起作用，但在完整细胞中必须有 B 链存在才能进入细胞，抑制蛋白质的生物合成。

蓖麻毒蛋白与白喉毒素两条链相互配合的作用模式给予人们启示，可以将抗肿瘤抗体与这类毒素的毒性肽结合，然后引入人体，定向附着于癌细胞而起抗肿瘤的作用。这种经人工改造的毒素称为免疫毒素（immunotoxin）。然而，由于对传染病的预防注射，人体内常具有白喉毒素的抗毒素，所以用白喉毒素制备免疫毒素的使用效果时，可因人体内白喉抗毒素的存在而削弱。然而，人体内通常没有对抗蓖麻毒蛋白的抗毒素，故使用蓖麻毒蛋白制备免疫毒素优于白喉毒素。

除蓖麻毒蛋白等由两条肽链组成的植物毒蛋白外，还有一类单肽链、分子量为 30kDa 左右的碱性植物蛋白质，也起到核糖体灭活蛋白（ribosome-inactivating protein）的作用，如天花粉蛋白（trichosanthin）、皂草毒（saporin）、苦瓜素（momorcharin）等。这类毒素具有 RNA 糖苷酶的活性，可使真核生物核糖体的 60S 亚基失活，其原理与蓖麻毒蛋白 A 链相同。

小　结

蛋白质的生物合成，也称为翻译，是由 tRNA 携带和转运氨基酸，在核糖体上以 mRNA 为模板合成特定多肽链的过程。

mRNA 开放阅读框内从 5′端到 3′端的核苷酸序列决定了肽链从 N 端到 C 端的氨基酸排列顺序。mRNA 开放阅读框内每 3 个相邻核苷酸为一组，构成一个密码子，密码子具有方向性、连续性、简并性、摆动性及通用性等 5 个特点。

氨基酸与 tRNA 的连接是在氨酰 tRNA 合成酶催化下，氨基酸的 α-羧基端与 tRNA 3′端 CCA-OH 之间失水产生酯键，形成氨酰 tRNA，该过程称为氨基酸的活化。氨酰 tRNA 合成酶对底物氨基酸和 tRNA 有高度的特异性，可保证氨基酸和 tRNA 连接的准确性。氨酰 tRNA 通过反密码子与 mRNA 密码子相互识别为肽链合成提供了氨基酸原料。

原核生物和真核生物的肽链生物合成过程基本相似。合成的起始是在各种起始因子的协助下，核糖体、起始氨酰 tRNA 和 mRNA 形成起始复合物。肽链合成的延长就是通过进位、成肽和转位三步反应的核糖体循环而使肽链中氨基酸残基不断增加，当终止密码子出现在核糖体 A 位时，释放因子进入 A 位，使肽链释放，合成终止。

多肽链合成后并无生物活性，需要经过加工，形成特定的空间构象或输送到特定的部位才能发挥生物学功能。翻译后加工包括在分子伴侣协助下肽链的折叠、肽链末端及内部水解、肽链中氨基酸残基的化学修饰、亚基聚合等过程。在细胞质中合成的蛋白质，借助自身氨基酸序列中的分选信号，可被输送到特定的亚细胞区域。

蛋白质生物合成是许多药物和毒素的作用靶点。多数抗生素通过抑制肽链生物合成而发挥作用，某些毒素可抑制真核生物蛋白质的合成，干扰素通过抑制蛋白质的生物合成而呈现抗病毒作用。研究干扰蛋白质生物合成的物质及作用机制，有助于临床抗病毒、抗肿瘤等新药的研发。

第十五章线上内容

（扈瑞平）

第十六章　基因表达调控

　　遗传信息从基因的核酸序列水平传递到蛋白质的氨基酸序列水平或 RNA 的核苷酸序列水平称为基因表达。基因表达调控是现代分子生物学研究的中心课题之一。细菌基因组中有 4000 个左右基因，人类基因组中有 20 000 个左右蛋白编码基因，在任何给定时间都只有一部分表达。虽然真核生物同一个体的每个细胞共享相同的基因组和 DNA 序列，但每个细胞并不表达相同的一组基因。基因表达调控是生物体内细胞分化、形态发生和个体发育的分子基础。

　　一些基因产物大量存在，如代谢途径酶的基因，在一个物种或有机体的几乎每一个细胞中都或多或少地以恒定水平表达。这类基因通常被称为管家基因（house-keeping gene）。一个基因的不变表达被称为组成性基因表达（constitutive gene expression）。对于其他基因产物，随着分子信号的变化而表达水平上升和下降，这是基因表达调控（gene expression regulation）。在特定环境下基因表达增加称为可诱导基因表达（inducible gene expression），其表达增加的过程称为诱导（induction）。例如，许多编码 DNA 修复酶基因的表达是由一系列调节蛋白诱导的，该系统对高水平的 DNA 损伤做出应答。相反，随着分子信号的变化而表达降低称为可抑制基因表达（repressible gene expression），这一过程称为抑制（repression）。例如，细菌中充足的色氨酸供应抑制催化色氨酸生物合成酶基因的表达。基因表达是一个高度复杂的、受调控的过程，这一过程在原核细胞和真核细胞中类似，只是略有不同（图 16-1）。

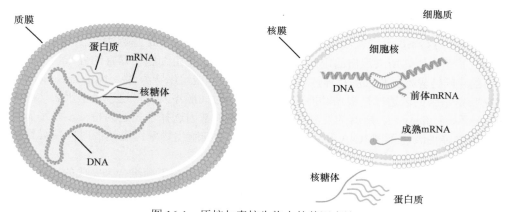

图 16-1　原核与真核生物中的基因表达

　　原核生物是单细胞生物，缺乏明确的细胞核，转录和翻译过程几乎同时发生。当不再需要合成蛋白质时，转录就会停止。因此，转录调控是控制哪些蛋白质表达以及每种蛋白质表达多少的主要方法。当需要更多蛋白质时，就会发生更多的转录。因此，在原核细胞中，基因表达的调控大多发生在转录水平上。

　　真核细胞转录和翻译的过程被核膜隔开，染色体 DNA 转录只发生在细胞核内，翻译只发生在细胞质内。由于基因表达包含多个单独的步骤，基因表达的调控可能发生在这一过程的各个阶段：当 DNA 从核小体解开以结合转录因子时（表观遗传学），当 RNA 转录时（转录水平），当 RNA 转录后加工并输出到细胞质时（转录后水平），当 RNA 翻译成蛋白质时（翻译水平）或在蛋白质合成之后（翻译后水平），调节均可能发生（图 16-2）。这种调节导致不同细胞类型或发育阶段的蛋白质表达差异，或者对外界条件的反应不同。

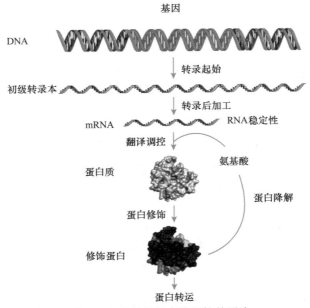

图 16-2　真核基因表达调控的层次

第一节　基因表达调控基本原理

一、基因表达调控基本概念

每种细胞类型具有特定的功能，需要一组不同的蛋白质来执行其功能。因此，在某种细胞中某一时间只有一部分 DNA 编码的基因被表达并翻译成蛋白质。基因表达以组织和细胞特异性模式进行，这种表达模式决定了细胞的功能和形态，这就是基因表达空间特异性（spatial specificity）。基因表达所表现出的空间分布差异，实际上是由细胞在器官的分布决定的。因此，基因表达的空间特异性又称细胞特异性（cell specificity）或组织特异性（tissue specificity）。

某一特定基因的表达严格根据功能需要按特定的时间顺序发生，这就是基因表达的时间特异性（temporal specificity）。所有的发育和分化事件都以基因选择性表达为特征，多细胞生物的不同发育阶段选择性表达不同 RNA 和蛋白质。因此，多细胞生物基因表达的时间特异性又称阶段特异性（stage specificity）。

对不同基因的适当调控是通过每个基因上有限转录因子的不同组合来完成的，这一机制被称为组合控制（combinational control）。这种组合控制机制引发特定基因的时间、空间特异性表达。

二、基因特异性表达调控的基本原理

转录是遗传信息从 DNA 向成熟蛋白质传递过程中最重要的调控点。转录起始是基因表达的限速步骤，基本元件包括顺式作用的 DNA 序列（DNA 顺式作用元件）和反式作用的 DNA 结合蛋白，又称转录因子（transcription factor），在真核生物中还包括染色质结构。通过反式作用因子（DNA 结合蛋白、RNA 结合蛋白、调节性 RNA）识别顺式作用元件（特定的 DNA 或 RNA 序列）是核酸水平所有特异性调控方式的基础。因此，遗传信息传递过程中蛋白质和 DNA 或 RNA 的相互结合是一个不断重复的主题。在 DNA 水平上，特异性 DNA 结合蛋白可以通过转录激活或抑制进行调控。在 RNA 水平上，特定 RNA 以序列特异性方式被识别，以可控的方式传递到成熟的基因表达产物 RNA 或蛋白质。

DNA 顺式作用元件通常是特异性 DNA 结合蛋白的结合位点，可以在转录起始点附近，也可以离起始位点很远。在真核生物中，有些顺式作用元件甚至位于转录区内。远离转录起始位点具有激活作用的顺式作用元件被称为增强子（enhancer），它的作用没有方向依赖性。

真核生物转录起始区常常包含各种顺式作用元件，形成复合控制区，几个反式作用因子可以通过与它们对应的 DNA 顺式作用元件结合，对转录起始具有协同促进或抑制作用。反式作用的 DNA 结合蛋白特异性地和顺式作用元件的 DNA 结合从而使基因被选择性地转录。在真核生物中染色质结构是转录调控的主要靶点，有效的转录起始需要染色质特异性的结构和修饰，可以通过反式作用的蛋白质和 RNA 对转录激活或抑制。

（一）RNA 聚合酶在启动子上与 DNA 结合

RNA 聚合酶与 DNA 结合并在启动子上启动转录，这些位点通常位于 DNA 模板上 RNA 合成的起始点附近。转录起始的表达调控通常需要改变 RNA 聚合酶与启动子相互作用的方式。启动子的核苷酸序列差异很大，影响 RNA 聚合酶的结合亲和力，从而影响转录起始的频率。在没有调控蛋白的情况下，启动子序列的转录频率可能相差 1000 倍或更大。一些大肠埃希菌基因每秒转录一次，另一些基因每代细胞转录不到一次。这种变异很大程度上是由于启动子序列的差异。大多数大肠埃希菌启动子都有一个共有序列（图 16-3）。偏离共有序列的突变通常会降低细菌启动子的活性；相反，趋向共有序列的突变通常会增强启动子的功能。

图 16-3 大肠埃希菌启动子共有序列

虽然是组成性表达，管家基因在细胞内的表达水平差别很大。对于这些基因，RNA 聚合酶与启动子的互作强烈影响转录起始的速率。启动子序列的差异使细胞能够适当表达每个管家基因。非组成性表达基因的基础转录频率也是由启动子序列所决定的，但这些基因的表达进一步受调控蛋白的调节。这些调控蛋白质中有许多是通过增强或干扰 RNA 聚合酶和启动子之间的互作而发挥作用的。

真核启动子序列比细菌启动子的序列更具变异性。真核细胞 3 种 RNA 聚合酶通常需要一系列通用的转录因子才能与启动子结合，这会影响基础转录频率。与细菌基因表达一样，基础转录频率部分取决于启动子序列与 RNA 聚合酶及其相关转录因子的互作。

（二）转录调节蛋白和调节 RNA 在转录起始的调控作用

至少有三种转录调节蛋白调控 RNA 聚合酶在转录起始的活性：转录因子改变 RNA 聚合酶对启动子的特异性，阻遏因子阻碍 RNA 聚合酶接近启动子，激活因子增强 RNA 聚合酶与启动子的相互作用。

阻遏因子与 DNA 上的特定位点结合。在细菌中，阻遏因子与通常位于启动子附近的操纵基因（operator）结合。当阻遏因子与操纵基因结合时，RNA 聚合酶与启动子的结合或结合后沿着 DNA 的运动被阻断。阻遏因子对转录的抑制性调节被称为负调节（negative regulation）。在真核细胞中，由阻遏因子调控基因的情况并不常见。信号分子或效应分子（effector），通常是一个小分子或蛋白质，通过与阻遏因子结合并引起其构象变化而调节阻遏因子与操纵基因的结合。阻遏因子和信号分子之间的相互作用可以促进转录，也可以抑制转录。有些构象变化导致阻遏因子从操纵子中解离，从而允许转录启动（图 16-4A）。在其他情况下，非活性阻遏因子与信号分子之间的相互作用导致阻遏因子与操纵子结合（图 16-4B）。酵母等低等真核生物阻遏因子的结合位点可能离启动子有一段距离。这些阻遏因子与 DNA 的结合具有与细菌相同的作用：抑制转录复合体在启动子上的组装或活性。

与阻遏因子相反，激活因子与 DNA 结合，增强 RNA 聚合酶在启动子上的活性。激活因子对转录的激活调节被称为正调节（positive regulation）。激活因子的正调节在真核生物中尤为常见。许多真核生物激活因子与增强子（远离启动子的 DNA 位点）结合，影响可能位于数千个碱基对之外启动子的转录速率。在细菌中，有一些启动子与 RNA 聚合酶弱结合或根本不结合，激活因子的结合位点通常位于这类启动子的附近，在没有激活因子的情况下这类启动子几乎不会发生转录。一些激活因子通常与 DNA 结合而促进转录，直到信号分子的结合触发激活因子的解离（图 16-4C）。一些激活因子只有在与信号分子相互作用后才与 DNA 结合（图 16-4D）。因此，信号分子可以增加或减少转录，这取决于它们是如何影响激活因子的。

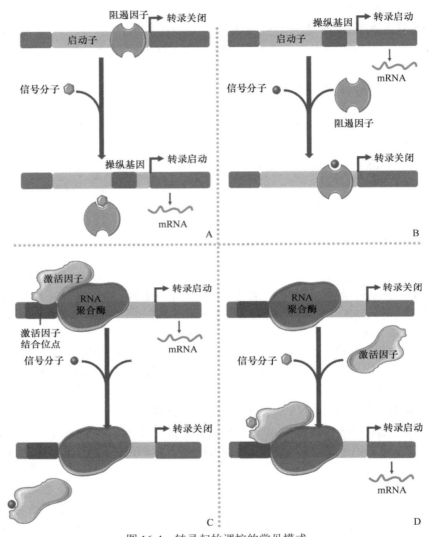

图 16-4　转录起始调控的常见模式

A、B 示阻遏因子对转录的负调节；C、D 示激活因子对转录的正调节

在启动子和激活因子或阻遏因子结合位点之间，是被称为结构调节子（architectural regulon）的蛋白质与中间 DNA 结合，将两个位点之间连接形成 DNA 环（DNA loop）。辅激活蛋白（co-activator）通常介导激活因子和启动子上 RNA 聚合酶之间的相互作用。在某些情况下，阻遏因子可能会取代辅激活蛋白与激活因子结合而阻止转录激活。

随着对蛋白质转录调控作用的理解逐渐深入，RNA 对基因表达调控的许多新作用也开始被发现。其中，包括小的功能性 RNA（miRNA、snoRNA、snRNA 等）、长链非编码 RNA（lncRNA）、环状 RNA 等。

（三）DNA 结合蛋白识别序列

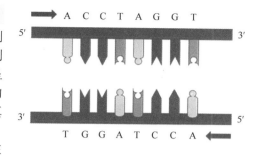

为了与 DNA 序列特异结合，调节蛋白必须识别 DNA 的表面特征。特异性 DNA 结合蛋白的识别序列（recognition sequence）通常只包含 3～8 个碱基对，呈二维对称的回文结构或首尾相连的正向重复，而单一的识别序列很少出现。重复序列在基因组中广泛存在，真核生物的启动子区常含有多个重复的 DNA 识别元件。按照重复序列的排列方式，可分为串联重复序列和散在重复序列。

DNA 元件序列和结合蛋白的对称性在特异性结合过程中发挥重要作用。在形成的蛋白质-DNA 复合物中，一个亚基的 DNA 结合基序通常仅和识别序列的几个碱基接触，不足以提供紧密的结合。由于 DNA 元件中识别序列的重复，二聚体结合蛋白的两个亚基以协同的方式与 DNA 进行结合，产生稳定的相互作用。

1. 回文结构识别序列　具有旋转对称结构的回文序列通常与对称的二聚体蛋白质结合，其中蛋白质的每个亚基接触 DNA 元件的一个半位点（图 16-5）。

图 16-5　DNA 识别元件的对称性与 DNA 结合蛋白的寡聚结构

2. 正向重复识别序列　识别序列的正向重复需要结合蛋白的亚基进行非对称性的空间排列（图 16-5）。在这种情况下，蛋白质-DNA 复合物具有极性，可以存在 DNA 结合蛋白寡聚体首尾紧密、相连的排列，从而产生协同作用，形成更为有序的复合物。

（四）转录调节蛋白的 DNA 结合结构域

转录调节蛋白通常识别特定的 DNA 序列，这些序列称为识别序列（recognition sequence）。它们与这些特异性识别序列的亲和力是与任何其他 DNA 序列亲和力的 10^4～10^6 倍。由于基因组的高度复杂性，这种 DNA 序列识别的特异性具有重要生物学意义。DNA 结合蛋白需要辨别并排除与真正识别序列有细微差别的相关序列，在众多其他背景序列中筛选出特异性识别序列并与之结合。转录调节蛋白的 DNA 结合域通常很小，仅 60～90 个氨基酸残基，这些结构域中实际与 DNA 接触的结构基序更小。DNA 结合蛋白中与识别序列结合的结构元件被称为 DNA 结合基序（DNA-binding motif），形成非常紧凑、稳定的结构，允许其从蛋白质表面突起。

DNA 结合域通常具有在一定程度上可以互补的特征性 α 螺旋或 β 折叠结构，α 螺旋常被用作识别元件和大沟中的 DNA 序列结合，反平行 β 折叠可以进入 DNA 小沟。高度专一的识别总是通过一个 α 螺旋与 DNA 大沟中的碱基相互作用来实现的。然而 TATA 结合蛋白与 DNA 的结合发生在双螺旋的小沟中。也有一些 DNA 结合蛋白通过 β 折叠结构或柔性结构与 DNA 结合。在调节蛋白中，最常与 DNA 碱基氢键结合的氨基酸侧链有 Asn、Gln、Glu、Lys 和 Arg 残基。下面介绍几种最常见的、研究清楚的 DNA 结合基序。

1. 螺旋-转角-螺旋结合基序（helix-turn-helix motif，HTH 结合基序）　常见于细菌阻遏蛋白（repressor）中，是第一个鉴定出的 DNA 结合基序。HTH 结合基序在细菌许多调控蛋白与 DNA 的相互作用中起着至关重要的作用，一些真核调控蛋白中也存在类似的基序。HTH 结合基序由位于蛋白质 N 端的大约 20 个氨基酸残基组成，两个螺旋片段彼此呈 120°，每个 7～9 个残基长，由一个 β 转角分隔（图 16-6）。其中一个螺旋为识别螺旋（recognition helix），与 DNA 大沟发生特异性接触，负责识别 DNA 大沟的特异碱基序列，另一个螺旋没有碱基特异性，与 DNA 磷酸戊糖链骨架接触。HTH 结合基序本身通常并不稳定，在与 DNA 特异结合时，以二聚体形式发挥作用，通过相同亚基或另一个亚基的其他螺旋来稳定自身。

2. 锌指结构 由大约 30 个氨基酸残基的环和一个与环上的 4 个 Cys 或 2 个 Cys 和 2 个 His 残基配位的单个 Zn^{2+} 构成，呈指样突出（图 16-7）。一般来说根据蛋白质序列中的 Cys 和 His 残基可以预测锌指结构的存在。人类基因组中可能有将近 1% 的序列编码含有锌指结构的蛋白质，许多真核 DNA 结合蛋白都含有锌指结构。根据复合物的立体化学结构，锌指结构可分为 Zn-Cys_2His_2 型、Zn-Cys_4 型和 Zn_2-Cys_6 型。Zn^{2+} 本身并不和 DNA 直接接触，而是与氨基酸残基配位来稳定锌指结构。另外，锌指结构核心中的疏水侧链也提供了稳定性。Cys 和 His 残基与锌离子的络合可以确保识别螺旋的正确定向和稳定，从而与识别序列发生特异性结合。单个锌指结构与 DNA 的相互作用通常很弱，许多 DNA 结合蛋白都有多个锌指结构，通过与 DNA 同时相互作用，大大增强了结合能力。锌指结构与 DNA 结合的确切方式因蛋白质不同而不同。有些锌指结构含有序列特异性识别氨基酸残基，而另一些似乎非特异性地与 DNA 结合（特异性所需的氨基酸位于蛋白质的其他位置）。锌指结构也可以作为 RNA 结合基序发挥作用，与真核细胞的某些 mRNA 结合，并作为翻译抑制蛋白发挥作用。

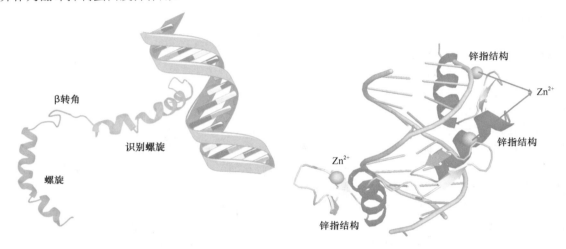

图 16-6　螺旋-转角-螺旋结合基序　　　　　　　　图 16-7　锌指结构

3. 碱性亮氨酸拉链（basic leucine zipper）　亮氨酸拉链多见于真核生物 DNA 结合蛋白的 C 端，由两段 α 螺旋平行排列构成，其 α 螺旋结构中每 7 个残基出现一次亮氨酸残基（或其他疏水性氨基酸残基），亮氨酸侧链都在 α 螺旋的同一个方向出现，两个螺旋的亮氨酸等疏水性残基通过疏水作用呈拉链状，以相互缠绕形成卷曲螺旋（coiled coil）的两个 α 螺旋的延伸束出现，形成同源二聚体或异源二聚体，该二聚体的 N 端富含碱性残基（Lys 或 Arg），可以与 DNA 骨架上带负电荷的磷酸基团结合（图 16-8）。亮氨酸拉链结构本身并没有参与 DNA 的识别，二聚体的形成是碱性 N 端在 DNA 大沟中精确定位的前提。碱性亮氨酸拉链基序的 N 端在没有 DNA 的情况下，结构化相对较低。在和特异性识别序列接触后，通过与 DNA 结合而诱导产生螺旋结构。

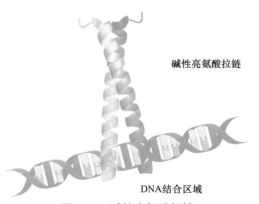

图 16-8　碱性亮氨酸拉链

4. 螺旋-环-螺旋基序（helix-loop-helix motif, HLH 基序）　由一个环连接的短螺旋和另一个更长的螺旋组成。环的灵活性允许一个螺旋向后折叠并靠在另一个螺旋上，从而形成同二聚体或异二聚体。和碱性亮氨酸拉链基序一样，含螺旋-环-螺旋基序蛋白只有通过和 DNA 结合，其碱性末端才能形成特定的结构（图 16-9）。

5. 通过 β 折叠片层结合 DNA　有些原核和真核 DNA 结合蛋白通过 β 折叠片层结构，其氨基酸侧链从 β 折叠片层结构延伸到 DNA，与 DNA 顺式作用元件结合。就像在识别 α 螺旋的情况下一样，这个 β 折叠片层基序可以用来识别许多不同的 DNA 序列；识别的确切 DNA 序列取决于组成 β 折叠片层的氨基酸序列。真核转录因子 NF-κB 的 DNA 结合基序为 β 折叠片层结构，通过 β 折叠片层和 DNA 大沟相互作用而识别 DNA 顺式作用元件。

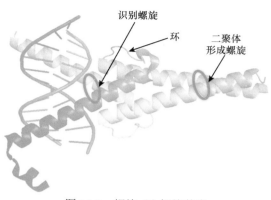

图 16-9　螺旋-环-螺旋基序

6. DNA 结合蛋白中的柔性区域　除了利用特定结构的 DNA 结合基序，一些 DNA 结合蛋白利用其他的柔性结构增加与 DNA 结合的特异性和稳定性。亮氨酸拉链和 HLH 结合蛋白的碱性区域体现了蛋白质柔韧性在 DNA 结合中的重要性。在没有 DNA 时，这些结合基序的碱性部分很少具有成形的结构，只有结合了 DNA 后，才会在碱性区域形成 α 螺旋。结合诱导产生的 α 螺旋处于 DNA 的大沟中，特异性结合识别序列。

（五）转录调节蛋白的蛋白质-蛋白质相互作用结构域

转录调节蛋白不仅包含与 DNA 结合的结构域，还包含与 RNA 聚合酶、其他转录调节蛋白或同一调节蛋白其他亚基相互作用的蛋白质结构域。转录调节蛋白通过蛋白质-蛋白质相互作用形成二聚体或多聚体通常是转录调节蛋白与 DNA 结合的先决条件。两个分子单体通过一定的结构域相互作用形成二聚体，是转录调节蛋白结合 DNA 时最常见的形式。与 DNA 结合结构域类似，依据蛋白互作结构域，转录调节蛋白可以归类到不同的转录调节蛋白家族。在每个家族中，二聚体有时可以在两个相同的蛋白质之间形成同二聚体（homodimer），也可以在该家族的两个不同成员之间形成异二聚体（heterodimer）。在许多情况下，同二聚体和异二聚体的形成能力很弱。它们主要以单体形式存在于溶液中，但在适当的 DNA 序列上可观察到二聚体。转录调节蛋白与 DNA 的结合具有协同作用，与 DNA 的结合曲线呈 S 形。在转录调节因子的浓度范围内，更多是一种要么全有要么全无的结合现象。也就是说，在大多数蛋白质浓度下，顺式调控序列要么几乎是空的，要么几乎完全被占据，很少介于两者之间。除二聚化和多聚化反应，还有一些调节蛋白不能直接结合 DNA，而是通过蛋白质-蛋白质相互作用间接结合 DNA，形成表达调控复合物而调节基因转录。

在真核生物中，大多数基因是单顺反子基因，受激活因子调控。许多转录调节蛋白调节多个基因的诱导，同时大多数基因受到多个转录调节蛋白的调节。真核生物对不同基因的时空特异性调控是通过转录调节蛋白的不同组合来完成的。组合控制在一定程度上是通过混合和匹配转录调节蛋白家族成员形成一系列不同的活性转录调节蛋白二聚体来实现的。在许多情况下，不同的组合具有不同的调节和功能属性并调节不同的基因。

除了具有 DNA 结合和蛋白质二聚化的结构域，将特定的蛋白质二聚体定向到特定的基因之外，许多转录调节蛋白还具有与 RNA 聚合酶、调控 RNA、其他转录调控蛋白或三者的某种组合相互作用的结构域。蛋白质-蛋白质、蛋白质-DNA 和蛋白质-RNA 相互作用是复杂的基因表达调控网络的基础。

（六）DNA 构象在蛋白质-DNA 复合物形成中的作用

DNA 的柔韧性和结构多态性是许多 DNA 水平上基因表达调控的前提。在许多蛋白质-DNA 复合物中可以观察到局部偏离典型的 B-DNA 结构和 DNA 弯曲（DNA bending）或 DNA 环。

1. DNA 局部构象变化　DNA 局部构象可以影响大沟的宽度、碱基堆积的程度以及碱基对相互间的倾斜度。在大多数蛋白质-DNA复合物中，与结合蛋白接触的DNA局部片段明显偏离经典的B-DNA结构参数。DNA局部构象变化可以是内在持久存在的，由局部特异性DNA序列所决定，通常是特异性识别的先决条件。局部DNA构象变化也可以由DNA结合蛋白的结合所诱导发生。

2. DNA弯曲和DNA环　细胞中紧凑型DNA结构对转录、重组、复制和端粒维持等许多关键DNA代谢构成了挑战。在蛋白质-DNA水平上的调控通常发生在多蛋白复合物中，在复合物中几个蛋白质和不同的DNA元件结合，需要各种DNA结合蛋白之间的通讯。这些结合蛋白可能并不结合到相邻的序列，内在的或蛋白质诱导产生的DNA弯曲和DNA环的一个重要作用是将线性分离的DNA序列带到一起，从而使得结合到远距离DNA结合元件上的DNA结合蛋白之间进行有效的通讯，允许DNA从更远的距离折叠靠近基因启动子的位置，从而调节遗传物质的复制、重组和表达（图16-10）。例如，大肠埃希菌操纵子 *lac* 中，三个Lac阻遏蛋白结合位点处于操纵子区500bp的范围内。三个结合位点中的每一个都具有二维的回文结构，Lac阻遏蛋白可以以二聚体的形式结合在上面。然而Lac阻遏蛋白形成四聚体后才会有完全的抑制作用。因此推测，结合到相邻结合位点的二聚体可以形成四聚体。在这种排列中的阻遏蛋白像一个夹子，使距离很远的DNA序列靠在一起。环中DNA的特异性排列可能对随后的转录活性具有决定性作用。DNA环阻止了RNA聚合酶的结合，同时也产生了其他调节蛋白，如CAP蛋白结合所需的结构框架。

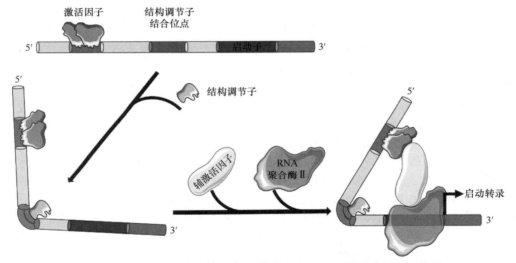

图16-10　DNA环允许真核生物中激活因子与RNA聚合酶的相互作用

（七）转录调节蛋白的功能要求

反式作用的转录调节蛋白一般由DNA结合域、二聚化结构域、反式激活结构域和调节结构域四个功能区域组成，结构域的顺序是可变的（图16-11）。转录调节蛋白具有获取调节信号，并将信号传递到转录装置的能力。

N	DNA 结合域	二聚化 结构域	反式激活 结构域	调节 结构域	C

图16-11　转录激活因子的典型结构域

1. 特异性DNA顺式作用元件结合的能力　反式作用的转录调节蛋白通常具有特异性和选择性DNA结合能力，因此只有那些含有特殊DNA顺式作用元件的基因才能够被相应的转录调节蛋白所调节。

2. 接收外来调节信号的能力　反式作用的转录调节蛋白具有接收外来调节信号的结构元件。外来信号可以影响反式作用的DNA结合蛋白与顺式作用的DNA序列的结合能力、与转录装置或染色质修饰蛋白的相互作用能力。

3. 与转录装置通讯的能力 反式作用的转录调节蛋白具有可结合或补充进转录装置的结构域，通过蛋白质相互作用把外来信号传递给转录装置。DNA 结合本身也可以起到在转录装置位点增加转录调节蛋白有效浓度的作用。

4. 与染色质通讯的能力 染色质结构的改变是真核基因转录调控的核心。反式作用的 DNA 结合蛋白通过和染色质修饰、染色质重组蛋白复合物的通讯在启动子区产生特异性的染色质结构。

5. 信号转导关闭的能力 外来调节信号和转录水平的调节只在有限的时间内和特定的外部条件下起作用，作用实现后必须关闭转录调节蛋白对特定基因表达的调控作用。

（八）转录调节蛋白的活性调控机制

调节性 DNA 结合蛋白受多种机制控制，这些控制可能在结合蛋白的浓度水平上起作用，或者通过翻译后机制作用于预先存在的 DNA 结合蛋白，进而影响蛋白质与 DNA 的结合能力、与转录装置或染色质组分的通讯能力。

1. 效应分子的结合 细菌通常利用特定代谢途径的小分子作为效应分子，来改变激活因子或阻遏因子与 DNA 的结合能力而调节转录速率，适应对基因产物的需求。这类机制常用于代谢途径的调节，如乳酸等次级糖的分解代谢和氨基酸的生物合成代谢等。效应分子的结合引起 DNA 结合蛋白构象发生变化，进而增加或降低 DNA 结合蛋白与顺式作用元件的亲和力。DNA 结合蛋白的构象变化是亲和力差别的结构基础，决定了 DNA 结合蛋白处于结合态（活性形式）或非结合态（非活性形式），两种形式的 DNA 结合蛋白和顺式作用元件的结合能力可相差 $10^4 \sim 10^5$ 倍。

2. 抑制蛋白的结合 特异性 DNA 结合蛋白可以通过与抑制蛋白形成复合物来限制自身的基因转录调节能力。例如，细胞质中固醇类激素受体与热激蛋白结合形成非活性形式，固醇类激素与受体的结合使热激蛋白解离，然后转运至胞核内发挥转录因子的功能。其他的核受体超家族通过辅阻遏物结合而处于非活性形式，激素的结合诱导辅阻遏物解离而转变为 DNA 结合的活性状态。

3. 转录调节蛋白的翻译后修饰 调节性 DNA 结合蛋白的翻译后共价修饰是真核生物中常用的一种控制基因激活的机制。序列特异性 DNA 结合蛋白的磷酸化共价修饰被广泛用作调节其核定位的工具。在许多情况下，这是对外部或内部信号的响应，并提供了对转录调节因子活性的快速而有效的调整，以便针对细胞内和细胞间信号立即做出反应。调控基因表达的信号通路最后步骤通常包括在不同位点对 DNA 结合蛋白进行共价修饰导致转录的激活或抑制。在转录激活过程中通常需要不同的翻译后共价修饰控制多个蛋白质-蛋白质相互作用。

4. 转录调节蛋白的表达水平 在许多情况下，细胞核中可用于转录调控的序列特异性 DNA 结合蛋白的数量是转录活性的决定因素。真核生物中，DNA 结合蛋白的表达量可在转录、转录后加工运输、翻译、细胞内定位、靶向降解等多个层次被调控。控制细胞核内转录因子水平的方法主要有三种：一种主要的方法是利用基因表达来从头合成转录因子。在生物体的发育和分化过程中，转录激活因子的特异性表达是非常重要的，因为生物需要基因表达的长期变化。可扩散调节蛋白的浓度梯度也可用于控制基因表达。控制转录因子数量的第二种机制是使用定向降解，特定的信号可以通过泛素-蛋白酶体途径诱导转录因子的降解，从而削弱转录调控信号。转录调控的第三个重要问题是亚细胞定位。目前，已知许多转录因子受信号依赖的转位控制，从细胞质到细胞核，反之亦然。

（九）细胞内/外信号通过转录调节因子在基因表达中发挥作用

转录是控制遗传信息从 DNA 传递到成熟蛋白质的调控过程中最重要的攻击点。靶向基因转录的调控信号可以来自细胞内，也可以来自细胞外。来自其他组织或有机体细胞的外部信号通过细胞膜传递到细胞内部，进而通过序贯反应传递到转录水平，这些信号通路以正向（即激活）或负向（即抑制）的方式控制转录活性。在基因表达调控过程中使用并最终转化为蛋白质浓度变化的信号性质是高度可变的，可以是小分子代谢物、激素、蛋白质或离子。大量蛋白质参与转录调控，这些蛋白质构成了基因表达调控网络的一部分，在这个网络中，蛋白质组分的浓度、活性、定位和修饰塑造了基因表达的信息流量。

第二节 原核生物基因表达调控

原核生物是单细胞生物，极易受外界环境的影响，需要不断调控不同基因的表达，以适应周围环境及营养条件的变化（碳源、氮源等）和克服不利的理化因素（高温、射线、重金属、烷化剂等），可迅速合成自身需要的酶、核苷酸和其他生物大分子，同时又能迅速地停止合成和降解那些不再需要的成分，完成生长发育和繁殖的过程。原核生物没有核膜，DNA 转录和 mRNA 翻译在同一时间和空间上进行（转录和翻译偶联）。原核生物基因组一般由一条环状双链 DNA 组成，结构基因所占比例大，通常是几个功能相关的结构基因串联在一起，被同一个调控区调节。细菌的大多数基因表达调控是在转录水平上进行的，转录的起始、终止和 mRNA 快速降解是细菌基因调控的三要素。转录起始的控制允许多个编码具有活性相互依赖基因的同步协调调节。例如，当 DNA 严重受损时，细菌需要协调增加许多 DNA 修复酶的表达水平。与生化研究的许多其他领域一样，细菌中基因表达调控的研究比在其他生物中进展得更早、更快。细菌基因调控的许多原理也与理解真核细胞中的基因表达有关。

一、DNA 水平的基因表达调控

基因表达是遗传信息经 DNA-RNA-蛋白质的传递过程，细菌基因表达调控可以发生在 DNA 水平。例如，鼠伤寒沙门菌通过基因重排和重组而调控鞭毛基因的表达。哺乳动物肠道中的鼠伤寒沙门菌通过旋转细胞表面的鞭毛（由多拷贝的鞭毛蛋白组成）来移动。鞭毛蛋白是哺乳动物免疫系统的主要目标。沙门氏菌大约每 1000 代就会在两种不同的鞭毛蛋白（FljB 和 FliC）之间转换一次，这一过程被称为相变（phase transition），从而逃避免疫系统的攻击。这种转换是通过 Hin 重组酶介导的位点特异性重组反应，周期性地反转含有鞭毛基因启动子的 DNA 片段来完成的（图 16-12）。当 DNA 片段在一个方向上时，FljB 鞭毛蛋白和阻遏蛋白 FljA 就会表达；阻遏蛋白关闭鞭毛蛋白基因 fliC 的表达。当 DNA 片段反转时，fljA 和 fljB 基因不再转录，而 fliC 基因随着阻遏蛋白的耗尽而被诱导表达。Hin 重组酶由 DNA 片段中的 hin 基因编码，当 DNA 片段处于任一方向时都会表达，因此细胞总是可以从一种状态切换到另一种状态。

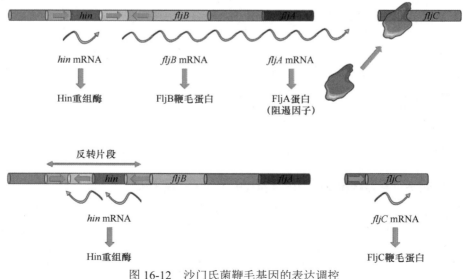

图 16-12 沙门氏菌鞭毛基因的表达调控

这种类型的调控机制具有绝对的优势，当基因与其启动子物理分离时，基因不可能表达。绝对的开关在这个系统中很重要，因为只要有一个错误的鞭毛蛋白拷贝的鞭毛就可能容易受到针对该蛋白质的宿主抗体的攻击。在其他一些细菌和一些噬菌体中也存在类似的调控系统，基因和（或）启动子的DNA重排对基因的调控在病原体中尤其常见，这些病原体通过改变寄主范围或改变表面蛋白，从而逃逸宿主免疫系统的监测。在真核生物中也发现了具有类似功能的重组系统。

二、转录水平的基因表达调控

一般而言，原核生物基因表达调控主要发生在转录水平上。显然，在基因表达第一步的调节更符合生物界的"经济"原则。原核生物以操纵子为单位的调控系统即体现了这一特点。

（一）RNA 聚合酶与顺式作用元件相互作用对转录起始的调控

1. RNA 聚合酶 σ 亚基的选择性组装　细菌 RNA 聚合酶的转录启动需要与 σ 亚基结合。大肠埃希菌 RNA 聚合酶全酶 σ 亚基本身没有催化活性，是启动子识别和结合的特异性转录因子。为了启动转录，大肠埃希菌 RNA 聚合酶必须与少数 σ 亚基中的一种结合。哪条 DNA 链被转录，转录方向与转录起点的选择都与 σ 因子有关。因此，σ 亚基也被称为起始因子，与 RNA 聚合酶和启动子 DNA 序列结合，将 RNA 聚合酶带到启动子。不同的 σ 因子可以竞争结合 RNA 核心酶。σ^{70} 是细菌中最常见的 σ 亚基，识别大多数大肠埃希菌启动子，环境变化可诱导 σ^{70} 亚基被其他特异性 σ 亚基中的一个所取代，从而启动特定基因的转录。如环境中温度改变时 σ^{32} 取代 σ^{70}，能识别热激蛋白启动子，诱导热激蛋白的合成，产生热激反应。环境中氮缺乏时，大肠埃希菌能产生 σ^{54}，识别使有机氮化合物再循环的基因启动子，合成相应的酶，可使细菌在氮饥饿状况下存活。在枯草杆菌中，σ^{28} 与鞭毛生长有关，而 σ^{29} 与芽孢形成有关。

2. 小分子效应物对 RNA 聚合酶活性的调节　原核生物 RNA 聚合酶活性的调节与异常的鸟苷五磷酸（pppGpp）和鸟苷四磷酸（ppGpp）的合成有关。当营养缺乏时，氨基酸缺乏导致空载 tRNA 与核糖体 A 位点结合，GTP 不断消耗，但不能形成新的肽键，出现空载反应（idling reaction）。*relA* 基因编码一种称为严紧因子（stringent factor）的酶，将焦磷酸加到 GTP 的 3′ 位合成 pppGpp，然后磷酸水解酶裂解一个磷酸，将一些 pppGpp 转化为 ppGpp。ppGpp 能够直接结合 RNA 聚合酶，改变 RNA 聚合酶构象而导致活性降低，随后 mRNA、rRNA 和 tRNA 的合成大幅下降（可达 10～20 倍）。在大肠埃希菌中，rRNA 操纵子合成的 rRNA 对细胞生长速度和氨基酸可获得性的变化做出反应。这种 rRNA 合成与氨基酸浓度的协调调节被称为严紧反应（stringent response）。

与 cAMP 一样，pppGpp 和 ppGpp 属于典型的小分子效应物，起到第二信使的作用，具有多种效应。在大肠埃希菌中，pppGGpp 和 ppGpp 起饥饿信号的作用，通过增加或减少数百个基因的转录，如抑制核糖体和其他大分子的合成，抑制与氨基酸转运无关的转运系统，活化氨基酸操纵子的转录表达和蛋白质水解酶等，使细胞做出应激反应，协调细胞代谢与生长，以期达到开源节流的目的，帮助细胞渡过难关。因此，也将 ppGpp 这类物质称为信号素（alarmone）。

3. 基因启动子及附近区域的顺式作用元件在转录中的作用　除了自身亚基组成或构象变化可以改变 RNA 聚合酶对基因转录的调控，原核生物启动子及其附近的一些顺式作用元件也可以影响 RNA 聚合酶的结合能力以及结合后沿着 DNA 移动的能力而调节下游基因的表达。原核生物启动子序列决定了在没有抑制子或激活蛋白的情况下，RNA 聚合酶-σ 复合物启动基因转录的固有频率。支持高频率转录启动的启动子序列与共有序列的一致性较高，称为强启动子。那些支持低频率转录起始的序列与共有序列不同，被称为弱启动子。另外，在启动子附近还存在称为操纵基因的一些特殊序列，可以与阻遏因子或激活因子结合。当阻遏因子与操纵基因结合时，RNA 聚合酶与 DNA 的结合或沿着 DNA 的移动就会被阻断，从而阻遏下游基因的表达。相反，激活因子与

DNA 结合后可增强 RNA 聚合酶的活性，增加下游基因的表达。

（二）操纵子水平的基因表达调控

在大肠埃希菌中，大约一半的基因聚集形成一个转录单位，每个转录单位编码参与特定代谢途径的酶或相互作用形成一个多亚基蛋白复合体的蛋白质。这种 mRNA 分子也称为多顺反子mRNA（polycistronic mRNA）。这种功能相关的结构基因簇和顺式调控元件（启动子及一起发挥调控作用的其他序列）所组成的转录单位被称为操纵子，典型的调控序列包括激活因子和阻遏蛋白的结合位点（图 16-13）。

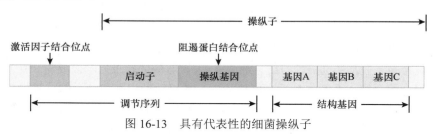

图 16-13　具有代表性的细菌操纵子

细菌中常见的操纵子包含 2～6 个基因，一些操纵子包含 20 个或更多基因。由于细菌操纵子从一个起始点转录成单个 mRNA，操纵子内的所有基因都受到协调调控。也就是说，它们都在同一时间被激活或抑制到相同的程度。操纵子中基因的特性和顺序并不是随机的。在许多情况下，同一操纵子中的基因编码蛋白质复合体的亚基，共翻译使该复合体的直接组装成为可能。一些操纵子中的基因编码一组功能蛋白，参与需要协调调节的相关过程。在其他情况下，这些基因可能看起来是无关的，但它们编码的产物是细胞在类似条件下所需的。除了细菌中已知的大量操纵子外，在低等真核生物的细胞中也发现了一些多顺反子操纵子。然而，在高等真核生物的细胞中，几乎所有编码蛋白质的基因都是单独转录的。在细菌生命周期的某一时刻，细菌赖以生存的环境里的营养成分决定 RNA 聚合酶对启动子或操纵子的选择。

1. 操纵子的可诱导调节　细菌能合成超过千种酶，如果没有底物可以利用，酶的合成是浪费，而没有酶，底物也得不到利用。底物诱导该底物利用酶的合成，这种现象称为酶诱导（enzyme induction），这个底物叫作诱导物（inducer），一旦除去诱导物，酶的合成将很快终止。酶诱导在细菌中普遍存在，是生物进化过程中出现的一种经济、合理利用有限资源的本能。1960 年，雅各布（Jacob）和莫诺（Monod）首先提出操纵子和操纵基因这两个术语，用基因表达调控的原理解释了酶诱导的本质。同时，乳糖操纵子的操纵基因-阻遏因子-诱导物相互作用也为转录水平基因表达调控中的开/关提供了一个直观满意的模型。

乳糖（lactose, lac）操纵子包括 β-半乳糖苷酶（Z）、半乳糖苷通透酶（Y）和硫代半乳糖苷乙酰转移酶（A）的基因。β-半乳糖苷酶将乳糖分解成半乳糖和葡萄糖；半乳糖苷通透酶将乳糖运输到细胞内；硫代半乳糖苷乙酰转移酶将乙酰 CoA 上的乙酰基转到半乳糖上，修饰有毒的半乳糖苷以促进它们从细胞中消除（图 16-14）。这三个基因的 5′ 端都有一个核糖体结合位点，独立地指导该基因的翻译。乳糖结构基因是否能转录为 mRNA 受到操纵基因和 I 基因（独立于乳糖操纵子）的控制。操纵基因或编码 Lac 阻遏蛋白的 I 基因突变都会导致乳糖操纵子结构基因的组成性表达。Lac 阻遏蛋白是一种由相同单体组成的四聚体，同时与两个 DNA 序列结合，一个位于主要操纵子（$lacO_1$），它与启动子上的 RNA 聚合酶结合的 DNA 区域重叠，另一个位于两个次级操纵子（$lacO_2$ 和 $lacO_3$）之一。$lacO_2$ 位于 +410 附近的 β-半乳糖苷酶 Z 基因内，而 $lacO_3$ 位于 −90 附近的 Lac 阻遏蛋白 I 基因内。次级操纵子的作用是在主要操纵子的附近增加阻遏蛋白的局部浓度，而阻止 RNA 聚合酶的结合。Lac 阻遏蛋白与主要操纵位点的结合会使转录减少约 10^2 倍，而 Lac 阻遏蛋白通过与主要操纵位点和两个次级操纵位点之一同时结合，中间的 DNA 环化会使转录起

始效率降低 10^3 倍（图 16-15）。在没有乳糖的情况下，Lac 阻遏蛋白与操纵子结合，乳糖操纵子基因表达受到抑制，这样细胞能量就不会浪费在合成细胞不需要的酶上。半乳糖与阻遏蛋白结合，诱导其发生构象变化，导致阻遏蛋白与操纵子解离，使乳糖操纵子基因得以表达，并使 β-半乳糖苷酶的浓度增加 10^3 倍。

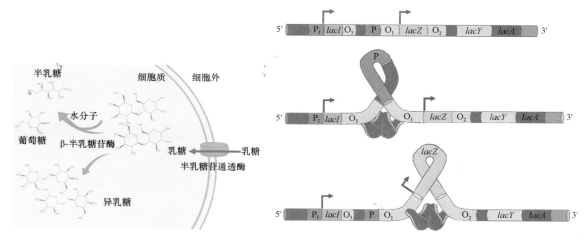

图 16-14　大肠埃希菌中的乳糖代谢　　　　图 16-15　大肠埃希菌乳糖操纵子

　　尽管存在这种复杂的约束作用，但转录抑制并不是绝对的。即使在抑制状态下，阻遏蛋白与操纵基因的短暂解离也会导致少量 β-半乳糖苷酶和半乳糖苷通透酶基因的转录表达。由于乳糖操纵子系统中的诱导剂不是乳糖本身，而是半乳糖，它是乳糖的一种异构体。通过少量已合成的半乳糖苷通透酶分子进入大肠埃希菌细胞后，乳糖被少数已有的 β-半乳糖苷酶转化为半乳糖。这一基础转录水平对操纵子调控至关重要，使乳糖诱导操纵子基因表达成为可能。异丙基硫代 -β-D-半乳糖苷（IPTG）结构上与半乳糖类似，是一种特别有效且不可代谢的乳糖操纵子诱导剂，常被用于实验室探索乳糖在基因表达调控中的功能（图 16-16）。

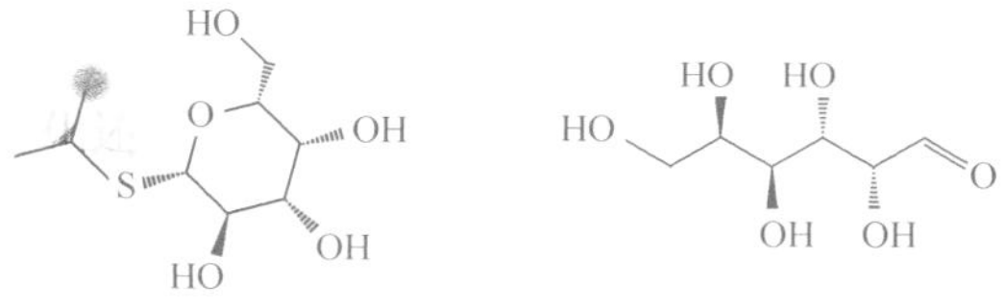

异丙基硫代-β-D-半乳糖苷　　　　半乳糖

图 16-16　IPTG 结构与半乳糖结构

　　2. 操纵子的正调节　具有活性的阻遏蛋白只要结合到操纵基因上，即可阻断 RNA 聚合酶的转录活性。阻遏蛋白是否具有活性受诱导物的影响，一旦与诱导物结合，阻遏蛋白发生构象变化而失活，不能再结合操纵基因，而开启结构基因的转录。然而操纵子的调控很少如此简单。细菌处于复杂的环境中，除乳糖外，其他因素也会影响 lac 基因的表达，如葡萄糖的可用性。葡萄糖直接由糖酵解代谢，是大肠埃希菌的首选能源。乳糖、阿拉伯糖等次级糖也可以作为主要或唯一的营养物质，但需要合成额外的酶，使其进入糖酵解途径。显然，当葡萄糖充足时，乳糖或阿拉伯糖等次级糖分解代谢所需基因的表达是浪费的。

　　当葡萄糖和乳糖同时存在时，葡萄糖通过分解代谢抑制的调节机制限制了乳糖、阿拉伯糖等次级糖分解代谢所需基因的表达。葡萄糖的分解代谢抑制作用是通过 cAMP 作为共激活剂和 cAMP 受体蛋白（cAMP receptor protein，CRP），也称为分解代谢物激活蛋白质（catabolite activator protein，CAP）所实现的。CAP 是同二聚体，有 cAMP 结合位点和 DNA 结合位点，与 cAMP 结合形成 cAMP-CAP 复合体后与 DNA 的结合最强烈。当没有葡萄糖时，cAMP-CAP 与启动子 lac 附近的一个位点结合，并刺激 RNA 转录水平增加 50 倍。葡萄糖的分解代谢产物抑制腺苷酸环化酶（AC）的活性，cAMP 的合成被抑制，随着 [cAMP] 的下降，CAP 与 DNA 的结合力下降，从而减少了操纵子 lac 的表达。因此，阻遏蛋白的负调节和 cAMP-CAP 的正调节协同调节乳糖等次级糖分解代谢酶的表达。当阻遏蛋白与操纵基因结合而阻止转录时，cAMP-CAP 对 *lac* 等次级糖操纵子影响不大。野生型 *lac* 等启动子是一个相对弱的启动子，除非有 cAMP-CAP 存在，否则阻遏蛋白解离对 *lac* 等次级糖操纵子的转录影响也不大。因此，要强诱导操纵子 *lac*，既需要乳糖使 Lac 阻遏蛋白失活，也需要较低的葡萄糖浓度以触发 [cAMP] 升高和 cAMP-CAP 复合体形成。这两种调节机制的共同作用可使细菌根据环境中存在的碳源种类和浓度协调乳糖等次级糖操纵子的表达水平（图 16-17）。

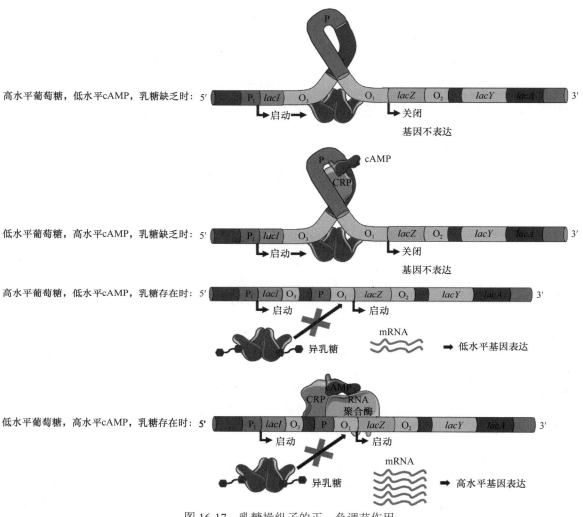

图 16-17　乳糖操纵子的正、负调节作用

CAP 和 cAMP 参与许多操纵子的协调调节。这种具有共同调节装置的操纵子网络称为调节子（regulon）。调节子协调可能需要数百个基因完成的细胞功能，如对温度变化做出应答的热激基因系统，广泛 DNA 损伤诱导的 SOS 应答系统等。

3. 操纵子的衰减调节　除了由激活因子和阻遏蛋白调控转录启动外，许多细菌操纵子的表达受转录延伸调控。这种调控机制是在大肠埃希菌色氨酸（*trp*）操纵子转录的研究中首次发现的。大肠埃希菌操纵子 *trp* 包括 5 个基因，用以编码色氨酸生物合成所需的酶（图 16-18）。来自操纵子 *trp* 结构基因的 mRNA 半衰期只有 3 分钟左右，这使细胞能够对氨基酸不断变化的需求做出快速反应。当细胞质中色氨酸浓度较高时，色氨酸操纵子的转录受到色氨酸操纵子阻遏蛋白的抑制。当色氨酸丰富时，它与阻遏蛋白结合，引起构象变化，使阻遏蛋白与色氨酸操纵子结合，操纵子

trp 位点与启动子重叠，因此阻遏蛋白的结合阻止了 RNA 聚合酶的结合。但是由阻遏蛋白介导的开/关并不是操纵子 *trp* 调控的全部。当 Trp-tRNA^Trp 的浓度足以支持较高的蛋白质合成速率时，仍然发生的低水平转录启动进一步受到称为衰减（attenuation）的控制。在这个过程中，转录正常启动，但在操纵子基因转录之前突然停止。

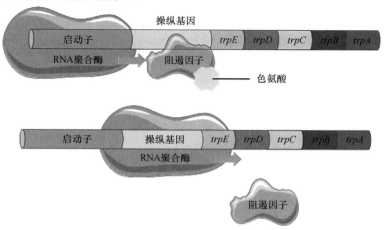

图 16-18　色氨酸操纵子

　　与操纵子 *lac* 的组成不同，操纵子 *trp* 的前 140 个核苷酸并不编码色氨酸生物合成所需的蛋白质，而是由一个短肽"前导序列"（leader sequence）组成。该前导序列包含 4 个调节序列，序列 1 包含两个连续的密码子 *trp*，序列 3 可以与序列 2 或序列 4 进行碱基配对。序列 3 和 4 碱基配对形成富含 G ≡ C 的茎-环结构，紧随其后的是一系列 U 残基，组成衰减子（attenuator）区域，充当转录终止子。如果序列 2 和 3 碱基配对，衰减子结构不能形成，而序列 2 和 3 配对形成的环不阻碍转录，继续进入色氨酸生物合成基因的转录。调节序列 1 对于色氨酸敏感机制至关重要，该机制决定序列 3 是与序列 2 配对（允许转录继续）还是与序列 4 配对（减弱转录）。

　　衰减子茎-环结构的形成取决于序列 1 翻译过程中发生的事件。序列 1 在转录后立即被紧跟在 RNA 聚合酶后面的核糖体翻译。当色氨酸浓度较高时，Trp-tRNA^Trp 的浓度足以支持较高的蛋白质合成速率，当序列 2 从转录 RNA 聚合酶表面出现时，核糖体迅速通过序列 1 进入序列 2，阻止序列 2 与序列 3 进行碱基配对，一旦序列 3 从聚合酶表面出现，就与序列 4 进行碱基配对，形成衰减子结构并暂停转录。然而，当色氨酸浓度较低时，Trp-tRNA^Trp 水平较低，核糖体在序列 1 中的两个密码子 *trp* 处停滞不前，在合成序列 3 时序列 2 保持自由，允许这两个序列碱基配对，并允许转录进行。前导肽只是操纵子调节装置，目前尚未发现具有其他细胞功能。衰减作用的实质是以翻译手段控制基因的转录，转录减弱的频率由色氨酸的可获得性调节，并依赖于细菌中转录和翻译的紧密耦合。通过这种方式，随着色氨酸浓度的下降，转录本衰减的比例也会下降（图 16-19）。

　　像色氨酸这样的物质是反应的最终产物，它的产量水平控制着色氨酸酶系统的活性和色氨酸的合成。这种终末产物的抑制作用被称为反馈抑制（feedback suppression）。色氨酸操纵子正是通过终末产物的反馈抑制作用，使细胞内的色氨酸浓度维持在一定水平上。不同细胞浓度的色氨酸可以使生物合成酶的合成速率变化 700 倍以上。

　　大肠埃希菌可以合成蛋白质翻译所需的 20 种常见氨基酸。合成特定氨基酸所需酶的基因通常聚集在操纵子中，当现有氨基酸供应不足以满足细胞需求时，就会表达这些基因产物。当氨基酸丰富时，氨基酸生物合成酶是不需要的，操纵子基因的表达就被抑制。许多其他氨基酸生物合成操纵子使用类似的衰减策略来微调生物合成酶浓度，如由操纵子 *phe* 产生的 15 个氨基酸的前导肽含有 7 个 Phe 残基，操纵子 *leu* 前导肽具有 4 个连续的 Leu 残基，操纵子 *his* 的前导肽包含 7 个

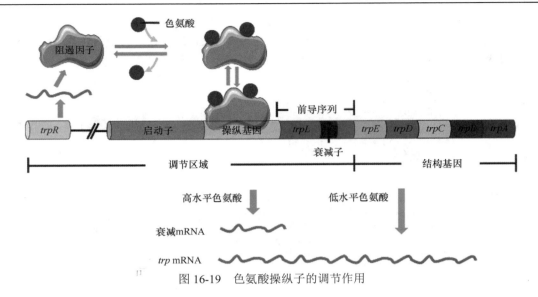

图 16-19　色氨酸操纵子的调节作用

连续的 His 残基。这种机制可以严格控制基因表达，依据细胞内某一氨基酸水平的高低进行表达调控，是一种灵活的调控方式。衰减机制在控制基因产物的数量和种类的配比上起着快速而灵敏的调节作用，与阻遏蛋白一起协同控制基因的表达，使之更为精密有效。事实上，在操纵子 *his* 和其他几个操纵子中，衰减非常敏感，足以成为唯一的调节机制。

<h2 style="text-align:center">三、翻译水平的基因表达调控</h2>

　　mRNA 被转录后，再从翻译水平予以某些调节可作为转录水平调控的补充，能够在一定程度上使个别基因之间的表达程度有所区分，对于基因表达十分重要。翻译调控的方式是多方面的，mRNA 的功能可以由 RNA 结合蛋白或调控 RNA 结合来控制，或者 mRNA 本身的一部分也能调节自己的功能。

（一）核糖体蛋白质（R 蛋白）操纵子的翻译反馈调节机制

　　核糖体直接或间接地控制着一系列酶的合成，在细胞代谢中处于中心地位。在细菌中，细胞对蛋白质合成需求的增加不是改变单个核糖体的活性，而是通过增加核糖体的数量来满足的。一般来说，核糖体的数量随着细胞生长速度的增加而增加。在生长旺盛时，核糖体约占细胞干重的 45%。因此，细胞必须协调核糖体蛋白质（R 蛋白）和 rRNA 的合成。

　　R 蛋白基因的表达调控是原核生物翻译水平基因表达调控最为复杂的例子。编码 R 蛋白的 52 个基因分布在 20 多个操纵子上，每个操纵子有 1~11 个基因。其中一些 R 蛋白操纵子还含有 DNA 引物酶、RNA 聚合酶和蛋白质合成延长因子亚单位的基因，揭示了细菌生长过程中复制、转录和蛋白质合成的紧密耦合关系。

　　每个操纵子编码的一个 R 蛋白也作为翻译阻遏因子，与该操纵子转录的 mRNA（通常是第一个基因靠近翻译起始点）结合，并阻止该 mRNA 编码所有基因的翻译（图 16-20）。在其他操纵子中，这只会影响一个基因，因为在细菌多顺反子 mRNA 中，大多数基因都有独立的翻译信号。然而，在 R 蛋白操纵子中，一个基因的翻译依赖于所有其他基因的翻译。这种翻译耦合的机制目前尚未阐明。一般来说，起抑制作用的 R 蛋白也直接与 rRNA 结合。每个翻译阻遏因子 R 蛋白与 rRNA 的结合比与 mRNA 的亲和力更高。因此，当细胞内有游离 rRNA 存在时，新合成的 R 蛋白首先与游离 rRNA 结合，以启动核糖体的装配，使翻译继续进行。但是只要 rRNA 合成减少或停止，游离 R 蛋白就会与自身的 mRNA 结合，阻断自身的翻译，同时也阻断同一顺反子 mRNA 其他编码区的翻译，使 R 蛋白合成及 rRNA 合成几乎同时停止。这确保了只有当 R 蛋白合成超过功能性核糖体所需量时，编码 R 蛋白的 mRNA 翻译才会被抑制。通过这种方式，R 蛋白合成速率与 rRNA 可用性保持平衡。不过 rRNA 合成是在转录水平上的调节（如前述 ppGpp 对 RNA 聚合酶活性的影响），而 R 蛋白合成是在翻译水平的调控。

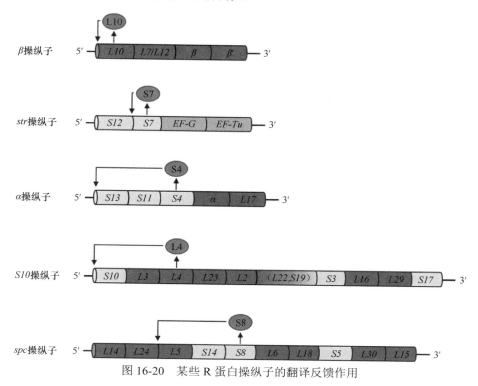

图 16-20　某些 R 蛋白操纵子的翻译反馈作用

（二）调节 RNA 对 mRNA 翻译的反式调节作用

其他 RNA 分子可能会与 mRNA "反式"结合，从而影响其活性，这种调节作用被称为"反式调节作用"。反式调节作用一个很好的例子是小 RNA 对 rpoS 基因（编码 7 种大肠埃希菌 RNA 聚合酶 σ 因子之一 σ38）的调节。σ38 基因在大多数条件下以低水平转录，但由于编码区上游的发夹结构抑制核糖体结合，因此没有翻译（图 16-21）。细胞在某些应激情况下，如由于缺乏营养

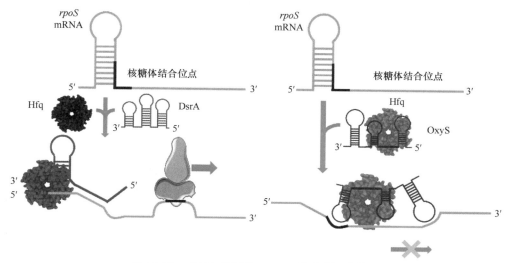

图 16-21　sRNA 对细胞 mRNA 的反式调节作用

而必须停止生长时，需要 σ^{38} 来转录大量的应激反应基因。在营养胁迫条件下，两种特殊功能的小 RNA，即 DsrA 和 RprA 中的一种或两种被诱导。两者都可以与 σ^{38} 基因中发夹的一条链配对，破坏发夹结构，从而允许 *rpoS* 的翻译。而另一种小 RNA，即 OxyS，在氧化应激条件下被诱导，通过与 mRNA 上的核糖体结合位点配对并阻断该位点而抑制 *rpoS* 的翻译。DsrA、RprA 和 OxyS 都是相对较小的细菌小 RNA（少于 300 个核苷酸）。RNA 伴侣蛋白 Hfq 促进 RNA-RNA 配对，所有小 RNA 都需要 Hfq 来发挥作用。基于 RNA 分子的化学特性，它们不仅能像传统的调节蛋白质一样适合作为基因表达调控过程中的参与者，在许多方面比调节蛋白质还有明显优势。细菌中以这种方式调节的已知基因数量不多，一个典型的细菌物种中只有几十个。然而，这些例子为理解真核生物中大量 RNA 介导的基因表达调控模式提供了良好的模型。

（三）mRNA 结构对其自身翻译的顺式调节作用

　　mRNA 本身的一部分也可能调节自己其他部分的功能，这种调节作用被称为"顺式调节作用"。顺式调节作用涉及一类被称为核糖开关（riboswitch）的 RNA 结构（图 16-22）。核糖开关是自然存在的配体特异性结合的 RNA 结构域，这种能够与配体特异性结合的 RNA 分子被称为适配体（aptamer）。核糖开关在细菌中尤其常见，在相当数量的细菌 mRNA 5′ 非翻译区中（甚至在一些真核 mRNA 中）存在核糖开关，它们可以感知细胞中的关键小代谢物，并相应地调整基因表达。一些核糖开关结构还可以调节非编码 RNA 的转录。mRNA 的核糖开关与其适当的配体结合会导致 mRNA 的构象变化，过早稳定转录终止子来抑制转录，或者阻断核糖体结合位点来抑制翻译（在顺式中）（图 16-22）。在大多数情况下，核糖开关的作用形成一种反馈环，以这种方式调节的大多数基因都参与核糖开关结合配体的合成或运输。因此，当高浓度配体存在时，核糖开关会抑制该配体合成或运输基因的表达。显然，高度复杂的基因控制装置可以由短的 RNA 序列制成，这一事实支持了早期"RNA 世界"的假说。

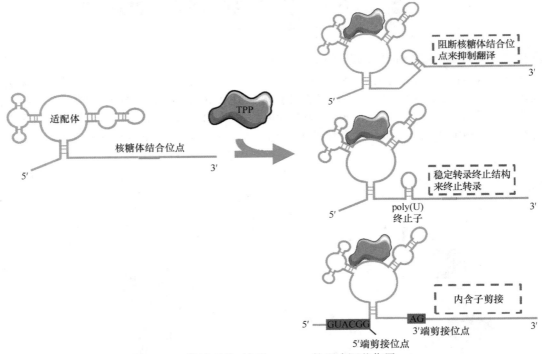

图 16-22　核糖开关对细胞 mRNA 的顺式调节作用

　　核糖开关最显著的特征是高度特异性和亲和力，每个分子都只能识别合适的一个配体。在许多情况下，配体的每一个化学特征都由 RNA 读取。核糖开关的确切数量目前还不清楚。然而，估算超过 4% 的枯草芽孢杆菌基因受核糖开关的调控。核糖开关完全避开对调节蛋白的依赖，可能是基因控制装置中最经济的例子。已经发现与硫胺素焦磷酸（TPP、维生素 B_1）、钴胺（维生素 B_{12}）、黄素单核苷酸、赖氨酸、S-腺苷甲硫氨酸（AdoMet）、嘌呤、6-磷酸乙酰氨基葡萄糖、甘氨酸以及一些金属阳离子，如 Mn^{2+} 等不同配体结合的核糖开关，可能还有更多的配体及核糖开关有待发现。对 TPP 做出反应的核糖开关似乎是最普遍的，存在于许多细菌、真菌和一些植物中。细菌 TPP 核糖开关在一些基因中抑制翻译，在另一些基因中诱导提前转录终止。真核细胞中的 TPP 核糖开关存在于某些基因的内含子中，并调节这些基因的选择性剪接（图 16-22）。

四、翻译后水平的基因表达调控

　　广泛的 DNA 损伤诱导细菌染色体中许多远隔基因的表达，参与 DNA 损伤修复，这种反应被称为 SOS 应答。SOS 应答是由单个阻遏蛋白抑制的多个非连锁基因被同时诱导，是基因表达协调调控的另一个例子。SOS 应答的关键调节蛋白是 RecA 蛋白和 LexA 阻遏蛋白。

　　在正常情况下，阻遏蛋白 LexA 抑制 DNA 损伤修复基因 mRNA 的合成。阻遏蛋白 LexA 抑制所有 SOS 基因的转录（图 16-23），而诱导 SOS 反应需要去除 LexA。与前述乳糖操纵子的调节不同，LexA 的去除并不是简单地从 DNA 解离，而是阻遏蛋白 LexA 在 Ala-Gly 肽键上催化自身裂解，产生两个大致相等的蛋白质片段而失活。在生理 pH 下，阻遏蛋白 LexA 的自我切割反应需要 RecA 蛋白。RecA 不是经典意义上的蛋白酶，但与 LexA 的相互作用使阻遏蛋白 LexA 的自我切割反应成为可能。RecA 的这种功能有时被称为辅酶活性。RecA 蛋白在 DNA 损伤信号和 SOS 基因诱导之间提供功能联系。严重 DNA 损伤会导致 DNA 中大量的单链缺口，只有与单链 DNA 结合的 RecA 才能促进阻遏蛋白 LexA 的自我切割，进而诱导 SOS 应答。

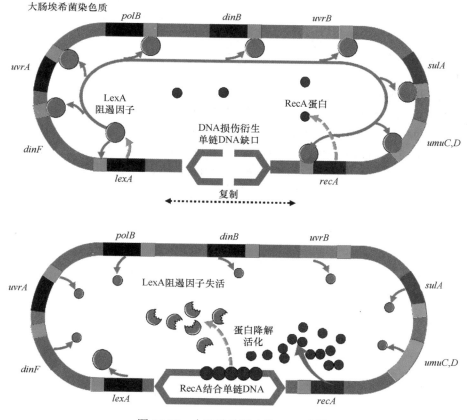

图 16-23　大肠埃希菌中的 SOS 应答

在分子生物学发展进程中，原核生物基因表达调控的研究已取得许多令人瞩目的成果，尤其是操纵子理论及其在代谢调节中的应用，不仅成为认识原核生物生命活动本质和改造原核生物为人类服务的重要环节，也对探讨真核生物基因调控机制有所启迪。

第三节　真核生物基因表达调控

真核生物基因表达调控是通过多阶段水平来实现的，即 DNA 水平、染色质水平、转录水平、转录后水平、翻译水平和翻译后水平。总的来说，与原核生物一样，转录起始是真核生物基因表达的关键调控点。虽然真核生物和细菌使用一些相同的调控机制，但这两个系统对转录的调控是从根本上不同的。在细菌中，RNA 聚合酶通常可以接触到每个启动子，在没有激活因子或阻遏因子的情况下，可以以一定的效率结合并启动转录。然而，在缺乏调控蛋白的情况下，真核生物强启动子通常是不活跃的。真核生物启动子上的基因表达调控至少有以下特征：①染色质结构限制了真核启动子的可接近性，转录激活与转录区域染色质的重塑密切相关。②真核细胞基因表达以正调节机制为主，几乎每个真核细胞基因都需要激活才能转录。③在真核转录调控中涉及 lncRNA 的调控机制更为常见。④真核细胞比细菌拥有更大、更复杂的转录调节蛋白复合体。⑤由于真核生物转录和翻译在空间和时间上都是完全分割的，所以翻译水平上的调控对真核生物基因表达来说也是十分重要的。

一、DNA 水平基因表达调控

（一）基因变化

与正常细胞相比，肿瘤细胞蕴藏着大量的突变和拷贝数变化。基因突变及基因拷贝数的变化会直接影响基因在细胞内的转录水平，许多癌基因的过度表达和抑癌基因的表达抑制都是在基因水平调控的。

（二）基因重排

基因重排（gene rearrangement）指某些基因片段改变原来存在的顺序而重新排列组合。有些基因重排是真核生物发育程序化的一部分。基因重排不仅可以形成新的基因，还可以调节基因的表达。一个重要的例子是重组使生物体能够从有限的 DNA 编码能力中产生非常多样化的抗体。我们可以用编码免疫球蛋白 G（IgG）类蛋白的人类基因来说明抗体多样性是如何产生的。人类基因组只包含 20 000 个左右相关基因，却能够产生几百万种不同的免疫球蛋白（即抗体），可以特异性识别结合不同的抗原。免疫球蛋白由两条重的和两条轻的多肽链组成（图 16-24）。每条链都有两个区域，可变区和恒定区。可变区序列在不同的免疫球蛋白之间差别很大，恒定区序列在

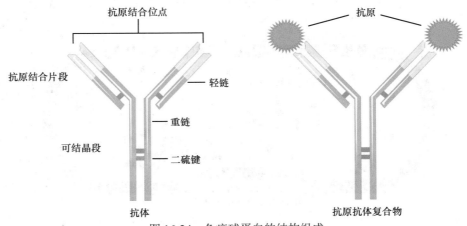

图 16-24　免疫球蛋白的结构组成

同类免疫球蛋白中几乎不变。轻链有 κ 和 λ 两个不同的家族，恒定区序列略有不同。对于所有三种类型的多肽链（重链以及 κ 和 λ 轻链），可变区的多样性是由相似的机制产生的。这些多肽的基因被分成多个片段，每个片段包含多个版本。在未分化的细胞中，这种多肽链的编码信息被分成三个片段：V（可变）段编码可变区的前 95 个氨基酸残基，J（连接）段编码可变区的其余 12个残基，C 段编码恒定区。基因组包含 300 个左右不同的 V 片段、4 个不同的 J 片段和 1 个 C 片段。每个基因片段的一个版本连接在一起就形成了一个完整的基因。

当骨髓中的干细胞分化成成熟的 B 淋巴细胞时，一个 V 片段和一个 J 片段通过特殊的重组系统结合在一起（图 16-25）。在这个程序化 DNA 删除过程中，中间的 DNA 会被丢弃。大约有 300×4=1200 种可能的 V-J 组合。重组过程不是特别精确，因此在 V-J 连接处序列中会出现额外的变异。这使总的变化至少增加了 2.5 倍，因此细胞可以产生大约 2.5×1200=3000 种不同的 V-J 组合。V-J 结合到 C 区的最终连接是通过转录后的 RNA 剪接完成的。

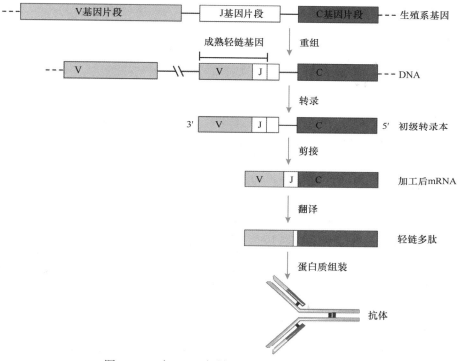

图 16-25　人 IgG κ 轻链 V 和 J 基因片段的重组

重链和 λ 轻链基因通过相似过程形成。重链比轻链有更多的基因片段，有 5000 多种可能的组合。任何重链都可以与任何轻链结合来产生免疫球蛋白，所以每个人至少有 $3000×5000=1.5×10^7$ 个可能的 IgG。另外，在 B 淋巴细胞分化过程中，虽然机制不明，但 V 序列的高突变率产生了额外的多样性。虽然每个成熟的 B 淋巴细胞只产生一种抗体，但单个生物体的 B 淋巴细胞产生的抗体范围显然是巨大的。

二、染色质水平基因表达调控

染色质的结构对几乎所有与 DNA 相关的代谢过程都有深远而普遍的影响，包括转录、DNA复制、修复和重组。DNA 编码的信息被包装到染色体中，限制了核心转录装置对启动子的访问，限制了转录因子与其识别元件的结合。因此，细胞不得不在核小体覆盖的基因及其调节区框架内进化出转录调节的策略。现在普遍认为真核生物中染色质结构在转录调控中起着决定性的作用。转录活性染色质在结构上与非活性染色质不同。在一个典型的真核细胞中，大约 10% 的染色质比其他染色质更浓缩，这种异染色质（heterochromatin）在转录上是不活跃的。异染色质通常与特定的染色体结构有关，如着丝粒。剩下的较不浓缩的染色质称为常染色质（euchromatin）。当真核基因的DNA浓缩在异染色质中时，其转录受到强烈抑制。常染色质中的一些（但不是全部）在转录上是活跃的。表观遗传学（epigenetics）描述了基因活性的可遗传变化，这些变化不是由DNA序列编码的。表观遗传现象包括DNA甲基化、组蛋白变体、核小体重塑、RNA结合和组蛋白的翻译后修饰（post-translational modification，PTM）等可以调节核小体覆盖DNA的转录，在细胞记忆中也发挥作用。

（一）DNA甲基化

　　DNA甲基化是脊椎动物基因组中最丰富的表观遗传修饰。总体而言，胞嘧啶碱基的甲基化与染色质抑制状态和基因表达抑制有关。在哺乳动物基因组中，甲基化只发生在CpG的胞嘧啶碱基上，产物是5-甲基胞嘧啶（图16-26）。CpG含量高的区域被称为CpG岛，通常位于启动子附近。在正常细胞中，CpG岛通常是低甲基化的，这允许开放的染色质结构并有利于转录。当启动子内的CpG岛甲基化时，相应的基因就会持续沉默。

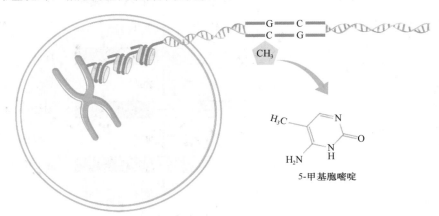

图16-26　5-甲基胞嘧啶

　　此外，在基因组的基因间隔区和内含子区域内的重复元件中发现的CpG贫乏区域通常是甲基化的，因此保持了封闭的染色质结构。在癌细胞和失活X染色体上，许多CpG岛发生甲基化，迫使这些区域形成封闭的染色质结构，并伴随着基因抑制。

（二）染色质重塑

　　非活性基因被组装成浓缩的染色质区域，抑制RNA聚合酶及基本转录装置与启动子的相互作用。先锋转录因子能够与浓缩染色质内的特定调控序列结合，并与染色质重塑酶和组蛋白乙酰化酶相互作用，解聚染色质，使其能够被RNA聚合酶Ⅱ和一般转录因子所访问。活跃转录基因覆盖染色质结构是高度动态的。转录活跃的染色质区域由于化学修饰和组蛋白变体的加入，核小体可以以不同的功能状态存在。此外，核小体可以滑动、排出和新合成。这些与转录相关的染色质结构变化统称为染色质重塑（chromatin remodeling）。染色质重塑大型蛋白质复合体在这些过程中扮演着重要的角色。染色质重塑在转录过程中的净作用是改变一段染色体的可接近性，并对其进行"标记"（化学修饰），以调节转录因子的结合和活性。

　　1.组蛋白变体的掺入　H2A有4个变体，H3有5个变体，H2B和H1只有很少的变体，而H4目前尚未发现变体。组蛋白变体在一级序列水平上与标准的组蛋白明显不同，组蛋白变体的掺入可以调节核小体的生物学功能。标准的组蛋白与变体的差异通常赋予核小体特殊的性质，可以从几个氨基酸（如H3.1对H3.3）到较大的蛋白质结构域（如H2A对macroH2A）。标准的组蛋白参与复制偶联染色质的组装，而组蛋白变体在整个细胞周期中都有表达，并且以非复制依赖方式出现在核小体组装过程中。

组蛋白变体涉及多种生物学功能，如复制、转录、异染色质形成、修复、染色体凝聚或动粒形成等。例如，H2A.Z 变体不仅在氨基末端尾部序列上不同于典型的 H2A，而且在关键的内部残基上也不同，这些差异可能导致 H2A.Z 变体与自身以及与核小体中的 H3/H4 四聚体相互作用的改变，从而影响核小体的稳定性和动力学性质，也可能异化或抑制其他因子的招募。H2A.Z 变体在靠近转录起始点的地方组装成特定的核小体，以非复制依赖方式取代经典 H2A，与转录起始点的核小体周转率增加有关，H2A.Z 沉积进入核小体后，对转录进行正调控或负调控。在高等真核细胞中，H2A.Z 也在基因沉默和异染色质形成中发挥作用。

2. 组蛋白的翻译后修饰（PTM）　核小体晶体结构表明，DNA 紧紧地包裹在圆柱状组蛋白核心周围。来自每个组蛋白 N 端的 15～38 个氨基酸形成组蛋白尾部，为翻译后修饰提供了平台，调节覆盖 DNA 所起的生物学作用。这些修饰是可逆的，是染色体区域及时可变结构的分子基础。

作为表观遗传程序的一部分，组蛋白 PTM 标记核小体结合 DNA 的遗传信息，并作为基因组不同区域，如启动子区域、基因编码区、增强子和稳定或瞬时抑制区域的标志。组蛋白的修饰模式由"写入者"（writer）和"擦除器"（eraser）所调控，"阅读器"（reader）通过其识别模块读取这些修饰模式，进而招募其他染色质修饰酶来进一步修饰和重组染色质。组蛋白修饰模式有时也被解释为组蛋白密码（histone code），它可能被各种细胞机制读取。组蛋白的修饰包括大多数 PTM，如赖氨酸残基的乙酰化、赖氨酸和精氨酸残基的甲基化、丝氨酸/苏氨酸残基的磷酸化、赖氨酸残基的泛素化、赖氨酸残基上的 SUMO 化、精氨酸残基上的 ADP-核糖基化、脯氨基顺反异构化等。在转录活性染色质中，组蛋白的共价修饰发生了显著变化。

组蛋白的乙酰化和甲基化在激活染色质进行转录的过程中起着重要作用。组蛋白乙酰化标记与其他共价 PTM 顺次结合在一起发挥作用，导致染色质活性的明显变化。在转录过程中，组蛋白 H3 在 Lys4 和 Lys36 位点发生甲基化。这些甲基化能够与组蛋白乙酰转移酶（HAT）结合，胞质（B 型）HAT 在组蛋白进入细胞核之前乙酰化新合成的组蛋白。复制后组蛋白在 H3 和 H4 的 CAF1，H2A 和 H2B 的 NAP1 伴侣蛋白促进下组装成染色质。当染色质被激活进行转录时，核小体组蛋白被核（A 型）HAT 进一步乙酰化。在赖氨酸残基上加一个乙酰基改变了其与 DNA 的静电相互作用，导致核小体结构松动，增加了组蛋白的流动性。组蛋白 H3 和 H4 氨基末端多个 Lys 残基的乙酰化会降低整个核小体与 DNA 的亲和力。组蛋白乙酰化，尤其是组蛋白 H4 的乙酰化，导致高级结构的解体，减少核小体与核小体的相互作用，从而促进转录。最重要的是，布罗莫结构域（bromodomain）能够识别乙酰化赖氨酸残基，被用作染色质修饰分子的对接位点。含溴结构域广泛分布于乙酰化、甲基化或染色质重塑的酶中，这突显了赖氨酸乙酰化在自我维持转录活性状态和招募其他来源的染色质修饰酶中的重要性。在生物学效应方面，组蛋白乙酰化与转录激活有关，去乙酰化与抑制有关。因此，增加组蛋白乙酰化可促进染色质分解，增加 DNA 对转录因子的可及性，而组蛋白去乙酰化酶使核小体 DNA 更难被转录。

组蛋白乙酰化几乎无一例外地与转录激活相关，而组蛋白甲基化可以导致转录激活或抑制，这取决于修饰残基和组蛋白的其他修饰（图 16-27）。组蛋白甲基化可以发生在赖氨酸和精氨酸残基上。赖氨酸可以接受一个、两个或三个甲基，导致单甲基化、双甲基化或三甲基化。组蛋白赖氨酸甲基化用来招募转录的辅激活蛋白和辅阻遏物以及染色质重塑复合物的标记，以确定染色质的不同活性状态。H3K4me2/me3、H3K27me1 和 H3K36me2/me3 作为转录激活标记，富集在染色质密度较低的常染色质区域。"活性基因"和"非活性基因"的转录起始点富含 H3K4me2/me3 核小体，提示 H3K4 甲基化可能在维持"准备"启动的转录状态中起着重要作用。转录抑制性赖氨酸甲基化标记主要出现在 H3K9、H3K27 和 H4K20 上，并且甲基数量有明显的影响。组成性异染色质以高 H3K9me3 为特征，常染色质/兼性异染色质以 H3K9me1/2 为主，含有限区域的 H3K9me3 标记。H3K27me2/me3 是 H3 的另一种转录抑制性修饰。此外，H4K20me2/me3 富集在转录不活跃的异染色质区。

精氨酸可以接受一个、两个或三个甲基，导致单甲基化、对称性双甲基化（symmetric dimethyl-

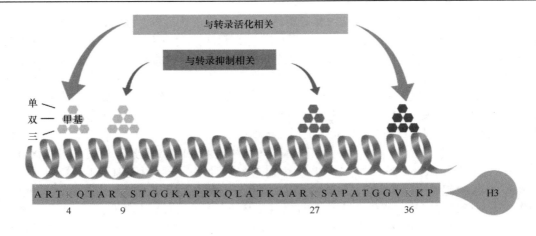

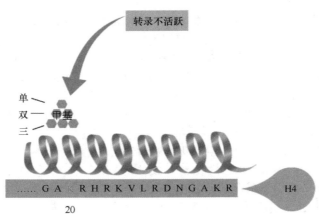

图 16-27　组蛋白赖氨酸甲基化与转录活性的关系

ation）和非对称性双甲基化（asymmetric dimethylation）。组蛋白精氨酸甲基化与转录的激活和抑制有关，这取决于甲基化的位点。H3R2me2、H4R3me2a 和 H2AR3me2a 与活跃转录启动子相关，而H3R8me2s 和 H4R3me2s 与基因表达抑制相关。蛋白精氨酸甲基化的激活或抑制功能似乎主要取决于与其他修饰的串扰。例如，精氨酸甲基化和组蛋白乙酰化在转录激活事件中的协同作用已被证明。组蛋白精氨酸甲基转移酶（PRMT）与组蛋白乙酰转移酶（HAT）在物理上相互作用形成共激活复合体，两种酶协同激活特定基因的转录，如转录因子 NF-κB 和肿瘤抑制因子 P53 的转录。

3. 依赖 ATP 的核小体移动和滑动　重塑过程中 ATP 依赖的重塑复合物重新定位、重新配置或排出核小体，从而暴露或封闭局部 DNA 区域，调节其与核心转录装置和转录因子的相互作用。重塑复合物利用 ATP 水解产生的能量，帮助构建染色质初始状态并催化向染色质替代状态的转变（图 16-28）。通常，染色质重塑复合物的亚基含有识别核小体尾部不同化学修饰的结构域，可以针对特定的核小体，并可能在不同的染色质位点变得活跃。重塑复合体是一种特殊的多蛋白复合体，含有识别组蛋白共价修饰的结构域及与其他蛋白质相互作用的结构域，与核小体有高度亲和力，甚至强于 DNA 与组蛋白的亲和力。根据其主要功能可以分为 ISWI 家族、SWI/SNF 家族、CHD 家族和 INO80 家族（图 16-29），它们的一个共同特征是存在可调节性 ATPase 亚基，水解ATP 破坏组蛋白与 DNA 的接触，解开、移位、移走或交换 DNA 上的核小体而直接改变转录区域的核小体组成。在某些情况下，这些酶催化核小体内组蛋白的交换，从而改变核小体的组成。众多不同的染色质重塑复合体专门作用于特定的基因或染色体区域。

（1）SWI/SNF 重塑复合体：在所有真核细胞中，SWI/SNF 家族有两个相关的复合体，这两

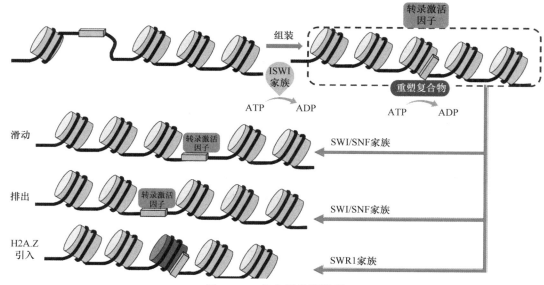

图 16-28　染色质重塑类型

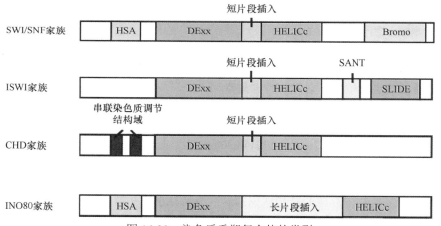

图 16-29　染色质重塑复合体的类型

个不同的复合体通常在不同的基因上起作用，可能有助于在启动子区产生核小体缺失区域，并调节核小体在转录起始点附近的占位和位置。SWI/SNF 主要通过核小体滑动或排出，使核小体变得更加不规则，提供对核小体 DNA 结合位点的访问，其功能通常与核小体解聚和启动子激活有关。基因活性通常与组蛋白乙酰化有关，SWI/SNF 重塑复合体在活性 ATPase 亚单位的羧基末端附近都有一个溴结构域，与乙酰化组蛋白尾相互作用，促进它们在启动子激活过程中的靶向性或活性。

（2）ISWI 重塑复合体：大多数 ISWI 家族的重塑复合物（NURF 和 Isw1b 除外）通过"测量"核小体之间的 DNA 连接物，并滑动核小体形成均匀间距的核小体阵列，以允许染色质组装和转录沉默。ISWI 复合物的活性局限在转录不活跃区域的核小体，通常对缺乏乙酰化的核小体进行重塑，如 H4K16。

（3）CHD 重塑复合体：真核细胞中一般有 9~10 个不同的 CHD 重塑复合体，催化亚单位 N 端含两个排列整齐的染色质结构域，伴随蛋白通常含 DNA 结合结构域和 PHD、BRK、CR1-3 和 SANT 结构域。不同的家族成员有特殊的作用，要么排出核小体激活转录，要么组装染色质抑制转录。CHD 家族分为 3 个亚家族。第一类亚家族包括酵母的 CHD1 和高等真核生物的 CHD1 和 CHD2 复合物，C 端含有一个 DNA 结合域。第二类亚家族包括 CHD3 和 CHD4 复合物，没有 DNA 结合域，N 端有一段 PHD（plant homeodomain）锌指结构域，可识别甲基化的组蛋白。第三类亚家族 C 端包含 BRK（Brahma and Kismet）结构域，一个类 SANT 结构域，CR 结构域及 DNA 结合域等。

（4）INO80 重塑复合体：INO80 家族包括 INO80 和 SWR1 两种形式的复合体，含肌动蛋白和 Arp4，在转录和 DNA 修复等过程中发挥关键作用。与其他染色质重塑复合体的区别在于 INO80 和 SWR1 含有一个独特"裂开"ATPase 结构域，ATPase 结构域中间较长的间隔区与解螺旋相关的 Rvb1/2 蛋白和 ARP 蛋白结合。

INO80 复合体可以让单个核小体从染色质末端沿着 DNA 移动到中心位置，该功能也是核小体空间间距形成的原因。正常条件下，酵母 INO80 通过驱使核小体滑动或释放使复制叉高速前进。在复制压力时，INO80 复合体可能在受压复制叉处重构核小体，从而促进复制叉的稳定，越过 DNA 损伤，重启 DNA 合成。INO80 复合体也在端粒调控、着丝点稳定性调控和染色体分离中发挥作用。

SWR1 家族重塑复合物利用 ATP 水解产生的能量促使组蛋白变体如 H2A.Z 在启动子周围的非核小体区域沉积，促进核小体中的亚基交换而重建核小体。在双链端粒损伤部位，SWR1 复合体和 NuA4 复合体协作，以 H2A.Z 替换 g-HA2AX，促进损伤因子和检测点因子的招募。SWR1 复合体在亚端粒区域将 H2A.Z 交换进入核小体，抑制异染色质向常染色质区域的延伸。

三、转录水平基因表达调控

（一）转录水平基因表达调控的步骤

染色质状态的改变、组蛋白的各种修饰和转录的开始等均可以调节某一特定基因的表达。由于转录与染色质重塑协调调节的许多方面仍有待阐明，下面介绍的事件顺序将取决于基因背景、激活信号的性质以及启动子附近染色质的状态等。

1. 染色质抑制状态的解除　染色质首先必须解除封闭的抑制状态而为转录做好准备。这一过程包括去除抑制状态的标记，并在转录启动前沉积，促进核小体破坏和动员的标记。要去除的抑制性的标记有 H3K9me3、H3K27me2/3 和 H4K20me2/3。

2. 转录激活标记的沉积　染色质必须引入转录激活标记，如 H3K4me3 和 H3K36me2/3，以便为转录准备染色质位点。组蛋白赖氨酸乙酰化是染色质结构失稳所必需的另一个步骤。染色质修饰酶和染色质重塑复合物中存在的结构域识别这些激活标记，并被招募到不同的染色质位置，从而允许核小体的进一步修饰和重组。

3. 核小体缺失区域的形成　转录起始点附近区域的核小体必须被去除。在启动子染色质修饰之前或之后的步骤中，染色质重塑复合物被招募到转录起始点，以滑动或排出启动子区域的核小体。ATP 依赖的重塑复合物水解 ATP 破坏核小体与 DNA 的相互作用，从而参与核小体滑动和从转录起始点移除核小体。组蛋白变体 H2A.Z 可以用来标记起始位点的边界。

4. 序列特异性转录因子的结合　一旦染色质的结构被"松动"，转录起始点周围的核小体被移除，序列特异性转录因子就可以接触到它们的同源 DNA 结合元件，并可以与共激活子进行蛋白质-蛋白质相互作用，从而促进染色质的进一步修饰和重组。此外，转录激活因子与介体和核心转录装置相互作用，允许形成预起始复合体。调控转录因子的机制有多种，包括激活剂的结合、化学修饰（如磷酸化及乙酰化）和核转位等。

5. 预起始复合体的形成　一旦转录起始点周围区域的核小体被移除，基础转录因子（如 TFIID）就有可能与核心启动子序列结合，核心转录装置就会募集到转录起始点。

6.RNA 合成的启动　一旦基本转录复合体沉积在启动子上，就需要进一步的信号来启动 RNA 合成的开始和延伸。转录的启动依赖于调节序列所结合的介体和转录因子的协同作用。与转录因子和介体的相互作用稳定了启动子上的 RNA 聚合酶，促进了从起始前阶段到延伸阶段的转变。

7. 向延伸阶段的过渡　虽然三种真核 RNA 聚合酶在结构和亚基构型上都非常相似，但 RNA 聚合酶Ⅱ在其最大的亚基 Rpb1 上具有独一无二的 C 端结构域（C-terminal domain，CTD）。从转录起始到转录延伸的早期阶段 CTD 的动态磷酸化是延伸阶段开始的触发因素。多种蛋白激酶参与了 CTD 的动态磷酸化，为转录和 mRNA 加工的紧密耦合提供平台，并在这两个过程中起着关键作用。此外，在 mRNA 延伸过程中，染色质修饰酶与 RNA 聚合酶一起移动，用来改变核小体结构，并在延伸的转录装置前面去除核小体。

CTD 从 RNA 聚合酶Ⅱ的催化核心延伸出一条尾状延伸片段，它包含 52 个拷贝的七肽序列 Tyr_1-Ser_2-Pro_3-Thr_4-Ser_5-Pro_6-Ser_7。Ser_2 和 Ser_5 被确定为主要的磷酸化位点，不同的磷酸化状态都优先结合一组不同的蛋白质，在转录的不同阶段发挥主导作用（图 16-30）。许多调控信号可能汇聚在 CTD 磷酸化，并影响转录从起始到延伸的转变、转录延长效率和 mRNA 的成熟。然而，CTD 的各种磷酸化形式是如何被 CTD 结合蛋白识别的，各种激酶是如何协作的，以及它们是如何被调控的，这些机制细节仍有待确定。

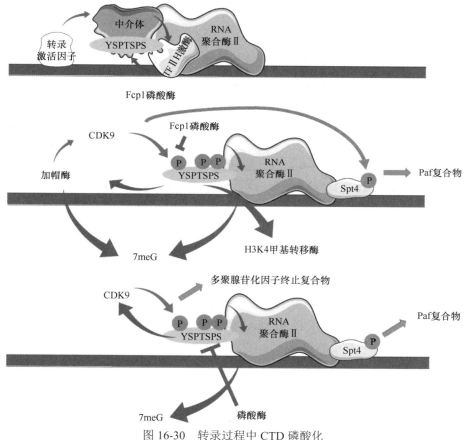

图 16-30　转录过程中 CTD 磷酸化

虽然真核生物和原核生物的酶促延伸过程基本相同，但真核 DNA 模板更为复杂。当真核细胞不分裂时，它们的基因以弥漫的，但仍然以包装和压缩的染色质形式存在。为了进行 RNA 合成，转录装置需要在每次遇到核小体时将组蛋白移开。这是由一种名为 FACT（facilitates chromatin transcription）的特殊二聚体蛋白完成的。FACT 通过去除 8 个组蛋白中的 2 个（单个 H2A 和 H2B 二聚体被去除），部分分解紧靠 RNA 聚合酶Ⅱ前面的核小体，充分松散包裹在核小体周围的 DNA，以便 RNA 聚合酶Ⅱ可以通过并进行转录。FACT 将去除的组蛋白进一步返还给 RNA 聚合酶Ⅱ后面的核小体来重组。RNA 聚合酶Ⅱ如此继续延长新合成的 RNA，直到转录终止。

（二）转录水平基因表达调控的要素

转录起始的调控是基因表达的限速步骤，在真核生物的转录起始水平上调节的基本要素包括染色质结构、DNA 识别元件、转录调节蛋白。活性 RNA 聚合酶全酶与启动子的成功结合通常需要五种蛋白质的联合作用：①染色质修饰酶和重塑复合体，重塑染色质允许核心转录装置在启动子的组装；②基础转录因子（basal transcription factor），详见转录一章；③序列特异性 DNA 结合蛋白，包括序列特异性转录因子和转录激活子（transcription activator）/转录抑制子（transcription repressor），分别与启动子和增强子/沉默子结合并调控转录；④结构调节子（architectural regulator），促进 DNA 环形成；⑤辅调节因子（coregulator），也称为中介体（mediator），作为桥梁斡旋序列特异性 DNA 结合蛋白与转录装置和染色质的通讯（图 16-31）。

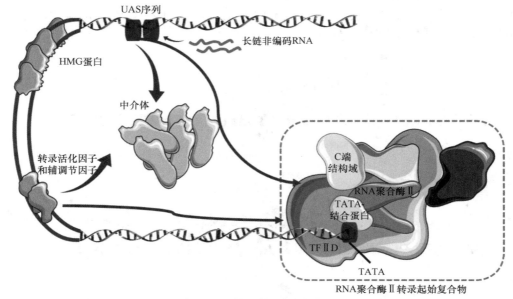

图 16-31　转录激活的组成部分

HMG 蛋白，高迁移率族蛋白

1. 染色质修饰和重塑　染色质结构是真核生物转录调控的主要攻击点。抑制性和激活性染色质结构依赖组蛋白和染色质其他成分的 PTM。有效的转录启动需要将核小体从转录起始点移除，并重新招募染色质重塑复合物，从而允许核心转录装置在启动子的组装。此外，活化因子的结合位点必须可利用。为了实现这些目标，必须改变核小体的结构和定位，这需要重新招募组蛋白修饰酶和染色质重塑复合体。

DNA 识别元件：识别元件（recognition element，RE）通常代表 DNA 上特定的蛋白质结合位点，这些位点位于转录起始点附近或距离转录起始点相当远的位置。高等真核生物中各种 RE 在调控区域形成簇，在转录起始时几个转录因子协同作用。特定转录因子识别的 RE 通常是高度简并的，通常可以识别与共识序列偏离的一个或两个核苷酸变化，以及间隔区长度变化。转录因子与简并 RE 的结合是高度可变的，一些与简并 RE 高亲和力结合，而另一些与简并 RE 低亲和力结合。低亲和力的 RE 可能在不同的转录因子之间共享。如果激活性 RE 位于远离转录起始部位，它们的作用也是与方向无关的，该区域就被称为增强子（enhancer）。这种类型的抑制性 RE 通常聚集在被称为沉默子（silencer）的基因组区域中。绝缘子（insulator）DNA 序列阻止真核转录调控因子影响远距离基因，防止顺式调控序列失控并激活不适当的基因。绝缘子 DNA 与结合它们的特殊蛋白质形成染色质环（chromatin loop），称为绝缘体。绝缘体将基因及其控制区大致固定在一起，有助于防止控制区"溢出"到相邻的基因。绝缘体具有细胞特异性，这取决于不同细胞存在的特定蛋白质和染色质结构。绝缘子和屏障序列（barrier sequence）将基因组划分为基因调控和染色质结构的独立区域。

2. 转录调节蛋白

（1）序列特异性 DNA 结合蛋白：真核生物转录活性的主要控制元件是序列特异的 DNA 结合蛋白，通常简称为转录因子。反式作用的序列特异性转录因子作为基因调控信息和转录系统之间的关键接口，特异性地与 RE 结合，从而选择对外部或内部信号做出反应而要激活或抑制的基因。具有 DNA 结合域的转录因子的数量随着遗传复杂性的增加而增加。据估计，酵母包含大约 300 个转录因子，而人类基因组编码的大约 2600 个蛋白质含有 DNA 结合域，其中很大一部分被认为是与 DNA 元件特异结合的序列。典型的转录因子是模块化结构，以二聚体或更高的寡聚体形式与 RE 结合。DNA 结合结构域、一个或多个激活或抑制结构域以及二聚化结构域和调节结构域是真核生物序列特异性转录因子的特征结构元件。除了与 DNA 结合，转录因子还具有注册调控信号并将这些信号传递到转录装置和染色质的能力。

不同的启动子对转录激活子的要求差别很大。有些转录激活子对数百个启动子发挥激活作用，而另一些只针对少数几个启动子。许多激活子对信号分子的结合很敏感，提供了激活或失活转录的能力，以响应不断变化的细胞环境。一些与激活子结合的增强子与启动子的 TATA 盒相距甚远。一个典型基因有多个增强子（通常是 6 个或更多），与类似数量的激活子结合，使得组合控制和对多个信号响应成为可能。

（2）结构调节子：染色质中富含与 DNA 非特异性结合的结构调节因子，诱导启动子与远隔增强子之间形成 DNA 环，以便序列特异转录因子与转录激活子的直接相互作用。最突出的结构调节子是高迁移率族（high mobility group，HMG）蛋白，如 HMG1 和 HMG2 蛋白在染色质重塑和转录激活中起着重要的结构作用。

（3）辅调节因子或中介体：在染色质的背景下，DNA 的调节和高效转录还需要其他蛋白质。这些蛋白大致被定义为辅调节因子，并可根据其功能分为辅激活蛋白（coactivator）或辅阻遏物（corepressor）。由 20～30 个或更多的多肽组成的真核辅激活蛋白，被称为中介体，其中许多多肽从真菌到人类都高度保守。中介体与 RNA 聚合酶 Ⅱ 的 CTD 紧密结合，作为序列特异性转录因子与转录装置连接的桥梁，调节序列特异性转录因子与转录装置和染色质沟通，以便形成预转录起始复合体。典型的辅激活蛋白或辅阻遏物存在于与 DNA 结合的激活因子或抑制因子相关的大蛋白复合体中。组蛋白修饰酶，如赖氨酸乙酰基转移酶（KAT、HAT）或赖氨酸去乙酰化酶（KDAC、HDAC）存在于这些复合体中，重塑染色质结构，对转录起激活或抑制作用。

（4）转录调节蛋白的调控机制：转录调节蛋白的翻译后共价修饰是真核生物中常用的一种控制基因激活的机制。在许多情况下，这是对外部或内部信号的响应，并提供了对转录调节因子活性的快速而有效的调节，以便在细胞内和细胞间通信的框架内立即做出反应。大多数转录调节因子都含有多个修饰位点，并且在许多转录调节因子中检测到多个不同的修饰。最常见的修饰是磷酸化、乙酰化和泛素化，而其他修饰包括赖氨酸和精氨酸甲基化和氧化还原调节。转录调节因子翻译后修饰主要有两个目标：亚细胞定位的控制和蛋白质-蛋白质相互作用的控制。序列特异性转录因子的磷酸化共价修饰被广泛用作调节其核定位的工具，而通常需要不同的翻译后修饰调控转录调节因子在转录激活过程中参与多个蛋白质-蛋白质相互作用。

四、转录后水平基因表达调控

真核生物转录和翻译是时间上、空间上分离的事件。核转录的主要产物是 pre-mRNA，有三个结构特征：在 5′ 端有帽结构；在 3′ 端多聚腺苷化；散布在 pre-mRNA 编码区，即外显子（exon）之间的内含子（intron）。转录后水平的调控一般是指基因转录后对转录产物进行一系列修饰、加工过程，主要包括 mRNA 前体修饰、剪接、编辑、mRNA 通过核孔向核外的转运、mRNA 在细胞质中的区室化、mRNA 稳定性等多个环节。多少蛋白质以及哪种蛋白质被翻译在很大程度上取决于经过修饰加工等成熟 RNA 的特性和数量。

（一）加帽和多聚腺苷化

在加入约 30 个核苷酸后，pre-mRNA 的 5′ 端立即加帽。一旦 RNA 聚合酶 Ⅱ 的 CTD 在 Ser5 被磷酸化激活，参与加帽的酶就会通过 TFIIH 相关的细胞周期蛋白依赖性激酶 CDK7 的作用而与 CTD 结合。帽结构是前体 mRNA 在细胞核内和细胞质内的稳定因素，没有帽子的转录产物很快被核酸酶降解。另外，帽结构被用作帽结合蛋白复合物的对接点，将核糖体小亚基募集到 mRNA 的 5′ 端。

多聚腺苷化发生在 pre-mRNA 3′ 端被切割后，涉及由多聚腺嘌呤（A）聚合酶 [poly (A) polymerase，PAP] 添加多达 500 个 A 残基。总体而言，多聚腺苷化是一个高度复杂的过程，配合转录过程，多聚 A 尾的成型和裁剪需要超过 85 种蛋白质的合作，是一种或多种特定蛋白质的结合位点。在许多动物的卵子发生和早期发育过程中，控制多聚 A 尾长度是调控 mRNA 翻译的一个反复出现的主题。在大多数情况下，长尾（80~500A 残基）与翻译激活有关，短尾（20~50A 残基）与翻译抑制相关。

复杂的转录本也可以有一个以上 poly (A) 形成的位点。如果有两个或两个以上的位点用于切割和多聚腺苷化，使用最接近 5′ 端的一个 poly (A) 形成位点将删除更多的初级转录本序列（图 16-32）。这种机制被称为 poly (A) 位点选择 [poly(A)site choice]，导致同一基因可以产生多个产物。poly(A) 位点选择机制被免疫球蛋白重链可变区用来产生抗体多样性。

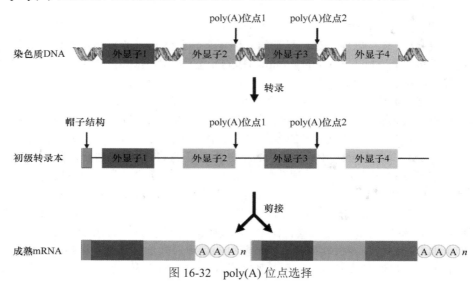

图 16-32　poly(A) 位点选择

（二）RNA 选择性剪接

从 pre-mRNA 中提取不同信息的主要途径是选择性剪接（alternative splicing）。外显子的使用通常是一种选择；在这种情况下，细胞决定是将 pre-mRNA 的一部分作为内含子移除，还是将这一部分作为外显子包括在成熟 mRNA 中。从单一的 pre-mRNA 开始，通过不同外显子的重新连接，可以形成多个可供选择的 mRNA 转录本，每个转录本编码具有不同活性和功能的蛋白质。人类基因组平均每个基因大约有 9 个外显子，pre-mRNA 的选择性剪接允许大量外显子的组合而产生大量的基因产物。据估计，选择性剪接影响了超过 88% 的人类蛋白质编码基因，大大增加了人类基因组的编码能力，并产生蛋白质-蛋白质相互作用、亚细胞定位或催化能力不同的蛋白质异构体。由于 RNA 剪接的可塑性，一个"强"剪接位点的阻断往往会暴露出一个"弱"位点，从而导致不同的剪接模式。因此，pre-mRNA 分子的剪接可以被认为是相互竞争的剪接位点之间的微妙平衡，这种平衡很容易受调节蛋白剪接的影响。

一些选择性剪接事件似乎是结构性的，而另一些则表现出不同的组织特异性模式。选择性剪接中的一个主要问题与 pre-mRNA 中的序列和结构决定因素有关，这些决定因素规定了剪接位点的选择。此外，辅助性蛋白因子必须参与其中选择。剪接调控中的另一个主要问题是 RNA 聚合酶在剪接和转录之间的紧密耦合，它提供了染色质结构、正在进行的转录和伴随的剪接位点选择之间的联系。

1. 转录本的结构　pre-mRNA 中的顺式作用 RNA 序列基序、内含子序列、外显子长度和转录本二级结构等均可影响剪接位点的选择。参与可变剪接调节的顺式作用调控序列包括外显子剪接增强子（exonic splicing enhancer，ESE）、内含子剪接增强子（intronic splicing enhancer，ISE）、外显子剪接沉默子（exonic splicing silencer，ESS）、内含子剪接沉默子（intronic splicing silencer，ISS）。这些保守的顺式作用 RNA 序列通常长度为 10 个核苷酸，可以孤立或成簇地发挥作用，并通过与反式作用调节蛋白的结合来刺激（增强）或抑制（沉默）剪接位点的使用。

2. 剪接调节性蛋白　剪接位点选择涉及剪接调节性蛋白与参与可变剪接调节的顺式作用序列的结合。这些蛋白是剪接复合物的一部分，在转录过程中与 RNA 聚合酶相关，影响剪接体对剪接位点的识别。SR 蛋白和核内不均一核糖核蛋白（heterogeneous nuclear ribonucleoprotein，hnRNP）是这种剪接调节性蛋白，它们与剪接位点的 RNA 序列基序结合，并将剪接复合物靶向不同的剪接位点。ESE 倾向于与 SR 蛋白相互作用，而 ESS 与 hnRNP 蛋白相互作用。初级转录本包含所有可供选择性剪接途径的分子信号，剪接位点的选择可以被许多细胞外刺激改变，如激素、免疫反应、神经元去极化和细胞应激。在给定的细胞或代谢情况下，剪接调节性蛋白决定剪接途径的选择，以响应发育或生理信号。剪接因子的大部分功能改变似乎是由 SR 蛋白和 hnRNP 的 Ser/Thr 残基磷酸化介导的，通过这种方式，可以实现对特定 mRNA 的灵活调整以响应外部信号。

（1）SR 蛋白：SR 蛋白家族是一类富含丝氨酸（S）和精氨酸（R）的二肽结构域，称为 SR 结构域的剪接因子，家族成员在系统发育上保守且结构相关。SR 蛋白是 N 端含一个或两个 RNA 识别基序（RNA recognition motif，RRM）和 C 端一个 RS 结构域的模块化结构。RRM 决定 RNA 结合的特异性，而 RS 结构域通过招募核心剪接装置的组件来促进剪接位点配对，从而发挥蛋白质-蛋白质互作模块的作用。SR 蛋白通过这两个结构域与 pre-mRNA 特异性序列结合来协助其他剪接因子与剪接位点的正确结合。SR 蛋白是组成性剪接和选择性剪接所必需的，是在 RNA 新陈代谢中具有多种作用的功能适配蛋白。SR 蛋白的特异性结合位点是位于外显子内的剪接增强子，二者结合有助于将剪接装置招募到相邻的内含子上。

SR 蛋白在 SR 结构域内被磷酸化，以响应各种细胞外刺激。磷酸化影响 SR 蛋白的许多功能，包括剪接装置的形成和选择性剪接。例如，SR 蛋白的磷酸化是有效的剪接位点识别所必需的，而去磷酸化是剪接催化所必需的。

（2）核内不均一核糖核蛋白（hnRNP）：hnRNP 是一组与新生转录本结合的主要核蛋白，执行多种功能。hnRNP 蛋白具有模块化结构，通常携带多个 RRM，和 SR 蛋白在剪接位点选择中具有拮抗作用。因此，SR 和 hnRNP 蛋白的相对浓度和活性，在调节时间和空间特异性基因可变剪接中发挥重要作用。hnRNPA1 是在真核生物细胞中存在较为丰富的一种 hnRNP 蛋白，能通过自身含有的多个 RRM 与前体 RNA 特异性结合形成复合物，选择性跨过外显子，实现调节基因可变剪接的功能。

3. 染色质结构与剪接　在高等真核生物中，剪接位点的选择和剪接本身与 RNA 聚合酶Ⅱ的转录密切相关。剪接和转录的耦合是基于 RNA 聚合酶的 CTD 将剪接因子招募到转录装置上，这种共转录的剪接意味着新生 RNA 从 RNA 聚合酶Ⅱ释放之前完成剪接过程。在转录延伸过程中染色质重组是转录速率的主要决定因素，因此也影响剪接因子向 CTD 的募集。由于剪接因子的招募是决定剪接结果的主要驱动因素，染色质结构和组蛋白修饰可以通过接头蛋白的结合，在调节选择性剪接中起着重要作用。

（三）mRNA 的出核转运

细胞核中成熟的 mRNA 仍然与 hnRNP 蛋白结合形成信使核糖核蛋白体（messenger ribonucle-oprotein，mRNP）复合体。在 mRNA 被翻译成其编码的蛋白质之前，它必须从细胞核输出到细胞质中。mRNA 的出核转运是真核生物基因表达的重要步骤之一，由进化上高度保守的特定蛋白质介导完成。mRNA 出核并不是 mRNA 穿过核膜孔的简单过程，而是伴随转录和 mRNA 加工，mRNP 复合体的形成、锚定及穿过核膜孔复合体（nuclear pore complex，NPC）并最终定向释放到细胞质的这个过程。mRNA 出核转运是一个复杂的过程，和转录、mRNA 的核内加工密切偶联，转录活跃的基因定位在 NPC 附近，伴随转录和加工过程 mRNA 出核装置招募到 mRNA 以确保 mRNP 复合体的正确聚集和高效出核。镶嵌在核膜中的 NPC 呈圆柱形，直径约 30nm。分子量大于 60kDa 的蛋白质和 RNP 必须在转运蛋白的帮助下选择性地穿过核膜，并与 NPC 中央通道中的成分可逆地相互作用。mRNA 的出核转运与 mRNA 质量监控密切相关，通过这种与基因表达的前期过程偶联机制防止不成熟 mRNA 被转运出核而影响细胞的生命活动，从而保证经过正确加工的 mRNA 以最高的效率出核转运，而存在加工错误的 mRNA 则被滞留在核内并最终被降解。目前 mRNA 出核转运的基本原理已基本清楚，但 RNA 转运出核的调控机制目前尚不明了，不同信号转导通路是否调控一些特定 mRNA 的出核转运，mRNA 出核转运是否存在时空或组织特异性等问题有待解答。

（四）胞质中 mRNA 亚细胞定位

生长中的 RNA 不断被 RNA 结合蛋白覆盖，形成 mRNP 复合体。mRNA 出核转运到细胞质后，mRNP 复合体的部分蛋白质组分仍与 mRNA 结合，影响 mRNA 在细胞质中的 3 种状态：翻译、储存和降解，分别定位在核糖体、应激颗粒（stress granule，SG）或者加工体（processing body，PB）亚细胞结构中。SG 作为应激情况下 mRNA 的暂时储存场所，可以选择性地临时储存或降解 mRNA 来实现对翻译的调控。作为应激诱导翻译抑制的结果，mRNA 及其衰变装置的积累导致了称为离散结构的 PB 形成。PB 是 mRNA 发生降解之处，但 PB 内的 mRNA 也能够重新进入翻译过程。mRNA 的亚细胞定位通常与翻译控制相结合，以确保 mRNA 在移动到位之前保持静止。在哺乳动物和酵母中，SG 和 PB 含有很多共同的 mRNA 和蛋白质成分，二者通常有短暂的互作，并且可能交换 mRNP。SG 和 PB 的形成并发挥功能是一个受严格调控的动态过程，在决定 mRNA 是被储存、降解还是用来翻译的过程中发挥重要的作用。然而，目前还不清楚 SG 和 PB 如何相互作用来决定靶转录本的稳定和降解。

（五）RNA 编辑

某些 mRNA 在翻译前进行编辑，RNA 编辑可以涉及 RNA 中核苷酸的添加、删除或改变。在动物中，主要发生两种类型的 mRNA 编辑：腺嘌呤去氨基以产生 A-to-I 编辑，以及较少见的是胞嘧啶去氨基以产生 C-to-U 编辑。A-to-I 编辑过程在人类基因中特别普遍，发生在大约 1000 个基因中。RNA 编辑可以创建或废除剪接位点，调节选择性剪接并产生蛋白质多样性。编码区的编辑可以重新编码氨基酸，合成具有不同功能的蛋白质。RNA 编辑也可以影响 RNA 折叠及其稳定性。另外，miRNA 或 miRNA 靶标 mRNA 的编辑影响基因沉默降解复合物的形成，进而调节 mRNA 丰度和基因表达。

（六）RNA 修饰

与 DNA 可以在合成后通过 C-甲基化进行修饰一样，pre-mRNA、mRNA 和 lncRNA 可以在转录后进行碱基修饰。最常见的 mRNA 转录后碱基修饰——腺嘌呤的 N-6 位甲基化（m6A）是目前研究的热点，在真核基因转录后水平表达调控中起着重要作用。目前已经在超过 7000 个人类蛋白质编码基因和大约 300 个 lncRNA 的转录本中检测到 m6A，在内含子中也检测到了 m6A，这表明它可以通过共转录的方式添加到 pre-mRNA 中。在 mRNA 中，很高比例的 m6A 位于终止密码子附近、3′-UTR 和异常长的内部外显子中。

作为 mRNA 的普遍修饰，m6A mRNA 甲基化是由多蛋白复合体（METTL3、METTL14 和 WTAP）介导的，而去甲基酶 FTO 和 ALKBH5 则擦除 m6A。这些提示特定 RNA 分子的 m6A 修饰可能是动态调节的。然而，这些酶主要位于细胞核，所以一旦 mRNA 被 m6A 修饰，它很可能不会在细胞质中去甲基化。重要的是，已经确定了一些 RNA 结合蛋白优先与 m6A 修饰 RNA 结合，这类蛋白可能执行 m6A 修饰的功能。最近的研究表明，m6A 可能影响特定 mRNA "生命周期"的许多方面，包括 RNA 剪接、核输出、翻译和降解（图 16-33）。除了 m⁶A，目前已鉴定出一百多种 RNA 修饰方式。显然，关于这些碱基修饰的功能还有待进一步阐明。

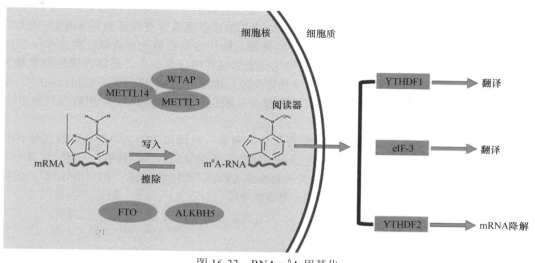

图 16-33 RNA m⁶A 甲基化

（七）mRNA 周转

一般来说，一种特定的蛋白质合成的速率同细胞质内编码它的 mRNA 水平成正比。mRNA 的浓度是其合成速率和降解速率的函数。因此，mRNA 降解在真核生物基因表达调控中发挥重要作用。如果两个基因以相同的速率转录，稳定性高的 mRNA 其表达水平要更高。mRNA 的稳定性也决定了编码蛋白的合成能以多快的速率停止。对于稳定的 mRNA，编码蛋白质的合成在基因转录被抑制后很长一段时间内持续存在。大多数细菌的 mRNA 都是不稳定的，呈指数级衰减，典型的半衰期为几分钟。因此，细菌细胞可以迅速调整蛋白质的合成，以适应细胞环境的变化。而多细胞生物中的大多数细胞存在于一个相当稳定的环境中，并在生物体（如神经元）的整个生命周期内执行一组特定的功能。因此，高等真核生物的大多数 mRNA 的半衰期为数小时。然而，真核细胞中的一些蛋白质只需要很短的时间，必须以瞬时性的方式表达。例如，细胞因子的信号分子在短时间内合成和分泌，许多调节细胞周期 S 期开始的转录因子，如 Fos 和 Jun，只在很短的时间内合成。这种蛋白质基因的转录可以迅速开启和关闭，而且它们的 mRNA 的半衰期异常短，大约为 30 分钟或更短的时间。

1. 细胞质中 mRNA 降解途径 细胞质 mRNA 通过下述三种途径被降解。

（1）去腺苷化依赖降解途径：多数 mRNA 通过去腺苷化核酸酶复合物的作用，poly (A) 尾的长度随时间逐渐减少。当尾巴足够短时，PABPC1 分子不能再与其结合，无法稳定 5′ 帽和翻译启动因子的相互作用。然后，暴露的帽结构被解帽酶（Dcp1/Dcp2）去掉，使未受保护的 mRNA 容易被 5′ → 3′ 外切核糖核酸酶 Xrn1 所降解。去除 poly (A) 尾也使 mRNA 容易被含有 3′ → 5′ 外切酶的外切体（exosome）所降解。酵母中主要存在 5′ → 3′ 外切酶途径，哺乳动物细胞中主要存在 3′ → 5′ 外切体途径。解帽酶和 5′ → 3′ 外切酶集中在 P 小体（加工体），即细胞质中 RNP 浓度异常高的区域。

（2）去腺苷化非依赖降解途径：一些 mRNA 主要通过独立于去腺苷化的解帽途径降解。mRNA 5′ 端的某些序列使帽结构对解帽酶敏感。对于这些 mRNA，被解帽的速率控制着它们的降解速率，因为一旦 5′ 帽结构被去掉，RNA 就会被 5′ → 3′ 核酸外切酶 Xrn1 迅速水解。

（3）内切酶降解途径：其他 mRNA 通过不涉及去帽或去腺苷化的内切酶途径降解。这种途径的一个例子是下面讨论的 RNA 干扰途径。每个 siRNA-RISC 复合物可以降解数千个靶向 RNA 分子。由核酸内切酶产生的片段随后被核酸外切酶降解。

2. 细胞质中 mRNA 降解的调控 mRNA 的稳定性既取决于自身的二级结构，又决定于转录后的修饰，还受到反式作用的 RNA 结合蛋白和调节性 RNA 的影响。

（1）mRNA 自身序列及二级结构影响其稳定性：哺乳动物细胞中许多短暂存在的 mRNA，如编码细胞因子和转录因子等蛋白质的 mRNA，其浓度必须迅速变化。这些 mRNA 通常在其 3'-UTR 含有多个 AUUUA 序列，有时是重叠的拷贝。这些序列被称为富含 AU 的元件（AU-rich element）。已发现特异的 RNA 结合蛋白能与这些富含 AU 的序列结合，还能与去腺苷化酶和外切体相互作用，导致这些 mRNA 的快速去腺苷化和随后的 3'→5' 降解。这一机制将 mRNA 降解速率与翻译频率分离。因此，含有富含 AU 的元件的 mRNA 可以被高频翻译，也可以被迅速降解，从而允许编码蛋白在短时间内表达。

（2）mRNA 翻译起始频率影响 mRNA 去腺苷化速率：起始频率越高，去腺苷化速率越慢。这种关系可能是由结合在 5' 端的翻译起始因子和结合在 poly(A) 尾的 PABPC1 之间的相互作用所致。对于高速率翻译的 mRNA，翻译起始因子大部分时间都与帽结构结合，稳定 PABPC1 的结合，从而保护 poly(A) 尾不受去腺苷化核酸酶复合物的影响。

五、翻译水平基因表达调控

与转录调控相比，mRNA 翻译调控是基因表达中更关键的一步。蛋白质合成是维持细胞动态平衡的关键调控过程，因为它可以快速和可逆地改变蛋白质输出而响应各种刺激。翻译受到顺式作用元件和反式作用因子之间复杂的相互作用的高度调控。翻译水平基因表达调控可以是 mRNA 特异性的，也可以是广泛性的（图 16-34），与转录类似，大多数真核生物的翻译调控机制都针对限速的翻译起始步骤。

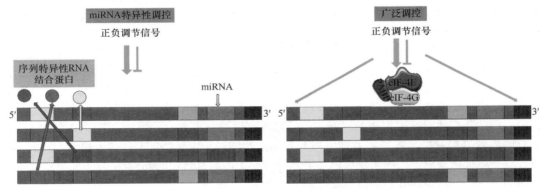

图 16-34　特异性和广泛性 mRNA 的翻译性调控

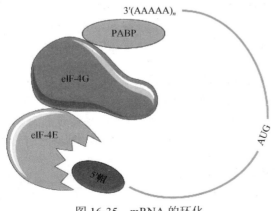

图 16-35　mRNA 的环化

真核生物的翻译起始需要进化上保守的蛋白质复合物的有序组装，起始的一个重要步骤是将 mRNA 的 5' 和 3' 端环化成包含 eIF-4E、eIF-4G 和 poly (A) 结合蛋白 [poly(A)binding protein, PABP] 作为关键蛋白质组分的闭环复合物（图 16-35）。这种复合体既可以稳定帽结合起始因子的结合，又可以促进终止 mRNA 翻译核糖体的循环。eIF-4G 含 eIF-4E 和 PABP 结合位点，在组装过程中起到适配器的作用。eIF-4G 与 eIF-4E 的结合是由 eIF-4G 中特定的序列基序介导的，对这种结合的干扰大大减少了帽依赖的蛋白翻译。

应激诱导的翻译重编程涉及两大类调控：一是全局抑制翻译，以避免大多数蛋白质的合成；二是选择性地翻译细胞应激反应所必需的蛋白质。整体翻译抑制是通过干扰 eIF-4E 和（或）eIF-2 三元复合物形成对帽的识别而介导的。应激条件下蛋白质的选择性翻译主要涉及非翻译区（UTR）内的序列特征。应激基因转录本的 5′-UTR 和 3′-UTR 都有独特的特征，这可能在蛋白质合成的优先调控中发挥关键作用。内部核糖体进入位点（internal ribosome entry site，IRES）、上游开放阅读框（upstream open reading frame，uORF）、末端寡嘧啶束（terminal oligopyrimidine tract，TOP）和潜在的二级结构是 5′-UTR 中存在的功能元件。同样，富含 AU 的元件（ARE）和 miRNA 反应元件（miRNA response element，MRE）等 3′-UTR 基序决定了转录本的丰度。

（一）全局性蛋白翻译控制

作为对外部或内部信号的响应，所有 mRNA 的翻译可能被激活，也可能被抑制。用激素、有丝分裂原或生长因子处理细胞通常会导致蛋白质生物合成的增加。相反，缺乏营养或环境压力如高温、紫外线照射或病毒感染等，通常会抑制翻译。

1. 靶向 eIF-4E 对 mRNA 的广泛性翻译调控 外部信号（如胰岛素）与翻译装置的信号转导通路主要针对翻译启动，特别是针对启动因子 eIF-4E。在这些系统中，翻译的调控是通过启动因子 eIF-4E 和其抑制蛋白 4E 结合蛋白（4E-BP）来完成的，其中 4E-BP1 最具特征。4E-BP1 含有 eIF-4E 结合基序，因此能够与 eIF-4G 竞争结合 eIF-4E。通过将 eIF-4G 从帽结合复合物中排除，4E-BP1 普遍抑制帽依赖性翻译过程。4E-BP 的结合活性受蛋白磷酸化的调节，从而受蛋白激酶的调节。低磷酸化 4E-BP1 与 eIF-4E 强烈结合，抑制帽结合复合物的形成。磷酸化 4E-BP1 不能再与 eIF-4E 结合，游离的 eIF-4E 可用于帽复合物的形成以启动翻译。来自不同信号通路的信号（胰岛素-AKT 通路，MAPK/ERK 信号通路等）使用不同的蛋白激酶来实现同一靶蛋白 4E-BP1 的磷酸化，而全局性调控蛋白翻译（图 16-36）。

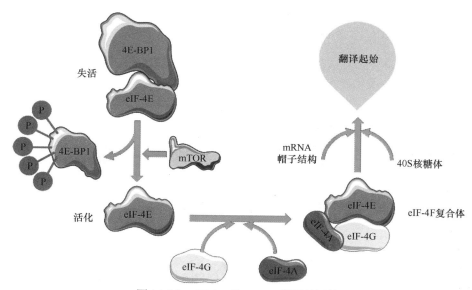

图 16-36 eIF-4E 对 mRNA 翻译的调控

2. 靶向 eIF-2 对 mRNA 的全局性翻译调控 真核细胞通过整合应激反应（integrated stress response，ISR）来应答引起细胞应激的环境变化。eIF-2 起始复合物整合了许多压力相关的信号来调节广泛和特定的 mRNA 翻译。eIF-2 属于 GTP 酶超家族，活化的 eIF-2-GTP 形式和 Met-tRNA 结合后形成三级复合物，这个复合物与 40S 核糖体亚基、eIF-1、eIF-1A、eIF-5 和 eIF-3 形成 43S 起始前复合体（preinitiation complex，PIC），然后开始沿着 mRNA 扫描。一旦遇到 AUG 密码子，eIF-2 将 GTP 水解成 GDP，并从 mRNA 上解离下来。从无活性的 eIF-2-GDP 形式到有活性的 eIF-2-GTP 形式需要鸟苷酸交换因子（GEF）eIF-2B。作为对外界信号的响应，eIF-2α 亚基在 Ser51 上被磷酸化，eIF-2 与 eIF-2B 的亲和力增加而不会引起核苷酸交换。细胞中翻译因子 eIF-2 水平远超过 eIF-2B，因此，磷酸化的 eIF-2 结合了整个 eIF-2B 储存库而没有更多的 eIF-2B 可用于核苷酸交换。eIF-2-GDP 的增加限制了三级复合物的获得，从而导致细胞内的蛋白合成减少（图 16-37）。这个步骤是被严密调控的，eIF-2 激酶家族是整合应激反应过程中的重要感应体，包括四个压力激活的激酶——HRI（亚铁血红素不足）、PKR（dsRNA）、PERK（内质网应激活化）和 GCN2（氨基酸缺乏），它们在不同组织中被不同的应激信号激活，但都能在 Ser51 位点磷酸化 eIF-2α 而阻断其核苷酸转换（图 16-38）。

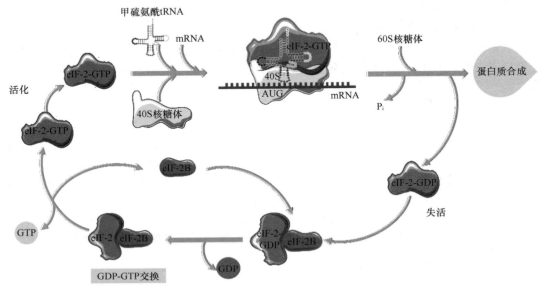

图 16-37　eIF-2 在真核生物翻译中的作用

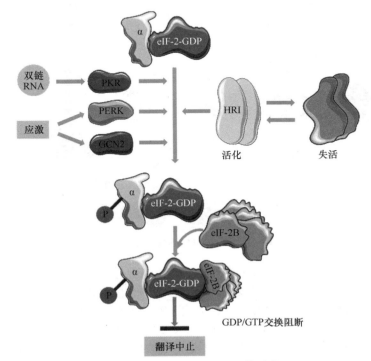

图 16-38　磷酸化调节 eIF-2 的功能

（1）血红素调节的 eIF-2 激酶（heme-regulated eIF-2 kinase，HRI）：网织红细胞中血红素浓度的降低导致珠蛋白合成在翻译水平受到抑制，确保只有血红素可用时才能产生珠蛋白。血红素水平下降激活 HRI，激活的 HRI 磷酸化 eIF-2α 亚单位，进而关闭蛋白质的生物合成。虽然在 HRI 的 N 端和激酶结构域上发现了血红素结合位点，但血红素调节 HRI 激酶的机制尚不清楚。

（2）RNA 特异性 eIF-2 激酶（RNA-specific eIF-2 kinase，PKR）：蛋白激酶 PKR 是细胞抗病毒防御的一个组成部分，受双链 RNA 结合和干扰素诱导表达的调控。PKR 含有两个双链 RNA（double-stranded RNA，dsRNA）结合位点，dsRNA 结合破坏了 PKR 的抑制性相互作用，导致其激活。因此，含有 dsRNA 作为遗传物质的病毒感染可以激活 PKR，导致蛋白质生物合成停止。

（3）蛋白激酶 R 样内质网激酶（protein kinase R-like ER kinase，PERK）：PERK 作为一种 I 型跨内质网膜的蛋白可感知内质网应激并向细胞核和细胞传递应激信号。在内质网应激反应中，分子伴侣蛋白 Bip 的解离导致 PERK 二聚体形成和自我磷酸化而激活，进而磷酸化 eIF-2α 减少蛋白质合成，缓解内质网应激。

（4）一般性调控阻遏蛋白激酶 2（general control non-derepressible 2 kinase，GCN2）：GCN2 对所有的空载 tRNA 具有高结合力，可以检测到任何空载的 tRNA 而感知氨基酸缺乏。当 GCN2 和空载 tRNA 结合后，GCN2 的构象发生改变，从而被激活。活化的 GCN2 会引发许多细胞应答，包括 eIF-2α 磷酸化引起的翻译起始阻碍及同时发生的特异性转录程序的激活。

重要的是，通过 eIF-2α 激酶磷酸化抑制翻译可以有广泛性的和基因特异性的影响。然而，在这些应激条件下，一般的翻译水平可能会降低，特定 mRNA 的翻译甚至会增强。AUG 密码子的泄漏扫描和替代起始位点的使用，可以解释这种特定 mRNA 的优先翻译。

（二）mRNA 特异性翻译控制

真核细胞 mRNA 的翻译是一个复杂的多步骤过程，主要由起始、延伸和终止三个阶段组成。其中，翻译启动是主要的限速阶段，涉及一组非常广泛的真核起始因子，为基因表达提供了复杂的调控。mRNA 特异性翻译控制是由通常位于转录本 5′-UTR 或 3′-UTR 中 RNA 序列和（或）结构驱动的。这些顺式作用序列或结构通常被反式作用的调节蛋白或 miRNA 等调节性 RNA 所识别。真核 mRNA 的 UTR 嵌入了指定 RNA 利用方式的信息，调节因子与顺式作用序列的结合可以激活或抑制特定 mRNA 的翻译。

1. 5′-UTR 控制 mRNA 翻译 5′-UTR 是核糖体识别元件之一，包含保守的茎-环结构参与转录后协同调控的生物路径。真核生物 mRNA 的经典翻译是通过 m⁷G 帽依赖的扫描机制启动的，即翻译装置逐个碱基从 mRNA 的 5′ 帽开始扫描，以搜索 AUG 起始密码子。因此，翻译装置能否顺利运行或扫描主要开放阅读框架（main open reading frame，mORF）的起始密码子 AUG 在很大程度上取决于 mRNA 的 5′-UTR 的组成和结构。高度结构化的 5′-UTR 主要通过以下途径实现 mRNA 翻译起始的控制：通过本身高度复杂的二级结构在空间上阻碍翻译起始，通过上游元件如 uORF 来抑制翻译起始，通过内部核糖体进入位点（IRES）元件的非帽依赖起始途径来调节翻译起始。另外，5′-UTR 也可以影响 mRNA 的稳定性。

（1）5′-UTR 复杂二级结构在翻译中的作用：铁蛋白是一种用来储存铁的蛋白质，在铁的新陈代谢中起着至关重要的作用。铁对铁蛋白 mRNA 的调控是调节蛋白与 5′-UTR 互作调控 mRNA 翻译的一个例子（图 16-39）。当铁含量增加时，必须增加铁蛋白的产量和水平，以提供足够的铁储存能力，而这种控制是基于铁浓度和铁蛋白 mRNA 翻译起始之间的耦合，并由铁蛋白 mRNA 5′-UTR 的发夹结构介导。发夹结构被称为铁反应元件（iron-responsive element，IRE），为 RNA 结合蛋白铁调节蛋白（iron regulatory protein，IRP）提供结合位点。目前已知两种类型 IRP，IRP1 和 IRP2 具有 60% 的序列同源性。IRP 与发夹结构的结合阻止了 40S 核糖体亚基与铁蛋白 mRNA 的结合，最终导致铁蛋白 mRNA 的降解。

铁含量通过两种方式控制 IRP 与发夹结构的结合（图 16-39）。一种途径是通过铁诱导 IRP2 蛋白质氧化，随后经泛素化和蛋白酶体途径降解。另一种途径通过铁依赖性 IRP1 与 IRE 的结合来调节铁蛋白 mRNA 翻译。响应铁浓度的变化，IRP1 可以在具有不同细胞功能的两种构象之间切换，两种构象在 Fe-S 簇含量方面不同。由于 Fe-S 簇不能在低铁水平下形成，当铁水平较低时，IRP1 作为铁蛋白 mRNA 翻译的阻遏因子，与 IRE 结合并阻止核糖体访问铁蛋白 mRNA 的编码序列。高铁浓度通过诱导 Fe-S 簇插入到 IRP1 蛋白质中，不能与 IRE 发夹结构结合，40S 亚基可以与铁蛋白 mRNA 结合，启动翻译，铁蛋白从头合成以使储存铁成为可能。转铁蛋白受体是铁代谢中另一种很重要的蛋白质，也受铁的翻译控制。IRP 通过一种铁依赖的方式控制转铁蛋白 mRNA 的降解而调控其翻译。

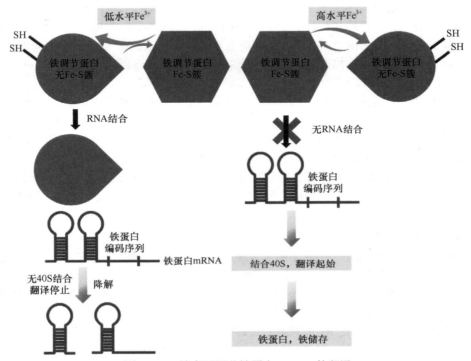

图 16-39　铁离子调节铁蛋白 mRNA 的翻译

已知 5′-UTR 中富含鸟嘌呤（G）的区域形成四链结构构象，称为 G-四链体，可以调节 mRNA 的翻译。G-四链体的形成可能受 5′-UTR、RNA 结合蛋白或其他更复杂机制中相邻序列的调控。尽管 G-四链基序对翻译有普遍的抑制作用，但仍发现一些 G-四链体基序在 IRES 介导的帽非依赖性翻译启动过程中是必不可少的。研究发现，一些在热休克下优先翻译的转录本在其 5′-UTR 中含有一个 G 四链。这些结果表明，G-四链体结构激活了下游 ORF 的翻译，但其机制还有待研究。

（2）翻译起始上游 AUG 密码子或上游开放阅读框（uORF）在翻译中的作用：真核细胞的翻译通常开始于 5′ 端下游核糖体小亚基扫描遇到的第一个 AUG。但与 AUG 相邻的核苷酸也影响翻译启动的效率。如果识别位点足够差，核糖体扫描有时会忽略 mRNA 中的第一个 AUG 密码子，而跳到第二个或第三个 AUG 密码子。这种现象被称为"扫描泄漏"（leaky scanning）。这种策略经常被用来从同一个 mRNA 中产生两个或更多密切相关的 N 端不同的蛋白质。这种机制的一个特别重要的用途是生产同样的蛋白质，在其 N 端附加和不附加信号序列，使得蛋白质可以被引导到细胞中的两个不同位置（例如，定位在线粒体和细胞质）。真核生物许多基因的 mORF 上游含有一个或多个短的开放阅读框，位于 mRNA 的 5′ 端和 mORF 的开始之间，称为 uORF，可以由 6 到数百个核苷酸组成。真核生物 mRNA 5′ 端非编码区的 uORF 越来越被认为是调节细胞蛋白质合成的重要元件。这些 uORF 可以被预启动复合体（PIC）扫描翻译或跳过。通常，由这些 uORF

编码的氨基酸序列并不重要，而是单纯发挥调节作用。存在于 mRNA 分子上的 uORF 通常会通过捕获核糖体起始复合体，使核糖体翻译 uORF 并在其到达 mORF 之前从 mRNA 解离，而减少下游基因的翻译。在某些应激条件下，如营养缺乏、内质网应激或缺氧，某些 uORF 的翻译和跳过遵循严格调控的程序。uORF 翻译的失调和相应 mORF 翻译的变化与许多疾病有关，包括癌症、神经和代谢紊乱及遗传综合征等。

（3）内部核糖体进入位点（IRES）依赖型翻译：IRES 是一种 RNA 功能元件，最初在病毒中被发现，通常有几百个核苷酸长度，并折叠成茎-环和假结等特定的结构，由这些特定结构组装而成的复杂的二级或三级结构可以通过多个 RNA-RNA 和（或）RNA-蛋白质相互作用为核糖体的定位提供场所。与许多（但不是全部）用于启动正常的 5′ 帽依赖翻译的相同蛋白结合。IRES 绕过了对 5′ 帽结构和翻译起始因子 eIF-4E 的需要而直接招募 40S 核糖体而启动翻译。IRES 相互作用反式作用因子（ITAF）可以将 40S 核糖体亚单位招募到这些 mRNA 中，从而减少了它们对帽依赖性启动的需求。IRES 是编码细胞周期、凋亡和应激反应因子的细胞 mRNA 中的结构元件。因此，在恶劣（如营养剥夺、内质网压力、缺氧和病毒感染等）条件下，细胞翻译能够从依赖于帽的翻译转变为依赖于 IRES 的翻译。恶性肿瘤细胞中的两种 ITAF，即翻译控制蛋白 80（TCP80）和 RNA 解旋酶 A 水平的降低，损害了 IRES 介导的 P53 mRNA 翻译，以响应 DNA 损伤，从而导致肿瘤的发生。除了一些非帽依赖的 mRNA 通过 IRES 招募核糖体启动翻译，最近研究发现一些 circRNA 也能通过 IRES 启动翻译而具有编码功能。

（4）末端寡嘧啶束（TOP）：TOP 是位于编码翻译装置的组成部分，如核糖体蛋白质和延长因子 mRNA 的 5′ 端，含 4～15 个核苷酸的富 CU 基序。在营养不足期间，含有 TOP 的 mRNA 翻译被抑制，以减少核糖体生物合成过程所需的能量。饥饿介导的 GCN2 和 mTOR 信号通路的 S6K（S6 kinase）失活是选择性抑制 TOP 转录本的原因。应激颗粒（stress granule，SG）相关蛋白如 TIA-1 和 TIAR 被认为是调节人类 TOP mRNA 的关键因素。热休克恢复过程中，编码 poly(A) 结合蛋白（PABP1）、eEF-1 和核糖体蛋白质 RPS6 的 TOP mRNA 被优先翻译。在其他蛋白质中，La 自身抗原是与 TOP 基序结合的反式作用因子之一，参与 TOP mRNA 翻译的调控。最近研究发现，LARP1（La-related protein 1）通过与 eIF-4G 竞争，在 mTORC1 下游作为 TOP mRNA 翻译的重要抑制因子。

2. 3′-UTR 控制 mRNA 翻译 在高等生物进化过程中 3′-UTR 序列不断延伸。储存在 3′-UTR 的遗传信息介导蛋白质-蛋白质相互作用，提示 3′-UTR 可能在生物复杂性的调节中发挥重要作用。另外，人类基因超过一半产生 3′-UTR 异构体，表明 3′-UTR 含有额外的遗传信息来区分高度相似蛋白质的功能。大多数的 3′-UTR 主要是通过 RNA 结合蛋白（RNA binding protein，RBP）和 miRNA 来发挥作用。相较于 miRNA 结合位点的研究，很多 RBP 的结合基序目前还不是很清楚。3′-UTR 顺式元件通常一个基序只需要 3～8nt 就可以结合 RBP，并且很多 RBP 具有相同的结合基序。这样的短基序经常在给定的 mRNA 中多次出现，并可以协同甚至合作的方式发挥作用。目前对于 3′-UTR 功能的研究主要包括以下方面：通过富含 AU 的元件来调节 mRNA 的稳定性；调控 mRNA 的定位表达；调控 mRNA 的翻译；结合多个 RNA 结合蛋白来调控功能；调控蛋白-蛋白相互作用等。3′-UTR 可以在不同的信号通路激活下产生不同的作用。这可能是由于信号通路的活化改变了结合同一位点 RBP 的相对表达量而引起的。RBP 之间的竞争/合作最终将决定一个 3′-UTR 的最终功能。

（1）富含 AU 的元件：3′-UTR 中的 ARE 是决定 mRNA 命运的最具特征性的顺式作用元件之一。虽然没有严格一致的序列，但多个拷贝 AUUUA 认为是 ARE 的关键基序，特别是富含 AU 区域。含 ARE 元件基因通常编码参与调节有机体对外界环境反应的蛋白质。含 ARE 的 mRNA 通常容易降解。然而，为了应对细胞压力，它们通过与一系列称为 ARE 结合蛋白（ARE-binding protein，AUBP）的反式作用因子相互作用而受到不同的调控。AUBP 通过将 mRNA 定位于 PB 或 SG 来促进 mRNA 的降解或稳定。ARE 和 AUBP 之间的相互作用在 mRNA 的运输和周转中起着重要作用。富含 AU 的元件 RNA 结合蛋白（AUF1）又称异质性核糖核蛋白 D（HNRNPD），是一种被广泛研究的 AUBP。AUF1 对靶 mRNA 既有稳定作用又有破坏作用，表明其他相关的调节蛋白也参与其中。

（2）miRNA 反应元件：microRNA（miRNA）是一类内源性大约 22 个核苷酸的小分子非编码 RNA，在翻译抑制和调节 mRNA 周转中起重要作用。MRE 元件是转录本的 3′-UTR 中的序列，通常具有 7 个保守的核苷酸序列，能够与相应的 miRNA 序列进行碱基配对。miRNA 在基因表达调控中的作用详见本章第四节。

六、翻译后水平基因表达调控

翻译后水平基因表达调控包括蛋白质前体的加工、蛋白质折叠、蛋白质的亚细胞定位、蛋白质翻译后修饰、蛋白质-蛋白质互作、蛋白质降解等。

（一）蛋白质翻译后修饰

翻译后修饰（PTM）是真核生物调节蛋白质功能的主要机制。PTM 可分为稳定或动态两种。动态 PTM 通过修饰酶来调节蛋白质的活性、蛋白质-蛋白质互作、蛋白质的亚细胞定位、蛋白质稳定性等生物学功能。PTM 的动态和组合使用允许蛋白质发挥多种不同的生物学功能。

（二）蛋白质降解

蛋白质是生命活动的直接执行者，蛋白质合成固然重要，但蛋白质降解对生命的意义并不亚于蛋白质合成。蛋白质降解对细胞内蛋白质平衡至关重要，可防止异常或不需要蛋白质的积聚，并允许氨基酸的循环利用。在人类基因组中，与蛋白质合成相关的基因约占 1%，而与蛋白质降解相关的基因则超过 3%。真核蛋白质的半衰期从 30 秒到数天不等。尽管少数蛋白质（如血红蛋白）可以持续细胞的寿命（一个红细胞大约 110 天），但相对于细胞寿命来说大多数蛋白质的周转速度都很快。溶酶体降解途径和泛素蛋白酶体降解途径是真核生物两条进化保守的细胞内蛋白质降解途径，在基因表达调控中发挥重要作用。

第四节　非编码 RNA 在基因表达调控中的作用

生物体中的 RNA 种类繁多，功能复杂，一般按照是否编码蛋白质将其分为编码 RNA（coding RNA）和非编码 RNA（non-coding RNA，ncRNA）两大类。前者就是指 mRNA，后者包括 rRNA、tRNA、snRNA、snoRNA 和 miRNA 等多种已知功能的 RNA，还包括未知功能的 RNA。ncRNA 按照它们的大小可分为长链非编码 ncRNA（long non-coding RNA，lncRNA）和短链非编码 ncRNA（short non-coding RNA，sncRNA）。另外，新近还发现环状 RNA（circular RNA，circRNA）。ncRNA 也可以按照表达和功能特性分为管家 ncRNA（house keeping ncRNA）和调节 ncRNA（regulatory ncRNA）。管家 ncRNA 是细胞生存所必需的，含量较为恒定，呈组成型表达，也称为组成型 ncRNA。调节 ncRNA 的表达有明显的时空特异性，通常短暂表达，对转录、翻译等基因表达过程起调节作用。

一、小 RNA 介导 RNA 沉默

RNA 沉默（RNA silencing）是真核生物中一种主要的基因表达调控机制，高等真核生物利用 RNA 沉默来调节发育过程中大量基因的表达以及许多其他重要的细胞功能。RNA 沉默的作用包括染色质结构、转录、RNA 加工、RNA 稳定性和翻译。此外，RNA 沉默可以防止转座子和病毒的增殖。参与 RNA 沉默的小 RNA 可分为三大类：miRNA、干扰小 RNA（small interfering RNA，siRNA）和 Piwi 相互作用 RNA（Piwi-interacting RNA，piRNA）。

（一）miRNA

miRNA 是长度为 20～23nt 的内源性小分子 RNA，是非编码 miRNA 基因的最终产物。人类

至少三分之一的人类蛋白质编码基因受 miRNA 的调控。一旦形成，miRNA 就与特定的 mRNA 碱基配对，并微调它们的翻译和稳定性。成熟的 miRNA 可以与 Ago 蛋白家族的一个成员结合，形成 miRNA 诱导沉默复合物（miRNA-induced silencing complex，miRISC）的核心。miRNA 作为 miRISC 的适配器，引导 miRISC 募集到 mRNA，通过触发 mRNA 的翻译停止和随后的降解来调节基因的表达。除少数例外，动物 mRNA 中的 miRNA 结合位点位于 3′-UTR，通常以多个拷贝存在。miRNA-mRNA 的互补程度被认为是调控机制的关键决定因素。完全互补允许 Ago 切割 mRNA 链。不完全互补阻遏靶 mRNA 的翻译或在核糖体中关闭蛋白质的合成，终止翻译。越来越多研究表明，lncRNA 和 circRNA 可以通过吸附结合 miRNA，从而发挥调控基因表达作用。

目前已经观察到大约 1900 种不同的人类 miRNA，其中大多数只在胚胎发生期间和出生后的特定时间表达于特定的细胞类型。确定这些 miRNA 的功能目前是一个非常活跃的研究领域。

1.miRNA 的功能　miRNA 通常对许多 mRNA 产生适度的抑制作用。分子通路中几个组成部分表达的累积减少降低了单个 miRNA-mRNA 相互作用引发生物效应的重要性，并增加了调控网络的稳健性。另外，给定的 mRNA 可能含有相同或不同 miRNA 的几个结合位点。在后一种情况下，需要不同 miRNA 的协同作用来诱导对 mRNA 的有效抑制。miRNA 靶标的多样性可能促进 miRNA 的组合调控，这些 miRNA 分别针对不同的 mRNA，这些 mRNA 的蛋白产物控制同一生物过程。据预测，超过 60% 的人类蛋白编码基因在其 3′-UTR 内含有 miRNA 结合位点，因此可能受到 miRNA 的调控。这些预测说明了 miRNA 的巨大调控潜力，miRNA 形成了与转录调控协同工作的第二个调控水平，为基因表达提供了微调和调控效应。miRNA 的调控在真核生物的所有主要细胞过程中都发挥着关键作用，而 miRNA 的失调或功能障碍与许多疾病有关。因此 miRNA 的功能受到严格的调控。

2.miRNA 的调节因素　miRNA 基因由 RNA 聚合酶 II 转录，并受 RNA 聚合酶 II 基因相同的转录调控原理。此外，miRNA 水平可以在转录后的几个步骤中进行调节，包括 Drosha 和 Dicer 的处理和对成熟 miRNA 的编辑。

（1）DNA 和染色质水平调控：在 DNA 水平的单核苷酸多态性（single nucleotide polymorphism，SNP），以及 miRNA 上游序列的甲基化程度和组蛋白翻译后修饰等经典表观遗传调控方式均可影响 miRNA 的表达及其功能。

（2）转录水平调控：一些自主表达的 miRNA 基因具有启动子区域，允许 miRNA 以细胞类型特异性的方式表达。许多 miRNA 是通过处理蛋白质编码基因的内含子来产生的，将 miRNA 整合到蛋白质编码基因的内含子中，可以协调 miRNA 和该基因编码 mRNA 的表达，而不需要一组单独的顺式调控元件来驱动 miRNA 的表达。

（3）加工调控：miRNA 加工的调节在发育和组织特异性信号转导中起着至关重要的作用，Drosha 对 pri-miRNA 的处理和 Dicer 对 pre-miRNA 的处理受到严格的控制，特别是 Drosha。解旋酶 P68 等蛋白质与 Drosha 相互作用，可以促进或抑制特定 pri-miRNA 的切割。外部信号通路也可以刺激 pri-miRNA 的加工。如激活的 P53 与 Drosha 结合，并与解旋酶 P68 络合，从而提高了几种 pri-miRNA 的加工效率，表明 Drosha 对 pri-miRNA 切割的调控是 P53 诱导 DNA 损伤应答的一个组成部分。Drosha 对 pri-miRNA 的处理与 RNA 聚合酶 II 的转录过程相耦合，许多参与 Drosha 调控的蛋白质也参与 mRNA 转录和剪接。

（4）编辑调控：miRNA 也是 RNA 编辑的靶标，大约 16% 的人类 pri-miRNA 发生 A-I 编辑。通过 RNA 编辑对 miRNA 的转录后调控可以改变 miRNA 的加工成熟、靶向性和稳定性。总体而言，miRNA 构成了一个复杂的调控网络的一部分，该网络使用许多链接来维持适当的 miRNA 功能。

（5）内源竞争 RNA（competing endogenous RNA，ceRNA）调控：假基因、circRNA 和 lncRNA 作为天然的 miRNA 海绵或诱饵，在 miRNA 活性的调控中起着重要作用。事实上，这些 ceRNA 中存在多个 MRE，能够与 miRNA 直接相互作用，从而阻止这些 miRNA 与其各自的靶标 mRNA 结合。

（二）siRNA

siRNA 在 RNA 干扰（RNA interference，RNAi）途径中抑制翻译。此外，siRNA 还可以诱导染色质结构的改变和转录抑制。miRNA 和 siRNA 途径有许多共同的步骤，都依赖于 Dicer 内切酶和 Ago 蛋白作为效应器。

1.siRNA 的来源及加工 典型的 siRNA 是由长的、完全碱基配对的双链 RNA（dsRNA）前体直接引入细胞质或从环境中摄取而来的。来源于外源的 siRNA 称外源 siRNA（exo-siRNA），而内源形成的 siRNA 称为内源 siRNA（endo-siRNA）。内源 siRNA 可能来源于转座子、内含子的发夹 RNA 和假基因，揭示了内源 siRNA 的重要调控潜力。

在哺乳动物中，由 Dicer、Ago2 和辅助蛋白 TRBP 组成的 RISC 负载复合物与 dsRNA 结合，将其切割成长度为 21～23nt 的双链 siRNA。双链 siRNA 需转化为单链形式，丢弃乘客链，而将引导链装载到 Ago2 中产生功能性 siRISC。双链 siRNA 中引导链的选择取决于两个双链末端的相对热力学稳定性。5′ 端碱基配对较不稳定的那条链会作为引导链形成功能性 siRISC。这种热力学不对称是分级的，而不是全有或全无，末端具有相同碱基配对稳定性的 siRNA 以大约相同的频率将任一条链掺入 siRISC。

2.siRNA 介导的转录后沉默 类似于 miRNA 途径中的靶点选择，siRNA 的引导链将 siRISC 引导到 mRNA 上完全互补的靶点，然后降解靶 mRNA。负责初始切割的 RNase 活性位于 siRISC 复合物中 Ago 蛋白的 PIWI 结构域中。一旦进行了最初的切割，外切酶就会攻击这些片段，以完成降解。siRISC 是一种多转换酶：siRNA 引导链将 RISC 运送到 RNA 靶标，靶标被切割后，siRNA 可以与 siRISC 完整地离开，并能够切割另一个 mRNA。

3.siRNA 的功能 siRNA 是由来自外源或内源的 dsRNA 产生的。RNAi 的一个重要生物学功能似乎是防止 dsRNA 在细胞中无程序和潜在的有害积累。因此，siRNA 具有以下功能：①抗病毒防御；②沉默过度生产或翻译流产的 mRNA；③保护基因组免受转座子的干扰。

4.siRNA 的应用 靶 mRNA 的切割是 siRNA 诱导基因沉默的主要机制，外源 siRNA 引发的 RNAi 现已成为一种广泛使用的基因敲除工具。此外，RNAi 和 siRNA 有望用于人类疾病，如癌症和病毒感染。通过将具有茎-环结构的合成 RNA 导入细胞，或者通过从病毒载体转录特定设计的 siRNA 基因，可以选择性地抑制基因表达，从而获得基因功能的信息。

二、长链非编码 RNA

长链非编码 RNA（lncRNA）转录本是一组长度大于 200 个核苷酸的 ncRNA，占 ncRNA 的 98%。目前认为人类基因组中大约有 3 万种不同的 lncRNA 转录本。虽然 lncRNA 最初被认为是转录噪音或基因组的"垃圾"，但新近研究表明，它们在细胞分裂、增殖、分化、细胞周期、细胞死亡和新陈代谢等各种细胞过程中起着至关重要的调节作用。由于大多数 lncRNA 是由 RNA 聚合酶 Ⅱ 转录的，它们与 mRNA 有一些相似之处，经历 5′ 帽结构、3′ 多聚腺苷尾和剪接等转录后加工过程，折叠形成三级结构等。lncRNA 有组织特异性表达模式，主要存在于细胞核和细胞质中，也有一些 lncRNA 转录本可以定位在线粒体，甚至可以随外泌体而分泌到细胞外。lncRNA 的亚细胞定位是一个严格调控的过程，受多种因素的调控，如结构和序列基序等。

根据它们在基因组上的具体位置，lncRNA 传统上被分为五大类，包括正义、反义、双向、内含子和基因间 lncRNA（图 16-40）。正义或反义 lncRNA 分别位于最近蛋白质编码基因的同一链或相反链上，并与至少一个蛋白质编码外显子重叠。双向 lncRNA 是从蛋白质编码基因启动子以不同方式启动的转录本。内含子 lncRNA 在蛋白质编码基因的内含子内以任一方向起始并终止，没有重叠的外显子。基因间 lncRNA 位于蛋白质编码基因的间隔区，有自己的启动子，与蛋白质编码基因有不同的转录单位。

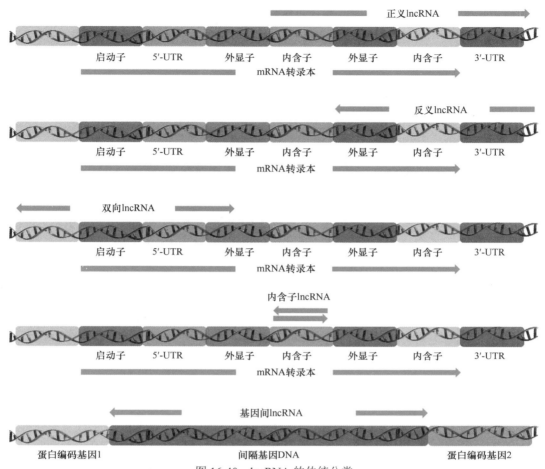

图 16-40　lncRNA 的传统分类

lncRNA 对基因表达的调节作用可以是顺式作用，也可以是反式作用，可以对靶基因的表达产生负面或正面的影响。lncRNA 能够与核酸（DNA、RNA）和蛋白质相互作用，参与多种分子过程的调控，如表观遗传修饰、转录和转录后修饰、翻译调控、剪接和支架。lncRNA 在基因表达调控中的作用依赖其亚细胞定位。核内 lncRNA 与染色质结构密切相关，通过影响特定基因的转录、表观遗传调控以及 pre-mRNA 加工等多种机制来调节基因表达。相反，细胞质中的 lncRNA 通过与 miRNA、mRNA 和蛋白质相互作用，在转录、转录后、翻译和翻译后水平上调节基因的表达。

虽然已在高等真核生物基因组中鉴定出数千个 lncRNA，但目前我们对其中大多数 lncRNA 发挥精确功能的机制仍不清楚。

三、环　状　RNA

环状 RNA（circRNA）是由蛋白质编码基因和基因组的非编码区产生的。与 lncRNA 类似，环状 RNA 表达有组织特异性，主要分布于细胞核和细胞质，外泌体中也可以检测到环状 RNA。环状 RNA 在基因表达调控中的作用也依赖其在细胞内的定位：细胞核内，保留内含子的环状 RNA 可以通过与其亲本基因启动子上的 RNA 聚合酶Ⅱ和 U1 snRNP 相互作用来促进该基因的转录，另外，还可促进反向剪接和线性剪接的元件相互竞争。因此，环状 RNA 的形成可能影响其线性亲本基因的表达。在细胞质中，环状 RNA 可以与 miRNA-Ago2 复合物相互作用，抑制 miRNA 对线性靶标的作用。环状 RNA 与 RNA 结合蛋白（RBP）相互作用，既可以促进

RBP 间的相互作用以使其失活/激活，也可以隔离这些 RBP 以阻止其发挥作用（图 16-41）。

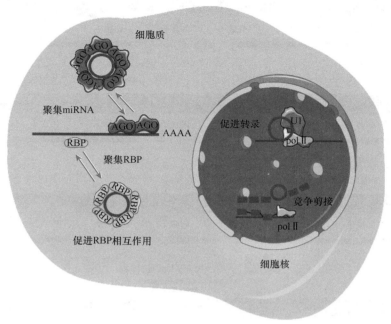

图 16-41 circRNA 的作用机制

小　结

　　遗传信息从基因的核酸序列水平传递到蛋白质的氨基酸序列水平或 RNA 的核苷酸序列水平的过程称为基因表达。基因表达是一个高度复杂的、受调控的过程，这一过程在原核细胞和真核细胞中类似，只是略有不同。基因的表达遵循特定组织和细胞的模式，这种模式决定了细胞的功能和形态。此外，所有的发育和分化事件都以基因表达的不同模式为特征。遗传信息传递过程中蛋白质和 DNA 或 RNA 的相互结合是一个不断重复的主题。转录起始是基因表达的限速步骤，可以确定一个基因是否在给定的时间点转录。染色质结构在这种调节中起着决定性的作用，染色质结构可以有效地抑制转录和关闭基因表达。基因的转录调控需要染色质的重组和修饰，而染色质的重组和修饰是启动转录的前提。伴随着染色质重组和修饰，必须选择目的基因，并在转录的起始点形成转录起始复合体。转录起始复合体的形成涉及大量蛋白质，主要成分是多亚单位 RNA 聚合酶、通用转录因子和基因特异性转录因子，以及有助于协调染色质结构变化和 RNA 合成过程的辅助因子。除了通过基因特异性 DNA 结合蛋白进行基因选择外，DNA 甲基化、miRNA 表达和染色体蛋白修饰形式的表观遗传变化也塑造了基因表达的模式。哺乳动物的基因转录通常会产生一个前体 mRNA，通过转录后加工形成成熟转录本。单个初级转录本可以通过不同转录后加工方式产生编码具有不同功能和定位蛋白质的多种成熟 mRNA。特定的成熟 mRNA 作为模板进行蛋白质生物合成过程也受到严格监管。这种调节可以通过核糖体的 mRNA 可及性或核糖体上蛋白质生物合成的启动来实现。此外，mRNA 的可及性可以通过具有不同调节功能的特定 RNA 来调节，如 miRNA、lncRNA 等。这些机制决定了核糖体合成蛋白质的时间和数量。由 ncRNA 介导的调控在真核基因表达中起着重要的作用，已知的调控机制包括与蛋白质、mRNA 和其他 ncRNA 的相互作用。

第十六章线上内容

（王华芹）

第四篇 细胞周期、增殖和细胞凋亡

生物体的各个细胞、组织都需要依赖细胞间的信息联系才能构成一个有生命活动的统一整体。细胞内存在一类细胞信号分子细胞通过胞膜或膜内受体感受细胞信号分子的刺激，经细胞内信号转导系统转换，完成对细胞的调节，这个过程称为细胞信号转导。

癌基因和抑癌基因是一类主要调节细胞增殖分化的基因，在正常情况下对维持正常细胞功能具有重要作用。若这些基因结构和表达异常，有可能发生细胞癌变或其他疾病。绝大部分癌基因表达产物为具有调控细胞增殖、分化的生长因子及其受体，而生长因子受体所介导的信号传递途径是细胞间信息传递的重要途径之一。

细胞生长与细胞分裂是生物体生命进程中两个基本过程。细胞从一次分裂完成开始到下一次分裂结束所经历的全过程即为细胞周期。构成生物体的不同类型的细胞都源于同一个受精卵。分化是由受精卵产生的同源细胞在形态、组成和功能方面发生稳定性差异的过程。个体发育是通过细胞分裂、细胞分化和细胞死亡生命活动实现的。细胞死亡有细胞坏死和程序性细胞死亡两种。

本篇将介绍细胞信号转导，细胞周期及其调控，程序性细胞死亡及其调控，癌基因、抑癌基因及其调控等四章。

第十七章 细胞信号转导

第一节 细胞信号转导概述

对于多细胞个体而言，任何一个细胞都不可能孤立存在，生命的正常运行需要细胞感知环境中的化学和物理刺激，并对这些刺激做出应答反应。细胞信号转导（cell signal transduction）的本质是阐释细胞生物学现象和生物大分子（蛋白质、多糖和核酸等）结构信息的相关性，即研究细胞在感受众多生物内环境因子（如激素、细胞因子、离子及所有细胞间的信号分子等）和外环境因子（如光、声、味、辐射、电磁场、温度和气体等）刺激后，发生分子转化，然后将信息经级联反应在细胞内传递的分子过程，并据此在生物个体发育和细胞生长过程中生理性地调控基因表达和代谢反应。

内外环境因子诱导细胞的信号转导进程，主要是通过相应的信号受体介导。受体介导的细胞信号转导作用是目前的科学研究热点，同时也是细胞生物学研究的核心内容之一，且该研究领域与生物化学、生理学、病理生理学、分子生物学、免疫学、微生物学及临床医学等各学科领域深度交融。参与受体介导的信号转导分子很多，按信号传递的先后顺序大致可分为以下五个层次：①细胞外信号分子（即配体分子，专一性识别并结合相应受体）；②受体（跨膜转换细胞外信号的分子）；③细胞内信号传递分子；④细胞内结构分子（影响细胞外形和细胞移动）；⑤转录因子（结合 DNA 并影响基因表达）。值得一提的是，在部分信号转导模式中，受体分子被激活后即成为转录因子（如核受体类分子），或者它们的信号传递分子本身就是转录因子（如核因子 κB），下面分别阐述。

一、细胞外信号

细胞所接受的细胞外信号称为细胞外信号（extracellular signal），包括物理、化学和生物信号，其中最重要的细胞外信号是由细胞分泌，并能调节机体功能的一大类生物活性物质，它们是细胞间通信的信号，被称为第一信使。这类信号分子主要是蛋白质、肽类、氨基酸及其衍生物、类固醇激素和一氧化氮等。第一信使分子的一级结构或空间构象中携带某些信息，当它们与位于细胞膜上或细胞质内的特定受体结合后，后者可将接收到的信息传导给细胞质或细胞核中的功能应答体系，进而启动细胞产生生物学效应。这些"第一信使"可控制多种生物学过程，如①糖、脂肪和氨基酸的代谢；②组织的生长和分化；③小分子激素和许多蛋白质的合成和分泌；④细胞内和细胞外液体的组成等。

化学信号分子大部分是不能通过细胞膜的水溶性分子，但也有少数具备脂溶性分子的特征可以直接穿过细胞膜到达细胞内。水溶性的信号分子（如胰岛素等）通过作用于细胞表面的受体分子将信号传递到细胞内（图 17-1 ①），并进一步引起细胞内的生物学效应（图 17-1 ①~⑤）。脂溶性的信号分子（如类固醇、类视黄醇和甲状腺素等）则可通过自由扩散透过质膜并结合到胞质溶胶的受体上（图 17-1 ⑦~⑧），受体-激素复合物形成后可进入细胞核（图 17-1 ⑨），并与DNA 分子中的特定调节序列结合，进而激活或阻遏特定靶基因的表达（图 17-1）。

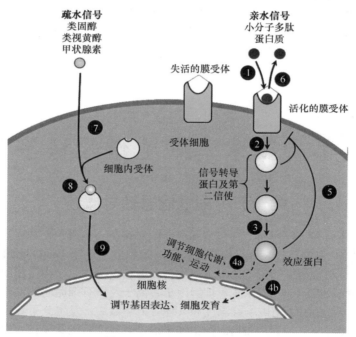

图 17-1　细胞信号转导概述

1. 细胞外信号按特点和作用方式分类　根据细胞外信号特点及作用方式的不同，化学信号分子可分为内分泌信号、旁分泌信号、自分泌信号、神经递质等类型。一些细胞外信号物质影响细胞内代谢的可能途径见表 17-1。

表 17-1　细胞外信号影响细胞内代谢的可能途径

信号分子	受体	引起的细胞效应
神经递质		
乙酰胆碱、谷氨酸、γ-氨基丁酸	膜受体	引起离子通道的打开或关闭

续表

信号分子	受体	引起的细胞效应
生长因子		
胰岛素样生长因子-1、表皮生长因子、血小板源性生长因子	膜受体	引起效应蛋白的磷酸化和去磷酸化，改变细胞的代谢和基因表达
激素		
蛋白类、多肽及氨基酸衍生类激素	膜受体	引起效应蛋白的磷酸化和去磷酸化，改变细胞的代谢和基因表达
类固醇激素、甲状腺素	细胞内受体	调节转录
维生素		
维生素 A、维生素 D	细胞内受体	调节转录

（1）内分泌信号：由内分泌细胞合成的激素，经血液或淋巴循环到达机体各部位的靶细胞，这类信号分子的作用特点是距离远、范围大且持续时间较长。胰岛素、甲状腺素和肾上腺素是最具代表性的化学类激素分子。

（2）旁分泌信号：由某些细胞产生并分泌的一大类生物活性物质（包括生长因子、前列腺素和一氧化氮等），它们通常不进入血液，而是通过细胞外液的介导，作用于邻近的靶细胞（包括同种和异种细胞）。在一些情况下，生长因子与细胞外基质组分紧密结合，不能向邻近的细胞发出信号，只有当细胞损伤或感染引发细胞外基质成分降解后才会释放这些生长因子，发出信号。

（3）自分泌信号：细胞自己分泌释放的物质，反过来刺激细胞本身并导致相应的生物学效应。一些生长因子即通过这种方式来起作用，如培养的细胞通常分泌刺激自身生长和增殖的生长因子。这种类型的信号通常是肿瘤细胞的特征。许多肿瘤细胞过度产生和释放自分泌生长因子，导致不适当的、不受调节的自我增殖，并最终导致了肿瘤的形成。

（4）神经递质：由神经元的突触前膜终端释放，并作用于突触后膜的一类特殊受体。这类信号分子（如乙酰胆碱和去甲肾上腺素等）具有作用时间和距离均较短的特点。

此外，许多位于细胞表面的膜蛋白也可作为信号发挥重要作用。在某些情况下，一个细胞上的这种膜结合信号蛋白直接结合相邻靶细胞表面的受体，触发其增殖或分化。在另一些情况下，膜结合信号蛋白经蛋白酶水解切割释放到细胞外的片段也可作为可溶性信号分子起作用。

2. 细胞外信号按产生的生物学效应分类 根据与受体结合后细胞产生的生物效应差异，细胞外信号分子又可分为激动剂和拮抗剂两种类型。激动剂是指与受体结合后能使细胞产生效应的细胞外信号物质，根据其与内源性配体结合受体部位和生物效应的差异，又分为两种类型：Ⅰ型激动剂与受体结合的部位与内源性配体相同，产生的细胞效应与内源性配体相当或更强；Ⅱ型激动剂与受体结合的部位不同于内源性配体，本身不能使细胞产生效应，但可增强内源性配体对细胞的作用。拮抗剂是指与受体结合后不产生细胞效应，但可阻碍配体或激动剂对细胞作用的物质。根据拮抗剂与内源性配体结合受体部位和生物效应的差异，也可分为两种类型：Ⅰ型拮抗剂结合于受体的部位与内源性配体相同，可阻断或减弱内源性配体对细胞的效应；而Ⅱ型拮抗剂结合于受体的部位与内源性配体不同，能阻断或减弱内源性配体对细胞的作用。

二、受　　体

在任何系统中，信号对目标产生影响的首要条件就是信号必须被接收。细胞外信号分子通过位于靶细胞表面或内部的特殊物质——受体（receptor）——将信号导入靶细胞内，并保证信号仅在靶细胞中产生特异性反应。参与信号转导的受体分为两类，一类是位于细胞膜上的细胞膜受体，另一类是位于细胞质和细胞核的细胞内受体。由于受体分子结构和信号转导方式的不同，又可细分为很多类型。

（一）细胞膜受体

细胞膜受体主要为镶嵌在细胞膜上的糖蛋白，其结构由胞外结构域、穿膜结构域和胞内结构域三部分组成。胞外结构域与配体相互作用，穿膜结构域将受体锚定在质膜上，胞内结构域则起着传递信号的作用。细胞膜受体的配体是亲水性细胞外小分子、肽和蛋白质等信号分子。

由于细胞膜受体胞质段的结构和功能差异，细胞膜受体又分为以下两种类型：

1. 细胞质段含有不同功能结构域的细胞膜受体亚类

（1）酪氨酸激酶受体（tyrosine kinase receptor，TKR）：也称为受体型酪氨酸激酶（receptor tyrosine kinase，RTK）。所有 RTK 都有三个基本组成部分，分别是与配体结合的胞外结构域、疏水的一次跨膜 α 螺旋和具有酪氨酸蛋白激酶活性的胞质结构域。大多数 RTK 以单体形式存在，当胞外结构域与配体结合后，诱导受体二聚体化而激活。功能性二聚体的形成是激活其激酶活性的必需步骤。这类膜受体的细胞质段内含有酪氨酸蛋白激酶结构域（tyrosine protein kinase domain，TPKD），如表皮生长因子受体（epidermal growth factor receptor，EGFR）、血小板源性生长因子受体（platelet-derived growth factor receptor，PDGFR）、成纤维细胞生长因子受体和胰岛素受体等。

（2）丝氨酸/苏氨酸激酶受体（serine/threonine kinase receptor，STKR）：这类膜受体的细胞质段内含有丝氨酸/苏氨酸蛋白激酶（serine/threonine protein kinase），如转化生长因子受体 β（transformation growth factor receptor-β，TGFR-β）（参见本章第二节）。

（3）肿瘤坏死因子受体（tumor necrosis factor receptor，TNFR）家族：这类膜受体的细胞质段内含有死亡结构域（death domain，DD），如 TNFR1、FAS、DR3/4（death receptor 3/4）等。这些受体介导的信号转导内容于第十九章中介绍。

（4）T 细胞受体（T cell receptor，TCR）和 B 细胞受体（B cell receptor，BCR）：这类膜受体的细胞质段内含有免疫受体酪氨酸激活模体（immunoreceptor tyrosine-based activation motif，ITAM）。这些受体介导的信号转导内容将于免疫学中介绍。

（5）Toll 样受体（Toll-like receptor，TLR）：这类膜受体的细胞质段内含有 Toll/白细胞介素-1 受体（Toll/IL-1R，TIR）结构域。这些受体介导的信号转导内容将于先天性免疫中介绍。

2. 细胞质段偶联不同效应分子的细胞膜受体亚类

（1）G 蛋白偶联受体（G-protein coupled receptor，GPCR）：人类基因组编码约 800 个功能性 GPCR，可分为几个亚家族，这些亚家族的成员在氨基酸序列和结构上极其相似。GPCR 本质均是由单条多肽链构成的糖蛋白，其多肽链在膜中具有相同的方向，包含 7 个跨膜 α 螺旋区（$H_1 \sim H_7$）、4 个细胞外片段和 4 个细胞质片段，其中第 3 个胞内环上偶联一个 GTP 结合蛋白（GTP-binding protein，简称 G 蛋白）。由于 G 蛋白的高度多样性，G 蛋白偶联受体是至今发现的最大的膜受体超家族，分布广泛，几乎遍布所有细胞。不同 GPCR 形成内部结构的氨基酸残基是不同的，这种结构允许不同的受体结合不同的小分子化合物，无论它们是亲水性的（如肾上腺素和胰高血糖素），还是疏水性的（如许多气味分子）。但在所有情况下，配体的结合都会引起受体的构象变化，从而激活异源三聚体 G 蛋白的 GTP 结合亚基 G_α（见本节信号转导过程中的分子开关部分）。

（2）细胞因子受体（cytokine receptor，CR）：这类膜受体属于激活酪氨酸蛋白激酶类受体，受体和激酶是由不同基因编码的独立多肽，但紧密结合在一起。受体的细胞质段近膜处，具有偶联酪氨酸蛋白激酶活性的 JAK（Janus kinase）家族分子的区域。细胞因子受体通过与干扰素、白细胞介素（interleukin，IL）、生长激素（growth hormone，GH）、催乳素（prolactin，PRL）、粒细胞集落刺激因子（granulocyte colony-stimulating factor，G-CSF）、血小板生成素（thrombopoietin，TPO）和促红细胞生成素（erythropoietin，EPO）等信号分子结合，诱导自身同二聚体化而激活，随后激活与之相结合的 JAK 激酶信号转导及转录激活因子（STAT）。

（3）整合素（integrin）：这类膜受体是由不同的 α 链和 β 链组成的杂二聚体分子，在其 β 链细胞质段上偶联具有丝氨酸/苏氨酸蛋白激酶活性的黏着斑激酶（focal adhesion kinase，FAK），FAK 又称为整合素连接激酶（integrin-linked kinase，ILK）。

（二）细胞内受体

细胞内受体（intracellular receptor，IR）通常为 400～1000 个氨基酸残基组成的单体蛋白，其 N 端的氨基酸序列高度可变，长度不一，具有转录激活作用；其 C 端由 200 多个氨基酸残基组成，是配体结合的区域，对受体的二聚化及转录激活也有重要作用；其 DNA 结合区域由 66～68 个氨基酸残基组成，富含半胱氨酸残基，因有两个锌指结构，故可与 DNA 结合。配体结合区与 DNA 结合区之间为铰链区，这一序列较短，其功能尚未完全明确。细胞内受体根据其在细胞中的分布情况分为细胞质受体和核受体。细胞质受体存在于细胞质内，结合相应配体后转位入细胞核，所以也将其统称为核受体（nuclear receptor，NR），并将前者称为 Ⅰ 型核受体（NR-Ⅰ），后者称为 Ⅱ 型核受体（NR-Ⅱ）。其配体为脂溶性信号分子，可以自由透过细胞膜或核膜进入细胞质或细胞核内。由胞内受体介导的信号转导反应过程很长，细胞产生效应一般需经历数小时至数天。

1.NR-Ⅰ Ⅰ 型核受体的成员包括糖皮质激素受体（glucocorticoid receptor，GR）、雌激素受体（estrogen receptor，ER）、盐皮质激素受体（mineralocorticoid receptor，MR）、孕激素受体（progesterone receptor，PR）和雄激素受体（androgen receptor，AR）等。

2.NR-Ⅱ Ⅱ 型核受体的成员包括甲状腺素受体（thyroid hormone receptor，TR）、9-反式视黄酸受体（9-*trans*-retinoic acid receptor，RAR）、9-顺式维甲酸受体（9-*cis*-retinoic acid receptor，也称为类视黄醇受体，retinoid x receptor，RXR）、维生素 D_3 受体（vitamin D_3 receptor，VD_3R）和过氧化物酶体增殖物激活受体 γ（peroxisome proliferatoractivated receptor γ，PPARγ）等。

（三）受体与配体的识别

信号分子或配体可结合到受体的特定结构域，该过程依赖于二者之间的非共价键（离子键、范德瓦耳斯力和疏水相互作用等）和相互作用界面之间的分子结构互补性。与酶的特点相似，受体对配体识别和结合也具有特异性，每种类型的受体只结合一种类型的信号分子或一组密切相关的信号分子。例如，生长激素受体与生长激素特异性结合，但不与其他激素结合（即使它们之间的结构非常相似）；乙酰胆碱受体只结合乙酰胆碱这种小分子物质，而不结合化学结构上与它略有不同的其他类型分子；胰岛素受体可结合胰岛素和胰岛素样生长因子 Ⅰ 和生长因子 Ⅱ（IGF-Ⅰ 和 IGF-Ⅱ）的相关激素，但不结合其他激素。

配体与受体的结合通常导致受体的构象变化，进而引发一系列反应，最终导致细胞内特异性的生物学效应。在长期的进化过程中，生物体能够使用一个配体来刺激不同的细胞以不同的方式做出应答。不同类型的细胞往往对同一配体具有不同的受体，且每种受体的激活都伴随着不同的细胞内信号转导途径开放。例如，骨骼肌细胞、心肌细胞和产生水解消化酶的胰腺腺泡细胞的表面都有不同类型的乙酰胆碱受体：在骨骼肌细胞中，乙酰胆碱从支配细胞的运动神经元中释放出来，通过激活乙酰胆碱门控离子通道触发肌肉收缩；在心肌细胞中，某些神经元释放的乙酰胆碱会激活 G 蛋白偶联受体，进而通过降低收缩率的方式降低心率；在胰腺腺泡细胞中，乙酰胆碱的刺激引发细胞溶质钙离子浓度 $[Ca^{2+}]$ 的升高，从而诱导储存在分泌囊泡中的消化酶分泌，以促进膳食的消化。可见，乙酰胆碱对不同类型细胞中不同类型的乙酰胆碱受体的激活导致不同的细胞效应。

（四）配体-受体复合物引起的生物学效应

生物体的不同细胞表面也发现相同的受体，只是特定配体与受体的结合，在不同类型的细胞中通过诱导表达特定的效应蛋白而引发不同的生物学效应，该现象被称为受体-配体复合物的效应特异性。例如，在肝、肌组织和脂肪细胞上发现相同的肾上腺素受体（β-肾上腺素受体），它在前两种类型细胞中刺激糖原解聚为葡萄糖，但在脂肪细胞中则刺激储存的脂肪水解和分泌。通过这些方式，相同的配体可以诱导不同的细胞以多种方式做出应答，以协调机体的整体反应。

如图 17-1 所示，细胞外信号分子与细胞表面受体结合后的信号转导可以诱导两种主要类型的细胞反应：第一类反应是细胞中预先存在的特定酶或其他蛋白质活性或功能的短暂改变（数秒至数分钟），通常是通过对蛋白质上特定氨基酸的共价修饰（如磷酸化、甲基化和泛素化等）或通过与分子（如 cAMP 或 Ca^{2+}等）的结合来实现（图 17-1 步骤 4a）；第二类反应通常是通过磷酸化等共价修饰方式激活（或抑制）特定的转录因子，进而导致细胞中特定蛋白质含量的长期（数小时至数天）改变（图 17-1 步骤 4b）。

（五）受体与配体的结合特点

受体能特异性识别并结合相应的配体，在与配体结合后，可将其相互作用的信号向其他信号分子传递，进而使细胞产生生物学效应。受体与配体的结合具有下列几个特点：

1. 高度特异性 受体与配体的结合具有选择性，受体分子的立体构型是决定这一特点的关键，受体可通过与配体分子中反应基团的定位和空间结构互补，准确识别配体并与其特异地结合。一个配体可以与几种受体结合。

2. 高度亲和力 受体与配体的结合力极强，极低浓度的配体与受体结合后，即可产生显著的生物学效应。对不同的受体和配体而言，亲和力的大小差别很大。

3. 可饱和性 随着配体浓度的升高，受体被配体完全结合后，就不再结合其他配体。这是细胞控制其对细胞外信号反应程度的一种方式。受体的数量相对恒定及受体对配体的较高亲和力是受体饱和性产生的基础。虽然不同的受体或同一种受体在不同类型细胞中的数量差异较大，但某一特定的受体在特定细胞中的数量，却相对恒定。

4. 可逆性 受体与配体的结合与解离处于可逆的动态平衡中。受体与配体以氢键、离子键和范德瓦耳斯力等非共价键结合，在细胞发生效应后，两者解离，配体被灭活，受体可再次被利用。

5. 可调节性 受体与配体的结合可受多种因素的影响，主要涉及受体的数目及受体与配体的亲和力，常见的调节机制为受体的磷酸化和去磷酸化，如表皮生长因子（epidermal growth factor，EGF）受体酪氨酸残基的磷酸化，可促进其与 EGF 结合。而类固醇激素受体在磷酸化后，与配体的结合能力却明显减弱。

三、细胞内信使

细胞内信使是指受体被激活后在细胞内产生的、能介导信号转导的非蛋白、低分子量活性物质，又称为第二信使。细胞可通过短暂改变第二信使的浓度和分布，进而改变与之结合的靶蛋白活性。已经发现的第二信使有许多种，其中最重要的有环磷酸腺苷（cyclic adenosine monophosphate，cAMP）、环磷酸鸟苷（cyclic guanosine monophosphate，cGMP）、1,2-甘油二酯（DG）、肌醇三磷酸（IP$_3$）和钙离子（Ca^{2+}）等。

（一）cAMP 信使

环磷酸腺苷是最重要的胞内信使，它是细胞膜的腺苷酸环化酶（adenylate cyclase，AC）在 G 蛋白激活下，催化 ATP 脱去一个焦磷酸后的产物（图 17-2）。AC 是膜结合的糖蛋白，哺乳动物组织来源的 AC 至少有 8 种同工酶。cAMP 可被特异的环核苷酸磷酸二酯酶（phosphodiesterase，PDE）迅速水解为 5'-AMP，失去信号功能（图 17-2）。

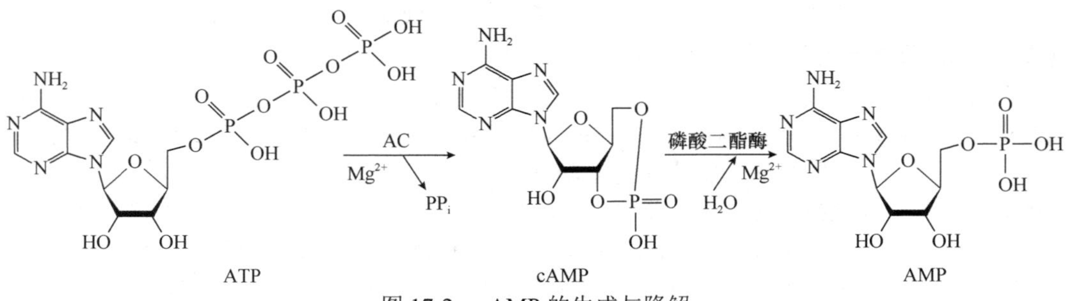

图 17-2 cAMP 的生成与降解

在许多真核细胞中，cAMP 浓度的升高激活一种特殊的蛋白激酶——依赖 cAMP 的蛋白激酶

（cAMP-dependent protein kinase），即蛋白激酶A（PKA）。PKA可磷酸化不同类型细胞中表达的多种靶蛋白，诱导细胞代谢发生改变。PKA对底物的特异性要求较低，催化的底物蛋白因细胞类型的不同而异，这导致了cAMP浓度变化产生的生物学效应也不同。例如，脂肪细胞中cAMP浓度上升可激活脂肪酶水解储存的甘油三酯产生游离脂肪酸和甘油，而成纤维细胞和造血细胞中cAMP浓度上升则可停止该类细胞的增殖。在另一些细胞中，cAMP可调节某些离子通道的活性。

（二）cGMP信使

环磷酸鸟苷是一种广泛存在于动物细胞中的胞内信使，是由鸟苷酸环化酶（guanylate cyclase，GC）催化水解GTP后形成（图17-3）。GC有两种形式：一种是膜结合型的受体分子，另一种存在于细胞质。细胞质中的GC含有血红素辅基，可直接受NO或者相关化合物的激活。cGMP可被细胞中cGMP特异的PDE水解生成5'-GMP（图17-3）。因此，细胞中cGMP含量的高低受GC与PDE的双重调节。

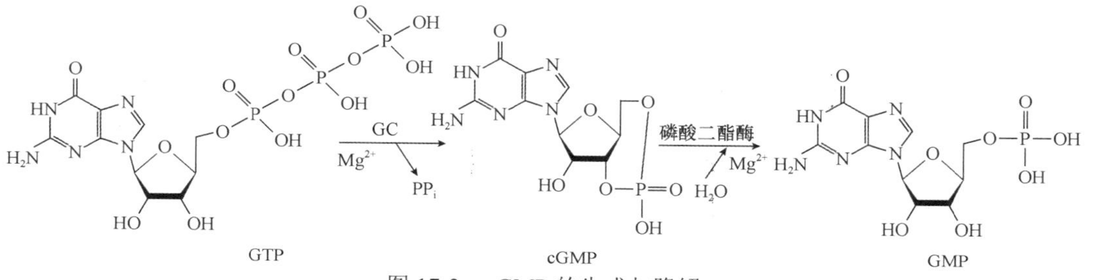

图17-3　cGMP的生成与降解

在细胞中，cGMP形成后可通过激活依赖cGMP的蛋白激酶（cGMP-dependent protein kinase，PKG）使相应的蛋白质磷酸化，引起生物学效应。cGMP在光信号的转导中起着重要作用。在脊椎动物的视杆细胞中，cGMP可直接作用于阳离子通道，使其保持开放状态；在有光信号存在的情况下，PDE被快速激活，将cGMP水解为5'-GMP，cGMP水平下降使阳离子通道关闭，引起胞内超极化，神经递质释放减少，产生视觉反应。

cGMP在细胞中的含量较低，仅为cAMP的$1/100 \sim 1/10$，而cGMP在浓度与作用上呈现出与cAMP相拮抗的特点。例如，cAMP浓度升高，细胞内蛋白质合成的进程加快，细胞分化受到促进；而cGMP浓度升高则可加速细胞DNA复制，进而促进细胞的分裂。

（三）DG/IP₃信使

细胞外的某些信号分子（如肾上腺素）与其相应的受体结合后，通过活化膜上特定的G蛋白激活磷脂酶C，该酶将细胞膜胞质侧的磷脂酰肌醇-4,5-双磷酸（phosphatidylinositol-4,5-bisphosphate，PIP_2）水解，产生1,2-甘油二酯（DG）和1,4,5-肌醇三磷酸（IP_3）两种胞内信使。

IP_3是一种亲水性分子，在其产生后即可从质膜扩散至细胞质中，与内质网膜上的受体结合，使膜上的Ca^{2+}通道开放，Ca^{2+}从内质网释放入细胞质，启动细胞内Ca^{2+}信号系统，使细胞产生相应的反应。由PLC催化PIP_2水解产生的DG仍然与质膜结合。细胞质Ca^{2+}水平的升高导致蛋白激酶C（protein kinase C，PKC）转移到质膜的细胞质面，与DG相互作用并使其激活。PKC通过对多种胞内蛋白质进行磷酸化修饰而启动细胞的生理生化反应，其在不同细胞中的激活导致不同的细胞反应。

IP_3还可以触发Ca^{2+}从线粒体相关内质网膜（mitochondria-associated endoplasmic reticulum membrane，MAM）的钙通道向线粒体基质的转运。MAM的IP_3门控Ca^{2+}通道响应细胞质IP_3的升高而开放。线粒体外膜上的电压依赖性阴离子通道（voltage-dependent anion-selective channel，VDAC）通过GRP75蛋白与Ca^{2+}通道物理连接，高效地将内质网腔释放的Ca^{2+}传递到线粒体膜间腔，然后线粒体内膜中的线粒体钙转运体（mitochondrial calcium uniporter，MCU）将Ca^{2+}转运到线粒体基质中，从而增强线粒体活性并增加ATP合成。

（四）Ca²⁺信使

机体几乎所有细胞中都使用 Ca^{2+} 作为第二信使，Ca^{2+} 在细胞收缩、运动、分泌和分裂等重要活动中均起着重要作用。Ca^{2+} 的信使作用是通过其浓度的升高或降低来实现的。由 ATP 驱动的钙泵不断地将 Ca^{2+} 输送出细胞或输入内质网，胞质溶胶中游离 $[Ca^{2+}]$ 保持在非常低的水平（$\approx 10^{-7}$ mol/L）。通过信号诱导使相应膜中的钙通道打开，Ca^{2+} 从内质网腔或细胞外环境中释放到胞质溶胶，使胞质溶胶中 $[Ca^{2+}]$ 10 倍到 100 倍地增加，由此产生的钙信号使细胞内某些酶的活性和蛋白质功能发生改变，进而产生生物学效应。在肌肉中，胞质溶胶 $[Ca^{2+}]$ 的升高诱发肌肉收缩。在内分泌细胞中，$[Ca^{2+}]$ 的升高诱导含有激素的分泌囊泡的胞吐作用，从而使其释放到体循环中。在神经元中，胞质 $[Ca^{2+}]$ 的升高导致含神经递质的囊泡的胞吐。$[Ca^{2+}]$ 的升高通常仅限于胞质溶胶的特定区域，允许某一生理过程（如分泌囊泡的胞吐）在那里发生，而不影响细胞其他地方的生理过程。

在所有细胞中，胞质溶胶 $[Ca^{2+}]$ 的升高是由 Ca^{2+} 结合蛋白感知的，特别是 EF 手形（EF hand）家族的蛋白，如钙调蛋白（calmodulin，CaM），它们都含有螺旋-环-螺旋模体。Ca^{2+} 与 CaM 或其他 EF hand 蛋白的结合会导致蛋白构象的变化，使这些蛋白能够结合各种靶蛋白，进而激活或抑制靶蛋白。CaM 本身还可通过激活细胞膜上的 Ca^{2+} 泵，调节细胞内的 Ca^{2+} 浓度。Ca^{2+} 也可直接对离子通道进行调节，如活化多种组织细胞膜的 K^+ 通道，致使 K^+ 顺着电化学梯度扩散到细胞外，进而使细胞膜处于超极化状态。一些非专一性的阳离子通道，在受到 Ca^{2+} 的活化后，对 Na^+、K^+ 的通透性增加。

四、信号转导过程中的分子开关

生物体在细胞信号转导过程中，除受体和第二信使分子外，还有三类在进化上保守的细胞内蛋白——蛋白磷酸酶、蛋白激酶和 G 蛋白的参与。它们的功能依赖于细胞外信号的刺激，通过两种方式在信号转导级联反应中起"分子开关"的作用，其中一种方式是蛋白激酶和蛋白磷酸酶催化的蛋白质的磷酸化与去磷酸化，另一种方式是 G 蛋白的构象变化。

（一）蛋白质的磷酸化与去磷酸化

蛋白激酶为一类磷酸转移酶，其作用是将 ATP 的磷酸基团转移到底物特定氨基酸残基上。在细胞的信号转导过程中，激活的蛋白激酶将其底物磷酸化而激活或者抑制它们的活性，这是细胞外信号引起细胞效应的一个重要的环节，如前面提到的 PKA、PKC 和 PKG 等。蛋白质磷酸酶可从目标蛋白质的特定残基上去除磷酸基团，一些信号途径通过激活细胞内蛋白质磷酸酶将其底物去磷酸化而激活或者抑制它们的活性。磷酸酶与激酶协同作用，对各种靶蛋白的功能起着开关作用。

人类基因组编码大约 600 种蛋白激酶和 100 种的磷酸酶。一般来说，每个蛋白激酶磷酸化一组特定靶标蛋白质中的特定氨基酸残基，根据其作用底物的氨基酸残基特异性，可将信号转导过程中的蛋白激酶分为两类，即酪氨酸蛋白激酶和丝氨酸/苏氨酸激酶。

1. 酪氨酸蛋白激酶 酪氨酸蛋白激酶（tyrosine protein kinase，TPK）是一类激活后可催化底物蛋白质酪氨酸残基磷酸化的激酶，为蛋白激酶家族中最重要的成员之一，对细胞生长、增殖和分化等过程起重要的调节作用。这类激酶包括两大类，即位于细胞膜上的受体型 TPK 和位于胞质中的非受体型 TPK。

（1）受体型 TPK：即 TPKR，此类是酪氨酸激酶家族中目前了解最多的一种类型，其共同的特点是含有一个配体结合位点的胞外结构域，一个疏水的跨膜 α 螺旋以及一个包含酪氨酸蛋白激酶活性的胞质结构域。大多数受体型 TPK 是单体，配体与胞外结构域的结合诱导跨膜结构域紧密结合而形成受体二聚体。二聚体化是其激酶活性激活的关键。活化后，通过交叉磷酸化导致细胞内信号转导。

（2）非受体型 TPK：此类激酶有 9 个亚族，JAK（Janus kinase）是其中一个主要的 TPK 亚族，这些成员在结构上均含有特殊的保守性结构域，如 SRC-同源 2（SRC-homology 2，SH2）结构域和 SRC-同源 3（SRC-homology 3，SH3）同源结构域等，这些结构域可在信号转导中起重要作用。非受体型 TPK 常与一些非催化型的受体偶联，如干扰素、生长激素、白介素和集落刺激因子等细胞外信号分子的受体及部分黏附分子的受体。

2. 丝氨酸/苏氨酸激酶　丝氨酸/苏氨酸激酶（serine/threonine kinase，STK）的主要作用是催化底物蛋白质丝氨酸/苏氨酸残基磷酸化引起构象改变而激活蛋白质，PKA、PKC、PKG、依赖 Ca^{2+}/钙调蛋白的蛋白激酶（Ca^{2+}/calmodulin-dependent protein kinase，CaMK）和丝裂原活化蛋白激酶（mitogen-activated protein kinase，MAPK）等均属此类。此外，还包括许多其他种类，如 RAF1 是已知的能够激活丝裂原活化蛋白激酶激酶（MAPK kinase，MAPKK）的细胞激酶之一，在细胞对刺激产生增殖反应的 RAS 信号转导通路中起关键作用。

3. 蛋白磷酸酶　蛋白磷酸酶（protein phosphatase）是催化已经磷酸化的蛋白质分子发生去磷酸化反应的一类酶分子，即通过水解磷酸酯键将底物分子中的磷酸基团除去，生成磷酸根离子和羟基。真核生物具有多个蛋白磷酸酶家族，其可以将磷酸基团从氨基酸侧链去除，根据脱磷酸化的氨基酸残基的不同，蛋白磷酸酶分为酪氨酸磷酸酶和丝氨酸/苏氨酸磷酸酶。有少数蛋白磷酸酶具有双重作用，可同时去除酪氨酸和丝氨酸/苏氨酸残基上的磷酸基团。

通常，蛋白激酶本身的催化活性受其他激酶对其磷酸化修饰、其他蛋白质与其结合、各种细胞内小信号分子和代谢物浓度变化的调节。所有蛋白激酶的活性都与蛋白磷酸酶的活性相反，蛋白激酶催化蛋白磷酸化的过程是可逆的，磷酸化的蛋白质在磷酸酶的作用下可以发生去磷酸化，蛋白激酶与磷酸酶的相对活性决定了蛋白质上磷酸基团的数量。蛋白磷酸酶与蛋白激酶相对应存在，共同构成磷酸化和去磷酸化这一重要的蛋白质活性开关系统。

（二）G 蛋白的构象变化

G 蛋白是指在信号转导过程中，与受体偶联的并能与鸟苷酸结合的一类蛋白质，位于细胞膜胞质面，为可溶性的膜外周蛋白。G 蛋白分为异三聚体 G 蛋白和低分子量 G 蛋白（小 G 蛋白）。小 G 蛋白是分子量小于 20kDa 的一大类单体蛋白，现已发现包括癌基因 RAS 的产物在内的不下 70 个成员，其发挥功能时需要接头蛋白（adaptor）和鸟嘌呤核苷酸释放因子（guanine nucleotide release factor，GRF）的参与。下面重点介绍异三聚体 G 蛋白的结构及作用机制。

异三聚体 G 蛋白是由 α、β 和 γ 三种亚基组成的三聚体。在人体中已发现由 16 个基因编码的 21 种 α 亚基，6 种 β 亚基和 12 种 γ 亚基。因此，由不同的亚基组成的 G 蛋白约有 100 多个成员，形成一个超家族。G 蛋白中，α 亚基（G_α）最大，分子量约为 45kDa，能结合 GTP 或 GDP，而 β 和 γ 亚基总是结合在一起，通常被称为 $G_{\beta\gamma}$ 亚基。不同的 $G_{\beta\gamma}$ 亚基在功能上是可互换的，而不同的 G_α 亚基赋予不同的 G 蛋白以特异性。因此，我们可以用 α 亚基的名字来指代整个三亚基 G 蛋白。

1. 异三聚体 G 蛋白作用机制　在静息状态下，G_α 亚基结合 GDP，并与 $G_{\beta\gamma}$ 形成复合体。配体（如肾上腺素）或激动剂（如异丙肾上腺素）与 G 蛋白偶联受体的结合会改变其跨膜螺旋的构象，此时受体作为 G_α 亚基的鸟嘌呤核苷酸交换因子与 G_α 亚基结合并促使其释放出 GDP。随后，GTP 迅速与 G_α 亚基中的"空"鸟嘌呤核苷酸位点结合，导致其开关片段的构象发生变化。这种变化削弱了 G_α 与受体和 $G_{\beta\gamma}$ 亚基的结合使其相互解离。在大多数情况下，锚定在质膜中的 $G_\alpha \cdot GTP$ 复合物与效应蛋白相互作用并激活效应蛋白，当然有时也可以抑制效应蛋白。此外，在有些细胞中，从 G_α 亚基中释放出来的 $G_{\beta\gamma}$ 亚基有时也会通过与效应蛋白相互作用来传递信号。活性的 $G_\alpha \cdot GTP$ 持续时间相对较短，因为由 G_α 亚基固有的 GTP 酶（GTPase）活性在几分钟内催化结合的 GTP 水解成 GDP，G_α 亚基的构象回到非活性的 $G_\alpha \cdot GDP$ 状态，阻断效应蛋白的进一步激活或抑制。生成的 $G_\alpha \cdot GDP$ 迅速与 $G_{\beta\gamma}$ 重新结合形成复合物而恢复到静息状态（图 17-4），从而对信号途径起到"开关作用"。

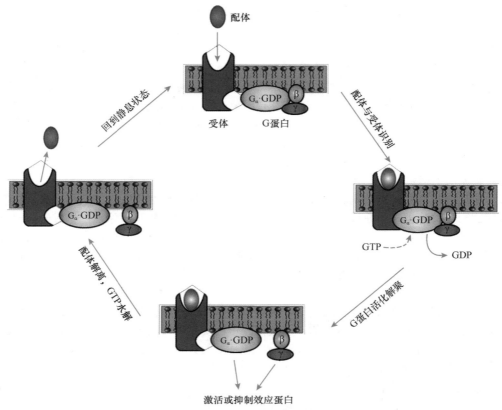

图 17-4　异三聚体 G 蛋白作用过程示意图

异三聚体 G 蛋白的主要功能是通过其自身构象的变化激活效应蛋白（effector protein），进而实现信号从细胞外向细胞内的传递。每一个异三聚体 G 蛋白都与一个特殊的受体和一个具有特殊结构的下游靶蛋白有特定的结合关系。

2. G 蛋白分类　G 蛋白下游效应蛋白通常是离子通道或与膜结合的酶，如腺苷酸环化酶、磷脂酶 C 等，不同的效应蛋白受不同类型 G 蛋白的影响。在哺乳动物中已发现 20 多种不同类型的 G 蛋白，根据其 α 亚基的种类不同分为五族（表 17-2）：① G_s 族（激动型 G 蛋白族），其活化型 αs-GTP 可激活 AC；② G_i 族（抑制型 G 蛋白族），其活化型 αi-GTP 抑制 AC；③ G_p 族（PLC 型 G 蛋白族），其活化型 αp-GTP 激活 PLC-β；④ G_{12} 族，其活化型 $α_{12/13}$ · GTP 结合小 G 蛋白 Rho 的鸟嘌呤核苷酸交换因子（Rho-guanine nucleotide exchange factor，RhoGNEF）激活 Rho；⑤ G_t 族 [传导蛋白（transducin）型 G 蛋白族]，其活化型 αt-GTP 激活磷酸二酯酶，水解 cGMP。

表 17-2　信号转导中 G 蛋白的生物学特性

G 蛋白族类	α 亚基	偶联受体	对效应蛋白的作用
G_s	αs	β-肾上腺素受体、降钙素及其相关受体、胰高血糖素受体、组胺 H_2 受体、ACTH 受体、LH 受体、嘌呤 2 受体	激活腺苷酸环化酶 激活 Ca^{2+} 通道 抑制 Na^+ 通道
G_i	αi	$α_2$-肾上腺素受体、血管紧张素受体、生长激素抑制受体、嘌呤 1 受体、DA_2 受体	抑制腺苷酸环化酶
G_p	αp	$α_1$-肾上腺素受体、促甲状腺激素受体、α-凝血酶受体、加压素受体、缓释肽受体、代谢型谷氨酸受体	激活磷脂酶 C
G_{12}	$α_{12/13}$	酪氨酸激酶受体	激活小 G 蛋白
G_t	αt	视紫红质受体	激活磷酸二酯酶

五、受体介导的信号转导特征

1. 暂时性 在信号转导中,发送的信号不能过强或持续存在,否则会因过强的或持久的刺激导致病理性的细胞生物学效应。这种暂时性的信号维持,是因为有些受体是因结合配体后被胞吞分解清除(如EGFR),有些受体是被相应的抑制分子抑制(如细胞因子受体类)(详见本章第四节)。

2. 可逆性 受体与配体是非共价结合,当发生生物学效应后,二者即解离,配体常被分解灭活,受体恢复初态,可再次利用。

3. 专一性 大多数受体只能识别并结合专一性配体,呈现高度专一性(如T细胞受体、B细胞受体和胰岛素等);有些受体可以识别结合两种或两种以上不同的配体(如整合素、G蛋白偶联受体),但亦呈现相对专一性。

4. 网络性 在细胞内存在许多不同的信号转导途径,它们之间不是完全孤立的,而是相互影响和交联,互相制约和协调,共同完成对细胞信号转导的调节,这就是所谓的信号网络(signaling network)(详见本章第四节)。

5. 级联放大性 信号转导过程中的各个反应相互衔接,形成一个级联反应过程。例如,激素与受体的结合触发受体的构象发生变化。通过催化GTP与GDP的转换,G蛋白被激活。被激活的G蛋白结合并激活一种合成第二信使的酶(如AC)。第二信使(如cAMP)结合并激活蛋白激酶,通过对一种或多种靶蛋白磷酸化改变其活性。

信号转导途径中的级联反应过程的一个重要优点是它促进细胞外信号的放大。细胞表面单个受体蛋白的激活可能会导致细胞质中成千上万的cAMP分子生成或$[Ca^{2+}]$升高,每一个cAMP分子可通过依次激活相应激酶或其他信号转导蛋白,影响下游多个蛋白的活性。在许多信号转导途径中,放大是必要的,因为细胞表面受体通常是低丰度的蛋白质,在每个细胞中仅存在大约1000个拷贝,相对少量的激素与受体结合而诱导的细胞反应通常需要产生数万或数十万个活化的效应分子。

第二节 膜受体介导的信号转导

大分子物质和高度亲水的信号分子作为配体时,它们无法通过自由扩散透过质膜。该类配体介导的细胞信号转导特征为:配体结合到膜受体细胞外或跨膜区的结构互补位点,诱导受体的构象改变,该变化信息进一步通过跨膜区传递到细胞质区,且这种构象变化可导致受体与胞质溶胶或附着在质膜上的其他蛋白质发生结合,并激活或抑制这些蛋白质的活性。通常,这些蛋白质会被活化并催化细胞内特定的第二信使合成或改变其浓度,然后这些第二信使将信号传递给酶或转录因子等效应蛋白,并产生生物学效应。

在真核生物中,大约有十几类细胞表面受体,它们主要负责激活几种特定类型的细胞内信号转导过程。鉴于部分特定类型的受体内容适于在其他有关章节中介绍,故本节仅介绍酪氨酸激酶受体、转化生长因子β受体(transforming growth factor-β receptor,TGF-βR)、细胞因子受体(CR)和G蛋白偶联受体等四类膜受体介导的信号转导。

一、TKR介导的信号转导

TKR介导的信号转导是真核生物体内一类重要的信号转导通路,其配体是可溶性或膜结合性的多肽,也可以是蛋白质类激素。在TKR配体中,部分配体可刺激特定类型细胞的增殖和分化,如神经生长因子(nerve growth factor,NGF)、血小板源性生长因子(platele derived growth factor,PDGF)、成纤维细胞生长因子(fibroblast growth factor,FGF)和表皮生长因子(epidermal growth factor,EGF)等;有些配体(如胰岛素)则可调节肝、肌组织和脂肪细胞中控制糖与脂代谢的多个相关基因表达。

（一）TKR 的分类

根据 TKR 的细胞外段结构特征，其可分为四种类型：①第一种类型 TKR 的细胞外段内含有两个富含半胱氨酸的重复序列域，如 EGFR；②第二种类型 TKR 是由二硫键连接的杂四聚体（$\alpha_2\beta_2$），其细胞外的两个 α 亚基内亦含有一个富含半胱氨酸的重复序列，如胰岛素受体（insulin receptor，IR）和胰岛素样生长因子受体（insulin-like growth factor receptor，IGFR）等；③第三种类型 TKR 的细胞外段内含有 5 个免疫球蛋白样域（immunoglobulin-like domain，IGLD），其细胞质段内的 TPK 结构域被亲水性插入序列分为两部分，如 PDGFR 和集落刺激因子-1 受体（colony stimulating factor-1 receptor，CSF-1R）等；④第四种类型 TKR 的细胞外段仅含有 3 个 IGLD，其细胞质段内的 TPK 域类似 PDGFR，亦呈间隔的串联结构形式（图 17-5）。

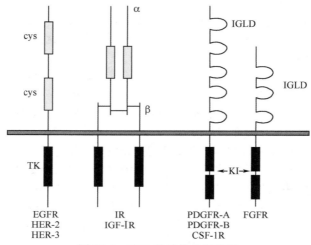

图 17-5　TKR 的结构分类简图

HER-2，人表皮生长因子受体-2；HER-3，人表皮生长因子受体 -3；CSF-1R，集落刺激因子-1 受体；KI，激酶抑制剂；

IGF-IR，胰岛素样生长因子-I 受体；TK，酪氨酸激酶

（二）TKR 的激活和信号转导

在静息状态下，TKR 的内在激酶活性非常低，此时其激活环（activation loop）是非磷酸化的，并以阻断激酶活性的构象存在。激活环存在于一些受体（如 IR）中可阻止受体与 ATP 的结合，而在另一些受体（如 FGFR）中则可阻止受体与配体的结合。当这类受体与相应的配体亲和结合后，受体的构象被诱导改变，随之引起受体胞外结构域的二聚化，激活细胞质段内 TPK 的活性，进而使受体的酪氨酸发生交叉磷酸化（自身磷酸化）。这种磷酸化导致激活环的构象变化，通过降低 ATP 或待磷酸化底物的 K_D 值（激酶与待磷酸化底物之间的平衡解离常数）进而激活激酶活性。磷酸化酪氨酸（Y-P）位点由一段约含 40 个氨基酸的 SH2 结构域（*SRC*-homology 2 domain）和一段约含 120 个氨基酸的磷酸-酪氨酸结合（phospho-tyrosine binding，PTB）结构域组成的连接分子（adaptor）或效应分子构成（图 17-6），通过磷酸化其他靶蛋白，导致细胞外信号向细胞内传递。

（三）TKR 介导的信号传递途径

在 TKR 介导的信号转导中存在多条信号传递途径，其中最早阐明的是 MAPK 通路，现有研究表明该通路又分为 PI3K-STK/PKB（serine/threonine kinase，STK；protein kinase B，PKB）、PLC-PKC 和信号转导及转录激活因子（signal transducers and activator of transcription，STAT）等三条通路，这些通路分别需要含有 SH2 结构域（如 PLC、PI3K 和 STAT 等）或含有 PTB 结构域（如胰岛素受体底物 1/2、成纤维细胞生长因子受体底物 2 和含 SH2 结构域结合蛋白等）的信号分子

参与。尽管这些含 SH2 结构域的信号分子都是以其 SH2 模体结合 TKR 细胞质段的 Y-P，但均具有一定的结合特异性，以致组成多条信号转导途径，形成信号网络（图 17-7）。

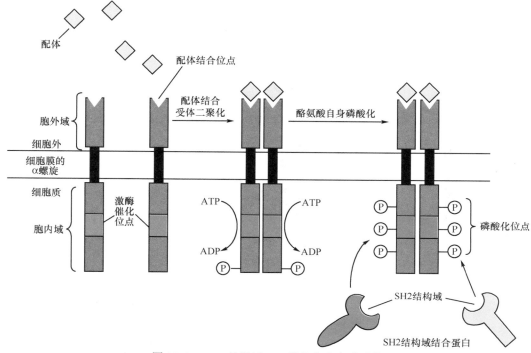

图 17-6 TKR 的激活、二聚化和自身磷酸化

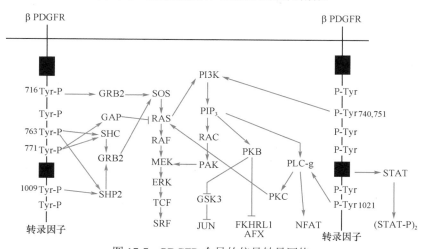

图 17-7 PDGFR 介导的信号转导网络

1. MAPK 途径 当 EGFR 和 PDGFR 结合相应配体被激活和自身磷酸化后，即募集并结合生长因子受体结合蛋白 2（growth factor receptor binding protein 2，Grb2）。Grb2 分子中部含有一个SH2，在其 N 端和 C 端各含一个约 15 个氨基酸的 SH3 结构域，SH3 结构域可结合 SOS 分子的富含脯氨酸基序（P-X-X-P）。SOS 是鸟嘌呤核苷酸交换因子（guanine-nucleotide exchange factor，GEF），在细胞内以其 P-X-X-P 结合 GRB2 的 SH3 形成二聚复合体。当 GRB2 结合在 TPKR 细胞质段的 Y-P 上后，SOS 分子就被移动到细胞膜内侧而接近小 G 蛋白 RAS（十四烷基化，锚定在细胞膜内侧），促使没有活性的 RAS-GDP 变成活化的 RAS-GTP，募集并激活丝氨酸/苏氨酸蛋白激

酶 RAF1，经级联反应激活 MAPKK（MAPK-kinase，又称作 MAPK/ESRK kinase，MEK）和丝裂原活化蛋白激酶（mitogen-activated protein kinase，MAPK，又称作胞外信号调节激酶 extracellular signal regulated kinase，ESRK）。MAPK 可通过丝氨酸/苏氨酸磷酸化激活核内外的许多靶分子，进而促进细胞的增殖。MAPKK 是苏氨酸/酪氨酸双重蛋白激酶，可特异性催化靶分子 MAPK 的（T-E-Y）区域中苏氨酸和酪氨酸的双重磷酸化（图 17-8）。

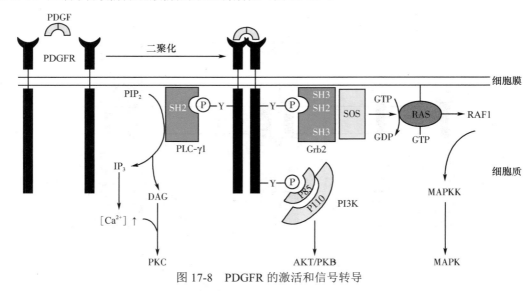

图 17-8　PDGFR 的激活和信号转导

　　IR 和 FGFR 与上述的 EGFR 和 PDGFR 的信号转导机制稍有不同。Y-P 活化的 IR 和 FGFR 不是募集结合 GRB2，而是分别结合含有 PTB 结构域的胰岛素受体底物 1（insulin-receptor substrate 1，IRS1）和 FGF 受体底物 2（FGF-receptor substrate 2，FRS2）。IRS1 和 FRS2 可被 IR 或 FGFR 酪氨酸磷酸化，进而通过 IRS1 和 FRS2 分子上的 Y-P 亲和结合含有 SH2 的信号分子。故 IRS1 和 FRS2 起到像船入坞一样的对接作用，被称为对接分子或船坞分子（docking molecule）。FRS2 通过十四烷基锚定在膜内侧，而 IRS1 在结合 IR 的 Y-P 位点后由细胞质转移到膜内侧（图 17-9）。

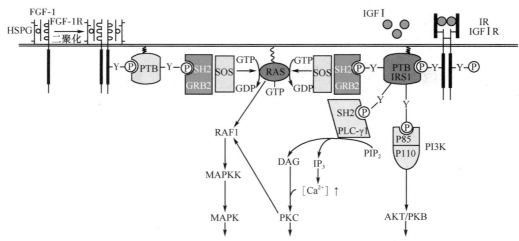

图 17-9　船坞分子在 FGFR 和 IR 介导信号转导中的作用

　　2. PI3K-AKT/PKB 途径　磷脂酰肌醇 3-激酶（phosphatidyl inositol 3-kinase，PI3K）是由 1 个 85kDa 调节亚基（P85）和 1 个 110kDa 催化亚基（P110）组成的二聚体，该激酶含有一个 SH2 结构域，可专一性催化磷脂酰肌醇分子 3'-OH 磷酸化。PI3K 存在于所有组织和细胞，可被多种受体介导激活，如酪氨酸激酶受体、细胞因子受体、整合素受体、免疫细胞受体和 G 蛋白偶联受体等。因此，PI3K-AKT/PKB 途径在当今细胞分子生物学研究领域中极受重视。

PI3K 通过其 P85 亚基的 SH2 结构域结合在 TKR 细胞质段的 Y-P 上后，其 P110 亚基即被 TKR 酪氨酸磷酸化激活，再级联催化细胞膜内的 PI-4,5-P_2 生成 PI-3,4,5-P_3，后者可亲和结合含有 PH 结构域（pleckstrin homology domain）的磷脂依赖蛋白激酶（phospholipid-dependent protein kinase，PDPK）和 PKB。PH 结构域由 120～130 个氨基酸组成，有趋向结合 Y-P 和 PI-3,4,5-P_3 的特性；PDPK（亦称 PKB-kinase）可以磷酸化 AKT/PKB 的 T308 和 S473 位点。活化的 AKT/PKB 具有非常广泛的靶底物，其在促进蛋白质和糖原的合成、细胞增殖及抑制细胞凋亡等方面具有重要的细胞生物学功能（图 17-10）。

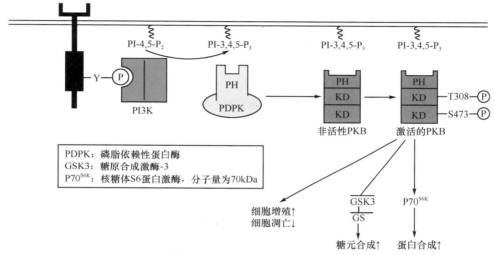

图 17-10　PI3K-AKT/PKB 途径

3. PLC-PKC 途径　1980 年，TPKR 被证明可诱导激活磷脂酶 C 催化磷脂酰肌醇 4,5-双磷酸（PIP₂）生成肌醇三磷酸和 1,2-二酰甘油，再通过激活 PKC 引起一系列信号转导反应，并产生细胞生物学效应。PLC 含有 α、β1～3、γ1～2 和 δ1～3 等 9 种同工酶，其中 TKR 激活的主要是分子结构里含有 SH2 结构域的 PLC-γ1 和 PLC-γ2，PLC-γ 可通过 SH2 结构域募集结合到 TKR 细胞质段的 Y-P 上，被 TPKR 酪氨酸磷酸化激活，然后引起 PKC 激活的级联反应（图 17-8、图 17-9）。

4. STAT 途径　信号转导因子和转录激活因子不仅参与细胞因子类受体介导的信号途径，亦被证明参与 PDGFR、EGFR 和 FGFR 等介导的信号途径（图 17-7、图 17-9）。因为 STAT 分子结构中亦含有 SH2 结构域，亦可募集结合在 TKR 的 Y-P 位点上。STAT 被 TKR 酪氨酸磷酸化后脱下，形成二聚化的活性转录因子，转移到细胞核内并促进相关基因的转录表达。

（四）TKR 介导的信号减弱与终止机制

综上所述，TKR 结合相应配体后经过二聚化和自身磷酸化，其细胞质段内的 TPK 呈现活化状态，即受体酪氨酸激酶被激活。TKR 活性在正常情况下保持在一定生理水平，如果 TKR 的活性过强或持续不减退，可引起细胞增殖失控、恶性转化或代谢紊乱等有关疾病的发生。正常细胞内 TKR 活性减弱和终止的调节机制大致分为以下四种（图 17-11）：①负反馈调节，如 PKC 丝氨酸/苏氨酸磷酸化 EGFR，抑制其 TKR 活性和 TKR 与配体结合的亲和性；活化的 EGFR 可催化 GRB2 的 Y209 位点磷酸化，减弱其 SH3 结构域结合 SOS 的亲和性，反馈性下调 EGFR 的信号转导；IR 可促进细胞表达细胞因子信号传送阻抑物 3（suppressor of cytokine signaling 3，SOCS3），SOCS3 依赖其 SH2 结构域结合 IR 和 IRS1 的磷酸化酪氨酸位点，反馈抑制 IR 的信号转导。②酪氨酸去磷酸化，如 IR 和 IRS1 的酪氨酸磷酸化可被蛋白酪氨酸磷酸酶 1B（protein tyrosine phosphates 1B，PTP1B）去磷酸化，进而起负调控作用。③泛素化蛋白分解，具有泛素-蛋白质连接酶（ubiquitin-protein ligase，即泛素化级联反应的第 3 个酶 E3）活性的 CBL 蛋白（分子量 100kDa，其 N 端含有 SH2 结构域）可通过结合分子间相互作用结构域内磷酸化的酪氨酸，将 TKR 泛素化分解。④胞吞作用（endocytosis）。

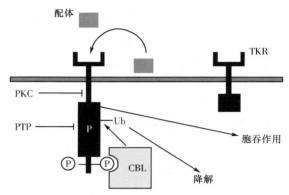

图 17-11　TKR 活性的负反馈调节示意图

二、TGF-βR 介导的信号转导

这类膜受体因其细胞质段内含有丝氨酸/苏氨酸蛋白激酶结构域，故也被称作 SPKR，为了区别存在于细胞质中的 SPK，将 SPKR 中的 SPK 称为受体型丝氨酸激酶（receptor serine kinase，RSK）。

SPKR 的配体是 TGF-β 超家族，约有 30 个成员，包括 TGF-β（transforming growth factor-β）1～4、骨成形蛋白（bone morphogenetic protein，BMP）1～8、活化素（activin）1～3、抑制素（inhibin）1～3、生长分化因子（growth differentiation factor，GDF）1～9 和胶质细胞源性神经营养因子（glial cell derived neurotrophic factor，GDNF）等。TGF-β—TGF-βR 信号转导途径是 TGF-β 超家族成员中研究最清楚又最受重视的信号途径。

（一）TGF-βR 介导信号转导中的参与分子

参与 TGF-βR 介导的信号转导分子种类很多，包括 TGF-β、TGF-βR、SMAD、SARA、DNA 结合辅因子及转录共激活因子和转录抑制因子等。

1. TGF-β　在人体细胞中主要存在有 TGF-β1（基因定位 19q13.2）、TGF-β2（基因定位 1q41）和 TGF-β3（基因定位 14q24.3）三种异构型。它们的单体均由 112 个氨基酸组成，分子量为 12.5kDa，均由二硫键连接形成稳定的同二聚体。当 TGF-β 分泌到细胞外时，前结构域（predomain）与 TGF-β 的生长因子结构域非共价连接，阻止 TGF-β 与细胞表面受体结合，无活性的前结构域-TGF-β 复合物附着在细胞外基质的特定成分上并储存在分泌细胞附近，可通过蛋白酶水解激活或与细胞表面膜蛋白的整合素特异性结合，导致构象改变并释放出与受体识别的结构域。

2. TGF-βR　主要包括有 I、II、III 三种受体型（RI、RII 和 RIII），TGF-βRI 含有 479 个氨基酸，分子量为 53kDa；TGF-βRII 含有 544 个氨基酸，分子量为 60kDa，具有组成型的激酶活性；TGF-βRIII 又称 β-蛋白聚糖（beta glycan），是一种细胞表面蛋白聚糖，其分子内不含 RSK 域，但具有加强 TGF-β 二聚体和结合 TGF-βRI/II 的作用。一种叫作内皮素（endothelin）的分子与 β-蛋白聚糖同样具有加强（TGF-β）$_2$ 亲和结合受体、促进 TGF-βRI/II 介导的信号转导作用。TGF-βRI 和 TGF-βRII 均是同二聚体跨膜蛋白。

3. SMAD　是一族转录因子，在昆虫、线虫及脊椎动物体内广泛存在。在人体内发现有 8 种 SMAD 分子（SMAD1～SMAD8），分子量均在 50kDa 左右。一般根据分子结构及功能，将这 8 种 SMAD 分为三组：第一组为受体调节的 SMAD（receptor regulated SMAD，R-SMAD），包括 SMAD1、SMAD2、SMAD3、SMAD5 和 SMAD8，该组分子的 C 端都含有特征性丝氨酸模体（SSXS motif），可被活化的 TGF-βRⅠ丝氨酸磷酸化激活，N 端含有 Mad 同源性 1（Mad-homology，MH1）结构域（该结构域在 C 端则称为 MH2 结构域），中间由柔性铰链区连接，MH1 中含有 DNA 结合结构域和核定位信号结构域；第二组又被称作通用 SMAD（common SMAD，CO-SMAD），只包括 SMAD4 一种，是 TGF-β 超家族成员在激活信号转导中必需的共同分子，它的 C 端不含有丝氨酸模体，不能被活化的 TGF-βR 磷酸化，但是激活的 R-SMAD 在信号转导过程中必须与 SMAD4 结合形成活性的转录复合体；第三组即抑制作用的 SMAD（inhibitory SMAD，I-SMAD），包括 SMAD6 和 SMAD7，其分子结构中不含丝氨酸模体，可以牢固结合活化的 TGF-βRⅠ而抑制 R-SMAD 的磷酸化，故起着负反馈调节抑制作用。

4. SARA　即供受体激活的 SMAD 锚定分子（SMAD anchor for receptor activation，SARA），该分子中含有 FYVE 域 [（FAB1、YOTB、VAC1、EEA1）domain，一个小的富含半胱氨酸锌离子结合结构域]，可以结合 IP$_3$，定位于细胞膜内侧，然后再牵引 R-SMAD 靠近 TGF-βRⅠ。当 TGF-βRⅠ被激活后即可通过对 R-SMAD 的丝氨酸模体磷酸化而活化，随后从 SARA 上脱落下来。

5. 核内 SMAD 转录复合体　除了含有 R-SMAD 和 CO-SMAD 分子外，还含有促进或抑制转录的辅助分子。促进转录的分子包括叉形头激活素信号转导因子 2（fork head activin signal transducer 2，FAST2）和 P300 等，其中前者是 SMAD 结合 DNA 的辅因子，后者是含有组蛋白乙酰转移酶（histone acetyltransferase，HTA）活性的转录共激活因子，分子量约为 300kDa，与 CBP 同源；抑制转录的分子包括 TGIF（转化生长因子 β 信号通路的抑制分子）、SKI（sphingosine kinase inhibitor，一种转录辅因子）和 SNON（SMAD 核转录共抑制因子）等，它们均阻止共激活因子 P300 与 SMAD 的结合，进而抑制转录的起始。

（二）TGF-βR 介导信号转导的反应过程

1. 膜上 TGF-βR 配体化激活　同二聚体的（TGF-βRⅠ)$_2$ 在 β-蛋白聚糖和内皮素参与下结合和激活 TGF-βRⅡ，产生一个新的分子表面，可与 TGF-βRⅠ对接，诱导形成包含 RⅠ 和 RⅡ 各两个亚基的四聚体复合物。活化的 RⅡ 中的 RSK 进而磷酸化激活 RⅠ 的 RSK。

2. 细胞质内转录因子 SMAD 的活化反应　激活的 TGF-βRⅠ级联反应丝氨酸磷酸化 SMAD2 或 SMAD3 的 C 端丝氨酸模体，促使 SMAD2 或 SMAD3 从 SARA 分子上脱离下来，与 SMAD4 形成有活性的异二聚体转录因子，暴露出单独存在时隐藏的 NLS，在入核素的协助下进入核内组成转录复合体。

3. 核内 SMAD 转录复合体的组成　在 TGF-β 反应基因（TGF-β responsive gene）的启动子区均含有一段回文结构的顺式作用元件（-GTCTAGAC-），称为 SMAD 结合元件（SMAD-binding element，SBE）。当活性的 SMAD2-SMAD4 异二聚体入细胞核后，可识别并结合 SBE，同时募集 P300 和 FAST2 以增强转录，其进一步转录激活的基因通常是主导分化的 *OCT4*、*SOX2*、*NANOG* 和 *MYOD* 等，这些基因是保持胚胎干细胞处于未分化状态或触发细胞分化的关键因子。

机体几乎所有细胞都会分泌至少一种 TGF-β，大多数细胞表面均有 TGF-β 受体。然而，TGF-β 诱导的细胞反应因细胞类型而不同。现已研究证明，TGF-β 可诱导下调 *C-MYC* 和 *CDC25A*，或上调 *P15* 和 *P21* 等基因的表达，进而抑制细胞周期蛋白依赖性激酶（CDK）活性并控制细胞增殖（图 17-12）。此外 TGF-β 也可通过上调纤溶酶原激活物抑制剂 1（plasminogen activator inhibitor-1，PAI-1）基因的表达，抑制血清蛋白酶活性，维持组织的稳定。

三、细胞因子受体介导的信号转导

（一）细胞因子及其受体

自 1957 年发现干扰素（interferon）以来，许多小分子分泌性多肽被不断发现，当时人们认为这些分子大多是由免疫细胞产生，其生物学效应大多也与免疫和炎症反应相关，故又被称作淋巴因子（lymphokine），1974年改称为细胞因子（cytokine）。细胞因子的类型包括干扰素、白细胞介素、趋化因子、集落刺激因子等数十种，各因子均有相应的受体相匹配。

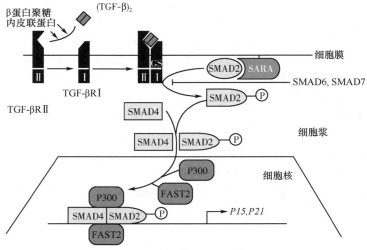

图 17-12　TGF-βR 介导的信号转导

细胞因子受体的组成比较复杂，有些受体属于单一肽链，有些则由 2 个或 3 个亚基组成，并且有些受体互相之间含有相同亚基。现将除参与 JAK-STAT 途径外，还参与其他信号途径（如 RAS-MAPK 途径和 PI3K-AKT/PKB 途径）的受体称为 I 型细胞因子受体，只参与 JAK-STAT 途径的受体称为 II 型细胞因子受体。

（二）细胞因子受体信号转导中的主要参与分子

JAK-STAT 途径最早在研究干扰素的信号转导中被发现，现已证明该途径是所有细胞因子受体共同介导的重要信号转导途径。

1. JAK 族（Janus kinase family）　该族属于酪氨酸蛋白激酶，包括 JAK1、JAK2、JAK3 和 TYK2 四个成员，各成员由约 1200 个氨基酸组成。JAK 分子中均含有 JH1～7（JAK-homolog domain 1～7），其中 JH1 是激酶域（kinase domain，KD），JH2 是假激酶域（pseudo kinase domain，PKD），其余的 JH3～7 组成 FERM 域，具有结合受体细胞质段的疏水性 α 螺旋区的作用（图 17-13）。

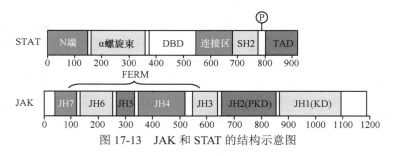

图 17-13　JAK 和 STAT 的结构示意图

2. STAT 族　在人体细胞内的 STAT 有 1、2、3、4、5A、5B 和 6 等七种。其中，STAT2 和 STAT6 约由 900 个氨基酸组成，基因均定位于 12q13.3；STAT1 和 STAT 4 由 750～795 个氨基酸组成，基因定位于 2q32.2～32.3；STAT3、STAT5A、STAT5B 由 750～795 个氨基酸组成，基因定位 17q21.2。它们的结构从中部开始依次含有 DNA 结合结构域（DNA-binding domain，DBD）、SH2 结构域和转录激活结构域（transcriptional activation domain，TAD）等保守性区段（图 17-13），在 C 端都含有可被磷酸化的酪氨酸和丝氨酸位点（PY 和 PS）。

虽然 JAK-STAT 途径是细胞因子受体介导的最主要信号传递途径，但是大多数细胞因子受体还参与 RAS-MAPK 途径和 PI3K-AKT/PKB 途径等；而干扰素受体和 IL-10 受体介导的信号转导中只存在于 JAK-STAT 途径中。

（三）I 型细胞因子受体介导的信号转导

1. 单肽链细胞因子受体族　包括生长激素受体、催乳素受体、促红细胞生成素受体、粒细胞集落刺激因子受体和瘦素（leptin）受体等。它们都是专一性的单链单次跨膜受体，当这些受体的膜外段被相应的细胞因子识别结合后，立即诱导受体二聚化，受体细胞质段上结合的 JAK 被活化，再经酪氨酸磷酸化加强激活，级联磷酸化受体细胞质段上的酪氨酸位点形成 Y-P，然后将含有 SH2 结构域的 STAT 募集在受体细胞质段上，被 JAK 酪氨酸磷酸化后脱离下来，形成同二聚化的活性转录因子，转位入细胞核，结合 DNA 并促进基因转录（图 17-14）。关于参与单肽链细胞因子受体信号转导的 JAK 和 STAT 的专一性见表 17-3。另外，除 JAK-STAT 途径外还存在有 MAPK 途径（图 17-8）和 PI3K-AKT/PKB 途径等（图 17-10）。

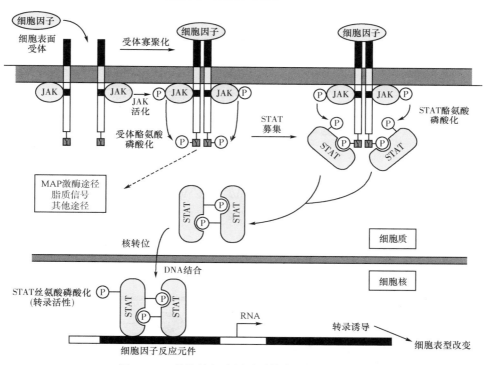

图 17-14　单肽链细胞因子受体介导的信号转导

2. 含 β 亚基细胞因子受体族　包括粒细胞巨噬细胞集落刺激因子（granulocyte-macrophage colony-stimulating factor，GM-CSF）受体、IL-3 受体和 IL-5 受体等。它们都是由结合特异细胞因子的 α 亚基和另一个通用的结合 JAK2 的 β 链（common β chain，又称 GP140）组成。当细胞因子结合其特异性 α 亚基诱导受体二聚化，JAK 激活和 β 亚基被酪氨酸磷酸化，然后与上述一样引起 STAT 磷酸化和二聚化后进入细胞核，促使基因转录（图 17-15）。

3. 含 GP130 亚基细胞因子受体族　包括 IL-6、IL-11、抑瘤因子 M（oncostatin M，OSM）、白血病抑制因子（leukemia inhibitory factor，LIF）和睫状神经营养因子（ciliary neurotrophic factor，CNTF）等的受体。它们都是由一个结合专一性细胞因子的 α 亚基和另一个通用的结合 JAK 的 GP130 亚基（分子量为 130kDa 的糖蛋白）组成。其信号转导方式与上述相似，包括受体二聚化、JAK 激活和 GP130 被酪氨酸磷酸化及 STAT 的磷酸化和二聚化等过程。由 GP130 亚基介导，可形成 JAK-STAT 途径和 MAPK 途径，促进基因转录（图 17-16）。

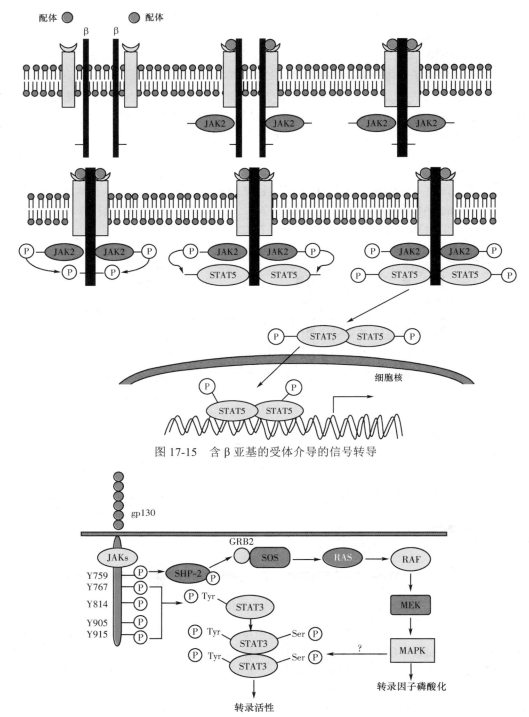

图 17-15　含 β 亚基的受体介导的信号转导

图 17-16　含 GP130 亚基的受体介导的信号转导过程

4. 含 γ 亚基细胞因子受体族　该族中的 IL4、IL-7 和 IL-9 等受体是由专一性结合细胞因子的 α 亚基和另一个通用的 γ 链（common γ chain）组成的异二聚体。但 IL-2 和 IL-15 受体却是由三个亚基组成的异三聚体，其组成中除了专一性结合 IL-2 或 IL-15 的 α 亚基不相同外，其余两个亚基都是相同的 IL-2R β 和 γ 亚基（图 17-17），且该受体中的 γ 亚基和 IL-2R β 亚基都是信号转导的主要介导亚基。

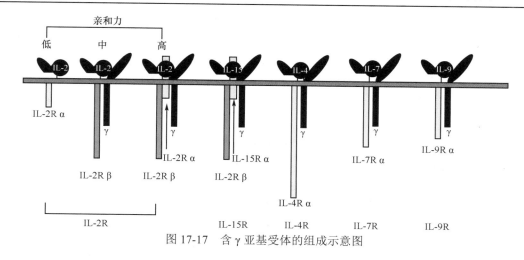

图 17-17　含 γ 亚基受体的组成示意图

表 17-3　不同细胞因子受体介导信号转导的 JAK 和 STAT

细胞因子	信号分子	
Ⅰ 型受体		
单肽链细胞因子受体		
GH	JAK2	STAT5B
Pr1	JAK2	STAT5A
EPO、TPO	JAK2	STAT5
G-CSF、瘦素	JAK2	STAT3
含 β 亚基的细胞因子		
GM-CSF、IL-3、L-5	JAK2	STAT5
含 GP130 亚基的细胞因子		
IL-6、IL-11、CNTF、LIF、OSM	JAK1、JAK2、TYK2	STAT3
IL-12	JAK2、TYK2	STAT4
含 γ 亚基的细胞因子		
IL-2、IL-7、IL-9、IL-15	JAK1、JAK3	STAT5
IL-4	JAK1、JAK3	STAT6
Ⅱ 型受体		
IFN-α、IFN-β	JAK1、TYK2	STAT1、STAT2
INF-γ	JAK1、TYK2	STAT1
IL-10		
IL-10、IL-22	JAK1、TYK2	STAT3
IL-20、IL-19、IL-24、IL-26	?	STAT3

注："?"示尚不明确

（四）Ⅱ型细胞因子受体介导的信号转导

该型受体包括 IFN-α 受体（IFN-αR）（由 IFN-αR1 和 IFN-αR2 组成的二聚体）、IFN-γ 受体（IFN-γR）（由 IFN-γR1 和 IFN-γR2 组成的二聚体）和 IL-10 受体（IL-10R）（由 IL-10R1 和 IL-10R2 组成的二聚体），分别特异性结合配体 IFN-α/β、IFN-γ 和 IL-10 族细胞因子。这些受体均只介导 JAK-STAT 通路，故属于Ⅱ型细胞因子受体。

1.IFN-αR 介导的信号转导　该受体特异性结合 IFN-α 或 IFN-β 后，诱导其细胞质段上偶联的 JAK1 和 TYK2 活化，然后受体两个亚基之间自身发生酪氨酸磷酸化，募集 STAT1 和 STAT2，后者即被 JAK1/TYK2 酪氨酸磷酸化后脱下，形成一个由 STAT1-P、STAT2-P 和 P48 组成的活化转录复合体，命名为干扰素 α 刺激性基因因子 3（IFN-α stimulated gene factor 3，ISGF3），特异结合顺式作用元件-干扰素 α 刺激性应答元件（IFN-α stimulated response element，ISRE），促进有关基因表达，产生抗病毒和先天免疫（innate immunity）功能（图 17-18）。

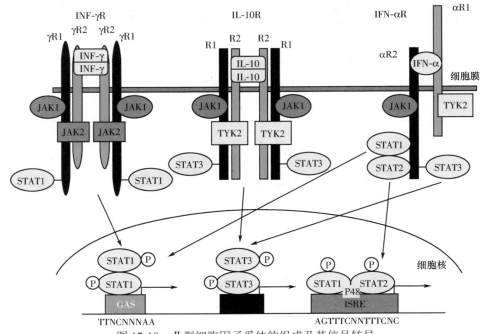

图 17-18　Ⅱ 型细胞因子受体的组成及其信号转导

2.IFN-γR 介导的信号转导　该受体特异性结合 IFN-γ 后诱导其细胞质段上偶联的两个 JAK1 活化，然后发生与上述同样的反应并生成一个活化的转录因子（STAT1-P）$_2$，其特异结合顺式作用元件-干扰素 γ 活化位点（IFN-γ activated site，GAS），进而促进有关基因转录，并产生获得性免疫（acquired immunity）功能（图 17-18）。

3.IL-10R 介导的信号转导　该受体特异性结合 IL-10 族细胞因子（如 IL-10、IL-22、IL-20、IL19、IL-24 和 IL-26 等），发生与上述同样反应诱导其偶联的 JAK1 和 TYK2 激活，使两分子的 STAT3 酪氨酸磷酸化，生成活化的转录因子（STAT3-P）$_2$，并促进有关基因的转录（图 17-18）。

（五）JAK-STAT 信号途径的反馈调控

近年来关于细胞因子信号转导的减弱和终止研究有很大进展，在 JAK-STAT 途径中至少存在三类反馈抑制因子。

1. SOCS 族　细胞因子信号传送阻抑物（suppressor of cytokine signaling，SOCS）族目前已发现 8 个成员：① CIS（cytokine-inducible SH2 domain containing protein），又名 CIS1；② SOCS1，又名 JAB/SSI1（JAK binding protein/STAT-induced STAT inhibitor 1）；③ SOCS2，又名 CIS2/SSI2；④ SOCS3/SSI3；⑤ SOCS4；⑥ SOCS5，又名 CIS6；⑦ SOCS6，又名 CIS4；⑧ SOCS7，又名 CIS5/NAP。它们的分子结构中从 N 端起含有 NTR（N-terminal region）、KIR（kinase inhibitory region）、SH2、SOCS-box（具有被泛素化蛋白分解的特性）等保守区段（图 17-19）。

SOCS 族基因的上游含有结合 STAT 的顺式作用元件（CAE），故属于即早基因，可受细胞因子诱导表达。现已证明 CIS 可被 EPO、IL-3、GH、IL-2 和 PRL 等刺激表达，结合受体的 Y-P 竞争抑制 STAT5；SOCS1 被 IL-6、IL-2、IL-4、LIF、IFN、GH 和 GCSF 等细胞因子刺激表达后，以其 SH2 结构域结合活化的 JAK1、JAK2 和 TYK2 后，以其 KIR 域抑制这些酪氨酸激酶活性，最终对 JAK-STAT 途径进行负反馈调节终止。

2. PIAS 族　活化 STAT 的蛋白抑制因子（protein inhibitor of activated STAT，PIAS）族包含 PIAS-1、PIAS-3、PIAS-X 和 PIAS-Y 四个成员，它们都具有非特异性结合、抑制活化的 STAT，阻断 JAK-STAT 途径信号传递的作用。

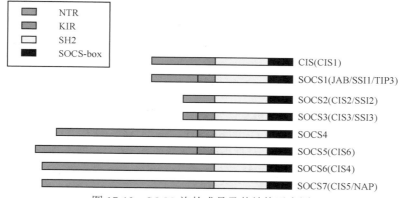

图 17-19　SOCS 族的成员及其结构示意图

3. SHP-1　含有 SH2 的 PTP-1（SH2 containing tyrosine protein phosphatase 1，SHP-1）是造血因子受体（IL-4R、EPOR、GHR 和 IL-2R 等）介导信号转导中的重要负性调节因子。SHP-1 在被 JAK 酪氨酸磷酸化激活后，立即以其 SH2 结构域结合在 JAK 或受体细胞质段上的 Y-P 上，以其 PTP 活性去除活化 JAK 及受体细胞质段上 Y-P 的磷酸基团，由此反馈减弱或终止信号转导。

四、G 蛋白偶联受体介导的信号转导

（一）G 蛋白偶联受体（GPCR）的分子组成

G 蛋白偶联受体是由不同的七次跨膜受体（seven-spanning receptor）和不同的 G 蛋白偶联组成。这类受体是只含一条肽链的糖蛋白，其 N 端在细胞外，C 端在细胞内，有七个跨膜的 α 螺旋结构和三个细胞外环和三个细胞内环。在第三个细胞内环上偶联着一个鸟苷酸结合蛋白（guanylate nucleotide-binding protein），简称 G 蛋白（图 17-20）。G 蛋白是 GPCR 介导信号转导过程中最重要的启动分子。现已知 GPCR 可以介导许多内外环境刺激因子的信息效应，如光子、气味、神经递质、激素、趋化因子和一系列生物分子等。因此，GPCR 是人类最大的一个受体蛋白超家族，有超过 800 个成员，其广泛参与调节视觉、嗅觉、神经传导、离子通道、细胞增殖、分化及免疫反应、炎症反应等一系列细胞生物学效应。

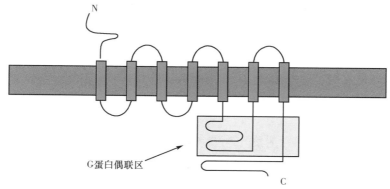

图 17-20　GPCR 的基本结构

（二）GPCR 介导的信号传递途径

G 蛋白的 α 亚基和 βγ 二聚体均具有直接激活效应分子的作用（图 17-21），为双向效应，其效应分子较多，GPCR 介导的信号转导途径至少有下列六种。

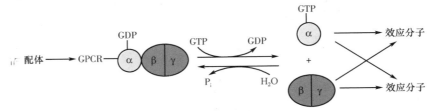

图 17-21　GPCR 介导信号转导的双相效应

1. AC-cAMP-PKA 途径　胰高血糖素、肾上腺素、促肾上腺皮质激素等可激活此通路。配体与相应的特异性 GPCR 结合后，诱导 Gs 的 αs 活化，激活 AC，催化 ATP 生成 cAMP。cAMP 是水溶性小分子，在胞内激活 PKA。PKA 是由两个调节亚基（R）和两个催化亚基（C）组成的无活性的异四聚体（C₂R₂），在每个 R 亚基上有 2 个 cAMP 结合位点。当 4 分子 cAMP 与 2 个调节亚基结合后，R₂解离，PKA 被激活（图 17-22）。活化的 PKA 可使多种蛋白质底物的丝氨酸/苏氨酸残基发生磷酸化，改变底物的活性状态，如糖代谢及脂代谢相关的酶类、离子通道和一些转录因子（图 17-23）。

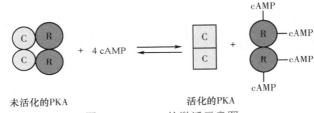

图 17-22　PKA 的激活示意图

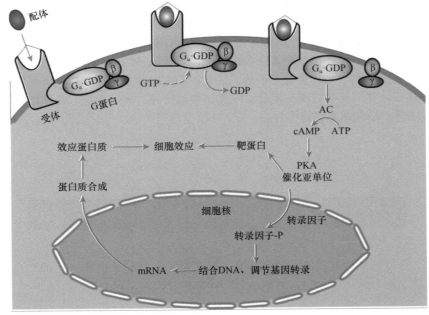

图 17-23　AC-cAMP-PKA 途径示意图

2. PLC-Ca^{2+}-PKC 途径　去甲肾上腺素、促甲状腺激素、抗利尿激素和溶血磷脂酸（lysophosphatidic acid，LPA）可激活此途径。配体结合其相应的特异性 GPCR 后，诱导 Gq 的 αq 活化，激活 PLC-β，催化 PI-4,5-P$_2$ 生成 IP$_3$ 和 DG。IP$_3$ 促进细胞质内 [Ca^{2+}] 升高，DG 结合 PKC 并聚集到质膜。质膜上的 DG、磷脂酰丝氨酸与 Ca^{2+} 共同作用激活 PKC（图 17-24）。PKC 属于丝氨酸/苏氨酸蛋白激酶，底物蛋白包括一些膜受体、膜蛋白和多种酶类，参与多种生理功能调节，如 PKC 可激活 RAF1-MAPK 途径，促进细胞增殖。

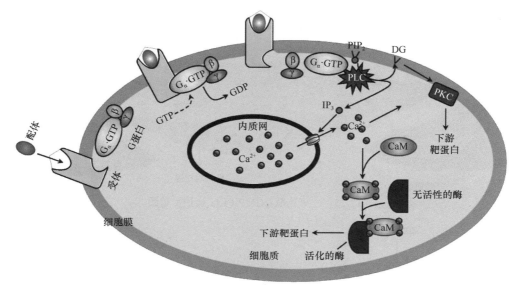

图 17-24　PLC-Ca^{2+}-PKC 途径和 Ca^{2+}-钙调蛋白（CaM）依赖的蛋白激酶途径示意图

3. Ca^{2+}-钙调蛋白（CaM）依赖的蛋白激酶途径　GPCR 至少可以通过三种方式引起细胞内 [Ca^{2+}] 升高：某些 G 蛋白直接激活细胞质膜钙离子通道；通过 PKA 激活细胞质膜钙离子通道；通过 IP$_3$ 激活内质网钙离子通道。外钙内流和内钙释放导致细胞质中的 [Ca^{2+}] 升高，结合钙调蛋白（图 17-24）。Ca^{2+}-CaM 复合物激活钙调蛋白依赖型蛋白激酶。钙调蛋白依赖型蛋白激酶属于丝氨酸/苏氨酸蛋白激酶，可激活多种效应蛋白，在收缩、运动、物质代谢、神经递质的合成、细胞分泌和分裂等多种生理过程中起作用。

Ca^{2+}-CaM 复合物还可激活一氧化氮合酶的活性，催化 O$_2$ 和精氨酸生成 NO。半衰期很短的 NO 通过旁分泌扩散到局部组织引起相应的生物学效应。例如，NO 从血管内皮细胞扩散到邻近的平滑肌细胞引发肌肉松弛导致血管舒张。NO 对平滑肌的作用通过第二信使 cGMP 介导，NO 与其受体中的血红素结合导致受体构象发生变化，从而增加其固有的 GC 活性，导致胞质溶胶 cGMP 的浓度升高。cGMP 可激活 PKG，导致细胞松弛的信号通路激活，从而扩张血管（图 17-25）。血管扩张一部分是由内质网中 Ca^{2+} 通道的抑制导致细胞质溶胶中 [Ca^{2+}] 的降低引起的。

4. PI3K-AKT/PKB 途径　PI3K 分为 PI3Kα、PI3Kβ、PI3Kγ 和 PI3Kδ 四种亚型，在 TPKR 介导信号转导中被激活的是 PI3Kα 亚型，而在 GPCR 介导中激活的是 PI3Kγ 亚型，且只可被 βγ 二聚体激活，并由此经级联反应形成 PI3K-AKT/PKB 途径，引起一系列生物学反应。

5. 毒蕈碱乙酰胆碱受体-K$^+$通道受体途径　毒蕈碱乙酰胆碱受体是在心肌中发现的一种 GPCR，与 G$_{αi}$ 蛋白偶联。激活的毒蕈碱乙酰胆碱受体诱导 G$_i$ 结合 GTP 而解聚，释放的 G$_{βγ}$ 亚基将信号传导到 K$^+$通道，导致其打开（图 17-26）。细胞膜中相关的 K$^+$通道的开放导致钾离子从细胞质中流出细胞膜，在几秒钟内引起细胞内部负电位增加，从而降低了心肌收缩的频率。

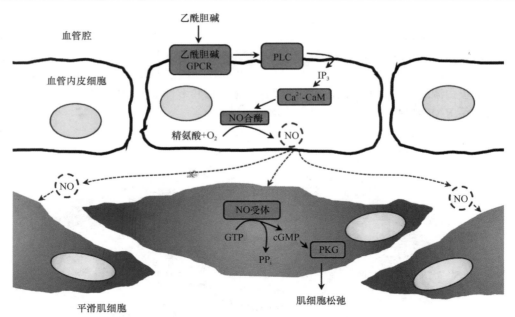

图 17-25 一氧化氮-cGMP-PKG 途径示意图

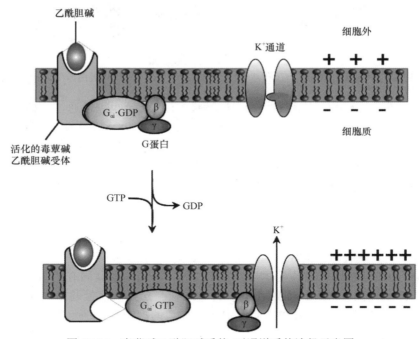

图 17-26 毒蕈碱乙酰胆碱受体-K⁺通道受体途径示意图

6. 视紫红质-PDE-离子通道途径　视紫红质是视杆细胞独有的一种 GPCR，定位于视杆细胞胞外段的数千个扁平膜盘上。光子激活视紫红质偶联异源三聚体 G 蛋白转导素（Gt），结合 GTP 释放 $G_{\alpha t}$，$G_{\alpha t}$ 进而快速激活 cGMP 磷酸二酯酶（PDE），PDE 迅速将 cGMP 水解为 GMP。cGMP 浓度的快速下降导致非选择性阳离子通道的关闭，引起 Na^+ 和 Ca^{2+} 内流减少，膜电位变为负值，引起神经递质释放减少。神经递质释放的减少通过一系列神经元传递到大脑，引起对光的感知（图 17-27）。在没有光子激活的情况下，视杆细胞中高活性的 GC 可维持细胞内较高浓度的 cGMP，导致离子通道的开放，增多神经递质的释放。该途径可通过 GTP 酶激活蛋白（GTPase

activating protein，GAP）导致 $G_{\alpha t} \cdot GTP$ 被灭活、Ca^{2+}-传感蛋白（Ca^{2+}-sensing protein）激活 GC 活性导致 cGMP 浓度升高和抑制蛋白（arrestin）结合并磷酸化活化的视紫红质等三种机制而终止。

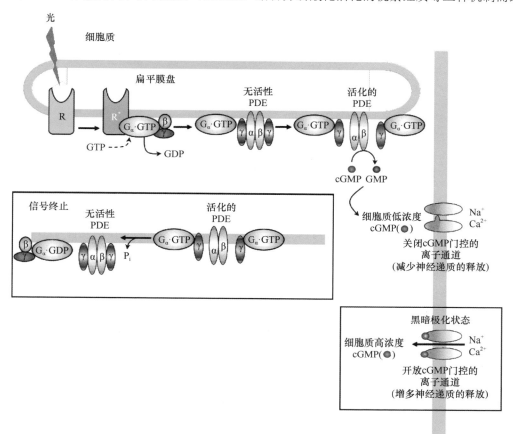

图 17-27　视紫红质-PDE-离子通道途径示意图

（三）GPCR 信号转导的转移激活

GPCR 介导的信号转导还具有激活旁侧 TPKR 的作用，称为反式激活（*trans* activation）。转移激活机制主要有两种方式：①胞外转移的激活方式，通过活化的 GPCR 促使细胞自身分泌 EGFR 的配体，结合并激活 EGFR；②胞内转移激活的方式，GPCR 介导激活的 PI3Kγ 具有激活 SRC（一种酪氨酸蛋白激酶）的作用，活化的 SRC 催化 TPKR 细胞质段上特定位点的酪氨酸磷酸化后，由此激活下游一系列的信号途径。

（四）GPCR 的信号终止

任何信号被激活后，都必须有终止反应过程，否则会因信号持久过强而引起相应的病理后果。GPCR 转导信号的终止有下列三种方式：①α 亚基本身具有 GTP 酶活性，活化型的 α-GTP 很快就被自身催化水解成非活化型的 α-GDP，进而终止反应；②结合配体的活化 GPCR 可被细胞内吞消除；③同源性脱敏是 GPCR 特有的快速信号终止反应，细胞质内存在一种 G 蛋白偶联受体激酶（G-protein coupled receptor kinase，GRK），该受体由 600 多个氨基酸组成，分子内有 PH 结构域，可结合 G 蛋白的 βγ 二聚体，催化 GPCR 的第三个胞内环上的丝氨酸磷酸化，进而终止 GPCR 介导的反应（图 17-28），该过程也被称为同源性脱敏（homologous desensitization）。

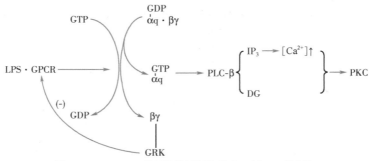

图 17-28　GPCR 的同源性脱敏反应（以 Gq 为例）

第三节　细胞内受体介导的细胞内信号转导

一、细胞内受体的结构及其结合的顺式作用元件

细胞内受体的本质是转录因子，可以直接结合基因启动子区的顺式作用元件（*cis*-acting element，CAE），根据其结合 CAE 是否需要配体，又可分为配体依赖性的 I 型细胞内受体（IR-I）和非配体依赖性的 II 型细胞内受体（IR-II）。其中，IR-I 又称作细胞质受体（cytosolic receptor，CR）；IR-II 又称作核受体（nuclear receptor，NR）。

（一）细胞内受体的结构

自 1985 年首次报道糖皮质激素受体（glucocorticoid receptor，GR）以来，已发现 150 多个细胞内受体超家族成员。它们的分子结构中都含有三个结构域：①配体结合域（ligand binding domain，LBD），位于 C 端，约由 250 个氨基酸组成，含有配体依赖性转录作用的激活功能 2（activation function 2，AF2）序列；② DNA 结合结构域（DBD），位于中部，由 45～70 个氨基酸组成，是细胞内受体家族的保守性结构域，内含两个锌指结构模体（zinc finger motif），借以识别核仁和结合 CAE；③可变区，位于 N 端，此区段各细胞质受体之间同源性较低，但其内都含有一个非配体依赖性转录作用的激活功能 1（activation function 1，AF1）序列（图 17-29）。

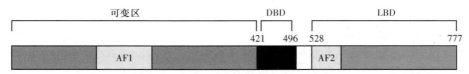

图 17-29　糖皮质激素受体的结构示意图

（二）细胞内受体结合的顺式作用元件

与细胞内受体族结合的 CAE 统称为激素应答元件（hormone response element，HRE），但不同细胞内受体的 HRE 具有一定的差异，现一般以其专一性的配体来命名，如糖皮质激素应答元件（glucocorticoid response element，GRE）、孕激素应答元件（progestin response element，PRE）、盐皮质激素应答元件（mineralocorticoid response element，MRE）、雄激素应答元件（androgen response element，ARE）、雌激素应答元件（estrogen response element，ERE）、甲状腺激素应答元件（thyroid hormone response element，TRE）、反式视黄酸应答元件（*trans*-retinoic acid response element，RARE）、维生素 D_3 应答元件（vitamin D_3 response element，VDRE）和过氧化物酶体增殖物激活受体应答元件（peroxisome proliferator activated receptor response element，PPRE）等。这些 CAE 的碱基序列汇集列表 17-4 中。

表 17-4　激素应答元件的碱基序列

激素/生物分子	HRE	CAE 的碱基序列	说明
糖皮质激素	GRE	5'-AGAACANNNTGTTCT-3'	1. GRE、PRE、MRE 和 ARE 的碱基序列相同，特异性决定配体或受体的含量
孕激素	PRE	→ →	2. N 代表任一个碱基
盐皮质激素	MRE		3. N3,4,5 分别表示 TRE（n=3）、RARE（n=4）、VDRE（n=5）的碱基数
雄激素	ARE		
雌激素	ERE	5'-AGGTCA……TGA/TCCT-3'	4. 两个同方向的重复序列表示它们与 RXR 组成杂二聚体后的分别结合序列
		→ →	
甲状腺激素	TRE	5' AGGTCAN3,4,5，AGGTCA-3'	
反式视黄酸	RARE	→	
维生素 D₃	VDRE		
过氧化物酶体增殖物激活受体	PPRE	5'AACTAGGNCAAAGGTCA-3'	
		→	

二、细胞内受体的协同调节因子

研究表明，细胞内受体呈现其转录活性必须有许多相关的协同调节因子参与。包括三类：①辅激活蛋白（coactivator，COA）；②辅阻遏物（corepressor，COR）；③核受体 COA/COR 交换因子（nuclear receptor co-activator/co-repressor exchange factor，N-COEX）。

1. 辅激活蛋白（COA）　细胞内受体的 COA 有很多种，主要有类固醇受体辅激活物（steroid receptor coactivator，SRC）族，包括 SRC-1、SRC-2 和 SRC-3 等成员，分子量均约为 160kDa，亦称为 P160 族，它们的分子结构中都含有 LXXLL 标签模体（signature motif），当配体结合核受体后，配体结合域（ligand binding domain，LBD）段内的 AF2 结构域结合 P160 族分子的 LXXLL 基序，同时串联结合 CBP/P300，促使核小体内组蛋白 N 端的赖氨酸乙酰化，引起染色体结构重塑以减弱组蛋白与 DNA 的亲和力，进而促进基因转录。

2. 辅阻遏物（COR）　细胞内受体的 COR 包括有核受体辅阻遏物（nuclear receptor corepressor，NCOR）和组蛋白脱乙酰酶（histone deacetylase，HDAC）。NCOR 分子内含有结合 HDAC 的区段，以及含有类似于 LXXLL 模体的 LXXI/H IXXXI/L 区段，可借以结合未活化的 IR-Ⅱ 的 AF2 域，形成 IR-Ⅱ-NCOR/HDAC 复合体，HDAC 催化核小体内的组蛋白脱去乙酰基，抑制基因转录。

3. 核受体 COA/COR 交换因子（N-COEX）　IR-Ⅱ 未接受相应的配体前，虽已定位于其 CAE 上，但因结合有 COR 致呈抑制状态；同时，IR-Ⅱ 还结合 N-COEX，后者在 IR-Ⅱ 结合配体后具有泛素化蛋白分解 COR 的作用。

三、细胞内受体介导的信号转导过程

（一）Ⅰ型细胞内受体（IR-Ⅰ）介导的信号转导过程

IR-Ⅰ 在未结合相应的配体前都以单体的形式存在于细胞质内，并与 2 分子热激蛋白 90（heat shock protein 90，HSP90）、1 分子 P23 及 1 分子亲免素相关蛋白（immunophilin related protein，IRP）组成约 330kDa 的复合体。其中，HSP90 的功能是维持 IR-Ⅰ 适于结合配体的构象并阻止 IR-Ⅰ 的核转位。当相应配体与 IR-Ⅰ 结合后引起受体构象改变，进而释放出 HSP90、P23 和 IRP，IR-Ⅰ 经同二聚化后转位入细胞核，并进一步识别结合专一性的 HRE 位点，再依赖于受体分子的 AF2 结合 SRC/P160 和 CBP/P300 等 COA，促进有关基因的转录（图 17-30）。

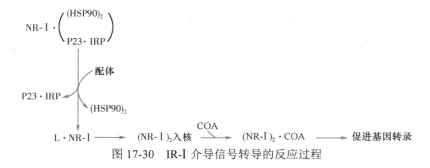

图 17-30 IR-I 介导信号转导的反应过程

（二）Ⅱ型细胞内受体（IR-Ⅱ）介导的信号转导过程

IR-Ⅱ 在未结合相应配体前已存在于核内并识别结合专一性的 HRE 位点。IR-Ⅱ 的特点是都与 RXR 形成异二聚体（如 VDR/RXR），除 PPAR/RXR 外，其他的 IR-Ⅱ 都是与其配对的 RXR 分别结合在相应 HRE 的同方向的一个重复序列上。未结合配体的 IR-Ⅱ 借其 AF2 结合 COR 和 N-COEX，呈抑制状态，没有促转录活性。当结合配体后，N-COEX 泛素化分解 COR 蛋白，同时促使交换 COA，由此激活 IR-Ⅱ，促进基因转录。但是转录活性会很快因 N-COEX 的作用，将 COR 交换出 COA 而终止（图 17-31）。

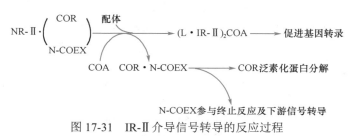

图 17-31 IR-Ⅱ 介导信号转导的反应过程

第四节 信号途径的整合与调控

一、不同信号途径的整合

任何单个细胞的膜表面都存在着许多不同类型的受体，这些受体都可通过与专一配体（包括内环境中一切化学和物理的信号分子）结合，诱导产生独特的信号转导，称为信号传递专一性。在这些细胞内信号途径中参与的信号效应分子有些是不相同的，或相似的同工型，有些是共用的。但是在讲述过程中为了突出阐明系列信号效应分子的作用机制，强调了线性的信号传递途径的孤立概念，事实上这些信号传递途径不是单纯线性孤立的，而是在不同的信号传递途径中都存在有交会（crosstalk）和形成网络。

（一）信号传递专一性

信号传递专一性受到诸多因素的影响：①配体-受体之间的专一性。例如：胰岛素与其受体结合后，进而可诱导激活 PI3K 途径并促进葡萄糖转运的代谢反应；而生长因子结合其特异受体亦可诱导激活 PI3K 途径，却无上述的代谢反应。②信号阈值的大小。在许多情况下，如果信号分子含量降低一半，则信号即消灭，相反，如果信号分子水平增加 2 倍，即可启动信号传递。不过这种阈值大小的要求尚受细胞株不同而有差异。③刺激时间的长短。例如，对 PC12 细胞短暂性刺激其受体原肌球蛋白受体激酶（tropomyosin receptor kinase，一种神经营养因子受体）活性并不能诱导其分化，但如果持久性刺激其受体 Trk 活性则可诱导其长出神经突触。

（二）信号途径交会

交会是指在不同信号传递途径之间呈现互相调控的现象，主要存在三种模式：①一个信号途径中的信号分子可受另一信号途径的效应分子作用。例如，TPKR → RAS → RAF1 → MAP 途径中的 RAF1 可受 $G_sPCR → AC → cAMP → PKA$ 途径中的 PKA 磷酸化抑制，亦可受 G_qP-CR → PLC → DG → PKC 途径中的 PKC 磷酸化激活。由此可见，两个不同的信号途径在 RAF1 处进行交会后，可引起正或负的调控作用。②两个不同的信号途径汇合在一个共同的靶效应分子。例如，IL-1 和 TNF-α 可以通过各自的特异性受体介导的信号传递途径，汇合于 IκB 激酶（IκB kinase kinase，IKK）复合体并激活 NF-κB，引起共同的炎症反应，故 IL-1 和 TNF-α 均属于促炎性细胞因子。③两个不同的信号途径下游作用于共同的靶标转录复合体。例如，TPKR 和 $G_{12/13}PCR$ 二者介导的信号途径下游，分别磷酸化激活三元复合因子（ternary complex factor，TCF）和血清应答因子（serum response factor，SRF）等两个转录因子，由此形成活性的转录复合体，并促进含有血清应答元件（serum response element，SRE）的 C-FOS 基因转录。由此可见，这两条信号途径的终末分别交会于共同靶转录复合体的两个组成因子，旨在促进基因转录水平上达到协同。

（三）信号传递网络

随着细胞信号转导研究的不断深入和扩大，在阐明信号交会的基础上，根据生物信息学（bioinformatics）的发展，近来提出一个比较整体观的胞内信号传递网络（intracellular signaling network）学说（图 17-7）。形成信号传递网络的一般机制就是信号传递分子聚合成复合体。现已知引起它们聚集的连接功能域很多，主要包括 SH2、PTB、SH3 和 PH 等，这些连接功能域又分别亲和结合 Y-P、PXXP 和 PI-3,4,5-P_3 等位点或结构模体。

一个受体结合相应配体后，依赖上述这些连接功能域，可募集许多相关的信号分子在膜内侧的受体细胞质段周围，经过交会和整合（integration），形成网络结构的复合体，发出多条信号途径，促进许多即早基因（immediate early gene，IEG）的转录表达，产生适应于生理环境的细胞生物学效应。例如，PDGFRβ 的细胞质段上含有 7 个可被磷酸化的酪氨酸位点（$Y^{716,740,751,763,771,1009,1021}$），根据 Y-P 周围的氨基酸序列特征，可分别专一性连接含有 SH2 结构域的接头分子（GRB2、SHC、SHP2 等），效应分子（PI3K、PLC-γ、GAP 等）及转录因子（STAT 等），再经过多处正负交会（GAP-RAS、RAS-PI3K、PIP_2-PLC-γ、PKC-RAF 和 PAK-MEK），诱导形成单一受体信号传递网络（图 17-7），并进一步至少发出 5 条信号途径以激活 IEG，产生多种协调的细胞生物学效应。

形成网络的信号分子复合体是动态可塑的，当受体未被结合的配体刺激时，这些信号分子是散在分布的，有的锚定在膜内侧（如 SRC、RAS 等）；有的则存在于细胞质中（如 GRB2-SOS、PI3K、PLC、PKC、PKA 等）。当受体与结合配体后，这些信号分子立即被诱导并聚集成具有信号传递网络作用的复合体。

二、信号通路的调控

细胞对外界信号做出适度反应既涉及信号的有效刺激和启动，也依赖于信号通路本身的调节，此外还有另一个重要的机制，即信号的及时解除和细胞应答的终止。事实上，信号的解除和终止与信号的刺激和启动对于确保细胞对信号的适度反应来说同等重要。信号浓度过高或细胞长时间暴露于某种刺激信号下，细胞会以不同的机制使受体脱敏，这种现象又称为适应（adaptation）。这是细胞解除和终止信号的重要方式。细胞以其对信号敏感性的校正能力来适应刺激强度或刺激时间的变化，细胞对于信号分子的脱敏机制有如下 5 种方式。

1. 受体没收（receptor sequestration） 细胞通过配体依赖性的受体介导的入胞（receptor-mediated endocytosis）减少细胞表面可利用的受体数量，以网格蛋白/衔接蛋白包被膜泡的形式摄入细胞，胞吞泡脱包被形成无包被的早期胞内体。之后随着 pH 发生改变，受体配体复合物在晚期细胞内体解离，受体返回质膜再利用，而配体进入溶酶体降解。这是细胞对多种肽类或其他激素的受体发生脱敏反应的一种基本途径。有时即使受体未与配体结合，细胞也会通过批量膜流（bulk membrane flow）将细胞表面受体以较低的速率内化（internalization），然后循环再利用，从而减少细胞表面的受体数量。

例如，在没有表皮生长因子的情况下，细胞表面表皮生长因子受体 1 的寿命相对较长，平均半衰期为 10～15 小时。未结合的受体以相对较慢的速度（平均每 30 分钟一次）通过网格蛋白包被的凹坑内化入内体，并且通常迅速返回到质膜，因此总表面受体数量几乎没有减少。表皮生长因子与配体结合后，表皮生长因子受体 1 的胞吞速率增加了约 10 倍；根据细胞类型不同，有 20%～80% 胞吞的受体被遣返回质膜，而其余的则在溶酶体中被降解。

2. 细胞表面受体下调（receptor down-regulation） 通过受体介导的入胞，受体配体复合物转移至细胞内溶酶体消化降解而不再重新利用，细胞通过表面自由受体数量减少和配体的清除导致细胞对信号敏感性下降。例如，在细胞因子受体信号途径中，STAT 蛋白诱导 SOCS 的表达，SOCS 包含 SH2 结构域和 SOCS-box 结构域，这两个结构域募集 E3 泛素连接酶，使受体本身和相关的 JAK 激酶多泛素化进而在蛋白酶体中降解，达到关闭所有的 JAK2 介导的信号通路的目的。

3. 受体失活（receptor inactivation） 受体失活是细胞使受体快速脱敏的方式。例如，G 蛋白偶联受体激酶使与配体结合的受体磷酸化，通过与细胞质 β 抑制蛋白（β-arrestin）的结合，阻断与 G 蛋白的偶联作用。

4. 信号蛋白失活（inactivation of signaling protein） 细胞对信号分子脱敏有时是通过细胞内信号蛋白本身发生改变，从而使信号级联反应受阻，不能诱导正常的细胞反应。如 G 蛋白 G_α 亚基固有的 GTPase 活性在几分钟内催化其结合的 GTP 水解成 GDP，G_α 亚基的构象回到非活性的 $G_\alpha \cdot$ GDP 状态；在某些情况下，$G_\alpha \cdot$ GTP 复合物与靶蛋白结合后，活化的靶蛋白相当于一种 GTP 酶活化蛋白（GAP），会进一步提高 G_α 亚基的 GTPase 活性，加快 GTP 水解，显著缩短靶蛋白激活的持续时间，避免了细胞的过度反应；在很多细胞中，一种被称为 G 蛋白信号调节剂（RGS）的 GAP 蛋白也可以通过加速 $G_\alpha \cdot$ GTP 水解，减少效应物保持激活的时间。因此，通过使信号蛋白失活而无法诱导正常的细胞反应也是常见的脱敏机制。

5. 产生抑制性蛋白（inhibitory protein） 细胞通过产生抑制性蛋白降低或阻断信号转导途径。配体与受体结合并激活受体后，在信号转导途径的下游（如对基因表达的调控）产生抑制性蛋白而形成负反馈环，降低或阻断信号的转导。

例如，TGF-β 信号途径在几乎所有体细胞中均诱导 SKI 原癌基因（SKI protooncogene，SKI）和类 SKI 原癌基因（SKI-like protooncogene，SNON）的表达。SNON 和 SKI 不阻止 R-SMAD/CO-SMAD 复合物的形成，也不影响 SMAD 复合物与 DNA 调控区结合，但它们能通过结合 SMAD 复合物进而诱导相邻染色质片段中组蛋白的去乙酰化，进而阻断转录激活，使得细胞拮抗 TGF-β 的生长抑制作用。同时，在 TGF-β 刺激后也会诱导 ISMAD 的表达，尤其是 SMAD7。SMAD7 可阻断激活的 I 型 TGF-β 受体（RI）对 R-SMAD 蛋白的磷酸化，也能靶向 TGF-β 受体进而降解。

第五节　信号转导缺陷与疾病

存在于细胞周围内外环境中的刺激因子是众多且复杂的，其通过与相应的受体识别结合并介导细胞的信号转导，进而诱导产生相应的细胞效应。在正常的生理情况下，这些细胞效应互相协调、保持平衡，并促使整个机体适应内外环境的自身稳态。如果某一信号转导系统（包括配体、受体、信号分子调节分子和转录因子等）中的某一环节发生缺陷，即可引起相应的疾病。

一、引发免疫性疾病的信号转导缺陷

例如，在 TCR 介导的信号转导中缺失了 ZAP70（一种酪氨酸激酶），或在免疫细胞因子受体介导的信号转导中缺失了 JAK3，均可引起重症联合免疫缺陷病。又如，BCR 介导的信号转导中缺失了布鲁顿酪氨酸激酶（BTK），即可引发无丙种球蛋白血症。

二、引发 2 型糖尿病的信号转导缺陷

IR 的 α 亚基突变或者其 β 亚基细胞质段上的酪氨酸磷酸化位点被 PTP-1B 去磷酸化，则导致 IR 不能结合胰岛素或不能进行信号转导，进而引发 2 型糖尿病。肥胖患者由于高分泌瘦素，该物质结合其受体（OB-RB）后可促进 SOCS3 表达，进而抑制 IR 的信号转导并导致 2 型糖尿病的发生。

三、引发肿瘤的信号转导缺陷

TGF-β 信号通路的缺陷在许多癌症的早期发展中起着关键作用，许多人类肿瘤细胞的 TGF-β 受体或 SMAD 蛋白发生缺失突变，对 TGF-β 的生长抑制产生抵抗。例如，大多数人类胰腺癌细胞 SMAD4 的编码基因中含有一个缺失，造成 TGF-β 不能正常诱导产生细胞周期抑制蛋白。视网膜母细胞瘤、结肠癌、胃癌、肝癌以及一些 T 细胞和 B 细胞恶性肿瘤通常能抵抗 TGF-β 的生长抑制作用，这种反应性的丧失与 TGF-βRI 或 RII 的缺失有关。此外，SMAD2 突变通常也发生在几种人类肿瘤中。

除了 TGF-β 信号通路之外，其他信号通路的异常也可以导致肿瘤的发生。例如，卡波西肉瘤（Kaposi's sarcoma）高表达 FAP-1，恶性黑色素瘤高表达 FLIPl。FAP-1 和 FLIPl 均是 FAS 介导死亡信号转导的抑制因子，肿瘤细胞高表达这两种因子均引起细胞增殖失控，最终导致肿瘤的发生。

小　　结

细胞信号转导是生命科学的热点研究领域，是为了阐明内外环境刺激因子如何影响细胞生物学效应的分子机制。参与信号转导的主要分子是受体，根据亚细胞定位分为膜受体与细胞内受体。

膜受体的配体是亲水性细胞外小分子、肽和蛋白质等信号分子。根据受体的不同功能域，膜受体可分为两个亚类。受体细胞质段内组成性含有不同功能结构域的膜受体亚类包括酪氨酸激酶受体（TKR）、丝氨酸/苏氨酸蛋白激酶受体（SPKR）、肿瘤坏死因子受体（TNFR）、T 淋巴细胞受体（TCR）、B 淋巴细胞受体（BCR）和 Toll 样受体（TLR）。受体细胞质段上偶联有不同效应分子的膜受体亚类包含 G 蛋白偶联受体（GPCR）、细胞因子受体（cytokine receptor）和整合素。

TPKR 包括 PDGFR、FGF-R、EGF-R 和 IR 等，其介导了多条重要的信号通路，如 RAS-MAPK、PI3K-AKT/PKB、PLC-PKC 和 STAT 通路等。而 TGF-βR 仅介导 SMAD 信号通路。

细胞因子受体分为 I 型和 II 型，I 型受体介导 JAK-STAT、RAS-MAPK 和 PI3K-PKB/AKT 信号通路；II 型受体仅介导 JAK-STAT 信号通路，JAK-STAT 信号通路又有 SOCS 家族、PIAS 家族和 SHP-1 等三种反馈抑制因子。

GPCR 是目前已知的人类最大的一个超家族膜受体，其介导的信号转导依赖于偶联的 G 蛋白。GPCR 偶联的 G 蛋白不同则会介导不同的细胞信号转导通路，主要有以下六条途径：AC-cAMP-PKA 途径、PLC-Ca^{2+}-PKC 途径、Ca^{2+}-钙调蛋白依赖的蛋白激酶途径、PI3K-AKT/PKB 途径、毒蕈碱乙酰胆碱受体-K^+ 通道受体途径、视紫红质-PDE-离子通道途径。

细胞内受体有 IR-I 和 IR-II 两种类型，与配体结合之前，IR-I 偶联 HSP90、P23 和 IRP，并定位于细胞质，呈无活性状态；IR-I 结合配体后与偶联分子解离形成二聚体转位到细胞核结合 COA，呈活化状态。IR-II 与配体结合之前在核内结合 HRE 并偶联 COR 和 N-COEX，呈无活性状态，当 IR-II 结合配体后，COA 取代 COR 和 N-COEX，IR-II 呈现出活性状态。

细胞内的信号通路非常复杂，但是鉴于信号分子的种类和数量有限，有些信号分子是共用的。因此，在细胞内信号通路之间存在交会，形成信号网络。

正常的信号转导结果是机体适应体内和体外环境的变化。信号转导过程中任何一点的异常均会引起相应的疾病。

第十七章线上内容

（黄　胜）

第十八章 细胞周期及其调控

生物从组织到器官的结构形成和功能执行取决于细胞的数量和质量。细胞通过增殖和分化形成具有特定形态、结构和生理功能的子代细胞，通过凋亡或自噬清除突变或受损细胞，以保证细胞的数量和质量。细胞增殖（cell proliferation）是通过细胞周期（cell cycle）实现的，既受细胞外信号的影响，又依靠细胞内级联反应，是多阶段、多因素参与的有序调控过程。各类细胞可依据机体需要进行增殖、静息或启动凋亡机制，对生物体的发育至关重要，与衰老和疾病过程密切相关。

细胞周期是指进入增殖的真核细胞，按照一定的时相顺序，通过一系列事件分裂成两个子代细胞的过程。即细胞前一次分裂结束开始运行，到下一次分裂终止所经历的过程。细胞周期的概念是 1855 年菲尔绍（Virchow）在发现细胞分裂的基础上提出的"细胞来自细胞"这一创建性观点的衍生与发展。然而，关于细胞周期时相的划分以及随之而进行的调控机制研究，是在现代细胞生物学和分子生物学兴起后，才得到迅速发展。美国利兰·哈特韦尔（Leland H. Hartwell）与英国的里查德·亨特（Richard T. Hunt）和保罗·纳斯（Paul M. Nurse）在细胞周期调控研究中做出了卓越贡献而获得 2001 年诺贝尔生理学或医学奖。

细胞周期的时间长短在不同生物的不同组织、细胞中存在较大的差异。根据细胞的增殖活跃度，大致可分为三类：①增殖细胞群：如造血祖细胞、表皮与胃肠黏膜上皮的干细胞、毛囊干细胞等。这类细胞始终保持活跃的分裂能力，连续进入细胞周期循环。②不增殖细胞群：如成熟的红细胞、神经细胞、心肌细胞等。这类细胞为高度分化的细胞，丧失了分裂能力，所以又称终末分化细胞。③不分裂但具有增殖潜力的细胞群：如造血干细胞、特定的神经干细胞、肝细胞、肾小管上皮细胞等。这类细胞在通常情况下处于 G_0 期或也称静止期（quiescence），但在某种条件的刺激下，会重新进入细胞周期。例如，机体大量失血后，骨髓内的造血干细胞可迅速进入分裂期，以分化并补充造血祖细胞的数量及功能。

第一节 细胞周期各时相的动态变化

增殖细胞群的细胞周期根据其时相特点可分 4 期：G_1 期（G_1 phase），即合成前期（presynthetic phase），细胞开始生长；S 期（synthesis phase），即合成期（synthetic phase），亦即 DNA 合成期对染色体进行复制；G_2 期（G_2 phase），即合成后期（postsynthetic phase），DNA 合成后细胞继续生长；M 期（mitotic phase），即有丝分裂期，细胞进行有丝分裂（图 18-1）。G_1 期、S 期和 G_2 期统称为分裂间期（interkinesis）。不分裂但具有增殖潜力的细胞群还有静止期的时相，称为 G_0 期，G_0 也可泛指真核细胞进入细胞增殖周期前的时期。

细胞周期各时相具有以下动态变化特点：①单向性：即只能沿 G_1—S—G_2—M 方向持续前进并循环而不能逆行。②阶段性：细胞周期运行过程中各期分子调控特点有明显差异。③检查点：各时相交界处存在着相应的细胞周期检查点（checkpoint），对细胞周期起监控和定向作用。检查点是指包括限制点即 R 点（restriction point，R point）在内的细胞周期中可以停止这一进程的时间点。这些检查点可以确保细胞具有进入下一轮 DNA 复制的能力（G_1 期的 R 点）及 DNA 复制能在细胞分裂前被成功地完成（G_2/M 期检查点）等。

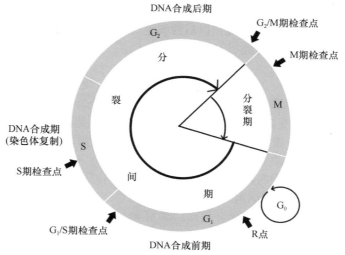

图 18-1　细胞周期各阶段示意图

一、G_1 期

细胞周期及分裂间期的第一阶段，在上一次细胞分裂结束生成子代细胞后，G_1 期即开始。G_1 期中物质代谢活跃，细胞体积增大，RNA、蛋白质在此期大量合成，导致蛋白质含量明显增加。如果蛋白质和 RNA 合成被抑制，就不能进入 S 期，S 期中 DNA 复制所需的相关的酶系如 DNA 聚合酶，以及与 G_1 期向 S 期转变有关的蛋白质如触发蛋白、钙调蛋白、细胞周期蛋白等均在此期合成。触发蛋白是一种不稳定蛋白质，它对于细胞从 G_1 期进入 S 期是必需的，只有当其含量积累到临界值，细胞周期才能朝 DNA 合成方向进行。钙调蛋白是真核细胞内重要的 Ca^{2+} 受体，它调节细胞内 Ca^{2+} 的水平，用抗钙调蛋白药物处理细胞，可延缓其从 G_1 期到 S 期的进程。

在 G_1 期多种蛋白质被磷酸化，如 H1 组蛋白的磷酸化在 G_1 期开始增加，这种磷酸化与染色质的结构改变有关。非组蛋白、一些蛋白激酶在 G_1 期也可发生磷酸化，已知大多数蛋白激酶的磷酸化发生于其丝氨酸、苏氨酸或酪氨酸部位。机体内的细胞进入 G_1 期后并非总是进入下一个增殖周期，而是具有 3 种不同的去向：①继续进入 S 期，保持不断分裂增殖的能力；②暂不增殖成为 G_0 期细胞；③成为不再增殖细胞，常是结构和功能高度分化的细胞。

G_1 期是调节细胞周期时间的关键，不同细胞周期时间长短的差别主要体现在 G_1 期的差别，其长短会因外部信号的改变而发生较大变化，受到抑制性信号的作用，细胞将会延迟通过 G_1 期，并有可能进入 G_0 期。细胞可停留在 G_0 期数天、数周甚至数年，许多细胞可以停留在 G_0 期直至衰老死亡。不过一旦接收到外界特定的激活信号，部分 G_0 期细胞有可能重新进入细胞周期的 G_1 期。

二、S 期

S 期为细胞分裂间期的第二阶段，主要进行 DNA 复制和染色体倍增，组蛋白及非组蛋白在此期大量合成。DNA 复制的起始和复制过程受多种细胞周期调节因素严密调控，具有一定的时间顺序，通常 GC 含量较高的 DNA 序列在早 S 期复制，而 AT 含量较高的 DNA 序列在晚 S 期复制。DNA 的复制需要多种酶的参与，包括 DNA 聚合酶、DNA 连接酶等。随着细胞由 G_1 期进入 S 期，这些酶的含量或活性可显著增高。通常情况下，细胞一旦进入 S 期的 DNA 合成，则整个周期将会一直进行下去，直到细胞质分裂完成。

S 期是组蛋白合成的主要时期，此时细胞质中可出现大量的组蛋白 mRNA，新合成的组蛋白从胞质进入胞核，与复制后的 DNA 迅速结合，组装成核小体，进而形成具有两条单体的染色体。除了组蛋白合成以外，在 S 期细胞中还进行着组蛋白持续的磷酸化。

中心粒的复制也在 S 期完成。原本相互垂直的一对中心粒发生分离，各自在其垂直方向形成一个子中心粒，由此形成的两对中心粒在以后的细胞周期进程中，将发挥微管组织中心的作用，纺锤体微管、星体微管的形成均与此相关。

三、G$_2$ 期

G$_2$ 期又称为 DNA 合成后期，为细胞分裂准备期，也是分裂间期的最后阶段，此时细胞核内 DNA 含量已经由 G$_1$ 期的 $2n$ 变为 $4n$，其他结构物质和相关亚细胞结构，如细胞骨架等也进行了进入 M 期的必要准备。细胞中除了合成与 M 期结构、功能相关的蛋白质，与核膜破裂、染色体凝集密切相关的成熟促进因子也在此期合成。

微管蛋白在 G$_2$ 期合成达到高峰，为 M 期纺锤体微管的形成提供了丰富的来源。已复制的中心粒在 G$_2$ 期逐渐长大，并开始向细胞两极分离。在经历 G$_2$ 期检查点即 DNA 复制检查点检测后，在环境因素适宜的情况下细胞进入有丝分裂期，即 M 期。

四、M 期

M 期即细胞有丝分裂期。在有丝分裂期，染色体凝集后发生姐妹染色单体的分离，核膜、核仁破裂后再重建，细胞质中有纺锤体出现，随着两个子核的形成，细胞质也一分为二，最终将母细胞的遗传物质平均分配至两个子细胞中，由此完成细胞分裂。

在有丝分裂期间，除组蛋白外，细胞中蛋白质合成显著降低，其原因可能与染色质凝集成染色体后，其模板活性降低有关。RNA 的合成在 M 期则完全被抑制。M 期细胞的膜也发生显著变化，细胞由此变圆，根据这一特点，可利用轻轻拍打培养皿的方法，收集体外培养细胞中的 M 期细胞，进行细胞同步化筛选。M 期细胞的 RNA 合成完全被抑制，而一些与有丝分裂密切相关的酶（如拓扑异构酶）活性增加。

五、G$_0$ 期

细胞分裂期的起始需要细胞外生长因子（extracellular growth factor），在生长因子缺失的情况下，细胞会从 G$_1$ 期退出并进入 G$_0$ 期。G$_1$ 期时细胞会根据其所处细胞微环境，决定自身是否进入下一个细胞周期，这个评估时间点即为 G$_1$ 期的 R 点。在绝大多数细胞中，R 点在有丝分裂发生数小时之后出现，对于细胞是进入细胞分裂循环还是进入 G$_0$ 期非常重要（图 18-1）。

G$_0$ 期细胞也称休眠细胞，是指细胞暂时脱离细胞周期，不进行细胞增殖，仅在需要替换损伤或死亡细胞时，接受适当增殖刺激才重新进入细胞周期。造血干细胞等成体干细胞可处于 G$_0$ 期休眠，也可分裂成为不同于母细胞的细胞类型，然后各类型细胞依自身特性继续细胞周期的运行或永久性脱离细胞周期。因此，认为细胞的增殖、静息与分化统一于细胞周期的运行轨道上。所以，G$_0$ 期细胞群对组织再生、创伤愈合、免疫反应等具有重要意义。

第二节 细胞周期调控的分子机制

近些年的研究表明在胞质中有调节细胞周期的因子存在，细胞分裂不完全受控于细胞核里的活动。这种因子称为 M 期促成熟因子（maturation-promoting factor，MPF）。进一步的实验发现，受精蟾蜍卵细胞欲进入分裂期，必先在分裂间期有蛋白质的合成；若其蛋白质合成被抑制，则细胞将停留在细胞间期而不能分裂；但此时若注入含活性 MPF 的提取液，即可促发细胞进入有丝分裂期（M 期），表明 MPF 是 M 期的正常诱导物。遗传学研究发现在酿酒酵母的某些突变株中细胞周期的几个特定点可被"卡住"。在这些突变株中，每个突变基因的产物与通过细胞周期的各特定点有关，将其统称为细胞分裂周期基因（cell division cycle gene，CDC gene），并进一步阐明了这些 CDC 基因的激活顺序，其中以 *CDC2* 基因最为重要。MPF 含有两种蛋白质组分，其中的一种蛋白质组分就是 CDC2 蛋白，是分子量为 34kDa 的蛋白质；另一种蛋白质组分为分子量为

45kDa 的细胞周期蛋白（cyclin）。MPF 是由具有催化功能的 CDC2 蛋白 [在人类为周期蛋白依赖性激酶（CDK）]，以及具有调节功能的细胞周期蛋白组成的复合体。MPF 的周期性激活与失活是推动细胞周期运行的主要因素。

细胞周期的正常运行与相应基因的顺序表达之间呈现互为因果关系，必须按一定的时相顺序运行，不能跳跃进行。即使在某些不利条件下，亦只能终止在某一时相而限制周期运行，引起细胞凋亡，或减弱细胞更新而出现细胞老化现象。可认为细胞周期调控系统是以复数开关为基础的，每个开关只可启动一种特定的细胞周期事件，增加了细胞周期进程的准确性和可靠性。

调节细胞周期进程的机制主要是对蛋白质磷酸化的调控，由特定的带有调节性亚基和催化性亚基的蛋白质激酶来执行。哺乳类细胞周期的运行主要受一组 CDK 的调控。这是一组丝氨酸/苏氨酸蛋白激酶类，它们的活性必须结合一类称为周期蛋白的调节亚基，所以有活性的全酶由一分子催化亚基（CDK）和一分子调节亚基（cyclin）组成，称为 CDK-cyclin 复合体。许多蛋白质参与了细胞周期的调控，以保证细胞周期中不同时相的正确转换，但 CDK 和 cyclin 是其中最重要的蛋白质因子。

一、CDK 和 cyclin 的种类

细胞周期运行的生化机制最初是从酵母细胞研究开始的，但在酵母菌中参与周期调控的蛋白激酶复合体只有一种，如在梨酒的酵母菌（S.P.）由 CDC2（催化亚基）和 CDC13（调节亚基）结合组成；啤酒的酵母菌（S.C.）由 CDC28（催化亚基）和 CLNS（调节亚基）结合组成。哺乳动物细胞中参与细胞周期调控的蛋白激酶复合体种类比较多，包括一组丝氨酸/苏氨酸（Ser/Thr）蛋白激酶家族，可在特定的细胞周期被激活，磷酸化细胞周期相关的蛋白底物，从而推进细胞周期的进行。

CDK 已发现至少 20 个成员，包括 CDK1～CDK20，人类细胞包含的 CDK 主要为 CDK1～CDK13、CDK16、CDK19～20，其中新发现的有 CDK10～CDK13、CDK16、CDK19 与 CDK20。多种 CDK 均含有一段相似的激酶结构域，这一区域有一段保守氨基酸序列（PSTAIRE），参与 CDK 与 cyclin 的结合。调控细胞周期进行的主要 CDK 包括 CDK1、CDK2、CDK3、CDK4、CDK6，其调节亚基 cyclin 有 13 种，但参与细胞周期调控的 cyclin 主要包括 cyclinA、cyclinB、cyclinC、cyclinD、cyclinE，其中 cyclinB 分为 cyclinB1、cyclinB2、cyclinB3，cyclinD 又分为 cyclinD1、cyclinD2 及 cyclinD3。因此，在细胞周期各时相中参与调控的 CDK 和 cyclin 不尽相同（表 18-1）。

表 18-1　哺乳动物的各细胞周期时相中存在的 CDK 和 cyclin

CDK	cyclin	主要作用时相或功能
CDK1	cyclinA	G_2
	cyclinB1、cyclinB2、cyclinB3	M
CDK2	cyclinA	S/G_2
	cyclinE	G_1/S
CDK3	cyclinC	G_0?
CDK4	cyclinD1、cyclinD2、cyclinD3	G_1
CDK5	p35	神经元中多种功能
CDK6	cyclinD1、cyclinD2、cyclinD3	G_1
CDK7	cyclinH	CAK
CDK8	cyclinC	转录调节
CDK9	cyclinK、cyclinT	转录调节

每种 CDK 只能与相应的 cyclin 结合成全酶，并经磷酸化/脱磷酸化修饰后方具活性，促进与细胞周期有关的蛋白基因表达，其中 cyclin 的功能不仅是调节亚基，而且是靶底物专一性的决定者。值得注意的是，有一些 CDK 分子不仅仅与一种 cyclin 结合，一些 cyclin 也可以与一种以上的

CDK 结合。此外，CDK 复合体的生物学功能并不仅局限于细胞周期的调节，如 CDK5 在有丝分裂期后的神经元中高度表达；CDK8 和 CDK9 主要在转录调节方面起重要作用；CDK2 和 CDK5 也在细胞凋亡中起作用。

二、CDK-cyclin 复合体的活性调节

CDK 的蛋白量在整个细胞周期进程中几乎稳定不变，而 cyclin 在不同的细胞周期时相中的表达呈现动态变化，当 CDK 与种类及表达量不同的 cyclin 结合时，可以时相性地激活 CDK，这种 CDK 的时相性激活是细胞周期调控的核心所在。CDK-cyclin 复合体的活性高低决定于下列几种因素：①相应 cyclin 水平的高低；② CDK 分子上一定位点的磷酸化修饰；③ CDK 抑制因子（CDK inhibitor，CKI）含量的高低。至于 cyclin 和 CKI 的含量变化，取决于二者的合成和分解速率（图 18-2）。由于 cyclin 是控制 CDK 活化与失活的关键因素，细胞周期不同阶段的 cyclin 将与不同的 CDK 形成特定的激酶复合物而发挥特定的作用。

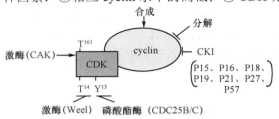

图 18-2　CDK-cyclin 复合体的活性调节

磷酸化与去磷酸化反应是细胞用来改变一种蛋白质活性的最常见机制。细胞周期调控系统是基于周期性激活的 CDK 起作用的，CDK 激活后磷酸化相应的底物，从而引起细胞周期关键事件的依次发生。CDK 的激活除了需要细胞周期蛋白结合之外，也需要自身的磷酸化修饰。因此，细胞周期调控的核心问题之一，就是细胞周期相关蛋白的磷酸化与去磷酸化反应过程的动态平衡。

（一）哺乳动物细胞 CDK1 蛋白的磷酸化／脱磷酸化

人及脊椎动物细胞中的细胞分裂周期基因种类较多，它的活化机制也以磷酸化/脱磷酸化为主。当处于 G_0 期的哺乳动物细胞受生长因子等刺激后，首先表达合成 cyclinD 蛋白，并同时诱导 CDK4 及 CDK6 的表达，分别结合成相应的 CDK4-cyclinD 及 CDK6-cyclinD。下游的蛋白底物（如 RB 蛋白）被磷酸化，而磷酸化的 RB 蛋白与转录因子 E2F 解离，游离的转录因子 E2F 可促进许多 S 期相关基因转录（如 cyclinE、cyclinA 等），并促进与 DNA 复制相关的蛋白质及酶大量合成，使细胞从 G_1 期向 S 期过渡（图 18-3）。

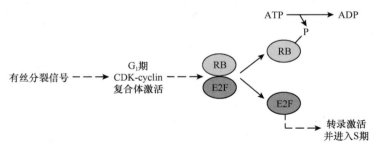

图 18-3　E2F 受 RB 和 G_1 期的 CDK-cyclin 复合体调控

与此同时，有大量 cyclinE 的累积合成，并与 CDK2 结合成 CDK2-cyclinE，使 DNA 复制的启动因子磷酸化而被激活，促进细胞越过 G_1/S 期控制点进入 S 期。在 S 期内 CDK2-cyclinA 的作用为主，而 G_2/M 期时则以 CDK1-cyclinB 及 CDK1-cyclinA 为主。CDK1 使底物蛋白磷酸化，将组蛋白磷酸化导致染色体凝缩，核纤层蛋白磷酸化促发核膜解体等下游细胞周期事件。总的来说，CDK 的含量比较恒定，其活性主要通过与 cyclin 的结合来激活（图 18-4）。

CDK1 蛋白必须与 cyclin 结合成全酶，并在一定部位经磷酸化或脱磷酸化修饰后方具有活性。例如，MPF 中的 CDK1-cyclinB 复合体呈现激酶活性的修饰条件是 CDK1 的 Thr161 必须磷酸

化，而 Tyr15 及 Thr14 则处于脱磷酸化状态。催化 Thr161 磷酸化的激酶为 CAK（CDK activating kinase），它由 CDK7 和 cyclinH 组成；催化 Tyr15 及 Thr14 磷酸化的激酶为 Weel 蛋白；催化 Tyr15 及 Thr14 脱磷酸化的蛋白磷酸酶为 CDC25B/C（图 18-2）。在分裂期，主要是 cyclinB 与 CDK1 结合，形成 CDK1-cyclinB 复合体，推进 M 期纺锤体的形成、姐妹染色单体的分离等（图 18-4）。

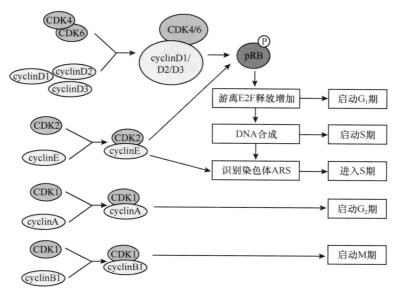

图 18-4　CDK 活化与细胞周期调控

（二）CKI

　　研究发现，CKI 除可调节 MPF 活性外，另有一类 CKI 可与 CDK 或 CDK-cyclin 复合体结合而抑制其活性。CKI 分为两族：Cip/Kip 族（Cip：CDK-interacting protein；Kip：kinase inhibiting protein）和 INK4 族（inhibitor of CDK4）。前者包括 P21^{cip1}、P27^{kip1} 和 P57^{kip2}；后者包括 P15^{INK4B}、P16^{INK4A}、P18^{INK4C} 和 P19^{INK4D}。各种 CKI 通过其 N 端保守序列以非共价键形式与 CDK 或 CDK-cyclin 复合体结合，从而使细胞周期阻滞（表 18-2）。

表 18-2　细胞周期蛋白依赖性激酶抑制因子及其功能

CKI	结合的 CDK	功能
P21^{cip1}	多种 CDK	抑制多种 CDK-cyclin 复合体活性，抑制 G$_1$/S 期转换及 DNA 复制，参与 DNA 损伤修复、细胞分化、衰老
P27^{kip1}	CDK2/CDK4 等	抑制 G$_1$ 期 CDK-cyclin 复合体，抑制 G$_1$/S 期转换
P57^{kip2}	CDK2/CDK3/CDK4 等	抑制 CDK2-cyclinE 复合体，和 CDK2-cyclinA 复合体，调节细胞增殖、分化和衰老
P15^{ink4b}	CDK4/CDK6	抑制 CDK4/CDK6 活性，G$_1$ 期阻滞
P16^{ink4a}	CDK4/CDK6	抑制 CDK4/CDK6 活性，G$_1$ 期阻滞
P18^{ink4c}	CDK4/CDK6	抑制 CDK6-cyclinD 活性，G$_1$ 期阻滞
P19^{ink4d}	CDK4/CDK6	抑制 CDK4-cyclinD 活性，G$_1$ 期阻滞

　　Cip/Kip 家族各成员可广谱抑制 CDK 活性，如 P21^{cip1} 可有效地抑制 CDK2～CDK4、CDK6 的活性。P21^{cip1} 是第一个被发现的 CKI，其编码基因 CDKN1A 是 P53 的主要转录调控靶点，在细胞内执行多种功能。在细胞核内 P21^{cip1} 可通过 N 端分别与 CDK4-cyclinD、CDK2-cyclinA 和 CDK2-cyclinE 结合并抑制其活性，减少 pRB 磷酸化，并可在 DNA 损伤后引起 G$_1$ 期阻滞，促进 DNA 修复，以消除 DNA 损伤引发的肿瘤。P21^{cip1} 对 DNA 损伤细胞的周期阻滞作用取决于 DNA

的损伤程度，当 DNA 发生低水平的损伤时，P21^{cip1} 的表达上调而诱导细胞周期停滞，并表现为抗凋亡；当 DNA 损伤广泛时，P21^{cip1} 蛋白的表达水平经泛素化水解过程或直接酶解而下调，随后细胞发生凋亡。

P27^{kip1} 蛋白也是多种 cyclin、CDK 复合物的抑制因子，可通过与 CDK-cyclin 复合体的 N 端结合而抑制 cyclin、CDK 复合体活性，阻断 ATP 与 CDK 的结合，并使细胞周期阻滞在 G$_1$ 期。如 TGF-β 可诱导 P27^{kip1} 蛋白表达上调，后者作为 CDK2-cyclinE 复合体的抑制因子可使细胞阻滞于 G$_1$ 期。通过转录、翻译和翻译后水平调节 P27^{kip1} 的蛋白表达，可影响其抑制作用。TGF-β 和其他环境因素如营养成分不足或细胞间接触抑制也可提高 P27^{kip1} 的蛋白表达水平，从而确保其在细胞周期阻滞及细胞分化中发挥作用。

P21^{cip1} 在 DNA 受损引起细胞周期阻止在 G$_1$ 期中呈现重要作用；P27^{kip1} 在细胞培养时去除血清引起细胞周期阻止中有重要作用。TGF-β 也可诱导 P27^{kip1} 表达增加，尤其可诱导 P15^{INK4B} 表达增加 10～30 倍，阻止细胞周期停滞于 G$_1$ 期，故 TGF-β 是细胞增殖的负调节因子（图 18-5）。这些 CKI 蛋白分子对于细胞遇到不理想的增殖环境或 DNA 损伤等异常情况时将细胞周期停滞在 G$_1$ 期非常重要。

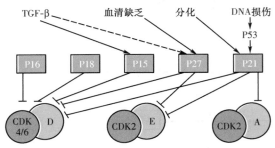

图 18-5　G$_1$/S 期 CKI 的作用

INK4 家族可特异性地与 CDK4/6 结合并抑制其活性，如 P16^{INK4A} 可通过与 cyclinD 竞争结合 CDK4 或 CDK6，抑制 CDK4/6-cyclinD 复合体的形成和活性，减少 RB 磷酸化，增加游离 E2F-1 与去磷酸化 pRB 结合，使细胞周期阻滞于 G$_1$ 期。P18^{INK4C} 与 P16^{INK4A} 具有相似的功能，可作为细胞周期负调控因子对细胞的分裂和增殖发挥重要的调控作用，在 P16^{INK4A} 缺失时作为后备因子介导细胞周期阻滞。这种负反馈调节可确保 DNA 稳定，若细胞运转"刹车"失灵，将导致肿瘤发生。

（三）cyclin 的降解与泛素-蛋白酶体蛋白分解途径

当 CDK-cyclin 复合体活性达到高峰时，除了磷酸化激活有关靶分子外，亦可催化复合体自身中的 cyclin 磷酸化。促使后者被泛素活化酶（E1）、泛素缀合酶（E2）和泛肽-蛋白连接酶（E3）顺序循环催化，将磷酸化的 cyclin 分子上串联上一个泛肽链后，cyclin 就被蛋白酶体（proteosome）彻底分解，此过程称泛素-蛋白酶体蛋白分解途径（ubiquitin-proteosome proteolytic pathway）。随着 cyclin 的降解，CDK-cyclin 复合体也就失去活性，因而 cyclin 的降解是 CDK-cyclin 复合体活性增高后的一个自我调节过程。

细胞周期中的 cyclin、CDK 和 CKI、P53 等蛋白都是经过泛素化进行蛋白分解的。这条途径包括两个步骤：首先靶底物进行泛素化，然后被蛋白分解，故称为泛素化蛋白分解途径。在正常情况下，细胞周期各个时相的过渡，以及细胞从一个周期向下一个周期的转换是不可逆的，这种不可逆主要就是由前述的时序性泛素化降解来实现。泛素是由 76 个氨基酸组成的高度保守的蛋白质，普遍存在于真核细胞。蛋白质与泛素的共价结合相当于蛋白质被标上了摧毁的标签，能被蛋白酶体识别和降解。

参与细胞周期调控的 E3 至少有两类：SCF 蛋白（Skp1-cullin-F-box protein）复合物和后期促进复合物（anaphase-promoting complex，APC）。SCF 复合物的活性从 G$_1$ 期一直延续到 S 期末，其主要负责将 E3 连接到 G$_1$/S 期周期蛋白和某些 CKI 上，参与调控 G$_1$ 期向 S 期的过渡，由 SCF 引起的泛素化受其底物蛋白质磷酸化状态的调控。

APC 的活性主要存在于 M 期的中、后期，与有丝分裂相关，可通过 26S 蛋白酶靶向降解与有丝分裂相关的重要调节因子（如分离酶抑制蛋白、cyclinA 和 cyclinB）从而影响有丝分裂的进行。APC 自身主要通过磷酸化而激活，并持续存在于 M 期中期至下一个细胞周期的 G$_1$ 期末，其通过特异的辅助蛋白 CDC20 或 CDH1 的相互作用而发挥功能。CDC20 可在纺锤体与着丝点准确连接后结合并激活 APC，后者泛素化降解有丝分裂后期相关的 cyclin 和分离酶抑制蛋白，从而调控有丝分裂的运行及结束（图 18-6）。CDH1 可结合并活化 APC/C 从而启动有丝分裂相关 cyclin 的降解并持续作用至下一细胞周期的 G_1 期。泛素化降解途径对于细胞周期正常运行的调控起着重要作用。

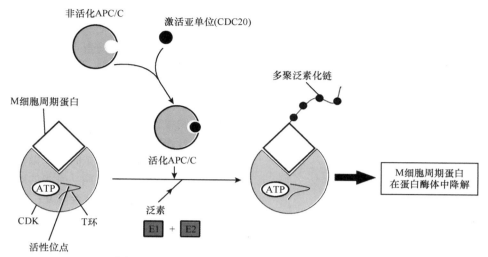

图 18-6　APC 调控的细胞周期蛋白的泛素化降解

（四）CDC25 族与 Plk1 在 M 期的重要作用

　　CDC25 族有三个异构体（isomer）。CDC25A 由 524 个氨基酸组成，特异性催化 CDK4/6-cyclinD 和 CDK2-cyclinA/E 脱磷酸化激活；CDC25B 和 CDC25C 分别由 566 个和 473 个氨基酸组成，它们特异性催化核外和核内的 CDK1-cyclinB 脱磷酸化激活。特别是 CDC25C 在细胞核分裂中起着特别重要的作用，因为在核分裂过程中尚有一个丝氨酸/苏氨酸蛋白激酶参与，称为极样激酶 1（Polo-like kinase 1，PLK1）。PLK1 磷酸化激活 CDC25C，而又需要被活化的 CDK1-cyclinB 磷酸化激活。所以，在细胞分裂期中存在有一个 PLK1 → CDC25C → CDK1-cyclinB → PLK1 反应过程的正反馈环（图 18-7）。

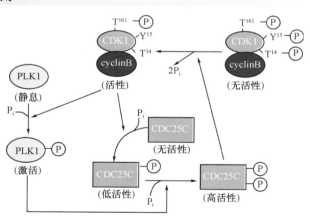

图 18-7　PLK1 → CDC25C → CDK1-cyclinB → PLK1 反应过程的正反馈环

三、细胞周期各时相的运行及运行中周期蛋白的表达规律

（一）细胞周期的运行过程和检查点

　　细胞周期运行有固定的时相顺序，起始是受细胞外因子激活一定的基因表达，从 G_0 期起动进入 G_1 → S → G_2 → M 期四个顺序时相，完成一次细胞周期，进行一次细胞分裂，在适宜条件下可重复运行（图 18-8）。

　　在大多数真核细胞中，细胞周期调控系统通过几个重要的检查点来控制细胞周期的进程：①G_1/S 检查点，位于 G_1 晚期，细胞经此进入细胞周期并开始染色体的复制。②G_2/M 检查点，调控系统在此启动早期核分裂相关事件，如促进纺锤体组装的蛋白发生磷酸化等，从而将细胞带入分裂中期。③M 期检查点，调控系统在此刺激姐妹染色单体分离，导致核分裂和细胞质分裂的完成。如果调控系统检测到细胞内外的异常，会通过这 3 个检查点阻挡细胞周期的进程（图 18-1）。如调控系统发现 DNA 复制的完整性存在问题，则会把细胞阻滞于 G₂/M 期直至问题解决。如果细胞外环境不利于细胞的增殖，则控制系统会阻滞细胞通过 G₁/S 检查点，从而避免细胞分裂。

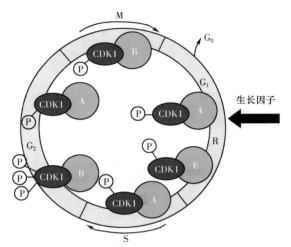

图 18-8　细胞周期运行示意图

总体来说细胞周期检查点是一类负反馈调节机制，其主要由探测部分、制动部分、检修部分和处理部分四部分组成。其中，探测部分主要通过特定的基因产物对基因组进行探测，以明确后者是否存在损伤或不完整；制动部分则通过细胞内信号转导通路启动制动机制，使在细胞周期运行过程中的细胞停滞于某个时相，以便修复；检修部分即对停滞于细胞周期某时相的细胞所存在的 DNA 损伤等异常进行检查修复；处理部分则决定检修后细胞的归宿，若细胞 DNA 的损伤修复完成，即可继续进行细胞周期的下一个时相，若细胞的 DNA 损伤无法修复，则启动细胞凋亡机制，从而清除异常细胞（图 18-9）。

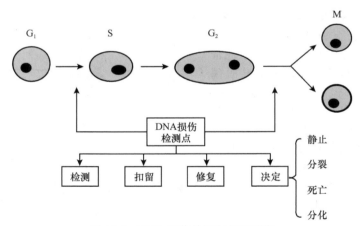

图 18-9　DNA 损伤检测与细胞周期

（二）细胞周期运行中周期蛋白的表达规律

周期蛋白为细胞周期运转的驱动力量之一，细胞周期各个时相中 CDK-cyclin 复合体的顺序形成、激活和失活规律，正是推进细胞周期运行的关键。这种规律是由 cyclin 的顺序表达和分解，以及 CKI 密切配合形成的。其中，cyclinD 在细胞静息期（G₀ 期）不存在，但受分裂原刺激后快速表达和聚积，自后持续于各个时相，但是 cyclinE、cyclinB、cyclinA 仅呈现于各专一时相（图 18-10）。不同的 cyclin 分子具有相似的三级结构，称为细胞周期蛋白折叠，此折叠包括一个由两个紧密结构域组成的核心，每个结构域包含 5 个螺旋，其中一个结构域的螺旋簇对应于保守的细胞周期蛋白盒，另一个螺旋簇则表现出与前一个螺旋簇相同的螺旋排列，尽管这两个亚结构域之间氨基酸序列相似性很低。

1. **G₁ 期**　细胞在 G₀ 期受到分裂原（如生长因子、细胞因子、PMA 等）刺激，促进 cyclinD 基因和 CDK4/6 基因表达，诱导 cyclinD 和 CDK4/6 结合成复合体，经磷酸化修饰呈现丝氨酸/苏氨酸蛋白激酶活性，在中 G_1 期达到高峰，越过限制点。在晚 G_1 期还出现 CDK2-cyclinE 复合体的蛋白激酶。由这两种激酶磷酸化 RB，释放出转录因子 E2F，促使许多与 DNA 复制有关的基因表达，为在 S 期进行 DNA 复制具备条件，因此，细胞越过 G_1/S 控制点而进入 S 期（图 18-11）。

由上可知，CDK4/CDK6-cyclinD 复合体的形成，对中 G_1 期越过 R 点非常重要；CDK2-cyclinE 复合体的形成，对晚 G_1 期越过 G_1/S 控制点而进入 S 期非常重要。在这些复合体完成任务后，由于 cyclin 被激酶自身磷酸化，而进入泛素化蛋白分解途径被分解，使复合体解体，活性消失。

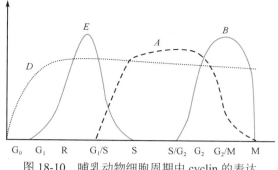

图 18-10　哺乳动物细胞周期中 cyclin 的表达

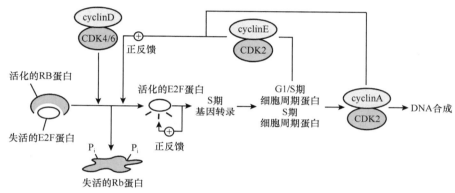

图 18-11　CDK-cyclin 复合体在 G_1/S 期的作用

2. S 期　cyclin A 是脊椎动物主要的 S 期细胞周期蛋白。cyclinA 合成于 G_1 期向 S 期转变的过程中，并在 S 期、G_2 期和有丝分裂的早期保持较高的水平，在有丝分裂的中期消失。其主要功能是促进 S 期的 DNA 复制，还可参与 G_2/M 期转换。在越过 G_1/S 控制点后，主要是由 cyclinA 和 CDK2 组成的复合体参与 DNA 复制的进行。为细胞分裂而进行双倍的 DNA 复制全部是在 S 期完成的。

3. G2 期　在 G_2 期内起作用的是 CDK1，它先后与 cyclinA 和 cyclinB 结合形成 CDK1-cyclinA 和 CDK1-cyclinB 复合体，但是由于 cyclinA 在 S 期内已渐被分解而含量降低，故在 G_2 期内主要是由 CDK1-cyclinB 复合体呈现的功能。因为它的功能直接与细胞成熟进行有丝分裂有关，故将 CDK1-cyclinB 复合体特称为 MPF，MPF 的活性调控见图 18-12。

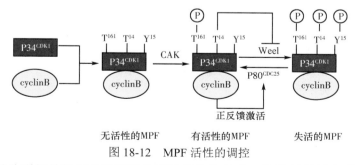

图 18-12　MPF 活性的调控

MPF 将与有丝分裂相关的蛋白质磷酸化而发挥生化效应，使核纤层蛋白磷酸化，为核膜破裂做准备，同时也能催化组蛋白的磷酸化，启动染色质凝集，有利于细胞周期进入 M 期进行有丝分裂。

4. M 期　脊椎动物中的 M 期细胞周期蛋白主要为 cyclinB。哺乳动物 cyclinB 在 S 期开始合成，随着细胞周期的进展浓度逐渐升高，在分裂中期达到高峰，在退出 M 期时消失。cyclinB 的主要作用是促进 G_2/M 期的过渡，调节纺锤体的组装，推进姐妹染色单体在赤道板的排列。M 期是在前面许多准备成熟好的基础上快速进行的，故是在细胞周期中进程最短的过程。在 M 期的末期 cyclinB 被泛素化分解后，MPF 即失活而进入下一轮细胞周期或进入 G_0 期。

第三节　细胞周期异常与疾病

细胞周期调控是细胞对不同信号进行整合后依靠细胞内级联反应完成的，包括细胞周期的驱动力量（CDK 和 cyclin）、抑制力量和检查点等，其任一环节或多环节发生异常均可使细胞增殖过度或缺陷，导致或促进疾病。

一、肿瘤与细胞周期

几乎所有癌基因、抑癌基因的生物学效应，最终都会聚到细胞周期机制上来，许多癌基因、抑癌基因直接参与细胞周期的调控，或者本身就是细胞周期调控复合体的主要成分。这些基因变异，导致了细胞周期的失控。失去控制的细胞无限制地增殖，形成肿瘤。

细胞周期的超常快速进行或在 DNA 复制不完全或有损伤时，细胞周期仍继续进行，则将导致癌变。如在人肝癌中，常有乙型肝炎病毒（HBV）整合入 cyclinA 基因中而高表达。这是因为人 cyclinA 基因含几个外显子，HBV 中有一段肽段与 cyclinA 同源，故 HBV 可整合入 cyclinA 基因的 CCNA 位点处，其所表达的嵌合蛋白缺乏 cyclinA 的降解盒，故不能被降解，使 cyclinA 的作用持久，促进细胞周期快速进入分裂期，使细胞无控制地增殖而致癌。在乳腺癌时常有 cyclinA、cyclinB、cyclinD1、cyclinE 等基因的表达增高。在正常组织中 cyclinD1 不表达或表达较低，而在肿瘤组织中常有基因扩增、基因重排及突变，导致表达产物增多。在胃癌组织中表达水平显著高于癌旁组织，在乳腺癌、淋巴癌、原发性肝癌中 cyclinD1 表达水平也明显高于正常组织。在多种肿瘤中均有 cyclinD1 单独或与 CDK4 共同过表达，是多种肿瘤发生的一个重要因素。

在原发性食管鳞状细胞癌及家族性黑色素瘤中，发现有 INK4 基因的移位、缺失或变异，INK4 编码的 P16 蛋白系 CDK4 及 CDK6 的抑制物，P16 蛋白的缺失将导致 CDK4/CDK6 的过度激活而使细胞快速进入 S 期，使癌细胞积极增殖。

最近报道在细胞分裂期中，PLK1 的表达水平高低对其调控影响很大，并证明具有高有丝分裂指数（mitotic index）的肿瘤细胞呈现高活性 PLK1。所以，高水平表达 PLK1 可作为许多进展性肿瘤（如肺癌、头和颈的鳞状细胞癌、黑色素瘤、卵巢和子宫内膜癌、前列腺癌等）的预测指标。在图 18-7 中亦指出 PLK1 具有正反馈加强激活 CDK1-cyclinB 的活性。最近通过前列腺癌细胞培养实验，已证明抑制 PLK1 可以阻止其有丝分裂并导致凋亡。

基于细胞周期运行的特点，一些抗癌药可分别在细胞周期的特定阶段特异地进行阻断。阻断在 S 期的抗癌药有羟基尿素（hydroxyurea），氨甲蝶呤（methotrexate）。阻断在 G_2 期的抗癌药有烷化剂环磷酰胺（cyclophosphamide）及卡氮芥（carmustine）及顺铂（cisplatin）和依托泊苷（etoposide）等。阻断在 M 期的抗癌药有紫杉醇（taxol）及长春花生物碱（vinca alkaloids）。在抗癌药的联合用药时，宜选择针对阻抑不同细胞周期的抗癌复合药物，对细胞周期的不同环节均加以阻断将能更有效地扼杀癌细胞。

药物治疗以外，手术、化疗、放疗是肿瘤的三大疗法。处于细胞周期不同时期的肿瘤细胞，对不同治疗方法的敏感性不同，如对于含高比例增殖型细胞的肿瘤，对放射线敏感，放疗是主要手段；以暂不增殖的 G_0 期细胞为主的肿瘤，对化疗和放疗均不敏感，可利用血小板生长因子等诱导期进入周期，然后再行化疗和放疗。对化疗和放疗不敏感的 G_0 期细胞是肿瘤复发的重要原因。此外，由于细胞周期检查点的破坏，在放化疗过程中肿瘤细胞可能不断积累新的突变，形成具有新的生物学特性的肿瘤细胞。

二、衰老与细胞周期

细胞衰老是细胞周期调控下多基因参与的复杂的生理病理过程，具有一定的可控性。细胞衰老最显著的特征是细胞在很长一段时间内仍维持代谢活性，但因为阻滞于 G_1 期，失去了对有丝分裂原的反应能力和合成 DNA 的能力，不能进入 S 期。在衰老的成纤维细胞中，其细胞周期蛋白、细胞周期蛋白依赖性激酶、细胞周期蛋白依赖性激酶抑制因子发生量与活性的变化。

衰老细胞中，一些与细胞周期有关的蛋白质的表达都降低，如 CDK2，G_2-cyclin（cyclinA 及 cyclinB）及 C-FOS、AP-l 的表达均降低。对 G_1-cyclin（cyclinD 及 cyclinE）的表达虽无影响，但在衰老的人成纤维细胞中，cyclinE 不易被磷酸化而激活，使 CDK2-cyclinE 的活性降低；不能使 RB 磷酸化，则 E2F 仍与 RB 结合而不能发挥其转录作用，细胞仍不能进入 S 期。RB 在年轻的细胞中大部分为磷酸化状态，在衰老的细胞中主要为低磷酸化状态，是衰老细胞阻滞于 G_1 期的原因之一。值得指出的是，在衰老的人成纤维细胞及 G_0 期细胞中，抑制素的表达增高。一旦当细胞进入 G_1 期，则抑制素水平降低。抑制素为 57kDa 蛋白质，其作用是抑制相应的 P45 激酶活性。一旦细胞受血清或生长因子刺激，则抑制素消失，P45 激酶显示活性，使 RB 磷酸化，E2F 乃脱离 RB 而发挥转录活性，细胞周期得以进入 S 期。故抑制素水平可作为细胞衰老或静止期的指征。

三、艾滋病与细胞周期

艾滋病（AIDS）HIV 感染时可使 T 细胞（主要是 CD_4^+ 细胞）的 CDK1 上的酪氨酸残基过分磷酸化而失活，并使 cyclinB 积聚。CDK1 是细胞由 G_2 期进入 M 期的主要激酶，cyclinB 的降解则是进入 M 期的必要条件，因而 HIV 的感染造成细胞周期停留于 G_2 期而不能进入 M 期，最终导致 T 细胞凋亡发生免疫缺陷。

小　　结

细胞周期是指进入增殖的真核细胞，按照一定的时相顺序，通过一系列事件分裂成两个子代细胞的过程，即指细胞前一次分裂结束开始运行，到下一次分裂终止所经历的过程。细胞周期大致可分 G_1 期、S 期、G_2 期和 M 期。

哺乳类细胞周期的运行主要受 CDK 的调控。这是一组丝氨酸/苏氨酸蛋白激酶类，它们的活性必须结合一类称为周期蛋白的调节亚基。有活性的全酶由一分子 CDK 和一分子 cyclin 组成，称为 CDK-cyclin 复合体。在细胞周期各时相中参与调控的 CDK 和 cyclin 是不尽相同的，而且各 CDK 只能与相应的 cyclin 结合成全酶，并经磷酸化/脱磷酸化修饰后方具活性，促使与细胞周期有关的蛋白基因表达。其中，cyclin 的功能不仅是调节亚基，而且是靶底物专一性的决定者。CDK-cyclin 复合体的活性高低决定于下列几种因素：①相应 cyclin 水平的高低；② CDK 分子上一定位点的磷酸化修饰；③ CKI 含量的高低。

细胞周期运行有固定的时相顺序，起始是受细胞外因子激活一定的基因表达，从 G_0 期起动进入 $G_1 \rightarrow S \rightarrow G_2 \rightarrow M$ 期四个顺序时相，完成一次细胞周期，进行一次细胞分裂，在适宜条件下可重复运行。细胞周期中有两个主要调控点：一是处于 G_1/S 转折点，称限制点；另一调控点处于 G_2/M 转折点。细胞周期各个时相中 CDK-cyclin 复合体的顺序形成、激活和失活规律，正是推进细胞周期运行的关键。这种规律是由 cyclin 的顺序表达和分解以及 CKI 密切配合形成的。其中，cyclinD 在细胞 G_0 期不存在，但受分裂原刺激后快速表达和聚积，自后持续于各个时相，但是 cyclinE、cyclinB、cyclinA 仅呈现于各专一时相。

细胞周期异常会导致多种疾病，如肿瘤、AIDS 等。

第十八章线上内容

（邹　　鹏）

第十九章　程序性细胞死亡及其调控

细胞死亡是生物体调节正常发育与抵抗疾病过程中不可缺少的一种生命活动，对维持组织稳态及功能有着重要作用。细胞死亡的方式主要分为两类，细胞坏死（necrosis）和程序性细胞死亡（programmed cell death，PCD）。传统意义上，细胞坏死是一种病理性的细胞死亡过程，由细胞或组织外部因素引起，如感染、毒素或创伤，对生物体几乎总是有害的并且可能是致命的。而程序性细胞死亡是一种主动、有序的细胞死亡，是细胞对各种生理、病理性信号产生的应答反应。20 世纪末以来，大量研究表明程序性细胞死亡除了经典的非炎症反应介导的细胞凋亡（apoptosis）和自噬（autophagy）外，还包括炎症反应介导的细胞焦亡（pyroptosis）。近年来，随着对程序性死亡分子机制的逐渐阐明，研究人员新发现铁死亡（ferroptosis）和坏死性凋亡（necroptosis）也在人类多种疾病中产生巨大影响。目前，程序性细胞死亡这一领域飞速发展，多种细胞死亡信号通路的关键因子已经被发现。细胞死亡机制已成为生物医学研究领域的核心热点之一。本章将重点介绍非炎症反应介导细胞凋亡和炎症反应介导细胞焦亡的相关分子及其调控机制。

第一节　细胞凋亡及其调控

早在 1842 年，卡尔·沃格特（Carl Vogt）首次认识到在生理环境下，细胞死亡可通过一种"程序化"的方式进行。1964 年，洛克辛（Lockshin）首次提出了"程序性细胞死亡"的概念。1972 年，约翰·克尔（John Kerr）发现了严格受细胞内信号分子调控的细胞死亡方式，并将其命名为细胞凋亡。1986 年，罗伯特·霍威茨（Robert Horvitz）利用线虫突变体，发现了线虫发育过程中控制细胞凋亡的关键基因，使偏重形态学描述的细胞凋亡概念在基因水平上得以阐释。从此，对细胞凋亡分子机制的解析迅速展开，成为 20 世纪 90 年代起生命科学的一大研究热点。

一、细胞凋亡的概念及生理意义

（一）细胞凋亡的概念

细胞凋亡不是简单的细胞死亡，而是在一定的生理或病理条件下，机体为维持内环境稳定，由内在基因控制的细胞自主的有序性死亡。在凋亡过程中，涉及多个基因的表达和多种蛋白的有序作用，并在细胞形态和分子水平发生一些具有特征性的变化。

（二）细胞凋亡的生理意义

细胞凋亡是细胞的一种生理性、主动性的"自杀行为"，同细胞增殖和分化一样具有重要的生理意义。

（1）正常生理情况下各种组织发育过程中细胞可发生凋亡，如神经系统发育过程中产生的未建立功能突触连接的神经元，或免疫系统发育过程中产生的未成熟的 T 淋巴细胞和 B 淋巴细胞，其最后均走向凋亡。

（2）细胞凋亡对人体组织重塑具有重要作用，如妇女月经期的子宫内膜变化、绝经后的卵泡闭锁、断乳后的乳腺回归。

（3）细胞凋亡是伤口愈合的一个重要组成部分，如伤口愈合涉及去除炎症细胞和肉芽组织，向瘢痕组织演变。在伤口愈合过程中，细胞凋亡的失调会导致过度的瘢痕愈合或纤维化。

（4）细胞凋亡可清除衰老和损伤的细胞，如随着个体年龄的增长，一些老化的细胞可通过细胞凋亡被淘汰。

（5）机体分泌的激素和生长因子水平可导致细胞凋亡，如生理水平的激素和生长因子分泌减少可导致细胞凋亡；相反，强烈应激引起大量糖皮质激素分泌也可诱导淋巴细胞凋亡，从而致使淋巴细胞数量减少。

二、细胞凋亡的特征

细胞凋亡具有特征性分子改变和形态变化（图 19-1），但是前者是引起后者产生的基础，故学者们常以特征性分子改变作为细胞凋亡早期的检测指标。

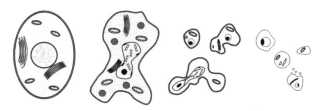

图 19-1　细胞凋亡特征性形态变化

（一）细胞凋亡特征性分子改变

（1）细胞质内 Ca^{2+} 浓度升高，激活需钙蛋白酶（calpain）。

（2）细胞内活性氧增多。

（3）DNA 内切酶活化，染色质 DNA 被降解，形成 180～200bp 倍数的寡核小体片段，在电泳图谱上呈现连续的阶梯状条带。

（4）谷氨酰胺酶诱导表达，该酶可催化胞质蛋白形成交联。

（二）细胞凋亡特征性形态变化

（1）细胞膜完整，外形呈发泡状。

（2）细胞质浓缩，细胞器紧聚。

（3）染色体固缩呈月牙状，在核周聚集。

（4）形成凋亡小体（apoptotic body），可被周围细胞吞噬，不引起炎症反应。

（5）细胞膜磷脂酰丝氨酸外翻，这种变化是细胞凋亡的检测标志之一。

三、参与细胞凋亡的核心分子

20 世纪 70 年代，约翰·苏尔斯顿（Sulston J）和悉尼·布雷内（Brenner S）发现了一些参与秀丽隐杆线虫（*Caenorhabditis elegans*，*C.elegans*）在成虫形成过程中发生细胞凋亡的突变基因。1978 年，罗伯特·霍维茨（Horvitz R）等找到了调控线虫细胞凋亡的关键基因 *CED-3*、*CED-4* 和 *CED-9*。此后不断在哺乳动物细胞中发现与这三个基因表达同源的分子，从而掀起了关于细胞凋亡分子机制研究的热潮。Sulston J、Brenner S 和 Horvitz R 三位科学家由于在细胞凋亡研究领域中做出的重大贡献而荣获 2002 年诺贝尔生理学或医学奖。

（一）CASPASE 蛋白家族

CASPASE 是半胱天冬特异性蛋白酶（cysteine aspartate-specific protease），与线虫 *CED-3* 基因表达的蛋白具有同源性，是引起细胞凋亡的关键酶，在细胞凋亡过程中必不可少。

1. CASPASE 家族成员的分子结构　CASPASE 家族成员一般都是以无活性的 CASPASE 酶原（PRO-CASPASE）形式存在，PRO-CASPASE 的 N 端含有"原结构域"（pro-domain）的序列。酶原活化时需要将 pro-domain 切除，其余序列进一步水解释放大亚基（P20）和小亚基（P10），由大亚基和小亚基组成异源二聚体，再由两个二聚体形成具有活性的（P20/P10）$_2$ 四聚体（图 19-2）。

CASPASE 家族成员均具有下列结构特征：①酶活性依赖于半胱氨酸残基作为裂解底物的亲核性；②总是在底物的天冬氨酸残基之后进行水解；③活性的 CASPASE 都是由两个大亚基和两

个小亚基组成的四聚体形式。

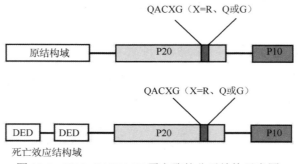

图 19-2　PRO-CASPASE 蛋白酶的分子结构示意图

2. CASPASE 家族成员的组成　CASPASE 蛋白是一个大家族，目前已知 CASPASE 蛋白有 14 个成员，分别命名为 CASPASE-1～CASPASE-14。在人类细胞中已发现 11 个 CASPASE，分为两个亚族（subgroup）：ICE 亚族和 CED-3 亚族，前者参与细胞炎症反应，后者参与细胞凋亡。CED-3 亚族根据其功能又分为两类：一类为凋亡执行者（executioner 或 effector），如 CASPASE-3、CASPASE-6、CASPASE-7，可直接水解细胞的结构蛋白和功能蛋白，引起凋亡，但不能通过自催化（autocatalysis）或自剪接的方式激活；另一类为凋亡启动者（initiator），如 CASPASE-8、CASPASE-9，当细胞接收到凋亡信号后，可通过自剪接而活化，然后引发下游 CASPASE 活化的级联放大效应，如 CASPASE-8 可依次激活 CASPASE-3、CASPASE-6、CASPASE-7（图 19-3）。

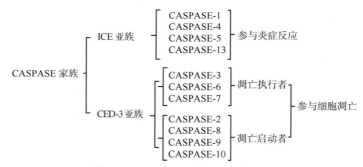

图 19-3　CASPASE 家族成员的组成

3. CASPASE 的功能　CASPASE 的命名实际上就体现了它的功能，"C"表示这类蛋白酶的催化中心的关键氨基酸是半胱氨酸，即以半胱氨酸作为裂解底物的亲核基团；"ASPASE"是指特异切割具有天冬氨酸残基羧基端肽键的能力。所有 CASPASE 成员的催化中心均含有半胱氨酸。在活性半胱氨酸残基周围的氨基酸序列也具有保守性，一般都有 QACXG（X=R、Q 或 G）五肽序列。

CASPASE 的功能主要为：①灭活细胞凋亡的抑制性蛋白，如 BCL-2；②水解细胞的结构蛋白，导致细胞解体，形成凋亡小体；③在 CASPASE 级联反应中激活相关蛋白酶的活性，导致细胞损伤。

4. CASPASE 的作用方式　非活性的 PRO-CASPASE 至少可以通过以下 3 种方式激活：

（1）自活化（autoactivation）：PRO-CASPASE 具有很低的蛋白水解酶活性，在某些条件下有自活化的潜能，也称同性活化（图 19-4A）。能够进行自活化的 CASPASE 又称为起始 CASPASE，包括 CASPASE-8，CASPASE-10 和 CASPASE-9。

（2）转活化（transactivation）：CASPASE 一旦被激活，起始 CASPASE 除了使自身活化外，还能活化其他的 CASPASE 酶原，即效应 CASPASE，该过程也称异性活化（图 19-4B）。

（3）非 CASPASE 蛋白酶活化（activation by non-CASPASE protease）：可直接被其他非

CASPASE 蛋白酶水解活化。

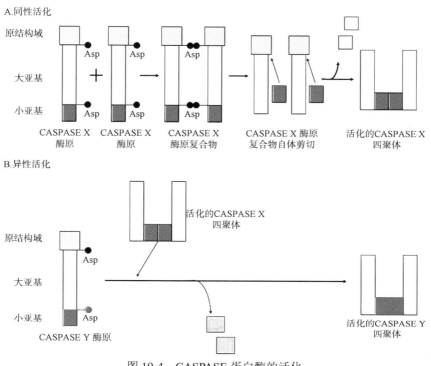

图 19-4　CASPASE 蛋白酶的活化

（二）BCL-2 蛋白家族

B 淋巴细胞瘤/白血病 2（B cell lymphoma/leukemia 2，BCL-2）蛋白在结构上与线虫 *CED-9* 基因表达的蛋白具有同源性，参与细胞增殖与凋亡的动态平衡调控。其编码基因 *BCL-2* 定位于 18q21，是迄今研究最深入、最广泛的细胞凋亡调控基因之一。

1. BCL-2 家族成员的分子结构　BCL-2 由 229 个氨基酸组成，分子量为 26kDa，其分子结构的 N 端含有 1~4 个保守的 BCL-2 同源结构域（BH1~BH4），且多数家族成员的同源性集中在 BH1 和 BH2 区域；C 端为疏水区，具有质膜锚定作用，借以定位在线粒体外膜，可调控线粒体外膜通透性（图 19-5）。

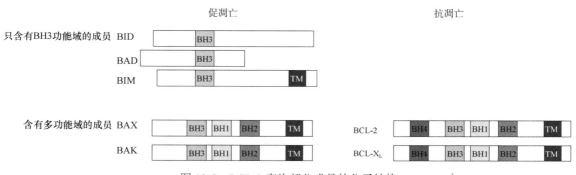

图 19-5　BCL-2 家族部分成员的分子结构

2. BCL-2 蛋白家族成员的功能　根据分子结构的不同，将 BCL-2 蛋白家族成员分为两类：一类具有抗凋亡（antiapoptosis）作用，可通过抑制线粒体通透性转换孔开放，减少 Cyt c 和凋亡诱导因子（AIF）的释放；还可与 APAF-1 结合，阻断 APAF-1 对 CASPASE-9 的活化，如 BCL-2、

BCL-W、BCL-X$_L$、MCL-L；另一类具有促凋亡（pro-apoptotic）作用，可促进线粒体通透性转换孔开放，使包括 Cyt c 在内的促凋亡因子释放出线粒体，进而激活 CASPASE，促进细胞凋亡。同时，也可以通过其 BH$_3$ 区域与具有抗凋亡作用的 BCL-2 家族蛋白结合，从而抑制其抗凋亡作用，如 BAX、BAD、BID、BIM、BAK。

（三）APAF-1

APAF-1 是凋亡蛋白酶激活因子-1（apoptotic protease activating factor-1），与线虫的 *CED-4* 基因表达的蛋白具有同源性，在线粒体介导的凋亡途径中发挥重要作用。

1. APAF-1 的分子结构　人 APAF-1 含有 1248 个氨基酸，分子量为 130kDa，基因定位于 12q23。APAF-1 含有 3 个不同的结构域：

（1）N 端 CARD（CASPASE recruitment domain）域，能募集 CASPASE-9 与之结合。

（2）CED-4 同源域，能结合 ATP/dATP。

（3）C 端含有色氨酸/天冬氨酸的重复序列，当 Cyt c 结合到这一区域后，能引起 APAF-1 发生多聚化而激活。

2. APAF-1 的功能　APAF-1 具有激活 CASPASE-3 的功能，而这一过程又需要 Cyt c（又称 APAF-2）和 CASPASE-9（又称 APAF-3）参与。在 Cyt c 及 ATP 参与下，APAF-1 借其 N 端的 CARD 域与 PRO-CASPASE-9 发生相互作用，形成凋亡体（apoptosome），其中含有各 7 分子的 Cyt c、ATP、APAF-1 和 14 分子的 PRO-CASPASE-9。PRO-CASPASE-9 在凋亡体中可进行自活化，形成活性的 CASPASE-9，进而激活下游 CASPASE-3，启动 CASPASE 级联反应（图 19-6）。

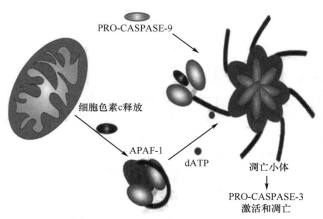

图 19-6　APAF-1 激活 CASPASE-3

四、细胞凋亡的激活途径及调控

自 1993 年最早提出死亡受体介导的凋亡途径以后，在 1998 年和 2004 年又分别提出线粒体介导的凋亡途径和内质网介导的凋亡途径。现已公认，在哺乳动物（包括人类）体内普遍存在下列三条细胞凋亡的激活途径。

（一）死亡受体介导的凋亡途径

所谓死亡受体（death receptor，DR）是指与相应配体结合后，可激活 PRO-CASPASE 的级联反应引起细胞凋亡的受体。这类受体总称为肿瘤坏死因子受体（TNFR）超家族，以其中的 FAS、TNF-R$_1$ 和 DR$_{4/5}$ 最为重要。它们均属于单跨膜的 I 型细胞因子受体。死亡受体介导的凋亡途径为细胞外信号激活，因此也称外源性凋亡途径。下面以 FAS/FASL 系统来介绍死亡受体介导的凋亡途径。

1. FAS/FASL 的结构与功能　自杀相关因子（factor associated suicide，FAS）是广泛表达于正常细胞和肿瘤细胞膜表面的 I 型受体，属于 TNFR 超家族成员。FAS 的分子结构可分为 3 个区域，即胞外区、跨膜区和胞内区。其胞内区含有死亡结构域（death domain，DD）及抑制结构域

（suppressive domain，SD）。

FAS 的配体（FAS ligand，FASL）主要表达于效应 T 细胞和肿瘤细胞膜表面。

FAS 与其配体 FASL 的相互作用，是激活细胞凋亡的主要途径之一，称为死亡受体途径。

2. FAS/FASL 的作用方式　FAS/FASL 介导的细胞凋亡是多分子参与的有序反应过程。

（1）FASL 与 FAS 结合后，诱导 FAS 形成可传递信号的活性三聚体形式。

（2）FAS 形成活性三聚体后，FAS 的胞内区 DD 结构域可募集接头分子 FADD（FAS-associated protein with death domain，FAS 相关死亡结构域蛋白）与之偶联，然后再通过 FADD 的死亡效应结构域（death effector domain，DED）与 PRO-CASPASE-8/PRO-CASPASE-10 发生偶联，从而形成死亡诱导信号复合体（death-inducing signaling complex，DISC）。

（3）DISC 可将死亡信号传递至细胞内，使相关的蛋白激酶活化，随后多种底物蛋白的酪氨酸残基发生磷酸化，活化的蛋白使信号逐级传递，导致细胞内 Ca^{2+} 浓度升高。

（4）其中 PRO-CASPASE-8/PRO-CASPASE-10 发生自活化，形成活性的 CASPASE-8/CASPASE-10，进而激活下游 CASPASE 的级联反应，触发细胞凋亡的执行阶段（图 19-7）。

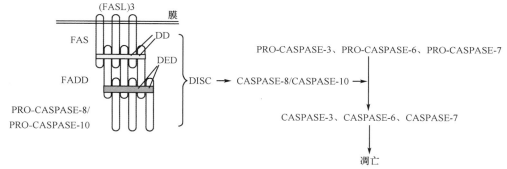

图 19-7　FAS 的分子结构及激活过程

3. CASPASE 形成级联反应　活化的 CASPASE-8/CASPASE-10 随后激活细胞凋亡的直接执行者 CASPASE-3、CASPASE-6、CASPASE-7，再进一步催化 50 多种靶蛋白水解，导致细胞凋亡。这些靶蛋白水解可涉及下列三个方面的事件：

（1）破坏 DNA 的完整性：下游 CASPASE 可水解细胞质内的 DFF45（是 DNA 内切酶 DFF40 的结合抑制因子），由此释放出游离的 DFF40（DNA fragmentation factor 40），进而转位入核，引起 DNA 发生片段化。

（2）破坏细胞骨架结构：胞质内的许多骨架蛋白如胞衬蛋白（fodrin）、肌动蛋白（actin）及核膜层蛋白（lamin）等都是下游 CASPASE 的靶底物，可被 CASPASE 水解失去功能。

（3）阻止细胞周期运行：如 cyclinA、cyclinD、cyclinE 及 CDK 等亦都是下游 CASPASE 的靶底物。

4. CASPASE-8 的凋亡放大反应　活性的 CASPASE-8/CASPAS-10 可催化裂解 BCL-2 家族的促凋亡成员 BID。BID 的 N 端 1～60 位氨基酸是 BID 的抑制结构域，N 端第 60 和 61 位氨基酸之间的肽键可被 CASPASE-8/CASPASE-10 催化水解断裂，从而释放出活性的 C 端片段（61～195位氨基酸），转位到线粒体外膜，降低线粒体跨膜压，导致线粒体膜间腔内 Cyt c 和 PRO-CASPASE-2、PRO-CASPASE-9 等促凋亡因子释放至胞质，进而与 APAF-1 组装形成凋亡体，导致 PRO-CASPASE-9 发生自活化，由此可放大 Fas 介导的死亡信号效应（图 19-8）。

5. 死亡受体凋亡途径的调控　在正常细胞中，由于核酸内切酶 DFF40 与抑制因子 DFF45 结合在一起，DFF40 处于无活性状态，并不发生 DNA 片段化。但如果抑制因子 DFF45 被死亡受体介导的凋亡信号活化的 CASPASE 所裂解，使得核酸内切酶 DFF40 游离而活化，可导致 DNA 发生片段化。此外，死亡受体介导的凋亡信号传递还可被 C-FLIP（FLICE-inhibitory protein，FAS 相关蛋白样白介素-1β 转化酶抑制蛋白）蛋白抑制，FLIP 的 DED 结构域可与 FADD 结合，可竞争性抑制 PRO-CASPASE-8 与 FADD 结合形成 DISC，从而阻断 FAS 介导的凋亡信号转导。

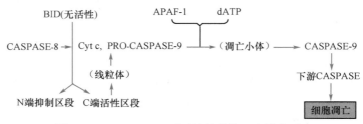

图 19-8　CASPASE-8 通过线粒体的凋亡放大反应

（二）线粒体介导的凋亡途径

由线粒体介导的细胞凋亡又称为内源性凋亡途径。启动细胞凋亡的内源性凋亡途径涉及多种非受体介导的胞内信号刺激，这种刺激可直接作用于胞内靶点，引发线粒体介导的凋亡。

1. 线粒体外膜通透性变化启动凋亡　各种物理、化学及生物学因素刺激可导致线粒体外膜通透性增加，从而触发细胞凋亡。产生细胞内信号启动内源性凋亡途径的刺激既可能是正效应也可能是负效应。正效应的刺激包括辐射、毒素、缺氧、过热、病毒感染和自由基等；负效应的刺激则是某些生长因子、激素等。

所有这些刺激均可引起线粒体膜的变化，导致线粒体膜通透性转换孔（MPTP）开放，线粒体跨膜电位消失。一些促凋亡因子从线粒体膜间腔内释放到胞质，如 Cyt c、SMAC/DIAB-LO、促凋亡蛋白 AIF、核酸内切酶 G 和 CAD 等，这些蛋白可激活线粒体凋亡途径。

2. Cyt c 和核酸内切酶 G 等多种因子参与凋亡过程　Cyt c 被释放到细胞质后，可与 APAF-1 和 PRO-CASPASE-9 结合形成凋亡体，进而导致 CASPASE-9 的自活化。而 SMAC/DIAB-LO 蛋白和 HTRA2/OMI 则通过抑制 IAP 的活性，进而促进细胞凋亡。

当细胞即将死亡时，促凋亡蛋白 AIF、核酸内切酶 G 和 CAD 从线粒体中释放。AIF 易位到细胞核内，引起 DNA 降解，外周的核染色质浓缩。这种核固缩的早期形式成为"凋亡第一阶段"的结尾。

核酸内切酶 G 也被转运至细胞核，使核染色质水解产生寡核小体 DNA 片段。AIF 和核酸内切酶 G 发挥作用均以不依赖 CASPASE 的方式。随后，CAD 从线粒体释放并转位至细胞核，经 CASPASE-3 切割后，导致寡核小体 DNA 片段化更明显，染色质进一步浓缩。这种更明显的染色质凝集成为"凋亡第二阶段"的结尾。

3. 线粒体凋亡途径的调控　线粒体凋亡的调控可通过 BCL-2 蛋白家族进行，其主要作用机制是通过改变线粒体膜的通透性，进而调控 Cyt c 等促凋亡因子的释放。

（1）BID 被 CASPASE-8 裂解，产生活性截断型片段 tBID，tBID 转位至线粒体外膜，与 BAX/BAK 发生相互作用形成异源二聚体，导致线粒体膜通透性增大，诱导细胞凋亡。而 CASPASE-8 可由死亡受体途径激活，因此，CASPASE-8 对 BID 的作用是死亡受体（外源的）途径和线粒体（内源的）途径之间的相互沟通。

（2）BAD 在正常情况下与 14-3-3 蛋白结合并定位于细胞质内，当其特异性位点的丝氨酸残基发生去磷酸化后，即可转位至线粒体外膜，导致线粒体膜通透性增大，引起 Cyt c 释放。BAD 也可与 BCL-X_L 或 BCL-2 在线粒体外膜组成异源二聚体，抑制其抗凋亡作用，并促进细胞发生凋亡。

（三）内质网介导的细胞凋亡途径

细胞凋亡除上述两种经典途径外，还存在内质网介导的凋亡途径，是近些年才发现的一种新的凋亡途径。

1. 内质网应激　内质网广泛存在于真核细胞中，是细胞内重要的细胞器。内质网作为信号传导的枢纽平台，在细胞凋亡过程发挥着重要作用。

很多病理、生理性刺激，如氧化应激、缺血缺氧、钙稳态紊乱及病毒感染等，可引起内质网腔内未折叠与错误折叠蛋白蓄积以及 Ca^{2+} 平衡紊乱，导致内质网的结构和功能损伤，引起一系列信号转导反应，称为内质网应激（endoplasmic reticulum stress，ERS）。

ERS 是机体对各种病理生理刺激的一种自身保护性防御机制，这种作用既能修复早期或受损较轻的细胞，又能清除过度损伤的细胞，为维持机体的生理平衡和内环境稳态起到重要作用。适度的 ERS 可通过促进内质网处理未折叠及错误折叠蛋白等降低损伤；而持久或严重的 ERS 则可引起细胞凋亡。根据诱发原因不同，ERS 可分为 3 种类型：未折叠蛋白反应（unfolded protein response，UPR）、内质网超负荷反应（endoplasmic reticulum overload response，EOR）和固醇调节级联反应，其中 UPR 是介导 ERS 的最重要的信号机制。

2. UPR　在 UPR 的反应中，ERS 标记蛋白葡萄糖调节蛋白 78（GRP78/BIP）、RNA 依赖的蛋白激酶样内质网激酶（PERK）、转录激活因子 6（ATF6）和需肌醇酶-1（IRE-1）激活，然后分别通过信号级联反应，最终抑制新生蛋白的生物合成和促进分子伴侣的表达，由此反馈清除病理性的未折叠蛋白，因此，UPR 是细胞的一种生理性维护反应。

3. ERS 介导的细胞凋亡途径　目前，已知 ERS 介导的细胞凋亡途径有 3 条：CHOP 通路、JNK 通路、CASPASE-12 通路。

（1）CHOP 通路：是调节 ERS 介导凋亡的主要通路。CHOP 是 ERS 特异的转录因子，在正常情况下，CHOP 主要存在于细胞质中，且含量很低。而 PERK、ATF6、IRE-1 分别与分子伴侣 GRP78/BIP 结合，均处于无活性状态。在细胞处于应激状态下，IRE-1、PERK 和 ATF6 的活化均可诱导 CHOP 表达显著增加，促进细胞凋亡。

CHOP 诱导细胞凋亡可能是通过调节 BCL-2 蛋白家族的促凋亡和抗凋亡功能之间的平衡。CHOP 可上调促凋亡蛋白 BAX/BAK 的表达，抑制抗凋亡蛋白 BCL-2 的表达，减弱其抗凋亡能力，敏化 ERS 反应，促进细胞凋亡，如 CHOP 可与 cAMP 反应元件结合蛋白（CREB）结合形成二聚体，抑制 BCL-2 蛋白的表达，促进线粒体对促凋亡因素的敏感性。

（2）JNK 通路：C-JUN 氨基末端激酶（C-JUN N-terminal kinase，JNK）也被称为应激活化蛋白激酶。JNK 可通过转录依赖的方式调节下游凋亡相关靶基因的转录和凋亡蛋白的表达，进而引发细胞凋亡。JNK 被应激刺激活化后，可从细胞质转移至细胞核，通过磷酸化激活 C-JUN、C-FOS 等转录因子，而促进下游凋亡相关靶基因（如 *FASL*、*TNF* 基因等）的表达。此外，JNK 还可通过非转录依赖的方式直接调节胞质内靶蛋白的活性而介导线粒体途径的细胞凋亡，如 JNK 可磷酸化而活化 BAX 等促凋亡蛋白，引发线粒体途径的细胞凋亡，此过程不依赖新基因的表达。

（3）CASPASE-12 通路：CASPASE-12 是 CASPASE 亚家族成员，CASPASES-12 产生于内质网，并仅在 ERS 时被活化，是介导 ERS 凋亡的关键分子。在正常生理情况下，CASPASE-12 与其他的 CASPASE 一样以无活性的酶原形式存在；在 ERS 状态下，CASPASE-12 酶原被特异激活，并协同其他 ERS 分子共同激活 CASPASE-9，导致细胞凋亡。

五、细胞凋亡异常与疾病

人体内的细胞在生命活动中会逐渐衰老或受到损伤，这些细胞通常要通过细胞凋亡加以清除。但是，细胞凋亡过度或不足均会导致疾病。细胞凋亡异常可导致的疾病一般可分为两大类：①细胞凋亡不足，如肿瘤、自身免疫性疾病和某些病毒感染等；②细胞凋亡过度，如心血管疾病、神经退行性疾病、移植排斥等。另外，有些疾病是凋亡不足和凋亡过度并存，如动脉粥样硬化。

第二节　细胞焦亡及其调控

早在 1992 年，就有研究发现，福氏志贺菌可诱导感染的宿主巨噬细胞发生程序性死亡，但最初被认为是细胞凋亡。进一步深入研究发现，巨噬细胞的死亡独特地依赖于 CASPASE-1 而不是凋亡相关 CASPASE，并且伴随着细胞膜的破坏和炎症细胞因子的释放。2001 年，库松（Cooson）

等将这种依赖于炎性体的细胞死亡称为"pyroptosis"，源于希腊语中与火或热有关的"pyro"，至此细胞焦亡被明确定义。直到 2015 年，Gasdermin D（GSDMD）被发现为 CASPASE-1 和 CASPASE-4/CASPASE-5/CASPASE-11 的切割靶点时，细胞焦亡的关键因子才被发现，GSDMD 被称为焦亡的"刽子手"。如今细胞焦亡这种程序性细胞死亡方式已经逐渐被人们所了解，越来越多的研究发现细胞焦亡在人类多种疾病中均发挥着重要的作用。

一、细胞焦亡的概念及生理意义

（一）细胞焦亡的概念

细胞焦亡是近年来新发现的一种伴随着炎症反应的程序性细胞死亡方式；是由 CASPASE-1 或 CASPASE-4/CASPASE-5/CASPASE-11 活化介导，伴有大量促炎因子的释放，并可诱发炎症级联放大反应；是以细胞肿胀裂解、细胞膜溶解及胞质内容物释放到细胞外为主要特征的细胞炎性死亡。

（二）细胞焦亡的生理意义

细胞焦亡是宿主抵抗胞内病原体感染的天然免疫防御机制之一。天然免疫是以抗原非特异性的方式识别和清除各种病原体。细胞焦亡发生在一些感染病毒或细菌的细胞，是一种病理性的死亡，在一定条件下可清除感染细胞以抵抗病原微生物及内源性伤害刺激，在感染性疾病、神经系统疾病、动脉粥样硬化及免疫缺陷类疾病的发生发展中起到了极其重要的作用。

细胞焦亡的发生主要依赖于吞噬细胞内模式识别受体对吞噬病原微生物上病原体相关分子模式的识别。当细菌入侵机体组织时，它们能释放化学信号，这些信号被称为病原体相关分子模式（pathogen associated molecule pattern，PAMP），PAMP 通过识别吞噬细胞内模式识别受体（pattern recognition receptor，PRR）把吞噬细胞吸引过来，并被吞噬细胞吞噬；进而触发炎症小体的组装及 pro-CASPASE-1 的激活，诱导吞噬细胞质膜形成膜孔，触发释放大量炎症因子和炎性胞内物，对邻近细胞产生促炎信号，快速启动机体天然免疫。如血液中的单核细胞、中性粒细胞和组织中的巨噬细胞具有吞噬功能，可摄入颗粒性抗原（包括完整的细菌），最终通过 PRR 识别相应的 PAMP 启动细胞焦亡，导致吞噬细胞死亡。因此，细胞焦亡可防止病原体的复制及暴露病原体，并对其有杀伤作用，有利于机体清除病原微生物防御伤害。

此外，PRR 同样可以感知由损伤的组织细胞释放的内源性损伤相关分子模式（damage-associated molecular pattern，DAMP）（如尿酸单钠、二氧化硅和活性氧产生等），通过启动天然免疫系统和细胞焦亡对损伤组织进行修复。

二、细胞焦亡的特征

（一）细胞焦亡的形态学特征

细胞焦亡是一种介于凋亡与坏死之间的细胞死亡方式，在形态学上同时具有坏死和凋亡的特征。

（1）细胞焦亡发生时，在细胞质膜上可形成许多 $10\sim20$nm 孔隙，细胞渗透、肿胀，细胞内容物大量释放（如炎性因子、乳酸脱氢酶等）流出，引起炎症反应，最终导致细胞膜破裂和溶解，但细胞膜仍保持完整性。

（2）细胞焦亡与凋亡具有类似的细胞核浓缩、染色质凝聚和 DNA 裂解、TUNEL 和 Annexin V 染色阳性等特征。虽然细胞焦亡时发生染色质凝聚和 DNA 裂解，但细胞核仍然保持完整，DNA 损伤程度低，并不会出现细胞凋亡时呈现的以 $180\sim200$bp 为单位的 DNA 梯形条带。

（二）细胞焦亡的分子生物学特征

细胞焦亡是一种细胞的炎性坏死，由炎性 CASPASE 所介导。存在于小鼠体内的炎性 CASPASE 包括 CASPASE-1 和 CASPASE-11，存在于人体内的炎性 CASPASE 包括 CASPASE-1/CASPASE-4/CASPASE-5。

细胞焦亡最突出的特点是由微生物感染和内源性的损伤相关信号诱导，依赖炎症小体和炎性

CASPASE（CASPASE-1 或 CASPASE-4/CASPASE-5/CASPASE-11）的激活，同时伴有大量促炎症因子如 IL-1β、IL-18 前体的裂解和释放及炎症级联放大反应。

三、参与细胞焦亡的关键效应分子

1992 年，科学家观察到 CASPASE-1 介导的程序性细胞死亡，其形态上区别于细胞凋亡。直到 2015 年，Gasdermin D 作为 CASPASE-1 和 CASPASE-11 的切割靶点被发现，这时才发现 Gasdermin（GSDM）家族众多成员是参与细胞焦亡的关键效应分子。

（一）GSDMD

GSDMD（Gasdermin D）蛋白属于 GSDM 家族，是介导细胞焦亡的重要蛋白，在先天免疫防御和致死性内毒素血症中发挥重要作用。

1. GSDMD 的分子结构　GSDMD 分子量为 53kDa，约含 484 个氨基酸。GSDMD 包含有两个结构域：C 端结构域（GSDMD-C）和 N 端结构域（GSDMD-N），两者由一长环连接。研究发现，GSDMD-N 具有形成膜孔的功能，故又被称为成孔结构域（pore formation domain，PFD）；而 GSDMD-C 对 GSDMD-N 发挥抑制作用，GSDMD-C 的第 1 个环（276～296）插入至 GSDMD-N 中，在稳定自抑制中起重要作用，因此被称为自抑制结构域（repressor domain，RD）。

2. GSDMD 的功能　GSDMD 作为经典细胞焦亡激活途径和非经典细胞焦亡激活途径的共同效应分子，可被 CASPASE-1 和 CASPASE-4/CASPASE-5/CASPASE-11 在特定位点裂解，有效切割 GSDMD 连接环位点，释放出具有成孔活性的 GSDMD-N，在细胞膜内侧聚集并形成非选择性的孔道，导致细胞内外的离子梯度消失、水分子入侵，最终导致细胞肿胀，内容物释放而发生焦亡。

（二）其他 GSDM 蛋白

GSDM 家族在人类有 GSDMA、GSDMB、GSDMC、GSDMD、GSDME（又称为 DFNA5）和 DFNB59 等成员。大多数家族成员具有类似的 PFD 和 CT 结构，都可以参与膜孔的形成。研究表明，GSDMA 主要表达于皮肤、舌、食管和胃等组织上皮细胞中。GSDMA3 及 DFNA5 显性突变和 DFNA5 常染色体隐性突变可在小鼠中引起脱发和角质化过度，在人类中可导致非综合征型耳聋。GSDMA 的 N 端结构域能在含磷酸肌醇和心磷脂膜上聚集并形成膜孔，可驱动细胞发生焦亡。GSDMB 可在淋巴细胞及食管、肺、肾等组织表达，与几种免疫性疾病密切相关。鉴于不同的 GSDM 蛋白具有类似的膜孔形成的功能，细胞焦亡也被称为 GSDM 介导的程序性坏死。

四、细胞焦亡的激活途径及调控

细胞焦亡是一种通过炎性 CASPASE-1 和 CASPASE-4/CASPASE-5/CASPASE-11 诱发的细胞死亡方式，在炎症小体的激活下，这些蛋白酶可对病原体及内源性危险信号做出反应。通常将 CASPASE-1 介导的细胞焦亡途径称为经典细胞焦亡激活途径，而将 CASPASE-4/CASPASE-5/CASPASE-11 介导的细胞焦亡途径称为非经典细胞焦亡激活途径。

（一）炎症小体的组成与激活

当细胞受到外界微生物感染释放 PAMP 或机体受损细胞释放 DAMP 刺激时，细胞内 PRR 可识别 PAMP 或 DAMP，并趋化 PRO-CASPASE-1 等分子组装形成炎性小体，进而激活 CASPASE-1，最终诱导细胞焦亡。

1. 与细胞焦亡相关的主要胞内识别受体　核苷酸结合寡聚化结构域样受体（nucleotide-binding oligomerization domain-like receptor，NLR）家族是具有识别入侵病原体和激活先天免疫反应等重要功能的主要胞内模式识别受体，也被称为 NOD 样受体（NOD like receptor，NLR）。人体 NLR 家族有 23 个成员，包括 NLRP1、NLRP3、NLRC4、NLRC5、NOD1、NOD2 和 NLRP4/NAIP 等，在炎症反应发生和维持中起重要作用。其中，参与细胞焦亡的 NLR 主要有 NLRP1、NLRP3、NLRC4。此外，干扰素诱导产生的黑色素瘤缺乏因子 2（absent in melanoma 2，AIM2）和热蛋白

Pyrin 等非 NLR 家族成员也可参与细胞焦亡。

2. NLR 家族成员的结构 NLR 家族成员具有共同的结构特征，其共同分子骨架是由中心的核苷酸结合寡聚化区域（nucleotide binding oligomerization domain，NACHT）和 C 端含有的一个富含亮氨酸重复序列（leucine rich repeat，LRR）结构域组成。而根据其 N 端的结构不同，又可将其分为许多亚家族，其中最主要的两个亚家族是 NLRP 和 NLRC 家族。NLRP 家族蛋白的 N 端含有热蛋白相互作用结构域（pyrin domain，PYD），而 NLRC 家族蛋白 N 端含有一个或多个 CARD 结构域（图 19-9）。

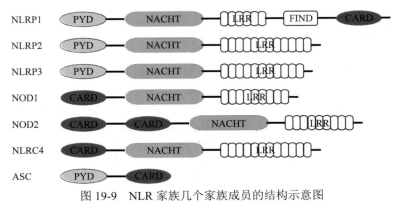

图 19-9 NLR 家族几个家族成员的结构示意图

ASC，apopotosis-associated speck-like protein containg CARD，凋亡相关斑点样蛋白

3. 炎症小体的组成与激活 炎症小体通常由胞内 PRR 如 NLR 或 AIM2 等、接头蛋白和 PRO-CASPASE-1 组装而成。NLR 的 N 端含有 PYD 的结构域，接头蛋白为 ASC，ASC 含有 PYD 和 CARD 的结构域，而 PRO-CASPASE-1 含有 CARD 结构域。接头蛋白 ASC 作为双重接头分子通过 PYD-PYD 和 CARD-CARD 结构域两两发生相互作用，将 NLR 与 CASPASE-1 桥连起来，组装成炎症小体（图 19-10），使得二聚体形式的 PRO-CASPASE-1 自活化裂解形成具有催化活性的 CASPASE-1，进而作用于 IL-1β 和 IL-18 前体裂解，释放炎症因子 IL-1β 和 IL-18，同时裂解 GSDMD 形成膜孔，进而介导细胞焦亡发生。

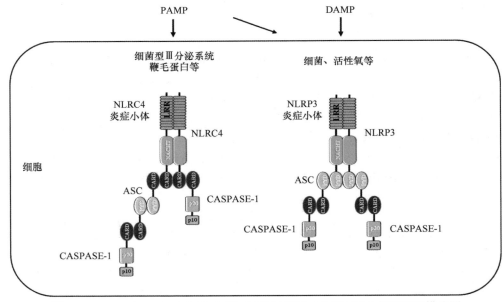

图 19-10 NLRC4、NLRP3 和（或）ASC 与 PRO-CASPASE-1 相互识别模式图

（二）CASPASE-1 介导的经典细胞焦亡途径

经典细胞焦亡途径是指依赖 CASPASE-1 激活的细胞焦亡激活途径。PRO-CASPASE-1 在通常状态下作为一种惰性酶原存在，是炎症小体的重要组成部分。当胞质 PRR 受到特定 PAMP 和 DAMP 的刺激下，PRR 通过（或不通过）ASC 和 PRO-CASPASE-1 组装形成炎症小体，炎症小体通过反平行二聚作用形成 PRO-CASPASE-1 激活平台，该反向平行二聚作用促使 PRO-CASPASE-1 自剪切而激活，从酶原变为具有活性的蛋白水解酶，这是细胞焦亡发生重要的一环。

激活后的 CASPASE-1 不仅可以介导促炎症细胞因子 IL-1β 与 IL-18 的成熟和分泌，还可以直接作用于 GSDMD（图 19-11）。CASPASE-1 在其中央连接区将自抑制状态下的 GSDMD 切割为 31kDa 具有穿孔活性的 GSDMD-N 和 22kDa 的 GSDMD-C，随后，GSDMD-N 通过膜脂相互作用方式，与细胞膜内表面的磷脂酰肌醇、磷脂酸和磷脂酰丝氨酸结合，并在脂质双层中形成内径 10～20nm 的寡聚孔，细胞膜上的穿孔可直接释放被 CASPASE-1 激活的 IL-1β 和 IL-18 及其他胞质蛋白（如小 GTP 酶、半乳糖凝集素或半胱氨酸型内肽酶抑制剂胱抑素等）。除此之外，质膜上大量的孔洞在膜的内侧和外侧之间形成非选择性的膜通道，使质膜两侧离子浓度失衡，大量的水分子进入细胞，导致细胞肿胀，内容物逸出，最终细胞死亡。不仅如此，焦亡的细胞所释放的 IL-1β、IL-18 是内源性免疫因子，可引起发热和刺激免疫细胞活化，促进淋巴细胞增殖和分泌抗体。IL-1β 和 IL-18 的失控释放可导致广泛的炎症反应和免疫性疾病。

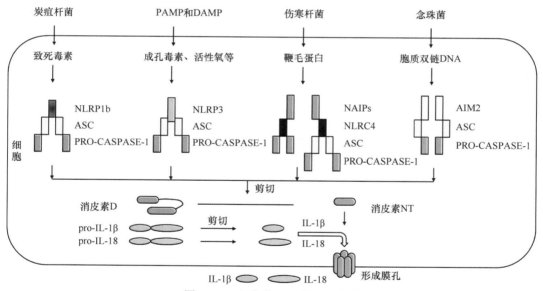

图 19-11　经典的细胞焦亡模式图

（三）CASPASE-4/CASPASE-5/CASPASE-11 介导的非经典细胞焦亡途径

非经典的细胞焦亡途径，通常是脂多糖（lipopolysaccharide，LPS）直接激活 CASPASE-4/CASPASE-5/CASPASE-11 介导细胞焦亡。CASPASE-4、CASPASE-5 和 CASPASE-11 可以直接被细胞内革兰氏阴性菌 LPS 刺激，以激活自身的蛋白酶活性而自活化。活化的 CASPASE-4、CASPASE-5 和 CASPASE-11 也可以作用于 GSDMD 并产生与 CASPASE-1 相同的裂解作用，从而导致细胞膜穿孔。激活的 CASPASE-4、CASPASE-5 和 CASPASE-11 在 NLRP3 和 ASC 存在下可以与 CASPASE-1 相互作用，从而促进其激活。同样的，CASPASE-1 裂解 IL-1β 和 IL-18 的前体以形成活性 IL-1β 和 IL-18，通过 GSDMD-N 形成的膜通道释放，并引起细胞焦亡。与经典途径不同的是，在非经典的细胞焦亡途径中，仅 IL-1β 和 IL-18 前体的裂解取决于 CASPASE-1，而 GSDMD 的切割裂解则是由其他已激活的炎症性 CASPASE 所完成（图 19-12）。

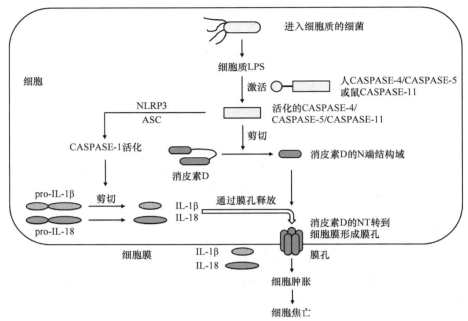

图 19-12 非经典的细胞焦亡途径

五、细胞焦亡异常与疾病

细胞焦亡与疾病的发生密切相关，当细胞受到外源性和内源性信号刺激发生焦亡时，可释放大量如 IL-1β 和 IL-18 等炎症因子，招募中性粒细胞和淋巴细胞，这些细胞的浸润可引起周围细胞的炎症反应，进而加重组织的损伤。因此，适当的炎症反应对机体是有利的，而过度和不适当的炎症反应将引发疾病。大量研究表明，焦亡不但在感染性疾病中扮演重要角色，而且与自发炎症性疾病、自身免疫性疾病、神经系统相关疾病及动脉粥样硬化等疾病的发生密切相关。例如，在沙门菌、李斯特菌、福化志贺菌、军团菌等细菌感染的疾病中均有焦亡的发生；Schnitzler 综合征（施尼茨勒）综合征、冷吡啉相关周期热综合征、家族性地中海热等自发性炎症性疾病的发病机制与 CASPASE-1 介导的焦亡有关。近年研究发现，白癜风和类风湿性关节炎等自身免疫性疾病均与 NLRP3 炎症小体介导的焦亡有关。

小　结

细胞凋亡是由基因控制的细胞自主有序的主动死亡过程，是机体贯穿整个生命活动中的正常生理过程，也对疾病的发生发展起着重要的作用。

细胞凋亡具有特征性分子改变：细胞质内 Ca^{2+} 浓度升高、活性氧增多、DNA 内切酶和谷氨酰胺酶活化；同时还具有特征性形态变化，细胞体积变小、细胞质浓缩、核染色质固缩于边缘、DNA 降解，最后形成多个凋亡小体而被吞噬。

1972 年 John Kerr 等首次提出细胞凋亡的概念，从此开启了对细胞凋亡的探索之路。其中，参与细胞凋亡过程的核心分子主要有 CASPASE 蛋白家族、BCL-2 蛋白家族和 APAF-1。细胞凋亡的激活机制十分复杂。目前认为最为经典的细胞凋亡通路为外源性死亡受体介导的凋亡通路和内源性线粒体或内质网介导的凋亡通路。这三条凋亡通路最后均可激活 CASPASE，说明 CASPASE 是细胞凋亡调控的关键。无论是外源性细胞凋亡还是内源性细胞凋亡，在凋亡的发生、发展过程中彼此存在着密切联系。

细胞焦亡是由 CASPASE-1 或 CASPASE-4/CASPASE-5/CASPASE-11 活化介导并伴随着炎症

反应的一种程序性细胞死亡方式。焦亡在形态学上同时具有坏死和凋亡的特征：焦亡发生时，细胞出现渗透、肿胀，内容物大量释放，可引起炎症反应，但细胞膜仍保持完整性。其分子生物学特征为依赖炎症小体和炎性 CASPASE 的激活，同时伴有大量促炎症因子的裂解和释放以及炎症级联放大反应。

GSDMD 是介导焦亡的重要蛋白，在先天免疫防御和致死性内毒素血症中发挥重要作用。细胞焦亡的激活途径有 CASPASE-1 介导的经典细胞焦亡激活途径和 CASPASE-4/CASPASE-5/CASPASE-11 介导的非经典细胞焦亡激活途径。

由于细胞凋亡和细胞焦亡是机体保持内环境平衡的一种自我调节机制，当这种生理性的调节发生障碍（过低）或失控（过度）时，可引起疾病的发生。因此，随着对细胞凋亡和焦亡机制研究的不断深入，必将会进一步揭示细胞凋亡和焦亡的作用机制及其在相关疾病发生发展和转归中的作用，为相关疾病的诊断和治疗、新型药物及疫苗的开发提供新的方向及有效靶点。

（陈　娟）

第十九章线上内容

第二十章 癌基因、抑癌基因及其调控

在正常的生命活动中，细胞的生长、分化、衰老和死亡等生理过程受到精细的调控。肿瘤的发生与调控这些生命过程的基因的异常密切相关。这些基因可以分为两大类：一类是促进细胞增殖、抑制细胞凋亡和分化的基因，被称为癌基因（oncogene）；另一类是抑制细胞增殖、促进细胞凋亡和分化成熟的基因，被称为抑癌基因（tumor suppressor gene）。实际上癌基因与抑癌基因是正常细胞的基本调控基因，在正常生命活动中发挥重要生理功能，并相互拮抗，维持平衡。当这两类基因发生突变或表达异常时，引起细胞的增殖凋亡的过程紊乱，从而导致肿瘤的发生。因此，癌基因异常激活和抑癌基因失活是细胞癌变的中心环节，研究癌基因与抑癌基因对揭开肿瘤发生之谜有重要意义。

第一节 癌基因及其调控

癌基因的发现起源于对致癌病毒的研究。1911 年，佩顿·劳斯（Peyton Rous）发现了一种可能引起癌症的病毒，这种病毒会使鸡长出一种名为鸡肉瘤的恶性肿瘤。后来这种病毒被命名为劳斯肉瘤病毒（Rous sarcoma virus，RSV）。RSV 是一种 RNA 逆转录病毒，也是第一个被发现的肿瘤病毒。Peyton Rous 因此获得了 1966 年的诺贝尔生理学或医学奖。20 世纪 70 年代，研究人员发现存在一种不致癌的 RSV 病毒，与致癌的病毒相比，其基因组末端少了一个基因，因此推测这个基因与癌症的发生相关，随后，研究者很快证实了这一推断，将此基因命名为"SRC"（源于"sarcoma"一词）。SRC 即成为第一个被发现的病毒癌基因。

在追溯 SRC 来源的过程中，迈克尔·毕晓普（Michael Bishop）和哈罗德·瓦尔姆斯（Harold Varmus）发现 SRC 其实源自细胞自身的基因，而并非原始存在于病毒的基因组中。由于遗传事件，细胞将 SRC 基因整合到感染宿主的病毒基因组中，使病毒获得了一个源于细胞并被改造的癌基因，从而引起肿瘤的发生。Michael Bishop 和 Harold Varmus 也因发现病毒癌基因来源于细胞基因而获得 1989 年诺贝尔生理学或医学奖。随着研究的进一步深入，目前已发现了上百种癌基因。

一、癌基因的概念

癌基因是细胞内控制细胞生长、增殖、分化并具有诱导细胞恶性转化潜能的一类基因。

（一）细胞癌基因

存在于细胞基因组内的癌基因称为细胞癌基因（cellular oncogene，C-ONC）。在正常细胞中细胞癌基因的功能是控制细胞的生长，其只调控细胞的增殖，不具有致癌性，所以将未激活、不发挥致癌作用的细胞癌基因也称为原癌基因（proto-oncogene）。1981 年，罗伯特·温伯格（Robert Weinberg）在人膀胱癌中发现了第一个细胞癌基因 RAS。

细胞癌基因广泛存在于生物界，不仅是哺乳动物，在果蝇、海胆、酵母等的基因组中也有细胞癌基因的存在。从酵母到哺乳动物，细胞癌基因的外显子在进化上保持了高度的保守性。这也表明这些基因在正常细胞的生长分化的过程中具有重要作用。我们把结构上具有相似性，功能高度相关的细胞癌基因区分为不同的家族，如 RAS、MYC、SRC、SIS 等基因家族。细胞癌基因的表达严格地受到时间（细胞发育阶段、细胞周期某一时期），空间（组织和细胞类型）及次序（表达的前后顺序）方面的控制。在某些因素的作用下，如放射线、有害的化学物质、病毒感染导致外源基因插入等因素下，这些基因可能发生突变或者表达失控，从而导致细胞的增殖分化失控，最终导致细胞的恶性转化。

（二）病毒癌基因

能导致肿瘤的发生或使培养细胞转化成肿瘤细胞的病毒称为肿瘤病毒，分为 DNA 肿瘤病毒与 RNA 肿瘤病毒（即逆转录病毒）。RNA 和 DNA 病毒的致癌机制不同。把肿瘤病毒基因组中能使靶细胞发生恶性转化的基因称为病毒癌基因（virus oncogene，V-ONC）。目前发现的病毒癌基因有几十种。需要注意的是病毒有致癌能力，并不意味着其基因组中一定存在病毒癌基因。肿瘤病毒中大部分为 RNA 病毒，如 RSV、Harvey 大鼠肉瘤病毒、Kirsten 鼠科肉瘤病毒等。由于逆转录的过程缺乏高效的保真和纠错系统，RNA 病毒的遗传物质更容易发生变异。DNA 病毒常见的有人乳头瘤病毒（human papilloma virus，HPV）、EB 病毒（Epstein-Barr virus，EBV）和乙型肝炎病毒（hepatitis B virus，HBV）。

RNA 病毒的癌基因对病毒的复制包装是没有直接作用的，对逆转录病毒的基因组而言，这些基因不是必须存在的，可以将病毒癌基因视为原癌基因的活化或激活形式。而 DNA 病毒则不同，病毒癌基因是 DNA 病毒基因组不可缺少的部分，病毒的复制必须此类基因发挥作用，而且 DNA 病毒的癌基因序列具有特异性，目前没有发现和其同源的癌基因。因此，可以利用这种序列的特异性做是否感染病毒的分析判断。比如，HPV 病毒的癌基因 E6、E7。

RNA 病毒的癌基因都能在哺乳动物细胞中找到与之对应的细胞癌基因。为区别 RNA 病毒癌基因和人类细胞中的细胞癌基因，采用不同的命名方法赋予其名称。RNA 病毒癌基因名称加前缀 V-，并且名称为大写斜体，其表达的蛋白用正体。人类细胞癌基因则加前缀 C-，整个名称大写斜体，其表达的蛋白用正体。例如，V-SRC 表示病毒癌基因，C-SRC 则表示是细胞癌基因，V-SRC、C-SRC 分别表示其编码的蛋白质。有致癌性的 RNA 病毒又可被分为急性逆转录病毒和慢性逆转录病毒。

1. 急性逆转录病毒 急性逆转录病毒含有病毒癌基因，能在几天内诱导宿主肿瘤的发生。此类病毒获得癌基因的方式通常是将逆转录形成的 cDNA 整合到宿主的 DNA 中，通过重排或重组，捕获宿主 DNA 中的特定的序列，从而变成携带恶性转化基因的病毒。

2. 慢性逆转录病毒 慢性逆转录病毒不含病毒癌基因，通常将病毒基因组插入宿主原癌基因的附近，通过激活细胞癌基因的方式发挥促癌的作用。其致癌时间较长，需要数月甚至数年，有较长的潜伏期。其 RNA 基因组中通常含有 3 个基本结构基因（GAG、POL、ENV）及 5′ 端、3′ 端长末端重复（long terminal repeat，LTR）序列，GAG 基因编码病毒核心蛋白，POL 基因编码逆转录酶，ENV 基因编码病毒衣壳蛋白。RSV 病毒也包含这些典型的基因序列，是非常典型的例子，其结构见图 20-1。当病毒进入细胞后，病毒 RNA 在逆转录酶的作用下逆转录成 cDNA，整合入宿主细胞的基因组中进行表达，其中的病毒癌基因也随之表达，导致细胞恶性转化。LTR 中常含有启动子、增强子的序列。这种整合到细胞基因组中，带有 LTR 的病毒被称为前病毒。

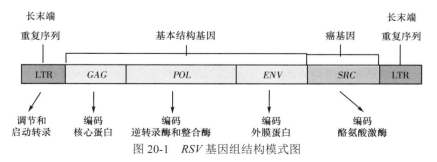

图 20-1 RSV 基因组结构模式图

二、癌基因的分类

科学家已对癌基因的结构、表达产物的功能及细胞内定位等进行了研究，并据此对已知的癌基因进行大致分类。

（一）根据基因结构特点的分类

目前已知的上百种癌基因按照结构特点的相似性，可以分为多个基因家族：

1. SRC 基因家族 这个家族的成员众多，包括 SRC 及 ABL、BLK、FES、FGR、FPS、FYN、HCK、LCK、LYN、TKL、YES、YRK 等基因。SRC 即是最早发现的肿瘤病毒 RSV 中的癌基因。其编码的蛋白质大部分具有同源性，定位于细胞膜内或跨膜分布，具有酪氨酸激酶活性，能使得酪氨酸的羟基被磷酸化，从而改变相应蛋白质的活性，是多种细胞信号转导传输及整合的关键点。例如，血小板源性生长因子（platelet-derived growth factor，PDGF）受体，接受酪氨酸蛋白激酶活化信号的刺激，促进下游增殖信号的转导。通过信号转导调控细胞生长、分化和存活，影响细胞黏附、迁移和侵袭，同时还参与突触传递的调节。

2. RAS 基因家族 包括 H-RAS、K-RAS 和 N-RAS 基因。H-RAS 最早在 Harvey 大鼠肉瘤中被克隆出来。RAS 基因家族包含四个外显子，编码的蛋白质分子量为 21kDa 的小 G 蛋白，也被称为 P21^{ras}，位于细胞膜内。与受体偶联型 G 蛋白的区别是 RAS 蛋白只有一个亚单位，可与 GTP 结合，具有 GTP 酶活性而使 GTP 水解，并参与 cAMP 水平的调节。RAS 癌基因参与细胞生长和分化的调控，参与多种肿瘤的形成与发展。K-RAS 基因的突变是肿瘤细胞最常见的突变之一，81% 的胰腺癌患者中可以检测到这种突变。

3. MYC 基因家族 包括 C-MYC、L-MYC、N-MYC 等基因。MYC 基因最早在禽骨髓瘤细胞瘤病毒 AMV 中被发现，编码转录因子。这个家族各成员的核苷酸序列同源性高，但其编码蛋白质的氨基酸序列相差很远。这类基因编码的产物为定位于细胞核内的 DNA 结合蛋白，可作为反式作用因子，调节其他基因的转录，这些基因参与不同的细胞功能，包括细胞周期、蛋白质的生物合成、细胞黏附、代谢、信号转导等（图 20-2）。MYC 在胚胎、再生肝和肿瘤组织中表达水平高，可与 MAX 蛋白形成异二聚体，促进细胞增殖、永生化、去分化和转化等，在多种肿瘤形成过程中处于重要地位。MYC 基因家族中的 3 个成员对肿瘤形成及在肿瘤类型方面存在差异。C-MYC 的扩增与肿瘤发生与转归密切相关，在诱导细胞凋亡过程中也起重要作用。N-MYC 的扩增对肿瘤的预后判断有意义。L-MYC 的扩增与肿瘤的易患性和预后在不同的肿瘤中表现不一样。

4. SIS 基因家族 只有 SIS 一个成员，为生长因子活性样物质，是包含 241 个氨基酸，分子量为 28kDa 的蛋白质，与人血小板源性生长因子（PDGF）B 链的结构非常类似。PDGF 分子量为 30kDa，主要由凝血过程中的血小板分泌，能够促进内皮细胞、成纤维细胞及平滑肌细胞的增殖。PDGF 由 A 和 B 两条肽链组成，二者的氨基酸序列有 40% 的同源性，可以 AA、BB 或 AB 二聚体的活性形式存在。SIS 基因编码的 P28 蛋白与 PDGF 的 B 链同源，也可形成同源二聚体，与细胞膜上 PDGF 受体结合，并激活相应的蛋白激酶，在信号转导中产生与 PDGF 相似的效应，促进细胞的分裂与增殖。C-SIS 的表达产物还能促进肿瘤血管的生成，为肿瘤的增殖和转移提供有利的环境。

（二）根据癌基因产物的作用分类

癌基因编码产物均是细胞信号网络的成分和基因转录调节的关键分子，不仅参与调控细胞生长、增殖、分化及细胞周期，同时在细胞信号转导过程中也发挥重要作用。细胞外信号包括生长因子（growth factor，GF）、激素、药物、神经递质等，通过作用于细胞膜上的受体系统，或直接被传递至细胞内后再作用于细胞内受体，然后活化多种蛋白激酶，使胞内的相关蛋白质磷酸化，进而激活核内的转录因子，引发一系列基因的转录。癌基因编码的生长因子、生长因子受体、细胞内信号转导分子、核内转录因子、细胞周期调节蛋白及细胞凋亡调节因子在这个过程中发挥了重要作用（表 20-1）。

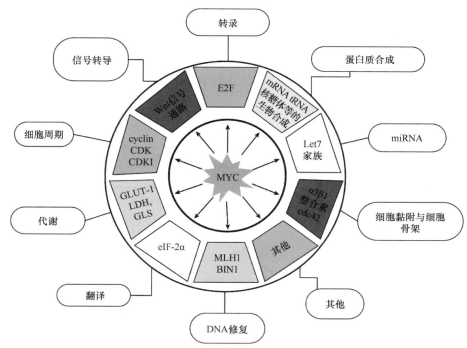

图 20-2　MYC 调节一系列细胞功能

CDK，周期蛋白依赖性激酶（cyclin-dependent kinase）；CDKI，CDK 抑制蛋白（CDK inhibitor protein）；cyclin：周期蛋白；GLUT-1，葡萄糖转运蛋白-1（glucose transporter-1）；LDH，乳酸脱氢酶（lactate dehydrogenase）；GLS，谷氨酰胺酶（glutaminase）；eIF-2α，真核起始因子-2α（eukaryotic initiation factor-2α）；MLH1，错配修复蛋白 1；BIN1，桥连整合因子 1（bridging integrator 1）；E2F，一种转录因子

1. 生长因子　是一类由细胞分泌至细胞外的信号分子，多为蛋白质或肽类物质，发挥类似激素的促进细胞生长与分化的作用（图 20-3）。目前已经发现的生长因子有几十种，与细胞增殖、分化、肿瘤的形成、组织再生和创伤愈合等多种生理、病理状态有关。例如：表皮生长因子（epidermal growth factor，EGF），能够促进内皮与上皮细胞的生长；神经生长因子，能够刺激神经元生长，营养神经元，防止其损伤退化；血管内皮生长因子（vascular endothelial growth factor，VEGF），能够促进血管内皮细胞的生长和新生血管的生成；促红细胞生成素，能够刺激红细胞的生成。转化生长因子 β（transforming growth factor，TGF-β），对不同的细胞增殖起双向调节作用。

根据生长因子分泌细胞与被作用的靶细胞的关系，生长因子的作用方式可分为三种：①自分泌，生长因子作用于分泌该生长因子的细胞自身。②旁分泌，生长因子作用于生长因子临近的其他类型的细胞。③内分泌，生长因子分泌后随血液运输到远端的靶细胞，发挥作用。生长因子以前两种作用方式为主，将细胞联系成为有机的网络，保持沟通和联络。

SIS 表达产物可以与细胞膜 PDGF 受体结合而刺激 *SIS* 进一步表达，形成促进细胞生长的自分泌环路。EGF 广泛分布于各种体液，分子量为 5kDa，可促进细胞分裂增殖。一些肿瘤细胞转化因子（TGF-α）与 EGF 属同一家族，从而形成肿瘤的自分泌机制。此外，*INT-2*、*HST* 和 *FGF-5* 编码的产物与 FGF 同源。这些生长因子类癌基因异常表达时，产生许多与生长因子类似的产物，与相应受体结合后，使信号转导系统失调，从而使细胞异常增殖。

2. 生长因子受体　生长因子的受体多位于细胞膜上，是一类跨膜蛋白。基本结构包括细胞外配体结合的结构域、跨膜结构域及胞内结构域。多数受体具有蛋白激酶的功能，特别是酪氨酸激酶，也有的受体具有丝氨酸/苏氨酸蛋白激酶的活性。一些癌基因的产物与跨膜生长因子受体同源，能够接受细胞外信号并将其传入细胞内。这些癌基因编码蛋白的胞内结构域具有酪氨酸蛋白激酶活性，属于酪氨酸蛋白激酶类受体，这类酪氨酸激酶受体及其癌基因包括 EGF 受体（*ERBB*）、EGF 受体类似物（*NEU*）、巨噬细胞集落刺激因子（macrophage colony stimulating factor，*M-CSF*）受体（*FMS、KIT、ROS、RET、SEA*）、神经生长因子受体（*TRK*）等，当受体的酪氨酸蛋白激酶的活性被激活，会直接磷酸化下游蛋白，被活化的下游蛋白再激活核内转录因子，调节基因的转录过程，从而调节细胞的增殖分化。

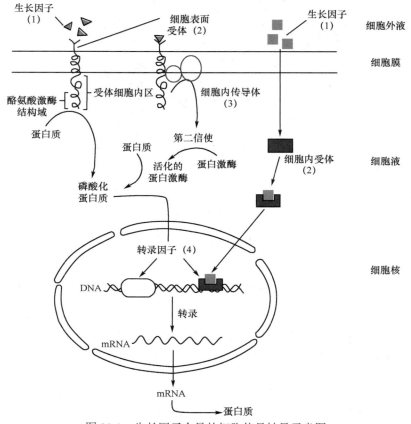

图 20-3　生长因子介导的细胞信号转导示意图

（1）生长因子趋近细胞表面；（2）生长因子结合并活化细胞表面或细胞内受体；（3）部分受体通过细胞内传导体活化第二信使以传递信号；（4）被激活的转录因子入核产生相应的生物学效应

　　另一些癌基因编码的受体则无酪氨酸蛋白激酶活性，如 *MPL* 癌基因编码的血小板生成素受体等可活化胞内非受体的酪氨酸蛋白激酶，又如 *MAS* 癌基因编码的血管紧张肽受体等通过活化 G 蛋白进而活化 cAMP、PIP$_2$ 途径来发挥作用。

　　3. 细胞内信号转导分子　当生长因子与相应受体结合后，通过一系列细胞内信号转导分子将信号进一步传递到细胞内、核内，引发基因的表达（表 20-1）。这些信号转导分子包括癌基因的产物以及由其作用而产生的第二信使（如 cAMP、cGMP、IP$_3$、Ca^{2+}、DG 等）。其中，属于细胞内信号转导分子的癌蛋白的癌基因包括：①低分子量 G 蛋白基因（*H-RAS、K-RAS* 和 *N-RAS*）；②膜结合的酪氨酸蛋白激酶基因（*SRC、ABL、FES、YES* 等）；③丝氨酸/苏氨酸蛋白激酶基因（*RAF、MOS、COT、MIL、MHT* 等）；④磷脂酶基因（*CRK*）。

表 20-1　癌基因在细胞信号转导网络中的作用

类别	癌基因	编码产物
1. 生长因子	*SIS*	PDGF
	FGF-5、*HST*、*INT-2*	FGF
2. 生长因子受体		
酪氨酸蛋白激酶类受体	*ERBB*	EGF 受体
	NEU（*ERBB-2*、*HER-2*）	EGF 受体类似物
	FMS、*KIT*、*RET*、*ROS*、*SEA*	M-CSF 受体
可溶性酪氨酸激酶受体	*TRK*	NGF 受体
	MET	肝细胞生长因子受体
非蛋白激酶受体	*MAS*	血管紧张肽受体
	ERBA	甲状腺激素受体
	MPL	血小板生成素受体
3. 细胞内信号转导分子		
低分子量 G 蛋白	*H-RAS*、*K-RAS*、*N-RAS*	—
膜结合的酪氨酸蛋白激酶	*SRC*、*ABL*、*FES*、*YES* 等 *SRC* 家族	—
丝氨酸 / 苏氨酸蛋白激酶	*RAF*、*MIL*、*MOS*、*COT*、*PIM-1* 等	—
磷脂酶	*CRK*	—
4. 核内转录因子	*C-MYC*、*N-MYC*、*L-MYC*、*MYB*	转录因子
	FOS、*JUN*	转录因子 AP-1
5. 细胞周期调节蛋白	*CYCLINA-H*、*CDK1-7*	细胞周期蛋白 细胞周期蛋白依赖性激酶
6. 细胞凋亡调节因子	*BAX*、*BAD*、*BAK*、*BID*、*BIK*	促进凋亡因子
	BCL-2、*BCL-W*、*MCL-1*、*BCL-X$_L$*	抗凋亡因子

4. 核内转录因子　外界信号传入胞内，最终将导致一系列有关基因的表达。这些基因表达与否将由信号传递过程中活化的转录因子决定。某些癌基因表达的蛋白质定位于细胞核内，起转录因子作用，与靶基因的调控元件结合直接调节转录活性。这类癌基因包括 *FOS*、*JUN*、*MYC*、*MYB* 等家族成员。FOS 蛋白可与 JUN 结合，形成异源二聚体转录因子 AP-1，AP-1 可接受多种信号通路的刺激，通过启动子激活多种增殖相关基因的表达，从而在促进肿瘤细胞增殖中发挥重要作用。

5. 细胞周期调节蛋白　细胞周期是生命的重要特征。细胞的增殖是通过细胞周期得以实现的。而癌细胞是一群增殖失控的细胞，因此细胞周期调节蛋白的表达或活性异常对肿瘤的发生具有重要意义。cyclin 和某些 CDK 等都属于细胞周期调节蛋白。这些细胞周期调节蛋白包含多个成员，如 cyclinA～H、CDK1～7。cyclin 可以与 CDK 形成复合体，在细胞周期的不同时相中发挥作用，从而推动细胞周期的进程，促进细胞增殖（参见第十八章第二节）。很多研究资料显示，*RAS* 癌基因的表达与细胞周期密切相关。PDGF 可通过 RAS/RAF/MAPK 信号通路正调节 G_0/G_1 与 G_1/S 的转换。通过显微注射将 RAS 蛋白注入细胞可引起 G_0 期细胞合成 DNA。C-MYC 与 Max 复合体也可引起 cyclinD 的转录水平升高。

6. 细胞凋亡调节因子　随着研究的深入，人们越来越认识到，很多肿瘤发生的机制不仅仅是因为增殖加快，还有可能是因为凋亡的速度减慢，引起增殖和凋亡的平衡失调，导致肿瘤的发生。因此，凋亡相关蛋白的表达或功能异常也是肿瘤研究的重要方向。肿瘤细胞对凋亡的敏感性也是决定化疗效果的重要因素。BCL-2 家族表达的蛋白与细胞凋亡的调控密切相关，根据其对凋亡调节的功能不同，可将其家族成员分为两类，其中能够促进凋亡的产物包括 BAX、BAD、BAK、

BID、BIK 等；抗凋亡的产物有 BCL-2、BCL-W、MCL-1 和 BCL-X$_L$ 等。促凋亡蛋白表达水平的降低或者活性减弱，抑制凋亡蛋白的表达水平增加或活性增强，都有可能是引发肿瘤的原因（参见第十九章第一节）。

三、癌基因激活的机制

正常情况下，原癌基因并无致癌作用，而在细胞的生长、增殖、分化等过程发挥其生理功能，尤其是在个体发育早期或组织再生时。在某些致癌因素（如病毒感染、射线或化学致癌剂等）的作用下，原癌基因的结构改变（如点突变、基因扩增、染色体易位与基因重排等）或其表达调控发生变化，使之被激活，进而造成癌基因表达产物的结构改变或量的增加、活性异常增加，导致细胞生长失控而发生癌变。从正常的原癌基因变成具有使细胞发生恶性转化的癌基因的过程被称为原癌基因的转化。癌基因的激活主要有以下几种方式。

（一）点突变

在致癌因素的作用下，原癌基因的单个碱基发生突变，导致其编码蛋白质的某个氨基酸发生改变，使该蛋白质的活性增强，对细胞增殖的刺激作用增强，或增加蛋白质的稳定性，使其浓度增加，导致对增殖刺激的时间与强度也增加；点突变也可改变 RNA 的剪接位点，使其发生错误剪接而改变蛋白质的结构与功能。点突变是导致癌基因活化的主要方式。

RAS 癌基因的激活是其中一个典型的例子。其编码产物 RAS 蛋白是细胞增殖与分化的重要分子开关。RAS-GTP 为活化状态，RAS-GDP 为失活状态，两种状态可根据细胞信号通路调控。生长因子与细胞表面受体结合可激活 RAS 蛋白为 RAS-GTP 状态，当其结合 GTP 酶激活蛋白（GTPase-activating protein，GAP）时，GTP 水解，即转变为 RAS-GDP 失活状态。正常 RAS 的活化状态只持续约 30 分钟，突变的 RAS 不能与 GAP 结合，从而不能降解 GTP，结果导致其始终处于 RAS-GTP 活化状态，持续激活 MAPK 等信号通路，从而促进细胞的恶性转化。RAS 的下游分子 RAF 中在 66% 的恶性黑色素瘤中存在突变。

（二）染色体易位与基因重排

染色体易位在肿瘤细胞中经常出现，其结果可导致原癌基因的易位或重排，使原癌基因的正常转录环境发生改变而被激活，如原来无活性的原癌基因易位于一些强的启动子或增强子附近而被活化；或者易位后失去原旁侧具有抑制转录启动的负调控区，使其表达产物显著增加，导致肿瘤的发生；这种易位还有可能产生新的融合基因，发挥促进细胞恶性转化的作用（表 20-2）。例如，在人伯基特淋巴瘤（Burkitt lymphoma）的 8q24 含有原癌基因 C-MYC，存在 3 种类型的染色体易位：t（8;14）（q24;q32）、t（8;22）（q24;q11）与 t（8;2）（q24;p11）。其中，第一种易位最常见，该易位使得染色体 8q24 的 C-MYC 基因转移到染色体 14q32 上免疫球蛋白重链（IgH）基因的调节区附近（图 20-4），与该区活性很高的启动子连接而被活化。

表 20-2 人类肿瘤中常见的染色体易位

易位基因	染色体重排	产物	相关肿瘤
ABL-BCR	t（9;22）（q34;q11）	酪氨酸蛋白激酶	慢性髓细胞性白血病和急性淋巴细胞白血病
ETV6-NTRK3	t（12;15）（p13;q25）	酪氨酸蛋白激酶	乳腺癌和其他肿瘤
EML4-ALK	inv（2）（p21;q23）	酪氨酸蛋白激酶	非小细胞肺癌
RET-NTRK1	t（1;10）（q11.2;q21）	酪氨酸蛋白激酶	甲状腺乳头状癌
H4-RET	inv（10）（q11.2;q21）	酪氨酸蛋白激酶	甲状腺乳头状癌
ALK-NPM	t（2;5）（p23;q35）	酪氨酸蛋白激酶	间变性大细胞淋巴瘤
RUNX1-RUNXLT1	t（8;21）（q22;q22）	转录因子	急性髓细胞性白血病
PML-RARA	t（15;17）（q22;q22）	转录因子	急性髓性细胞性白血病
HOX11-TCR	t（10;14）（q24;q11）	转录因子	急性成淋巴细胞性白血病

续表

易位基因	染色体重排	产物	相关肿瘤
ETV6-RUNX1	t（12;21）（p13;q22）	转录因子	急性淋巴细胞白血病
EWSR1-FLI1	t（11;22）（q24;q12）	转录因子	尤因肉瘤
TMPRSS2-ETV1	t（7;21）（p21;q22）	转录因子	前列腺癌
PRCC-TFE3	t（x;1）（p11;q23）	转录因子	肾癌
C-MYC-IGH	t（8;14）（q24;q32）	C-MYC ↑	霍奇金淋巴瘤
IGH-BCL2	t（14;18）（q32;q21）	BCL-2 ↑	滤泡性淋巴瘤
CCND1-IGH	t（11;14）（q13;q32）	CYCLIND1 ↑	非霍奇金淋巴瘤
BCL6-IGH	t（3;14）（q13;q32）	BCL-6 ↑	弥散性大 B 细胞淋巴瘤
TMPRSS2-ERG	del（21）（q22）	ERG ↑	前列腺癌

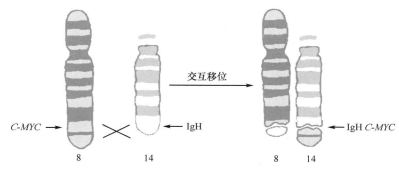

图 20-4　Burkitt 淋巴瘤 t（8;14）（q24;q32）染色体易位示意图

慢性髓细胞性白血病（chronic myelogenous leukemia，CML）患者中常存在一种典型的易位染色体，这种特殊的染色体于 1960 年在费城被发现，常被称为费城染色体（Philadelphia chromosome），是诊断 CML 的标志性染色体。费城染色体由 9 号染色体（9q34）与 22 号染色体（22q11）长臂交换产生，这种易位产生了新的融合基因 BCR-ABL，产生的 BCR-ABL 蛋白具有持续的酪氨酸蛋白激酶活性，通过信号转导蛋白使细胞有丝分裂增强。有 95% 的 CML 患者都有这种 BCR-ABL 融合基因的产生。

（三）基因扩增

原癌基因的扩增即原癌基因拷贝数量的增加，使转录模板增加，造成 mRNA 的水平增高，进而表达出过量的癌蛋白，导致正常细胞调节功能紊乱而使细胞恶性转化。基因扩增的拷贝数可高达 100～1000。通过细胞遗传学方法对 DNA 染色可以看到双微小染色体和均一染色区。C-MYC 在进展的人类肿瘤中常见扩增并过表达。

（四）获得启动子或增强子

某些逆转录病毒本身并不含癌基因，当感染细胞后，其基因组中的长末端重复序列（LTR）插入到细胞原癌基因的附近或内部，由于 LTR 中含有较强的启动子和增强子，因此可启动和促进原癌基因的转录，使其表达增加，导致细胞癌变。此外，染色体易位也有可能使癌基因获得增强子而表达增强。引起鸡淋巴瘤的病毒即是将其 LTR 序列整合到宿主 C-MYC 基因附近，LTR 可加强 C-MYC 的表达。

（五）低甲基化

DNA 甲基化（DNA methylation）是重要的表观遗传学修饰的方式之一，是指由 DNA 甲基转移酶（DNA methyl transferase，DNMT）介导，发生在 5′-CG-3′ 序列（CpG）二核苷酸胞嘧啶残基上的共价修饰，即选择性把 S-腺苷甲硫氨酸（SAM）的甲基转移到胞嘧啶，形成 5-甲基胞嘧啶（5-mC）等。这种后天的变异可遗传，但并不改变核苷酸序列，且可能逆转。DNA 的甲基化增加了其结构的稳定性，抑制启动和转录。因此，甲基化程度高的基因表达会下调。相反，低/去甲基化可导致癌基因大量表达，如 *H-RAS* 的低/去甲基化是细胞癌变的一个重要特征。在肿瘤形成和发展过程中，DNA 甲基化模式发生变化，包括基因组整体甲基化水平降低激活了癌基因。

恶性肿瘤的进展是一个多阶段逐步演进的过程，常累积一系列基因的变异。不同的阶段可能有不同的癌基因激活，癌细胞恶性表型的最终形成需要这些被激活的癌基因协同作用。因此，在肿瘤细胞中可能存在两种或多种癌基因的活化。白血病细胞 HL-60 中有 *C-MYC* 和 *N-RAS* 的同时活化。

四、癌基因的异常激活与肿瘤

癌基因的激活是某些肿瘤发生过程中的关键步骤。一种癌基因在同一癌变过程中可通过不同的机制活化；同一致癌因素可通过不同的方式、不同致癌因素也可通过同一种方式来激活癌基因。因此，癌基因的激活是个复杂、相互协调的过程。癌基因激活的结果是使其表达产物发生量变或质变：表达出过量的正常产物；或使原先不表达的基因开始表达；或使非该时期表达的基因出现表达；出现异常的表达产物（截短的蛋白质或融合蛋白）。进而在其他一些因素的协同下，最终导致肿瘤发生。

（一）癌基因点突变与肿瘤

第一种人类癌基因是人膀胱癌细胞 *H-RAS* 癌基因。下面以 *RAS* 癌基因突变为例，试述癌基因点突变与肿瘤的关系。

1. *RAS* 癌基因的结构　*RAS* 癌基因定位于 1p22 或 1p23，编码的蛋白质为一种低分子量 G 蛋白，含有 189 个氨基酸残基，分子量为 21kDa，称为 RAS 蛋白，具有结合 GTP 的活性与内源性 GTP 酶活性，参与信号转导。通常，RAS 蛋白的活性形式与非活性形式处于动态平衡。处于非活性形式时，RAS 蛋白可结合 GDP，在信号转导通路上游另一个蛋白的刺激下，GDP 转变为 GTP，RAS 蛋白构象转变成活性形式。这些活化的蛋白质与酪氨酸蛋白激酶结合，激活更下游的丝氨酸/苏氨酸蛋白激酶如 RAF 及促分裂原活化的蛋白激酶（mitogen activated protein kinase，MAPK），从而介导信号的转导。随后，因其内在的 GTP 酶活性，GTP 水解生成 GDP，这些 RAS 蛋白又变为非活性形式。

2. *RAS* 癌基因的激活　*RAS* 癌基因是人类肿瘤中最常见被激活的癌基因，其激活的机制主要是点突变。*RAS* 癌基因的突变热点集中于第 1、2 外显子中，最常见的是第 12、13 或 61 等密码子的突变。其中，*K-RAS* 基因更易成为突变的靶基因，已知 90% 的胰腺腺癌，50% 的结直肠癌，约 1/3 的肺腺癌都有 *K-RAS* 基因第 12 个密码子的突变。该密码子的正常序列为 GGT（编码甘氨酸），在肺癌中常突变为 TGT（编码半胱氨酸）。在结肠癌中 80% 的 *K-RAS* 突变位于第 12 个密码子，突变为 GTT（编码缬氨酸），约 15% 发生在第 13 个密码子。另外，*N-RAS* 活化主要发生于白血病和淋巴瘤。*RAS* 基因突变后使 RAS 蛋白将 GTP 水解为 GDP 的能力以及与 GTP 酶活化蛋白结合的能力降低，导致 RAS 蛋白与 GTP 的持续结合。如果 RAS 蛋白持续处于活性状态，就会出现持续的信号转导过程，刺激细胞的恶性增殖，最终发生细胞的恶性转化。此外，正常的 *RAS* 基因也可因过度表达而诱导恶性转化。

（二）基因扩增与肿瘤

原癌基因扩增和高表达可导致相应蛋白质表达增加，使正常细胞调节功能紊乱而致癌。*MYC* 癌基因家族的基因扩增常见于多种肿瘤如胃癌、乳腺癌、结肠癌、胶质瘤等，肿瘤中有 *C-MYC* 基因大量扩增；视网膜母细胞瘤与神经母细胞瘤中也发现 *C-MYC*、*N-MYC* 的扩增；在小细胞肺癌细胞株中则有 *C-MYC*、*N-MYC*、*L-MYC* 基因的扩增。*ERBB-2* 在乳腺癌、卵巢癌、胃癌中有扩增和高表达。原癌基因的扩增程度不一，其拷贝数可增加几十倍、几百倍甚至上千倍（表 20-3）。除此之外，通过胶质瘤细胞的扩增 DNA 分析发现了 GLI 原癌基因。通过小鼠细胞系扩增 DNA 发现了 MDM2 基因，人类癌细胞中 MDM2 基因有扩增。乳腺癌细胞系中发现了 BCL-1 基因的扩增。这些癌基因的扩增和突变导致了肿瘤细胞的多药耐药性。

表 20-3 人类肿瘤中常见的高表达的癌基因

癌基因	肿瘤类型	癌基因	肿瘤类型
C-MYC	小细胞肺癌	C-ERBB	上皮瘤
	乳腺癌		成胶质细胞瘤
N-MYC	成神经细胞癌	NEU/ERBB-2	乳腺癌
	小细胞肺癌		卵巢癌
L-MYC	小细胞肺癌		

（三）染色体易位、基因重排与肿瘤

染色体的易位可使原癌基因失去其抑制性的调节，易位于启动子或增强子附近而启动激活其表达（表 20-2）。例如，与人类慢性粒细胞性白血病有关的费城染色体就是 t（9;22）（q34;q11）发生易位，把处于不同染色体上的 BCR 基因和 ABL 基因连接到一起产生融合基因，编码一种杂种 mRNA，表达新的突变的蛋白质，而此蛋白质具有较高的酪氨酸蛋白激酶活性，从而促进细胞增殖与肿瘤发生。

（四）启动子与增强子的插入

最常见被插入激活的原癌基因是 C-MYC。例如，禽类白细胞增生病毒（avian leukocytosis virus，ALV）并不含 V-ONC，但 ALV 感染宿主细胞后，ALV 的前病毒 DNA 整合到 C-MYC 基因的 5′ 端，其 3′ 端 LTR 的 U3 区成为 C-MYC 基因的启动子，使 C-MYC 的表达比正常增高几十甚至上百倍（图 20-5）。

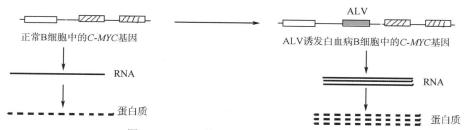

图 20-5 ALV 激活 C-MYC 癌基因示意图

（五）基于癌基因的肿瘤靶向治疗

虽然大多数肿瘤都有多个癌基因突变，但大量的临床前和临床数据支持，许多癌症对单个癌基因的抑制非常敏感，这被称为癌基因成瘾。在肿瘤的治疗中，可以针对启动和维持癌细胞增殖及存活的癌基因开展靶向治疗。在 CML 中，BCR-ABL 融合蛋白就是治疗的典型的分子靶点，伊马替尼（格列卫）是针对该靶点治疗 CML 的有效药物。除此之外，30% 的乳腺癌都有 HER-2 基因的过表达或扩增，赫赛汀即是针对 HER-2 靶向治疗的有效药物。对于有耐药性的患者的研究发现，一些基因和信号通路的改变帮助了肿瘤细胞产生耐药机制。肿瘤靶向治疗是目前抗肿瘤研究的一个重要方向。

第二节　抑癌基因及其调控

一、抑癌基因的概念

20 世纪 70 年代初，人们在细胞融合实验中发现，一个肿瘤细胞与一个正常细胞融合后肿瘤的恶性表型受到抑制。当杂交细胞失去正常细胞中的某一染色体时又恢复了恶性生长的能力。这表明正常细胞中可能存在某种抑制肿瘤形成的基因。这类基因被称为抑癌基因，即肿瘤抑制基因（tumor suppressor gene）或抗癌基因（antioncogene）。目前认为抑癌基因是一类存在于正常细胞内，可抑制细胞生长、增殖并具有潜在抑制癌变作用的基因。当这类基因缺失或突变失活时，抑瘤功能丧失，可导致肿瘤发生。

二、抑癌基因的分类

在正常细胞的生长、增殖与分化等过程中，癌基因起着正调控作用，促进细胞进入增殖周期，阻止其分化；而抑癌基因起着负调控作用，抑制细胞增殖，诱导其分化。在细胞增殖的整个过程中，癌基因主要在细胞周期外的生长信号转导过程中发挥作用；而抑癌基因主要在细胞周期内部的调控中发挥作用。

目前已知的抑癌基因较少，其表达产物主要包括跨膜受体、胞质调节因子或结构蛋白、转录因子与转录调节因子、细胞周期因子、DNA 损伤修复因子及其他一些功能蛋白（表 20-4）。

表 20-4　常见的抑癌基因及其作用

基因分类	染色体定位	主要相关肿瘤	基因产物及作用
1. 跨膜受体类			
DCC	18q21	结直肠癌	表面糖蛋白（细胞黏附分子）
2. 胞质调节因子或结构蛋白			
NF1	17q11	神经纤维瘤	GTP 酶激活剂
NF2	22q12	神经鞘膜瘤、脑膜瘤	连接膜与细胞骨架
APC	5q21	结肠癌	可能编码 G 蛋白
MCC	5q21	结肠癌、肺癌	93kDa 蛋白（活化 G 蛋白）
PTEN	10q23	胶质母细胞瘤	细胞骨架蛋白和磷酸酯酶
3. 转录因子和转录调节因子			
RB	13q14	视网膜母细胞瘤、骨肉瘤	P105-RB 蛋白，转录因子
WT1	11p13	Wilms 瘤（维尔姆斯瘤）	锌指蛋白（转录因子）
P53	17p13	多种肿瘤	P53 蛋白（转录因子）
VHL	3p25	嗜铬细胞瘤、肾癌	转录调节蛋白
BRCA1	17q21	乳腺癌、卵巢癌	锌指蛋白（转录因子）
BRCA2	13q12	乳腺癌、卵巢癌	锌指蛋白（转录因子）
4. 细胞周期因子			
P16（MTS1）	9p21	多种肿瘤	P16 蛋白（CDK4、CDK6 抑制剂）
P15（MTS2）	9p21	胶质母细胞瘤	P15 蛋白（CDK4、CDK6 抑制剂）
P21	6p21	前列腺癌	P21 蛋白（CDK2、CDK4、CDK3、CDK6 抑制剂）
5. DNA 损伤修复因子			
MSH2	2p21—22	与 HNPCC 相关的大肠癌	含 909 个氨基酸残基的蛋白质（修复 DNA）
MLH1	3p21	与 HNPCC 相关的大肠癌	含 756 个氨基酸残基的蛋白质（修复 DNA）

注：HNPCC，hereditary nonpolyposis colorectcel cancer，遗传性非息肉型结肠癌

抑癌基因分类如下：

（一）编码阻断细胞周期检测点的蛋白的基因

此类基因通过调整细胞周期的进程而改变细胞增殖的速度。例如，能"感受"细胞的 DNA 损伤并使受损细胞阻滞于 G_1 期的 P53 蛋白，细胞核中的转录因子调控分子（RB），或抑制 CDK 活性的 CKI 家族（P16、P15、P21、P27、P57 等）成员等。*WT*、*DCC* 等基因为负调控转录基因，它们在 DNA 损伤或染色体缺陷时触发细胞周期停止。

（二）编码抑制性信号转导分子的基因

此类基因包括 *TGF-β* 受体、*PTEN*、*VHL* 及 *APC* 等参与细胞信号转导以及编码分泌激素或发育信号的受体或信号转导的基因，如 *TGF-β*。

（三）编码诱导凋亡蛋白的基因

编码诱导凋亡蛋白的基因可通过调控细胞凋亡的进程而改变细胞的增殖状态，如 *RB*、*P53*、*CDKN2A* 基因参与细胞周期调节。活化的 P53 蛋白可促进相关基因（如 *BAX* 基因）的表达，启动程序性死亡过程，诱导细胞自杀，以阻止有癌变倾向的突变细胞生成，从而防止细胞癌变。各种因素造成低水平的 DNA 损伤促使 *P16* 基因产物上调，使细胞停滞在 G_1 期，一旦损害达到一定程度时，细胞就可以进入凋亡途径。

（四）编码 DNA 错误修复蛋白的基因

DNA 的损伤与细胞的恶性转化相关，损伤修复的基因可以防止细胞的恶性转变。例如，*MSH*、*MLH* 等基因参与 DNA 错配修复。同源重组修复体系通过 ATM、RPA、RAD、BRCA1 和 BRCA2 等多种修复蛋白在 DNA 复制和复制后以姐妹染色单体为模板修复断裂的双链 DNA。P53 蛋白又可促进生长停止和 DNA 损伤诱导基因（growth arrest and DNA damage inducible gene，*GADD45*）的表达，该基因表达产物可与增殖性细胞核抗原（proliferating cell nuclear antigen，PCNA）、CDK3 结合成复合物后可抑制 DNA 合成。PCNA 具有 DNA 修复酶的活性，使损伤的 DNA 修复。

三、抑癌基因的作用机制

正常情况下抑癌基因在细胞的生长、增殖与分化及维持基因稳定性等方面起着负调控作用，并具有潜在抑癌作用。当抑癌基因发生突变而失活时，其抑癌功能丧失，导致细胞生长失控而致癌。目前对几种较常见的作用机制做一简单介绍。

1. 去磷酸化　抑癌基因的蛋白在细胞的静止期与 G_1 期都是去磷酸化的，而在 S 和 G_2 期是磷酸化的，一般认为去磷酸化形式能抑制细胞增殖。

2. 与病毒蛋白质结合　抑癌基因通过其编码的蛋白与癌蛋白形成复合物，使癌蛋白失去致癌活性而发挥抗癌作用。

3. 参与细胞间黏着与联系　*DCC* 基因的 DNA 序列与已知的细胞黏合分子和其他有关的细胞表面糖蛋白相似，它参与维持细胞间的相互作用，而细胞间黏着和联系的破坏是恶性转化的重要条件。

4. 参与细胞信号转录　*NF1* 基因序列的一部分与 GTP 酶激活蛋白质基因相似，该基因与信号转录通道有关，对肿瘤有抑制作用。

5. 高甲基化　DNA 甲基化是重要的表观遗传学修饰的方式之一，正常细胞启动子区有高 GC 含量的 CpG 二核苷酸并成簇存在，称为 CpG 岛（CpG island），且 CpG 岛多呈非甲基化状态；而分散在基因组中的 CpG 二核苷酸有 70%～80% 存在甲基化。在肿瘤形成和发展过程中，DNA 甲基化模式发生变化，包括基因组整体甲基化水平降低激活了癌基因和（或）某些基因 CpG 岛区域甲基化水平异常升高沉默了抑癌基因。尽管在肿瘤细胞中基因低甲基化的现象最早被发现，但近几年来人们对 DNA 高甲基化现象的研究更为关注。科学家在乳腺癌组织全基因组甲基化状态分析后，发现在乳腺癌的发生发展中 CpG 岛过度高甲基化比全基因组的低甲基化更普遍，这也证实了 DNA 高甲基化比低甲基化更为常见。更多研究发现高甲基化是癌变过程中早期的分子异常之一，也是早期发现肿瘤的潜在生物学标志。

四、抑癌基因的失活的机制

（一）突变和缺失

许多抑癌基因发生突变和缺失后，会造成其编码的蛋白质功能或活性丧失或降低，进而导致癌变。这种突变属于功能失去突变。最典型的例子就是抑癌基因 *P53* 的突变，目前已经发现 *P53* 基因在超过一半的人类肿瘤中发生了突变。

（二）启动子区甲基化

真核生物基因启动子区域 CpG 岛的甲基化修饰对于调节基因转录活性至关重要，甲基化程度与基因表达呈负相关。很多抑癌基因的启动子区 CpG 岛呈高度甲基化状态，从而导致相应的抑癌基因不表达或低表达。例如，约 70% 的散发肾癌患者中存在抑癌基因 *VHL* 启动子区甲基化失活现象；在家族性腺瘤息肉所致的结肠癌中，*APC* 基因启动子区因高度甲基化使转录受到抑制，导致 *APC* 基因失活，进而引起 β-连环蛋白在细胞内的积累，从而促进癌变发生。

（三）泛素-蛋白酶体功能异常

泛素-蛋白酶体途径是一种细胞蛋白质降解的机制。泛素化-蛋白酶体途径功能异常激活或 E3 连接酶异常表达导致的抑癌基因产物降解增多可能与肿瘤的发生有关。在大多数癌症中 P53 失活。P53 负调节细胞周期，参与基因组稳定和血管生成。许多含有环指结构域的 E3 泛素连接酶，都能泛素化 P53，使其降解。INK4A 和 P14ARF 在细胞周期阻滞和细胞衰老中起关键作用，P14ARF 也是泛素化蛋白酶体降解的直接靶点。E3 泛素连接酶在 26S 蛋白酶体识别和降解转化生长因子 β 家族靶蛋白中起重要作用。

（四）抑癌基因编码蛋白定位错误

抑癌基因编码蛋白的转位为特定细胞信号转导提供了有效的途径。肿瘤抑制蛋白信号的时空动力学受损已被证明与癌症的发生和恶性进展有关。由 EXPORTIN 1 介导的核输出导致 pRB 细胞质错位，促进肿瘤的形成。抑制 CDK 活性可有效逆转 pRB 核质错位。P53 含有一个核输入/定位信号（NLS）和一个核输出信号（NES），细胞核内 P53 的积聚会导致细胞周期停滞、衰老和凋亡，P53 的错误定位与肿瘤的发生有关。因此，最近有癌症治疗策略试图诱导野生型 P53 核滞留。

APC 是一种肿瘤抑制因子，通常定位于健康细胞的细胞质中，但已被证明在人类癌细胞中其定位于细胞核。最近在小鼠模型上的研究表明，核 APC 通过抑制肠道组织中典型的 WNT 信号来调节上皮细胞的增殖。针对 APC 在 WNT/β-CATENIN 信号转导中的定位和功能恢复，已有多种治疗方法问世。SMAD4 参与了许多细胞功能，包括分化、凋亡和细胞周期控制，核质穿梭的失调可能是导致核 SMAD4 功能丧失的一个机制。

（五）转录因子功能异常

转录因子是细胞增殖的关键驱动因子。这些因子的功能异常导致参与肿瘤发生的关键调控基因的表达异常。钙黏着蛋白-E（CDH1）是一种细胞黏附分子，对维持上皮细胞层细胞与细胞接触的完整性至关重要。CDH1 的丢失增强了上皮性肿瘤细胞的侵袭力。转录因子 SNAIL 和 SLUG，在 CDH1 的转录抑制中发挥重要作用。锌指蛋白 ZEB1 和 ZEB2 也能抑制 CDH1 的表达。在许多人类癌症中，*PTEN* 基因是完整的，但在转录上是沉默的。早期生长应答蛋白 1（Egr1）和 P53 能上调 *PTEN* 的表达，这些转录因子的失调可能会使 *PTEN* 表达下降，与肿瘤的发生有关。

五、抑癌基因的失活与肿瘤

抑癌基因在一半以上的肿瘤中均发生失活，其失活的机制主要包括启动子甲基化、杂合缺失、突变等。

（一）RB（成视网膜细胞瘤）基因

成网膜细胞瘤基因是最早分离得到的抑癌基因，因为首先在视网膜母细胞瘤（retinoblastoma）中发现，所以称为 RB 基因。

1. RB 基因及表达产物的结构　该基因的大小在 200kb 以上，含有 27 个外显子，转录 4.7kb 的 mRNA。该 mRNA 编码的蛋白质（RB 蛋白）含有 928 个氨基酸残基，分子量为 105kDa，定位于核内。RB 蛋白存在磷酸化与非磷酸化两种形式，非磷酸化形式为活性型，可促进细胞分化，抑制增殖。

2. RB 基因编码产物的功能

（1）对细胞周期的调控：RB 蛋白的磷酸化程度不一，并与细胞周期的调控密切相关。在 G_1 期 RB 蛋白的磷酸化程度最低，而 S 期的 RB 蛋白磷酸化程度最高。现已证实，低磷酸化的 RB 蛋白可控制细胞 G_1/S 期和 G_2/M 期的过渡而抑制细胞分裂增殖。RB 蛋白的磷酸化由周期蛋白依赖性激酶（CDK）来控制。cyclinD1、cyclinD2、cyclinD3 通过激活 CDK4 和 CDK6 而在 G_1 期对 RB 蛋白进行初步磷酸化，导致细胞通过 G_1/S 控制点；CDK2-cyclinA 可能在 G_2 期对 RB 蛋白进行高磷酸化，从而导致细胞通过 G_2/M 控制点。

RB 蛋白可通过与 E2F 等多种转录因子及调节蛋白相互作用而控制细胞增殖与分化。在 G_0、G_1 期，低磷酸化的 RB 蛋白与 E2F 结合后，E2F 失去转录活化功能；在 S 期 RB 蛋白被磷酸化后与 E2F 解离，因而 E2F 可调节多种基因的表达，如 C-MYC、N-MYC、C-MYB、CDC2、胸苷激酶、DNA 聚合酶 α、二氢叶酸还原酶及 RB 基因等。可见，E2F 可促进 RB 基因的转录，而过量表达的 RB 蛋白又反馈抑制 E2F 功能，这种反馈调节机制对细胞周期的稳定可能具有重要意义。RB 蛋白还可与病毒转化蛋白如 SV40 的大 T 抗原、腺病毒的 E1A 蛋白及人乳头瘤病毒 E7 蛋白等结合而失去结合并抑制 E2F 的能力。

（2）抑制其他原癌基因表达：RB 蛋白还可通过与 cyclinD 的 N 端 LXCXE 区结合及抑制多种原癌基因如 C-MYC、C-FOS 等的表达而抑制细胞分裂、增殖。

（3）帮助断裂的 DNA 链重新"黏合"到一起。

3. RB 基因与肿瘤　RB 基因发生突变或缺失，可导致细胞过度增殖，形成肿瘤。细胞周期调节失控是癌变的重要原因。RB 基因编码的蛋白 pRB 是细胞重要的调节因子，在细胞周期 G_1 到 S 期中主要起负调节作用，以防止细胞增殖失控向肿瘤性增生转化。有报道发现 RB 基因启动子 CpG 岛过度甲基化，导致其失活。目前已经在人类多种肿瘤中发现 RB 基因的突变或缺失，如视网膜母细胞瘤、食管癌、胃癌、乳腺癌、结肠癌、前列腺癌、肺癌、慢性 B 淋巴细胞性白血病（B-CLL）等。在非小细胞肺癌中存在 RB 杂合缺失和蛋白表达缺乏，RB 缺失后预后不良。表明 RB 基因与肿瘤的发生密切相关。

这一基因还有另一个重要的功能，即帮助将断裂的 DNA 链重新"黏合"到一起。突变阻止了有效修复断裂的 DNA 链。这可以造成染色体异常，导致肿瘤形成及驱动癌症演化为更具侵袭性的形式。

（二）P53 基因

P53 基因是迄今发现与人类肿瘤相关性最高的基因。

1. P53 基因的结构　人 P53 基因定位于 17p13，全长约 20kb，含有 11 个外显子，转录 2.5kb 的 mRNA，编码蛋白质（P53）的分子量约为 53kDa，定位于核内。P53 蛋白含有 393 个氨基酸残基，按氨基酸序列的特征可分为三个区，①酸性区：包含 N 端 1～80 位氨基酸残基，其中酸性氨基酸较多，此区含有一些特殊的磷酸化位点，具有促进基因转录的作用。②核心区：由 102～290 位氨基酸残基组成，该区在进化上高度保守，包含有与 DNA 特异性结合的氨基酸序列。③碱性区：由 C 端 319～393 位氨基酸残基组成，其中碱性氨基酸较多，此区包含有四聚化位点、磷酸化位点。

2. P53 蛋白的功能　在维持细胞正常生长、抑制恶性增殖中发挥重要作用，其作用机制可能是多方面的。

（1）参与细胞周期调控、促进 DNA 损伤的修复：在理化因素的作用下，细胞 DNA 受到损伤时，P53 蛋白活化，作为转录因子与 *P21* 基因的特异部位结合，激活 *P21* 基因的转录，P21 蛋白水平增加。当 P21 与 CDK2-cyclinE 结合时抑制其活性，不能使 RB 蛋白磷酸化，导致细胞周期停滞在 G_1/S 期；当 P21 与 CDK2-cyclinA 结合，则使细胞周期停滞在 G_2/M 期。这样有利于受损伤 DNA 的修复；同时活化的 P53 蛋白又可促进生长停止和 DNA 损伤诱导基因的表达，该基因表达产物可与增殖细胞核抗原（proliferating cell nuclear antigen，PCNA）、CDK3 结合成复合物后可抑制 DNA 合成。PCNA 具有 DNA 修复酶的活性，使损伤的 DNA 修复。

（2）诱导细胞凋亡：当 DNA 损伤不能修复时，活化的 P53 蛋白可促进相关基因（如 *BAX* 基因）的表达，启动程序性死亡过程，诱导细胞自杀，以阻止有癌变倾向的突变细胞生成，从而防止细胞癌变。

（3）抑制细胞的增殖：P53 可通过阻止 DNA 聚合酶与复制起始复合物的结合而抑制 DNA 复制启动，从而在 DNA 复制水平上抑制细胞增殖；而且 P53 的酸性区可通过其转录激活作用活化一些具有抑制细胞分裂作用的基因，从而在转录水平上抑制细胞增殖。

（4）P53 蛋白可被癌基因产物结合而失去活性：与 RB 蛋白类似，P53 也可与 SV40 的大 T 抗原结合，只是结合的部位不同，还可与腺病毒的 E1B 蛋白（RB 则与 E1A 蛋白结合）及人乳头瘤病毒 E6 蛋白（RB 蛋白与 E7）等结合。

3. *P53* 基因突变与肿瘤 *P53* 基因突变是人类癌症中最常见的基因改变，约 50% 以上的人类肿瘤都有 *P53* 基因突变，包括结直肠癌、乳腺癌、肺癌、食管癌、胃癌、肝癌、膀胱癌、胶质细胞瘤、软组织肉瘤及淋巴造血系统肿瘤等。

（1）*P53* 基因突变的类型：*P53* 基因突变以点突变、杂合性缺失较多，其他突变如移码突变、无义突变、插入、基因重排等较少见。该基因的突变位点大部分集中于外显子 5 和外显子 8 之间，其中 86% 以上的点突变发生于进化保守区，包括 4 个突变热点，即密码子 175、248、273 及 282 的突变。少数突变发生于其他外显子或内含子的剪切位点上，如某些突变可引起 *P53* mRNA 的剪接异常。

（2）*P53* 基因的突变特点与肿瘤

1）大多数点突变（尤其是发生在进化保守区的点突变）是错义突变，可引起 P53 蛋白功能的改变；少数是无义突变（往往发生在进化保守区以外）或终止突变，特别是在上皮源性的癌组织中；在肉瘤中则以基因重排、插入突变为主，错义突变十分罕见。发生了错义突变或无义突变后，由此产生的 P53 蛋白中的氨基酸残基发生了改变，失去了作为阻遏蛋白的功能，不再结合在肿瘤细胞的操纵基因上，肿瘤细胞或癌基因就可快速表达，最终形成恶性肿瘤。

2）当一个等位基因发生点突变时，另一个等位基因便存在缺失的倾向，这种两个等位基因都失活的现象在结肠癌、乳腺癌中发生的频率较高，在原发性肝癌中，*P53* 基因杂合性缺失的频率可达 25%～60%。

3）各种肿瘤 *P53* 基因突变的频率也不同，如小细胞肺癌中 *P53* 基因突变几乎为 100%，结肠癌中约为 70%，乳腺癌约为 40%。各种肿瘤的组织类型不同，其 *P53* 基因突变也不同。

4）*P53* 基因突变与内外环境因素（如致癌剂）相关，其突变位点的分布、类型和频率具有一定的特征性，如皮肤鳞状细胞癌中的 *P53* 突变，均发生于双嘧啶部位，且绝大部分突变为转换突变；肺癌中主要是颠换突变；表明 *P53* 基因的突变差异与不同的致癌因素作用有关。

5）当 *P53* 发生突变后，空间结构发生改变，其转录活化的功能与磷酸化过程受到影响，因此失去了对细胞周期 G_1 检测点与 G_2 检测点的控制，细胞周期无法停止，结果导致遗传的不稳定性。许多可以引起肿瘤的 DNA 病毒（如 SV40、HPV、腺病毒等）通过其产物结合并灭活 P53 蛋白（有的还涉及 RB 蛋白）导致遗传不稳定性，降低细胞周期检测点功能。遗传不稳定性的增加、基因受损细胞的存活与继续增殖，或者遗传物质的改变，使细胞生长失控并最终发展为肿瘤。

6）突变本身使该基因具有癌基因的功能，即突变的 P53 蛋白具有促进细胞形成肿瘤的能力；同时突变的 P53 蛋白可与正常的 P53 蛋白聚合为四聚体，这种四聚体使正常 P53 蛋白也失去功能。因此 *P53* 基因突变对肿瘤形成具有非常重要的意义。

（三）*APC* 基因

抑癌基因结肠息肉病基因（adenomatous polyposis coli，*APC*）与结肠腺癌发生密切相关。*APC* 基因失活是结肠肿瘤发生的早期分子事件，但稳定于肿瘤发生发展的全过程。研究认为，*APC* 基因在 85% 的结肠癌中缺失或失活，并且该基因的缺失与结肠癌的遗传易感性密切相关。

1. *APC* 基因的结构 *APC* 基因位于染色体 5q21，其 cDNA 克隆系列分析显示为一个 8535bp 生成的开放阅读框，共有 21 个外显子，第 15 外显子最大。该阅读框 5′ 端含有一个甲硫氨酸密码子，其上游 9bp 处有一框内终止密码子，3′ 端有数个框内终止密码子。

2. APC 蛋白的功能 *APC* 基因编码一个 2843 个氨基酸组成的蛋白，即 APC 蛋白，分子量为 300kDa，是种一胞质蛋白，亲水性，位于结直肠上皮细胞基底膜侧，当细胞迁移到隐窝柱表面时 APC 表达更为显著。APC 蛋白有多个功能区，其前 17 个氨基酸通过形成 α 螺旋介导同源二聚体形成，截短 APC 蛋白与野生型 APC 蛋白联系；C 端包含可降解 β-CATENIN（β-连环素）的部位和结合细胞骨架微管的部位。APC 的 C 端与至少三种不同的蛋白（EB1、HDLG 和 PTP-BL）结合从而在细胞周期进程和细胞生长调控中起作用。研究表明，APC 蛋白与 M3 毒蕈碱型乙酰胆碱受体（MACHR）有同源序列，有人认为该序列与正常 APC 蛋白抑制细胞过度增殖有关。

3. *APC* 基因与肿瘤 *APC* 基因在 85% 的结肠癌中缺失或失活，并且该基因的缺陷与结肠癌的遗传易感性直接相关。研究发现，*APC* 基因突变在散发性大肠癌的发生中也起着重要作用。*APC* 基因被认为是结肠上皮增殖中唯一的看门基因，*APC* 基因突变是结肠腺瘤癌变的早期分子事件，在正常黏膜组织向癌组织转化过程中起关键作用，是一个重要的抑癌基因。

（1）*APC* 基因的突变：*APC* 基因的突变主要包括点突变和框架移码突变，前者包括无义突变、错义突变和拼接错误，后者包括缺失和插入。点突变大多数为 G → T 的转变，且大部分集中于 CpG 和 CpA 位点上；移码突变可产生截短蛋白，主要分布在编码序列区前 1/2。胚系突变散布于基因 5′ 端，约 20% 的生殖细胞突变发生于密码子 1061～1063 和密码子 1309～1311。*APC* 基因体细胞突变主要集中于外显子 15 的 5′ 端前半部，密码子 1286～1513 之间 10% 左右的编码区为"突变密集区"，约 65% 的体细胞突变发生在此。*APC* 基因 3′ 端极少发生突变，*APC* 突变常可导致蛋白质折断，失去羟基末端。

（2）APC 与 WNT 信号通路：*APC* 基因在许多组织中均有表达，起调节细胞生长和自身稳定的作用。它直接参与了 WNT 的信号传导途径，正常 APC 蛋白与 AXIN、GSK-3β 形成复合物保证 WNT 信号途径对细胞分化、增殖、极性及迁移的正常调节；*APC* 基因突变将导致其编码 APC 蛋白的改变，产生截短无活性的 APC 蛋白，截短 APC 蛋白可以通过与野生型 *APC* 基因产物结合而产生一种负显性作用，使其不能正常地发挥生理功能，导致细胞黏附、生长、分化、增殖、凋亡调控和细胞内信号等方面的重要改变，使细胞发生癌变。

（3）APC 与细胞迁移和细胞黏附：在体外 APC 蛋白可与微管结合引起微管装配。用诺考达唑解聚的微管可抑制上皮细胞迁移，并可破坏 APC 的定位。有研究表明在微管的末端有 APC 存在。因此认为，APC 蛋白与细胞特定区域微管的稳定有关，可导致稳定的细胞突出形成而与细胞迁移密切相关。*APC* 突变通常引起包含微管结合位点的 C 端区缺失，这种突变的 APC 蛋白不能与微管结合而影响微管的稳定，就可能破坏肠黏膜上皮细胞的迁移，使它们在增殖性环境中的停留时间延长，增加它们与出现在肠腔中毒物接触的时间，接受异常的增殖信号引起息肉的异常增生。而与肠腔中毒物接触的时间增加可导致突变积累而发生变异，在最后阶段 β-CAT 池（代谢库）中游离 β-CAT 不断增加，突变 APC 不能对其进行调节，以致 TCF/LEF 激活转录，引起恶变。

（4）*APC* 与细胞增殖和细胞凋亡：细胞癌变通常与细胞增殖增强和（或）细胞凋亡减弱有关。到目前为止，APC 在凋亡中的作用仍存在争议，诱导和抑制凋亡的作用均有报道。在正常肠上皮细胞，*APC* 过表达并未改变肠上皮细胞增殖和凋亡的比例；与正常组织相比，最早可发现息肉的细胞增殖和凋亡的比例亦无明显差别。APC 具有多个细胞周期蛋白依赖性激酶的共同位点，本身也是这些酶的作用底物。培养的组织细胞 *APC* 过表达可致细胞周期受阻，突变型 *APC* 的这一作用减弱，*CDK* 的过表达可使其阻碍作用消除。将野生型 *APC* 导入突变型 *APC* 细胞以观察 APC 对细胞周期的影响，发现大多数结肠肿瘤因 *APC* 突变失去了对 G_1/S 进程的控制作用。因在不同细胞周期细胞的 APC 磷酸化并无差别，所以 APC 与 CDK 介导的细胞周期调节的关系尚不清楚。

（四）*PTEN* 基因

PTEN/MMAC1 基因（phosphates and tensin homologue deleted on chromosome ten gene，人第 10 号染色体缺失的磷酸酶及张力蛋白同源的基因）是 1997 年发现的在肿瘤中第 2 个高突变率的抑癌基因，又称 *MMAC1* 基因（mutatedin multiple advanced cancer gene）。

1. *PTEN* 基因的结构　*PTEN* 基因位于染色体 10q23.3，全长 200kb，由 9 个外显子和 8 个内含子组成。有 3 个主要功能结构域：N 端磷酸酶结构区，是 PTEN 抑制肿瘤活性的主要区域，还与肿瘤浸润、转移、血管生成有关；C2 区，介导蛋白质与脂质结合，参与其在细胞膜的定位和胞内细胞信号转导；C 端区，调节自身稳定性和酶活性，编码由 403 个氨基酸编码组成的蛋白质，分子量为 50kDa。

2. *PTEN* 基因的功能　*PTEN* 基因是迄今发现的第一个具有双特异磷酸酶活性的抑癌基因。其编码的蛋白质有磷脂酰肌醇-3,4,5-三磷酸 3-磷酸酶活性，可以催化 PIP_3 转变成 PIP_2，具有通过抑制 PI3K-PKB/AKT 信号途径而参与到胰岛素、表皮生长因子等细胞信号分子的作用，抑制细胞生长，还能促进黏着斑激酶的去磷酸化反应而抑制整合蛋白介导的细胞迁移。该基因的突变失活与人类多种恶性肿瘤的发生发展密切相关，多表现在包括胶质母细胞瘤和前列腺癌等多种肿瘤上，在细胞凋亡、细胞周期和细胞迁移过程中起关键性作用。PTEN 蛋白可通过拮抗酪氨酸激酶等磷酸化酶的活性而抑制肿瘤的发生发展。

3. *PTEN* 基因与肿瘤　*PTEN* 基因具有抗增殖和阻止侵袭和转移的作用。约 30% 的肿瘤呈现 *PTEN* 突变。*PTEN* 基因异常可存在于胶质母细胞瘤、前列腺癌、子宫内膜癌、肾癌、卵巢癌、乳腺癌、肺癌、膀胱癌、甲状腺癌、头颈部鳞状细胞癌、黑色素瘤、淋巴瘤等多种肿瘤中，被认为是继 *P53* 基因后，另一改变较为广泛、与肿瘤发生关系密切的抑癌基因。*PTEN* 基因主要通过等位基因缺失、基因突变和甲基化方式使其失活。*PTEN* 在脑胶质瘤中存在各种类型的 *PTEN* 基因突变。

（1）*PTEN* 基因的缺失：*PTEN* 基因在膀胱癌中的丢失或灭活与肿瘤的级别明显相关，在浸润性肿瘤中 PTEN 蛋白的表达率较浅表性肿瘤的表达率明显降低。PTEN 蛋白表达缺失在乳腺癌中较为普遍，而且 PTEN 蛋白表达缺失与不利的预后因素包括雌孕激素受体缺失、淋巴结转移以及乳腺癌存活率明显相关，即 PTEN 蛋白表达缺失常与乳腺癌预后不良相关。

（2）*PTEN* 基因的甲基化：*PTEN* 基因启动子的甲基化经常发生在某些类型的癌症中，如甲状腺癌、黑色素瘤、肺癌低分化、继发性胶质母细胞瘤。*PTEN* 基因甲基化和 AKT 的磷酸化与神经胶质肿瘤相关。

（五）*P16* 基因

P16 基因在许多肿瘤细胞中都有缺陷，并与肿瘤的发生、发展密切相关，所以又称为多肿瘤抑制基因。

1. *P16* 基因的结构　*P16* 基因定位于人染色体 9p21，全长 8.5kb，包括 3 个外显子和 2 个内含子。编码的蛋白质含 156 个氨基酸残基，分子量为 15.8kDa，故称为 P16 蛋白。P16 含有 4 个独特的锚蛋白重复结构。该结构与其抑制活性有关。

2. P16 蛋白的功能　P16 蛋白可作为细胞周期蛋白依赖性激酶 CDK4、CDK6 的抑制蛋白，参与细胞周期的调控。其中，CDK4 与 cyclinD 结合后可促使 RB 蛋白磷酸化，使转录因子 E2F 激活，促进相关基因表达。而 P16 蛋白可与 cyclinD 竞争和 CDK4 的结合，当 P16 蛋白与 CDK4 结合后，CDK4 的活性受到抑制，RB 蛋白的磷酸化程度降低，低磷酸化的 RB 蛋白与 E2F 结合后阻止相关基因表达；同时低磷酸化或非磷酸化的 RB 蛋白可阻止细胞由 G_1 期进入 S 期，从而抑制细胞增殖，阻止细胞生长。P16 除抑制 CDK4 的活性外，还有抑制 CDK6 的功能。

RB、CDK、P16 和 E2F 之间存在调节细胞周期的反馈环，在此环路中，任何一个因素表达缺失都可导致此环反馈的中断，引起细胞失控性增殖。

3. P16 的改变与肿瘤　抑癌基因 P16 的变异形式多样，包括点突变、基因缺失和甲基化。

（1）点突变：P16 基因已发现的点突变有 146 种之多，可涉及多个密码子，以第 140 位密码子突变多见。基因突变后，可引起基因转录抑制或蛋白质序列改变。不同类型肿瘤 P16 基因点突变率差异很大，以恶性胶质瘤最高，达 85%，其次为非小细胞肺癌（71%）、胆管癌（64%）、食管癌（52%）等。

（2）基因缺失：P16 基因缺失表现为纯合性缺失和杂合性丢失。微小片段的纯合性丢失是 P16 失活的主要机制。恶性胶质瘤、黑素瘤、膀胱癌、结肠癌等多种原发性肿瘤中均存在。纯合性缺失的出现率在食管癌细胞系达 60%，卵巢癌为 45%，胰腺癌为 48%。P16 基因的纯合性缺失还能影响毗邻的 P15 基因，导致此基因转录沉默。因此，肿瘤的发生不仅与 P16 基因缺失有关，还可能涉及邻近的基因及其他因子。

（3）甲基化：P16 外显子的甲基化也提供了 P16 在癌症发生中的另一种机制。甚至有人认为 P16 基因的甲基化是 P16 基因失活的最重要机制，具有累积效应，而且是癌前的早期改变。在癌前病变的分子演变过程中，P16 染色体的缺失是相对较早的事件，经常在癌前病变中检测到 P16 基因的缺失、突变。随着细胞的生长，各种因素造成低水平的 DNA 损伤促使 P16 基因产物上调，使细胞停滞在 G_1 期，一旦损害达到一定程度时，细胞就可以进入凋亡途径。P16 失活，细胞的微小损害无法被监控，最终导致细胞恶变。

（六）DCC 基因

DCC 基因是结肠癌中经常出现缺失的一种抑癌基因，因而得名直肠癌缺失基因。该基因定位于染色体 18q21.3 上，全长约 370kb，其 mRNA 长 10～12kb。该基因的蛋白产物是一种黏附分子，为 190kDa 的跨膜磷蛋白，其氨基酸序列和神经细胞黏附分子的家族成员以及相关的细胞表面糖蛋白有高度同源性，其结构类似细胞表面受体。癌变时 DCC 基因存在多种改变，如等位基因丢失、5′ 端纯合性丧失、内含子及外显子点突变、杂合缺失和 DCC 低表达、DCC 过甲基化等。

在成熟上皮，DCC 蛋白表达局限于基底层，其表达正好与活跃但仍受调节的细胞增殖区域，维持细胞处于基底细胞状态。DCC 蛋白在肿瘤组织包括大肠癌、食管癌、子宫内膜癌、卵巢癌中表达明显减少或缺失。DCC 蛋白在配体缺乏环境中，具有肿瘤抑制蛋白的功能，可以诱导细胞凋亡，但在配体 NETORIN-1 存在时，DCC 蛋白具有抗细胞凋亡作用，DCC 功能丧失时可以增加配体缺乏环境中的细胞生存。DCC 基因发生点突变，第 3 外显子的 201 密码子由 CGA 突变为 GGA，编码的氨基酸由精氨酸变为甘氨酸，经研究表明它是一个致癌突变，它的突变影响了 DCC 转录、翻译或 DCC 蛋白的类黏附分子的功能，与 DCC 蛋白表达缺失密切。在食管癌的原发灶和转移淋巴结中分别检测 DCC 基因的 B、C、D、E 4 个外显子，结果只在转移淋巴结发现有保守密码子的错义点突变。另外，DCC 的等位缺失的频率则直接与转移程度有关，即转移得越远，等位缺失的频率越高。DCC 等位缺失存在于低分化和中等分化的鳞癌中，却不存在于高分化的鳞癌中，这说明 DCC 的等位缺失还与细胞分化有关，提示 DCC 功能缺失可导致癌细胞转移及去分化。

六、癌变的多基因变异过程

一个正常细胞转化成一个增殖失控并具有侵袭转移潜能的恶性肿瘤细胞是一个多基因参与的、多步骤的复杂而漫长的演进过程，因而肿瘤的形成更具长期隐匿性，其中包括一系列原癌基因的活化和抑癌基因的失活。各种形式的基因突变贯穿癌症发生发展的过程，晚期癌更为明显；

启动子突变和非突变性修饰，如甲基化与去甲基化，以及翻译异常调控又可导致基因表达异常，从而使相应蛋白质在数量上增多或减少；翻译后修饰的异常可导致蛋白质结构与功能的异常。这些变化最终引起细胞行为改变和组织结构紊乱。转基因动物实验为这一论点提供了直接证据：用逆转录病毒作为载体将 C-MYC 和突变的 RAS 分别或同时制备转基因小鼠，单独过表达 C-MYC 的转基因鼠在出生 100 天后极少数出现肿瘤；突变 RAS 的转基因小鼠较早出现肿瘤，至 150 天有 50% 出现肿瘤，而在同时获得 C-MYC 和突变 RAS 的转基因小鼠中，肿瘤的出现要早得多，在 150 天时 100% 的小鼠死于肿瘤。这充分说明了多个癌基因的协同作用。

肿瘤细胞周围组织的变化及其对肿瘤细胞的作用，使肿瘤的发生过程更加复杂。一个正常细胞转化为临床可见的肿瘤究竟需要多少基因发生改变目前谁也说不清。其数量可能因肿瘤类型而异。肿瘤发生的分子机制不仅在不同组织的不同性质的肿瘤间不同，即使同种组织的同种肿瘤也不尽相同。同样的基因损伤可出现在不同的肿瘤，但每种肿瘤具有自己特有的基因改变阵列，不同的肿瘤有不同的突变组合。人们曾用基因表达谱系列分析对乳腺癌和直肠癌细胞与正常细胞中的基因表达进行了比较。在检测的 30 万个转录片段中，约有 500 个转录片段有明显不同，占整个基因表达中的很少一部分。

现代分子生物学技术的飞速发展使得基因和蛋白质的分析可以高通量地进行，加之人类基因组草图的完成，从基因组水平研究肿瘤的发生不但是必要的而且已成为可能。因此，在整个基因组水中探究细胞的恶性转化过程已经提到日程。肿瘤基因组计划采用高通量检测技术分析大量组织和细胞系中发生的人类所有基因的突变，绘制谱图以回答人类肿瘤中都有哪些基因发生突变及各种突变的相互关联。这一计划的完成对于肿瘤的分类和治疗策略将会产生深刻的影响，肿瘤的分类也可依据基因组改变的特点来确定，这些最终也必将带来诊断与治疗的巨大飞跃。

小　结

在正常情况下，细胞的生长、分化、衰老和死亡等生理过程受到精细的调控，其调控网络涉及许多基因的表达及相互协同作用，包括正调节因素和负调节因素。

癌基因，为正调节因素，被分为病毒癌基因（V-ONC）和细胞癌基因（C-ONC），C-ONC 又称为原癌基因（PRO-ONC）。被原癌基因编码的分子，如生长因子及其受体、信号转导蛋白、转录因子、细胞周期调节蛋白等能促进细胞的增殖，并通过细胞信号转导途径抑制细胞的分化。原癌基因突变或过表达后促进细胞增殖而被称为癌基因。这些基因可以被 DNA 的扩增、易位与重排、点突变、启动子及增强子的插入和低甲基化等几种机制活化。

抑癌基因起着负调控作用，抑制细胞增殖，诱导其分化。在细胞增殖的整个过程中，癌基因主要在细胞周期外的生长信号转导过程中发挥作用；而抑癌基因主要在细胞周期内部的调控中发生作用。抑癌基因表达产物主要包括跨膜受体、胞质调节因子或结构蛋白、转录因子与转录调节因子、细胞周期因子、DNA 损伤修复因子及其他一些功能蛋白，可以编码激素相关受体而抑制细胞生长和增殖。突变和缺失、启动子区甲基化、泛素-蛋白酶体功能异常、蛋白质错误定位和转录因子功能异常等机制导致抑癌基因失活。

第二十章线上内容

正常情况下这两类基因编码的产物的作用相互拮抗，维持动态的平衡。当这两类基因发生突变或表达发生异常时，癌基因异常激活，抑癌基因失活，这两种效应的协同及其他基因作用的累积，导致平衡被打破，细胞增殖的调控系统发生紊乱，引起细胞增殖失控，最终引起疾病的发生。目前普遍认为肿瘤的发生、发展是多个原癌基因和抑癌基因突变累积的结果，经过起始、启动、促进和癌变几个阶段逐步演化而产生。

（李冬妹）

第五篇　基因研究与分子医学

　　分子医学是涵盖医学分子生物学基础理论、医学分子生物学常用实验技术及其在医学研究中应用的综合性学科。分子医学与传统医学最根本的区别在于前者可在基因水平上对疾病进行研究与探索，所以分子医学技术已成为推动医学发展的重要工具。

　　本篇章围绕基因研究与分子医学的关系，主要讲解常用分子生物学技术，如杂交、芯片及基因结构功能分析等，宏观且形象地阐述了基因诊断与基因治疗的概念、基本原理、技术与方法、临床思路与应用及未来发展；并将基因组学、蛋白质组学等多组学在疾病的早期发现、诊断、分型和个性化用药、疗效监测和预后判断等方面的运用作了详尽的讲解，通过基因研究为分子医学提供了更精确、更可靠的信息，使医学更加精准。

第二十一章　组学与医学

　　单纯研究某个基因、RNA 或者蛋白质的结构与功能无法全面解释生物医学问题。随着人类基因组计划（Human Genome Project，HGP）的完成，已经有可能从整体水平去研究机体组织细胞内所有基因、蛋白质及其分子间的相互作用，分析人体组织器官功能和代谢的状态，因此产生了"组学"（-omics）的概念。"组学"关注于生物分子群的结构功能和动态变化过程中的共同特征，并将其量化，从整体水平探讨生命和疾病的发生发展过程及其规律。随着基因组学和蛋白质组学出现，将生物学推进到系统生物学研究阶段。系统生物学（systems biology）是多学科交叉的科学，从整体水平认识生物分子的相互作用。通过计算机建模和数学建模方式，构建生命体内的众多分子网络，如蛋白质相互作用网络、细胞信号传导网络、基因转录调控网络、药物靶点网络、疾病网络等，最终揭示生命体的整体功能。

　　组学主要包括基因组学、转录物组学、蛋白质组学、代谢组学、糖组学、脂质组学等。

第一节　基 因 组 学

　　基因组学应用 DNA 重组技术、DNA 测序技术和生物信息学等方法获得基因组序列，进行拼接组装，分析其结构和功能，包括获得全部 DNA 的序列信息和更精细的遗传图谱。基因组学还研究基因组内的基因杂种优势、上位效应、多效性、基因座与等位基因的相互作用等。基因组学的发展引发了以发现为基础的科学研究和系统生物学的革命，为充分认识复杂的生物系统提供了基础。

一、基因组学的概念

　　基因组学是阐明基因组结构、结构与功能的关系及基因与基因之间相互作用的科学。涉及基因作图（遗传图谱、物理图谱、转录本图谱、序列图谱），核苷酸序列分析，基因定位和基因功能分析。基因组学包括结构基因组学（structural genomics）、功能基因组学（functional genomics）和比较基因组学（comparative genomics）。结构基因组学最初主要通过基因作图（如人类基因组计划）来揭示基因组的全部 DNA 序列，目前其主要任务是解析全部基因组所编码的蛋白质三维结构及这些结构所具有的功能；功能基因组学是利用基因测序提供的信息，分析和鉴定基因组中所有基因的功能和相互作用。因为所有生物都是通过一个共同的进化树联系在一起，研究一个生物可为其他生物提供有用的信息，因此比较基因组学将通过模式生物基因组之间或模式生物与人类基因组之间的比较和鉴定，预测新基因的功能及研究生物进化。

二、人类基因组计划的主要内容

基因组学研究的最初阶段，通过基因作图、核苷酸序列分析确定基因组成、基因定位，也是人类基因组计划的核心内容。随着多个物种的全基因组测序相继完成，面对大量的基因组序列数据，结构基因组学的任务已转到获得全基因组范围内所编码蛋白质的全部折叠方式，即蛋白质 3D 结构，并解析这些结构所蕴含的功能。

（一）全基因组测序的内容

由于染色体 DNA 很大，无法直接测序，需要将基因组 DNA 进行分解、标记，成为可操作的较小的 DNA 片段，这一过程即为作图。基因组学初期以绘制高分辨率的生物体基因组的遗传图谱、物理图谱、转录图谱和序列图谱为目标。

1. 遗传图谱（genetic map） 遗传图谱又称连锁图（linkage map），是根据基因的重组频率而确定基因或者遗传标志在染色体上的相对位置，并不是基因之间在染色体上具体的物理距离。两个遗传标志重组频率越高，二者在遗传图谱上相距就越远，一般用厘摩（centimorgan，cM）表示，即每次减数分裂的重组频率为 1% 时，两个遗传标志间的距离为 1cM。

绘制遗传连锁图所用的遗传标志很多，第一代多态性标志有限制性酶切片段长度多态性（restriction fragment length polymorphism，RFLP）、随机扩增多态性 DNA（randomly amplified polymorphic DNA，RAPD）、扩增片段长度多态性（amplified fragment length polymorphism，AFLP）；第二代遗传标志为小卫星 DNA，又称可变数目串联重复序列（variable number of tandem repeat，VNTR）；第三代遗传标志是单核苷酸多态性（single nucleotide polymorphism，SNP），SNP 多态性更加稳定，出现频率高，可作为基因组精确分区的标志。

2. 物理图谱（physical map） 物理图谱绘制包括两方面内容：一是获得整个基因组的序列标签位点（sequence tagged site，STS），STS 是长度为 200~500bp 的 DNA 单拷贝片段，其序列及在基因组中的位置已确定，基因组每隔 100kb 会有 1 个 STS 标志；二是构建覆盖全基因组的连续克隆体系。首先利用限制性内切酶切割基因组 DNA 或用超声将基因组断裂成 DNA 大片段，然后将它们组装进酵母人工染色体（yeast artifical chromosome，YAC）或者细菌人工染色体（bacterial artificial chromosome，BAC）中，建立基因组文库。物理图谱比遗传图谱更加精确，是全基因组序列测定的基础。

3. 转录图谱（transcription map） 是转录体 mRNA 或者其逆转录为 cDNA 的图谱，又称为 cDNA 图谱或表达序列图谱，是根据组织细胞中表达序列标签（expressed sequence tag，EST）绘制的图谱。EST 为编码序列，因此 EST 图谱可以直接用于分析、定位结构基因。转录图谱可确定功能基因在染色体上的位置，将人类基因组已知的结构基因的转录和翻译产物定位，并系统地结合起来，为功能基因组学的研究奠定基础。

4. 序列图谱（sequence map） 对 YAC 或 BAC 基因组文库进行测序，得到 DNA 各片段的碱基序列，根据重叠的核苷酸顺序依次排列，即可获得人类全基因组的序列图谱，包括转录本序列、转录调节序列和功能未知的序列等全部序列。

（二）全基因组测序常用策略

1. 基于物理图谱基础上，对已连续排序的 YAC 或 BAC 文库进行测序 ①将待测的 DNA 克隆切为小片段；②连入测序载体，对小片段 DNA 进行测序；③将相互重叠的序列（read）组装形成重叠群（contig）；④重叠群间有断裂口（gap）时，gap 区的序列可利用 PCR（聚合酶链反应）技术进行扩增测序获得，如果 gap 区太大（如大于 20kb），可以将该段 DNA 再次克隆进 BAC 载体中然后测序。

2. 全基因组乌枪法测序（whole genome shotgun sequencing）　其优点是绕过建立物理图谱的过程，直接将大分子 DNA 随机打成大小不同的片段，插入适合的载体中，然后对 DNA 片段进行双向测序。双向测序有利于后期拼接，但是随机 DNA 片段的序列在后期拼接时，仍然要比通过物理图谱构建进行拼接更困难，需要借助超级计算机完成。

3. 高通量测序技术（high-throughput sequencing）　又称第二代测序技术（second generation sequencing technique），实现了大规模、低成本和快速测序。第二代测序技术广泛应用于基因组的从头测序、基因组重测序、转录物组测序、小 RNA 测序和表观基因组测序等。第二代测序技术获得大量的短序列（shot read），利用已知的基因组序列作为参考基因序列（reference），二者进行比对，并在参考基因序列上进行定位（mapping），最终获得全部序列。但是第二代测序技术存在读序片段短、扩增高 GC 含量片段受限等缺点。第三代测序技术（third generation sequencing technique）实现了单分子测序，不需要对模板进行扩增。可以对 RNA 直接测序，避免逆转录带来的误差；可以直接检测甲基化的 DNA，实现对表观修饰位点检测；进行 SNP 检测，发现稀有碱基突变位点及频率。

三、结构基因组学

随着不同生物体全基因组序列的解析，尤其是人类基因组计划的顺利完成，大量的基因序列信息逐渐汇集，使人们的关注点转向对基因功能的探求，基因的功能与其结构密切相关，因此揭示基因产物的三维结构很快演变为结构基因组学的核心内容。

（一）结构基因组学的概念

结构基因组学利用高通量方法解析基因组测序所获得的所有基因产物（主要是蛋白质）的三维结构。2000 年，多个结构基因组学计划启动，最初的目标是获得较为全面的蛋白质结构，大约要解析 16 000 个经过精心选择的蛋白质结构，然而随着越来越多的基因序列被解析，使得这个目标遭遇很大挑战，最终结构基因组学计划的研究重点重新聚焦在具有重要生物学作用的蛋白质上。2000 年，美国国立卫生研究院（NIH）启动了蛋白质结构倡议（the Protein Structure Initiative，PSI）项目，至 2015 年 7 月 PSI 计划结束，解析了约 7000 个蛋白质结构，其中 90% 由 X 射线晶体学方法解析出，剩余为核磁共振方法解析。

（二）结构基因组学的常用技术

1. 实验方法（experimental approach）　也称从头途径（*de novo* method），是将基因组中的开放阅读框（ORF 序列）进行克隆并表达出蛋白质，然后将蛋白质纯化、结晶，利用 X 射线衍射或者核磁共振技术等方法解析蛋白质结构。

2. 计算方法（computational approach）　也称为理论法（theoretical approach），该方法以构建模型为基础，主要包括：①从头建模（*ab initio* modeling）：是只根据氨基酸的序列信息以及氨基酸之间化学或者物理特性而进行的蛋白质三维结构的推算。②基于序列建模（sequence-based modeling）：是将一个未知蛋白质的序列与已知结构的蛋白质序列进行比对，根据两者序列的相似度，由已知蛋白质的结构来推算未知蛋白质的结构。二者序列的相似度如果高于 50%，推算未知蛋白质结构的精确度就高；若相似度低于 30%，未知蛋白质结构的计算精确度则较低。③线性模型（linear model）：是根据蛋白质结构的相似性而不是序列相似性来进行未知蛋白质结构计算。因为蛋白质结构的保守性远高于序列的保守性，即不同的氨基酸序列之间可能具有相同的空间折叠方式。该方法可以对亲缘关系较远的蛋白质进行结构推算。

获得基因组所编码的蛋白质的结构后，进一步的工作是分析所有蛋白质的功能。蛋白质功能与其序列和结构密切相关。序列信息和结构信息有助于对新蛋白质的功能进行注释。大约有 17% 的蛋白质，其功能可通过与已知功能蛋白质的序列比对进行注释；如果充分利用结构信息则可使 50% 的蛋白质功能得到注释。Uniprot/TrEMBL 和 PDB（Protein Data Bank）数据库收集了大量蛋白质序列和结构信息。Uniprot/TrEMBL 数据库主要收集蛋白质序列信息；PDB 数据库主要收集生物大分子（蛋白质为主）的结构信息，这些蛋白质结构主要是通过 X 射线衍射、核磁共振技术及冷冻电子显微镜等实验方法获得的，是结构基因组学进行蛋白质功能注释的重要数据库。

四、功能基因组学

功能基因组学研究基因组表达、功能及调控。广义而言，功能基因组学代表基因组研究的新阶段，以高通量、大规模实验方法、统计与计算机分析为主要特征。

（一）功能基因组学的概念和研究内容

功能基因组学是利用基因测序提供的信息和产物，应用新的实验手段，通过在基因组或系统水平上全面分析基因组的功能及调控机制。研究的主要内容包括基因组的表达及时空调节、基因功能和基因组的多样性等。

通过获得不同组织和不同发育阶段、正常和疾病状态等基因表达谱，了解基因表达水平差异，解析发育过程或不同状态下的基因表达网络机制，才能更全面地理解基因功能。

生物群体存在多态性，不同群体和个体在生物学性状及对疾病易感性/抗性方面存在差异，通过对基因组重测序寻找序列变异，可以进行多基因疾病等的研究。全基因组测序获得了庞大的序列信息量，需要应用生物信息学技术对这些数据进行分析和挖掘，才能够更有效地进行基因功能的研究。

（二）功能基因组学研究的常用技术

功能基因组学可以利用多种技术检测基因组表达谱，如 cDNA 微阵列（microarray）技术和基因表达系列分析（serial analysis of gene expression，SAGE），利用生物信息技术对基因功能进行预测，然后利用基因过表达或者敲除方式对基因的功能进行验证。

1. 微阵列技术　包括 cDNA 微阵列（cDNA microarray）或 DNA 芯片（DNA chip），用于大规模快速检测基因表达差异、基因组表达谱、DNA 序列多态性、致病基因或疾病相关基因，具有较高的灵敏度。微阵列技术的局限性在于其适用于已知基因序列的测定，不能对 mRNA 进行绝对定量，而且对于低表达基因检测敏感度不够。

2. 基因表达系列分析　分析多个基因在同一时间、同一细胞中是否表达及这些基因表达丰度的数量信息，而且还可以比较不同组织、不同时空条件下基因表达的差异，因此 SAGE 的研究对象是整个基因组的转录产物。它可以在整体水平对细胞或组织中的大量转录本同时进行定量分析，无论其是否为已知基因。

3. 基因敲除和转基因技术　基因敲除是利用同源重组的方法剔除或破坏生物体基因组内某一特定基因，然后观察由此引起的表型改变来研究被剔除基因的生物学功能。转基因技术是通过将外源基因转入生物体或细胞内，检测该基因的表达产物或引起的表型变化，从而达到认识该基因生物学功能的目的。RNAi（RNA 干扰）技术是进行大规模遗传筛选和基因功能鉴定的最佳手段。

近年来基因组编辑技术为基因组的定点改造提供可能。该技术不仅可以进行基因功能的研究，并且对基因治疗提供了新途径。基因组编辑技术主要包括 ZFN（zinc-finger nuclease，锌指核酸酶）、TALEN（transcription activator-like effectors nuclease，转录激活子样效应因子核酸酶）和 RNA 介导的 CRISPR/Cas 系统（参见第二十二章第六节）。

4. 生物信息学方法　对于未知基因的功能研究，首先需要通过生物信息学方法对其功能进行预测，然后实验验证。GenBank、EMBL、SWISS-PROT 等数据库中汇聚了大量核酸和蛋白质的序列信息，可以应用 BLAST 或者 FASTA 工具进行同源性比较，来推测整个基因或其中某一区段的功能。也可以通过模式生物基因组之间或模式生物基因组与人类基因组之间的比较与鉴别，来研究生物进化和分离人类遗传病候选基因及新基因功能（即比较基因组学）。

（三）后基因组时代的重要组学计划——ENCODE

人类基因组计划从 1990 年开始到 2003 年 4 月完成，人们发现在基因组中只有不足 2% 的基因为编码序列，这不足以解释高等生物复杂的生命活动。2003 年 9 月由美国国家人类基因组研究所启动 "DNA 元件百科全书"（Encyclopedia of DNA Elements，ENCODE）计划。ENCODE 计划是要注释基因组中所有的功能性序列。汇集来自多个国家的 32 个实验室的 440 余位科学家的研究成果。第一个阶段是试点培育（pilot phase），只对人类基因组中 1% 的序列进行研究，以确定最佳的实验技术方法。2007 年进入第二个阶段——规模化实验阶段（technology development phase），对全基因组的功能性元件进行注释，于 2012 年完成。不同实验室的研究者们共使用 147 种各种类型的细胞，应用多种实验手段，产生 1640 个数据集。分为在 3D 维度下基因组不同部分之间相互作用、染色质结构（染色质开放和组蛋白修饰）、DNA-蛋白质相互作用、DNA 甲基化、转录、基因表达和 RNA-蛋白质相互作用等 7 个目录。确定了甲基化和组蛋白修饰与染色质结构的相关性；明确染色质结构改变能影响基因表达；分析了大量转录因子及其转录结合位点，构建多层次的转录因子的调控网络；更新了假基因和非编码 RNA 的数据库，阐明假基因（pseudogene）、长链非编码 RNA、miRNA 等参与调控过程；确定 SNP 参与表达调控，并且与疾病相关。2012～2017 年是第三个阶段，这个阶段的研究任务扩展到对细胞和组织库的 RNA 转录、染色质结构和修饰、DNA 甲基化、染色质环化及转录因子和 RNA 结合蛋白的占用率的分析。目前正在进行的 ENCODE 第四个阶段，将扩大分析细胞类型和组织以及解析更多转录因子和 RNA 结合蛋白的结合区域，在单细胞水平上进行转录物组捕获技术和开放染色质分析，提高对不同组织和样本的细胞异质性的理解。

第二节　转录物组学

广义转录物组（transcriptome）是指某一时间特定细胞内所有基因转录而来的 RNA 总称，包括 mRNA 和非编码 RNA 在内的转录本，但更多时候转录物组特指 mRNA，非编码 RNA 则被专门归于 RNA 组（RNome）。细胞的功能从基因的表达开始，因此转录物组是联系基因组及其功能之间的纽带。不同组织或细胞处于不同的体内外环境、不同的发育阶段及不同的生理或病理状态时，基因表达模式会随之不同，是动态变化的，转录物组学利用高通量测序技术，如 RNA 测序技术及基因芯片技术等研究不同状态下的基因表达量的变化，可以更深入地认识转录活性与疾病的关系。

一、转录物组学的概念和常用技术

转录物组学（transcriptomics）是在整体水平上研究细胞内编码基因转录及转录调控规律的科学。转录物组学研究 mRNA 表达及功能，是功能基因组学的组成部分。常用技术包括基因芯片技术（gene chip technology）——微阵列，基因表达系列分析（SAGE）技术、大规模平行测序技术和 RNA 测序技术。

1. 大规模平行测序技术（massively parallel signature sequencing，MPSS）　MPSS 是检测和定量 mRNA 丰度的高通量检测技术，是功能基因组研究的有效工具，能在短时间内检测组织或细胞内全部基因的表达特征。MPSS 过程包括提取 mRNA，逆转录生成 cDNA，连入带有不同 tag 的载体中，通过载体上的侧翼序列设计引物，PCR 扩增出带有不同 tag 的 cDNA 片段，与已连接有 anti-tag 的微球相连，然后对微球上的 cDNA 进行测序，读出 17 个碱基长度片段（signature），计算其在样品中的频率（代表了该 mRNA 的丰度）。MPSS 标签序列比 SAGE 标签（14 个碱基）长，因而在后期序列比对时更准确；而且 MPSS 可以获得超过百万计的标签序列，相比 SAGE 技术更省时省力，也能获得更多的数据，有利于深度分析。

2.RNA 测序技术（RNA-sequencing，RNA-Seq） RNA-Seq 也称为全转录物组鸟枪测序（whole-transcriptome shotgun sequencing），RNA-Seq 可以直接对大多数生物体的转录物组进行分析，也可以对等位基因的特定表达、融合基因表达、非编码基因、RNA 增强子、可变剪切体等进行检测，并且不需要预先知道目标物种的基因信息。其主要过程是将提取的 RNA，经过 oligo（dT）或者随机引物逆转录生成 cDNA，利用 DNA 酶 I 将 cDNA 切为随机大小的片段，进行末端补齐并在末端加入衔接子（adaptor），然后 PCR 扩增，最后进行测序，获得大量的短序列（short read）。如果是已知基因，可以用参考序列（reference）进行拼接定位；如果是未知基因，可以进行从头组装拼接。RNA-Seq 的优点是：①分辨率高，可以检测单个碱基差异、基因家族中相似基因及可变剪接造成的不同转录本的表达；②具有很高的信噪比，可重复性好，不同实验室间的数据也能进行比较；③灵敏度高，能够检测细胞中少至几个拷贝的稀有转录本；④不需知道物种基因信息，即可直接对任何物种进行转录物组分析。

二、RNA 组学

RNA 组学（RNomics）是从全基因组范围研究细胞中非编码 RNA 结构与功能的科学。人类基因组中 98% 的基因不编码蛋白质，但是目前已研究分析的基因组却显示至少有 93% 的基因发生了转录。这表明有大量的非编码 RNA（non-coding RNA，ncRNA）产生。ncRNA 除包括 tRNA、rRNA、snRNA、snoRNA 外，还包括了多种调控性非编码 RNA（详见第二章第三节）。非编码 RNA 在基因的转录和翻译、细胞分化和个体发育、遗传和表观遗传等生命活动中，发挥重要调控作用，形成了细胞高度复杂的 RNA 网络。RNA 组学主要研究内容：①非编码 RNA 的系统识别与鉴定；②细胞分化和发育中 miRNA 的结构与功能；③表观遗传中的 RNA 调控；④ RNA 与疾病发生；⑤ mRNA 可变剪接的调控；⑥非编码 RNA 基因资源与 RNA 技术及其应用。

RNA 组学研究将揭示由 RNA 介导的遗传信息表达调控网络，为人类疾病的研究和治疗提供新的技术和思路。

第三节　蛋白质组学

蛋白质组（proteome）包括全部基因表达的全部蛋白质及其存在方式，是一个基因组、一个细胞或组织所表达的全部蛋白质成分。蛋白质组学（proteomics）从整体水平分析细胞内动态变化的蛋白质组成、表达水平与修饰状态，了解蛋白质之间的相互作用与联系，提示蛋白质的功能与细胞的活动规律。

基因组基本上是固定不变的，蛋白质组则是动态的，具有时空性和可调节性，蛋白质组的研究能反映出特定基因的表达时间、表达量，并为已测序的基因提供诸如亚细胞定位、细胞和组织的分布、产物的修饰等相关信息，所以蛋白质组学是基因组 DNA 序列和基因功能之间的桥梁，有助于对基因组更深一步地了解并进一步阐明基因的功能，从这个角度来讲，蛋白质组学也是功能基因组学的重要组成部分。

一、蛋白质组学的概念

蛋白质组学是在整体蛋白质水平阐明生物体全部蛋白质的表达模式及功能模式，包括鉴定蛋白质表达、存在方式（修饰形式）、结构、功能和相互作用方式等的科学。蛋白质组学的研究主要分为两个方面：即蛋白质表达模式（或蛋白质组成）研究；蛋白质功能模式（目前集中在蛋白质相互作用网络关系）研究。

1. 表达蛋白质组学（expressional proteomics）　主要是研究蛋白质表达模式、定量研究蛋白质表达水平、蛋白质氨基酸序列分析及空间结构的解析，比较、分析在不同的生理或病理条件下，蛋白质组所发生的变化，如蛋白质表达量的变化、翻译后修饰的类型和程度、蛋白质在亚细胞水平上定位的改变。表达蛋白质组学是蛋白质组学研究的基础。

2. 功能蛋白质组学（functional proteomics）　是蛋白质组学研究的终极目标，主要研究细胞内蛋白质的功能及蛋白质之间的相互作用，如分子和亚基的聚合、分子识别、分子自组装、多酶复合体等。

二、蛋白质组学研究的常用技术

蛋白质组分析主要涉及蛋白质的分离定量、蛋白质的鉴定和蛋白质相互作用等几个方面。蛋白质分离方法主要包括电泳（双向凝胶电泳、毛细管电泳等）和液相色谱技术（高效液相色谱、二维液相色谱）。蛋白质鉴定主要包括双向凝胶电泳技术、质谱鉴定技术和计算机图像数据处理与蛋白质组数据库。研究路线按分离方法的不同分为：①基于凝胶电泳分离技术体系，先利用聚丙烯酰胺凝胶电泳进行一维或二维分离，将蛋白质条带或点切下进行胶内酶解，再利用质谱鉴定；②基于液相色谱分离的鸟枪法，先进行蛋白质酶解，经色谱分离，用串联质谱进行肽段分析，最后根据质谱图检索。

蛋白质相互作用研究涉及的技术包括酵母双杂交系统、噬菌体展示技术、表面等离子共振技术、蛋白质芯片技术等。

1. 双向凝胶电泳（two-dimensional gel electrophoresis，2-DE）　是比较经典和成熟的蛋白质分离的方法。基于蛋白质的等电点和分子量的差异而将大量的蛋白质分离。但是 2-DE 技术在分离过大或过小的蛋白质、强碱性蛋白质和疏水性蛋白质时效果不佳，而且无法定量蛋白质表达变化。

2. 生物质谱（biological mass spectrometry，BMS）　具有高灵敏度、准确、高通量、自动化等特点而成为蛋白质组学研究的重要技术。质谱的基本原理：带电粒子在磁场中运动的速度和轨迹依粒子的质量与携带电荷比的不同而变化，从而可以据此来判断粒子的质量及特性。当蛋白质分子离子化后，就可以利用质谱进行鉴定。根据蛋白质酶解后得到的肽质量指纹谱（peptide mass fingerprinting，PMF）、肽序列标签（peptide sequence tag，PST）去检索蛋白质库。

肽质量指纹谱法，用特异性的酶解或化学水解的方法将蛋白质切成小片段，通过单级质谱检测混合物中多肽的分子量，然后在相应数据库中搜索，寻找相似肽指纹谱，绘制出"肽图"。肽质量指纹谱法适用于一种蛋白质或者简单混合物的测定。当存在部分酶解、残基修饰或者蛋白质翻译后可变修饰引起的多肽离子质量迁移时将影响搜索结果，使其应用受到一定限制。

基于串联质谱的肽序列标签法是蛋白质酶解后经高压液相色谱进行分离，离子化后进入质谱仪，经计算机计算选择并隔离肽段进入下一轮的诱导碰撞断裂，再经过质谱检测获得多肽数据。最后通过数据库搜索比对，将肽序列组装，最终获得蛋白质序列。

3. 酵母双杂交系统（yeast two-hybrid system）　是研究蛋白质相互作用的常用技术。这种技术可用于大规模筛查蛋白质之间是否有相互作用，且具有易于自动化、高通量等特点，但存在假阳性和假阴性的现象。

4. 生物信息学方法　蛋白质组研究的全过程均离不开生物信息学分析。蛋白质组学研究中产生的大量数据，必须借助生物信息学方法进行分析和发布。一些主要的数据库有 SWISS-PROT、TrEMBL、PIR 等，另外还有一些二维胶的数据库和蛋白质相互作用的数据库等。

第四节　代谢组学

代谢组学（metabolomics）是继基因组学、转录物组学和蛋白质组学之后兴起的系统生物学的一个新的分支，研究生物体系受刺激后，代谢产物图谱及其动态变化规律。代谢组学可以定量描述生物内源性代谢物质的整体及其对内因和外因变化的应答。代谢组学已广泛地应用于药物毒性和机制研究、疾病诊断和动物模型、基因功能研究等领域。

一、代谢组学的概念

代谢组学主要以生物系统中分子量在 1kDa 以下的代谢产物（如各种代谢过程中的小分子底物、中间产物和终产物）为分析对象，以高通量、高灵敏度、高分辨率的现代仪器分析方法为手段，结合模式识别等化学计量学方法，分析生物体系受刺激或干扰后其代谢产物的变化及其规律。根据研究对象不同，分为四个层次：①代谢物靶标的分析（metabolite target analysis），对某个或几个特定组分的分析；②代谢谱分析（metabolic profiling analysis），对少数预设的一些代谢产物的定量分析；③代谢组学分析（metabonomic analysis），限定条件下的特定生物样品中所有代谢组分的定性和定量分析；④代谢指纹分析（metabolic fingerprinting analysis），不分离鉴定具体单一组分，而是对样品进行快速分类。

代谢组学研究一般包括代谢组数据的采集、数据预处理、多变量数据分析、标志物识别和途径分析等步骤。生物样品（如尿液、血液、组织、细胞和培养液等）采集后进行生物反应灭活、预处理，需要尽可能多地保留和反映总的代谢产物信息。运用核磁共振、质谱或色谱等技术检测其中代谢物的种类、含量、状态及其变化，得到代谢谱或代谢指纹，而后使用多变量数据分析方法，对获得的多维复杂数据进行降维和信息挖掘，并研究相关代谢物涉及的代谢途径和变化规律，阐述生物体对相应刺激的响应机制，发现生物标志物。

代谢组学具有以下优点：①基因和蛋白质表达的微小变化会在代谢物水平得到放大；②代谢组学的研究不需进行全基因组测序或建立大量表达序列标签的数据库；③代谢物的种类远少于基因和蛋白质的数目；④代谢产物具有通用性，因为代谢产物在各个生物体系中都是类似的，所以代谢组学研究中采用的技术更通用；⑤生物体液的代谢物分析可反映机体系统的生理和病理状态。

二、代谢组学的常用技术

代谢组学常用技术包括核磁共振、质谱、色谱质谱联用技术等。代谢组学研究的后期需借助于生物信息学平台进行数据的分析和解释，解读数据中蕴藏的生物学意义，最常用的是主成分分析法和偏最小二乘法。

1. 核磁共振技术（nuclear magnetic resonance technique，NMR 技术）　　NMR 技术是当前代谢组学研究中的主要技术之一，常用的是氢谱（^{1}H-NMR）、碳谱（^{13}C-NMR）和磷谱（^{31}P-NMR）。NMR 技术对样本无破坏性、非侵入性，可以进行活体和原位研究，但是该技术灵敏度低，分辨率低，不能很好地分析低丰度的代谢物。

2. 色谱-质谱联用技术　　是代谢组学中重要的分析方法，具有较高的灵敏度和分离效率。该技术包括气相色谱质谱联用（GC-MS）和液相色谱-质谱联用（LC-MS），前者适宜分析小分子、热稳定、易挥发、能气化的化合物；而后者分析更高极性、更高分子量及热稳定性差的化合物。

3. 代谢组学数据分析策略　　代谢组学分析产生的海量数据，需要运用化学计量学理论和多元统计分析方法，对采集的原始信息进行压缩降维和归类分析，从中挖掘有用信息。解决复杂体系中归类问题和标志物鉴别的主要手段是模式识别，目前常用的方法一般可分为非监督法（unsupervised）和监督法（supervised）两类。非监督法不需要有关样品分类的任何背景信息，分析结果只基于所测定数据，如主成分分析（principal component analysis，PCA）、非线性映射（non-linear mapping，NLM）、层次聚类分析（hierarchical clustering analysis，HCA）等，但当样品内部随机误差较大、样品之间真实差异不明显时，则无法找出真实差异。而监督分析将样品按照组别进行分类，滤除随机差异，找出每组样品的特点、区分各组间的差异，由已知数据建立基本模型来预测未知样品的类别，可应用于临床疾病诊断和发现生物标志物。常用监督分析法有偏最小二乘法-判别分析（PLS-DA）、神经网络（NN）分析等。

第五节　其他组学

随着分子生物学的不断发展，生命科学的研究进入组学时代，沿着遗传信息流动方向，依次出现了基因组学、转录物组学、蛋白质组学、代谢组学。目前糖分子已被视为生物信息分子，因此糖组学研究应运而生。脂质组学是代谢组学的分支。

一、糖　组　学

聚糖被认为是继核酸和蛋白质之后第三类生物信息大分子，在细胞内参与多种生物学过程，如修饰蛋白质、脂类的结构及调控其功能；参与免疫应答、感染和癌症等过程中的细胞识别、信号转导。糖组学的产生是基因组学和蛋白质组学研究的必然结果，形成基因组-蛋白质组-糖组共同发展的研究模式。

（一）糖组学的概念和研究内容

糖组（glycome）是生物体中所有聚糖分子（包括糖蛋白、糖脂、蛋白聚糖和糖基磷脂酰肌醇中的聚糖）以及糖结合分子的全部集合。糖组学（glycomics）是研究生物体中所有糖类及糖结合分子的结构和功能及其合成和调控的一门新兴科学。糖组学主要关注聚糖。主要研究策略包括：分析单物种生物所产生的所有聚糖；以糖肽为研究对象确认编码糖蛋白的基因；结合有效的理化和生化性质，研究糖肽的特征性质。糖组学研究主要解决四方面问题：①基因编码糖蛋白，即基因信息；②可能糖基化位点中实际被糖基化的位点，即糖基化位点信息；③聚糖结构，即结构信息；④糖基化功能，即功能信息。

（二）糖组学研究的常用技术

糖组学研究技术包括糖蛋白分离和富集技术及鉴定技术。糖蛋白和聚糖分离策略主要有凝集素亲和色谱"糖捕获"方法、多维色谱分离法。糖组学鉴定技术主要是应用串联质谱和糖微阵列技术。

1. "糖捕获"技术　糖捕捉法（glyco-catch）在糖组学研究中已被用于糖蛋白的系统分析，通过与蛋白质组数据库结合使用，这种方法能够系统地鉴定可能的糖蛋白和糖基化位点。具体策略如下：①植物凝集素亲和柱 1 捕获一组糖蛋白；②糖蛋白被蛋白酶彻底水解；③水解产物再经植物凝集素亲和柱 2 捕获糖肽；④用 N-寡聚糖糖肽酶消化，释放肽链和糖链；⑤肽链和糖链分别经过 HPLC/MS 高效液相色谱/质谱联用分离和鉴定；⑥获得肽链和糖链分子质量；⑦分析蛋白质序列并查询数据库获得相关遗传信息；⑧分析聚糖结构获得糖基化信息（图 21-1）。使用不同的植物凝集素柱进行第二次和第三次循环，捕获其他类型的糖肽，对某个细胞和机体进行较全面的糖组学研究。

2. 糖微阵列技术　是生物芯片一种。

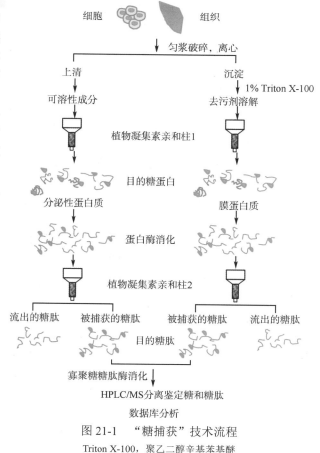

图 21-1　"糖捕获"技术流程

Triton X-100，聚乙二醇辛基苯基醚根据展示在芯片上糖的特征，糖芯片可分为单糖芯片、寡糖芯片、多糖芯片和复合式芯片。根据用途可分为功能糖组学芯片和药物糖组学芯片。前者可用来寻找生物学途径的新线索，后者则可用来筛选新的药物靶标。糖芯片具有高容量，能在芯片表面展示大量的糖；具有高敏感性，它所需要糖的点样量远少于传统试验需要的量，稳定性好。

3. 生物信息学方法　糖蛋白糖链研究的信息处理、归纳分析及糖链结构检索都要借助生物信息学来进行。CFG、KEGG 和 CCSD 等是糖蛋白糖链结构研究常用资源，比如利用 CFG 可以查找糖链亚结构、分子量和组成等参数；而 CCSD 收集的主要是糖链结构数据，用于糖谱的构建和糖链结构查询。目前，借助生物信息学构建的标准糖谱已成为糖链结构鉴定的主要工具。

二、脂质组学

脂质在体内具有重要功能，不仅参与能量转换、物质运输、信息识别与传递、细胞发育和分化及细胞凋亡等，而且脂质的异常代谢还与动脉硬化症、糖尿病、肥胖症、阿尔茨海默病及肿瘤发生发展密切相关。脂质组学（lipidomics）是对生物体、组织或细胞中的脂质及与其相互作用的分子进行全面系统的分析和鉴定，了解脂质的结构和功能，进而揭示脂质代谢与细胞、器官乃至机体的生理、病理过程之间的关系，是代谢组学的一个分支。

（一）脂质组学的研究内容

脂质组学研究主要包括三方面：脂质及其代谢物分析鉴定；脂质功能与代谢调控（包括关键基因/蛋白质/酶）；脂质代谢途径及网络。脂质功能与代谢调控的研究是在细胞水平或结合动物整体水平，研究不同情况下脂质及与代谢调控相关的关键蛋白质复合物的组成和动态变化规律以及脂质功能与代谢调控相关的关键蛋白质功能调控和重要信号转导途径。脂质代谢途径及网络研究是在脂质功能与代谢调控的认知基础上，整合基因组学、蛋白质组学、代谢组学的研究结果，尝试建立不同条件下脂质的代谢途径，从而不断完善生命体复杂脂质代谢途径及网络研究的绘制。

（二）脂质组学的常用技术

脂质组学研究的技术主要包括脂质的提取和分离、分析鉴定及相应的生物信息学技术。

1. 脂质提取和分离　脂质存在于细胞、血浆、组织等样品中。由于脂质物质不溶于水，所以脂质采用氯仿、甲醇和水的混合液、甲基叔丁基醚或者固相萃取方法进行提取，然后应用吸附色谱法进行分离，目前多采用液相层析和质谱联用进行分离。

2. 脂质鉴定　生物质谱技术是目前脂质组学研究的核心工具。基于质谱技术的脂质分析策略主要包括色谱-质谱联用技术和鸟枪脂质组学（shotgun lipidomics）技术。鸟枪脂质组学技术利用常规生物样本脂类提取方法来提取标本，在质谱离子源内，不同脂质分子具有不同的电荷特性，可进行初步分离，然后再利用多维质谱，通过多维阵列计算分析，对目的脂质分子进行定性及定量分析。

3. 生物信息学分析　脂质组学的数据分析同样离不开生物信息学技术。脂质组学的数据库包括 LIPID MAPS、Lipid Bank、Cyber Lipids（http://www.cyberlipid.org）等。LIPID MAPS 数据库不仅包含了脂质的综合分类方式，还包括脂质分子的结构信息和脂质相关的蛋白质序列信息、脂质的一级质谱和二级质谱的片段信息。

（三）脂质组学的研究意义

脂质组学的发展有助于代谢疾病的检测、脂质生物标志物的发现、药物靶点的鉴定及新药的研发。脂质代谢异常与诸多疾病相关，因此脂质及其代谢物变化可以作为健康或疾病状态的指征。通过目标脂质分析、脂质谱分析和综合脂质谱分析等方法，寻找与疾病相关的脂质生物标志物。例如，有研究发现鞘氨醇激酶的过表达导致小鼠体内细胞转化和肿瘤形成，而 1-磷酸鞘氨醇与血管表皮生长因子（VEGF）相互作用促进血管生成，因此，鞘脂类脂质的合成和代谢通路可作为一些癌症治疗的新靶点。生物功能相关的酶类或蛋白质通常通过对脂质极性或非极性部位的识别与脂质发生相互作用，将脂质结构信息通过结构变换和修饰等方式合成新的化学成分，靶向与脂质相互作用的酶类或蛋白质，也是脂质组学在先导化合物研究的一个重要应用。

第六节　组学在医学中的应用

随着后基因组时代的到来，一系列组学应运而生，如疾病基因组学、药物基因组学、蛋白质组学、代谢组学等，各种组学其实是从不同的层次和角度，高通量地研究机体或者细胞整体水平的物质变化规律，这种整体的、相互联系的研究策略将改变人们现有的对疾病认识、治疗和预防的模式（图21-2）。各种组学之间相互联系，在不同的层次上探索基因型和表型之间的关系，揭示生命和疾病的发生发展的分子机制、提供治疗的靶点。

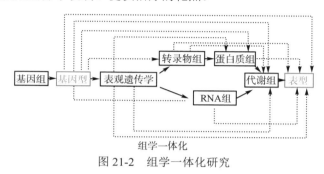

图 21-2　组学一体化研究

一、疾病基因组学的应用

目前普遍认为人类已有6000多种疾病是单基因遗传病，另外还有多种危害人群健康的多基因疾病（如肿瘤、心血管病、代谢性疾病、神经精神疾病、免疫性疾病等），对它们致病基因及相关基因的定位、克隆和鉴定以及这些基因与环境因素相互作用与形成疾病的关系等都亟待研究。

1. 疾病基因组学的概念和研究内容　HGP图谱完成后，利用定位克隆（positional cloning）技术又发现了一大批重要疾病相关基因，为这些疾病的基因诊断和基因治疗奠定了基础。疾病基因组学（disease genomics）是鉴别引起疾病的全部基因，按功能将疾病基因及其产物加以分类，揭示人类疾病的分子遗传机制的科学。通过正常基因序列和疾病基因序列对比定位某个疾病位点，从局部序列图中挑选出结构、功能相关的基因（定位候选基因）加以对比分析，进而寻找在分子水平上治疗的准确方法。疾病基因组学是基因组学的分支。

2. 疾病基因组学的应用和常用技术　疾病基因组学能够显示单核苷酸多态性、突变热点、基因组结构变异和群体多态性，可以进行单基因遗传病的基因诊断，复杂疾病如糖尿病、肥胖症等易感基因寻找，肿瘤易感位点或基因的检测及产前遗传疾病的诊断。

疾病基因组学通过高通量测序技术及外显子组测序、全基因组重测序和目标基因组区域测序进行疾病的研究。外显子组测序是利用序列捕获技术将全基因组外显子区域DNA捕捉并富集后进行高通量测序。约85%的人类遗传变异集中在蛋白质编码区，因此对全部的蛋白质编码区（外显子组）进行重测序，可以快速、有效地鉴定人类疾病遗传变异，外显子组测序成为现阶段在基因组水平上发现疾病致病基因和易感位点的有效手段，尤其对研究已知的单基因疾病具有较大的优势。

全基因组重测序是对已知基因组序列的物种进行不同个体的全基因组测序，然后运用生物信息学分析手段对序列进行拼接、组装，从而获得该个体的基因组图谱；或者对同一个体的不同组织（如癌和癌旁）进行测序，分析体细胞突变。通过基因组水平的研究，能够发现包括单核苷酸多态性、插入与缺失、基因组结构变异及拷贝数变化等在内的疾病特异性突变，以及包括DNA甲基化在内的表观遗传学的调控机制。目前在单基因病及癌症的研究中应用广泛。

目标区域捕获测序是利用针对感兴趣的基因组区域定制的探针与基因组 DNA 进行芯片杂交或溶液杂交，将目标基因区域 DNA 富集后，再利用高通量测序技术进行测序的研究策略。适合在全基因组筛选的基础上对特定基因或区域进行更深一层的研究，如在复杂疾病研究中，在全基因组关联分析（GWAS）基础上，利用目标区域测序可以加快后期变异位点的验证速度，有助于疾病的诊断及药物靶点的筛选。

3. 癌症基因组图谱计划　癌症基因组图谱（The Cancer Genome Atlas，TCGA）计划是由美国国家癌症研究所（NCI）和国家人类基因组研究所（NHGRI）于 2005 年开始，TCGA 计划的目的是通过大样本研究，将人类肿瘤进行分类并找出引起肿瘤的主要基因变异，提高肿瘤的预防、检测和治疗能力。至 2018 年已对超过 11 000 例患者（覆盖 33 种癌症）的基因组和临床资料进行搜集。数据收集着重在基因表达、单核苷酸多态性、miRNA、拷贝数变异、DNA 甲基化和体细胞突变等方面。例如，脑恶性胶质瘤是 TCGA 第一个研究项目，总共分析了 206 位脑恶性胶质瘤患者的肿瘤样本，通过基因拷贝数、基因表达和 DNA 甲基化的研究，发现几乎 1/2 的样本中存在 *RB*（66%）、*P53*（70%）和 *RTK/RAS/PI3K*（59%）异常，因此未来可以探索 CDK 抑制剂、PI3K 抑制剂、PDK1 抑制剂和抗 RTK 制剂等应用，为治疗提供新靶点。在另一项研究中，利用 DNA 拷贝数和体细胞突变差异将恶性胶质瘤分为 4 个亚型：经典型（classical）、间质型（mesenchymal）、原神经型（proneural）和神经型（neural）。经典型为 *EGFR* 高表达，间质型是 *NF1*（Ⅰ性神经纤维瘤基因）高表达，原神经型是 *PDGFRA* 和 *IDH1*（异柠檬酸脱氢酶 1 基因）高表达。联合化疗和放疗对经典型和间充质型肿瘤效果最好，原神经型次之，而对神经型肿瘤无效。TCGA 计划可以提供新的诊断标志物分子、新的治疗靶点、新的肿瘤分型，这些都有助于寻找新的药物，实施肿瘤的个体化治疗。

二、药物基因组学的应用

药物基因组学（pharmacogenomics）是研究遗传因素（基因型）与药物反应相互关系，以提高药物的疗效及安全性为目标，研究影响药物吸收、转运、代谢、消除等个体差异的基因特性，以及基因变异所致的不同患者对药物的不同反应，并由此开发新的药物和用药方法的科学。药物基因组学也是基因组学的分支。

1. 药物基因组学与个体化治疗　药物基因组学可以指导个性化治疗，进行药物发现，寻找新的药物靶点和先导化合物；指导合理用药，提高用药的安全性和有效性，避免不良反应，减少药物治疗的费用和风险。

有 15%～30% 的个体对药物代谢和反应差异是由基因决定的，药物基因组学就是研究不同个体的药物反应（主要指药效与毒性）差异与 DNA 多态性的关系，通过 DNA 序列差异的分析，从基因组水平上深入认识疾病及药物作用的个体差异的机制，指导和优化临床用药。通过对患者个体的基因型（genotype）的识别来预测药物反应的表型（phenotype），从而达到个性化治疗的目的，新的疾病基因的发现将会提供新的药物靶点。

2. 药物基因组学的研究内容　药物基因组学以基因多态性为基础，基因多态性指群体中正常个体的基因在相同位置上存在差别（如单碱基差别，或单基因、多基因及重复序列数目的差别），这种差别出现的频率大于 1%。药物基因组学研究药物效应的个体间差异，包括药物效应的基因型预测，在分子水平上证明和阐述药物疗效、药物作用的靶位、作用模式和毒副作用。但是，需要明确的是个体对药物反应和毒性上作用机制非常复杂，药物反应的表型常常是由多基因因素及非基因因素共同决定的过程。即使某一个基因能够对药动学或者药效学产生较大影响，该基因上存在的单核苷酸多态性（SNP）也只能判断患者个体可能会显示出不同的药物反应。

3. 药物基因组学研究的主要策略　药物基因组学不是以发现新的基因和探索疾病的发生机制为主要目的，而是以探讨药物作用的遗传分布，确定药物作用靶点来满足临床上最佳的药物效应及安全性为目标。药物基因组学除了研究遗传多样性引起对药物或有毒物质反应的差异外，还研究基因多样性与药效的关系，以及个体差异与同种药物不同作用靶点的关系等。药物基因组学研究策略可分为 3 个阶段：首先是选择药物起效、活化、排泄等过程相关的候选基因，寻找等位缺失以及造成的生物学后果，确定基因对药物效应的多态性；其次是借助现有的药理学、生物化学、遗传学及基因组学的技术，其中特别需要高效的基因变异检测等技术，同时进行更多候选基因的研究；最后是进行基因组水平的关联分析。

　　4. 药物基因组学与精准医学　药物基因组学的发展是实现个体化治疗的关键。目前提出的精准医学（precision medicine）的概念，更是强化了"个体"的特异性对治疗选择的重要作用。精准医学一词首先在 2011 年美国国立研究委员会发布的《迈向精准医学：建立一个生物医学知识网络和一个新疾病分类法框架》一文中明确提出。精准医学是根据每个个体的生物信息不同，为其个人定制预防、治疗和护理方案。2015 年美国政府提出"精准医学计划"（Precision Medicine Initiative，PMI）。2016 年，我国开始启动"中国精准医学"项目，有 61 个项目立项。我国精准医学分为两个阶段：2016～2020 年，组织实施"中国精准医学"科技重点专项，重点开展恶性肿瘤、高血压、糖尿病、出生缺陷和罕见病的精准防治治疗；加强创新能力、监管法规、保障体系建设；2021～2030 年，组织实施"中国精准医学"科技重大专项，在已建立研究体系基础上，扩展到其他重要疾病领域。精准医学是多组学研究成果的结晶，药物基因组学是实现药物精准治疗的基础，可为患者个体化治疗提供治疗靶点、精准治疗剂量等。例如，应用靶向程序性死亡-1（programmed death-1，PD-1）的单抗治疗晚期非小细胞肺癌时，有 17%～21% 的患者具有耐受性，经过全基因组外显子测序发现，抗 PD-1 治疗有效的患者存在高非同义突变，相反，耐受抗 PD-1 治疗的患者非同义突变低，这就为非小细胞肺癌患者是否选择抗 PD-1 治疗提供了依据。

三、蛋白质组学的应用

　　机体蛋白质的表达水平和结构的改变与疾病或药物作用直接相关。通过疾病和正常样本之间的比较，可以了解细胞或组织中蛋白质整体水平的变化情况，更好地阐述发病机制，发现与疾病特异性相关的生物标志物、鉴定疾病药物靶标蛋白，有利于疾病诊断和治疗。因此，蛋白质组学在临床研究中的应用可分为两个方面：一方面是发现新的疾病标志物，如对癌症、心脑血管、感染性疾病等多种疾病，已采用比较蛋白质组的研究方法，发现疾病不同时期的蛋白质标志物；另一方面是发现治疗疾病的药物靶标。蛋白质组学在药物开发领域有广阔的应用前景，不但能证实已有的药物靶点，进一步阐明药物作用的机制；还能发现新的药物作用位点和受体，并进行药物毒理学分析及药物代谢产物的研究。

　　1. 寻找药物作用新靶点　在蛋白质组学的基础上系统研究药物与细胞内蛋白质的相互作用，借以发现药物的作用靶点，研究药物作用模式及毒副作用。筛选出疾病特异性蛋白质，作为挑选有效药物的依据，预测药物疗效，进而实现药物个体化治疗。

　　例如，目前常用的抗癌化疗药物多具有严重的毒副反应和耐药性，同时常伴有相应蛋白质的变化。因此，研究有毒副反应和耐药性的蛋白质，就能以这些蛋白质作为靶点，研究其变化的机制并设计既可避免毒副反应和耐药性，又有更强针对性的新药。

　　蛋白质组学在药物评价、药动学研究方面也有很好的应用。通过比较健康状态与疾病状态的细胞或组织蛋白质表达，可用于药物或药物受体的研究，或药物治疗前后蛋白质表达状况的分析，以评价药物类似物的结构与活性关系，寻找高活性药物；还可用于药物毒性的研究，比较正常组织和用已知毒性试剂处理的组织的蛋白质组表达情况，可明确药物的毒性及活性。

　　2. 寻找针对耐药菌的新抗生素　抗感染药物的耐药性问题日益严重，可从蛋白质水平阐明耐药机制，设计并筛选抗耐药菌的药物。例如，通过研究万古霉素耐药的金黄色葡萄球菌，发现催化细胞壁肽聚糖生物合成或代谢的肽聚糖水解酶，青霉素结合蛋白 2 和 D-Ala-D-Ala 连接酶表达显著上调，提示耐药菌中酶的表达和活性改变与细胞壁中肽聚糖结构改变有关，是导致菌株对万古霉素高度耐药的主要原因。因而利用比较蛋白质组学筛选耐药细菌中有差异表达的蛋白质，确定其中在耐药发生过程中起关键作用的蛋白质，可以为药物设计提供新靶点并筛选出有效的治疗药物。

四、代谢组学的应用

代谢组学在药物开发、药物毒性与机制研究和临床诊断中得到广泛应用。

1. 新药物筛选和疗效及毒性的评价　代谢组学方法可应用于药物筛选、药物毒理、药理和临床评价等诸多方面。基因组学和蛋白质组学等新技术的应用，发展并推进了药物作用靶位或受体的发现和鉴别。但是新药的作用最终必须在动物模型整体水平和疾病模型上予以证实，才能将其转化为候选化合物进入开发研究。代谢组学研究可以区别不同种属、不同品系动物模型的代谢状态，鉴别与人体疾病状态的差异，寻找与人类疾病、药效和毒性相似的适宜动物模型。通过代谢指纹图谱比较，研究药物作用引起的内源性代谢物变化，对药物疗效和毒性进行评价，并对个体的药物反应表型进行预测以实现未来个性化治疗。新药毒性筛选在代谢组学应用中最具产业意义。新的毒性标志物或毒性代谢模式的发现，特别是毒性早期征兆代谢组的发现，有可能产生新的毒性筛选方法，对降低新药研发成本有重要的意义，具有巨大的市场价值。

在药物毒理代谢组学的研究方面规模最大、投资最多且最有影响的是国际 COMET（Consortium for Metabonomic Toxicology，代谢组学毒性联合）计划，由英国帝国理工学院尼科尔森（Nicholson）研究组牵头进行，用核磁共振技术分析了毒素对啮齿动物模型的尿液、血液和部分组织代谢组的影响，他们对约 150 种标准毒素进行了代谢组学研究，证明了代谢组学方法在药物毒理研究的可行性、可靠性和稳定性，证明了核磁共振方法在不同实验室的高度重现性，发展产生了一批新的代谢组学研究新方法，而且建成了第一个大鼠肝和肾毒性的计算机预测的专家系统。

2. 发现新的生物标志物，辅助疾病诊断　疾病的病理变化往往导致机体基础代谢产生相应改变，对由疾病引起的代谢产物的变化进行分析，找到与疾病密切相关的新的生物标志物，实现辅助临床疾病诊断的目的。

例如，利用代谢组学的研究方法寻找急性心肌缺血的新的生物标志物，有研究组比较分析了两组患者血浆中代谢物的变化（其中一组为经运动引起心肌缺血-实验组）。运动诱导后立即检测两组患者血样本，在实验组中三羧酸循环和鸟氨酸（尿素）循环中的 6 个代谢产物如氨基丁酸、草酰乙酸、瓜氨酸等显著降低，4 小时后恢复正常，因而有可能作为急性心肌缺血的生物监测标志。

小　　结

组学从生物分子的群体水平探讨生命和疾病的发生发展过程及其规律，按照遗传信息传递链的方向，依次从 DNA、RNA、蛋白质、代谢物水平研究结构和功能及它们之间的联系，在不同层次研究疾病发生发展的机制，提供治疗靶点和未来个体化治疗方案。因此产生了基因组学、转录物组学、蛋白质组学和代谢组学等，并进一步在各组学内按照研究目的的不同衍生新的亚类，如基因组学中的疾病基因组学、药物基因组学等，代谢组学的分支脂质组学。

基因组学阐明基因组结构、结构与功能的关系及基因与基因之间的相互作用。人类基因组计划主要完成了人类全基因组序列解析，为进一步解析基因产物的结构奠定基础。疾病基因组学鉴别引起疾病的全部基因，通过研究基因单核苷酸多态性、突变热点、基因组结构变异和群体多态性等，进行疾病的基因诊断，尤其是单基因疾病和产前遗传疾病的诊断。药物基因组学主要研究遗传因素（基因型）与药物反应相互关系，指导个性化治疗，进行药物发现，寻找新的药物靶点。转录物组学在整体水平上研究细胞编码基因转录情况及转录调控规律，是联系基因组及其功能之间的纽带。RNA 组学是从全基因组范围研究细胞中非编码 RNA 结构与功能的科学。

　　蛋白质组学阐明生物体全部蛋白质的表达模式及功能模式，包括鉴定蛋白质表达、存在方式（修饰形式）、结构、功能和相互作用方式。蛋白质组学的研究不仅揭示了疾病发生的机制，而且对于疾病诊断和药物作用靶点选择提供了参考。

　　代谢组学分析生物体系受刺激或干扰后其代谢产物的变化及其变化规律，代谢组学研究有助于新药物筛选和疗效、毒性的评价，寻找疾病诊断的生物标志，辅助诊断。

　　组学研究的特点是高通量、大规模，因此离不开实验技术的革新和进步。组学研究常采用高通量测序、生物芯片、色谱、质谱和核磁共振等技术，还需要利用生物信息学方法对获得的大量数据进行分析发布，新技术的不断完善和开发推动着组学研究的快速发展。

（贾竹青）

第二十一章线上内容

第二十二章　常用分子生物学技术

现代医学在解决疾病等临床问题过程中逐渐转变研究方向，向生命和疾病的本质去探究。医学研究从宏观走向微观，从细胞水平发展到分子水平，医学各个学科同时与分子生物学广泛地进行交叉和渗透，形成一些交叉学科，如分子诊断学、分子病理学、分子病毒学、分子药理学等，大大促进了医学的发展。分子生物学技术为医学和生物学各个领域的研究提供了一个强有力的技术平台。

第一节　生物大分子的分离与纯化

生物大分子特别是蛋白质，在组织或细胞中一般都是以复杂的混合物形式存在，每种类型的细胞都含有成千种不同的蛋白质。蛋白质提纯的总目标是设法增加制品纯度或比活性，对纯化的要求是以合理的效率、速度、收率和纯度，将需要蛋白质从细胞的全部其他成分，特别是从不想要的杂蛋白中分离出来，同时仍保留有这种多肽的生物学活性和化学完整性。

由于蛋白质的氨基酸序列和数目不同，连接在多肽主链上氨基酸残基存在电荷正负、极性或非极性、亲水或疏水的差别。此外，多肽可折叠成二级结构（α螺旋、β折叠和各种转角）、三级结构和四级结构，形成不同的大小、形状和表面残基分布状况，因此不同蛋白质的物理、化学和生物学性质有很大差异，可根据待分离蛋白质与其他蛋白质之间存在性质差异设计合理的分离方法。

一、电　　泳

电泳（electrophoresis）法原理是在外电场的作用下带电颗粒的生物大分子在电场中将向着与其所带电荷电性相反的电极泳动。生物大分子在电场中的迁移率取决于它所带的净电荷以及分子大小和形状等因素。各种蛋白质在同一 pH 条件下，因分子量和所带电荷数量不同而导致电场迁移率有所差异，从而可分离和鉴定蛋白质。常用的电泳技术有琼脂糖凝胶电泳（agarose gel electrophoresis）、聚丙烯酰胺凝胶电泳（polyacrylamide gel electrophoresis，PAGE）和等电聚焦（isoelectric focusing，IEF）电泳。

（一）琼脂糖凝胶电泳

琼脂糖凝胶电泳是以琼脂糖凝胶作支持体的电泳方式。天然琼脂（agar）是一种多聚糖，主要由琼脂糖（约占 80%）及琼脂胶组成。琼脂糖是由半乳糖及其衍生物构成的中性物质，不带电荷。琼脂糖作为电泳支持物进行平板电泳，其优点如下：①琼脂糖凝胶电泳操作简单，电泳速度快，样品不需事先处理就可进行电泳；②琼脂糖凝胶结构均匀，近似自由电泳，样品扩散度较自由，对样品吸附极微，因此电泳图谱清晰，分辨率高，重复性好；③琼脂糖透明，无紫外吸收，电泳过程和结果可直接用紫外光灯监测及定量测定。但该技术也有其缺点：①机械强度差，易破碎，浓度不能太低；②易被细菌污染，不易保存，临用前配制；③与 PAGE 相比，分子筛作用小，区带少。

琼脂糖凝胶电泳常用于分离、鉴定核酸，如 DNA 鉴定、DNA 限制性内切酶图谱制作等。由于这种方法操作方便，设备简单，需样品量少，分辨能力高，已成为基因工程研究中常用实验方法之一。

（二）聚丙烯酰胺凝胶电泳

聚丙烯酰胺凝胶是由丙烯酰胺（acrylamide，Acr）和交联剂 N,N'-亚甲基双丙烯酰胺（N,N'-

methylenebis-acrylamide，Bis）在催化剂作用下，聚合交联而成的具有网状立体结构的凝胶，并以此为支持物进行电泳。SDS（十二烷基硫酸钠）是一种阴离子表面活性剂，能打断蛋白质的氢键和疏水键，并按一定的比例和蛋白质分子结合成复合物，使蛋白质带负电荷的量远远超过其本身原有的电荷，掩盖了各种蛋白质分子间天然的电荷差异。因此，各种蛋白质-SDS 复合物在电泳时的迁移率，不再受原有电荷和分子形状的影响，单位时间移动距离仅取决于蛋白质的分子量。这种电泳方法称为 SDS- 聚丙烯酰胺凝胶电泳（SDS-polyacrylamide gel electrophoresis，SDS-PAGE），如图 22-1 所示。

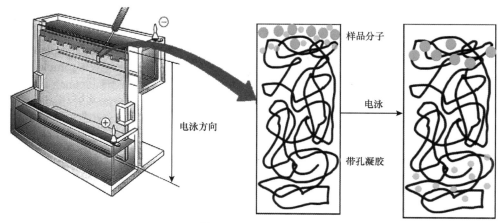

图 22-1　SDS-PAGE

　　由于 SDS-PAGE 可设法将电泳时蛋白质电荷差异这一因素除去或减小到可以略而不计的程度，因此常用来鉴定蛋白质分离样品的纯化程度。如果被鉴定的蛋白质样品很纯，只含有一种具

三级结构的蛋白质或含有相同分子量亚基的具四级结构的蛋白质，那么 SDS-PAGE 后，就只出现一条蛋白质区带。SDS-PAGE 可分为连续系统和不连续系统。所谓"不连续"是指电泳体系由两种或两种以上的缓冲液、pH 和凝胶孔径等所组成。

（三）等电聚焦电泳

　　等电聚焦电泳利用一种两性电解质作为载体，电泳时两性电解质形成一个由正极到负极逐渐增加的 pH 梯度，当带一定电荷的蛋白质在其中泳动时，到达各自等电点的 pH 位置就停止，此法可用于分析和制备各种蛋白质（图 22-2）。

二、透析与超滤

　　透析法是利用半透膜将分子大小不同的蛋白质分开。透析在纯化中极为常用，可除去盐类（脱盐及置换缓冲液）、有机溶剂、低分子量的抑制剂等。透析膜的截留分子量通常为 1～100kDa，在纯化中极为常用，可除去盐类、有机溶剂、低分子量的抑制剂等。

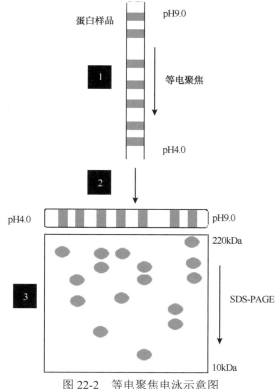

图 22-2　等电聚焦电泳示意图

超滤法是利用高压力或离心力，较高的压强使水和其他小的溶质分子通过半透膜，而蛋白质留在膜上，可选择不同孔径的滤膜截留不同分子量的蛋白质（图 22-3）。

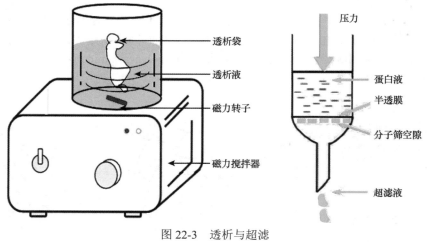

图 22-3　透析与超滤

三、沉　　淀

1.蛋白质的盐析

（1）盐析的原理：中性盐对蛋白质的溶解度有显著影响，一般在低盐浓度下随着盐浓度升高，蛋白质的溶解度增加，此称盐溶；当盐浓度继续升高时，蛋白质的溶解度不同程度下降并先后析出，这种现象称盐析。将大量盐加到蛋白质溶液中，高浓度的盐离子（如硫酸铵的 SO_4^{2-} 和 NH_4^+）有很强的水化力，可夺取蛋白质分子的水化层，使之"失水"，于是蛋白质胶粒凝结并沉淀析出。盐析时若溶液 pH 在蛋白质等电点则效果更好。由于各种蛋白质分子颗粒大小、亲水程度不同，故盐析所需的盐浓度也不一样，因此调节混合蛋白质溶液中的中性盐浓度可使各种蛋白质分段沉淀。

（2）影响盐析的因素：①温度：除对温度敏感的蛋白质在低温（4℃）操作外，一般可在室温中进行。一般温度降低，蛋白质溶解度降低，但有的蛋白质（如血红蛋白、肌红蛋白、清蛋白）在较高的温度（25℃）比 0℃时溶解度更低，更容易盐析。②pH：大多数蛋白质在等电点时在浓盐溶液中的溶解度最低。③蛋白质浓度：蛋白质浓度高时，欲分离的蛋白质常常夹杂着其他蛋白质一起沉淀出来（共沉现象），因此在盐析前血清要加等量生理盐水稀释，使蛋白质含量在2.5%～3.0%。

（3）蛋白质盐析常用中性盐：主要有硫酸铵、硫酸镁、硫酸钠、氯化钠、磷酸钠等。其中，应用最多的是硫酸铵，它的优点是温度系数小而溶解度大，许多蛋白质和酶都可以盐析出来；另外，硫酸铵分段盐析效果也比其他盐好，不易引起蛋白质变性。硫酸铵溶液的 pH 常为 4.5～5.5，当用其他 pH 进行盐析时，需用硫酸或氨水调节。

（4）盐析沉淀分离后盐的除去：常用的办法是透析，即把蛋白质溶液装入透析袋内，用缓冲液进行透析，并不断地更换缓冲液，因透析所需时间较长，所以最好在低温中进行。此外，也可用葡萄糖凝胶 G-25 或 G-50 过柱的办法除盐，所用的时间相对较短。

2.等电点沉淀法　蛋白质在静电状态时颗粒之间的静电斥力最小，因而溶解度也最小，各种蛋白质的等电点有差别，可利用调节溶液的 pH 达到某一蛋白质的等电点使之沉淀，但此法很少单独使用，可与盐析法结合合用。

3.低温有机溶剂沉淀法　用与水可混溶的有机溶剂，如甲醇、乙醇或丙酮，可使多数蛋白质溶解度降低并析出，此法分辨力比盐析高，但蛋白质较易变性，应在低温下进行。

四、层　析

1.离子交换层析　是依据各种离子或离子化合物与离子交换剂的结合力不同而进行分离纯化。离子交换层析的固定相是离子交换剂，它是由一类不溶于水的惰性高分子聚合物基质通过一定的化学反应共价结合上某种电荷基团形成。离子交换剂可以分为三部分：高分子聚合物基质、电荷基团和平衡离子。平衡离子是结合于电荷基团上的相反离子，它能与溶液中其他的离子基团发生可逆的交换反应，平衡离子带正电的离子交换剂能与带正电的离子基团发生交换作用，称为阳离子交换剂；平衡离子带负电的离子交换剂与带负电的离子基团发生交换作用，称为阴离子交换剂。当被分离的蛋白质溶液流经离子交换层析柱时，带有与离子交换剂相反电荷的蛋白质被吸附在离子交换剂上，随后通过改变 pH 或离子强度等办法将吸附的蛋白质洗脱下来（图 22-4）。在一定条件下，溶液中的某种离子基团可以把平衡离子置换出来，并通过电荷基团结合到固定相上，而平衡离子则进入流动相，这就是离子交换层析的基本置换反应。

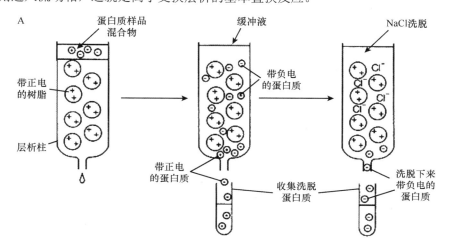

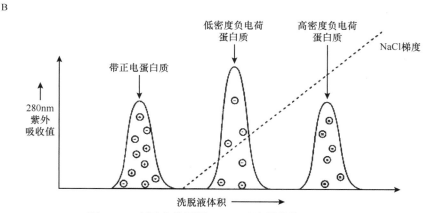

图 22-4　离子交换层析（A）及洗脱曲线（B）

以阴离子交换剂为例，简单介绍离子交换层析的基本分离过程。阴离子交换剂的电荷基团带正电，装柱平衡后，与缓冲溶液中的带负电的平衡离子结合。待分离溶液中可能有正电基团、负电基团和中性基团。加样后，负电基团可以与平衡离子进行可逆的置换反应，而结合到离子交换剂上。而正电基团和中性基团则不能与离子交换剂结合，随流动相流出而被去除。通过选择合适的洗脱方式和洗脱液，如增加离子强度的梯度洗脱。随着洗脱液离子强度的增加，洗脱液中的离子可以逐步与结合在离子交换剂上的各种负电基团进行交换，而将各种负电基团置换出来，随洗脱液流出。与离子交换剂结合力小的负电基团先被置换出来，而与离子交换剂结合力强的负电基团需要较高的离子强度才能被置换出来，这样各种负电基团就会按其与离子交换剂结合力从小到大的顺序逐步被洗脱下来，从而达到分离的目的。

蛋白质等生物大分子通常呈两性，它们与离子交换剂的结合与它们的性质及 pH 有较大关系。以用阳离子交换剂分离蛋白质为例，在一定的 pH 条件下，pI＜pH 的蛋白带负电，不能与阳离子交换剂结合；pI＞pH 的蛋白带正电，能与阳离子交换剂结合。一般 pI 越大的蛋白质与离子交换剂结合力越强。但由于生物样品的复杂性及其他因素影响，一般生物大分子与离子交换剂的结合情况较难估计，往往要通过实验进行摸索。

2. 亲和层析　是分离蛋白质的一种极为有效的方法，根据某些蛋白质与另一种称为配体（ligand）的分子能特异而非共价地结合。亲和层析法是根据固定相的配基与生物分子之间的特殊的生物大分子亲和能力不同来进行相互分离的，依亲和选择性的高低分为：基团性亲和层析，即固定相上的配基对某一类基团具有极强的亲和力，如含有糖基的一类蛋白质或糖蛋白对三嗪染料显示特别强的吸附能力；高选择性（专一性）亲和层析，即配基仅对某一种蛋白质具有特别强的亲和性，如单克隆抗体对抗原的特异性吸附。

亲和层析除特异性的吸附外，仍然会因分子的错误识别和分子间非选择性的作用力而吸附一些杂蛋白质，洗脱过程中的配体不可避免脱落进入分离体系（图 22-5）。

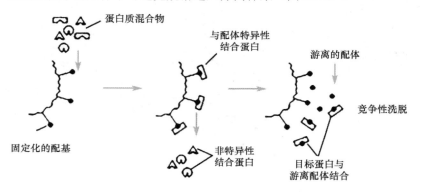

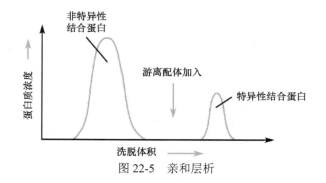

图 22-5　亲和层析

亲和层析法按配基的不同可分为以下类型：

（1）金属螯合介质：过渡金属离子 Cu^{2+}、Zn^{2+} 和 Ni^{2+} 等以亚胺络合物的形式键合到固定相上，由于这些金属离子与色氨酸、组氨酸和半胱氨酸之间形成了配价键，从而形成了亚胺金属-蛋白螯合物，使含有这些氨基酸的蛋白被这种金属螯合亲和色谱的固定相吸附。螯合物的稳定性受单个组氨酸和半胱氨酸解离常数所控制，亦受流动相的 pH 和温度的影响，控制条件可以使不同蛋白质相互分离。

（2）小配体亲和介质：配体有精氨酸、苯甲酰胺、钙调因子、明胶、肝素和赖氨酸等。

（3）抗体亲和介质：即免疫亲和层析，配体有重组蛋白A和重组蛋白G，但重组蛋白A比重组蛋白G专一，重组蛋白G能结合更多不同源的IgG。

（4）颜料亲和介质：染料层析的效果除主要取决于染料配基与酶的亲和力大小外，还与洗脱缓冲液的种类、离子强度、pH及待分离样品的纯度有关。

（5）外源凝集素亲和介质：配体有伴刀豆球蛋白A、扁豆外源凝集素和麦芽外源凝集素，固定相外源凝集素能和数种糖类残基发生可逆反应，适合纯化多糖、糖蛋白、膜蛋白等。

五、超速离心

超速离心沉降法是指利用离心力的作用将分散体系中的分散质点逐渐沉降，质点越大，沉降速度越大，系基于沉降速度与分子量依赖性的原理来测定高聚物分子量分布的方法。

沉降常数，又称为沉降系数（sedimentation coefficient）是指用离心法时，大分子沉降速度的量度，等于每单位离心场的速度。计算公式为 $s=v/(\omega^2 r)$，s 是沉降系数，ω 是离心转子的角速度（弧度/秒），r 是到旋转中心的距离，v 是沉降速度。沉降系数以每单位重力的沉降时间表示，并且通常范围为 $(1\sim500)\times10^{-13}$ 秒，10^{-13} 这个因子叫作沉降单位（S），即 $1S=10^{-13}$ 秒，如血红蛋白的沉降系数约为 4×10^{-13} 秒或4S。一般单纯的蛋白质为 $1\sim20S$，较大核酸分子为 $4\sim100S$，更大的亚细胞结构为 $30\sim500S$。

密度梯度离心法亦称平衡密度梯度离心法（图22-6）。用超离心机对小分子物质溶液长时间加一个离心力场达到沉降平衡，在沉降池内从液面到底部出现一定的密度梯度。若在该溶液里加入少量大分子溶液，则溶液内比溶剂密度大的部分就产生大分子沉降，比溶剂密度小的部分就会上浮，最后在重力和浮力平衡的位置，集聚形成大分子带状物。利用这种现象，可测定核酸或蛋白质等的浮游密度，或根据其差别进行分析。

多数蛋白质的密度在 $1.3\sim1.4g/cm^3$，分级分离蛋白质时一般不常用此性质，不过含有大量磷酸盐或脂质的蛋白质与一般蛋白质在密度上明显不同，可用密度梯度法离心法，与大部分蛋白质分离。密度梯度离心法常用的梯度介质有蔗糖、聚蔗糖、氯化铯、溴化钾、碘化钠等。

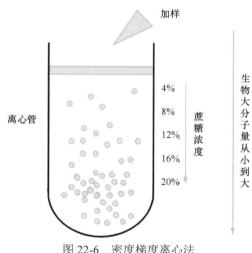

图22-6　密度梯度离心法

第二节　分子杂交与印迹技术

一、分子杂交与印迹技术的原理

核酸分子杂交（molecular hybridization of nucleic acid）是指两条具有互补序列的核酸单链在一定条件下按碱基配对原则形成双链的过程。杂交后形成的异源双链分子称为杂交分子或杂交双链，杂交的双方是探针与待测核酸序列。分子杂交技术利用DNA变性与复性的基本性质，结合印迹技术和探针技术，进行DNA和RNA定性或定量分析。这里仅介绍印迹技术和探针技术。

（一）印迹技术

在杂交反应前，常需要采用琼脂糖等凝胶将不同分子量的核酸分离，然后进行杂交反应。但是凝胶易碎，不便操作，难以直接在凝胶上完成后续的杂交反应。可将琼脂糖电泳分离的DNA片段在胶中进行变性使其成为单链，然后将一张硝酸纤维素（nitrocellulose，NC）膜放在胶上，膜上放上吸水纸巾，利用毛细作用使胶中的 DNA 片段转移到 NC 膜上，使之成为固相化分子。载有 DNA 单链分子的 NC 膜就可以在杂交液中与另一种 DNA 或 RNA 分子（称为探针，可用同位素标记）进行杂交。具有互补序列的 RNA 或 DNA 探针结合到存在于 NC 膜的 DNA 分子上，经放射自显影或其他检测技术就可以显现杂交分子的有无和其位置。常用的转印方法主要有毛细管虹吸转移法、电转移法和真空转移法。

1. 毛细管虹吸转移法　此方法是利用高浓度盐转移缓冲液的推动作用，将凝胶中的 DNA 转移到固相支持物上。其基本原理是：容器中含有高浓度的 NaCl 和枸橼酸钠的转移缓冲液，上层吸水纸通过虹吸作用使缓冲液通过滤纸桥、滤纸、NC 膜（或尼龙膜）向上运动，带动凝胶中的 DNA 片段垂直向上转移到膜上。毛细管虹吸转移法的转移效率不高，尤其是对分子量较大的 DNA 片段。但由于其器具简单，不需要特殊装置，其转移效率对于 Southern 印迹杂交已经足够，因此一直被广泛用于 Southern 印迹的转膜。

2. 电转移法　此方法是通过电泳原理将凝胶中 DNA 转移到膜上。其基本原理是以有孔海绵和有机玻璃板将滤膜与凝胶夹贴在一起，置入盛有转移电泳缓冲液的转移电泳槽中，凝胶平面与电场方向垂直，附有滤膜的一面朝向正极。在电场的作用下，凝胶中的 DNA 片段沿与凝胶平面垂直的方向泳动，从凝胶中移出，滞留在滤膜上，形成印迹。电转移法适用于大片段 DNA，但不宜选用 NC 膜作为固相支持物；电泳时需应用循环冷却水装置以保证转移缓冲液温度不会太高；转移缓冲液不能用高盐缓冲液，以免产生强电流破坏 DNA。常用的电转移法有湿转移和半干转移两种方法，两者的原理相同。湿转移是将胶/膜层叠浸入缓冲液槽然后加电压，半干转移是用浸透缓冲液的多层滤纸代替缓冲液槽，转移时间较湿转快。

3. 真空转移法　此方法是以滤膜在下、凝胶在上的方式，利用真空泵将转移缓冲液从上层容器中通过凝胶抽到下层真空室中，同时带动核酸分子转移到置于凝胶下面的 NC 膜或尼龙膜上。真空转移法可在转膜的同时进行 DNA 的变性和中和，一般先用变性液转移 15～30 分钟，然后换用中和液转移 15～30 分钟，整个过程只需 1 小时左右。需要注意两个问题：①真空压力不能太大，否则凝胶被压缩，转移效率降低；②真空转移仪密封应严实，防止漏气影响压力的产生。

一般而言，核酸样品多用毛细管虹吸转移法，是最经典的印迹方式，也可采用真空转移法；蛋白质样品多采用电转移方式进行印迹。

（二）探针技术

1. 探针的概念　在核酸分子杂交体系中，杂交的双方是待测核酸序列和已知核酸序列，已知序列的核酸称作探针（probe）。探针有两方面的作用：一是带有特殊可检测标记；二是探针往往需要事先设计且已知序列，通过与固定在转移膜上的核酸分子结合，而获得或判断待检核酸样品的相关信息。

2. 探针的种类　目前采用的探针种类有 cDNA 探针、基因组 DNA 探针、寡核苷酸探针和 RNA 探针。

（1）cDNA 探针：通过逆转录获得 cDNA 后，将其克隆于适当的克隆载体，通过扩增重组质粒而使 cDNA 得到大量扩增。提取质粒后，用限制酶消化重组质粒，将 cDNA 片段切割下来，分离纯化，即可作为探针使用。目前 cDNA 探针应用最为广泛。

（2）基因组 DNA 探针：从基因组文库中筛选得到一个特定基因（或基因片段）的克隆，大量扩增、纯化，切取插入片段，分离纯化，即可作为探针使用。

（3）寡核苷酸探针：根据已知的核酸序列，人工合成一定长度的寡核苷酸片段作为探针。寡核苷酸片段长度在十几个核苷酸以上就能作为探针。这种探针多用于克隆筛选和点突变分析。

（4）RNA 探针：采用基因克隆和体外转录的方法可以得到 RNA 或反 RNA 作为探针。

3. 探针的标记　探针的标记主要有放射性标记和非放射性标记两类。

（1）放射性标记：放射性核素是一种高度灵敏的杂交反应示踪物，用其标记的探针可检出 1～10μg 高等生物基因组 DNA 中的单拷贝基因。此外，放射性核素的检测具有极高的特异性，假阳性率较低。其主要缺点是存在放射性污染，半衰期短，探针必须随用随标记，不宜长期存放。目前常用于核酸标记的放射性核素主要有 ^{32}P、^{3}H 和 ^{35}S 等，其中以 ^{32}P 在 Southern 印迹杂交中最为常用。

（2）非放射性标记：此类标记物是化学性质各不相同的化合物，可分为以下几类。①半抗原，生物素（biotin）和地高辛（digoxin，DIG）都是半抗原，可以利用这些半抗原的抗体进行免疫学检测，根据显色反应检测杂交信号。②配体，生物素既是半抗原，又是亲和素（也称抗生物素蛋白或卵白素）的配体，故可用生物素-亲和素反应进行杂交信号的检测。③荧光素，罗丹明类和异硫氰酸荧光素（FITC）可以被紫外线激发出荧光而被检测到。④化学发光探针，一些标记物与某种物质反应产生化学发光现象，可以像核素一样直接使 X 线胶片上的乳胶颗粒感光。

探针的标记方法有缺口平移（nick translation）法、随机引物（random primer）法、PCR 标记法和末端标记法等，不同的标记方法可获得不同类型和不同标记方式的探针。

二、印迹技术的类别及应用

（一）DNA 印迹法

DNA 印迹法（Southern blotting）是由萨瑟恩（E. Southern）等首次应用，故以其姓氏命名，又称 Southern 印迹法。基因组 DNA 经限制性内切酶消化后进行琼脂糖凝胶电泳，将含 DNA 片段的凝胶放入变性溶液变性后，将 NC 膜放在胶上。随着转移缓冲液逐渐被胶和膜上覆盖的滤纸吸收，胶中的 DNA 分子转移到 NC 膜上。转移的速度取决于分子的大小，分子越小，转移越快。转移完成后加热使 DNA 固定于 NC 膜上，用于杂交反应。基本步骤如下：

1. 待测核酸样品的制备　通过裂解细胞、蛋白酶和 RNA 酶消化、酚/氯仿抽提等步骤从细胞、组织等样本中提取 DNA，即得到待测 DNA 样本。然后根据需要选定一种或某几种限制性内切酶消化，将 DNA 切割成大小不同的片段。

2. 待测 DNA 样品的电泳分离　将 DNA 样品在琼脂糖凝胶中电泳，以对 DNA 片段进行分离。

3. 凝胶中核酸的变性　将凝胶置于碱溶液中浸泡，使双链 DNA 变性成为单链片段，再进行蒸馏水漂洗和酸中和处理。对于较大的 DNA 片段（如大于 15kb）可在变性前用 2mol/L HCl 预处理 10 分钟，使其在凝胶中原位变成较小片段，然后再进行碱变性处理。

4. Southern 转膜　将凝胶中的 DNA 片段转移到 NC 膜等固相支持物上，特别注意保持各个 DNA 片段在膜上的相对位置与在凝胶中的相对位置一致。

5. Southern 杂交　在与探针进行杂交前，必须先进行预杂交。预杂交液实际上就是不含探针的杂交液，其中含有鲑鱼精子 DNA、小牛胸腺 DNA 等封闭物，可以封闭膜上所有非特异性的吸附位点。一般将滤膜在预杂交液中温育 4～6 小时，加入探针进行杂交反应。杂交过夜，然后在较高温度下用盐溶液洗膜。一般杂交液离子强度越低，温度越高，杂交的严格程度越高，也就是说，只有探针和待测 DNA 序列有非常高的同源性时，才能在低盐高温的杂交条件下结合。

6. 杂交结果的检测　采用核素标记的探针或化学发光物标记的探针杂交洗膜后，将滤膜和 X 线片装入暗盒，使 X 线片感光，冲洗后，在 X 线片上可见黑色条带。采用非核素标记的探针进行杂交时，可直接在膜上显色，显出杂交条带。

Southern 印迹法被广泛应用于核酸的结构和功能研究中，并取得了显著的成效，如应用此技术发现了成熟 B 细胞中免疫球蛋白基因重排现象；进行克隆基因的酶切图谱分析；对特定基因进行定性和定量研究；DNA 多态性分析等。此技术在分子克隆、遗传病诊断、法医学、肿瘤的基因水平研究等方面亦发挥着重要作用。

（二）RNA 印迹法

RNA 印迹法（Northern 印迹法）是指将待测 RNA 变性并经电泳分离后转移到固相支持物上，然后与标记的核酸探针进行杂交，以检测 RNA（主要是 mRNA）的方法。其基本原理和基本过程与 Southern 印迹法基本相同，只是在以下几点有所不同：①检测的靶核酸分子是 RNA，而不是

DNA。因 RNA 分子较小，无须进行限制性内切酶切割。② RNA 电泳是在变性胶中进行，即凝胶中加入乙二醛、二甲基亚砜或甲醛等变性剂，RNA 在变性胶中保持单链线性状态，故转膜前不需要再进行变性和中和，可直接进行转膜。③ 在 Northern 印迹杂交实验的全过程，均需防止 RNA 酶污染及 RNA 降解，所用器皿、电泳槽、水及相关试剂均需做无 RNA 酶处理。

Northern 印迹法主要用于基因表达水平的研究，尽管此技术检测 mRNA 表达水平的敏感性较 PCR 法低，但是由于其特异性强，假阳性率低，仍然被认为是最可靠的 mRNA 水平分析方法之一。

（三）蛋白质印迹法

印迹法不仅可用于核酸的分子杂交，而且也可用于蛋白质的分析。蛋白质印迹法的基本原理与 Northern blotting 和 Southern blotting 十分相似，都是由凝胶电泳、转膜、杂交和信号显示等主要步骤组成，因此将蛋白质印迹法称为 Western blotting。在蛋白质印迹技术中检测蛋白质所用的探针通常是抗体，因此又称为免疫印迹（immunoblotting）。

蛋白质印迹法首先要将蛋白质用变性聚丙烯酰胺凝胶电泳分开，再将蛋白质转移到 NC 膜或其他膜上，膜上蛋白质的位置可以保持在与胶相对应的原位上。与 DNA 和 RNA 不同的是，蛋白质的转移只有靠电转移方可完成。另外，蛋白质的检测是以抗体作探针，然后再与用碱性磷酸酶、辣根过氧化物酶标记或同位素标记的第二抗体反应，最后用放射自显影、底物显色或底物发光来显示目的蛋白的有无和所在位置。

蛋白质印迹法常用于检测样品中特异性蛋白质是否存在，并进行半定量分析。另外，蛋白质分子间的相互作用研究特别依赖蛋白质印迹法。

建立在印迹技术的基础上的核酸和蛋白质的分析方法还有不经电泳分离直接将样品点在 NC 膜上用于杂交分析的斑点印迹（dot blot），直接在组织切片或细胞涂片上进行的原位杂交（*in situ hybridization*），将多种已知序列的 DNA 排列在一定大小的尼龙膜或其他支持物上的 DNA 点阵（DNA array）杂交。在后者基础上发展起来的 DNA 芯片（DNA chip）技术更是在计算机控制点样及强大的扫描分析硬件及软件的支持下，能在很小的硅片上固定数千甚至上万个探针用于细胞样品中基因表达谱的分析、遗传性疾病的分析、病原微生物的大规模检测等。常见几种印迹杂交法的示意图如下（图 22-7）。

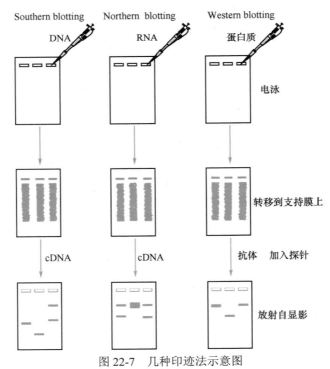

图 22-7　几种印迹法示意图

三、基因芯片基本原理及应用

基因芯片（gene chip）也叫 DNA 芯片、DNA 微阵列（DNA microarray）、寡核苷酸阵列（oligonucleotide array），是指用原位合成（in situ synthesis）技术或微量点样技术，将数以百计或数以千计的特定的 DNA（或 cDNA、寡核苷酸）片断探针高密度有规律地固定于固相支持物表面，从而产生二维 DNA 探针微阵列，然后与标记的待测样品进行杂交，通过检测杂交信号来实现对生物样品快速、平行和高效的检测及分析。

（一）基因芯片原理

基因芯片原理与 Southern blotting 和 Northern blotting 相同，利用众多探针固定在同一芯片，可以同时完成多种不同分子的检测，操作简单、效率高、成本低、自动化程度高、检测靶分子种类多、结果客观性强。它与其他基因表达谱分析技术，如 RNA 印迹法、cDNA 文库序列测定、基因表达序列分析等的不同之处在于，基因芯片可以在一次试验中同时平行分析成千上万个基因。如果标本中有目标分子，则产生荧光信号且信号强度与目标分子数量呈一定的线性关系。

（二）基因芯片的应用

目前基因芯片根据探针不同，分为原位合成寡核苷酸点阵芯片和用微量点样技术制作的点阵芯片。根据用途的不同，基因芯片又可以分为测序芯片、表达芯片等。该技术已成功应用于杂交测序、基因表达分析、突变检测、DNA 多态性分析、基因分型、药物筛选、微生物鉴定与检测、疾病诊断、毒理学研究等方面。

基因芯片特别适合分析不同组织细胞或同一组织细胞不同状态下的基因差异表达情况，其原理就是双色荧光杂交的应用。表达谱芯片是将两种不同来源的 mRNA 逆转录合成 cDNA 时用不同颜色的荧光分子标记，如正常细胞用红色荧光，肿瘤细胞用绿色荧光，当两组分别标记好的 cDNA 等量混合后与芯片进行杂交，在两种不同的激光激发下检测，激光扫描捕获全部杂交信号，绿色荧光信号代表此位点处基因只在肿瘤细胞中表达，红色荧光信号代表此位点处基因只在正常细胞中表达，而两种组织中都表达的基因会呈现两种荧光的互补色黄色，并且表达量与两种荧光强度、颜色比率相关（图 22-8）。

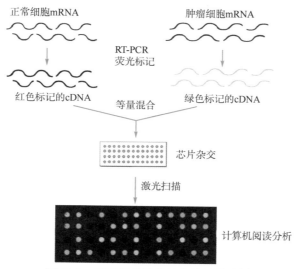

图 22-8　基因芯片的基因表达差异分析

RT-PCR，逆转录聚合酶链反应

第三节 PCR 技术

聚合酶链反应（polymerase chain reaction，PCR）是 1985 年美国 PE-Cetus 公司人类遗传研究室的凯利·穆利斯（Kary Mullis）发明的具有划时代意义的核酸体外扩增技术。其原理是通过提供合适反应条件，在试管内实现类似于 DNA 的体内复制从而对特定的 DNA 片断快速大量地扩增。

DNA 聚合酶用从水生嗜热杆菌 *Thermos aquaticus* 中提取到一种耐热 DNA 聚合酶，命名为 *Taq* DNA 聚合酶（*Taq* DNA polymerase），解决了 PCR 反应中酶高温变性的难题，使得 PCR 反应的自动化操作得以实现。PCR 及其相关技术迅速成为分子生物学研究中应用最为广泛的技术手段。

一、PCR 技术的原理

PCR 技术是利用 DNA 聚合酶在体外条件下，催化一对引物间的特异 DNA 片段合成的基因体外扩增技术。引物是指与待扩增 DNA 片段两翼互补的寡聚核苷酸，其本质是单链 DNA。当引物与单链模板互补区结合后，在 DNA 聚合酶作用下进行合成反应。

（一）PCR 的基本反应步骤

PCR 的基本反应步骤是变性、退火、延伸。此三步为一个循环，重复循环过程使得模板 DNA 呈指数扩增。

1. 变性（denaturation） 指高温（93~98℃）下待扩增的双链 DNA 分子解链成为两条单链模板的过程。其化学本质为高温提供能量，使双链 DNA 分子之间氢键（A═T，G≡C）断裂。

2. 退火（annealing） 又称为复性（renaturation），指在较低温度（37~65℃）下人工合成的两条特异的寡核苷酸引物分别与模板单链 DNA 的互补序列特异性结合成杂交链，以提供 DNA 复制起始的 3′-OH。在 PCR 反应体系中，由于加入的引物量远远大于模板 DNA 量，且模板 DNA 分子的结构较引物复杂得多，因此引物与模板之间的退火效率高于模板与模板之间的退火效率，占有绝对优势。

3. 延伸（extension） 指在适当的温度（70~75℃）下按碱基互补配对的原则，DNA 聚合酶将 4 种 dNTP 从引物的 3′-OH 端开始掺入，并沿着 DNA 模板由 5′→3′ 方向延伸，合成新的 DNA 分子（图 22-9）。

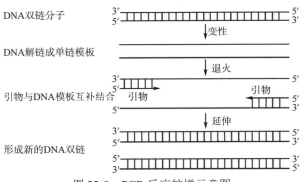

图 22-9 PCR 反应扩增示意图

以上三步为一个循环周期，每一次循环的产物作为下一个循环的模板。一个靶 DNA 分子经过 n 次循环后，新生 DNA 片段理论上可达到 2^n 个分子拷贝。实际上，在指数扩增期，扩增产物的量取决于最初靶 DNA 的数量、PCR 扩增效率和循环次数。公式 $Y=A(1+E)^n$ 可描述它们之间的关系，Y 表示扩增产物量，E 表示 PCR 扩增效率，n 为循环次数。如果扩增效率为 100%，25 个循环后，$Y=2^{25}A=33\ 554\ 432A$；当扩增效率为 90% 时，$Y=1.9^{25}A=9\ 307\ 649A$，扩增产物为前者的 28%。PCR 反应的实际扩增效率不可能达到 100%。

（二）PCR 的特点

1. 特异性强 PCR 反应的特异性决定因素为：①引物与模板 DNA 特异正确地结合；②碱基配对原则；③ *Taq* DNA 聚合酶合成反应的忠实性；④靶基因的特异性与保守性。其中，引物与模板的正确结合是关键。引物与模板的结合及引物链的延伸遵循碱基配对原则。聚合酶合成反应的忠实性及 *Taq* DNA 聚合酶耐高温性，使反应中模板与引物的结合（复性）可以在较高的温度下进行，结合的特异性大大增加，被扩增的靶基因片段也就能保持很高的正确度，再通过选择特异性和保守性高的靶基因区，其特异性程度就会更高。

2. 灵敏度高 PCR 产物的生成量是以指数方式增加的，能将皮克（$pg=10^{-12}$）量级的起始待测模板扩增到微克（$\mu g=10^{-6}$）水平，能从 100 万个细胞中检出 1 个靶细胞；在病毒的检测中，PCR 的灵敏度可达 3 个 RFU（空斑形成单位）。

3. 简便、快速 PCR 采用耐高温的 *Taq* DNA 聚合酶，一次性地将反应液加好后，进行变性—退火—延伸反应，一般在 2～3 小时完成扩增反应。扩增产物一般用电泳分析，不一定要用同位素，无放射性污染、易推广。

二、几种重要的 PCR 衍生技术

（一）逆转录 PCR

逆转录 PCR（reverse transcription PCR，RT-PCR）是一种快速、简便、敏感性极高的检测 RNA 的方法。其原理是先以 mRNA 为模板，在逆转录酶的作用下合成互补 DNA（cDNA），再以此 cDNA 为模板通过 PCR 扩增目的基因。通过 RT-PCR 使低丰度的 mRNA 得以扩增，便于检测。在 RT-PCR 技术中，RNA 模板的质量是实验成败的重要因素。在操作环节中必须防止模板 RNA 分子的降解，保证其分子的完整性，且要求其纯度较高，不含 DNA、蛋白质等杂质（图 22-10）。

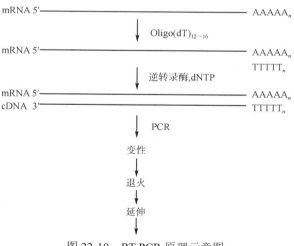

图 22-10 RT-PCR 原理示意图

用于 RT-PCR 的逆转录酶是多功能酶：①具有 RNA 指导的 DNA 聚合酶活性，能沿 $5' \rightarrow 3'$ 方向合成 DNA，并需要引物提供 3'-OH；②具有 RNA 酶 H（RNaseH）活性，能特异性水解 RNA-DNA 杂交体上的 RNA；③具有 DNA 指导的 DNA 聚合酶活性，以逆转录合成的单链 DNA 为模板合成互补 DNA 链。逆转录酶对 DNA 没有 $3' \rightarrow 5'$ 外切酶活性，因此它没有校对功能，错误率相对较高。常用的逆转录酶有两种，即鸟类成髓细胞性白血病病毒（avian myeloblastosis virus，AMV）逆转录酶和 moloney 鼠白血病病毒（moloney murine leukemia virus，MMLV）逆转录酶，这两类逆转录酶在诸多方面有所区别，可根据具体需要而选择。

（二）原位 PCR 技术

原位 PCR（*in situ* PCR）由哈塞（Hasse）等在 1990 年建立，原位 PCR 将 PCR 和原位杂交两种技术有机结合起来，充分利用 PCR 技术的高效特异敏感与原位杂交的细胞定位特点，从而实现在组织细胞原位检测单拷贝或低拷贝的特定 DNA 或 RNA 序列。该技术是在甲醛溶液（福尔马林）固定、石蜡包埋的组织切片或细胞涂片上的单个细胞内进行的 PCR 反应，然后用特异性探针进行原位杂交，即可检测出待测 DNA 或 RNA 是否在该组织或细胞中存在。由于常规 PCR 或 RT-PCR 技术的产物不能在组织细胞内直接定位，因而不能与特定的组织细胞特征表型相联系，而原位杂交技术虽有良好的定位效果，但检测的灵敏度不高。原位 PCR 方法弥补了 PCR 技术和原位杂交技术的不足，是将目的基因的扩增与定位相结合的一种最佳方法。

（三）实时 PCR 技术

常规 PCR 多采用终点法检测，即在 PCR 扩增反应结束之后，通过凝胶电泳的方法对扩增产物进行定性分析或通过放射性核素掺入标记后进行光密度扫描做定量分析，无论是定性还是定量分析，分析的都是 PCR 的终产物。但许多情况下需要了解未经 PCR 信号放大之前的起始模板量，如某一转基因动植物转基因的拷贝数或某一特定基因在特定组织中的表达量。实时荧光定量 PCR 技术可在完全封闭的情况下实时检测 PCR 扩增的动力学变化，能够对标本的起始拷贝数快速准确地定量，克服了常规 PCR 技术的不足，已成为 PCR 更新换代的新技术。

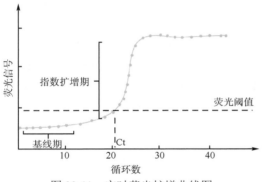

图 22-11　实时荧光扩增曲线图

1. 实时荧光定量 PCR 的原理　实时荧光定量 PCR（real-time fluorescent quantitative PCR，FQ-PCR）是指通过对 PCR 扩增反应中每一个循环产物荧光信号的实时检测从而实现对起始模板定量及定性的分析。在实时荧光定量 PCR 反应中，引入了荧光化学物质，随着 PCR 反应的进行，PCR 反应产物不断累积，荧光信号强度也等比例增加。每经过一个循环，收集一个荧光信号强度，通过荧光信号强度变化监测产物量的变化，从而得到一条实时荧光扩增曲线图（图 22-11）。

一般而言，荧光扩增曲线分成三个阶段：荧光背景信号阶段（即基线期）、荧光信号指数扩增阶段（即对数期）和平台期。在荧光背景信号阶段，扩增的荧光信号被荧光背景信号所掩盖，无法判断产物量的变化。而在平台期，扩增产物已不再呈指数增加，PCR 的终产物量与起始模板量之间没有线性关系，所以根据最终的 PCR 产物量不能计算出起始 DNA 模板的拷贝数。只有在荧光信号指数扩增阶段，PCR 产物量的对数值与起始模板量之间存在线性关系，因此选择在这个阶段进行定量分析。

为了定量和比较的方便，在实时荧光定量 PCR 技术中引入了 Ct 这个重要的参数。Ct 中 "C"代表 "cycle"（循环数），"t" 代表荧光 "threshold"（阈值），Ct 的含义是指扩增产物的荧光信号到达设定的阈值时所经历的循环数。荧光阈值是在荧光扩增曲线上人为设定的一个值，它可以设定在荧光信号指数扩增阶段任意位置上，但一般将荧光阈值的缺省设置是 3～15 个循环的荧光信号的标准差的 10 倍，即荧光阈值 =10SDcycle3～15。Ct 与该模板的起始拷贝数的对数存在线性关系，起始拷贝数越多，Ct 越小。利用已知起始拷贝数的标准品可做出标准曲线，只要获得未知样品的 Ct，即可从标准曲线上计算该样品的起始拷贝数，这是对起始模板拷贝数的绝对定量。绝对定量时标准曲线的构建需要一个已知拷贝数的标准品，且标准品应尽可能与待测 DNA 模板具有相同的 PCR 扩增效率。实际操作时，一般是将待测基因的扩增产物克隆后提取 DNA，得到高浓度的标准品，紫外分光光度计定量后，稀释成不同的浓度梯度作为制备标准曲线的模板（图 22-12）。

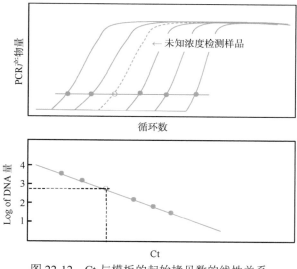

图 22-12　Ct 与模板的起始拷贝数的线性关系

2. 定量 PCR 技术分类　根据是否使用探针，可将实时荧光定量 PCR 分为非探针类和探针类实时荧光定量 PCR。非探针类实时荧光定量 PCR 加入了能与双链 DNA 结合的荧光染料，荧光探针是与靶序列特异杂交来指示扩增产物的增加。前者通用性好，简便易行，后者由于增加了探针的专一识别步骤，故特异性较高。采用的荧光探针和荧光染料主要有水解探针、SYBR Green Ⅰ、分子信标探针、Scorpions™ 探针、Amplifluor™ 系统等。

（1）水解探针（TaqMan 探针）：是最早用于实时荧光定量 PCR 的探针。该体系包含有三条寡核苷酸序列，其中两条是 PCR 反应的引物，第三条是荧光探针，即 TaqMan 探针。TaqMan 探针是一种寡核苷酸探针，能与目标序列上游引物和下游引物之间的序列特异配对结合。TaqMan 探针的 5′ 端连接有荧光报告（reporter，R）基团，3′ 端连接有荧光猝灭（quencher，Q）基团。没有扩增反应时，完整的探针与目标序列特异配对结合，荧光报告基团发射的荧光因与 3′ 端的荧光猝灭基团邻近而被猝灭。进行 PCR 扩增延伸反应时，新链从 5′ → 3′ 方向延伸，逐步接近结合在模板上的 TaqMan 探针，这时 DNA 聚合酶的 5′ → 3′ 外切酶活性将探针从 5′ 端进行酶切，使得荧光报告基团与猝灭基团分离而发出荧光，通过荧光监测系统可接收到荧光信号。即每扩增一条 DNA 链，就有一个荧光分子形成，荧光信号的增加与 PCR 产物累积完全同步，可达到实时定量的目的（图 22-13）。

（2）分子信标（molecular beacon）：分子信标技术也是在同一探针的两个末端分别标记 R 基团和 Q 基团。与 TaqMan 探针不同的是，当探针的靶 DNA 序列不存在时，该探针 5′ 端和 3′ 端自身形成茎-环结构，此时 R 基团与 Q 基团邻近而不会产生荧光。分子信标的茎-环结构中，环一般为 15～30 个核苷酸，与目标序列互补；茎一般为 5～7 个核苷酸，相互配对。当溶液中有特异的靶 DNA 序列存在时，该探针与模板的靶 DNA 序列杂交，从而破坏了探针的茎-环结构，使 R 基团远离 Q 基团，于是溶液便产生荧光，荧光强度与溶液中靶 DNA 序列的量（即扩增产物的量）成正比。

（3）FRET 探针：荧光共振能量转移（fluorescence reso nance energy transfer，FRET）探针又称双杂交探针或 Light Cycle 探针，其由两条与模板 DNA 互补、且相邻的特异探针组成（距离 1～5bp），上游探针的 3′ 端标记供体荧光基团，相邻下游探针的 5′ 端标记 Red640 荧光受体基团。当复性时，两探针同时结合在模板上，供体基团和 Red640 受体基团紧密相邻，激发供体产生的荧光能量被 Red640 基团吸收（即发生 FRET），使得检测探头可以检测 Red640 发出的波长 640nm 的荧光。当变性时，两探针游离，两基团距离远，不能检测到 Red640 的荧光。对于 TaqMan 水解

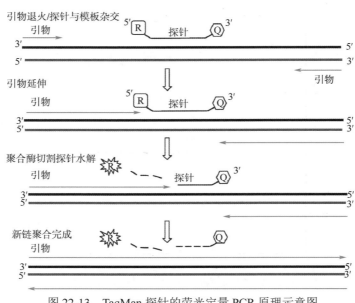

图 22-13　TaqMan 探针的荧光定量 PCR 原理示意图

R，荧光基团；Q，猝灭基团

类探针来说，一旦荧光报告基团水解离开荧光猝灭基团，就一直游离于反应体系中可被检测，所以检测的是累积荧光，是不可逆的。而 FRET 探针则不同，属于杂交类探针，是复性时两条特异探针杂交到模板上，相互靠近而产生检测信号，当升温变性时探针远离模板就没有信号，所以检测的是实时信号，是可逆的，故可以进行熔解曲线的分析，这是 TaqMan 探针无法做到的。两方法比较，FRET 探针在突变分析、SNP 基因分型等方面更具有优势。

（4）SYBR Green：是一种结合于双链 DNA 小沟区域的荧光染料。该染料处于未与 DNA 结合时，荧光信号强度较低，一旦与双链 DNA 结合后，荧光信号强度大大增强，而荧光信号的强度和结合的双链 DNA 的量成正比。SYBR Green 的最大吸收波长约为 497nm，发射波长最大约为 520nm。SYBR Green 与双链 DNA 结合时，没有序列特异性，故其通用性好，且价格相对较低。此外，由于一个 PCR 产物可以与多分子的染料结合，因此其灵敏度也很高。但是，由于 SYBR Green 与所有的双链 DNA 相结合，因此由引物二聚体、单链二级结构及错误的扩增产物引起的假阳性会影响该类 PCR 定量的精确性。

三、PCR 技术的应用

PCR 技术建立后得到了广泛的应用，并且不断地被研究人员加以改进和完善，产生了许多 PCR 衍生技术，进一步扩大了其应用范围。

（一）PCR 在生物医学研究方面的应用

1. 目的基因的获得　研究者利用 PCR 技术对基因组 DNA 特定区域进行选择性地扩增并加以分离，也可以利用 PCR 或 RT-PCR 技术从包含各种各样 DNA 或 RNA 分子的混合核酸样本中将目的 DNA 或 RNA 片段进行选择性扩增并加以分离。

2. 核酸的定量分析　即 DNA 和 RNA 的定量分析，包括人类及各种微生物的基因组中基因的拷贝数以及基因的 mRNA 表达水平分析等。一般来讲，分析基因组 DNA 中基因的拷贝数时主要采用常规定量 PCR 技术，而分析基因的 mRNA 表达水平时，主要采用半定量 RT-PCR 或定量 RT-PCR 技术。

3. 其他　除上述应用外，PCR 技术还可以用于基因定点突变操作、探针的标记与制备等。

（二）PCR 在体外诊断方面的应用

目前，PCR 技术已在医学临床诊断、法医刑侦、检验检疫等多个领域被广泛应用。在临床诊断方面，主要用于临床疾病的早期诊断。PCR 技术不仅可以用于先天性单基因遗传病的检测，也可以用于肿瘤等多基因疾病的检测，还可以用于感染性疾病病原体的检测。不仅可以实现对靶标基因进行突变等定性分析，还可以利用定量 PCR 技术进行精确的定量分析；在法医刑侦方面，通过对犯罪嫌疑人遗留的痕量的精斑、血迹和毛发等样品中的核酸进行选择性地 PCR 扩增，结合 DNA 指纹图谱分析，即可快速锁定案件真凶。PCR 技术还可以用于亲子鉴定；在动植物检验检疫领域，对于目前出入境要求检疫的各种动植物传染病及寄生虫病病原体的检测，几乎都有商业化的荧光定量 PCR 试剂盒可供使用。在食品、饲料和化妆品等的相关检测中，荧光定量 PCR 也发挥了重要作用。

第四节　重组 DNA 技术

1973 年斯坦利·科恩（Stanley Cohen）等首次在体外按照人为的设计实施基因重组，并扩增形成无性繁殖系，该方法称为基因工程（genetic engineering）。实现该过程所采用的方法以及与其相关的工作，通称为重组 DNA 技术（recombinant DNA technology）或基因克隆（gene cloning）。利用重组 DNA 技术可以获得大量的特异性 DNA 片段和人们感兴趣的基因工程蛋白质。如今，重组 DNA 技术已被广泛应用于基因修饰和改造、克隆动物、培育抗病植物、开发新药。随着分子生物学研究的不断深入，越来越多与人类疾病相关的基因被鉴定和克隆出来，在基因水平上对疾病进行诊断和治疗的分子医学（基因诊断与基因治疗）已成为可能。

一、重组 DNA 技术基本原理

重组 DNA 技术亦称为分子克隆。克隆（clone）意指来自同一始祖的相同分子、细菌、细胞或动物（常被称为副本或拷贝）。获取大量单一拷贝的过程称为克隆化（cloning），也称无性繁殖。克隆技术可以应用在基因、细胞和个体等不同的层次。

一个完整的体外重组 DNA 技术主要包括以下步骤：获取并修饰目的基因；选择和修饰克隆载体；将目的基因与载体连接获得含有目的基因的重组 DNA；重组 DNA 导入相应细胞（称为宿主细胞）；筛选出含重组 DNA 的细胞；克隆基因的表达及表达产物的检测和分离纯化。插入了目的基因的重组载体称为重组体或重组子（recombinant）。获得含重组体的细胞后，就可在细胞内扩增目的基因或表达目的基因，以分析目的基因的结构和功能，或获取目的基因的表达产物用于生产或医疗实践。广义的重组 DNA 技术不仅包括 DNA 体外重组技术及操作过程，还包括其下游技术，如蛋白质的分离纯化技术、修饰及后加工技术以及进一步地中试和扩大生产规模的工艺和研究技术等（图 22-14）。

二、重组 DNA 技术基本过程

（一）目的基因的分离获取

目的基因系指待检测或待研究的特定基因，亦可称为供体基因。目前获得目的基因的方法主要有以下几种。

1. 直接从染色体中分离　适用于基因结构简单的原核生物中的多拷贝基因。直接从组织或供体中用机械或用合适的限制性内切酶将 DNA 消化后分离获得。

2. 化学合成法　某些分子量很小的多肽编码基因可以用人工合成的方法获得。如果已知目的基因的核苷酸序列，就可以利用自动 DNA 合成仪直接合成。对于较大的基因，可以分段合成 DNA 短片段，再用 DNA 连接酶依次连接成一个完整的基因链。

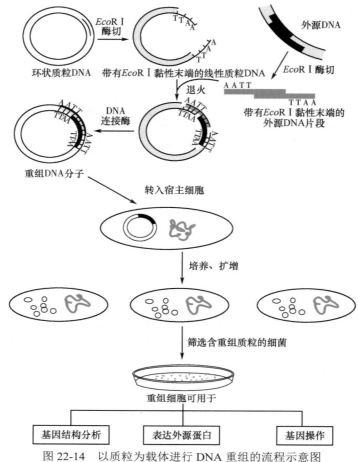

图 22-14　以质粒为载体进行 DNA 重组的流程示意图

化学合成目的基因的优点是可以任意制造和修饰基因，在基因两端方便地设立各种接头以及选择各种宿主生物偏爱的密码子。

3. 逆转录法合成 cDNA　以从细胞中提取的 mRNA 为模板，逆转录成 cDNA，然后进行基因克隆，从而获得某种特定基因。如果一种 mRNA 在总 RNA 中的含量高，就比较容易提取纯化。例如，从网织红细胞中提取珠蛋白 mRNA，从鸡输卵管中提取卵清蛋白 mRNA，从眼晶状体中提取晶状体蛋白 mRNA 等。但是大部分种类的 mRNA 都属于低丰度 RNA，直接获得相当困难。近年来将逆转录反应和 PCR 反应联合应用，敏感度大大提高，已经成为获得已知基因的主要方法。

4. 构建基因组文库及 cDNA 文库　大部分未知基因不能用上述方法获得，需先构建文库，扩增后再筛选获得目的基因。基因组文库（genomic library）是指含有某种生物体全部基因片段的重组 DNA 克隆群体。构建基因组文库时，先将原核或真核细胞染色体 DNA 提纯，用机械法或限制性内切酶将染色体 DNA 切割成大小不等的许多 DNA 片段，插入适当的克隆载体中拼接，继而转入受体菌扩增。这样就构建了含有多个克隆的基因组 DNA 文库。基因组 DNA 文库理论上可以涵盖基因组全部基因信息。建立基因组文库后需利用适当筛选方法（如探针筛选法或免疫筛选法）从众多克隆中筛选出含有目的基因的菌落，再进行扩增、分离、回收，最后获得目的基因。

如果是以细胞总 mRNA 为模板，利用逆转录法合成与 mRNA 互补的 cDNA 单链，再复制成双链，与合适载体连接后转入受体菌，建立的就是 cDNA 文库（cDNA library）。cDNA 文库理论上包含了细胞全部 mRNA 信息。因此可以利用适当方法从 cDNA 文库中筛选出目的 cDNA。目前已经发现的大多数蛋白质的编码基因几乎都是采用这种方法获得的。

5.PCR 反应扩增目的基因　PCR 技术是一种对已知基因体外特异性扩增的方法。此方法要求目的基因片段两侧的序列已知，依据已知区域设计特定的 DNA 引物，在热稳定 DNA 聚合酶（如 *Taq* 酶）催化下，将 DNA 进行循环式合成。在很短的时间里，仅有几个拷贝的基因就可扩增至数百万个拷贝。

利用 PCR 方法可以从染色体和 cDNA 模板中迅速获得目的基因。但该方法只能用于已知基因或与其序列相似的未知基因，且扩增产物可能出现错误掺入的碱基，高保真耐热聚合酶的应用可以减少错配的概率。

（二）载体的选择与构建

载体（vector）是指可以携带目的基因进入宿主细胞的运载工具。用于重组 DNA 技术的载体应符合以下条件：①具有自主复制能力，以保证重组 DNA 可以在宿主细胞内得到扩增；②具有较多的拷贝数，易与宿主细胞的染色体 DNA 分开，便于分离提纯；③分子量相对较小，易于操作，并有足够的接纳目的基因的容量；④有适宜的单一限制性内切酶位点，载体中一般构建有一段包含多个限制性内切酶（RE）单一切点的特异性核苷酸序列，供外源基因插入，此序列称为多克隆位点（multiple cloning site，MCS）；⑤有一个或多个筛选标记（如对抗生素的抗性、营养缺陷型或显色表型反应等）；⑥具有较高的遗传稳定性。

目前可以满足上述要求的多种载体均为人工所构建，并且已经有多种商品化的载体。一种载体中的不同元件，如复制区、启动子和抗性基因等可以分别取自细菌质粒、噬菌体 DNA 或病毒 DNA 等。按照基本元件组成的不同来源，可以将载体分为质粒、噬菌体、噬菌粒、黏粒、病毒和人工染色体等类型。

1.质粒（plasmid）　是存在于细菌染色体外的、具有自主复制能力的环状双链 DNA 分子。分子量小的为 2～3kb，大的可达数百 kb。质粒分子能在宿主细胞内独立自主地进行复制，并在细胞分裂时恒定地传给子代细胞。由于质粒带有某些特殊的不同于宿主细胞的遗传信息，所以质粒在细菌内的存在会赋予宿主细胞一些新的遗传性状，如对某些抗生素或重金属产生抗性等。宿主菌的表型可识别质粒的存在，这一性质被用于筛选和鉴定重组细菌。

质粒载体是以细菌质粒的各种元件为基础改建成的人工质粒。质粒载体一般只能接受小于 15kb 的外源 DNA 片段，插入片段过大，会导致重组载体扩增速度慢，甚至使插入片段丢失。常用的质粒载体有 pBR322 和 pUC 等多种系列。质粒载体不仅用于细菌，也可以用于酵母、哺乳动物细胞和昆虫细胞等。质粒载体可以用于目的基因的克隆和表达。

2.噬菌体（phage）　噬菌体是一类细菌病毒，有双链噬菌体和单链丝状噬菌体两大类。前者为 λ 噬菌体类，后者包括 M13 噬菌体和 f1 噬菌体。

λ 噬菌体的基因组 DNA 长约 48kb，在宿主体外与蛋白质结合包装为含有双链线状 DNA 分子的颗粒。由于受到包装效率的限制，连接目的基因后的噬菌体长度大于 λ 噬菌体基因组的 105% 或小于 75% 时，重组噬菌体的活力都会大大下降。根据克隆的方式不同，λ 噬菌体载体可分为插入型载体和取代（置换）型载体两类。插入型载体最常见的是 λgt（λgt10、λgt11 等）系列，适用于 6～8kb 大小的 DNA 片段的插入，常用于 cDNA 的克隆或 cDNA 文库的构建。置换型载体最常见的是 EMBL 系列和 Charon 系列，允许插入的外源 DNA 片段长度可达 20kb，因而适用于基因组 DNA 的克隆及基因组 DNA 文库和 cDNA 文库的构建。

M13 噬菌体属于丝状噬菌体，单链闭合环状 DNA，大小约 6.4kb。进入大肠埃希菌后复制成双链复制型（replication form，RF）的 DNA。M13 噬菌体载体的多克隆位点（MCS）区含有 β-半乳糖苷酶基因（*lacZ*）的调控序列及其 α-肽编码区。M13 载体克隆外源 DNA 的实际容量仅 1.5kb

左右。M13 作为单链闭合环状 DNA，曾经被广泛用于单链外源 DNA 的克隆和制备单链 DNA 以进行 DNA 序列分析、体外定点突变和核酸杂交等。

3. 噬菌粒（phagemid）　是一种由质粒与单丝噬菌体（M13 噬菌体）结合而构成的载体系列，大小一般为 3kb，可以克隆长达 10kb 的单链外源 DNA。最常用的噬菌粒是 pUC 118/119，它在 pUC 18/19 质粒的基础上加了 M13 噬菌体 DNA 合成的起始、终止及 DNA 包装进入噬菌体颗粒所必需的元件。因此，pUC 118/119 除了具有 pUC 18/19 的所有特性外，还可以合成单链 DNA，并包装成噬菌体颗粒分泌到培养基中。噬菌粒载体在抗体可变 cDNA 文库及各种肽文库的构建和筛选过程中得到了广泛的应用。

4. 黏粒（cosmid）　指黏端质粒，又叫柯斯质粒。它是由质粒和 λ 噬菌体的黏性末端构建而成的载体系列。黏粒中含有质粒的复制起始位点、一个或多个限制性内切酶位点、抗药性基因标记和 λ 噬菌体的黏性末端。黏性末端（cohesive end，cos）是指 λ 噬菌体线状分子两端分别存在的 12 个核苷酸的单链结构。黏粒兼有 λ 噬菌体和质粒两方面的优点，大小为 4～6kb，允许克隆的外源 DNA 片段长度为 31～45kb，而且能被包装成为具有感染能力的噬菌体颗粒。常用的黏粒有 pJ 系列和 pH 系列，如 pHC79 黏粒就是由噬菌体片段与 pBR322 质粒构建而成。黏粒主要用于真核细胞基因组文库的构建。

5. 人工染色体（artificial chromosome）　是为了克隆更大的 DNA 片段而发展起来的新型载体，在人类基因组计划和其他基因组项目的实施中起到了关键性作用。

（1）酵母人工染色体（yeast artificial chromosome，YAC）：是在酵母细胞中用于克隆外源 DNA 大片段的克隆载体。YAC 可以接受 100～2000kb 的外源 DNA 的插入，是人类基因组计划中物理图谱绘制采用的主要载体。

（2）细菌人工染色体（bacterial artificial chromosome，BAC）：是以细菌的 F 因子（一种特殊质粒）为基础构建的克隆载体，可以插入的外源 DNA 长度为 300kb。与 YAC 相比，具有克隆稳定、易与宿主 DNA 分离等优点。BAC 是人类基因组计划中基因序列分析用的主要载体。

此外，哺乳动物人工染色体（mammalian artificial chromosome，MAC）目前也在发展中。

上述载体主要为克隆载体，用于目的基因的克隆、扩增、序列分析和体外定点突变等。为了在宿主细胞中表达外源目的基因，获得大量表达产物而应用的载体被称为表达载体（expression vector）。表达载体除了含有克隆载体中主要元件以外，还含有表达目的基因所需要的各种元件，如启动子、核糖体结合位点和表达标签等元件。根据宿主细胞的不同，表达载体可以分为原核细胞表达载体、酵母细胞表达载体、哺乳动物细胞表达载体和昆虫细胞表达载体等，它们分别携带相应宿主细胞表达目的基因所需要的各种元件和筛选标志。图 22-15 列出了几种质粒载体的结构示意图。

载体选择要根据具体的实验需要。克隆载体的选择较容易，只要插入片段的大小适宜，酶切位点相配即可。表达载体的选择则较复杂，这是因为人们对各种基因的表达规律还缺乏认识。同一个基因在不同的载体中表达效率可能大不相同，同一载体对不同的基因也会有不同的表达效率。有时需要更换不同的载体以获得最佳表达效率。

（三）目的基因与基因载体的连接

在分别得到含有目的基因的 DNA 片段及提纯的质粒闭环载体后，分别将目的片段和载体片段分离纯化，继而连接为重组体。

1. 常用工具酶　以 DNA 分子为工作对象，对 DNA 分子进行切割、连接、聚合等各种操作都是酶促过程，常需要一些基本的工具酶。例如，对基因或 DNA 进行处理时需利用序列特异的限制性内切酶在准确的位置切割 DNA，有时需在连接酶的催化下使目的基因与载体连接。此外，DNA 聚合酶、末端转移酶、逆转录酶等也是 DNA 重组技术中常用的工具酶（表 22-1）。

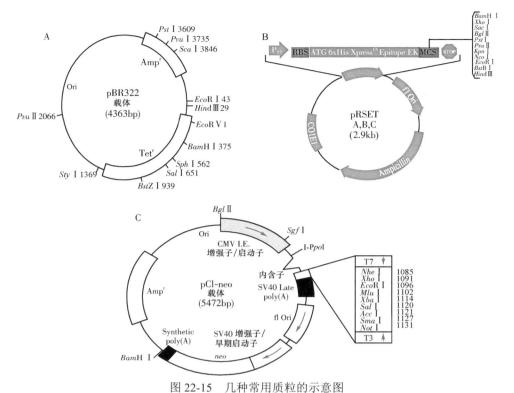

图 22-15　几种常用质粒的示意图

表 22-1　DNA 重组技术中常用的工具酶

工具酶	功能
限制性内切酶	识别特异序列，切割 DNA
DNA 连接酶	催化 DNA 中相邻的 5′-磷酸基和 3′-羟基末端之间形成磷酸二酯键，使 DNA 切口封合或使两个 DNA 分子或片段连接
DNA 聚合酶 I	①合成双链 cDNA 的第二条链 ②缺口平移法制作高比活性探针 ③ DNA 序列分析 ④填补 3′ 端
逆转录酶	①合成 cDNA ②替代 DNA 聚合酶 I 进行填补，标记或 DNA 序列分析
多聚核苷酸激酶	催化多聚核苷酸 5′-羟基末端磷酸化，或标记探针
末端核苷酸转移酶	在 3′-羟基末端进行同质多聚物加尾
碱性磷酸酶	切除末端磷酸基

　　限制性内切酶（restriction endonuclease，RE）可以识别 DNA 的特异序列，并在识别位点或其周围切割双链 DNA，被称为基因工程的手术刀而获得广泛使用。已发现多种细菌都含有这类限制-修饰酶体系。该体系通过限制酶降解外来 DNA 分子，"限制"其功能。而细菌自身的 DNA 以及留居的质粒 DNA 上的特异序列因甲基化酶修饰，受到保护而免于切割。

　　现已发现的限制性内切酶有 1800 种以上。根据其识别和切割序列的特性、催化条件及修饰活性等，一般将限制性内切酶分为 I、II、III 三型。II 型限制性内切酶要求严格地识别序列和切割位点，大部分 II 型酶识别 DNA 中 4～8bp 具有反向对称的序列，又称回文结构。其识别序列中有一个碱基的变异、缺失或修饰都不能被水解。其中的大多数 II 型酶可用于分子克隆，使得分子生物学的实验结果具有高度的精确性，如 EcoR I、BamH I 就属于这类酶。有些酶在识别序列内

表 22-2　常用限制性内切酶及切割位点

名称	识别序列及切割位点
切割后产生 5′ 突出末端	
BamH I	5′...G ▼ GATCC...3′
Bgl II	5′...A ▼ GATCT...3′
EcoR I	5′...G ▼ AATTC...3′
Hind III	5′...A ▼ AGCTT...3′
Hpa II	5′...C ▼ CGG...3′
Mbo I	5′... ▼ GATC...3′
Nde I	5′...CA ▼ TATG...3′
切割后产生 3′ 突出末端	
Apa I	5′...GGGCC ▼ C...3′
Kpn I	5′...GGTAC ▼ C...3′
Pst I	5′...CTGCA ▼ G...3′
Sph I	5′...GCATG ▼ C...3′
切割后产生平末端	
Alu I	5′...AG ▼ CT...3′
EcoR V	5′...GAT ▼ ATC...3′
Hae III	5′...GG ▼ CC...3′
Pvu II	5′...CAG ▼ CTG...3′
Sma I	5′...CCC ▼ GGG...3′

的对称轴上切割，其切割产物的断端双股平齐称为钝端或平端（blunt end）。而很多限制酶切割后在断端形成一个短的单股突出的不齐末端，称为黏性末端（sticky end）（表 22-2）。

2. 目的基因与基因载体的连接

（1）目的基因和载体的限制性内切酶酶切位点的设计和应用：要构建体外重组 DNA 分子，必须首先了解目的基因和载体的限制性内切酶酶切图谱。切割载体所选用的限制性内切酶识别位点应该位于载体的多克隆位点内，这样才不会影响载体的其他功能。目的基因的切割应该选用与切割载体相同的酶，使两者产生的末端互补，相互连接才可实现。要尽量选择仅位于目的基因两端，而在基因内部没有切割位点的限制性内切酶用于克隆。构建重组 DNA 分子时，最好用两种不同的限制性内切酶进行酶切（双酶切法），以产生两种不同的末端。由于载体自身两个末端的碱基不能相互匹配，所以载体自身不会连接。只有遇到含有相匹配末端的目的基因时，才能相互连接，而且目的基因片段只能以一个方向插入到载体中，所以这种方式又称为定向克隆（directional cloning）。定向克隆正确重组的效率高，载体自我环化形成的假阳性背景低，易于筛选出正确的重组子。

（2）目的基因和线状载体 DNA 片段的分离和回收：得到的载体和目的基因需经酶切形成连接末端，酶切反应完成后，可以分别将反应液加到琼脂糖凝胶中进行电泳分离。从琼脂糖凝胶中回收纯化所需 DNA 片段的方法有很多。传统的方法有电泳洗脱法、DEAE 纤维素膜（二乙氨乙基纤维素膜）法、低熔点琼脂糖凝胶法和冻融法等。回收的 DNA 片段还需要进一步纯化处理，去除琼脂糖等杂质。目前，有多种高效率地从琼脂糖凝胶中回收和纯化 DNA 目的片段的商品化试剂盒可供利用，操作较为简便。

（3）目的基因与载体的连接：目的基因与载体 DNA 片段的连接在本质上是酶促反应，含有匹配黏性末端的两个 DNA 片段相遇时，黏性末端单链间将形成碱基配对，仅在双链 DNA 上留下缺口。游离的 5′ 端磷酸基团及相邻的 3′ 端羟基基团在 DNA 连接酶催化作用下，形成磷酸二酯键封闭缺口，成为一个完整的环状 DNA 分子。

上述连接反应在互补黏性末端中的效率较高，应用广泛。当缺乏合适的黏性末端酶切位点可以利用时，也不得不采用平端限制性内切酶制备载体和目的基因片段。平端连接效率低，非重组背景高，并有多拷贝插入及双向插入等缺陷，因此应用受到限制。

（四）重组 DNA 分子导入受体细胞

DNA 连接反应完成后，在反应混合物中含有 DNA 重组体，这些重组体必须导入宿主细胞后才能得到扩增，在此基础上方可进行筛选和鉴定。将重组质粒导入宿主细菌的过程称为转化（transformation），导入真核细胞的过程称为转染（transfection）。重组噬菌体导入宿主菌的过程称为转导（transduction）。酵母细胞的基因导入习惯上被称为转化。病毒载体导入细胞亦被称为感染。

1. 重组质粒的转化　广义的转化作用是指通过微生物摄取 DNA 而实现的基因转移。通过转化进入细胞的 DNA 可以同宿主菌发生重组，或者进行独立的复制。狭义的转化专指细菌细胞的感受态制备和复制质粒载体 DNA 的过程。

细菌处于容易接受外源 DNA 的状态叫作感受态。大肠埃希菌经过一定的处理过程可以形成感受态细胞（competent cell）。在分子克隆中，感受态细胞转化效率的高低是限制克隆成功率的一个重要因素。目前制备各种细菌感受态的最常用方法是 $CaCl_2$ 法，转化效率一般为 $10^6 \sim 10^7$ 个转化子/μg DNA，是一般的克隆实验中最常用的简便而重复性好的方法。目前已有商品化的细菌感受态细胞出售，但价格较为昂贵。细菌转化的另一种方法是电穿孔（electroporation）法。电穿孔法的转化效率可达 $10^9 \sim 10^{10}$ 个转化子/μg DNA。电穿孔转化技术中与转化效率有关的主要参数是电压、电容、阻抗、脉冲时间等。这些参数因菌种和介质不同而异，已有不少较成熟的条件供参考。酵母细胞的转化多采用电穿孔法。

2. 重组噬菌体的感染　噬菌体或病毒进入宿主细胞并繁殖的过程称为转导。以重组噬菌体作载体进行基因导入时，只要在体外用噬菌体外壳蛋白将重组载体包装成有活力的噬菌体，重组载体即可以依靠效率很高的感染方式进入宿主细菌，使目的基因得以扩增。

3. 基因转染　外源 DNA 导入动物细胞的过程称为转染。根据 DNA 导入的受体细胞的不同，转染可分为生殖细胞转染和体细胞转染。目前在研究中大量、常规使用的是体细胞转染。

（五）重组细菌和细胞的筛选

无论采用何种方法导入重组载体，宿主都不可能百分之百被转化、转染或感染，必须将真正的转化体或转化细胞筛选出来。在重组 DNA 克隆设计开始时，就应设计出易于筛选重组子的方案。一个设计良好的方案往往可以事半功倍，节省许多人力物力。筛选方法的选择和设计主要依据载体、目的基因和宿主细胞不同的遗传学特性和分子生物学特性来进行。DNA 重组技术中常用的筛选和鉴定的方法可分为两大类：一类是利用宿主细胞遗传学表型的改变直接进行筛选；另一类是通过分析重组子的结构特征进行鉴定。前者常用抗药性、营养缺陷型显色反应和噬菌斑形成能力等遗传表型来筛选；后者常采用限制性内切酶酶切及电泳、探针杂交和核苷酸序列分析来鉴定目的基因的结构。

1. 根据重组子遗传表型进行的筛选　重组子转化宿主细胞后，载体上的一些筛选标志基因的表达会导致细菌的某些表型改变，通过在琼脂平皿中加入相应的筛选物质，可以直接筛选出含有重组子的菌落。操作比较简单，常用于筛选阳性重组子的初步筛选。

（1）抗生素筛选：大多数克隆载体带有抗生素抗性基因，如抗四环素基因（*tet*[r]）、抗氨苄青霉素基因（*amp*[r]）等。理论上，只有含有这些重组子的转化细胞才能够在含有相应抗生素的琼脂平皿上生长成菌落。但是实际上，自身环化的载体、未酶切完全的载体或非目的基因插入载体形成的重组子也能转化细胞形成假阳性菌落。

（2）营养缺陷型的互补筛选法：营养缺陷型的互补筛选法包括插入互补和插入失活两种。插入互补是指由于外源基因的插入弥补了宿主菌原来的基因缺陷性状。如把酵母基因组 DNA 随机切割后插入到大肠埃希菌的质粒中，然后将重组质粒转化到大肠埃希菌 *his*（组氨酸）突变株细胞中，凡含有酵母 *his* 基因并获得表达的转化菌就能在不含 His 营养成分的培养基中生长。插入失活是指由于外源基因的插入，重组子丧失了原来具有的某些特征，如不能合成某种产物，当这种改变有明显的表型变化时，就可以用于鉴别重组子。这里以蓝白斑筛选法为例加以说明。

pUCl8/19 以及其他一些载体中含有 β-半乳糖苷酶基因（*lacZ*）的调控序列及其氨基端 146 个氨基酸的 α-肽编码区，尽管它的 MCS 也位于其中，但由于巧妙的读框设计仍使其保留了 α-肽的功能。如果用这一类质粒转化 β-半乳糖苷酶基因缺失突变菌（gal[−]），由于质粒表达的 α-肽可以补充菌株缺失的 α-肽，使其产生有活性的 β-半乳糖苷酶，分解半乳糖。在加入了 β-半乳糖苷酶基因表达诱导剂 IPTG（异丙基硫代-β-*D*-半乳糖苷）和 β-半乳糖苷酶底物 X-gal（5-溴-4-氯-3-吲哚-β-*D*-半乳糖苷）的培养基上生长的菌落呈现蓝色。这种现象被称为 α 互补效应。外源 DNA 片段克隆到上述的这个区段后，使 *lacZ* 基因失活，不再产生 α-肽，也不再产生有活性的 β-半乳糖苷酶。在加入 IPTG 和 X-gal 的平板上不再出现蓝色菌落，而是白色菌落（图 22-16）。

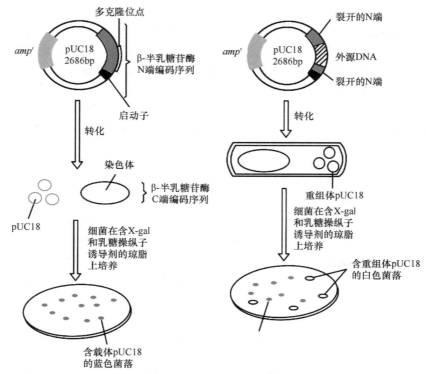

图 22-16 蓝白斑筛选原理

2. 根据重组子结构特征的筛选法 由于插入重组分子的方向，多聚体形成、自身环化或其他无关片段插入等因素的影响，往往需要对重组子的分子结构作进一步地筛选和鉴定，以证实目的基因是否存在于受体细胞之中。

（1）快速裂解菌落比较重组 DNA 的大小：对于插入片段比较大的重组 DNA，可以直接裂解菌体获得质粒 DNA，通过电泳与原载体进行比较，根据其电泳迁移率的差别进行鉴定。

（2）限制性内切酶酶切鉴定：提取转化细菌的质粒 DNA，用合适的限制性内切酶酶切，根据片段的大小和酶谱特征来确认它是否为预期的重组 DNA 分子。

（3）杂交方法：含有外源 DNA 的重组 DNA 在一定条件下能和与其互补的 DNA 探针结合。如探针用同位素标记，这样能够与探针相结合的重组 DNA 就表现出放射性，据此可与非重组子进行鉴别。

杂交是在菌落或噬菌斑筛选中应用最广泛的一种筛选技术。筛选时，先将转化菌生长在琼脂平板上，再将菌落或噬菌斑保持原位转移到硝酸纤维素膜（NC 膜）上，经裂解菌落、DNA 的碱变性和中和，然后用同位素标记的探针进行杂交。放射性探针使胶片曝光，指示出阳性克隆菌落的所在位置。本方法能进行大规模操作，一次可筛选上万个菌落或噬菌斑，是从基因文库中挑选目的重组子的首选方法。

（4）PCR 筛选法：根据外源 DNA 插入位点两侧序列设计引物，进行 DNA 扩增反应。根据是否扩增出与插入片段大小相应的片段进行筛选鉴定。PCR 方法还可以对重组序列直接进行序列测定。

通过上述技术手段只能知道所得的质粒或噬菌体等的 DNA 具有重组子的特征，至于目的片段的序列则必须用 DNA 测序法加以证实。

（六）重组 DNA 在宿主中的表达

具有特定生物学活性的蛋白质在生物学和医学研究方面具有重要的理论和应用价值，这些蛋白质可通过重组 DNA 技术大量获得。这尤其适用于那些来源特别有限的蛋白质。利用基因工程方法表达克隆基因还可以获得自然界本不存在的一些蛋白质。克隆基因可在大肠埃希菌、枯草杆菌、酵母菌、昆虫细胞、培养的哺乳动物细胞或整体动物中表达。

1. 原核表达体系　大肠埃希菌是最常用的原核表达体系，利用其表达外源基因已有 20 多年的历史。其优点是培养简单、迅速、经济又适合大规模生产。主要缺点是缺乏适当的翻译后加工机制，真核细胞来源的蛋白质在其中不易正确折叠或进行糖基化修饰，表达的蛋白质常常形成不溶性的包涵体（inclusion body）。包涵体是外源蛋白与周围杂蛋白或核酸等形成不溶性的聚合体，后续纯化很困难。大肠埃希菌表达载体除了要有一般克隆载体所有的元件以外，还要具有能调控转录、产生大量 mRNA 的强启动子。常用的启动子有 *trp-lac* 启动子、λ 噬菌体 PL 启动子和 T7 噬菌体启动子等。核糖体结合位点是表达载体中另一必不可少的元件，原核系统中的核糖体结合位点亦称为 SD 序列。多数表达载体中都带有转录终止序列。影响外源基因表达的因素有启动子的强弱、RNA 的翻译效率、密码子的选择、表达产物的大小及表达产物的稳定性等。

2. 真核表达体系　与原核表达体系相比，真核表达体系具有更多的优越性。根据宿主细胞的不同，真核表达系统可分为酵母、昆虫及哺乳动物细胞表达系统等。这些表达系统在重组 DNA 药物、疫苗生产及其他生物制剂生产上都获得了一些成功，在研究各种蛋白质分子在细胞中的功能方面也得到了非常广泛的应用。

（1）真核细胞表达载体：真核细胞表达载体应该至少具备两项功能。一是能够在原核细胞中进行目的基因的重组和载体的扩增；二是具有真核宿主细胞中表达重组基因所需的各种转录和翻译调控元件。这就要求真核细胞表达载体既含有原核生物克隆载体中的复制子、抗性筛选基因和多克隆位点等序列，又要含有真核细胞的表达元件组件，如启动子、增强子、转录终止信号、poly (A) 加尾信号序列及适合真核宿主细胞的药物抗性基因等。尽管有的真核细胞表达载体可以在真核细胞内独立扩增，不过大部分载体 DNA 是先整合到宿主的染色体中，然后随着宿主细胞 DNA 的复制而得以扩增。

（2）真核细胞表达载体导入宿主细胞：将载体导入真核细胞的过程被称为细胞转染。已经接受了外源基因的重组 DNA 细胞称为转染子（transfectant）。高效率的细胞转染是真核细胞表达外源基因的关键，目前使用较多的方法有以下几种：

1）磷酸钙转染（calcium phosphate transfection）法：磷酸钙转染是格雷厄姆（Graham）等在 1973 年首创的方法，也是 20 世纪 90 年代以前最广泛使用的方法。其原理是先使 DNA 形成一种 DNA-磷酸钙沉淀物，再使其黏附于细胞表面，通过细胞的内吞作用被细胞捕获，进而被整合到染色体中。磷酸钙转染法的优点是不需要昂贵的仪器和试剂。

2）电穿孔转染技术：电穿孔是利用专门仪器产生高压电脉冲，使细胞膜上出现微小的孔洞，细胞培养液中的重组质粒通过这些孔洞就可以进入细胞，再整合到基因组内。该方法由于操作简单且转染效率高而被广泛应用，不过需要专门仪器。

3）脂质体转染法：脂质体（liposome）是一种人造类脂膜，最初作为细胞膜的研究模型，后来才被用作将药物、蛋白质和 DNA 向细胞内转运的载体。细胞摄取脂质体包装的质粒 DNA 的能力比未包装的 DNA 高 100 倍。脂质体转染法的优点是操作简单、毒性低和包装容量大等。目前已经有多种商品化的试剂盒。

（3）转染细胞的筛选：重组 DNA 转染入动物细胞后，应依靠一定的选择标记，使用特殊的选择培养基，才能把转染的细胞克隆从大量的未转染细胞中筛选出来。真核转染细胞的筛选标志分代谢缺陷标志和抗生素标志两大类。常用的选择系统有胸腺嘧啶核苷激酶（thymidine kinase，TK）基因选择系统、新霉素磷酸转移酶（neomycin phosphotransferase，NPT）基因选择系统和次黄嘌呤鸟嘌呤磷酸核糖基转移酶（hypoxanthine-guanine phosphoribosyltransferase，HGPRT）基因选择系统等。

（4）表达系统的选择：利用真核细胞表达外源基因主要有两方面的目的。一是研究该基因在细胞中的作用和作用机制；二是获得足够量的纯化的目的蛋白用于诊断、治疗或结构研究。前者对表达系统的要求较低，只要宿主细胞适合、表达载体相配及载体对细胞功能无影响即可。如果外源蛋白对细胞有毒性，还可以选用诱导型表达载体。后者对表达系统要求较高，要获得足够量的、纯化的目的蛋白，则需仔细选择表达系统。

哺乳动物细胞无疑是最理想的表达人类基因的系统，应为首选。人源性蛋白在哺乳动物细胞中可以获得与人类最接近的转录和翻译后修饰，因而可以较为精确地折叠成天然构象，具有最理想的活性。中国仓鼠卵巢（CHO）细胞就是在生物技术中应用最广泛的细胞之一。用哺乳动物细胞进行蛋白表达的主要缺点是表达水平不尽理想和生产成本高。

酵母是单细胞真菌，也是比较成熟的工业用微生物。由于其易培养、无毒害且生物学特性研究得比较清楚，因此很适合作为基因工程菌。酵母表达系统同时兼有大肠埃希菌的表达水平高、易培养、成本低和真核细胞的可以较好折叠及修饰的优点。毕赤酵母（*Pichia pastoris*）是目前较常用的一种酵母菌，用该系统表达外源基因，其最高表达水平可以达到12g/L。到目前为止，许多酶、蛋白酶、蛋白酶抑制剂、受体、单链抗体和调节蛋白都在该系统中进行了成功表达。

利用昆虫病毒表达载体和培养的昆虫细胞形成的表达系统是另一种具有较高表达能力的表达系统，也是一种较有发展前景的真核表达系统。

第五节　DNA 测序技术

自从 1977 年测定了噬菌体 ΦX174 基因组全部核苷酸序列以后，2001 年初完成了人类基因组工作草图使基因组序列进一步发展。目前已分析完成了大批生物的全基因组序列，包括噬菌体、病毒、细菌、酵母、多细胞真核生物、小鼠和人类基因组。

DNA 的碱基序列蕴藏着全部遗传信息，DNA 的序列分析，即 DNA 一级结构的测定是分子生物学研究中的一项非常重要和关键的内容。基因的分离、定位、转录、基因产物的表达、基因工程载体的组建、基因片段的合成和探针的制备等，都与对 DNA 一级结构的详细了解有密切关系。测定基因组的全部核苷酸序列，阅读和分析全部遗传信息，正是人类基因组计划的最主要目标之一。对 DNA 一级结构的研究，有助于探索基因结构与功能、基因与疾病的关系，并进一步推动生命科学研究的飞跃发展。

核酸序列测定的基本方法包括马克萨姆和吉尔伯特（Maxam & Gilbert）开创的化学裂解测序法和桑格（Sanger）发展并完善了的 DNA 序列测定的末端合成终止法。由于末端合成终止法容易实现自动化而且单链 DNA 制备相对容易，因此末端终止法成为 DNA 测序的主要方法。

此后，在利用与光敏元件相连的计算机系统的基础上建立了荧光 DNA 序列分析技术，实现 DNA 测序过程的自动化。DNA 序列分析是伴随着现代分子生物学的发展而不断完善的，这一技术已成为生命科学研究工作者探索生命奥秘的重要工具之一。

一、测序技术的原理

（一）DNA 链末端合成终止法

DNA 链末端合成终止法也称桑格（Sanger）法，是 Sanger 于 1977 年建立的一种测定 DNA 序列的方法，是目前应用最为广泛的方法。该方法利用 DNA 复制机制，使均一单链 DNA 模板和一种适当的 DNA 合成引物，在 DNA 聚合酶作用下，合成 DNA 模板的互补链，利用放射性元素标记的双脱氧核苷三磷酸（dideoxyribonucleoside triphosphate，ddNTP）作底物使 DNA 链的合成发生特异性终止，合成出一系列 3′ 端为放射性元素标记 ddNTP 的不同长度的新生链。DNA 链中的核苷酸是以 3′,5′-磷酸二酯键相连接，合成 DNA 所用的底物是双脱氧核苷三磷酸（dideoxyribonucleoside triphosphate，ddNTP）。在 DNA 合成过程中，如果有 2′,3′-ddNTP 被掺入到新生核苷酸链延伸末端，由于 ddNTP 没有 3′-OH，不能再与其他核苷酸形成 3′,5′-磷酸二酯键，在本应掺入相应一个 dNTP 的位置，造成新生链的延伸特异性终止。例如，掺入一个 ddTTP，就终止在本应掺入 dTTP 的位置，新生链的 3′ 端就是 T。

DNA 链末端合成终止法是以单链或双链 DNA 为模板，采用 DNA 引物引导新生 DNA 的合成，因此又称引物合成法或酶促引物合成法。这一方法是基于 DNA 聚合酶以下催化特性：①以 DNA 为模板结合的寡核苷酸引物，形成正确的模板 DNA 互补链；②能以 dNTP 作为底物，也能利用 ddNTP 作为底物，将其掺入寡核苷酸链的 3′ 端而终止新生互补链的延伸。

在测序反应中，通常设置 4 个反应。以 ddCTP 终止反应的反应管为例，反应管内同时加入一种 DNA 模板和引物、DNA 聚合酶 I、ddCTP（双脱氧胞苷三磷酸）、dCTP 及其他 3 种脱氧核苷三磷酸（dATP、dGTP、dTTP），而其 ddCTP 带 ^{32}P 或 ^{35}S 放射性标记。在 DNA 合成过程中，ddCTP 和 dCTP 会竞争掺入到新生 DNA 链上，而 ddCTP 的比例较低，因此，终止位点是随机的。经过适当的温育之后，将会合成出不同长度的 DNA 片段混合物。它们都具有相同的 5′ 端，3′ 端都因掺入了 ddCTP 而以 C 结尾。同理，在以 A、G、T 结尾的反应管中，所加入的 ddNTP 分别为 ddATP（双脱氧腺苷三磷酸）、ddGTP（双脱氧鸟苷三磷酸）、ddTTP（双脱氧胸苷三磷酸）。将 C 反应管的混合物加到变性凝胶上进行电泳分离，就可以获得一系列 3′ 端以 C 结尾的 DNA 片段电泳条带。其他各反应管的混合物进行电泳后，同样是形成以相应 ddNTP 结尾的 3′ 端的 DNA 片段电泳条带。将 4 个反应管的混合物平行加到同一变性凝胶的 4 个相邻泳道作电泳分离，最后通过放射自显影，检测单链 DNA 片段的放射性条带，就可在 X 线片上，直接读出待测 DNA 的核苷酸顺序（图 22-17）。

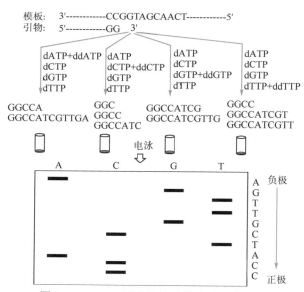

图 22-17　DNA 链末端合成终止法测序原理

在 DNA 链末端合成终止法测序反应中，常使用失去 5′ → 3′ 外切酶活性的 DNA 聚合酶 I 的 Klenow 片段或 T7 DNA 聚合酶，来催化合成待测 DNA 模板序列的新生互补链。适当地调整反应试管中 ddNTP 和 dNTP 的比例（通常为 ddNTP/ dNTP=1 ∶ 10），能够获得良好的电泳带谱模式，使得 DNA 条带分离效果较佳。适当降低 ddNTP 和 dNTP 的浓度比，可减少链终止的机会，从而增加反应体系中互补新生链的长度，配合使用较长的凝胶和低浓度聚丙烯酰胺电泳分离，有利于提高分辨率。

（二）DNA 自动测序

化学裂解法和末端合成终止法测序都不太适应大规模 DNA 序列测定需要。例如，两种方法都需要使用放射性核素作为标记物，而放射性核素除对操作人员有辐射危害外，放射性材料在保藏、处理和半衰期限制等方面也带来了诸多不便。再如这两种 DNA 序列分析法还存在着操作步骤繁琐、效率低、速度慢的缺点，特别是判断结果的读片过程。因此，自 DNA 序列分析技术建立以来，许多科学家开始致力于 DNA 序列分析自动化方面的研究。

1. 第一代测序技术 又称 Sanger 测序，采用荧光替代放射性核素标记是实现 DNA 序列分析自动化的基础。荧光染料、激光共聚焦技术及毛细管电泳仪的发展与应用，使得基于末端合成终止法的 DNA 测序进入自动化和高通量阶段。第一代测序技术的应用目前已十分普遍，它可实现制胶、进样、电泳、检测、数据分析全自动化。第一代测序技术的读长可以超过 1000bp，原始数据的准确率可高达 99.999%。尽管第一代测序（全自动激光荧光 DNA 测序）技术的基本原理基于 Sanger 法，但其工作原理不尽相同，可分为以下两类：

（1）四色荧光法：采用四种不同的荧光染料标记同一引物或四种不同的终止底物 ddNTP，最终结果均相当于赋予 DNA 片段 4 种不同的颜色。因此，一个样品的 4 个反应产物可在同一个泳道内电泳，从而减少了不同测序泳道间电泳迁移率的差异对测序结果的精确性所带来的影响。具体如下。①将 4 种荧光染料分别标记在同一测序引物的 5′ 端，从而形成了一组（4种）标记引物。在 Sanger 测序反应中，特定荧光标记引物与特定的 ddNTP 底物保持对应关系，这样以某种 ddNTP 终止的所有 DNA 片段的 5′ 端都标记上了相同的荧光基团。②将 4 种荧光染料分别标记在 4 种 ddNTP 底物上；在 Sanger 测序反应后，反应产物的 3′ 端便标记了不同的荧光基团。

（2）单色荧光法：采用单一荧光染料标记引物 5′ 端或脱氧核苷三磷酸（dNTP），经 Sanger 测序反应后，所有产物 5′ 端均带上了同一种荧光标记，一个样品的 4 个反应必须分别进行，相应产物也必须在 4 个不同的泳道内电泳。

2. 第二代测序技术 第二代测序技术又称高通量测序（high-throughput sequencing），该方法采用大规模矩阵结构的芯片分析技术，阵列上的 DNA 样本可以同时并行分析。其基本原理是 DNA 样品芯片重复进行反应，通过显微设备观察并记录连续测序循环中碱基连接到 DNA 链上的过程中释放出的光学信号，从而确定核苷酸序列。第二代测序技术的优势在于：①可实现大规模并行化分析；②不需电泳，设备易于微型化；③样本和试剂的消耗量降低，降低了测序成本。但其主要的缺点是读出的每条 DNA 序列太短，通常在 35～250bp，使得后续的装配工作较难。

第二代测序技术的基本流程如下：①将基因组 DNA 随机切割成为小片段 DNA；②在所获小片段 DNA 分子的末端连上接头，然后变性得到单链模板文库；③将带接头的单链小片段 DNA 文库固定于固体表面；④对固定片段进行克隆扩增，从而制成 polony 芯片；⑤针对芯片上的 DNA，利用聚合酶或连接酶进行一系列循环反应，通过读取碱基连接到 DNA 链过程中释放出的光学信号而间接确定碱基序列。然后，对产生的阵列图像进行时序分析，便可获得 DNA 片段的序列。最后，按一定计算机算法将这些片段组装成更长的重叠群。

目前常用的第二代测序技术平台有 454 测序、Solexa 测序、SOLiD 测序（sequencing by oligonucleotide ligation and detection）等。

3. 第三代测序技术 又称为单分子测序技术，第三代测序技术都是针对单分子进行序列分析，无需扩增。目前，第三代测序技术主要有 3 种策略：①通过掺入并检测荧光标记的核苷酸，来实现单分子测序，如单分子实时技术（single molecule real time technology，SMRT）、基于荧光供体和受体之间荧光共振能量转移（FRET）的测序技术等；②利用 DNA 聚合酶在 DNA 合成时的天然化学方式来实现单分子测序；③直接读取单分子 DNA 序列信息，如非光学显微镜成像测序技术（sequencing by non light microscope imaging）、纳米微孔测序技术（nanopore sequencing）等。目前 SMRT 属于第三代 DNA 测序中较为成熟的技术。

SMRT 是一种单分子合成测序技术，它依赖于被称为零级波导（zero mode waveguide，ZMW）的纳米微孔结构来实时观察 DNA 的聚合。数以千计的 ZMW 纳米微孔被刻蚀在一片金属薄膜上，并将其附着于透明基质上。每个纳米微孔底部允许固定一个 DNA 聚合酶分子。在反应中，固定的聚合酶根据单链 DNA 模板合成双链。每加入 1 个碱基，聚合酶捕获具有荧光标记的

dNTP，并将其带到检测区间，产生荧光光曝。光曝的荧光颜色就揭示了模板上的互补碱基。通过连续实时监控每个波导孔，就能快速测定每一个孔内的 DNA 模板序列。SMRT 在高速测序、长序列产出和低成本方面有着巨大的潜力，其测序速度可达第二代测序速度的（1～2）万倍，测序长度可达 1 万 bp。

（三）RNA 测序

RNA 测序技术即转录组测序技术，就是用高通量测序技术进行测序分析，反映出 mRNA、小 RNA、非编码 RNA 等或者其中一些分子的表达水平，RNA 测序最常用于分析差异表达基因（DEG）。标准的工作流程从实验室提取 RNA 开始，到 mRNA 富集或去除核糖体 RNA，cDNA 逆转录及制备由接头连接的测序文库。接下来，这个文库会被高通量测序平台测序。最后，实验得到的数据通过比对或拼接测序的读长到转录组，量化覆盖转录本的读长，过滤和样本间归一化，用统计模型描述每个基因在各个样本组之间存在什么样的表达水平上的差异。RNA 测序技术的应用领域为转录本结构研究（基因边界鉴定、可变剪切研究等），转录本变异研究（如基因融合、编码区 SNP 研究），非编码区域功能研究（非编码 RNA、微 RNA 前体研究等），基因表达水平研究以及全新转录本发现。

二、测序技术的应用

（一）病原微生物基因组测序

新一代测序技术可以避免以往病原微生物需放大培养再扩增鉴定等操作，而可以不用逐一分离，提取 DNA 后直接进行测序，将得到的测序结果根据生物信息学的角度进行群组分类等操作，不仅可以获得微量的微生物序列，甚至可以通过未知序列去鉴定未发现的物种。而且可以通过全基因组测序或目的基因测序来寻找特异性的突变，通过基因表达等层面信息去解读致病机制、遗传机制等等，大大缩短诊断时间，提高诊断精准性。

（二）无创产前筛查

早有研究证实在孕妇外周血内存在微量的来源于胎儿的游离 DNA，而第二代及之后的测序技术大大弥补了第一代测序对于低拷贝数起始模板样本灵敏度不足的缺点，可以针对该游离 DNA 进行测序，从而使针对唐氏综合征等染色体疾病的无创产前筛查成为可能，实现优生优育的目的。

（三）遗传病的诊断

全基因组测序，可以精确测定个体基因组全部序列。准确测定基因组序列中具有关键意义的单核苷酸多态性位点，根据已有的并且不断完善的数据库进行比对分析，了解受检人群的遗传信息，为医生提供预防和诊断方面的指导性的意见，如有关疾病先天易感性、药物耐药性等信息。

（四）个体精准医疗

肿瘤的发生，与细胞基因组改变息息相关。对于肿瘤细胞而言，无论是 DNA、RNA 及表观遗传学方面的修饰水平等，都与肿瘤的发生、发展有密切关系。而根据针对肿瘤细胞的基因测序，可以预判化疗药物、靶向药物的治疗效果、毒副作用等情况以及癌症转移、复发等状态，实现个性化治疗。

三、单细胞测序

单细胞测序技术是指在单个细胞的水平上对基因组进行高通量测序分析的技术。2011 年和 2013 年，单细胞测序技术分别被《自然-方法》（*Nature Methods*）和《科学》（*Science*）列为年度最值得期待和关注的技术之一。单细胞测序技术不仅能更加精确地测量细胞内的基因表达水平，而且能检测到罕见非编码 RNA 和微量基因表达子。而传统的赖以进行高通量测序的 DNA 来源于大量细胞，其结果只是这个细胞群体的"平均值"。众所周知，细胞之间存在异质性，即使表型相同，细胞的遗传信息也可能具有显著差异，并且这种"整体表征"的做法，丢失了很多低丰度的信息。另外，很多生物样品量非常稀少，难以培养，如人体内不能进行体外培养的微生物、早期发育阶段的胚胎细胞及组织微阵列等。这些难以培养的生物样品给生物学研究带来了难以逾越的信息鸿沟，人们甚至称其为生物学上的"暗物质"。随着单细胞测序需求的日益增加，国际上许多测序公司相继推出新一代的单细胞测序技术，相关的研究成果也越来越多，如该技术已经用于海洋微生物的多样性研究和肾透明细胞癌及骨髓增殖性肿瘤等的研究。单细胞测序技术正在成为基因序列研究的热点。

（一）单细胞测序的流程

单细胞测序的流程主要分为四部分：单细胞分离、扩增及建库、高通量测序、数据分析。其中，单细胞分离及扩增又对结果的准确性起到了关键作用。目前常用的单细胞分离方法主要有：荧光激活细胞分选法（fluorescence-activated cell sorting，FACS）、激光捕获显微切割（laser capture microdissection，LCM）、微流控技术等。单细胞全基因组扩增方法应用较多的有简并寡核苷酸引物 PCR（degenerate oligonucleotide primed PCR，DOP-PCR）、多重链置换扩增（multiple displacement amplification，MDA）和多次退火环状循环扩增技术（multiple annealing and looping-based amplification cycles，MALBAC）等几种方法；基于逆转录的单细胞转录组扩增主要有三种方法：Smart-seq2、CEL-seq 及 Chr-omium。

（二）单细胞测序方法

单细胞研究的测序方法比较多，Smart-seq、CEL-seq、SCRB-seq 和 Drop-seq 是常用的几种单细胞测序方法，四种方法的比较见表 22-3。

表 22-3　单细胞测序的四种方法

	Smart-seq	CEL-seq	SCRB-seq	Drop-seq
poly(A)-mRNA 捕获	PCR 引物	Oligo-dT 引物带 5′接头，细胞条码，UMI，T7 启动子	Oligo-dT 引物含细胞条码和 UMI	细胞条码和 UMI（引物固定在微珠上，与单细胞一起进入液滴）
逆转录	逆转录；模板转换 oligo 添加到到 cDNA 的 5′ 端	逆转录和模板转换	逆转录和模板转换	逆转录和模板转换
cDNA 扩增	PCR，全长	T7 启动子体外转录	单引物 PCR	PCR
片段化/文库制备	用 Tn5 转座酶为标签；末端添加引物	片段化，随后通过 PCR 添加接头	富集 3′ 端的改良版片段化，改良的样品制备	用 XT 试剂盒进行 cDNA 标签
UMI	无	有	有	有
细胞条码	无	有	有	有
转录本覆盖度	全长	选择 3′ 端	选择 3′ 端	选择 3′ 端
细胞数	96	96（C1 系统）	96 或 384	数千
灵敏度	灵敏	—	—	—
精确度	—	精确		
效率	—	—	效率高	效率高
准确度	类似	类似	类似	类似

注：UMI，unique molecular identifier，独特分子标签

1. Smart（switching mechanism at 5′ end of the RNA transcript）**-seq**　是一个具有里程碑意义的重要技术。对于等位基因特异性表达或者剪接变体研究来说，覆盖整个转录组是一件非常重要的事情。C1 单细胞制备系统能够自动完成 Smart-seq 步骤，将制备好的细胞悬液加进仪器就会分离并裂解细胞，将 mRNA 逆转录为 cDNA，再对 cDNA 进行扩增。扩增后的 cDNA 测序，也可以进行 qPCR 检测。

2. CEL-seq（cell expression by linear amplification and sequencing）　是一种采用线性扩增的常用测序方法。该方法创建于 2012 年，其原理主要是分离单细胞，逆转录带有 poly (A) 尾的 mRNA 片段，给它们贴上代表其细胞来源的条码。CEL-seq 与大多数方法一样，测序转录本的 3′ 端。线性扩增的主要优势是错误率比较低，不过线性扩增和 PCR 都存在序列依赖性偏好。

3. SCRB-seq（single-cell RNA barcoding and sequencing）　Broad 研究所开发的 SCRB-seq 技术采用的是 PCR 扩增。该技术需要结合流式细胞仪（FACS）或者其他细胞分选方法，把单细胞分配到微孔里去。SCRB-seq 与 Smart-seq 比较相似，只不过 SCRB-seq 会整合特异性的细胞条码，以分辨扩增分子的来源，更准确地定量转录本。此外，SCRB-seq 并不生成全长 cDNA，而是像 CEL-seq 一样富集在 RNA 3′ 端。

4. Drop-seq 和 inDROP　哈佛大学医学院的研究人员开发了以微滴为基础的两种独立技术 Drop-seq 和 inDrop。他们利用微流体装置将带有条码的微珠和细胞一起装入微小的液滴，建立了快速、廉价、高通量的单细胞 RNA-seq 方法。这两种技术将细胞隔离在微小的液滴中，装上用于扩增的条码引物，由此检测数以千计的细胞。Drop-seq 和 inDrop 能够帮助生物学家进一步发现和分类人体细胞，绘制大脑等复杂组织的细胞多样性图谱，更好地了解干细胞分化，获得更多疾病的遗传学信息。

Drop-seq 在单个细胞中检测的基因数还不到 Smart-seq/C1、CEL-seq 和 SCRB-seq 的一半。在统计学水平上研究差异性表达的时候，高通量 Drop-seq 和 SCRB-seq 是最划算的。

第六节　生物大分子的结构与功能分析

一、蛋白质的结构分析

蛋白质是生物的生命进程中的主要功能性大分子物质，其构象普遍具有独一无二的生物学活性。蛋白质分子的结构信息蕴含了分子层面的功能信息，其结构对于理解生物基本反应是至关重要的。一种蛋白质的生物学功能由其三维结构决定，而蛋白质结构又由其氨基酸单体的一维链进行编码。

（一）蛋白质一级结构分析

蛋白质序列一级结构分析包括了对理化性质和序列模式的分析。蛋白质理化性质的分析通常包括：蛋白质的分子量、等电点、氨基酸组成、疏水性和亲水性分析等。理化性质对于进一步确定蛋白质的亚细胞定位、功能等非常有用，比如利用疏水残基与跨膜螺旋间的关系可以预测蛋白质序列是否跨膜，利用氨基酸组成成分可以预测蛋白质序列的亚细胞定位等。

（二）蛋白质空间结构测定

1. 二级结构的测定　二级结构是指 α 螺旋和 β 折叠等规则的蛋白质局部结构元件。不同的氨基酸残基对于形成不同的二级结构元件具有不同的倾向性。按蛋白质中二级结构的成分可以把球形蛋白分为全 α 蛋白、全 β 蛋白、α+β 蛋白和 α/β 蛋白四个折叠类型。预测蛋白质二级结构的算法大多以已知三维结构和二级结构的蛋白质为依据，用过人工神经网络、遗传算法等技术构建预测方法。还有将多种预测方法结合起来，获得"一致序列"。总的来说，相对于 β 折叠，α 螺旋预测精度更好，而对除 α 螺旋和 β 折叠等之外的无规则二级结构则效果较差。

2. 蛋白质的三级结构　蛋白质三维结构预测是极为复杂和极为困难的预测技术。序列差异较大的蛋白质序列也可能折叠成类似的三维构象，自然界里的蛋白质结构骨架的多样性远少于蛋白质序列的多样性。由于蛋白质的折叠过程仍然不十分明了，从理论上解决蛋白质折叠的问题还有待进一步的科学发展，但也有了一些有一定作用的三维结构预测方法。相对常见的是"同源模建"和"Threading"方法。前者先在蛋白质结构数据库中寻找未知结构蛋白的同源伙伴，再利用一定计算方法把同源蛋白的结构优化构建出预测的结果。后者将序列"穿"入已知的各种蛋白质的折叠子骨架内，计算出未知结构序列折叠成各种已知折叠子的可能性，由此为预测序列分配最合适的折叠子结构。除了"Threading"方法之外，用 PSI-BLAST 方法也可以把查询序列分配到合适的蛋白质折叠家族。

3. 蛋白质结构解析的常用实验方法

（1）X 射线衍射晶体学成像：X 射线衍射晶体学是最早用于结构解析的实验方法之一。X 射线是一种高能短波长的电磁波（本质上属于光子束），被德国科学家伦琴发现，故又被称为伦琴射线。X 射线衍射法测定蛋白质空间结构时，需要先对目标蛋白进行纯化及结晶。解析蛋白晶体结构所涉及的 X 射线波长约为 1Å，这是因为蛋白晶体结构中的分子均为规律性分布，且晶体内原子间的距离与此波长范围的数量级相同。

当光打到蛋白晶体上，蛋白晶体内每个原子都产生次生射线相互叠加且干涉，且形成强 X 射线衍射成像。其晶体衍射状况和晶体自身结构相关，具备强烈的规律性及特征性。其衍射强度与单位晶胞中的重金属原子排列周期及方式等特性相关，衍射的方向和单位晶胞的大小及形状等相关。人们利用晶体中衍射位点的间距及排列分析蛋白晶体结构的排列规律及方式，并通过计算机辅助计算，利用衍射强度的不同，分析蛋白空间结构中单个原子的坐标位点，以此解构蛋白晶体。

X 射线衍射成像虽然得到了长足的发展，但仍然有着一定的缺点。X 射线对晶体样本有着很大的损伤，因此常用低温液氮环境来保护生物大分子晶体，但是这种情况下的晶体周围环境非常恶劣，可能会对晶体产生不良影响。而且 X 射线衍射方法不能用来解析较大的蛋白质。

（2）核磁共振成像（NMRI）：最早在 1938 由伊西多·拉比（Isidor Rabi）（1944 年诺贝尔物理学奖获奖者）创建，在 20 世纪的后半叶得到了长足发展。其基本理论是，带有孤对电子的原子核（自选量子数为 1）在外界磁场影响下，会导致原子核的能级发生塞曼分裂，吸收并释放电磁辐射，即产生共振频谱。这种共振电磁辐射的频率与所处磁场强度成一定比例。利用这种特性，通过分析特定原子释放的电磁辐射结合外加磁场分别可以用于生物大分子的成像或者其他领域的成像。

在应用液相核磁共振技术对蛋白结构进行研究的过程中，首先需要通过同位素对蛋白样品进行标记，主要是在培养基中利用 ^{15}N 对氮源标记、利用 ^{13}C 对碳源标记，用同位素标记的碳源或氮源为唯一碳素或氮素的来源。通过核磁共振技术处理后，需要指认核磁共振图谱上的化学位移，即得到蛋白结构中可形成核磁共振记号的每个原子化学位移的数值，包括主链上及侧链上每个原子的化学位移。在此基础上，获得其结构约束进一步通过如 ANSO 等软件计算结构，结构确认后最后通过如 AMBER、CHARMM 及 INSIGHT 等模拟分子动力学的软件进行蛋白结构的精修。

NMRI 结构解析多是在溶液状态下的蛋白质结构，一般认为比起晶体结构更能够描述生物大分子在细胞内真实结构。而且 NMRI 结构解析能够获得氢原子的结构位置。然而，NMRI 也并非万能，有时候也会因为蛋白质在溶液中结构不稳定而难以获取稳定的信号，因此，往往借助计算机建模或者其他方法完善结构解析流程。

（3）超低温电子显微镜成像（Cryo-EM）：电子显微镜最早出现在 1931 年，从设计之初就是为了试图获得高分辨率的病毒图像。通过电子束打击样本获得电子的反射而获取样本的图像。而图像的分辨率与电子束的速度和入射角度相关。通过加速的电子束照射特殊处理过的样品表明，电子束反射，并被探测器接收，并成像从而获得图像信息。具体做法是通过将样品迅速冷冻固定于玻璃态不定型溶液里，用透射电镜在低温条件下显像，再通过图形处理及后期计算解析样品空间结构。此法具有样品无须结晶、可研究的生物分子跨度达到 12 个量级、所需样品量少、样品分辨率已至（近）原子水平等优点（图 22-18），突破了研究生物大分子的各类难题。

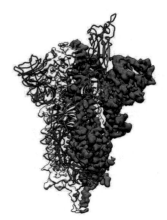

图 22-18 新冠肺炎 S 蛋白冷冻电镜结构示意图

Cryo-EM 被用来解析很多结构非常大（无法用 X 射线解析）的蛋白质（或者蛋白质复合体），取得了非常好的结果。Cyro-EM 与 X 射线不同，该方法不需要蛋白质成为晶体，相同的是都需要低温环境来减少粒子束对样品的损害。

二、生物信息学分析与数据库

生物信息学（bioinformatics）是在生命科学的研究中，以计算机为工具对生物信息进行储存、检索和分析的科学。它是当今生命科学和自然科学的重大前沿领域之一，同时也将是 21 世纪自然科学的核心领域之一。其研究重点主要体现在基因组学（genomics）和蛋白质组学（proteomics）两方面，具体说就是从核酸和蛋白质序列出发，分析序列中表达的结构功能的生物信息。基因序列及结构分析可以通过染色体定位分析、内含子与外显子分析、开放阅读框分析、表达谱分析等，阐明基因信息。通过启动子预测、CpG 岛分析和转录因子分析等，识别调控区的顺式作用元件，可以为基因的调控研究提供基础。

（一）生物信息学基因结构分析

1.染色体定位　根据基因组图谱对序列进行染色体定位和浏览其基因组上下游基因。具体方法为：①进行 Genomic BLAST 搜索；②通过"Genome view"观察基因组结构；③点击相应染色体区域，通过核型模式图（ideogram）和相应区域上下游的基因进行精确定位。

2.确定开放阅读框　通常选择中间没有被终止密码子（TGA、TAA 或 TAG）隔开的最大读码框作为正确结果，即开放阅读框（open reading frame，ORF）。一般编码序列的起始位点是蛋氨酸的密码子 ATG，但蛋氨酸在编码序列内部也经常出现，即 ATG 并不一定是 ORF 的起始标志。

识别边缘处的科扎克（Kozak）序列对确定编码区的起始位点也有一定帮助，而且密码子在编码区和非编码区有不同的统计规律。不同物种对某些氨基酸使用不同密码子的情况，区别非常大。据目前所知，共有 6 种三联体密码子编码丝氨酸。每种丝氨酸密码子都有可能在 CDS 中出现，不同物种对密码子的使用具有高度选择性。这种特性可以用于帮助预测 DNA 的哪些区域可能编码蛋白质。

除了特定的偏爱密码子，许多物种密码子的第 3 个碱基位置倾向使用 G 或 C 而不是 A 或 T。因此，G/C 在这个位置的出现频率较高，这一特征可以进一步用来确定 ORF。在起始密码子上游发现核糖体结合位点，就可以更肯定地说找到了一个 ORF，因为核糖体结合位点指导核糖体结合到正确的翻译起始部位。

3.内含子与外显子　真核生物的基因有外显子与内含子两部分，外显子组成编码区，内含子不参与编码区的组成。真核生物基因有外显子/内含子的一个结果就是其基因产物可能有不同的长度，因为并非所有的外显子都包含在最终的 mRNA 中（包含在 mRNA 内的外显子的排列顺序没有改变）。由于 mRNA 的编辑产生了不同的多肽，进而形成不同蛋白质，这些蛋白质就互称为剪接变体（splice variant）或者可变剪接形式（alternatively spliced form）。因此，查询 cDNA 或 mRNA 数据库（转录水平的信息）时，匹配结果看上去有缺失的部分，而实际上，这可能是可变剪接的结果。外显子和内含子具体边界的确定，可以参考 GT-AG 法则。

4.DNA 序列拼接　DNA 序列分析的另一个重要方面是将一个 DNA 克隆经自动测序得到的片段装配成完整的核苷酸序列。克隆可以是能够直接测序的 mRNA，或是以 mRNA 为模板合成的 cDNA。

序列拼接软件通过计算序列中每个位点上各种核苷酸可能出现的分值，找出一致序列（consensus sequence）。可以设置一些参数来约束每个位点允许出现的错配数。通常为确定序列拼接的质量，需要对一个片段进行多次测序。正链和负链上每个位置至少两次测序结果一致，该位点的测序结果才比较可信；相反，序列中的某一位点几次测序结果不一致，这一位点的可信度则较低。

5.双序列比对　双序列比对是指比较两条序列的相似性和寻找相似碱基及氨基酸的对应位置，

它是用计算机进行序列分析的强大工具，分为全局比对和局部比对两类，各以 Needleman-Wunsch 算法（内德勒曼-温施算法）和 Smith-Waterman 算法（史密斯·沃特曼算法）为代表。由于这些算法都是启发式（heuristic）的算法，因此并没有最优值。根据比对的需要，选用适当的比对工具，在比对时适当调整空位罚分（gap penalty）和空位延伸罚分（gap extension penalty），以获得更优的比对。

FASTA 和 BLAST 是目前运用较为广泛的相似性搜索工具。这两个工具都采用局部比对的方法，选择计分矩阵对序列计分，通过分值的大小和统计学显著性分析确定有意义的局部比对。使用 BLAST 时，先选择需要使用的 BLAST 程序，然后提供相应的查询序列，选择所比对的数据库即可。

（二）蛋白质结构与功能数据库

1. 蛋白质一级数据库

（1）SWISS-PROT 数据库：SWISS-PROT 和 PIR 是国际上两个主要的蛋白质序列数据库，目前这两个数据库在 EMBL 和 GenBank 数据库上均建立了镜像（mirror）站点。

SWISS-PROT 数据库包括了从 EMBL 翻译而来的蛋白质序列，这些序列经过检验和注释。该数据库主要由日内瓦大学医学生物化学系和欧洲生物信息学研究所（EBI）合作维护。SWISS-PROT 的序列数量呈直线增长。

（2）TrEMBL 数据库：SWISS-PROT 的数据存在一个滞后问题，即把 EMBL 的 DNA 序列准确地翻译成蛋白质序列并进行注释需要时间。一大批含有开放阅读框（ORF）的 DNA 序列尚未列入 SWISS-PROT。为了解决这一问题，人们建立了 TrEMBL（Translated EMBL）数据库。TrEMBL 也是一个蛋白质数据库，它包括所有 EMBL 库中的蛋白质编码区序列，提供了一个非常全面的蛋白质序列数据源，但这势必导致其注释质量的下降。

（3）PIR 数据库：PIR 数据库的数据最初是由美国国家生物医学研究基金会（National Biomedical Research Foundation，NBRF）收集的蛋白质序列，主要翻译自 GenBank 的 DNA 序列。1988 年，美国的 NBRF、日本的 JIPID（the Japanese International Protein Sequence Database，日本国家蛋白质信息数据库）、德国的 MIPS（Munich Information Centre for Protein Sequences，慕尼黑蛋白质序列信息中心）合作，共同收集和维护 PIR 数据库。PIR 根据注释程度（质量）分为 4 个等级。

（4）ExPASy 数据库：瑞士生物信息学研究所（Swiss Institute of Bioinformatics，SIB）创建了蛋白质分析专家系统（Expert Protein Analysis System，ExPASy），涵盖了上述所有的数据库。我国的北京大学生物信息中心设立了 ExPASy 的镜像。

2. 蛋白质结构数据库

（1）蛋白质数据库：实验获得的三维蛋白质结构均储存在蛋白质数据库（Protein Data Bank，PDB）中。PDB 是国际上主要的蛋白质结构数据库，虽然它没有蛋白质序列数据库那么庞大，但其增长速度很快。PDB 储存有由 X 射线和核磁共振（NMR）确定的结构数据。

（2）NRL-3D 数据库：NRL-3D（Naval Research Laboratory-3D）数据库提供了储存在 PDB 库中蛋白质的序列，它可以进行与已知结构的蛋白质序列的比较。

（3）HSSP 数据库：对来自 PDB 中每个已知三维结构的蛋白质序列进行多序列列线（multiple sequence alignment）同源性比较的结果，被储存在 HSSP（Homology-derived Secondary Structures of Proteins，蛋白质同源二级结构）数据库中。被列为同源的蛋白质序列很有可能具有相同的三维结构，HSSP 因此根据同源性给出了 SWISS-PROT 数据库中所有蛋白质序列最有可能的三维结构。

（4）SCOP 数据库：要想了解对已知结构蛋白质进行等级分类的情况可利用 SCOP（Structural Classification of Proteins）数据库，在该库中可以比较某一蛋白质与已知结构蛋白的结构相似性。

（三）核酸序列数据库

1. EMBL　欧洲分子生物学实验室（European Molecular Biology Laboratory，EMBL）是一个分子生物学研究机构，成立于 1974 年的 EMBL 是由来自其成员国的公共研究资金资助的政府间组织。EMBL 的研究由涵盖分子生物学谱的约 85 个独立组同时进行。

实验室包含海德堡的主要实验室和茵格斯顿分站、法国格勒诺尔布分站、德国汉堡分站、意大利蒙特罗顿多分站和西班牙马塞罗那分站。EMBL 小组和实验室在分子生物学和分子医学方面进行基础研究。该组织帮助其成员国在新仪器以及生物技术方面的发展。其中，以色列是唯一拥有正式成员资格的亚洲国家。

2. GenBank　GenBank 序列数据库是所有可公开获得的核苷酸序列及其翻译得到的蛋白质序列的开放数据库。该数据库由国家生物技术信息中心（NCBI）作为国际核苷酸序列数据库协作（INSDC）的一部分运行和维护。国家生物技术信息中心是美国国立卫生研究院的一部分。GenBank 及其合作者接收来自超过 100 000 种不同生物体的世界各地实验室产生的序列。自成立以来的 30 多年中，GenBank 已成为几乎所有生物领域研究最重要和最具影响力的数据库，其数据被世界各地数以百万计的研究人员访问和引用。GenBank 数据继续以指数速率增长，每 18 个月增加一倍。

3. DDBJ　日本的 DNA 数据库（DDBJ）是收集 DNA 序列的核酸序列数据库，位于日本静冈县的国家遗传学研究所（NIG）。它也是国际核苷酸序列数据库组织 INSDC 的成员，每天与欧洲生物信息学研究所的欧洲分子生物学实验室和国家生物技术信息中心的 GenBank 交换数据。因此，这三个数据库在任何给定时间包含相同的数据。

DDBJ 于 1986 年在 NIG 开始了数据库活动，并且仍然是亚洲唯一的核苷酸序列数据库。尽管 DDBJ 主要从日本研究人员那里获得数据，但它可以接受来自任何其他国家的贡献者的数据。

三、基因功能分析

随着生物医学研究在分子水平上的不断深入和推进，越来越多的新基因被成功克隆，对新基因功能的研究显得日益重要，这也是后基因组时代功能基因组学的重要研究内容。基因功能研究一般先用生物信息学分析对基因的结构和功能做预测，然后就要对推测结果进行验证，验证一个基因的功能，目前最常用的基因功能研究策略为功能获得（gain-of-function）与功能失活（loss-of-function）。

（一）功能失活研究

新基因功能研究的功能失活策略即通过观察某一细胞或个体在新基因的功能被部分或全部失活后的细胞生物学行为或个体表型遗传性状变化来鉴定基因的功能，常用的方法主要有基于核酸的定点突变、基因沉默技术和基因敲除（gene knockout）等。

1. 定点突变　是指通过 PCR 等方法向目 DNA 片段（可以是基因组，也可以是质粒）中引入所需变化（通常是表征有利方向的变化），包括碱基的添加、删除、点突变等。定点突变能迅速、高效地提高 DNA 所表达的目的蛋白的性状及表征，是基因研究工作中一种非常有用的手段。

（1）寡核苷酸引物突变：原理是用合成的含有突变碱基的寡核苷酸片段作引物，启动单链 DNA 分子进行复制，该寡核苷酸引物作为新合成的 DNA 子链的一部分。产生的新链具有突变的碱基序列。为了使目的基因的特定位点发生突变，所设计的寡核苷酸引物序列除了所需的突变碱基之外，其余的则与目的基因编码链的特定区段完全互补。

用作定点突变的寡核苷酸引物现通常采用化学法合成，长度范围一般为 10～30bp，错配碱基应设计在突变寡核苷酸分子的中央部位。寡核苷酸引物诱发的定点突变最早是使用噬菌体 X174 作为待突变的目的基因的载体，之后又发展出了一种更加简单高效的程序。将目的基因插入到 M13 派生载体上，应用单链噬菌体 DNA 作为目的基因的载体。它的优越性在于可简单快速地分离单链模板 DNA，并且用放射性同位素标记的突变寡核苷酸作探针，可以容易地筛选出突变体克隆。

　　根据不同的具体情况，可以用如下四种方法之一，即链终止序列分析法、限制位点筛选法、杂交筛选法和生物学筛选法来筛选突变体克隆。其中，杂交筛选法最简单也最常用，它是用 T4 多核苷酸激酶使突变寡核苷酸引物带上 ^{32}P 同位素作为探针，在不同的温度下进行噬菌斑杂交，由于探针同野生型 DNA 之间存在着碱基错配，而同突变型则完全互补，于是便可以依据两者杂交稳定性的差异，筛选出突变型的噬菌斑，最后对突变体 DNA 作序列分析。

　　（2）PCR 突变：PCR 为基因修饰、改造提供了另一条途径，在所设计的引物 5′ 端加入合适的限制性内切酶位点，为 PCR 扩增产物后续的克隆提供方便。同时，可通过改变引物中的某些碱基改变基因序列，为有目的地改造、研究蛋白质的结构和功能之间的关系奠定了基础。

　　1）重组 PCR 定点突变法：该方法可以在 DNA 区段的任何部位产生定点突变。使用的重组 PCR 定点突变法需要 4 种扩增引物，共进行三轮 PCR 反应。其中，头两轮分别扩增两条彼此重叠的 DNA 片段，第三轮 PCR 使这两条片段融合起来。它在头两轮 PCR 反应中，应用两个互补的并在相同部位具有相同碱基突变的内侧引物，扩增形成两条有一端可彼此重叠的双链 DNA 片段，两者在其重叠区段具有同样的突变。由于具有重叠的序列，所以在去除了未参入的多余引物之后，这两条双链 DNA 片段经变性和退火处理，便可能形成两种不同形式的异源双链分子。其中一种具 5′ 凹陷末端的双链分子，不能作为 Taq DNA 聚合酶的底物；另一种具 3′ 凹陷末端的双链分子，可通过 Taq DNA 聚合酶的延伸作用，产生出具两重叠序列的双链 DNA 分子。这种 DNA 分子再用两个外侧寡核苷酸引物进行第三轮 PCR 扩增，便可产生出一种突变位点远离片段末端的突变体 DNA（图 22-19）。

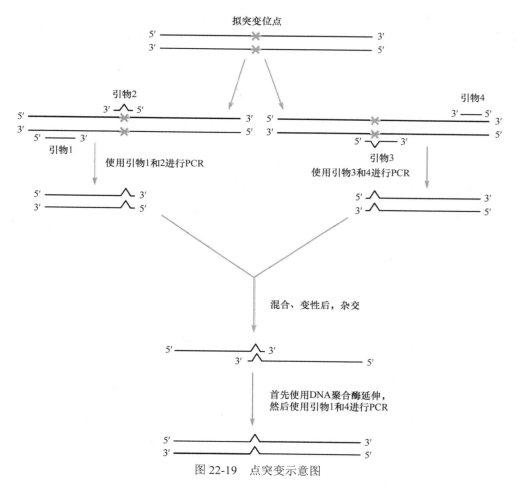

图 22-19　点突变示意图

2）大引物突变法：该方法的核心是以第一轮 PCR 扩增产物作为第二轮 PCR 扩增的大引物，只需三种扩增引物进行两轮 PCR 反应。第一次 PCR 反应在引物 1 和引物 2 之间扩增，引物 2 中含有突变的碱基，为突变引物。将第一次 PCR 扩增产物纯化，作为第二次 PCR 反应时的引物，与引物 3 共同扩增即可获得突变体 DNA。

3）盒式突变：核酸限制性内切酶的限制位点可以用来克隆外源的 DNA 片段。只要有两个限制位点比较靠近，那么两者之间的 DNA 序列就可以被移去，并由一段新合成的双链 DNA 片段所取代。盒式突变就是利用一段人工合成的具有突变序列的寡核苷酸片段，取代野生型基因中的相应序列。这种突变的寡核苷酸盒是由两条合成的寡核苷酸链组成的，当它们退火时会按设计要求产生出克隆需要的黏性末端，由于不存在异源双链的中间体，因此重组质粒全部是突变体。

定点突变法的应用不仅广泛用于基因工程技术领域，还可用于农业培育抗虫、抗病的良种，用于医学矫正遗传病、治疗癌症等。

2.基因敲除　通过同源重组将外源基因定点整合入靶细胞基因组上某一确定的位点，以达到定点修饰改造染色体上某一基因的目的的一种技术。它克服了随机整合的盲目性和偶然性，是一种理想的修饰、改造生物遗传物质的方法。

基因敲除的基本步骤：①胚胎细胞（ES 干细胞）的获得。现在基因敲除一般采用的是胚胎干细胞，最常用的是鼠，而兔、猪、鸡等的胚胎干细胞也有使用。常用的鼠的种系是 129 及其杂合体，因为这类小鼠具有自发突变形成畸胎瘤和畸胎肉瘤的倾向，是基因敲除的理想实验动物。②基因载体的构建。把目的基因和与细胞内靶基因特异片段同源的 DNA 分子都重组到带有标记基因（如 neo 基因、TK 基因等）的载体上，此重组载体即为打靶载体。因基因打靶的目的不同，此载体有不同的设计方法，可分为替换型载体和插入型载体。根据实验目的不同，打靶载体分为全基因敲除、条件性基因敲除、基因敲进、诱导性基因敲除等。③同源重组。将重组载体通过一定的方式（电穿孔法或显微注射）导入同源的 ES 细胞中，使外源 DNA 与 ES 细胞基因组中相应部分发生同源重组，将重组载体中的 DNA 序列整合到内源基因组中，从而得以表达。④选择筛选已击中的细胞。一般筛选使用正、负选择法，比如用 G418 筛选所有能表达 neo 基因的细胞，然后用更昔洛韦（ganciclovir）淘汰所有 HSV-TK 正常表达的细胞，剩下的细胞为命中的细胞。将筛选出来的靶细胞导入鼠的囊胚中，再将此囊胚植入假孕母鼠体内，使其发育成嵌合体小鼠。⑤表型研究。通过观察嵌合体小鼠的生物学形状的变化进而了解目的基因变化前后对小鼠的生物学形状的改变，达到研究目的基因的目的。⑥得到纯合体：由于同源重组常发生在一对染色体中的一条染色体中，所以如果要得到稳定遗传的纯合体基因敲除模型，需要进行至少两代遗传（图 22-20）。

基因敲除尤其是条件性、诱导性基因打靶系统的建立，使得对基因靶位时间和空间上的操作更加明确、效果更加精确、可靠，它的发展将为发育生物学、分子遗传学、免疫学及医学等学科提供一个全新的、强有力的研究、治疗手段，具有广泛的应用前景和商业价值。

3.RNA 干扰技术　RNA 干扰是指在进化过程中高度保守的、由双链 RNA（double-stranded RNA，dsRNA）诱发的、同源 mRNA 高效特异性降解的现象。

（1）siRNA 技术：病毒基因、人工转入基因、转座子等外源性基因随机整合到宿主细胞基因组内，并利用宿主细胞进行转录时，常产生一些 dsRNA。宿主细胞对这些 dsRNA 迅即产生反应，其胞质中的核酸内切酶 Dicer 将 dsRNA 切割成多个具有特定长度和结构的小片段 RNA（21~23bp），即 siRNA。siRNA 在细胞内 RNA 解旋酶的作用下解链成正义链和反义链，继之由反义 siRNA 再与体内一些酶（包括内切酶、外切酶、解旋酶等）结合形成 RNA 诱导的沉默复合物（RNA-induced silencing complex，RISC）。RISC 与外源性基因表达的 mRNA 的同源区进行特异性结合，RISC 具有核酸酶的功能，在结合部位切割 mRNA，导致特定基因沉默（图 22-21）。

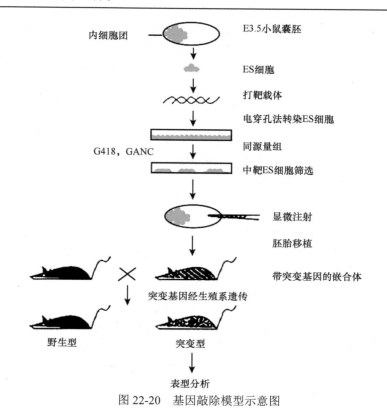

图 22-20 基因敲除模型示意图

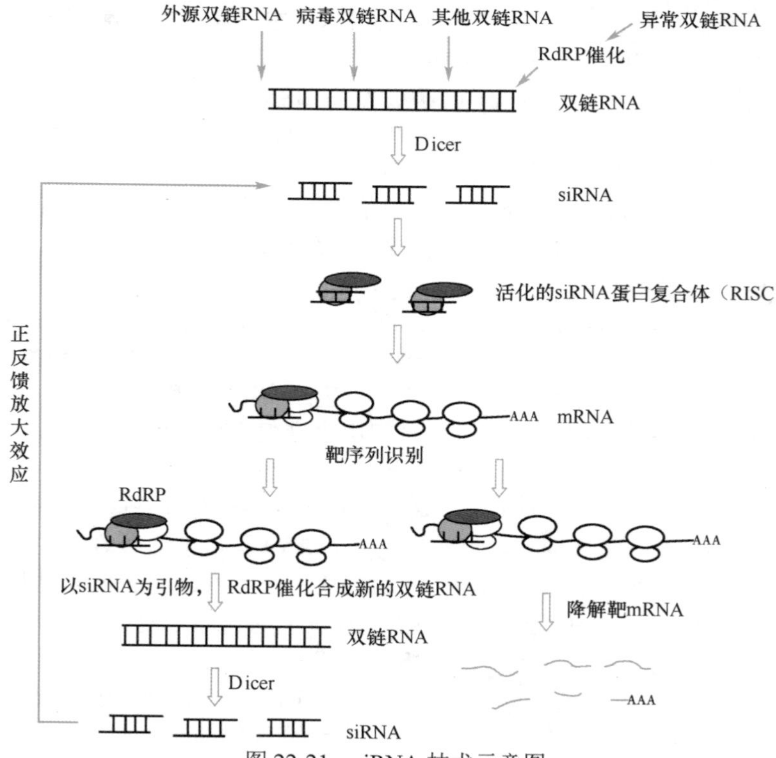

图 22-21 siRNA 技术示意图

其特点：①高效性，1～100nmol/L 的双链 RNA 浓度对基因沉默具有很好的沉默效果；②特异性，在 21～23 个碱基对中有 1～2 个碱基错配会大大降低对靶 mRNA 的降解效果；③位置效应，双链 RNA 对 mRNA 的结合部位有碱基偏好性，相对而言，GC 含量较低的 mRNA 被沉默效果较好；④可传播性，在线虫中，双链 RNA 可以从起始位置传播到远的地方，甚至于全身。

（2）微 RNA（miRNA）：通过碱基互补原则识别并且结合 RNA 诱导沉默复合物（RISC），对目标 mRNA 的转录和翻译进行抑制。miRNA 的生成需要两个步骤：①由长的内源性转录本（pri-miRNA）经 Drosha 酶作用生成 70nt 左右的 miRNA 前体（pre-miRNA），该过程发生在细胞核中；②将 pre-miRNA 经 Dicer 酶作用加工为成熟 miRNA，该过程发生在细胞质中。

miRNA 靶向互补 mRNA 导致目的 mRNA 切割降解的过程被称为转录后基因沉默（post-transcriptional gene silencing，PTGS）。有效的 PTGS 需要 RISC 对 mRNA 转录本的切割。miRNA 可以指导 RISC 在转录后水平下调基因的表达——mRNA 的降解或翻译抑制。如果 mRNA 能够与 miRNA 完全互补，该 mRNA 就会被 RISC 特异地降解；如果 mRNA 不能与 miRNA 完全互补，仅在某个位点与 miRNA 互补，那么 RISC 就不会特异地降解 mRNA，只是阻止 mRNA 作为翻译的模板，使之不能合成蛋白质。

（二）功能获得研究

新基因功能研究的功能获得策略即通过将新基因直接导入到某一细胞或个体中，通过观察细胞生物学行为或个体表型遗传性状的变化来鉴定基因的功能。常用的方法有基因转染、转基因和基因敲入（gene knock-in）等技术。

1. 基因转染技术 基因转染即将目的基因转入某一细胞中，通过观察细胞生物学行为的变化来认识基因的功能，是目前应用最多、技术最成熟的基因功能研究方法。如经典的 *RAS* 癌基因的功能即通过转染 NIH-3T3 细胞而得以鉴定。目前常用的基因转染系统分为非病毒性表达系统和病毒性表达系统两种。非病毒性表达载体目前主要采用质粒，通过脂质体介导、电穿孔等方法使目的基因被宿主细胞摄取。然而，尽管这类表达系统具有操作简便、经济等优势，其也有不少局限性。主要问题是不同细胞类型对外源 DNA 的摄取能力有所不同，尤其在初级未转化的细胞中几乎是无效的，而初级细胞对于观察基因的细胞转化活性等行为恰恰非常有用。病毒性载体，尤其是逆转录病毒载体的使用却能够很好地解决此问题，这类以病毒为载体介导的基因转移因其具有转染效率高、目的基因可稳定表达等优势而被广泛应用。

2. 转基因技术 利用转基因技术，则可将外源基因引入动物体内，建立携带并且能够遗传给子代的转基因动物模型，通过对转基因动物的表型分析研究外源基因的功能。目前科学家已经运用转基因技术建立了数千种转基因动物，并且还可以通过在携带外源基因的载体上加上组织特异性启动子等手段，从而控制外源基因在特定的时间或特定的组织器官表达。利用转基因动物来研究基因功能的优势在于它是一个在活体水平上的多维的研究体系，可以从分子到个体水平进行多层次、多方位的研究。

3. 基因敲入 利用基因同源重组，将外源有功能基因（基因组原先不存在或已失活的基因）转入细胞与基因组中的同源序列进行同源重组，插入到基因组中，在细胞内获得表达的技术。基因敲入有两种：一种是原位敲入，即在原基因敲除的位点插入新基因，它是基因敲除的逆过程；另一种是定点敲入，即无论敲除基因的位点在哪里，敲入的基因是在特定启动子下，以转移载体的形式转座进去，所以插入的位点是一定的。

这些基因过表达技术是将目的基因构建到组成型启动子或组织特异性启动子的下游，通过载体转入某一特定细胞中，实现基因的表达量增加的目的，可以使用的载体类型有慢病毒载体、腺病毒载体、腺相关病毒载体等多种类型。当基因表达产物超过正常水平时，观察该细胞的生物学行为变化，从而了解该基因的功能。基因过表达技术可用于在体外研究目的基因在 DNA、RNA 和蛋白质水平上的变化，以及对细胞增殖、细胞凋亡等生物学过程的影响。

（三）基因组编辑

基因编辑（gene editing），又称基因组编辑（genome editing）或基因组工程（genome engineering），是一种新兴的比较精确的能对生物体基因组特定目标基因进行修饰的一种基因工程技术或过程。ZFN（zinc finger nuclease，锌指核酸酶）、TALEN（transcription activator-like effectors nuclease，转录激活子样效应因子核酸酶）和 RNA 介导的 CRISPR/Cas 系统是当今三种主要的基因组靶向编辑技术，ZFN 和 TALEN 由特异性的 DNA 结合蛋白融合一个非特异性的核酸酶 *Fok* Ⅰ组成，DNA 结合蛋白特异识别并结合靶 DNA 序列，然后在 *Fok* Ⅰ的作用下引起靶位点的 DNA 双链断裂（double strand break，DSB）；而 CRISPR/Cas 系统则是由小分子向导 RNA 通过碱基互补配对与靶基因组序列结合，而引导 Cas 核酸酶切割靶位点而引起 DSB。DSB 通过真核细胞 DNA 修复机制（非同源末端连接和同源重组）进行修复，从而实现基因组靶向编辑。

1.CRISPR/Cas9 系统 该系统由一个单体蛋白和一个嵌合 RNA 组成。序列特异性由 gRNA 中的 20nt 序列赋予，裂解由 Cas9 蛋白介导。CRISPR/Cas9 是一种编辑效率较高的新型基因靶向修饰技术，该技术可通过一段 sgRNA 来识别靶位点，利用 Cas9 蛋白进行切割，产生双链 DNA 断裂。真核生物可以通过非同源末端连接修复方式和同源重组方式进行自我修复，从而达到高效的基因编辑效果。CRISPR/Cas9 胚胎显微注射移植法引导 Cas9 裂解酶裂解相应基因，从而删除外显子核苷酸，构建基因敲除模型。

与 CRISPR/Cas9 基因敲除技术不同的是，RNAi 技术是从 mRNA 水平对目的基因进行敲减，而 CRISPR/Cas9 基因敲除技术是从基因组水平对基因进行敲除，可以做到完全消除目的基因在细胞内的表达，靶蛋白的功能也因此完全丧失。此外，CRISPR/Cas9 基因敲除技术靶点选择范围可以扩大到整个基因组序列，包括启动子、内含子。作为一种新型基因编辑技术，CRISPR/Cas9 可以精确、高效地对基因组进行敲除或修饰，可在较短时间内获得基因敲除突变体，从而更好地完成基因功能的研究。CRISPR/Cas9 基因敲除技术极大地扩展现有模式生物基因操作的可能性，已成为构建新动物模型必不可少的工具（图 22-22）。

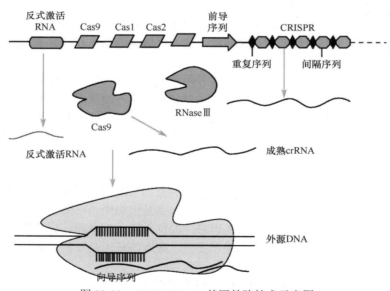

图 22-22　CRISPR/Cas9 基因敲除技术示意图

2. ZFN 基因敲除技术 ZFN 是用一类人工嵌合的锌指蛋白特异性识别并结合 DNA 靶序列，由 *Fok* Ⅰ核酸内切酶非特异性地对 DNA 序列进行精准剪切的技术。它可以在各种复杂基因组的特定序列创建出 DNA 的双链切口，再引发同源重组或非同源末端连接来修复断裂。ZFN 首次实现了靶细胞基因的定点修饰，可显著提高基因修饰的效率（图22-23）。

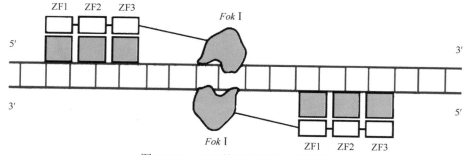

图 22-23　ZFN 基因编辑技术示意图

3. TALEN 技术　TALEN 主要是由植物病原体黄单胞菌属分泌的转录激活因子样效应蛋白（transcription activator-like effector，TALE）和 *Fok* I 核酸内切酶催化结构域所组成的一种融合蛋白。TALE 蛋白能够识别并结合特异性 DNA 序列，*Fok* I 核酸内切酶催化结构域通过二聚化产生核酸内切酶活性，对 dsDNA 进行切割，造成 DNA 双链断裂，诱发 DNA 损伤修复机制，从而实现定点基因敲除、敲入等操作（图22-24）。

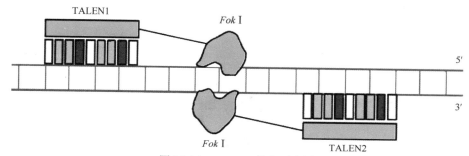

图 22-24　TALEN 技术示意图

TALEN 可对多种生物和细胞进行特定高效的靶向改造，已广泛应用于人类、鼠和斑马鱼等多种模式生物的研究。TALEN 相比于 ZEN 技术实现了对任意基因序列的编辑，在构建筛选方面也相对简易，避免了识别序列上下游序列被影响等问题，具有更好的活性、毒性和脱靶效益低等优势。

四、生物大分子的相互作用分析

在现代生物学研究中，随着功能基因组研究的深入，生物大分子的生物学功能研究中具有非常重要的地位，生物大分子的相互作用分析成为目前生物大分子功能研究中不可缺少的重要手段。

生物大分子相互作用分析研究策略：①鉴定与目标分子相互作用的所有可能大分子；②详细描述其生物功能及相互作用对其功能的影响；③鉴定出相互作用且在生理状态下得到验证和合理的解释。

常用的生物大分子相互作用分析技术如下：

1.GST 牵出（pull-down）试验　GST pull-down 试验基于 GST（glutathione *S*-transferase），即谷胱甘肽 S-转移酶，可以与谷胱甘肽（glutathione，GSH）结合。将 GSH 固定于琼脂糖珠上，形成 GSH-琼脂糖珠，将已知蛋白 X 与 GST 融合表达，获得的 GST-X 可与 GSH-琼脂糖珠结合，若环境中存在与 X 蛋白互相作用的蛋白 Y，则会形成"琼脂糖珠-GSH-GST-X-Y"复合物，与 X 蛋白互作的蛋白即可被分离并检测（图22-25）。

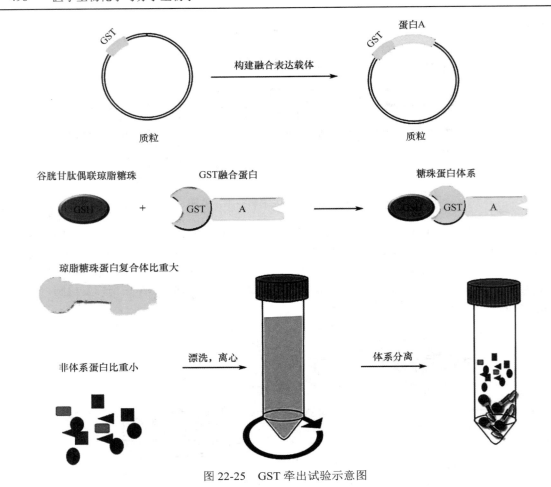

图 22-25 GST 牵出试验示意图

2. 免疫共沉淀（co-immunoprecipitation，Co-IP） 免疫共沉淀是研究蛋白质与蛋白质相互作用的常用技术，通常用于测定两种已知蛋白质能否在细胞内结合产生相互作用，以及用于确定与某种特定蛋白质具有相互作用的未知蛋白质。该方法的优点是蛋白质处于天然状态，蛋白质的相互作用可以在天然状态下进行，可以分离得到天然状态下相互作用的蛋白质复合体。

抗体偶联

免疫沉淀

洗脱

Western blotting检测

图 22-26 Co-IP 示意图

Co-IP 的原理与免疫沉淀（immunoprecipitation，IP）大致相似，都由特异抗体与待检样品中相应的特异抗原结合形成抗原-抗体免疫复合物，然后复合物吸附于固化蛋白 A 或 G 的支持物上（蛋白 A 或 G 具有吸附抗体的能力），相应的抗原分子也同时被吸附。免疫复合物被吸附到支持物上的过程即为沉淀（precipitation）。没有被沉淀的蛋白质随着缓冲液的流洗而被除去。但在免疫共沉淀中与靶抗原一起被沉淀的还有靶抗原的相互作用蛋白质，即随着抗体被吸附于固化蛋白 A 或 G 的支持物上，相应的抗原及其相互作用蛋白质也同时被沉淀。最后，采用相互作用蛋白质的特异抗体经 Western blotting 检测，以证实二者存在相互作用（图 22-26）。

3. 串联亲和纯化（tandem affinity purification，TAP）　TAP/MS 串联亲和纯化技术与 Co-IP 技术筛选互作蛋白的原理类似。不同的是，TAP 技术使诱饵蛋白带上了 2 个纯化标签，利用标签对蛋白复合物进行了两轮纯化（串联亲和纯化），使洗脱液中的非特异性蛋白降至较低水平。结合 LC-MS/MS 技术，分别鉴定出实验组和阴性对照组洗脱液中的蛋白质种类，从而找到实验组中独有的蛋白质，即可能的互作蛋白。其特点是：① TAP/MS 得到的互作蛋白是在细胞内与诱饵蛋白结合的，符合体内真实生理情况，得到的结果可信度高；②采用两步纯化，可以有效地减少非特异蛋白的结合，并避免因过度冲洗而产生的复合体解离。

4. 酵母双杂交系统（yeast two-hybridization system）　一种直接于酵母细胞内检测蛋白质-蛋白质相互作用而且灵敏度很高的分子生物学方法。

该方法基于对真核生物调控转录起始过程的认识，细胞起始基因转录需要有反式转录激活因子的参与；酵母转录因子 GAL4 在结构上是组件式，由功能上相互独立的结构域构成，其中有 DNA 结合域（DNA binding domain，DNA-BD）和 DNA 激活域（DNA activation domain，DNA-AD）；这两个结合域分开时仍分别具有功能，但不能激活转录。只有当被分开的两者通过适当的途径在空间上较为接近时，才能重新呈现完整的 GAL4 转录因子活性，使启动子下游基因得到转录。

实验过程是构建两种重组质粒，分别表达 GAL4 蛋白 N 端（DNA-BD）和 C 端（DNA-AD）。可在 DNA-BD 上再接上一个"诱饵"蛋白 X，在 DAN-AD 上接上一个"猎物"蛋白 Y，再将这两个质粒共同转化至酵母体内。如果 X、Y 蛋白在酵母核内发生交互作用，则相当于将 GAL4 的 DNA-BD 和 DNA-AD 又连在了一起，从而激活 UAS 下游启动子调节的报告基因的表达，同时因激活转录下游 *GAL1-lacZ* 和（或）*MEL1* 基因的表达，从而在 X-Gal 存在下显蓝色。利用报告基因的转录指示诱饵蛋白 X 与猎物蛋白 Y 之间是否反应（图 22-27）。

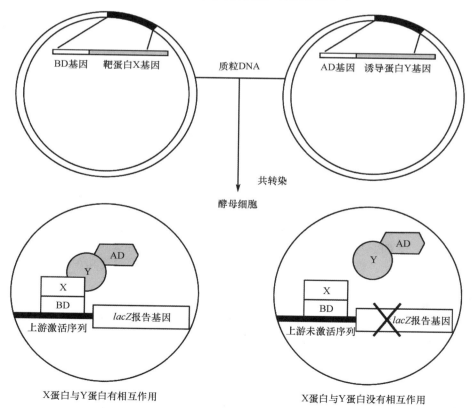

图 22-27　酵母双杂交系统实验示意图

5. 噬菌体展示（phage display）　　噬菌体展示技术将编码多肽的外源DNA片段与噬菌体表面蛋白的编码基因融合后，以融合蛋白的形式呈现在噬菌体的表面，被展示的多肽或蛋白可保持相对的空间结构和生物活性，展示在噬菌体的表面。导入了各种各样外源基因的一群噬菌体，就构成一个展示各种各样外源肽的噬菌体展示库。当用一个蛋白质去筛查一个噬菌体展示库时，就会选择性地同与其有相互作用的某个外源肽相结合，从而分离出展示库里的某个特定的噬菌体，研究该噬菌体所含外源基因的生物学功能（图22-28）。

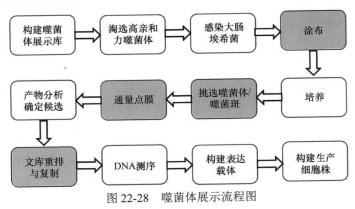

图22-28　噬菌体展示流程图

该技术展示对象涵盖抗体、抗体片段、肽段、cDNA等。在对抗体库的研究中，噬菌体展示技术可对人和其他动物的B细胞抗体库进行体外建库筛选，避开了免疫和细胞融合等步骤从而缩短了实验周期并增加了稳定性，该技术还具有筛选容量大、可发酵大量生产、方法简单等优点。

6. 细胞内蛋白质共定位（co-localization）　　将这两个蛋白分别与不同颜色的荧光蛋白融合表达于原物种细胞当中，在高分辨显微镜下，如果两种荧光出现在同一位置，那么就证明它们空间上较为接近，很有可能产生了相互作用。该技术的好处是可以在活细胞里进行观测，可以进行实时监控，定量等实验。

7. 荧光共振能量转移（fluorescence resonance energy transfer，FRET）　　荧光共振能量转移是指两个荧光发色基团在足够靠近时，当供体分子吸收一定频率的光子后被激发到更高的电子能态，在该电子回到基态前，通过偶极子相互作用，实现了能量向邻近的受体分子转移（即发生能量共振转移）。研究两种蛋白质a和b间的相互作用，可以根据FRET原理构建融合蛋白，这种融合蛋白由三部分组成：CFP（cyan fluorescent protein，青色荧光蛋白）、蛋白质b、YFP（yellow fluorescent protein，黄色荧光蛋白）。用CFP吸收波长433nm作为激发波长，使当蛋白质a与b没有发生相互作用时，CFP与YFP相距很远不能发生荧光共振能量转移，因而检测到的是CFP的发射波长为476nm的荧光；但当蛋白质a与b发生相互作用时，由于蛋白质b受蛋白质a作用而发生构象变化，使CFP与YFP充分靠近发生荧光共振能量转移，此时检测到的就是YFP的发射波长为527nm的荧光。将编码这种融合蛋白的基因通过转基因技术使其在细胞内表达，这样就可以在活细胞生理条件下研究蛋白质-蛋白质间的相互作用。

8. 表面等离子共振（surface plasmon resonance，SPR）　　SPR是一种物理光学现象，而且SPR对金属表面附近的折射率的变化极为敏感，利用这一性质，将一束平面单色偏振光以一定角度入射到镀有薄层金膜的玻璃表面发生全反射时，若入射光的波向量与金膜内表面电子的振荡频率匹配，光线即耦合入金膜引发电子共振，即表面等离子共振。SPR是用来进行实时分析，简单快捷地监测DNA与蛋白质之间、蛋白质与蛋白质之间、药物与蛋白质之间、核酸与核酸之间、抗原与抗体之间、受体与配体之间等生物分子之间的相互作用。

小　结

　　本章依据医学领域中所应用的分子生物学实验技术和特点，概括介绍了研究生物大分子结构与功能及其相互作用的常用分子生物学技术。该章节涵盖了有关分子生物学实验技术的诸多领域，包含生物大分子制备和分析常用技术、蛋白质与核酸的提取与分离、PCR 技术、分子杂交与印迹技术、分子克隆技术、外源基因转移技术、蛋白质表达技术、分子标记技术、分子改造技术、测序及人工合成技术、基因组学技术、蛋白质组学技术、生物芯片技术、生物信息学技术等分子生物实验技术原理和基本方法，分为大分子的分离与纯化、PCR 技术、重组 DNA 技术、DNA 测序技术、分子杂交与印迹技术以及生物大分子的结构与功能分析五个部分。同时，依据国际上近年来发展起来的分子生物学及生物技术方面的新技术、DNA 与蛋白质相互关系，cDNA 文库构建及目的基因的筛选，噬菌体表面显示技术的基本原理和应用，实用 DNA 突变技术，外源基因在哺乳动物细胞中的表达，DNA 序列测定，蛋白质的表达，蛋白质与蛋白质相互作用的研究策略等较为先进的技术和策略，以便各校师生根据具体学校的实际情况开展前沿性技术教育与学习，掌握先进的分子生物学实验技术。

　　分子生物学进展方便了体外和体内持续检测生物过程（如基因表达、蛋白质-蛋白质相互作用和疾病的进程），可应用于临床、诊断和药物开发等。科技创新是实现创新发展的重要支撑，坚持医学领域中分子生物学技术创新。从 DNA 鉴定，到核酸及表达产物分析，创新技术的不断进步，为病原微生物检验、肿瘤诊断及评估、遗传病诊断、免疫系统疾病诊断提供了重要依据和创新思路。

（宋海星）

第二十二章线上内容

第二十三章 基因诊断与基因治疗

人类疾病都直接或间接与基因有关，在基因水平上进行疾病的诊断和治疗（基因诊断与基因治疗）是现代分子医学的重要内容之一，并已发展成为分子医学中最活跃的领域。

第一节 基因诊断

基因诊断作为一种新的诊断模式，已经逐步从实验室进入临床应用阶段，广泛应用于遗传性疾病、感染性疾病、肿瘤等疾病的诊断。

一、基因诊断概述

基因诊断（gene diagnosis）是指利用分子生物学技术，从 DNA/RNA 水平检测基因的结构和表达状态，对疾病和人体状态做出诊断的方法。基因诊断包括 DNA 诊断与 RNA 诊断。基因诊断属于分子诊断（molecular diagnosis）的范畴，分子诊断检测的目标分子包括 DNA、RNA 与蛋白质。

基因诊断的优点：①直接检测致病基因，属于病因诊断，可实现早期诊断；②采用核酸分子杂交、聚合酶链反应等技术，具有灵敏度高、特异性强的特点，可实现快速检测；③适用范围广，可用于遗传性疾病、感染性疾病、肿瘤、法医学等领域。

基因诊断的临床意义是通过检测致病基因（包括人体内源基因与外源性病原体基因）的存在、结构异常或表达产物的异常改变，不仅能对有表型出现的疾病做出明确诊断，而且可以实现早期诊断，如产前诊断遗传性疾病，检出感染性疾病潜伏期的病原微生物，早期发现某些恶性肿瘤；可以分析疾病的分期分型、发展阶段；可以指导疾病的治疗（疗效监测、个体化用药）和预后判断；此外，还可以评估个体对肿瘤、心血管疾病等的易感性和患病风险等，从而指导亚健康个体疾病的分子预防、健康管理。

二、基因诊断的基本技术与方法

基因诊断的主要内容包括致病基因的定性分析（检测个体的基因序列特征、基因突变分析；检测外源性病原体基因）和定量分析（测定基因的拷贝数、基因转录产物 mRNA 定量或长度分析）。

基因诊断的临床样本有血液、组织块、羊水和绒毛、精液、毛发、唾液、尿液、痰等。基因诊断的基本流程包括临床样本的核酸提取（根据分析目的抽提基因组 DNA 或各种 RNA）、靶基因扩增、基因序列和结构分析、信号检测。

（一）基因诊断的基本技术

1. 核酸分子杂交 核酸分子杂交技术利用已知序列的探针直接检测样本中是否含有与之互补的同源核酸片段，具有特异性强等优点。基因诊断常用的核酸分子杂交技术主要包括：① Southern 印迹法：是最经典的 DNA 分析方法，主要用于基因组 DNA 的分析、检测特异的 DNA 片段、基因突变分析等。② Northern 印迹法：是经典的 RNA 分析法，用于检测定性和定量分析组织细胞中的总 RNA 或 mRNA。③斑点杂交（dot hybridization）、狭线印迹法（slot blotting）：可检测 DNA 和 RNA，用于基因组中特定基因及其表达水平的定性及定量分析。④反向斑点杂交（reverse dot blot，RDB）则是将探针固定在膜上，加入扩增标记的待测样品进行杂交。⑤原位杂交：可检出含核酸序列的具体组织或细胞、基因拷贝数目及类型、基因和基因产物的亚细胞定位。⑥基因芯片技术：是 20 世纪末兴起的基因分析检测新技术，实质也是一种大规模集成的反向斑点杂交，可检测基因的结构及其突变、多态性，而且可以高通量分析基因表达的情况，在基因诊断中的应用前景非常广阔。

2. 聚合酶链反应 从临床样品中提取的核酸通常需要进行特异性扩增足够拷贝数的待测靶基因序列以进行下一步特异性分析。扩增靶基因的主要技术是 PCR。PCR 通过采用特异性引物扩增特异 DNA 片段（原理参见第二十二章），具有周期短、特异性强、灵敏度高、操作简便、快速以及对原始 DNA 样品的数量和质量要求低等特点。PCR 除了扩增靶基因的拷贝数，也可以定性定量分析特定序列。

PCR 及衍生技术如逆转录 PCR（RT-PCR）、套式 PCR、多重 PCR 等，尤其是荧光定量 PCR 技术，在基因诊断中已得到广泛应用。PCR 常与其他技术如核酸分子杂交、限制性酶切片段长度多态性（RFLP）分析、单链构象多态性（single strand conformation polymorphism，SSCP）分析、核酸序列测定等联合应用。

3. 核酸序列测定 测序是基因诊断中最直接、最准确的技术，通过直接分析待测基因的碱基序列，检测基因的突变并确定突变的部位、性质。随着二代测序（next-generation sequencing，NGS）技术的发展及商业化，个人基因组测序可以在普通实验室完成，测序分析技术有望在临床得到广泛应用。

（二）基因诊断的基本方法

人类疾病的原因可分为内因和外因两大类，内因主要指遗传因素，包括①基因结构改变（即基因突变），主要是导致疾病发生的致病突变；② DNA 多态性的基因变异；③基因拷贝数变异（基因扩增等）等导致基因表达水平的异常：不能产生基因表达产物、产物的表达量不足或过量。外因是指外在环境因素，如外源性病原体的侵入导致病毒、细菌等的致病基因在体内扩增表达。针对上述病因可采取相应的基因诊断方法。基因诊断的基本方法建立在核酸分子杂交、PCR、核酸序列分析或几种技术联合应用的基础上，主要包括以下四个方面：

1. 检测基因突变或 DNA 拷贝数的改变 大多数情况下，基因诊断主要通过检测相关基因的突变来实现。基因突变包括点突变、缺失或插入、基因重排、染色体易位及基因扩增等。检测突变的技术有很多，包括测序、PCR、等位基因特异的寡核苷酸（allele-specific oligonucleotide，ASO）探针法、SSCP、异源双链分析（heteroduplex analysis，HA）、基因芯片技术、质谱技术、寡核苷酸连接分析（oligonucleotide ligation assay，OLA）、蛋白质截短试验（protein truncation test，PTT）等。下面以点突变的检测为例加以阐述。

（1）检测已知点突变：由于一些单基因遗传病的突变位点已被阐明，且该突变不改变限制酶的识别位点，故可以采用 PCR-ASO 探针杂交法等检测突变。图 23-1 显示为 β 地中海贫血珠蛋白基因第 17 个密码子（CD17）点突变检测的原理。

在突变位点 A 两端分别设计引物进行 PCR 扩增目标 DNA 片段，然后将 PCR 产物固定在膜上，分别加入两种 ASO 探针（正常探针、突变探针）进行斑点杂交。

受检者扩增的 PCR 产物与正常探针杂交，与突变探针不杂交，表明是正常样品（A）；如果只有突变探针可以杂交，则说明是突变纯合子（B）；若正常探针与突变探针都可杂交，则说明是突变杂合子（C）。

利用基因芯片技术，可以同时对许多已知的点突变进行平行检测。对于每个突变热点，除了上述两个探针外，再设计两个探针，其中央碱基分别为 C 和 G。这一组 4 个探针（即 1 个正常探针，3 个突变型探针）可以原位合成或预合成后点样的方式固化在载体上。然后将样品核酸 PCR 扩增标记后与芯片杂交。杂交信号分析见图 23-2。若扩增产物与中央碱基为 C 或 G 的探针杂交，则可清楚地表明该基因的新突变类型为 A → G 或 A → C。

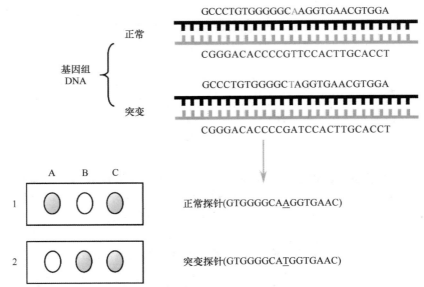

图 23-1　β 地中海贫血珠蛋白基因 CD17 点突变检测的 PCR-ASO 探针法

1：正常探针检测膜条；2：突变探针检测膜条。A、B、C 为 3 个样本的 PCR 产物斑点

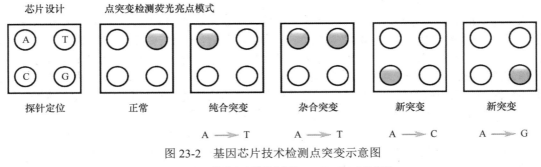

图 23-2　基因芯片技术检测点突变示意图

A、T、C、G 代表中央碱基分别为 A、T、C、G 的探针

（2）检测未知突变：未知突变的检测可采用 PCR-SSCP 的方法。单链 DNA 分子可形成一定的空间构象，DNA 分子中碱基变异（甚至仅一个碱基）可导致其构象发生改变。相同长度的单链 DNA 因其碱基组成或排列顺序不同可形成各异的构象类型称为单链构象多态性，并可导致其在凝胶电泳中的迁移率发生改变。以 PCR 同时扩增待测基因和野生型对照基因的 DNA 片段，将扩增的双链 DNA 变性成单链，用中性聚丙烯酰胺凝胶电泳（PAGE）分离。待测基因的单链 DNA 上单个碱基的改变可导致构象的改变，其电泳迁移率也会发生改变。通过比较这两者的迁移率，即可判断是否发生基因突变（图 23-3）。在 SSCP 分析法检测到突变位点存在的基础上，再通过 DNA 序列测定确定突变的性质。

基因芯片技术用于大规模未知突变的筛查，则更显示出该技术的优越性。筛查 N 个碱基长度序列的每个碱基的变异，需要 $4 \times N$ 个探针（1 个正常探针，3 个检测突变的探针；叠瓦式探针设计见图 23-4）。如在 1.28cm^2 的支持物上原位合成 16 000 个寡核苷酸探针，通过一次杂交即可快速确定 4kb 序列内所有的点突变及其部位。

2. 基因病原体的特异基因序列　细菌、病毒、寄生虫等病原体侵入机体后引起机体发生感染性疾病。病原体的检测可采用微生物学、免疫学和血清学等方法，但上述方法存在不足之处，灵敏度不高，或特异性较低，不能早期诊断。如今许多病原体的基因结构已被阐明，应用核酸分子杂交或 PCR 等技术，设计特异性探针，或合成特异的寡核苷酸引物，即可早期、快速、灵敏、特异地确定病原体的有无、拷贝数多少、分型及耐药性等信息，将感染性疾病的诊断提高到新的分子水平。

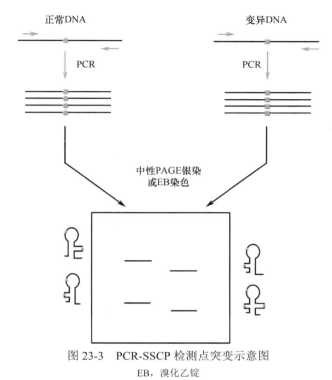

图 23-3　PCR-SSCP 检测点突变示意图

EB，溴化乙锭

3. DNA 多态性分析　在人群中，个体间基因的核苷酸序列存在着差异性，称为 DNA 的多态性。这些多态性位点和染色体上位置靠近的相邻基因在遗传过程中常常一起遗传，形成连锁，因此可以作为遗传标记。通过分析连锁的遗传标记（DNA 多态性位点检测），可判断致病基因存在的可能性或致病基因导致疾病发生的概率。常用的第一、二、三代 DNA 多态性标记分别是以下三种。

图 23-4　突变筛查基因芯片叠瓦式探针设计示意图

（1）限制性酶切片段长度多态性：DNA 多态性的发生可导致限制性内切酶识别位点的增加、缺失或易位，使 DNA 分子的限制性酶切位点数目、位置发生改变。用限制酶切割基因组时，所产生的限制性片段的数目和每个片段的长度就不同，即限制性酶切片段长度多态性（RFLP）。

RFLP 分析法主要有限制性酶切图谱直接分析法和 RFLP 间接分析法。

1）限制性酶切图谱直接分析法：适用于分析点多态性、核苷酸的缺失、插入或重组引起的多态性，可用于诊断疾病基因结构多态性变异已经明确的疾病。

其方法有两种：①根据已知的变异选用特定的限制酶水解 DNA，然后用特异探针进行 Southern 印迹法，若存在疾病基因，则显示与正常人不同的杂交条带，据此诊断疾病；②用 PCR 法扩增基因片段后，再用特定限制酶水解扩增产物，分析酶解后产物分子的大小，判断是否有疾病基因。例如，镰状细胞贫血是一种单基因遗传病，是由于正常的血红蛋白基因（*HbA*）突变成镰状细胞贫血基因（*HbS*）引起的，突变的位点在 *HbA* 的 *Mst* Ⅱ 限制酶切割位点上。用 *Mst* Ⅱ 限制酶切割患者的 *HbS* 基因和正常人的 *HbA* 基因，然后用凝胶电泳分离酶切片段即可做出诊断（图 23-5）。

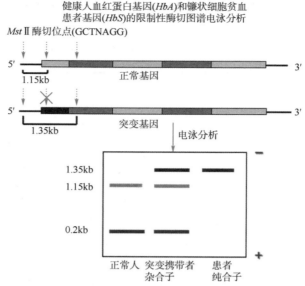

图 23-5　镰状细胞贫血患者基因限制性酶切图谱

2）RFLP 间接分析法：一些由基因缺陷引起的遗传性疾病的致病基因结构、突变情况和基因产物等遗传基础并不清楚，不能应用限制性酶切图谱直接分析法进行诊断，而需要采用多态性连锁分析。

RFLP 按照孟德尔方式遗传。在某一特定的家庭中，如果某一致病基因与特异的多态性片段紧密连锁，就可用这一种"遗传标记"来判断家庭成员或胎儿的基因组中是否携带有致病基因。这种通过对 RFLP 的连锁分析对疾病基因进行间接诊断的方法称为 RFLP 间接分析法。

当重要的 DNA 多态性位点周围的 DNA 序列已知时，应用 PCR 技术将包含待测多态性位点的突变 DNA 片段扩增出来，然后用识别该位点的限制性内切酶来酶切，电泳后直接检测多态性位点的状态（存在或丢失），通过连锁分析，即可对有遗传危险的胎儿进行产前诊断和携带者检测。这种方法称为 PCR-RFLP 连锁分析法。

先根据先证者及双亲的检测结果，明确该家系中致病基因与邻近 DNA 多态等位片段之间的连锁关系，检测家系中其他成员的多态等位片段，经连锁分析判断待测者是否获得了带有致病基因的染色体而做出诊断。甲型血友病凝血因子Ⅷ基因结构庞大，突变类型多样，包括点突变或少数碱基的缺失等，直接诊断有一定难度。其中，插入点突变可导致 Bcl Ⅰ等酶切位点发生改变。图 23-6 为甲型血友病家系 DNA 用一对扩增Ⅷ因子基因（F8）第 18 外显子内一个 142bp 片段、经 Bcl Ⅰ酶切后的电泳示意图。从该图可见，先证者因突变缺失 Bcl Ⅰ酶切位点，只有 142bp 条带（该 142bp 片段来源于母亲，与缺陷的 F8 基因连锁）。正常父亲具有 Bcl Ⅰ酶切位点，只有 99bp 条带（43bp 由于分子量小，常跑出胶外看不见。该 99bp 片段与正常 F8 基因连锁）。其母有两条区带（142/99bp）。胎儿具有与母亲相同的图谱，用 Y 探针证实为女性。因此产前诊断该胎儿仅是甲型血友病基因携带者，可以继续妊娠至分娩。

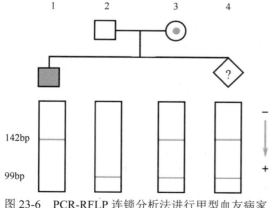

图 23-6　PCR-RFLP 连锁分析法进行甲型血友病家系基因连锁分析及产前诊断

1：儿子（先证者）；2：父亲（正常）；3：母亲（携带者）；4：胎儿（待测者）

（2）DNA 重复序列多态性分析：人类基因内或旁侧存在许多重复序列，这些重复序列是由许多相同的重复单位以首尾相连的方式串联排列而成，如 6～70bp 长的重复单位串联排列成的小卫星 DNA 又被称为可变数目串联重复序列（variable number of tandem repeat，VNTR）；核心序列长为 1～4bp 的重复单位串联排列成的微卫星 DNA 又称为短串联重复序列（short tandem repeat，STR）。人类基因组中 VNTR 及 STR 的重复单位的重复次数不同（前者重复数次至数百次；后者可达数十次）而形成多态性。对这些重复序列的多态性分析也成为基因诊断的重要内容。如 STR 两侧的 DNA 序列已知，即可根据这些序列设计引物进行 PCR 扩增，通过扩增产物的电泳、带型比较来分析重复序列的多态性，此即 PCR-STR 技术。

（3）单核苷酸多态性分析：单核苷酸多态性（single-nucleotide polymorphysm，SNP）是指在基因组上单个核苷酸的改变（包括置换、颠换、缺失和插入）而引起的 DNA 序列的多态性。一般而言，SNP 是指人群中变异频率大于 1% 的单核苷酸变异。在人类基因组中大概每 1000 个碱基就有一个 SNP。有些 SNP 位点还会影响基因的功能，甚至导致疾病。在 SNP 的检测方法中，通过 PCR 扩增后直接测序是十分有效的方法。

4.基因表达检测　在一些病例中可以检测到引起基因表达改变的 DNA 拷贝数变化。然而也存在转录水平的改变导致 mRNA 增加，引起相应基因编码的蛋白质的增加。

在基因结构未发生改变而基因拷贝数变异或发生表观遗传学改变的情况下，基因表达水平发生异常，仍可引起疾病。针对 RNA 的基因诊断，可以分析基因表达水平是否出现异常：可对待测基因的转录产物（mRNA）进行定量分析，检测其转录和加工的缺陷以及外显子的变异等，既可用于疾病的诊断，也可用于基因治疗效果的监测。其中 mRNA 的定量分析可采用逆转录 PCR、荧光定量 PCR 等技术；mRNA 定性分析可采用 Northern 印迹法。运用基因芯片技术通过一次杂交即可平行检测成千上万个基因的表达状况，从而在 RNA 诊断上具有显著的优越性。

三、基因诊断的应用

随着分子生物学的不断发展，基因诊断技术已经广泛地应用于遗传病、感染性疾病、肿瘤以及法医学等领域。尽管基因诊断在理论、技术及伦理上还存在一些问题，但仍然具有广阔的发展前景，不仅诊断的疾病种类会越来越多，而且在对疾病的易感性分析、疾病的个体化治疗、预后、预防上将起到越来越重要的作用。

（一）遗传性疾病的基因诊断

基因诊断在遗传性疾病中主要用于诊断性检测（为遗传性单基因病提供确诊依据）和症状前检测预警（为一些特定疾病的高风险个体、家庭或潜在人群开展症状前检测，预测个体发病风险，提供预防依据）。

遗传性疾病都与某种或多种基因的突变有关。遗传病的基因诊断有两种基本策略，即直接诊断策略和间接诊断策略。

1.直接诊断策略　在致病基因明确，其正常序列和结构已被阐明、突变位点固定的情况下，可采取直接诊断策略，即通过检测基因突变的方法，直接检测已知的致病基因，进而对该疾病诊断进行确诊。

DNA 长度改变较小、甚至没有长度改变的基因突变要根据其突变类型来选择基因诊断技术。如检测已知点突变，可以采取 PCR-ASO、PCR-RFLP、基因芯片等进行诊断，如导致 β 地中海贫血的基因突变大多不引起 β 珠蛋白基因的限制性酶切位点改变，所以一般不采用 RFLP。最主要的基因诊断技术是 PCR-ASO 探针法；还可用 PCR-RDB、基因芯片技术等进行诊断。检测未知的点突变，可以采用 PCR-SSCP、PCR-DHPLC（变性高效液相色谱法）、异源双链分析、DNA 序列测定等技术。另外，α 地中海贫血、β 地中海贫血患者的珠蛋白 mRNA 含量减少，可以采用基因表达水平分析的方法，运用定量 RT-PCR 技术，测定 α 珠蛋白或 β 珠蛋白 mRNA 的含量，通过含量的改变诊断地中海贫血。

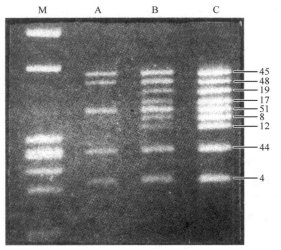

图 23-7　多重 PCR 检测 DMD 基因缺失
M：marker；A：无外显子 8、12、17、19 对应条带，说明患者外显子 8～19 缺失；B：外显子 19、17、8、12 条带的强度是 C 泳道正常人条带强度的一半，提示为区域缺失携带者；C：正常人 DMD 基因外显子的一般扩增形式

检测 DNA 大片段缺失或插入的首选基因诊断技术是 Southern 印迹法。迪谢内肌营养不良（Duchenne muscular dystrophy，DMD）是抗肌萎缩蛋白（dystrophin）基因突变引起抗肌萎缩蛋白的缺失或结构功能的异常导致。约 60% 的患者的抗肌萎缩蛋白基因发生了缺失突变，该基因中 9 个易发生缺失的"热点区"片段分布在外显子 4、8、12、17、19、44、45、48、51。针对缺失热点区设计基因组 DNA 探针或 cDNA 探针进行 Southern 印迹法可检测相应基因变异；或采用多重 PCR 技术，针对上述 9 个热点区设计 9 对引物进行 PCR 扩增（图 23-7），可鉴定 90% 以上的具有基因缺失的 DMD 患者。

2. 间接诊断策略　一些遗传病的致病基因是多基因、多突变，或致病基因明确，但是基因异常的性质不明确或没有突变热点，因此无法对致病基因进行直接诊断。但致病基因被定位在染色体的特定位置上，与特异的多态性片段紧密连锁。所以可采取间接诊断策略：采取多态性分析方法检测与致病基因连锁的遗传标记进行基因诊断。

间接基因诊断不直接检测 DNA 的遗传缺陷，而是检测连锁的遗传标记。常用的第一至第三代 DNA 多态性标记分别是 RFLP、VNTR 和 STR、SNP。间接诊断的实质是在家系中进行多态性连锁分析和关联分析，确定个体来自双亲的同源染色体中哪一条带有致病基因，从而判断该个体是否带有该致病染色体。通过分析多态性遗传标记的分布频率来估计被检者患病的可能性。

基因诊断目前可用于遗传筛查和产前诊断，还可实现症状前检测，预测个体发病风险，提供预防依据。这对遗传病的防治和优生优育具有重要意义。目前我国主要针对一些常见单基因遗传病开展基因诊断性检测，如地中海贫血、甲型血友病、苯丙酮尿症、DMD 等。

（二）感染性疾病的基因诊断

感染性疾病的病原生物来源非常广泛，从原虫、真菌、细菌到病毒，都能引起侵袭性感染的发生。感染性疾病的基因诊断主要检测病原体基因的有无及拷贝数的多少。

感染性疾病的基因诊断策略包括以下两个方面：①一般性检出策略：就是针对特异性的核酸序列通过核酸分子探针杂交，或者靶分子扩增技术直接检出病原微生物的 DNA/RNA，判断有无感染和是何种病原体感染；②完整检出策略：采用基因诊断技术对感染性病原体的存在与否做出明确诊断，并且要诊断出带菌者和潜在性感染者，并对病原体进行分类、分型（亚型）和耐药性鉴定。目前临床上常用的感染性疾病基因诊断技术可分为以下两大类：

1. 信号放大技术　常用分支 DNA（branched DNA，bDNA）、杂交捕获系统、液相杂交检测技术。不涉及靶分子的扩增，采用多酶、多探针或二者结合等方式来增加探针标记物的浓度使检测信号得到放大。

2. 靶分子扩增技术　包括：①以 PCR 为基础的扩增方法如 RT-PCR、巢式 PCR、多重 PCR、荧光定量 PCR 等；②替代的扩增方法如转录依赖的扩增系统（transcription-based amplification system，TAS）；③探针扩增系统：连接酶链反应（ligase chain reaction，LCR）等。

目前基因诊断方法被广泛地应用到感染性疾病的病原体定量检测、现场快速检测、快速分型及药物敏感性分析、治疗的监控和预测、病情发展过程的危险性评价及疾病预后等各个领域。病原体的基因诊断具有高特异性和敏感性，有利于疾病的早期诊治、隔离和人群预防。

（三）肿瘤的基因诊断

肿瘤的发生是多因素、多基因、多阶段相互协同作用的癌变过程，其关键是人类细胞基因组本身出现异常。存在于正常细胞中的癌基因和抑癌基因，以正负信号分别调节控制细胞增殖、分化。在外界因素如化学物质、射线、病毒等作用下，癌基因的激活、抑癌基因的失活及表达异常以及 DNA 修复基因的改变等，失去了对细胞增殖、分化、凋亡调控的能力，从而导致肿瘤的发生。肿瘤进一步发展可发生侵袭、转移，这个过程又涉及肿瘤转移基因、肿瘤转移抑制基因等的改变。目前肿瘤的基因诊断可采取以下策略。

1. 检测肿瘤相关基因的突变与异常表达　检测肿瘤相关基因包括癌基因、抑癌基因、肿瘤转移基因、肿瘤转移抑制基因、肿瘤标志物基因等基因的突变及表达异常。可应用检测基因突变及表达异常的诊断方法。*RAS* 癌基因是人类肿瘤中最常被激活的癌基因。激活的分子机制主要是点突变，高发区域第 12、13 或 61 位密码子。90% 的胰腺癌，50% 的结直肠癌，约 1/3 的肺腺癌有 *K-RAS* 12 号密码子的突变。常用 PCR-ASO、PCR-SSCP 进行检测。又如采用 RT-PCR 或 PCR-ASO 法方法检测 *BCR-ABL* 融合基因有助于慢性髓细胞性白血病诊断；采用 RT-PCR 扩增 *HER-2*、Northern 印迹法检测 *NM23* 基因表达状态有助于检测肿瘤转移及预后判断。RT-PCR 检测白血病患者体内的多药耐药（multiple drug resistance，MDR）基因的表达状态，则有助于疗效监测及指导合理治疗方案的制定。

2. 检测肿瘤相关病毒的基因　包括①与鼻咽癌、伯基特淋巴瘤（Burkitt 淋巴瘤）有关的 EB 病毒；②与宫颈癌有关的人乳头瘤病毒（human papilloma virus，HPV）；③与肝癌有关的乙型肝炎病毒（HBV）、丙型肝炎病毒（HCV）；④与成人 T 细胞性白血病、淋巴瘤有关的人类嗜 T 淋巴细胞病毒（human T-cell lymphotropic virus-1，HTLV-1）等，均可采用检测外源基因的诊断方法。

3. 肿瘤相关基因表达谱分析　采用基因表达水平分析的方法。如兰德（Lander）等采用基因芯片技术分析了 38 例白血病患者的基因表达谱，分别找到了 25 个与急性髓细胞性白血病（acute myelogenous leukemia，AML）和急性淋巴细胞性白血病（acute lymphocytic leukemia，ALL）相关的差异表达基因。因此，根据基因表达谱数据可以对患者的白血病进行分子水平的分型。

（四）基因诊断在法医学中的应用

法医学鉴定中的个体识别可以通过 DNA 多态性分析来实现。人类个体的特征取决于基因组 DNA 核苷酸的差异即 DNA 多态性，即多态性标记具有个体特异性。VNTR 和 STR 是重要的第二代多态性标记。针对 VNTR 设计、合成寡核苷酸探针，与经过酶切的人基因组 DNA 进行 Southern 印迹法杂交，可以得到长度不等的杂交带，而且杂交带的数目和分子量大小具有个体特异性，就像人的指纹一样，因而把这种杂交带图谱称为 DNA 指纹（DNA fingerprint）。由于 DNA 指纹具有高度特异性及稳定性，从同一个体中不同组织、血液、肌肉、毛发、精液等产生的 DNA 指纹完全一样。DNA 指纹鉴定是法医学个体识别的核心技术（图 23-8）。STR 在人基因组中分布广泛，长度一般在几十个 bp 至几百个 bp 之间，且绝大多数位于非编码区，极少出现在编码区域。目前基于 STR 的 PCR 扩增技术由于其方法简便、快速、准确度高等优点，目前已发展成为法医学实验室最主要的个体识别检测手段，取代了上述基于 DNA 印迹的操作程序。

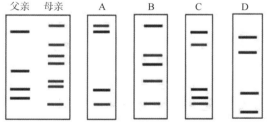

图 23-8　DNA 指纹鉴定

一个重组家庭生了两个女儿，妻子带来与前夫所生的女儿，又领养了一个女孩。这家人的 DNA 指纹如图所示。根据子代的杂交带来源于父亲或母亲的一方，可推断出：A 和 C 是亲生女儿；B 为妻子与前夫所生；D 为养女

第二节 基因治疗

基因治疗（gene therapy）是以改变人的遗传物质为基础的生物医学治疗。广义的基因治疗是指运用分子生物学技术与原理在 DNA 和 RNA 水平上对疾病进行治疗。基因治疗的范围已经从单基因遗传病扩展到恶性肿瘤、感染性疾病、心血管疾病、神经系统疾病、代谢性疾病等。

一、基因治疗概述

基因治疗的原理是通过删除、添加或修饰 DNA（编码基因）来解决疾病的根源，而不仅仅是治疗因基因缺陷而诱发的疾病或症状。但目前基因治疗主要通过将有治疗作用的外源基因转移至人体靶细胞内，并有效地适度表达，以最小的副作用来缓解或治愈疾病的症状。导入的治疗基因可与患者靶细胞的染色体基因组发生整合，或不发生整合而游离在染色体外。

基因治疗采取的策略可以是直接修复、补偿缺陷的基因，或抑制某些基因的过度表达；也可以采用间接方式增强机体的免疫功能，或利用外源基因对病变细胞进行特异杀伤。根据是否针对患者的致病基因而采取措施，可将基因治疗的策略分为直接策略和间接策略两大类。

（一）直接策略

直接策略主要针对致病基因，目的是修复细胞功能或干预细胞功能。

1. 基因修复（gene repair） 在不破坏基因组结构的情况下，对缺陷的致病基因进行精确的原位修复。包括两种方法，分别是①基因修正（gene correction）：将致病基因的突变碱基加以修正；②基因置换（gene replacement）：指通过同源重组技术，将正常基因定点整合到靶细胞基因组内以原位替换致病基因。这两种方法是最为理想的基因治疗方法。但目前尚未能从理论和技术上取得突破。

近十多年来一系列基于位点特异性人工核酸内切酶的基因编辑技术：锌指核酸酶（ZFN）、转录激活因子样效应物核酸酶（TALEN）和 CRISPR/Cas 系统的兴起与突破，为实现体内基因组的定点修饰和改造、进行疾病的精准基因治疗提供了可靠手段，为基因治疗打开新的篇章。与前两者相比，CRISPR/Cas 系统更简单、更容易操作、效率更高，是一种具有广阔应用前景的基因编辑工具。基因编辑技术提供了一个精准的"手术刀"进行基因的增加、减少及修改。其主要机制包括：①通过核酸内切酶靶向切割基因组形成双链断裂（DSB），通过非同源末端连接（nonhomologous end-joining，NHEJ）的方式在靶位点处产生 DNA 片段的插入或缺失导致基因敲除；②在有模板存在的条件下可通过 NHEJ 或同源重组（homologous recombination，HDR）的方式发生靶向整合，对异常基因进行定点修复或将治疗基因靶向整合到基因组中，成功编辑的细胞可以传递给子代，以实现疾病的长期修复效果。

近年来新发展的碱基编辑技术是一种结合了 CRISPR/Cas9 和胞苷脱氨酶及腺苷脱氨酶的高精度基因编辑技术。碱基编辑技术在不切割双链 DNA 及 HDR 的情况下，可以精确地实现从一种碱基对到另一种碱基对的转变（C/G 到 T/A，T/A 突变成 C/G）。碱基编辑为单碱基突变引起的遗传性疾病的基因治疗提供了重要工具。

2. 基因增强（gene augmentation） 又称为基因添加（gene addition），是指不删除致病基因，导入与致病基因相对应的正常基因并随机整合到基因组，异位表达正常产物以补偿、替代致病基因的功能或使原有的功能得以加强。这是目前临床上基因治疗的主要策略。目前由于无法做到基因在基因组中的准确定位插入，因此增强基因的整合位置是随机的。这种整合可能会导致基因组正常调节结构的改变，甚至可能导致新的疾病。基因增强的必要条件是：①导入的外源基因及其表达产物要非常清楚；②外源基因能够被有效地导入靶细胞；③外源基因要能够在靶细胞中长期稳定存在并适度表达；④基因导入的方法及所用载体对宿主安全无害。

该策略适用于因基因功能丧失所引起的疾病，主要针对隐性遗传病如腺苷脱氨酶缺乏症、囊性纤维化等，导入的外源基因在体内即使少量表达也可以明显改善临床症状。

3. 基因失活（gene inactivation） 又称为基因沉默（gene silencing）或基因干扰（gene interference），是指采用反义 RNA、核酶、RNA 干扰（RNA interference，RNAi）、三链 DNA 以及上述基因组编辑等技术，抑制某些致病基因的异常表达，而不影响其他正常基因表达，达到治疗目的。基因沉默主要通过多种机制来实现，如将反义 RNA 或反义寡核苷酸、核酶、siRNA 及 microRNA（miRNA）的表达质粒或病毒载体等导入细胞后，与靶 mRNA 结合并使其失活（反义核酸与靶 mRNA 结合而抑制翻译；核酶可剪切靶 RNA 分子；siRNA、miRNA 可降解或抑制靶 mRNA），从而在翻译前水平阻断基因的表达；或导入特异性寡脱氧核苷酸（oligodeoxynucleotide，ODN），使 ODN 与靶基因的 DNA 双螺旋分子特异性结合形成三螺旋结构，阻断 DNA 复制或抑制基因转录。此类基因治疗的靶基因主要针对过度表达的癌基因和病毒基因等。

该策略适用于因功能获得、细胞内存在有害或有毒性的基因产物所致的疾病，不仅可用于经典遗传病的治疗，也广泛应用于肿瘤、病毒感染性疾病等的治疗研究。

（二）间接策略

间接策略是将与致病基因无直接联系的治疗基因导入病变细胞或免疫细胞，改善细胞功能，使某些细胞具有新的生物学特性，选择性直接杀伤或间接杀伤病变细胞。

1. 免疫基因治疗（immunogene therapy） 导入能使机体产生抗肿瘤免疫或抗病毒免疫力的基因。①直接杀伤肿瘤细胞：将编码某种细胞因子的基因如 IL-2、TNF-α、GM-CST、IFN 等基因导入肿瘤细胞，可直接杀死肿瘤细胞。②借助免疫系统间接杀伤肿瘤细胞：将外来抗原基因导入到肿瘤细胞以增强肿瘤的免疫原性，使之易被机体的免疫系统所识别；或者将细胞因子基因导入到特异免疫细胞中，增强其对靶细胞的免疫应答反应，杀伤肿瘤细胞。嵌合抗原受体 T 细胞治疗（chimeric antigen receptor T cell therapy，CAR-T 细胞治疗），是近年来建立的一种新型的借助细胞免疫的肿瘤基因治疗方法，该方法通过将嵌合抗原受体基因整合到 T 细胞的基因序列中，使免疫 T 细胞不仅能够特异性地识别肿瘤细胞，同时可以激活 T 细胞杀死肿瘤细胞。该疗法对血液系统肿瘤具有显著治疗效果。

2. 自杀基因疗法 将一些来源于病毒或细菌的基因导入肿瘤细胞，该基因表达产生的酶可催化无毒性的药物前体转变为细胞毒性物质，从而杀死肿瘤细胞；同时通过旁观者效应杀死邻近未导入该基因的分裂细胞而显著扩大杀伤效应。由于携带该基因的宿主细胞本身也被杀死，所以这类基因被称为自杀基因。常用的自杀基因包括单纯疱疹病毒（HSV）的胸苷激酶（thymidine kinase，tk）基因（*HSV-tk*）、大肠埃希菌胞苷脱氨酶（cytisine deaminase，CD）基因等。其中 *HSV-tk* 基因编码的胸苷激酶催化更昔洛韦（ganciclovir，GCV，又称丙氧鸟苷）磷酸化成为磷酸化的核苷酸类似物（GCV 三磷酸），抑制 DNA 聚合酶活性，阻断 DNA 的合成，导致细胞死亡；同时还存在旁观者效应（bystander effect）杀死邻近没有被转染自杀基因的肿瘤细胞（图 23-9）。CD 可将 5′-氟胞嘧啶转化为 5′-氟尿嘧啶而发挥细胞毒性作用。

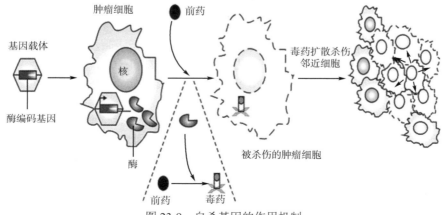

图 23-9 自杀基因的作用机制

3. 特异性细胞杀伤 指利用重组 DNA 技术将生物来源的细胞毒素基因与一些特异受体的配体基因融合，构建融合基因表达载体，通过配体-受体的特异性结合，导入高度表达该受体的肿瘤细胞，以靶向性杀伤该肿瘤细胞。如将假单胞菌外毒素（pseudomonas exotoxin，PE）或白喉毒素（diphtheria toxin，DT）基因与转化生长因子（transforming growth factor，TGF）-α 基因组成融合基因 *TGF-α-PE* 或 *TGF-α-DT*。由于 TGF-α 与表皮生长因子（epidermal growth factor，EGF）结构类似，也能与表皮生长因子受体（epidermal growth factor receptor，EGFR）结合，故该融合基因的表达产物可特异性进入并杀死高度表达 EGFR 的膀胱癌、肾癌、肺癌、乳腺癌等肿瘤细胞。

上述三种间接策略常用于肿瘤的基因治疗。总之，基因治疗的策略较多，各种策略有其各自的优缺点，实际应用时要根据具体情况来选择。

二、基因治疗的基本原理

（一）基因治疗的分类

基因治疗的基本过程是运用细胞与分子生物学等技术，选择并制备治疗基因，然后以一定的方式将其导入患者体内，并使该基因有效表达。根据基因导入的方式可将基因治疗分为两种：离体或间接体内（*ex vivo*）基因治疗和在体或直接体内（*in vivo*）基因治疗。

1. 间接体内基因治疗 先从体内取出靶细胞在体外培养，将治疗基因导入细胞内，经过筛选和增殖后将细胞回输给患者，使该基因在体内有效地表达相应产物，以达到治疗的目的。其基本过程类似于自体细胞移植（图 23-10A）。

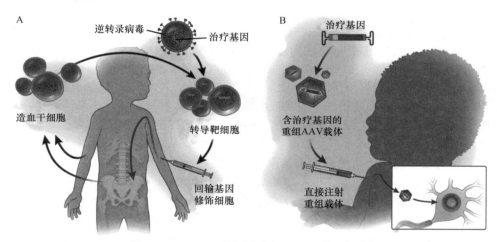

图 23-10 *ex vivo* 基因治疗与 *in vivo* 基因治疗

A. 间接体内（*ex vivo*）基因治疗；B. 直接体内（*in vivo*）基因治疗。AAV，腺相关病毒

间接体内基因治疗由于利用自体细胞，因而不会产生免疫反应；同时还可在体外筛选到高效转导以及无脱靶的细胞，进而实现高效安全的治疗效果。但由于步骤烦琐，细胞活力低等缺点也受到一定的局限。此外，整合型载体的使用更易引起体内的随机插入，进而产生癌变也是亟待解决的问题之一。间接体内基因治疗疾病的代表：CAR-T 细胞治疗，地中海贫血和镰状细胞贫血的基因治疗。

CAR-T 细胞治疗通过基因改造技术，在 T 细胞上加入一个嵌合抗原受体。再把基因改造后的 T 细胞回输到患者体内，让改造后的 T 细胞攻击肿瘤细胞，从而达到治疗肿瘤的目的。

2. 直接体内基因治疗 在体基因治疗是指将有功能的治疗基因通过非整合载体直接注射给患者体内缓慢分裂的靶细胞或特异组织器官如肌肉、眼睛或脑（图 23-10B），以在体内修饰靶细胞并恢复疾病的正常表型。

直接体内基因治疗目前虽然尚不成熟，也存在安全性等问题，但是其操作简便、容易推广，是基因转移研究的方向。

直接体内基因治疗疾病的代表：莱伯遗传性视神经病变（Leber hereditary optic neuropathy，LHON），脊髓性肌萎缩和血友病。AAV-RPE65 是第一个直接通过腺相关病毒（AAV）作为载体、通过视网膜下注射该药物（"体内"直接用药）进行基因治疗的药物，用于治疗 RPE65 基因缺陷引起的遗传性视网膜病变（inherited retinal disease），即 LHON。RPE65 基因编码一种哺乳动物视网膜色素上皮中参与视觉循环的异构酶，该酶可将全反式视黄醇酯转化为 11-顺式视黄醇。该基因的突变可干扰该循环，导致先天性致盲眼病。

（二）基因治疗的基本流程

基因治疗的基本过程是运用细胞与分子生物学等技术，选择并制备治疗基因，然后以一定的方式将其导入患者体内，并使该基因有效表达。下面以间接体内基因治疗为例，介绍基因治疗的基本流程。

1. 治疗基因的选择与制备　治疗基因大致可分为两类：一是与致病基因相对应的有功能的正常基因，如重症联合免疫缺陷综合征是由于腺苷脱氨酶（adenosine deaminase，ADA）基因缺陷所致，对该疾病进行基因治疗时就选择 ADA 基因作为治疗基因；二是与致病基因无关、有治疗作用的基因，如肿瘤基因治疗中选用的细胞因子基因、自杀基因、多药耐药基因等。这些基因可以是细胞内不表达或低表达的基因，甚至是不存在的基因。应用中可根据基因治疗的策略来选择。治疗基因可以是基因组 DNA 或 cDNA 或寡核苷酸。

治疗基因的制备有多种方法，主要包括基因克隆、人工合成、PCR 扩增等方法。其中基因克隆是最常用的方法。

2. 载体的选择与重组载体的构建　治疗基因通常本身不含启动子等调控序列，必须重组于载体的合适位置上进行表达。基因治疗的理想载体应该具备以下几个特点：①有足够的空间来递送大片段的治疗基因；②具有高转导效率，能感染分裂和非分裂的细胞；③能靶向特定的细胞，且可以长期稳定表达转基因；④具有较低的免疫原性的或致病性，不会引起炎症；⑤具备大规模生产的能力。

目前基因治疗最常用的递送系统是病毒载体，它也是世界上第一个用于基因治疗的临床研究载体。根据是否整合到靶细胞的染色体上，又分为整合病毒载体和非整合病毒载体。整合病毒载体主要包括逆转录病毒载体（retroviral vector，RV）、慢病毒载体（lentiviral vector，LV）等 RNA 病毒。病毒的单链 RNA 在感染细胞后可以逆转录为 cDNA，进一步合成双链 DNA 而整合到宿主细胞的染色体中。非整合病毒载体包括腺病毒载体及腺相关病毒（adeno-associated virus，AAV）载体。各种病毒载体的特点不同，应用时可根据不同的目的来选择。

基因治疗用重组病毒载体的改造主要包括以下内容：①去除病毒复制必需基因和致病基因，消除其感染能力和致病能力。同时产生的空白区以治疗基因取而代之；②保留其基因的调控序列和包装信号等；③插入标记基因如抗新霉素（Neo^R）基因以便于对基因转染细胞的抗性筛选等。

病毒原有的复制和包装等功能由包装细胞（packaging cell）提供。实际应用中先将重组病毒载体导入包装细胞（一种已经转染和整合了病毒复制和包装所需的辅助病毒基因组的细胞），在其中进行复制并包装成新的病毒颗粒，获得足量的重组病毒后感染靶细胞。

3. 靶细胞的选择　基因治疗根据靶细胞可分为体细胞基因治疗与生殖细胞（germ cell）基因治疗两大类。生殖细胞基因治疗的目的是特异修饰配子、合子或早期胚胎，由于伦理的原因，靶向修饰细胞核 DNA 的生殖细胞基因治疗在人类被广泛禁止。线粒体替代疗法（mitochondrial replacement therapy，MRT）是一种特殊的生殖细胞基因疗法，由女性供体的卵细胞提供健康的线粒体和正常 mtDNA，以取代受损的线粒体，可阻止严重的 mtDNA 疾病传播，该疗法已经在英国被合法化。体细胞基因治疗靶向患者的体细胞或组织，遗传修饰的任何后果仅限于该患者，目前所有的人类基因治疗试验和方案都涉及修饰体细胞的基因组。

靶细胞的选择可根据疾病的特点、基因治疗的策略、目的基因及其转移的方式等因素来确定。靶细胞可以选择病变细胞，也可选择在疾病的发生发展中发挥重要调控作用的细胞，如免疫细胞等。靶细胞选择时一般需考虑以下几个原则：①易于从体内取出和回输；②易于在体外培养与增殖；③易于外源基因的高效转移；④在体内有较长的寿命并具有较强的增殖能力。目前较常用的靶细胞有骨髓细胞、造血干细胞、淋巴细胞、上皮细胞、内皮细胞、成纤维细胞、肝细胞、肌细胞、肿瘤细胞等。

4. 基因转移　将治疗基因高效地导入特异的靶细胞并稳定、适度表达，是基因治疗的一个关键环节。基因转移系统大致可分为病毒类及非病毒类转移系统两类。

病毒载体是目前最有效的基因转移载体。根据是否整合到靶细胞的染色体上，又分为整合病毒载体和非整合病毒载体。整合病毒载体主要包括 γ 逆转录病毒（γ-Rv）、慢病毒等 RNA 病毒；非整合病毒载体包括腺病毒（Ad）及腺相关病毒（AAV）。病毒载体主要通过携带有治疗基因的病毒载体感染靶细胞来实现基因的转移。其特点是基因转移效率高，但安全问题需要重视。各种常用的病毒载体及其基因转移的特点见表 23-1。

表 23-1　基因治疗常用病毒载体的特征

	逆转录病毒载体	慢病毒载体	腺病毒载体	腺相关病毒载体	单纯疱疹病毒载体
基因组	ssRNA，二倍体	ssRNA，二倍体	dsDNA	ssDNA	dsDNA
载体大小	8～11kb	9kb	36kb	5kb	152kb
外源基因容量	<8kb	<8kb	37kb	<4.5kb	50kb
靶细胞要求	分裂细胞	分裂细胞或非分裂细胞	分裂细胞或非分裂细胞	分裂细胞或非分裂细胞	分裂细胞或非分裂细胞
基因转移效率	高	中	高	中	中
基因整合	随机整合	优先整合入编码区	不整合	野生型定点整合于 19 号染色体长臂；重组型不整合	不整合
转基因表达时间	长期	长期	短暂	长期	短暂
安全性及其他	有插入突变风险、致癌可能	有插入突变风险	比较安全，可诱发免疫反应；缺乏靶向性	无致病性；宿主范围较宽	有细胞毒性，神经组织特异性
主要型别	γ-RV	HIV-1	Ad2，Ad5；CRAd	AAV2，AAV9	HSV-1

注：CRAd，条件复制型 Ad

另一类是非病毒载体基因转移系统，即通过物理方法、化学方法或受体介导的胞吞作用等将治疗基因导入细胞内或直接导入人体内。非病毒载体系统免疫原性低，将目的基因导入细胞后，通常不整合到染色体；与病毒转移系统相比较安全性好。但其转移效率及转基因表达水平均比较低。

物理方法包括直接注射、显微注射、电穿孔及基因枪（微粒轰击技术）、超声介导的转染（ultrasound-mediated transfection）、激光辐照介导的转染（transfection using laser irradiation）、光化学转染等。化学方法包括磷酸钙沉淀法、脂质体法等。物理、化学方法具有操作简便、安全性高、外源基因长度不受限制等优点，但转移效率低，外源基因转导到宿主细胞后表达时间短，靶向性差。

非病毒载体转移系统中最简单的是直接注射法（裸 DNA 注射），可直接注入特定的组织，特别是肌组织，能达到较高水平的基因表达，在临床基因治疗中裸 DNA 注射有着较为广泛的应用。非病毒载体转移系统较常用的是脂质转移系统。通常将目的基因与质粒构建重组质粒载体，然后将重组质粒载体与脂质混合以制备核酸脂质体复合物，该复合物可与细胞膜结合、进而被细胞内吞，达到基因转移的目的。阳离子脂质体和阳离子脂质纳米粒是最常用的两种脂质载体，阳离子脂质囊泡是将 siRNA 导入细胞的理想选择。近年来纳米技术在基因转移中已得到广泛应用，包括反义纳米颗粒、磷酸钙纳米颗粒、DNA 纳米颗粒等。受体介导的胞吞作用可实现靶向性基因转移。常用非病毒载体基因转移系统的比较见表 23-2。

表 23-2　常用非病毒载体基因转移系统的优缺点

转移方法	优点	缺点
直接注射	简便，安全性高	导入效率低，需要注射大量 DNA
显微注射	组织细胞靶向性、简单、有效、可重复、无毒、可导入大片段	操作复杂，表达效率差异大，不适宜大量细胞的转染
电穿孔	高效、可重复，可进行基因定点转移，可转移大片段 DNA	不能进行大面积组织的转移；高电压会影响 DNA 的稳定性；表达时间短
基因枪	简便、效率高，DNA 用量少	可引起组织损伤
磷酸钙沉淀法	简单易行	转移效率低
脂质体法	易制备、成本低、体外实验效率高	体内基因转染效率低，表达时间短
受体介导的胞吞作用	细胞靶向性，转染效率高	易降解，表达水平低

5. 基因转染细胞的筛选与基因表达鉴定、扩增　目前基因转移的效率总的来说较低，更难以达到 100%，所以有必要将基因转染的细胞筛选出来，并鉴定该细胞中治疗基因的表达状况。基因转染细胞的筛选可采用抗性筛选的方法。例如，重组载体上插入有标记基因 *Neo*R，导入受体细胞后可使其产生对 G418（即遗传霉素，geneticin）药物的抗性。在加入 G418 的培养基中进行选择性培养时，转染 *Neo*R 基因的细胞能够存活，而未转染的细胞则死亡。又如，将 *HSV-tk* 基因导入 tk⁻ 的靶细胞后，只有转染细胞才能在 HAT（含次黄嘌呤、氨基蝶呤和胸腺嘧啶核苷）培养基中生长。

基因转染细胞中治疗基因的表达状况决定了基因治疗的效果，因此需要进一步检测治疗基因的表达情况，可采用 RT-PCR、实时 PCR、Northern 印迹法等检测 mRNA 的表达或采用 Western 印迹法、ELISA 等技术测定其表达产物即蛋白质的含量等方法。

6. 将基因修饰细胞回输到患者体内　将稳定表达治疗基因的细胞经培养、扩增后，以合适的方式（如静脉输液、肌内注射、皮下注射、视网膜下注射、瘤内注射、腔内或血管内注射、自体细胞移植）回输体内以发挥其治疗效果。如将基因修饰的淋巴细胞以静脉注射的方式回输到血液中；将皮肤成纤维细胞以细胞胶原悬液形式注射至患者皮下组织；采用自体骨髓移植的方法输入造血细胞；或以导管技术将血管内皮细胞定位输入血管等。

三、基因治疗的应用

自 1990 年 9 月世界上第一例人体基因治疗获得成功以来，基因治疗的研究进展非常迅速，研究的范围从单基因疾病扩展到多基因疾病，从遗传性疾病扩展到肿瘤、感染性疾病、心血管疾病、神经系统疾病、代谢性疾病等。基因治疗为那些传统治疗方法无法有效治疗的疾病提供了更多的选择。

（一）遗传病的基因治疗

由于遗传病的发病机制较明确，所以遗传病（尤其是单基因遗传病）的基因治疗率先取得一些突破性进展，并为其他疾病的基因治疗奠定了基础。至今已有 30 多种单基因遗传病被列为基因治疗的主要对象，其中腺苷脱氨酶基因缺陷的重症联合免疫缺陷病（SCID）、囊性纤维化跨膜传导调节蛋白（*CFTR*）基因缺乏所致的囊性纤维化（CF），低密度脂蛋白受体（LDLR）基因缺陷所致的家族性高胆固醇血症，凝血因子Ⅸ缺陷引起的乙型血友病以及葡糖脑苷脂酶基因缺乏引起的 Gaucher 病等疾病的基因治疗研究已获准进入临床试验及应用阶段，并已取得不同程度的疗效。近年来，基因治疗在镰状细胞贫血、β 地中海贫血、凝血因子Ⅷ缺陷引起的甲型血友病、神经遗传性疾病 [如运动神经元生存基因（survival motor neuron gene 1，*SMN1*）] 缺陷所致的脊髓性肌萎缩（spinal muscular atrophy，SMA）、LHON 等多个罕见遗传病的治疗研究中都取得积极的进展。

单基因遗传病的致病基因比较清楚，基因治疗的方案主要是采用基因增补的策略，将正常基因导入患者体内，表达出正常的功能蛋白质，补偿或替代致病基因的功能。

1. ADA 基因缺陷所致 SCID 的基因治疗　ADA 缺乏症是一种常染色体隐性遗传病，由于 *ADA* 基因失活突变所致。ADA 缺乏导致核酸代谢产物异常堆积，使 T 淋巴细胞受损，产生严重联合免疫缺陷。美国国立卫生研究院于 1990 年 9 月对 1 例 4 岁 ADA 缺乏症儿童进行了全世界首次基因治疗的临床试验。该治疗方案主要通过将正常 ADA 基因插入逆转录病毒构建重组体，导入体外培养的患者外周血 T 淋巴细胞，筛选 ADA 表达阳性的 T 淋巴细胞并在体外培养增殖后回输患者体内。通过数次同样的治疗，患儿体内 ADA 水平达到正常人的 25%，免疫系统功能恢复，临床症状明显改善，首例基因治疗获得成功。

2. 乙型血友病的基因治疗　1991 年 12 月乙型血友病的基因治疗是中国人体基因治疗第一个成功的例子。乙型血友病是一种 X 连锁隐性遗传病，由于凝血因子Ⅸ遗传性缺陷引起。复旦大学遗传所薛京伦及其团队成员将人凝血因子Ⅸ cDNA 重组到逆转录病毒载体后，导入乙型血友病患者体外培养的皮肤成纤维细胞中，经体筛选鉴定后再回植入患者皮下，使患者血中凝血因子Ⅸ浓度升高，出血症状及次数都明显减少。

（二）肿瘤基因治疗

近年来肿瘤发生发展的分子机制不断取得进展，加上临床治疗的迫切需要，肿瘤的基因治疗是目前基因治疗研究中十分活跃的领域，已批准开展进行的基因治疗方案中 70% 以上是针对恶性肿瘤的。结合临床治疗的实际应用需求，目前肿瘤基因治疗主要针对以下三个方面：

1. 直接杀伤肿瘤细胞或抑制其生长　①采用针对抑癌基因的基因增补的策略：2003 年 12 月中国推出的携带野生型 *P53* 基因的腺病毒肿瘤基因治疗产品是世界上第一个获批准的基因治疗药物；②导入自杀基因或毒素基因，靶向杀伤肿瘤细胞等；③采用直接杀伤肿瘤细胞的免疫基因治疗策略：将编码细胞因子如 IL-2、TNF-α、IFN 等基因导入肿瘤细胞，直接杀死肿瘤细胞；④采用基因失活的策略：抑制血管内皮生长因子（VEGF）的合成，阻断肿瘤诱导的血管生成过程；或抑制癌基因的过度表达；⑤基因修饰的溶瘤病毒基因治疗：携带治疗基因的溶瘤疱疹病毒、溶瘤腺病毒、新城疫病毒等治疗恶性肿瘤发展前景良好。

溶瘤病毒（oncolytic virus，OV）是一种能够感染肿瘤细胞并在肿瘤细胞中选择性复制并诱导细胞病变的病毒，最终导致细胞死亡，而对正常细胞没有影响。溶瘤病毒疗法的治疗效果不仅依赖于直接的病毒溶瘤，也依赖于结合细胞因子/趋化因子基因修饰如 GM-CSF 基因诱导抗肿瘤免疫。首个溶瘤病毒于 2005 年在中国被批准用于治疗鼻咽癌。

2. 间接杀伤肿瘤细胞的免疫基因治疗　①CAR-T 细胞治疗：T 细胞进行体外基因改造、加入一个嵌合抗原受体，以特异性地识别肿瘤细胞并激活 T 细胞杀死肿瘤细胞。以 CAR-T 形式对血液瘤治疗取得的进展最快，2017 年两款 CAR-T 细胞治疗产品获美国 FDA 批准，具有里程碑的意义；②T 细胞受体-基因工程 T 细胞（T cell receptor-gene engineered T cell，TCR-T）免疫治疗：通过基因工程的手段，直接改造 T 细胞识别肿瘤抗原的表面受体 TCR（T cell receptor），从而加强 T 细胞识别和杀伤肿瘤细胞的能力。TCR-T 有望在实体瘤领域取得突破；③将细胞因子导入肿瘤浸润淋巴细胞（tumor infiltrating lymphocyte，TIL）中，增强 TIL 的抗肿瘤作用，间接杀死或抑制肿瘤细胞；④将外来抗原基因导入到肿瘤细胞以增强肿瘤的免疫原性，使之更易被机体的免疫系统所识别。

3. 辅助化疗药物间接杀伤肿瘤细胞　①将耐药基因如多药耐药基因（*MDR-1*）导入人体细胞（骨髓造血干细胞），提高其耐受化疗药物的能力而起到保护作用，使机体能够耐受更大剂量的化疗，增强对肿瘤细胞的杀伤能力；②增强肿瘤细胞对药物的敏感性：将药物增敏基因导入肿瘤细胞或沉默肿瘤细胞中多药耐药基因的表达。

（三）感染性疾病的基因治疗

基因治疗在感染性疾病尤其是病毒性疾病如 HIV 感染等的治疗研究中也取得初步成效，主要采用基因失活的策略，直接干扰病毒复制、表达或降解病毒 RNA；或者增强机体免疫功能，促进机体清除病毒感染细胞和游离病毒。

（四）基因治疗的安全性问题和伦理问题

1. 基因治疗的安全性问题 已有的基因治疗临床研究大多应用病毒载体。γ 逆转录病毒具有激活癌基因、诱发肿瘤的风险；腺病毒载体可能引起严重的免疫和炎症反应。1999 年美国 1 名 18 岁的患者，因患鸟氨酸转氨甲酰酶缺乏症，接受腺病毒介导的基因治疗 4 天后不幸死亡。2002 年，SCID 患者接受逆转录病毒介导的基因治疗后患上了白血病。上述事件给基因治疗带来了严峻的挑战，也促使该领域的科学家致力于研发应用更安全有效的基因治疗载体，腺相关病毒载体、慢病毒载体尤其是自失活慢病毒载体，因其安全性较好，是目前基因治疗领域应用较广泛的载体，但是其远期效应仍有待进一步观察和评估。

2. 伦理问题 体细胞基因治疗因为导入基因不致影响下一代，而可以治疗当代个体的疾病，所以接受程度较高。对于生殖细胞基因治疗而言，由于治疗基因导入生殖细胞或受精卵，可传给后代，并影响后代的遗传结构，因而引发一系列伦理问题。随着对基因治疗的安全性、基因表达调控机制、基因治疗对后代基因组的影响等问题认识清楚之后，生殖细胞基因治疗将有望被人们接受。

（五）基因治疗的进展及展望

截至 2019 年，欧洲药品管理局（EMA）、美国食品药品管理局（FDA）及我国国家药品监督管理局（NMPA）等机构至少已批准 13 种基因治疗产品上市（表 23-3），同时还有 2500 多项细胞和基因治疗项目正在进行临床试验。

表 23-3 已经批准的主要基因治疗产品

年份	基因治疗产品	载体-靶基因	疾病	监督管理机构	备注
2003	重组人 *P53* 腺病毒注射液	Ad-*P53*	头颈部鳞状细胞癌	NMPA	第一个产品
2005	重组人 5 型腺病毒注射液	Oncolytic Ad5	头颈癌	NMPA	OV 疗法
2012	Alipogene tiparvovec	AAV1-*LPL*	脂蛋白脂酶缺乏症（LPLD）	EMA	
2015	Talimogene laherparepvec	HSV-*GM-CSF*	黑素瘤	EMA、FDA	OV 疗法，直接注射
2016	编码腺苷脱氨酶 cDNA 序列的自体 CD34⁺细胞	RV-*ADA*	ADA 缺乏症（SCID）	EMA	*ex vivo* 干细胞基因治疗
2016	用自杀基因改造的供体 T 细胞（条件性批准）	RV-*HSV-TK*	部分白血病和淋巴瘤	EMA	自杀基因疗法
2017	Tis agenlecleucel	LV-*CD19*	年龄小于 25 岁的复发或难治性 ALL 患者	FDA（2017）、EMA（2018）	CAR-T 细胞治疗
2017	Axicabtagene ciloleucel	RV-*CD19*	某些类型的非霍奇金淋巴瘤	FDA（2017）、EMA（2018	CAR-T 细胞治疗
2017	Voretigene neparvovec	AAV-*RPE65*	双等位基因 *RPE65* 相关视网膜营养不良	FDA（2017）、EMA（2018）	*in vivo* 基因治疗
2017	Spinraza	靶向 *SMN2* 的反义寡核苷酸	脊髓性肌萎缩（SMA）	FDA	反义寡核苷酸（ASO）
2019	Onasemnogene abeparvovec-xioi	AAV9-*SMN1*	2 岁以下脊髓性肌萎缩患者	FDA	
2019	LentiGlobin［编码 βA-T87Q 珠蛋白基因的自体 CD34⁺细胞（条件性批准）］	LV-*β*-珠蛋白	年龄大于 12 岁且伴有输血依赖型 β 地中海贫血（TDT）且无 *β0/β0* 基因型的患者	EMA	自体干细胞疗法

注：AAV，腺相关病毒；Ad，腺病毒；HSV，单纯疱疹病毒；LV，慢病毒；RV，逆转录病毒；ALL，急性淋巴细胞白血病

中国基因治疗研究及临床试验与世界发达国家几乎同期起步，主要以肿瘤、心血管病等重大疾病为主攻方向，但在罕见病领域起步较晚、进展相对较慢。中国已经有 2 个基因治疗产品上市，主要用于头颈部的恶性肿瘤治疗。此外还有近 20 个针对恶性肿瘤、心血管疾病、遗传性疾病的基因治疗产品进入了临床试验。

基因治疗作为一种革命性的医疗技术，近 30 多年来经历了从兴起、低潮再到重新崛起的发展历程。在基础研究方面取得了长足的进步，特别是新的基因载体、新的基因编辑技术以及在细胞生物学和免疫学领域取得的显著进展，为基因治疗的安全性和有效性提供了理论和技术支持，但仍存在安全性、伦理问题以及一些技术问题有待解决。其中，更安全、更高效的靶向性基因转移系统的构建是关键环节，治疗基因的可持续性和可调控性又是一大挑战。尽管如此，基因治疗的发展仍前景广阔。相信 21 世纪的人类基因治疗，将像 20 世纪抗生素的应用一样，随着关键技术的突破，逐步成为一种重要的常规治疗方法，造福于人类健康。

小　结

基因诊断是指利用分子生物学技术，从 DNA/RNA 水平检测基因的结构和表达状态，对疾病和人体状态做出诊断的方法和过程。基因诊断的主要内容包括致病基因的定性分析（检测个体的基因序列特征、基因突变分析，检测外源性病原体基因）和定量分析（测定基因的拷贝数、基因表达产物量）。基因诊断的基本流程包括临床样本的核酸提取（根据分析目的抽提基因组 DNA 或各种 RNA）、靶基因扩增、基因序列和结构分析、信号检测。基因诊断的基本方法包括检测基因突变或 DNA 拷贝数的改变、检测基因病原体的特异基因序列、DNA 多态性分析、基因表达检测。基因诊断技术已经广泛地应用于遗传病、感染性疾病、肿瘤及法医学等领域。基因诊断在遗传性疾病中主要用于诊断性检测（为遗传性单基因病提供确诊依据）和症状前检测预警（为一些特定疾病的高风险个体、家庭或潜在人群开展症状前检测，预测个体发病风险，提供预防依据）。感染性疾病的基因诊断策略包括一般性检出策略与完整检出策略。肿瘤的基因诊断可采取以下策略：检测肿瘤相关基因的突变与异常表达、检测肿瘤相关病毒的基因。法医学鉴定中的个体识别可以通过 DNA 指纹技术、基于 STR 的 PCR 扩增技术等进行 DNA 多态性分析来实现。

基因治疗是运用分子生物学技术与原理在 DNA/RNA 水平上改变人的遗传物质的生物医学治疗。基因治疗采取的策略可以是直接修复、补偿缺陷的基因，或抑制某些基因的过度表达（基因失活），也可以采用间接方式增强机体的免疫功能，或利用外源基因对病变细胞进行特异杀伤。基因治疗的基本过程是运用细胞与分子生物学等技术，选择并制备治疗基因，然后以一定的方式将其导入患者体内，并使该基因有效表达。根据基因导入的方式，可将基因治疗分为两种：在体或直接体内（in vivo）基因治疗和离体或间接体内（ex vivo）基因治疗。离体基因治疗的基本流程包括：治疗基因的选择与制备、载体的选择与重组载体的构建、靶细胞的选择、基因转移、基因转染细胞的筛选与基因表达鉴定、扩增以及将基因修饰细胞回输到患者体内。基因治疗的研究范围从单基因疾病扩展到多基因疾病，从遗传性疾病扩展到肿瘤、感染性疾病、心血管疾病、神经系统疾病、代谢性疾病等。虽然存在安全性、伦理问题以及一些技术问题有待解决，但基因治疗的发展前景广阔。

（李　凌）

第二十三章线上内容

第六篇　专　题　篇

血液由血浆和血细胞组成。血浆蛋白是血浆的主要固体成分，种类很多，在体内发挥着多种功能。不同的血细胞也有各自不同的代谢特点。肝是物质代谢的重要器官，不仅在三大营养物质代谢中发挥重要作用，还在维生素代谢、激素代谢、胆汁酸代谢和非营养物质的代谢中起到至关重要的作用。本篇分为血液的生物化学、肝的生物化学两章。

第二十四章　血液的生物化学

血液（blood）由血浆和血细胞组成，是体液的重要部分，正常成人血液约占体重的8%。血浆（plasma）是血液的液体部分，约占血液容积的55%。血浆主要成分是水，约占90%，另外还有可溶性固体成分，包括蛋白质。非蛋白含氮化合物（尿素、肌酸、肌酐、尿酸、胆红素、氨等）。不含氮的有机化合物（葡萄糖、乳酸、酮体等）及无机盐（Na^+、K^+、Ca^{2+}、Mg^{2+}、Cl^-、HCO_3^-、HPO_4^{2-}等）等。非蛋白含氮化合物所含的氮称为非蛋白氮（nonprotein nitrogen，NPN），其中血尿素氮（blood urea nitrogen，BUN）约占NPN的一半。血细胞是血液的有形部分，包括红细胞、白细胞和血小板。血液在心血管系统中循环流动，成为沟通内外环境及机体各部分进行物质交换的场所，对于维持机体内环境稳定具有重要作用。血液中某些代谢物浓度变化，可反映体内代谢状况，因此血液与临床医学有密切关系。临床上对血液进行分析，常以血清为样本，血清（serum）是血液凝固后析出的淡黄色透明液体，血清与血浆的区别在于血清中没有纤维蛋白原，但含有一些在凝血过程中生成的分解产物。

第一节　血浆蛋白

血浆蛋白是血浆中多种蛋白质的总称，是血浆中主要的固体成分，其含量仅次于水，约为60～80g/L。血浆蛋白的种类繁多，功能各异。

一、血浆蛋白的分类

按分离方法、来源或功能的不同，可将血浆蛋白分为不同种类。

最初采用盐析法，将血浆蛋白分为白蛋白（又称清蛋白，albumin）、球蛋白（globulin）和纤维蛋白原（fibrinogen）。正常人白蛋白（A）含量为38～48g/L，球蛋白（G）为15～30g/L，白蛋白与球蛋白的比值（A/G ratio）为1.5～2.5。临床上一般采用简便快速的醋酸纤维薄膜电泳，将血浆蛋白分为白蛋白、α_1球蛋白、α_2球蛋白、β球蛋白和γ球蛋白（图24-1）。如采用分辨力较高的聚丙烯酰胺凝胶电泳，可将血浆蛋白分出30多条区带。采用分辨力更高的等电聚焦与聚丙烯酰胺凝胶组合的双向电泳，可将血浆蛋白分出更多条区带。

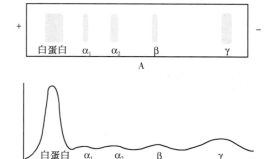

图 24-1　血浆蛋白醋酸纤维薄膜电泳图谱（A）
及电泳峰（B）

血浆蛋白按来源不同分为两类：一类是由各种组织细胞合成后分泌入血，在血浆中发挥作用的血浆功能性蛋白质，如抗体、补体、凝血酶原、生长调节因子、转运蛋白等，这类蛋白质的质量变化可以反映机体的代谢状况；另一类是细胞更新或破坏时溢入血浆的蛋白质，如血红蛋白、淀粉酶、转氨酶等，这类蛋白质在血浆中出现或含量升高可以反映有关组织的更新、破坏或细胞通透性改变。

血浆蛋白按功能不同分为八类：①凝血和纤溶系统蛋白质，包括各种凝血因子（除Ⅲ外）、纤溶酶等；②免疫防疫系统蛋白质，包括各种抗体和补体；③载体蛋白，包括白蛋白、脂蛋白、运铁蛋白、铜蓝蛋白等；④酶，包括血浆功能酶和非功能酶；⑤蛋白酶抑制剂，包括酶原激活抑制剂、血液凝固抑制剂、纤溶酶抑制剂、激肽释放抑制剂、内源性蛋白酶及其他蛋白酶抑制剂；⑥激素，包括促红细胞生成素、胰岛素等；⑦参与炎症应答蛋白，包括 C 反应蛋白、α_2 酸性糖蛋白等；⑧未知功能的血浆蛋白质。目前已知的血浆蛋白有 200 多种，有些蛋白质的功能尚未阐明（表 24-1）。

表 24-1　主要的血浆蛋白的含量及功能

	名称	符号	正常血浆中浓度（mg/L）	主要功能
白蛋白	前白蛋白	PA/Pre-AL	280～350	结合甲状腺素
	白蛋白	Alb	38 000～48 000	维持血浆胶体渗透压，运输，营养
α_1 球蛋白	α 脂蛋白（HDL）	αLP	2170～2700	运输脂类及脂溶性维生素
	α_1 酸性糖蛋白（乳清类黏蛋白）	α_1AGP	750～1000	感染初期活性物质，抑制黄体酮
	α_1 抗胰蛋白酶	α_1AT	2100～5000	抗胰蛋白酶和糜蛋白酶
	运钴胺素蛋白 I	—	—	结合维生素 B_{12}
	运皮质醇蛋白	TSC	50～70	运输皮质醇
	甲胎蛋白	AFP	$0.5×10^{-2}～2.0×10^{-2}$	—
α_2 球蛋白	α_2 神经氨酸糖蛋白	C_1s I	240±100	抑制补体第一成分 C_1s
	C_1s 酯酶抑制物	C1INH	—	酯酶的抑制物
	甲状腺素结合球蛋白	TBG	10～20	结合甲状腺素（T_4）
	α_2HS 糖蛋白	α_2HS		炎症时被激活
	铜蓝蛋白	Cp	270～630	有氧化酶活性，与铜结合，参与铜的代谢，急性时相反应物
	凝血酶原	PT	50～100	参与凝血作用
	α_2 巨球蛋白	α_2M	2000±600	抑制纤溶酶和胰蛋白酶，活化生长激素和胰岛素，可和其他低分子物质结合，急性时相反应物
	胆碱酯酶	ChE	10±2	水解乙酰胆碱
	触珠蛋白（结合珠蛋白）	Hp	300～1900	结合 Hb
	血管紧张素原	AGT	59.46～102.54	收缩血管，升高血压；促进醛固酮分泌
	促红细胞生成素	EPO	450～1190	促进 RBC 生成
	α_2 脂蛋白（VLDL）	α_2Lp	280～710（随年龄性别而异）	运输脂类（主要是甘油三酯）、脂溶性维生素和激素

续表

	名称	符号	正常血浆中浓度（mg/L）	主要功能
β球蛋白	β脂蛋白（LDL）	βLp	2190～3400（随年龄性别而异）	运输脂类（胆固醇、磷脂等），脂溶性维生素及激素
	运铁蛋白	Tf	2500±400	运输铁、抗菌、抗病毒
	运血红素蛋白	Hpx	800～1000	与血红素结合
	C反应蛋白	CRP	＜12	与肺炎球菌的C多糖起反应
	运钴胺素蛋白Ⅱ	TCN2	—	与维生素B_{12}结合
	纤溶酶原	Pm	300±20	纤溶酶前体
	纤维蛋白原	Fib	3500	凝血因子Ⅰ，急性时相反应物
Γ球蛋白	免疫球蛋白A	IgA	0.71～3.85	分泌型抗体
	免疫球蛋白D	IgD	3～400	抗体活性
	免疫球蛋白E	IgE	0.33	反应素活性
	免疫球蛋白M	IgM	1460±560	抗体活性
	免疫球蛋白G	IgG	12 800±2600	抗体活性

二、血浆蛋白的特点

血浆蛋白具有以下共同特点：

（1）大多数血浆蛋白由肝细胞合成，少数由内皮细胞合成，γ球蛋白由浆细胞合成。

（2）血浆蛋白在粗面内质网结合的多聚核糖体上合成，为分泌型蛋白质，分泌入血前经过剪切信号肽、糖基化、磷酸化等翻译后修饰加工过程变为成熟蛋白质。血浆蛋白自肝合成后分泌入血的时间为30分钟到数小时。

（3）血浆蛋白几乎都是糖蛋白，含有 N- 或 O- 连接的寡糖链，只有白蛋白、视黄醇结合蛋白和 C 反应蛋白等不含糖。

（4）各种血浆蛋白都具有特征性的半衰期，如正常成人的白蛋白的半衰期为20天。糖链可使血浆蛋白的半衰期延长。

（5）许多血浆蛋白具有多态性。多态性是指在同种人群中，有两种以上且发生频率不低于1%的表现型。最典型的多态性是ABO血型物质，此外，α_1抗胰蛋白酶、结合珠蛋白、运铁蛋白、铜蓝蛋白等都具有多态性。研究血浆蛋白多态性对遗传学及临床医学均有重要意义。

（6）当急性炎症或组织损伤时，某些血浆蛋白水平会增高，少则增加50%，多则增加1000倍，包括C反应蛋白（C-reactive protein，CRP）、α_1抗胰蛋白酶、结合珠蛋白、α_1酸性蛋白和纤维蛋白原等，这些血浆蛋白称为急性期蛋白（acute phase protein，APP）。急性期蛋白在人体炎症反应中发挥一定作用，如α_1抗胰蛋白酶能使急性炎症反应释放的某些蛋白酶失活。白细胞介素-1是单核吞噬细胞释放的一种多肽，它能刺激肝细胞合成许多急性期蛋白。有些蛋白质（如白蛋白、运铁蛋白等）在急性炎症时含量下降。

三、血浆蛋白的功能

（一）稳定作用

血浆胶体渗透压和血液 pH 的稳定对于机体内环境的稳定具有重要意义。

血浆蛋白的浓度和分子大小决定血浆胶体渗透压的大小。白蛋白是血浆中含量最多的蛋白质，占血浆总蛋白的60%；多数血浆蛋白的分子量在160～180kDa，而白蛋白分子量仅为67kDa。由于白蛋白含量多而分子小，因此在维持血浆胶体渗透压方面起主要作用，血浆胶体渗透压的75%左右由白蛋白产生。白蛋白由肝合成，成人每日每千克体重合成120～200mg，占肝合成分泌蛋白质总量的50%。白蛋白含量下降会导致血浆胶体渗透压下降，使水分向组织间隙渗出而产生水肿。临床上血浆白蛋白含量降低的主要原因是合成原料不足（如营养不良等），合成能力降低（如严重肝病等），丢失过多（如肾疾病、大面积烧伤等），分解过多（如甲状腺功能亢进、发热等）。

人血浆白蛋白基因位于4号染色体上，其初级翻译产物为前白蛋白原（preproalbumin），在分泌过程中切除信号肽生成白蛋白原（proalbumin），继而在高尔基复合体由组织蛋白酶B切除N端的6肽片段（Arg-Gly-Val-Phe-Arg-Arg），成为成熟的白蛋白。白蛋白由585个氨基酸组成一条多肽链，有17个二硫键，分子呈椭圆形，较球蛋白和纤维蛋白原分子对称，故白蛋白黏性较低。白蛋白等电点为4.7，低于其他血浆蛋白，所以在常用的弱碱性电泳缓冲液中带负电荷多，加之分子量小，故电泳迁移速度快。

正常人血液pH为7.35～7.45，大多数血浆蛋白的等电点在4.0～7.3。血浆蛋白为弱酸，其中一部分与Na^+结合成弱酸盐，弱酸与弱酸盐组成缓冲对，参与维持血浆正常pH。

（二）运输作用

某些血浆蛋白可与血浆中难溶于水、易从尿中丢失、易被酶破坏、易被细胞摄取的一些物质专一性结合而运输，如白蛋白能与许多物质结合（如游离脂肪酸、胆红素、性激素、甲状腺素、肾上腺素、金属离子、磺胺药、青霉素G、双香豆素、阿司匹林等），使其水溶性增加而便于运输；金属结合蛋白（如结合珠蛋白、运铁蛋白、铜蓝蛋白）与金属离子（如铁、铜）结合运输，可以防止这些金属离子的丢失。

1.结合珠蛋白（haptoglobin，Hp） Hp分子量约为90kDa，能与红细胞外血红蛋白结合形成紧密的非共价复合物Hb-Hp，每100ml血浆中的Hp能结合40～80mg血红蛋白。每天降解的Hb约有10%释放入血，成为红细胞外游离的Hb，Hb与Hp结合成Hb-Hp复合物后分子量可达155kDa，不能透过肾小球，从而防止游离Hb及所含铁从肾丢失，保证铁再用于合成代谢。溶血时大量的Hb释出，Hp与游离Hb结合成复合物而被肝摄取、清除。Hp是一种急性期蛋白，炎症时其血浆中含量升高，但溶血性贫血患者血浆中Hp呈现下降趋势。

2.运铁蛋白（transferrin，Tf） Tf分子量约80kDa，具高度多态性，目前已发现20多种不同类型的Tf。每天血红蛋白分解释出25mg左右的铁，游离铁有毒性，它与Tf结合后不仅毒性降低而且还将铁运到需铁部位，每分子Tf可结合2个Fe^{3+}。铁是许多含铁蛋白质（如血红蛋白、肌红蛋白、细胞色素、过氧化物酶等）生物活性所不可缺少的，任何生长、增殖细胞的膜上都有运铁蛋白的受体，携带Fe^{3+}的Tf与受体结合后经内吞作用进入细胞，供细胞利用。

3.铜蓝蛋白（ceruloplasmin，Cp） Cp分子量为160kDa，由8个分子量为18kDa的亚基组成。Cp是铜的载体，因携铜而呈蓝色，每分子Cp可结合6个或7个Cu^{2+}。血浆中的铜90%由Cp转运，10%与白蛋白结合而运输。Cp还具有氧化酶活性，可将Fe^{2+}氧化成Fe^{3+}，这有利于铁掺入运铁蛋白，促进铁的运输。

铜蓝蛋白是肝合成的一种糖蛋白，肝病时Cp合成减少，血浆Cp含量降低。肝豆状核变性（Wilson病）是一种遗传病，可能因为肝细胞溶酶体不能将来自铜蓝蛋白的铜排入胆汁，导致铜在肝、肾、脑及红细胞中聚积，发生铜中毒，出现溶血性贫血、慢性肝病及神经系统症状。由于角膜内铜的沉积导致角膜周围出现绿色或金黄色的色素环，称为凯-弗环（Kayser-Fleischer环），这是肝豆状核变性的一种特征性改变，具有诊断价值。临床上采取减少铜摄入，服用D青霉胺螯合铜离子，对肝豆状核变性进行治疗。

归纳起来结合运输具有以下作用：①防止血液中小分子物质由肾流失；②增加难溶物质的水溶性，使其能够运输；③解除某些药物的毒性并促进排泄；④调节组织细胞摄取被运输物质。

（三）催化作用

血浆蛋白中包括一些具有酶活性的蛋白质，按其来源与作用不同分为两类：血浆功能酶和血浆非功能酶。

1. 血浆功能酶　这类酶绝大多数由肝合成后分泌入血，主要在血浆中发挥催化功能，如凝血及纤溶系统的蛋白水解酶、假胆碱酯酶、卵磷脂-胆固醇脂酰基转移酶、脂蛋白脂肪酶等。

2. 血浆非功能酶　这类酶在细胞内合成并在细胞中发挥作用，在正常人血浆中含量极低，基本无生理作用，但有临床诊断价值。

（1）细胞酶：在细胞中发挥作用，正常时血浆中含量甚微，病理情况下因细胞膜的通透性改变或细胞损伤而逸入血浆，一些组织特有的酶在血浆中的含量变化有助于诊断该组织的病变。

（2）外分泌酶：由外分泌腺分泌的酶，如胰淀粉酶、胰脂肪酶、胰蛋白酶、碱性磷酸酶、胃蛋白酶等，正常时仅少量逸入血浆，当脏器受损时，血浆中相应的酶含量增加、活性增高，如急性胰腺炎时血浆中淀粉酶含量明显增多。

（四）免疫作用

血浆中具有抗体作用的蛋白质称为免疫球蛋白（immunoglobulin，Ig），由浆细胞产生，电泳时主要出现在 γ 球蛋白区域。Ig 能识别并结合特异性抗原形成抗原抗体复合物，激活补体系统从而消除抗原对机体的损伤。Ig 分为五大类，即 IgG、IgA、IgM、IgD 及 IgE，它们的分子结构具有共同特点，都是四链单位构成单体，每个四链单位由两条相同的长链或重链（heavy chain，H 链）和两条相同的短链或轻链（light chain，L 链）组成。其中 IgG、IgD、IgE 为单体，IgA 为二聚体，IgM 为五聚体。H 链由 450 个氨基酸残基组成，L 链由 210～230 个氨基酸残基组成，链与链之间以二硫键相连。

补体（complement）是血浆中参与免疫反应的蛋白酶体系，共有 11 种成分。抗原抗体复合物可激活补体系统，使之成为具有酶活性的补体或数个补体构成的活性复合物，从而杀伤靶细胞、病原体或感染细胞。

（五）凝血与抗凝血

多数凝血因子和抗凝血因子属于血浆蛋白，通常以酶原形式存在，在一定条件下被激活后发挥生理功能。凝血因子可促使纤维蛋白原转变为纤维蛋白，后者可网罗血细胞形成凝块以阻止出血。纤溶酶原在纤溶激活剂的作用下转变为纤溶酶，使纤维蛋白溶解，以保证血流通畅。

（六）营养作用

正常成人 3L 左右的血浆中约含 200g 蛋白质，它们起着营养贮备作用。体内某些细胞，特别是单核吞噬细胞系统，吞入完整的血浆蛋白，然后由细胞内的酶类将其分解为氨基酸并扩散入血，随时可供其他细胞合成新蛋白质使用。

四、血浆蛋白质组

血浆蛋白多种多样，各种血浆蛋白又有独特的功能。人体器官的病理变化可导致血浆蛋白在结构和数量上的改变，这种特征性的变化对疾病诊断和疗效监测具有重要意义。然而，迄今为止人类对血浆蛋白的了解还十分有限，只有很少一部分血浆蛋白被用于常规的临床诊断。显然，全面而系统地认识健康和疾病状态下的血浆蛋白，会加速对具有疾病诊断和治疗监测作用的血浆标志蛋白的研发。因此，国际人类蛋白质组组织于 2002 年首先选择了血浆蛋白质组作为"人类血浆蛋白质组计划"首期执行计划之一，其初期目标是：①比较各种蛋白质组分析技术平台的优点和局限性；②用这些技术平台分析人类血浆和血清的参考样本；③建立人类血浆蛋白质组数据库。

第二节　血细胞代谢

一、红细胞代谢

红细胞产生于红骨髓，由造血干细胞依次分化为原始红细胞、幼红细胞、网织红细胞，最后成为成熟红细胞，进入血液循环。红细胞在成熟过程中要经历一系列形态和代谢的改变（表 24-2），早幼红细胞与一般体细胞一样，有细胞核、内质网、线粒体等细胞器，具有合成核酸和蛋白质的能力,可进行有氧氧化获得能量,而且有分裂繁殖的能力;网织红细胞无细胞核,含少量线粒体和 RNA,不能合成核酸,但可合成蛋白质;成熟红细胞除细胞膜、细胞质外,无其他细胞器,不能合成核酸和蛋白质,只能通过糖酵解获得能量,用以维持红细胞膜和血红蛋白的完整性及正常功能,使红细胞在冲击、挤压等机械力和氧化物的影响下仍能保持活性;糖酵解中还可产生一种高浓度的 2,3-BPG,这种小分子有机磷酸酯可调节血红蛋白的携氧功能。

表 24-2 红细胞成熟过程中的代谢变化

代谢能力	有核红细胞	网织红细胞	成熟红细胞	代谢能力	有核红细胞	网织红细胞	成熟红细胞
分裂增殖能力	+	-	-	脂类合成	+	+	-
DNA 合成	+*	-	-	三羧酸循环	+	+	-
RNA 合成	+	-	-	氧化磷酸化	+	+	-
RNA 存在	+	+	-	糖酵解	+	+	+
蛋白质合成	+	+	-	磷酸戊糖途径	+	+	+
血红素合成	+	+	-				

注:"+""-"分别表示该途径有或无;*示晚幼红细胞为"-"

(一)血红蛋白的生物合成

血红蛋白是红细胞中的主要成分,占红细胞内蛋白质总量的 95%,主要功能是运输氧气和二氧化碳。血红蛋白是在红细胞成熟之前合成的,先分别合成血红素和珠蛋白(globin),然后两者再结合成血红蛋白。

1. **ALA 生成** 在线粒体内,由 ALA 合酶(ALA synthase)催化,琥珀酰辅酶 A 与甘氨酸缩合成 δ-氨基-γ-酮戊酸(δ-aminolevulinic acid,ALA)(图 24-2)。ALA 合酶的辅酶是磷酸吡哆醛,是血红素合成的关键酶,该酶由两个亚基组成,每个亚基分子量为 60kDa。

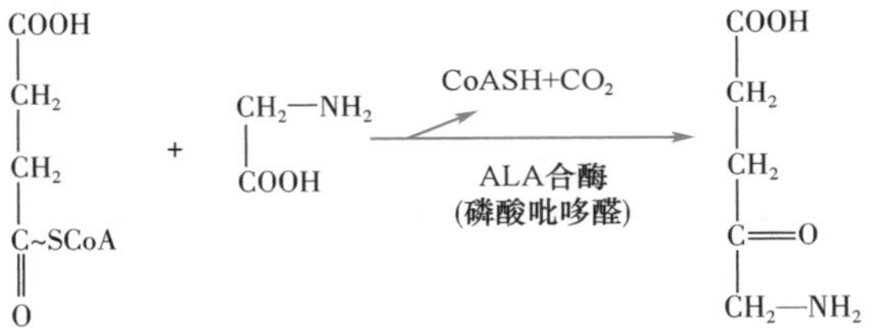

图 24-2 ALA 的生成

2. **胆色素原的生成** 在细胞液中,由 ALA 脱水酶(ALA dehydrase)催化,2 分子 ALA 脱水缩合成 1 分子胆色素原(又称卟胆原,porphobilinogen,PBG)(图 24-3)。ALA 脱水酶由 8 个亚基组成,分子量为 260kDa,其巯基对铅等重金属的抑制作用很敏感。

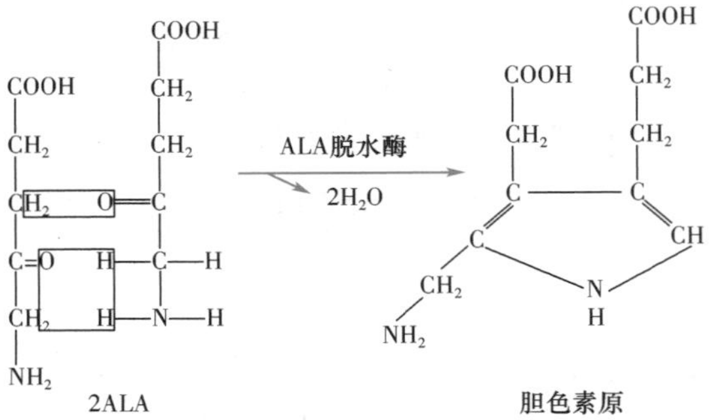

图 24-3 胆色素原的生成

3. 尿卟啉原Ⅲ及粪卟啉原Ⅲ的生成　在细胞液内，由尿卟啉原Ⅰ同合酶（uroporphyrinogen I cosynthase，又称卟胆原脱氨酶，PBG deaminase）、尿卟啉原Ⅲ同合酶（uroporphyrinogen Ⅲ cosynthase）、尿卟啉原Ⅲ脱羧酶依次催化，4 分子胆色素原经线状四吡咯、尿卟啉原Ⅲ（uropor-phyrinogen Ⅲ，UPG Ⅲ），生成粪卟啉原Ⅲ（coproporphyrinogen Ⅲ，CPG Ⅲ）。

4. 血红素的生成　在线粒体内，由粪卟啉原Ⅲ氧化脱羧酶催化，粪卟啉原Ⅲ的 2、4 位两个丙酸基（P）氧化脱羧变成乙烯基（V），生成原卟啉原Ⅸ；再由原卟啉原Ⅸ氧化酶催化，使连接 4 个吡咯环的甲烯基氧化为甲炔基，变为原卟啉Ⅸ；再由亚铁螯合酶（ferrochelatase）催化，原卟啉Ⅸ与 Fe^{2+} 结合生成血红素（图 24-4）。

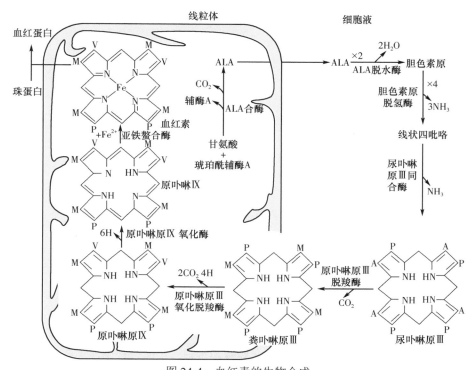

图 24-4　血红素的生物合成

A：—CH_2COOH；P：—CH_2CH_2COOH；M：—CH_3；V：—$CHCH_2$

5. 血红蛋白的生成　血红素生成后从线粒体转运到细胞液，与珠蛋白结合成为血红蛋白。正常人每天约合成 6g 血红蛋白，相当于 210mg 血红素。成人的血红蛋白由两条 α 链、两条 β 链组成，每条多肽链各结合 1 分子血红素（图 24-5），编码人珠蛋白的基因有 α 族和 β 族两组，分别位于 16 号和 11 号染色体上。

珠蛋白的合成与一般蛋白质相同，在珠蛋白多肽链合成后，一旦容纳血红素的空穴形成，立刻有血红素与之结合，并使珠蛋白折叠成最终的立体结构，再形成稳定的 αβ 二聚体，最后由两个二聚体构成有功能的 $α_2β_2$ 四聚体的血红蛋白。珠蛋白的合成受血红素调节，血红素的氧化产物高铁血红素能抑制 cAMP 激活蛋白激酶 A 的作用，使 eIF-2 保持去磷酸化的活性状态，有利于珠蛋白合成（图 24-6）。

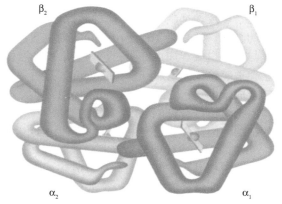

图 24-5　血红蛋白的结构

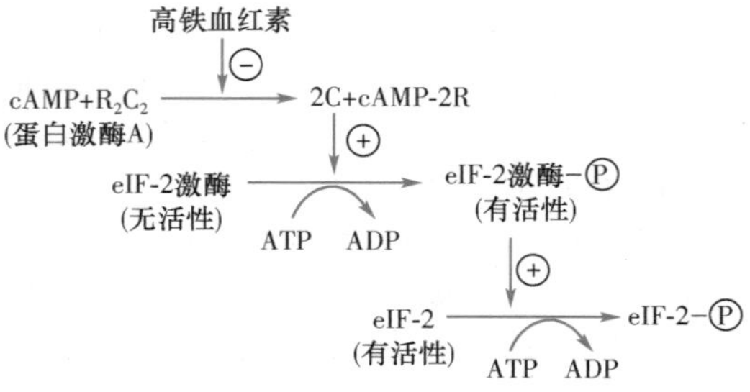

图 24-6　高铁血红素对 eIF-2 的调节

（二）血红素合成的特点及调节

血红素是含铁的卟啉化合物，卟啉由 4 个吡咯环组成，铁位于其中，由于血红素具有共轭结构，性质较稳定（图 24-7）。血红素不仅是血红蛋白的辅基，也是肌红蛋白（myoglobin）、细胞色素（cytochrome）、过氧化氢酶（catalase）、过氧化物酶（peroxidase）的辅基，具有重要的生理功能。

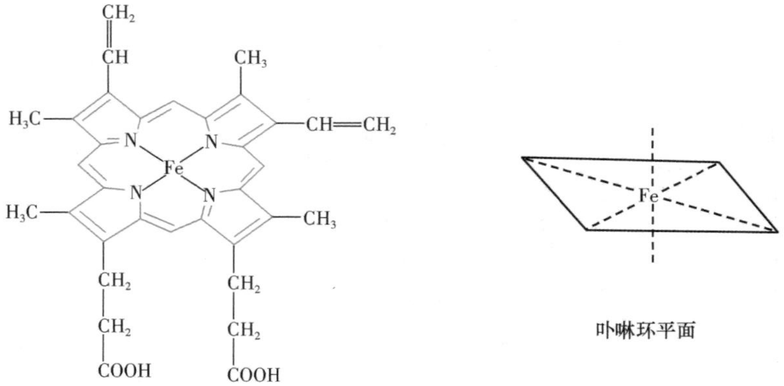

卟啉环平面

图 24-7　血红素结构

1. 血红素合成的特点

（1）体内大多数组织具有合成血红素的能力，但合成的主要部位是骨髓和肝。红细胞的血红素从早幼红细胞开始合成，到网织红细胞阶段仍可合成，成熟红细胞不含线粒体，故不能合成血红素。

（2）血红素合成的原料是琥珀酰辅酶 A、甘氨酸及 Fe^{2+} 等，中间产物的转变主要是吡咯环侧链的脱羧和脱氢反应。

（3）血红素合成的起始和终末阶段均在线粒体中进行，中间过程则在细胞液中进行，这种定位对终产物血红素的反馈调节作用具有重要意义。

2. 血红素合成的调节　血红素合成有关的酶受多种因素影响，其中 ALA 合酶是血红素合成的关键酶，也是血红素合成调节的关键点。

（1）血红素合成的负调节：血红素对 ALA 合酶具有负调节作用。一方面血红素在体内可与一种阻遏蛋白结合，使其转变为具有活性的阻遏蛋白，该蛋白可抑制 ALA 合酶的合成；另一方面血红素能反馈抑制 ALA 合酶的活性，实验表明，血红素浓度为 $5×10^{-6}$mol/L 时便可抑制 ALA 合酶的合成，浓度为 $10^{-5}～10^{-4}$mol/L 时则可抑制 ALA 合酶的活性。一般情况下，血红素合成后迅速与珠蛋白结合成血红蛋白，不会堆积，当血红素合成速度大于珠蛋白合成速度时，过量的血红素会被氧化成高铁血红素（hematin），后者是 ALA 合酶的强烈抑制剂，而且还能阻遏 ALA 合酶的合成。由于 ALA 合酶的半衰期仅 1 小时，较易受到酶合成抑制的影响，因此目前认为，血红素与阻遏蛋白结合抑制 ALA 合酶的合成，在调节中发挥主要作用。此外，磷酸吡哆醛是 ALA 合酶的辅酶，因此，缺乏维生素 B_6 将减少血红素生成。

铁卟啉合成代谢异常而导致卟啉或其他中间代谢物排出增多，称为卟啉病（porphyria）。先天性卟啉病是由于某种血红素合成酶系遗传性缺陷，后天性卟啉病主要是由于铅或某些药物中毒引起的铁卟啉合成障碍。铅等重金属能抑制 ALA 脱水酶、亚铁螯合酶及尿卟啉合成酶，从而抑制血红素的合成。由于 ALA 脱水酶和亚铁螯合酶对重金属的抑制作用极为敏感，因此血红素合成的抑制也是铅中毒的重要标志。此外亚铁螯合酶还需谷胱甘肽等还原剂的协同作用，如还原剂减少也会抑制血红素的合成。

（2）血红素合成的正调节：目前已发现多种造血生长因子，如 EPO、粒细胞集落刺激因子、巨噬细胞集落刺激因子、白细胞介素-3 等，其中 EPO 在红细胞生长、分化中发挥关键作用。人 EPO 基因位于 7 号染色体长臂 21 区，由 4 个内含子和 5 个外显子组成，编码 193 个氨基酸残基的多肽，在分泌过程中经水解去除信号肽，成为 165 个氨基酸残基的成熟肽。EPO 为糖蛋白，总分子量为 46kDa，其中糖基占 30%，糖基在 EPO 合成后分泌及生物活性方面均有重要作用。成人血浆 EPO 主要由肾合成，胎儿和新生儿主要由肝合成。当血液红细胞容积减低或机体缺氧时，肾分泌的 EPO 增加，释放入血并到达骨髓，作用于骨髓红细胞上的受体，可诱导 ALA 合酶的合成，从而促进血红素及血红蛋白的生物合成。EPO 是红细胞生成的主要调节剂，能促使原始红细胞繁殖和分化、加速有核红细胞的成熟，目前临床上采用基因工程方法制造的 EPO 治疗肾疾病所引起的贫血。

雄激素睾丸酮在肝内 5β-还原酶催化下还原生成的 5β-氢睾丸酮，能诱导 ALA 合酶的合成，从而促进血红素和血红蛋白的生成。许多在肝中进行生物转化的物质（如致癌剂、药物、杀虫剂等）均可导致肝 ALA 合酶显著增加，因为这些物质的生物转化作用需要细胞色素 P_{450}，后者的辅基是铁卟啉化合物，通过肝 ALA 合酶的增加，以适应生物转化的要求。细胞色素 P_{450} 的生成需要消耗血红素，使红细胞中血红素下降，故它们对 ALA 合酶的合成具有去阻遏作用。

（三）叶酸、维生素 B_{12} 对红细胞成熟的影响

细胞分裂增殖的基本条件是 DNA 合成，叶酸、维生素 B_{12} 对 DNA 合成有重要影响。叶酸在体内转变为四氢叶酸后作为一碳单位的载体，以 N^{10}-甲酰四氢叶酸、N^5,N^{10}-甲炔四氢叶酸、N^5,N^{10}-甲烯四氢叶酸等形式，参与嘌呤核苷酸和胸苷酸的合成。叶酸缺乏时，核苷酸特别是胸苷酸合成减少，红细胞中 DNA 合成受阻，细胞分裂增殖速度下降，细胞体积增大，核内染色质疏松，导致巨幼红细胞贫血。

体内叶酸多以 N^5-甲基四氢叶酸形式存在，发挥作用时，N^5-甲基四氢叶酸与同型半胱氨酸反应生成四氢叶酸与甲硫氨酸（见甲硫氨酸循环），此反应需 N^5-甲基四氢叶酸转甲基酶催化，而维生素 B_{12} 是该酶的辅酶，当维生素 B_{12} 缺乏时，转甲基反应受阻，影响四氢叶酸的周转利用，间接影响胸腺嘧啶脱氧核苷酸的生成，同样导致巨幼红细胞贫血。

（四）成熟红细胞的代谢特点

1. 能量代谢　成熟红细胞除质膜和细胞质外，无其他细胞器，也不含糖原，主要能源是血浆葡萄糖，其代谢比一般细胞单纯。成熟红细胞须不断从血浆中摄取葡萄糖，葡萄糖为亲水性物质，不能通过疏水的脂双层，需通过协助扩散方式被吸收到红细胞内。成熟红细胞每天消耗 $25\sim30$g 葡萄糖，其中 90%～95% 进入糖酵解途径，5%～10% 进入磷酸戊糖途径。成熟红细胞因为没有线粒体，所以虽携带氧但自身并不消耗，糖酵解是其产生 ATP 的唯一途径。红细胞中存在催化糖酵解所需要的全部酶，通过糖酵解可使红细胞内 ATP 的浓度维持在 1.85×10^{-3}mol/L 水平，这些 ATP 对于维持红细胞的正常形态和功能具有重要意义。

（1）维持红细胞膜上钠钾泵（又称钠钾 ATP 酶，Na^+,K^+-ATPase）的正常运转：钠钾泵在 ATP 的驱动下，不断将 Na^+ 泵出、将 K^+ 泵入，使红细胞内钾多、钠少，如果糖酵解过程中的某些酶活性下降或缺陷，都会引起糖酵解紊乱，ATP 产量减少，从而使红细胞内外离子平衡失调，Na^+ 进入红细胞多于 K^+ 排出，导致细胞膨大甚至破裂。

（2）维持红细胞膜上钙泵（calcium pump）的正常运转：正常情况下，红细胞内的 Ca^{2+} 浓度（20μmol/L）低于血浆的 Ca^{2+} 浓度（2.25～2.75mmol/L），血浆 Ca^{2+} 会被动扩散进入红细胞，钙泵又将红细胞内的 Ca^{2+} 泵入血浆以维持红细胞内的低钙状态。缺乏 ATP 时，钙泵不能正常运行，钙将聚集并沉积于红细胞膜，使膜失去柔韧性而趋于僵硬，红细胞流经狭窄的脾窦时易被破坏。

（3）维持红细胞膜上脂质与血浆脂蛋白中的脂质进行交换：红细胞膜的脂质处于不断的更新中，此过程需消耗 ATP。缺乏 ATP 时，脂质更新受阻，红细胞的可塑性降低，易于破坏。

（4）用于葡萄糖的活化，启动糖酵解过程。

（5）少量 ATP 用于谷胱甘肽和 NAD⁺的生物合成。

2. 2,3-双磷酸甘油酸支路（2,3-BPG shunt）　　在糖酵解过程中生成的 1,3-双磷酸甘油酸（1,3-bisphosphoglycerate，1,3-BPG）有 15%～50% 可转变为 2,3-BPG，后者再脱磷酸变成 3-磷酸甘油酸，进一步分解生成乳酸（图 24-8）。这一糖酵解的侧支循环为红细胞所特有，产生原因是红细胞中存在的 BPG 变位酶和 2,3-BPG 磷酸酶，两种酶催化的反应是不可逆的放能反应，可放出 58.52kJ（14kCal）的能量。在正常情况下，2,3-BPG 对 BPG 变位酶的负反馈作用大于对 3-磷酸甘油酸激酶的抑制作用，所以红细胞中葡萄糖主要经糖酵解生成乳酸。由于 2,3-BPG 磷酸酶活性较低，结果 2,3-BPG 的生成大于分解。在红细胞中，2,3-BPG 的浓度远远高于糖酵解其他中间产物（表 24-3）。

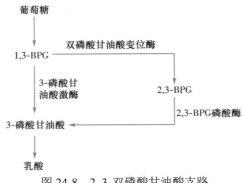

图 24-8　2, 3-双磷酸甘油酸支路

表 24-3　红细胞中糖酵解中间产物的浓度　　　　　　　　　　单位：mmol/L

糖酵解中间产物	动脉血	静脉血	糖酵解中间产物	动脉血	静脉血
6-磷酸葡萄糖	30.0	24.8	2-磷酸甘油酸	5.0	1.0
6-磷酸果糖	9.3	3.3	磷酸烯醇丙酮酸	10.8	6.6
1,6-双磷酸果糖	0.8	1.3	丙酮酸	87.5	143.2
磷酸丙糖	4.5	5.0	2,3-BPG	3400	4940
3-磷酸甘油酸	19.2	16.5			

红细胞内 2,3-BPG 的主要功能是调节血红蛋白的运氧功能。2,3-BPG 是一个负电性很高的分子，可与血红蛋白结合，结合部位在 Hb 分子 4 个亚基的对称中心孔穴内。2,3-BPG 的负电基团与孔穴侧壁的 2 个 β 亚基的正电基团形成盐键，使两个 β 亚基保持分开状态（图 24-9），促使血红蛋白由紧密态变成松弛态，从而减低血红蛋白对氧的亲和力。在 PO₂ 相同条件下，随 2,3-BPG 浓度增大，HbO₂ 释放的 O₂ 增多。红细胞内 2,3-BPG 浓度升高时有利于 HbO₂ 释放氧；下降则有利于 Hb 与氧结合。BPG 变位酶及 2,3-BPG 磷酸酶受血液 pH 调节，在肺泡毛细血管，血液 pH 高，

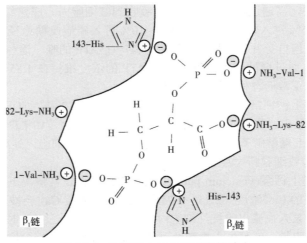

图 24-9　2,3-BPG 与血红蛋白的结合

BPG 变位酶受抑制而 2,3-BPG 磷酸酶活性强，结果红细胞内 2,3-BPG 的浓度降低，有利于 Hb 与 O_2 结合；在肺外组织毛细血管中，血液 pH 下降，2,3-BPG 的浓度升高，有利于 HbO_2 释放氧，借此调节氧的运输和利用。人在短时间内由海平面上升至高海拔处或高空时，可通过红细胞中 2,3-BPG 浓度的改变来调节组织的供氧状况。

　　红细胞中不能储存葡萄糖，但含有较多的 2,3-BPG，它氧化时可生成 ATP，因此 2,3-BPG 也是红细胞中能量的储存形式。

　　3. 氧化还原系统　红细胞内存在以下氧化还原系统：GSSG/GSH 来自谷胱甘肽代谢；NAD^+/NADH 来自糖酵解和糖醛酸循环；$NADP^+$/NADPH 来自磷酸戊糖途径；此外还有抗坏血酸等。一般称 GSH 和抗坏血酸是非酶促还原系统，NADH 和 NADPH 为酶促还原系统，通过这些氧化还原系统使红细胞能保持自身结构的完整性和正常功能（表 24-4）。

表 24-4　红细胞中氧化还原系统

还原系统	占总还原能力的百分比（%）	还原系统	占总还原能力的百分比（%）
NADH 脱氢酶 I	61	抗坏血酸	16
NADH 脱氢酶 II	5	谷胱甘肽	12
NADPH 脱氢酶	6		

　　（1）谷胱甘肽代谢：红细胞内谷胱甘肽（glutathione，GSH）含量很高（2×10^{-3}mol/L），几乎全是还原型。谷胱甘肽可以在红细胞内合成，其合成过程为：谷氨酸与半胱氨酸在 ATP 和 γ-谷氨酰半胱氨酸合成酶的参与下缩合成二肽 γ-谷氨酰半胱氨酸，后者再与甘氨酸在 ATP 和谷胱甘肽合成酶的参与下缩合成谷胱甘肽。

　　谷胱甘肽的生理作用主要是防止氧化剂（如 H_2O_2 等）对巯基的破坏，保护细胞膜中含巯基（-SH）的蛋白质和酶不被氧化，维持其生物活性。当细胞内产生少量的 H_2O_2 时，GSH 在谷胱甘肽过氧化物酶的作用下将其还原成水，而自身被氧化成氧化型谷胱甘肽（GSSG），后者又在谷胱甘肽还原酶的作用下，从 NADPH 接受氢而被还原成 GSH（图 24-10）。反应中的 NADPH 来源于葡萄糖的磷酸戊糖途径，催化 NADPH 生成的关键酶为葡糖-6-磷酸脱氢酶，此酶缺陷的患者一般情况下无症状，但有外界因素影响，如进食蚕豆等即引起溶血，故这种病又称蚕豆病。

图 24-10　谷胱甘肽的氧化与还原

　　（2）糖醛酸途径产生 NADH：正常红细胞中糖酵解产生的 NADH，主要用于还原丙酮酸生成乳酸。NADH 主要来自红细胞中的糖醛酸途径，该途径由 G-6-P 或 G-1-P 开始，经 UDP-葡糖醛酸脱掉 UDP 后形成葡糖醛酸。

　　（3）高铁血红蛋白的还原：由于各种氧化作用，红细胞内会产生少量的高铁血红蛋白（methemoglobin，MHb），MHb 分子中为 Fe^{3+}，失去携氧能力，如血中 MHb 生成过多而又不能及时还原，则出现紫绀等症状。由于正常红细胞内存在 NADH-MHb 还原酶、NADPH-MHb 还原酶、GSH 和抗坏血酸等，能使 MHb 还原成 Hb，所以红细胞内 MHb 只占 Hb 总量的 1% 左右。其中 NADH-MHb 还原酶最为重要。

　　4. 脂代谢　成熟红细胞由于缺乏完整的亚细胞结构，所以不能从头合成脂肪酸。成熟红细胞中的脂类几乎都位于细胞膜。红细胞通过主动摄取和被动交换不断与血浆进行脂质交换，以满足其膜脂不断更新，维持其正常的脂类组成、结构和功能。

二、白细胞代谢

人体白细胞包括粒细胞、淋巴细胞和单核吞噬细胞三大系统，主要功能是抵抗外来病原微生物的入侵。白细胞代谢与白细胞的功能密切相关，这里只扼要介绍粒细胞和单核吞噬细胞的代谢。

（一）糖代谢

粒细胞中的线粒体很少，主要的糖代谢途径是糖酵解。中性粒细胞能利用外源性的糖和内源性的糖原进行糖酵解，为细胞的吞噬作用提供能量。在中性粒细胞中，约有 10% 的葡萄糖通过磷酸戊糖途径进行代谢。单核吞噬细胞虽能进行有氧氧化和糖酵解，但糖酵解仍占很大比重。中性粒细胞和单核吞噬细胞被趋化因子激活后，可启动细胞内磷酸戊糖途径，产生大量的 NADPH，经 NADPH 氧化酶递电子体系可使氧接受单电子还原，产生大量的超氧阴离子，超氧阴离子再进一步转变成 H_2O_2、$OH·$ 等，发挥杀菌作用。

（二）脂代谢

中性粒细胞不能从头合成脂肪酸。单核吞噬细胞受多种刺激因子激活后，可将花生四烯酸转变成血栓素和前列腺素。在脂氧化酶的作用下，粒细胞和单核吞噬细胞可将花生四烯酸转变为白三烯，白三烯是速发型超敏反应中产生的慢反应物质。

（三）蛋白质和氨基酸代谢

粒细胞中的氨基酸浓度较高，特别是组氨酸脱羧后的代谢产物组胺的含量尤其多，组胺释放后参与白细胞激活后的变态反应。成熟粒细胞缺乏内质网，因此蛋白质的合成量极少；单核吞噬细胞具有活跃的蛋白质代谢，能合成各种细胞因子、酶和补体。

小　结

血液由红细胞、白细胞和血小板悬浮在血浆中构成。血浆又由水、无机盐和包括蛋白质、脂类、糖及非蛋白含氮化合物等构成的有机物构成。

其中蛋白质构成了血浆固体成分的大部分。多数血浆蛋白质由肝合成，除白蛋白几乎都是糖蛋白，它们是决定细胞外胶体渗透压的主要蛋白。血浆蛋白体现为多态性并且每种在血液循环中都有其特有的半衰期。血清蛋白质根据它们在醋酸纤维薄膜上电泳迁移距离可分为五种：白蛋白、α_1 球蛋白、α_2 球蛋白、β 球蛋白、γ 球蛋白。血浆蛋白具有很多功能，如维持渗透压及 pH、转运物质、免疫功能、催化功能、血凝及抗凝的纤溶功能等。

由于没有线粒体，成熟的红细胞具有一个特殊的相对简单的代谢过程。其 ATP 通过糖的无氧分解底物水平磷酸化获得，并且能调节血红蛋白与氧的结合力。NADPH 由戊糖磷酸途径产生，并且起着抗氧化的作用。血红素是一种含 Fe^{2+} 的卟啉化合物。由 4 个吡咯环通过甲烯桥连接。生物合成血红素过程由 8 个酶促反应构成，通过琥珀酰 CoA，甘氨酸和 Fe^{2+} 作为原料合成。在血红素合成中，ALA 合酶是合成调节的关键酶。

白细胞的主要生化特点是具有活跃的糖无氧分解和磷酸戊糖途径，中度的氧化磷酸化和高含量的溶酶体酶。

（胡有生）

第二十四章线上内容

第二十五章　肝的生物化学

　　肝是人体内最大的实质器官，正常成人肝重 1～1.5kg，占体重的 2%～3%。即使正常肝组织，各种化学成分的含量也随营养及代谢状况不同有较大波动。通常情况下，肝所含水分约占肝重的 70%，非水物质约占 30%。在非水物质中，蛋白质是最主要的成分，约占非水物质的 50%。肝在人体生命活动中起着十分重要的作用，它不仅直接参与糖、脂类、蛋白质和维生素等营养物质的消化、吸收和排泄，还在糖、脂类、蛋白质、维生素等物质的中间代谢过程中发挥着重要作用，而且还与生物转化、胆汁酸和胆色素代谢密切相关。此外肝含较多铁蛋白，是机体储存铁最多的器官。肝几乎参与了体内所有物质的代谢，因而被誉为人体内物质代谢的中枢、最大的"化学工厂"。

　　肝生物化学功能的极其重要性和复杂性与其特殊的化学组成和形态结构密切相关。

　　1. 具有双重血液供应　肝受肝动脉和门静脉双重血液供应，肝动脉将丰富的氧输送给肝细胞，门静脉将从消化道摄取的大量营养物质带至肝细胞，这样肝细胞既可以获得充足的氧和其他物质以保证肝内各种生物化学反应的正常进行，又可以获得大量的营养物质，并将其改造利用，为肝细胞内的各种物质代谢创造良好条件。

　　2. 具有丰富的血窦　无论是门静脉血液还是肝动脉血液，均可直接进入肝血窦。肝血窦的存在大大增加了肝细胞与血液之间物质交换的面积。同时，肝血窦的壁结构不连续，缺乏基膜，内皮细胞之间有缝隙，内皮细胞有大小不等的窗孔，这些都增加了肝血窦壁的通透性，有利于肝细胞与血液之间的物质交换。不仅小分子可通过肝血窦壁在肝细胞和血液之间进行有效的交换，大分子物质和胶体颗粒也能通过肝血窦壁在肝细胞和血液之间进行有效地交换。例如，肝细胞合成的极低密度脂蛋白（VLDL）颗粒很容易通过肝血窦壁进入肝血窦。肝血窦与一般毛细血管不同，窦腔较大，口径变异较多，使肝血窦血容量大，血液流速缓慢，血液与细胞接触时间长，有利于进行充分的物质交换。

　　3. 具有发达的亚细胞结构和丰富的酶　肝细胞内有大量的线粒体、内质网、高尔基复合体、微粒体及溶酶体等亚细胞结构，与肝细胞活跃的生物氧化、酮体生成、脂肪合成、蛋白质合成、生物转化等多种生理机能相适应。肝所含的酶，不仅种类特别丰富，而且有些酶是肝细胞特有或其他组织含量极少的，如合成酮体和尿素的酶系几乎仅存在于肝中，而催化芳香族氨基酸及含硫氨基酸代谢的酶类主要存在于肝中。这些发达的亚细胞结构和丰富的酶是肝进行各类物质代谢的结构和物质基础。

　　4. 具有两条输出通路　一是肝静脉与体循环相连，可将肝内的代谢产物运输到其他组织利用或排出体外；二是胆道系统，肝通过胆道系统与肠道相通，将肝分泌的胆汁排入肠道，同时排出一些代谢产物或毒物。

　　肝的成分不仅随营养及代谢状况的变化而变化，也受疾病的影响。如饥饿使肝糖原含量下降，较长时间饥饿使肝蛋白质含量下降，磷脂及甘油三酯的含量相对升高；肝内脂类含量增加时水分含量会下降，患脂肪肝时水分可降至 50% 左右。胆囊是肝的附属器官，对肝分泌的胆汁起着储存和浓缩作用。肝胆有病变时可以相互影响。肝对维持正常生命活动具有重要作用，当人体肝发生疾患时，体内的物质代谢就会出现异常，多种生理功能都会受到严重的影响，重者可危及生命。

第一节　肝在物质代谢中的作用

　　肝在化学组成及结构上的特点，使其在物质代谢中发挥着十分重要的作用，它是整个机体物质代谢的中心。

一、肝在糖代谢中的作用

肝是调节血糖浓度的主要器官，其在糖代谢中的作用主要是通过调节糖的分解代谢、糖异生及肝糖原的合成与分解，维持血糖浓度恒定，确保全身各组织，尤其是脑和红细胞的能量供应。

肝是合成和储存糖原的重要器官，肝糖原的储存量可达 75～100g，约占肝重的 5%；肝也是能将糖原分解成葡萄糖以补充血糖的重要器官；肝还是糖异生最活跃的器官。所以，肝维持血糖恒定主要通过调节肝糖原合成与分解、糖异生途径来实现。饱食后血糖浓度有升高趋势，肝可利用血糖，将其合成肝糖原储存；同时，过多的糖还可以在肝内转变为脂肪；肝的磷酸戊糖途径也可加速以增加血糖的去路，维持血糖浓度的恒定。相反，空腹时血糖浓度趋于降低，此时肝糖原分解增强，在肝特有的葡糖-6-磷酸酶作用下，直接分解成葡萄糖补充血糖，使之不致过低，保持血糖恒定。当肝糖原的分解不足以维持血糖恒定或肝糖原耗尽后，肝糖异生作用加强，以维持血糖的正常水平，保证脑等重要组织的能量供应。当肝细胞严重损伤时，上述代谢和（或）其调节不能正常进行，肝调节血糖的能力下降，如肝糖原储存减少、糖异生作用障碍等，都能导致肝的血糖调节功能紊乱，不能在空腹血糖降低时有效补充血糖，导致低血糖发生。

肝糖的利用障碍，不能将糖有效地转化成糖原和（或）脂肪，可能成为餐后血糖，甚至空腹血糖升高的重要原因。在临床上，可通过糖耐量试验（glucose tolerance test，GTT），特别是半乳糖耐量试验和血乳酸含量测定观察肝糖原生成及糖异生是否正常。当肝出现糖异生障碍，不能有效地补充血糖并维持血糖恒定时，为避免组织蛋白质消耗和动用体脂过多引起的酮血症、代谢性酸中毒，及时补充葡萄糖成为维持正常血糖水平，预防酮症酸中毒的重要方法。

二、肝在脂类代谢中的作用

肝在脂质的消化、吸收、分解、合成及转运等途径中均起着重要作用。

肝分泌的胆盐可将消化道食物中的脂质乳化成细小的微粒，增加其与各种消化酶的接触面积，有助于脂质及脂溶性维生素的消化吸收。但肝胆疾患使胆汁不能分泌时，就会使脂质的消化吸收障碍，出现厌油腻和脂肪泻等症状。

肝是脂肪酸、脂肪、胆固醇、磷脂等各种脂类物质和血浆脂蛋白代谢的主要场所。人体内脂肪酸和脂肪主要在肝细胞内合成，其合成能力是脂肪组织的 9～10 倍。肝还是人体合成胆固醇最旺盛的器官，其合成量占全身合成胆固醇总量的 80% 以上，也是血浆胆固醇的主要来源。肝细胞能将胆固醇转变成胆盐，是体内胆固醇分解代谢的主要途径，也是机体排除胆固醇的重要途径，对机体排除过多的胆固醇、防止血浆胆固醇过高具有重要的意义。此外，肝还能合成和分泌卵磷脂胆固醇脂酰转移酶（lecithin cholesterol acyltransferase，LCAT），催化血浆中游离的胆固醇酯化成胆固醇酯。当肝严重损伤时，不仅胆固醇合成减少，由于 LCAT 合成和分泌障碍，血浆胆固醇酯的降低出现得更早、更明显。肝也是合成磷脂和脂蛋白的重要器官。肝合成的大部分磷脂与其他脂质和载脂蛋白一起在肝细胞内被组装成 VLDL、HDL 等脂蛋白，分泌入血，以脂蛋白形式将脂质运输至全身各组织利用。肝内磷脂的合成与甘油三酯的合成与转运密切相关，肝功能受损，磷脂合成障碍，影响脂蛋白形成，将导致肝内脂肪不能正常地转运出去，堆积在肝形成脂肪肝。

脂肪酸氧化分解的主要场所在肝，肝细胞内活跃的脂肪酸 β 氧化释放出的能量，不仅供肝自身需要，还能为肝外组织提供能量。肝是人体生成酮体的唯一器官，在饥饿状态下，肝从血液摄取大量脂肪酸，将其氧化供能，满足肝自身的能量需要；同时，肝还能利用脂肪酸氧化后形成的中间产物合成酮体，分泌入血，经血液循环运输到脑、心、肾、骨骼肌等肝外组织，作为这些组织的能源。

三、肝在蛋白质代谢中的作用

肝内蛋白质代谢极为活跃，蛋白质更新速度较快，半衰期为 10 天左右（肌肉蛋白质的半衰期为 180 天）。肝除了能合成自身所需蛋白质外，还能合成与分泌 90% 以上的血浆蛋白质，肝的蛋白质合成量占机体蛋白质合成总量的 15%。在血浆蛋白中，除 γ 球蛋白外，白蛋白、蛋白质凝血因子、纤维蛋白原、部分球蛋白及脂蛋白中的多种载脂蛋白等均在肝内合成。肝合成白蛋白的能力很强，成人每日合成量约 12g，占肝合成蛋白质总量的 25%。血浆中白蛋白含量多，分子量小，是维持血浆胶体渗透压的主要成分。严重肝功能损害时白蛋白合成减少，血浆正常的胶体渗透压不能维持，常出现水肿。白蛋白与球蛋白比值（A/G）下降，甚至倒置，是临床肝病的辅助诊断指标之一。肝功能严重损伤会使凝血酶原等合成降低，导致凝血功能障碍，常出现出血现象。胚胎期肝还合成甲胎蛋白（alpha-fetal protein，AFP），但正常成人该蛋白的合成被抑制，血浆中很难检出。肝癌细胞中甲胎蛋白基因失去阻遏，癌细胞合成该蛋白并分泌入血，因此检测甲胎蛋白对肝癌的诊断有一定意义。

肝在血浆蛋白质分解代谢中也起着重要作用。肝细胞表面有特异性受体可识别铜蓝蛋白、α_1-抗胰蛋白酶等血浆蛋白质，经胞饮作用吞入肝细胞，被溶酶体水解酶降解，生成的氨基酸可在肝进一步通过转氨基、脱氨基、脱羧基等作用分解。肝内氨基酸分解代谢的酶含量丰富，体内除支链氨基酸主要在骨骼肌分解外，其余大部分氨基酸，特别是芳香族氨基酸主要在肝分解。因此，肝功能严重受损时，血浆支链氨基酸与芳香族氨基酸的比值会下降。在蛋白质分解代谢中，肝重要的功能是将氨基酸代谢产生的有毒的氨通过鸟氨酸循环合成尿素以解氨毒。当肝功能严重受损、尿素合成障碍时，血氨过高可使中枢神经系统中毒，导致其功能障碍，发生肝性脑病。

肝也是胺类物质解毒的重要器官，肠道细菌腐败作用产生的芳香胺类等有毒物质被吸收入血后，主要在肝细胞内进行生物转化、减毒。当肝功能不全或门静脉侧支循环形成时，这些芳香胺可以不经过处理就进入神经组织，通过 β-羟化生成苯乙醇胺和 β-羟酪胺，它们的结构类似于儿茶酚胺类神经递质，属于假神经递质，能抑制脑细胞功能，促进肝性脑病的发生。

四、肝在维生素代谢中的作用

肝在维生素的吸收、转运、储存和中间代谢中均起着重要的作用。肝分泌的胆盐在促进脂质消化吸收的同时，也可促进脂溶性维生素的吸收。肝胆疾病导致的脂质吸收障碍会同时伴有脂溶性维生素吸收障碍。

人体能储存一定量的维生素，肝是人体维生素储存的主要场所。如肝是人体内维生素 A、维生素 K、维生素 B_1、维生素 B_2、维生素 B_6、维生素 B_{12}、叶酸和泛酸等含量最多的器官，也是维生素 A、维生素 E、维生素 K 和维生素 B_{12} 的主要储存场所，其中维生素 A 的储存量占体内总含量的 95%，因此用动物肝治疗维生素 A 缺乏病有较好疗效。

肝还直接参与多种维生素的合成或转化，如将 β 胡萝卜素（维生素 A 原）转变为维生素 A，将维生素 D_3 转变为 25-羟维生素 D_3，以便形成有活性的 1,25-二羟维生素 D_3，将维生素 B_2 转变成 FMN、FAD，维生素 PP 转变成 NAD^+ 和 $NADP^+$，泛酸转变成辅酶 A，维生素 B_6 合成磷酸吡哆醛以及将维生素 B_1 合成 TPP 等，对机体的物质代谢起着重要作用。维生素 K 是肝合成凝血因子 Ⅱ、Ⅶ、Ⅸ、Ⅹ 等不可缺少的物质，严重肝病变会影响肝维生素 K 的利用，出现出血倾向。

五、肝在激素代谢中的作用

肝在激素代谢中的主要作用是参与激素的灭活和排泄。激素在发挥调节作用后被降解失去活性的过程称为激素的灭活（inactivation）。许多激素主要在肝内被分解、转化、降解失去活性。例如，雌激素、醛固酮可在肝内与葡糖醛酸或硫酸等结合而灭活，抗利尿激素可在肝水解灭活。如果肝功能受损害，肝对这些激素的灭活能力下降，使其体内水平升高，可出现男性乳房发育、肝掌、蜘蛛痣等症状。许多蛋白质及多肽类激素也主要在肝内灭活，如甲状腺素在肝内的灭活过程包括脱碘、脱去氨基、与葡糖醛酸结合等；胰岛素在肝内的灭活过程包括分子中二硫键断裂形成 A、B 链，再在胰岛素酶作用下水解。严重肝病时，肝对这些激素的灭活作用减弱，会导致血中相应的激素含量增高。

第二节　肝的生物转化作用

一、生物转化的概念

在机体的各种生命活动过程中，会产生或从体外获得多种非营养性物质，包括物质代谢中产生的各种生物活性物质、代谢终产物以及由外界进入机体的各种异物（如药物、食品添加剂、农药及其他化学物品）、毒物以及从肠道吸收的腐败产物等。前者是内源性非营养物质，包括激素、神经递质、胺类等生物活性物质及氨、胆红素等有毒的代谢产物；后者为外源性非营养物质。这些物质如是水溶性，可从尿或胆汁排出；如是脂溶性，则会积存于体内，影响细胞代谢，甚至会导致机体中毒。因此，机体需将这些不能排出的脂溶性物质转变为易于排出的水溶性物质，从机体排出。机体将非营养物质进行代谢转变，增加其水溶性或极性，使其容易排出体外的过程称为生物转化（biotransformation）。肝是生物转化的重要器官，在肝细胞微粒体、细胞质、线粒体等亚细胞部位均存在丰富的生物转化酶类，能够有效地处理进入体内的非营养物质。此外，如肾、胃、肠、肺、皮肤及胎盘等组织也可进行一定的生物转化，但肝的生物转化能力最强。

生物转化的生理意义在于处理非营养物质。通过对非营养物质进行代谢转变，使其生物学活性降低或丧失，使有毒物质的毒性降低或消除，同时增加了这些物质的溶解度，使其容易随胆汁或尿液排出体外。可见，生物转化能消除非营养物质对机体代谢和功能的影响，对机体起保护作用，是机体适应环境的有效措施，具有重要的生理意义。但也应该看到，有些非营养物质在经过生物转化后，毒性会增强，生物转化甚至会使没有毒性的非营养物质变成有毒性。

二、生物转化反应的主要类型

生物转化过程非常复杂，包含许多化学反应类型，由多种酶催化完成（表 25-1）。可将这些化学反应归纳为两相反应。第一相反应包括氧化、还原、水解等反应，有些物质经过第一相反应后就可从排泄器官排出体外。另一些非营养物质经第一相反应后水溶性仍然较差，还必须与葡糖醛酸、硫酸等水溶性较强的物质或基团结合，增加其水溶性，才能最终排出体外，这些结合反应即为生物转化的第二相反应。体内各种非营养物质通过第一相、第二相反应的共同作用最终都能够较彻底地排出体外。

表 25-1　参与肝生物转化的酶及其亚细胞分布

酶类	亚细胞部位	辅酶或结合物
第一相反应		
单加氧酶系	微粒体	$NADPH+H^+$、O_2、细胞色素 P_{450}
单胺氧化酶系	线粒体	黄素辅酶
脱氢酶类	线粒体或细胞质	NAD^+
还原酶类	微粒体	$NADH+H^+$ 或 $NADPH+H^+$
水解酶类	细胞质或微粒体	
第二相反应		
葡糖醛酸基转移酶	微粒体	UDPGA

酶类	亚细胞部位	辅酶或结合物
硫基转移酶	细胞质	3′-磷酸腺苷-5′-磷酰硫酸
谷胱甘肽 S-转移酶	细胞质与微粒体	GSH
乙酰转移酶	细胞质	乙酰辅酶 A
酰基转移酶	线粒体	甘氨酸
甲基转移酶	细胞质与微粒体	S-腺苷蛋氨酸

（一）第一相反应——氧化、还原、水解反应

1. 氧化反应（oxidation reaction） 是第一相反应中最主要的反应类型，肝细胞的线粒体、微粒体及细胞质中均含有参与生物转化的各种氧化酶系。

（1）单加氧酶系：肝细胞中存在多种氧化酶系，最重要的是定位于肝细胞微粒体中的细胞色素 P_{450} 单加氧酶（cytochrome P_{450} monooxygenase，CYP）系，它是需要细胞色素 P_{450} 和 NADPH+H^+ 的氧化酶系，酶促反应的特点是直接催化氧分子的一个氧原子掺入底物分子生成羟基类化合物或环氧化物，另一个氧原子使 NADPH+H^+ 氧化生成水。即一分子氧发挥了两种功能，一个氧原子参与氧化反应氧化底物，另一个氧原子被还原成水，故又称混合功能氧化酶（mixed function oxidase，MFO），也称为羟化酶。迄今为止已鉴定出 57 种人类编码 CYP 的基因。对异源物进行生物转化的 CYP 主要是 CYP1、CYP2 和 CYP3 家族。其中又以 CYP3A4、CYP2C9、CYP1A2 和 CYP2E1 的含量最多。

此酶系存在于肝细胞微粒体，故又称为微粒体单加氧酶系。该酶催化的反应式如下：

$$RH + O_2 + NADPH + H^+ \longrightarrow ROH + NADP^+ + H_2O$$

单加氧酶系的特异性较差，可催化多种有机化合物进行不同类型的氧化反应。苯巴比妥类药物可诱导单加氧酶系的合成，长期服用此类药物的患者对异戊巴比妥、氨基比林等多种药物的转化及耐受能力同时增强。

单加氧酶系的生理意义主要是参与药物和毒物的转化，经羟化反应后可增强其水溶性，有利于排出体外。体内维生素 D_3 的羟化反应及胆汁酸合成过程中的羟化反应等也由该酶系催化完成。

（2）单胺氧化酶系：肝细胞线粒体中存在各种单胺氧化酶（monoamine oxidase，MAO），属于黄素酶类，可催化胺类物质氧化脱氨生成相应的醛类物质：

$$RCH_2NH_2 + O_2 + H_2O \longrightarrow RCHO + NH_3 + H_2O_2$$

肠道的蛋白质腐败作用产生的组胺、酪胺、尸胺、腐胺等胺类物质都可以被单胺氧化酶系转化，如酪胺可经单胺氧化酶系转化成对羟基苯乙醛。

（3）脱氢酶系：肝细胞中含有以 NAD^+ 为辅酶的醇脱氢酶（alcohol dehydrogenase，ADH）系与醛脱氢酶（aldehyde dehydrogenase，ALDH）系，可分别催化细胞内醇或醛脱氢氧化成相应的醛或酸，最终氧化成 CO_2 和 H_2O。进入人体的乙醇 90%～98% 被直接运送到肝，通过醇脱氢酶氧化成乙醛，并进一步氧化为乙酸。

$$CH_3CH_2OH \xrightarrow{\text{醇脱氢酶}} CH_3CHO \xrightarrow{\text{醛脱氢酶}} CH_3COOH \xrightarrow{\text{氧化脱羧}} CO_2+H_2O$$
乙醇 乙醛 乙酸

人肝细胞醇脱氢酶是分子量为 40kDa 的含锌结合蛋白，由两个亚基组成。参与人体乙醇代谢的醇脱氢酶主要有 3 种：ADH-Ⅰ 对醇具有很高的亲和力（K_m 为 0.1～1mmol/L）；ADH-Ⅱ 的 K_m 较高（～34mmol/L），在乙醇浓度很高时才能充分发挥作用，低乙醇浓度时其活性只有 ADH-Ⅰ 的 10%；而 ADH-Ⅲ 的 K_m 更大（>1mol/L），对乙醇的亲和力更小。长期饮酒可使肝内质网增殖，大量饮酒或慢性酒精中毒可启动微粒体乙醇氧化系统（microsomal ethanol oxidizing system，

MEOS），其活性可增加 50%～100%，代谢乙醇总量的 50%。MEOS 是乙醇-P_{450} 单加氧酶，产物是乙醛，只在血中乙醇浓度很高时起作用。MEOS 不能使乙醇彻底氧化利用，即不能彻底氧化分解乙醇产生 ATP，还增加肝对氧和 NADPH+H^+ 的消耗，使肝内能量耗竭；MEOS 还能催化脂质过氧化产生羟乙基自由基，而羟乙基自由基又可进一步促进脂质过氧化，产生大量脂质过氧化产物。肝内能量的耗竭和脂质过氧化产物的堆积均可导致肝损害。

在人体各组织器官中，肝的 ALDH 活性最高。*ALDH* 基因有正常纯合子、无活性纯合子、两者的杂合子三型，东方人三者的分布比例是 45：10：45。无活性纯合子完全缺乏 ALDH 活性；杂合子型部分缺乏 ALDH 活性。当少量（0.1g/kg）饮入乙醇时，无活性纯合子型携带者血液乙醛浓度明显升高，杂合子型携带者血液乙醛浓度升高不明显；当中等量（0.8g/kg）饮入乙醇时，无活性纯合子型、杂合子型携带者血液乙醛浓度都明显升高，正常纯合子型携带者血液乙醛浓度升高不明显。东方人群中，有 30%～40% 的人携带 *ALDH* 基因有变异，部分变异使 ALDH 活性低下，饮酒后体内乙醛蓄积，引起血管扩张、面部潮红、心动过速、脉搏加快等反应。乙醛对人体是有毒物质，所以人体缺乏 ALDH 也能引起肝损害。

2. 还原反应（reduction reaction） 肝参与生物转化的还原酶主要有硝基还原酶（nitroreductase）和偶氮还原酶（azoreductase）两大类，它们存在于肝细胞微粒体，由 NADPH+H^+ 供氢，属黄素酶类，还原产物是胺。硝基还原酶催化硝基苯多次加氢还原成苯胺，偶氮还原酶催化偶氮苯还原生成苯胺。

一些非营养物质如氯霉素、硝基苯、偶氮苯、海洛因等能在肝通过还原反应进行生物转化，催眠药三氯乙醛也可以在肝被还原成三氯乙醇而失去催眠作用。

3. 水解反应（hydrolysis reaction） 肝细胞微粒体和细胞质中含有酯酶、酰胺酶及糖苷酶等多种水解酶，可分别催化各种脂类、酰胺类及糖苷类化合物中酯键、酰胺键及糖苷键发生水解反应，如乙酰水杨酸、普鲁卡因、利多卡因等药物及简单的脂肪族酯类的水解。这些物质水解后活性减弱或丧失，但一般需要其他反应进一步转化才能排出体外。酯及酰胺水解反应的通式如下：

$$RCOOR + H_2O \xrightarrow{\text{酯酶}} RCOOH + ROH$$

$$RCONHR + H_2O \xrightarrow{\text{酰胺酶}} RCOOH + RNH_2$$

（二）第二相反应——结合反应

结合反应（conjugation reaction）可在肝细胞的微粒体、细胞质和线粒体内进行，是体内最重要、最普遍的生物转化方式，凡含有羟基、羧基或氨基的化合物，或在体内被氧化成含有羟基、羧基等功能基团的非营养物质均可发生结合反应。非营养物质在肝内与某种结合剂结合，改变其极性或水溶性，同时又掩盖了原有的功能基团，一般具有解毒功能，且容易排出体外。某些非营养物质可直接进行结合反应，有些则需要先经生物转化的第一相反应后再进行结合反应。根据参加反应的结合物或基团不同可将结合反应分为多种类型。

1. 葡糖醛酸结合反应 非营养物质与葡糖醛酸结合是生物转化最重要、最普遍的结合反应方式。葡糖醛酸由糖醛酸途径产生，葡糖醛酸的活性供体为尿苷二磷酸葡萄糖醛酸（uridine diphosphate glucuronic acid，UDPGA）。在肝细胞微粒体 UDP-葡糖醛酸基转移酶（UDP-glucuronosyl-transferase，UGT）催化下，葡糖醛酸基能转移到醇、酚、胺、羧酸类化合物的羟基、氨基及羧基上形成相应的葡糖醛酸苷。胆红素、类固醇激素、吗啡、苯巴比妥类药物等均可在肝与葡糖醛酸结合进行转化，临床用葡醛内酯片等葡糖醛酸类制剂治疗肝病的原理就是通过增强肝生物转化功能，排泄非营养物质。

2. 硫酸结合反应 肝细胞细胞质中含有硫基转移酶（sulfotransferase，SULT），能将活性硫酸供体 3′-磷酸腺苷-5′-磷酰硫酸（PAPS）中的硫酸根转移到类固醇、醇、酚或芳香胺类等非营养物质的羟基上生成硫酸酯，使它们的水溶性增强，容易排出体外，如雌酮在肝内与硫酸结合而灭活。

3. 谷胱甘肽结合反应 在谷胱甘肽硫转移酶（GST）的催化作用下，许多物质能与谷胱甘肽（GSH）结合进行生物转化反应，如一些致癌物、抗癌药物、环境污染物以及某些内源性活性物质。

谷胱甘肽结合反应是细胞自我保护的重要反应。体内许多内源性底物受活性氧修饰后形成具有细胞毒作用的氧化修饰产物，损伤细胞。GSH 不仅具有抗氧化作用，抑制氧化修饰；还能结合氧化修饰产物，减低其毒性，增加其水溶性，促进其从体内排出。GSH 还可作为结合蛋白结合的一部分，与一些非极性化合物结合，参与其转运及排出，防止其毒性作用。

4. 乙酰基结合反应 在肝细胞乙酰转移酶（acetyltransferase）催化下，能将乙酰基转移至苯胺等芳香胺类化合物，生成相应的乙酰化衍生物，乙酰基的供体是乙酰 CoA。磺胺类药物、抗结核药异烟肼等均可在肝内被乙酰化失去药物作用。

5. 甘氨酸结合反应 一些含羧基的非营养物质如某些药物、毒物，可与辅酶 A 结合形成活泼的酰基辅酶 A，再在酰基 CoA：氨基酸 N-酰基转移酶催化下与甘氨酸结合生成相应的结合产物，如马尿酸的生成等。胆酸和脱氧胆酸也能与甘氨酸结合，生成结合胆汁酸。

6. 甲基结合反应 肝细胞中含有多种甲基转移酶，能够将甲基转移至含有羟基、巯基或氨基的化合物，使其甲基化。甲基化反应的甲基供体是 S-腺苷蛋氨酸（S-腺苷甲硫氨酸）。如烟酰胺可被甲基化生成 N-甲基烟酰胺。

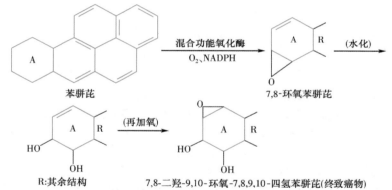

三、肝生物转化反应的特点

肝生物转化作用范围广、转化作用强，很多有毒物质进入人体后可迅速集中在肝被转化。然而，肝生物转化作用也有自身的特点，掌握这些特点对于相关的临床工作具有重要的指导意义。肝生物转化反应的特点包括：

1. 连续性　一种非营养物质往往需要几种生物转化反应连续进行才能达到生物转化的目的，如乙酰水杨酸需先水解成水杨酸再经结合反应后才能排出体外。

2. 多样性　同一种或同一类物质可以进行多种生物转化反应，如水杨酸可以在肝经多种结合反应进行生物转化，既能进行葡糖醛酸结合反应，也能进行甘氨酸结合反应。

3. 解毒和致毒双重性　一般情况下，非营养物质经生物转化后其生物活性或毒性降低，甚至消失，所以曾将生物转化作用称为生理解毒。但少数物质经生物转化后毒性反而增强，或由无毒转化成有毒。例如，香烟中的苯骈芘在体外无致癌作用，进入人体后经生物转化成 7,8-二羟-9,10-环氧-7,8,9,10-四氢苯骈芘后，可与 DNA 结合，诱发 DNA 突变而致癌，因此不能简单地认为生物转化作用就是解毒。

又如黄曲霉素 B_1 既可以通过生物转化从机体中排出，也可以活化为致癌物质。

四、影响生物转化作用的主要因素

生物转化作用受年龄、性别、营养状况、疾病、药物、遗传因素、食物等体内外因素的影响。

1. 年龄对生物转化作用的影响　新生儿及老年人肝生物转化能力较弱，临床上对新生儿及老年人的药物用量要降低，很多药物在儿童和老人要慎用或禁用。新生儿因肝生物转化酶系发育不全，对药物及毒物的转化能力弱，容易发生药物及毒素中毒。老年人因肝血流量下降，肝的总量及肝细胞数量明显减少，生物转化酶，特别是微粒体生物转化酶不易诱导，生物转化能力下降，加之肾的廓清速率降低，血浆药物的清除率降低，药物在体内的半寿期延长，常规剂量用药就可发生药物蓄积，不仅药物的作用增强，副作用也增大。

2. 药物对生物转化作用的影响　许多药物或毒物可诱导参与生物转化作用酶的合成，使肝的生物转化能力增强，称为药物代谢酶的诱导。例如长期服用苯巴比妥可诱导肝微粒体单加氧酶系的合成，使机体对苯巴比妥类催眠药的转化能力增强，产生耐药性。临床治疗中可利用诱导作用增强对某些药物的代谢，达到解毒的效果，如用苯巴比妥降低地高辛中毒。苯巴比妥还可诱导肝微粒体 UDP-葡糖醛酸基转移酶的合成，临床上用其增加机体对游离胆红素的结合反应，治疗新生儿黄疸。由于多种物质在体内转化常由同一酶系催化，当同时服用多种药物时可竞争同一酶系，使各种药物生物转化作用相互抑制。例如，保泰松可抑制双香豆素类药物的代谢，当二者同时服用时保泰松可使双香豆素的抗凝作用加强，易发生出血，所以同时服用多种药物时应注意。

3. 疾病对生物转化作用的影响　肝是生物转化的主要器官，肝病变时微粒体单加氧酶系和 UDP-葡糖醛酸基转移酶活性显著降低，如严重肝病变时微粒体单加氧酶系活性可降低 50%，加上许多肝病都能导致肝血液循环障碍，患者对许多药物及毒物的摄取、转化作用都明显减弱，容易发生积蓄中毒，故对肝病患者用药要特别慎重。

4. 性别对生物转化作用的影响　某些生物转化反应有明显的性别差异，如女性体内醇脱氢酶活性高于男性，女性对乙醇的代谢处理能力比男性强。氨基比林在女性体内半衰期是 10.3 小时，而男性高达 13.4 小时，说明女性对氨基比林的转化能力比男性强。妊娠期妇女肝清除抗癫痫药的能力增强，但晚期妊娠妇女体内许多生物转化酶活性都下降，故生物转化能力普遍降低。

5. 食物对生物转化作用的影响　不同的食物对生物转化酶活性的影响不同，有的可以诱导，有的能够抑制。如烧烤食物、萝卜等含有微粒体单加氧酶系诱导物；食物中的黄酮类成分可抑制单加氧酶系的活性；葡萄柚汁可抑制 CYP3A4 的活性。这些酶活性的变化，都会直接影响生物转化作用。

6. 营养状态对生物转化作用的影响　摄入足够的蛋白质可以增加肝细胞整体生物转化酶的活性，提高生物转化的效率。饥饿数天（7 天）后，肝 GST 的作用受到明显影响，其生物转化作用降低。大量饮酒，因乙醇氧化为乙醛和乙酸，再进一步氧化成乙酰辅酶 A，产生 $NADH+H^+$，可使细胞内 $NAD^+/NADH+H^+$ 比值降低，减少 UDP-葡糖转变成 UDP-葡糖醛酸，影响肝内葡糖醛酸结合反应，导致相应的生物转化作用降低。

第三节　胆汁酸的代谢

一、胆　　汁

胆汁（bile）是肝细胞分泌的有色液体，正常成人每天分泌胆汁 300～700ml。肝细胞刚分泌出的胆汁呈金黄色、清澈透明、有黏性和苦味，称为肝胆汁（hepatic bile），经胆道系统排入胆囊储存。在胆囊中，肝胆汁部分水和其他成分被吸收，并掺入黏液，胆汁的密度增大，颜色加深为棕绿色或暗褐色，浓缩成为胆囊胆汁（gall bladder bile），经胆总管排泄至十二指肠参与食物消化和吸收。

胆汁的组成成分除水外，主要为胆盐，约占 50%，还有胆固醇、胆色素等代谢产物和药物、毒物、重金属盐等排泄成分。肝细胞分泌的胆汁具有双重功能，一是作为消化液促进脂类消化和吸收，二是作为排泄液能将胆红素等代谢产物、毒物和药物等排入肠腔，随粪便排出体外。

二、胆汁酸代谢

（一）胆汁酸的分类

胆汁酸（bile acid）是肝细胞以胆固醇为原料转变生成的 24 碳类固醇化合物，是胆固醇在体内的主要代谢产物。胆汁酸可按结构分为游离胆汁酸（free bile acid）和结合胆汁酸（conjugated bile acid）两大类。游离胆汁酸包括胆酸（cholic acid）、鹅脱氧胆酸（chenodeoxycholic acid）、脱氧胆酸（deoxycholic acid）和少量石胆酸（lithocholic acid）4 种（图 25-1）。

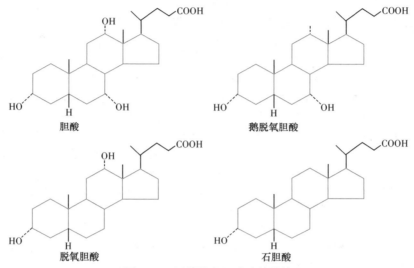

图 25-1　四种游离胆汁酸的结构

上述游离胆汁酸的 24 位羧基可与甘氨酸或牛磺酸结合生成结合胆汁酸（图 25-2），主要包括甘氨胆酸、牛磺胆酸、甘氨鹅脱氧胆酸及牛磺鹅脱氧胆酸等。结合胆汁酸的水溶性较游离胆汁酸大，更稳定，在有酸或 Ca^{2+} 存在的情况下不容易沉淀。

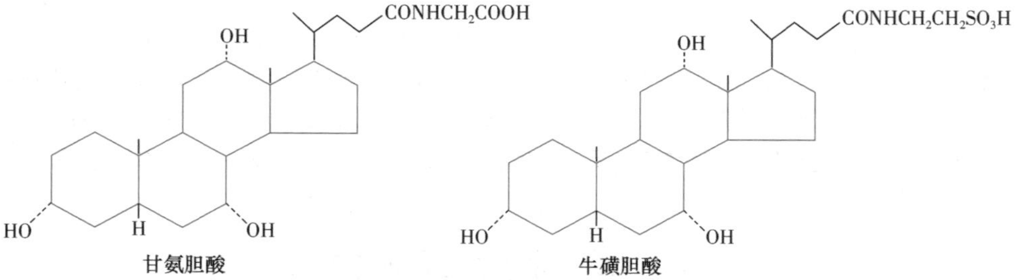

图 25-2　结合胆汁酸的结构

胆汁酸又可根据来源分为初级胆汁酸（primary bile acid）和次级胆汁酸（secondary bile acid）两大类。由肝细胞以胆固醇为原料直接合成的胆汁酸称为初级胆汁酸，包括胆酸和鹅脱氧胆酸及其分别与甘氨酸和牛磺酸的结合产物；初级胆汁酸在肠道细菌作用下生成的胆汁酸称为次级胆汁酸，包括脱氧胆酸和石胆酸及其在肝中的结合产物。胆酸和鹅脱氧胆酸都是含 24 碳的胆烷酸衍生物，两者结构上的差别是含羟基数不同，胆酸含有 3 个羟基（3α、7α、12α），而鹅脱氧胆酸仅含有 2 个羟基（3α、7α），所有次级胆汁酸（脱氧胆酸和石胆酸）的 C-7 位均无羟基。

　　胆汁中的胆汁酸以结合型为主（占 90% 以上），成人胆汁中甘氨胆汁酸与牛磺胆汁酸的比例为 3 ∶ 1，且无论初级胆汁酸还是次级胆汁酸都会与钠离子或钾离子结合形成相应的胆汁酸盐，简称胆盐（bile salt）。

（二）胆汁酸代谢及胆盐肝肠循环

　　1. 初级胆汁酸的生成　　将胆固醇转变生成胆汁酸是肝细胞的重要功能，也是体内排泄胆固醇的重要途径。初级胆汁酸的生成是胆汁酸代谢的重要环节，在肝细胞微粒体中，胆固醇经过羟化、侧链氧化、异构化、加水等多步复杂的酶促反应转变为初级胆汁酸（图 25-3）。羟化反应首先在胆固醇 7 位进行，由 7α-羟化酶催化生成 7α-羟胆固醇，生成胆酸还需在 12 位进行羟化。侧链氧化将 27 碳的胆固醇断裂生成 24 碳的胆烷酰 CoA 和丙酰 CoA，需 ATP 和辅酶 A 参与。异构化将胆固醇的 3 位 β 羟基差向异构化为 α 羟基。加水则是经过加水水解释放辅酶 A，生成胆酸或鹅脱氧胆酸。

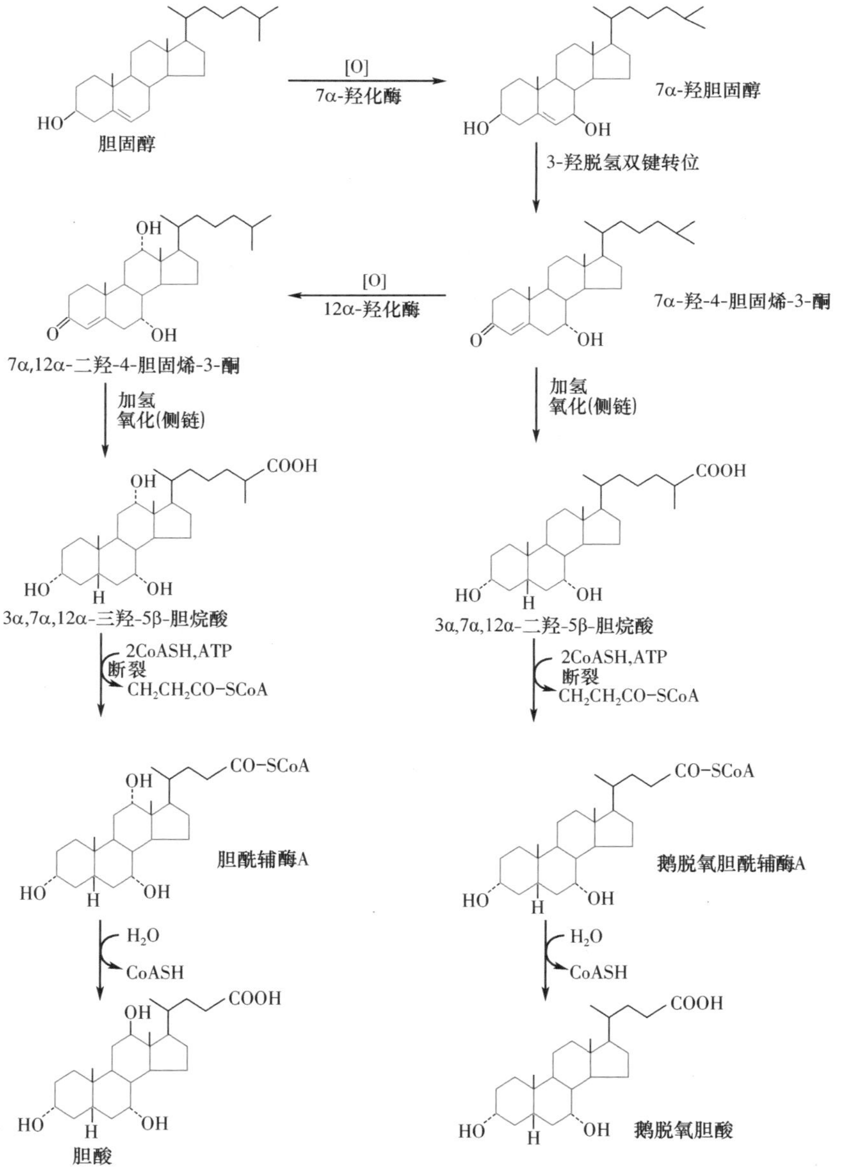

图 25-3　初级胆汁酸的生成

　　胆固醇经过图 25-3 所示途径生成的胆酸和鹅脱氧胆酸为游离胆汁酸，经与甘氨酸或牛磺酸结合形成结合型初级胆汁酸（图 25-4）。

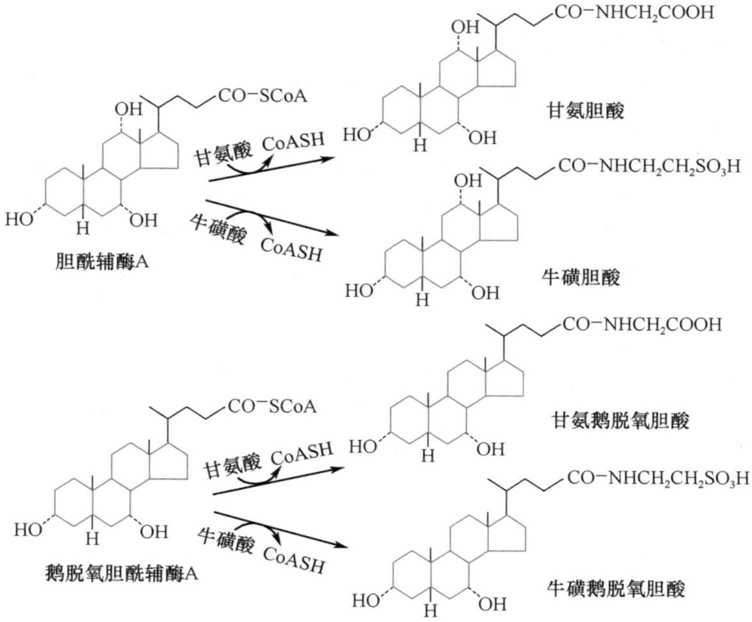

图 25-4　结合胆汁酸的生成

　　7α-羟化酶是胆汁酸合成途径的关键酶，属微粒体单加氧酶系，受胆汁酸浓度负反馈调节，口服阴离子交换树脂考来稀胺可以减少肠道胆汁酸的重吸收，降低胆汁酸浓度，促进机体利用胆固醇合成胆汁酸，从而降低血浆胆固醇含量。维生素 C 能促进 7α-羟化酶催化的羟化反应。糖皮质激素和生长激素可提高 7α-羟化酶的活性。甲状腺素可促进 7α-羟化酶 mRNA 合成，还能通过激活侧链氧化酶系加速初级胆汁酸的合成，所以甲状腺功能亢进患者的血清胆固醇浓度常偏低，而甲状腺机能低下患者血清胆固醇含量则偏高。

　　2. 次级胆汁酸的生成和胆盐肠肝循环　　初级胆汁酸随胆汁分泌进入肠道，协助脂类物质的消化、吸收。在小肠下段和大肠，受细菌的作用，初级胆汁酸可被水解脱去甘氨酸或牛磺酸，生成游离胆汁酸，再脱去 7α-羟基转变为次级胆汁酸（图 25-5），包括脱氧胆酸和石胆酸，分别由胆酸和鹅脱氧胆酸转化而来。

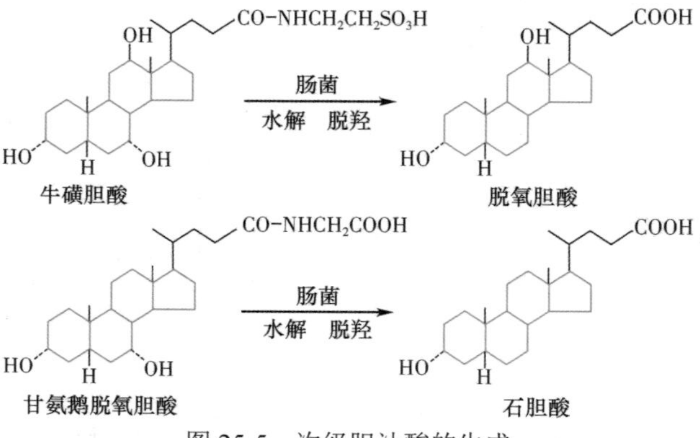

图 25-5　次级胆汁酸的生成

肠道中的各种胆汁酸（包括初级和次级、游离型与结合型）约有 95% 经过肠黏膜被重吸收，经门静脉回到肝。在肝，游离胆汁酸可重新转变为结合胆汁酸，并同新合成的结合胆汁酸一起随胆汁分泌入十二指肠，此过程称为胆盐肠肝循环（enterohepatic circulation of bile salt）（图 25-6）。结合型胆汁酸主要在回肠以主动转运方式重吸收，游离型胆汁酸则在小肠各部位及大肠经被动吸收方式重吸收。

胆盐肠肝循环具有重要的生理意义，它能使有限的胆汁酸反复利用，满足机体对胆汁酸的生理需要。人体每天需要 16～32g 胆汁酸乳化脂类，而正常人体胆汁酸池仅有 3～5g，供需矛盾十分突出。机体依靠胆盐肠肝循环（每餐后循环 2～4 次）弥补胆汁酸合成量不足，使有限的胆汁酸能够发挥最大限度的乳化作用，以维持脂类食物消化吸收的正常进行。若因腹泻或回肠大部切除等破坏了肠肝循环，会影响脂质的消化吸收。

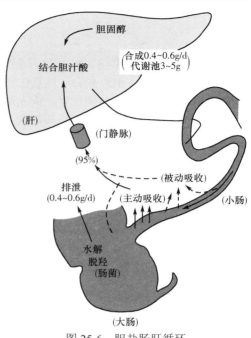

图 25-6　胆盐肠肝循环

（三）胆汁酸的生理功能

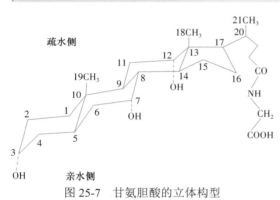

图 25-7　甘氨胆酸的立体构型

1. 促进脂质消化吸收　胆汁酸分子既含有亲水的羟基或羧基、磺酸基，又含有疏水的烃核和甲基。两类性质不同的基团恰恰位于胆汁酸环戊烷多氢菲烃核的两侧，使胆汁酸立体构型具有亲水和疏水两个面（图 25-7），是较强的表面活性剂，能降低油水两相的表面张力，促进脂类乳化成 3～10μm 的细小微团。同时能增加脂肪和脂肪酶的接触面积，促进脂质的消化吸收。

2. 防止胆结石形成　胆汁中的胆固醇难溶于水，在浓缩的胆囊胆汁中容易沉淀析出，形成胆结石（gall stone）。胆汁中的胆盐和卵磷脂可使胆固醇分散形成可溶性微粒，使之不易结晶沉淀，从而抑制胆汁中胆固醇沉淀析出形成结石，故胆汁酸有防止胆结石生成的作用。如果肝合成、分泌胆汁酸能力下降，排入胆汁的胆固醇过多，胆汁酸在消化道丢失过多，胆盐肠肝循环受损等均可造成胆汁中胆汁酸和卵磷脂与胆固醇的比例下降（<10：1），易发生胆固醇沉淀析出形成结石。不同胆汁酸对结石形成的抑制作用不同，鹅脱氧胆酸可使胆固醇结石溶解，胆酸及脱氧胆酸则无此作用。临床上常用鹅脱氧胆酸及熊脱氧胆酸治疗胆固醇结石。

第四节　胆色素的代谢

胆色素（bile pigment）是铁卟啉化合物在体内分解代谢产物的总称，包括胆红素（bilirubin）、胆绿素（biliverdin）、胆素原（bilinogen）和胆素（bilin）等，其中主要是胆红素，呈橙黄色，是胆汁的主要色素。正常情况下主要随胆汁排泄，胆色素代谢异常可导致高胆红素血症，即黄疸。体内含铁卟啉的化合物有血红蛋白、肌红蛋白、细胞色素、过氧化氢酶及过氧化物酶等。胆色素代谢以胆红素代谢为中心，肝在胆色素代谢中起着重要作用。

一、胆红素的生成与转运

（一）胆红素的生成

体内血红蛋白、肌红蛋白、过氧化物酶、过氧化氢酶及细胞色素类等铁卟啉化合物在肝、脾、骨髓等组织分解代谢产生胆红素，成人每日产生 250～350mg 胆红素，其中 80% 左右来源于衰老红细胞中血红蛋白的分解，所以胆红素主要由血红蛋白分解代谢产生。其次小部分胆红素来自造血过程中红细胞过早破坏，还有少量胆红素由非血红蛋白血红素分解产生。

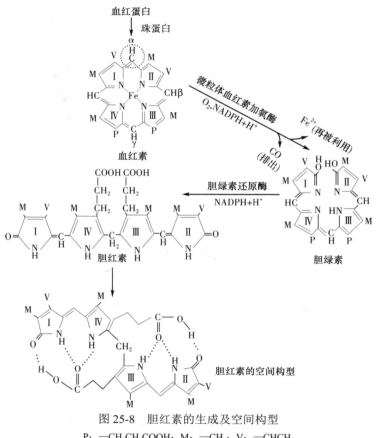

图 25-8　胆红素的生成及空间构型

P：—CH₂CH₂COOH；M：—CH₃；V：—CHCH₂

体内红细胞不断被更新，正常人红细胞寿命约 120 天。衰老红细胞由于细胞膜的变化被肝、脾、骨髓中单核吞噬细胞识别，并吞噬降解，释放出血红蛋白，血红蛋白再分解为珠蛋白和血红素。珠蛋白可分解为氨基酸，参与体内氨基酸代谢。血红素在微粒体血红素加氧酶（heme oxygenase，HO）催化下，消耗 O_2 和 NADPH，铁卟啉环上的 α 次甲基桥（—CH=）断裂，释出 CO 和 Fe^{2+}，并生成胆绿素。胆绿素在胞质中胆绿素还原酶（biliverdin reductase）催化下被还原为胆红素，由 NADPH 供氢。Fe^{2+} 被氧化为 Fe^{3+} 重新利用，CO 排出体外。体内胆绿素还原酶活性较高，胆绿素一般不会堆积或进入血液。

血红素加氧酶是胆红素生成的关键酶，受底物血红素的诱导，同时血红素又可作为酶的辅基起活化分子氧的作用。

胆红素分子包含 4 个吡咯环，分子中含有 2 个羟基（醇式）或酮基（酮式）、4 个亚氨基和 2 个丙酸基，这些亲水基团在分子内部形成 6 个氢键（图 25-8），使胆红素分子形成脊瓦状内旋的刚性折叠结构，因此胆红素是亲脂、疏水的化合物。

（二）胆红素在血液中的运输

生理 pH 条件下，胆红素是难溶于水的脂溶性有毒物质。单核吞噬细胞系统中生成的胆红素能自由透过细胞膜进入血液，与血浆白蛋白（小部分与 α_1 球蛋白）结合，使胆红素在血浆中的溶解度增加，便于其在血浆中运输，同时也限制了胆红素通过自由渗透进入各种组织，抑制其对组织细胞的毒性作用。胆红素-白蛋白复合物中的胆红素分子未连接葡糖醛酸，所以被称为游离胆红素或未结合胆红素，也有人将其称为血胆红素。由于胆红素-白蛋白复合物不能透过肾小球基底膜，未结合胆红素不会在尿中出现。

每个白蛋白分子上有一个高亲和力的胆红素结合部位和一个低亲和力的胆红素结合部位，每分子白蛋白可结合两分子胆红素。正常人血浆胆红素含量为 $3.4\sim17.1\mu mol/L$（$2\sim10mg/L$），而 100ml 血浆中的白蛋白能结合 25mg 胆红素，故正常情况下血浆白蛋白结合胆红素的潜力很大，足以结合全部胆红素，阻止其进入组织细胞产生毒性作用。但某些有机阴离子（磺胺类药物、水杨酸、胆汁酸、脂肪酸等）都可与胆红素竞争结合白蛋白，使胆红素从胆红素-白蛋白复合物解离，渗入各种组织细胞产生毒性作用。如可渗入脑部，与基底核的脂类结合，干扰脑的正常功能，发生胆红素脑病（bilirubin encephalopathy）或核黄疸（kernicterus）。新生儿由于血脑屏障发育不完全，如果发生高胆红素血症，过多的游离胆红素很容易进入脑组织，发生胆红素脑病或核黄疸，所以对新生儿，尤其是患黄疸的新生儿，上述药物的使用要特别谨慎。

二、胆红素在肝的代谢

（一）肝细胞对胆红素的摄取

胆红素-白蛋白复合物随血液循环到肝后，在肝血窦中胆红素与白蛋白分离，很快被肝细胞摄取。注射放射性标记胆红素后，通过放射性示踪发现，50% 放射性胆红素从血浆清除只需大约 18 分钟，说明肝细胞摄取胆红素的能力很强。肝能迅速从血浆中摄取、清除胆红素是因为肝细胞有两种载体蛋白，即 Y 蛋白和 Z 蛋白，它们能非特异地结合包括胆红素在内的有机阴离子，主动将其摄入细胞内。胆红素与载体蛋白结合后以胆红素-Y 蛋白、胆红素-Z 蛋白的形式转运至肝细胞内质网进一步代谢转化。与 Y 蛋白和 Z 蛋白的结合使胆红素不断向肝细胞内透入，同时阻止胆红素反流入血。肝细胞摄取胆红素是一个耗能的过程，而且可逆，当肝细胞处理胆红素的能力下降或者生成胆红素过多超过肝细胞处理能力时，已进入肝细胞的胆红素可反流入血，使血胆红素含量增高。

Y 蛋白是一种碱性蛋白，由分子量为 22kDa 和 27kDa 的两个亚基组成，约占肝细胞质蛋白质总量的 3%～4%。Y 蛋白比 Z 蛋白对胆红素的结合能力强，且含量多，因此它是肝细胞摄取胆红素的主要载体蛋白。当 Y 蛋白的结合达到饱和后，Z 蛋白的结合才增多。Y 蛋白是一种诱导蛋白，苯巴比妥可诱导其合成。新生儿出生 7 周后 Y 蛋白水平才接近成人水平，所以新生儿容易发生生理性黄疸，临床上可用苯巴比妥治疗新生儿生理性黄疸。甲状腺素、溴酚磺酸钠和靛青绿等物质可竞争结合 Y 蛋白，影响胆红素的转运。Z 蛋白是一种酸性蛋白，分子量为 12kDa，与胆红素的亲和力小于 Y 蛋白。

（二）肝细胞对胆红素的转化

胆红素-Y 蛋白或胆红素-Z 蛋白复合物运到肝细胞滑面内质网后，在 UGT 的催化下，由 UDP-葡糖醛酸提供葡糖醛酸基，胆红素与葡糖醛酸以酯键结合生成葡糖醛酸胆红素（bilirubin glucuronide），即结合胆红素（conjugated bilirubin）。胆红素分子中 2 个丙酸基的羧基均可与葡糖醛酸 C-1 位上的羟基结合，故每分子胆红素可结合 2 分子葡糖醛酸，主要生成胆红素二葡糖醛酸酯（双葡糖醛酸胆红素），或结合 1 分子葡糖醛酸生成少量的胆红素一葡糖醛酸酯（单葡糖醛酸胆红素）（图 25-9）。人胆汁中的结合胆红素主要是双葡糖醛酸胆红素（70%～80%），少量为单葡糖醛酸胆红素（20%～30%）。此外尚有更少量胆红素可与硫酸结合生成胆红素硫酸酯，甚至与甲基、乙酰基、甘氨酸等化合物结合形成相应的结合物。

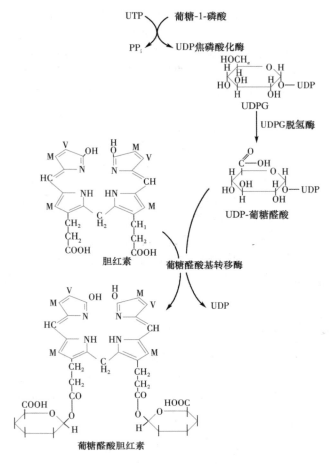

图 25-9　葡糖醛酸胆红素的生成

M：—CH₃；V：—CHCH₂

（三）肝对胆红素的排泄

　　胆红素经结合转化后再经高尔基复合体、溶酶体等作用，排入毛细胆管随胆汁排入小肠。肝毛细胆管内结合胆红素的浓度远高于肝细胞内的浓度，故肝细胞排出胆红素是一个逆浓度梯度的耗能过程，也是肝处理胆红素的薄弱环节，容易发生障碍。胆红素排泄过程一旦发生障碍，结合胆红素就可以反流入血，使血浆结合胆红素水平增高。

　　糖皮质激素不仅能诱导葡糖醛酸基转移酶的生成，促进胆红素与葡糖醛酸结合，而且对结合胆红素的排出也有促进作用，因此可用此类激素治疗高胆红素血症。

三、胆红素在肠道的变化和胆素原的肠肝循环

　　结合胆红素随胆汁排入肠道后，在回肠下段至结肠的肠道细菌作用下，先水解脱去葡糖醛酸，使结合胆红素转变成游离胆红素，再逐步加氢还原成为无色的中胆素原（mesobilirubinogen）、粪胆素原（stercobilinogen）和尿胆素原（urobilinogen）等胆素原（bilinogen）类化合物，其中80%随粪便排出。粪胆素原在肠道下段或随粪便排出后经空气氧化为棕黄色的粪胆素（stercobilin）（图25-10），是粪便的主要色素。正常成人每天从粪便排出的胆素原总量40～280mg。当胆道完全梗阻时，因胆红素不能排入肠道，不能形成胆素原及粪胆素，粪便呈灰白色，临床上称为白

陶土样便。婴儿肠道细菌少，未被细菌作用的胆红素随粪便排出，可使粪便呈胆红素的橙黄色。

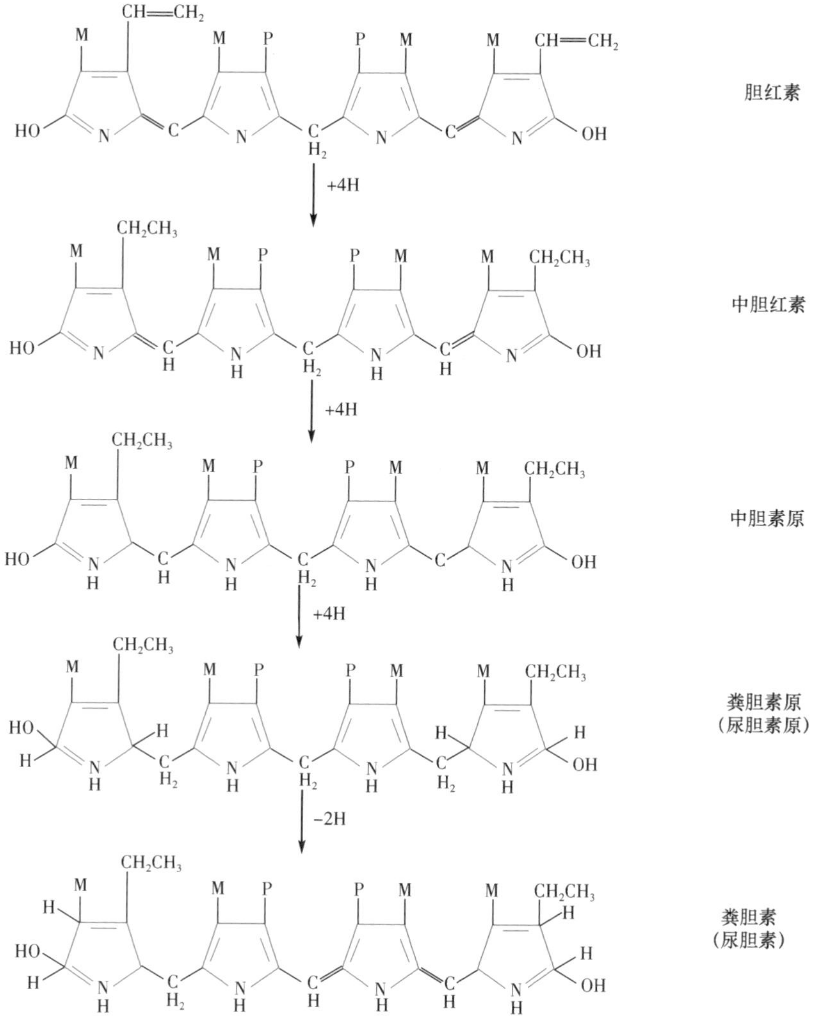

图 25-10　胆红素在肠道的转变
P：—CH₂CH₂COOH；M：—CH₃

在生理情况下，10%~20% 的胆素原在肠道被重吸收，经门静脉进入肝。重吸收入肝的胆素原约 90% 以原形随胆汁排入肠道，形成了胆素原的肠肝循环（enterohepatic circulation of bilinogen）。小部分（10%）胆素原可以进入体循环，经肾小球滤出随尿液排出，故称为尿胆素原。正常成人每天从尿液排出的尿胆素原 0.5~4mg。尿胆素原与空气接触后被氧化成尿胆素（urobilin），是尿液的主要色素。胆色素的代谢过程见图 25-11。

第五节　血清胆红素与黄疸

正常人血清胆红素按其性质和结构不同分为两大类型：凡未经肝细胞转化、没有结合葡糖醛酸或硫酸等的胆红素称为未结合胆红素；凡经过肝细胞转化、与葡糖醛酸或其他物质结合的胆红素统称为结合胆红素。两类胆红素由于结构和性质不同，它们与重氮试剂的反应也不相同。未结合胆红素不能与重氮试剂直接反应，必须加入乙醇或尿素等破坏分子内氢键后才能与重氮试剂反应生成紫红色偶氮化合物，即与重氮试剂反应间接阳性，所以未结合胆红素又称为间接反应胆红素或间接胆红素；结合胆红素能迅速、直接与重氮试剂反应产生紫红色偶氮化合物，故结合胆红素又称为直接反应胆红素或直接胆红素。两类胆红素性质的比较见表 25-2。

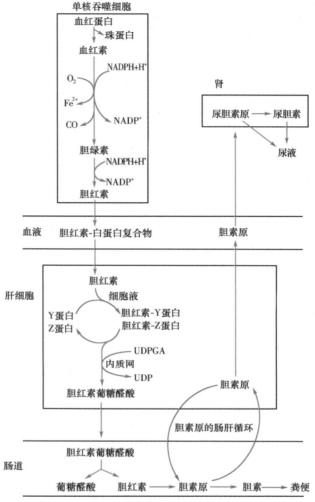

图 25-11　胆红素的生成与胆素原的肠肝循环

表 25-2　两类胆红素性质的比较

	结合胆红素	未结合胆红素
其他名称	直接胆红素、肝胆红素	间接胆红素、血胆红素、游离胆红素、肝前胆红素
葡糖醛酸结合	结合	未结合
重氮试剂反应	迅速、直接反应	慢、间接反应
水中溶解度	大	小
透过细胞膜的能力	小	大
对脑的毒性作用	小	大
透过肾小球随尿排出	能	不能

正常人体内胆红素的生成与排泄保持动态平衡，血浆胆红素总量为 $3.4 \sim 17.1 \mu mol/L$（$2 \sim 10 mg/L$），不超过 $17.1 \mu mol/L$（$10 mg/L$），其中约 80% 是未结合胆红素，其余为结合胆红素。凡是能够导致胆红素生成过多或肝细胞对胆红素摄取、转化和排泄能力下降的因素均可使血中胆红素含量增多，称为高胆红素血症（hyperbilirubinemia）。胆红素是橙黄色物质，血清中浓度过高可扩散入组织，造成组织黄染，形成黄疸（jaundice）。皮肤、巩膜、指甲床下等因含有较多弹

性蛋白，与胆红素有较强亲和力，容易被黄染。黄疸程度与血清胆红素的浓度密切相关，当血清胆红素浓度超过 34.2μmol/L（20mg/L），便可形成肉眼可见的巩膜、皮肤及黏膜等组织黄染，临床上称为显性黄疸。若血清胆红素浓度升高不明显，在 17.1～34.2μmol/L（10～20mg/L）时，血清胆红素浓度虽超过正常，但不能形成肉眼可见的巩膜或皮肤黄染，临床上称为隐性黄疸。

黄疸是一种临床症状，许多疾病都可以发生黄疸。凡能引起胆红素生成、运输、代谢和排出异常的各种因素均可引起黄疸，根据黄疸形成的原因、发病机制不同可将其分为溶血性黄疸、肝细胞性黄疸和阻塞性黄疸三类。

一、溶血性黄疸

药物使用不当、蚕豆病、输血不当、毒物等多种原因都可导致红细胞大量破坏，这些破坏了的红细胞经单核吞噬细胞系统吞噬、处理后产生大量胆红素，当单核吞噬细胞系统释放胆红素的量超过肝细胞处理胆红素的能力时，就会引起血液中未结合胆红素浓度增高，形成的黄疸被称为溶血性黄疸（hemolytic jaundice），又称为肝前性黄疸。其特征为血清总胆红素、游离胆红素含量增高，粪便颜色加深，尿胆素原和尿胆素含量增多，尿胆红素阴性。

二、肝细胞性黄疸

肝细胞性黄疸常见于肝实质性疾病如各种肝炎、肝硬化、肝肿瘤及中毒（如四氯化碳、氯仿）等引发的肝细胞功能受损，肝摄取、转化、排泄胆红素能力下降，从而导致高胆红素血症，形成的黄疸叫肝细胞性黄疸（hepatocellular jaundice），又称为肝原性黄疸。其特点是血中游离胆红素和结合胆红素都可能升高。由于肝功能障碍，肝结合胆红素的生成和排泄减少，粪便颜色变浅。尿胆素原的变化随肝细胞受损程度的不同而不同。病变导致肝细胞肿胀，会压迫毛细胆管，或造成肝内毛细胆管阻塞，使已生成的结合胆红素部分反流入血，血液中结合胆红素含量增加。由于结合胆红素能通过肾小球滤过而随尿液排出，故尿胆红素检测呈阳性反应。

三、阻塞性黄疸

胆结石、胆道蛔虫或肿瘤等均可引起胆红素排泄通道阻塞，使胆小管或毛细胆管压力增高或破裂，胆汁中结合胆红素逆流入血引起阻塞性黄疸（obstructive jaundice），又称肝后性黄疸。主要特征是血中结合胆红素升高，游离胆红素无明显改变；尿胆红素呈阳性反应。由于排入肠道的胆红素减少，生成的胆素原也减少，使粪便的颜色变浅，甚至呈灰白色或白陶土色。

正常人和三类黄疸患者血、尿、粪便中胆色素的改变（表 25-3）不仅是临床诊断黄疸的重要依据，还能据此对不同类型的黄疸进行鉴别诊断。

表 25-3　三类黄疸的血、尿、粪改变

指标	正常	溶血性黄疸	肝细胞性黄疸	阻塞性黄疸
血清胆红素				
总量	<10mg/L	>10mg/L	>10mg/L	>10mg/L
结合胆红素	极少	-	↑	↑↑
游离胆红素	0～8mg/L	↑↑	↑	-
尿三胆				
尿胆红素	-	-	++	++
尿胆素原	少量	↑	不一定	↓
尿胆素	少量	↑	不一定	↓
粪便				
粪胆素原	40～280mg/24h	↑	↓或正常	↓或-
粪便颜色	正常	加深	变浅或正常	完全阻塞时白陶土色

注："-"代表阴性，"++"代表强阳性

小　结

　　肝在机体整个物质代谢过程中有重要作用，被称为人体最大的"化学工厂"。

　　肝是调节血糖浓度的主要器官，其在糖代谢中的作用主要是通过调节糖的分解代谢、糖异生及肝糖原的合成与分解，维持血糖浓度恒定，确保全身各组织，尤其是脑和红细胞的能量供应。肝在脂质的消化、吸收、分解、合成及转运等途径中均起着重要作用，肝分泌的胆汁酸参与脂类物质和脂溶性维生素的消化和吸收过程。肝内蛋白质代谢极为活跃，蛋白质更新速度较快。肝除了能合成自身所需蛋白质外，还合成与分泌90%以上的血浆蛋白质。在血浆蛋白中，除γ球蛋白外，白蛋白、蛋白质凝血因子、纤维蛋白原、部分球蛋白及脂蛋白中的多种载脂蛋白等均在肝内合成。在激素代谢中肝的主要作用是参与激素的灭活和排泄。

　　肝的生物转化功能亦非常重要，肝生物转化分为两相反应：第一相反应包括氧化、还原和水解反应；第二相反应是结合反应。一些非营养性物质均可在肝内经氧化、还原、水解和结合四类反应增加其水溶性或极性，使其易于排出体外，有利于解毒和激素的灭活。参加结合反应的重要物质或基团有葡糖醛酸（UDP-葡糖醛酸）、硫酸（3'-磷酸腺苷-5'-磷酰硫酸）、乙酰基（乙酰 CoA）等。此外，肝还具有排泄功能，胆盐是胆汁中的重要成分，能乳化脂类促进脂类的消化吸收。胆汁酸是肝细胞内由胆固醇为原料合成的，7α-羟化酶是其合成的关键酶。肝细胞内合成的胆酸和鹅脱氧胆酸被称为初级胆汁酸，初级胆汁酸随胆汁分泌进入肠道，受细菌的作用，7 位脱羟基转变为脱氧胆酸和石胆酸，称为次级胆汁酸。胆汁酸通过肠肝循环可发挥最大限度的乳化作用，使食物中脂类的消化和吸收顺利进行。初级胆汁酸和次级胆汁酸均可与甘氨酸或牛磺酸结合，分别形成结合型初级胆汁酸和结合型次级胆汁酸。

　　胆红素是胆汁中的另一重要成分，是血红素的分解代谢产物。胆红素是亲脂疏水的，在血液中与白蛋白结合运输，胆红素-白蛋白复合物中的胆红素分子未连接葡糖醛酸，所以被称为未结合胆红素或游离胆红素、血胆红素、间接胆红素。未结合胆红素进入肝细胞与葡糖醛酸以酯键结合生成葡糖醛酸胆红素即结合胆红素或肝胆红素、直接胆红素。结合胆红素经胆道排入肠腔，在肠道细菌作用下，先水解脱去葡糖醛酸，再逐步还原成为胆素原，其中80%随粪便排出。粪胆素原和尿胆素原分别被氧化为粪胆素和尿胆素。尿中胆红素、尿胆素原与尿胆素临床上称尿三胆。胆色素代谢障碍可产生黄疸，包括溶血性黄疸、肝细胞性黄疸和阻塞性黄疸三类，这三种黄疸临床上可通过病史和血、尿、粪便检查而鉴别。

（李淑艳）

第二十五章线上内容

参 考 文 献

陈娟, 孙军, 2016. 医学生物化学与分子生物学. 3 版. 北京: 科学出版社

陈誉华, 陈志南, 2018. 医学细胞生物学. 6 版. 北京: 人民卫生出版社

冯作化, 药立波, 2015. 生物化学与分子生物学. 3 版. 北京: 人民卫生出版社

何凤田, 李荷, 2017. 生物化学与分子生物学 (案例版). 北京: 科学出版社

李存保, 王含彦, 2019. 生物化学. 武汉: 华中科技大学出版社

李刚, 贺俊崎, 2018. 生物化学. 4 版. 北京: 北京大学医学出版社

吕立夏, 王秀宏, 刘欣, 2021. 生物化学. 北京: 清华大学出版社

唐炳华, 2017. 生物化学. 10 版. 北京: 中国中医药出版社

田余祥, 2020. 生物化学. 4 版. 北京: 高等教育出版社

杨荣武, 2018. 生物化学原理. 3 版. 北京: 高等教育出版社

杨荣武, 2021. 基础生物化学原理. 北京: 高等教育出版社

姚文兵, 2016. 生物化学. 8 版. 北京: 人民卫生出版社

查锡良, 2008. 生物化学. 7 版. 北京: 人民卫生出版社

张晓伟, 史岸冰, 2020. 医学分子生物学. 3 版. 北京: 人民卫生出版社

周春燕, 药立波, 2018. 生物化学与分子生物学. 9 版. 北京: 人民卫生出版社

Berg J M, Tymoczko J L, Gatto G J, et al, 2015. Biochemistry. 8th edition. New York: W. H. Freeman

David L. Nelson, Michael M. Cox, 2017. Lehninger Principles of Biochemistry. 7th edition. New York: W. H. Freeman

G. Meisenberg, W. H. Simmons, 2011. Principles of Medical Biochemistry. 3th edition. London: Elsevier

Papachristodoulou D, Snape A, Elliott W H, et al, 2018. Biochemistry and Molecular Biology. 6th edition. London: Oxford University Press

中英文索引

其 他